AF294103

Handbibliothek für Bauingenieure

Ein Hand- und Nachschlagebuch
für Studium und Praxis

Begründet von Robert Otzen

Grundbaupraxis

Von

Ernst Bachus

Springer-Verlag
Berlin / Göttingen / Heidelberg
1961

Grundbaupraxis

Von

Dr.-Ing. Ernst Bachus
Wayss & Freytag KG, Frankfurt a. M.

Mit 444 Abbildungen

Springer-Verlag

Berlin / Göttingen / Heidelberg

1961

© by Springer-Verlag OHG., Berlin/Göttingen/Heidelberg 1961
Softcover reprint of the hardcover 1st edition 1961

ISBN-13: 978-3-642-94823-7   e-ISBN-13: 978-3-642-94822-0
DOI: 10.1007/ 978-3-642-94822-0

Vorwort

Dieses Buch entspringt einer Anregung des leider zu früh verstorbenen Professors Dr.-Ing. F. Schleicher und soll aus dem großen Gebiet des Grundbaues, für das an Stelle des bisher vorhandenen einen Buches „Der Grundbau" von Franzius nun zwei Bände im Rahmen der Handbibliothek vorgesehen sind, nur den praktischen Teil behandeln. Es gibt eine Reihe neuerer Bücher, die dem Grundbau gewidmet sind, denen eine überwiegend wissenschaftliche Behandlung gemeinsam ist, begünstigt durch die unbestreitbaren Fortschritte in Forschung und Lehre, insbesondere auf dem Gebiet des Versuchswesens und der Bodenmechanik. Der Blick auf die benachbarten Gebiete des Bauingenieurwesens, insbesondere der Brückenstatik und des Hochhausbaues, wo die Rechenkunst Triumphe feiert — statische Berechnungen, die mehrere 1000 Seiten umfassen, sind keine Seltenheit —, wirkt belebend auch auf das Gebiet des Grundbaues. Gewiß werden die Grundlagen der Berechnung auch hier immer sorgfältiger erforscht und die Rechenmethoden verfeinert, aber auch zwischen dem reinen Versuch und den daraus ermittelten theoretischen Grundlagen klafft immer noch der Unterschied wie zwischen den abstrakten Annahmen der reinen Reibung und Homogenität gegenüber der meist auch örtlich vielfältigen Natur des Untergrundes. Man kann und darf daher auf diesem Gebiet die Annäherung an den Sicherheitsgrad nicht so weit treiben, wie sie bei den als Beispiel genannten Sparten heute oft gebracht wird, ebenso wie eine Berechnung auf 3 Dezimalen längst als unlogisch erkannt ist. Das Bestreben nach wirtschaftlichster Ausnutzung des einzubauenden Materials nach Qualität und Formgebung macht natürlich auch vor dem Tiefbau nicht halt, und so entwickelten sich die theoretischen Disziplinen in den letzten Jahrzehnten in so starkem Maße, daß allein die Bodenmechanik innerhalb von 25 Jahren die enorme Literatur von 15000 Büchern und Aufsätzen hervorgebracht hat und zahlreiche Spezialisten auf den Plan rief, gegenüber denen der Praktiker zurückfällt. Das liegt in der Natur der technischen Entwicklung, es verengt aber auch in der allgemeinen Ausbildung des Nachwuchses den Blick für das praktische Denken und verlockt viel zu früh zur Rechnung, wo die Planung oft noch nicht ausgereift ist. Aber mit der Rechnung allein — die leicht die schöpferische Phantasie übermannt — ist es im Grundbau gewiß nicht getan. Sinngemäß gilt hier noch eher als im konstruktiven Ingenieurbau die Erkenntnis, daß: „diese Verfeinerungen nichts nützen, wenn sie sich nicht auf die Erfahrung stützen. Sie führen bis zu einem gewissen Punkt, an dem das „Baugefühl" einsetzen muß."[1]

Dieses Baugefühl ist es, das man nicht allein mit einer theoretischen Ausbildung erwerben kann, welche eine Fülle von Verfahren und Rechnungsansätzen vermittelt. Gerade im Grund- und Wasserbau gehört eine ständige Vertiefung in Beispiele — gute und schlechte — dazu, das Gefühl für das Lebendige des Bodens, des Wassers und des Gebirges zu schärfen, um die möglichen Folgen der Eingriffe, die mit den Gründungsarbeiten immer verbunden sind, als Reaktion schon ohne Rechnung zu empfinden. Hinzu kommt, daß bei der Bearbeitung ein Bauwerk

---

[1] Dr.-Ing. Luigi Stabilini: Instabilitätsprobleme im Stahlbau. Bauingenieur 33 (1958) Heft 6, S. 220.

von oben her gerechnet werden muß, daß also das Fundament zuletzt an die
Reihe kommt, während die praktische Arbeit von unten her beginnt und der
Termin meist unvernünftig drängt. So bleibt für die Bearbeitung der Gründung
meist die kürzeste Zeit. Andererseits kann man oft feststellen, daß für die Vorplanung hinsichtlich der Bodenerkundung nicht genug getan wird. Es muß Sache
des Auftraggebers bzw. seines technischen Beraters — sei es ein Architekt oder
ein Ingenieur — sein, schon vor der Ausschreibung alle Fragen bodenkundlicher
Art genauso ernsthaft zu klären, wie er die betrieblichen und architektonischen
Belange des späteren Bauwerkes hat klären lassen, d. h. also, daß entweder das
Fundament mit dem Bauwerk entworfen und genauso weit statisch behandelt
ist, wie die übrigen Bauteile auch, oder daß, wenn man einen Wettbewerb der
Bauweisen zuläßt oder wünscht, in den Ausschreibungsunterlagen auch die
Bodenverhältnisse so eindeutig angegeben sind und die für bodenmechanische
Berechnungen notwendigen Werte für alle Bewerber gleichermaßen so vollzählig
verfügbar sind, daß man die verfügbaren Rechenmethoden anwenden kann.

Es ist wirtschaftlich nicht vertretbar, an die Berechnung der Konstruktionen
von Hochhäusern und Brücken die schärfsten Ansprüche zu stellen, wenn man
nicht gleichzeitig die vom Fundament und Untergrund abhängigen Setzungen in
einer ebenso gewissenhaften Weise einzukreisen vermag. Überdies kann man nicht
erwarten, daß die Zukunft uns eine exaktere derartige Voraussage erlaubt, als
sie derzeit möglich ist, wenn man keine Erfahrungen sammeln und keine Theorien
an Beobachtungen beweisen oder verbessern kann.

Auch in der Literatur ist die praktische Seite des schönen Arbeitsgebietes
etwas ins Hintertreffen geraten. Deshalb erschien es dem damaligen Herausgeber
der Handbibliothek gerechtfertigt, die Praxis des Grundbaues in einem besonderen
Bande behandeln zu lassen, dem sich nach seinem Wunsch ein späterer Band
gesellen sollte, der sich ausschließlich mit der ex cathedra gelehrten Seite des
Grundbaues befassen soll.

Grundbau ist ein Sammelbegriff geworden, in dem sich die Lehre von den
verschiedenen Verfahren zur sicheren Gründung unserer Bauwerke vereinigt. Da
kein Bauwerk ohne ein Fundament denkbar ist, muß der Grundbau praktisch
mit allen Gebieten des Bauens eng verknüpft sein. Er befindet sich hierbei in
der gleichen Lage wie der Begriff Betonbau. Das kennzeichnet seine Vielfalt,
wie auch die Schwierigkeiten einer notwendigen Beschränkung. Bei der Bearbeitung des vorliegenden Buches ergab sich eine solche Materialfülle, daß
zunächst mehr als der doppelte vorgesehene Umfang erreicht war. Um die Über-
schreitung in erträglichen Grenzen zu halten, mußten einige Abschnitte fallen-
gelassen werden — so eine lexikalische Aufzählung der bodenmechanischen
Begriffe, ein Abschnitt über Dalben (die ebenso wie Ufermauern zum Hafenbau
gerechnet werden können), die bei uns selten vorkommenden Fangedämme,
insbesondere Zellenfangedämme, und auch die bis jetzt noch recht seltene Anwendung der Vorspannung im Grundbau — und die übrigen Teile gestrafft
werden. Es wurde aber Wert darauf gelegt, möglichst viele praktische Beispiele
anzuführen und durch Quellenangaben und Literaturhinweise auf Ergänzungs-
möglichkeiten hinzuleiten.

Die meisten in der Praxis stehenden Ingenieure haben keine Zeit, die gerade
in der letzten Zeit angeschwollene Fachliteratur gründlich zu studieren. Sie
brauchen auch meist nur Andeutungen und Anregungen, um den Faden konstruktiven Denkens weiterzuspinnen. Ganz ähnlich wird es dem im Lehrfach
tätigen Ingenieur gehen. Und schließlich wird der Studierende die Hinweise zum
eigenen Nutzen weiterverfolgen, die ihn in den meisten Fällen noch zu anderen
Quellen führen werden.

Daß eine erschöpfende Darstellung gegeben werden könnte, wird niemand
erwarten, der das große Gebiet des Grundbaues übersehen kann. So ist z. B. von

einer Beigabe von Spundwandtabellen bewußt abgesehen, da die bekannten Handbücher der Lieferwerke vorliegen, deren erschöpfende Vollständigkeit kaum zu erreichen ist und ohnehin laufend Neuausgaben. dieser auch für die statische Behandlung nützlichen Werke zu erwarten sind.

Der Praktiker wird wissen, daß eine gute Idee für eine konstruktive Lösung, eine optimale Baustelleneinrichtung oder ein einfaches Bauhilfsmittel, das die Arbeit fördert oder Schaden verhindert oder mindert, dem Gelingen auch in wirtschaftlicher Hinsicht stets sinnfällig dient. Hierfür aus der Fülle der Beispiele Anregungen zu vermitteln, war die Aufgabe.

Eine umfangreiche Korrespondenz, vor allem mit ausländischen Kollegen und Firmen, brachte mir viele bereichernde Anregungen und Unterlagen. Es sei mir, ohne Namensnennung gestattet, an dieser Stelle nochmals meinen aufrichtigen und herzlichen Dank auszusprechen und zu betonen, wie beglückend das Bewußtwerden der kollegialen Gesinnung der Ingenieure in aller Welt bei dieser Gelegenheit wurde.

Es wäre mir eine Genugtuung, wenn von den Anregungen, die ich kompilierte, manches zur neuen Anregung und in Lehre und Praxis fruchtbar würde.

Einen besonderen Dank möchte ich dem Verlag ausdrücken, der diese Arbeit ermöglichte, und sie nach einer überaus angenehmen Zusammenarbeit in der traditionsgemäßen Ausführung der Handbibliothek nunmehr vorlegt.

Frankfurt a. M., im Mai 1961

E. Bachus

Inhaltsverzeichnis

1 Der Untergrund

1.1 Bodenmechanik

Die Bodenmechanik als die Lehre vom statisch-physikalischen Verhalten der vielfältigen Verwitterungsprodukte der Urgesteine beim Auftreten äußerer und innerer Kräfte und Störungen des Gleichgewichtes ist erst in den letzten 40 Jahren zur selbständigen Wissenschaft und zum Lehrfach entwickelt worden, dessen Schrifttum aber schon heute kaum noch für den Fachmann übersehbar ist. So ist es verständlich, daß auch dies Gebiet der Technik eine eigene Gruppe von Fachleuten und zahlreiche Institute hervorgebracht hat und auch schon Ingenieurbüros sich speziell auf Fragen des Grundbaues eingerichtet haben. Das ist in allen Kulturstaaten der Erde der Fall. Besonders groß ist daher die ausländische Literatur, die dankenswerterweise auch in einer deutschen Bibliographie gesammelt wird. Da für den praktischen Gebrauch ausgezeichnete, knapp gefaßte Werke vorliegen, ist es müßig, in dieser Arbeit, die kein Spezialgebiet behandelt, auf die Bodenmechanik näher einzugehen. Es mag genügen, die Institute und die wesentliche Literatur aufzuführen sowie die DIN-Blätter zusammenzustellen, die in jedem technischen Büro greifbar sein sollten.

Die amtlich zugelassenen Institute für die Durchführung von Bodenprüfungen

A. In der Bundesrepublik

Aachen	Institut für Verkehrswasserbau, Grundbau und Bodenmechanik, TH Aachen Aachen, Templergraben 55
Berlin-West	Grundbau-Institut an der TU Berlin Berlin-Charlottenburg, Hardenbergstr. 35 Degebo, TU Berlin Berlin-Charlottenburg 1, Jebenstr. 1
Bremen	Laboratorium für Bodenmechanik der Bau- und Ingenieurschule Bremen Bremen, Langemarckstr. 116
Darmstadt	Versuchsanstalt für Wasserbau und Grundbau der TH Darmstadt Darmstadt, Hochschulstr. 2 Erdbau-Institut Dr.-Ing. Herbert Breth, Darmstadt
Essen	Erdbaulaboratorium Essen, Ingenieurbüro für Grundbau Essen, Ladenspelderstr. 62 Ingenieurbüro für Erd- und Grundbau Essen, Frankenstr. 263
Hamburg	Bundesanstalt für Wasserbau, Abt. Erd- und Grundbau, Außenstelle Hamburg Hamburg-Altona, Große Bergstr. 264a
Hannover	Hannoversche Versuchsanstalt für Grundbau und Wasserbau, Franzius-Institut der TH Hannover Hannover, Nienburgerstr. 4
Karlsruhe	Institut für Bodenmechanik und Grundbau, TH Karlsruhe Karlsruhe, Kaiserstr. 12 Bundesanstalt für Wasserbau, Abt. Erd- und Grundbau Karslruhe, Hertzstr. 16, Bau 46
Kiel	Geologisches Landesamt Schleswig-Holstein Kiel-Wik, Mecklenburger Str. 22—24
Köln	Bundesanstalt für Straßenbau, Abt. Baugrund Köln-Raderthal, Brühler Str., Ecke Militärring
Krefeld	Amt für Bodenforschung Krefeld, Westwall 124
München	Institut für Bodenmechanik und Grundbau TH München München 2, Arcisstr. 21

Stuttgart	Geologisches Landesamt in Baden-Württemberg, Zweigstelle Stuttgart Stuttgart, Schützenstr. 4
Trier	Laboratorium für Grundbau und Bodenmechanik bei der Staatsbauschule Trier Trier/Mosel, Irminenfreihof 8
Wiesbaden	Hessisches Landesamt für Bodenforschung Wiesbaden, Mainzer Str. 25

B. In der DDR
a) Institute

Berlin	Baugrunduntersuchung Berlin des Ministeriums für Aufbau, Technische Abt., Berlin W 8, Krausenstr. 35/36 mit Zweigstellen in: *Naumburg/Saale*, Stalinring 4a *Stralsund*, Carl-Heydemann-Ring 55 Forschungsanstalt für Schiffahrt, Wasser- und Grundbau, Abt. Grundbau Berlin O 17, Alt-Stralau 44/45
Dresden	Institut für Baugrundforschung der Technischen Hochschule Dresden Dresden A 24, George-Bähr-Str. 1

b) Prüfdienststellen

Berlin	DAMW-Prüfdienststelle 671 Berlin O 17, Mühlenstr. 17
Dresden	DAMW-Prüfdienststelle 371 Dresden A 27, Am Gericht 7
Leipzig	DAMW-Prüfdienststelle 373 Leipzig W 31, Nonnenstr. 44
Magdeburg	DAMW-Prüfdienststelle 472 Magdeburg, Große Steinerne-Tisch-Str. 4
Weimar	DAMW-Prüfdienststelle 571 Weimar, Geschwister-Scholl-Str. 7
Wismar	DAMW-Prüfdienststelle 171 Wismar, Stalinstr. 239

DIN-Blätter zur Bodenkunde

1054	6.53	Zulässige Belastung des Baugrundes, Richtlinien
	10.53	Beiblatt, Erläuterungen der Richtlinien
4015	3.58	Erd- und Grundbau, Formelzeichen
4016	(1.58)	Bl. 1 Entwurf Baugrund, Untersuchungen von Bodenproben, Richtlinien für die Bestimmungen des Wassergehaltes
	(1.58)	Bl. 2 Entwurf Kornverteilung durch den Sieb- und Schlämmversuch
	(1.58)	Bl. 3 Entwurf der ATTERBERGschen Grenzen
	(1.58)	Bl. 4 Entwurf der Zusammendrückbarkeit
4018	8.57*	Flächengründungen, Richtlinien für die Berechnung
4019	6.58*	Bl. 1 Baugrund-Setzungsberechnungen bei lotrechter mittiger Belastung, Richtlinien
4019	(2.59)	Bl. 2 Entwurf Baugrund-Setzungsberechnungen bei schräger oder ausmittiger Belastung (Verankerungen), Richtlinien
4020	7.53	Bautechnische Bodenuntersuchungen, Richtlinien
4021	5.55	Baugrund und Grundwasser, Erkundung. Bohrungen, Schürfe, Probenahme, Grundsätze
4022	2.55	Bl. 1 Schichtenverzeichnis und Benennen der Boden- und Gesteinsarten, Baugrunduntersuchungen
	2.55	Bl. 2 Wasserbohrungen [zur DIN 4022 sind Formblätter (Kopfblatt, Schichtenverzeichnis) und Richtlinien für das Ausfüllen erschienen]
4023	2.55	Baugrund- und Wasserbohrungen, zeichnerische Darstellung der Ergebnisse
4025	10.58	Fundamente für Amboß-Hämmer (SCHABOTTE-Hämmer), Hinweise für die Bemessung und Ausführung
4030	9.54	Beton in betonschädlichen Wässern und Böden. Richtlinien für die Ausführung
4107	2.37	Bewegungen entstehender und fertiger Bauwerke, Richtlinien für die Beobachtung
4220	9.44*	Landeskulturbau, Bodenbezeichnungen und Bodenkartierung
18300	12.58	Erdarbeiten (VOB)
18301	12.58	Bohrarbeiten (VOB)

18302	12.58	Brunnenbauarbeiten
18303	12.58	Baugrubenverkleidungsarbeiten
18304	12.58	Rammarbeiten
18305	12.58	Wasserhaltungsarbeiten

Wichtige Literatur zur Bodenkunde

A. Bibliographien

Dr.-Ing. HANS PETERMANN/ELISABETH BOEDECKER: Schrifttum über Bodenmechanik. Schriftenreihe der Forschungsgesellschaft für das Straßenwesen E. V., Heft 12. Berlin: Volk und Reich 1937.

Dr.-Ing. habil. H. PETERMANN: Schrifttum über Bodenmechanik. Forschungsarbeiten aus dem Straßenwesen, Neue Folge, Band 10. Bielefeld: Kirschbaum 1953.

Prof. Dr.-Ing. habil. HANS PETERMANN/Dipl.-Ing. WERNER BÖRNER: Schrifttum über Bodenmechanik II. Forschungsarbeiten aus dem Straßenwesen, Neue Folge, Band 32. Bielefeld: Kirschbaum 1957.

„Wissenschaftliche Veröffentlichungen der Mitglieder über Fragen des Erd- und Grundbaues." Bekanntmachungen der Deutschen Gesellschaft für Erd- und Grundbau e. V., Hamburg 20, Geffckenstr. 16.

B. Lehrbücher

Dr.-Ing. HEINZ MUHS: Die Prüfung des Baugrundes und der Böden. Feldversuche, Laboratoriumsversuche, Anwendung auf die Praxis. Berlin/Göttingen/Heidelberg: Springer 1957.

Dipl.-Ing. ERWIN FUCHS: Baugrund und Bodenmechanik. Grundzüge und Berechnungsgrundwerte. 303 Seiten, 230 Bilder. Leipzig: Fachbuchverlag 1959.

Prof. Dr.-Ing. HANS PETERMANN: „Bodenmechanik" in SCHLEICHER, Taschenbuch für Bauingenieure. Berlin/Göttingen/Heidelberg: Springer 1943 u. 1955.

Grundbau-Taschenbuch, Bd. 1. Berlin: Ernst & Sohn 1955. Abschnitte: 1.1 Einheitliche Bezeichnungen (JELINEK), 1.2 Eigenschaften des Bodens (JELINEK), 1.3 Erddruck und Erdwiderstand (STRECK), 1.4 Standsicherheit der Grundbauwerke (SCHULTZE), 1.5 Druckverteilung und Setzungen (SCHULTZE), 1.6 Dynamik des Baugrundes (LORENZ), 1.7 Gebirgsgeologie (STINI), 1.8 Ingenieurbiologie des Grundbaues (SCHRÖDER).

„Flächengründungen und Fundamentsetzungen". Erläuterungen und Berechnungsbeispiele für die Anwendung der Normen DIN 4018 und DIN 4019, Bl. 1, herausgegeben vom Arbeitsausschuß Berechnungsverfahren des Fachnormenausschusses Bauwesen. Beuth-Vertrieb GmbH. und Ernst & Sohn 1959.

Prof. Dr.-Ing. W. LOOS/Dr.-Ing. HEINZ GRASSHOFF: Kleine Baugrundlehre, Köln-Braunsfeld: Rudolf Müller.

Ob.-Reg.-Baurat P. SIEDEK/Reg.-Baurat Dr.-Ing. R. VOSS: Die bodenmechanischen Vorarbeiten für Straßenbauten und ihre Nutzanwendung für Bauentwurf und Ausschreibung. 2. Aufl. Düsseldorf: Werner Verlag 1959.

Ob.-Reg.-Baurat P. SIEDEK/Reg.-Baurat Dr.-Ing. R. VOSS: Die Bodenprüfverfahren bei Straßenbauten. Düsseldorf: Werner Verlag 1960.

1.2 Bodenarten

Nach dem prinzipiell verschiedenen Verhalten werden für die Bedürfnisse der Grundbaupraxis unterschieden:

a) nichtbindige Böden: Sande, Kiese, Schotter und deren Gemische;

b) bindige Böden: toniger Schluff, Ton, Lehm und die Gemenge dieser Böden mit nichtbindigen Böden;

c) sonstige Böden: Schlamm, Schlick, Klei, Torf, kompaktes Gestein und Fels, künstliche Aufschüttungen.

Obwohl meist im großen Umriß bekannt, welche Untergrundverhältnisse vorliegen, ist es für die heutigen Bauwerke mit ihren hochgezüchteten Konstruktionen unerläßlich, den Untergrund bis auf eine ausreichende Tiefe genau zu kennen, um die Grenzen seiner Tragfähigkeit auch in tieferen Schichten zu prüfen und um über die zu erwartenden Setzungen etwas aussagen zu können, sofern diese von Bedeutung für das Bauwerk sein können. Ein Gebäude unserer Tage hat Anschluß an die Nachbargebäude, Straßen, Gleisanlagen, Kanalisation und Zufuhr von Leitungen aller Art, die schon bei einer Setzung um nur wenige Zentimeter abgequetscht werden.

Terzaghi stellte schon fest, daß sich die Beschaffenheit eines Bodens, laboratoriumsmäßig gesehen, von „Fuß zu Fuß" sowohl im vertikalen wie auch im horizontalen Sinne ändert, d. h., daß man nicht aus *einer* Untersuchung eine gültige Aussage machen kann, sondern daß einigermaßen zutreffende Werte nur aus einer Serie von gleichartigen Untersuchungen als Mittelwerte zu gewinnen sind. Hierbei müssen aber die Differenzen der Einzelwerte gleichmäßig verteilt über die untersuchte Fläche gefunden worden sein, damit nicht eine einseitige Inhomogenität, die sich durch die Untersuchungen zeigte, bei der Auswertung durch Mittelung wieder verlorengeht. Diese Überlegung zeigt, daß die Bodenproben, die für die bodenphysikalische Untersuchung entnommen werden, allein nicht ausreichen; man wird daher *vorweg* ein Bodenprofil aus Bohrungen größeren Formates ermitteln, wobei man je nach Bodenart verschiedene Bohrverfahren ansetzen muß. Daß man hierbei nur ernst zu nehmende Bohrmeister und sachkundige Firmen gebrauchen kann, ist verständlich, ebenso aber auch, daß man aus den Bodenmassen, die aus dem Bohrloch kommen, keine abschließende Beurteilung des Untergrundes folgern kann. Eine „Entnahme ungestörter Bodenproben" kann keine effektive Tatsache sein, sondern ist nur eine konventionelle Bezeichnung für eine besonders sorgfältig entnommene Bodenprobe. Ungestörte Bodenverhältnisse sind bei einer Fundierung kaum zu erwarten, da strenggenommen schon die Freilegung der Baugrubensohle eine Störung bedeutet. Im Tonboden sind z. B. schon nach wenigen Stunden die tatsächlichen Verhältnisse so verändert, daß stark abweichende Ergebnisse die Folge sind (Schwellung, Schrumpfung). Und auch die am Bau aufzubewahrenden Bodenproben sind meist recht fragwürdig. Dies ist nicht gesagt, um den Wert der Bodenuntersuchung zu schmälern, sondern um zu verdeutlichen, daß nur die Probenentnahme durch sachkundige Hand und deren alsbaldige Beurteilung durch einen Bodenkundler einige Aussicht auf die geringste Störung der Bodenproben bieten. Es bleiben auch dann noch genug Streuwerte, aber wenigstens keine grundsätzlichen Verschiebungen der Grundlagen.

Um zu wissen, was man vom Boden zu erwarten hat, muß man zunächst die Bodenart kennen. Untersuchungen und Bennungen sowie Bezeichnungen sind streng nach DIN-Vorschriften durchzuführen bzw. anzugeben, wofür folgende DIN-Blätter zur Hand sein müssen:

DIN 4020	Bautechnische Bodenuntersuchungen
4021	Baugrund und Grundwasser, Grundsätze zur Erkundung, Bohrungen, Schürfe, Probeentnahme
4022, 1	Schichtenverzeichnis für Baugrunduntersuchungen
4022, 2	Schichtenverzeichnis für Wasserbohrungen
4023	Baugrund- und Wasserbohrungen. Zeichnerische Darstellung der Ergebnisse.

Auf Grund dieser Blätter und der DIN 1054 „Gründungen, zulässige Belastungen des Baugrundes" und den dazu erschienenen „Richtlinien" sind die für die Berechnungen gültigen Grundlagen vom Bauherrn vor der Ausschreibung zu beschaffen, damit auch für Sondervorschläge alle Bewerber die gleiche Basis haben.

In dem DIN-Blatt 4023 wird die Vielfalt der Böden auf eine Gruppe typischer Arten zurückgeführt, für welche die Abkürzungen und farbigen Kennzeichnungen für das eindeutige Lesen — frei von lokalen und provinziellen mundartlichen Anwendungen — eine bewährte Grundlage abgeben.

Nachfolgend werden einige typische Bodenarten in alphabetischer Reihenfolge mit einer überschläglichen Erläuterung aufgeführt, wobei auf Vollständigkeit kein Anspruch erhoben werden kann.

Aschen. a) Rezente Aschen. Die Unterbringung der Ascherückstände unserer Großkraftwerke macht rein räumlich immer mehr Sorgen. Man füllt möglichst Senken und die Tagebauten damit wieder zu und schafft so künstliche Bodenschichten, deren Auswirkung auf Boden und Grundwasser zunächst noch unbekannt sind. Die technische Verwendbarkeit für manche Flugasche ist gegeben und führte zur Fabrikation von Leichtbaustoffen (Platten und Steinproduktion).

b) Geologische Aschen. In der Geologie nennt man die aus vulkanischen Ausbrüchen stammende porös zerblasene Lava, die als Staub- und Schlammregen niederfällt und sich in Niederungen sammelt, ebenfalls *Asche*. Das Material verfestigt sich zu Bimsstein und wird in bekannter Weise technisch verwertet. Als Baugrund brauchbar. (Die italienische Stadt Orvieto steht auf einem vulkanischen Tuffmassiv.) Eine Steinsalz führende Schicht des mittleren Zechsteines enthält eine sog. *Dolomit-Asche*, die aber mit Asche nichts zu tun hat, sondern nur aus lockeren, feinsandigen, zerreiblichen Aggregaten von Dolomit und Anhydritkriställchen besteht.

Aufschüttungen sind immer ein unzuverlässiger Baugrund. Das Alter einer Schüttung ist kein Maßstab für die Lagerungsdichte des in Körnung und Material meist unterschiedlichen Materials. Die schnelle Untersuchung mit Rammsonden ist meist ausreichend, wenn nur die Tragfähigkeit und Mächtigkeit der Schüttung zu prüfen ist. Zur qualitativen Feststellung des Materials sind Bodenproben nötig, weil sich z. B. die Rückstände chemischer Fabriken ganz anders verhalten, als Abraum aus Kiesgruben, Tagebauten und Trümmerräumungen.

Wenn man kann, sollte man eine Tiefgründung vorziehen, da eine setzungssteife Grundplatte auch eine teure Gründung darstellt und eine generelle Schiefstellung bei dem unvermeidlichen Setzungsvorgang auch durch die stärkste Platte nicht auszuschließen ist. Bei Einzelfundamenten muß das Eintreten stark unterschiedlicher Setzungen von vornherein angenommen werden.

Fels ist zusammenhängendes festes Gestein. Nach der Herkunft zu unterscheiden: Eruptivgestein der Tiefe; Ergußgesteine an der Oberfläche; Sedimentgesteine = Absatz aus Wasser, Eis, Wind mit nachfolgender Verfestigung; metamorphe Gesteine = durch Druck und/oder Wärme umgewandelte eruptive oder sedimentierte Gesteine; praktische Einteilung in solche, die nicht zu bindigen Böden verwittern und solche, die bindige Böden ergeben.

a) *Kieselfels*, elastisch deformierbar, enthält weder Ton noch Kalk oder Eisen usw., d. h., er besitzt keinerlei nichtkieseligen Anteile. Die Verwitterung ist sehr gering, demgemäß die Verwitterungsschicht gering und steinig. Frostsicherheit ist gegeben. Guter Baustein. Hierzu gehören: Granit, Gneis, Diabas, Porphyr, Basalt, Quarzit, reiner Sandstein usw. Kieselfels mit nichtkieseligen Bestandteilen, wie Ton, Kalk, Eisen, verwittert stark, ist mit einer dicken, meist schwach bindigen, steinigen Verwitterungszone bedeckt und ist nicht frostsicher. Das Gestein ist bedingt verwendbar. Hierzu rechnen: Grauwacke, die meisten Sandsteine, Tonschiefer, Tuffe von Diabas und Trachyt u. a.

b) *Kalkfels*, elastisch deformierbar, enthält oft starke Klüfte, Erdfälle, Höhlen und Hohlräume. Die geringe Verwitterung bildet eine steinige, nicht bindige, meist dünne und frostsichere Decke. Gestein ist starker Verwitterung durch aggressives Grundwasser, Seewasser und technische Angriffe, wie Rauchgase unterworfen. Hierher gehören: Kalkstein, Dolomit, Anhydrit, Travertin, Gips, Tuffe u. a. In allen Formationen, besonders in Jura und der Trias, teilweise versteinerungsreich.

c) *Mergelfels*, plastisch deformierbar, daher hohlraumfrei, verwittert zu bindigem Boden und ist daher stets frostgefährdet. Mergel ist Ton mit 25 bis 50% Kalkgehalt; die Eigenschaften des Tons sind durch ihn in günstigem Sinne verändert.

Bei hohem Kalkgehalt ist die Verwitterung lebhaft, die Verwitterungsschicht dick und der Boden bindig und frostgefährdet; wenn der Tongehalt hoch ist, ist die Verwitterung weniger lebhaft, die Verwitterungsschicht dünner und mehr bröckelig, aber ebenso bindig und frostgefährdet.

Zu der ersten Gruppe gehören die weitverbreiteten eigentlichen Kalkmergel, die in fast allen geologischen Formationen vorkommen, sowie die vulkanischen Kalktuffe. Vorwiegenden Tongehalt haben die Tonmergel, Tonsteine und Schiefertone, die ebenfalls im ganzen Bereich der Sedimentformationen vorkommen.

Flint, ein geologischer Begriff für ein Konglomerat, auch Puddingstein genannt. Ein hartes Gerölle. Gestein des Eozän; in England und Schottland anstehend; polierfähig, wird für Kunstgegenstände verarbeitet.

Flinz (altgerm. für Feuerstein) oder *Schlier* genannt, ist kein fester geologischer Begriff, meist wird ein ober- bis untermiozäner (Jungtertiär) schwachtoniger, glimmerhaltiger Mergel, typisch in Süddeutschland so genannt, der dichtgelagert bis steinhart, meist wasserundurchlässig und mit mehr oder weniger stark wasserführenden feinen und feinsten glimmerhaltigen Flinzsanden durchsetzt ist; schwer bis sehr schwer rammbar, zerfällt an der Luft, wird durch Regen oder Einschlämmen hochplastisch, was bei Ablagerungen zu bedenken ist. Lösen fast nur mit Preßluftgerät und Sprengung möglich. Im Sauerland werden dunkle Kalke und Schiefer der oberdevonischen Goniatitenstufe mundartlich „Flinz" genannt, in Schwaben heißen versinterte Schotterbänke des Stubensandsteins und des Lias ebenso.

Gehängeschutt. Die Verwitterungsprodukte eines Bergmassivs, aus Hitze-, Frost- und Regeneinfluß entstanden, finden sich an den Hängen in der ihrem Zustand entsprechenden Böschung. Je tiefer man in das Tal hinabsteigt, um so feiner wird das Korn, um so höher auch der Anteil an feinsten Teilchen (Kolloidton) $<0,002$ mm; die Böschung wird also nach unten immer flacher. Der Gehängeschutt der oberen Zonen über 1800 m Seehöhe ist fein- bis feinstsandig, untermischt mit Steinen, er zeigt Fließerscheinungen nur in den obersten Schichten bei Regenfällen, aber er neigt weniger zu tiefgreifenden Rutschungen als der tiefer anstehende *Gehängelehm*, in dem langsam wirkende echte Rutschungen auftreten. Wenn es sich um Schuttkegel handelt, sind Böschungen von 45° bis zu 20° je nach Muttergestein zu beobachten. Nebeneinanderliegende, ineinanderwachsende Schuttkegel bilden die Schutthalden. Geologisch alte Halden, die zur Ruhe gekommen sind, ergeben meist trockenen Baugrund. Auf beweglichen Halden, erkennbar an ihrer Nacktheit, kann man nicht gründen.

Humusdecke oder Mutterboden. Oberste die Pflanzendecke tragende und ernährende belebte Bodenschicht aller Bodenarten. Als Gründungsschicht unbrauchbar, aber durch Gesetze vor Verderben geschützt. Muß vor Ausschachtung oder Überdeckung abgetragen und auf nicht zu große Haufen zur Wiederandeckung oder anderweitigen Verwendung beiseite gesetzt werden. Je nach Untergrund mehr oder weniger tief (Heide etwa 10 cm, Wald oft nur 5 cm, Feld 20 bis 30 dm dick). Reiner Humus kommt als „Mutterboden" nur selten vor, daher ist die Bezeichnung „humoser Sand" oder „humoser Lehm" usw. je nach dem Boden, der die Mutterbodenschicht bildet, zu verwenden.

Kiessand, Kies und *Sand* sind das Produkt fortschreitender Zerstörung der Gesteine durch mechanische Einflüsse; sie bilden das Rohmaterial für den Beton. Man spricht von „Kiessand", wenn Sand (0,06 bis 2 mm Korn) und Kies (2 bis 63 mm Korn) zusammen vorkommen und ungetrennt verarbeitet bzw. gehandelt werden. Für die höheren Ansprüche der Betontechnologie kommen nur noch getrennte Körnungen in Frage (obwohl manche Kiessand-Vorkommen eine gute Zusammensetzung enthalten, will man die Gleichmäßigkeit durch Korntrennung und dosierte Zusammensetzung gewährleisten). Die großen Ströme sind die Hauptlieferanten für hochwertige Zuschlagstoffe, die Kiesgruben des Binnenlandes erfordern oft eine zusätzliche Kieswäsche.

Als Baugrund ist gewachsener *Sand-* und *Kiesboden* hoch beanspruchbar. Meist wird bei normalen Belastungen eine genauere bodenkundliche Untersuchung entbehrlich sein, es sei denn, daß dynamische Beanspruchungen zu berücksichtigen sind, daß besonders empfindliche Bauwerke zu gründen sind, oder daß der Grundwasserstand stark schwankt. Besonders wichtig ist es zu wissen, ob Schwimmsand ansteht.

Im Sand und Kies kann durch Spülung der Rammvorgang wesentlich erleichtert werden.

Abb. 1a zeigt einige typische Kornverteilungskurven, die dem Merkblatt für bodenphysikalische Prüfverfahren der Forsch. Ges. f. d. Straßenwesen, Ausg. 1956 entnommen sind. Abb. 1b zeigt die Frostgefährdungsgrenzen.

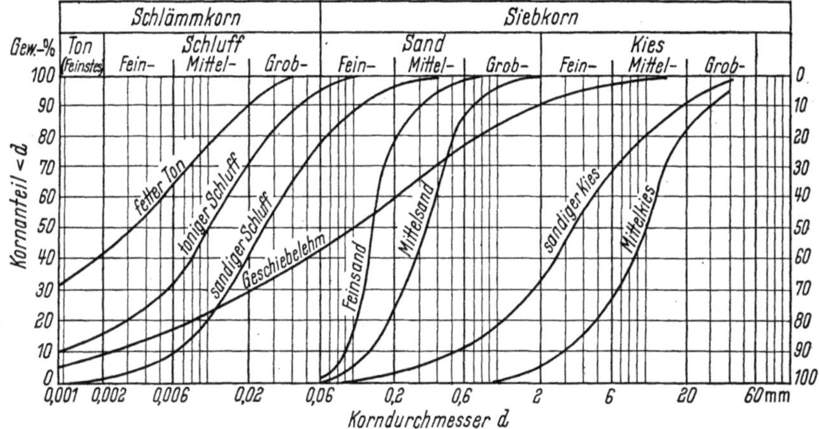

Abb. 1a. Siebkurven verschiedener Böden

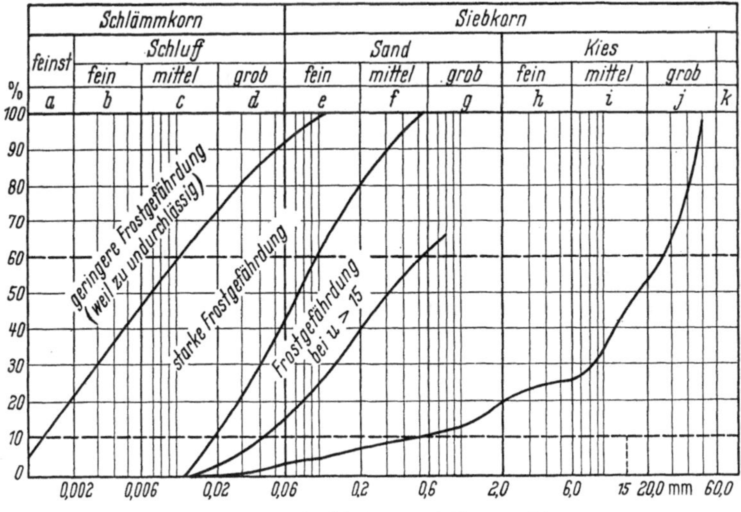

Abb. 1b. Frostgefährdung und Kornbereiche

Der *Klei* (ältere Schreibweise, wie *die* Klei, auch die Klai, sind im Duden nicht mehr enthalten), kommt in grauen, blauen, braunen und Mischfarben vor, kann mager oder fett sein, d. h. sandig oder rein. Der Wassergehalt schwankt zwischen 20 bis 80% über 80% hat man Schlamm). Diese Kleiböden haben Schwind- bzw. Sackmaße von 10 bis 50%, was bei Erd- und besonders bei Deichbauten berücksichtigt werden muß. Der Transport von Klei mit Wassergehalt von 20 bis 35% ist noch mit schwerem Gerät möglich (900 mm Spur), von 30 bis 60% ist nur 600 mm Spur wirtschaftlich, bei 60 bis 80% ist nur noch Handbetrieb möglich, oder eine Zwischenlagerung zum Austrocknen, was bei 1 m Lagerhöhe in 4 Wochen geschieht, dann kann mit 600-er Gleis abgefahren werden. Klei mit 80% Wassergehalt in Böschungen 1:1,5 rutscht. Mit dem steigenden Wassergehalt ist das Lösen und Laden immer leichter, jedoch das Einbauen immer teurer. ZILL gibt folgende Verhältnisse an.[1]

	Wassergehalt	
	40%	70 bis 80%
Lösen und Laden von Hand ...	1,25 Std.	0,75 Std.
Einbau (ohne Gleisbau)	0,75 Std.	1,5 bis 2,0 Std.

Diese Tabelle enthält nicht die Zeit für die Nacharbeit nach dem ersten Kippen und Verteilen, die durch Rutschungen und Zwischenlagerung sowie Profilierung, entsteht.

Für die Verständigung untereinander und zur Vermeidung nachträglicher Streitigkeiten ist also vor einer Preisermittlung eine genaue Klassifizierung des Kleibodens nötig, für welche ZILL folgende Angaben für notwendig und ausreichend hielt:

	Bezeichnung	Wassergehalt	Schwindmaß	Gerät
Klasse 1	trockener Klei	bis 35%	10 bis 20% (15%)	900 mm Spur
Klasse 2	nasser Klei	35 bis 60%	20 bis 30% (25%)	600 mm Spur
Klasse 3	sehr nasser Klei	60 bis 80%	30 bis 50% (40%)	Patentgleis, Karrbetrieb

Der Wassergehalt kann durch die Entnahme ungestörter Bodenproben genau genug bestimmt werden. Für den Chemiker ist Klei durch die Formel

$$Al_2O_3 \cdot 2\,SiO_2 \cdot 2\,H_2O$$

gekennzeichnet.

Konglomerat nennt man eine in allen Formationen weitverbreitete Gesteinsbildung, bei der abgerollte Gesteinsbrocken (Kiesel, Gerölle) durch tonige, kalkige oder kieselige Bindemittel erneut verkittet und zu einem Gestein verhärtet sind. Die meisten klastischen Gesteine, d. h. aus Trümmern älterer Gesteine entstandenen Gesteine, gehören zu dieser Entstehungsform, doch bezeichnet man nur die mit kiesgroßen Geröllen durchsetzten Gesteine als eigentliche Konglomerate. Die durch Metamorphose (Druck und Hitze) veränderten Konglomerate ergeben *Konglomeratschiefer*, in denen sich die Gerölle in Lagen angeordnet und teilweise auch plattgedrückt haben.

Zu den Konglomeraten gehören auch die *Brekzien*, bei denen die Trümmer scharfkantig sind und in Mineralsubstanzen eingebettet sind.

Korallenkalk. Aus dem Stützgerüst der Korallentiere (Anthozoa) schon seit den älteren geologischen Formationen (ab Silur) bis zur Jetztzeit gebildete Kalkfelsschichten der Randzonen von Inseln und Küsten. Meist gut tragfähige Schichten, aber Höhlenbildung möglich. Im rezenten Korallenkalk werden viele Seebauten (Schüttungen, Blockbauten usw.) gegründet. Tragfähigkeit auch dieser Schichten hoch. Als Beispiel: Der Korallenkalk im Untergrund von Havanna kann mit Sicherheit eine Belastung von 12,2 kg/cm² aufnehmen, sofern größere Poren und Hohlräume nicht vorhanden sind. Durch Verfüllung und Verpressung solcher Räume innerhalb des kritischen Bereiches des Druckverlaufes unter den Fundamenten wurde das Hilton Hotel in Havanna in umfangreicher Sicherungsarbeit gegründet.

---

[1] ZILL: „Über eine dringend notwendige Klassifizierung des Kleibodens für die Zwecke der Erdbautechnik". Bauingenieur (1931) H. 51, S. 893.

Lehm ist eine Bodenart des Quartärs, genauer des Diluviums, und besteht aus Ton mit Sandgehalt von 30 bis 70% und wird auch als sandiger Ton bzw. toniger Sand bezeichnet. Lehm anzeigende Pflanzen sind hauptsächlich der Huflattich, Kamille, Klatschmohn, Löwenzahn. Wasserundurchlässig, daher werden lehmige Ackerböden auch von den stärksten Regengüssen selten tiefer als $^1/_2$ m durchfeuchtet. Im Untergrund bilden oft die lehmigen Schichten die Grundlage für die wasserführenden Horizonte. Als Hinterfüllungsmaterial ist Lehm und Ton gleichermaßen ungeeignet, da es mit dem Wassergehalt quillt und schrumpft. Böschungen aus Lehm und Ton sind mit einer Sickerschicht zu belegen und die Rückflächen der Bauwerke schlitzartig mit durchlässigem Material zu hinterfüllen. Für ungehinderte Wasserableitung ist zu sorgen.

Spezielle Lehme sind: der rote Tropenlehm *Laterit*, das Produkt der energischen Verwitterung dieser Zonen, die bei 30° mit dreifacher Intensität vor sich geht, gegenüber einer Temperatur von 10°. Der Laterit ist stets das Verwitterungsprodukt der darunter liegenden Silikatgesteinsschicht der Urgesteine (also nicht auf sekundärer Lagerstätte) und kommt nur zwischen den Wendekreisen vor. Es ist erst seit 1800 durchforscht. Der Name ist neulateinisch und stammt von later = Ziegelstein, in Anlehnung an die Bausteinverwendung. Das Material läßt sich schneiden, sägen und hobeln, wenn es frisch ist, und erhärtet dann an der Luft. Die einmal erreichte Erhärtung wird nicht beeinflußt durch eine spätere Durchfeuchtung. Es ist ein eisenschüssiges Aluminiumhydrat mit einem Verhältnis von Silikat: $(F_2O_3 + Al_2O_3)$ wie 1 : 33 (neuere Definition). Der Wassergehalt beträgt 16 bis 40% und der Anteil der Körnung <0,02 beträgt 11 bis 45%.

Der *Geschiebelehm* oder *Blocklehm*, der entsprechend seiner Entstehung in der Glazialzeit erfüllt ist von gröberen Einschlüssen, ist ungeschichtet und durch einen starken Gehalt an zermahlenen Kalkgesteinen, besonders Kreide, ausgezeichnet. Geologisch richtiger ist daher die Bezeichnung „Geschiebemergel". In Norddeutschland gemeinsames Vorkommen mit glazialen Sanden, Kiesen und Schottern, vgl. Spatsand. Oberflächlich ist der Kalkanteil mehr oder weniger ausgelaugt.

Der *Lößlehm*, entstanden durch Verwitterung des Löß (s. d.) unter Auslaugung des Kalkgehaltes. Der Gehalt an kolloidalen Bestandteilchen gibt dem Boden die Eigenschaft bindiger Böden.

Letten sind (geologisch) weiche Tonschiefer vom unteren Keuper (Trias) bis zum oberen Zechstein (Dyasformation). Sie enthalten Kohlenflöze im Keuper.

Sie bestehen aus schweren, zähen, bläulichen oder roten feinklastischen Tonen des alten Zechsteinmeeres.

In Süddeutschland bezeichnet man weniger exakt die zähen, fetten und schwer trocknenden, unreinen Tone verschiedener — auch tertiärer — Formationen mundartlich als „Letten" im Gegensatz zum Lehm. Die DIN 4023 läßt den Ausdruck Letten zur Kennzeichnung einer Bodenschicht nicht zu.

Löß ist windabgelagerter Feinsand der diluvialen Steppe, bestehend aus Quarz und Feldspat und dem Bindemittel Kalk. Wenn der Kalk ausgewaschen wird, macht ihn die Verwitterung zu Lehm. Seine Fließgrenze liegt bei 25% Wassergehalt. Infolge der großen Durchlässigkeit ist er tiefgründig trocken. Geologisch wird er als staubförmiger, lockerer, sandiger, tonarmer Mergel bezeichnet.

Mergel ist ein sandiger Ton mit starkem Kalkgehalt. Überwiegt der Ton, so spricht man von Tonmergel, überwiegt der Kalk, so nennt man ihn Lehmmergel. Geologisch kommt Mergel vom Devon an in allen Formationen, überwiegend jedoch im Mesozoikum, vor und hat viele lokal gebundene Bezeichnungen.

Die Eigenschaften sind weitgehend vom Tongehalt abhängig, dessen spezifischen Eigenschaften durch den Kalkgehalt im erdstatischen Sinne günstig verändert werden.

Besondere Arten sind der *Geschiebemergel*, der als tonig-kalkiger Absatz die Grundmoränen der diluvialen Vereisungen in Norddeutschland bildete. Ihm entspricht in Süddeutschland der *Gletschermergel*, der Trümmergesteine aller Größen sowie Kiese und Sande enthält, die durch Ton und Schluffsande verkittet sind; man bezeichnet ihn je nach dem Vorherrschen der Anteile als „sandig" oder „tonig".

Molasse. Unter diesem Begriff versteht man eine speziell an dem Nordrand der Alpen vom Genfer See bis nach Österreich ziehende Tertiär-Schichtenreihe, die vom mittleren Oligozän bis ins Miozän reicht und aus Sandstein-, Ton-, Mergel-Konglomeraten, teilweise mit Braunkohleneinlagerungen, besteht. Die Sandsteine sind meist weiß, führen Glaukonit und Glimmer. Farben der Molasse: blau, grau, grünlich; stellenweise wird der Mergel für Kalk- und Zementwerke ausgebeutet.

Moor ist die Geländebezeichnung für ein nasses, mit Moorflora bestandenes Gebiet. Das Produkt des Moores ist der Torf als Bodenart.

Moränen, als Ablagerungen der Gletscher weit verbreitet, am Gebirgsrand und im Bereich der Vereisungen der diluvialen und älteren Eiszeiten. Man trifft sie in Norddeutschland als sichtbare langgestreckte Hügel und auch unter Gelände als von späteren Überdeckungen wieder abgeschobene oder abgeflachte Schichtrücken. Die Grundmoräne und ähnliche Ablagerungen in Eisspalten der Eiszeitgletscher heißen auch Osar, Oser oder Wallberge (schwedisch Åser). Sie bilden im Sand und Feinsand Norddeutschlands beliebte Fundplätze für Grobkies und Kies und bilden oft auch ergiebige Fundstellen für Fossilien in den Gesteinen, welche die Gletscher aus älteren Formationen zusammentrugen.[1]

Nagelfluh. Spezielles Konglomerat des Oligozän (oberste Stufe des Alttertiär) Süddeutschlands und der Schweiz in der unteren Süßwassermolasse, aus Flußsanden und Schottern bestehend, die mit einer feinkörnigen Grundmasse zu einem Gestein verkittet sind. Als Baugrund gut geeignet. Grundwasserwechsel bei tiefen Gründungen beachten.

Quicktone und Quickerden (wie Seekreide und Kieselgur im übernäßten Zustand) neigen zum Fließen. ACKERMANN[2] zeigt die Grenze dieser Fließneigung. Es genügen wenige Prozente Tongehalt (2 bis 3 %), um aus Schwimmsand einen Quicksand zu machen, der thixotrope Neigungen zeigt. Der quicke Zustand beginnt mit der Fließgrenze. Die meisten norwegischen Quicktone haben diese Grenze bei 30 %, sehr feintonreiche Tone bei 40 %.

Sand, siehe Kiessand.

Schlamm ist das organisch verunreinigte feinste Zerstörungsprodukt der Gesteine unter einer Korngröße von 0,002 mm. Stets sehr wasserreich ist er in vielen Varianten bekannt. Der organische Anteil läßt ihn zum *Faulschlamm* werden mit Gasbildung, der starke organische Zuwachs der Brackwasserzone erzeugt den *Meeres-* bzw. *Litoralschlamm*, der örtlich sehr unterschiedliche Bestandteile enthält und unter den lokal gebundenen Bezeichnungen Modde, Schlick, Klei bekannt ist, wobei die Reihenfolge gleichzeitig eine Altersfolge der Schichten angibt. Als Baugrund unbrauchbar, macht er durch seine Plastizität bei Tiefgründungen oft große Schwierigkeit. Über seine Verwendung als Baustoff vgl. unter „Schlick". Klei enthält oft hohe Mineralanteile in Schluffgröße, näheres unter „Klei". Schlamm ist im allgemeinen fließfähig, wenn der Wassergehalt 75 % erreicht und überschreitet, er ist mit Pumpen zu bewältigen, wenn der Wassergehalt 87 % übersteigt, was durch Rührwerk und Wasserzugabe evtl. billiger zu bewerkstelligen ist als der Aushub mit Schlammgreifer usw. Die

---

[1] Ahrensburg bei Hamburg und seine Umgebung ist bekannt als ergiebiger Fundplatz für Sammler und Forscher.

[2] E. ACKERMANN: „Erfahrungen mit der Elektroosmose-Entwässerung im Quickton." Vorträge der Baugrundtagung 1953, Hannover. Berlin: Ernst & Sohn 1954.

pneumatische Förderung wird wegen der Zähigkeit des Materials teurer als das Pumpen, insbesondere seitdem tiefstehende Druckpumpen in der Baugrube unter Wasser arbeiten können.

Schlier andere Bezeichnung für „Flinz".

Schluff ist im geologischen Sinne keine Bezeichnung für eine Bodenart, sondern eine Korngrößenbenennung für die Größen von 0,06 mm bis 0,002 mm. Schluff kann sich wie Sand aus jedem Gestein, das zerkleinerungsfähig ist, bilden.

Schwimmsand (auch Fließ, Fließsand, Treibsand, Zugsand, Quicksand und Schleichsand genannt), ist keine Bezeichnung einer Bodenart, sondern des Verhaltens von Sanden verschiedener Art. Sein Kennzeichen ist ein überwiegend gleichmäßiges Korn 0,2 bis 0,06, demgemäß niedriger Ungleichförmigkeitsgrad von 1,2 bis 1,4. Bei Vorhandensein von Grundwasser, besonders aber bei gespanntem Grundwasser, besitzt er hochlabile Stabilität: Durch geringste Erschütterung kann er zum Auslaufen gebracht werden, sobald er angeschnitten ist. Nach dem Ausfließen verliert er im Fließkegel bald seinen Wassergehalt und nimmt eine dichtere Lagerung ein. Er wird wieder fließgefährlich, wenn er über den kritischen Porenanteil aufgelockert und wieder erneut wassergesättigt wird. In seiner ursprünglichen Lagerung ist Schwimmsand schwer zu entwässern, mit Vorteil ist aber die sog. Elektroosmose anwendbar. Wenn das Wasser fehlt oder entzogen ist, lagert er sehr dicht und ist sehr schwer zu durchrammen. Kann und muß gespült werden. Die Rammfähigkeit ist bei Wassersättigung gut, daher kann durch Wasserzuführung nachgeholfen werden. Wasserabsenkung soll daher, wenn irgend möglich, erst nach der Rammarbeit erfolgen. Meist enthält Schwimmsand keine Einschlüsse fremder Bestandteile. Schwimmsand kann, entgegen der landläufigen Meinung, bei günstigen Verhältnissen durch chemische Injektionen verfestigt werden. Als Gründungsmaßnahme hat dies jedoch nur Sinn, wenn die verfestigte Zone auf einer tieferen tragfähigen Sohle aufliegt, da andernfalls die verfestigte Zone bei Belastung wie ein massiver Stein im Schwimmsand absackt.

Schwimmsand benimmt sich wie eine Suspension, aber ist sehr labil bis zur Grenze zum plötzlichen Festwerden.

Leckagen von Leitungen sind oft Ursache des Aufhebens der Tragfähigkeit des Sandes und führen deswegen zu Rohrbrüchen schon ohne daß es zum Ausfließen kommt. Vorsicht daher bei Bauten in Trockenperioden, da beim herbstlichen Ansteigen des Grundwasserspiegels Gefahrenzustand eintritt. Brunnen können unter Eigenlast im Schwimmsand restlos untergehen.

Eine unechte Art von Schwimmsand liegt vor, wenn das Feinkornmaterial das spezifische Gewicht des Wassers aufweist (Tuffsand usw.). Hier hat man eine schwammige Masse vor sich, eine stabile pumpfähige Suspension, aber kein Sediment. In der Wirkung sind beide Arten gleich. Zur Einstellung gegenüber dem Schwimmsand hat ein amerikanischer Erdbauspezialist den richtigen Satz geprägt: „Es ist niemand zu tadeln, der bei Arbeiten mit Schwimmsand versagt, aber der ist zu tadeln, der ihn nicht mit besonderer Vorsicht behandelt, wenn er ihn antrifft."

Sedimente. Bodenformationen, welche sich im Wasser, seltener auch durch Eis und Wind, unter Mitwirkung der Schwerkraft bildeten und als Material zertrümmerte und mechanisch zerkleinerte Bestandteile vorhandener Gesteine enthalten. So entstanden fast alle Formationsschichten nach der Bildung des Wassers auf der Erde. Die ursprünglich weichen horizontalen Schichten verfestigten sich, erfuhren Lageveränderungen und strukturelle Umwandlungen und bilden heute den vom Geologen und Bodenkundler aufgeklärten Baugrund, da das Bauen auf plutonische Gesteine, die fast überall in mächtigen Schichten von Sedimenten überlagert sind, in Deutschland nur ausnahmsweise vorkommt.

Spatsande nennt man die Sande der nordeuropäischen Glazialbildungen, die im Diluvium der Zwischeneiszeiten als fluvioglaziale kreuzschichtige Kiese und Sande eine wichtige Rolle spielen. Sie führen fast immer auch Kies- und Schotterschichten und sind die wichtigste Grundlage der Kiesgruben im norddeutschen Raum. Der Reichtum an rotem Feldspat hat ihnen den Namen gegeben.

Tegel, österreichische Bezeichnung für einen flinzähnlichen (siehe „Flinz") kalkhaltigen Tonboden der oberen Süßwassermolasse im oberen Miozän (Jungtertiär).

Ton. Die Verwitterungsprodukte der Gesteine aller Formationen sind im Endeffekt immer Ton, Lehm und Sand.

Tonmineralien sind Kaolinit, Montmorillonit, Hallyosit, Bentonit und andere, wozu auch feinste Teile von Quarz, Glimmer, Feldspat gehören.

Die Farbe der Tone wird durch Eisenverbindungen, kohlige Bestandteile und Mangansalze hervorgerufen. Eisenoxyd ergibt gelbe, braune und rote Tone, wobei die Stärke der Rotfärbung nur den Oxydationsgrad, nicht aber die Menge des Eisengehaltes anzeigt. Eisensilikat und Glaukonit färben grün. Reiner Ton ist weiß, rosa und fleischfarben. Blaufärbung geht auf Turmalin zurück. Beim Trocknen werden die Tone meist heller, sog. feuerfeste Tone werden beim Trocknen rötlich. Die Korngröße des Tones ist sehr eng auf 0,001 bis 0,002 mm begrenzt. Die Tone sind vielfach massige Ablagerungen ohne deutlich erkennbare Schichtung, oft aber auch regellos mit dünnen Kalkflächen von Millimeterstärke durchsetzt, auch senkrechte Rißebenen werden beobachtet. Es ist stets große Vorsicht bei Böschungen und Baugruben am Platz.

Gewisse Tone sind von „Harnischen" durchsetzt, das sind zahllose kleine Gleitflächen, die im frischen Zustand spiegeln und an der Luft bald ihren Glanz verlieren. Die Flächen fühlen sich nicht glitschig oder seifig an, sie sind aber Trennflächen, die den Ton in hohem Grade rutschgefährdet machen. Sie kommen im dunklen diluvialen fetten Tonmergel vor, ebenso im Septarienton der Kreideformation, im Opalinuston und im Ornatenton der Juraformation; der Ton kann grau, gelb, schwarz, die Struktur kompakt bis blättrig schiefrig sein. Selbst im Lehm sind derartige Harnische schon beobachtet. Neben der massigen, bankigen Struktur sind Tone bekannt, die wahrscheinlich aus früherem Gebirgsdruck eine ausgeprägt schiefrigblättrige Struktur besitzen.

Besonders diese blättrigen Tone, die in nahezu allen Formationen vorkommen, sind gegen Erschütterungen sehr empfindlich (Zugverkehr, dynamische Beanspruchung).[1]

Bodenmechanische Kennziffern für derartige Tone sind keine Gewähr für ihre Standfestigkeit, hier wird die Bodenmechanik papierne Wissenschaft. Die Böschungssicherung gegen Erschütterung muß sich auf Einschaltung elastischen Materials einstellen, das in einem schmalen tiefen Schlitz seitlich der Straße oder der Bahn die Vibrationen abfängt und damit eine Ursache so mancher langsamen und schnellen Rutschung beseitigt.

Die Tragfähigkeit fester Tonschichten ist im allgemeinen hoch, wenn nicht ein weicher Ton vorliegt. Die Scherfestigkeit nimmt mit steigendem Wassergehalt ab. Daher ist Grundbruchgefahr stets zu prüfen.

Gegenüber dem Ergebnis von Setzungsberechnungen ist bei starken Tonschichten die tatsächliche Setzung meist wesentlich kleiner (bis zu 50 %). Sicherlich wird der Porenwasserdruck bei der Belastung nicht auf Null abgebaut. Man wird das Rechnungsergebnis also stets als sichere Grenze auffassen dürfen.

Als Material zur Dichtung von Wasserbecken über Gelände oder als Dichtungskern in Erdstaudämmen ist Ton ausgezeichnet geeignet und mit modernen Auf-

---

[1] Dr.-Ing. K. Backofen: „Der blättrige und mit Harnischen durchsetzte Ton im Erdbau." Eine geotechnische Studie. Bauingenieur 32 (1957) H. 8, S. 285.

bereitungsanlagen sehr genau in der verlangten Konsistenz und Zusammensetzung zu verarbeiten.

Torf. Bildung aus dem Wurzelgeflecht und den Pflanzenresten von Torf- und Sumpfgewächsen (Moos, Schilf, Binsen, Gräser, Heidekraut, Moosbeeren, Sumpfbirken, Erlen usw.), enthält überwiegend organische Bestandteile und nur wenig mineralische Beimengungen. Entwicklungsstufe der Kohlenreihe: Moor — Torf — Moorerde — Braunkohle — Kohle. Als Schicht im Baugrund gefährlich. Entwässerung, Verdrängung oder Aushub ratsam. Kann auch für Rammung schwierig werden. Bei Senkkastengründung besteht Verdacht auf Sumpfgase. Trockener Torf wird als Baustoff für Isolierung und Schwingungsdämpfung verwendet.

Verlandungsschichten. Im Untergrund ehemaliger Binnenseen ist besondere Vorsicht geboten. Hier bilden die alten Seeschlamme Schichten von Ton, Schluff und Übergängen, gemischt mit Gesteinsschottern aus Schuttkegeln und Feinsanden aus Gehängeschutt. Solche Gegenden erfordern enge Anordnung von Bohrungen und Grundwasserbeobachtung, da Torfmoorschichten in jüngeren Gebirgen nicht selten sind.

1.3 Bodenerkundung

Die Feststellung der Untergrundverhältnisse ist in weiterem Umfange dem praktischen Bauingenieur durch die Bodenkundler abgenommen.

Nach DIN 1054 sind diese Untersuchungen vor der Aufstellung des Bebauungsplanes durchzuführen. Es gehört zur Aufgabe des Entwurfsarbeiters, die Baugrunduntersuchungen als Sonderauftrag des Bauherrn zu veranlassen, da dieser auch das Risiko für den Baugrund trägt.

Für die Durchführung gelten die DIN-Blätter 4020, 4021 und 4022 (vgl. S. 2), die erprobte Grundsätze für die Anordnung und den Umfang der Untersuchungen (Schürfen, Bohrungen, Sondierungen, Probeentnahmen) enthalten.

Der Unternehmer sollte diese Ergebnisse vor der Angebotsabgabe erhalten. Bei größeren Bauvorhaben gehören sie in die Ausschreibungsunterlagen.

Die Auswertung der Bodenproben zur Feststellung der Bodenwerte (Bodenkennziffern) ist Sache der Versuchsanstalten, die auf S. 1 angeführt sind. Die Verfahren zur Feststellung der Bodenkennziffern sind apparatemäßig und verfahrensmäßig so vielseitig wie die Hilfsmittel für die Bodenuntersuchung an Ort und Stelle (Felduntersuchungen), so daß hier darauf verzichtet werden muß, dieses Spezialgebiet näher zu behandeln. Es sei auf die im Abschn. 1.1, Bodenmechanik, angegebene Literatur verwiesen.

Einige Untersuchungsverfahren sind:

Die Schürfgrube zur Besichtigung des Bodens und zur Entnahme von Bodenproben.

Bohrlöcher zur Feststellung der Schichtenfolge und zur Entnahme von Bodenproben aus tieferen Schichten. Auch die Feststellung der Scherfestigkeit kann durch Scher-Flügel-Versuche in solchen Bohrlöchern erfolgen.

Durch Abriegelung bestimmter Zonen innerhalb des unverrohrten Bohrloches kann die Wasserdurchlässigkeit (Injektionsfähigkeit) geprüft werden.

Sondierungen (nur für untergeordnete Feststellungen mit relativem Wert) können mit *Rammsonden* (Künzelstab, registrierende Schlagsonde nach Prof. DITTRICH) *Drucksonden* (schwedische Drucksonde, Drucksonde der Franki-Pfahl-Gesellschaft) *Drehsonden* (bei denen neben dem lotrechten Widerstand auch die Mantelreibung festgestellt wird) durchgeführt werden.

Eine spezielle Sonde ist das *Pressiomètre*, auch ‚Geocel' genannt, das durch die Aufweitung einer bestimmten Bohrlochlänge die Veränderung des Zellenvolumens in Verbindung mit der aufzuwendenden Kraft zu analysieren erlaubt und in eleganter Weise Werte für die Scherfestigkeit, die Kohäsion und den

Winkel der inneren Reibung als Charakteristika des Bodens ergibt. Das Verfahren arbeitet billig, schnell und stört den Boden kaum. Es ist in Frankreich und Amerika in Gebrauch[1].

Literatur

Außer den Quellen in Abschn. 1,1 sind zu nennen:

Prof. Dr.-Ing. EDGAR SCHULTZE: Einfache Baugrunduntersuchungen für Hochbauten. Bauverwaltung 2 (1953) S. 306—312.

Franki-Pfahl-Baugesellschaft, Prospekt: Beziehungen zwischen Probebelastung und Drucksondierung.

Dr.-Ing. K. SCHUBERT: Untersuchungen des sandigen Baugrundes durch Rammsonden. Bauplanung Bautechnik 1956, H. 12.

Prospekte der Fa. Dr.-Ing. Paproth & Co., Krefeld, Berlin-Steglitz, Winsen a. d. Luhe, betr. Künzelstab.

Prospekt der Fa. August Dopheide, Brackwede/W., Hauptstr. 12, betr. Registrierende Schlagsonde.

L. MÉNARD: Un procédé moderne (Pressiomètre). L'Ingenieur-Constructeur Okt. 1957.

1.4 Böschungssicherung

1.4.1 Böschungen in freier Luft.

Zur Sicherung der Böschungen von oben her sollte man sich, wenn es irgend möglich ist, in erster Linie des natürlichen Mittels der Bepflanzung bedienen.

Die einfachste Form ist das Andecken mit Grassoden, die aber selten anwachsen, wenn sie direkt auf sterilen Rohboden verlegt werden, der eben erst freigelegt wurde. Eine Schicht Mutterboden, die mit der Böschung gut verzahnt, evtl. eingeharkt wird, ist unerläßlich. Wenn die Böschung an sich feucht ist, kann man Weidenruten zwischen die Soden bogenförmig mit beiden Enden in den Boden stecken, sie wurzeln meist sehr bald beiderseits an und geben eine gute Verankerung. Wenn die verfügbaren Soden nicht ausreichen, genügt es manchmal, sie in Diagonalen zu verlegen und die mit Mutterboden verfüllten Zwischenräume mit schnellwurzelnden Grasarten zu besamen. Man kennt auch Flechtzäune aus frischen Weidenruten, die einseitig in der Erde bald wurzeln und das Geflecht am Leben erhalten, das vorzüglich gegen das Abrutschen der Humusschicht auf steileren Böschungen schützt. Die Bepflanzung ist eine Wissenschaft für sich geworden, es ist für große derartige Aufgaben empfehlenswert, Bodenprüfungen von einschlägigen biologischen Instituten durchführen zu lassen, die auch zweckmäßige Samenmischungen zusammenstellen und beratende Tätigkeit ausüben. Zum Nachweis derartiger Stellen wende man sich an die Bundesanstalt für Vegetationskartierung, Stolzenau (Weser), Schimnaer Landstraße 6.

Für die statische Berechnung von Böschungen sei auf die Literatur verwiesen[2], hier möge der Hinweis genügen, daß man schon beim Aufreißen einer Baugrube das frische Bodenmaterial und seine Rutschneigung prüfen muß, um zu beurteilen, ob eine genauere bodenmechanische Untersuchung am Platze ist. Insbesondere ist zu kontrollieren, wie sich die Oberfläche beim Offenliegen verändert, und wie der Wassergehalt oder der Wasserandrang sich auswirken. Da es sich in der Praxis des Grundbaues selten um die großen Böschungen handelt (die als Erdbauaufgabe schon im Entwurf nach allen Gesichtspunkten behandelt sind), sondern meist um die kleinen Fälle der Grabenwände, Baugruben und gelegentliche Geländeeinschnitte, bei denen eine versuchs- und rechnungsmäßige

---

[1] Engineering 29. 7. 1960, S. 156.

[2] Zum Beispiel Grundbau, Taschenbuch 1955, 1, S. 120 und besonders auf A. LAZARD: Nouvelles remarques sur le calcul de la stabilité des talus en terre. Travaux 39 (1955) S. 707 ff., wo das Problem in Theorie und Praxis für Böschungen mit 1 und 2 Bodenarten behandelt wird.

Behandlung nicht durchgeführt wird, muß dem Mann der Praxis die Erfahrung
und Beobachtung erweitert und geschärft werden, wobei ganz besonders ein-
dringlich auf das Studium der Technischen Jahresberichte der Tiefbau-Berufsgenossenschaft, München 19, Romanstraße 35—37, hingewiesen sei, das jede
verantwortungsbewußte Unternehmung im Kreise der Baustellenführung um-
laufen lassen sollte. Hier werden nicht nur die leider so zahlreichen Unfälle aus
mangelnder Böschungssicherheit besprochen, sondern auch die neuesten von
vielen Firmen entwickelten Sicherheitsmaßnahmen gezeigt, die als ernst-
zunehmende Anregungen weite Verbreitung verdienen.

Über die Sicherung von Baugruben und Gräben wird später noch ausführlich
berichtet. Hier sollen nur einige allgemeinere Möglichkeiten des Schutzes von
Böschungen an Hand einiger Beispiele aufgezeigt werden.

Die größte Gefahr für frisch angelegte Böschungen bildet zunächst das
Tageswasser, das kleinste Rillen reißt und auch die festeste Böschung mit der
Zeit zerstört. Darum muß die erste Maßnahme darauf abzielen, das Wasser

Abb. 2. Böschungsverkleidung am Prana-Fluß, Argentinien (Archiv Pereles)

oberhalb der Böschung durch einen Längsgraben abzufangen und geschlossen
abzuleiten, damit es auch nicht hinter einer etwa angebrachten Deckschicht ver-
sickert und diese hinterspült. Dafür ein Beispiel:

Am Ufer des Prana-Flusses in Argentinien mußte eine rund 10 m hohe
Böschung, vor welcher die auf S. 360 beschriebene Pieranlage errichtet wurde,
gegen Abbruch geschützt werden. Der Boden ist verhältnismäßig fest und wurde
nur durch Tageswasser ausgewaschen und dadurch die Steilküste allmählich
landwärts verlagert. Die Schutzmaßnahmen lassen an Einfachheit nichts zu
wünschen übrig. Zunächst wurde das andrängende Oberflächenwasser längs der
Böschungskante durch einen Sammelgraben abgefangen und abgeleitet. Dann
wurde die Böschung mit Gewebematten verkleidet, die mit Ankerstäben in dem
Erdreich gehalten wurden, und die ganze Fläche wurde vermörtelt und geputzt.
Die Verkleidung hielt sich gut, mit Ausnahme solcher weniger Stellen, an denen
Sickerungen auftraten. Diese Stellen wurden nach Abfangen der Sickerrinnen
leicht erneuert. Auf Abb. 2 erkennt man, daß die Wand vor der Verkleidung
bis auf gesundes festgelagertes Material abgestoßen ist und sieht auch die Hänge-
gerüste, die es erlauben, die frische Fläche unter Schonung der Oberfläche zu
verkleiden.

In ganz ähnlicher Weise wurde die tiefe Baugrube im gebrächen Fels der kalabrischen Küste geschützt, in welcher das Fundament für einen der 223,7 m hohen Maste der Hochspannungsfreileitung zwischen Italien und Sizilien hergestellt ist. Das Felsmaterial ist Gneiß-Glimmerschiefer und infolge seiner geologischen Vergangenheit am Rande eines Grabenbruches in einem Erdbebengebiet der Zone X als Hackfels zu bearbeiten. Die mit Neigung 2 : 1 angelegten Böschungen haben jeweils in 10 m Höhenabstand 1 m breite Bermen und sind mit einer 15 cm dicken Betonmauer verkleidet. Der Beton ist in den Fels hinein verzahnt, indem alle 3 m Nischen angelegt sind mit einer waagerechten Fläche von 15 × 30 cm, auf denen die Böschungswand konsolartig abgestützt ist. Die Betonwand läuft geschlossen über die Bermen hinweg und greift auch über die Baugrubenkante hinaus, wo eine Entwässerungsrinne andrängendes Wasser abfängt und seitlich abführt, vgl. S. 140.

Es mag bei dieser Gelegenheit vermerkt werden, daß es durchaus möglich ist, eine Betondecke auf einer Böschung in der Neigung 1,5 : 1,0 noch durch Rütteln zu verdichten. Die Abb. 3 zeigt eine für diesen Zweck geschaffene Rüttel-

Abb. 3. Rüttelbohle für Betondecke auf Böschung

bohle von 4,5 m Länge, die mit 2 Rüttlern ausgerüstet ist.[1] Entsprechend der Böschungsneigung sind die Rüttler so angeschlossen, daß sie senkrecht stehen. Die in der Schrägen 5,2 m lange Böschung wurde wie üblich zwischen Profillehren 20 cm stark mit Beton belegt. Die auf den seitlichen Führungen gleitende Bohle wird von einer Motorwinde von unten nach oben gezogen.

Das Abstreichen der Fläche und das Rütteln geschieht mithin gleichzeitig. Es zeigte sich, daß nur ein Rütteldurchgang erforderlich war, um eine ausreichende Verdichtung und eine glatte Oberfläche zu erzielen. Oben nahm ein Autokran die Bohle hoch und versetzte sie wieder nach unten in den Nachbarabschnitt. Die Nacharbeit des Glattstriches geschah mit Kelle von Hand. Täglich konnten mit einer Rüttelbohle 8 Abschnitte von 4,50 m Breite fertiggestellt werden. Beim Versuch, das Rütteln von oben nach unten vornehmen zu lassen, rutschte der Beton häufig hinter der Bohle her. Diese Installation ist eine typische Baustellenmaßnahme und geeignet, umständliche Rüstungen zu ersparen.

Neben den Sicherungen durch massive Abdeckungen sind Hangsicherungen durch Bruchsteinpackungen bekannt, die auch für Böschungen als ständige und vorübergehende Schutzmaßnahme zweckmäßig sind. Bei diesem Verfahren werden die Steinpackungen in Körbe gefüllt, die aus Drahtgeflechten oder besser

---

[1] Aus ENR v. 19. 9. 57.

aus Stahldrahtmatten hergestellt sind. Derartige Körbe werden fabrikmäßig hergestellt und in zerlegtem Zustand in beliebigen, dem Verwendungszweck angepaßten Formen und Größen aus Stahldraht mit einer Zugfestigkeit von 5500 bis 6500 kg/cm² geliefert. Die Abb. 4 zeigt gängige und Sonderformen aus dem Lieferprogramm der Süd-Eisen und Stahl GmbH., München. Auch die Firma Helmreich & Cie liefert solche Drahtgeflechte. Die doppelte Feuerverzinkung der punktgeschweißten Gitter ergibt eine nicht abblätternde Zinkauflage von 6 bis 7% des Materialgewichtes. Das Verbinden der Korbteile geschieht mit verzinkten Drahtwendeln und erfordert ebenso wie das Füllen der Körbe keine gelernten Arbeitskräfte. In der Größe und Anordnung der Körbe ist völlige Anpassung an den Bedarfsfall gegeben. Man kann sie im Verband versetzen und auch in den Untergrund verankern. Es ist auch denkbar, derartige flache Körbe auf einer steilen Böschung im Colcret-Verfahren zu einer Betondecke zu vergießen, ohne daß die Gefahr des Zusammenrutschens der Böschung entsteht.

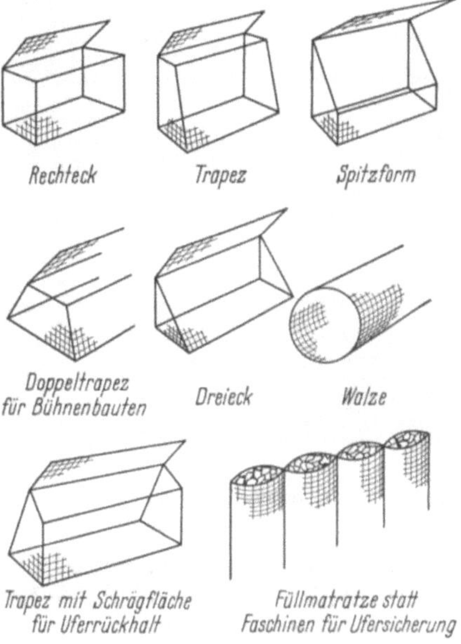

Abb. 4. Drahtkörbe für Steinpackungen

Der Preis wird nach der abgewickelten Fläche berechnet. Die Abb. 5 zeigt die Anwendung für eine Wildbachverbauung, die Abb. 6 die Sicherung einer Straßenböschung gegen einen Bach. Auch im Lawinenschutz und für Buhnenbauten werden derartige Körbe verwendet, deren Länge bis 5 m beträgt.

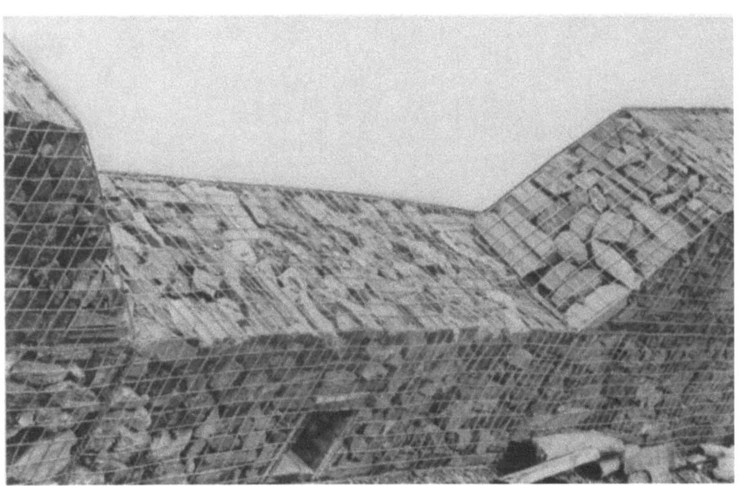

Abb. 5. Schwelle für eine Wildbachverbauung (Abb. 5 u. 6 vom Archiv Süd Eisen & Stahl GmbH)

Bei Einschnitten in felsigen Hang kann es bei tiefgreifender Verwitterung leicht zu Rutschungen kommen, gegen welche oft schon eine leichte Stützkonstruktion ausreichenden Schutz gewährt. Abb. 7a zeigt die Wirkung deutlich. Ein Strebepfeiler wird durch fächerartig angeordnete Felsanker hinreichend tief hinter der denkbaren Rutschebene gesichert und durch deren Vorspannkraft gegen die Halde gepreßt. Von der Pfeilerrückfläche strahlt die Druckspannung gewölbeartig in das Gebirge und hindert die Entwicklung von Gleitflächen.

Im Flachland ist das Problem des Böschungsschutzes meist an das Vorhandensein feinkörniger Sande gebunden, der durch Wasser und Wind transportiert werden kann. Bei Baugruben — die in einem späteren Abschnitt behandelt werden — handelt es sich zumeist dabei noch um vorübergehende Maßnahmen, deren Kosten daher möglichst niedrig gehalten werden sollen. Es kann daher von Interesse sein zu sehen, wie die Amerikaner mit den Sandverwehungen fertig werden, die entlang der Bahnlinien noch schwierigere Probleme aufwerfen als Schneeverwehungen.

Abb. 6. Straßenböschung aus Steinkörben

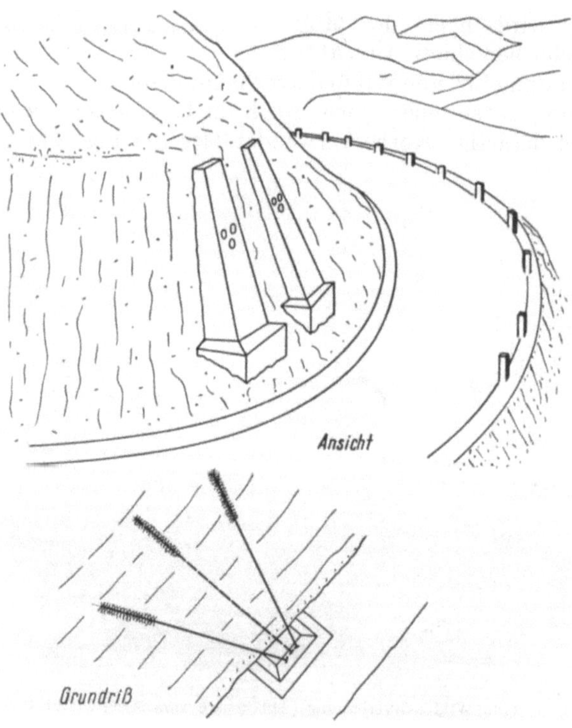

Abb. 7. Hangsicherung durch Strebepfeiler mit Felsankern

Die Internationale Bitumen Emulsions Corporation, San Francisco, Calif., hat Werkzüge, bestehend aus Dampflok mit Tender, Pumpen und Gerätewagen und 2 Tankwagen, die von der Lok her beheizt werden können, zusammengestellt, die mit einer Besatzung von 16 Mann mit 25 km/Std. mehrmals eine Strecke abfahren und Bitumenemulsion von 45 °C aus zahlreichen Düsen schwenkbarer Spritzrohre auf die Böschung versprühen. Eindringung bei Feinsand 1 cm, bei Grobsand 2 cm. Verbrauch 1,4 bis 4 l/m². Grassaat wird im Keimen nicht behindert.

1.5 Bodenverfestigungen

1.5.1 Verdichtung von rolligen Böden

Die Lagerungsdichte wird in Prozent angegeben, wobei 0 % der lockersten Lagerung, 100 % der dichtesten Lagerung entsprechen. Es ist bekannt, daß beim idealen Einkornaufbau (Kugelhaufen) das Porenverhältnis $n = \dfrac{\text{Poren}}{\text{Gesamtvolumen}}$ für die lockerste Lagerung 0,48 für die dichteste Lagerung 0,26 ist; hier wären also die Grenzen der Lagerungsdichte 0 % = 0,48 und 100 % = 0,26. Jede mögliche Lagerungsdichte läßt sich also in einer %-Zahl angeben, die allerdings nur dadurch ihren Sinn bekommt, daß man die Grenzwerte der dichtesten Lagerung n_d und der lockersten Lagerung n_0 kennt. Bei einer Fehlbestimmung eines Grenzwertes können im Ergebnis also durchaus Werte unter 0 und über 100 % auftreten. Die zu den verschiedenen Verdichtungszuständen und -graden gehörigen Porenziffern sind

allgemein $\qquad \varepsilon = \dfrac{n}{1 - n}$,

lockerste Lagerung $\varepsilon_0 = \dfrac{n_0}{1 - n_0}$, dichteste Lagerung $\varepsilon_d = \dfrac{n_d}{1 - n_d}$.

Der Verdichtungsgrad ist bestimmt durch die Beziehung

$$D_r = \frac{\varepsilon_0 - \varepsilon}{\varepsilon_0 - \varepsilon_d}$$

und ergibt folgende Bereiche:

D_r	0 bis 0,33	0,33 bis 0,67	0,67 bis 1,00	> 1,00
Bezeichnung	locker	mitteldicht	dicht	sehr dicht
Bei Rüttlung	————— Verdichtung ————→ 0,8			1,0 ←—— Auflockerung ——→

Innerhalb der Werte $D_r = 0,8$ bis $1,0$ ist Rütteln kaum erfolgreich und meist unwirtschaftlich.

Die notwendige Lagerungsdichte hängt weitgehend von der Art der Belastung ab. Bei ruhender einfacher Belastung ohne wesentliche Schwankungen (normaler Wohnungsbau, einfache Industriehallen ohne Erschütterungen) genügt eine Lagerungsdichte von 50 % (nicht zu verwechseln mit Porenanteil!), also dem Mittel zwischen lockerster und dichtester Lagerung.

Können dagegen Erschütterungen durch Maschinen, lebhaft wechselnder Grundwasserstand, ja auch lebhafter schwerer Lastwagenverkehr (Straßenumlegung!) Rammarbeit in der Nähe, Wasserentzug durch Dränage und Pumpwerke und dgl. Störungen auftreten, dann reicht dieser Mittelwert nicht mehr aus; in harmlosen Fällen erfolgt gleichmäßige allmähliche Setzung bis zur optimalen Lagerungsdichte oder bei ungünstigen Verhältnissen plötzlicher Einbruch mit Schadensfolgen.

Prof. LORENZ berichtet über einen Fall, der um 1930 bei einem Berliner Großkraftwerk Fundamentsetzungen unter Kugelmühlen um mehrere dm hervorrief. Zur Abfangung dieser Sackungen wurden nachträglich Rammpfähle eingebracht und damit die Erschütterungen in tiefere Schichten übertragen, wo die Lagerdichte noch nicht durch Erschütterungen verbessert war. Das Ergebnis waren weitere Sackungen um fast 100 cm.

Dieses Beispiel zeigt, welche Bedeutung gerade für dynamisch beanspruchte Fundamente der Untersuchung des Bodens auf die vorhandene Lagerungsdichte zukommt.

Abb. 8. Isotopensonde der DBP zur Kontrolle der Bodendichte

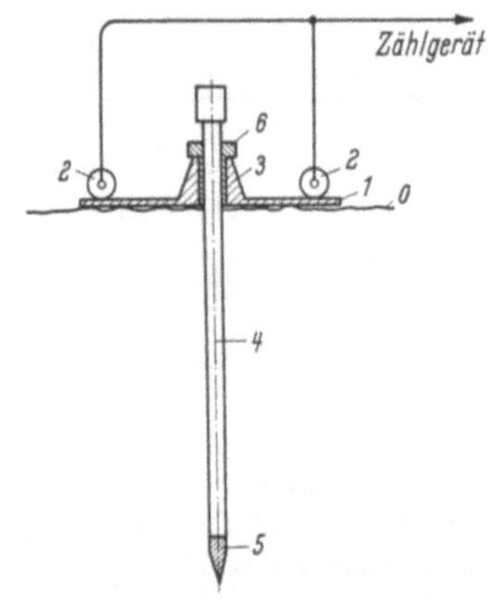

Abb. 9. Prinzip der Isotopensonde *0* Bodenoberfläche; *1* Rost des Gerätes; *2* Geigerzähler; *3* Sondenführung; *4* Sondenrohr; *5* Isotop; *6* Dichtung

Die Feststellung der Lagerungsdichte aus ungestörten Bodenproben ist Sache der Bodenprüfanstalten; es ist aber auch möglich, eine schnelle Felduntersuchung durchzuführen, wofür neuerdings radioaktive Isotope eingesetzt werden. Es besteht eine Beziehung zwischen der Bodendichte und der Absorption der γ-Strahlen[1], die dazu benutzt wird, die Dichte einer mechanisch verdichteten Schüttung und die Dichte des natürlich gewachsenen Bodens zu vergleichen, was mit einem bei der Deutschen Bundespost entwickelten Gerät leicht geschehen kann. Das Gerät zeigt die Abb. 8[2] im Einsatz und die Skizze Abb. 9 verdeutlicht das Prinzip.

Die Sonde hat nur 14 mm Durchmesser, sie wird in vorher geschlagene Löcher eingeführt und trägt in der Spitze das Isotop. Man operiert mit Kobalt 60 und Caesium 137, letzteres ist bei gleichem Preis wie Kobalt mit 33 Jahren Halbwertzeit günstiger als Kobalt mit 5,3 Jahren. Auf dem Rost des einfach auf den Boden zu setzenden Gerätes befinden sich 2 Geigerzähler, die von der Sondenspitze etwa 70 cm Abstand haben. Gezählt werden die im Geigerrohr aufgenommenen Impulse in einem Registriergerät, das einen einfachen Gesprächszähler der Bundespost enthält. Nach einer vorbestimmten Impulszahl wird die Zeit abgestoppt. Für Vergleiche zwischen Grabenfüllung und Nachbargelände reichen diese Meßgeräte aus; will man Absolutwerte haben, so sind Eichkurven notwendig, die auf logarithmischem Papier gerade Linien darstellen. Man will mit diesem Gerät, das noch erprobt und in seinen Grenzanwendungen studiert wird, während der Arbeit schnell feststellen, ob Nachverdichtungen verlangt werden müssen bzw. welchen Verdichtungsgrad man erreicht hat. Die Strahlungsgefährdung

---

[1] Prof. Dr.-Ing. H. LORENZ: Über die Messung der Lagerungsdichte des Baugrundes mittels radioaktiver Isotope. Baumasch. Bautechn. 1 (1954) S. 173 ff.

[2] Dipl.-Ing. E. DOLDINGER und Dr. W. REUSSE: Kontrolle der Bodenverdichtung durch Strahlungsmessungen. Baumasch. u. Bautechn. 5 (1958) H. 6, S. 203 ff.

beim Umgang mit dem Gerät soll bei Beachtung der Benutzungsregeln nicht höher als bei einer Armbanduhr mit Leuchtzifferblatt sein.

1.5.1.1 Oberflächenverdichtung durch künstliche Vorbelastung

Die einfachste Methode ist die Belastung des Geländes, wobei abzuwarten ist, bis der Verdichtungsgrad erreicht ist, welcher zu der beabsichtigten späteren Flächenpressung gehört. Der Boden muß dafür jedoch innerhalb einer verfügbaren Zeit verdichtungsfähig sein. Die Auflast muß aus billigem Material bestehen und ohne große Kosten aufgebracht und später wieder entfernt werden können. Zweckmäßig ist eine Überbelastung, weil der Boden nach der Entfernung der Auflast um ein gewisses Maß wieder hochkommt. Die Standard Oil Co. in Bayonne, N. Y., hat auf einer Stelle, auf welcher später ein Tank errichtet werden sollte, mit Raupenschürfwagen etwa 20 000 m³ Sand zu einem Hügel zusammengeschoben, der eine höhere Belastung darstellte als der spätere Öltank. Nach 10 Monaten war der Boden hinreichend verdichtet und es konnte eine Pfahlgründung erspart werden.

Dieses Verfahren ist für jeden Boden anwendbar, ob es sich lohnt, kann vorher mit ziemlicher Sicherheit festgestellt werden. Insbesondere wenn es sich um bindige Böden handelt, hat man es zum Austreiben des Porenwassers benützt, wie dies bei Sanddränagen noch näher ausgeführt wird.

1.5.1.2 Oberflächenverdichtung durch mechanische Mittel

Die Behandlung des Untergrundes geschieht von der Oberfläche her und hat nur eine beschränkte Tiefenwirkung. Die bekannten Verfahren, Stampfen und Walzen, sind für lagenweise Schüttungen entwickelt, sie gehören damit zum Erdbau (Dammbau, Straßenbau) und können hier nur kurz behandelt werden.

Die einfache mechanische Verdichtung wirkt nur von 5 cm bis auf 80 cm je nach Boden und Gerät in die Tiefe, weshalb der Schichtaufbau bei Schüttungen dieses Wirkungsmaß nicht überschreiten darf. Walzen üben einen überwiegend statischen Druck aus. Sie sind als Dreiradwalzen von 3,25 bis 16,5 t, Tandemwalzen von 6 bis 11 t, dreiachsige Tandemwalzen von 10 bis 12 t und als Vibrations-Tandemwalzen von 3 t bekannt. Als Antrieb sind sie heute durchweg mit Dieselmotoren ausgerüstet. Ihre Wirkung hängt vom Gewicht ab. Eine glatte Walze von 2 t wirkt nur auf 5 bis 7 cm, eine solche von 16,5 t auf 10 bis 15 cm Tiefe; die angehängte Schaffußwalze wirkt bis etwa 30 cm, während erst die Vibrations-Tandemwalzen als selbstfahrende Geräte bis auf 80 cm wirken können. Insbesondere für großflächige Verdichtungen sind die nicht selbstfahrenden Gummiradwalzen mit belastbarer Plattform entwickelt, die zwischen den Rädern eine gewisse Knetwirkung zeigen und für eine innige Durcharbeitung des Schüttgutes die Schaffußwalzen, die ebenfalls geschleppt werden müssen.

Die Lastschlepper für diese schweren Geräte müssen selbst schwer sein und sind vielfach mit Riesenluftreifen und gröbstem Reifenprofil ausgerüstet.

In Amerika hat man die Leistungsfähigkeit solcher schweren Zugmaschinen, Schrapper u. dgl., die auf Riesenreifen laufen, dadurch zu steigern gewußt, daß man die Reifen bis zu max. 74% mit Wasser füllt.[1]

Dadurch erhöht sich das Gewicht des Gerätes nicht unerheblich. Ein 40 cm breiter Reifen kann um 500 bis 700 kg schwerer werden. Ein Tourneautraktor, der auf allen vier Reifen mit Wasser teilgefüllt und damit um rund 2,5 t zusätzlich belastet wird, besitzt eine um 2 t höhere Zugkraft. Die Rutschgefahr und der Lauffflächenverschleiß werden vermindert und die Notwendigkeit einer Luftnachfüllung wegen Druckverlust tritt weniger häufig auf. Gegen Frostgefahr

---

[1] Werbeblatt Le Tourneau Westinghouse Comp.

kann ein Frostschutzmittel zugesetzt bzw. eine Calcium-Chlorid-Lösung eingefüllt werden. 500 g Calcium-Chlorid auf 1 l Wasser schützen gegen Frost bei 40 °C unter Null.

Dieses Verfahren scheint sich nach einer ersten Anregung recht eingebürgert zu haben; es sind in USA spezielle Mundstücke für die gebräuchlichen Fahrzeugschläuche und Spezialpumpen zu haben[1], mit denen die Füllung vorgenommen wird. Man weist darauf hin, daß die Füllung den Schwerpunkt des Fahrzeuges herunterzieht und empfiehlt, zur weiteren Gewichtserhöhung stets Calcium-Chlorid zuzusetzen. Offenbar hat man sogar Reifen zu 100 % mit Wasser gefüllt, da die Hersteller wenigstens für Fahrzeuge mit größeren Geschwindigkeiten davor warnen.

Stampfgeräte der Delmag, Eßlingen

Die nächste Gerätegruppe zur Verdichtung von der Oberfläche her umfaßt die Stampf- und Rammgeräte, als deren Prototypen die Geräte der Delmag Maschinenfabrik Reinhold Dornfeld, Eßlingen am Neckar, genannt seien.

Leistung und Verbrauch der Delmag-Stampfer
(nach Angabe der Hersteller)

Überstampfen von Boden			H_1	H_2
schwerer Boden...	Schütthöhe bis 30 cm	Tiefenwirkung 25 bis 40 cm	einmaliger Arbeitsgang 120 m²/Std. zweimaliger Arbeitsgang 70 m²/Std.	
leichter sandiger Boden.........	bis 50 cm	35 bis 50 cm	dreimaliger Arbeitsgang 50 m³/Std.	
Klinkerpflaster mit Gummikappe abrammen ...			50 bis 70 m²/Std.	
Einmaliges Abstampfen von Betonflächen (Unterbeton, Straßendecken) mit Führungsgestänge			bis 150 m²/Std.	
Kleinpflaster, Großpflaster, Packlage in einem Durchgang abrammen			40 bis 60 m²/Std.	
Aufbrechen von Straßendecken, Felsplatten, gefrorenem Boden mit Meißel, auch schwerem Tonboden mit Spatenmeißel			15 bis 30 m²/Std.	
Hubraumvolumen			1,128 l	1,718 l
Benzinverbrauch in 8 Std.			2 bis 2,5 l	3 bis 3,5 l
Ölverbrauch in 8 Std.			0,2 l	0,2 l
Sprunghöhe			35 cm	40 cm
Schlagzahl			60 bis 80 je Min.	60 bis 80 je Min.
Leistung je Schlag			24 mkg	35 mkg
Ungefährer Druck unter Stampffläche beim erstmaligen Arbeitsgang .... bei späteren Arbeitsgängen			1,265 kg/cm² 15,80 kg/cm²	1,32 kg/cm² 16,55 kg/cm²
Gewicht des einsatzbereiten Gerätes			73 kg	106 kg

Hierbei handelt es sich um Explosionsrammen, die durch 2-Takt-Mischung als Treibstoff selbstschmierend sind. Die Typen H 1 mit 65 kg und H 2 mit 100 kg Gewicht sind durch Anbauteile in einfachster Weise als Mehrzweckgeräte verwendbar. Abb. 10 zeigt die Grundeinheit, die für jeden Verwendungszweck benötigt wird und die Anbauteile. Mit einem großflächigen Anbauteil wird die

---

[1] Lieferant der „Special Air-water adapters", bei denen die Luft im Maße der Wasserfüllung entweicht, ist A. Schraders Son, 470 Vanderbilt Ave., Brooklyn 38, N.Y.

Bodenstampfung vorgenommen, eine Gummikappe wird bei Pflasterrammung zur Schonung von Ramme und Pflaster über den Stampffuß gezogen. Durch ein Führungsgestänge gewinnt der Bedienungsmann einen wünschenswerten Abstand vom Gerät, der einen senkrechten Aufschlag und damit eine ebene Fläche ermöglicht. Bei Boden-

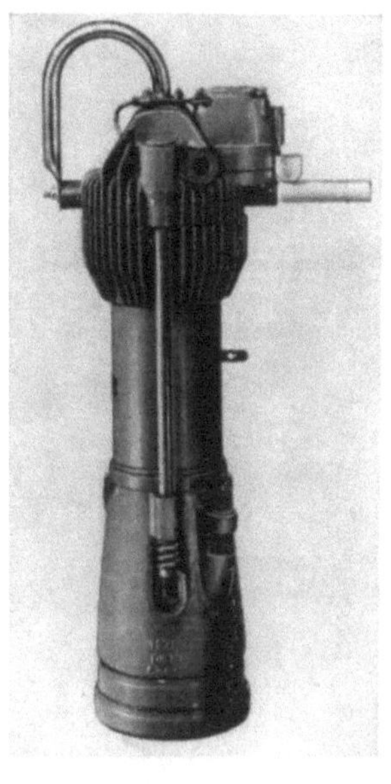

a

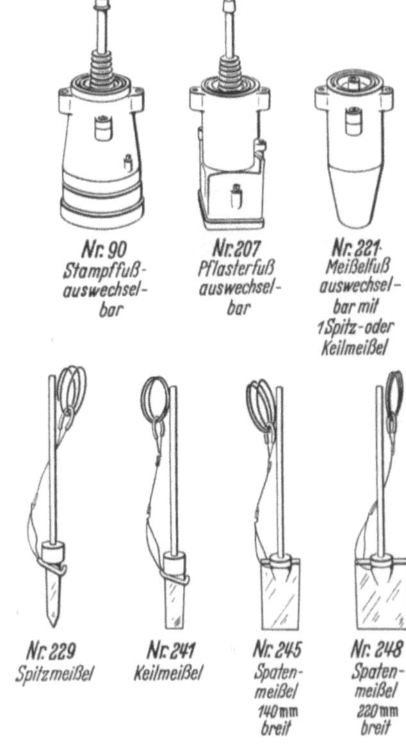

b

c

d

e

Abb. 10 a—e. Delmag-Stampfgerät mit Zusatzteilen und im Einsatz als Stampfer und Meißel

stampfung kann ein Stampfholz von 340 mm Durchmesser angesetzt werden. Durch Ansetzen entsprechender Pflasterfüße für Kleinpflaster und Großpflaster kann Packlage und Pflastersetzung bearbeitet werden. Durch Einsetzen von Meißeln in den Pflasterfuß kann Aufbrucharbeit geleistet werden.

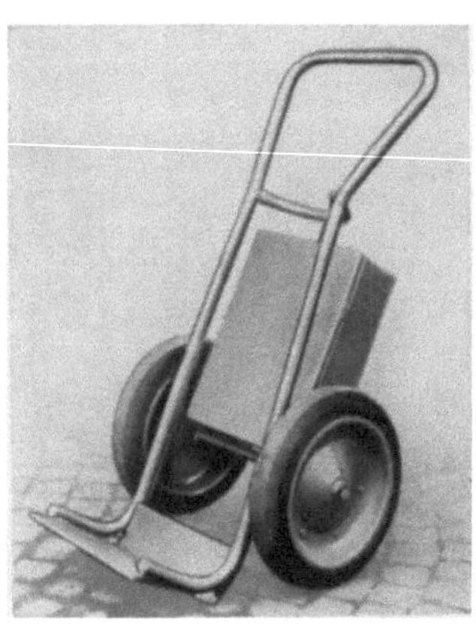

Abb. 11. Delmag-Transportkarre
für Stampfgeräte

Abb. 12. Delmag-Stampfer sog. Frosch

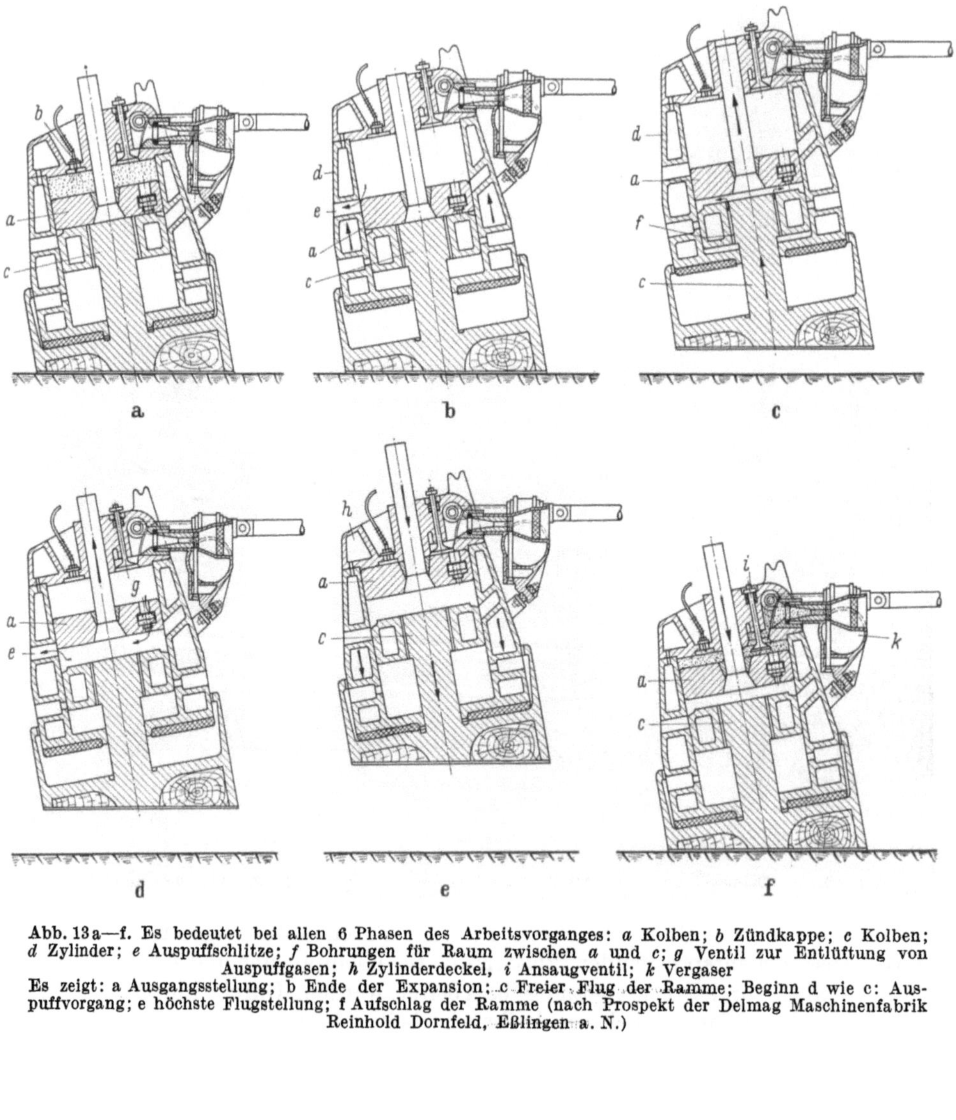

a   b   c

d   e   f

Abb. 13a—f. Es bedeutet bei allen 6 Phasen des Arbeitsvorganges: *a* Kolben; *b* Zündkappe; *c* Kolben;
d Zylinder; *e* Auspuffschlitze; *f* Bohrungen für Raum zwischen *a* und *c*; *g* Ventil zur Entlüftung von
Auspuffgasen; *h* Zylinderdeckel, *i* Ansaugventil; *k* Vergaser
Es zeigt: a Ausgangsstellung; b Ende der Expansion; c Freier Flug der Ramme; Beginn d wie c: Aus-
puffvorgang; e höchste Flugstellung; f Aufschlag der Ramme (nach Prospekt der Delmag Maschinenfabrik
Reinhold Dornfeld, Eßlingen a. N.)

Es sei hier erwähnt, daß als Zusatzteile zu den Meißelfüßen auch Rammfüße für leichte Holzspundbohlen und Kanaldielen verfügbar sind, und durch Einsatz von besonderen Kolbenstangen und Aufschlagplatten auch leichte Pfähle mit diesen vielseitigen Geräten eingetrieben werden können.

Eine leichte gummibereifte zweirädrige Transportkarre, Abb. 11, nach dem Prinzip der Sack-Karre ermöglicht es, mit den bestens eingeführten Handrammen leicht überall hinzukommen.

Ein größeres Gerät ist der Delmag-Frosch, der in den Größen 500 und 1000 kg geliefert wird und ebenfalls mit Autobenzin/Autoöl-Gemisch arbeitet. Das Prinzip ist das gleiche wie bei den Stampfhammern. Abb. 2 und 3a—f zeigen dieses Gerät und die Arbeitsweise.

Die nach vorne geneigte Zylinderachse bewirkt, daß der bei jedem Hub je nach Härte des Absprunges 30 bis 40 cm hoch fliegende Frosch gleichzeitig auch etwa 15 cm weiterspringt.

Die Verdichtungsarbeit wird durch den Explosionsdruck beim Absprung, den Aufschlagdruck und die Erschütterung beim regelmäßigen Arbeiten geleistet.

Die technischen Daten sind für den Delmag-Frosch:

Type	F 5	F 10
Gewicht	500 kg	1000 kg
Schlagzahl	50 bis 60 je Min.	50 bis 60 je Min.
Schlagleistung	175 mkg	360 mkg
Benzinverbrauch............................	5 l/Std.	10 l/Std.
Stampffläche	$\varnothing$ 70 = 3850 cm²	$\varnothing$ 91 = 6500 cm²
Zulässige Schütthöhe je nach Boden	40 bis 70 cm	60 bis 90 cm
Leistung bei einmaligem Überstampfen	160 bis 200 m²	220 bis 300 m²
Ungefährer Druck unter Stampffläche im ersten Arbeitsgang	0,568 kg/cm²	0,706 kg/cm²
bei weiteren Arbeitsgängen	7,56 kg/cm²	9,43 kg/cm²

Der angegebene Druck unter der Stampffläche versteht sich unter der Annahme einer mittleren Verdichtungsarbeit, die durch erfahrungsgemäß festgestellte Bremswege (Verdichtung) von 8 cm im ersten Arbeitsgang und 6 mm bei weiteren Arbeitsgängen charakterisiert ist.

Auch für den Frosch ist ein luftbereifter Transportwagen von 245 bzw. 295 kg Eigengewicht entwickelt, der gleichzeitig als Montagegerät dient. Als Anhänger ermöglicht er, das Gerät auch bei schlechten Bodenverhältnissen mit 20 km/Std. zu befördern.

1.5.1.3 Schwingungsverdichter

Auch diese setzen verdichtungswilligen Boden voraus, d. h. also rolligen Boden, der allenfalls noch schwach tonig sein darf. Sie reichen tiefer in den Boden als jede Stampfung. Jedoch ist ihre Einsatzmöglichkeit vorweg zu prüfen. Jeder Boden hat eine gewisse Federung und es besteht zwischen dem vibrierenden Gerät und dem Boden ein optimaler Frequenzbereich, nämlich die Resonanz, bei dem sich in weitem Bereich die Bodenteilchen reibungsfrei gegeneinander bewegen können und ihre dichteste Lagerung nur durch zusätzliche Mittel erzwungen werden kann (unter Druck, strömendem Wasser, Auflast). Praktisch wird aber bei Resonanz das Gerät enorm beansprucht. Trotzdem begnügte man sich zunächst mit einer nahezu konstanten Frequenz der einzelnen Rüttler. Jedoch sind heute größere Geräte weitgehend regelbar.

Der Boden ist in erdfeuchtem Zustand am stärksten zu verdichten, wassergesättigter Boden geht sehr bald über ein Verdichtungsmaximum wieder in einen aufgelockerten Zustand über, trockener Boden bildet sehr schnell ein inneres stützendes Gerüst aus und ist am wenigsten verdichtungswillig.

Da ein zu langes Rütteln eher schädlich als nützlich ist, soll die Fortbewegung des Rüttlers etwa 5 cm/Sek. betragen bzw. das Rütteln an einer Stelle nicht übermäßig ausgedehnt werden.

Bekannte Geräte sind:

Vibromax, vom Losenhausenwerk, Düsseldorf

Größe der Typen	AT 5000	AT 1000	AT 200/600
Gewicht in t	1,5	0,5	0,2
Frequenz in Hz	12 bis 25	47	47
Schütthöhe in m = Tiefen-wirkung	0,5 bis 1,00	0,4	0,3
Leistung in m²/Std.......	250	100	45
Energiebedarf	11 PS	1 kW	0,3 kW

2 l Brennstoff je Arbeitsstunde

Die Wirkung des AT 5000 auf erdfeuchten mittleren Sand war bis 0,8 m Tiefe optimal (D = 1,0), darüber hinaus bis 1,30 m Tiefe noch gut (D = 0,66).

Eine weltbekannte Spezialfirma für Vibratoren und leichte Verdichtungsgeräte ist die seit 1848 bestehende Maschinenfabrik Gebr. Wacker KG in München. Neben den Innen- und Außenrüttlern zur Betonverdichtung werden Stampfer

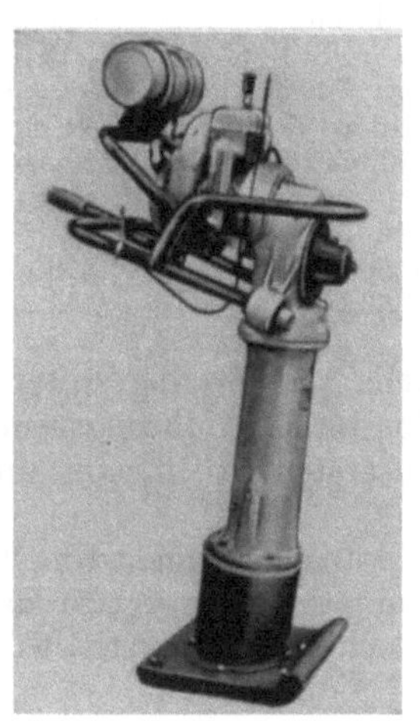

Abb. 14 a   Abb. 14 b

Abb. 14a—e. Geräte der Gebr. Wacker KG, München, zur Bodenverdichtung
Die Buchstaben entsprechen der Tabellenangabe (s. S. 27)

und Plattenverdichter hergestellt, die für Schüttgüter aller Art, Schotter, Kies, Sand, Beton, Erde geeignet sind und zur Verdichtung zugefüllter Gräben, der Sauberkeitschicht in Baugruben, für Böschungen und den Unterbeton für Bauwerke aller Art herangezogen werden. Die nachstehende Tabelle gibt einen Überblick über die hierfür angebotenen Typen, von denen Abb. 14 jeweils ein Gerät der verschiedenen Typen zeigt. Abb. 15 zeigt das Rüttelprinzip.

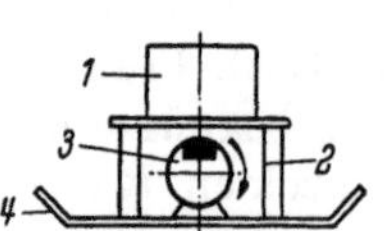

Abb. 15. Rüttelprinzip
der Wacker-Geräte
1 Antriebsmotor;
2 Dampfung;
3 Vibrationserreger;
4 Verdichtungsplatte

Speziell für den Verdichtungsvorgang im Erd- und Straßenbau und mit größeren Geräten für Dammbauten entwickelte die Firma Losenhausenwerk, Düsseldorfer Maschinenbau AG, ihre Serie, die in der Tabelle zusammengestellt und in Abb. 16 im Einsatz gezeigt sind.

Tabelle Wacker-Geräte

	Gerät	Bezeichnung	Betriebs-gewicht kg	Motor-leistung PS	Schlag- bzw. Schwing-zahl/Min.	Zentrifugal-kraft kg oder Schlagkraft mkg/Sek.	Benzin-ver-brauch l/Std.	Stampf-einsatz bzw. Platten-größe cm	Arbeitsleistung m²/Std. oder Schütthöhe cm	Bezug auf Ab-bildung
1	Vibro-Stampfer	BS 50 K	50	1,75	450/650	19,3 mkg/Sek.	0,6	28 × 33	120 m² bis 35 cm	a
2	Vibro-Stampfer	BS 150	150	4,50	450	40,0 mkg/Sek.	1,2	44 × 36,5	200 m² bis 50 cm	b
3	Vibro-Platte	BVPN 50	52	1,75	4100	650 kg	0,6	48 × 50	75 m²	c
4	Vibro-Platte	BVPN 75	130	4,5	3600	1000 kg	1,2	73 × 50	200 m²	
5	Vibro-Platte	BVPN 90	150	4,5	3600	1000 kg	1,2	90 × 50	200 m²	
6	Vibro-Platten-Kombination (auswechselbar)	BVPN 40/50/60	48 52 56	1,75 1,75 1,75	4100 4100 4100	650 kg	0,6	38 × 50 48 × 50 58 × 50	etwa 75 m²	d
7	Wacker-Hammer[1]	BHF 25	25	1,75	250 bis 850 (Drehgas)	etwa 3 mkg	0,5	Meißel Spaten Stopfer		e

[1] Mit auswechselbaren Werkzeugen verschiedener Formen und Größen.

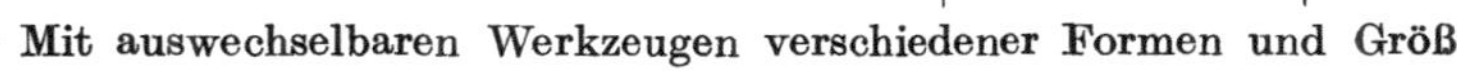

Abb. 14 c

Abb. 14 d

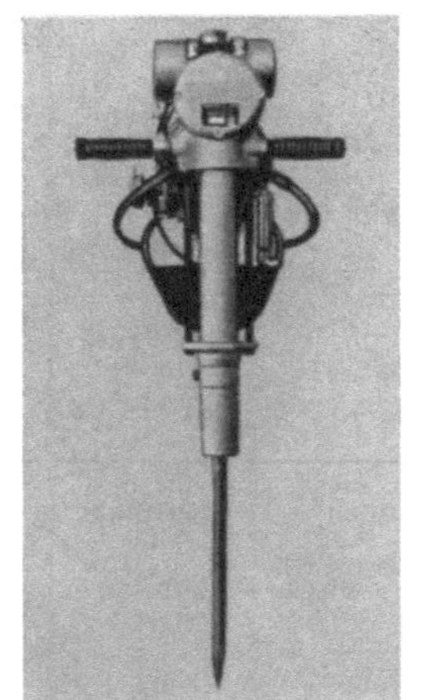

Abb. 14 e

Tabelle Losenhausenwerk

1	2	3	4	5	6	7	8	9	10	11	12
Teile	Gerät	Bezeichnung	Betriebsgewicht in kg	Motorleistung in PS	Benzin in l/Std. oder Strombedarf in kW/Std.	Schwingungen n je Minute	Zentrifugalkraft in kg oder Schlagkraft in mkg/Sek.	Stampfplattengröße oder Arbeitsbreite B in m	Arbeitsleistung in m²/Std. oder Schütthöhe in cm	Tiefenwirkung (je nach Boden unterschiedlich) etwa m	Bezug auf Abbildung
1	Vibromax-Flächenrüttler	AT 200/600	40	0,5	220/380 V 0,37 kW	2800	0 bis 600 kg stufenlos einstellbar	0,48 × 0,48 oder 0,36 Ø auswechselbar	80 bis 120 bzw. 40 bis 60	bis 0,30	a
2		AT 700/1700	150 200	1,4	220/380 V 1 kW	2800	0 bis 1700 kg stufenlos einstellbar	0,80 × 0,80 oder 0,55 Ø auswechselbar	140 bis 180 bzw. 100 bis 120	bis 0,40	
3	Vibromax-Bohlen	VB 1000	35				AT 200/600	0,30 × 1,20 $B = 1,00$			b
4		VB 1500	97		in Verbindung mit		AT 700/1700	0,60 × 1,80 $B = 1,50$			
5		VB 2000	125				AT 700/1700	0,60 × 2,30 $B = 2,00$			
6	Vibromax-Flächenrüttler	AT 2000	etwa 600 (mit Anbauplatten etwa 660)	6 2000 U/Min.	1,1 l/Std. Dieselkraftstoff	400 bis 1200 regelbar	1000 1500 2000 einstellbar	0,625 × 1,02 1,04 × 1,02	200 bis 600 mit Anbauplatten bis 900	bis 0,50 bis 0,30	c
7		AT 5000 ohne Anbaustampfplatten ohne Zusatzgewichte	1520	11 (Diesel)	2 l/Std. Dieselkraftstoff	600 bis 1200 regelbar	bis 5000 regelbar	1 m²	800	0,6 bis 0,8	d
		ohne Anbaustampfplatten mit Zusatzgewichte	1800						600	0,7 bis 1,20	
		mit Anbaustampfplatten ohne Zusatzgewichte	1700					1,5 m²	1000	0,3 bis 0,6	
		mit Anbaustampfplatten mit Zusatzgewichte	1980						600	0,5 bis 0,8	
8	Vibromax-Kranrüttler	KR 20000	7800	75 (6 Zyl.)	15 l/Std. Dieselkraftstoff	Stufenregelung: 1 400 bis 850; 2 500 bis 1000; 3 600 bis 1150; 4 700 bis 1350; 5 800 bis 1550	in allen Stufen regelbar von 5000 bis 20000	1,5 × 1,5 = 2,25 m²	etwa 200	1,0 bis 3,0	e

a   b

c

d   e

Abb. 16a—e. Geräte der Fa. Losenhausenwerk, Düsseldorf
Die Buchstaben entsprechen der Tabellenangabe (s. S. 28)

Die Ed. Linnhoff Maschinenfabrik, Berlin und Northeim/Hann., hat den
Bodenrüttler EL 6000 auf den Markt gebracht, der folgende Daten aufweist:

Betriebs-gewicht	Motorleistung	Brennstoff-verbrauch	Schwingzahl	Zentrifugal-kraft	Stampf-platte	Arbeits-leistung	Tiefen-wirkung
1750 kg	25 PS VW-Indu-strie-Motor	3 bis 4 l/Std.	600 bis 1200 je Min.	bis 6000 kg	1 m²	0,6 kg/cm²	bis 1 m

Dem Prospekt dieses Gerätes ist die schematische Darstellung des Rüttel-
mechanismus entnommen, die besser als viele Worte die Wirkungsweise ver-

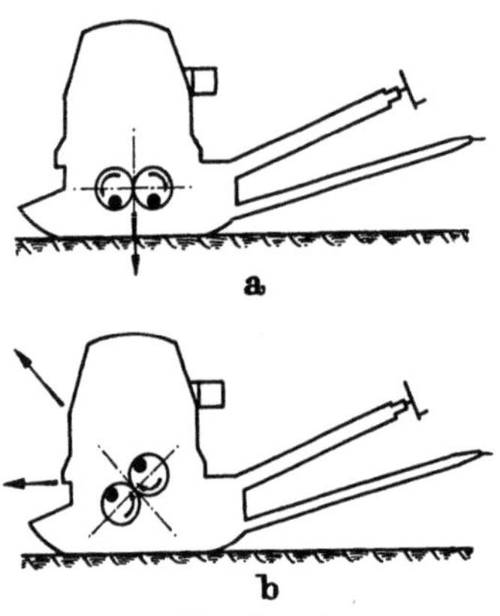

a

b

Abb. 17a u. b

deutlicht. (Abb. 17.) Die um waagerechte Achsen schwingenden Unwuchten sind gekuppelt und schlagen im Fall der Abb. 17a senkrecht nach unten und oben. So arbeiten auch die zum Einrütteln von Rohrpfählen und Brunnen entwickelten Rüttler, die im Abschnitt „Rammen", S. 242 besprochen sind. Die Schlagkraft wächst mit der Drehzahl und ist bei dem EL 6000 von 600 bis 6000 kg regelbar. Die Stellung der Unwuchten nach Abb. 17b dient der Vorwärtsbewegung.

Bohn & Kähler-Geräte

Die bekannte Motoren- und Maschinenfabrik Bohn & Kähler AG., Kiel, stellt mit zwei Typen ihrer Rüttelverdichter gut eingeführte Geräte zur Verfügung. Die technischen Daten sind der Tabelle zu entnehmen. Die Abb. 18a zeigt sie im Gelände, Abb. 18b mit Transportachse.

Rüttelverdichter der Firma Bohn & Kähler, Motoren- und Maschinenfabrik AG., Kiel

Be-zeichnung	Betriebs-gewicht	Motor-leistung	Schlag- bzw. Schwingzahl	Schlagkraft	Plattengröße	Arbeits-leistung[1]	Tiefen-wirkung	Transport-gewicht[2]
RV 6000	1100	14 PS	600 bis 1600	bis 6000 kg	1,00 × 0,60 m	15 m/Min. / 500 m²/Std.	0,5 bis 1,0	1200 kg
RV 20000	2500	28 PS	750 bis 1750	bis 20000 kg	1,00 × 1,00 m	17 m/Min. / 1000 m²/Std.	1,00	2650 kg (mit Deichsel)

[1] Leistungsangaben für Dauerbetrieb. Bei Höchstleistung bis 40% mehr.
[2] Mit Radsatz.   [3] VW-Industrie-Motor.

Abb. 18a

Abb. 18b

Von Interesse ist die Wahl des VW-Motors, weil hierfür ein dichtes Netz von Kundendienst-Werkstätten zur Verfügung steht, so daß kaum Verlegenheiten mit dem Motor entstehen können.

Bei beiden Geräten kann durch Aufstecken von luftbereiften Rädern und einer Anhängedeichsel ein leichter Transport hinter LKW oder Zugmaschine ermöglicht werden.

Für Freunde einer theoretischen Betrachtungsweise sei auf eine Arbeit von U. BATHOLT verwiesen: „Das Arbeitsverhalten des Rüttelverdichters auf plastisch-elastischem Untergrund." Bautechnisches Archiv, Heft 12, Berlin 1956, W Ernst & Sohn.

1.5.1.4 Tiefenrüttler

Die erreichte Tiefenwirkung der von der Oberfläche her vorgenommenen Behandlungen findet mit rund 25 bis 75 cm beim Stampfen und 75 bis 130 cm beim Vibrieren ihre praktischen Grenzen. In früheren Jahrzehnten galt es in Hamburg als Regel, daß hoch aufgespültes Gelände mindestens 16 Jahre liegen mußte, bevor leichte Bauten darauf gesetzt wurden und 40 Jahre, bevor es für Industrie- und Hafengelände reif war. Daß selbst diese Zeit u. U. nicht ausreicht, zeigte 1955 eine Beobachtung in Brüssel beim Bau des Gebäudes der Assurance Générales. Eine 10 bis 18 m mächtige Sandschicht, die schon rund 100 Jahre lagerte, ergab so schlechte bodenmechanische Werte, daß für das 9geschossige Gebäude statt einer Flachgründung Franki-Pfähle von 8 bis 15 m Länge und 40 cm Durchmesser gewählt werden mußten.

In der Tiefenrüttlung hat man die Möglichkeit gefunden, Wartezeiten auszuschließen.

Es scheint, als ob die Erfindung des Rütteldruck-Verfahrens, wie es in Deutschland heißt, von dem Ingenieur SERGEY STEUERMANN vorgelegt wurde, der auch erstmalig die Beschreibung dieses Verfahrens gegeben hat.[1]

In Deutschland ist die erste Veröffentlichung über das Verfahren 1938 erschienen.[2]

Die erste Ausführung in Deutschland ist in den Jahren 1937 bis 1939 vorgekommen. In den USA, wo es STEUERMANN selbst eingeführt hat, nennt man das Verfahren „Vibroflotation". Etwa seit 1944 haben es die Amerikaner in erhöhtem Maße angewendet. In Deutschland ist das Verfahren mit dem Namen der Firma Joh. Keller GmbH verknüpft und allgemein als „Rütteldruck-Verfahren" bekannt. DRP 595007.

Das Gerät besteht aus folgenden Teilen:

1. der Schwingungsmaschine, einem Stahlrohr von etwa 400 mm Durchmesser von 2,80 m Länge, in dessen oberen Teil ein 30 PS Elektromotor wassergekühlt und völlig gekapselt eingebaut ist, der direkt mit den im unteren Teil untergebrachten Rüttelgewichten (Unwuchten) gekuppelt ist. Die Maschine führt im Betrieb eine seitliche Kreisbewegung aus, deren Durchmesser 50 mm beträgt, wenn das Gerät frei hängt;

2. der Wasserzuführung, die durch die Aufhängerohre zum Rüttler führt und dort das Wasser während der Periode des Einsenkens der Maschine in den Untergrund der Rüttelspitze zuführt und während der Periode des Verdichtens das Wasser oben am Kopf der Schwingungsmaschine austreten läßt.

Der Arbeitsvorgang ist folgender: Abb. 19 (aus amerikanischem Prospekt).

Über dem Boden hängend wird die Schwingungsmaschine auf volle Touren gebracht, dann wird die Bodendüse geöffnet, so daß sich unter dem Gerät ein Sumpf bildet, in den hinein das Gerät eingesenkt wird. Je nach Gelände, Wassermenge und Spüldruck sinkt das Gerät mit 1 bis 2 m je Minute in den Boden. Hierbei tritt schon genau wie beim Einspülen von Pfählen eine gewisse Verdichtung des Bodens ein, die sich durch eine oberflächliche Kraterbildung bemerkbar macht. Wenn die Tiefe erreicht ist, bis zu welcher die Verdichtung erfolgen soll, werden die Bodendüse geschlossen und die Düsen am oberen Rande der Schwingungsmaschine geöffnet. Das Gerät teilt dem Boden seitlich seine volle Schwingungskraft mit. Der Boden wird gleichzeitig vom Wasser durchströmt, was den Setzungsvorgang zu einem wesentlich dichteren Gefüge begünstigt. Die Setzung ist ziemlich genau an der Trichterbildung zu erkennen, wo man neues Material nachfüllen muß, wobei z. B. solche Körnung zugegeben werden

---

[1] 1936 im Journal für Wissenschaft und Technik, Moskau, unter dem Titel „Hydro-Vibration".

[2] Beton u. Eisen (1938) Nr. 1.

soll, die sich gut verdichten läßt. Den Grad der Verdichtung kann man außerdem ständig an dem Amperemeter ablesen. Das Gerät wird jeweils nach Erreichen des Verdichtungsmaximums in einem Zuge um 0,60 bis 1,20 m hochgezogen und die Verdichtung stufenweise wiederholt. Loser Sand wird in etwa 1 bis 3 Min. je steigenden Meter verdichtet. Das Gerät wirkt je nach der Bodenart auf einen Durchmesser von 1,50 bis 3,00 m, wobei eine Bodensäule hoher Festigkeit entsteht. Die Zugabe an Bodenmaterial beläuft sich auf 7,5 bis 20% des zur Verdichtung kommenden Erdkörpers. Erreichbar sind je nach Bodenart Lagerungsdichten, die näher an 100% liegen als am Mittelwert.

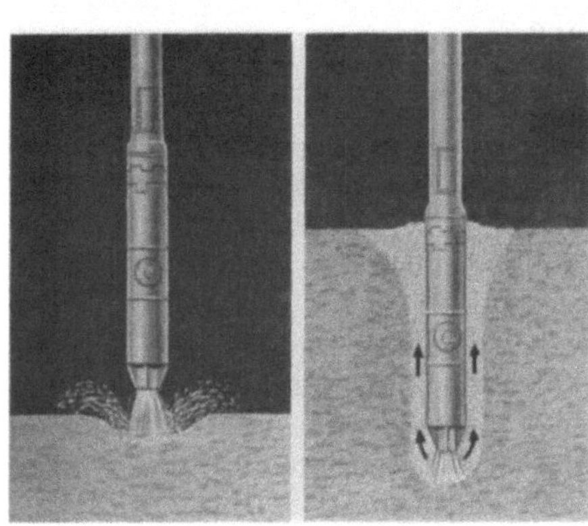
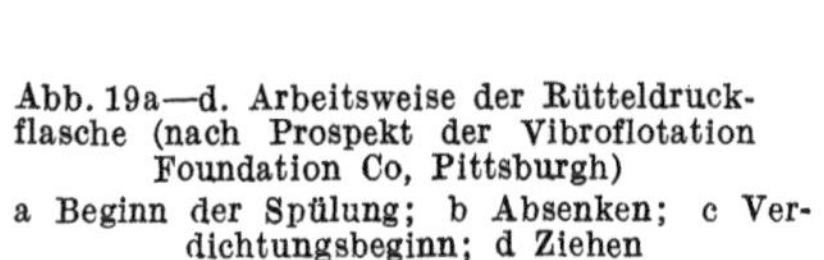
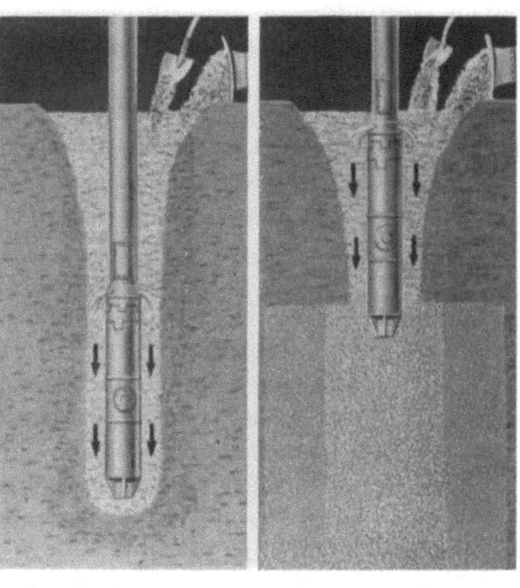

Abb. 19a—d. Arbeitsweise der Rütteldruck-
flasche (nach Prospekt der Vibroflotation
Foundation Co, Pittsburgh)
a Beginn der Spülung; b Absenken; c Ver-
dichtungsbeginn; d Ziehen

Es ist ein Vorteil der Rütteldruck-Methode, daß der seitliche Druck des Bodens trotz Vergrößerung des Lagergewichtes nicht vergrößert wird, so daß man ohne Bedenken auch hinter Spundwänden eine derartige Verfestigung durchführen kann. Zwischen den Zentren der Verdichtung, d. h. also in der Mitte zwischen 2 verdichteten Säulen, wird die Dichte von etwa 70% erreicht. Ton- und Kleigehalt im Sande verringern die Verdichtungsfähigkeit. Am vorteilhaftesten hat sich eine Verdichtung in einem Dreiecksnetz mit max. 2,40 m Abstand der Rüttelzentren erwiesen. Der Überlappungseffekt ist u. U. bei 2,40 m schon recht klein. Der Abstand von 1,80 m ergibt mit großer Wahrscheinlichkeit eine mittlere Verfestigung von 70% des Maximalwertes. Über die Grenzen der Anwendbarkeit muß man sich vor Einsatz des Verfahrens klar sein. Die Wirksamkeit ist gebunden an eine zeitweise völlige Aufhebung von Kohäsion und innerer Reibung des Materials (Schwimmeffekt). Demgemäß können solche Böden, welche diesen Schwimmeffekt nicht zulassen, nach dieser Methode auch nicht verdichtet werden. Alle derartigen Versuche sind bisher fehlgeschlagen. Ein Tongehalt von 5 bis max. 10% schließt diese Methode aber noch nicht aus. Sand und Kies mit Dichten unter 40% sind gut zu verdichten und man erreicht mit 70% eine Mitteldichte, die für ruhende statische Lasten mehr als hinreichend fest ist. Die DIN 1054 fordert 50% für diesen Fall.

Das Verfahren ist dadurch ausgezeichnet, daß mit der Verminderung des Porenvolumens die Zusammendrückbarkeit des Bodens und damit die Setzung vermindert wird, die Tragfähigkeit erhöht und die Durchlässigkeit des Bodens reduziert wird. Ein Vorteil ist es, daß für das Verfahren lediglich Sand und Wasser als Baustoffe benötigt werden, und daß der Verdichtungsprozeß recht schnell vor sich geht. Das Resultat ist nicht abhängig vom Grundwasserstand oder etwa vom Fehlen des Grundwassers.[1]

1.5.1.5 Sprengung als Verdichtungsmittel

In Florida hat man mit bestem Erfolg eine Verdichtung kohäsionsloser Sandablagerungen durch Sprengerschütterung erzielt. Man brachte Bohrungen mit Spülrohren 5 cm Durchmesser hinunter, die unter ihrem eigenen Gewicht in 30 Sek. 6 m Tiefe erreichten. Diese wassergefüllten Löcher, Abstand untereinander allseitig 4,80 m, wurden jeweils mit 10 Patronen Hercules Gelamite (60% Dynamit) besetzt, die Rohre gezogen und die Löcher gut verdämmt. Um nicht den Porenwasserdruck allzu hoch werden zu lassen, mußte er nach jedem Schuß abklingen, d. h. das Wasser abfließen können. Zur Kontrolle wurden Siebfilterrohre zwischen die Sprenglöcher gesetzt, die als Sicherheitsventile wirkten und durch Wasseraustritt die Wartezeit anzeigten, bevor der nächste Schuß gelöst werden konnte, was meist nach 1 Minute der Fall war. Die Wirksamkeit war enorm, schon nach den ersten 5 Schüssen sank die Oberfläche um etwa 60 cm ein. Die Verdichtung des ursprünglich mit 25% relativer Dichte getesteten Bodens war auf 96% gewachsen. Die Kosten betrugen nur 10% der Kostenerhöhung durch eine sonst notwendige Plattengründung.

1.5.2 Verfestigung bindiger und fester Böden

1.5.2.1 Einteilung: Dränagen

Während bei nichtbindigen Böden durch mechanische Mittel (Stampfen, Rütteln, Einschlämmen) eine Verfestigung durch Verdichtung und Beigabe fehlender Körnung möglich ist, versagen diese Mittel bei bindigen Böden.

Zur Verfestigung solcher Böden ist der Wasserentzug das wirksamste Mittel, das sehr oft schon ausreicht, um die primäre Gefahr einer Rutschung zu beseitigen. Der Wasserentzug erfolgt am einfachsten durch Dränagen. Bei der Entwässerung der römischen Campagna hat man Blaugummibäume (Eucalyptus globulus) angepflanzt, weil diese sehr starke Wasserverbraucher infolge hoher Verdunstung sind. Auch Sonnenblumen und Stechginster sind hierfür brauchbar.

Historisch bekannt sind die primitiven aber sehr wirksamen Dränagen der Melioration, wobei solche Dränagen durch Kiespackungen in schmalen, tiefen Gräben oder durch Tonrohrleitungen hergestellt werden. Im Bauwesen wird diese Art der Dränage unter jedem Bauwerk, das in das Grundwasser eintaucht und gegen unteren Wasserdruck geschützt werden soll, eingebaut. Natürlich muß die Dränage einen Abfluß zum nächsten Vorfluter haben, um wirklich Wasser abziehen zu können. Das Tageswasser muß, sofern es nicht vom Gebäude abgehalten oder sofort oberflächlich abgeführt wird, direkte Verbindung mit den unteren Dränagen vorfinden, wenn der Wasserdruck auf die Seitenwände verhindert werden soll. Das geschieht durch den Einbau gröberer Sickerschichten unmittelbar auf den Rückenflächen der zu sichernden Bauteile.

Im Erdbau wird die Dränage in erster Linie zur Sicherung von Böschungen angewendet. Besonders Tonböschungen rutschen häufig auf inneren Gleitflächen, die völlig unregelmäßig vorliegen können. Dies wird dann besonders gefährlich, wenn das Gelände häufig wechselnden Wasserständen unterworfen ist. Meist genügt schon die Entfernung kleinster Wassermengen, um die Rutschgefahr wirksam zu verhindern. Auch die Bohrungen brauchen nur 60 bis 80 mm Durchmesser zu haben. In Kalifornien wurde z. B. ein rutschgefährdeter Hang durch 95 waagerechte Bohrungen von je 35 m Länge ausreichend stabilisiert. Eine solche Dränage ist selbst noch bei sehr weichen Tonböden möglich, die

---

[1] Vgl. hierzu Civ. Engng. Publ. Works 51 N. 599 (May 1956) S. 532ff.

nicht begehbar sind, wobei es gar nicht auf das Volumen der Austrittsmenge ankommt, die aus jedem Rohr kommt. Manches Rohr läuft erst bei Regen, wenn andere versagen. Manchmal wird auch im Ton eine Wasserblase angestochen, die dann als Wassersammler ausgezeichnet zur Dränage beiträgt. Es ist nicht einmal nötig, die Bohrungen in dem Dränrohr sehr fein zu halten, im Gegenteil, Verstopfungen sind bei großen Löchern ungefährlicher als bei kleinen. Gelegentlich sind Auskratzungen der Rohre nötig, aber weit seltener als man annimmt.

a

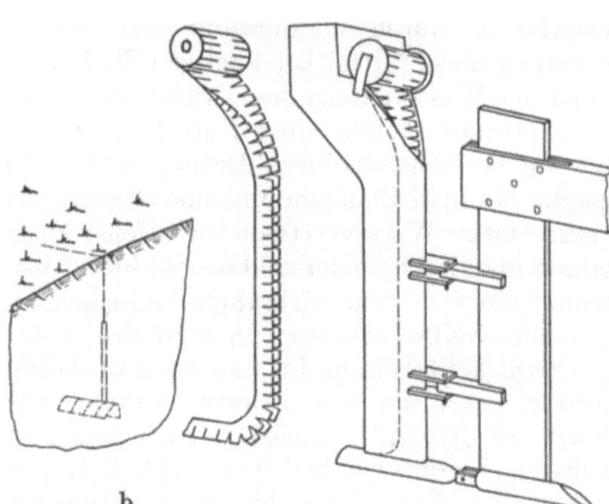

b

Abb. 20 a u. b. Amerikanisches Gerät zum Vorlegen von Dränagen; a im Einsatz; b Einzelteile

Mit einer solchen Dränage erleichtert man dem Wasser das Austreten aus der Schicht, in die es eingedrungen ist, jedoch kann man das kapillar gehaltene Wasser nicht abziehen. Der Boden wird damit also noch nicht sehr weit verfestigt und behält seine Setzungstendenz unter Last bei.

Eine einfache Art, flachliegende Dränagen in nicht zu dicht gelagerten Ackersand und Kiesboden einzupflügen, hat das staatliche Amt für Landwirtschaft in Washington mit einem Traktoranhänger vorgeschlagen, den die Abb. 20a und 20b zeigen.[1]

Eine pflugscharähnliche steife Platte mit Keil geht senkrecht in den Boden, und hinter ihr folgt der „Legestachel", eine Hülse, durch die ein gezahntes unvergängliches Plastikband verformt und in den vom Keil vorgetriebenen Hohlraum hineingeführt wird. Der 15 cm breite Plastikstreifen ist nur 3,8 mm dick und wird zu einem Gewölbe von 5 cm Breite und 6,3 cm Höhe gebogen. Oberhalb des Dräns tritt beim Einbauen automatisch Grobsand aus, der ein Verschlammen der feinen Seitenspalten hindert und einen Sickerschlitz bildet. Das Gerät kann mit 40 m/Min. durch geeignetes Feld gezogen werden. Der Entwurf des Probegerätes stammt von der Caterpillar Tractor Co. und ist für die

___

[1] Nach Engng. News Rec. vom 15. 5. 1958, S. 69.

Type D 4 als Zugmaschine bestimmt. Es wäre keine Schwierigkeit, auch den inneren Raum des Plastikgewölbes mit rieselndem Grobsand zu füllen, wodurch die Stabilität verbessert würde. Diese Methode kann durchaus als Anregung für weitere Formen derartiger Dräns dienen, die zum mindesten eine erste Sanierung eines versumpften Geländes erlauben.

Auch zur Hangentwässerung könnte man in Abwandlung der eingepflügten Leitung das Prinzip verwenden, indem man mit billigen Mitteln waagerechte Lanzen eintreibt, deren verlorene Spitzen jeweils einen billigen perforierten Plastikschlauch festhalten, der beim Ziehen der Rohre im Boden verbleibt und gegen Zusammenquetschen durch eine Sandfüllung geschützt ist.

Es ist auch möglich, obere Wasserhorizonte durch wassertragende Schichten in tiefere Zonen abzuleiten, indem man die wassertragenden Schichten mit derartigen billigen Dräns an zahlreichen Stellen durchsticht und durch gewisse Einlauflängen über der Schichtgrenze einem vorzeitigen Verstopfen des Verbindungskanals vorbeugt. Die Herstellung ist einfach, ein Rohr mit hölzerner Spitze wird in den Boden geschlagen, der Sandplastikdrän eingeführt und mit

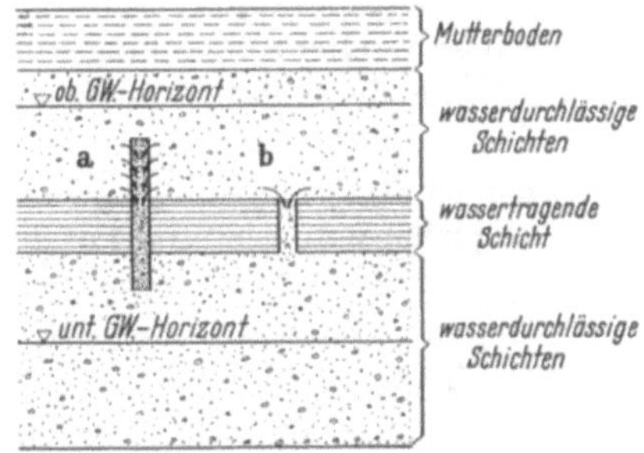

Abb. 21. Verbindung zweier Wasserhorizonte durch a lotrechte Schlauchdränage, b lotrechte Sanddränage

einem Stempel beim Ziehen des Rohres in der richtigen Tiefe hinausgedrückt.

Andererseits kann ein Erdbohrer das Loch vorbohren und der Sanddrän mit einem leichten Rohr eingeführt werden.

Der Plastikschlauch hat gegenüber gelochten Stahlrohren den Vorteil, daß die Löcher nicht durch Rost zuwachsen können, so daß lediglich die Perforation nach dem Untergrundmaterial zu bemessen ist Abb. 21.

1.5.2.2 Sandpfahldränagen

Eine hohe Setzungsfähigkeit ist bei einer Geländenutzung durch Bebauung unerwünscht, aber bei bindigen Böden dann immer vorhanden, wenn die Belastung über das Maß der Vorbelastung wächst, und damit ein erhöhter Porenwasserdruck und eine Strömung entstehen. Darauf beruht nun die künstliche Verfestigung bindiger Böden durch Sandpfahldränage, die keineswegs erst eine Erfindung der neueren Zeit ist. Wie es zu dieser kam, schildert DANIEL E. MORAN in seiner Patentbeschreibung vom 31. 8. 1926, Nr. 1598300 (USA).

Eine 3 m unter Gelände gegründete Stahlbeton-Fundamentplatte von 24 × 33 m Fläche und 1,50 m Stärke, bestimmt für ein Silogebäude mit 12000 t Füllgut, ruhte auf einer 4,5 m starken Schicht trockener sandiger Klei, durch welche zahlreiche wurmlochähnliche luftgefüllte Öffnungen senkrecht nach unten bis zu der folgenden 10,5 m starken in der oberen Zone weicheren Kleischicht führten, die auf dem dann folgenden festen Fels auflagerte. Der Grundwasserstand lag noch 4,5 m unter der Fundamentplatte, also in Oberkante der weichen Klei. Als das Silogebäude errichtet war, betrug das Eigengewicht 12000 t und die am Ende der Bauzeit eingetretene Setzung belief sich auf 5 cm. Als dann der Silo gefüllt wurde — die Gesamtlast also auf 24000 t erhöht war — ergab sich innerhalb 90 Tagen eine weitere Setzung von 60 cm! Dabei scheint auch die Sohle rissig geworden zu sein, denn der Bericht spricht davon, daß durch die Platte und die Kellermauern Wasser emporquoll, obwohl in der Nachbarschaft der Grundwasserstand nicht gestiegen war. Es war augenscheinlich, daß die Setzung das Ergebnis der durch Druck erfolgenden langsamen Entwässerung der wassergesättigten unteren Kleischicht war.

Die Verlagerung betrug also $0{,}65 \times 24 \times 33 = 515\ \mathrm{m}^3$, die im wesentlichen die oberen 12 m unter der Fundamentplatte betroffen hatte, da die unteren 3 m über dem Fels erheblich fester waren.

Auf Grund dieser Beobachtungen überlegte MORAN nun, daß man den gleichen Effekt erzielt haben würde, wenn man die Verdichtung vorher künstlich hervorgerufen hätte, und zwar entweder durch eine Vorbelastung — was schwer durchzuführen gewesen wäre — oder durch Hinzufügung von $0{,}6\ \mathrm{m}^3$ Material je m^2 Grundfläche, die natürlich innerhalb der verdichtungsfähigen Zone von 12 m Stärke unterzubringen waren. Das bedeutete ein 5%ige Verdichtung, nämlich $0{,}6 : 12 = 0{,}05$.

Für diese Verdichtung schlug er nun für künftige Fälle in richtiger Beurteilung der Funktion der anfangs unerklärten „Wurmlöcher" vor, die auf 27×36 m vergrößerte Sohlfläche mit 130 Sandpfählen von 12 m Länge und von 35 cm Durchmesser zu besetzen und 390 druckausübende Pfähle aus Beton 30×30 cm dazwischenzusetzen. Damit hätte der Boden eine Volumenverdichtung um

$$
\begin{aligned}
130 \cdot 12 \cdot 0{,}10 \quad &= 156\ \mathrm{m}^3 \\
390 \cdot 12 \cdot 0{,}09\ \mathrm{m}^3 &= \underline{420\ \mathrm{m}^3} \\
&\ 576\ \mathrm{m}^3
\end{aligned}
$$

also etwa um das notwendige Maß erfahren. Die Sandpfähle waren als lotrechte Dränage erkannt. Der so vorbereitete Boden hätte keine oder nur sehr geringe Setzungen ergeben. Wenn man bedenkt, daß diese praktische Vorwegnahme von Erkenntnissen der Bodenmechanik schon 1925 in konkreten Vorschlägen vorlag, dann muß man sich wundern, daß eine umfangreiche Anwendung des Sanddräns erst sehr viel später stattgefunden hat. In der Patentzeichnung ist ein Pfahlplan und die schwebende Gründung in der verdichteten weichen Klei dargestellt sowie die Herstellung des natürlich gut verdichteten Sandpfahles mit Verrohrung und Fallgewicht, das durch das Füllrohr ausgezeichnet geführt wird.

Als Möglichkeit, eine Bodenschicht gegen Aufbruch zu sichern, oder im Boden selbst Verfestigungen von Böschungen und sogar langer Strecken unter Straßen, Dämmen und Gebäuden vorzunehmen, ist das Verfahren inzwischen mit bestem Erfolg angewendet.

Die Herstellung der Sandpfahldräns. Das Niederbringen der Sandpfähle hängt von der zu entwässernden Schicht ab. Bei sehr weichen Böden, z. B. Moor mit Wurzelgeflecht, kann man unbedenklich Rohre mit verlorener Spitze rammen, man kann sie sogar mit Vorteil vor dem Rammen mit dem Dränagesand füllen, weil keine nennenswerte Verdichtung des Nachbarbodens und damit keine merkbare Verringerung der Strömungsgeschwindigkeit eintritt; bei Tonboden würde man aber einen dichteren Mantel um die Sandpfähle herum erzeugen und den Wasserentzug erschweren. Bei solchen Böden muß man offene Rohre rammen und sie ausräumen oder die üblichen Bohrverfahren anwenden. In den meisten Fällen ist das Einbringen von Bohrrohren am vorteilhaftesten, weil der Boden dabei am wenigsten belastet und vorverdichtet wird und die Setzung dann ihren natürlichsten Verlauf nimmt. Da der Sand Filtereigenschaften haben muß, damit er nicht vom umgebenden Boden zugesetzt wird, ist eine sorgfältige Wahl des Feinsandes nötig. Die Wassergeschwindigkeit im Sand ist auch bei feinster Körnung immer noch größer als im Ton, so daß unbedenklich eine Einschlämmung vorgenommen werden kann. Es muß sehr sorgfältig darauf geachtet werden, daß beim Ziehen der Rohre der Sandpfahl verdichtet bleibt und nicht abreißt, d. h. durch seitliches Eindringen von Tonboden unterbrochen wird, da ein solcher Versager natürlich unwirksam bleibt. Deshalb ist das Ziehen des Rohres mit der Einleitung von Druckluft unter einen oberen Verschlußdeckel zweckmäßig, wozu bei den meist weichen Böden 1 bis 2 atü genügen. Diese Herstellung gelingt auch unter Wasser.

Für die Anwendung von Sanddräns sei auf die Literatur verwiesen, z. B. Bauingenieur 7 (1954) und 7 (1955), wo in Kurzberichten Einzelheiten festgehalten sind.

Ein sehr interessantes Beispiel einer Auflast-Erzeugung gehört hierher.[1]

Ein Ölbehälter in Tunis steht auf einer 40 m dicken, weichen Tonschicht, die in 20 m Tiefe eine Zwischenschicht von Sand enthält. Nach Aushub der Baugrube führte man Sanddräns auf die Sandschicht und überlastete den Baugrund mit dem 1,5fachen des gefüllten Öltanks. Nach Jahresfrist wurde der endgültige Behälter aufgebracht, nachdem eine Setzung von 1,5 m erreicht war. Die Auflast war durch eine Sandschicht erreicht, die in neuartiger Weise mit einer dichten Kunststoff-Membrane abgedeckt war, unter welcher man im Schutz einer allseitigen Randeindichtung in den Boden mit einer Vakuumpumpe einen Unterdruck hielt (Abb. 22). So konnte man monatelang eine Auflast von etwa 6 t/m² auf dem Gelände halten. Das Verfahren erfordert allerdings hinreichende Zeit und entsprechende Vorplanung, an der es meist fehlt.

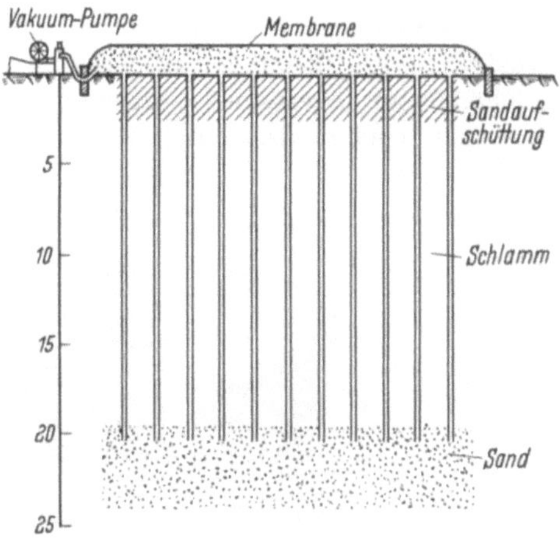

Abb. 22. Auflast durch Unterdruck

Diese „Methode der Depression" hat KJELLMANN angegeben. Die Membrane wird aus einer Plastikfolie von 1 m Breite durch Randverschweißung hergestellt. Das Vakuum wird für 400 m² Fläche durch eine Pumpe mit nur 1 PS Antrieb mit Filterrohren unter dieser Haut gehalten. Mit einem Vakuum von 80% erzielt man eine atmosphärische Belastung von 8 t/m² und erspart damit eine Sandauflast von 5 m Höhe.

1.5.2.3 Das Kjellmann-Franki-Verfahren

Da es sich bei der Verdichtung des bindigen Bodens durch Ausquetschen des Wassers nur um sehr geringe Mengen und Wassergeschwindigkeiten handelt, kann eine Beschleunigung der Verdichtung nur durch sehr zahlreiche Dräns in relativ kleinem Abstand gefördert werden. Hierfür ist eine Erfindung des schwedischen Ingenieurs KJELLMANN, Leiter des Geotechnischen Institutes in Stockholm, bemerkenswert, die derartig billige Dräns ermöglicht und schnell eine große Verbreitung gefunden hat.

KJELLMANN ging davon aus, daß nicht der Querschnitt, sondern der Umfang für die Wirksamkeit des Wasserentzuges maßgebend ist, d. h., daß der Kreisdrän unwirtschaftlich ist. Er wählte den entgegengesetzten Querschnitt, das Band (Abb. 23), das aus zwei Pappstreifen hergestellt ist, 4 mm dick und 100 mm breit ist und 10 ausgefräste (nicht eingepreßte) Kanäle von je 3 mm² Querschnitt enthält. Durch Imprägnierung mit Melaminharz und Arseniksalzlösung ist das Band gegen Wasser und Schädlinge für die Zeit der Nutzung — etwa 2 Jahre — ausreichend gesichert. Die Porosität der Pappe erlaubt in ihnen Wassergeschwindigkeiten von 10^{-5} bis 10^{-6} cm/Sek., also mehr als Schluff und Tonboden (10^{-6} bis 10^{-9}). Die Lieferung von einer schwedischen Papierfabrik erfolgt in 80 kg schweren Rollen mit 400 m Bandlänge ($g = 0,2$ kg/m).

---

[1] Nach Angaben der ausführenden Firma Soletanche, Paris.

In Deutschland hat die Franki-Pfahl-Baugesellschaft mbH., Düsseldorf, Hamburg, München, das Verfahren in ihr Programm aufgenommen und die erste Ausführung bei Duisburg für einen Rheindeich durchgeführt.[1]

Hierbei wurden 7520 Einstiche mit zusammen 61 km Länge in 30 Tagen durchgeführt. 6 Monate nach Beendigung der Dränagearbeit, teilweise erst 2 Monate nach Aufbringung der Gesamtlast, waren 90% der von Prof. STRECK, Hannover, vorberechneten Setzungen erreicht.

Das Einbringen der Pappstreifen geschieht mit einer auf 4 Pneus laufenden selbstfahrenden Maschine, welche mit einer Stechhülse ausgerüstet ist — vergleichbar dem Legestachel einiger Insekten — und das recht schwere Gerät als Gegenlast benützt. Die Hülse wird am Mäkler geführt. Über eine obere Rolle

Abb. 23. Pappband-Dränage (Bild: nach AHRENS[1])

wird der Pappdocht eingefädelt und am unteren Ende festgeklemmt. Dann sticht die Hülse senkrecht in den Boden bis zu der gewünschten Tiefe. Beim Hochziehen öffnet sich automatisch der Klemm-Mechanismus, und der Docht bleibt im Boden, die Hülse geht wieder in die Ausgangsstellung, und der Pappstreifen wird oberhalb des Geländes abgeschnitten. Das Einstechen geschieht durch Seilzug am oberen Stechhülsenende, das Hochziehen besorgen 2 Seile, die am unteren Ende der Hülse eingreifen.

Das schwedische Gerät wiegt 28 t und besitzt einen aus 5 m-Schüssen zusammengesetzten Turm, der bis 20 m tiefe Dräns einzustechen erlaubt. Die Pneus sind als Ballonreifen so groß gewählt, daß die Maschine auf jedem Gelände laufen kann. Außerdem ist beiderseits ein breiter Schuh zwischen den Vorder- und Hinterrädern vorgesehen, auf dem mit vier hydraulischen Pressen das ganze Gerät abgefangen werden und notfalls wieder flottgemacht werden kann, wenn es beim Ziehen zu versacken droht. Die 120 PS-Dieselmaschine mit hydraulischer Übersetzung dient auch der Fortbewegung. Ein Gyroskop sorgt automatisch dafür, daß auch bei geneigtem Boden der Turm stets senkrecht steht. Zur Bedienung genügen 2 Mann, bei günstigen Voraussetzungen kann die Maschine auch vollautomatisch arbeiten mit vorherbestimmtem Dränabstand. Die Leistung beträgt im Mittel ein 10 m tiefes Drän alle 2 Min., die

---

[1] AHRENS: Konsolidierung eines Schlammbodens ... durch ... Pappdräns. Bautechn. (1956) H. 1, S. 13—16. Hier auch die Berechnungsgrundlage in praktisch ausreichender Form.

max. Leistung ist ein Drän in 40 Sek. Abb. 24 zeigt das Gerät bei der Arbeit, im Vordergrund sieht man die Enden der Pappstreifen.

Die zu dem Verfahren gehörigen Berechnungsgrundlagen hat KJELLMANN entwickelt, sie sind bei Benutzung von Hilfstafeln für die komplizierten Komponenten der Grundgleichung leicht anwendbar und ergeben ausgezeichnete Resultate der Setzungsberechnung, wenn die Bodenkonstanten, Durchlässigkeit und Steifeziffer richtig ermittelt sind.

Die Auflast muß immer zunächst in einer die Querdränage herstellenden etwa 60 cm dicken Sandschüttung bestehen, sie kann dann mit beliebigem Material belastet werden, am elegantesten fraglos mit der schon erwähnten „Depressions-Methode".

1.5.2.4 Bodenverfestigung durch Injektionen

Neben den mechanischen Verdichtungen hat sich das Verdichten des Bodens durch Injektionen in den letzten Jahrzehnten stetig weiterentwickelt. In erster Linie werden damit Aufgaben gelöst, die in das

Abb. 24. Gerät zum Einstechen von Pappdräns, nach KJELLMANN (Bild: wie Abb. 23)

Gebiet des Damm-, Stollen- und Wasserbaues fallen. Es kann daher diese Technik hier nur kurz gestreift werden.

Für Gründungsarbeiten kommt in erster Linie die Schichtvermörtelung in Frage, bei der über einer unregelmäßigen, für eine Gründungsfläche ungeeigneten Felsoberfläche eine gleichmäßig feste Gründungssohle geschaffen werden muß, sofern eine Planierung der Felsoberfläche nicht vorgezogen werden kann.

Die Injektionsmittel sind zahlreich. Zumeist wird Zementmilch, Zementbrei oder feiner Zementmörtel verwendet, denen oft noch chemisch träge Materialien wie Bentonit, andere Tone, Steinmehl oder chemisch aktive Materialien wie Puzzolane (vulkanische Glase, Diatomeenerde, Kaolin), gemahlene Hochofenschlacke und Naturzemente bis zu 50% des Zementes zugegeben werden.

Ton-Zement-Mörtel gilt als für alle Zwecke brauchbar. Er erreicht die Festigkeiten der nebenstehenden Tabelle.

Zement	Sand	Bentonit	Wasser	Festigkeit nach 28 Tagen kg/cm²
		in Raumteilen		
1	4	0,35	1,54	29.5
			1,34	38
			1,04	59
1	8	0,35	2,94	15
			2,54	17
			2,14	22
1	12	0,35	4,14	7
			3,08	10
			3,01	13,6

Neben diesen wasserunlöslichen Zusätzen werden in geringen Dosen (0,01 bis 2% des Zementes) Plastifizierungsmittel, Beschleuniger oder Verzögerer des Abbildungsvorganges zugesetzt, wie sie aus der Betontechnologie bekannt sind.

Auch Substanzen wie Gelatine, Kasein, Agar-Agar, Gummi, Methyl, Zellulose, Stearine, die als Kolloide die Eigenschaft haben, auf einige nicht kolloidale Materialien ihre kolloidalen Eigenschaften zu übertragen, sind systematisch untersucht. Ihre Wirkung besteht darin, daß sie die Mörtelmischungen stabilisieren, also die Entmischung verhindern. Ihre Anwendung ist beschränkt, da sie in größeren Beigaben die Fließfähigkeit und die Endfestigkeit des Injektionsmörtels beeinträchtigen. Ein weiteres Zusatzmittel sind die Luftporenbildner, die als feine Pulver von Zink, Aluminium, Kalzium und Magnesium in Verbindung mit alkalischen Lösungen, wie sie Portland-Zement ergibt, Wasserstoff in Gasform bilden. Das Aufblähen dieser LP-Stoffe preßt den Mörtel in die Fugen und Spalten und verbessert den Dichtungseffekt.

Der Preßdruck muß sorgfältig bestimmt werden, damit der zu verfestigende Boden nicht hochgepreßt wird. Für den Preßdruck unter Betonstaumauern hat sich die Regel herausgebildet, mit einem max. Druck gleich der doppelten hydrostatischen Druckhöhe zu arbeiten.

Als Faustregel betrachtet man in USA die Formel

$$\text{psi} = \text{Preßzonentiefe in f.}$$
$$(1 \text{ pound/square inch} = 0,07 \text{ kg/cm}^2;$$
$$1 \text{ foot} = 0,305 \text{ m})$$

was 0,23 atü je m Bohrlochtiefe entspricht.

Man bezeichnet als niederen Druck 1 bis 10 atü (für Bohrlöcher von 3 bis 15 m Tiefe), als mittleren Druck 5 bis 28 atü (für 15 bis 30 m Tiefe) und als Hochdruck 30 bis 70 atü (für Tiefen über 30 m).

Während man früher Bohrlöcher mit 75 mm Durchmesser ansetzte, ist man heute zu der Erkenntnis gekommen, daß der Durchmesser mit 38 mm wirtschaftlicher ist. Auch paßt dieses Maß besser zu den Armaturen der Verpreßgeräte. Die Bohrlöcher sind so anzusetzen, daß die zu verpressenden Fugen möglichst langschnittig getroffen werden.

Die Ansichten, ob Schlagbohren oder Drehbohren für die Verpreßlöcher vorzuziehen ist, stehen noch gegeneinander. Man weist darauf hin, daß Schlagbohren Splitter erzeugt, die Risse und Spalten der Bohrlochwandung verstopfen können, während das Drehbohren nach Spülung und Ausblasen saubere Wandungen ergibt. Vermutlich sind beide Methoden richtig, wenn auch nicht in jedem Material gleichwertig.

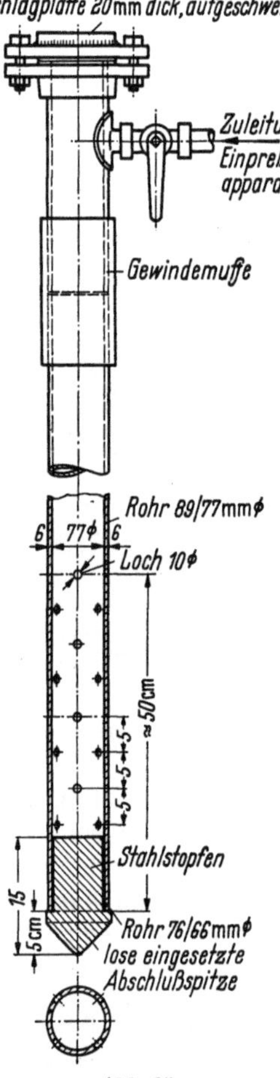

Abb. 25
Injektionsrohr einfacher Art

Ein einfaches Injektionsrohr, das in jeder Schlosserwerkstatt hergestellt werden kann, zeigt Abb. 25. Die Rammspitze ist nur lose eingesetzt. Eingerammt wird das Rohr mit einem Preßlufthammer.

Wer sich über dieses Spezialgebiet genauestens unterrichten will, findet in der amerikanischen Literatur eine ausgezeichnete, erschöpfende Information.[1]

---

[1] Journal of the Soil Mechanics and Foundation Division. Proc. Amer. Soc. Civ. Engrs. 84 NO SM. (Febr. 1958) S. 1544—1552.

Elektroinjektion. Feinstkörnige Böden mit k-Werten von 10^{-5} bis 10^{-7} lassen sich nicht mehr mit Druck injizieren, meist wird hierfür auch keine Notwendigkeit vorliegen. Trotzdem gibt es eine solche Möglichkeit durch die Elektroosmose (vgl. 1.6.5 Entwässerung durch Elektroosmose, S. 59). Wenn man dem durch die Elektroosmose in Bewegung gesetzten Wasser Chemikalien mit auf den Weg gibt, werden diese auch in den Bereich der sonst kapillar gehaltenen Wassermengen verfrachtet und können dort wirksam werden.[1]

1.5.2.5 Chemische Bodenverfestigung

Neben den sog. groben Injektionsmitteln stehen chemische Lösungen als Injektionsgut für Spezialausführungen zur Verfügung. Da diese nur von wenigen Firmen ausgeführt werden, ist es entbehrlich, an dieser Stelle auf diese Arbeiten einzugehen. Wer sich eingehend informieren will, sei auf das Buch von H. JÄHDE, „Injektionen zur Verbesserung von Baugrund" 1953, Berlin, VEB Verlag Technik, hingewiesen.

DIN 4093. Im Januar 1960 wurde der Entwurf der DIN 4093 „Einpressungen in Untergrund und Bauwerke" zur Diskussion gestellt;[2] er gibt eine allgemeine Übersicht über das Wesen und die Durchführung der Injektionen sowie die Prüfungen, durch die der Erfolg der Maßnahmen zu beobachten ist.

Eine wohl erschöpfende Zusammenstellung aller bisher verwendeten Injektionsmöglichkeiten und der Verfahren sowie eine sehr umfangreiche Liste der in der Literatur bekannten Ausführungen, der Patentinhaber sowie eine Bibliographie enthält die Nr. 1426 des „Journal of the Soil Mechanics and Foundations Division" der „Proceedings of the American Society of Civil Engineers". (Enthalten in 83 NO SM$_4$, Nov. 1957 Part 1). Es sind hier in kurzen Stichworten

Tabelle der Anwendungsbereiche verschiedener Injektionen bei nichtbindigem Gebirge

<table>
<thead>
<tr>
<th>Zweck der Verpressung</th>
<th>Fels
große Klüfte
und
kleine Klüfte</th>
<th>Fels
Sprengrisse
und kleine
Hohlräume</th>
<th>Grobkies
Grobsand
1 mm</th>
<th>Grobsand
bis
Mittelsand
0,2 mm</th>
<th>Mittel-
bis
Feinsand
0,1 mm</th>
</tr>
</thead>
<tbody>
<tr><td rowspan="7">Undurchlässigkeit</td><td></td><td></td><td></td><td colspan="2">Asphalt-Emulsion</td></tr>
<tr><td></td><td></td><td></td><td colspan="2">Chemikalien</td></tr>
<tr><td></td><td></td><td colspan="2">Ton-Chemikalien</td><td></td></tr>
<tr><td></td><td></td><td colspan="2">Ton</td><td></td></tr>
<tr><td></td><td colspan="2">Ton-Zement</td><td></td><td></td></tr>
<tr><td colspan="3">Zement</td><td></td><td></td></tr>
<tr><td colspan="2">Grob-Mörtel</td><td></td><td></td><td></td></tr>
<tr><td rowspan="5">Verfestigung</td><td colspan="3">Zement</td><td></td><td></td></tr>
<tr><td></td><td colspan="2">Ton-Zement</td><td></td><td></td></tr>
<tr><td></td><td></td><td colspan="2">Ton-Chemikalien</td><td></td></tr>
<tr><td></td><td></td><td colspan="3">Chemikalien</td></tr>
<tr><td></td><td></td><td colspan="3">Asphalt-Emulsion</td></tr>
</tbody>
</table>

---

[1] SCHAAD, Zürich: Praktische Anwendung der Elektroosmose im Gebiet des Grundbaus. Bautechn. 35 (1958) H. 6ff.
[2] Unter anderem veröffentlicht in Bauwirtschaft (1960) H. 14, S. 302.

angegeben: Objekt, Zweck der Injektion, die verwendeten Chemikalien, die angewendete Methode, das Ergebnis und die Literaturstelle für diese summarische Notierung.

Diese Liste ist in erster Linie eine Quelle für das spezielle Studium dessen, der auf diesem Gebiet wissenschaftlich arbeiten will.

Schlußbetrachtung

Wertet man die Ergebnisse einer größeren Anzahl bisheriger Anwendungen aus, so kann man in der vorstehenden Tabelle die ungefähren Anwendungsbereiche der Injektionsmittel in grobem Umriß darstellen. Es ist hierbei zu bedenken, daß die Verfestigung sowie die Undurchlässigkeit nur mit praktischen Grenzen erreicht werden kann. Absolute Dichtigkeit kann man nicht vorher garantieren, da sie viel zu sehr vom Boden, insbesondere seinen Unregelmäßigkeiten, abhängt.

1.6 Wasserhaltung

1.6.1 Allgemeines

Man kennt 2 Arten der Absenkung von Bodenwasser:
a) die offene oder Oberflächenwasserhaltung,
b) die Grundwasserabsenkung.

In beiden Fällen wird das Wasser abgepumpt, und zwar bei a) soviel wie oberflächlich durch natürliches Gefälle oder die Abzugsgräben dem Pumpensumpf zuläuft, bei b) zunächst mehr, als unter natürlichen Verhältnissen dem Bohrbrunnen zufließt, so daß der Grundwasserspiegel absinkt und dann so viel, daß ein Gleichgewichtszustand gehalten wird.

Offene Wasserhaltung. Die offene Wasserhaltung kommt überwiegend in bindigen Böden und solchen mit geringer Wasserführung in Frage. Eine rechnerische Erfassung ist umständlich, man kann auch leicht durch Austausch der Pumpen, durch Beschränkung der Saughöhe — indem man die Pumpe in die Baugrube mitnimmt — und durch Anlage mehrerer Pumpensümpfe eine hinreichende Anpassung an die auftretenden Wassermengen ohne Zeitverlust und große Unkosten erreichen.

Der Pumpensumpf ist normalerweise eine Kiste ohne Boden und Deckel, die immer etwas vor dem Ausschacht hinuntergeht. Wenn das schwierig ist, wird man 2 Sümpfe nebeneinander anlegen, von denen einer als Sammelsumpf dient, während der andere durch einen kleinen Wall gegen Vollaufen geschützt bleibt, während er vertieft und abgesenkt wird. Bei großen Tiefen werden Brunnen mit Stülpwänden geschlagen oder ein Brunnenrohr mit einzelnen perforierten Ringen abgesenkt, die im Zuge des Aushubs wieder abgebaut werden. Will man die Baugrubensohle für den Unterbeton trockenlegen, so profiliert man die reichlich ausgehobene Aushubsohle mit Gefälle nach Drängräben von 20×20 cm Querschnitt, die zu einem Pumpensumpf führen, füllt alles mit Grobschotter und Kies bis zur Sollhöhe auf und hält das Wasser zu Sumpf, bis das Bauwerk über den normalen Grundwasserspiegel geführt und hinreichend abgedichtet ist.

Soll eine dauernde Dränage unter dem Bauwerk bestehenbleiben, so empfiehlt sich die Verwendung von Steinzeug-Dränröhren in den Schottergräben und der Anschluß des Pumpensumpfes an einen Abzugskanal, oder in Sonderfällen auch der Einbau automatischer Pumpen oder sog. Wasserjäger, die bei bestimmtem Wasserstand anspringen und den Pumpensumpf entleeren.

Eine besonders gewissenhafte Konstruktion erfordert der Durchstoß durch die Gebäudeisolierung im Bereich der Pumpensümpfe. An die Rohre werden nach Abb.26 Flanschen geschweißt und die Isolierung wird mit losen Flanschen fest zwischen Gummidichtungen gepreßt. Die Flanschdicke muß einen gleichmäßigen Anpreßdruck gewährleisten. Diese Flanschstutzen müssen mit dem Bauwerksbeton so fest verbunden sein, daß sie mit ihm jede Setzungsbewegung mitmachen. Der Rohrstutzen wird mit einem druckfesten Blindflansch verschlossen, sobald das Saugrohr gezogen ist. Das muß sehr schnell geschehen, da das nachdrängende Wasser u. U. Sand mit hochreißt, der eine Dichtung erschwert oder sie gar porös werden läßt. Bei sehr starkem Wasserandrang kann auch das Saugrohr über einen Flansch mit dem Rohrstutzen während des Pumpens verschweißt werden und ein in ihm vorher an der richtigen Stelle angeordnetes Absperrventil den Wasserabschluß bewirken, oberhalb dessen

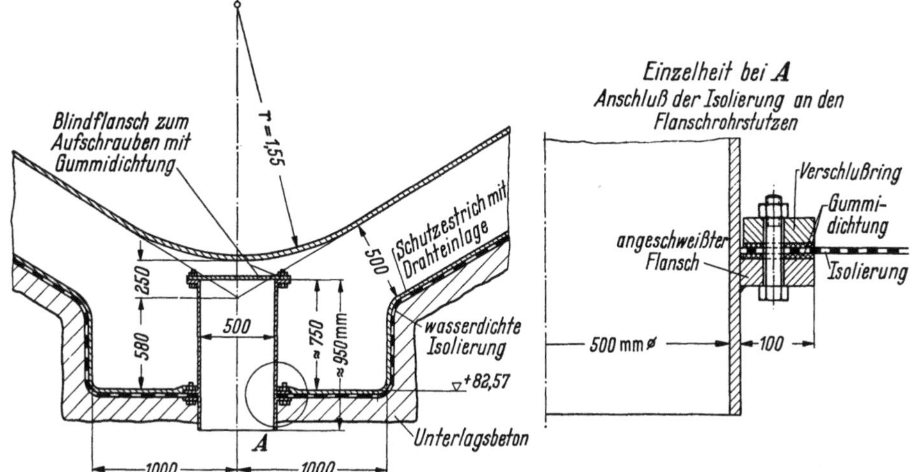

Abb. 26. Durchführung von Rohren durch Isolierungen

die Rohre abgeschraubt werden. Besonders einfach gestaltet sich die Absperrung, wenn der Rohrstutzen nach oben bis über den normalen Grundwasserstand hochgeführt werden kann, so daß der Rohrabschluß nicht unter Druck steht.

Wenn man den Weg des Wasserzustroms kennt, kann man ihn wohl auch vor Beginn des Aushubs durch eine Verdichtungszone vor der Baugrube abfangen und ihn so weit ablenken, daß u. U. die Trockenhaltung der Baugrube durch eine offene Wasserhaltung evtl. innerhalb einer Spundwand gelingt.

Man muß jedoch kritisch prüfen, ob diese Absperrung des Wassers praktisch möglich ist, denn das unterirdische Wasser reagiert genau wie das Wasser in einem Fluß: Jedes Hindernis wird durch eine Erhöhung des Spiegels und eine damit verbundene Erhöhung der Strömungsenergie überwunden. Man hat demgemäß vor der Anordnung einer unterirdischen Schürze zu fragen, ob das Wasser evtl. unter der Sperrzone durchdrückt und von unten in die Baugrube gelangen kann, womit die Gefahr eines Sohlenaufbruchs gegeben wäre. Man muß aber ebenso auch auf eine sich entwickelnde Querströmung von den Seiten eines höheren Grundwasserstandes her gefaßt sein, die evtl. durch eine tiefe Dränage abgefangen werden muß.

Es ist jeweils eine Frage der Vergleichskalkulation, ob offene oder Grundwasser-Haltung wirtschaftlicher ist. Grundsätzlich ist zwischen Auftraggeber und Auftragnehmer vor Auftragserteilung Einigkeit über die Wahl des Wasserhaltungssystems herbeizuführen, mit a. W. das Risiko festzustellen und gemeinsam zu tragen. Bei tieferen Baugruben, wichtigen Baukörpern oder starkem Wasserandrang wird man gerne den sicheren Weg der Absenkung vorziehen.

Grundwasserabsenkung. Für die Absenkung stehen mehrere Brunnenarten zur Verfügung. Die jahrzehntelang als Regelausführung geltenden *Kiesfilterbrunnen* haben in den modernen *Vacuumbrunnen* eine wirkungsvolle Ergänzung für die Feinböden gefunden. Bei manchen Fachleuten gelten sie als durch die *Tiefbrunnen* überholt.

Die meist von Brunnenbaufirmen hergestellten *Kiesschüttungsbrunnen* sind aus der Literatur hinreichend bekannt, ebenso die Berechnungsmethoden für Größe und Ergiebigkeit, von denen man aber nur eine Genauigkeit von etwa 20% erwarten kann, da die Grundlagen der hydraulischen Berechnung auf Vereinfachungen beruhen und die Durchlässigkeitsziffer des Bodens k stets nur einen Mittelwert darstellt.[1]

Das Prinzip des Kiesfilterbrunnens ist eine Rohrbohrung mit einem zentrisch eingehängten Filterrohr mit umgewickeltem Tressengewebe, umgeben von einer beim Ziehen des Mantelrohres eingebrachten ringförmigen Kiesschicht, die nach den Prinzipien der Kiesfilterkörnung aufgebaut ist. Eine ausführliche Darstellung der Verfahren für die Berechnung der Rohrbrunnenabmessungen sowie die Korngrößenbestimmung für die Kiesschüttung gibt TRUELSEN[2], auf welche hier verwiesen sei.

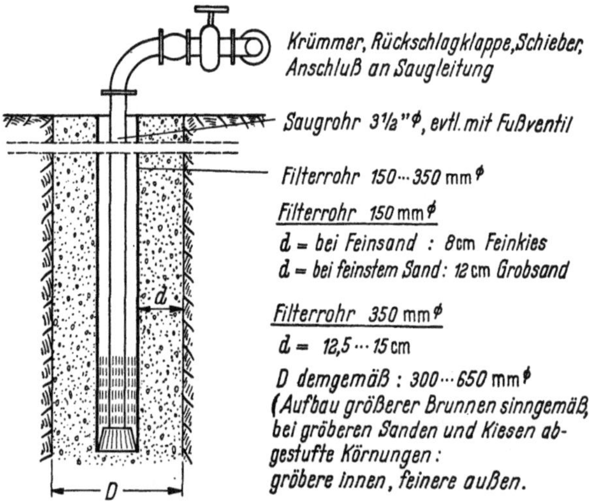

In das Filterrohr wird ein Saugrohr eingehängt, das über Krümmer an eine Saugleitung angeschlossen wird. Wassergeschwindigkeit im Saugrohr höchstens 1,5 m/Sek., besser nur 1,0 m/Sek. Übliche Abmessungen zeigt die Abb. 27. Praktisch erreichbare Absenkung durch Kiesfilterbrunnen nicht höher als 3,5 m, da bei starkem Wasserandrang die Absenkkurve steil ansteigt,

Abb. 27. Kiesschüttungsbrunnen üblicher Art

bei schwachem Grundwasserstrom die Brunnen in entsprechend weiterem Abstand angeordnet werden. Bei tieferen Absenkungen gestaffelte Anlagen möglich, es ist jedoch vielfach wirtschaftlicher, dann mit Tiefbrunnen zu arbeiten.

Tiefbrunnen. Sofern eine Mehrstaffelsenkung aus Raummangel oder aus Kostengründen schwierig wird, ist der Einbau einer Tiefbrunnenanlage mit wenigen Brunnen zu prüfen. Hierbei gibt es keine Saughöhe, da die Pumpe ständig unter dem tiefsten Wasserspiegel arbeitet.

Abb. 28a zeigt eine amerikanische Tiefpumpe mit Motor über Gelände im Schnitt und Abb. 28b das Laufrad, das von 10 cm Durchmesser aufwärts erhältlich ist und das Herzstück der Pumpen darstellt. Abb. 29 zeigt als ein Beispiel von vielen, eine deutsche Siemens-Tauchmotorpumpe, die bis in beliebige Tiefe abgesenkt wird.

Die Leistungen solcher Pumpen hängen von der Förderhöhe ab, sie können den Prospekten der Lieferanten entnommen werden. Die Brunnen sind immer Einzelbrunnen, so daß eine große Betriebssicherheit der Gesamtanlage gegeben

---

[1] WEBER: Wasserhaltung. Grundbau-Taschenbuch. Berlin: Ernst & Sohn 1955.

[2] CH. TRUELSEN: Bestimmung der Rohrbrunnen-Abmessungen. Bohrtechn. Brunnenbau (1956) August-Heft, Berichtigung dazu im Septemberheft; Korngrößenbestimmung der Kiesschüttungen für Rohrbrunnen. Bohrtechn. Brunnenbau (1957) H. 10.

ist und *eine* Reservepumpe für mehrere Brunnen genügt. Der Platzbedarf ist gering, da oberirdisch keine Saugleitungen nötig sind. Die Bauweise ist zu großer Vollkommenheit entwickelt, die Propeller sind hochwertige Werkstücke und die Motoren laufen im Wasser. Auch die Klemmenkästen sind für die Unterwasserarbeit einwandfrei dicht, es muß aber sorgfältig jeder Zug an der Stromzuführung vermieden werden, deshalb empfiehlt sich die Festlegung des Kabels vor dem Klemmenkasten durch eine sichere Schelle.

1.6.2 Pumpen

Zu den einfachsten Fördermitteln für Tiefbrunnen gehört die *Mammutpumpe*, deren Prinzip die Abb. 30 zeigt. Durch Einleitung von Preßluft entsteht ein spezifisch leichteres Gemisch, das von der äußeren Flüssigkeit hochgedrückt wird.

Der nach oben steigende Luftschleier bringt die Wassersäule in solch starke Bewegung, daß selbst Sand und Kies mitgerissen werden. Als Bauhilfsmittel ist die Mammutpumpe ein unentbehrliches Instrument, zumal Preßluft auf fast jeder Baustelle vorhanden ist und

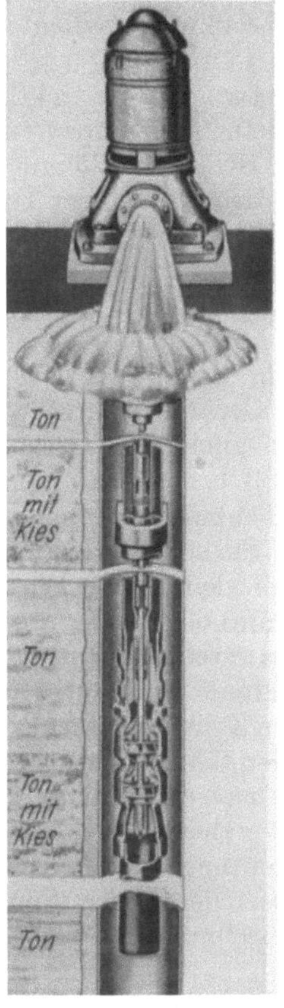

Abb. 28a

Abb. 28a u. b. a Tiefpumpe der Layne & Bowler Inc. Memphis, Tennesse

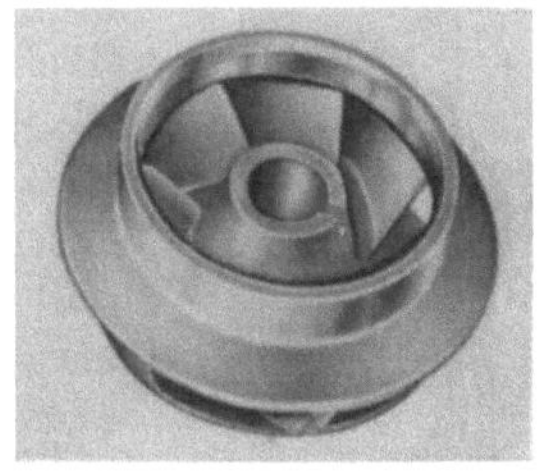

Abb. 28b. Kreisel

Abb. 29.
Siemens Tauchmotorpumpe

die Rohrleitung selbst angefertigt werden kann. Für Abwasser- und Schlammpumpen ist die Eintauchtiefe mit $^1/_3$ bis $^1/_2$ der Förderhöhe zu wählen, damit der Nachschub von Material gesichert ist. Bei Wasser genügen 2 m Eintauchtiefe. Förderleistungen von 25 l/Min. bis 125 m³/Min. und Förderhöhen bis 600 m (im Bergbau) sind bekannt. Die notwendige Luftmenge hängt von Querschnitt und Förderhöhe ab. Bei großen Tiefen ist der Einsatz engerer Rohre mit umgekehrtem Trichteranschluß nach unten zweckmäßig, damit die Steiggeschwindigkeit vergrößert und damit die Transportkraft erhöht wird.

Auf einem ähnlichen Prinzip beruht die *Wasserstrahlpumpe* der Armaturenfabrik Max Widenmann, Giengen/ Brenz. Durch eine zugeführte Treibwassermenge Q_1 wird in einer Fangdüse ein Unterdruck erzeugt, der eine Saugwirkung ausübt und eine Fördermenge Q_2 mitreißt. Nach einem Versuch ist der günstigste Wirkungsgrad für die nur 8,5 kg schwere Pumpe mit $\eta = 0{,}68$, bei 2 atü Treibwasserdruck, einem Treibwasserstrom $Q_1 = 136$ l/Min. und einer

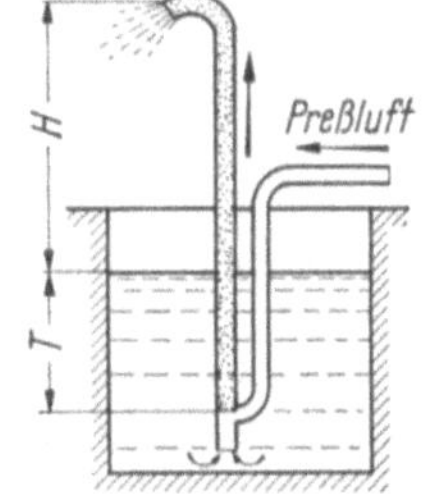

Abb. 30. Prinzip der Mammutpumpe

Förderwassermenge $Q_2 = 578$ l/Min. ohne wesentliche Förderhöhe erzielt. Die mögliche Förderhöhe liegt zwischen 5 und 15 m Wassersäule, die Gesamtfördermenge $Q = Q_1 + Q_2$ zwischen 300 und 800 l/Min. und der Betriebsdruck zwischen 2 und 8 atü. Eine amerikanische Anwendung für eine groß-flächige Absenkung[1] bediente sich der Ejektorpumpen nach Abb. 31.

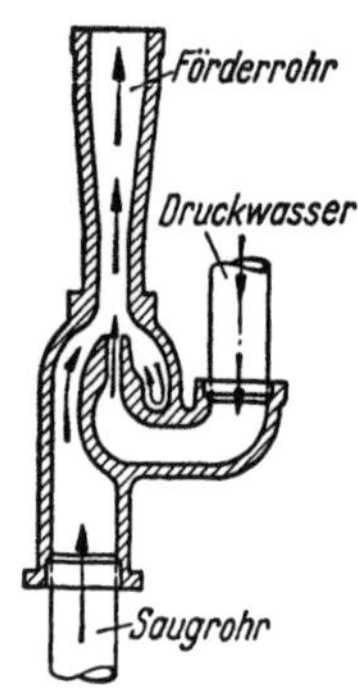

Abb. 31. Prinzip der Ejektorpumpe

Die Leistung hängt wesentlich ab von der Länge der Förder-leistung. Beim Auspumpen von Kellern bei 7,4 m Förderhöhe und 60 m Schlauch (75 mm Durchmesser) sind 365 l/Min. herausgefördert bei einem Treibwasserstrahl von 258 l/Min., wozu 7,6 atü erforderlich waren.

Mit diesen Pumpen ist man vom Vakuum unabhängig. Der Wirkungsgrad ist nur von der Vermeidung von Wirbeln im Strom abhängig. Wie bei Mammutpumpen werden Un-reinigkeiten, Sand und Kies ohne Schwierigkeit gefördert. Das kleine Gerät ist überwiegend bei der Feuerwehr bekannt, kann aber auch den Gerätepark einer Bauunternehmung wirkungsvoll bereichern.

Kolbenpumpen. Die Kolbenpumpen gehören zu den ältesten Pumpen und auch zu den zuverlässigsten. Sie sind einfach oder doppelt wirkend und saugen das Wasser von selbst an. Bei kleinen Drücken ist die Kolbenstange durch eine einfache Manschette aus Gummi oder Leder abzudichten, bei größeren Drücken muß eine Stopfbüchse eingebaut sein. Sie fördern auch dickflüssige Stoffe, jedoch dürfen keine scharfen Bestandteile darin enthalten sein, weil diese die Dichtung schnell zerstören und auch den Zylinder ausschleißen, was bei liegenden Zylindern zu sehr unerfreulichen Schäden führt, da hier nicht mehr nachgeschliffen werden kann. Kolbenpumpen liefern zuverlässig hohe Drücke. Die Saughöhe kann 7 m betragen, die Druckhöhe ist nahezu beliebig.

Eine eingehendere Betrachtung dürfte entbehrlich sein, da Kolbenpumpen überwiegend nur noch für spezielle Zwecke (Spülen der Pfähle) benutzt werden, nachdem die leichteren Kreiselpumpen ebenfalls zu Hochdruck-Pumpen ent-wickelt sind.

Die *Kreiselpumpen* sind heute die am häufigsten gebrauchten Pumpen des Tiefbaugewerbes. Sie sind oft selbstansaugend durch das rasch umlaufende Kreisel-, Schrauben- oder Kanalrad oder werden mit einer zusätzlichen Vakuum-pumpe kombiniert. Die Flüssigkeit wird durch Zentrifugalkraft in den Druck-raum geschleudert und gelangt durch das anschließende Steigerohr an die Ober-fläche. Die Ansaughöhe ist wie bei allen saugenden Pumpen durch den Luftdruck begrenzt. Die Kreisel sind meist direkt mit den Antriebsmotoren gekuppelt. Selbstansaugende Pumpen eignen sich nur für reines Wasser, da die Ansaugvor-richtung empfindlich ist. Nicht selbstsaugende Kreiselpumpen können auch Gemische fördern. Sie sind dann innen gepanzert und sehr unempfindliche Geräte. Je nach dem zu fördernden Gut sind jedoch die Kreisel dem Verschleiß unter-worfen und man muß stets mehrere passende Kreisel mit diesen Pumpen auf die Baustelle schicken. Es gibt sog. Baggerpumpen nach diesem Prinzip, die bei einer Lichtweite der Pumpen von 15 bis 35 cm noch Steine von 13 cm Durch-messer fördern. Solche Pumpen werden gern für den Saugbetrieb bei Senk-kästen, insbesondere Druckluft-Senkkästen, eingesetzt.

Der Kraftbedarf beträgt bei Leistungen von 0,6 bis 1,50 m³ pro Minute etwa 1,5 bis 7,5 PS. Die Förderhöhen drücken natürlich auf die Leistung. Es sind Kreiselpumpen für eine Leistung von 5 bis 500 m³ pro Stunde und Förder-höhen bis 1000 m bei Umdrehungen von 1450 bis 2900 pro Minute lieferbar, z. B.

---

[1] KTB im Bauingenieur 35 (1960) H. 10, S. 394.

von Weise & Monski, Weise Söhne, Stuttgart, bei denen die Zusammensetzung von zahlreichen Gehäusegliedern mit je einem Lauf- und einem Leitrad zu den sog. Gliederpumpen führt, die sich jedem Bedarfsfall anpassen lassen. Abb. 32 zeigt eine solche 10stufige Hochdruck-Gliederpumpe, die als Beispiel der mehrstufigen Kreiselpumpen genügen mag.

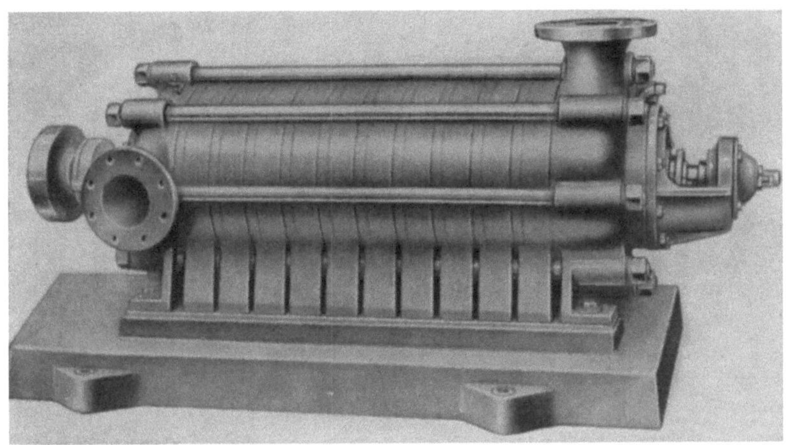

Abb. 32. 10stufige Hochdruck-Gliederpumpe Typ NSG der Weise & Monski, Weise Söhne, Stuttgart

Die *einstufige Kreiselpumpe* ist die am meisten benutzte Pumpe des Grundbaus. Das Kennzeichen ist der axiale Wassereintritt und die tangentiale Ableitung des Druckrohres. Der Leistungsbereich umfaßt die

Förderung von 3 bis 6000 m³/Std.,
Förderhöhen bis 120 m,
Drehzahlen von 750 bis 2900 je Minute.

Das Laufrad ist einseitig beaufschlagt, die axiale Saugöffnung mit Flanschrohranschluß frei vorgekragt. Die Typenzahl ist groß. Abb. 33 zeigt in Schnitt und Ansicht eine einstufige Kreiselpumpe der Weise & Monski, Weise Söhne, Bruchsal, Type FSZ., ohne Motor, für direkte Kupplung und mit Leistungen von 100 bis 500 m³/Std. bei 8 bis 60 m Förderhöhe und Drehzahlen zwischen 720 und 1450 je Minute.

Derartige Pumpen werden auch mit vertikaler Achse und mit Wellenzwischenstücken für tiefliegenden Wasserstand geliefert. Sie finden bevorzugt Verwendung für die reine Wasserförderung. Für verunreinigte und stark zur Absetzung neigende Flüssigkeiten empfehlen sich die Räder mit offenen Schaufeln und weiten, sich an keiner Stelle verengenden Durchgängen, die als Schlauchradpumpen und Schraubenradpumpen bekannt sind.

Von den *Schraubenradpumpen* zeigt Abb. 34 ein Beispiel im Schnitt. Das Kennzeichen dieser Pumpenart ist das an einem Wellenende fliegend angeordnete Schraubenrad mit axialem Wassereintritt und radialem Druckstutzen, wobei die Welle von der zu fördernden Flüssigkeit nicht berührt wird, da das Schraubenrad nach der Saugseite offenliegt. Die Anzahl der Schraubenschaufeln hängt von der zu fördernden Konsistenz ab, bei groben Verunreinigungen sind nur 2 bis 3 Schaufeln vorhanden. Da die Pumpen gegen Lufteintritt ziemlich unempfindlich sind, sind sie für große Saughöhen gut geeignet. Sie werden für Leistungen von 6 bis 1000 m³/Std. und Förderhöhen von 3 bis 40 m gebaut, meist mit direktem Antrieb und Drehzahlen bis 3000/Min. Auch Riemenantrieb ist möglich, führt aber zu komplizierteren Konstruktionen. Die Abb. 34a zeigt

die zweifach in weitem Abstand gelagerte Welle mit dem rechts gelegenen Kupp-
lungsteil und dem links vorkragenden Schraubenrad im Gehäuse. Abb. 34b
zeigt eine mit dem Elektromotor direkt gekuppelte derartige Pumpe.

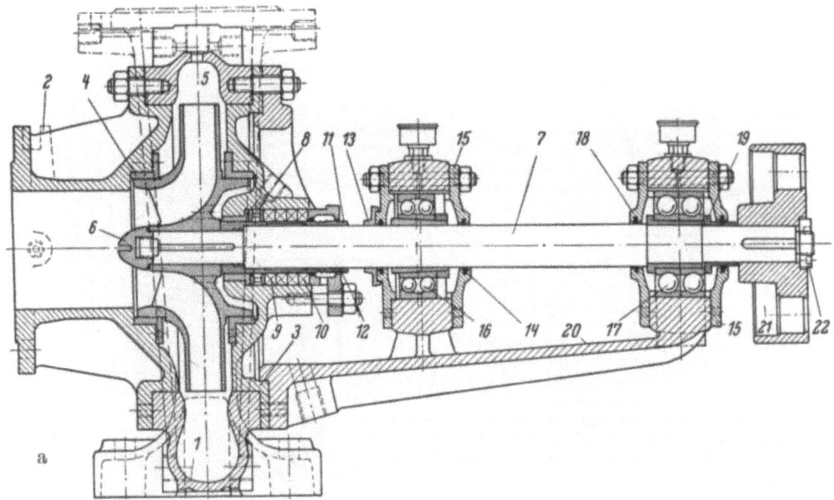

Abb. 33. a Schnitt und b Ansicht einer einstufigen Kreiselpumpe Type FSZ der Fa. Weise & Monski,
Weise Soehne, Bruchsal (Zeichenerklärung im Prospekt der Lieferanten)

Abb. 33b

Eine Pumpenart, die für den Dauerbetrieb von Schöpfwerken üblich ist, ist die Propeller- und Schraubenradpumpe, die auch mit Anflanschmotor als Umwälzpumpe in Rohrbögen benutzt wird. Abb. 35 zeigt die Schöpfwerksanordnung.

Zu den neueren Kreiselpumpen gehören noch die *Kanalradpumpen*, zu denen die Amag-Hilpert-Pegnitzhütte auswechselbare Kanalradtypen zur Verfügung hält (Abb. 36). Derartige Pumpen leisten in Normal- und Spezialgrößen 10 bis 2500 m³/Std. auf Förderhöhen bis 60 m und sind für verschmutzte Sumpfwässer vorzüglich geeignet.

Eine besonders interessante Entwicklung stellen die *Schrägscheibenpumpen* dar, die für Dickstoffe und sogar für Mörtel und Beton geeignet sind. Hier stehen schräge Kreisscheiben in einem zylindrischen Gehäuse und die bei der Drehung entstehende Saug- und Schubwirkung bewirkt den Materialfluß. Es hat sich sogar gezeigt, daß schon ein einfacher Schrägstab genügt, um eine derartige Wirkung hervorzubringen. Da diese Maschinen mehr als Förderpumpen anzusprechen sind und für die Wasserhaltung nur bedingt in Frage kommen, mag ihre Erwähnung genügen.

Eine Spezial-Baugruben-Pumpe für den Pumpensumpf ist die schwedische *Flygt-Baugruben-Tauchpumpe*, die in Deutschland von der Flygt-Pumpen G. m. b. H., Hannover, Georgstr. 36, vertrieben wird. Diese Konstruktion ist

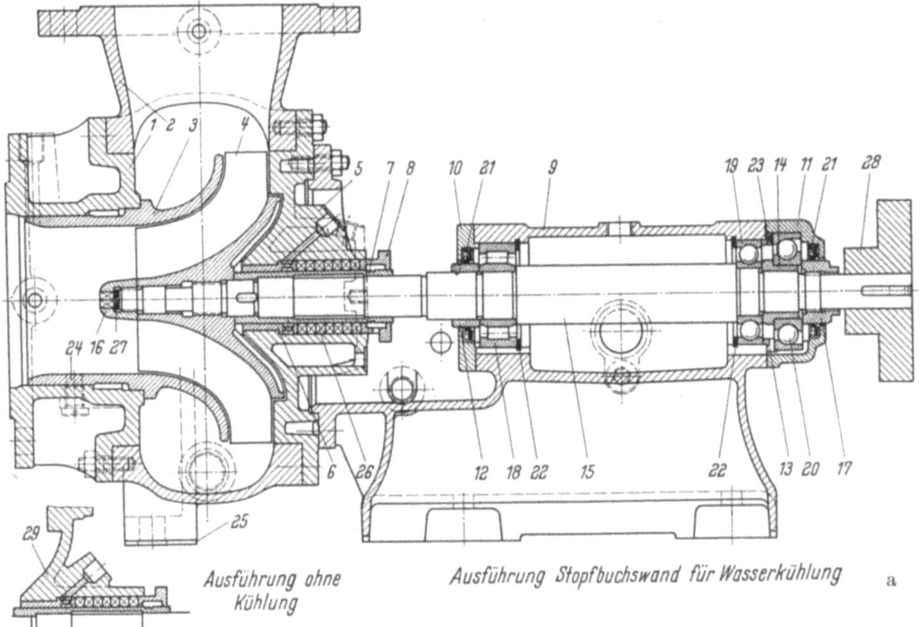

Abb. 34. a Schnitt und b Ansicht einer „Myria" Schraubenradpumpe der Fa. Weise & Monski, Weise Söhne, Bruchsal (Zeichenerklärung im Prospekt des Lieferanten)

offenbar ein glücklicher Wurf. Die völlig unempfindliche Pumpe wird elektrisch betrieben, saugt selbst an, besitzt weder Saugleitung noch Bodenventil, kann völlig untergetaucht, wie auch im Trockenen laufen. Das geförderte Wasser kühlt das Motorgehäuse im Vorbeiströmen. Das Pumpengehäuse ist gummibekleidet; das äußere Gehäuse aus einem salzwasserbeständigen Aluminium ist sehr widerstandsfähig. Die Leistungen der verschiedenen Typen zeigt die Tabelle. Die Abb. 37a zeigt die Pumpe im Schnitt und Abb. 37b die bisher bekannte Serie dieser schnell beliebt

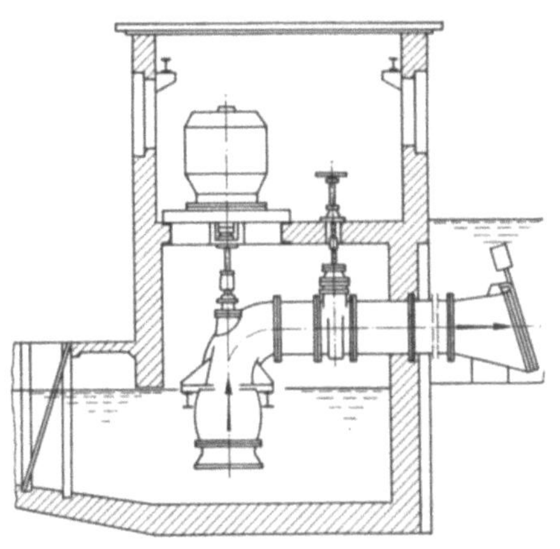

Abb. 35. Pumpe mit lotrechter Achse in Schöpfwerk

gewordenen Maschine. Die kleinen Typen eignen sich auch vorzüglich zur Entleerung von Rohrpfählen, in denen sie als Tiefpumpen hinuntergelassen werden. Die Leistungsfähigkeit dieser Pumpen wird durch eine beachtliche Unempfind-

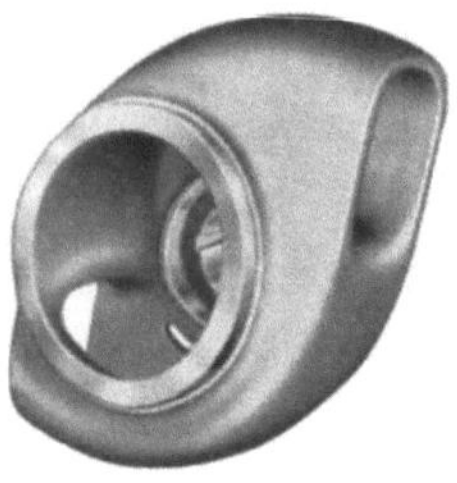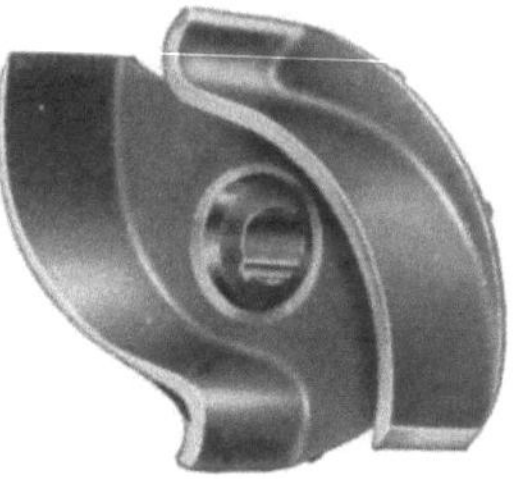

Abb. 36. Kanalrad-Typen der Fa. Amag-Hilpert-Pegnitzhütte

Flygt Baugrubenpumpen

Zeile	Type	Gewicht kg	Fördermenge l/min	Förderhöhe m	Anschlußstützen Durchmesser mm	Höhe Durchmesser	Motorleistung PS
1	B-38 L Einmann-Pumpe	30 bis 36			40	510 / 295 glockig	1,5
2	B-80 M Zweimann-Pumpe	65			80	800 / 230 zylindrisch	5
3	B-80 L I Zweimann-Pumpe	80			80	650 / 420 glockig	5
4	B-80 L II Zweimann-Pumpe	80			80	650 / 420 glockig	5
5	B-150 L Pumpe für den kleinen Kran	565			Auslaß: 150 Durchm. Flansch: 275 Durchm.	1465 / 525 zylindrisch	56
6	B-200 L Pumpe für den kleinen Kran	565			Auslaß: 200 Durchm. Flansch: 275 Durchm.	1465 / 525 zylindrisch	56

Tabelle zu Abb. 37

lichkeit gegen Verschlammung und Versandung unterstrichen. Es wird von einer B 80 L berichtet, die in einer Mine im Transvaal den außergewöhnlich scharfen Goldschlamm aus einer Grube in ein Bassin überzupumpen hatte. Der Goldschlamm wurde dieser Pumpe mit Wasserstrahl zugespült, ohne daß ein Verschleiß am Ende der Arbeit — die in $^1/_3$ der erwarteten Zeit geleistet war — festzustellen war.

Eine ganz neue Fördermechanik weisen die *Mohnopumpen* der Gebrüder Netzsch, Maschinenfabrik, Selb/Bayern, auf. Diese nach englischen Patenten von R. MOINEAU arbeitenden Pumpen haben einen Läufer aus Spezialstahl, der als eingängige Schnecke in einem Stator arbeitet, der die Form einer zweigängigen Schnecke hat und aus elastischem Material — Natur- oder synthetischem Gummi — besteht. Dadurch ist stets ein dichtender Anschluß vorhanden, der sich entlang des Stators verschiebt, wodurch ein stetiger Materialfluß erzielt wird (Abb. 38). Bei Flüssigkeiten, die Gummi angreifen, wird ein anderer Kunststoff für den Stator gewählt. Wenn Stoffe mit Verunreinigungen oder Dickstoffe gefördert werden müssen, reduziert man die Geschwindigkeit, um übermäßigen Verschleiß zu vermeiden, ohne daß hierdurch, wie bei anderen Pumpen, Saug- und Druckhöhen reduziert werden. Die Saughöhe beträgt je nach Type etwa 6 bis 7,5 m. Zumeist werden die Läufer

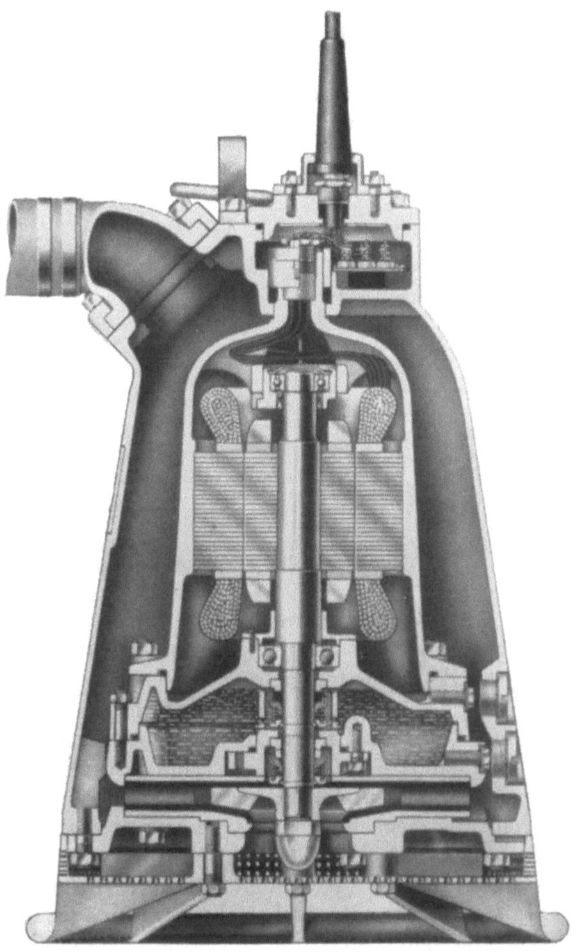

a

Abb. 37a u. b.
Flygt-Baugruben-Tauchpumpen.
a im Schnitt; b verschiedene Typen

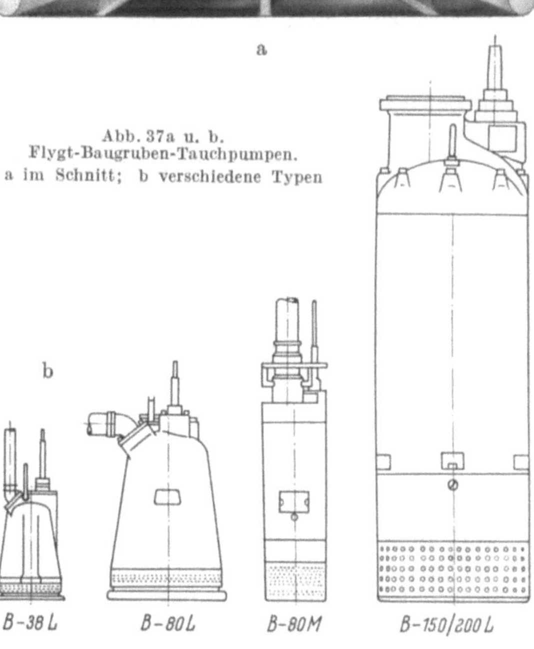

mit den Motoren direkt gekuppelt. Es gibt einstufige und zweistufige Pumpen mit Leistungen nach der Tabelle.

Was die Mohnopumpe für die Grundbaupraxis interessant macht, ist neben der einfachen Mechanik die Anwendbarkeit für Flüssigkeiten von Wasser bis hin

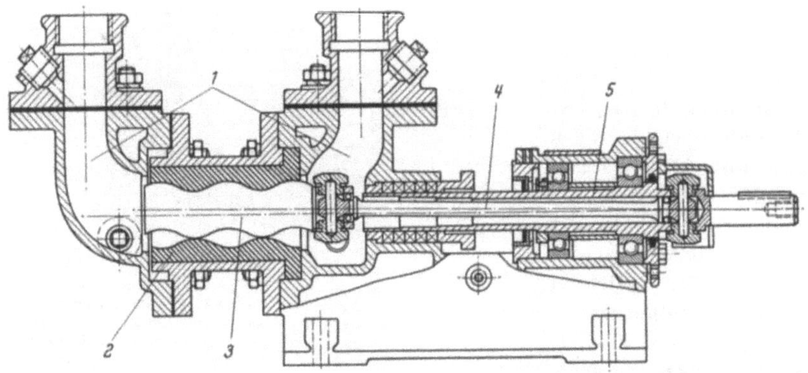

Abb. 38. Prinzip der Mohnopumpen der Fa. Gebr. Netzsch, Selb/Bayern

zu Mörtelmischungen und die Gewährleistung des gleichen Druckes auch bei geringeren Fördermengen. Außerdem ist es gleichgültig, ob die Pumpe horizontal oder vertikal arbeitet.

Außer den in den Tabellen aufgeführten Standardtypen sind größere Pumpen verfügbar, die als Zweizylindermaschinen arbeiten, ja sogar ein Vierzylindertyp ist entwickelt, der für langfaserige Papierstoffe bestimmt ist. Mit derartigen Typen sind Leistungen von 115 m³/Std. bei max. 4,5 atü Druckhöhe erreichbar. Durch Auswechselung der Übersetzungszahnräder im Getriebe sind Direkt-kupplungen mit verschiedenen Motoren möglich. Vorteile sind: der wirbelfreie, stetige Transport (Verdrängungspumpe), der gleichmäßige Wirkungsgrad, die einfache Bauart, die Selbstschmierung zwischen Rotor und Stator durch die Förderflüssigkeit und die vielseitige Verwendbarkeit.

Auf Baustellen, auf denen Strom nicht verfügbar ist, kann eine *Sumpfpumpe* der Amag-Hilpert-Pegnitzhütte mit *Druckluftmotor* angesetzt werden. Bei 4 atü Betriebsdruck, einer Motorleistung von 6,7 PS und 1900 U/Min. leistet das Gerät E 75:

Förderstrom in m³/Std.	10	20	30	40	50	60
Förderhöhe in m	16,5	16,5	15,5	14	12,5	10,5

bei 2 atü, 3 PS und 16 U/Min. ist die Leistung:

Förderstrom in m³/Std.	10	20	30	40	50
Förderhöhe in m	10,4	10	9,5	8	6,5

Der Luftbedarf ist jeweils 56 m³/PSh (angesaugt).

Membranpumpen. Bei den Membranpumpen wird das Vakuum durch die Elastizität der Leder- oder Kunstgummimembrane, die gewaltsam durchgedrückt werden, hergestellt. Da diese Pumpen keine Gleitflächen haben, sind sie völlig unempfindlich gegen mitgeführte nicht zu große feste Bestandteile im Wasser. Sie sind als Saugpumpen und auch als Saug- und Druckpumpen mit Hand- und Kraftbetrieb weitgehend bekannt. Sie saugen ohne Füllung der Saugleitung bis max. 8 m senkrecht an, sofern das Kugelventil und die Ventilfeder in Ordnung sind. Die Saug- und Druckpumpen drücken zusätzlich normalerweise noch bis

6 m Höhe. Die Leistung der mit Hand und leichten Motoren betriebenen Membranpumpen geht nominell bis 60 m³/Std., vorteilhafter nutzt man sie nur bis etwa $^2/_3$ der Höchstleistung aus, weil bei forcierter Leistung die Membranen einem starken Verschleiß unterliegen. Die Wirkungsweise der Membrane zeigt Abb. 39 an dem modernen Beispiel einer Doppelmembranpumpe der Firma Heinrich Jung, Steinhagen i. W. Der Hohlraum zwischen den beiden Membranen ist mit einem Spezialfett angefüllt, das bei der Tätigkeit der Pumpe die Poren der Ledermembranen ausfüllt, und sie geschmeidig und wasserabstoßend macht. Abb. 40

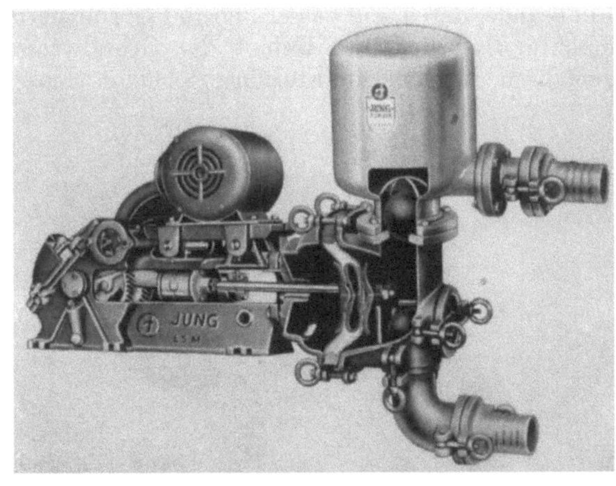

Abb. 39. Doppelmembranpumpe mit aufgeschnittenem Zylinder der Fa. Heinrich Jung, Steinhagen i. W.

zeigt den Typ L 5 M, der bei einer Saughöhe bis 7 m eine Förderleistung von 30 m³/Std. liefert. Ein besonderer Vorteil dieser Type der Membranpumpen ist die Geräuscharmut im Betrieb, da die Zahnräder im Ölbad laufen und Elektroantrieb vorgesehen ist.

Es muß nach dieser keineswegs vollständigen Betrachtung der Pumpensysteme darauf aufmerksam gemacht werden, daß aus der Fülle von Pumpenfabrikaten ganz willkürlich Beispiele herausgegriffen wurden, und daß damit keinerlei Bewertung ausgedrückt sein soll und kann. Es kam dem Verfasser vielmehr darauf an, darzutun, daß auch auf dem Gebiet des Pumpenbaues immer wieder Neukonstruktionen und Entwicklungen auf den Markt kommen, die auch der Bauingenieur verfolgen muß.

1.6.3 Grundwasserabsenkung im Vakuumverfahren

Die Entwässerungsmöglichkeit findet ihre Grenze in der Durch-

Abb. 40. Doppelmembranpumpe Typ L 5 M der Fa. Heinrich Jung, Steinhagen i. W.

lässigkeit des Bodens. Grobschotter mit $k = 1$ cm/Sek. enthalten meist sehr viel schnell bewegliches Wasser und sind kaum durch Grundwasserhaltung zu entwässern. Feinkiese und Sande mit einem k von 1 bis 10^{-3} cm/Sek. bilden den Bereich der normalen Wasserhaltungen mit Kiesfilterbrunnen und Tiefbrunnen, während die dritte Gruppe von Böden mit k-Werten zwischen 10^{-3} und 10^{-5} die Feinböden sind, in denen mit einer freien Beweglichkeit des Wassers zum Absenkpunkt hin in einer angemessenen Frist kaum noch zu rechnen ist.

Böden mit noch geringerem k-Wert sind Löß, Lehm, Mergelton, Klei und Tone, die für offene Wasserhaltungen geeignet sind. Die dritte Gruppe mit k-Werten zwischen $k = 10^{-3}$ und $k = 10^{-5}$ enthalten die gefährlichen Schluffe und Fließsande, deren Entwässerung und Stabilisierung bisher viel Schwierigkeiten machte. Hier liegt das Gebiet der Grundwasserabsenkung im sog. Vakuum-verfahren, durch dessen Einführung bei uns sich Streck und Steinfeld, Hannover,

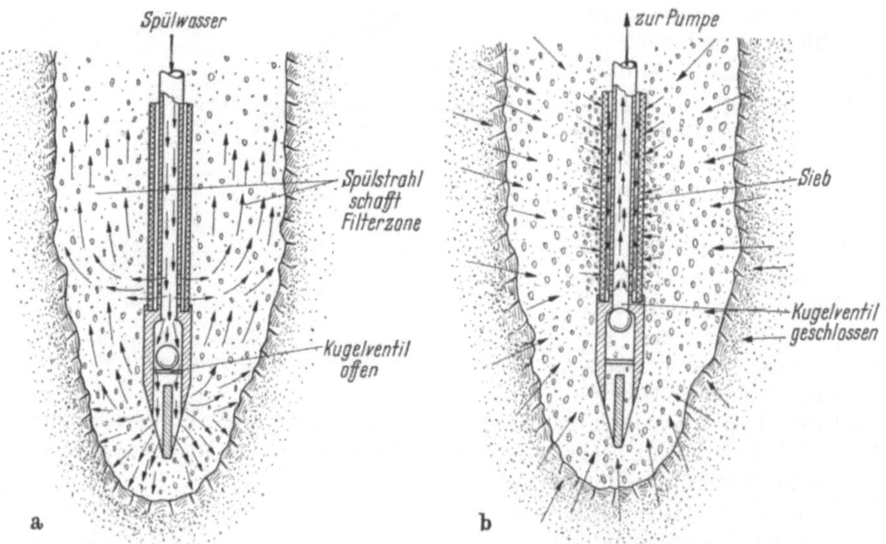

Abb. 41. Wellpoint-Brunnen (nach Broschüre der Griffin-Wellpoint Corporation)
a Einspülen; b Saugen; c Querschnitt durch die Siebstrecke

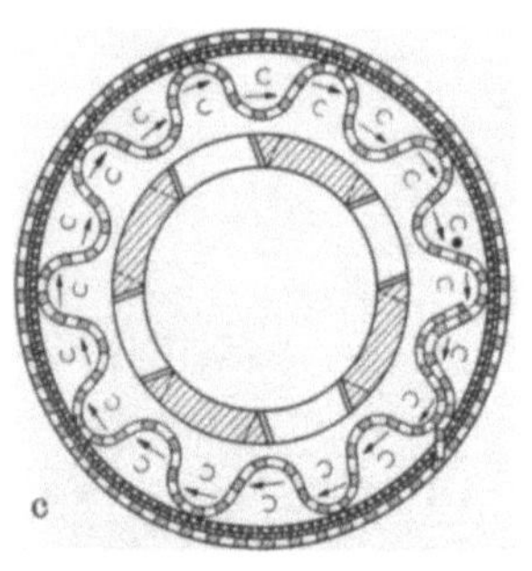

verdient gemacht haben.[1] In Amerika ist dieses Verfahren seit mehreren Jahrzehnten als Wellpoint-System bekannt und hat beachtliche Leistungen aufzuweisen.

Zunächst das Prinzip — und zwar am amerikanischen Beispiel der Griffin Wellpoint Corporation, da von dieser die klarsten Unterlagen vorliegen und sich alle ohnehin ziemlich gleichen.

Bei diesen Punktbrunnen gibt es keine Bohrung, sondern nur ein Einspülen, entweder durch die Brunnen selbst oder mit Hilfe besonderer Spüllanzen.

Die Brunnenspitze besteht aus Spülspitze, Kugelventil, Saugrohr (das zunächst als Spülrohr dient), innerem, grobem Stützsieb, dem Filtergewebe und dem äußeren groben Siebmantel und ist leicht zusammenzuschrauben. Die Wirkung zeigt Abb. 41. Beim Einspülen liegt die Ventilkugel auf einem Rost, die Spülung wirbelt eine Bodensäule auf, die dadurch in gewissem Umfang Filtereigenschaften bekommt oder als Hohlraum verbleibt und mit Filtersand verfüllt wird. Beim Pumpen schließt die leichte Kugel die Spülöffnungen der Spitze ab und das Vakuum wirkt nur auf die Filterlänge. Die bei uns üblichen Spülspitzen sind ohne Kugelventil, aber sonst ähnlich

---

[1] Steinfeld: Die Entwässerung von Feinböden. Bautechn. 28 (1951) H. 11, S. 269 bis 274. — Möller: Das Vakuumverfahren und die Grundwasserabsenkung nach der Well-point-Methode. Baumasch. u. Bautechn. (Januar 1957). — Möller: Grundwasserhaltung bei Sielbauten im Treibsand durch das Vakuumverfahren. Die Tiefbau-Berufsgenossenschaft (Juni 1954) H. 11/12.

konstruiert,[1] jedoch wird die Schwächung des Spülstromes durch den seitlichen Austritt durch das Sieb vermieden. Beim Saugen wird der Boden zunächst auf etwa 7 bis 15 cm in die Spitze eingesaugt und es kommt danach meist zu einem Beharrungszustand, da die Strömungsgeschwindigkeit dann sehr gering wird. Lediglich bei gröberen Feinsanden besteht die Gefahr eines völligen Versandens, das bei einem Kugelventil verhindert wird. Es kann nötig werden, die mit Kugelventil ausgestatteten Filterrohre mit besonderen Spüllanzen durch festere Schichten hindurchzubringen.

Es ist darüber hinaus auch denkbar und auch schon praktiziert, diese Filterrohre in Bohrungen mit Filtersandfüllungen einzubauen, wobei dann diese Filtersandfüllungen nach oben verdämmt sein müssen.

Eine Vereinfachung des Brunnenaufbaues bringen die Kunststoffilter der Schönebecker Brunnenfilter G. m. b. H., Hannover, die selbst in Amerika schon Eingang gefunden haben. Der von dieser Firma herausgegebene SBF-Rundbrief, 3. Ausgabe vom Mai/Juni 1957, gibt einen ausführlichen Bericht über diese korrosionsfesten Geräte. Die Kunststoffilter sind mit Längsschlitzen von 0,2 bis 0,3 mm Breite versehen und erhalten eingeschrumpfte eiserne Spitzen und zur Verbindung mit dem Aufsatzrohr eingeschrumpfte Gasgewindemuffen. Eine große Anzahl praktischer Winke für die Handhabung der mit Kunststoffiltern ausgerüsteten Brunnen enthält der genannte Rundbrief, auf den empfehlend hingewiesen wird.

Die Brunnen werden im Abstand von etwa 1 bis 1,20 m eingebracht und an ein völlig luftdichtes Rohrnetz angeschlossen, in dem ständig ein möglichst hohes Vakuum gehalten wird. Bisher sind in Deutschland meist einfach saugende Diaphragmapumpen verwendet. Bei den doppeltwirkenden Saugdruckpumpen werden in Hamburg bei einer Nennleistung von 60 m³/Std. nur etwa 15 m³/Std. als Belastungsgrenze bei Dauerleistung angesehen. Der Vorteil der Membranpumpen ist jedoch die Unempfindlichkeit gegen Sandgehalt im geförderten Wasser. Kreiselpumpen halten den Unterdruck weniger gleichmäßig.

Zweckmäßig ist es, mit einer Prüfpumpe jeden eingespülten Brunnen zunächst kräftig abzusaugen und dadurch eine von den feinsten Teilen befreite „entsandete Zone" um den Filterbereich zu schaffen, ähnlich der Entsandungszone der bekannten Horizontalbrunnen, wodurch für den störungsfreien Betrieb der Gesamtanlage die besten Voraussetzungen geschaffen werden.

Es ist auch möglich, an die gleiche Vakuumleitung eine Saugglocke, den Griffin Mop, anzuschließen, womit die beim Aushub anfallenden Tageswässer aus einem Pumpensumpf abgesaugt werden. Sie enthält ein Schwimmerventil, das sich bei sinkendem Wasser schließt und erst wieder bei einem bestimmten Wasserdruck öffnet.

Es mag noch auf eine interessante Vakuumpumpe der Griffin Corp. hingewiesen sein, deren Schema die Abb. 42a zeigt. Ein vielkammeriges Rad mit gebogenen Schaufeln schleudert eine konstante Wassermenge in einem elliptischen Gehäuse zu einem dichten Wasserring herum. An der Engstelle (kleine Achse der Ellipse) sind die Schaufeln fast gefüllt, über der langen Achse der Ellipse sind sie zum größten Teil leer und saugen auf dem 1. Quadranten durch Ventile der gekammerten Hohlachse Luft an, die beim Durchkreisen des 2. Quadranten wieder hinausgedrückt wird. Jede Umdrehung läßt diesen Zyklus zweimal auftreten.

Die Vorteile dieses Prinzips sind: Einfachheit, ein einziges drehbares Teil ohne Metallkontakt, keine Justierung, keine Schmierung, keine Stöße im Betrieb, keine Erschwernis durch Gase, Feuchtigkeit oder mitgerissenes Wasser, keine Ventile, Kolben, Gleitbacken oder Packungen. Diese Pumpe scheint so

---

[1] Baumasch. u. Bautechn. (Januar 1957) H. 1.

interessant, daß ihr Leistungsdiagramm nach GRIFFIN hier gezeigt sein mag Abb. 42b. Man sieht, daß diese kleine Pumpe bis zum Vakuum von 20″ Queck-silbersäule $\cong$ 7,0 m Wassersäule eine Leistung von 1,30 m³/Min. Luft hält.

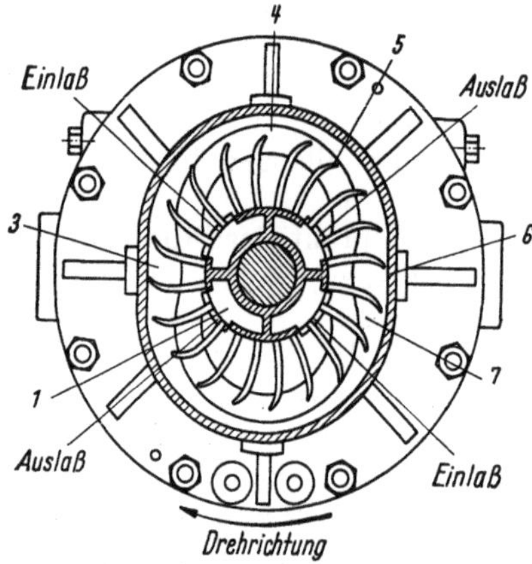

Abb. 42a.
Vakuumpumpe der Griffin Wellpoint Corp.

1.6.4 Anwendungen

Über die Grundwasser-Absenkung in normalen Böden stehen hinreichende Erfahrungen in der Literatur zur Verfügung, so daß hier eine Beschränkung auf das Wellpoint-Verfahren berechtigt ist.

Voraussetzungen für die wirtschaftliche Anwendung der Wellpoint-Brunnen ist die Möglichkeit der Einspülung, d. h. also sandige, feinkiesige und allenfalls leicht lehmige Böden. Beim Einspülen bildet sich bei ersteren ein natürlicher Filter, weil bei der Durchwirbelung die feinsten Teile am

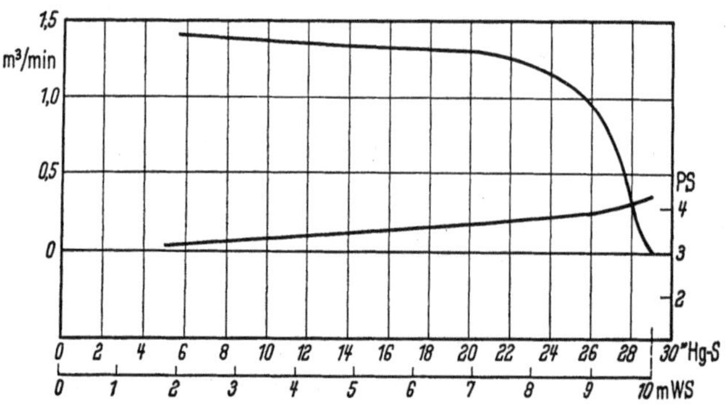

Abb. 42b. Leistungsdiagramm.
Die untere Kurve zeigt den Kraftbedarf in PS, die obere die Luftmenge, bei der das Vakuum gehalten wird

weitesten transportiert werden, bei lehmigem Boden entsteht ein Spülloch, das mit Filterkies ausgefüllt und nach oben verdämmt wird.

Es ist wie bei allen Wasserabsenkungen Vorschrift, stets zwei voneinander unabhängig zu betreibende Kraftquellen einsatzfertig zu installieren, also neben elektrischem Strom noch Motorenkraft zur Verfügung zu haben.

Die Höhe der wirtschaftlichen Absenkung wird durch den Brunnenabstand und Unregelmäßigkeiten beeinflußt und kann für die Kalkulation mit 4,5 m Absenkung angenommen werden. Daher ist bei tieferen Baugruben die Staffel-senkung notwendig. Nach Inbetriebnahme der unteren Staffel kann manchmal die obere Staffel abgeschaltet werden. Es ist dies aber eine sehr gefährliche Maßnahme, weil dadurch evtl. Wasserandrang in verschiedenen Grundwasser-stockwerken nicht erfaßt wird. Es bedarf einer genauen Bodenuntersuchung, und eine Entscheidung über diese Maßnahme läßt sich erst bei Offenliegen der Böschung treffen.

Beispiele aus dem Stollenbau. Beim Bau eines Kanalisationstunnels in un-durchlässigem Ton wurde eine wasserführende Sandschicht angetroffen, durch die ein Wassereinbruch erfolgte. Das Wasser wurde durch eine doppelte Reihe von Punktbrunnen nach Abb. 43 a und b abgefangen. Die Sammelleitung lag über der Tunnelachse. Für die etwa 30 Brunnen genügte eine Pumpe. Mit dieser kurz-fristigen Installation — eine Brunneneinspülung dauert kaum mehr als 10 Min.

— konnte die Gefahrenzone trockengelegt und der Stollenbau vorgestreckt werden, ohne daß im Stollen mit Druckluft gearbeitet werden mußte.

Bei einem unter Druck vorgetriebenen Stollenbau wurde die durch das Absinken des Grundwasserstandes unter den First entstehende Gefahr eines Schluffeinbruches (70 bis 85 % Schluffanteil) durch Vakuumbrunnenlanzen abgewendet,

Abb. 43a. Grundwasserabsenkung mit Vakuumbrunnen über einem Kanalisationsstollen. In der Mitte die Saugleitung, hinten links die Pumpe, rechts Einspülen des letzten Brunnens

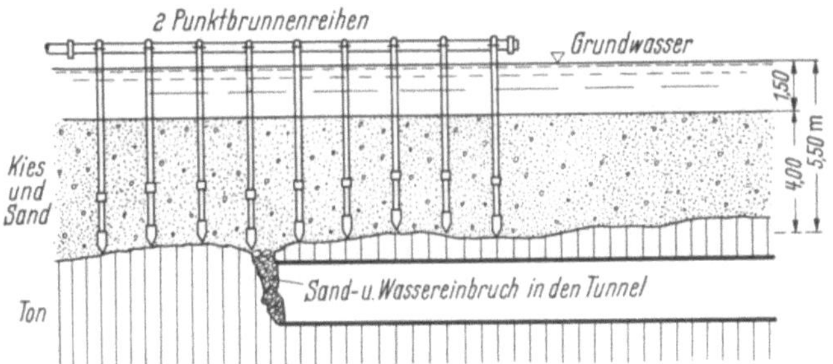

Abb. 43b. Untergrundverhältnisse

die aus dem Stollen heraus sowohl nach vorn wie nach der Seite vorgespült wurden. Über der Schluffschicht ($k = 10^{-5}$ bis 10^{-7} m/Sek.) stand ein freier Grundwasserstand, der sich durch den Wasserentzug aus der Schluffschicht nicht änderte, da er sich sofort ergänzen konnte. Für die Schluffschicht dagegen war der Wasserentzug so wirksam, daß das Material standfest und abbaufähig wurde, obwohl die geförderte Wassermenge je Lanze nur zwischen 0,63 und 1,4 l/Min. lag.

Beispiele für Baugruben. Beim Bau von Einzelfundamenten unter einem Hochbau wurde unter einer 1,50 m dicken Lehmschicht gespanntes Grundwasser in Feinsand angetroffen, das durch eine Oberflächen-Wasserhaltung nicht gehalten werden konnte. Nachdem an jeder Ecke der 2,50 × 2,50 m großen Fundamente ein Vakuum-Filterbrunnen gesetzt war und 4 Fundamente = 16 Brunnen an eine Pumpe gelegt waren, konnten nach 24 stündigem Pumpen die Baugrube mit steiler Böschung ausgeschachtet und die Fundamente ausgeführt werden.

Bei einer Anhäufung von Einzelfundamenten oder größeren Kellerkomplexen empfiehlt sich die Anordnung von Brunnenreihen hinter der Böschungskante.

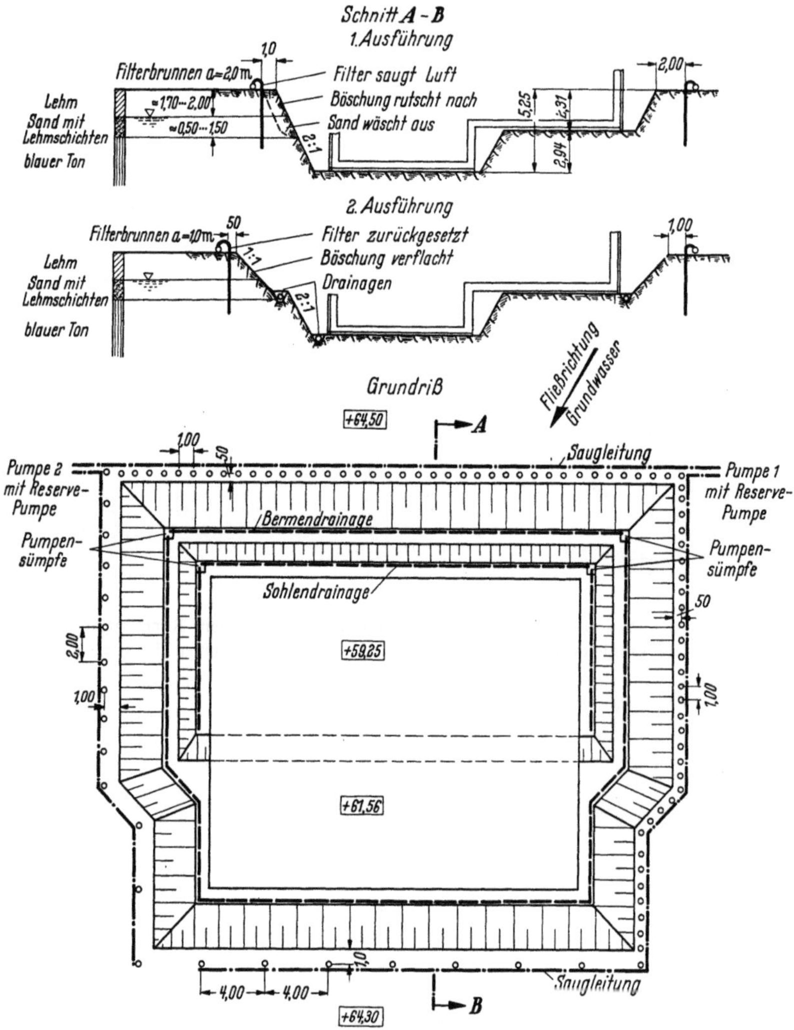

Abb. 44. Vakuumbrunnenanlage bei einer Baugrube

Erfahrungen zeigen, daß es bei der Bemessung dieser Anlagen eine verfehlte Sparsamkeit ist, wenn man die Brunnen weiter als 1 bis 1,20 m auseinander setzt. Sie müssen außerdem so weit hinter der Böschung stehen, daß sie mit Sicherheit verdämmt bleiben, auch wenn einmal hier ein Mann auf der Böschung eine Fußspur hinterläßt. Abb. 44 zeigt eine solche Erfahrung. Das Stadium 1 führte bei 2 m Brunnenabstand noch zum Böschungsrutsch, Stadium 2 mit abgeflachter oberer Böschung und Brunnen im 1 m-Abstand ergab einen vollen Erfolg. An der dem Grundwasserstrom abgewendeten Seite genügten Brunnenabstände von 2 m.

In einer großflächigen Baugrube im Strom mit Umspundung durch schwere Spundwände und einer Wasserhaltung durch Kiesfilterbrunnen traten Quellen und Aufbrüche ein. Man steckte in diese feinsandige Sohle Vakuumfilterbrunnen von 50 mm Durchmesser und nur 1,80 m Länge, die nach wenigen Betriebsstunden die Sohle so trockenlegten, daß der Beton aufgebracht werden konnte. Die Brunnen gingen dabei verloren, was aber nur geringe Kosten verursachte.

Eine andere praktische Anwendung ergab sich bei der Abdichtung von Fugen zwischen einzelnen aus dem Schloß gesprungenen Bohlen in einer Spundwand, hinter welcher Feinsand mit 7 m Wassersäule anstand. Um ein Ausfließen zu verhindern, wurden etwa 2 m lange Kleinfilter-Vakuum-Brunnen in die Fugen eingestoßen und damit der Feinsand so weit entwässert, daß die Fugen mittels aufgeschweißter Bleche verschlossen werden konnten.

Beispiele aus dem Grabenbau. Das Vakuumverfahren ist dort, wo eine flachgründige Absenkung im Feinsand mit $k = 10^{-3}$ bis 10^{-7} erforderlich wird, äußerst wertvoll. Selbst bei Böden mit $k = 10^{-7}$ und 10^{-8} sind schon Erfolge erzielt, wenn man eine Vorlaufzeit von mehreren Tagen konzidierte. Diese Vorlaufzeit ist besonders wichtig, denn ein zu frühes Ausschachten kann ein Ausfließen bringen, unter dessen Einfluß ein Brunnen Luft schnappt, wodurch das Vakuum sofort zusammenbricht. Da die kleinen Brunnen große Wassermengen nicht bewältigen, muß die Eignung durch vorhergehende Bodenuntersuchungen festgestellt werden. Über Anwendungen im Grabenbau sei auf die früher genannte Literatur von MÖLLER verwiesen. Außerdem hat das ,,Tiefbauamt Stadtentwässerung'' der Hansestadt Hamburg Regeln für das Vakuumverfahren in ihre ,,Vorschriften für die Ausführung von Sielbauten in Hamburg'' vom Nov. 1956 aufgenommen, die allgemein anerkannt werden sollten.[1]

Die Möglichkeit des schnellen Einbaues macht das Verfahren als zusätzliche Wasserhaltung interessant, die auch in schmalen Gräben noch unterzubringen ist. Eine zusätzliche Verbesserung der Ergiebigkeit von Grundwasserbrunnen ist durch die Anwendung der Elektroosmose zu erzielen, worüber später berichtet wird.

Schlußbemerkung zu Vakuumbrunnenanlagen

Die bekannte Lieferfirma für Baugeräte Leo Ross, Frankfurt/M., hält ständig komplette Einrichtungen auf Lager und hat ein sehr übersichtliches Prospektblatt zusammengestellt, in dem auch eine kurzgefaßte Anweisung für die Installation gegeben ist. Ebenso hat die Pumpenfabrik KG HAMMELRATH & SCHWENZER Düsseldorf derartige Anlagen in ihr Lieferprogramm aufgenommen.

1.6.5 Entwässerung durch Elektroosmose

Allgemeines

Das physikalische Phänomen ist von F. F. REUSS, Moskau, im Jahre 1807 entdeckt und 1809 beschrieben. Er zeigte, daß in 2 Hohlelektroden, die in eine Bodenprobe gesteckt waren und gleich hoch mit Wasser gefüllt wurden, unter dem Einfluß eines Gleichstromes im Anodenrohr $(+)$ der Wasserspiegel fiel und im Kathodenrohr $(-)$ anstieg. Macht man praktisch die Kathode zu einem Brunnenrohr und steckt als Anode einen Eisenstab 1 m neben den Brunnen, so wird beim Pumpen der vermehrte Zulauf zu einer Steigerung der abgepumpten Menge und damit zu einer besseren Entwässerung führen. Das ist das ganze Um und Auf der im Grundbau noch wenig benutzten aber viel diskutierten Elektroosmose, für die CASAGRANDE 1935 das DRP 621 694 nahm. Seit dieser Zeit ist theoretisch das Verfahren in seinen Grundzügen geklärt, es haben sich auch viele Anwendungsmöglichkeiten gezeigt und die bodenmechanische Literatur

---

[1] Für 1 DM beim Tiefbauamt erhältlich.

der ganzen Welt ist voll von Beiträgen, denen aber nur wenige wirkliche Ausführungen gegenüberstehen. Die theoretische Erklärung und eine Grundlagen-
rechnung für die Anwendung bringt SCHAAD.[1]

Anwendungsgebiete

SCHAAD unterscheidet die bisher allgemein bekanntere Entwässerung von
Feinböden, die unter dem Namen „Elektroentwässerung" zur Stabilisierung des
Bodens führen soll von einer zweiten Möglichkeit der „Elektroinjektion", die
sich dadurch von der ersteren unterscheidet, daß durch den gleichen Flüssigkeits-
transport auch chemische Substanzen in den Boden geleitet werden können,
die dort wirksam werden und die Festigkeit erhöhen bzw. eine Abdichtung ergeben. Hier handelt es sich nur um die erste Anwendung, die Entwässerung.

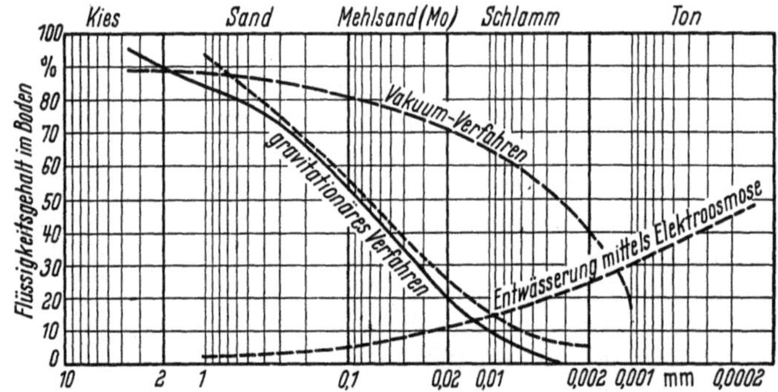

Abb. 45. Wirksamkeitsbereiche der Absenkungsverfahren
(nach SZÉCHY, Beitrag zur Theorie der Grundwasserabsenkungen. Bautechn. 36 (1959) H. 2

Zur Elektroentwässerung eignen sich gerade die Böden, bei denen das
Vakuum versagt, d. h. also die feinstkörnigen. Einen Kennwert hat man in der
Durchlässigkeitsziffer k, die nach PETERMANN, WEBER u. a. folgende Größen-
ordnung hat:

Grober Schotter .... 0,5 bis 1,0 cm/Sek. = (50   bis 100) · 10⁻²cm/Sek.
Kies, grober Sand .... 0,4 bis 0,5 cm/Sek. = (40   bis 50) · 10⁻²cm/Sek.
mittelscharfer Sand, 0,5 bis 1 mm Korn 0,2 bis 0,3 cm/Sek. = (20   bis 30) · 10⁻²cm/Sek.
feiner Sand .... 0,05 bis 0,1 cm/Sek. = (5   bis 10) · 10⁻²cm/Sek.
Dünensand ....   0,02 cm/Sek. =   2 · 10⁻²cm/Sek.
Löß, ungestört ....   (0,5 bis   1) · 10⁻³cm/Sek.
Lehm..............................   (0,1 bis   1) · 10⁻⁴cm/Sek.
Löß, gestört......................   0,7   · 10⁻⁷cm/Sek.
Ton ....   (0,02bis 20) · 10⁻⁷cm/Sek.

Bei den mäßig durchlässigen Böden $k = 10^{-3}$ bis 10^{-5} arbeitet die Vakuum-
methode noch ausreichend, aber die Elektroentwässerung beginnt merklich
wirksam zu werden. Bei $k = 10^{-5}$ bis 10^{-7} übertrifft die letztere die Wirksamkeit des Vakuums, wie alle Beispiele zeigen. TERVINSKAIA, Moskau, hat eine
Darstellung dieser im Labor nachgeprüften Erkenntnis gegeben, die aufschlußreich und anschaulich ist (Abb. 45). Wenn es gelingt, den Plastizitätsbereich
durch Wasserentzug nach unten zu unterschreiten, muß die Stabilisierung stets
gelingen. Die obere Grenze einer sinnvollen Anwendung ist also etwa durch
die Größenordnung $k = 10^{-5}$ cm/Sek. gegeben, wobei der Elektrodenabstand
mit 3 m zweckmäßig zu sein scheint.

Die untere Grenze der Entwässerungsmöglichkeit ist durch den Restwasser-
gehalt bei der Schwindgrenze des Bodens gegeben, der im Labor bestimmt
werden kann. Wenn der natürliche Wassergehalt darüber liegt, ist die Elektro-

---

[1] W. SCHAAD, Zürich: Praktische Anwendung der Elektroosmose im Gebiet des Grundbaues. Bautechn. 35 (1958) H. 6ff. (Literaturangaben).

entwässerung erfolgreich, liegt er in gleicher Höhe oder darunter, versagt die Methode. Wahrscheinlich ist dann aber auch die Entwässerung nicht nötig. Damit bieten sich für eine erfolgreiche Stabilisierung die Böden an, die bei geringem Wasserentzug vom plastischen in den festen Zustand übergehen, nämlich die so gefürchteten Schwimmsande, Schlamm, schlammiger Sand und gering tonhaltige Schluffe. SCHAAD gibt in der genannten Quelle auch Formeln für die Ermittlung des Stromverbrauches an. Nach einer Äußerung der Amerikaner anläßlich der Entwässerung in Essexville (siehe Beispiel) kommen die Kosten größenordnungsmäßig denen einer Grundwasserhaltung gleich, wobei zugunsten der Elektroosmose betont werden muß, daß eine Grundwasserhaltung in diesen Fällen gar nicht mehr in Frage käme. Da es bei den genannten Böden gerade auf den letzten Rest an Wasser ankommt, ist die Wasserförderung meist an sich gering. Bei dem französischen Beispiel sind aus 28 Brunnen im Durchschnitt je Minute nur 19 l aus dem Schlamm des Untergrundes oder 0,68 l/Min. je Brunnen gefördert worden.

Einige praktische Anwendungen

Bahnböschung Salzgitter. Eine der ersten Ausführungen, die CASAGRANDE selbst durch gutachtliche Tätigkeit initiierte, war die Entwässerung einer stark wasserführenden Einschnittsböschung im Schluff zwischen Salzgitter und Braunschweig im Jahre 1940/41.

Der Schluff ließ sich durch Brunnen nicht mehr ausreichend entwässern. Im Labor konnte festgestellt werden, daß der Schluff 25 bis 30% seines Trockengewichtes an Wasser festhielt. Die elektroosmotische Entwässerung reduzierte diesen Gehalt auf 17%, womit die Rutschgefahr gebannt und der Ausbau und die Andeckung der hinreichend flachen Böschung mit einer 1 m dicken Sandschicht als Belastung und Filterzone und eine sofortige Belegung mit Humusboden und Grassoden durchführbar waren. Die Brunnen sind 1 m hinter der oberen Böschungskante als Sandfilterbrunnen niedergebracht und reichten bis 2 m unter die spätere Grabensohle — vgl. Abb. 46. Ihr Abstand beträgt 10 m, die Anode (+-Pol) ist jeweils mitten zwischen die Brunnen, die an den (—-Pol) angeschlossen sind und als Kathoden wirken, gesetzt. In Abschnittslängen von 100 m wurde der

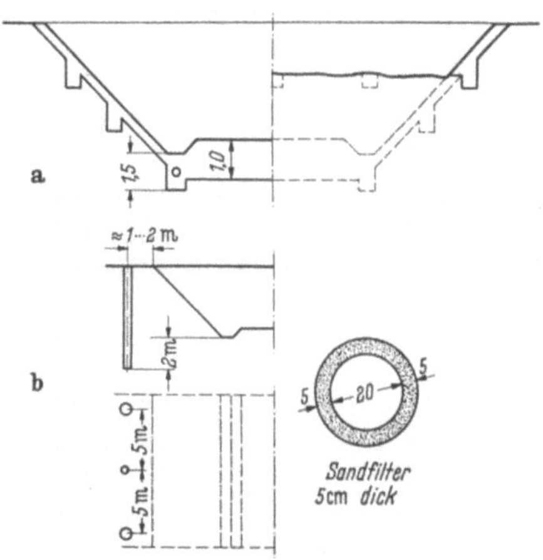

Abb. 46.
Bahnböschung bei Salzgitter, mit Elektroosmose entwässert und von oben nach unten abgedeckt

Einschnitt in dieser Weise vorangetrieben. Die Anodenstäbe korrodierten sehr schnell, so daß sie bald keinen Strom mehr durchließen, man mußte sie öfter ziehen, entrosten und in 20 cm Entfernung wieder einschlagen. Die Brunnenleistung konnte noch erheblich gesteigert werden, als man zusätzliche Anoden auf 1 m Abstand neben die Brunnen setzte.

Über die Wirksamkeit liegt die Angabe vor, daß ein Brunnen ohne Spannung 0,7 l/Min., nach angelegter Spannung 4,7 l/Min. lieferte. Die Spannung des erforderlichen Gleichstromes war 80 Volt und die Batterie hatte 20 Ah. Über den Stromverbrauch liegen keine Angaben vor.

Erste Anwendung in Frankreich.[1] Es handelte sich um eine vorübergehend offenzuhaltende Baugrube von 30 m Durchmesser und 7,50 m Tiefe in schlammigem

---

[1] H. CHAMBEFORT: Quelques fondations exceptionelles. Rev. Ing. (Juni 1954).

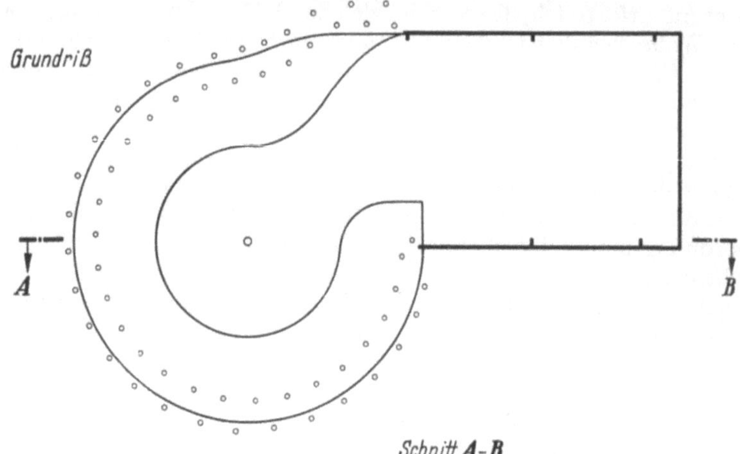

Abb. 47. Baugrube für ein Klärbecken in Bordeaux

Boden. Man installierte die Brunnen und Anoden nach der Abb. 47 und hatte den Erfolg, daß die Böschung 7 Monate lang stand. Der Gleichstrom hatte 50 Volt Spannung und zu Anfang wurde eine Stromstärke von 500 A beobachtet, die aber als Folge der Austrocknung gleichmäßig auf 250 A am Ende der Wasserhaltung abnahm. Während einer Zeit von 90 Tagen sind 3700 kWh verbraucht oder umgerechnet 1,5 kWh auf 1 m³ des gepumpten Wassers. Jeder der 28 Brunnen hat in dieser Periode danach durchschnittlich etwa 0,70 l/Min. ergeben.

Baugrube in Essexville, Michigan.[1] Für die 70 × 05 m große Baugrube eines Kraftwerkes gelang der Aushub im Schutze von 2 Brunnenstaffeln bis 6,60 m. Eine weitere Vertiefung provozierte ein Ausweichen der Spundwand zur Baugrube hin. Man warf die neu angefangene Stelle wieder zu und machte die zweite Brunnenstaffel zu einem Elektrodensystem, indem man zwischen die 6 m auseinanderstehenden

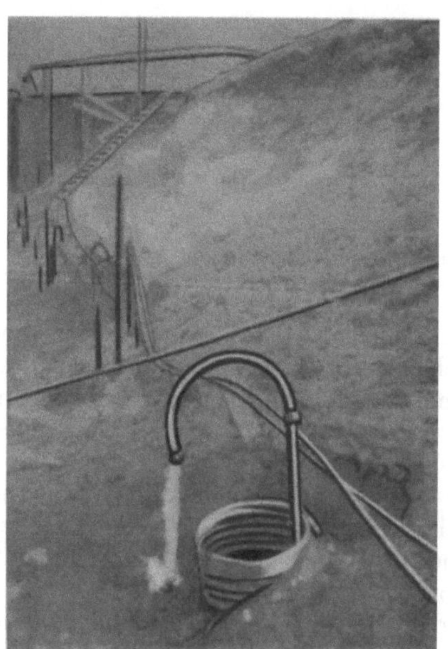

Abb. 48. Elektroentwässerung ohne Saugwirkung

[1] Constr. Meth. Equipment 35 (1935) Nr. 4, April, S. 52ff. und KTB. Bauingenieur (1953) H. 11.

Brunnen Stahlrohre eintrieb, die zur Anode (+) gemacht wurden, während die Brunnen an den negativen Pol der Leitung gelegt wurden. Man schickte Gleichstrom von 80 V und geringer A-Stärke in die Elektroden, und nach kurzer Zeit quoll das Wasser, das durch Vakuum dem Boden nicht zu entreißen war, ohne Saugwirkung auch aus abgebauten Brunnen unter einem Druck bis 3 atü empor. Abb. 48 zeigt einen solchen Fall, das Wasser ist zu einem Stalagmit gefroren. Aus einem 6 m hoch gezogenen Rohr lief das emporgestiegene Wasser mit unverminderter Stärke weiter heraus. Nach 4 Tagen wurde der vorher weiche Schlamm (30 bis 50% Wassergehalt) fast wie sandhaltiger Ton und der Aushub um weitere 2,10 m gelang ohne Schwierigkeiten.

Für eine in der Mitte der Baustelle gelegene Tiefgründung wurde eine kleine Grube nötig, zu deren Ausschachtung ein neues Elektrodensystem eingebaut wurde. Um die Reichweite der äußeren Anlage zu studieren, begann man den Aushub ohne Inbetriebnahme des neuen Systems. Es zeigte sich, daß das Hauptsystem die gesamte Schlammablagerung so vollständig stabilisiert hatte, daß der Aushub mit lotrechter Böschung ohne Absteifung, sogar mit Tonspaten, vorgenommen werden konnte, ohne daß die Brunnen des inneren Systems in Betrieb kamen.

Der Gleichstrom wurde später auf 60 V ermäßigt. Es heißt auch in diesem Bericht, daß die Anoden elektrolytisch stark verbraucht wurden und durch Rundstahlstäbe ersetzt werden mußten, die man einfach in die Rohre trieb.

Wer eine theoretische Behandlung der elektrischen Vorgänge sucht, findet sie von Prof. BELLUIGI dargestellt.[1]

Elektroosmose bei der Betonverdichtung

Es mag an dieser Stelle zweckmäßig sein, über die Anwendung der Elektroosmose auch auf einem anderen Gebiet zu berichten, weil dann, wenn man einmal diese Anlage zur Verfügung hat, eine zweite Verwendung die Wirtschaftlichkeit der Installation hebt.[2]

Genauso, wie man eine Bodenentwässerung durch Elektroosmose erzielen kann und ein Abpumpen wesentlich rentabler gestalten kann, so kann man auch Frischbeton durch Elektroosmose verdichten. Dr. A. POGANY meldete dieses Verfahren in England zum Patent an. Der Gleichstrom wird mit einer Spannung von 60 bis 70 V bei 2 bis 3 A Stromstärke an die Elektroden gelegt, die je nach Stärke des Betons in Abständen von 50 cm bis 1,50 m in den Beton eingeführt werden. Die Anoden (+-Pol) bestehen aus Rundeisen, während als Kathoden (−-Pol) fein durchlöcherte Rohre von 25 mm Durchmesser genommen werden. Diese Rohre müssen irgendwie durch die Schalung oder aus dem Beton herausragen, um das bei der Ionenwanderung mitgenommene Porenwasser abzuleiten (Abb. 49). Die eng gelochten Kathodenrohre bleiben im Beton, während die Rundeisenstäbe der Anoden wieder herausgezogen werden können. Besonders bei dünnwandigen oder stark bewehrten Baugliedern, bei denen der Frischbeton plastischer eingebracht werden muß, als der zu gewährleistenden Festigkeit des Betons entspricht, dürfte sich diese Methode empfehlen, die den Wasserzementfaktor nachträglich verbessert. Da durch den Wasserentzug im Beton Hohlräume entstehen, muß stets gleich

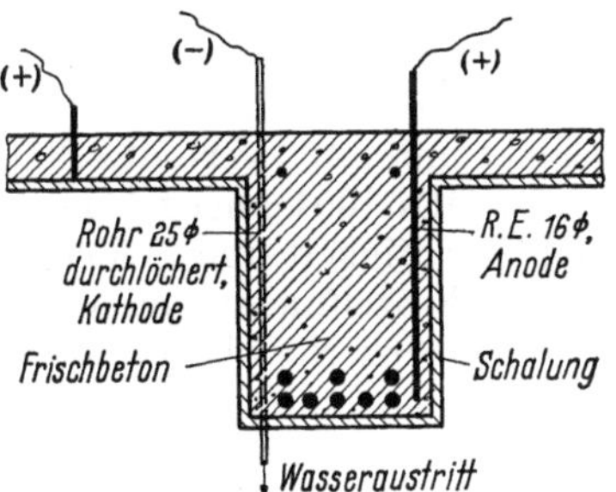

Abb. 49. Herabsetzung des Wassergehaltes von Frischbeton durch Elektroosmose

---

[1] Prof. BELLUIGI: Vollständige Entwässerung des wassergesättigten Bodens durch Elektroosmose. Bautechn. (1957) H. 1, S. 1.

[2] Elektroosmose im Betonbau. Bauwirtschaft vom 2. 1. 1954, H. 1, S. 16.

gerüttelt werden. Nachdem die Elektroosmose bei der Bodenverdichtung mit
ausgezeichneten Erfolgen ihre Bewährungsprobe bestanden hat, ist an der Wirksamkeit bei der Betonentwässerung nicht zu zweifeln.

2 Flachgründungen

2.1 Einzelfundamente

Flachgründungen sind dort angebracht, wo der Boden unterhalb der frost-
sicheren Tiefe die Bauwerkslasten aufnehmen und ohne schädliche Setzungen
in den tieferen Untergrund abgeben kann.

Die Beurteilung der zulässigen Bodenpressungen ist dem Ingenieur in den
meisten Fällen abgenommen, da die DIN 1054 für die einfachen Fälle Werte
enthält. Diese Werte können für Kantenpressungen noch erhöht werden, und
zwar um 30%, wenn nichtbindiger Boden vorliegt und alle Lasteinflüsse berücksichtigt sind. Ferner können die Bodeneigengewichte, die durch den Aushub
entfallen, als Erhöhung der zulässigen Bodenpressung zugeschlagen werden,
wenn die Sohle mehr als 3,00 unter Gelände liegt; das ist aber nur in der Höhe
zulässig, wie der Boden später dauernd neben dem Fundament liegenbleibt.

Eine Erhöhung ist ferner möglich, wenn

1. die zu erwartenden Setzungen unschädlich sind, was bei manchen Bauten
bei gleichmäßigem Verlauf der Setzungen der Fall ist, und

2. die zu erwartenden Setzungen vorausberechnet werden und das Bauwerk
gegen Gleiten, Kippen und Grundbruch durch entsprechende Berechnungen als
gesichert nachgewiesen wird.

Bei derartigen Berechnungen soll gemäß DIN 1054, 4.322 eine der anerkannten Untersuchungsstellen beteiligt werden. In den meisten Fällen wird der
Boden bekannt sein, oder es sind aus Erfahrungen benachbarter Bauten An-
haltspunkte zu gewinnen. Falls Untersuchungen nötig sind, sind diese nach
DIN 4020 bis 4023 vorzunehmen, meist tut man gut, diese Untersuchungen den
Spezialunternehmungen zu übertragen und die Ergebnisse laufend im Zusammen-
gehen mit der Bauaufsichtsbehörde festzustellen und zu protokollieren.

Wenn unter einer oberen tragfähigen Schicht eine Schicht geringerer Tragfähigkeit ansteht, so ist dies dann unbedenklich, wenn die durch die tragfähige
Schicht unter 45° verteilte Bodenpressung auf die weichere Schicht im Rahmen
des in DIN 1054 angegebenen zulässigen Wertes für diese Bodenart liegt. Je
nach Mächtigkeit und Schichtbefund kann man so zwischen Reihenfundament,
großen Einzelfundamenten oder kleinen Einzelplatten variieren, um größtmögliche Sicherheit bei größter Wirtschaftlichkeit zu erreichen. Bei benachbarten
Einzelfundamenten tritt die bekannte Überlagerung der Baugrundpressung ein,
die bei setzungsempfindlichen Böden eine Verkantung der Fundamente gegeneinander begünstigt. Es empfiehlt sich, derartige Fundamente zu vereinigen
oder bei einem neuen Fundament neben einem alten Fundament, letzteres durch
Ummantelung nach vorheriger kräftiger Aufrauhung oder seitlicher Unter-
schlitzung mit dem neuen Fundament biegungssteif zu verbinden. Bei be-
deutenderen Lasten kommt auch der Anschluß durch eine Spannbeton-Hilfs-
konstruktion in Frage, ähnlich wie bei nachträglichen Unterfangungen und
Hebungen.

Für den Entwurf mögen einige Anregungen für Einzelfundamente gegeben
werden.

Das einfachste Fundament ist der Stampfbetonsockel, der mit einer quadratischen Fläche, die sich durch die von Kanten nicht geschnittene Lastverteilungs-
linie unter 60° ergibt, die Gründungssohle erreicht (Abb. 50). Der Stützenfuß
muß eine solche Druckfläche aufweisen, daß die zulässige Pressung auf den

Fundamentstampfbeton nicht überschritten wird. Daher gilt bei Stahlstützen die Forderung, daß die Fußplatte nach DIN 1047 bemessen wird. Die Werte der Tabelle sind max. Kantenpressungen.

Betongüte	B 80	B 120	B 160	B 225	B 300
σ zulässig in kg/cm²	20	30	40	55	70

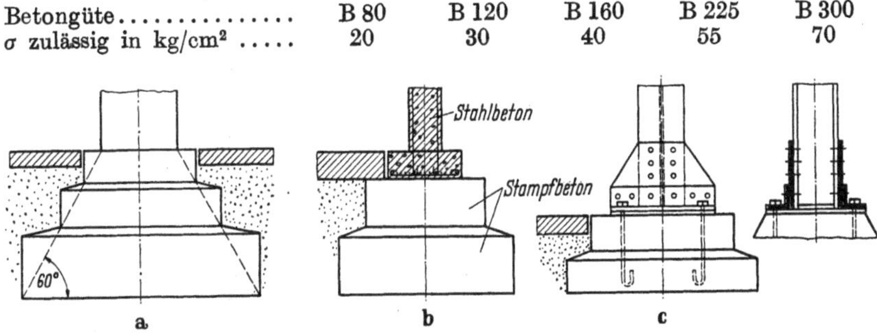

Abb. 50. Stampfbetonsockelfundamente.
a reiner Beton; b mit Stahlbetonstützenfuß; c mit Stahlstützenfuß

Bei Stahlbetonstützen kommen in dem hochwertigen Stützenbeton meist solch hohe Pressungen an, daß sie nicht ohne weiteres vom Stampfbeton aufgenommen werden können. Hier wird dann der obere Teil des Fundamentes als Stahlbetonplatte in der gleichen Betongüte, wie sie die Stütze hat, noch vor der Stützenschalung ausgeführt.

Bei Stahlbetonfertigteilstützen kann man auf die bisher übliche Methode des Einsetzens in Aussparungen verzichten, wenn man die Stahlbetonfertigstützen schon beim Betonieren mit einer stählernen Fußplatte versieht, die 4 Ankerlöcher für die spätere Verankerung aufweist. Abb. 51 zeigt eine solche 25 mm dicke Platte, deren Verbindung mit der Säule aus 6 kräftigen Rippenstahlankern besteht. Die Längsbewehrung der Stützen

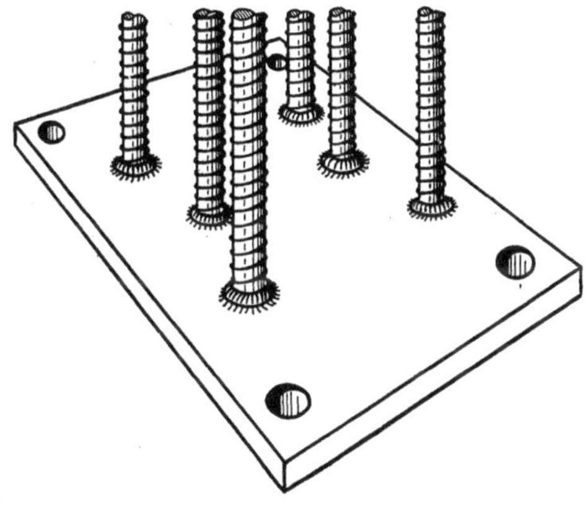

Abb. 51. Fußplatte mit aufgeschweißten Ankerstäben

liegt neben diesen Fußplattenankern. Die Platte vergrößert die Druckfläche der Stütze von 40×40 auf 45×60, d. h. um $68{,}5\%$. Wenn der Säulenbeton (z.B. B 400) mit $\sigma_p = 100 \, \text{kg/cm}^2$ ausgenutzt wurde, genügt unter der Druckplatte ein B 250 für die dort auftretende Pressung von $\dfrac{100}{1{,}685} = 59{,}5 \, \text{kg/cm}^2$.

Bei nur zentrischem Druck genügt es, die Verankerung der Stahl- bzw. Betonfertigteilstützen im oberen Teil der Fundamente unterzubringen, bei exzentrischer Last, wenn die Spannungsverteilung in der Sohle ungleich wird, wird man besser das ganze Fundament in Stahlbeton ausführen.

Die einfachste Stahlbeton-Plattengründung ist die quadratische Grundplatte, durch welche die Einzellast verteilt wird. Sie kann im Querschnitt rechteckig oder entsprechend der Momentenbeanspruchung mit abgeschrägten Oberflächen ausgeführt werden. Eine gleichmäßigere Sohldruckverteilung ergibt die Kreis- oder Achteckplatte, die sich auch besser bewehren läßt.

Die Abb. 52a—c zeigen mögliche Ausführungen, wobei darauf hingewiesen sei, daß eine Unterbetonschicht stets zu einer sachgemäßen Stahlbetonausführung gehört und schon im Kostenanschlag nicht fehlen darf. Der Anschluß von Fußböden sollte immer mit Fuge erfolgen. Stehen mehrere Stützen unter einer Last, z. B. einem Behälter oder einem Maschinensatz, der keinerlei ungleiche Setzungen vertragen kann, so faßt man solche Gruppen zu einer Platte zusammen, wobei man davon ausgeht, daß der Lastschwerpunkt mit dem

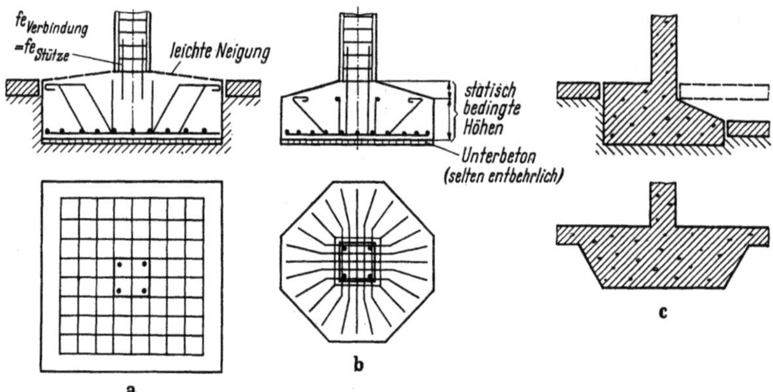

Abb. 52. Stahlbetonplattengründungen.
a quadratisch; b achteckig; c verschiedene Deckenanschlüsse

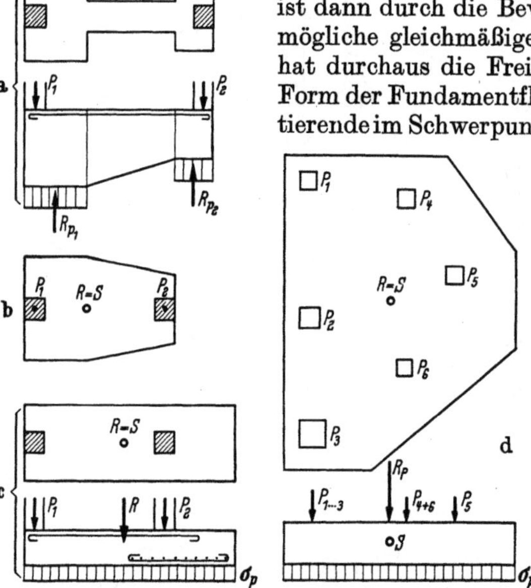

Abb. 53a—d. Fundamente für Randstützen.
a mit Stabilisierungsholm; b und c mit gemeinsamer Grundplatte; d unsymmetrischer Grundriß

Schwerpunkt der Fundamentfläche zusammenfällt. Es ist dann durch die Bewehrung der Platte für eine stets mögliche gleichmäßige Lastverteilung zu sorgen. Man hat durchaus die Freiheit, hier von der regelmäßigen Form der Fundamentfläche abzugehen; wenn die Resultierende im Schwerpunkt der Fundamentfläche angreift, ist die gleichmäßige Lastverteilung durch die Bewehrung immer sicherzustellen. Bei Randstützen bekommt man ein sehr stark einseitig belastetes Fundament. Hier kann man sich vor ungleichmäßiger Setzung infolge hoher Kantenpressung schützen, indem man die Außenfundamente mit den inneren Fundamenten in Verbindung bringt, sei es durch Stabilisierungsholme (Abb. 53a) oder durch gemeinsame Fundamente für Randstützen und Innenstützen nach Abb. 53b—d. Auch hier gilt der Grundsatz, daß zur Verteilung des Sohldruckes die Mittelkraft der Lasten mit dem Flächenschwerpunkt des Fundamentes zusammenfallen muß. Das kann durch Verlängerung des Fundamentes über die Innenstütze hinaus oder durch trapezförmige Verbreiterung unter der Randstütze erreicht werden. Selbst wenn bei setzungsgefährdeten Böden keine gleichmäßige Sohldruckverteilung zu erwarten ist, also z.B. die Randbelastungen aus dem Bodendruck gegenüber den zentrischen Bodenreaktionen wachsen, kann das Zusammenfallen von Lastschwerpunkt und Fundamentflächenschwerpunkt nur vorteilhaft sein und sollte Ausgangspunkt des Fundamententwurfes sein.

Hierzu empfiehlt sich für einfache Fälle folgendes Berechnungsverfahren, das RÖMHILD angegeben hat und das Probeberechnungen zur ersten Bestimmung der Hauptabmessungen erübrigt.[1]

Mit den Bezeichnungen der Abb. 54 und bei Annahme von r und a ergeben sich folgende Beziehungen:

$$M_S = M + H\,t$$
$$c = M_S : V$$
$$e_0 = c + r$$
$$F = V : \sigma$$
$$n = \frac{F}{1{,}5\,e_0} - a$$
$$b = n + \sqrt{n^2 + a\,n}$$
$$l = 2F : (a + b)$$

Zur Kontrolle kann dienen:

$$\frac{3\,e_0(a + b)}{l(a + 2b)} = 1 .$$

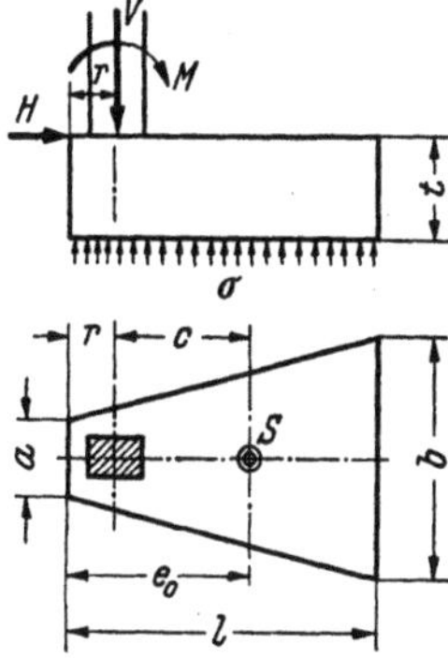

Abb. 54. Römhild-Verfahren für die schnelle Ermittlung von Fundamentabmessungen

Um das zunächst unbekannte Gewicht des Fundamentes zu berücksichtigen, reduziert man zweckmäßig die zulässige Bodenpressung um einen der Plattendicke t entsprechenden Wert. Die Bodenpressung kann dann nach einem bekannten Verfahren kontrollweise ermittelt und das Fundament in üblicher Weise bemessen werden.

Wenn der tragfähige Grund tief liegt und ein Stufenfundament nach Abb. 50 in Frage kommt, muß die Größe der unteren Fundamentblöcke dem Neigungswinkel entsprechen, der von der Betongüte der einzelnen Blöcke abhängt.

Nach LÖSER/ZÄHRINGER[2] ergibt sich die Größe der Fundamentplatte aus der Formel

$$F_{\text{erf}} = \frac{P}{\sigma - \sigma_g} ,$$

worin P die Stützenlast in kg, σ die zulässige Bodenpressung und

$$\sigma_g = \frac{\sqrt{P}}{1600} \qquad (P \text{ in kg}, \quad \sigma_g \text{ in kg/cm}^2)$$

ist.

Für den tg α ist in der angegebenen Quelle eine Tabelle aufgestellt, die in Abhängigkeit von der Betongüte und der zulässigen Bodenpressung praktische Werte angibt.

Mindestwerte von tg α (Stampfbetonfundamente)

$\sigma =$	1	1,5	2,0	2,50	3,0	4,0	5,0 kg/cm²
B 50	1,56	1,90	2,20	2,20	2,32	2,70	3,0
B 80	1,52	1,56	1,74	1,94	2,13	2,14	2,37
B 120	1,24	1,42	1,42	1,59	1,74	2,01	2,01
B 160	1,23	1,31	1,41	1,51	1,51	1,74	1,94
B 225	1,03	1,27	1,28	1,43	1,47	1,47	1,64

Bei Stahlbetonfundamenten, bei denen die Druckverteilung durch deren Momentfähigkeit gegeben ist, kann man in ähnlicher Weise vorgehen. Die Grund-

---

[1] K. T. RÖMHILD: Bautechn. 34 (1957) H. 4, S. 158.
[2] Betonkalender 1954, Teil II, S. 27.

fläche ergibt sich in erster Annäherung hier wieder zu

$$F_{\text{erf}} = \frac{P}{\sigma - \sigma_g}, \quad \text{wobei} \quad \sigma_g = \frac{\sqrt{P}\,(\text{kg})}{3000} \quad \text{ist.}$$

Die Berechnung der Stahlbetonplatte ist dann entsprechend den Eigenschaften des Untergrundes anzusetzen. Bei gutem Baugrund und nicht allzu großen Fundamentbreiten wird man mit einer gleichmäßigen Druckverteilung rechnen können und eine kreuzweis bewehrte Platte ausbilden. Bei setzungsfähigem Untergrund und größeren Fundamentbreiten wird man die Sohldruckverteilung nach den Erkenntnissen der Bodenmechanik variieren und die Stahlbetonplatte für den ungünstigsten Fall bemessen, um vor Überraschungen sicher zu sein.

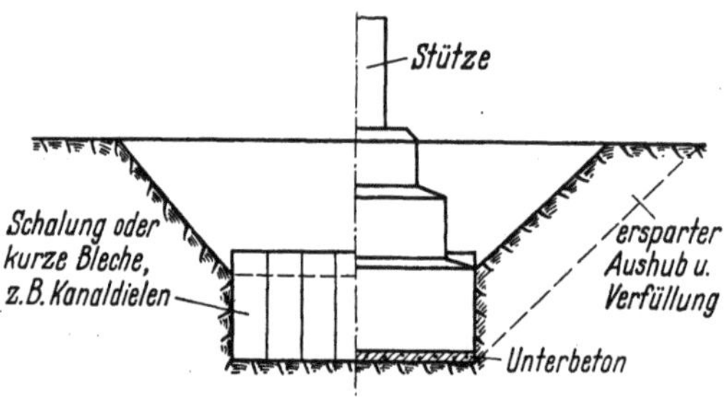

Abb. 55. Ausschachtung bei Einzelfundamenten

Es ist eine Frage der Wirtschaftlichkeit, ob man ein Fundament unter einer Stütze mit geraden Absätzen oder als Pyramidenstumpf mit Schrägflächen ausführt. Im ersten Falle bedeutet das für jeden Absatz eine Arbeitsfuge im Fundament und einen erneuten Schalungsvorgang, bei dem durch die stoßweise Arbeit jedesmal unverhältnismäßig viel Anlaufzeit anfällt. Außerdem benötigt man einen Arbeitsraum, der durch die Breite der Absätze allein nicht gegeben ist und einen Mehraushub bedingt.

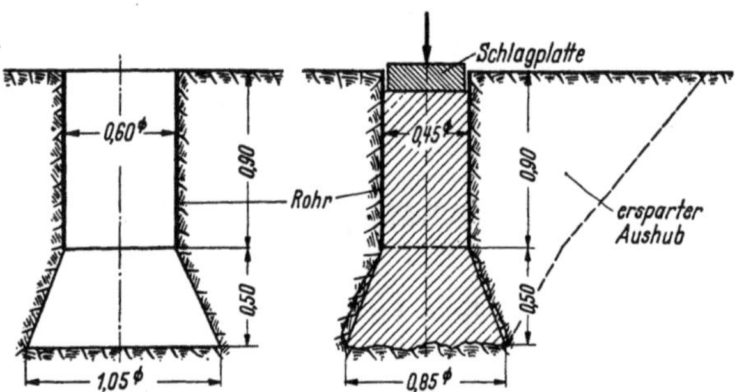

Abb. 56. Prinzip der Rohrfundamente (engl. Ausf. im Tonboden)

Schließlich ist eine waagerechte Fläche der Absätze grundsätzlich als falsch anzusehen, weil sie das Absinken des Oberflächenwassers oder des fallenden Grundwassers nicht begünstigt. Eine Schrägfläche kostet aber einige Sorgfalt und sie wird auch leicht wieder zertreten. Im zweiten Falle, also bei schrägen Außenflächen, kann man zwar an Beton sparen, aber zwei Seiten der Schalung sind nicht mit normalen Tafeln zu machen, wodurch die Ersparnis an Beton z. T. wieder verlorengeht. Bei standfestem Boden und kleinen Fundamenten fährt man daher oft besser, wenn man die Fundamentgrube mit lotrechten Wänden aushebt und einen rechteckigen Klotz betoniert. Allerdings sollte man nicht versuchen, in die Mehrkubatur einen geringeren Beton einzubringen, weil man dabei auf die Gewissenhaftigkeit der Betonierkolonne angewiesen ist, auf die man nur bei gutem Führungspersonal rechnen kann.

Bei kleineren Fundamenten kann man auch wohl prüfen, ob nicht eine Schalung dadurch ersetzt werden kann, daß man alte Fässer ohne Boden in den Grund einläßt und diese vollbetoniert. In Fortsetzung dieses Gedankens kommt man auch wohl bei tiefen Fundamenten zu einer Ausführung nach Abb. 55, wobei die Schalung des untersten Absatzes als ausgesteifter Rahmen oder in Form von Blechkasten, Kanaldielen oder dgl. eingebaut und nach dem Betonieren wieder gewonnen werden kann. Man kann dadurch nicht nur an Aushub beträchtlich sparen, sondern die Baustellenzugänglichkeit erheblich verbessern. Derartige Möglichkeiten sind aber erst bei der Arbeit selbst zu beurteilen, man kann sie nicht von vornherein etwa bei der Kalkulation in Ansatz bringen.

In England und Amerika sind solche kleineren Rohrfundamente recht bekannt. Abb. 56 zeigt die Fundamentformen, die besonders bei nichtbindigem Boden, in England aber auch im Tonboden angewendet werden. Eventuell ist bei Sandboden eine kleine Grundwasserabsenkung empfehlenswert, damit der Boden an Standfestigkeit gewinnt. Die Herstellung ist einfach.[1]

Man senkt Blechrohre etwa 1 m tief ab bzw. bis dicht unter den Grundwasserspiegel und erweitert im Rahmen des Möglichen von Hand den Aushub unterhalb des Rohrmantels. Darauf wird Hohlraum und Schaft mit Beton gefüllt und oben mit einem 15 cm dicken Holzblock abgedeckt. Eine Serie von Rammschlägen mit einem 275 kg-Bär preßt den Frischbeton in den sich dabei noch erweiternden unteren Hohlraum gegen die Wandung und verdichtet sowohl den Boden wie auch den Frischbeton.

Für Kleinfundamente dürfte die Methode, die sich leicht noch abwandeln läßt, sehr zu empfehlen sein. Der Bericht beschreibt die Fundierung für eine 500 m²-Halle, die auf 52 derartigen Pfeilerfüßen steht; die Fundamente haben oben 45 und 60 cm Durchmesser und eine Fußverbreiterung auf 85 bzw. 105 cm Durchmesser und reichen bis auf 1,40 m unter Gelände.

Die Ersparnis ergibt sich durch den verminderten Aushub, den Fortfall von Schalung und Rüstung und eine Erleichterung für das Einbringen des Betons, da keinerlei Transportbrücken über Baugruben zu den einzelnen Pfeilerfüßen erforderlich sind. Natürlich ist der Aushub spezifisch teurer, aber man kann durch geeignetes Gerät viel erreichen; außerdem kann das Stahlschalungsrohr leicht wieder gewonnen werden.

Immer aber ist nur der effektiv notwendige Aushub abzufahren. Diese Methode trägt zu einer wünschenswerten Erhaltung des natürlichen Zustandes des Baugeländes bei, was von Bedeutung ist, wenn z.B. später eine Betondecke auf das Gelände gelegt werden muß. Frisch verfüllte Baugruben müßten verdichtet werden, bevor man darüber betoniert. Die Vorteile liegen also nicht nur im Fundament selbst, sondern auch in den Auswirkungen der einfachen Herstellung.

Über die Verankerung von Stützen in bzw. auf Fundamenten seien noch einige Bemerkungen nachgeholt.

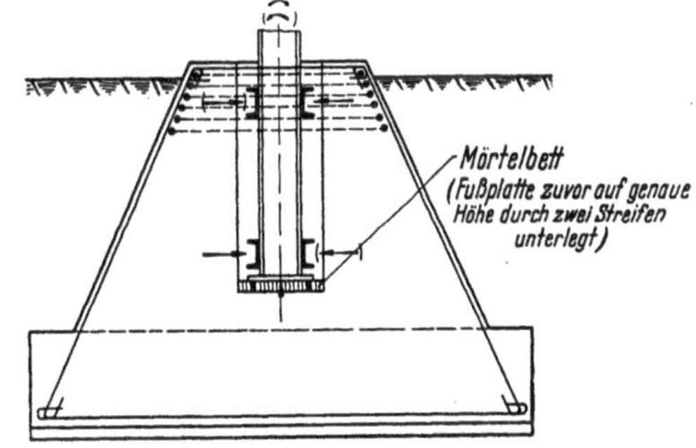

Abb. 57. Stützenverankerung mit Einspannung

Die primitivste Form ist die feste Einbetonierung einer Stütze in einen Betonklotz und deren Versetzen in den Boden als Fertigteil.

Setzt man den Stützenfuß direkt in eine im Fundamentblock gelassene Aussparung, so muß die Höhenlage der Stütze genauestens durch Unterlagskeile ausgerichtet werden. Da es aber schwerfällt, in einer tiefen Aussparung die Stützenfußplatte satt zu unterstopfen, kann dies nur mit ziemlich flüssigem Mörtel durch Vergußlöcher geschehen, die dicht am Steg der Säule sitzen und mindestens 5 cm Durchmesser haben sollten.

Früher wurde das Untergießen mit flüssigem Blei vorgenommen. Ob das immer einwandfrei gelungen ist, bleibe dahingestellt. Der dann vollzogene Stoff-

---

[1] Engng. News Rec. vom 4. Oktober 1956, S. 92.

austausch mit Zementverguß und dünnem Mörtel ist wegen der geringen Druckfestigkeit solcher Schlempen nicht ohne Bedenken und nur bei geringen Lasten möglich. Wenn solche Fundamente eine Einspannung der Stahlstütze bewirken sollen, muß durch Umschnürungsbewehrung am Kopf des Fundamentes für eine Aufnahme der Kräfte des Einspannmomentes gesorgt werden (vgl. Abb. 57). Es ist bei konstruktiv wichtigen Stützen sachgemäß richtiger, die Stützen auf das Fundament zu stellen, sie auszurichten und sie im Fundament zu verankern, was bei einigermaßen großen Fußplatten ohnehin die Regel ist.

Die mit Keilen ausgerichteten Stützen müssen mit erdfeuchtem Betonmörtel mit scharfem Sand in gut abgestufter Körnung bis 7 mm Durchmesser fest unterstopft werden. Dazu muß die Fuge zwischen Fundament und Fußplatte mindestens 3 cm offen sein. Das Fundament ist vor dem Unterstopfen gut anzunässen.

Burbach empfiehlt[1] zur einwandfreien Auflagerung die Unterstopfung auf die Randstreifen von $^1/_4$ der jeweiligen Plattenbreite zu beschränken und zur Erzielung dieses Effektes den Verguß der Plattenmitte vorweg mit einem weicheren flüssigen Zementmörtel zwischen Leisten vorzunehmen, da diese Zone für die Druckübertragung, z. B. bei Stützen, mit Momentenaufnahmen ohnehin belanglos ist. Für die Berechnung von derartigen Stützenfundamenten sei auf diese vorzügliche Quelle verwiesen, insbesondere auf die Berechnung der erforderlichen Hängegewichte an einem Zugankerpaar.

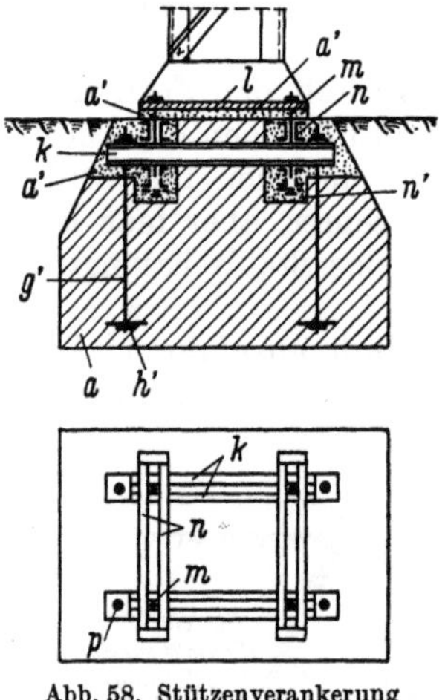

Abb. 58. Stützenverankerung nach E. Burbach (nach Patentzeichnung)

Die Verankerung der Stützenfüße bzw. ihrer Fußplatten im Fundament muß einwandfrei ermöglicht werden durch entsprechend kräftige Fundamentanker, die mit der Fußkonstruktion verschraubt werden. Die Bemessung und Lieferung der Verankerungsteile ist Sache der Stahlbaufirmen; der Einbau muß von der die Fundamente ausführenden Firma gemacht werden. Hier liegt eine Quelle vermeidbarer Schwierigkeiten, die auch der Stahlbau erkannt hat. Üblich sind bisher Ankerbarren aus][-Profilen, zwischen denen Hammerkopfschrauben eingesetzt und durch seitliche Anschläge gehalten werden. Das Versetzen und Einbetonieren der oft schweren Ankerbarren sowie das Sauberhalten der Schächte bis zum Stellen der Stützen sind Vertrauensarbeiten. Der Hauptmangel dieser Ausführung ist aber, daß man an die Verankerung nicht herankann.

Um die erwähnten Schwierigkeiten radikal zu beseitigen und die Toleranzen beim Aufstellen und Ausrichten schwerer Stützen zu vergrößern, hat E. Burbach einen begrüßenswerten Vorschlag mit der deutschen Patentanmeldung B 23500, 84 c 2 gemacht (die zur allgemeinen Benutzung freigegeben ist), indem er die Ankerteile einfach umkehrt, d. h., der Ankerbarren wird nicht mehr tief in das Fundament gelegt, sondern als nach oben freiliegende Ankerschiene mit einer ausreichenden Anzahl Ankern aus Rundstahl mit Haken oder Platten im direkten Einbau mit dem Fundament hergestellt. Wenn man die durch Anordnung von 2 Paar rechtwinklig aufeinander verschieblicher Ankerschienen gewonnene Anpassung an die Stützenausrichtung bedenkt (vgl. Abb. 58), wird der Baupraktiker diese Konstruktion begrüßen. Die Stahlbauer in Rußland sind in dieser Richtung noch weitergegangen. Neuerdings sind auch vom tschechischen

[1] Stahl im Hochbau, 12. Aufl., S. 678ff.

Normenausschuß die in der UdSSR heute gebräuchlichen Verankerungen vorgeschlagen und eingeführt.[1]

Bei dieser Methode verzichtet man ebenfalls auf tiefliegende Ankerbarren und setzt nur die eigentlichen Anker in zwei normierten Ausführungen mittels genauer Schablone in die Schalung ein, wobei die Anker in ihrer senkrechten Lage durch Anbinden an die Fundamentbewehrung gesichert werden. Dann wird betoniert. Der Normalanker (Abb. 59 a) überträgt theoretisch allein durch Haftung, die kleine Fußplatte soll nur das Versetzen erleichtern; der verkürzte Anker (Abb. 59 b) für kleinere Fundamentdicken trägt zusätzlich zur Haftung noch durch die mit Aussteifungsblechen angeschweißte Platte bei. In der angegebenen Quelle sind ausführliche Bemessungstafeln der Normenausführung angegeben. Das Gewinde soll nicht, wie man es meistens sieht, nur mit einer drahtverschnürten Papierumwicklung, sondern durch einen mit Innengewinde versehenen Rohransatz bis zum Stützeneinbau zuverlässig gesichert werden. Trotz der zum Versetzen der Hauptanker benutzten Schablone gehen die Anker nicht durch den Stützenfuß bzw. dessen Grundplatte, sondern werden mit einer Toleranz von 50 mm neben der Grundplatte angeordnet und die Ankerkraft mittels einer Traverse von oben auf den Stützenfuß übertragen, der dadurch sozusagen eingespannt wird (Abb. 59 c). Wenn bei einer größeren Anzahl von Ankerstangen das Fußblech zusätzlich durchstoßen werden muß, wird diese Bohrung mit reichlicher Toleranz ausgeführt. Der wesentliche Vorteil ist, daß die Verankerung sichtbar und zugänglich ist.

Zur Übertragung großer Momente auf die Fundamentkörper ist neben der schon besprochenen Stützenverankerung auch die Verbindung der Stützenbewehrung mit entsprechender Fundamentbewehrung durch Schweißung

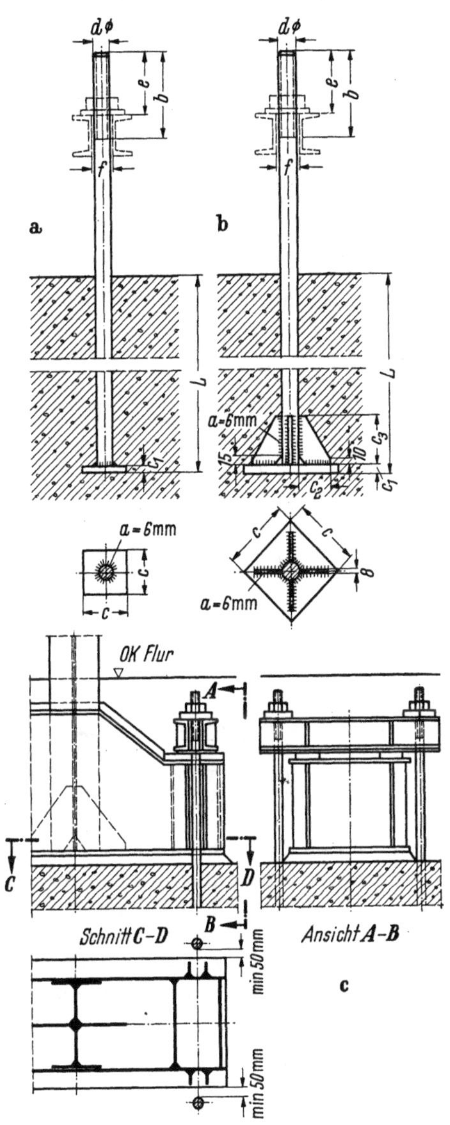

Abb. 59. Stützenverankerungen nach tschechischen Normen. a normaler Haftanker; b Anker mit Fußplatte; c Einspannung mittels Traversen

möglich, aber recht kompliziert, da es nur bei besonderer Sorgfalt gelingt, eine Vielzahl von Bewehrungsstäben einwandfrei in ihrer Lage zu halten, insbesondere wenn Fertigteile auf die Fundamente zu setzen sind.

Der Bauingenieur wird alle Arten der Stützenverankerung begrüßen, die ihm die Herstellung der eigentlichen Fundamente erleichtern.

---

[1] NOVOTNY: Verankerung von Stahlstützen in der Tschechoslowakei. Stahlbau 26 (1957) H. 2, S. 52.

Elastische Fundamente

Eine beachtenswerte Entwicklung hat sich seit etwa 10 Jahren in der Tschechoslowakei angebahnt, die aus der intensiven Beschäftigung mit dem Bauen mit Fertigteilen stammt und durch den I. und II. Internationalen Kongreß für Montagebau mit Stahlbetonfertigteilen im September 1954 und Juli 1957 der breiten Öffentlichkeit bekannt geworden ist.[1]

WÜNSCH argumentiert, daß die bisherige Annahme eines unverschieblichen Fundamentes angesichts der Steifigkeitsgegensätze von Bauwerk und Baugrund nicht richtig sein kann, und er empfiehlt, die durch Deformationen des Bauwerkes (z. B. Vorspannung, Temperaturdehnungen, Kriechen) eintretenden Kipptendenzen durch in Bewegungsrichtung schmale Fundamente und eingespannte Stützen zu begünstigen. Damit ergeben sich für das aus Fertigteilen hergestellte Bauwerk die Möglichkeit und die Vorteile einer statisch unbestimmten Konstruktion, nämlich die monolithische Ausführung, leichte elastische Querschnitte gegenüber statisch bestimmter Ausführung, erhöhte Sicherheit des Gesamtbauwerkes usw.

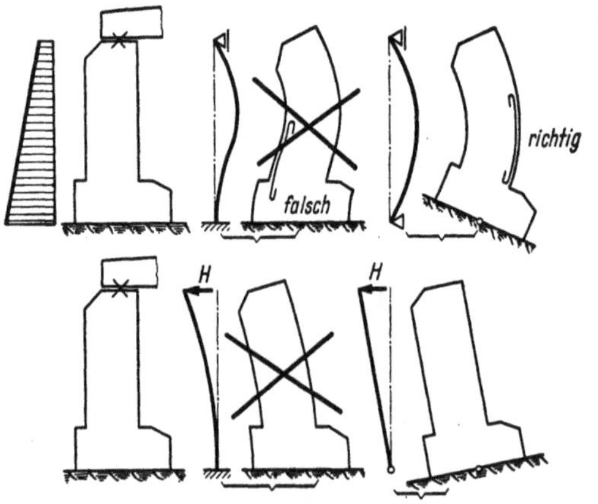

In einer praktischen Anwendung auf das Verhalten der Widerlager einer Brücke ergeben sich nach WÜNSCH die in Abb. 60 dargestellten prinzipiellen Zustände, die bei derart steifen Baukörpern ohne weiteres akzeptiert werden können. Bei schlanken Stützen oder Stützwänden ist natürlich die elastische Verformung der Wand zu berücksichtigen, die aber bei einigermaßen elastischen Böden nach gewisser Zeit ohne Frage noch durch weitere allmähliche Fundamentkippung abgebaut werden

Abb. 60. Verhalten von Widerlagern bei elastischem Untergrund (nach WÜNSCH)

kann. In der Tschechoslowakei hat man im Jahre 1951 eine 150 m lange Werkhalle aus Stahlbetonfertigteilen ausgeführt, bei welcher alle Fundamente eine möglichst geringe Einspannung im Boden haben. Die Konstruktion ist durch Vorspannung zu einem vielfeldrigen durchlaufenden Rahmen vereinigt. Dadurch sind die Nachteile einer Aufteilung auf Einzelrahmen vermieden, die darin bestehen, daß Fertigteile verschiedener Größe zu beschaffen sind, daß Dehnfugen und Doppelstützen anzuordnen und mehrere Endfelder mit hoher Bewehrung zu versehen sind. Auch die Gelenkausbildung ist damit entbehrlich. Bei einem vielfeldrigen Rahmen verteilen sich eventuelle H Werte auf viele gleichwertige Stützen, welche aus dem Riegel keine Biegungsmomente aufnehmen sollen, was durch geeignete elastische Einlagen zu erreichen ist. Die Fundamente der genannten Halle sind in Längsrichtung des Rahmens schmal gehalten, dafür quer entsprechend breiter.

Bei felsigem Untergrund ist eine solche Bauweise nicht möglich, es sei denn, daß die Fundamente auf elastischen Zwischenlagen stehen.

Die 150 m lange Halle wurde 3 Jahre nach der Montage durch Freilegen der Ständer an den Einspannstellen kontrolliert. Die Endständer waren s. Z.

---

[1] Prof. Dr.-Ing. JOSEF WÜNSCH, TH Bratislava (Preßburg): Statisch unbestimmte Systeme aus Betonfertigteilen. Wiss. Z. TH Dresden 4 (1954/55) H. 2 — Untersuchung von Fertigteilen durch das Modellverfahren, ebenda 6 (1956/57) H. 5 (hierin wertvolles Berechnungsverfahren).

vorsorglich mit einem Fußgelenk versehen. Beim Freilegen zeigte sich, daß auch diese Fundamente noch steifer waren, als die Bettung im nachgiebigen Untergrund.

Wünsch schließt daraus, daß auch Stockwerkrahmen großer Ausdehnung keine Dehnungsfugen brauchen, wenn die Ständerfundamente richtig ausgebildet werden und nachgiebiger Boden vorliegt bzw. elastische Einlagen in den Bodenfugen vorgesehen werden.

2.2 Streifenfundamente

Streifenfundamente sind in einer Richtung verlängerte Einzelfundamente, und so gilt vieles für beide sinngemäß gleichzeitig. Die bei Hochbauten üblichen Fundamentsockel, die Bankette, sind die einfachste Form dieser Fundamente.

Bei den meist geringen Lasten, die hier zu übertragen sind und den meist steifen Mauern ist eine gleichmäßige Verteilung der Linienlasten vorhanden. Die Sockelverbreiterung richtet sich nach den für die verschiedenen Betongüten zulässigen Winkel der Tabelle, S. 67. Die Berechnung bei einer Stahlbetonausführung ist die eines Balkens auf Einzelstützen mit gleichmäßig verteilter Last. Dabei ist ein wirtschaftlicher Gesichtspunkt nicht zu vernachlässigen: wenn Raum genug vorhanden ist, sollte man immer einen Vergleich mit einem Stampfbetonfundament durchrechnen, bevor man sich zu einem flacheren Stahlbetonfundament entschließt. Dabei ist zu vergleichen der jeweilige

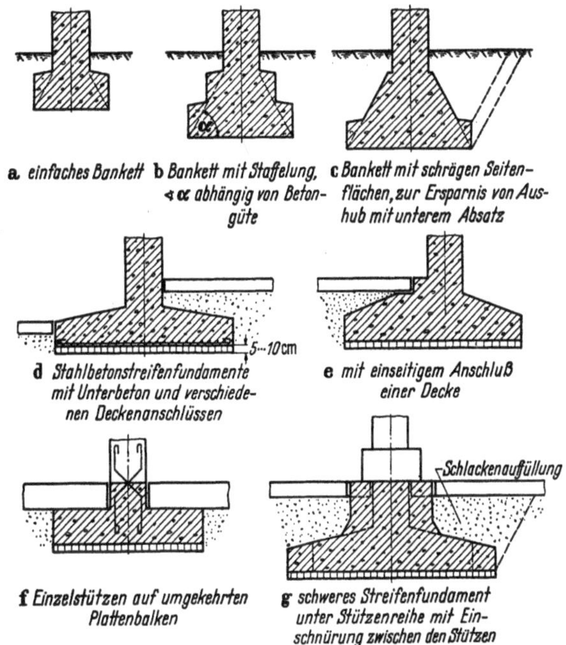

Abb. 61. Verschiedene Formen von Streifenfundamenten

Gesamtaufwand der beiden Ausführungen. Für die wirtschaftlichste Bemessung von Stahlbetonfundamenten hat v. Henning ein Verfahren angegeben, mit welchem nach Ermittlung der Einheitspreise der beim Fundament beteiligten Massen aus deren Abhängigkeit von der statisch erforderlichen Abmessung das Optimum dieser Abmessung zu bestimmen ist.[1]

Wenn es sich um zahlreiche Einzelfundamente handelt oder lang durchlaufende Bankette und Streifenfundamente, sollte man für die Stahlbetonberechnung diese Zusatzarbeit nicht scheuen.

Die Streifenfundamente haben meist den gleichen Querschnitt wie Einzelfundamente (Abb. 61). Volle Querschnitte sind bei kleinen Fundamenten richtig, bei größeren kommen Absätze oder Wandschrägen in Frage, wobei die Schalung eine geringere Rolle spielt als bei Einzelfundamenten. Bei stark geneigten Schrägen ist die Tendenz des Frischbetons, die Schalung nach oben wegzudrücken, zu beachten und durch Verspannung mit dem Sockel oder durch Absteifung

---

[1] v. Henning: Zur wirtschaftlichen Bemessung von Fundamenten und Stützmauern. Beton- u. Stahlbetonbau 53 (1958) H. 1, S. 7.

eine Gegenkraft anzusetzen. Der Schalungsdruck entspricht etwa dem Wert

$$p = 2\,h \text{ in t/m}^2,$$

wobei h die Betonhöhe in m über dem betrachteten Punkt ist. Er nimmt geradlinig mit der Zeit ab und ist nach 8 Std. auf Null gefallen. Er tritt nach dieser Zeit in dem abgebundenen Bereich nicht wieder in Erscheinung. Danach läßt sich der erforderliche Gegendruck ermitteln und sichern.

Wenn Grundwasser vorhanden ist, wird man oft zweckmäßig eine Stahlbetonplatte wählen, um eine Grundwasserhaltung zu vermeiden.

Bei Stahlbetonkonstruktionen muß immer eine Unterbetonschicht von mindestens 5 cm eingebracht werden, damit die untere Bewehrung einwandfrei eingebettet liegt. Das verteuert die Ausführung natürlich und muß beim Wirtschaftlichkeitsvergleich berücksichtigt werden.

Es empfiehlt sich, die Oberfläche aller Absätze mit der Kelle glattzustreichen; ein Einpudern mit Zement vor dem Glattstreichen ist zwecklos, richtig ist es, den Frischbeton bis zum Schwitzen zu bügeln.

Eine Verschalung der Baugrube ist dann nicht nötig, wenn der Boden senkrecht oder doch sehr steil steht und dafür gesorgt ist, daß die Böschung nicht während des Betonierens eingetreten wird. Bei unsauberem oder aggressivem Boden empfiehlt sich immer eine Schutzschicht aus Papier, Folie oder dgl., damit eine direkte Berührung des Frischbetons mit dem Boden während der Erhärtung noch vermieden wird.

In statischer Hinsicht sind die Streifenfundamente ein lebhaft bearbeitetes Gebiet.

Hier geht man im ersten Fall davon aus, daß das Fundament so steif ist, daß eine gleichmäßige Beanspruchung des Untergrundes eintreten muß; das ist bei eng stehenden Lasten und durchgehenden wandartigen Trägern bei hinreichender Höhe des Fundamentes der Fall.

Wenn die Lasten aber weiter auseinanderstehen, ergibt sich ein Wechselspiel zwischen Setzung des Bodens und elastischer Durchbiegung des Fundamentes, beeinflußt von der Weichheit oder Starrheit des Bauwerkes, so daß es sehr schwer ist, die wirkliche Last- und Kraftverteilung zu erfassen. Aus der Erkenntnis, daß bei gleichmäßiger Bodenpressung die großen Fundamentflächen eine größere Setzung ergeben als die kleinen und daß die Bodeneinsenkung muldenförmig ist, weiß man, daß eine Stahlbetonplatte an den Rändern stärkere Bodenpressungen hervorruft als in der Mitte. Die plastische Verformung des Bodens im Randbereich bringt dann die Mittelbezirke der Platte wieder stärker zum Tragen und, sofern die Platte diese Kräfteumlagerung ohne Schaden elastisch mitmachen konnte, ist das Fundament in Ordnung bei einer relativ gleichmäßigen Sohldruckverteilung. Diese Überlegung führt wieder auf eine geradlinige Begrenzung der anzusetzenden Bodenpressung zurück und demgemäß läßt die DIN 4018, Flächengründungen, in Ziffer 6,1 diese vernünftige Annahme zu mit dem Vorbehalt einer Lastverdichtung im mittleren Bereich. Auf einen Fundamentstreifen bezogen ergibt sich eine stärkere Belastung unter den Stützen und damit an diesen Stellen eine stärkere Setzung. Zwischen den Stützen gibt die elastische Verformung des Fundamentes eine geringere Belastung, eine geringere Setzung und damit eine geringere Lastaufnahmefähigkeit.

Hat man setzungswilligen Boden vor sich, so wird sich die anfängliche Ungleichheit in kurzer Zeit ausgleichen.

Es erfordert eingehende Berücksichtigung aller Faktoren, um zu den für die Bemessung richtigen Ansätzen zu kommen. Erschwert werden die Überlegungen durch etwa ungleiche Bodenschichten, schräge Schichtflächen, wechselnden Grundwasserstand, benachbarte Belastungen, die Bodenart und andere Faktoren aus der Konstruktion und Empfindlichkeit des Bauwerkes selbst.

Die Mittel, um zu einer gleichmäßigeren Verteilung der Lastaufnahme zu kommen, sind:

a) eine Verbreiterung der Fundamente im Stützenbereich,

b) eine Versteifung des Fundamentes durch eine Versteifungsrippe oberhalb der Fundamentplatte (umgekehrter Plattenbalken).

Bei einer Berücksichtigung der elastischen Verformung kann man an Beton und Stahl sparen. Die Durchführung der statischen Berechnung ist dann entsprechend komplizierter.

Es empfiehlt sich, bei wichtigen Gründungen an Hand der Gegebenheiten aus den Bodenverhältnissen (Baugrund, Schichtenfolge, Setzungsempfindlichkeit usw.) und den Lasten (ruhende, schwingende, Verkehrslasten) sowie der Konstruktion des Bauwerkes (weich, starr, statisch bestimmt oder unbestimmt, setzungsempfindlich im Hinblick auf Dichtigkeit, Bauwerksfugen usw.) eine Vorüberlegung anzustellen und für den endgültigen Berechnungsgang die Zustimmung der Bauaufsichtsbehörde zu den „Voraussetzungen" einzuholen, auf denen die meist umfangreichen Berechnungen beruhen.

Bezüglich der Durchführung der Berechnung sei auf die Literatur verwiesen. Im „Grundbau-Taschenbuch" finden sich die gebräuchlichsten Verfahren, denen in der Zeitschriften-Literatur fast laufend weitere Vorschläge folgen.[1]

Die wirkliche Bodendruckverteilung unter langen und hohen Fundamentkörpern, die bei der Belastung unter einer Einzellast durch horizontale Schubkräfte in der Sohle in der Verformung mehr oder weniger behindert werden, ist kaum exakt zu bestimmen. In einer interessanten Studie hat Dr.-Ing. BECHERT[2] die Variationsbreite dieses Sohldruckes untersucht und neben einer mathematisch strengen Lösung auch eine Näherungslösung angegeben. Den Grenzfall bildet einmal die völlige Behinderung einer Dehnung in Fundamentlängsrichtung und zum anderen die fehlende Behinderung solcher Ausweitung. Es zeigt sich, daß die damit verbundene Variation des Bodendruckes höchstens 30% des ungünstigsten Falles betragen kann. Auch die Verbindung zur Theorie des „Balkens auf elastischer Bettung" ist in dem Aufsatz hergestellt und gezeigt, daß die vorgeschlagene Rechnungsmethode für das Verhältnis $\dfrac{E}{C_b\,h} > 10$ genaue Werte liefert, wenn die Reibung des Gründungskörpers in der Sohlfuge unberücksichtigt bleibt. Wieweit dieser mathematischen Behandlung des Problems aber eine praktische Bedeutung zukommt, muß abgewartet werden, da zunächst die Frage der tatsächlichen Haftung in der Sohlfuge offengeblieben ist. Es scheint dem Verfasser fraglich, ob der im Verhältnis zum Fundamentmaterial doch stets lockere Boden den geringfügigen Längsdehnungen des Fundamentes einen wirklich so nennenswerten Widerstand entgegensetzen kann, daß eine rechnerische Berücksichtigung gerechtfertigt ist.

Die übliche Bankettverbreiterung war bei der Steigerung der Hochbauten zu Hochhäusern sehr bald an der Grenze des Möglichen angekommen, als man 10 Stockwerke erreicht hatte. Die steilen Staffeln füllten fast das ganze Kellergeschoß aus und die Folge war, daß man sich nach flacheren Gründungen umsah. Als solche kamen dann die Stahlroste und später die Stahlbetonroste als Plattengründungen oder als Abschluß über Tiefgründungen in Frage. Aber trotzdem

---

[1] Eine einfache Methode bringt z. B. K. H. STEYER: Fundamentberechnung unter Berücksichtigung der elastischen Verformungen von Fundament und Bettung. Bautechn. 33 (1956) S. 423. (Die Bettungsziffern sind als Mittelwerte angegeben, die Rechnung kann also leicht nach den tatsächlichen Werten abgewandelt werden.)

Dr.-Ing. G. JENNE: Rechnerische Erfassung der Setzungen am Balken auf elastischer Bettung. Bautechn. 36 (1959) H. 1, S. 15 — Prof. Dr.-Ing. A. SCHEUNERT: Zur Bemessung von Betonbanketten. Beton- u. Stahlbetonbau 54 (1959) H. 2, S. 41, gute Literaturangabe.

[2] Dr.-Ing. H. BECHERT: Streifenfundamente — Balken oder Scheiben? Bautechn. 35 (1958) H. 6, S. 236.

sind die Streifenfundamente noch nicht überholt. Das Esplanade-Building in
Sao Paulo von 1949 steht auf Streifenfundamenten, die in ihrer derben Profilierung zwischen Stampfbeton und Stahlbeton stehen. Um zu gleichen Setzungen
der Fundierung zu kommen, hat man den äußeren Fundamenten durch Größen-
beschränkung die höheren Sohldrücke von 6 kg/cm² den inneren großflächigen
Fundamenten nur 73 % davon, nämlich 4,37 kg/cm², zugewiesen. Die im mäßig

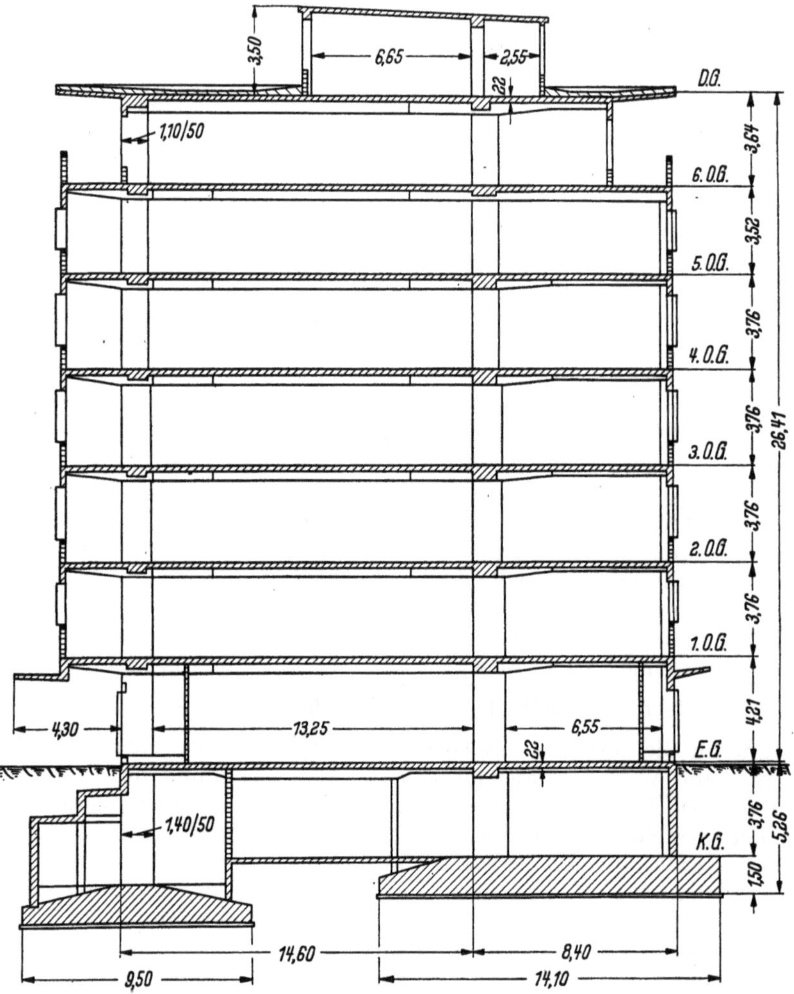

Abb. 62. Streifenfundamente unter einem Warenhaus (Ausf. W & F KG)

festen Sand stehenden Fundamente des Stahlbetonskeletts erfuhren Setzungen
von max. 2,5 cm mit Setzungsunterschieden bis 7,5 mm.

Auch bei Tonböden sind Streifenfundamente unter Hochhäusern ausgeführt.
In London hat man 12 Stockwerk hohe Gebäude in Leichtbauweise auf 3,0 m
breiten Plattenstreifen gegründet. Die Grenztragfähigkeit wird aus der Scherfestigkeit mit hoher Genauigkeit ermittelt und eine 2,5fache Sicherheit gewählt.
Ein oft angewandtes Mittel ist die Anordnung von mehreren Kellergeschossen,
wodurch die zulässige Bodenpressung erhöht und vor allem die Setzung vermindert wird. Vgl. den Abschnitt „Kellergründungen“.

Ein 3 m tiefer Aushub im Tonboden erhöht die zulässige Pressung um etwa
0,55 kg/cm², was der Last von 4 bis 5 Geschossen in Leichtbauweise entspricht.

Während man bei älteren Bauten jahrzehntelange Setzungen beobachtet, beherrscht man heute diese Erscheinungen dank dem Fortschritt der Bodenmechanik so weit, daß ernste Setzungsschäden kaum noch in Erscheinung treten.

Abb. 62 zeigt den Querschnitt eines Warenhauses (Neckermann in Frankfurt a. M., Zeil), das durch sehr breite Fundamentbankette unter den Stützenreihen ausgezeichnet ist und trotz der großen Stützweiten und geringen Dicke der Decken keine Spannbetonkonstruktion darstellt, sondern in B 450 durchkonstruiert wurde. Die Sohldrücke sind differenziert, um den unterschiedlichen Bodenverhältnissen eine möglichst gleichartige Setzung abzuzwingen. Die Stützen haben hohe Einzellasten bis 1100 t, welche derartige Maßnahmen notwendig machen.

2.3 Plattengründungen

2.3.1 Allgemeine Behandlung einer Platte unter einem Kraftwerksblock

Wenn die Lasten sich vergrößern, so gehen die Streifenfundamente ineinander über und es entsteht die Plattengründung, die z. B. bei Kraftwerksbauten Dimensionen von 40×40 m erreicht und überschreitet. Eine solche Gründungsplatte soll hier besprochen werden.

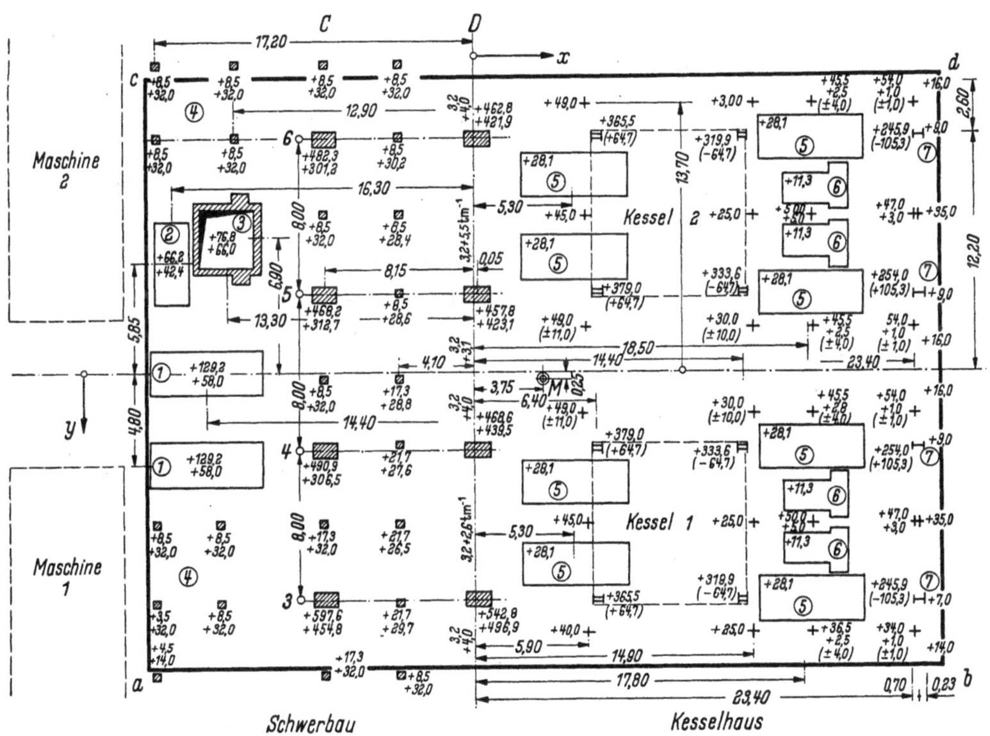

Abb. 63. Plattengründung bei einem Kraftwerksblock

Zunächst wird festgestellt, welche Bauwerkslasten zusammen auf eine Platte gebracht werden können oder müssen, wobei Betriebszusammengehörigkeit und solche Hauptlasten berücksichtigt werden, die schon einigermaßen die Gewähr geben, daß überhaupt eine gleichmäßige Verteilung möglich wird. So wird man z. B. dem Kessel auf der einen Seite den Bunker auf der anderen Seite gegenüberstellen. Wenn ein Ausgleich nicht erreicht wird, kann man evtl. von Nachbargebäuden noch Einzellasten heranziehen, die dann statisch bestimmt aufgelagert werden müssen. Abb. 63 zeigt das Beispiel einer Grundplatte bei stark ungleicher Belastung, die eine gemeinsame Grundplatte für Kessel und Maschinen nicht ratsam erscheinen ließ.

Oft wird eine solche Platte in der Oberfläche verschieden hoch liegen, was aber ohne Bedenken hingenommen werden kann, ebenso wie Vertiefungen aus betrieblichen Gründen in einer Platte angeordnet werden können.

Grundsätzlich wird man zunächst den Schwerpunkt der Lasten ermitteln, wobei man unter der Summe der Lasten die Gebrauchslast versteht. Sie setzt sich zusammen aus

1. dem Eigengewicht einschließlich Fundamentplatte,
2. der Vollast von Bunkerinhalt, Behältern und Kesseln,
3. einem abgeminderten Anteil der lotrechten Nutzlasten,

während die Horizontalkräfte, Kranlasten oder Massenkräfte aus betrieblichen Installationen unberücksichtigt bleiben.

Die Windkräfte spielen bei den hohen Gewichten der Kraftwerksbauten für die Fundamentplatte meist keine wesentliche Rolle, es sei denn, daß Schornsteinaufbauten auf dem Dach des Schwerbaues hohe exzentrische Kräfte ergeben. Alle Lasten werden in einen Grundriß eingetragen und die Schwerpunktsermittlung in üblicher Weise in bezug auf geeignete Achsen, wie Außenkante der Mauer oder Symmetrieachsen, durchgeführt. Hierbei wird man zur Vereinfachung Gruppenlasten weitgehend zusammenfassen.

In einer Tabelle teilt man zweckmäßig die Rechnung auf für „Eigengewicht" und „Vollast" und „Nutzlast", um einen Überblick über die mögliche Schwankung des Lastschwerpunktes zu erhalten. Aus den Ergebnissen bestimmt man dann den der weiteren Bearbeitung zugrunde zu legenden Schwerpunkt der Gesamtbelastung. Zu diesem Schwerpunkt wird nun die Abmessung der Grundplatte so festgelegt, daß der Flächenschwerpunkt mit dem Schwerpunkt der Last zusammenfällt.

Eine Berechnung der Bodenpressungen für eine elastische Lagerung ist bei der Fülle von Einzellasten schwierig und wird unlösbar, wenn der Boden unterschiedliche Beschaffenheit aufweist. Da bei einer verhältnismäßig steifen Platte jedoch mit Sicherheit ein Ausgleich zu erwarten ist, wäre es sinnlos, eine minutiöse Verfolgung des elastischen Verhaltens zu versuchen. Man wird auch der Unsicherheit bezüglich der Bodendruckverteilung auf andere Weise Rechnung tragen. Zunächst wird starre Lagerung vorausgesetzt und eine lineare Spannungsverteilung zugrunde gelegt. Hierbei ergeben sich aus der Gebrauchslast ziemlich gleichmäßige Bodenpressungen, zu denen nun die Bodenpressungen aus dem Eigengewicht der Platte zugeschlagen werden. Es werden sich unter den Rändern geringe Unterschiede infolge der freien Wahl des Rechnungsschwerpunktes ergeben. Eine Kontrolle des Einflusses der Windkräfte auf die Randspannungen ist an dieser Stelle wenigstens überschläglich durchzuführen, wird aber meist

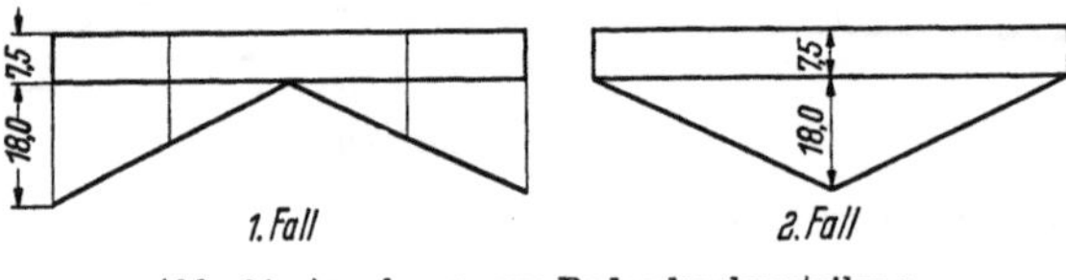

Abb. 64. Annahmen zur Bodendruckverteilung

zeigen, daß bei Bauten, die dem Beispiel entsprechen, die Belastungen aus Wind vernachlässigbar klein sind gegenüber den Annahmen, die bei der weiteren Berechnung gemacht werden.

Es ist schon erwähnt, daß bei Plattenfundamenten eine Steigerung der Bodenpressungen an den Rändern eintritt, hervorgerufen durch die plastische Verformung des Bodens unter der Plattenmitte. Ausgehend von der ermittelten gleichmäßigen Druckverteilung variiert man nun je nach Bodenverhältnissen die Bodenpressungen nach angenommenen Grenzfällen, die mit Sicherheit die möglichen Varianten einschließen. Bei dem gedachten Beispiel würden folgende

Annahmen für die Bodenpressung unter „Gebrauchslast" in Frage kommen (Abb. 64):

1. Fall: Erhöhung an den Rändern um 50%, Ermäßigung in Plattenmitte um 50%.

2. Fall: Ermäßigung an den Rändern um 50%, Erhöhung in Plattenmitte um 50%.

Damit ist jeweils eine der Gesamtbelastung entsprechende Grenz-Bodenreaktion gewonnen, innerhalb derer sich das statische Leben der Fundamentplatte abspielen muß.

Mit diesen Reaktionen wird nun die Platte in Streifen eingeteilt und die Momentenermittlung einmal nach Fall 1 und ein zweites Mal nach Fall 2 durchgeführt. Die ungünstigste Beanspruchung wird der Bemessung zugrunde gelegt (Abb. 65).

Zusätzlich werden je nach örtlicher Gegebenheit noch Annahmen gemacht, die z.B. die Mehrsetzung der Ränder infolge höherer Belastung oder das Hohlliegen der Platte zwischen den Hauptlasten berücksichtigen. Hierfür wird z.B. eine Frei-

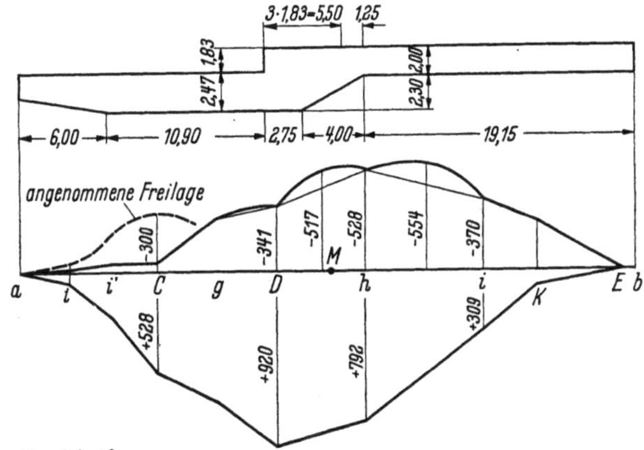

Abb. 65. Momentenverlauf bei der Platte nach Abb. 63 und Freilage der Plattenränder

lage der Ränder um einige Meter als Rechnungsannahme angenommen und die dort angreifende Vollast als Kraglast eingesetzt bzw. eine Brückenbildung über einer gedachten Mulde im Platteninneren untersucht.

Auch der Einfluß von Kranlasten kann örtliche Beanspruchungen hervorrufen, die für die Bodenpressungen belanglos, aber für die Fundamentplatten im Zusammenhang mit Querversteifungen von Bedeutung sein können.

Schließlich sind unter den Stützen die Schubspannungen zu kontrollieren, um festzustellen, ob für deren Umfang ein Nachweis nach DIN 1045 erforderlich ist, oder ob es genügt, wenn diese als konstruktive Bewehrung in angemessenem Umfang eingelegt werden.

Eine besondere Nachprüfung erfordern auch die meist verzahnten Fugen, die verhindern sollen, daß Setzungsdifferenzen zwischen den benachbarten Platten auftreten. Hier muß die Scherkraft des Gesamtquerschnittes durch

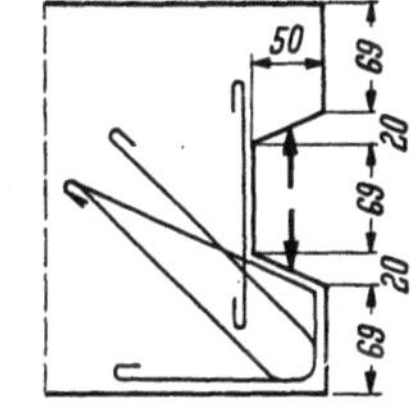

Abb. 66. Verzahnung von Fugen bei dicken Platten

Zulageeisen in der meist als Drittelsverzahnung ausgeführten Konsole aufgenommen werden (Abb. 66).

Es dürfte einleuchten, daß eine derartige Untersuchung einer großen Fundamentplatte neben großer Gewissenhaftigkeit viel Erfahrung voraussetzt und ein gut eingearbeitetes technisches Büro erfordert.

2.3.2 Platten unter Hochhäusern

Unter Hochhäusern ist die Plattengründung einfacher als bei Industrie-
werken, weil die Lasten recht regelmäßig herunterkommen. Das Gebäude nach

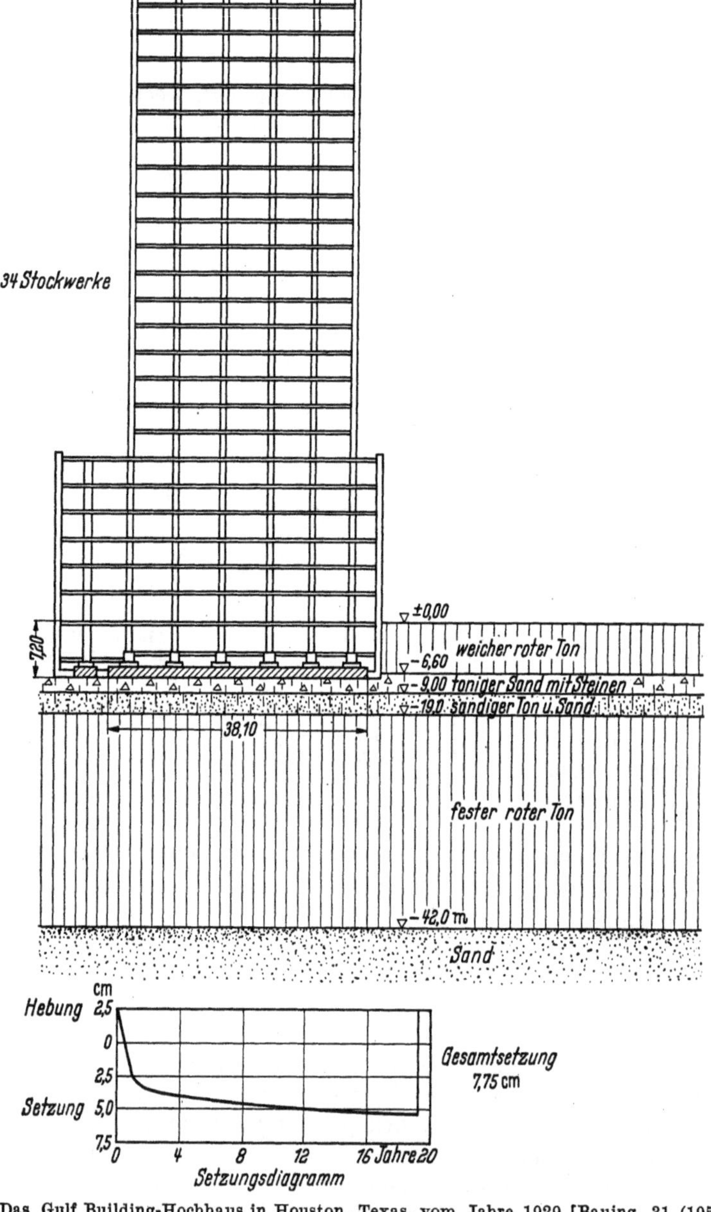

Abb. 67. Das Gulf Building-Hochhaus in Houston, Texas, vom Jahre 1929 [Bauing. 31 (1956) H. 5]

Abb. 67 hat 34 Stockwerke und ist wohl eines der wenigen Gebäude, bei dem
eine Setzungskontrolle über 20 Jahre vorliegt. Die Last unter den regelmäßigen
gleich hohen Stützen verteilt sich in der oberen Zone einer Schicht tonigen Sandes
mit gröberen Steinen, die nur 2,40 m mächtig ist und eine 3 m dicke Schicht
sandigen Ton mit Sand überlagert. Darunter steht in einer 30 m-Schicht fester
roter Ton an. Daß es sich bei den oberen Schichten noch um bindigen Boden
handelt, deutet die Hebung der Baugrubensohle um 2,5 cm an, die zu Beginn

der Setzungsmessungen registriert ist. Außerdem wird die Gründung als schwimmende Gründung bezeichnet, weil man den Keller mit der Sohlplatte zu einem Kasten vereinigt hat. Die Hauptsetzung ist mit 5 cm im ersten Jahr — also während des Baues — eingetreten und wohl als Anteil des Sandgehaltes im Boden zu werten, während die weiteren 2,5 cm im Verlauf der folgenden 15 Jahre mit langsam fallender Tendenz beobachtet wurden. Seit dieser Zeit ist keine merkliche Setzung mehr eingetreten.

Es ist nicht schwer, die Platten von Hochhäusern auszusteifen, so daß eine gleichmäßige Lastverteilung erzwungen wird, weil für derartige Aussteifungen die Kellergeschosse denkbar günstige Möglichkeiten bieten. Die damit erzielbare Steifigkeit der räumlichen Konstruktion ist gleichzeitig eine willkommene Gelegenheit, die aufgehenden Konstruktionen einzuspannen, wie das für die Windversteifungen und Aufzugsschächte erforderlich ist.

Um eine Platte auszusteifen, braucht man oft nicht die volle Kellerhöhe. Es genügen z.B. rostartig angeordnete Rippen, die einen Kriechkeller ergeben.

Bewehrte durchgehende Platten sind schon frühzeitig angewendet. Die Nikolai-Kirche in Hamburg steht nach BRENNECKE seit 1846 auf einem 2,5 m dicken Traßbetonbett, das unter dem Turm auf 3,45 m verstärkt ist. Diese Betonplatte ist mit Bandeisen bewehrt. Unter der Hamburger Börse ist eine solche Platte 1,6 m stark ausgeführt.

2.3.3 Plattenfundamente unter Lastgruppen

Es war schon bei den Einzelfundamenten angegeben, wie durch Zusammenfassung mehrerer Stützen eine gute Lastverteilung und damit eine gleichmäßige Bodenpressung bewirkt werden kann. Ein weiteres Hilfsmittel zur Erzwingung einer vorbestimmten

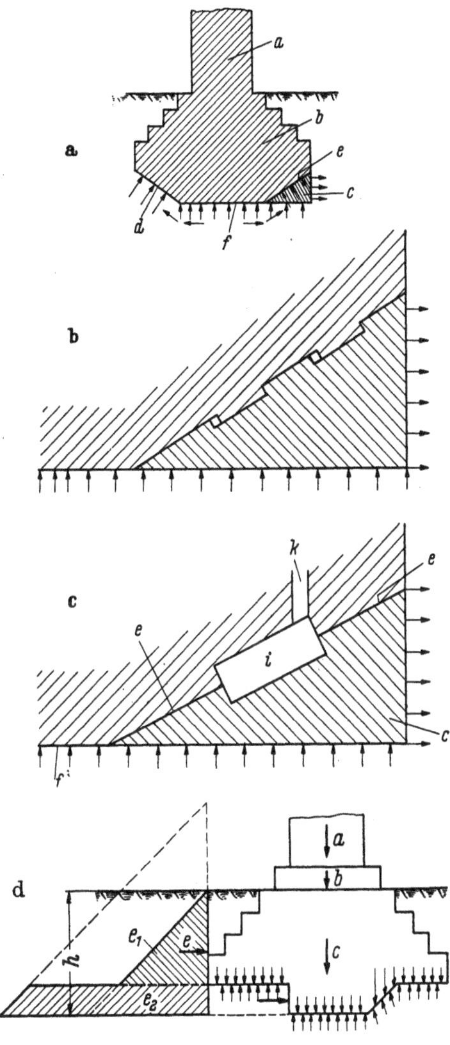

Abb. 68 a—d. Vorschläge aus Patentschriften zur Ausbildung von Fundamenten

Druckverteilung ist das Einschalten von Hohlräumen in der Fundamentsohle, um gewisse Bezirke der Sohle aus der Belastungsfläche auszusparen, z.B. aus der Mitte, wodurch eine stärkere Belastung der Ränder erzwungen wird.

Eine andere Methode zur Beeinflussung von Pressung und Setzung ist die, die Randstreifen abzutreppen oder schräg zu unterscheiden. Der Sinn dieser Maßnahme soll sein, auf das Fundament seitlich Kräfte hervorzurufen, deren Wirksamkeit evtl. noch durch eine lotrechte Fuge in Fundamentmitte verstärkt bzw. sichergestellt werden soll. Abb. 68 ist der deutschen Patentschrift 750629 vom 7. 3. 1940 entnommen und zeigt das Prinzip, das im Patent 871727 vom

1. 10. 1940 noch durch eine betontere Wirkung einer Schrägfläche verdeutlicht
ist. Abb. 68c zeigt den Vorschlag eines Gleitkeils, dessen Flächen evtl. eine
geringere Ablenkung des Gegendruckes vom Lot auf die Schräge bewirken sollen
als die Erdschräge (Abb. 68d).

Die Abtreppung hat bei großen Abmessungen den Vorteil, daß unter der
höheren Last der höher liegenden Randzonen eine Setzung eintritt, die der
setzungswilligeren höheren Lage entspricht, was zu einer gleichmäßigen Sohl-
pressung führt. Von dieser Wirkung hat man beim High Paddington-Projekt
in London 1954 Gebrauch gemacht, wo der 38 Stockwerk hohe Turmtrakt
einen 18 m tiefen Keller besitzt, der nach den Flügeln zweimal um je 3 m ab-
getreppt ist.

2.3.4 Nachbarfundamente

Die Druckwirkung unter einem Fundament strahlt in die Nachbarschaft
aus und bringt auch in seiner Umgebung Setzungen hervor. Bei schwer belasteten Fundamenten, die in eine Gruppe bestehender älterer Fundamente gesetzt werden, ist deshalb zuvor zu prüfen, wie sich diese Druckverteilung auf
die Nachbarfundamente auswirken wird. Bekannt ist das auf diese Nachbar-
wirkung zurückzuführende Gegeneinanderneigen der Türme des Holstentores
in Lübeck. Eine gleiche mitziehende Wirkung wird ein schwer belastetes Fundament auf nahestehende Bauteile ausüben, was bei Erneuerungsarbeiten und
dem Schließen von Baulücken oft zu unerfreulichen Schäden geführt hat. Wenn
man derartige Aufgaben zu lösen hat, kann man die Setzungen durch Unterfangung der bestehenden Fundamente und Tieferführung bis in Zonen einer
höheren Belastbarkeit verhindern oder man stellt für beide Gründungen ein
gemeinsames Fundament her oder aber man schafft die Voraussetzungen für die
spätere Anordnung von Huborganen, um den Setzungsausgleich in einer künstlichen Fuge vornehmen zu können.

2.4 Gründung auf umgekehrten Gewölben

Das markanteste Beispiel für diese Aufgabe ist die 1924/25 ausgeführte Verstärkung der 1875 bis 1882 erbauten Berliner Stadtbahn, die im Stadtinnern
auf 8 km Länge auf einem gewölbten Mauerwerksviadukt geführt ist. Durch die
Erhöhung der Zuglasten waren Schäden eingetreten und die mit 9 m Achs-
abstand stehenden Gewölbepfeiler zu schwach geworden. Das Einziehen von
Gegengewölben wurde um 1925 durchgeführt und damit die gesamte Brücken-
länge zur Fundamentfläche gemacht.[1] Um sofort weiteren Setzungsschäden
Einhalt zu gebieten und die Gegengewölbe voll heranzuziehen, wurden sie gegen
die von 1,0 auf 2,60 m verstärkten Pfeiler mittels hydraulischer Pressen vorgespannt, so daß unter Vollast eine gleichmäßige Bodenpressung von knapp
1,5 kg/cm^2 erzielt wurde.

Eine ähnliche Ausführung von Gewölben und Gegengewölben ist bei hohen
Viadukten erstmalig 1927 in Bayern ausgeführt und diese Beispiele sind interessant genug, um für Verstärkungsarbeiten auch heute noch als Erfahrungsgut
beachtet zu werden.[2]

Von jeher hat man das umgekehrte Gewölbe bei Brunnengründungen gebraucht, wenn man die Sohle unter Wasser betonierte. Hierbei stehen die schrägen
Schneidenflächen als Widerlager für die Gewölbewirkung zur Verfügung. Sofern
man die Brunnen ausbetoniert, verschwindet diese Gewölbewirkung, läßt man

---

[1] Bautechn. (1925) H. 40 enthält einen sehr ausführlichen Bericht mit Angaben der
statischen Verhältnisse und zahlreichen Bildern.
[2] O. MUY: Neuere Verstärkungen von Massivbrücken für die Deutsche Reichsbahn.
Bautechn. (1927) H. 43 u. 45.

sie jedoch hohl, so bleibt der Spreizdruck bestehen. Das ist ohne Bedeutung, wenn es sich um unbelastete oder nur schwach belastete Brunnen handelt. Bei Brunnen, die als Fundamente für große Auflasten dienen, muß der Gewölbedruck dagegen rechnerisch verfolgt werden, dem von außen her der hydrostatische Druck und nur der aktive Erddruck — der höhere Erdwiderstand bekanntlich erst dann, wenn Bewegung eingetreten ist, d. h., wenn die Brunnenwand eingerissen ist — entgegenstehen.

Die umgekehrten Gewölbe als dauernd unter Druck stehende Bauteile sind auch leicht dicht zu bekommen. In England ist auf diese Weise schon 1785 ein Gebäude von 5 Geschossen der „Albion-Mühlenwerke" so tief gegründet, daß eine im plastischen Ton schwimmende Gründung entstand.

Eine praktische Möglichkeit der Anordnung eines umgekehrten Gewölbes liegt vor, wenn 2 Gründungsarten nebeneinander liegen. Durch Anordnung eines Gewölbes können ungleiche Setzungen überbrückt werden. Beim Reichstagsgebäude in Berlin ist der Übergang zwischen Flachgründung und Pfahlgründung auf diese Weise abgedeckt und die Gefahr des Aufreißens der Sohle vermieden.

Bei Bauten im Bergsenkungsgebiet hat man wiederholt auf Kugelflächen gegründet, wobei man z.B. im Behälterbau nach einem Vorschlag der Dortmunder Union Brückenbau

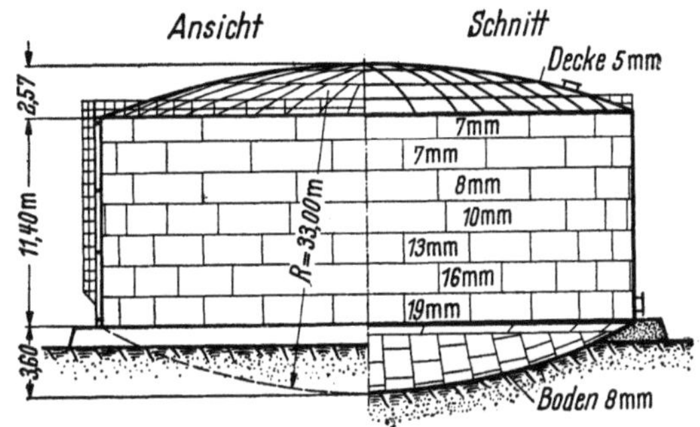

Abb. 69. Kugelboden ohne Fundament

A.-G., Werk Orange, Gelsenkirchen, in Deutschland erstmalig 1952/53 zwei Öltanks zur Ausführung brachte, bei denen auf ein Fundament der klassischen Bauart überhaupt verzichtet werden konnte.[1] Das gelang dadurch, daß der Boden der Behälter als Kugelkalotte mit einem Stich von 3,60 m bei 30 m Durchmesser ausgeführt wurde (Abb. 69). Gegenüber der Normalausführung wurde dadurch der Behälterinhalt um 1,350 m³ erhöht, während der Mehrverbrauch an Bodenblechen kaum ins Gewicht fällt. Das Fundament besteht nur aus einer Packlage mit Splitt und Bitumenabdeckung, die profilgerecht hergestellt werden mußte. Schwierig war naturgemäß die Abwalzung der Kugelwölbung in der elastischen Decke. Die Montage der Bodenbleche war dagegen sehr einfach und das bei ebenen Böden gelegentlich störende Hochwölben der Blechecken trat nicht ein.

Die gewölbte Bodenform ist bei Setzungen und Bergsenkungen günstig, da in den gewölbten Bodenplatten keine Biegemomente auftreten. Es sei daher auch auf den Abschnitt „Bergschaden- und Erdbebensicherung" verwiesen.

2.5 Kellergründungen

Wie schon angedeutet, haben sich die Kellergründungen bei hohen Gebäuden zu einem Sondergebiet entwickelt. Im Prinzip sind es Flächengründungen, wenn auch nicht immer Flachgründungen. Als Flächengründungen sind die Grundplatten als starre Platten auszubilden, wozu die Kellergeschosse meist in Stahlbeton ausgeführt werden, selbst wenn das aufgehende Bauwerk ein Stahlskelettbau ist. In diesen Unterbau sind neben den Wänden und Stützen für lotrechte

---

[1] Handbuch für Hafenbau und Umschlagstechnik (1953) S. 78 und Hansa (1952) Nr. 38/39.

Lasten die für die Seitenstabilität wichtigen Windversteifungen einzubinden, für welche es vier konstruktive Möglichkeiten gibt:

1. Einspannung der einzelnen Stützen im Fundament. Stützen und Fundamente werden schwer belastet und teuer.

2. Fachwände besonders im Stahlbau, wo sie die größte Steifigkeit ergeben, eine wirtschaftlich günstige Lösung darstellen und leichte Fundamente erfordern.

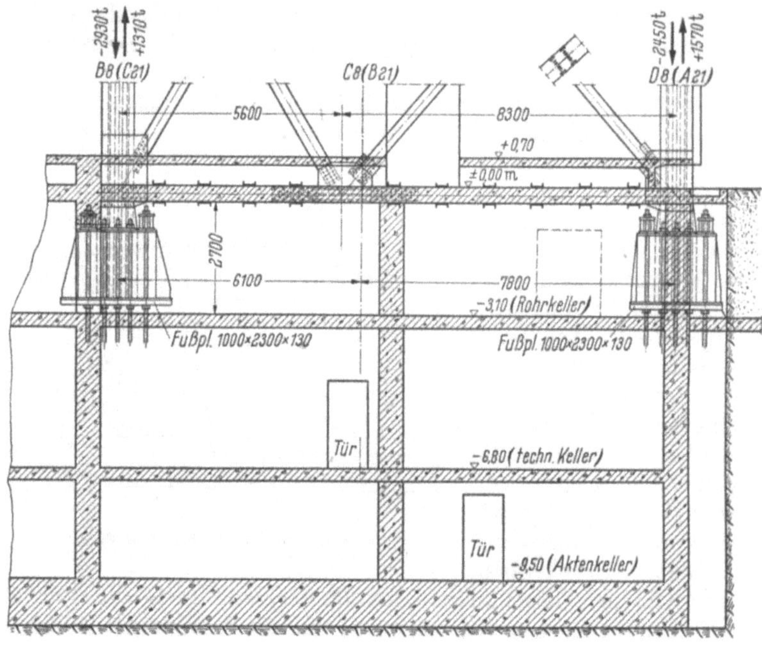

Abb. 70. Verankerung der Windfachwerkwände bei einem Hochhaus

3. Rahmenkonstruktionen, die ästhetisch am ehesten befriedigen, aber wegen der elastischen Verformungen sehr kräftige Profile ergeben. Eine statisch klare Erfassung zeichnet sie aus.

4. Windscheiben, die vorzugsweise im Massivbau angewendet werden und durch entsprechende Ausgestaltung vorhandener Wände leicht anzuordnen sind. Statisch klar und sehr steif sind sie das übliche Aussteifungsmittel beim Massivbau.

Die Windlast wird nach DIN 1055, Blatt 4, angesetzt.

Im allgemeinen wählt man als Windscheiben die Schmalseiten der Gebäude oder günstiger zwei in einer Ecke zusammenstoßende Wandteile. Außerdem stehen die Wände von Treppenhäusern und Fahrstuhlschächten zur Verfügung, die ohnehin massiv sein müssen. Dann noch fehlende Windscheiben müssen angeordnet werden. Wenn durchgehende Wände konstruktiv nicht tragbar sind, können natürlich die Wände durch Rahmenkonstruktionen ersetzt werden. Abb. 70 zeigt die bei einem Stahlskeletthochhaus von rund 100 m Höhe über Straße vorliegenden konstruktiven und lastmäßigen Verhältnisse. Die Windversteifungen sind bei diesem 100 m langen und 100 m hohen Gebäude durch Gitterfachwerke gebildet. Die Stützenfüße übertragen fast 3000 t Druck und müssen auf fast 1600 t Zug verankert sein. Die Stützenfüße mit den 13 cm dicken Stahlgrundplatten von 1,00 × 2,30 m Fläche stehen im ersten Kellergeschoß auf 1,20 m dicken Stahlbetonquerwänden, die den zweiten und dritten Keller durchsetzen und die Last über Längswände und Außenmauern verteilt auf die Sohlplatte abgeben. Abb. 71 zeigt die für die Verankerung der Stützenfüße in den

Querwänden eingebauten Rundstahlanker aus Queristahl. Die im gleichen Bild sichtbaren Thorstahlstäbe bilden die Schrägbewehrung der Querwände. Für den exakten Einbau der zahlreichen Anker war eine räumliche Schablone zur Verfügung gestellt (Abb. 72), die gewährleistet, daß der Stützenfuß nach dem Betonieren des Fundamentkörpers auf die Anker paßt. Dieses Beispiel soll einen Eindruck von den Mitteln geben, die bei der Ableitung solch großer Kräfte anzuwenden sind.

Beispiele von Kellergründungen

Hochhaus der TH Braunschweig. Das 58,7 m hohe Hochhaus der TH Braunschweig besitzt über 2 Gründungskellern 17 Geschosse.[1]

Der Untergrund in der Nähe der Oker ist bis 25 m Tiefe durch Bohrungen erkundet. Große Setzungen sind hier nicht zu erwarten, sie müßten nach dem Bodenbefund auch nahezu gleichmäßig eintreten. So konnte statt der ursprünglich vorgesehenen Bohrpfähle eine billigere und zeitsparende Plattengründung ausgeführt werden. Das Gebäude hat über Gelände eine Grundrißfläche von $10,70 \times 41,70$ m und ist durch 5 massive in den Obergeschossen 0,30 m dicke Stahlbetonquerscheiben und drei vielstielige Stahlbetonlängsrahmen (in den Außenwänden 21, in der Flurwand 13 Stiele) windsteif ausgebildet. Der Gründungskörper besteht aus einem 5,15 m hohen Stahlbetonkasten, der allseitig so weit auskragt, daß der Grundriß von 446 m² auf 720 m² vergrößert wurde. Der dadurch gebildete Keller besitzt eine 50 cm dicke Sohle, eine Zwischendecke von 50 cm und eine normale obere Kellerdecke von 21 cm Dicke. Durch sechs je 0,5 m dicke Längswände und 12 Querwände von 50 bis 90 cm Dicke ist aus den beiden Kellergeschossen ein derber, fugenloser Zellenkasten gebildet (Abb. 73), der im unteren Geschoß einen 2,20 m hohen Luftschutzkeller und im oberen ein 1,80 m hohes Installationsgeschoß enthält.

Abb. 71. Stützenfußverankerung zu Abb. 70

Abb. 72. Räumliche Schablone für den Einbau von Rundstahlankern der Abb. 70
(Abb. 70—72 Archiv W & F, KG)

Der Gründungskörper in einer rund 1 m hohen Isolierwanne wurde je Geschoß in 3 Betonierabschnitten von 16 m Länge ausgeführt. Zunächst wurden die beiden äußeren Abschnitte betoniert. Für das Verlegen der Bewehrung und Aufstellen der Schalung eines Geschoßabschnittes wurden etwa 8 Tage benötigt,

---

[1] H. Wrede: Das Hochhaus der TH Braunschweig. Bauingenieur 32 (1957) H. 1, S. 1.

der mittlere Abschnitt ist also erst mindestens 8 bzw. 16 Tage nach dem Betonieren der äußeren Drittel geschüttet, d. h. nachdem ein Großteil des Schwindens abgeklungen war.

Die Arbeitsfugen zwischen den Betonierabschnitten sind zur Sicherung einer einheitlichen Wirkung mit Verzahnung in den Wänden und Decken nach Abb. 74 ausgeführt. Die Längsbewehrung wurde durch die Verschalung durchgeführt und zusätzlich eine sich kreuzende kräftige Schrägbewehrung angeordnet.

Das Fundament ist damit voll monolithisch ausgebildet.

Im aufgehenden Bauwerk wurde ebenfalls auf eine Dehnungsfuge verzichtet.

Der starre Grundkörper überträgt die senkrechten Lasten mit einer rechnerischen Bodenbeanspruchung von etwa 2,1 kg/cm²; durch Windlast kann die Kantenpressung auf max. 2,74 kg/cm² anwachsen. Das Grundwasser liegt normalerweise unter der Fundamentsohle, so daß mit der erwähnten flachen Isolierwanne auszukommen und Auftrieb nicht zu berücksichtigen war.

Setzungsbeobachtungen liegen für die ersten 18 Monate vor. Die max. Setzung nach dieser Zeit beträgt im inneren Drittel der Längsfront 20 mm, in den Giebeln 14 bis 17 mm. Die Setzung betrug weniger als im Gutachten errechnet war, allerdings hat sie nach dem Diagramm in dieser Beobachtungszeit ihren Abschluß offenbar noch nicht erreicht.

2. Beispiel. Vorgespannter Gründungskeller mit Auftrieb. Im Jahre 1956/57 wurde in Paris für das Centre National De Recherche Scientifique, 15—17 Quai Anatole France, ein Hochbau ausgeführt, dessen Gründung in verschiedener Hinsicht bemerkenswert ist.

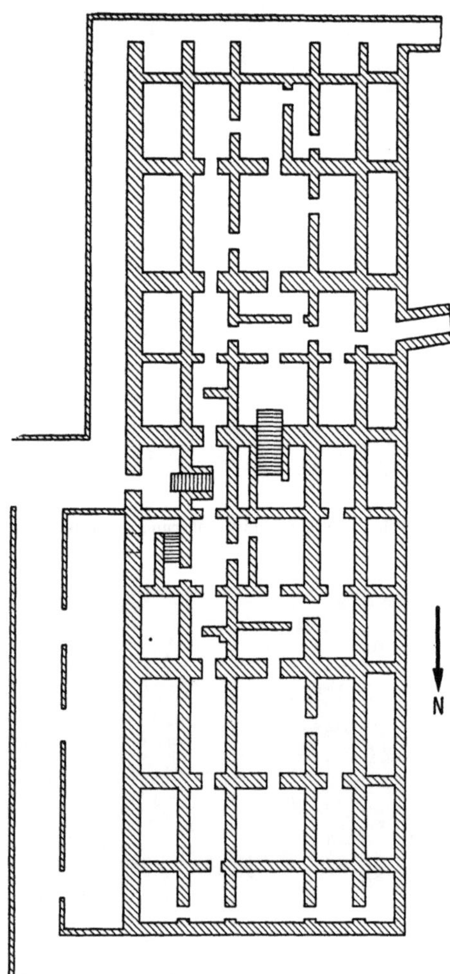

Abb. 73. Grundriß des Kellergeschosses vom Hochhaus der TH Braunschweig

Das Gebäude steht unmittelbar an der Seine auf Benotobrunnen mit den Durchmessern von 1,00, 1,20 und 1,50 m, die die alluvialen Schichten bis auf den tragfähigen Kalkstein durchörtern. Die in das Grundwasser eintauchenden 3 Kellergeschosse sind als dichte Wanne ausgeführt, deren 50 und 40 cm dicke Sohle, 30 cm dicken Außenwände und 16 cm dicken Zwischendecken vorgespannt sind. Wie die ausführende Firma Sainrapt & Brice ausdrücklich mitteilte, ist bei den Außenwänden keinerlei Isolierschicht vorhanden, weder außen noch innen; die Dichtigkeit der Wandung wird allein von dem mit 350 kg Zement je m³ feste Masse hergestellten Spannbeton erreicht. Der Beton wurde ohne jedes Zusatzmittel verarbeitet und als Pumpbeton eingebracht. Soweit das Gebäude an Nachbargebäude anschließt, sind diese im Bereich des Gründungskörpers glatt verputzt und mit Bitumenanstrich versehen, bevor man dagegen betonierte. Diese Schicht hat jedoch nur den Sinn, eine reibungsfreie Setzung zwischen den neuen und den alten Gebäuden zu ermöglichen, da letztere auf Streifenfundamenten gegründet sind.

Bei extremen Wasserständen der Seine steht die Kellersohle unter dem Auftrieb von 7 t/m^2, was zu stark unterschiedlichen Beanspruchungen der Brunnen führt, im Extremfalle bei solchen Brunnen, die keine direkten Vertikallasten aufnehmen, sogar zu Auftriebskräften. Sofern diese Auftriebskräfte gering sind — in Abb. 75 die beiden linken Brunnen — hat man lediglich die Benotosäulen durch lotrechte Bewehrung auch auf Zug an die Kellersohle bzw. die aufgehenden

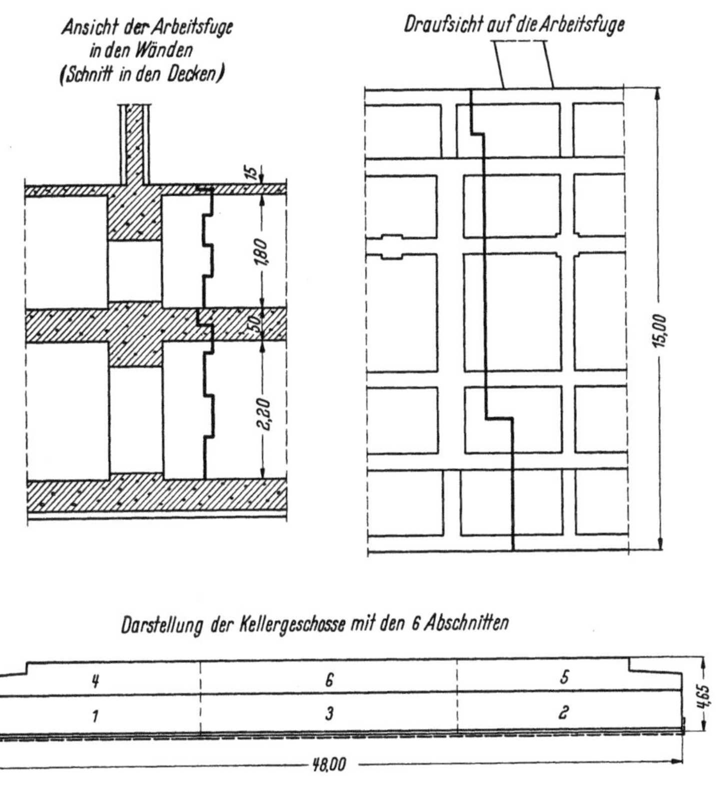

Abb. 74. Verzahnte Fugen und Arbeitsfolge zu Abb. 73

Stützen gehängt. Bei einer ganzen Anzahl von Stützen erreichen die Auftriebskräfte jedoch höhere Werte. Man hat dann in der Achse dieser Benotobrunnen Spannbündel aus 12 $\varnothing$ 7 mm, System Freyssinet, angeordnet, die noch 2,50 m tief in dem Fels verankert sind und eine ständige Zugkraft von je 40 t auf die Kellersohle ausüben. Die Abb. 75 zeigt einen Querschnitt dieser interessanten Ausführung. Die nach den Außenwänden hin verstärkte Kellersohle überträgt und verteilt neben den inneren Gebäudelasten auch die Last der Umfassungswände auf die Brunnen, da diese wegen der Nachbarbebauung nicht unmittelbar unter die Wände gesetzt werden konnten. Außerdem muß sie den Auftrieb auf die Zuganker übertragen. Ihre Vorspannung in beiden Richtungen erreicht 16 bis 17 kg/cm^2 und gewährleistet etwa 3fache Sicherheit. Die Außenwände sind mit einfachen senkrechten Spanngliedern und normaler Rundstahlbewehrung in der Querrichtung bewehrt. Die Decken erhielten zusätzlich zu der Vorspannbewehrung eine Normalbewehrung aus Rippenstahl. Dadurch konnten

6a*

sie, mit Hilfsstützen untersteift, ausgeschalt werden wie eine normale Stahl-
betondecke, bevor die für die Vorspannung verlangte Festigkeit erreicht war.

Laborturm Wisconsin. Eine ganz eigenartige Gründung weist ein Labor-
gebäude von FRANK LLOYD WRIGHT auf (Abb. 76), bei der der Treppenhaus-
schacht aus dem einer Pfahlwurzel vergleichbaren Kernfundament herauswächst.
Der Fundamentsockel ist vermutlich aus betrieblichen Gründen so tief in den
Boden eingelassen und daher einem Kellergeschoß vergleichbar. Da der Ton-

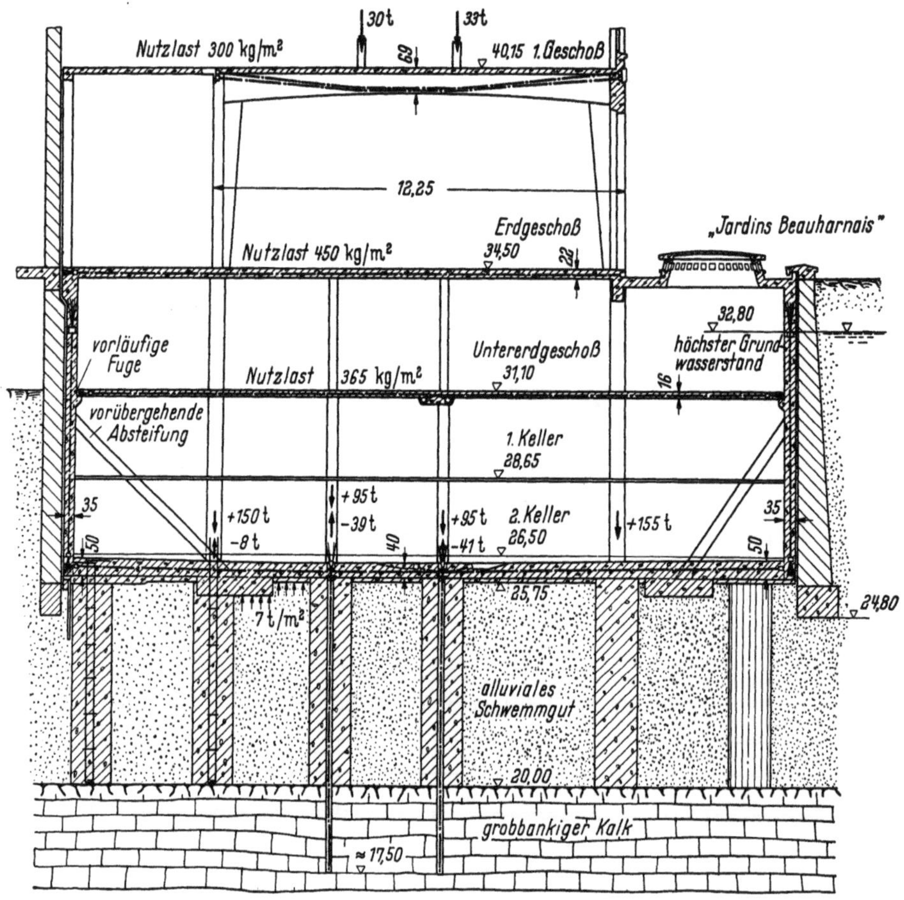

Abb. 75. Kellergründung auf teilweise verankerten Benotopfählen für das Centre National de Recherche
Scientifique in Paris

boden eine weitgehende Lastverteilung erfordert, ist eine flanschähnliche Platte
noch unterhalb des Kellers in den festen Ton eingelagert, die das Gebäude
stabilisiert. Diese Konstruktion dürfte statisch kaum Schwierigkeiten machen,
da allseitig Symmetrie herrscht und durch die große Wandfläche der Kernsäule
im Ton eine zusätzliche Bodenreaktion, die Reibung bzw. Haftung, zur Lastaufnahme herangezogen wird.

Beachtenswerte Ausführungen bei Hochhäusern

Der Bau von Hochhäusern ist keine alltägliche Aufgabe. Es mag daher genügen, auf eine der besten Quellen hinzuweisen, in der ein beachtliches Hochhaus
behandelt ist. Die Festschrift „Das Hochhaus der BASF", herausgegeben von

der Badischen Anilin- und Soda-Fabrik AG, Ludwigshafen a. Rh., erschienen im Julius Hoffmann-Verlag, Stuttgart, 1958, enthält auf S. 65ff. eine eingehende Darstellung der Gründungsprobleme für das 48000 t Gebäude und deren Lösung.

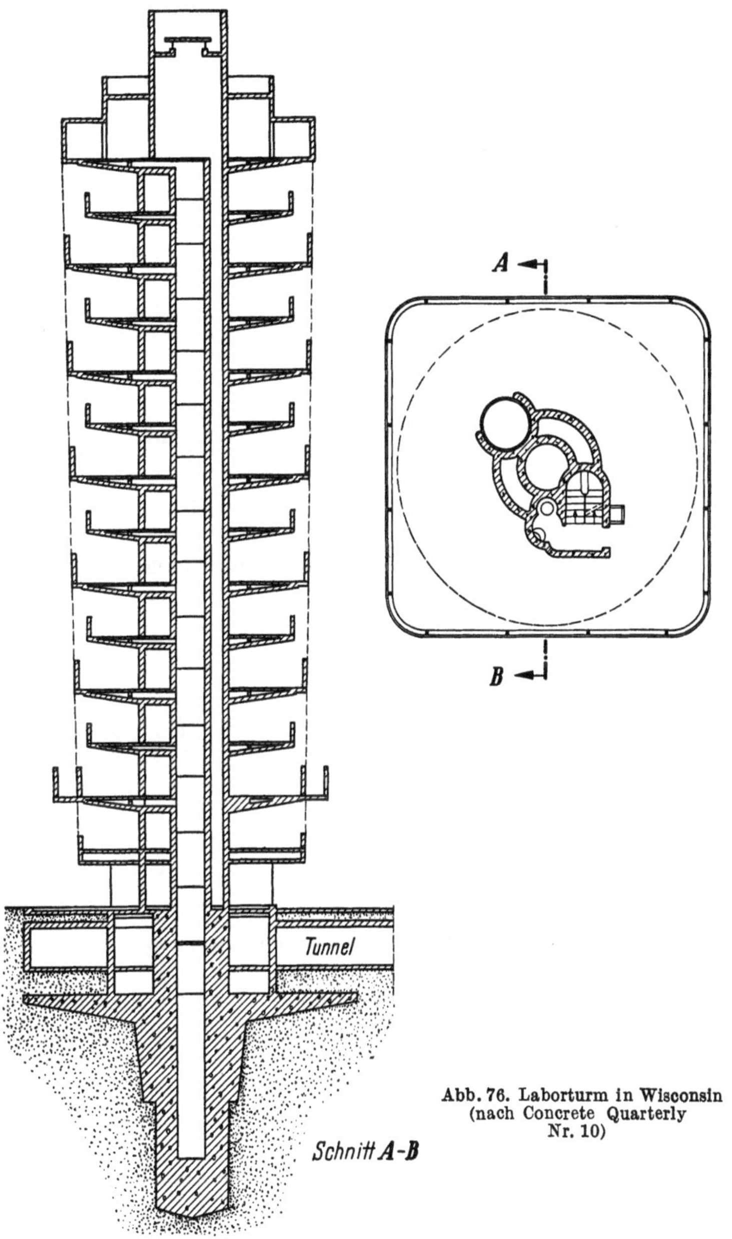

Abb. 76. Laborturm in Wisconsin
(nach Concrete Quarterly
Nr. 10)

Über prinzipielle Lösungen der Hochhausgründung berichtet ein ausführlicher Aufsatz „Foundations for high buildings" in Proc. Inst. Civ. Engng. 4 (1955) Teil III, Nr. 2, wo auf rund 60 Seiten zahlreiche Beispiele von den ersten Wolkenkratzern an, ausführlich besprochen werden.

Ein Kurzbericht dieses Aufsatzes findet sich im Bauingenieur 31 (1956) H. 5, S. 187ff.

2.6 Stützmauern und Widerlager

Allgemeines

Die Stützmauer ist das klassische Bauwerk für die Entwicklung der Erddrucktheorie, auf welche hier nicht eingegangen werden soll, zumal die neuere Literatur ausgezeichnete Unterlagen für die praktische Anwendung bereithält.[1]

Eine Stützmauer soll einen Geländesprung sichern, der steiler als der natürliche Böschungswinkel ansteht. Wenn es sich um standfesten Boden handelt, z. B. Fels, oder um in natürlicher Böschung anstehendes Material, beschränkt sich die Aufgabe auf die Sicherung gegen Abbröckeln und Verwitterung und die als Futtermauer bezeichnete Konstruktion besteht aus einer einfachen Wandverkleidung mit Mauerung und gelegentlichen Stützkonstruktionen. Bei steilen freien Böschungen, die erst bei Durchfeuchtung in die Gefahr der Erweichung kommen, genügt oft schon die Sicherung des Böschungsfußes durch niedrige und kräftige Stützmauern und eine gute Dränage in der Böschungsfläche in Form von Gräben oder besser Stützbögen, sog. Rigolen, aus 30 bis 50 cm dicken Steinpackungen. Diese Grenzfälle sollen hier nicht behandelt werden, da sie in das Gebiet des Erdbaus gehören.

2.6.1 Grundformen der Schwergewichtsmauern

Die einfachsten Formen sind die sich an den Hang lehnenden massiven Stützmauern, die stets mit ausreichender Sicherheit frostfrei zu gründen sind, weil auch bei guter Entwässerung der Rückseite leicht Wasser unter der Sohle durchdrückt. Am schönsten sind die aus Naturstein aufgemauerten oder wenigstens mit Natursteinen verblendeten Ausführungen, während die gewöhnlichen

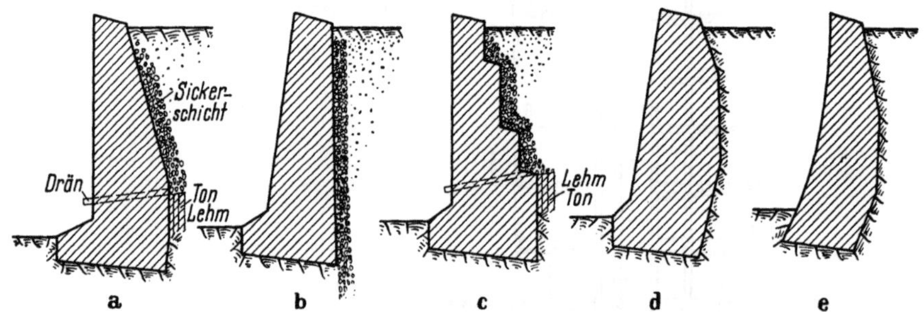

Abb. 77a—e. Grundformen von Stützmauern und deren Entwässerung

schalungsrauhen, hellen Betonmauern ein Greuel sind und in einem Kulturland keine Berechtigung haben. Wo Natursteine fehlen, kann man durch Vorsatzbeton mit grobem Natursteinkorn und nach dem Ausschalen ausgewaschenem Mörtel und daher rauher Oberfläche oder durch steinmetzmäßige Bearbeitung, unter Umständen auch noch durch Einfärben mit unaufdringlichen dunkleren Tönungen, eine anständige Fläche machen. In Norddeutschland ist eine Verblendung mit Klinkern und Ziegeln üblich und paßt ausgezeichnet in das Landschaftsbild. Dem Problem der Stützmauerfläche sollten die Architekten einige Aufmerksamkeit schenken.

Bekannte Querschnitte sind die mit einem Anlauf der Vorderfläche von 4 : 1, 5 : 1 oder 6 : 1 versehenen einfachen Profile, die der Berechnung und der Ausführung keine Schwierigkeiten machen und einen zügigen Baufortschritt ermöglichen. Abb. 77 zeigt solche Formen mit geraden, gebrochenen und

---

[1] O. MUND: Handbuch für Stahlbetonbau, Bd. IV, 5. Aufl. 1953, siehe auch Grundbau-Taschenbuch, 1955, Kap. 1.3.— A. STRECK: Erddruck und Erdwiderstand und Kap. 2.12.— O. MUND: Stützmauern. Beide Bücher Ernst & Sohn, Berlin.

abgestuften Rückenflächen. Die Querschnitte der einzelnen Stufen sind statisch zu prüfen, weil sie meist Arbeitsfugen darstellen. Es ist immer richtig, die Grundfläche gegen die Last etwas geneigt anzulegen, weil man sich bei ebener Grundfläche des Vorteiles einer kostenlosen Sicherheit gegen Gleiten begibt, ohne irgendeinen anderen Vorteil dagegen einzutauschen. Ein Vorgehen der Mauer während der Setzung der Hinterfüllung ist unerwünscht und auch zum Spannungsausgleich nicht nötig, da die Hinterfüllung sich unter erheblichem Verlust ihrer Schubkraft mit der Zeit konsolidiert.

Eine nach rückwärts unterschnittene Mauer ist statisch günstig und die Mehrkosten sind erträglich, wenn sie aber auch ohne Hinterfüllung standfest sein muß, wird man das, was man hinten an Material spart, vorn als Gegengewicht wieder zugeben müssen. Ein Anlehnen an das Gebirge findet dann gar nicht statt, es sei denn, man hat gegen die Böschung betonieren können.

Die rückwärtigen Stufenflächen abgetreppter Querschnittsformen sind als Schrägflächen auszuführen mit mindestens 10 % Gefälle nach rückwärts, um Sickerwasser schnell abzuleiten.

Das Streben nach Verbilligung führt zu Sparformen, mit denen sich auch architektonische Wirkungen erzielen lassen, ohne daß die Standsicherheit leidet.

Abb. 78a. Stützmauer mit Nischen

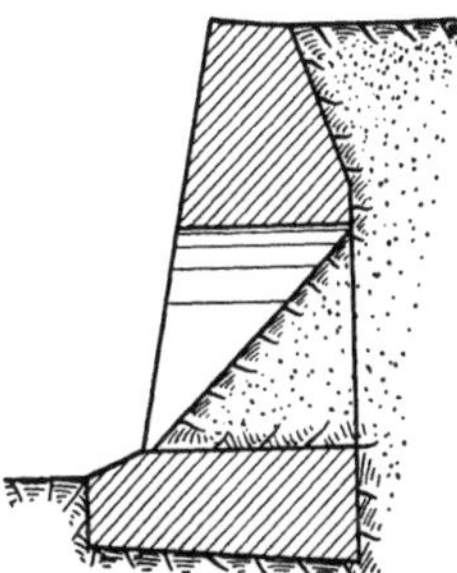

Abb. 78b. Stützmauer mit Durchbruch

Geeignet sind hierfür überwölbte Nischen und Strebepfeiler, wie sie schon vor Jahrhunderten bekannt waren und im Extremfalle die zu Stützbögen reduzierten Mauern, bei denen die natürliche Böschung zwischen den Stützen zutage tritt (Abb. 78a und b). Bei diesen Formen fällt das Entwässerungsproblem fort, das insbesondere bei hohen Mauern im bindigen Boden nicht gewissenhaft genug behandelt werden kann.

Unmittelbar hinter der Mauer liegt eine Kiesfilterpackung. Diese Schicht darf aber das Sickerwasser nicht unter die Sohle führen, es sind daher entweder Sickerschächte alle 10 m (Abb. 77b) oder eine Abfangung der Sickerpackung durch einen Mauerabsatz (Abb. 77c) oder eine Tonpackung (Abb. 77a) anzuordnen und das Wasser durch die Mauer in 2 bis 10 m Abstand je nach Feuchtigkeit des Gebirges abzuleiten. Die Ausmündung soll mindestens 30 cm über dem Gelände und bis 5 bis 10 cm vor der Mauerfläche liegen, damit nicht Verstopfungen von außen her eintreten (Schwemmstoffe, Tiere). Die Sickerschicht erfordert einen beträchtlichen Aufwand an Material und Arbeit, da sie bei niedrigen Wänden 20 bis 30 cm, bei hohen Mauern 30 bis 60 cm stark sein muß.

Auf den Rückenflächen der Mauern werden bei gutem Natursteinmauerwerk nur die Fugen durch Bitumen oder Teer isoliert, bei Betonmauern wird je nach Betongüte die Rückenfläche mit Zementmörtel 1 : 4 verputzt und mit einem Schutzanstrich versehen oder bei gutem Beton (Stahlbeton) auch nur mit Inertol 2mal gestrichen.

Die Schwergewichtsmauern werden meist in Stampfbeton ausgeführt; wenn eine Teilbewehrung angeordnet wird, z. B. bei einer Ausführung mit Absätzen muß diese in eine Schicht fetteren Mörtels eingebettet werden, was die Ausführung erschwert.

Wieweit die Schwergewichtsmauern wirtschaftlich sind und wo die Grenze gegenüber Stahlbetonausführungen liegt, ist nur durch Vergleichsrechnungen zu bestimmen, da dies von vielen Faktoren, wie Örtlichkeit (Materialbeschaffung, Anfuhr), Bodenverhältnissen, Höhe der Böschung und den Kalkulationsgrundlagen (Stoffpreisen und Löhnen) abhängt.

Einen Übergang zu bewehrten Querschnitten zeigt Abb. 79, bei der eine Schwergewichtsmauer durch eine rückwärtige Auskragung verstärkt ist, mit welcher eine senkrechte Komponente zu der Resultierenden beigebracht wird. In Frankreich nennt man derartige Querschnitte „Stuhlprofile".

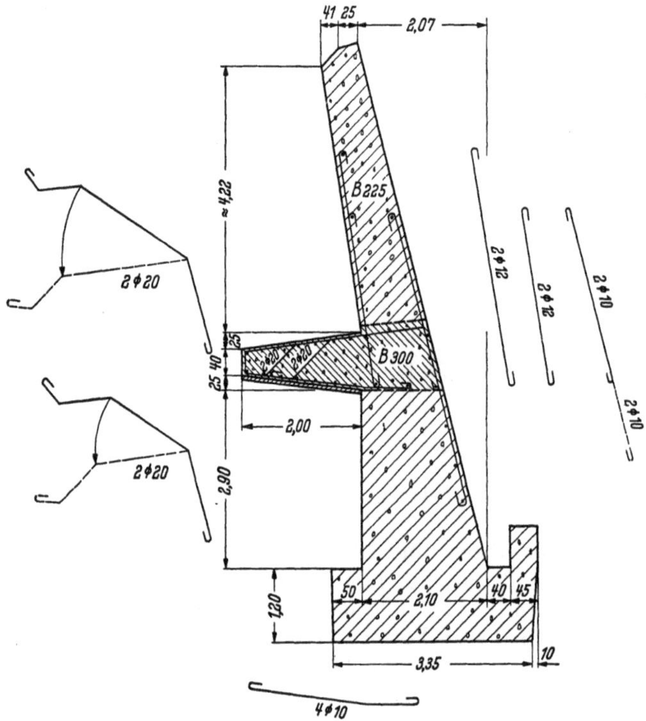

Abb. 79. Stützmauer mit Entlastungsplatte

Grundformen leichter Stützwände

Der Stahlbeton ermöglicht infolge der hohen Momentenfähigkeit die Stützmauern mit der geringsten Wanddicke.

Die einfachste Form ist die Winkelstützmauer, bei der durch Vorziehen der Grundplatte vor die Wand ein rückseitiges Abheben der Fundamentplatte von der Sohle ausgeschaltet werden kann. Durch geeignete Breite der Grundplatte und Weite der Ausladung vor Mauerflucht kann eine gleichmäßige Sohldruckverteilung erreicht werden. Es ist ebenso gut möglich, die ganze Sohlplatte hinter wie vor der Mauer anzuordnen. Die Abb. 80a bis g geben einige Mauerquerschnitte wieder, die als Anhalt für Entwurfsarbeiten gedacht sind. Abb. 80d bis Abb. 80g sind Beispiele aus dem Wasserbau und für Ufereinfassungen.

Der Nachweis der Standsicherheit wird dadurch geführt, daß das Gewicht der Stützmauer und das Gewicht des Erdprismas bzw. des Wasser, das senkrecht über der Grundplatte steht, zur gemeinsamen lotrechten Komponente G zusammengesetzt werden und ggf. mit dem Wasserdruck vor der Wand, und mit dem Erddruck E, der in der gedachten Rückwand des Erdprismas unter der Neigung

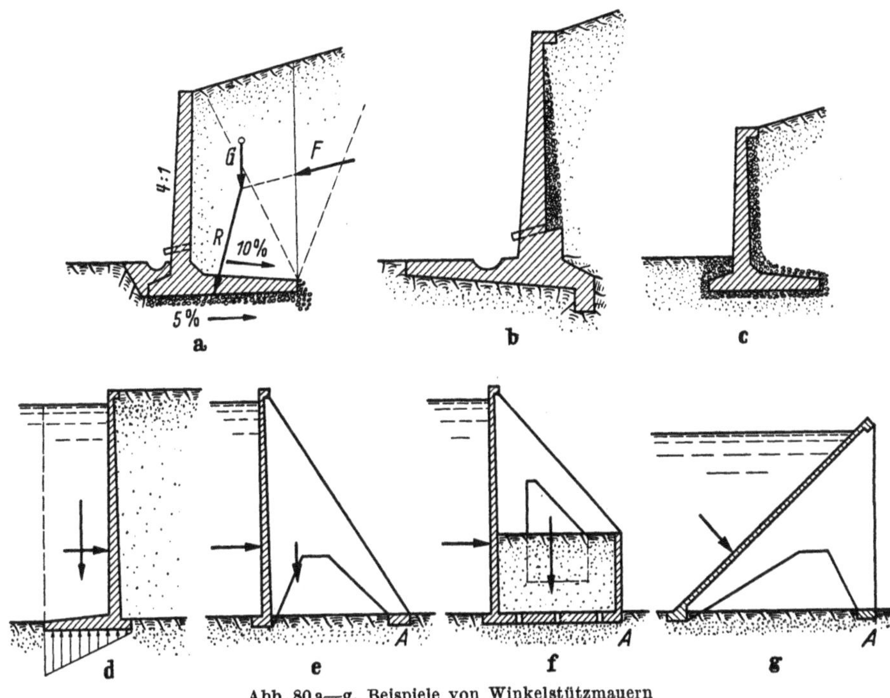

Abb. 80 a—g. Beispiele von Winkelstützmauern

der Oberfläche angreift, zur Gesamtresultierenden R führt. Beim Ausweichen von Winkelstützmauern bildet sich ein Gleitkeil, dessen Gleitflächen vom hinteren Ende der Sohlplatte ausgehend, nach vorwärts oder rückwärts geneigt sind. MÖRSCH[1] hat nachgewiesen, daß es ausreicht, von der lotrechten Gleitfläche auszugehen, obwohl diese praktisch nicht auftritt, weil man die gleiche Resultierende erhält, die sich bei einer nach vorwärts geneigten Gleitfläche einstellen würde. Das gleiche gilt auch von einer nach rückwärts geneigten Gleitebene. Für alle Erddruckfälle finden sich die Berechnungsgrundlagen in der angegebenen Literatur. Bei hohen Wänden ordnet man meist dreieckförmige Rippen an, welche eine Zugbewehrung und konstruktive Bewehrungen für denkbare seitliche Beanspruchungen aufnehmen.

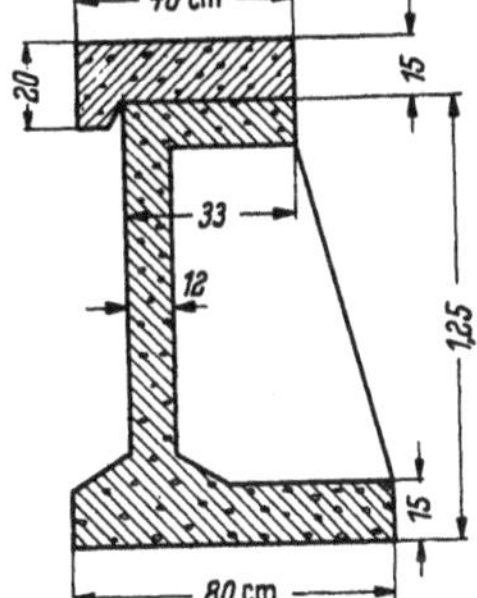

Abb. 81. Kleine Rampenstützwand aus Fertigteilen

Die Möglichkeit, durch Stahlbetonausführungen an Gewicht zu sparen, führte schon früh zur Ausbildung von Winkelstützmauern aus Fertigteilen. Abb. 81 zeigt eine ältere Form, von der zahlreiche Varianten seitdem bekannt geworden sind.

Eine recht geschickte Ausführung ist die aus lotrechten Wellen gebildete „Serpentinenwand" für Gartenmauern des amerikanischen Architekten THOMAS JEFFERSON[2], die im Prinzip der Wellenspundwand entspricht (Abb. 82). Diese aus Ortbeton oder Fertigteilen

---

[1] E. MÖRSCH: Bericht über Versuche der Wayss & Freytag A. G. in der Festschrift zum 50jährigen Bestehen der Wayss & Freytag A. G.

[2] ELWIN E. SEELYE: Foundations Design and Practice. New York: John Wiley & Sons Inc. 1956.

denkbare Konstruktion würde jeweils in den einspringenden Wellen ihre Trennfugen haben. Bei Anordnung einer Abdeckplatte kann sie auch mit gerader Vorderkante als Bahnsteigmauer gebraucht werden, und aus dieser Form sind zahlreiche Varianten auch für große Wandhöhen, z. B. als Faltwerke oder mit rückwärtigen Entlastungsplatten, denkbar, die mit materialsparenden Querschnitten Möglichkeiten einer formalen Behandlung erschließen, die dem architektonischen Stiefkind Stützwand neues Interesse erwecken können.

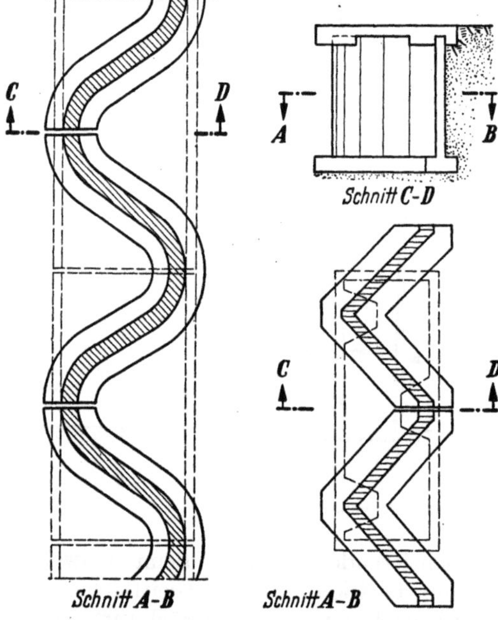

Neben den Winkelstützmauern mit und ohne Rippen kennt man die sog. erddruckvermindernden Formen mit rückwärtigen Kragplatten, die im Grenzfall völlig erddruckfrei gestaltet werden können. Selbstverständlich ist bei der Hinterfüllung auf die Innehaltung der statischen Annahmen (Bodenart, Verdichtung, Entwässerung, Böschung, Reihenfolge der Verfüllung usw.) zu achten.

Die einfachste Form einer Erddruckverminderung ist die auf etwa halber Höhe der Stützmauer und einem Auflagerpunkt hinter der natürlichen Böschung frei aufliegende waagerechte Platte, die statisch völlig klare Verhältnisse schafft, jedoch wegen der Setzungen der Mauer und der Hinterfüllung ein bewegliches Auflager der

Abb. 82. Stützwand aus Fertigteilen nach JEFFERSON

Abb. 83. Stützwand aus Fertigteilen in Faltwerkform

Platte mit Sicherheit gegen Abgleiten erfordert (Abb. 84a).

Diese Form ermöglicht die Reduktion des Erddruckes auf weniger als die Hälfte des zur Bauwerkshöhe gehörigen Wertes. Der in Abb. 84b beiskizzierte Entwurf eines reinen Schwergewichtstyps für Brückenwiderlager entspricht den gleichen Belastungsverhältnissen wie bei Abb. 84a. Die massiven Betonklötze der reinen Schwergewichtsmauer sind durch die großen Schwindspannungen rißgefährdet. Außerdem ergeben die Setzungen und Folgen bergbaulich bedingter Senkungen zusätzlich Spannungen, die den massiven Klotz rissig machen. Der Vorteil, daß selbst in gerissenem Zustand die große Masse des Mauerkörpers standfest bleibt, ist der Grund, daß immer wieder derartige Ausführungen gewählt werden.

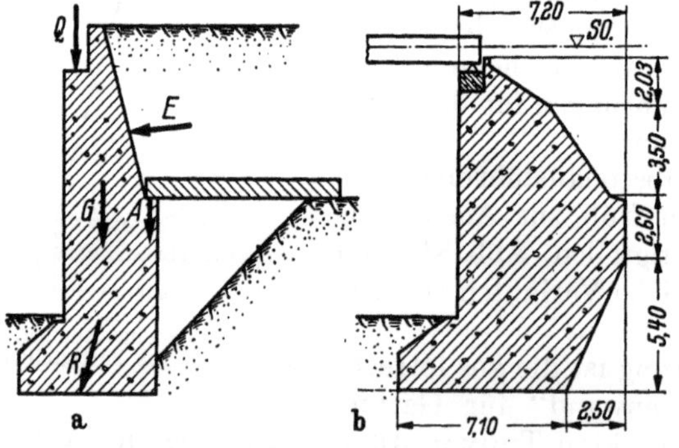

Abb. 84 a und b. Widerlager mit und ohne Erddruckminderung

Die leichte Stahlbetonkonstruktion paßt sich dem Bestreben besser an, möglichst wenig zusätzliche Pressungen in den Boden zu leiten, auch ist sie elastischer und man ist in der Formgebung freier, wie die Beispiele der Abb. 85c bis 85e zeigen. Als die aufgelösten Stützmauern aufkamen, war es zuerst beliebt, die Konsolen völlig frei auskragen zu lassen. Heute wird man die Unterstützung durch Rippen als willkommene Sicherungsmaßnahme kaum auslassen. Eine vorteilhafte Konstruktion ist die schräg nach hinten geneigte Abschirmung der

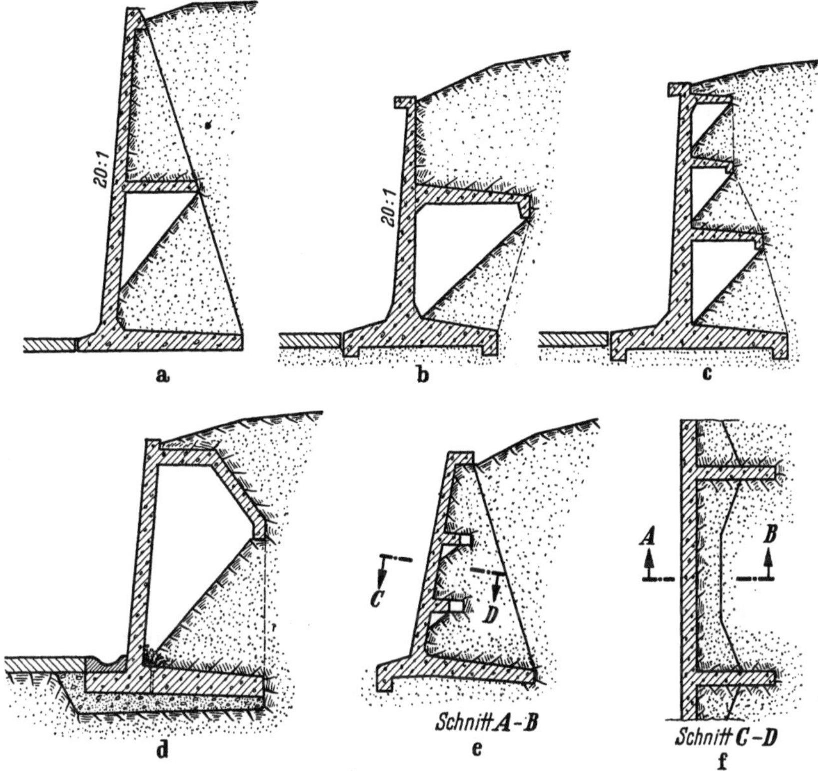

Abb. 85 a—f. Formen erddruckmindernder Winkelstützmauern

Abb. 85d, welche die Resultierende stark nach rückwärts zieht. Diese Art der Ausführung ist als Tornisterwand bekannt geworden und besonders bei Widerlagern in mannigfacher Abwandlung ausgeführt worden.

Konstruktive Gesichtspunkte. Bei Schwergewichtsmauern und Winkelstützmauern sind Dehnungsfugen wichtig, weil die Stützmauern in die Länge entwickelte Baukörper sind, die einerseits gegen die mäßig wärmeschwankende Hinterfüllung gelehnt, andererseits an der Vorderseite jeder Einstrahlung preisgegeben sind. Das Schwindmaß von Stampfbeton ist 3- bis 4mal höher als das von Stahlbeton, nämlich bis 0,6 mm/m, und ist nur bei niedrigem Zementgehalt bei guter Kornzusammensetzung, dem Minimum von Wasserzusatz und guter Pflege während der Erhärtungszeit geringer. Die Schwindspannungen sind so hoch, daß die beste Betonzugfestigkeit von ihnen überschritten wird.[1]

Der Bewegungsspielraum aus Temperatur von $\pm 25°$ und Schwinden von 0,6 mm/m wird von MUND für eine Stampfbetonmauer mit folgendem Wert

---

[1] Leider hat die Zementindustrie den LOSSIERschen Quellzement, der in Frankreich viel benutzt wird, aber im deutschen Klima offenbar nicht recht gedeiht, bei uns nicht verfügbar. Er wäre gerade für Stützmauern recht geeignet, weil vielfach für Schwergewichtsmauern die Betonfestigkeit nur gering zu sein braucht, etwa B 150 bis B 225.

angegeben:

$$(-0{,}0006 \pm 0{,}00025) \cdot 100 = (-0{,}06 \pm 0{,}025) \text{ cm/m}$$

Daraus ergibt sich bei 10 m Mauerlänge die beachtliche Fugenbewegung von 6 mm $\pm$ 2,5 mm. Nun entspricht der größeren Zahl eine einmalige Bewegung, die schadlos kompensiert wird, wenn die Mauer in Abschnitten von 7,5 bis 12 m errichtet wird und auf einer Kiesbettung in der Längsrichtung im nicht hinterfüllten Zustand gleiten kann.

Die Fugen müssen in der Querrichtung der Mauer irgendwie verzahnt sein, damit die Mauerflucht erhalten bleibt. Bei den kräftigen Querschnitten der Massivmauern ist eine Nut- und Federverbindung am Platze, bei den Stahlbetonwinkelstützmauern ist eine ähnliche Anordnung in der Sohlplatte und in Kragplatten leicht möglich. Bei hohen Wänden können außerdem kurze Konsolen auf der Mauerrückseite die Nachbarplatte über die Fuge hinweg wechselseitig hintergreifen.

Die Herstellung der Fuge geschieht meist durch Einlegen einer von selbst verrottenden Holzwolleplatte. Das Anputzen von Lehm und Gips hat den Mangel, daß die Fuge sehr schwer und deshalb nur unvollkommen zu säubern ist, was bei der Leichtplatte von vornherein unterbleibt, weil sie in Kürze vollelastisch ist. Die Sichtkanten sollten immer durch Dreiecksleisten gebrochen sein und auf eine geringe Tiefe von 5 bis 10 cm geräumt werden. Die Bergfuge muß gegen Sickerwasser geschlossen sein, was bei einer keiligen Ausbildung mit Ton oder Lehm, durch Teerstrich oder Asphalt oder in bester Weise durch ein Fugenband zu geschehen pflegt. Bei den meisten Stützmauern sind diese gebräuchlichen Ausführungen ausreichend, bei starkem Wasserandrang wird man auch bei den dünnen Stahlbetonausführungen eine völlige Dichtung mit Fugenbändern erreichen können.

Ein weiterer wichtiger Gesichtspunkt ist der Schutz gegen Wasserangriff und die Wasserableitung auf der Rückenfläche, die gegen Durchfeuchtung durch Isolierstrich geschützt werden muß. Alle stauenden Flächen, also auch die waagerechten Versteifungsrippen und etwaige Entlastungsplatten sowie die Sohle, müssen nicht nur nach rückwärts geneigt sein, sie müssen auch eine Sickerschicht tragen, damit das Wasser abziehen kann. Bei Stahlbetonausführungen kommt jeder Isolierung erhöhte Bedeutung zu. Gegen aufsteigende Nässe schützt am besten eine gute Dränage der Gründungssohle, wo diese nicht durchführbar ist, kann eine Dachpappe, wie im Hochbau, eingelegt werden, wobei die schon erwähnte nach rückwärts geneigte Sohlenfuge einen notwendigen Ausgleich gegen Vorwärtsgleiten bildet. In einzelnen Fällen kann eine stufenmäßig abgesetzte Fuge zweckmäßig sein.

Die Abdeckung einer Stützmauer sollte so gestaltet werden, daß ein Überfließen von Wasser über die Mauerkrone ausgeschlossen ist. In einfachster Form genügt eine Neigung nach rückwärts und ein sicherer Anschluß an die Sickerpackung. Bei Schwergewichtsmauern wird eine Betongüte B 300 für die Krone empfohlen. Wenn eine Abdeckplatte angeordnet wird, sollte sie ein kräftig betontes Gesims mit Wassernase bilden.

Einen eindrucksvollen Vergleich zwischen einer Gewichtsmauer und einer Stahlbetonkonstruktion zeigen die Abb. 86a und b vom Bau der Kruppschen Erzgrube Echte, am Harz. Bei dieser Bauaufgabe handelt es sich darum, einen Geländesprung von 18,52 m zwischen einem Schacht und einem Brechergebäude abzufangen. Das Gelände ist schwerer Jura-Tonboden, $\gamma = 1{,}80$; $\varrho = 20°$, der durch zahlreiche Schichtflächen rutschgefährdet ist. Der Tonboden war besonders im trockenen Sommer so fest, daß er nur mit Preßluftspaten aufgebrochen und wie Steinbrocken von Hand gefördert werden konnte. Der schon seit Jahren in Betrieb befindliche und mit seiner Achse nur 14 m hinter der Aushubkante

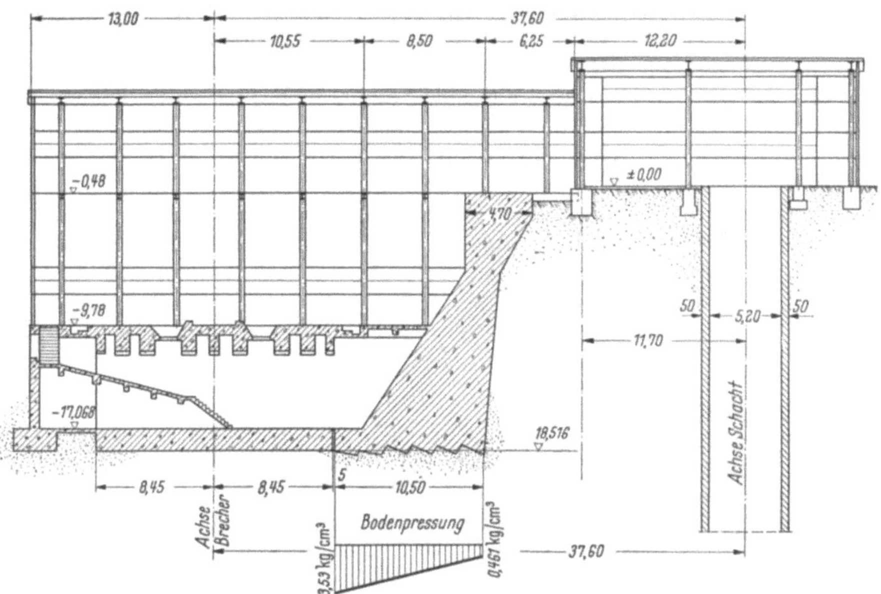

Abb. 86a. Schwergewichtsmauer großer Höhe (Archiv W & F KG)

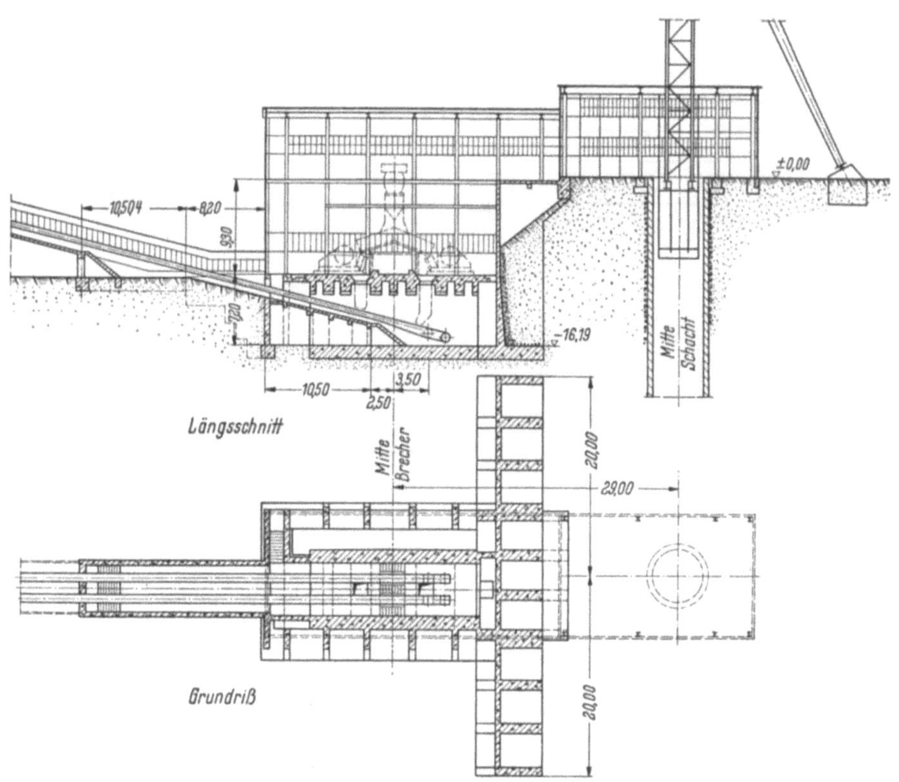

Abb. 86b. Stahlbetonstützmauer für große Höhe in eleganter Konstruktion (Archiv Grube Echte)

liegende Schacht mit dem darüber aufragenden Fördergerüst mußte gegen jede
Bodenbewegung absolut gesichert sein. Der elegante Stahlbetonentwurf der
Abb. 86b konnte nicht ausgeführt werden, weil der Stahl nicht zur Verfügung

Bachus, Grundbaupraxis   7

stand. Der tatsächlich ausgeführte Entwurf erforderte als Schwergewichtsmauer
den Querschnitt der Abb. 86 a und erforderte eine Verschiebung des Brechers
um 8,60 m mit all den damit verbundenen Mehrmassen an Aushub und
Beton. Die Ersparnisse an Stahl sind damit mehr als ausgeglichen, zumal
auch der Massivquerschnitt im eingeschnürten Querschnitt einige vordere Be-
wehrungseinlagen für die nach rückwärts verlagerte Mauerkopfmasse, welche die
Resultierende nach rückwärts zieht, erforderte.

In der Sohlfuge konnte nach dem bodenkundlichen Gutachten mit einem
Reibungswinkel von 25° gerechnet werden. Die Fuge ist nach dem Diagramm

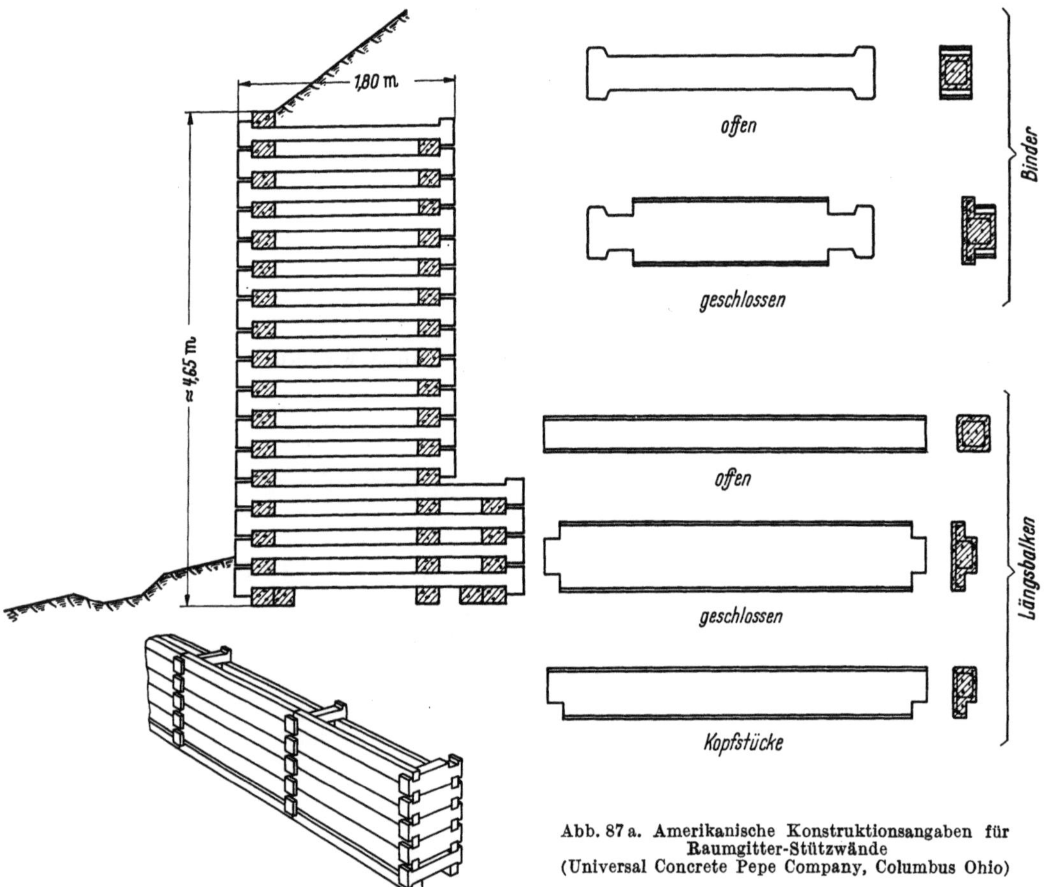

Abb. 87 a. Amerikanische Konstruktionsangaben für
Raumgitter-Stützwände
(Universal Concrete Pepe Company, Columbus Ohio)

der Abb. 86 a belastet und wurde verzahnt. Der Gesamtschub beträgt 148 t/m,
die Aufnahme in der Sohlfuge kann nur mit 97,3 t/m angesetzt werden, die
restlichen 50,7 t/m mußten auf das Brechergebäude übergeleitet werden.

Die solide Planung und Ausführung haben sich vollauf bewährt, der Schacht-
betrieb wurde in keinem Augenblick gefährdet.

2.6.2 Sonderformen

Da es sich bei Stützmauern oft um langgestreckte Bauwerke handelt, ist
man immer bestrebt, die Kosten für diese unproduktiven Begleiterscheinungen
größerer Bauvorhaben, meist Straßen oder Bahnen, herabzudrücken und möglichst billige Konstruktionen zu ersinnen.

In Amerika sind für ansehnliche Höhen und Längen die sog. cribbing walls
entwickelt, am besten wohl mit Raumgittermauern zu übersetzen (to crib =
einsperren). Das sind aus Stahlbetonfertigteilen zusammengesetzte Gerippe,

ähnlich den aus Holzbalken zusammengezimmerten und mit Steinschlag gefüllten Steinkisten des Seebaues.

Hiermit ist ein völlig setzungsunempfindliches Gebilde geschaffen, das fabrikmäßige und damit rationelle Qualität der Einzelteile ermöglicht, einen sehr flotten Arbeitsablauf gewährleistet und keinerlei Entwässerungsschwierigkeiten aufkommen läßt. Die Abb. 87 a und b zeigt 2 Ausführungen als Beispiele, wie sie an Straßen und Bahneinschnitten viel benutzt werden. Die Längsbalken A, „stretcher" genannt, sind 1,80 m lang und in den einzelnen Lagen stumpf gegeneinander gesetzt. Die Binder B, „header" genannt, sind breite I-Profile, die zwischen ihren Flanschen und Stegen die Längsbalken festhalten. Der Hohlraum der Kästen wurde anfänglich mit Steinschlag verfüllt und bildete eine Trockenmauer. Sie können statisch als einheitliche Mauer behandelt werden, da sie vor dem eigentlichen Hinterfüllen fertig verfüllt dastehen müssen. Querfugen im Abstand von 20 bis 30 m sind einfach herzustellen, ebenso Eckausbildungen. Sie benötigen bei kleinen Ausführungen keinerlei Bettung oder Fundament, wenn der Boden normal fest ist; nur vor einer Durchfeuchtung des Bodens ist zu warnen. Deshalb wird vielfach die untere Lage nach dem Versetzen mit einer undurchlässigen Lehm- oder Tonschicht eingeschlämmt. Eine Schräglage nach rückwärts bietet keine Schwierigkeit. Hohe Mauern dieser Art werden in zweckmäßiger Weise fundiert. Inzwischen hat man die gute

Abb. 87b. Offene Raumgitterwand neben einer Straße (Am. Marietta Co. Chicago)

Abb. 87c. Stützwand der „London and North Eastern Railway" in Otterington aus Fertigteilen

Eignung dieser Ausführung als „Bodenbewehrung" erkannt und verfüllt sie mit nahezu jedem Boden. Der Charakter einer Trockenmauer ist damit nicht verlorengegangen. Die ausgezeichnete Wirkung erhellt aus der Verwendung als Stützmauer neben Straßen. Ein besonderer Vorteil ist die Herstellung dieser Stützmauern zu jeder Jahreszeit, insbesondere auch in schwer zugänglichen Gegenden. Die Abb. 87 b zeigt eine sog. offene Ausführung für Erdfüllung, bei der von Streckbalken zu Streckbalken kurze Böschungen entstehen. Bei guter Verdichtung des Bodens innerhalb der Raumgitter ist die Wirkung einer geschlossenen Erdmauer als Verbundkörper vorhanden. Für Damm- und Straßenböschungen dürfte die Wirtschaftlichkeit der Raumgitterwände durch den Fortfall einer Baustelleneinrichtung gegeben sein. Allerdings müßte eine laufende Wartung berücksichtigt werden, damit der Verbund nicht durch Baumbewuchs gestört wird.

In Österreich hat man aus L-förmigen Stahlbetonbalken von 1,95 m Länge, im Gewicht von 70 kg, ähnliche Zellkörper gebildet, bei denen eine Verklammerung

auch in senkrechter Richtung und im Bedarfsfalle auch eine Verklammerung
durch Bolzen vorgenommen wird. Man verwendet sie zur schnellen Herstellung
von Dämmen im Hochwassergebiet und schätzt sie wegen der leichten Herstellung
auch durch ungeschulte Arbeitskräfte.

Eine Stützwand, bei der die Teile der Ansichtsfläche durch Y-förmige Fertigteile in der Aufschüttung verankert werden, bringt Abb. 87c. Die Anwendung im
Bereich der Bahnanlage beweist, daß diese nicht-monolithische Bauweise völlig
einwandfreie Konstruktionen ergibt.

2.6.3 Widerlager

Die Ausbildung der Widerlager gehört zum Brückenbauentwurf und tritt
bei Stahlbrücken als selbständige Grundbauaufgabe auf. In vielen Fällen sind
die Widerlager nichts anderes als Teilabschnitte von Stützmauern, bei denen die

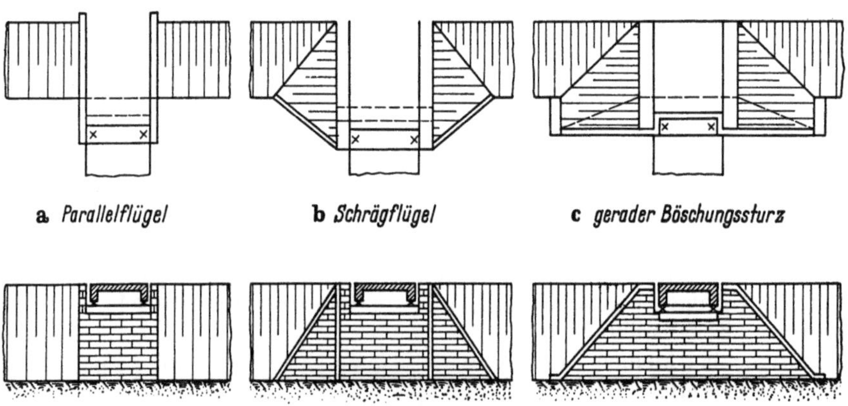

Abb. 88. Typen der Widerlager-Flügelausbildung

freien Brückenendlager zusätzliche Vertikallasten in die Vorderfront einleiten,
während bei festen Lagern erhebliche und hoch angreifende Horizontalkräfte
in Richtung längs und quer zur Brückenachse zu berücksichtigen sind.

Grundsätzlich ändert sich dadurch aber weder an den Grundformen der
Schwergewichtsmauern noch der aufgelösten Mauern etwas, außer der Ein-
beziehung der sog. Auflagerbank in die Stützkonstruktion. Die angreifenden
Kräfte sind durch DIN-Blätter weitgehend festgelegt.[1] Für die Widerlager
kommen noch die Fliehkräfte nach der BE[2], die Verkehrslast auf und unmittel-
bar hinter dem Widerlager und evtl. Stoßkräfte gegen Schrammborde in Frage.
Schwingbeiwerte gelten nur unmittelbar für die Lager, Auflagerbänke und deren
Lagerfugen.

Die Widerlager sind also Stützmauerabschnitte von der Breite der Brücke,
die eines seitlichen Abschlusses bedürfen. Die Ausgestaltung dieser Abschlüsse
ist mannigfach, es können hier nur die grundsätzlichen Lösungen angegeben
werden.

Wenn die Widerlager in die Flucht einer Stützmauer einbezogen sind, bedarf es
keiner anderen Maßnahme als einer Fugenausbildung beiderseits des Widerlagers.

---

[1] DIN 1072 Lastannahmen für Straßen- und Wegebrücken,
    1073 Berechnungsgrundlagen stählerner Straßenbrücken,
    1074 Berechnung und Ausführung von Holzbrücken,
    1075 Berechnungsgrundlagen für massive Brücken,
    1078 Bl. 1 und 2 Verbundträger-Straßenbrücken,
    1079 Grundsätze für die bauliche Durchbildung stählerner Straßenbrücken.
[2] Berechnungsgrundlagen für stählerne Eisenbahnbrücken (BE). Herausgegeben von
der Deutschen Bundesbahn. Druckschrift 804. Erhältlich bei den Schriftenvertriebsstellen
der BB-Direktionen und durch den Buchhandel.

Beim Einschneiden in eine Böschung unterscheidet man Parallelflügel und Schrägflügel, als Sonderfall des Schrägflügels die selteneren geraden Wandflügel.

Abb. 88 zeigt diese Typen an. Die Flügel können bei geringen Höhen mit dem Widerlagerkörper zusammenhängend ausgeführt werden. Insbesondere angehängte Parallelflügel sind statisch sehr günstig gegen die hohen Auflagerdrücke zu stellen. Werden die Abmessungen größer, so werden zweckmäßig zwischen der Mauer und den Flügeln Fugen angeordnet, was bei schrägen Flügelmauern als Regel gelten sollte. Die Fugen müssen durch Nut-Feder-Verbindung gegen Verschiebung auch bei extremem Klaffen gesichert sein.

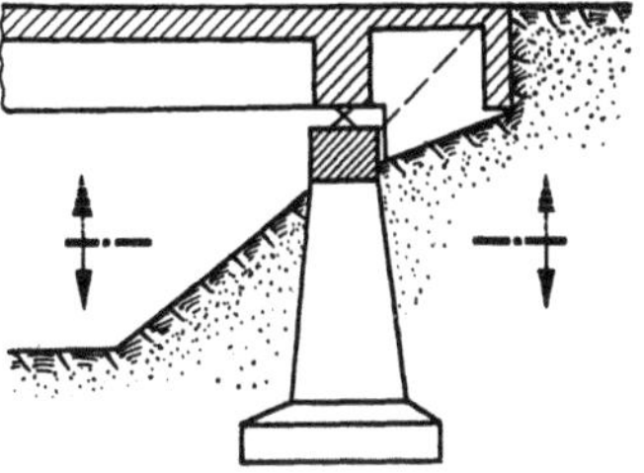

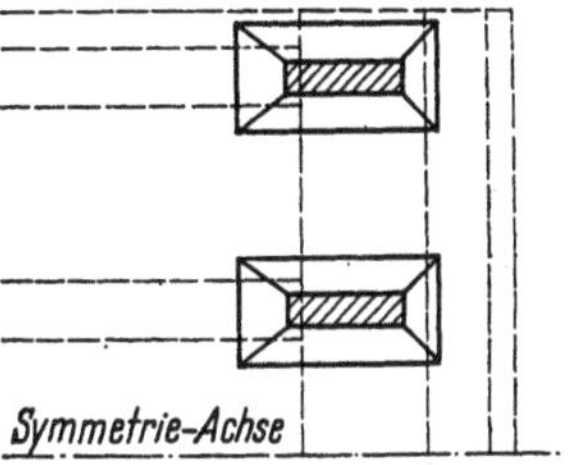

Abb. 89. Prinzip des Pfeilerwiderlagers

Alle Mittel, mit denen eine Erddruckverminderung bei Stützmauern erreichbar war, sind auch hier zweckmäßig. In Verbindung mit den Flügelmauern ist eine solche Maßnahme oft einfach, da durch Verbindung dieser in der Sohle oder auch durch Entlastungsplatten in halber Höhe rückwärtige lotrechte Kräfte in nahezu beliebiger Weise herangezogen werden können.

Ein besonders erddruckfreies Widerlager ist das Pfeilerwiderlager, das lediglich eine stabil unterstützte Auflagerbank darstellt. Durch die Vorschrift der DIN 1055, Blatt 1, Abb. 2, welche die Berücksichtigung eines Erddruckes auf die dreifache Pfeilerbreite unter Verzicht auf

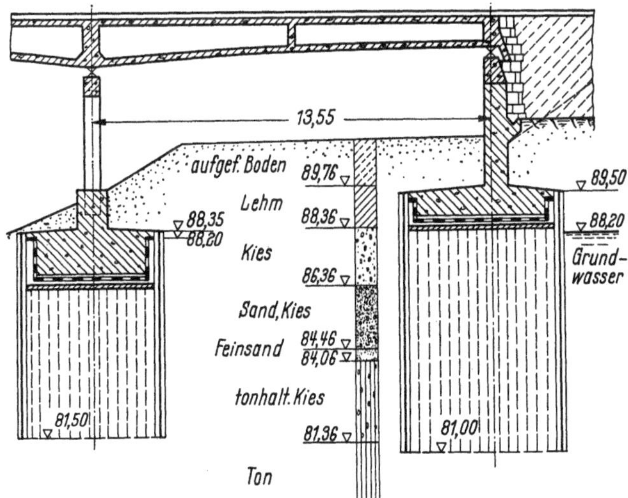

Abb. 90. In Grundplatte und Stützwand aufgelöstes Widerlager der Nidda-Brücke bei Höchst
(Bt. u. Stb. 1953 H. 4)

den Erdwiderstand der anderen Seite vorschreibt, geht allerdings ein großer Teil des Vorteiles der schmalen Pfeiler wieder verloren. Abb. 89 zeigt die Konstruktion, die ebensogut auch von billigeren Pfählen unterstützt sein kann.

Wirtschaftliche Widerlager zeigt die Nidda-Brücke in Frankfurt/M., Nied, bei denen eine erstrebte Gewichtsersparnis wegen des schlechten Untergrundes zu einer nach Abb. 90 aufgelösten Form führte. Der Untergrund enthält überdies Sulfate, Chloride und freie Kohlensäure, und die Fundamente mußten in

einer säuredichten Wanne ausgeführt werden. Um Setzungen in den Triebsand-
schichten auf das Mindestmaß zu beschränken, sind bei dieser Brücke Pfeiler-
und Widerlagerfundamente mit einem tiefreichenden Spundwandkasten um-
geben, in welchem die Fundamente mit nur 1,5 kg/cm² Bodenpressung ruhen. Eine ähnliche Ausbildung zeigen die Widerlager der zweiten Hammerbrock-Brücke über den Mittelkanal in Hamburg. Hier ist die aufgehende Wand durch eine Entlastungsplatte und aufgesetzte Parallelflügel mit einem Gegengewichtskasten versehen, der eine Fixierung der Resultierenden in einer verhältnismäßig schmalen Grundplatte ermöglichte, wie Abb. 91 [1] schematisch zeigt.

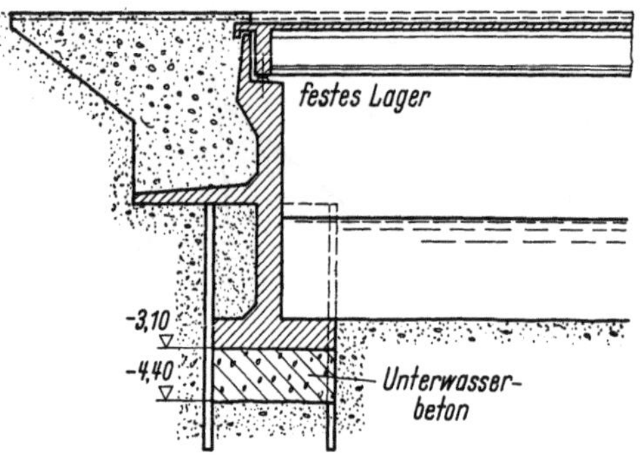

Abb. 91. Widerlager der zweiten Hammerbrock-Brücke in Hamburg

Wenn es möglich ist, die Wider-
lager mit Uferbauten zu kombinieren, z. B. Durchlässen für Straßen, ergeben
sich meist zwanglos stabile Ausführungen, welche hohe Kräfte aufnehmen
können (Abb. 92).

Die aufgelösten Formen der Widerlager sind stark in den Vordergrund getreten. Das völlig erddruckfreie Widerlager nach Abb. 93 erlaubt eine weitgehende Gewichtsverminderung und Baustoffersparnis. Durch eine schräge

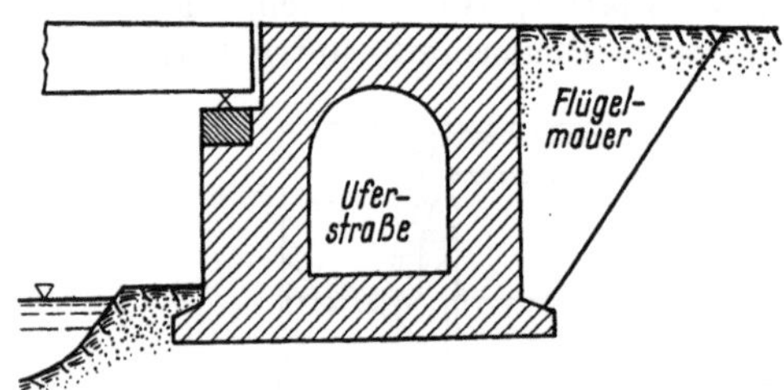

Abb. 92. Widerlager mit Straßendurchlaß

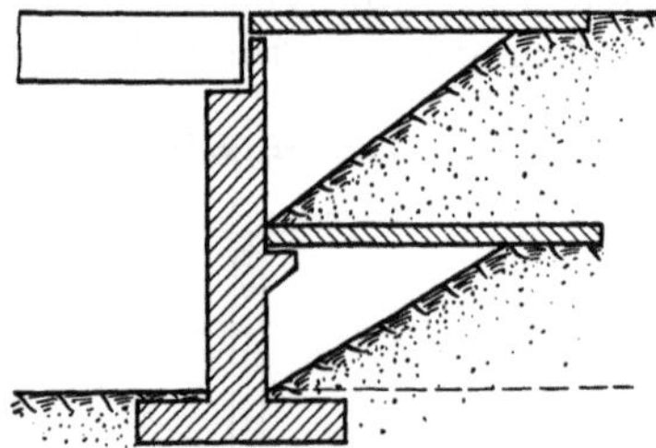

Abb. 93. Erddruckfreies Widerlager

hintere Schürze des Widerlagers wird neben einem günstigen Angriff des
hochliegenden Erddruckes, der zu einer nur geringen Streuung der Resultierenden

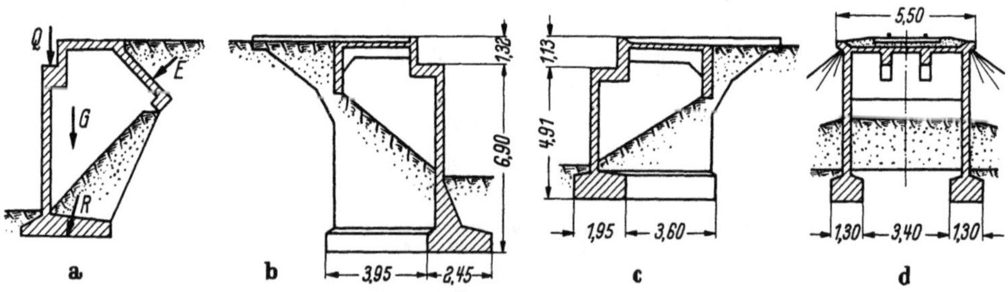

Abb. 94. Tornister-Widerlager nach Ausführungen der W & F KG

unter den verschiedenen Belastungsfällen beiträgt, auch eine erhebliche Verminderung des oft harten Absatzes, der Schlagrinne, unmittelbar hinter dem
Widerlager erreicht. Der Übergang verteilt sich auf eine längere Strecke und
wird elastisch.

---

[1] Technische Blätter der Wayss & Freytag KG (1954) S. 4.

Ausführungen dieses Tornisterwiderlagers zeigt die Abb. 94a bis d, bei stählernen Eisenbahnbrücken der Wayss & Freytag KG. Die als Parallelflügel ausgebildeten Randscheiben bilden mit der Vorderwand einen nach rückwärts offenen U-förmigen Kasten, dessen Schwerpunkt nahe der Schlußresultierenden liegt. Die abgeböschte Erdfüllung übt nur geringen Erddruck auf die Randscheiben aus. Will man bei höheren Ausführungen auch diesen Rest noch unterdrücken, so können die Wände unterhalb der Böschung fortgelassen und ihre Tragwirkung durch Strebepfeiler übernommen werden, wie dies in anschaulicher Weise Abb. (95) für die Parallelflügelmauern einer Eisenbahnbrücke zeigt (die übrigens keine erddruckabschirmende Konstruktion darstellt).

Eine recht elegante Lösung weisen die Brückenwiderlager auf dem Flugplatz Orly (Paris) auf, wie Abb. 96 zeigt.[1] Da bei diesen schwer belasteten Brücken,

Abb. 95. Parallelflügel mit Strebepfeilern (Archiv W & F KG)

über welche Flugzeuge rollen, keine Fugen vorkommen — die Brückentafeln sind trotz der großen Flächen monolithische Trägerroste — sind die Widerlager und Stützen sämtlich gelenkig gelagert, und zwar mittels Einschaltung von Neopren-Platten, die unter höchster Belastung keine höhere Verformung als 70 % erfahren. Die Mittelstützen sind Rahmenstiele, die Auflager werden aus Stützen gebildet, die jeweils unter den Rippen im Abstand von 3,50 m oder 4,14 m stehen, und zwischen denen sich eine den Erddruck aufnehmende Wand spannt. Die Fundamente bieten sonst nichts Besonderes, sie sind durch Magerbetonsockel bis auf den tragfähigen Grund geführt.

Zur Stabilisierung der Brücke im Einschnitt sind hinter den Widerlagern Plattenstreifen auf die 45°-Böschung des Aushubes gelegt, die durch Streben gegen die Auflager der Brückenhauptträger und durch auf der Böschung liegende Stützen gegen die Fußpunkte der Widerlagerstützen abgestützt sind. Diese Widerlager passen sich dem Aushub des für die Straßenunterführung freigelegten Einschnittes so genau an, daß kein zusätzlicher Aushub erforderlich war. Nach der Hinterfüllung gibt die Erdauflast auf die Schrägplatten dem Widerlager ein Stabilisierungsmoment, das dem aus Brückenlast und Hinterfüllung auftretenden Moment günstig entgegenwirkt. Es läßt sich denken, daß man in Ergänzung dieser Konstruktion die Schrägplatten unter den Streben als doppelte Platten

---

[1] J. MÜLLER: Les ponts de la traversée routière de L'aerodrome d'Orly. Sonderdruck des Inst. Techn. du Bat. et des Trav. Publ. Visite des travaux d'amenagement de l'aeroport d'Orly du 18. Juin 1958.

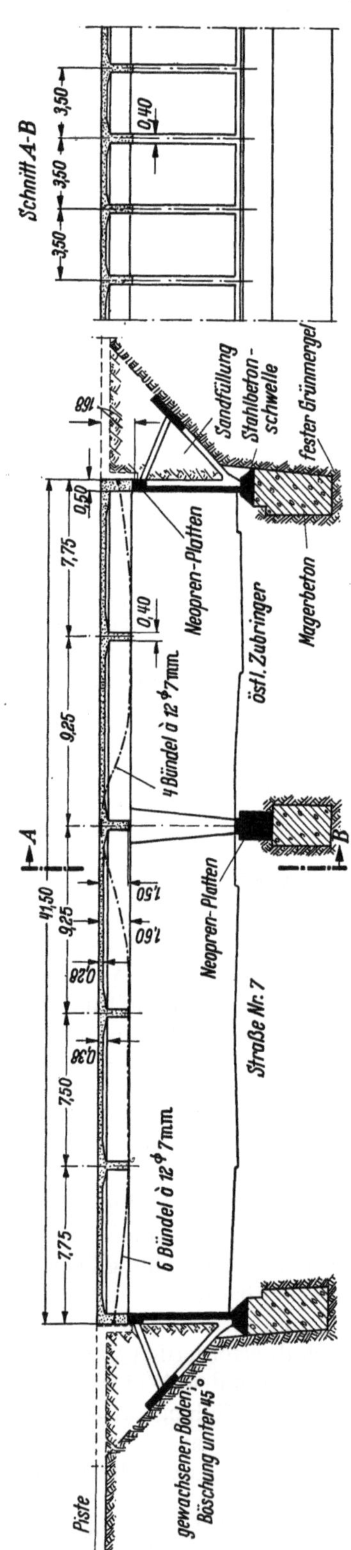

Abb. 96. Widerlager der Pistenüberführung über Straßen beim Flugplatz Orly, Paris

mit eingelegten Druckdosen ausführt, um bei längeren Bauwerken gegebenenfalls Vorspannkräfte von außen her einleiten zu können, wie das bei den Marne-Brücken von Freyssinet und bei einer Fertigteilbogenbrücke von 331 m (6 Öffnungen) zwischen den Widerlagern von Wünsch beschrieben ist.

Widerlager bei Bogenbrücken. Während bei Balkenbrücken die lotrechten Auflagerdrücke überwiegen und die H-Kräfte meist gering sind, bestimmen bei Bogenbrücken ohne Schubverminderung die flach geneigten Kämpferkräfte die Form der Widerlager. Da die Bögen auf ein Ausweichen der Auflager in Achsrichtung empfindlich reagieren, stellen die Widerlager bei Bogenbrücken den Konstrukteur oft vor verantwortungsvolle Entscheidungen. Sofern es sich um unnachgiebigen Baugrund wie Fels handelt, ergeben sich ideale Verhältnisse, über die nicht viel zu sagen ist. Auch bei gutem Sandboden bestehen noch kaum Schwierigkeiten. Die zu erwartenden Setzungen in Richtung der Resultierenden können auf 2 Arten vorweggenommen werden. Einmal geschieht dies durch eine Vorspannung des Bodens mit Hilfe von Preßmitteln, wie dies im Abschnitt „Thixotropie" gezeigt ist (vgl. Kap. 5.2), oder mit Druckdosen, wie sie Freyssinet konstruierte und wie sie seitdem in zahlreichen Fällen in runder und länglicher Form verwendet werden. Hierzu bedarf es allerdings einer nicht immer vorhandenen Druckfläche von der aus das Fundament vorbelastet werden kann. Die andere Möglichkeit ist durch das „Gewölbeexpansionsverfahren" charakterisiert und als Methode der Ausschalung und der Scheitelhebung dem Brückenbauer geläufig.

Ein einfaches Beispiel zeigen die Widerlager einer Stahlbogenbrücke in Dijon[1] von 82,50 m Stützweite, an denen einige Grundüberlegungen demonstriert werden können.

Der standfeste Boden, ein dichter festgelagerter Sand, stand in 2 und 3 m Tiefe an. Das Widerlagermassiv erhielt die zur Druckverteilung im Boden sich zwanglos ergebende keilförmige Gestalt, die in Frankreich nach der Ähnlichkeit mit einer bekannten Tintenglasform den Beinamen

---

[1] Freundlicherweise von der Entreprise Pouletty, Dijon, zur Verfügung gestellt.

„Watermann"-Fundamente erhalten hat. Die tragenden Flächen liegen ganz in
dem guten Boden. Bei dem Widerlager, das erst bei 3 m Tiefe vom Gelände den

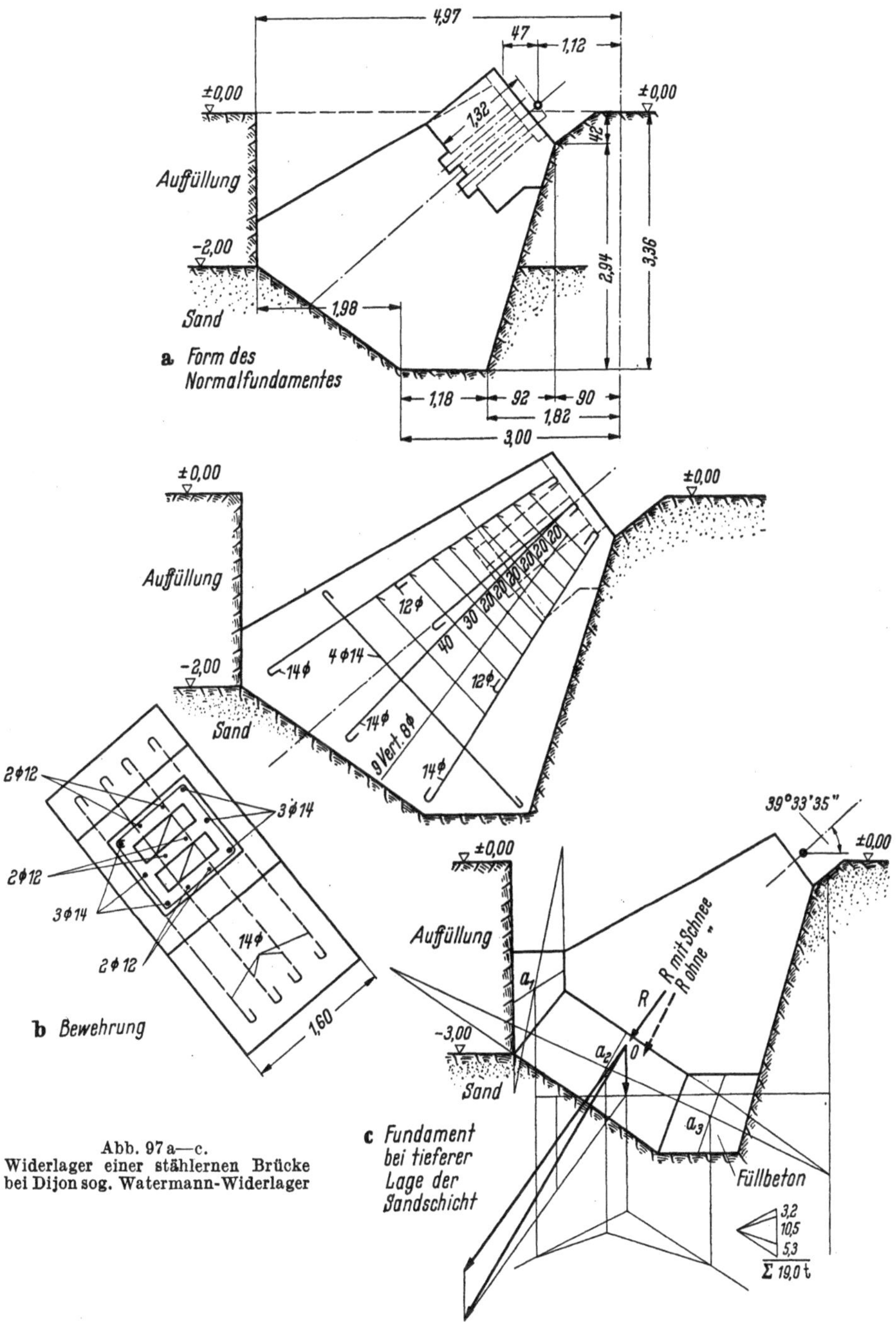

Abb. 97 a—c.
**Widerlager einer stählernen Brücke
bei Dijon sog. Watermann-Widerlager**

tragfähigen Boden erreicht, hat man zunächst das gleiche Fundament in gleicher
Betongüte und in der gleichen Höhe wie das bei der 2 m-Gründungsschicht
eingesetzt und die Zone bis in den guten Boden durch einen Füllbeton ersetzt,
der, wenn er als Fundamentkörper mitgerechnet wird, die Resultierende noch

steiler stellt (vgl. Abb. 97 a bis c). Die Ausführung des Normalfundamentes
erforderte 2 Bauabschnitte, die in Abb. 97 a vermerkt sind. Der untere Teil wird
bis zu einer im Fundament notwendigen, verzahnten, senkrecht zur Kämpfer-
tangente angelegten Ebene betoniert, darauf der für das Kämpfergelenk notwendige untere Lagerteil eingebaut, abgestützt und einbetoniert. In speziellen
Fällen wird man auch zunächst nur die Aussparungen für die Verankerung der
Gelenklager vorsehen und diese später nach Ausrichtung und Verkeilung einbetonieren. Die Skizze (Abb. 97 c) zeigt die einfache Behandlung der statischen
Verhältnisse im graphischen Verfahren und Abb. 97 b die nicht minder einfache
Bewehrung.

Das gleiche Prinzip zeigt auch das Widerlager der Saarbrücke in Dillingen
(Abb. 98), bei dem durch eine Anordnung von Nischen in jeweils einer Schräg-
wand jedes Bogens mit 300 t-Pressen eine Kraft gleich dem Horizontalschub aus
Eigengewicht erzeugt wurde und nicht nur zunächst noch unbekannte Fundamentsetzungen kompensiert, sondern auch die Wirkung des anfänglichen Betonschwin-
dens beseitigt wurden. Durch eine geringe Erhöhung über das Maß des Eigenge-
wichtsschubes hinaus wurden die Scheitel etwas über das Sollmaß angehoben, um
auch die spätere Einsenkung infolge des

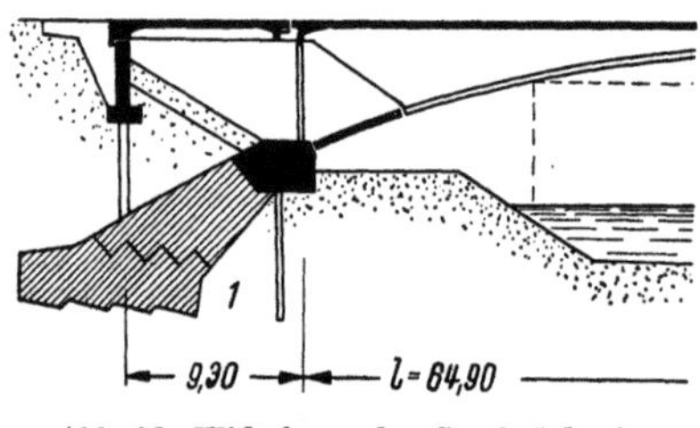

Abb. 98. Widerlager der Saarbrücke in
Dillingen (Tech. Blätter der W & F KG
1954 S. 70)

Kriechens zu kompensieren, was angesichts der flachen Wölbung und der in der
Verlängerung der Gewölbe liegenden Untergurt-Schrägpendel wünschenswert
erschien. Es ergaben sich sehr geringe Verschiebungen der Fundamente, woraus
mit Gewißheit gefolgert werden konnte, daß die von der früheren Brücke her
erhaltenen Fundamente völlig intakt waren.

Eine derartig einfache Gestaltung der Fundamente ist auch in aufgelöster
Bauart zweckmäßig und z. B. bei den Fußwegbrücken im Hamburger Aus-
stellungsgelände „Planten un Blomen" ausgeführt. [1]

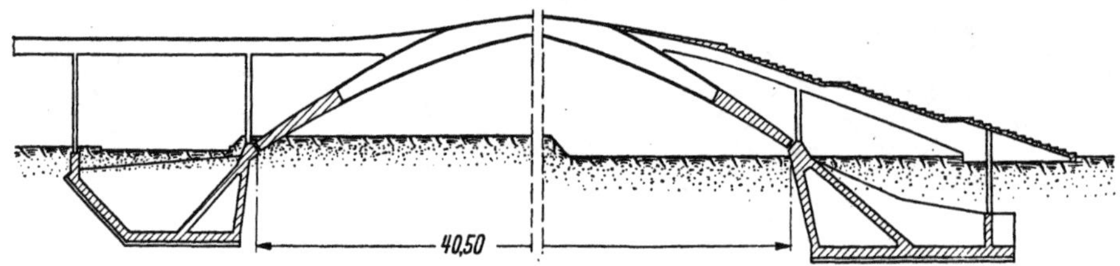

Abb. 99. Fußwegbrücke über die Jungiusstraße in Hamburg

Abb. 99 zeigt die Formen, bei denen der Bogenschub von Randscheiben
aufgenommen und auf die zwischen ihnen gespannte Grundplatte übertragen
wird. Für die Bodenreibung Beton auf Sand ist in 4 m Tiefe ein Reibungs-
koeffizient von $\varrho = 0,27$ zugelassen. Eine zusätzliche Sicherung bietet die Anordnung einer Schubfläche gegen den Boden, wie sie durch einen Sporn oder
eine Schrägplatte bzw. eine lotrechte Abschlußwand des zur Gewichtserhöhung
verfüllten Widerlagerkastens leicht zu finden ist.

Eine gleiche Fundamentform war auch anfangs für die elegante Fußgänger-
Bogenbrücke über die Einfahrt zum Köln-Mülheimer Hafen geplant. [2] Abb. 100
zeigt das geplante und ausgeführte Fundament der Rheinseite. Das faltwerk-

---

[1] Technische Blätter der Wayss & Freytag KG (1954) S. 26.
[2] H. Bay: Zwei neuere Ausführungen von Stahlbetonbrücken. Beton- u. Stahlbetonbau
(1957) H. 9.

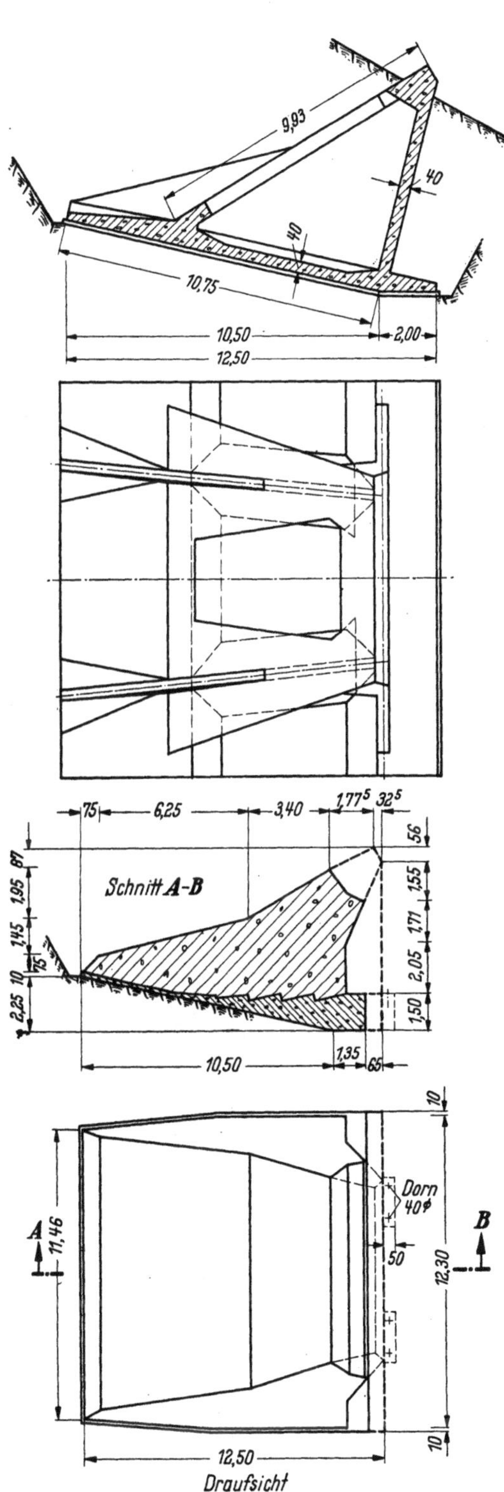

Abb. 100. Widerlager der Fußgängerbrücke über
den Hafen Köln-Mülheim auf der Rheinseite. Oben
das geplante, darunter das ausgeführte Fundament

artige Widerlager sollte mit einem Reibungsbeiwert von $\varrho = 0{,}40$ auf dem Rheinkies gegründet werden. Der bei der Ausschachtung gewonnene Kies konnte für das massive Widerlager unmittelbar zu Stampfbeton B 160 verarbeitet werden, wodurch Stahl und Schalarbeit erspart wurden. Auch auf der Mülheimer Seite wurde ein Massivfundament

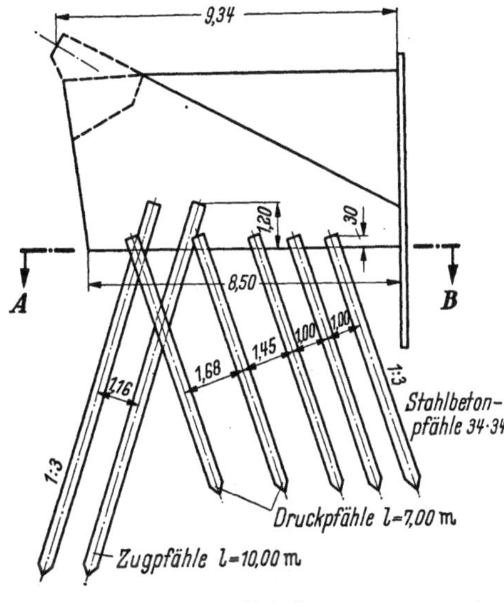

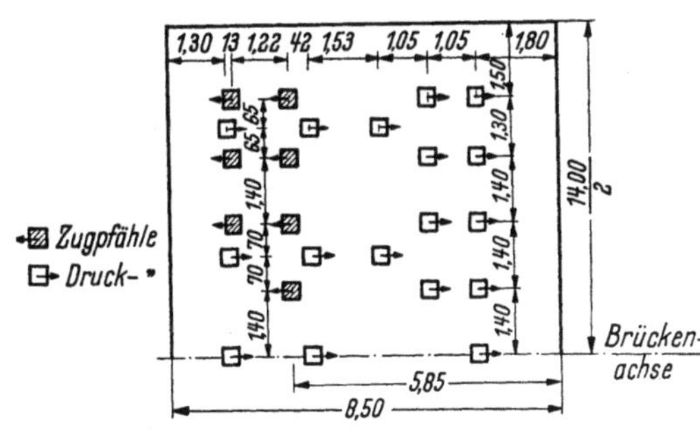

Abb. 101. Widerlager am Mülheimer Ufer der
Brücke über den Hafen

nötig, da unter der Sohle eine Schlickschicht von 50 cm Dicke festgestellt wurde, die man nicht durch Tieferlegen der Aushubsohle ausschalten konnte. Statt der Flachgründung wurde eine Pfahlgründung nach Abb. 101 ausgeführt, wobei 31 Druckpfähle $0{,}34 \times 0{,}34$ m von je 7 m Länge und mit bis zu 60 t Pfahlbelastung und 14 Zugpfähle, je 10 m

lang, für max. 27 t Zug nach dem im Grundriß angegebenen Schema unter der
Grundfläche verteilt sind. Dieses Beispiel zeigte 3 Lösungen für die Ausbildung
eines Fundamentes unter einem Bogentragwerk.

Wohl eines der größten aufgelösten Fundamente der Form „Watermann"
ist bei dem bekannten rund 150 m weit gespannten und 43,0 m hoch ragenden
Bogen der Brücke in Caracas ausgeführt. Hier steht an der La Guaira-Seite

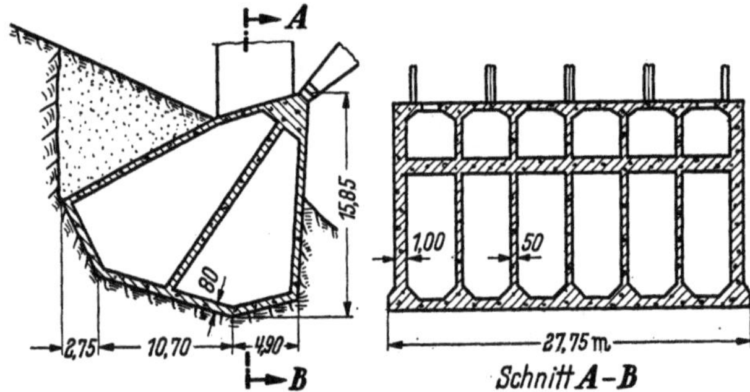

Abb. 102. Watermann-Widerlager einer Bogenbrücke bei Caracas. Seite nach La Guaira
(Proceedings of The Inst. of Civ. Eng. May 1957. S. 110ff.)

fester Ton an, in welchem das Widerlager als fast 16 m hoher Hohlkasten mit
einer Grundfläche von $18,3 \times 27,75$ m (in der vertikalen Projektion) für die
Kämpferkraft von 16000 t gegründet ist (Abb. 102). Der riesige Fundament-
kasten ist durch 5 Trennwände in 6 Kammern eingeteilt und durch eine mittlere

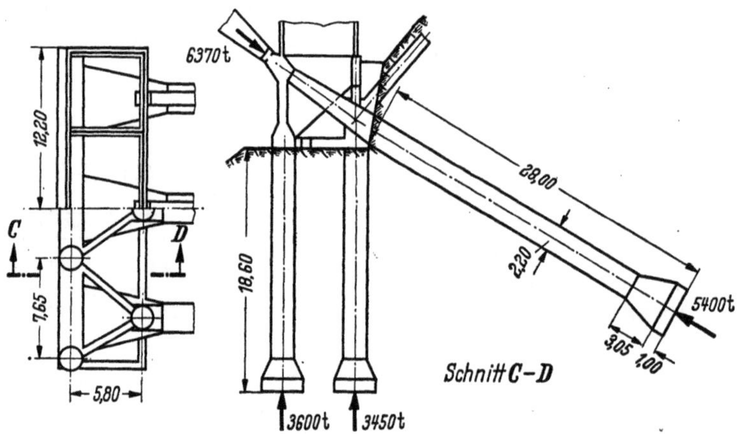

Abb. 103. Widerlager der Bogenbrücke bei Caracas an der Seite nach Caracas

Querwand ausgesteift. Die Sohle ist 98 cm, die Außenwände 1,20 m und die
Innenwände sind 61 cm dick. Alle Wände sind in 3 Richtungen vorgespannt,
und zwar in 2 Richtungen durch Freyssinet-Spannbündel, in der dritten Richtung durch die Auflagerkraft selbst.

Eine ganz andere Widerlagerausbildung zeigt die andere Talseite der gleichen
Brücke, wo tiefere Schichten für die Abgabe der Kämpferkraft aufgesucht
werde mußten (Abb. 103). Die lotrechten Kräfte von 7050 t werden von 7 im
Dreiecksverband stehenden Brunnen aufgenommen, die 2,32 m Durchmesser
und 18,30 m Tiefe haben. Die Sohle ist durch eine glockenförmige Fußverbreitung
auf 3,36 m Durchmesser gebracht. Hinter jedem der 3 Brückenbögen ist eine
Schrägstrebe von rund 30 m Länge und $2,75 \times 2,75$ m Querschnitt mit einer
Fußfläche von $3,88 \times 4,45$ m angeordnet, wodurch das Fundament eine in jedem
Belastungsfalle klare Kräfteverteilung aufweist.

Ebenso wie sich die Entlastungsplatte bei Stützmauern und Widerlagern von Balkenbrücken als ein sehr brauchbares konstruktives Prinzip erwiesen hat, wird es auch bei den Widerlagern von Bogenbrücken nutzbar gemacht. Es ist hier nach Abb. 104 als Gewölbewiderlager nach MÖLLER-BRAUNSCHWEIG bekannt. Es kann hierbei eine frei auskragende Platte benutzt werden, an ihr können aber auch die Parallelflügel als zusätzliche Last hängen und schließlich kann nach Abb. 105 eine solche Platte das Gegengewicht einer Fahrbahnplatte bilden.

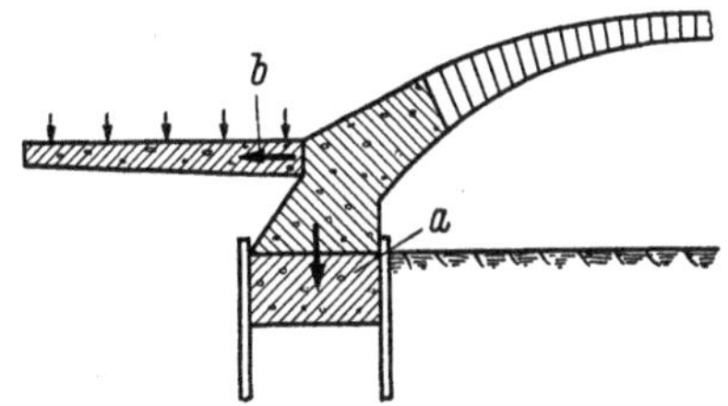

Abb. 104. Widerlager mit Entlastungsplatte nach MÖLLER

Die vielen Brückenbauten der Neuzeit haben eine große Mannigfaltigkeit der Widerlagerausbildungen mit sich gebracht, und fast jedes Jahr kommen neue Vorschläge hinzu, insbesondere solche des Massivbaues, bei denen eine nachträgliche Justierung der Auflager vorgesehen wird. Diese Ausführungen werden in erster Linie von den Brückenbauern angeregt. Es darf deshalb hier auf die einschlägige Literatur der Brückenbaukunst verwiesen werden.[1]

Widerlagervergrößerung. Wenn zur Aufnahme hoher Schubkräfte kein geeigneter Untergrund vorhanden ist, infolge großer Stützweiten aber flache Bögen oder Rahmentragwerke erwünscht sind, kann man sich noch durch Vergrößerung der Widerlager nach rückwärts helfen. Das Beispiel der Widerlager für die Spannbetonbrücke über die Marne bei Esbly zeigt diese Möglichkeit sehr schön (Abb. 106) Von den vorhandenen Widerlagern der zerstörten Brücke war nicht bekannt, ob sie mit Schrägpfählen oder nur mit Lotpfählen unterrammt waren. Zur Aufnahme der lotrechten Lasten reichten sie jedoch vollkommen aus. Man mußte daher den Gesamtschub aus der Rahmenwirkung

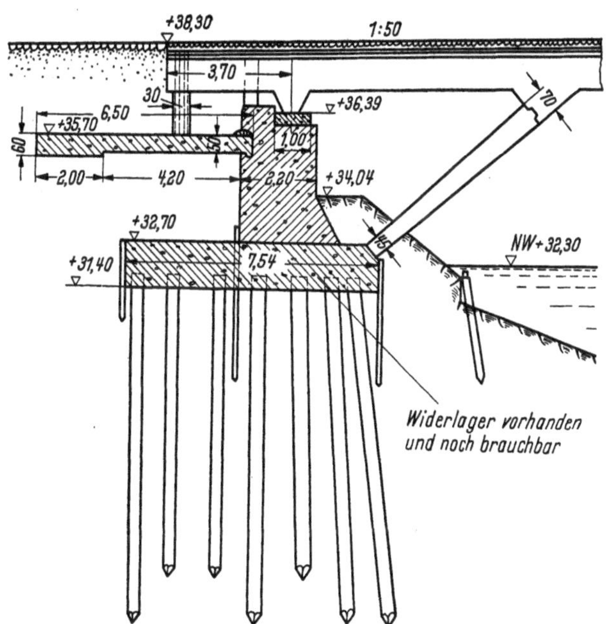

Abb. 105. Gegengewichtsplatte an Fahrbahn-Kragarm

der überaus flach gewölbten Kastenträger mit 1820 t ohne Berücksichtigung des alten Fundamentes aufnehmen und fand hierfür die Lösung in der Anordnung von zwei neuen Widerlagern, die als 3 m hohe und 12 m breite leicht gewölbte Spannbetonquerriegel mit der Oberkante noch gut 4,30 m unter Straßenniveau liegen und gegen welche sich das eigentliche Fundament mittels Druckstreben von 1,25 × 1,25 m Querschnitt abstützt. Diese 2 Herdmauern liegen 24,50 bzw. 37,00 m hinter dem Auflager der Brückenträger. Der Abstand der Stützflächen mit 12,50 m ist so gelegt,

---

[1] E. MÖRSCH: Brücken aus Stahlbeton und Spannbeton. 6. Aufl., 1958 neu herausgegeben von Dr.-Ing. H. BAY und Dr.-Ing. F. LEONHARDT. Stuttgart: Verlag K. Wittwer.

daß der Erdwiderstand unter der Annahme eine Gleitfläche unter 45° sich voll
entwickeln kann. Um bei der rechnerischen Belastung dieser Stützflächen von

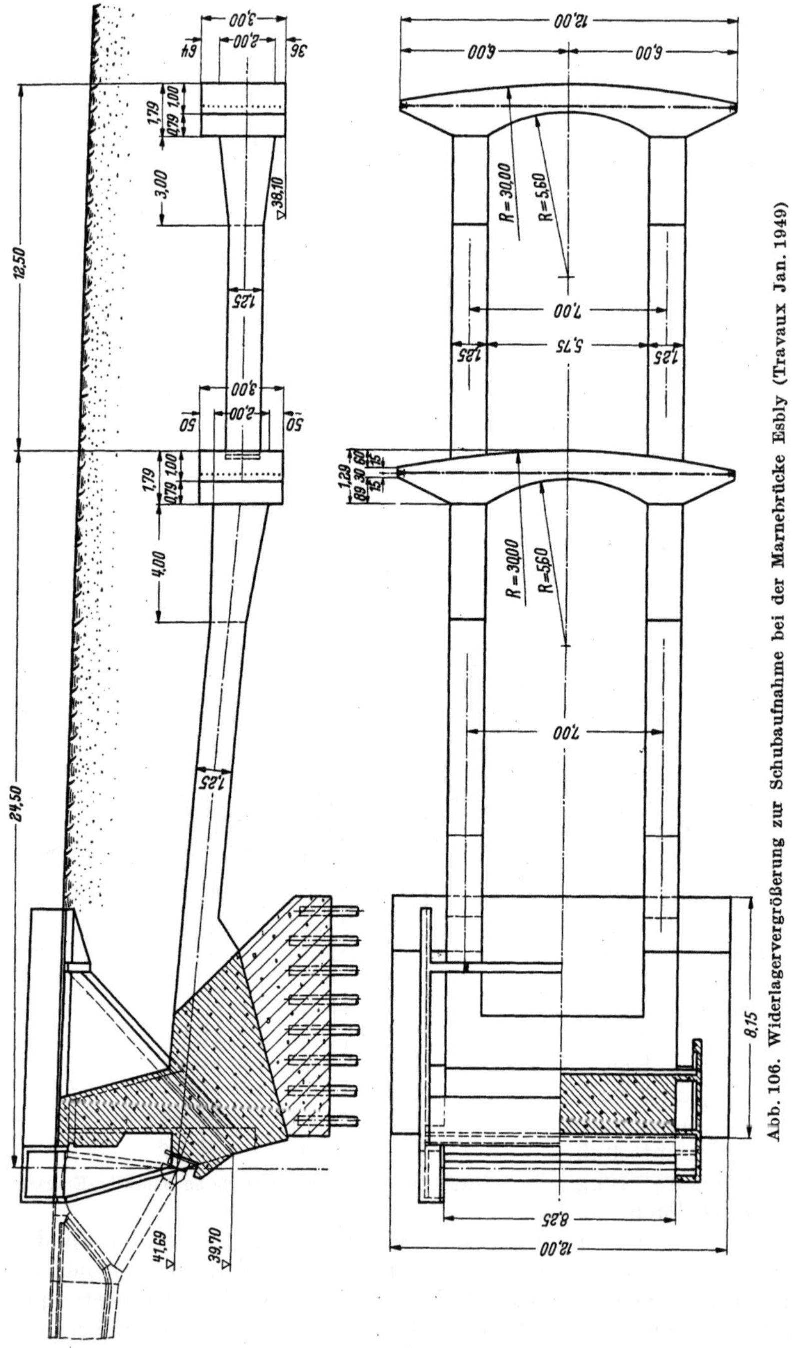

Abb. 106. Widerlagervergrößerung zur Schubaufnahme bei der Marnebrücke Esbly (Travaux Jan. 1949)

rund 2,5 kg/cm² jegliches Ausweichen auszuschließen, wurden zwischen Fundament und Druckstreben Druckdosen eingelegt und das Stützflächensystem mit-
samt dem Bogen vorgespannt. Diese Vorspannmöglichkeit ist zugänglich geblieben, so daß auch später jederzeit eine Nachspannung möglich ist.

Die Abb. 107 zeigt die Aktivierung des Erd=druckes gegen das Widerlager einer Bogenbrücke aus Fertigteilen durch Vorspannung gegen mehrere hintereinander gesetzte Stützmauern.[1]

Der „Widerlagerknotenpunkt" erforderte ein zusätzliches Widerlager für eine zweite Stützung, die in Richtung des schiefen Widerlagers angreift.

Das System dieser Vorspannung gleicht der bei den Marnebrücken angewendeten Lösung. Hier wurde jedoch die Vorspannkraft mit insgesamt 2500 t durch Eintreiben von Stahlbetonkeilen erreicht,

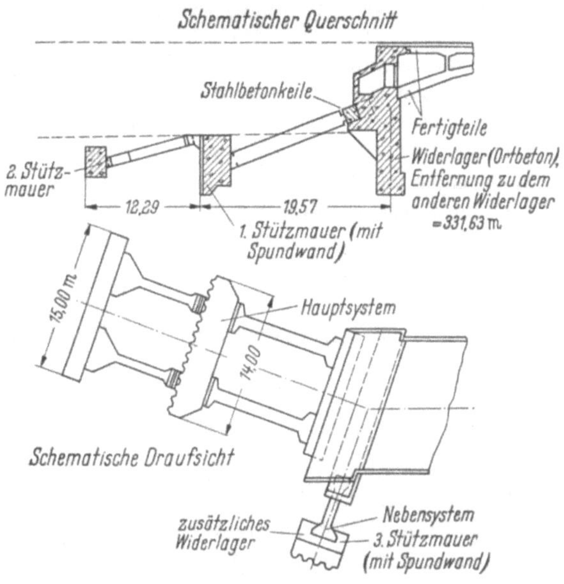

Abb. 107. Widerlagervergrößerung mit Fertigteilen bei schrägem Widerlager

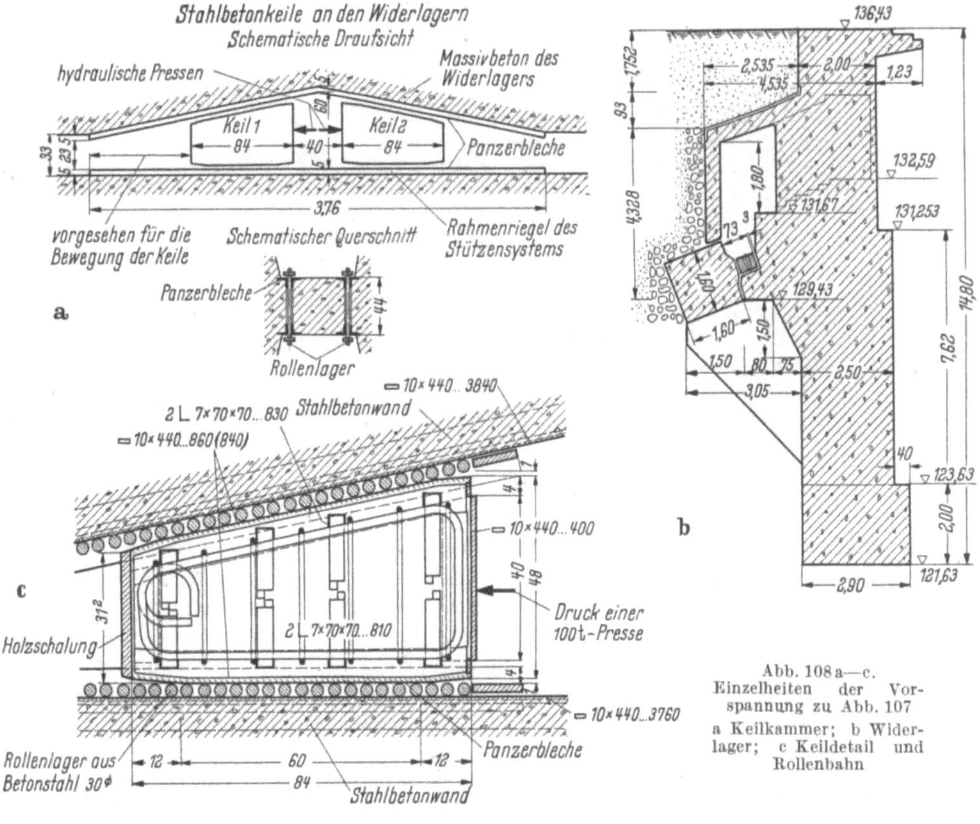

Abb. 108 a—c. Einzelheiten der Vorspannung zu Abb. 107

a Keilkammer; b Widerlager; c Keildetail und Rollenbahn

---

[1] Prof. Dr.-Ing. J. Wünsch: Statisch unbestimmte Systeme aus Betonfertigteilen. Wiss. Z. TH Dresden 4 (1954/55) H. 2.

die ein späteres Nachspannen jederzeit ermöglichen (Abb. 108). Die Keile laufen
zwischen Panzerblechen auf Rollenlagern und sind unter einer 1000 t-Presse
vor ihrer Verwendung geprüft. Der Raum, in dem die Keile liegen, ist hinter
dem Widerlager gegen das Erdreich abgeschirmt und seitlich zugänglich. Die
Keilbahn ist so bemessen, daß nach Erreichen der äußersten Keilstellung erforderlichenfalls neue größere Keile eingesetzt werden können.

Widerlager im Straßenbau. Eine hochinteressante Entwicklung ist durch die
Einführung vorgespannter Fahrbahndecken (Straßen und Pisten) angeregt, auf
die aber hier nicht eingegangen werden kann. Es muß genügen, auf einige
Literaturstellen hinzuweisen.[1]

2.7 Bergschaden- und Erdbebensicherungen

2.7.1 Bergschadensicherung

Allgemeines

Im Bergbaugebiet ist mit Bewegungen der Erdoberfläche, die in Richtung
des Abbaues fortschreiten, immer zu rechnen, weil beim Bruchbau 90 bis 95%
der abgebauten Flözmächtigkeit, beim Versatz noch immer rund 50% dieser
Größe als Senkung der Oberfläche in Erscheinung treten. Abb. 109 zeigt schematisch, wie eine solche Mulde mit dem Bergbau zusammenhängt und wie

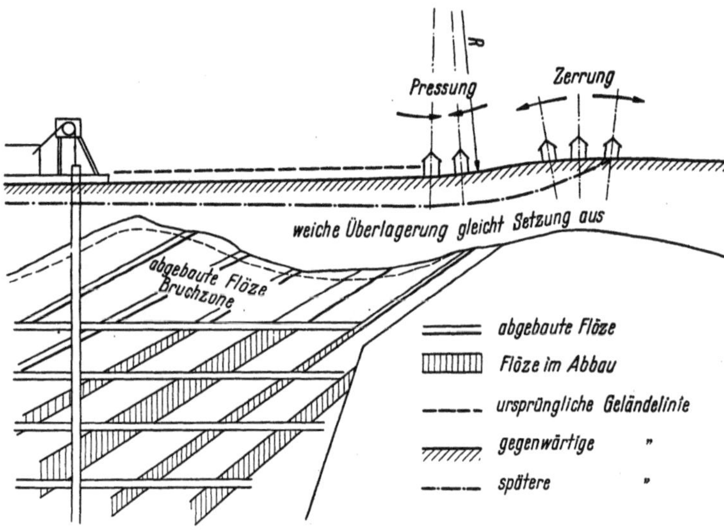

Abb. 109. Bergbau und Senkungsgebiet

Zerrungen und Pressungen durch die Erdoberfläche auch auf die Bauwerke ausgeübt werden. Hochliegende Bruchzonen (Flöze) verursachen stärkere Senkungen,
als die sich weiterverteilenden tieferen Bruchstrecken. Neben den Bewegungen
ist auch zu berücksichtigen, daß u. U. die Grundbruchneigung mancher Böden
durch Bewegungen vergrößert wird. So entspricht nach einem Beispiel aus der
„Baufibel für den Wohnungsbau im Bergsenkungsgebiet"[2] die Bruchverfüllung
eines 500 m tief liegenden $100 \times 100 \times 1{,}0$ m großen Hohlraumes an der Ober-

---

[1] MAYER, A.: Straßendecken aus vorgespanntem Beton. — M. F. PANCHAUD: Straßendecken aus Spannbeton. — R. u. P. DUTRON: Spannbetonstraßen. — A. VOELLMY: Beton-
versuchsstraße Möricken-Brunegg. — R. DE L'HORTET: Die Spannbetonstartbahn auf dem Flugplatz Algier Maison Blanche. Alle 5 Aufsätze in Betonstraßen Jahrbuch 1957/58, S. 199—325.

[2] Von Dr. NEUHAUS. Düsseldorf: Werner-Verlag 1954.

fläche einer 46mal größeren Senkungsfläche mit einem mittleren Senkungs-
betrag von nur 2,2 cm. Die Störungen durch geologische Gegebenheiten lassen
diesen Idealfall in mannigfachen Abwandlungen erscheinen.

Im Einzugsgebiet der Emscher sind in den letzten hundert Jahren etwa
3,8 Milliarden Tonnen Kohlen gefördert, was einem Bodenschwund von rund
3,1 Milliarden m³ entspricht und eine mittlere Senkung der betroffenen Zonen
von 2,6 m im Extremfalle bis zu 10 m herbeigeführt hat.

Die Folgen auf die Bauwerke sind z. B. beim Hochbau vorübergehende
Beanspruchungen aus Zerrungen, Pressungen und Setzungen, die, wenn schadens-
frei überstanden, keine weiteren Folgen haben.

Man strebt daher eine Bauweise an, die in der Lage ist, diese unvermeidlichen
Vorgänge, die sehr langsam ablaufen, zu überstehen. Schwieriger und kost-
spieliger sind die Einflüsse auf die Gewässer, die scheinbar steigen und die Vor-
flutverhältnisse so erheblich verändern, daß zahlreiche Pumpwerke das erforderliche Gefälle ersetzen bzw. für hochgelegte Deichstrecken wiederherstellen
müssen.

Allgemein bekannt geworden ist die Notwendigkeit, die Emscher Mündung
in den Jahren 1910 bis 1938 zweimal zu verlegen, weil die abgesunkenen Mün-
dungen die HW-Welle nicht mehr ohne Gefahr der Ausuferung abführen konnten.

Man weiß, daß der Duisburger Hafen, der wegen seiner empfindlichen Bauwerke auf einem Sicherheitspfeiler[1] steht, praktisch gegenüber dem Hinterland
auf dem Berge liegt, so daß man an Stelle einer weiteren Vertiefung der Hafensohle daran denkt, durch Abbau in diesem Sicherheitspfeiler auch den Duisburger
Hafen als Ganzes abzusenken. Wieweit sich diese Maßnahme als wirtschaftlich
erweist, bleibt abzuwarten. Fraglos findet diese Absenkung durch das Ansteigen
des Wassers in der Bebauung des Hafengeländes ihre Grenze, so daß man
in praxi wohl auf beide Möglichkeiten (Pumpwerke und Absenkung) zurückkommen muß.

Industriebauten

Bei den Großbauten wird eine jedem Einzelfall Rechnung tragende Untersuchung notwendig und auch durchgeführt; für die üblichen Hochbauten haben
sich feste Regeln auf der Grundlage der Beobachtungen und einschlägigen
Untersuchungen ergeben, die in den Richtlinien von WEDLER-LUETKENS[2] zusammengefaßt sind. Für den Wohnungsbau ist eine „Baufibel" erschienen[3] und
weitere Unterlagen finden sich in Vorträgen und Aufsätzen verstreut.

Um die Maßnahmen treffen zu können, mit denen die Bauten die Beanspruchungen aus wiederholten Zerrungen und Pressungen überstehen können,
muß man zunächst deren Größenordnungen kennen. Die Senkungen erfolgen
nicht in lotrechter Richtung, sondern in einer Krümmung und Gegenkrümmung
jeweils in schräger Richtung. Für die Sattellage gilt im Regelfall der Richtlinien
der Krümmungshalbmesser $R = 2000$ m, für die Muldenlage genügt $R = 5000$ m
als Grenzwert (die Beobachtungswerte schwanken von 500 bis 20 000 m). Die
größten zu berücksichtigenden Senkungsunterschiede hängen von der Länge des
Bauwerkes ab und lassen sich nach der Formel $f = \dfrac{l^2}{8R}$ errechnen (Abb. 110)
Das ist ein für den Bestand des Hauses unbedeutender Betrag, obwohl Risse
nicht zu vermeiden sind. Zur Prüfung eines etwa unterschiedlichen Verhaltens
der modernen Schüttbetonbauweise — die von einigen Bauträgern zunächst

---

[1] „Sicherheitspfeiler" nennt man die oft großräumigen Gebiete, unter denen kein
Bergbau umgeht, und die daher von Setzungen nicht oder nur wenig betroffen werden.
[2] WEDLER-LUETKENS: Bauten im Bergsenkungsgebiet. Richtlinien für die Ausführung
von Bauten im Einflußbereich des untertägigen Bergbaues. Berlin: Ernst & Sohn April 1953.
[3] NEUHAUS: Baufibel für den Wohnungsbau im Bergsenkungsgebiet. Grundlagen für die
Planung und Ausführung der Bauten. Düsseldorf: Werner-Verlag 1954.

gefühlsmäßig abgelehnt wurde — gegenüber den üblichen Mauerwerksbauten wurden vom Wiederaufbauministerium Nordrhein-Westfalen unter Beteiligung interessierter Stellen des Bergbaus, der Bauträger und der Bauindustrie Großversuche durchgeführt, bei denen 3 Mauern von 12 m Länge, 6,0 m Höhe und 0,3 m Wandstärke aus gebrannten Hochlochziegeln, Hohlblocksteinen und Ziegelsplittschüttbeton den gleichen Versuchsbedingungen unterworfen wurden. Die sehr sorgfältig durchgeführten Messungen sind veröffentlicht. [1]

Als Ergebnis ist festgestellt, daß bei der Anordnung von Ringankern im Mauerwerk klaffende Risse bei 12 m Wandlänge vermieden werden können, die

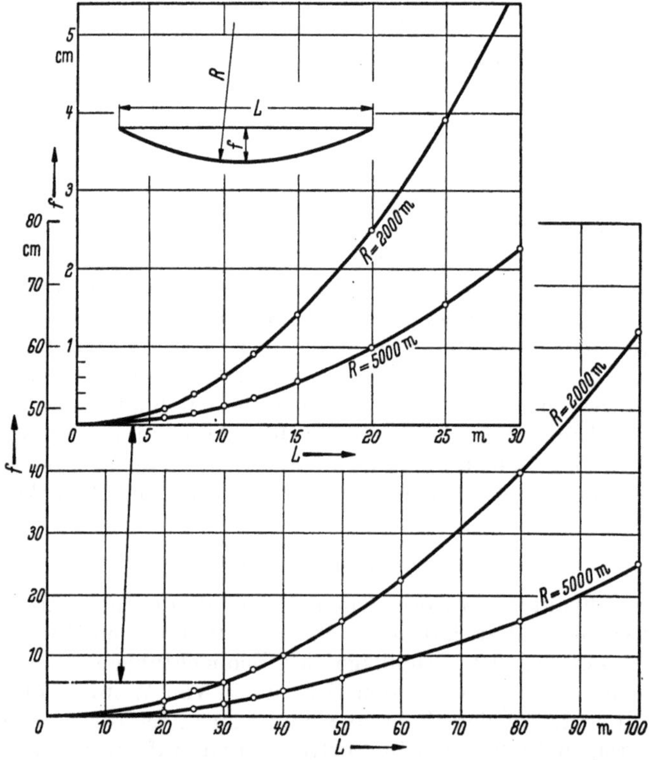

Abb. 110. Setzungsunterschiede bei Sattellage ($R = 2000$) und Muldenlage ($R = 5000$]

ohne diese Anker selbst bei dem geschmeidigen Kalkmörtelmauerwerk unweigerlich auftreten. In der Muldenlage übernimmt ein Zerrbalken die Funktion eines Ringankers. Alle drei untersuchten Bauweisen haben sich gleichartig verhalten und damit ihre Bewährung erwiesen. Es wurde aber erneut festgestellt, daß die Wandlänge von 12 m die obere Grenze einer geschlossenen unbewehrten Wand darstellt, bei 15 m Wandlänge konnten selbst Ringanker das Auftreten von waagerechten und schrägen Rissen über 1 mm Weite nicht verhindern. Solche Wände müßten also zusätzlich durch lotrechte und schräge Bewehrung rißsicher gemacht werden, wenn man die Fugenteilung von 12 m überschreiten muß. Eine solche Bewehrung ist bei der Schüttbetonbauweise verhältnismäßig einfach unterzubringen.

2.7.1.1 Vollsicherung und Teilsicherung

In den Richtlinien hat man 3 Sicherungsstufen gebildet. Die *Vollsicherung* ist die 3. Stufe, sie gilt für setzungsempfindliche Bauwerke (Versorgungsbetriebe,

[1] Fortschritte und Forschungen im Bauwesen, Reihe D, H. 22: Das Verhalten von Wohnhauswänden bei Bergschäden. Stuttgart: Franckhsche Verlagshandlung 1955.

wie Wasserwerke, Kraftwerke, Gaskokereien, Zechenbetriebsgebäude, Kühltürme, Industrieanlagen). Die *Teilsicherung* kennt die Stufen 2 und 1, bei der geringfügige Schäden in Kauf genommen werden bzw. ihnen nicht bis zur Vollsicherung vorgebeugt wird, wenn die Beseitigung der Schäden wirtschaftlich wesentlich unter den Kosten einer vorbeugenden Maßnahme liegt (normaler Hochbau).

Die Vollsicherung kann auf 2 Wegen erreicht werden. Entweder wird das Bauwerk so steif konstruiert und ausgebildet, daß es jeder denkbaren Freilage (Endauflagerung, Kragarmbildung, Sattellage in Bauwerksmitte usw.) widerstehen kann, oder man baut so viel Dehnungsfugen und Gelenklagerungen ein, daß eine Folge kleiner Einzelbauteile entsteht, die je für sich ausreichend steif sind, um die Bewegungen mitzumachen und auszuhalten. Eine Schräglage ist dabei in Kauf zu nehmen, vielfach werden ohnehin von vornherein Möglichkeiten einer Hebung vorgesehen werden müssen. Eine ideale Vollsicherung ergibt sich für das auf einer thixotropen Schicht in einer Wanne schwimmende Fundament (vgl. den Abschnitt „Thixotropie"). Es müßte jedoch sichergestellt sein, daß die thixotrope Masse nicht ausgequetscht wird, was bei einer Bewegung des Untergrundes nicht leicht zu machen ist.

Die Maßnahmen der Teilsicherung gelten der Unschädlichmachung der Senkungserscheinungen. Gegen die lotrechten Anteile dieser Bewegungen kann man die gleichen Maßnahmen wie bei Setzungen ergreifen, was aber nicht immer ausreicht, weil sie stets mit waagerechten Verformungen aus der schrägen Richtung der Senkung verkoppelt sind. Die Größe der lotrechten Senkung ist weniger gefährlich als die Folgen der auf $^1/_2\%$ der Bauwerkslänge anzusetzenden Dehnung bzw. Pressung.

Die grundsätzlichen Maßnahmen der Vollsicherung

1. Ausbildung statisch bestimmter Konstruktionen
2. Stabile Auflagerung auf 3 Punkten
3. Anordnung von Zerrbalken
4. Vermeidung von Einzelstützen
5. Anordnung von Gleitflächen
6. Gelenkanordnungen bei Auflagern
7. Anordnungen für spätere Hebungen.

Soweit diese Maßnahmen die Gründung betreffen, soll an Hand von Beispielen das „Wie" der Maßnahme dargestellt werden.

Kühlturmgründung. Zu den besonders empfindlichen Bauwerken gehören die Kühltürme. Sie haben sich zu beachtlichen Größen entwickelt, da sie jahrzehntelang nur als selbstlüftende Gegenstromkühler ausgeführt wurden, bei denen der Schornsteineffekt die untere kühle Luft einsaugt und nach oben die durch den Kühlungsvorgang erwärmte Luft ausbläst.

Das herunterzukühlende Wasser wird dabei in einer mittleren Höhe meist aus der Mitte auf ein Rinnensystem verteilt, von dem es auf hölzerne Einbauten tropft, innerhalb derer es verschiedene Male abgelenkt und schließlich im Unterbau, der sog. Tasse, wieder gesammelt wird. Um zu einer optimalen Leistung zu kommen, muß die Wasserverteilung völlig gleichmäßig über den Kühlergrundriß erfolgen, d. h. aber, daß alle Kühlereinbauten absolut waagerecht stehen müssen, damit das Wasser aus allen Gerinnen gleichmäßig abtropft und nicht nach einer Seite zusammenläuft. Wenn die Rieselereinbauten unabhängig vom Kühlturmmantel gehalten werden, können sie gut nachgekeilt werden. Als aber die Kühlerbauten — ursprünglich meist 8eckige Stahlkonstruktionen auf 8 Einzelfundamenten mit innerem Holzmantel über einer für sich gegründeten Tropftasse — der Größe und Haltbarkeit wegen in Stahlbeton ausgeführt wurden, vereinigte man Tasse, Schlot und Verteilerhauptgerinne zu einem Bauwerk, das in verschiedenen Formen bekannt ist.

8*

Man kennt z. B. die dem Holzbau nachgebildeten schlotähnlichen runden und vieleckigen monolithischen Kühltürme, die durch Hyperboloid-Formen mit Diagonalstützen auf dem Tassenrand abgelöst wurden, welchen neuerdings in den Ventilatorkühlern eine erhebliche Konkurrenz entstanden ist. Nachdem man sich mit dem Gedanken eines künstlichen Zuges durch Gebläsepropeller einmal vertraut gemacht hatte, geht man heute vielfach auf die Zellenkühler über, bei denen eine sehr gute Anpassungsfähigkeit an den Betrieb durch die

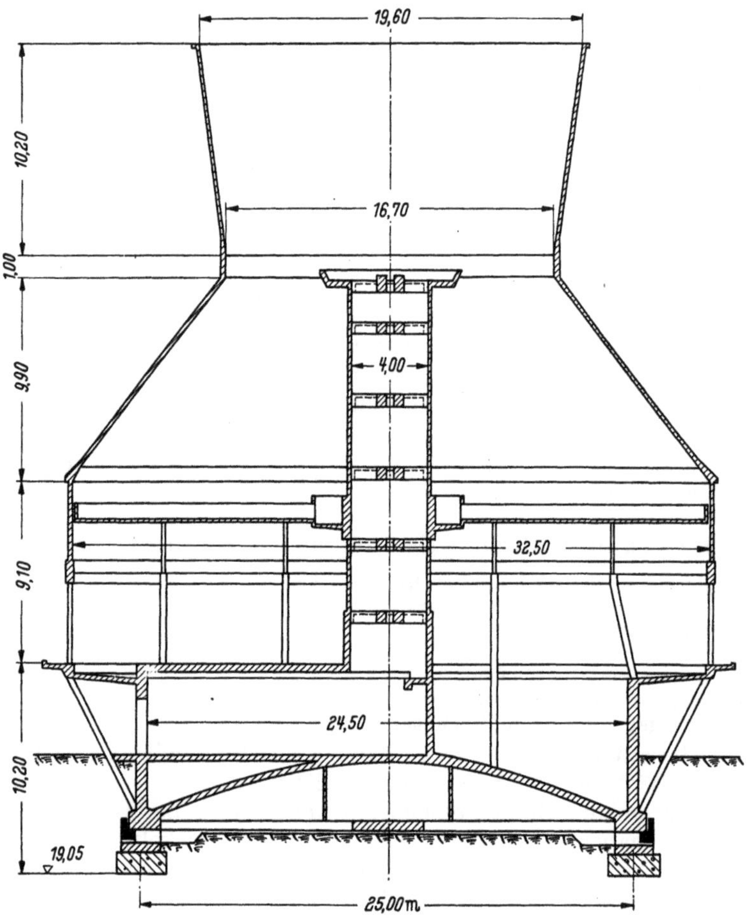

Abb. 111. Erdbebensichere Kühlturmgründung

Anzahl der Zellen, die man leicht einschaltet, gegeben ist. In England werden solche Zellenkühler-Batterien von 100 m Länge und mehr schon vollständig aus Fertigteilen errichtet.

Dort, wo nur normale Setzungen aus der Bauwerkslast zu erwarten sind, wird man die Sohle der Tropftasse auch als Fundament der Ringlast heranziehen und hat damit eine beliebige Ringfundamentbreite zur Verfügung, wodurch man praktisch die Setzung so gering halten kann, wie man will. Da das Eigengewicht der dünnwandigen Schalen nicht groß ist, besteht kaum ein Anlaß zu besonderen Maßnahmen.

In setzungsgefährdeten Gebieten und besonders im Bergbausenkungsgebiet, wo die Notwendigkeit besteht, die Kühltürme bei Schiefstellung wieder geradezurichten, ist eine auch von der Wasserlast betroffene ebene Sohlfläche der Tasse für eine Hebung ungeeignet. Hier hat sich eine Ausführung nach Abb. 111

bewährt. Der ebene Boden ist zu einer flachen Kugelschale aufgewölbt, der Kämpferring ist auf Ringzugspannung bewehrt, er kann durch Vorspannung dehnungssicher gestaltet werden. Der Getriebekanal und der Schacht sind im Scheitel der Kalotte aufgesetzt und durch Verspannung gegen das Gehäuse fixiert. Ein einfaches Ringfundament ist nun für die Übertragung der gesamten Bauwerkslasten nötig, innerhalb dessen der Boden unbelastet bleibt. Für das Ausrichten des Bauwerkes nach ungleichen Setzungen werden unter dem Kämpferring 16 Nischen auf den Umfang angeordnet, in denen im Bedarfsfall hydraulische Hebezeuge einzubauen sind, mit denen die Justierung erfolgen kann. Selbstverständlich wird sowohl der Kämpferring mit dem Tassenrand wie auch das Ringfundament für jeden denkbaren Fall der Hebung bewehrt. Der Raum unter der Sohlenkuppel ist aus dem Getriebekanal heraus zugänglich.

Eine Hebung kann natürlich nicht an einem Punkte erfolgen, immer wird sich die Hebung von einem einzigen in Ruhe bleibenden Punkt aus zur entgegengesetzten Seite linear steigend vollziehen müssen, so daß zweckmäßig alle 16 Nischen mit Pressen zu besetzen sind. Die Hubhöhen der einzelnen Pressen in gleichen Zeiträumen des Hebungsvorganges müssen mit stark vergrößernden Meßuhren nach einem genauen Plan kontrolliert werden und demgemäß muß jede Presse für sich zu bedienen sein.

Unter dem Kuppelring liegt ein Stahlbetonzwischenring, der die 16 Kammern von $0,5 \times 0,6 \times 1,30$ m Größe für den Einbau der Hebezeuge enthält und auf das Ringfundament die Gesamtlast abgibt. Die auf den Zwischenring entfallende Gesamtlast einschließlich Wasserfüllung und maschinelle Ausrüstung beläuft sich

auf insgesamt .... $6737\text{ t} = 5,37\text{ kg/cm}^2$
Die Wasserfüllung, die bei einem evtl. späteren
Geraderichten abgelassen wird, wiegt .... $\underline{2546\text{ t}}$

so daß für die Hebezeuge eine Last von .... 4191 t

in Frage kommt.

Auf die Baugrundsohle sind insgesamt im Betriebszustand 7905 t zu übertragen, woraus sich eine Belastung des Baugrundes von $4,03\text{ kg/cm}^2$ (ohne Wind) ergibt. Aus dem Windmoment erhöht sich diese Pressung an der Leeseite um $0,14\text{ kg/cm}^2$, wodurch sich die max. Bodenbeanspruchung von $4,17\text{ kg/cm}^2$ ergibt. Nach dem Gutachten eines Bodenkundlers war die zulässige Beanspruchung in $1,50$ m Tiefe auf $4,8\text{ kg/cm}^2$ festgesetzt.

Um den Einflüssen der Bergsenkung Rechnung zu tragen, waren folgende Wirkungen anzunehmen und ihre Einflüsse auf das Bauwerk zu untersuchen:

1. Schiefstellung des Bauwerkes in seiner Gesamtheit bis zur Neigung der Achse um $1:100$ von der Vertikalen.

2. Biegung infolge Bodensenkung bzw. Wölbung (sog. Freilage).

3. Zerrung und Pressung infolge waagerechter Verschiebung des Untergrundes.

Die *Neigung* kann bei der monolithischen Ausgestaltung des Bauwerkes und seiner bemerkenswerten Steifigkeit der wesentlichen Teile (Schalenwirkung) nur unwesentliche Zusatzspannungen hervorrufen. Die Schiefstellung wird behoben, indem in jeder Pressenkammer zwei hydraulische 150 t-Pressen eingebaut werden. Für die Aufnahme der beim Aufrichten des Kühlers entstehenden Punktbelastungen über und unter den Pressen sind die Beckenwandung und der Stahlbetonzwischenring verfügbar. Letzterer ist unter der Annahme zu berechnen, daß er in dem Stampfbetonringfundament wieder eine gleichmäßige Sohldruckverteilung hervorruft, die infolge des Fortfalls der Betriebsgewichte nur etwa $^2/_3$ der max. Bodenpressung beträgt. Die Übertragung der Gesamtlast auf die Pressen durch die steife Beckenwand ruft in dieser 7,25 m hohen und

0,50 m starken Ringmauer nur unwesentliche zusätzliche Spannungen hervor (Größenordnung $\pm 2{,}5\ \mathrm{kg/cm^2}$).

Der ungünstigste Fall, der eine *Verbiegung der Sohle* hervorruft, kann nur der sein, daß eine geradlinige Senkungsmulde durch den Mittelpunkt des Kreisfundamentes verläuft und die Bodenreaktionen in der Achse der Mulde gleich

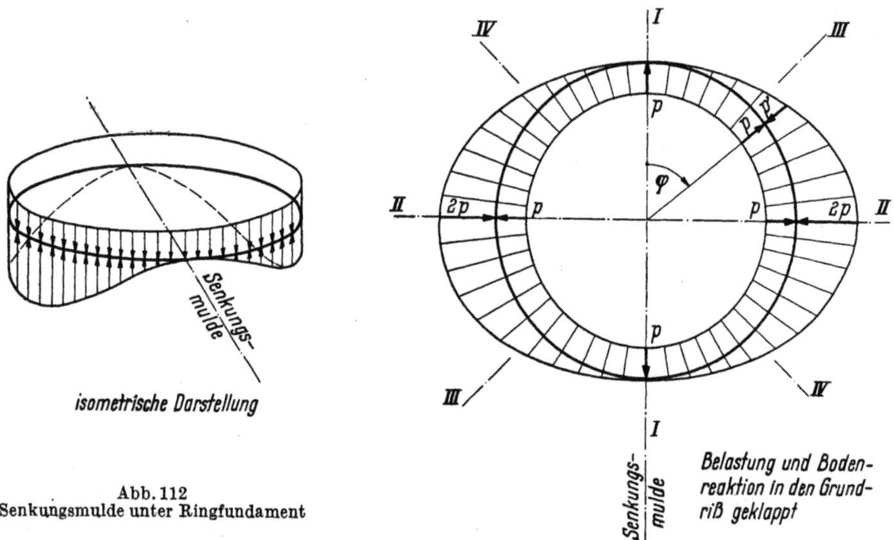

Abb. 112
Senkungsmulde unter Ringfundament

Null sind und rechtwinklig dazu zu einem symmetrischen Maximum auflaufen (Abb. 112). Jede andere Setzungsmulde — die ja unter dem Bauwerk durchwandert — wird durch Schrägstellung einen günstigeren Flächenausgleich erzwingen und geringere Beanspruchungen des Grundkörpers erfordern. Die Berechnung ergab ein Ansteigen des Sohlendruckes unter dem Stampfbeton-Ringfundament auf max. 7,46 kg/cm², was vom Bauwerk ohne Verformung aufzunehmen ist. Durch Setzungsausgleich dürfte diese Auflagerung instabil sein und sich nach kurzer Zeit ein Ausgleich ergeben.

Die Zerrung am Rand einer Mulde und die Pressung im Kern der Mulde werden durch einen frei unter der Kuppel hängenden radspeichenartigen Rost, der im Fußring oberhalb der Pressenkammern angreift, aufgenommen. Dieser Rost

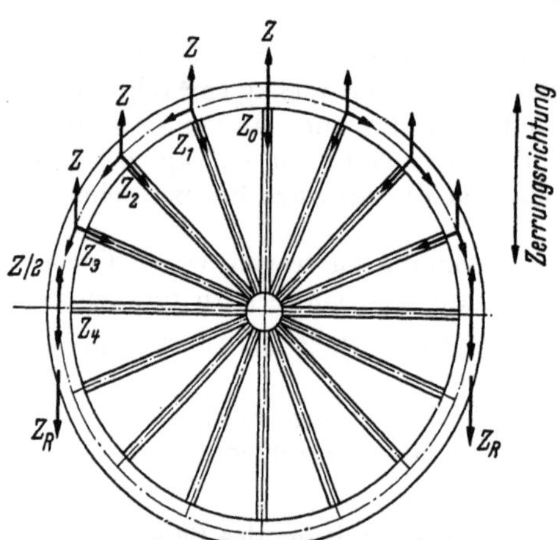

Abb. 113. Zerrplatte als Rost ausgebildet

übernimmt mit 16 Speichen gleichzeitig den Kuppelschub, soweit dieser nicht aus den Schrägstützen zu den Zylinderdiagonalen gedeckt ist.

Die Größe der Reibungskräfte in der Sohle ergibt sich aus der Sohlenbeanspruchung und dem Reibungsbeiwert $\mu = 0{,}3$, wobei das Gleiten durch eine Pappunterlage erleichtert ist. Es ergeben sich bei Zerrung die durch Abb. 113 dargestellten Kräfte, deren Verfolgung keine Schwierigkeiten macht. Bei der Bemessung geht man mit der zulässigen Spannung bis an die Streckgrenze der Bewehrungsstäbe heran.

Aus einer Pressung würden die Speichen Druckkräfte bekommen, die den aus dem Kuppelschub herrührenden Zugkräften gegenüberstehen, wodurch sie so unwesentlich werden, daß sie vernachlässigt werden können.

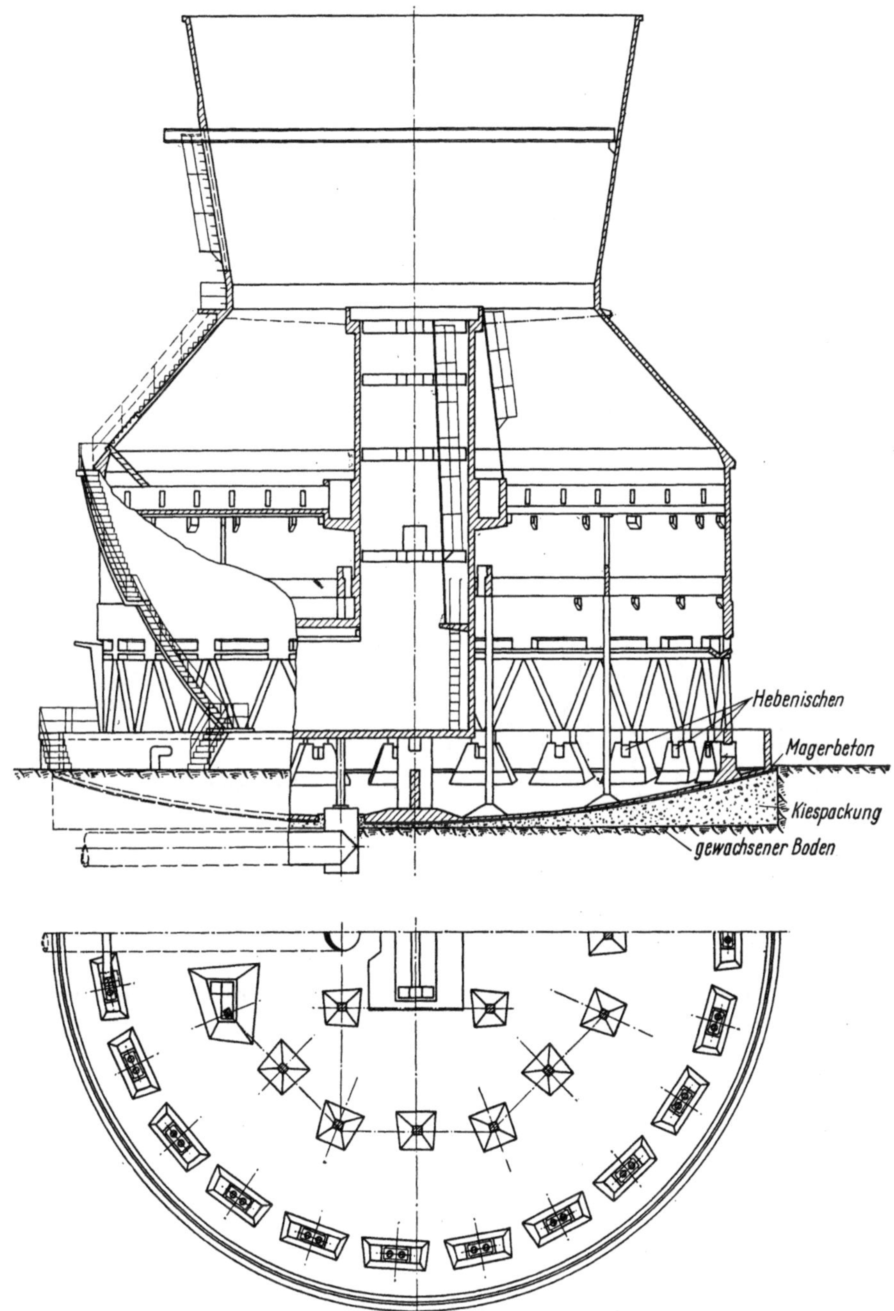

Abb. 114. Erdbebensichere Gründung durch gewölbte Sohle (Chem. Werke Hüls AG)

Zerrplatten. Bei Gründungen von Industriebauten wird man oft vorteilhaft das Bauwerk mit einer Zerrplatte ausrüsten, auf der die darüberliegenden Fundamente gegeneinander so abgesteift sind, daß sie sich nicht gegeneinander verschieben können. Die Zerrplatte kann eine entsprechend dünne Ausbildung bekommen, so daß sie den Setzungen der Fundamente elastisch folgt, zumal die Setzungsdifferenzen meist nicht übermäßig groß werden. Um für die Stützen an Dehnungsfugen die erhöhten Kantenpressungen zu vermeiden, ordnet man unter der Zerrplatte freie im Untergrund schwimmende Fundamente an, auf denen die Zerrplatte mittels einer Zwischenschicht gleiten kann.

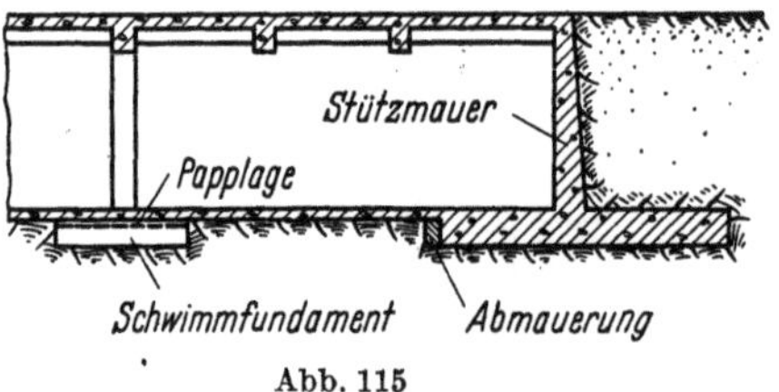

Abb. 115
Schwimmendes Fundament unter Kellersohle

Eine interessante Gründung ist von den Chemischen Werken Hüls für Kugelbehälter ausgeführt. Die am größten Umfang der Kugel stehenden Stahlstützen stehen auf Betonsockeln, die durch eine Kreisringplatte als Zerrplatte verbunden sind. Unter der Zerrplatte befinden sich schwimmende Einzelfundamente in der der Lastübertragung entsprechenden Größe, die von der Zerrplatte durch eine elastische Gleitschicht getrennt sind. Durch Anordnung von Nischen in den Sockeln über der Zerrplatte ist ein Nachstellen der gegen

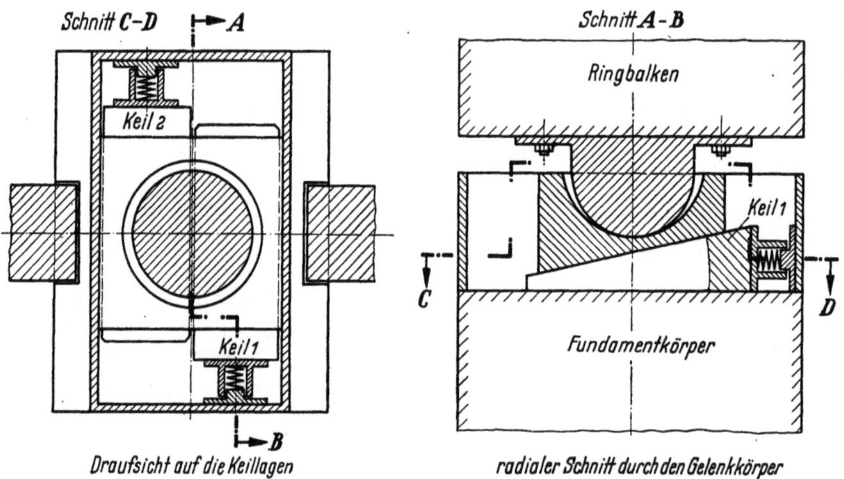

Abb. 116. Gelenklager mit Nachspannung für senkungsgefährdete Baukörper

Stützsenkungen empfindlichen Kugelbehälter mit Hilfe hydraulischer Pressen leicht durchzuführen, ebenso wie ein gleichmäßiges Einregulieren der Stützendrücke jederzeit möglich ist.

Die Chemischen Werke Hüls haben für Stahlbeton-Ventilatorkühltürme die Tassensohle auch nach einer Kugelschale gewölbt und damit eine direkte stabile Lagerung bei Senkungen erreicht (Abb. 114). Auch hierbei ist durch Anordnung von Hebenischen dafür gesorgt, daß die auf Einzelfundamenten in der Kugelfläche der Grundplatte stehende aufgehende Konstruktion wieder ausgerichtet werden kann. Für die Stützenfundierung, z. B. in Kelleranlagen bei Hochbauten, sind die schon erwähnten „Schwimmenden Fundamente" üblich, bei denen dem Stützdruck entsprechende Flachfundamente im Untergrund schwimmen und mit ihm vorkommende seitliche Bewegungen mitmachen, ohne daß die Stützen ihrerseits zusätzliche Kräfte erhalten. Abb. 115 zeigt den Ölkeller eines Hüttenwerkes, bei dem zwischen dem Schwimmfundament und der Kellersohle eine mehrfache Pappfuge eingelegt ist. Die Stützenbewehrung endet in dem Stützenfuß, der mit der Unterkante der 20 cm dicken bewehrten Kellersohle bündig liegt und mit ihr durch Stahlbewehrung verbunden ist. Die Säulenfußpunkte sind innerhalb der Kellersohle untereinander und mit der sehr kippsicher gegründeten Winkelstützmauer durch kräftige Zerrbewehrungen verbunden. Seitliche Bewegungen können nun das ganze Gebäude verschieben, ohne daß zusätzliche Einspannmomente in den Stützen auftreten.

Es mag bei dieser Gelegenheit auf ein praktisches Gelenklager hingewiesen werden, das PETERMANN angegeben hat (Abb. 116).[1]

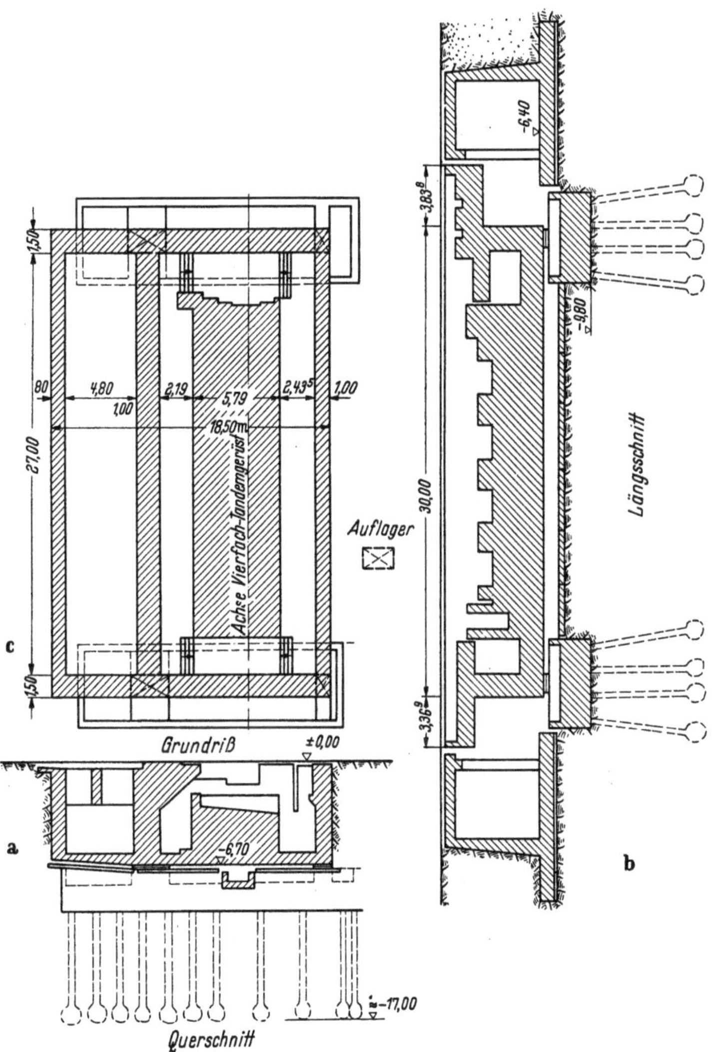

Abb. 117a. Fundament für ein Vierfach-Tandemgerüst im Kaltwalzwerk der August Thyssen Hütte. (Entwurf Prof. Dr. LUETKENS)

Es besteht aus einem kugeligen Oberteil, das in einer Kugelschale mit etwas größerem Radius lagert. Durch zwei in entgegengesetzter Richtung liegende Stahlkeile mit einer Neigung bis höchstens 1 : 5, die durch eine Rundfeder vom Lagergehäuse her unter die untere Lagerschale gedrückt werden, wird jede Lockerung infolge einer Senkung bzw. einem Hub ausgeglichen, so daß keine elastischen Verformungen durch längeres Hohlliegen auftreten können. Natürlich bedarf dieses Lager der Beobachtung und evtl. eines aktiven Nachspannens im Bedarfsfalle. Hierbei können kleine Senkungen ausgeglichen werden, bevor man

---

[1] A. PETERMANN: Gasbehälter in Stahlbeton. Berlin: VEB Verlag Technik 1957. S. 45.

an eine umständlichere Gesamtausrichtung herangeht. In einer einfacheren
Form kann diese Doppelkeiljustierung auch ohne Federn verwendet werden,
wobei eine regelmäßige in kurzen Zeitabständen vorzunehmende Überwachung
notwendig ist.

Fundamente für Walzengerüste und Walzenstraßen. Besonders interessante
Gründungsaufgaben sind die Fundierungen von Walzwerken, bei denen man oft
mit Bergsenkungen rechnen muß. Das nachfolgende Beispiel einer Walzwerks-
gründung läßt erkennen, welche vielfältigen Aufgaben hier vorliegen.

Das $18,50 \times 30,00$ m große Fundament (Abb. 117a) für ein *Vierfach-Tandemgerüst* trägt die Walzen für das Herunterwalzen der vom Warmwalzwerk angelieferten Breitbänder auf 55 bis 15% der Ausgangsdicke, was in einem einzigen
Durchgang erfolgt. Dabei ist die Endgeschwindigkeit der 0,3 bis 1,5 mm dicken
Bänder, die aus dieser Straße kommen, 21 bis 54 Stundenkilometer und ihre
Länge 2 bis 6 km! Der Zug, unter dem sie in der Walzenstraße stehen, beträgt
15 bis 30 t. Das Fundament hat also eine in jeder Weise beachtliche ruhende
und dynamische Beanspruchung auszuhalten. Bei der Genauigkeit, welche beim
Walzen einzuhalten ist — am Ende aller Walzvorgänge 1/100 mm — ist es wich-
tig, daß keinerlei Verkantung, Senkung oder Verdrehung aus einer Setzung des
Bodens eintritt bzw. die Setzungen ohne besondere Schwierigkeiten kompensiert
werden können. Im vorliegenden Falle ist ein doppeltes Fundament ausgeführt,
das einen Ausgleich der Senkungen durch lotrecht und waagerecht verschiebliche
Lagerausbildung ermöglicht. Das vierpunkt-gelagerte eigentliche Maschinen-
Fundament ist zwischen den beiden Stirnwänden frei tragend gespannt und hat
unter jeder Stirnwand 2 Auflagerpunkte. Jede Aufstandsfläche unter einer
Stirnwand faßt also 2 Widerlager in einem Fundamentblock zusammen. Diese
in der Sohle der 6,40 m tiefen Ausschachtung in einem Spundwandkasten hergestellten Fundamentblöcke auf je 40 Franki-Pfählen bilden gegenüber den
weiträumigen Bergsenkungen nur einzelne Punkte im Gelände, die alle Bewegungen ohne innere Schäden mitmachen. Zwischen ihnen sich einstellende
Differenzen können auf das eigentliche Maschinenfundament keine Wirkung
ausüben, da dieses statisch bestimmt gelagert ist und die bewegliche Lagerung
nachstellbar ist. Der rund 28,5 m weit gespannte Stahlbeton-Fundamentblock
für Walzenständer, Kammerwalzen, Getriebe und Motoren ist vorgespannt. Die
maschinelle Anlage ließ Raum für drei wandartige Träger von über 6 m Höhe
und einen etwa 6 m breiten Hauptträger unter dem eigentlichen Walzengerüst
von mehr als 5 m Höhe. Diese 4 Träger sind durch eine untere Platte von 50 bis
80 cm Stärke zu einem trogartigen Tragwerk zusammengefaßt.

Für den 30 m langen Fundamentkörper wurden rund 2580 m³ Beton und
12000 m Spannglieder verarbeitet.

Die Herstellung geschah auf dem Baugrund selbst; erst nach dem Abbinden
des Betons wurde das Fundament mit Hubpressen stufenweise auf die richtige
Höhenlage gebracht und auf die 4 Auflagerpunkte abgesetzt. Zu Beginn dieses
Hubvorganges wurde nach einem vorher genau festgelegten Plan die jeweils
erforderliche Vorspannung eingeleitet, damit für jedes Zwischenstadium die
tragenden Betonteile unter Druckspannung standen. Mit dem Zeitpunkt des
endgültig völligen Abhebens war auch die volle Vorspannkraft in das Gesamt-
tragwerk eingetragen. Um das Abheben des schweren Fundamentes von dem nur
leicht mit Baustahlgewebe bewehrten Unterbeton zu erleichtern, war eine
doppelte Lage Ölpapier zwischen 2 Dachpappenlagen auf dem Unterbeton verlegt. Zwischen die Ölpapierlagen wurde beim Abheben durch eingebaute Wasser-
stutzen Wasser unter hohem Druck eingepreßt, was ein Anhaften des Unterbetons einwandfrei verhinderte. Unter dem Fundament ist vorsorglich ein bekriechbarer Kanal angeordnet, um erforderlichenfalls von hier aus eine Schwingungsdämpfung einbauen zu können.

Ein weiteres großes Fundament ist das *Dressiergerüst-Fundament* (Abb. 117b). Das Dressierwalzwerk ist ein Nachwalzwerk, in welchem die nach dem Kaltherunterwalzen im vorerwähnten Vierfach-Tandemgerüst in einer Glühhalle erneut geglühten langen Bänder nochmals um ein geringes Maß kalt verformt werden, wobei sie die Oberfläche und die endgültigen technologischen Eigenschaften erhalten, die das spätere Fertigfabrikat (Dosen, Herdbleche, Karosseriebleche, Stahlmöbel usw.) erfordert.

Bei dem Fundament dieses Walzwerkes, das 14,8 × 16,55 m Grundabmessungen hat, sind die 4 Umfassungswände die lastaufnehmenden Träger. Sie sind in den 4 Eckpunkten punktförmig auf Einzelfundamenten gelagert, die von einem Pfahlrost von je 9 Pfählen getragen werden. Hier können die Pressen für das spätere Ausrichten nach Senkungen eingesetzt werden. Das große Walzgerüst wird von einem Plattenbalken getragen, der sich parallel zur längeren Wand in die 14,80 m langen Wände einspannt. Daraus folgte dann zwangsläufig eine Aufnahme der übrigen Lasten durch einseitige Auskragung auf diesen Hauptbalken, der zum etwaigen späteren Einbau von Dämpfungsorganen wie das vorher beschriebene Fun-

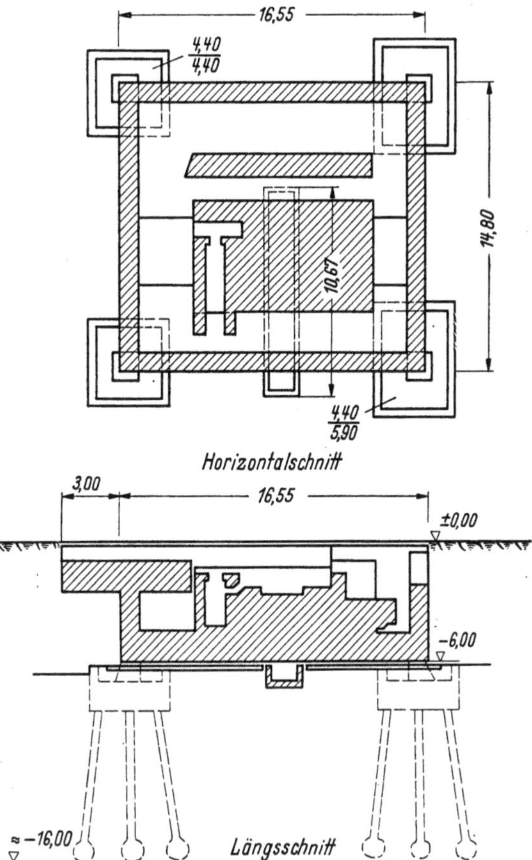

Abb. 117b. Dressiergerüst-Fundament im Kaltwalzwerk der August Thyssen Hütte (Entwurf Prof. Dr. LUETKENS)

dament durch einen bekriechbaren Kanal unterfahren ist. Auch dieses 985 m³ Beton enthaltende Fundament ist vorgespannt. Es wurde ebenso hergestellt und hochgepumpt wie der Fundamentkörper des vorher beschriebenen Gerüstes.

Ein besonders interessantes Beispiel einer Sicherung gegen Bergschäden bieten die Fundamente der etwa 45 m langen *Scherenstraßen*, die Maschinen zum Abwickeln, Schneiden, Richten, Besäumen, Nachrichten, Stempeln, Einölen und Stapeln hintereinander enthalten. Hier darf keinerlei Lagenveränderung auftreten, die Maßungenauigkeiten und Verklemmungen der großen und sehr empfindlichen Blechscheren herbeiführen würde. Hier wurde die statisch bestimmte Lagerung trotz des Ineinanderübergehens der einzelnen Fundamentkörper durch eine Folge von abwechselnden Vierpunkt- und Zweiflächenlagerungen erreicht. Bei den größeren Fundamenten bzw. solchen, bei denen später evtl. Hebungen anzusetzen sind, wurde grundsätzlich 70 cm bekriechbarer Raum gelassen; bei den kleineren meist zweiflächengelagerten Fundamenten wurde eine Freilage von wenigstens 15 cm dadurch geschaffen, daß man zunächst eine 15 cm Sandschicht auffüllte, diese mit Pappe abdeckte und nach Erhärten des Betons den Sand mit Preßluft wieder herausblies. Im Bergschadensfalle kann man die frei beweglichen Fundamente ohne bauliche Maßnahmen ausrichten.

Dreipunktlagerung. Die dauernd stabile Lagerung ist bekanntlich die Dreipunktlagerung, die man bei gedrungenen Formen mit Vorteil anwenden kann. Ein Anwendungsfall, der Beachtung verdient, liegt bei der Ausführung des Schwimmbeckens in Recklinghausen[1] vor, dessen 15×25 m großes Becken eine nachstellbare Dreipunktlagerung erhalten hat.

Die Fundamente liegen in der Mitte der Stirnwand des flachen Beckenteiles und 7,5 m hinter der Stirnwand des Sprungteiles unter den Längswänden. Sie

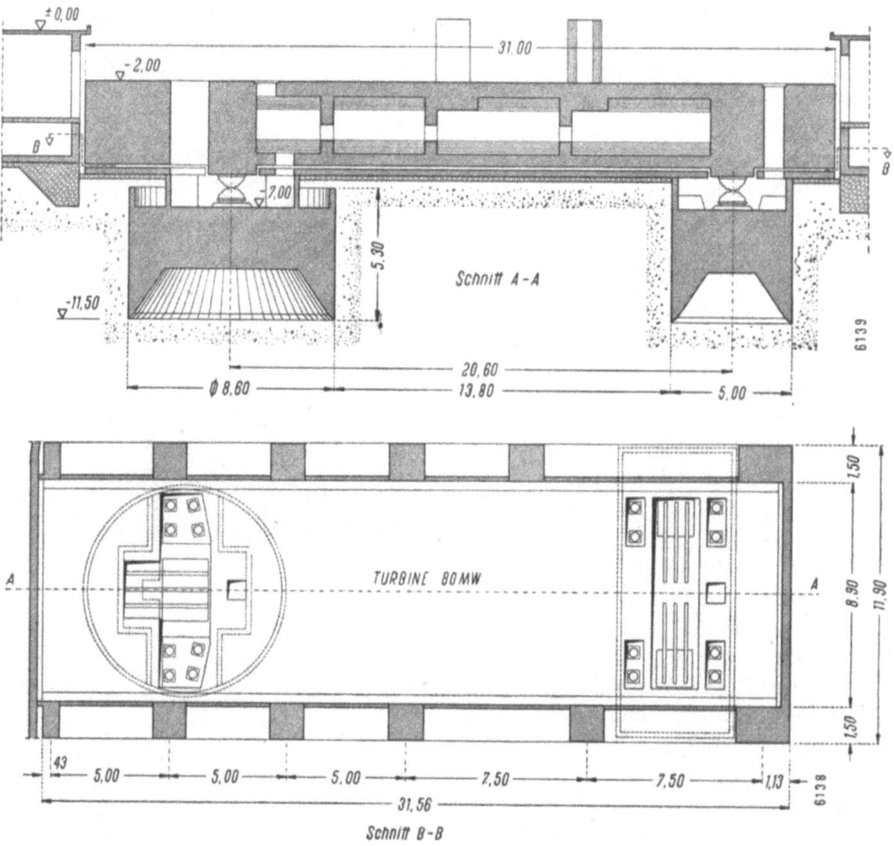

Abb. 118. Dreipunktgelagertes Turbinenfundament im Kraftwerk Hüls

stehen auf Franki-Pfählen und enthalten Nischen für den späteren Einbau der Hubpressen.

Bei kleinräumigen Baukörpern ist die Dreipunktlagerung eine üblich gewordene Gründungsausbildung. Abb. 118 zeigt in Schnitt und Grundriß ein Turbinenfundament, das an einer Seite auf einem zylindrischen, unter Druckluft abgesenkten Fundamentblock auf einer Punktauflagerung und am anderen Ende auf einem rechteckigen Fundament auf 2 Punktlagern ruht. Jeweils neben den Lagern sind Sockel für den späteren Einbau von hydraulischen Pressen zur späteren Ausrichtung vorgesehen.

Teilsicherungen. Während die Vollsicherung sich in erster Linie auf das Fundament bezieht, beeinflußt die Teilsicherung die Konstruktion und Ausführung des ganzen Bauwerkes. Auf diese oberhalb des Fundamentes vorzu-

---

[1] B. Topaloff: Vorgespanntes Schwimmbecken auf Dreipunktlagerung. Beton- u. Stahlbetonbau (1958) H. 2.

sehenden Maßnahmen soll hier nicht eingegangen werden, da die genannte „Baufibel"[1] alles Wissenswerte enthält.

Aufrichten von Baukörpern. Als Hilfsmittel für das Anheben abgesunkener Baukörper sei hier noch eine typische Grundbaumethode mitgeteilt, die cum grano salis auch auf andere Fälle abgewandelt werden kann.

Zum Heben und Ausrichten eines überwiegend einseitig abgesunkenen Tanks legte man nach Abb. 119 zunächst einen Kranz von 0 bis n senkrechten Bohrlöchern um den Tank herum; Lochabstand an der tieferen Seite 0,5 m, anwachsend bis 1 m an der weniger tief abgesunkenen Seite und verpreßte mit Zementmörtel zunächst die Löcher 0–4–8–12 . . ., dann 2–6–10 . . . und zuletzt 1–3–5–7–9 . . . mit geringem Druck, wodurch ein Ringwall um den Tank entstand. Dann wurden zwischen diesem Ringwall und dem Tank

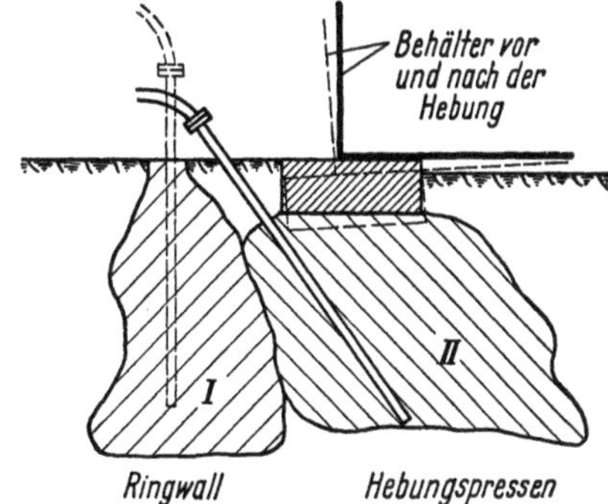

Abb. 119. Aufrichten eines auf Sandboden ruhenden, abgesackten Tanks

entsprechende Schrägbohrungen unter 30° eingebracht und ebenso verpreßt. Der Preßmörtel lehnte sich zunächst den gegen Ringwall und wirkte anschließend hebend auf das Tankfundament.[2]

2.7.1.2 Setzungsbegünstigung zur Bergschadensicherung

Über eine frappierende Argumentation zum Problem der schadensfreien Setzung berichtet die englische Zeitschrift Civil Engineering & P. W. R. vom Juni 1957, Seite 653 in einem Hinweis auf eine neue russische Gründungsmethode für Bauten im Bergsenkungsgebiet. Aus der bekannten Tatsache, daß eine Beschädigung von Gebäuden nicht durch eine gleichmäßige vertikale Setzung, sondern nur durch unterschiedliche Bewegungen des Untergrundes verursacht wird, schließt man wohl mit Recht, daß eine schnell zu Ruhe kommende, gleichmäßige Setzung erstrebenswert ist. Man hat nach der Abb. 120 verschiedene Formen von Grundplatten geprüft und den

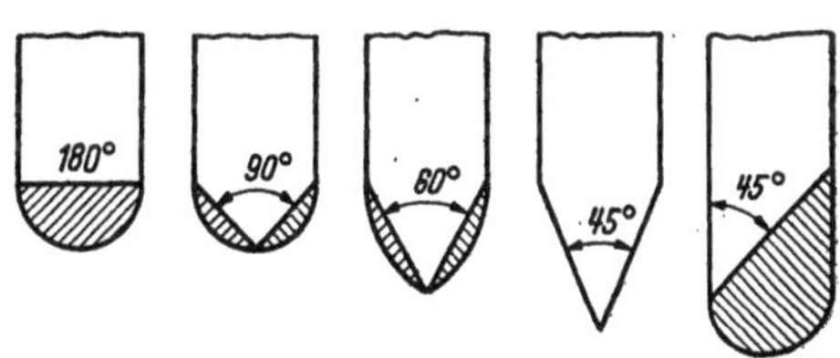

Abb. 120. Fundamentneigung und Bodenverfestigung

Einfluß der Neigung der Fundamentsohle auf die Verfestigung des Bodens, wie in der Skizze dargestellt, gefunden. Danach schien also das günstigste, ein Gebäude mit einem Fundament, das eine Spitze von 45° besitzt, zu bauen. Man hat in dieser Richtung 1946 und 1953 experimentiert und gefunden, daß die Setzung eines auf diese Weise gegründeten Gebäudes 1,3 bis 2,8mal höher war als bei der traditionellen Grundplatte. Da die Schäden an Häusern sich nach dem zitierten Bericht mit der Vergrößerung der Setzung reduzieren, kann man also den dreieckigen Grundplatten eine günstige Wirkung nicht absprechen.

Als Beispiel wird von einem Schornstein berichtet, der auf einer gewöhnlichen Grundplatte stand und zweimal infolge unterschiedlicher Setzungen des Untergrundes zusammenbrach. Nachdem der Schornstein auf einer konischen Grundplatte wiedererbaut war, blieb er stabil und auch im Lot, trotz einer enormen Setzung von 5,2 m. Es wäre wohl von Interesse, über diese Erfahrungen näheres zu hören.

---

[1] Siehe Fußnote 3, S. 113.   [2] Instrusion Prepakt Special Report No. 103, S. 10.

2.7.2 Erdbebensicherung

Für deutsche Verhältnisse ist bestimmend die DIN 4149 „Bauten in deutschen Erdbebengebieten", Richtlinien für die Bemessung und Ausführung, Ausgabe Juli 1957. In dieser Norm befindet sich eine Karte mit Angabe der Zonen I und II, innerhalb derer die Richtlinien anzuwenden sind. Die Gebiete I finden sich in der Eifel, im Ried zwischen Frankfurt a. M. und Darmstadt, um Lorsch/ Odenwald, im Oberrheintal-Graben von Karlsruhe bis Rastatt, bei Freiburg i. Br., um Basel und in ausgedehnten Gebieten zwischen Tübingen und dem Bodensee. Eine isolierte Zone I findet sich noch in Sachsen bei Gera. Die Zone II umlagert diese Zentren und kommt außerdem isoliert an der oberen Elbe und bei Havelberg vor.

Zur Berücksichtigung der waagerechten Beschleunigungen dient die Erschütterungszahl $\varepsilon = \dfrac{p}{g}$, wobei p gleich der größten vorkommenden waagerechten Erdbebenbeschleunigung und g gleich der Fallbeschleunigung ist. Danach ist für Zone I in Abhängigkeit von der Bodenart ε mit 5 bis 7,5 oder 10% einzusetzen, für Zone II 50% davon. Für Gebäude über 6 Geschosse und bei Türmen ist ε zu verdoppeln.

Die Auswertung geschieht durch Ansatz waagerechter Zusatzkräfte $Z = \varepsilon \cdot Q$, die nach jeder Richtung wirken können. Erddruckwerte sind um 25° zu erhöhen.

Mit Rücksicht auf die seltene Erdbebengefährdung in Deutschland können bei gewissenhaftem Ansatz der Erdbebenzusatzkräfte die zulässigen Spannungen um 50 bis 100% erhöht werden.

Im Ausland sind Erdbeben-Codes verschiedentlich aufgestellt, sie werden aber nach jedem größeren Erdbeben überarbeitet. Tatsächlich hat das Erdbeben von Mexiko vom 28. 7. 1958 gezeigt, daß dort, wo Maßnahmen zur Sicherung getroffen waren, die Schäden gering blieben und die Gefahren wesentlich gemindert waren.

Der Kampf gegen die Erdbebengefahr ist also keineswegs aussichtslos, wie auch japanische Bauten beweisen. Für eine Tätigkeit im Ausland muß man sich die jeweils gültigen Vorschriften beschaffen. Wahrscheinlich wird der amerikanische Code der Structural Engng. Association of California, der seit Anfang 1959 im Entwurf vorliegt, allgemeine Anerkennung finden.

Ein weiteres Eingehen auf die Erdbebensicherung scheint entbehrlich.

Literatur

Neumann: Über die Wirkung der Erdbeben auf Bauwerke. Bauingenieur (1931) H. 39, S. 682—688.

Werner: Zusatzwasserdruck auf Staumauern bei Erdbeben. Beton u. Eisen (1941) S. 195.

R. Drischb: Bauwerke in Erdbebengebieten. Bautechn. (1951) H. 4, S. 83.

H. W. Koch: Ermittlung der Wirkung von Bauwerksschwingungen. J. VDI (1953) H. 21, S. 733.

Hiller: Weshalb in Deutschland Richtlinien für Bauten in Erdbebengebieten? (DIN 4149) Bautechn. (1955) H. 5, S. 159.

Hiller: Concrete Skyscraper Designed for Hurricans. Engng. News Rec. vom 8. 12. 1955, S. 38.

A. Durbeck: Eigenartige Aussteifung einer Stahlskelettkonstruktion gegen Erdbebenkräfte. Bauingenieur 31 (1956) H. 1, S. 27.

A. Durbeck: Erdbebenschäden in Mexiko City. Bauingenieur 34 (1959) H. 1, S. 32.

A. Durbeck: 2. Welttag über erdbebensicheres Bauen in Japan. Beton- u. Stahlbetonbau (1959) H. 3, S. 70.

S. Z. Uzsoy: Über die Veränderung von Erdbebenwirkungen bei lotrechten Erdbeben ausgesetzten, elastisch eingespannten Konsolen mit deren Stützsteifigkeit. Bauingenieur 35 (1960) H. 1, S. 22.

T. Y. Lin: Lateral Force Distribution in a Concrete Building Story. J. Amer. Concr. Inst. (Dezember 1951) S. 281.

T. Y. Lin: Quake-Resistant Design Experts Pool Knowledge. Engng. News Rec. vom 26. 7. 1956, S. 32.

T. Y. Lin: Earthquake Revealed Defects in Design and Construction. Engng. News Rec. vom 15. 8. 1957, S. 38.

T. Y. Lin: How to Reduce Seismic Damage. Engng. News Rec. vom 17. 10. 1957, S. 69.

Frederick S. Merrit: Earthquake revealed defects in design — no dammage ocurred to tallest building. Engng. News Rec. vom 15. 8. 1957.

Frederick S. Merrit: Engineers offer Earthquake Code. Engng. News Rec. vom 19. 3. 1959, S. 56.

2.8 Festpunkte in Rohrleitungen

Allgemeines und Berechnung

Die Festpunkte sind normalerweise Schwergewichtsblöcke aus Beton, die durch ihr Gewicht und die Bodenreaktion zusammen mit den angreifenden Kräften die Gleichgewichtsbedingungen erfüllen. Hierbei sind die Eigenschaften des Bodens ausschlaggebend, also die zulässige Belastung und Setzung des Fundamentes. Die Frage, wieweit man eine Reibung an den Wänden und in der Sohle der Fundamentklötze berücksichtigen soll, ist generell nicht zu entscheiden, da sie zu sehr von der Natur des Geländes, der Dränagemöglichkeit, der Kraftrichtung, der Erschütterungsmöglichkeit durch Erdbeben, Lawinen, Steinschlag usw. abhängt. Für das große Thompson-Projekt am Colorado ist z. B. für die Reibung Beton/Fels der Beiwert 0,65, für Beton/Boden der Beiwert 0,35 bis 0,50 je nach Bodenart zugelassen.

Als allgemein gültig können nach einem Vorschlag von Bouchayer und Tascher[1] folgende Empfehlungen angesehen werden:

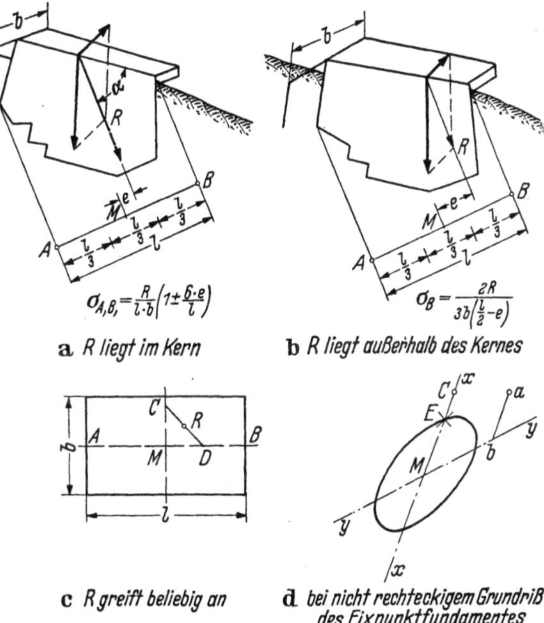

Abb. 121
Statische Behandlung von Festpunkten in Rohrleitungen

1. Unabhängig von der Gestaltung des Festpunktklotzes betrachte man jeweils nur die Flächenprojektion des Massivs senkrecht zur Resultierenden und das Gesamtgewicht des Klotzes.

2. Der Druck verteilt sich linear von einer Kante des Fundamentkörpers zur anderen.

3. Als Grenztragfähigkeit des Bodens wird für alle Berechnungsfälle nur ein vernünftiger Mittelwert aus allen Versuchen am Bauort festgelegt.

In einfacher Form läßt sich also die Rechnung für einen Vorentwurf nach den Skizzen (Abb. 121a bis d) durchführen, wobei a) bis c) für den Fall der

---

[1] Bouchayer u. Tascher: La détermination des efforts dans les massifs d'ancrage de conduites forcées. Travaux 41, No. 278 (Decembre 1957) p. 625ff. Ferner sei eine ausführliche Abhandlung empfohlen: Determination of Stresses on Anchor Blocks von M. R. Bouchayer, Paris. J. Pwr. Division. Proc. Amer. Soc. civ. Engrs. 85, No. P 06 (December 1959) Part 1, S. 121—162.

rechtwinkligen Grundfläche gelten und d) für die unregelmäßige Gestalt der Projektionsfläche, bei welcher dann an Stelle der Kernfläche die Fläche der Trägheitsellipse tritt.

Die Resultierende des Festpunktes soll mit der abfallenden Geländeoberfläche einen Winkel einschließen, der $\geqq 30°$ ist. Die max. Bodenpressungen dürfen die zulässigen Werte nicht übersteigen, für welche man zum Vorentwurf etwa folgende Tabelle benützen kann:

Tabelle der Mittelwerte für Bodenpressungen unter Rohrleitungsfestpunkten am Hang

Gelände		zulässige Belastung
Feucht oder wassertragend	Schlamm ⎱ Sumpf ⎰ Fließsand	0 bis 0,1
Zusammendrückbare Böden		
Bindige Böden trocken oder wenig feucht	Auffüllung nicht gestampft	0
	Ackerboden	0,5 bis 1
	Tonige Böden ⎰ weich	0,4 bis 0,8
	⎱ fest	0,8 bis 1,5
	Ton mit wenig Sand ⎱ halbfest kiesiger Boden ⎰	1,5 bis 2,5
	sandiger Ton ⎱ hart fester Ton ⎰	2,5 bis 3,5
Nicht oder nur wenig zusammendrückbare Böden		
Nicht bindiger Boden dicht gelagert	Feinsand 1 mm	2 bis 2,5
	Grobsand 1 bis 3 mm	3 bis 4
	kiesiger Sand (33% $>$ 70 mm)	4 bis 5
	Kies — Kiesel	4 bis 7
Geschichtete Lagerung	weicher Fels (Schieferton, Kalk)	7 bis 10
	mittelharter Fels (Sandstein, Kalk, ⎱ Marmor, Dolomit) ⎰	15
Ungeschichtete Lagerung	Harter Fels (Granit, Diorit, Porphyr, Diabas, Basalt, Gneis, Quarzit usw.)	25 bis 40

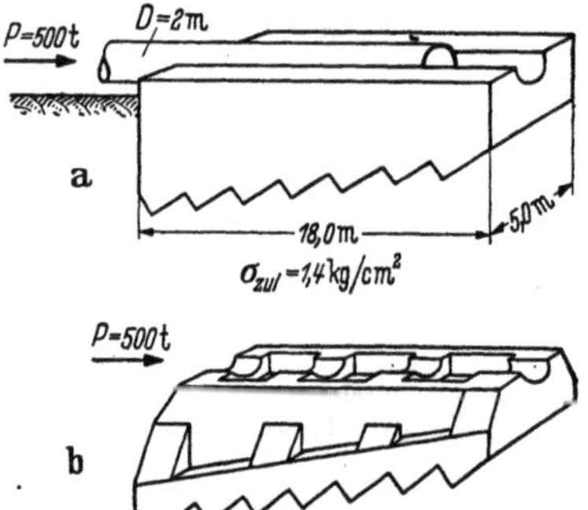

Abb. 122. a massiver; b aufgelöster Fundamentkörper eines Festpunktes

Nachdem ein roher Vorentwurf vorliegt, gibt es 2 Wege der Verbesserung:

1. die genaue Bestimmung der angreifenden Kräfte und

2. die geschickte Formgebung des Fixpunktmassivs.

Zu 1. sei auf die genannte Literatur verwiesen, zu 2. sei vermerkt, daß es weitgehend eine Sache der Vergleichsrechnung ist, ob ein massiver Fundamentklotz oder eine aufgelöste Konstruktion mit Erdüberschüttung oder eine Tornisterausführung mit tragenden Stahlbetonwänden die wirtschaftlichste Lösung ergibt (Abb. 122). Bei geeignetem Untergrund kann man auf eine Gewichtsverankerung verzichten, die Rohre auf Sättel auflegen und die Zugkräfte durch Felsanker aufnehmen (Abb. 123). Wenn gesunder Fels oberflächlich ansteht oder in geringer Tiefe erreichbar ist, ist lediglich die Verankerungstiefe aus der Reibung Anker/Beton und Beton/Fels zu ermitteln. Die Strecke in einer Überdeckungsschicht bleibt außer Ansatz. Wenn eine Verankerung nur an der tiefsten Stelle möglich erscheint, z. B. bei klüftigem Fels, bei dem lediglich das überlagernde Gewicht anzusetzen ist, so sind die für Felsanker gemachten Angaben für weiche bzw. starre Verankerung auch hier maßgebend (vgl. S. 291). Einbettung der Anker in guten Beton B 300 bei endverankerten Felsankern natürlich nur auf die rechnerische Endlänge; im übrigen sind sie zweckmäßig mit Asphalt zu vergießen. Bei Verankerungen in nicht felsigem Boden kommen auch endverankerte Zugpfähle in Frage.

Versuche der genannten Autoren zeigten, daß Erdanker sich bei gegebener Zugkraft zeitabhängig längten, und zwar nach Kurven, die bei kleinen Zugkräften meist nach kurzer Zeit einen Grenzwert erreichten, bei höheren Werten einen solchen nicht erkennen ließen, vielmehr eine zunächst wachsende, dann nach gewisser Zeit konstant bleibende, der Zeit proportionale Verlängerung andeuten, d. h., daß die Anker nach gewisser Zeit lose werden und anzuspannen sind. Aufschlußreich war ein Versuch, bei dem die gleiche Zugkraft wiederholt aufgebracht und jeweils wieder auf Null gesenkt wurde.

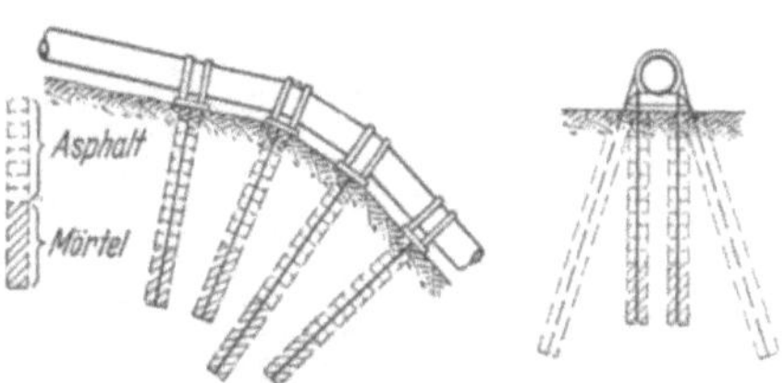

Abb. 123. Rohrsättel mit Felsverankerung

Die Verlängerung ging niemals wieder auf den gleichen Ausgangspunkt zurück, der Boden über dem Anker wurde also praktisch durch die gleiche, wiederholt aufgebrachte Zugkraft verdichtet, oder, mit anderen Worten, der Anker saß nach wiederholter Beanspruchung fester als zu Anfang.

Das führt zu den Erkenntnissen, daß die Stabilität des Ankers im nicht felsigen Boden verbessert wird, wenn

1. die Anfangszuglast höher ist als die Gebrauchslast,

2. die bleibende Verlängerung durch eine ganze Reihe von wechselnden Zuglasten auf ein Minimum reduziert wird,

3. bei Wechsellasten der Zug nicht wieder auf Null gesenkt wird, sondern der Pfahl stets unter Zugspannung bleibt.

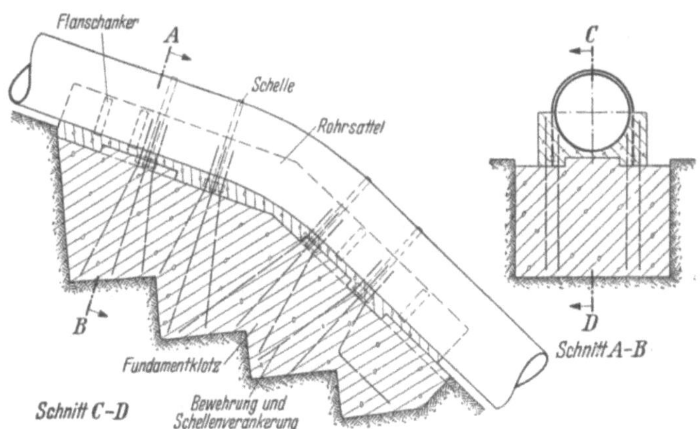

Abb. 124. Festpunkt mit offenliegendem Rohr mit Schellenverankerung

Ein Großversuch mit 5 m langen Pfählen bestätigte die Richtigkeit dieser im Kleinversuch gewonnenen Erkenntnisse.

Die Festpunkte werden zweckmäßig in 2 Bauabschnitten betoniert. Zunächst der Unterteil mit der meist verzahnten Sohle. Hierbei ist durch Dränage und Formgebung des Fundamentes für eine Ableitung des Tageswassers vom Fundament weg zu sorgen, damit es nicht in eine Wasserwanne zu stehen kommt. Das geschieht durch eine oberhalb des Fundamentes anzulegende Rigole, die nach den Seiten ausläuft, durch Hochziehen des Fundamentkörpers 10 bis 15 cm

über Gelände und bugähnliche Gestaltung gegen den Hang und durch eine gute
Ableitung des vom Fundament ablaufenden Wassers längs der Seiten. Da die
Fundamentblöcke starker Bestrahlung ausgesetzt sind, andererseits an der
Unterfläche sehr viel weniger Temperaturschwankungen erfahren, ist eine Raum-

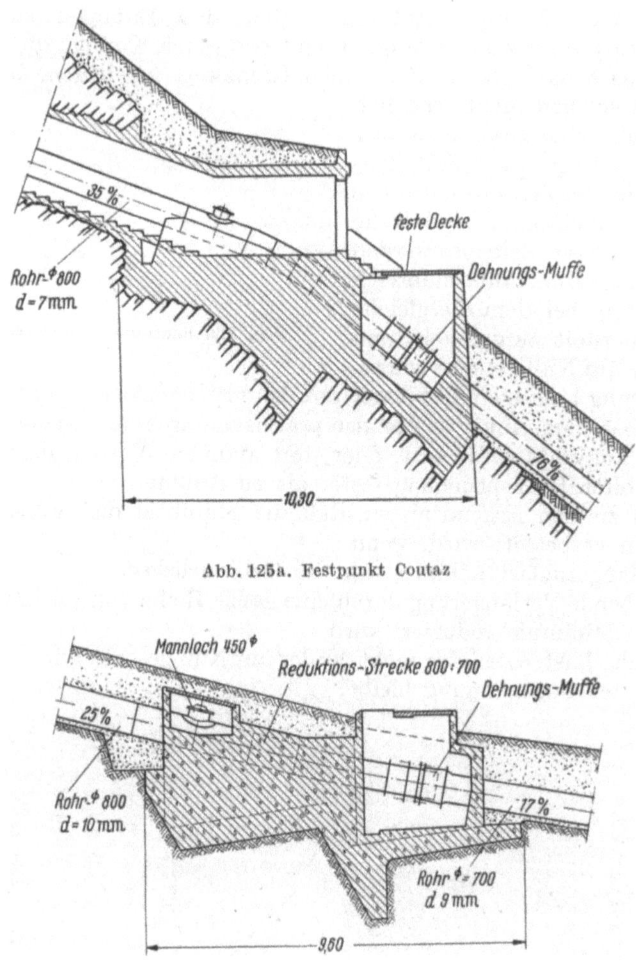

Abb. 125a. Festpunkt Coutaz

Abb. 125b. Festpunkt Vuargnaz
Beide in der Schweiz. (Bull. Techn. de la Suisse Romande. 86 (1960) No. 3, 30. 1. 1960)

gitterbewehrung mit einer Anhäufung der Bewehrung im Oberteil vorzunehmen.
Der Unterteil erhält die Verankerung für die Befestigung der Rohrsättel bzw.
der Rohrbandagen.

In einem zweiten Arbeitsgang wird dann der gegen den Unterteil verzahnte
Rohrsattel betoniert, der das Rohr satt aufnimmt und durch Bandagen gegen
Abheben und Verschiebung sichert.

Die Rohre werden meist noch durch Flansche gegen Längsverschiebung gesichert. Bei der Ausgestaltung dieser Schubsicherung ist eine spätere Rohraus-
wechslung zu berücksichtigen, gegebenenfalls auch eine freiliegende Verschraubung mit Nachspannung anzuordnen. Abb. 124 zeigt einen Festpunktklotz in
einem Knickpunkt im Hang, wobei guter Fels angenommen ist. Weitere Beispiele
für konvexe und konkave Rohrkrümmung bei einer Rohrleitung in der Schweiz
gibt Abb. 125a und b.

Festpunkt 1 Pumpspeicherwerk Happurg

Dieses Beispiel dürfte der erste vorgespannte Festpunkt sein, bei dem die beim Festeinbetonieren in gewöhnlichen Stahlbeton unvermeidlichen Risse nicht auftreten. Die Festpunkte vor oder in Verbindung mit einem Krafthaus haben die größte Längs-
kraft aufzunehmen und gleichzeitig auch den höchsten Innendruck aus-zuhalten. Die dabei auf-tretenden Rohrdehnungen haben bisher noch jeden Stahlbetonsockel rissig ge-macht, was an sich für die Wirkung dieser Gewichts-verankerungen weniger be-denklich ist und durch Ver-streichen der Fugen oder, in schweren Fällen, durch Verpressen mit Zement-schlämme ungefährlich ge-macht werden kann. Bei einem im Staubereich lie-

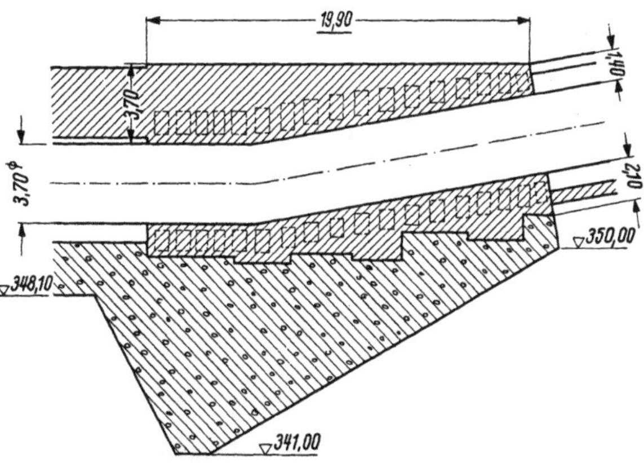

Abb. 126. Vorgespannter Festpunkt 1 beim Pumpspeicherwerk Happurg/Nürnberg. Die gestrichelten Vierecke über und unter dem Rohr sind die Spannbewehrungsgruppen

genden Festpunkt dagegen, wie er bei Happurg vorliegt, ist die Dichtigkeit wichtig. In solchen Fällen kann eine Ausführung, wie Abb. 126 zeigt, zweckmäßig sein.

Die beiden vom Oberbecken kommenden Stahl-rohrleitungen von je 3,70 m Durchmesser ändern kurz vor dem Krafthaus sowohl vertikal wie horizontal ihre Richtung. Die Umlenkkräfte werden durch den im Grundriß trapezförmigen Fundamentklotz des Fixpunktes 1 abgefangen und in den Untergrund (Opalinuston) durch einen Sporn mit 7,5 m Tiefe und

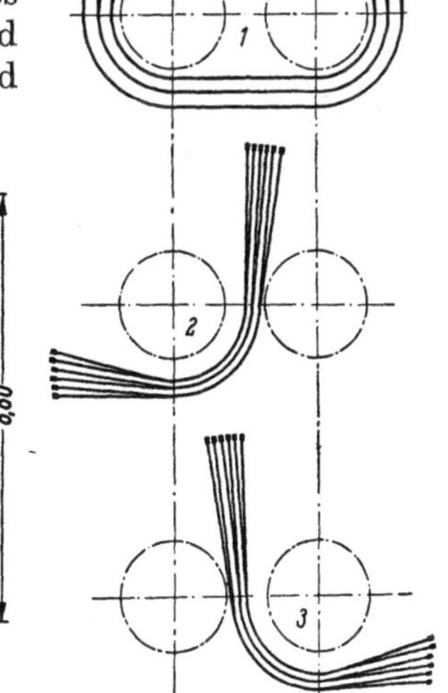

Abb. 127. Querschnitt und Bewehrungsgruppen für die Spannglieder. (Zu Abb. 126)

13 m Breite abgeleitet. Die Gesamtschubkraft aus der Doppelleitung beträgt hier 8000 t (200 m Höhenunterschied und 935 m Rohrbahn bis zum fest einbetonier-ten, 120 m hohen Fallschacht); der Innendruck war mit 30 atü zu berück-sichtigen. Bei einem normalen Stahlbeton wären unter allen Umständen Risse infolge der aus diesen Kräften entstehenden Dehnungen der Rohrleitung im Festpunktmassiv aufgetreten, da die Zugfestigkeit des Betons überschritten

wurde. Um derartige Risse zu vermeiden, kann man entweder nur auf die enge Verbindung zwischen Rohr und Beton verzichten und muß dann die Fixierung mit gleitenden Verbindungen, z. B. Flanschstöße mit Einzellagerung, herstellen, was angesichts der hohen Kräfte kompliziert und teuer ist, oder man muß die Rohre einspannen, wie dies hier geschehen ist. Die zu berücksichtigenden Zugspannungen ergeben sich aus Innendruck, Schwinden und Temperaturdifferenzen von $\pm 6°$ zwischen innen und außen.

Bewehrt wurde mit Bündeln Freyssinet-Wayss & Freytag mit je 12 $\varnothing$ 8 mm St. 135/150 nach Abb. 127. Um sowohl die Bewehrung sorgfältig verlegen zu können, wie auch den Beton einwandfrei zu verarbeiten, sind die Spannbewehrungen in Gruppen zusammengefaßt, zwischen denen gearbeitet werden kann. Die Bündelführung ergibt sich aus dem Querschnitt. Sie konnte dem Verlauf der Zugspannungen weitgehend angepaßt werden. Nach dem Vorspannen standen die Druckrohrleitungen im Bereich des Festpunktes einige Tage unter einem Prüfdruck von 41 atü, wobei der Betonklotz völlig rissefrei blieb.

2.9 Gründung von Masten und Türmen

2.9.1 Gründung von Masten

Für die Gründung von Masten für elektrische Leitungen aller Art gelten die „Vorschriften für den Bau von Starkstrom-Freileitungen" in der Fassung VDE 0210/2.58. In diesen am 1. 2. 1958 in Kraft getretenen Vorschriften behandeln die §§ 27 bis 30 die Gründungen. In § 28 sind für die Berechnung tabellarische Bodenkennwerte angegeben und es wird auf die für die Berechnung in erster Linie empfohlenen und zugelassenen Verfahren von KLEINLOGEL[1], BÜRKLIN[2] und SULZBERGER[3] hingewiesen.

Holzmaste müssen auf $^1/_6$ ihrer Gesamtlänge, mindestens aber 1,60 m tief eingegraben werden. Bei wenig tragfähigem Boden sind Steinkränze oder Fußplatten oder zusätzliche Schwellen zu verwenden. Unmittelbares Einbetonieren von Holzmasten ist nicht zulässig.

Stahlmaste und Stahlbetonmaste dürfen bei leichter Ausführung und gutem Boden direkt eingegraben werden, andernfalls sind Betongründungen, Platten, Schwellroste, Schächte usw. vorzusehen. Gittermaste müssen immer eine besondere Gründung erhalten.

Einblockfundamente. Gegen Zug lotrecht nach oben ist anzusetzen Eigengewicht + Last einschließlich lotrechter Erdauflast. Dazu darf das Gewicht eines Erdkörpers gerechnet werden, der an der Fundamentunterkante ansetzt und dessen äußere Begrenzungsfläche unter einem Winkel gegen die Lotrechte geneigt sind, für den Richtwerte angegeben werden. Beton B 80 mit 150 kg/m³ Zement.

Mehrblockfundamente. Auch bei diesen Fundamenten kann zur Vereinfachung der Berechnungsweise der Widerstand gegen Zug wie bei Einblockfundamenten ermittelt werden, jedoch soll der Ersatzerdkörper des Reibungswiderstandes je nach dem Grad der Einspannung in der Gründungssohle oder erst in der Oberkante der mindestens 20 cm über den Fundamentkörper vortretenden Sohlplatte ansetzen.

Für außergewöhnlich große Zugbeanspruchungen sind in den Vorschriften eingehendere Untersuchungen, evtl. Versuche, als zweckmäßig bezeichnet.

Die Standsicherheit der Maste mit Mehrblockfundamenten muß mindestens 1,5fach sein; bei unterschiedlichen Werten für die Mantelreibung ist 2fache Sicherheit zweckmäßig.

---

[1] Forsch.-Hefte Ing.-Wes., herausgegeben vom VDI (1927) H. 295.

[2] Elektrotechn. Z. (1940) H. 50, S. 1143ff. und Elektrizitätswirtsch. (1942) H. 5, S. 194ff.

[3] Bull. SEV (1945) H. 10, S. 289ff.

Beton 120 mit 180 kg/m³ Zement.

Im übrigen wird auf die einschlägigen DIN-Blätter 1054, 1055, 1045, 1047 und 4030 verwiesen.

Ende 1958 ist ein Buch von SÜBERKRÜB erschienen[1], das unter Berücksichtigung der eingangs erwähnten VDE 0210/2.58 den heutigen Stand der Technik in konstruktiver und statischer Hinsicht erschöpfend behandelt, die neueren Versuche eingehend beschreibt und deren Auswertung enthält. Es ist ein gutes Literaturverzeichnis enthalten. Wer Maste einbaut, wird sich dieser Arbeit gerne bedienen.

Für die hohen Gittermaste der Überlandleitungen von 110 kV aufwärts kommen an Stelle der Einblockfundamente Einzelfundamente unter jedem Eckstiel in Frage, für welche es mehrere Ausführungen gibt:

1. Die *stufenförmigen*, den Einblockfundamenten ähnlichen unbewehrten Massenfundamente, die an Ort und Stelle betoniert werden.

2. *Plattenfundamente*, bei denen eine Gestängekonstruktion bis zu einer Holzschwellen- oder Betonplatte heruntergeführt ist.

3. *Einsetzfundamente*, die als Fertigteile in eine verhältnismäßig kleine Baugrube abgesenkt werden und geringe örtliche Betonierungsarbeit erfordern. Typische Formen sind u. a. die Schleuderbetonrohr-Fundamente der BBC, die Pilzfundamente der Märkischen Elt. Werke, Berlin, und die Spannbetonsäule der Starkstromanlagen AG, Landshut.

Bei der üblichen Berechnungsweise hat man bisher als Grenze der Tragfähigkeit auf Zug nach oben angenommen, daß außer dem Eigengewicht des Fundamentes noch das darüber stehende Erdprisma und der seitliche Erddruck zusammenwirken und hat den gesamten Einfluß des Erdwiderstandes durch das Gewicht eines Erdkörpers nach Art eines umgekehrten Pyramidenstumpfes mit der Seitenschräge B berücksichtigt. Gegen diese vereinfachte Rechenmethode — die keinerlei Fehlschläge herbeigeführt hat — wird seitens der Vertreter der Bodenmechanik eingewendet, daß sich nur das senkrechte Erdprisma· heraushebt, was auch durch Versuche erwiesen wurde. Die Bodenmechanik hat aber offenbar bisher kein besseres Rechenverfahren allgemeingültiger Art für den Einfluß des Erddruckes liefern können. Es wurden daher Fundamentumbruchsversuche durchgeführt, über welche H. MOBS berichtete.[2]

Diese Versuche regten zu den neuen Vorschlägen für derartige Fundamente an, die als Einsatzfundamente bekannt geworden sind. Gemeinsam ist ihnen, daß sie Fertigteilfundamente sind mit einem Kleinstaufwand an Erdbewegung und Betonierarbeit am Einbauort. In Abb. 128[3] sind einige Ausführungen dargestellt, welche zu Versuchen auf gleicher Grundlage benutzt wurden.

Fundament A ist das übliche Ortbetonfundament mit Stufen, bei dem in praxi die Stufenoberflächen nach außen leicht abgeschrägt werden sollten, um Sickerwasser abzuleiten. Fundament B ist der Schwellrost im Stahlrahmen. C ist ein Beispiel des Pilz- oder Breitfußfundamentes der Märkischen Elektrizitätswerke (MEW), Berlin, das in großem Umfange eingebaut wird. Es wird von den Kolonnen an der Strecke in Vollbeton mit Bewehrung hergestellt. D und D_1 sind Fundamente der BBC, Mannheim (GM 1755126) unter Verwendung von Schleuderbetonrohren, die in einem Rüttelbetonfuß verankert sind. Sie werden ausbetoniert (D) oder als Hohlsäulen (D_1) verwendet. Schließlich ist von der „Starkstromanlagen AG, Landshut" eine Ausführungsform E mit dreisternigem Querschnitt der Säule unter Verwendung von Spannbetonfertigteilen entwickelt.

---

[1] M. SÜBERKRÜB: Mastgründungen an Freileitungen, Fahrleitungsanlagen und Bahnspeiseleitungen. Berlin: Ernst & Sohn 1958.

[2] Zugversuche an Mastgründungen. Stahlbau 22 (1953) H. 8, S. 178.

[3] K. FIELITZ: Ausführungsarten von Einzelfundamenten für Hochspannungsfreileitungsmaste. ETZ, H. 24 vom 11. 12. 1953.

Die mit den am Einbauort aufbetonierten Betonkappen versehenen Fundamente D_1 und E erfuhren die geringsten seitlichen Verschiebungen. Die rech-

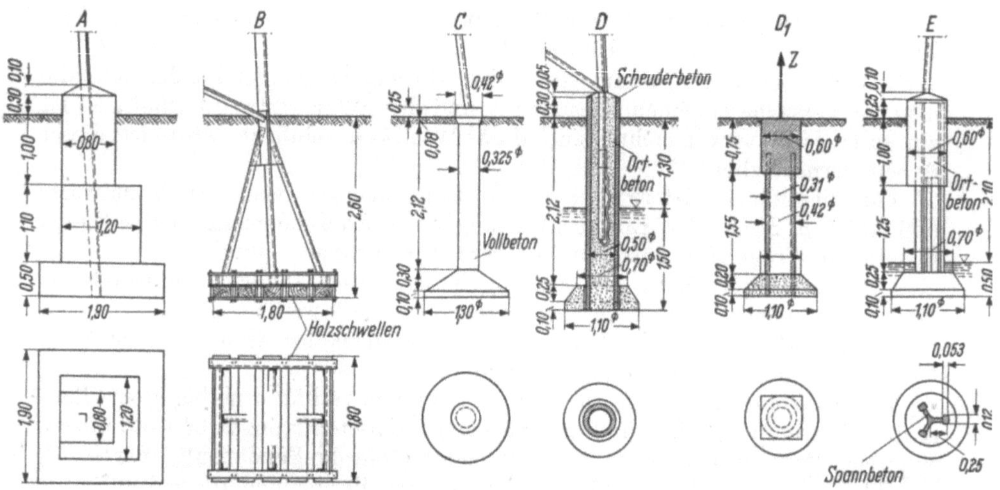

Abb. 128. Einzelfundamente für Hochspannungsfreileitungsmaste. *A*: Stufenförmiges Stampfbetonfundament. *B*: Plattenfundament mit Holzschwellen; *C*: Einsetzfundament Märkische Elektrizitätswerke Berlin (Pilzfundament); *D*: Einsetzfundament BBC, Mannheim (Schleuderbetonrohr); D_1 dito (hohles Schleuderbetonrohr); *E*: Einsetzfundament Starkstromanlagen AG Landshut (Spanbetonsäule)

nerischen und gemessenen Zugkräfte sowie die höchstzulässigen Werte sind in der Abb. 129 unter den Fundamenttypen nach dem Aufsatz FIELITZ angegeben.

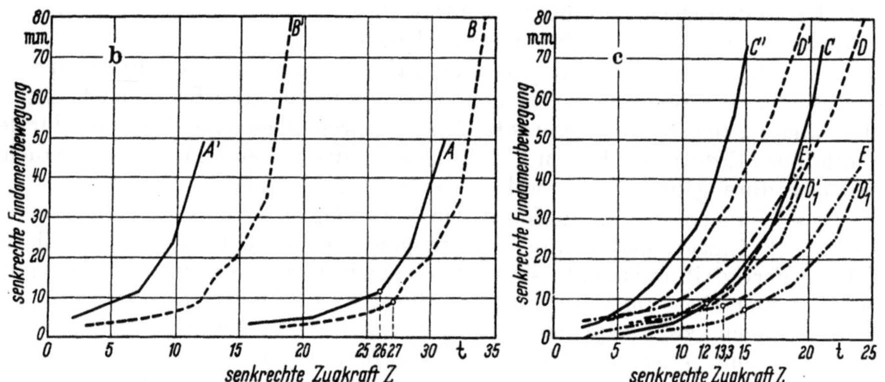

Abb. 129. Zughebungskurven. b) für Fundamente *A* u. *B*; c) für die Einsetzfundamente *C—E* der Abb. 128. Die Kurven *A—E* bezeichnen die Vertikalbewegung der Fundamente. Die Kurven *A'—E'* sind unter Abzug der lotrechten Lasten $(G + G_E)$ aufgetragen. Je kleiner der waagerechte Abstand der Kurven ist, um so größer ist der Einfluß des seitlichen Erdwiderstandes.
Aus den Versuchen und der rechnerischen Nachprüfung ergaben sich folgende höchstzulässigen Zugwerte:

A	*B*	*C*	*D*	D_1	*E*
20,35	23,15	12,1	12,2	10,12	13,24 t

Man sieht auch aus den Zughebungskurven, daß die Übereinstimmung der Versuchsergebnisse die Anwendung der bisher üblichen Rechenverfahren rechtfertigt, solange nicht eine ebenso einfache und allgemeingültige neue Methode vorgelegt wird.

Die Gründung von Masten ist bei weichem Gelände nicht immer mit Flachfundierungen zu machen. Abb. 130 zeigt ein Beispiel, wie bei einem Doppelmast durch die Unterrammung der durch einen Holm verbundenen beiden Blockfundamente mit nur 4 Pfählen eine ausgezeichnete zusätzliche Fundamentverbreiterung erreicht werden konnte, die oberirdisch keinen Platz beansprucht und mit Sicherheit Setzungen und Verkantungen verhindert. In ähnlicher Weise wird man Maste mit 3 und 4 Gitterfüßen natürlich auch sichern.

Ein lehrreiches Beispiel bietet ein Fernsehmast auf einer Felskuppe, über den die Amerikaner berichten.[1]

Der Turm ist ein 160 m hoher vierseitiger Stahlgittermast. Eine Abspannung kam nicht in Frage. Es wurden für die Gründung folgende Möglichkeiten überprüft:

1. Ein Fundamentklotz mit 500 m³ Beton. Preis 56000 Dollar. Schwierig war der Transport des vorgemischten Betons, für den nur Seilbahn- oder Hubschraubertransport in Frage kam.

2. Um weniger Beton fördern zu müssen, prüfte man die Ausführung eines allseitig geschlossenen Stahlbetonbehälters mit 21 × 21 m Grundfläche und etwa 1,50 m Höhe, der 440 m³ Wasser aufnehmen sollte. Der Behälter hätte 70000 Dollar gekostet und schaltete deswegen und wegen der Frostgefährdung aus.

3. Ausgeführt wurde schließlich eine direkte Felsverankerung nach Abb. 131, wobei die 4 Stützen des Turmes einzeln verankert sind. Es wurde für jede Stütze eine Grube von 3 × 3 m und 1,50 m Tiefe aus-

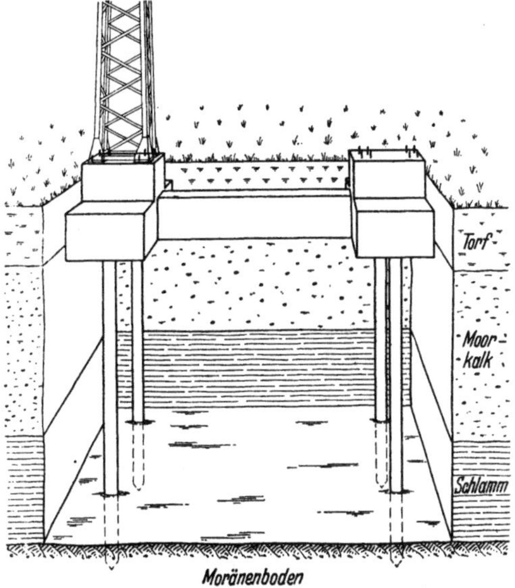

Abb. 130. Doppelmastgründung bei weichem Boden

gehoben, in welche eine 12 ¹/₂ cm starke Unterbetonschicht eingebracht wurde. Hierauf wurden 8 Ankerlöcher von 17 ¹/₂ cm Durchmesser auf 7,50 m Tiefe schräg eingebohrt und in diese Ankerlöcher warmgewalzte Stahlspannstangen von 42 mm Durchmesser eingebaut und dann die Bohrlöcher mit Expansiv-Mörtel auf 3 m Höhe verfüllt. Nach dem Abbinden wurde jede einzelne Ankerstange auf 60 t Zug geprüft, einige auch auf 80 t. Es stellte sich heraus, daß alle Stangen unverrückt blieben, so daß weder Mörtel noch Anker gerutscht waren. Die restlichen 4,50 m der Ankerlöcher wurden mit Weichmörtel verfüllt. Darauf wurde der untere Teil des Ankerkörpers betoniert, der mit starker kreuzweiser Bewehrung versehen ist. Dann wurde die untere 11,5 cm dicke Ankerplatte eingebaut. Für die Vorspannung der Ankerstäbe wurde eine hydraulische Gewindespannpresse benutzt, welche gestattet, die tiefer liegende Sicherungsmutter beim Anspannen anzuziehen. Nach Ablassen der Vorspannung saß der Anker fest. Es folgte darauf das Einsetzen der acht senkrechten Ankerbolzen für die obere 7,5 cm dicke Ankerplatte. Für jede Ecke ist ermittelt, daß die aufwärts wirkende Kraft unter Berücksichtigung der hohen Windgeschwindigkeit und unter Annahme einer Eisbelastung von 5 cm an den einzelnen Stäben 240 t beträgt. Unter der Annahme eines spezifischen Gewichtes von 2,4 für den Felsen hängt an jeder Ecke ein Gewicht von 810 t. Der Sicherheitsgrad ist also mehr als 3.

Als Spitzenleistungen der frei stehenden Gittermaste dürfen die Freileitungsmaste der Hochspannungsleitung Italien—Sizilien gelten, über deren Gründung interessante Angaben vorliegen.[2]

[1] Rock anchor hold TV tower on Mt. Wilson. Civ. Engrs. (Januar 1956).

[2] Ein kurzer Originalbericht von Dr.-Ing. ALBERTO TOSCANO über die Gesamtleitung findet sich in der Z. VDI 100, Nr. 11 vom 11. 4. 1958.

Nach mehr als 30jähriger Planung verwirklichte man diese 220 kV-Freileitung, welche die Stätten der klassischen Scylla und Charybdis miteinander
verbindet. Der Streit ob Tunnel, Kanal oder Freileitung ist damit beendet. Er
ist heute nur mehr verständlich, wenn man weiß, daß 1921 für die 6 Stromleiter

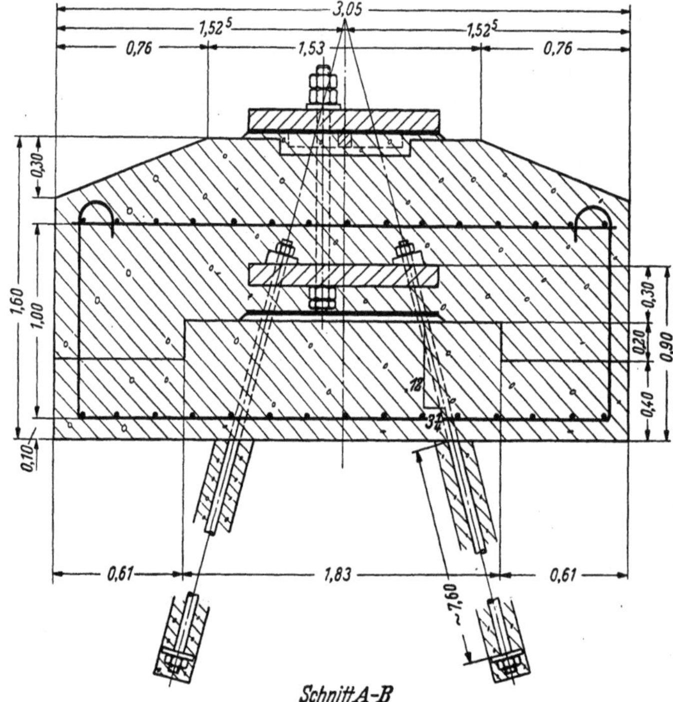

Abb. 131. Verankerung eines stählernen Fernsehturmes im Fels

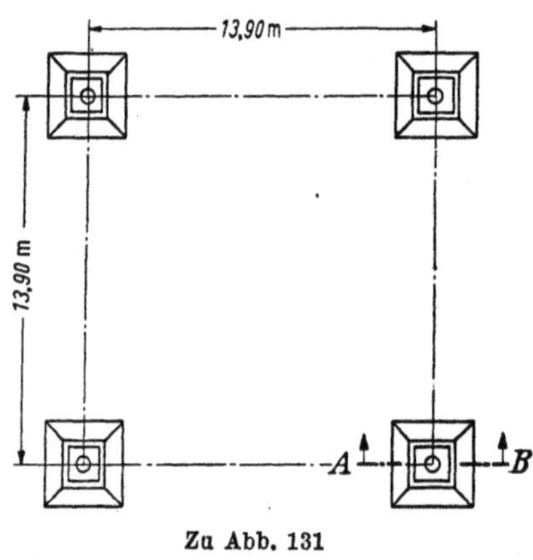

Zu Abb. 131

12 Maste von 277 m Höhe notwendig gewesen wären. Die heutige Seiltechnik erlaubt aber eine so straffe Spannung der
Leitung, daß 2 Türme von 223,7 m Höhe
über den Fundamenten ausreichen, an deren
Querträger die Leitungen in nur 25 m Abstand angeordnet sind. Eine Berührung der
mit etwa 210 m Durchhang auf 3646 m weit
gespannten Seile miteinander ist nicht
möglich. Die freie Durchfahrtshöhe ist mit
70 m gewährleistet.

Die Baustelle liegt im Erdbebengebiet,
und zwar innerhalb der Zone X der
Mercalli-Skala (Einsturz von Mauerwerk,
schwere Deformation von Stahlstützen,
Zermalmung von Stahlbeton-Stützenköpfen, leichte Schäden auch bei erdbebensicheren Bauweisen. Erschütterungsziffer $\varepsilon = 10$ bis 25). Die Erdbebenstöße
können hier aus jeder Richtung kommen. Es sind bei früheren Beben plötzliche
Setzungen bis zu 20 cm beobachtet worden.

Gegen diese Gefahren hat man sich durch die rechnerische Annahme geschützt, daß zugleich mit Windgeschwindigkeiten von 150 km/Std. fünf periodische,
ungedämpfte Erdbebenstöße aus der gleichen Richtung folgen, deren Periode
mit der Eigenschwingungsperiode der Türme zusammenfällt. Konstruktiv ist man

dem Stoß der seismischen Oberflächenwellen teilweise dadurch ausgewichen, daß die Fundamentbalken oberhalb des Geländes liegen und mehr als 10 mal soviel wiegen wie der Turm selbst, wodurch der Schwerpunkt des Systems sehr tief heruntergeholt ist.

Auf Sizilien steht der Mast auf der Halbinsel „Punta Sottile" allseits nur etwa 100 m von der Wasserlinie entfernt (Abb. 132).

Die oberen Strandschichten, die für die Gründung in Frage kommen, bestehen aus schwach kalkigem Grobsand und Quarzkies und führen Bruchstücke von Granit, kristallinem Schiefer und Pegmatit. Grundwasser (Seewasser) steht 2 m unter Gelände. Der Fels wurde bei den bis 230 m Tiefe geführten Bohrungen noch nicht erreicht.

Die Bodenuntersuchungen ergaben für das Material einen Böschungswinkel von 28°, einen Winkel der inneren Reibung von 20° und eine Tragfähigkeit von

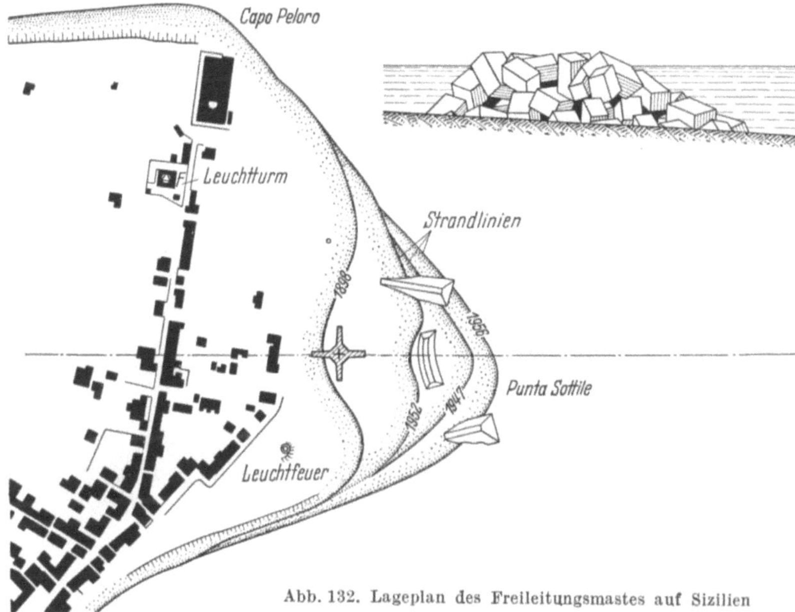

Abb. 132. Lageplan des Freileitungsmastes auf Sizilien

2,30 kg/cm², die mit der Tiefe gradlinig zunimmt und in 20 m Tiefe den Wert von 7,35 kg/cm² erreicht.

Als System der endgültigen Ausführung wurde eine monolithische Fundamentausbildung mit einer Diagonalabmessung von 50 m entsprechend dem Abstand der Mastfüße und mit einer Mindestkubatur von insgesamt 35000 m³ Beton festgesetzt. Zur Ausführung wurde das in Abb. 133a dargestellte Fundament bestimmt, das ein Balkenkreuz aus 10 m hohen und 50 m langen Stahlbeton-Kastenträgern zeigt, deren Enden auf 4 Druckluftsenkkästen gelagert sind, mit denen sie durch Steckeisen gelenkartig verbunden wurden. Die Abb. 133b zeigt die am Gründungssystem angreifenden Kräfte, aus denen sich ergibt, daß das in Unterkante Kreuzbalken angreifende Moment $22000 + 10 \cdot 200 = 24000$ tm ist. Das Standmoment des Turmes einschließlich Gründung beträgt demgegenüber 124000 tm, d. h., es ist normalerweise eine Sicherheit von 5,17 vorhanden. Bei Erdbeben wächst das Moment nach den Annahmen der Klasse X auf das 4,5-fache, d. h., es bleibt dann eine Sicherheit von $\frac{5,17}{4,5} = 1,15$, die ein Kippen des Mastes noch ausschließt, zumal nicht unbedingt die im Umsturzmoment

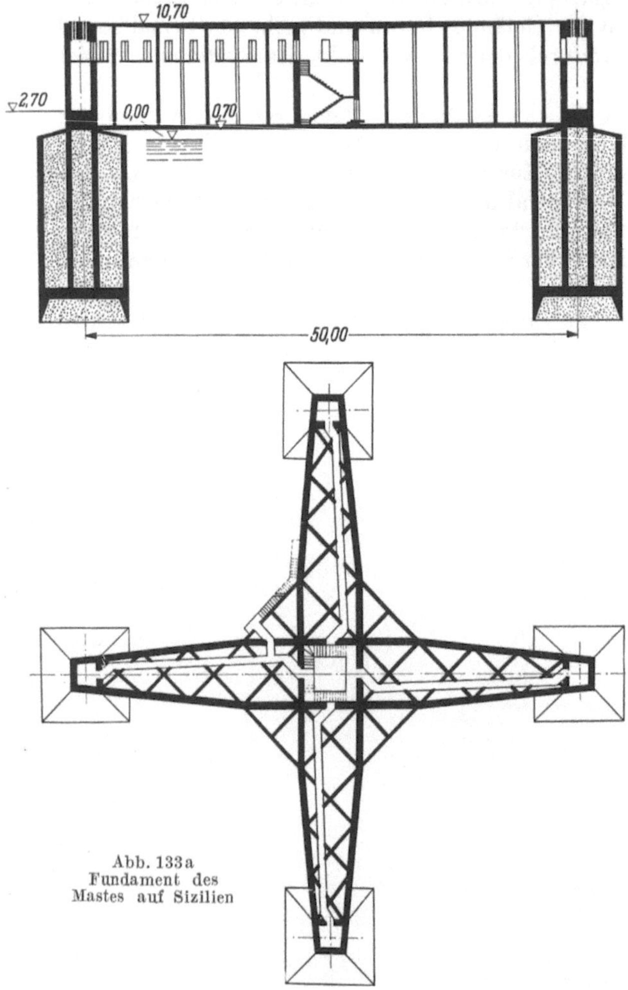

Abb. 133a
Fundament des
Mastes auf Sizilien

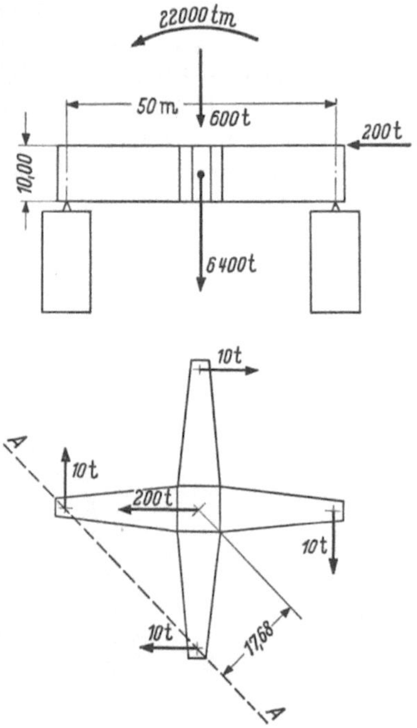

Abb. 133b
Kraftangriff am Fundament der
Abb. 132

Abb. 134a. Senkkasten-
Arbeitskammer im Bau

steckende Windlast gleichzeitig aufzutreten braucht. In Mexiko z. B. wird sie
in den Erdbebenbestimmungen bisher ausdrücklich ausgenommen.

Die Kreuzbalken sind so bemessen, daß bei dem zu erwartenden ungünstigsten Lastfall, d. h. wenn alle Kräfte über Eck wirken und der ganze Komplex
auf einem einzigen Kreuzbalken ruht, die Beanspruchungen $\sigma_b = 100\ \text{kg/cm}^2$
und $\sigma_e = 4000\ \text{kg/cm}^2$ werden. Der
Schwerpunkt des Komplexes (Turm und
Balkenkreuz) liegt nur 1,70 m über Oberkante des Balkenkreuzes. Die Pressung
in der Gründungssohle der Senkkästen
liegt mit 2,75 kg/cm² wesentlich unter
der in dieser Tiefe festgestellten Tragfähigkeit des Untergrundes von etwa
7,4 kg/cm².

Beim Absenken der Senkkästen wurde eine Mantelreibung bis zu 3 t/m³ festgestellt und das Absinken wiederholt
durch Fortnahme des Luftdruckes
erzwungen. Die Senkkastengründung
erforderte in 146 Arbeitstagen rund 30 000
Arbeitsstunden. Die Arbeitskammer
wurde ausbetoniert, und man injizierte
sicherheitshalber die unvermeidbaren
Fugen zwischen Füllbeton und Kammerdecke, wobei sich jedoch ergab, daß diese
vernachlässigbar klein waren. Der Aus-

Abb. 134b. Senkkasten im Bau

hub wurde laufend als Füllmaterial in die Senkkästen eingebaut. Die Kreuzbalken sind abschnittsweise hergestellt und konnten daher teilweise schon

Abb. 134c. Oberirdisches Balkenkreuz

gleichzeitig mit der Senkkastenabsenkung ausgeführt werden. Da sie später
nur an den 4 Enden aufliegen, war eine solide, setzungsfreie Unterlage für ihre
Herstellung erforderlich, die durch 10 m lange hölzerne Hilfspfähle und eine
Magerbetonplatte geschaffen wurde.

Zum Schutz gegen das Seeklima wurden alle äußeren Betonflächen mit
einem 3 cm starken Spritzmörtel verkleidet und alle inneren Betonflächen der

Kastenträger 1,5 cm stark angespritzt. Bei den Senkkästen beschränkte man die Sicherheitsmaßnahme auf den über dem Grundwasser befindlichen Teil. Die Abb. 134 zeigt einige Phasen der Ausführung.

Abb. 134d. Mastmontage

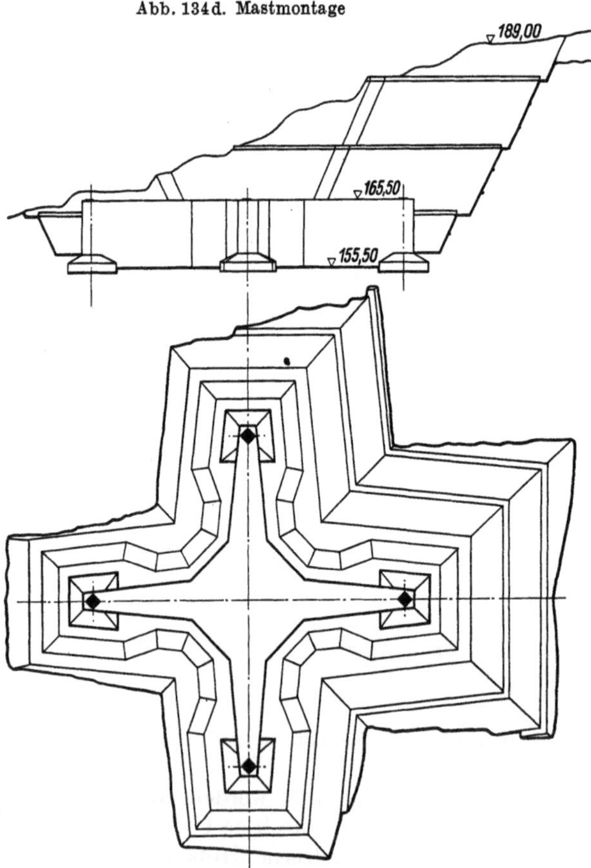

Abb. 135
Der Mast an der italienischen Felsenküste hat das gleiche Balkenkreuz wie der siz.ian.sche, aber mit Flachgründung in tiefer Baugrube

Die kalabrische Küste steigt ziemlich steil aus dem Meere empor und ist als Randzone des Grabenbruches stark klüftig und rissig. Zur Untersuchung des Untergrundes wurden in 40 m Abstand 2 Schächte heruntergebracht, deren Sohlen durch einen kleinen Stollen von 1,30 m Höhe verbunden wurden. So konnte man den Fels in ungestörter Lagerung beurteilen. Der Fels war tiefgehend so weit verwittert, daß man auch hier das gleiche Balkenkreuz ausführte wie auf Sizilien, wobei an Stelle der Senkkästen hier Sockelfundamente von 8×8 m Fläche an den Enden der Balken angeordnet wurden (Abb. 135). Zur Lastübertragung wird jedoch die ganze 615 m² betragende Grundfläche des Balkenkreuzes herangezogen.

Rund 50 000 m³ Fels mußten entfernt werden. Die ganze Menge erwies sich als Hackfels, womit die Ergebnisse der Erkundung bestätigt wurden. Die Böschungen sind mit der Neigung $2:1$ angelegt und erhielten zum Schutz gegen Rutschungen, Auswaschungen und Erdbebenfolgen im Abstand von 10 m übereinander Absätze in Form 1 m breiter Bermen. Man versah alle Böschungen mit einer 15 cm starken Verkleidung aus Magerbeton mit dem Zementgehalt von 200 kg/m³. Diese Schicht wurde alle 3 m durch eine Konsolverzahnung mit 15×30 cm Fläche im Berg selbst abgestützt; sie reicht über

die Bermen und ebenso über die obere Böschungskante hinweg und schließt
hier an eine Entwässerungsrinne an, damit keine Hinterspülung eintreten kann.

Abb. 136a. Die Baugrube in gebräuchem Fels

Das Betonieren der Fundamentbalken ist kontinuierlich in horizontalen
Schichten von 40 bis 50 cm Dicke durchgeführt, da hier ein abschnittweiser
Bauvorgang, wie zwischen den Senkkästen der sizilianischen Seite nicht nötig
war. Der Beton wurde mit Innenrüttlern
verdichtet und sorgfältig gepflegt.
Abb. 136 zeigt Phasen dieser Fundament-
ausführung.

Die Verankerung der Turmfüße auf
den Endpunkten der Balkenkreuze geschah mit je sechzehn schweren Ankerbolzen, welche die Grundplatte auf der
Decke verankerten (Abb. 137). Die Konstruktion der Turmfüße läßt das Anheben der zu diesem Zweck mit Konsolen
versehenen Fußplatte um einige Milli-
meter zu, so daß hier ein Ausrichten
und späteres Nachrichten möglich ist.

Abgespannte Maste. Neben den frei
stehenden Stahlgittermasten sind besonders für Funkstationen abgespannte
Maste ausgeführt, deren Fundierung
meist keine großen Schwierigkeiten
macht, weil die Kräfte aus dem Mastfuß
geradezu in statisch idealer Weise senkrechte Punktlasten sind (Abb. 138a) und
die nachspannbare Verankerung der Ab-

Abb. 136b. Böschungssicherung durch
Betonverkleidung

spannseile einwandfrei gerichtete Zugkräfte sind, die durch Laschen und einbetonierte Anker auf den Ankerklotz übertragen werden (Abb. 138b), wo sie
allein durch dessen Gewicht eine Resultierende ergeben sollen, die innerhalb
der Bodenreibung bleibt. Der Erdwiderstand bleibt dabei zweckmäßig außer
Ansatz.

Als Abspannseile kommen drallarme und spannungsfreie normale Stahldraht-
seile nur für kleinere Maste in Frage, gedrallte Seile aus wenigen dickeren Drähten

Abb. 136c. Gesicherte Baugrube

bei Korrosionsgefahr, patentverschlossene Seile
(mit Profildrähten in den äußeren Lagen) für
größere Masten und paralleldrähtige Seile (wie
bei Hängebrücken) für die höchsten Steifigkeits-
forderungen. Die Beanspruchungen der Ab-

Abb. 136d. Balkenkreuz in Arbeit

spannseile sind nicht rein statisch, sondern
infolge der Elastizität aus Durchhang, Material
und Machart des Seiles und der Steifigkeit des
Turmes selbst in gewissem Umfang auch dynamisch, d. h., die Beanspruchung unter den Ab-
spann-Fundamentklötzen kann schwanken und
damit eine Pumpwirkung auf die Gründungs-

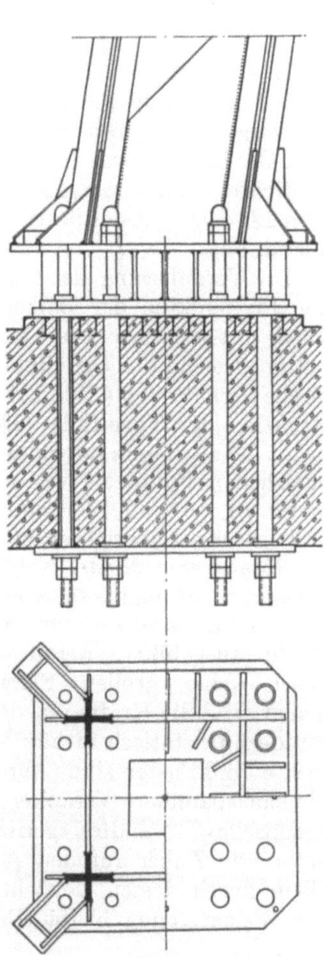

Abb. 137
Detail der Mastflußverankerung

sohle ausüben. Es ist daher stets eine etwa 0,3 bis 0,5 m dicke Schicht Kiessand einzubringen, die im Rahmen dieser Belastungsschwankungen druckverteilend wirkt, ohne elastisch zu sein.

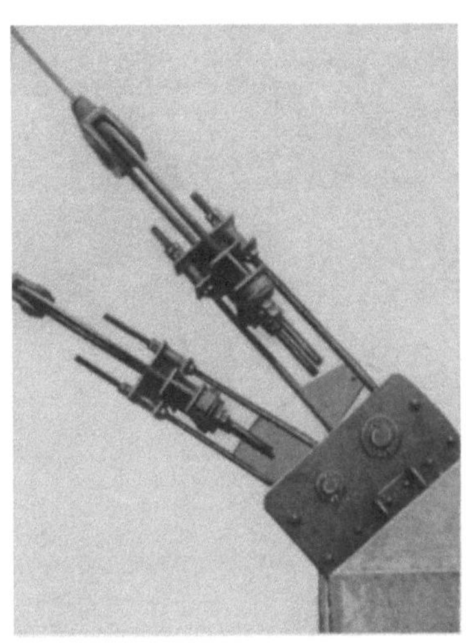

Abb. 138a. Mastfuß   Abb. 138b. Verankerung der Abspannseile

Seezeichengründung

Zu den Mastgründungen sind auch die Seezeichengründungen zu rechnen, soweit sie ortsfest sind und turmartigen Charakter haben. Das sind die Baken, die neben der Aufgabe als Seezeichen auch als Vermessungsfixpunkte und oft auch als Zufluchtsplätze in Seenot dienen. Früher waren sie meist holzverzimmerte Bauwerke (Eiche) mit einer natürlichen Lebensdauer von 25 Jahren bei guter Pflege. Heute verwendet man die widerstandsgünstigeren Stahlrohre als Baumaterial, die leichte Dreiecksböcke auszuführen gestatten und durch gute Feuerverzinkung praktisch unvergänglich sind. Da für den Standort solcher Bauten an oder inmitten der See selten die Gewähr der Unverschieblichkeit des Baugrundes besteht, wird man immer eine Tiefgründung vorziehen, bei der oft noch die Annahme gemacht werden muß, daß der Sand mehrere Meter fortgeschwemmt werden kann, ohne daß die Bake gefährdet wird.

Ein Beispiel bieten die Baken auf Tertiussand und Buschsand vor der Elbmündung. Die früheren Holzbaken auf Holzpfählen sind 27 und 37 Jahre nach ihrer Erbauung im Jahre 1949 einem Sturm zum Opfer gefallen und 1950 durch Stahlrohrbaken auf Lorenzpfählen ersetzt.[1]

Alle Stahlteile sind in Längen von max. 6 m im Tauchbad feuerverzinkt, und die Verbindungen nur mit galvanisch verzinkten Schrauben ausgeführt. Nur die Toppzeichen sind mit dunkelgrauem Einbrennlack behandelt, damit sie jederzeit sichtbar bleiben.

Die Gründung der durch einen festen Grundrahmen aus Peiner Profilen verbundenen 3 Stützen ist durch einzelne Stahlbetonsockel auf einem Bock aus je 2 Lorenz-Bohr-Pfählen (s. S. 267) auf dem Gelände vorgenommen. Die Pfähle sind 10 m lang und haben 32 cm Nenndurchmesser und sind mit je 8 $\varnothing$ 12 bewehrt. Abb. 139 zeigt einen solchen Sockel im Detail. Abb. 140 zeigt die Rettungsbake „Buschsand" in skizzenhafter Form. Die Pfahllänge ist so gewählt,

---

[1] VOGEL: Zwei neuartige Baken im westholsteinischen Wattenmeer. Bautechn. 29 (1952) H. 6, S. 159ff.

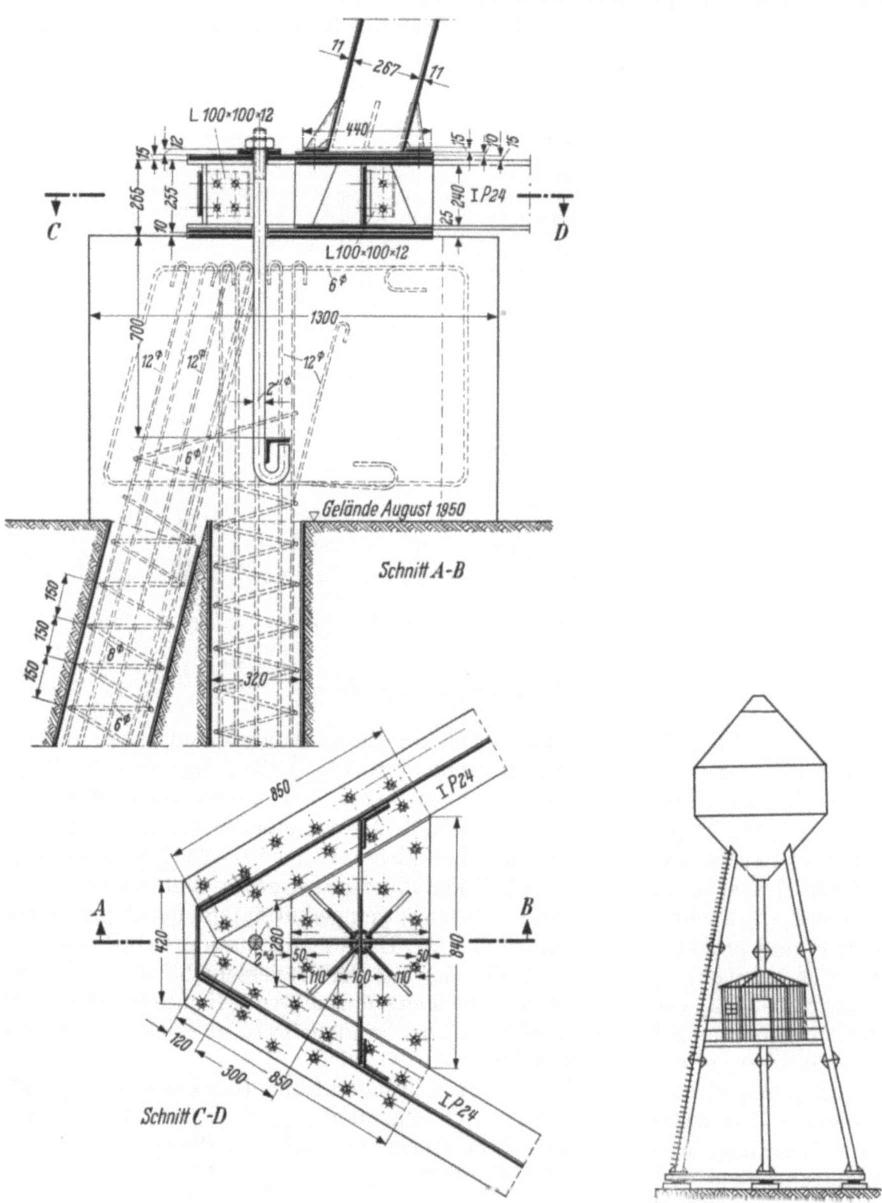

Abb. 139. Bakenfundament Buschsand auf Trischen
(nach Wasser- und Schiffahrtsamt Tönning)

Abb. 140
Rettungsbake „Buschsand"
(Bautechn. (1952) H. 6)

daß noch bei 3 m Freispülung der Pfähle keinerlei Gefahr für den Bestand der
Baken besteht. Die Konstruktionen beider Baken sind gleich, lediglich die
Toppzeichen sind unterschiedlich.

2.9.2 Turmfundamente

Bei Schornsteinen, Türmen und Masten sind die Fundamente meist Kreisplatten oder Achteckplatten, bei denen die lastverteilende Funktion Moment-
beanspruchungen mit sich bringt, die weitgehend von den Bodenreaktionen abhängen und deren Grenzfälle der Bemessung der Fundamentplatte zugrunde

gelegt werden. Für die statische Behandlung sind für Kreisplatten zahlreiche Untersuchungen und Verfahren verfügbar. Hier möge es genügen, auf einen Aufsatz von MEHMEL hinzuweisen, der erkennen läßt, welche Rolle für die Bemessung die geschickte Einteilung des Fundamentes in Kreisplatte, Kreisbalken und Kreisringplatte spielt.[1]

Bezüglich der Setzungsberechnung einer Kreisringfläche sei verwiesen auf den Aufsatz K. FISCHER[2], der an SCHLEICHER anknüpft.

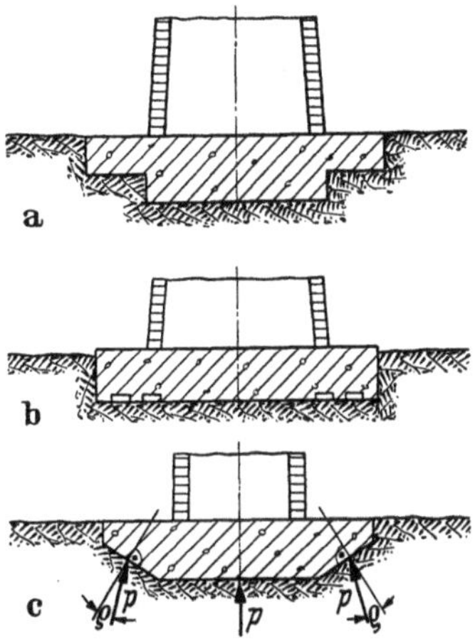

Um der Bodenreaktion gewisse Unregelmäßigkeiten zu nehmen, kennt man einige Möglichkeiten, die praktische Bedeutung haben. So werden die in den Randstreifen stark wachsenden Bodenreaktionen durch Absatzbildung kompensiert bzw. in eine Richtung mit geringerer Momentenwirkung abgelenkt. Abb. 141a zeigt eine solche gestaffelte Sohle, bei der der Boden unter der Randzone wegen seiner höheren Lage in geringerem Maße belastbar und daher setzungswilliger ist, und die Lastübertragung zur Fundamentmitte verlagert wird. Die gleiche Wirkung wird nach einem Vorschlag von SIEMONSEN durch Hohlräume in der Fundamentsohle erreicht (Abb. 141b), welche die lastübertragende Fläche bis zu einer bestimmten Setzung reduzieren und ebenfalls die mittlere Fläche zu erhöhter Lastaufnahme zwingen. Schließlich kann man nach SIEMONSEN durch Unterschneidung der Randzone neben einer Druckverlagerung auch eine Momentminderung durch die Schrägrichtung des Sohldruckes herbeiführen (Abb. 141c). Sofern eine solche Kreisplatte durch Unterrammung zum Bestandteil einer Tiefgründung wird, ist die Bewehrung infolge klarer Kräfteverteilung verhältnismäßig einfach, wie das Beispiel eines Sendeturmfundamentes in Nordbrabant (Abb. 142) erkennen läßt. Der 90 m über Fundament hohe Turm ist mit Franki-Pfählen unterstützt, die 50 cm Durchmesser haben und normal mit 70 t, im ungünstigsten Fall mit 125 t, belastet sind. Die Platten sind bewußt recht dick und schwer gehalten, weil dadurch Schalung und Stahl gespart wurde und das Fundamentgewicht zur Verlagerung des Schwerpunktes willkommen war. Auch zeitlich war die einfache Bewehrung nur ein Vorteil. Die Abb. 143 zeigt die Bewehrung des Funkturmes in Mierlo, Holland, die in der Sohle ohne Bedenken in mehreren kreuzweisen Lagen verlegt werden konnte, was bei dünnen Platten oft schwierig ist.

Abb. 141. Turmfundamente mit Beeinflussung der Bodenreaktion

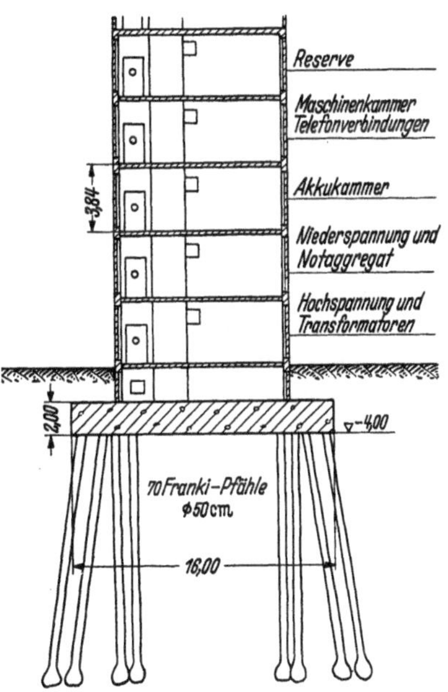

Abb. 142. Funkturm in Nord Brabant/Zeeland (nach Polytechnisch Tijdschrift, 19. 7. 1956. Ausg. B. Nr. 29—30)

---

[1] Bauingenieur (1951) S. 293.
[2] K. FISCHER: Zur Berechnung der Setzung von Fundamenten in der Form einer kreisförmigen Ringfläche. Bauingenieur (1956) S. 257—259 und Berichtigung dazu (1957) S. 172.

Während die kreuzweise Bewehrung nicht allzu umständlich ist und meistens
3 Lagen der Bewehrungsstäbe genügen, kann bei radialer Anordnung die Verteilung der Stäbe manchmal knifflig werden. Die Abb. 144 zeigt ein unterrammtes Schornsteinfundament mit einer recht geschickten Radialbewehrung,
die zum wichtigsten Teil ungestoßen durchläuft, und in 2 Lagen angeordnet ist.
Der Mittelteil dieser 2 Lagen, Durchmesser 24 mm, bildet eine kleinflächige,
quadratische Bewehrung und durch Einschwenken der Enden in die Radien

Abb. 143. Bewehrung der Fundamentplatte des Funkturmes in Mierlo, Holland (Quelle wie Abb. 142)

gelang es, mit nur 5 Positionen die Hauptbewehrung symmetrisch anzuordnen
und durch Einschaltung von Zwischenstäben eine einwandfreie Momenten-
deckung zu erzielen.

Sofern Kreisplattenfundamente höhere Windmomente zu übernehmen haben,
wie sie z. B. bei den Fernsehtürmen infolge der hochliegenden Betriebseinrichtungen auftreten, sind sie u. U. ungünstig.

Die großen Fundamentflächen ergeben ohne Wind kleine Einheitspressungen,
denen sich die Kantenpressungen infolge Wind als relativ hohe Zusatzkräfte
überlagern; damit sind die Schwankungen der max. Bodenreaktionen (Rand-
pressungen) so hoch, daß die dazugehörigen Einsenkungen zu sich summierenden
Setzungen, z. B. der windabgewandten Seite, und damit zu dauernden Schiefstellungen führen könnten. Auch erfordern derartige Kreisplatten eine unwirt-
schaftliche Bemessung, so z. B. nach Ermittlung von FROST und KISS für einen
bestimmten Fall eines 140 m hohen Fernsehturmes eine Platte von 35 m Durchmesser bei 2 bis 3 m Dicke.[1]

Diese Grundüberlegung führt zur Kreisringplatte, die nicht als Flachgründung,
sondern in größerer Tiefe ausgeführt wird, wo höhere Bodenpressungen zulässig
sind. Gegenüber diesen Pressungen sind dann die Schwankungen aus Windangriff
gering, so daß sie nicht bedenklich in Erscheinung treten. Setzungen sind demzufolge nur in lotrechter Richtung zu erwarten und Schiefstellungen infolge
etwa allmählich sich in Windrichtung summierender Bodenverdichtung so gut
wie ausgeschlossen.

---

[1] G. FROST und W. KISS: Entwurf eines Fernsehturmes aus Stahlbeton. Bauplanung
Bautechn. 11 (1957) H. 3.

Beim Stuttgarter Fernsehturm[1] sind diese Verhältnisse eingehend untersucht und eine statische Form für den Fundamentkörper gefunden, die an konstruktiver Eleganz der architektonischen Lösung für den sichtbaren Teil in nichts nachsteht. Die Abb. 145 zeigt den Schnitt durch das Fundament, das einen Kreisring von nur 3,25 m Breite bei 27 m äußerem Durchmesser aufweist.

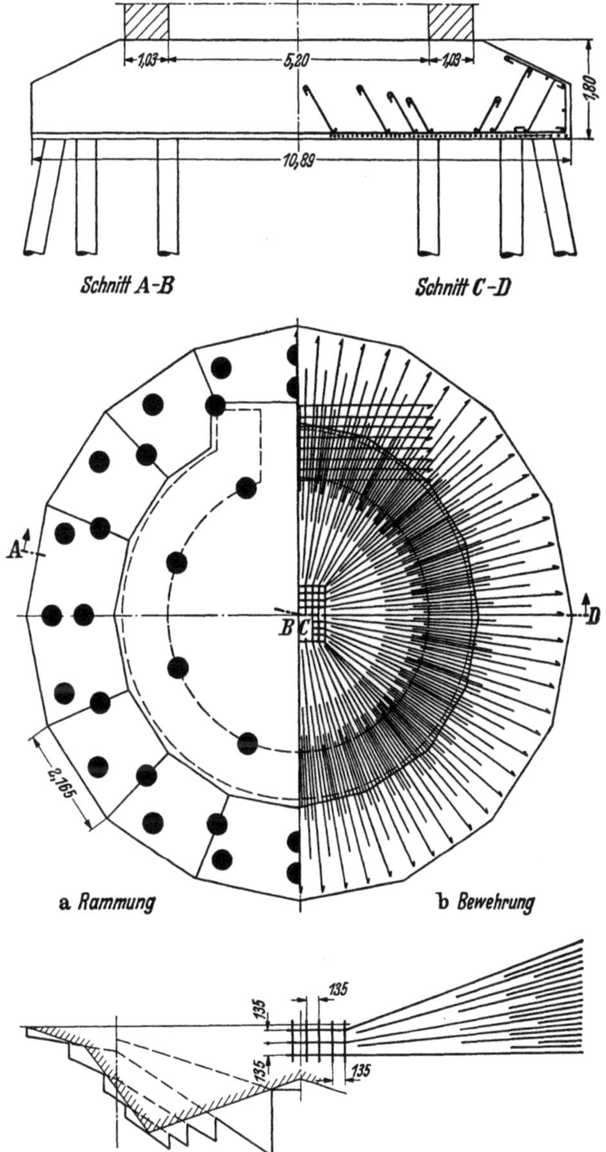

Abb. 144. Unterrammtes Schornsteinfundament mit radial angeordneter Bewehrung (Ausf. W & F KG)

Dieses, die Hauptlast tragende Ringfundament ist durch eine etwas höher liegende, 25 bis 35 cm dicke Scheibe mit der unter dem inneren Kegel liegenden, 0,65 m dicken mittleren Kreisplatte verbunden, die nur $^{1}/_{10}$ der Fläche des äußeren Ringes besitzt und demzufolge die Pressungen unter dem Ringfundament nur wenig beeinflußt. Die Bodenuntersuchung ergab für das statisch

---

[1] Dr.-Ing. FRITZ LEONHARDT: Der Stuttgarter Fernsehturm. Beton- u. Stahlbetonbau 51 (1956) H. 4/5.

günstige Ringfundament für mittige Belastung eine zulässige Bodenpressung
von 3,6 kg/cm², von der 3,04 kg/cm² ausgenutzt werden und 4,68 kg/cm² für die
größte Kantenpressung, die mit 4,34 kg/cm² anfällt. Die Setzungsberechnung
läßt eine Setzung von 3,45 cm erwarten, wenn die Setzung in homogenem Boden

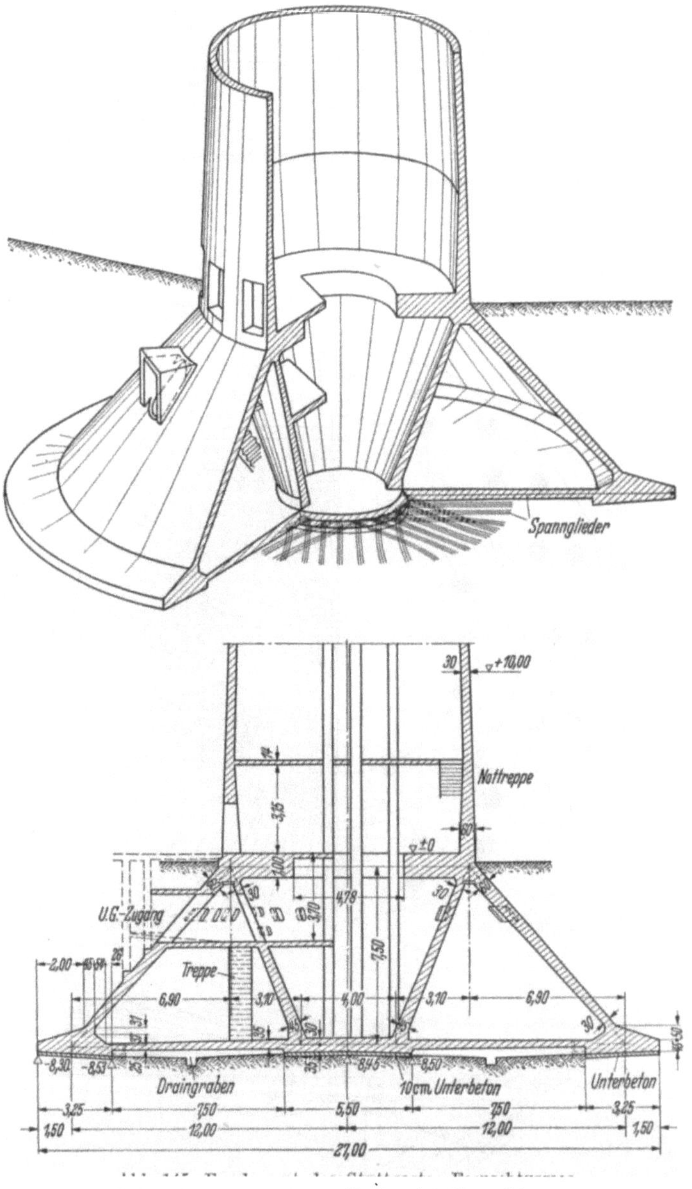

Abb. 145. Fundament des Stuttgarter Fernsehturmes

gleichmäßig vor sich geht. Da aber etwa 1 m unter der Gründungssohle eine
fast 60 cm mächtige feste Kalksteinbank ansteht, ist eine in der Rechnung nicht
berücksichtigte weitere Lastverteilung und damit eine zusätzliche Sicherheit
vorhanden.

Einschließlich der Erdauflast kann das Fundament die 2,5fachen Windkräfte
aufnehmen, ohne daß die Bodenfuge klafft, und die Sicherheit gegen Kippen
ist 4, gegen Grundbruch sogar 8 bis 14.

In der einer liegenden Scheibenradkonstruktion vergleichbaren Grundplatte sind die vom äußeren Kegelmantel erzeugten erheblichen radialen Kräfte durch eine speichenartige Spannbewehrung mit Bündeln aus 12 ⌀ 8 mm, St. 135/150, nach dem System Freyssinet-Wayss & Freytag aufgenommen, die mit je 50 t Spannkraft eine rissefreie Grundplatte gewährleisten. Diese Spannglieder liegen in 4 Scharen von je 7 × 4 Bündeln in der mittleren Bodenplatte in 4 Ebenen übereinander, wie Abb. 146 zeigt. Abb. 147 zeigt die Verlegearbeit der Bündel.

Die Vorspannkräfte wurden symmetrisch von beiden Seiten gleichzeitig eingeleitet. Zwischen je 4 Bündeln war eine Arbeitsgasse gelassen, die eine einwand-

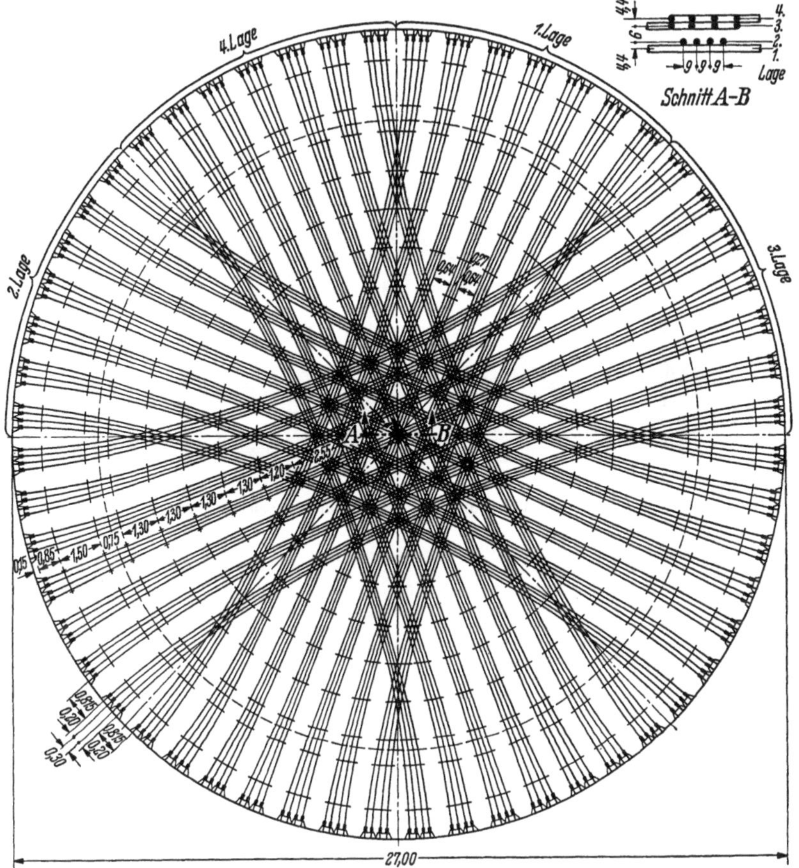

Abb. 146. Anordnung der Spannbündel in der Grundplatte des Fernsehturmes Stuttgart

freie Verarbeitung des Frischbetons (B 300) ermöglichte, ohne daß die Bündel gefährdet oder gar beschädigt wurden. Die am Umfang des Ringfundamentes radial nach innen gerichteten, gleichmäßig verteilten Spannkräfte betragen 141 t/m und gewährleisten auch bei voller Windlast zugspannungsfreie Querschnitte. Ausführlich ist dieses Bauwerk in der angegebenen Quelle behandelt.

In der Literatur[1] wird über Projekte der Deutschen Post in der DDR berichtet, bei denen Dr.-Ing. LEONHARDT beratend mitgewirkt hat. Hier konnte allerdings die als ideal anerkannte Fundamentkonstruktion des Stuttgarter Fernsehturmes nicht ohne weiteres übernommen werden, weil in der DDR die Entwicklung von Spanngliedern mit höherer Spannkraft, die für eine speichen-

---

[1] H. ZSCHENDERLEIN: Dezimeter- und Fernsehtürme aus Stahlbeton. Bauplanung u. Bautechn. 11 (1957) H. 3, S. 120ff.

Abb. 147. Verlegung der Spannbündel nach Abb. 146

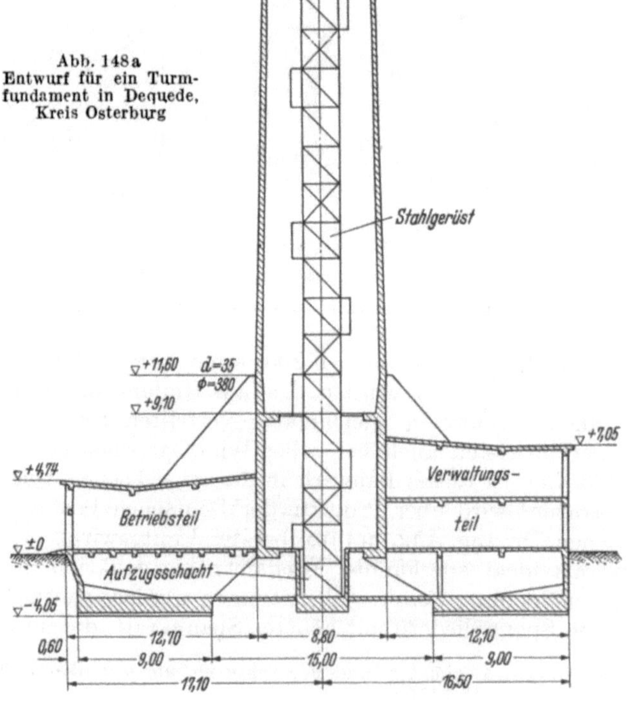

artige Anordnung der Vorspannglieder nötig wären, noch nicht abgeschlossen war. Man hat jedoch die Kegelschale übernommen, bei der die lotrechten Kräfte in schräge Seitenkräfte umgesetzt werden, die im Kreisring mit einer Ringvorspannung aufgenommen werden müssen.

Ein weiteres Turmprojekt[1] in der DDR wurde von dem Entwurfsbüro für Industriebau, Berlin, für das Ministerium für Post- und Fernmeldewesen ausgearbeitet, bei dem das Fundament eine Flachgründung in 4,05 m unter Gelände besitzt und ohne Vorspannung auszuführen ist.

Der massive Betonteil ist 128,40 m hoch. Der am Fuß 8,80 m äußeren Durchmesser aufweisende Schaft wird von 14 radial gestellten Stahlbetonscheiben abgefangen, die seine Lasten auf einen Fundamentring mit 33 m äußerem und 15 m innerem Durchmesser übertragen. Abb. 148a zeigt den Querschnitt und Abb. 148b eine isometrische Darstellung, aus der zu erkennen ist, daß die Ringplatte aus nach unten gerichteten Gewölben zwischen den Radialscheiben besteht,

---

[1] G. Frost u. W. Kiss: Entwurf eines Fernsehturms aus Stahlbeton. Bauplanung u. Bautechn. 11 (1957) H. 3, S. 124ff.

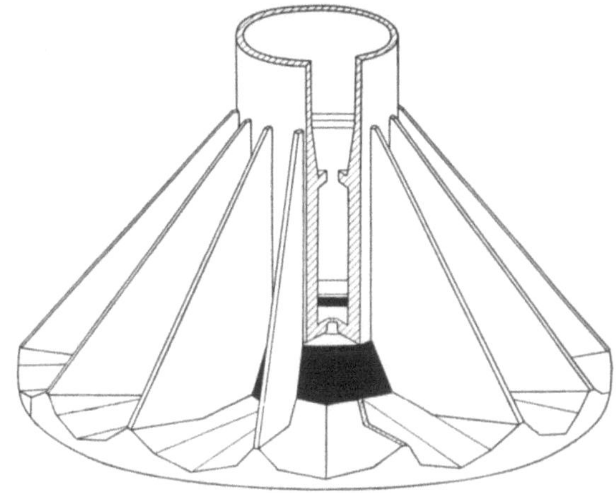

Abb. 148b
Isometrische Darstellung des Gründungskörpers ohne Einbauten

Abb. 149
Ansicht des Wasserturmes Örebro, Schweden

in denen stets Druckspannungen aus dem Gesamtgewicht von 8560 t vorherrschen. Die Ringzugkräfte werden von einer tangential angeordneten Bewehrung aus Baustahl I aufgenommen.

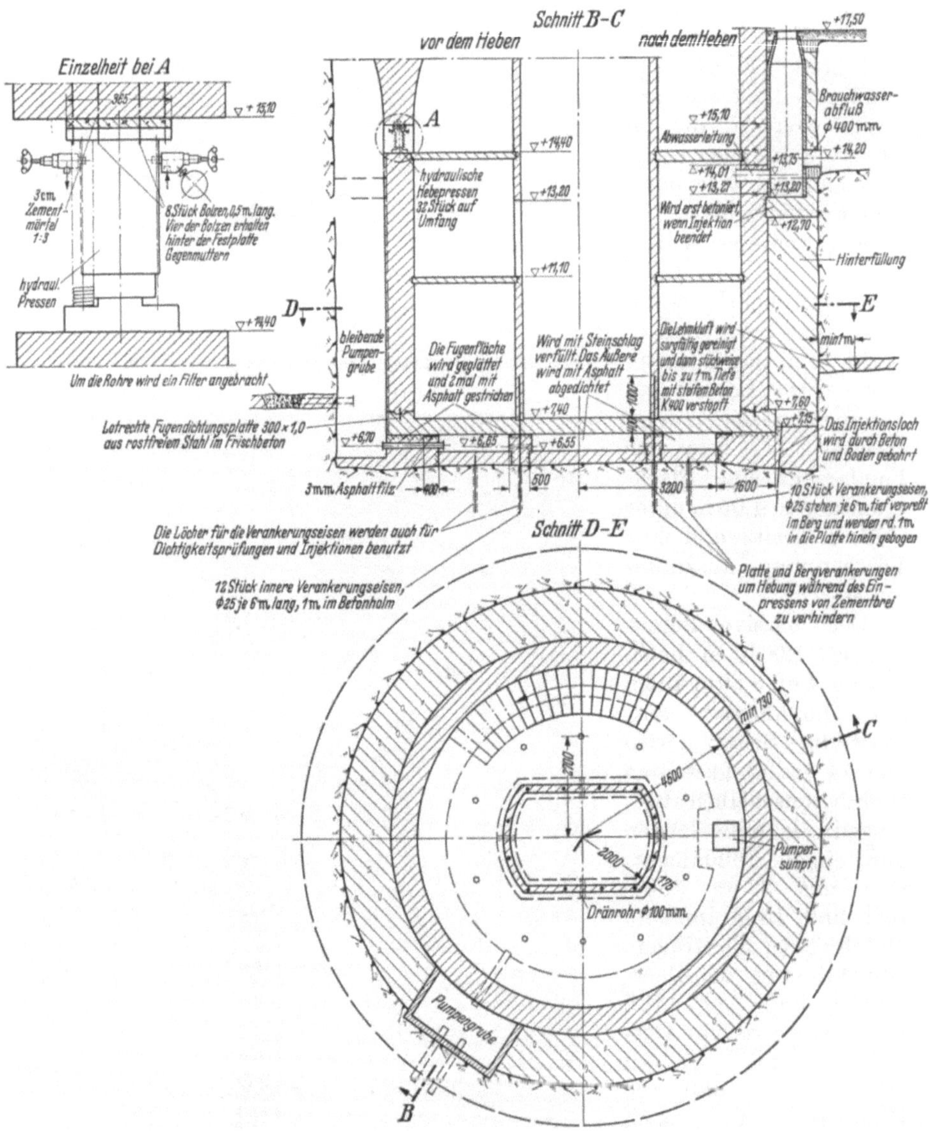

Abb. 150. Einzelheiten der Gründung im Fels des Turmschaftes in Örebro

Bei diesem Entwurf, der für eine Ausführung bei Dequede, Kreis Osterburg, bestimmt ist, werden die in der Fundamentkonstruktion anfallenden Räume für Verwaltungs- und Betriebsräume ausgenützt.

Dieser Entwurf ist als Gegenvorschlag zu einer bereits vorliegenden Planung in Stahlbeton ausgearbeitet und erfordert gegenüber dieser, die mit 5,4 Millionen DM abschloß, nur 3,4 Millionen DM.

Die Gründung des sowohl wegen seiner Gestaltung als auch wegen der Ausführung des Behälters am Boden und des Hochbringens im hydraulischen Hubverfahren sehr beachteten, 50 m hohen Wasserturmes für 9000 m³ in Örebro[1] (Schweden) konnte im Fels erfolgen. Abb. 149 zeigt den Turm als Ganzes. Der Turm, dessen Schaft ein regelmäßiges 32-Eck ist, steht ohne wesentliche Fundamentkonstruktion mit seiner Sohlplatte auf einem Fundamentring von 1,60 m Breite, der direkt auf den gesäuberten Granitfels gelegt ist. Einzelheiten zeigt Abb. 150. Wegen einer 40 cm dicken, harten Lehmbank mußte die Gründung 10 m tief geführt werden, wodurch 3 Kellergeschosse entstanden. Um gegen tiefer liegende Risse und Klüfte gesichert zu sein, wurde der Fels noch bis 20 m unter Fundamentsohle mit Zementbrei injiziert. Diese unter hohem Druck vor der Herstellung des Turmes ausgeführte Verpressung konnte evtl. das Ringfundament unter dem Aufzugsschacht und die Sohlplatte anheben; als Sicherung dagegen wurden Felsanker eingebracht, die in 6 m Tiefe festgesetzt wurden. Der gute Untergrund, der mit nur 3,3 kg/cm² belastet wird, ersparte eine teuere Fundamentplatte für die Gesamtlast von 15500 t.

3 Tiefgründungen mit Pfählen und Bohlen

3.1 Holzpfähle

Holzpfähle sind das älteste Material für die Gründung von Bauten im und über Wasser (Pfahlbauten, Stege durch Sümpfe, Brücken). Ihre Rammfähigkeit ist wegen der meist hohen Elastizität gut. Die Schwimmfähigkeit des Holzes erlaubt im Floß und einzeln ein leichtes Transportieren. Die Bruchempfindlichkeit ist gering, ein Zerbrechen beim Umladen liegt meist nicht in der Holzqualität, sondern allein in der Handhabung durch die Entladekolonne.

Der Handel wird heute Mühe haben, größere Liefermengen gleichartiger langer inländischer Pfähle zu beschaffen, doch hat der Holzpfahl an Wert keineswegs eingebüßt. Man sollte aber die Anforderungen an die Qualität der einheimischen Rundhölzer nicht allzu hochschrauben. Auch in den USA sind stellenweise lange hölzerne Rammpfähle wegen der hohen Fracht schon sehr teuer geworden und werden z. B. in Chicago, New York, Detroit und anderen großen Städten vollkommen durch Stahlbeton- oder Stahlpfähle ersetzt. Die Holzpfähle werden normalerweise mit dem Zopfende nach unten gerammt und sollen hier nicht unter 20 cm dick sein. In seltenen Fällen, z. B. bei Zugpfählen und bei Gefahr eines Auftreibens des Pfahles im elastischen Boden, kommt eine Rammung mit dem Stammende nach unten in Frage. Hierzu sollte man aber keine Pfähle mit allzu starker Verjüngung nehmen. Die *Pfahlspitze* wird durch vierseitige Bearbeitung von Hand angehauen. Eine genaue Zentrierung ist notwendig, da der Pfahl beim Rammen sonst in die Richtung der Spitzenexzentrizität gedrängt wird. Bei leicht gekrümmten Pfählen kann man hiermit etwas ausgleichend wirken. Da selbst bei weichem Untergrund die Knickgefahr minimal ist, sind auch nicht allzu sehr gekrümmte Pfähle ohne Bedenken zu gebrauchen. Die Länge der Spitze macht man normalerweise gleich dem größten Durchmesser des Pfahles, bei schwerem Boden etwas stumpfer. Notwendig sind Pfahlschuhe nur bei groben, scharfkantigen Kiesen im Untergrund, für welche dann je nach Pfahlstärke 6 bis 8 mm dicke und 60 bis 80 mm breite Bandeisen nach Abb. 151 a und b zur Spitze zusammengeschmiedet werden. Hierbei soll der Pfahl mit einer stumpfen Spitze auf der Fläche des geschmiedeten Kernstückes aufsitzen, da im anderen Fall die Holzspitze durch die Nagelung leicht aufgerissen wird und der Pfahlschuh seinen festen Sitz verliert. Weil man nie sicher ist, daß die angehauene Pfahlspitze in die geschmiedete Pfahlschuhspitze hineinpaßt, der Holzpfahl aber beim ersten Rammschlag in den Pfahlschuh hineingetrieben wird,

---

[1] Vgl. Bemerkenswerter Wasserturm. KTB Bauingenieur (1958) H. 5.

empfiehlt es sich, die Nagellöcher in den Lappen der Pfahlschuhe als Langlöcher auszubilden.

Der *Pfahlkopf* muß gegen die Überbeanspruchung aus dem direkten Rammschlag durch einen leicht konischen Pfahlring, bei Spundwänden durch eine entsprechende viereckige Ausbildung, unbedingt gesichert werden, damit die Perückenbildung vermieden wird, welche die Rammwirkung außerordentlich beeinträchtigt und in kürzester Frist nur noch zu 50 % wirken läßt. Vorweg ist der Pfahlkopf nach Abb. 151 c zu bearbeiten, damit nicht der Pfahlring lange Schalen vom Splintholz absplittert. Die Ringe sind zweckmäßig aus 30 mm Flacheisen von 8 bis 10 cm Breite mit langer Überlappung zusammenzuschweißen. Sie sollen unter 20 : 1 konisch sein, um die Holzfaser im Pfahlkopf beim Rammschlag zusammenzupressen. Früher gebräuchliche aus mehreren schwächeren Lagen von Bandeisen gewickelte Ringe mit Vernietung sind bedenklich, weil sie

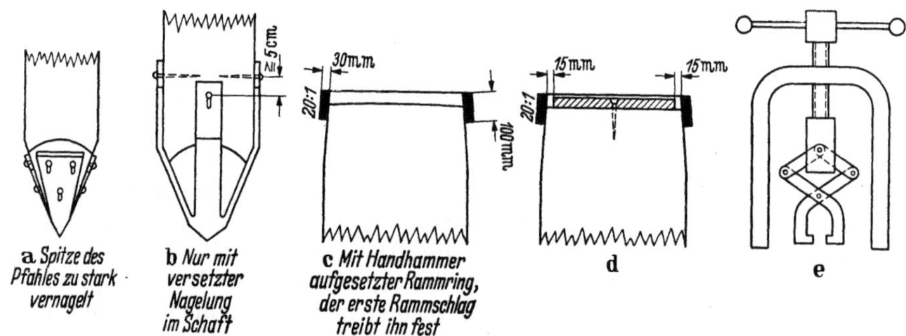

Abb. 151. Holzpfähle. Spitze und Kopf verstärkt. d) mit Schlagplatte, e) Abziehschere für Rammring

höhere elastische Ausweitungen zulassen, wobei die Nieten stoßweise auf Abscheren beansprucht werden. Hierbei können Nietköpfe abplatzen und zu Unfällen führen.

Bei besonders schweren Rammverhältnissen kommt es beim Direktschlag zu großen Wärmeentwicklungen, ja zum Brennen der Pfahlköpfe. Deswegen legt man zweckmäßig 20 bis 30 mm dicke Stahlplatten, die mit einem oder mehreren Dornen auf dem Pfahlkopf festgelegt werden, mit hinreichendem seitlichem Spiel in die Pfahlringe. Über eine Schlaghaube für Holzpfähle siehe Abschnitt Rammung, S. 213 (Abb. 151 d).

Pfahldicke. Man muß beim Entwurf eine bestimmte Annahme für die Tragfähigkeit der Pfähle machen, die ihrerseits den Pfahldurchmesser festlegt. Der Durchmesser steht aber beim Wachstum der Bäume mit der Länge in einem natürlichen Verhältnis, so daß man bei langen Pfählen an die möglichen Durchmesser gebunden ist. Kurze Pfähle kann man zwar aus längeren Pfählen schneiden, sie sind dann aber meist unverhältnismäßig dick und zu teuer. Eine ältere praktische Regel besagt:

4 m-Pfahl: 25 cm Durchmesser,
6 m-Pfahl: 30 cm Durchmesser,
> 6 m: je Meter Mehrlänge 1,5 cm Zuwachs des Durchmessers,

d. h. für 12 m Pfahl 30 + 6 · 1,5 = 39 cm Durchmesser.

Neuere Quellen empfehlen bei über 6 m Länge die Faustregel:

$$D = 24 \text{ cm} + 1 \text{ cm je Meter Pfahllänge,}$$

also für 12 m Pfahl $D = 24 + 12 = 36$ cm Durchmesser.

Wie man sieht, sind auch die Faustregeln zeitgemäß sparsamer.

Anwendbarkeit. Grundsätzlich sind unsere einheimischen Holzpfähle für Gründungen nur anwendbar, wenn sie dauernd unter Wasser bleiben bzw. im Tidegebiet mit Sicherheit so weit unter der Fäulnisgrenze, daß der Pfahlkopf ständig durchnäßt ist, wodurch das Faulen verhindert wird. Diese Grenze liegt im Tidegebiet noch unterhalb der MW-Linie, in Flußmündungen ist sie örtlich bekannt bzw. behördlich festgelegt.

Bei ausländischen Hölzern liegen die Verhältnisse ganz anders, wie bei der Besprechung der Holzarten noch näher ausgeführt wird.

Bei einer Rammung an Land ist auf den angetroffenen Grundwasserstand kein Verlaß, sondern besondere Vorsicht am Platze, weil dieser allgemein abzusinken scheint und außerdem infolge Meliorationsarbeiten oder Flußregulierungen oder auch bei längerer Dauer von benachbarten Grundwasserabsenkungen Pfahlköpfe trockenfallen können. Die Fäulnis setzt dann sehr bald ein.

In Küstengebieten besteht Gefahr des Angriffes durch Seetiere, sobald der Salzgehalt 0,9% übersteigt (Nordsee 3,5%, Ostsee 2,5%). Auch wenn bisher keine Bohrtiere bekannt sind, ist deren Auftreten zu erwarten. Gegen Ende des 18. Jahrhunderts wurde der Bohrwurm von Indien in holländische Gewässer eingeschleppt. Bohrasseln wurden erstmalig 1886 in Holland festgestellt. Die amerikanische Ostküste wurde von 1922 bis 1934 systematisch untersucht und es wurde beobachtet, daß im Laufe dieser Zeit die Besiedlung mit Bohrwürmern sich auf die ganze Küste ausdehnte. Von den Würmern sind 7 Gattungen (darunter Teredo), von den Krebstieren 3 Gattungen als Holzschädlinge gefürchtet. Allein die Gattung Teredo hat 300 Arten entwickelt, und auch die übrigen Gattungen sind sehr vielseitig ausgestaltet, so daß es verständlich ist, daß neben den Studien zur Aufklärung der Lebensweise der Schädlinge auch erhebliche Anstrengungen zu ihrer Abwehr gemacht sind.[1] Das nächstliegende ist natürlich die Tränkung der Hölzer, deren Eignung für die Tränkung wiederum Voraussetzung für das Gelingen der Behandlung ist. Wenn eine Tränkung ausgelaugt ist, besteht bei Holz immer Befallgefahr. Es ist jedoch bei der Imprägnierung schon Erstaunliches erreicht und nicht nur mit den modernsten Mitteln. Hersteller solcher Mittel sind Wolmann, Bayer, Albert, Avenarius u. a.[2]

Kreosotgetränkte Holzpfähle konnten 1957 beim Abbruch eines alten Brückenpfeilers in New York untersucht werden. Sie sind 1889 gerammt und Kernbohrungen zeigten noch heute eine Tränkungstiefe von 7,5 cm. Auch der typische Kreosotgeruch war noch vorhanden.[3]

Bei Zwolle in Holland ist etwa 1955 das Wasserhebewerk „Lutterzyjl" — eine Schraubenmühle aus dem Jahre 1877 — erneuert, deren Pfähle auf —2,00 NAP lagen und noch einwandfrei erhalten waren.[4]

Sie waren dauernd unter Wasser und Kleibedeckung geblieben.

Die heutigen Imprägnierungsverfahren unter Vakuum und Druck ermöglichen eine Sicherung, die es durchaus erwägenswert erscheinen läßt, für Wasserbauten, die voraussichtlich in einigen Jahrzehnten ohnehin einer Umgestaltung bedürfen, auch heute noch Holzpfähle zu wählen.

Die englische Firma „Hickson's Timber Impregnation Co. (G. B.) Ltd." in Castleford, Yorkshire, hat weltweite Erfahrungen mit ihren Imprägnierungsmitteln „Tanalith", „Pyrolith", „Wolmanol", „Pyrolith-Concentrate" und „Tanexol".

Tanalith ist ein Kupfer-Chrom-Arsen-Präparat, das in Deutschland unter dem Namen „Hickson's Tancas" bekannt ist. Es wird unter Vakuum/Druck-Behandlung eingepreßt und ist für alle holzfressenden Schädlinge giftig, einschließlich der Pilze und Insekten, sogar der Termiten. Als gelbes Pulver wird es in 250 kg-Blechtrommeln versandt und durch Auflösen in Wasser anwendungsfertig gemacht. *Pyrolith* wird ebenso gebraucht und ist außerdem noch feuer-

---

[1] Vgl. Bauingenieur (1937) KTB, S. 226.
[2] Amtlich geprüfte und zugelassene Mittel sind in dem Deutschen Holzschutzmittelverzeichnis aufgenommen.
[3] ENR vom 5. 9. 1957, S. 16. [4] Ingenieur 69, Nr. 12.

hemmend. *Wolmanol* wird als tiefrote Flüssigkeit oder als rotes Pulver in 250 kg-Blechtrommeln geliefert und ist in erster Linie ein Schutzmittel gegen Trockenfäule. Zweckmäßig werden die frischen Schnittflächen der mit Tanalith getränkten Hölzer mit Wolmanol nachbehandelt. *Pyrolith-Concentrate* ist eine gelblichbraune Flüssigkeit oder ein graugelbes, körniges Pulver. Mit diesem Konzentrat werden frische Schnittflächen der getränkten Hölzer gepinselt. *Tanexol* ist eine strohgelbe Flüssigkeit, die unverdünnt zur Behandlung der von Insekten befallenen Hölzer benutzt wird. Der Versand erfolgt in 45 l- und 180 l-Blechfässern.

Der größte Feind vieler Holzschädlinge im Seewasser ist Wassertrübung, und so entsteht das groteske Bild, daß Maßnahmen zur Reinhaltung des Hafenwassers in den mit vielen Holzbauten ausgerüsteten Häfen der Neuen Welt, Boston, New York, Providence und Lynn gleichzeitig den Bohrtierbefall begünstigen.[1]

Die Holländer berichten, daß der Bohrwurm bis zu 30 m Wassertiefe vorkommt und Sinkstücke aus Buschwerk in einem Jahr bis 25 cm tief, in 2 Jahren bis 40 cm tief befallen werden. Nur dem wechselnden Versanden solcher Sinkstücke ist es zu verdanken, daß sie doch oft einige Jahre Lebensdauer haben.

Um einen *Fäulnisbefall* — Fäulnis ist ein Pilzbefall — zu vermeiden oder aufzuhalten, ist in Deutschland u. a. seit 1938 die Bohrlochdruckimprägnierung nach SCHAD [2] mit einem Hochdruckpreßgerät verfügbar, bei welchem Holzschutzmittel unter hohem Druck (bis 40 atü) längs und quer zur Faser in kurzer Zeit eingepreßt werden. Störend scheinen dabei zunächst die Bohrlöcher von 2 bis 8 mm Durchmesser und Längen bis zu 25 cm zu sein, wenn man aber bedenkt, daß der Pilzbefall

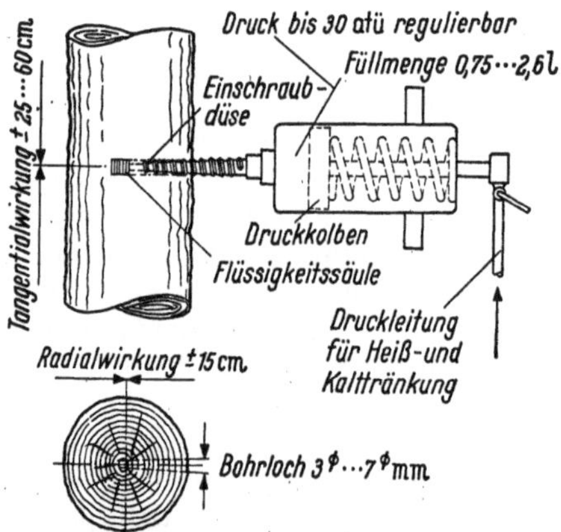

Abb. 152. Hochdruckpreßgerät zum Imprägnieren von Holzpfählen (nach SCHAD)

eine weit größere Querschnittsfläche zerstört, dann ist diese Anbohrung wohl tragbar. Die Pfähle der Heidelberger Friedrichsbrücke wurden mit diesem Verfahren behandelt und zeigten unter Wasser bis 1,38 m vom Einfülloch entfernt die Wirkung des Fluornatriums.[3]

Interessant und wichtig hierbei ist, daß eine Nachimprägnierung durch die gleichen Bohrlöcher noch nach Jahren möglich ist. Abb. 152 zeigt schematisch das Hochdruckpreßgerät nach SCHAD, das in dichter Folge an einem Pfahl angesetzt wird und unter Federdruck seine Füllung allmählich in das Gefüge einpreßt.

Früher kannte man nur mechanische Mittel als allein wirksamen Schutz von Holzteilen gegen Bohrtiere im Seewasser, und zwar die Ummantelung mit Kupfer-Blechhülsen (Schiffsbeschlag zur Segelschiffszeit) und die Betonummantelung. Eine solche Ummantelung ist aber nur wirksam, wenn sie mindestens 0,3 m in den Untergrund (der selten festliegt) und über den höchsten Wasserstand reicht, da die Bohrtierlarven frei schwimmen und, einmal festgesetzt, nicht

---

[1] Zur Naturgeschichte der Holzschädlinge im Meerwasser. KTB Bauingenieur (1937) S. 226.

[2] Bautenschutz — HERMANN SCHAD, Stuttgart N, Hauptmannsrente. Siehe auch Bauzeitung (1949) H. 2 u. 4.

[3] Bautechn. 26 (1949) H. 5, S. 154.

wieder abwandern. Da sie für ihren Lebensunterhalt nur Zellulose brauchen, kein Frischwasser, können sie auch hinter dieser Ummantelung ihr Zerstörungswerk fortsetzen.

Über der HW-Linie beteiligt sich auch ein Käfer der Litoralzone an der Zerstörung der Pfähle, und zwar von 10 cm unter bis 30 cm über der Erdoberfläche, also gerade in der Zone, wo der Wellenschlag am stärksten angreift. Hier ist eine scharfe Tränkung mit Kreosot und anderen Insektengiften am Platze.

Die für Pfähle brauchbaren einheimischen Holzarten sind:

Kiefernholz, bestes Pfahlholz, sehr harzreich, ziemlich widerstandsfähig gegen Wechsel von Nässe und Trockenheit. Raumgewicht: 800 kg/m³ als Mittelwert; Elastizitätszahl $E = 100\,000$ kg/cm². Die größten Längen, die beschafft werden können, sind 20 m; Durchmesser im Mittel 25 bis 45 cm.

Fichtenholz, harzreich, weich, im Trockenen und auch unter Wasser gut haltbar, verträgt aber den Wechsel zwischen naß und trocken nicht, was bei Verwendung als Rammpfahl besonders zu berücksichtigen ist. In der Anschaffung billiger als die Kiefer, auch in größeren Längen noch aus einzelnen Gebieten zu beschaffen.

Tannenholz, rammbar, aber wenig wertvoll.

Lärchenholz viel zu wertvoll, um als Pfahlmaterial in Frage zu kommen, wird als bestes Bauholz für konstruktive Teile begehrt.

Eichenholz, das Bauholz der Alten. Dauerhaft auch im Wechsel naß/trocken, unter Wasser unbegrenzt haltbar. Der Campanile von San Marco steht seit 888 auf heute noch einwandfrei gesunden Eichenpfählen. Da dieses Material in den meisten Kulturländern aber nicht mehr zu bekommen ist, erübrigt sich seine Besprechung.

Buchenholz, im Wasser und Grundbau nicht sonderlich verwendbar.

Andere Holzarten. Erlen und Ulmen lassen sich als Rammpfähle gebrauchen. In der älteren Literatur werden sie als vorteilhaft bezeichnet, wenn es auf große Festigkeit ankommt.

Vorteile der Holzpfähle. Der Antransport ist wegen des geringen Gewichtes einfach, und die Handhabung auf der Baustelle durch Rollen und Schleifen gefahrlos. Bei Wasserbauten werden sie schwimmend zur Ramme gebracht und ohne Beschädigung für Rammgerüst und den Pfahl selbst hochgenommen. Da sie mit 90 bis 100 kg/cm² belastet werden können, sind sie in statischer Hinsicht den Stahlbetonpfählen kaum unterlegen. Die leichte Bearbeitung auch unter Wasser mit Kreissägen und Trommelsägen (für schräge Anschlüsse anderer Rundpfähle, die das früher mühselige Ausschälen entbehrlich macht) sind unbestreitbare Vorzüge, die Holzpfähle besonders für Gerüste unentbehrlich machen. Ihre Entfernung durch Ziehen oder notfalls durch Abbrechen ist leichter als bei anderen Pfählen auszuführen.

Ausländische Hölzer. Die vorstehend genannten deutschen und europäischen Hölzer sind in den erforderlichen Abmessungen immer schwerer zu beschaffen. Ihnen erwächst außerdem mit der Wiederherstellung normaler Handelsmöglichkeiten in den ausländischen, vor allem den tropischen Harthölzern, eine qualitativ weit überlegene Konkurrenz. Besonders in den Ländern mit direkten kolonialen Beziehungen hat sich derartiges Material im Grund- und Wasserbau seinen Platz wieder gesichert, nicht nur als Pfahl und Spundbohle, sondern als Fender, Reibeholz, Schleusentore, Karrbohlen, Treppenbelag, Brückenkonstruktion und Belag und natürlich im Schiffbau. Eine kurze Darstellung der wichtigsten Hölzer geordnet nach dem Raumgewicht, die auch in Deutschland wieder zu haben sind[1], dürfte daher am Platze sein.

---

[1] Alleinverkauf eines der größten Lieferanten für die Deutsche Bundesrepublik hat die Firma Heinrich Andreas Krug, Hamburg 28, Großmannstr. 221, der die Darstellungen dieses Abschnittes im wesentlichen zu verdanken sind.

Tabelle ausländischer Spezialhölzer

Nr.	Name der Holzarten	Wissenschaftliche Namen	Mittleres Raumgewicht 12-18% feucht	Absolute Druckfestig- keit kg/cm²
	1	2	3	4
1	Azobé Ekki. Bongossi	Lophira alata var. procera (Ochnaceae) Laubholz	1,10	950
2	Manbarklak Kakoralli	Eschweilera longipes Laubholz	1,10	757
3	Demerara Greenheart	Ocotea rodiaei Mez. (Lauraceae) Laubholz	1,05	852
4	Jarrah	Eucalyptus marginata Laubholz	1,00	574
5	Karri	Eucalyptus diversicolor Laubholz	0,95	660
6	Kopie Kabukalli, Goupi	Goupia glabra Laubholz	0,85	699
7	Yang	Dipterocarpus sp. div. Laubholz	0,85	536
8	Basralocus Angélique	Dicorynia paraensis Laubholz	0,80	510
9	Afzelia Apa, Doussié	Afzelia africana Laubholz	0,75	560
10	Teak Djati	Tectona grandis Laubholz	0,70	481
11	Eiche	Quercus sp. div. Laubholz	0,70	502
12	Kiefer	Pinus sp. div. Nadelholz	0,60	470
13	Oregon Pine Douglas Fir	Pseudotsuga taxifolia Nadelholz	0,50	420
14	Alerce (chilen. Mammutbaum)	Fitzroya cupressoides Nadelholz	0,47	362
15	Tanne	Abies alba, A. Pectinata syn. Abies sp. div. Nadelholz	0,45	400

Erläuterung zur Holztabelle

Zu Spalte 7: R bedeutet, daß die Versuchsstücke in radialer Richtung geschnitten sind und T, daß Tangentialschnitte geprüft sind.

Zu Spalte 8: Die Härte nach Janka ist eine international anerkannte Bezeichnung und bedeutet die Kraft in kg, die nötig ist, eine Kugel von 11,284 mm
Durchmesser ($F = 1$ cm²) in das Holz einzudrücken. St. bedeutet dabei, daß die
Härte über Hirnholz (Stirnseite) gemessen ist, Lgs., daß auf Längsrichtung
($\perp$ zur Faser) geprüft wurde.

Zu Spalte 9: Die Dauerhaftigkeitsklassifizierung ist vom Institut für Holz-
technologie in Delft aufgestellt und wird allgemein anerkannt. Es wird in der
nachfolgenden Tabelle mit *A* die Lebensdauer des Holzes ohne Einbuße der

für Grund- und Wasserbauten

Elastizitäts-modulus kg/cm²	Absolute Biegefestigkeit kg/cm²	Scher-festigkeit kg/cm²	Härte Janka kg	Dauerhaftig-keitsklasse	Teredo-beständigkeit
5	6	7	8	9	10
194 000	1470	149	1407 St.	I	Ja, aber begrenzt
188 000	1456	167 R 165 T	1295 St. 1230 Lgs.	II	Ja
207 000	1577	79 R 167 T	—	I	Ja, aber weniger als Basralocus
134 000	1033	130	1225 St. 1108 Lgs.	II	Ja, aber begrenzt
192 000	1290	143	840 St. 725 Tg.	IV	Nein
145 000	1119	125 R 131 T	960 St. 768 Lgs.	II bis III	Ja, aber begrenzt
146 000	1090	112	700 St. 700 Lgs.	III	Nein
136 000	1074	90	929 St. 487 Lgs.	I bis II	Ja
133 000	990	122	—	II	Nein
107 000	758	81 R 79 T	470 St. 432 Lgs.	I	Nein
111 000	722	48 R 117 T	485 St. 265 Lgs.	III	Nein
120 000	870	100	300 St. 250 Lgs.	III bis IV	Nein
107 000	675	71	300 St. 240 Lgs.	IV	Nein
82 000	880	—	—	—	—
110 000	620	50	340 St. 180 Tg.	V	Nein

Festigkeitseigenschaften bei dauernder Berührung mit feuchtem Boden und mit
B die Lebensdauer bei einer Beanspruchung durch Wind und Wetter bezeichnet.

Dauerhaftigkeitsklasse	Anzahl der Jahre	
	A	B
I	30 .	50
II	15 bis 30	40 bis 50
III	8 bis 15	25 bis 40
IV	3 bis 8	12 bis 25
V	3	6 bis 12

Die Güteklasseneinteilung in Deutschland hat mit der Einteilung in Dauer-
haftigkeitsklassen nichts zu tun.

1. Bongossi, Azobé (in Frankreich) oder Ekki, ist ein rotbraunes bis dunkelbraunes, außerordentlich hartes und dichtes Laubholz aus Westafrika. Mit der Hand schwer zu hobeln; Löcher für Nägel und Schrauben müssen vorgebohrt werden. In großen Abmessungen harzfrei lieferbar. Für Pfähle, Fender, Reibehölzer, Konstruktionen im Wasserbau (Schleusentore usw.), Brückenholz geeignet. Einigermaßen bohrwurmsicher.

2. Manbarklak oder Kakoralli, ein bräunlich-graues Laubhartholz aus Surinam, das infolge starken Gehaltes an Kieselsäurekristallen, die nicht der Auswaschung unterliegen, sehr dauerhaft ist und daher für alle grund- und wasserbaulichen Zwecke sehr geeignet ist.

3. Greenheart, Groenhart, Demerara oder Sipiroe, auch in den Arten: Black-, Brown-, Yellow- und White-Greenheart, ein gelblich-grünes, innen dunkelolivbraun mit grünlichem Anflug, sehr hartes, sehr schweres, dichtes und starkes Laubhartholz, das sich aber leicht spalten läßt. Es enthält das giftige Berberine (Vorsicht bei Sägestaub und Bohrmehl, frische Splitter können Blutvergiftung erzeugen), das es jahrelang bohrwurmsicher macht, bis das Gift ausgewaschen ist. Anwendungsbereich wie bei Bongossi.

4. Jarrah, eine australische Eukalyptusart (Laubholz) mit rötlich-braunem Holz. Eigenschaften fast wie Bongossi und einigermaßen bohrwurmsicher. Wird außer wie Bongossi noch für Straßendecken, Karrbahnen in Schuppen, Parkettfußböden usw. gebraucht.

5. Karri, eine andere australische Eukalyptusart mit dunkelbraunem, hartem, schwerem, starkem und sehr zähem Laubholz, das aber in feuchtem Boden nur mäßig dauerhaft ist. Es kommt daher nur für Verwendung im Trokkenen in Frage.

6. Kopje oder Kabukalli bzw. Goupi ist ein dunkles rotbraunes Laubholz, das sehr stark und dauerhaft, dabei hart und schwer ist, sich aber gut bearbeiten läßt. Frisches Holz riecht unangenehm. Nur in gewissem Umfang bohrwurmsicher, wird es als Material für grund- und wasserbauliche Bauwerke besser im Süßwasser verwendet.

7. Yang ist ein siamesisches dunkel-rotbraunes Laubholz, das sich an Stelle von Eiche und Kiefer gut verwenden läßt. Im feuchten Boden nur mäßig dauerhaft. Anwendung wie Karri und im Waggonbau sowie für Fenster und Tischlerarbeiten.

8. Basralocus oder Angélique (Frankreich) ist ein rötlich-braunes Laubholz aus Surinam, das völlig bohrwurmfest ist, da der hohe Kieselsäuregehalt die Bohrschneide des Bohrwurmes stumpf werden läßt. Die Kieselsäure wird nicht wie beim Greenheart mit den Jahren ausgewaschen. Hart, schwer, stark und dauerhaft ist es für Pfähle und Wasserbauten gut geeignet, auch im Schiffbau und Waggonbau und für Parkett gut verwendbar.

9. Afzelia, auch Apa oder Doussié genannt, ist ein westafrikanisches dunkelrotbraunes — an der Luft stark nachdunkelndes — Laubhartholz mit hervorragenden Qualitäten, das dem bekannten echten Teakholz gleichwertig, teilweise überlegen ist und z. Z. weniger als die Hälfte des Teakholzes kostet. Es ist hart, dicht, stark, dauerhaft und mäßig schwer (= 0,75, gegen Eiche = 0,70), kann wegen des geringen Schwindmaßes (= 6,7, gegen Eiche = 14,1) frisch verarbeitet werden. Es „arbeitet" praktisch nicht. Termitensicher, säurefest. Nimmt sehr schwer Wasser auf, gibt es schwer wieder ab. In erster Linie für Tischlerarbeiten, Möbel, Schiffsbau, Pontonaufbauten, Boote, Billards und Billardqueues, Wasserbauten.

10. Teak oder Djali ist ein indisches auch auf Java und Borneo beheimatetes Laubholz (indische Eiche) von 40 m hohen laubabwerfenden Bäumen. Sehr hart, hell- bis dunkelbraun; insekten- und pilzfest, übt keinen korrodierenden Einfluß auf Metalle aus. Das Holz ist kieselsäure- und ölhaltig. Geringes Schwindmaß.

Bestes Holz für Schiffsbau und Tropenmöbel. Für Kegelkugeln üblich. Für Grund- und Wasserbauten wesentlich hochwertiger als Eiche, aber zu schade und zu teuer.

11. Alerce (Fitzroya Cupressoides), chilenischer Mammutbaum, das edelste Nadelholz Chiles, rot-braunes Holz mit seidigem Glanz. Bäume bis 60 m hoch, 4 m Stammdurchmesser bei 2500 jährigen Bäumen nicht selten. Große Urwaldbestände neuerdings aufgeschlossen. Gewicht etwa wie Fichte, Festigkeit höher. Wirft sich nicht beim Trocknen, arbeitet fast nicht. Ungewöhnlich dauerhaft. Praktisch astlos. Gebraucht für Dachschindeln, Telegraphenmaste, Zaunpfähle. Bläuepilze greifen das Holz nicht an. Hervorragendes Tischlerholz. Für Wasserbauten zu schade, aber für Badewannen für elektrotherapeutische Bäder geeignet. Auch Klangholz für Musikinstrumente.

Die vorstehende Tabelle gibt für diese ausländischen Edelhölzer und einige bekannte einheimische Hölzer die technischen Daten in einer Zusammenstellung der Firma Heinrich Andreas Krug, Hamburg, wieder.

Die Wirtschaftlichkeit der überseeischen Spezialhölzer für Grund- und Wasserbauzwecke liegt in der langen *Lebensdauer* im Salzwasser, auch bei dauerndem Wasser-/Luftwechsel und im Boden, der *Widerstandsfähigkeit* gegen Bohrtiere, in dem *Fortfall* jeglicher *Schutzbehandlung* (Imprägnieren meist nicht einmal möglich, Anstrich unnötig) der großen *Fehlerfreiheit* des Holzes und nicht zuletzt in den rein *physikalischen Eigenschaften*, die eine Ersparnis an Dimensionen gegenüber einheimischen Hölzern erlauben. Ein deutsches Normblatt über überseeische Spezialhölzer ist in Bearbeitung, es wird die für statische Berechnungen zulässigen Werte festlegen. Die tropischen Hölzer werden des wirtschaftlichen Transportes wegen als Vierkanthölzer geliefert und erlauben daher Verzimmerungen, die eine günstige Ausnützung des Querschnittes gewährleisten.

Verlängerung von Holzpfählen. Die Verlängerung von Holzpfählen mit hölzernen Zangen ist nicht nur eine sehr klobige Angelegenheit, sondern auch wegen der Verbolzung der Pfahlenden nicht materialschonend.

Besser ist eine Anschäftung, bei der beide Pfähle zur Hälfte abgearbeitet, dann durch Hakenblattversatz und wenige Bolzen miteinander verbunden werden und der Stoß durch eine strammsitzende, mit Windlöchern versehene Blechhülse gedeckt wird (Abb. 153a). Die sämtlichen Metallteile müssen gut verzinkt sein. So einfach die Verbindung aussieht, ist sie übrigens nicht herzustellen, da die Pfähle gut zusammenpassen müssen bzw. auf den gleichen Durchmesser gebracht werden sollen und dabei meist der eine Pfahl schon gerammt und wahrscheinlich auch recht tief weggerammt ist. Man geht nicht gern an diese zeit- und raumsparende und deswegen nicht immer zu umgehende Verbindung heran.

Eine einfachere Verbindung ist die Stahlbetonmuffe, die Abb. 153b zeigt. Hierbei ist man nicht an eine bestimmte Holzdicke der Verbindungsstelle gebunden, auch ist die Bearbeitung des Versatzes mit dem Holzbeil zu machen. Die Wahl von höchstwertigem Zement und eine Betonqualität B 450 sichern eine schnelle Fertigstellung. Eine nähere Beschreibung ist durch die Angaben der Zeichnung entbehrlich. Dieser Muffenstoß dürfte die gegebene Ausführung für den Baubetrieb sein.

Abb. 154 zeigt einen derartigen Stoß von den bis 35 m langen Pfählen für die Oddesundbrücke vom Jahre 1934.

Von Malaya wird über Holzpfahl-Schwierigkeiten berichtet. Man kann dort vielfach nur Harthölzer von 6 bis 7 m Länge bekommen und die Abmessungen sind selten mehr als 30/30, meistens nur 22,5/22,5 cm. Für größere Querschnitte und gerade Längen werden diese Hölzer zusammengesetzt. Galvanisierte Bolzen, Durchmesser 20 mm, halten die aus 2 und 4 und mehr Stücken zusammengesetzten Pfähle im Querschnitt, und in den Berührungsflächen werden verzinkte Rohre von 38 mm Durchmesser als Dübel in Bohrungen eingelegt. Diese Pfähle werden in der in Abb. 153c dargestellten Weise durch einen Stahlpfahl verlängert. Der Kastenpfahl erhält als Aufsatzstück ein untergeschweißtes Flacheisen und der

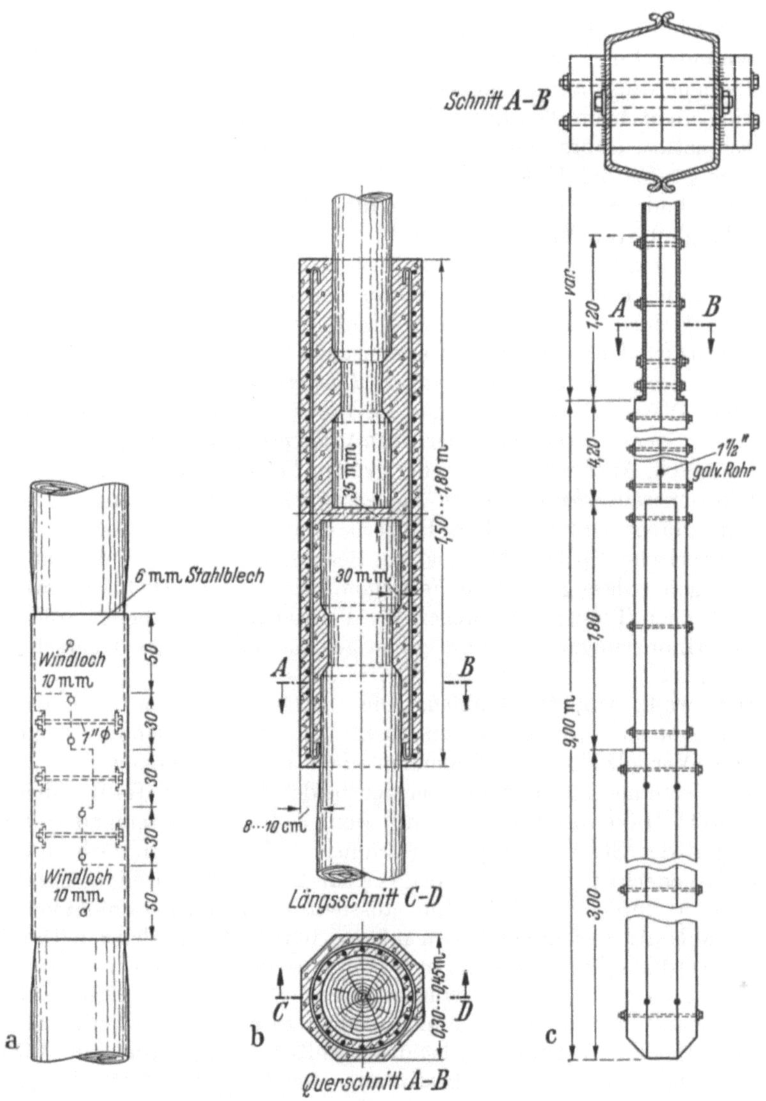

Abb. 153. Holzpfahlverlängerungen
a mit Blechhülse; b mit Stahlbetonhülse; c durch Zusammensetzung und Anschäftung eines Stahlpfahles

Holzansatz wird durch eine stramme Umwicklung mit 7 mm Rundstahl, der durch Schweißung so fest gemacht wird wie eine warm aufgezogene Bandage, gegen Aufspalten gesichert.

Nach diesem Schema sind Abwandlungen für andere Stahlpfahlprofile leicht zu entwerfen; die Ausführung des Stoßes stellt an die Zimmermannstüchtigkeit keine allzu hohen Anforderungen, da die Stöße rechteckige Querschnitte sind. Die Hohlräume zwischen Holzpfahl und Stahlprofil setzen sich beim Rammen so fest mit Boden zu, daß die Führung des Holzes nicht gefährdet ist.

Holzspundwände. Eine eingehende Darstellung ist kaum erforderlich, weil hölzerne Spundbohlen nur noch für kleinere Ausführungen in Frage kommen.

Für hölzerne Spundbohlen sollte man im Wasser gelagertes oder möglichst frisch eingeschnittenes Holz verwenden, weil dieses sich im Wasser nicht so wirft wie abgelagertes, trockenes Material. Muß man es längere Zeit lagern, so ist Abdeckung nötig.

Die Dichtung einer hölzernen Spundwand mit der üblichen Drittelsspundung wird durch die Federstirnfläche erzwungen, die beim Rammen in die Nut hineingepreßt wird. Man macht die Feder daher seit alten Zeiten etwa 2 bis 4 mm länger als die Nut tief ist. Federlänge max. 5 cm, eine höhere Feder ist Verschwendung. In älteren Büchern findet man die Regel, daß die Bohle mit der Nut vorangerammt werden soll, und daß die Feder beim Eintreiben in die Nut diese „ausräumen" soll. Man hat daher die Feder sogar etwas unterschnitten, wie Abb. 155 zeigt, in der Hoffnung, daß das Räumgut dann aus der Nut gedrängt wird. Heute verfährt man umgekehrt, man rammt mit der Feder voran und zieht sozusagen die Nut auf die Feder,

Abb. 154. Holzpfahlstoß mit Stahlbeton-Hülse

wobei durch die Abschrägung der Bohlenspitze das Bohrmaterial senkrecht zur Spundwand weggedrückt wird. Die Schräge der Bohlenspitze, die sog. „Anschnauzung", geht also von der Seite der Feder aus.

Bei Holzbohlen ist es üblich, Doppelbohlen zu rammen, um den Rammschlag auszunutzen, aber auch um an Holz zu sparen, da bei den von vornherein zusammengezogenen Bohlen die innere Nutfederverbindung nur $^1/_3$ der Höhe zu haben braucht, wie sie für die freie Führung nötig ist. Die Federhöhe ist für die Holzbreite der Bohle beim Herstellen voll in Rechnung zu stellen, für die Deckfläche der Spundwand zählt sie nicht mit.

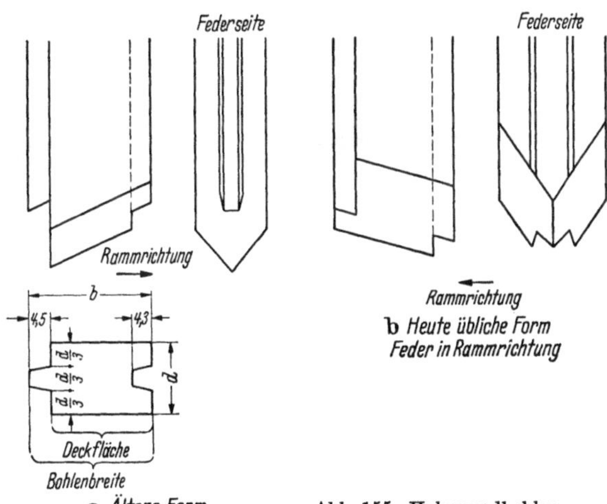

Abb. 155. Holzspundbohlen. Ausführungen der Spitze

Besondere Sorgfalt erfordert die Herstellung der Schneide, die einwandfrei in der Mitte liegen muß, um eine gute Führung und damit eine gerade Wand zu gewährleisten.

3.2 Stahlpfähle und Spundbohlen

Allgemeines

Der dänische Ingenieur TRYGVE LARSSEN erfand 1904 die nach ihm benannten Bohlen, die das ursprünglich angenietete Schloß in der neutralen Wandachse haben. Schon seit 1914 wird nur noch das Walzprofil hergestellt. LARSSEN-Profile werden in Deutschland (Dortmund-Hörder Hüttenunion), England, Frankreich und der Tschechoslowakei gewalzt. RANSOME-Profile erschienen 1911,

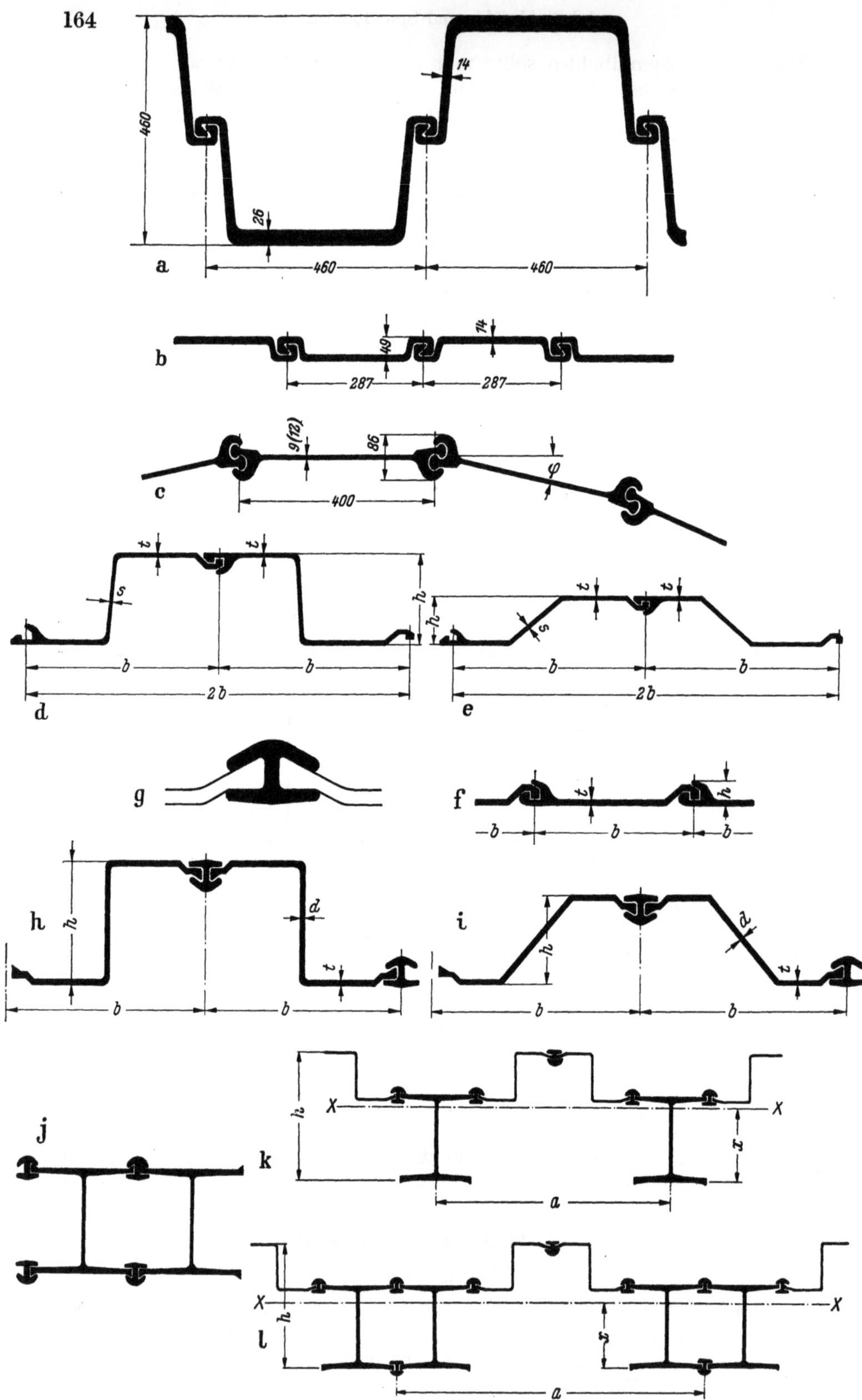

Abb. 156a-v. Die wichtigsten Stahl-Spundbohlen (in typischen Beispielen)

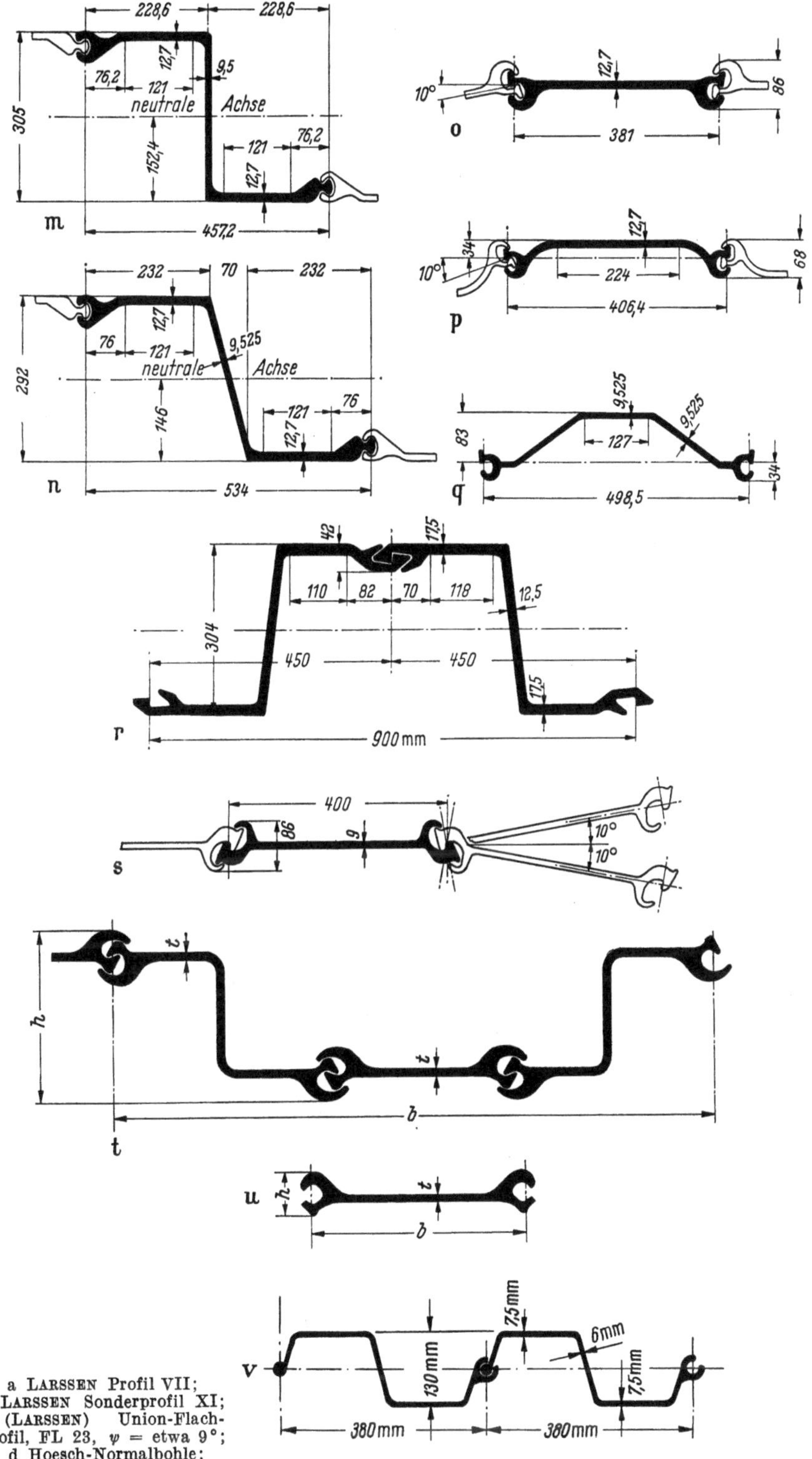

a Larssen Profil VII;
b Larssen Sonderprofil XI;
c (Larssen) Union-Flachprofil, FL 23, ψ = etwa 9°;
d Hoesch-Normalbohle;
e Hoesch-Sonderprofil;
f Hoesch-Flachprofil; g Krupp-Spundwand-Schloß; h Krupp Reihe K II—K VI; i Krupp Reihe KS Ia—KS II; j Peiner Kastenwand; k Peiner Kastenwand kombiniert mit Krupp-Bohlen ergibt die „Verbundwand Peine Krupp"; l Schwere Verbundwand Peine Krupp; m—q United States Steel-Profile, und zwar m Steel sheet Piling MZ 38; n MZ 32; o MP 102; p MP 113; q MP 115; r Belval Z-Profil verstärkt BZ IV R; s Flachprofil Belval P; t Lackawanna 2 Z + 1 P (auch 2 Z + 2 P und 2 Z + 3 P üblich; u Rombas v Rote Erde Profil TR II B (TR = Terre Rouge)

Rote Erde 1912. Eine neue Entwicklung leitete LAMP 1913 ein (gewalzte Profile in Belgien und Luxemburg), die zu statisch verbesserten Profilen führte: Hoesch 1928, Klöckner 1929, Krupp 1930, Belval 1933, Ougrée 1936. In Amerika sind weitere Profile entstanden. Abb. 156 gibt eine Übersicht über die prinzipielle Formgebung der wichtigsten Profile für Bohlen, die vor den Pfählen auf den Markt kamen.

Bekannte ausländische Spundwandprofile sind (ohne Vollständigkeit) etwa:

Larssen-Profile (Dortmund-Hörder Hüttenunion AG, Dortmund)
in Frankreich durch: Sidélor-Usine de Rombas,
in England durch: South Durham Steel & Iron Comp. Ltd.
in der Tschechoslowakei durch: Vitkovicke Zelezarny, Naredni Podnik, Ostrava 10.

Hoesch-Profile (Westfalenhütte AG, Dortmund)
in England durch: Frodingham Sheet Piling England;
Krupp-Profile (Hüttenwerk Rheinhausen)
in England durch: Dorman Long.
Die Profile weichen in verschiedenen Abmessungen von den deutschen Profilen ab. Die Unterschiede sind nicht bedeutend. Das Prinzip der Schlösser ist gewahrt.

Lackawanna. Lief. Sidélor-Usine de Rombas, Frankreich.
Ursprünglich ein nur langgestrecktes Profil mit Rundschloß, später auch eine Z-Form, die zu Wänden nach Art der Hoesch-Profile zusammengesetzt wird. Schlösser ziemlich beweglich.

Rombas. Lief. Sidélor-Usine de Rombas, Frankreich.
Ähnlich dem Lackawanna-Profil, jedoch kräftigere und gedrungenere Schloß-form.

Terre Rouge. Lief. Belvalhütte Esch/Alzette, Luxemburg
Doppelwellenprofil mit angewalzten Schloßteilen. Schloß aus Rundwulst und Rundklaue liegt in Wandachse.

Belval Z-Profil. Lief. Belvalhütte Esch/Alzette, Luxemburg
Z-Einzelprofile mit angewalzten beiderseits gleichen Schloßteilen, zusammen-gesetzt zu Doppelbohlen, ähnlich dem Hoesch-Profil. Ein Schloßrücken läuft in Ebene des Bohlenrückens durch, der andere ist abgekröpft und sichert beider-seits völlig gerade Wandflächen.

Belval-P-Profil. Lief. wie vor.
Gerades Profil mit kräftigen Hakenschlössern. Speziell für Wände von Zellenkonstruktion. Dehnung nur durch Schloßtoleranz.

USS-Profile. Lief. United States Steel, Pittsburgh, Pennsylvania.
MZ-Profile mit Rundwulst und Rundklaue als Doppelbohlen. Schlösser mit Rückenflächen bündig. Durch Vorwulstverdickung ausgeglichene statische Symmetrie.

MP-Profile mit geraden, leicht gewölbten und rahmenförmigen Verbindungs-stegen, mit Hakenrundschloß in Wandachse. Vorwiegend für Baugrubenum-schließung durch Fängedämme und Zellenwände.

Sonstige Profile in den USA stellen her:
Inland Steel,
Carnegie Illinois,
Bethlehem Steel,
Iones & Laughlin.

Für den Wert eines Bohlenquerschnittes ist in erster Linie sein Widerstands-moment wichtig. Für die reine Tragfähigkeit ist die wirksame Querschnittsfläche bestimmend.

LEIMDÖRFER[1] hat das Nutzwertverhältnis

$$U = \frac{Ra}{W} = \frac{\text{Querschnitt}}{\text{Gewicht}}$$

für verschiedene Spundwandtypen der Erde in der für deutsche Profile in Abb. 157 wiedergegebenen Form zusammengestellt. Ra ist dabei als wirklich wirksamer Querschnitt eingesetzt, der mit dem Querschnitt der Profilbücher nur dann übereinstimmt, wenn Schloß und Klaue angewalzt sind, oder wenn lose Schloßteile (Krupp, Peine) fest mit der Bohle verschweißt sind. Bei Typen mit dem Schloß in der Wandachse (LARSSEN, Ougrée) ist die Wirksamkeit der Schloßreibung eine Voraussetzung für die Entwicklung der max. Momentenfähigkeit, deshalb werden Doppelbohlen im gemeinsamen Schloß zusammengepreßt. Es ist durch LOHMEYER an Hand praktischer Beispiele nachgewiesen, daß bei guter Einspannung in Sandboden und hinreichendem Längsverband die Katalogwerte nahezu erreicht werden, spätestens aber nach 1 bis 2 Jahren Bestand durch Zuwachsen der Schlösser gerechtfertigt sind. In Abb. 157 sind die theoretischen Werte als gültig angenommen.

Über die Lebensdauer der Stahlprofile gibt es eine ganze Reihe von theoretischen Untersuchungen, die vielfach recht kompliziert sind. Die Praxis zeigt nach über 50 Jahren der Stahlverwendung im Grundbau, daß für Stahlprofile die gefährliche Stelle die Wechselzone zwischen Wasser und Luft ist, genau wie beim Holz. Im Sandboden ist die Stahlkorrosion gering, für frei liegende Flächen sind wirksame Mittel zur Unterhaltung einer Schutzschicht vorhanden, angefangen von der wenig haltbaren Eisenmennige bis hin zur Verbleiung und Kunststoffspachtelung. Im Wasser kommt neuerdings noch der Kathodenschutz dazu. Da die meisten Industriebauten eine vorher geschätzte Lebensdauer haben, die Hafenbauten nach einigen Jahrzehnten ohnehin erneuerungsbedürftig sind, reicht die Widerstandsfähigkeit gegen normalen Vergang bei Stahl vollkommen aus, und es kann sich nur um geeignete konstruktive Details zur Verhinderung übermäßiger Korrosion an gefährlichen Stellen, um die richtigen Schutzmittel und eine entsprechende Pflege handeln, auf die zu achten ist und die auch bei Rentabilitätsrechnungen einkalkuliert wird. Ein Beispiel für viele möge diese an sich vielleicht sorglos scheinende Folgerung rechtfertigen.

Im Jahre 1890 wurden noch massive Stahlpfähle von 12 und 18 cm Durchmesser beim Bau einer Landungsbrücke in Matadi am Kongofluß in Belgisch-

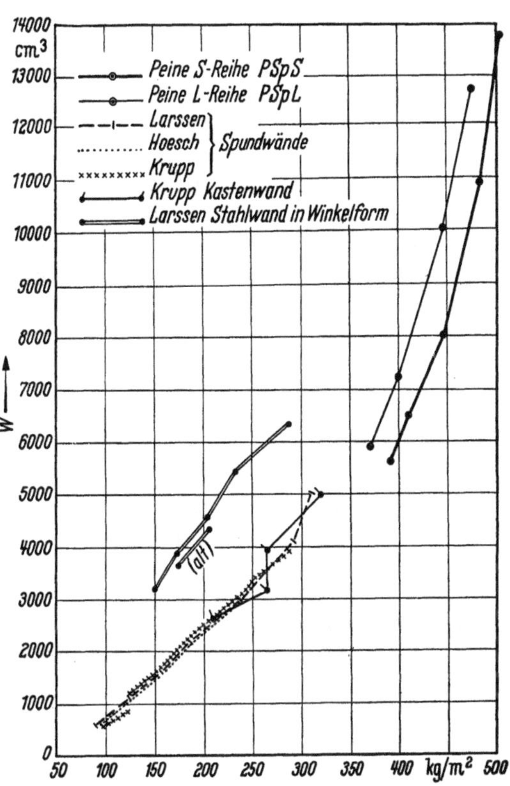

Abb. 157. Nutzwertverhältnis deutscher Spundwandprofile

[1] Dr. techn. P. LEIMDÖRFER: Some views on the selection of steel sheet piling. Dock Harb. Author. (April 1950).

Kongo verwendet. 1897 wurde dort eine zweite Brücke mit Pfählen aus zusammengenieteten Quadrantprofilen ausgeführt. 1907 erweiterte man diese Anlage in gleicher Konstruktion durch Verbreiterung des Anlegekopfes beider Brücken auf 100 m Anlegefläche parallel zum Ufer, 1911 wurden beide Anlegestrecken zusammengeschlossen und auf 500 m verlängert. 1926 wurden Erweiterungen auf 650 m Liegeplätze vorgenommen. Später wurde dicht hinter dieser Anlegebrücke eine massive Ufermauer aus Blöcken auf einem bis NW geschütteten Steindamm ausgeführt, dessen Böschung unter die Stahlkonstruktion der langen Anlegestrecke greift, und man verbreiterte das ursprünglich 7 m breite Parallelwerk auf 14 m. Alle diese entwicklungsbedingten Erweiterungen sind in der gleichen konstruktiven Weise in Stahl ausgeführt, ein Beweis, daß diese frachtgünstigen Pfähle und Zubehörteile sich auch unter tropischen Verhältnissen bewährt haben.

Dort, wo mechanische Beanspruchungen den Stahl angreifen, z. B. durch Sandschliff, werden auch alle übrigen Baustoffe mehr oder weniger abgenutzt, und man muß auf Verblendung durch Beton oder Basalt bedacht sein.

Nach Untersuchungen der Amerikanischen Gesellschaft für Materialprüfungen, denen gleichartige in England entsprechen, kann man für den Normalstahl im Seewasser mit einer Abrostung von 7,5 mm in 100 Jahren und im Süßwasser von 5 mm als Durchschnitt rechnen. Daß derartige Zahlen keine Absolutwerte sind, leuchtet ein, da die Art der Angriffe örtlich sehr unterschiedlich ist, und den Zahlen ohne weiteres wesentlich andere Werte aus anderen Untersuchungen gegenüberstehen.

Üblich ist für Bohlen und Pfähle ein Kohlenteeranstrich, der etwa 2 bis 3 Jahre wirksam bleibt, sofern er nicht in Kiessand mechanisch abgescheuert wird. Die Werksgrundierung und etwaige Walzhaut müssen vor einem Anstrich stets entfernt werden, weil letztere bei geeignetem Grundwasser zu Elektrokorrosion führen kann. Für eine wissenschaftliche Betrachtung des Rostproblems hat LEIMDÖRFER einen wichtigen Beitrag geliefert.[1]

In dieser Studie ist unter der Voraussetzung gleicher Verhältnisse eine vergleichende Rechnung für 77 der auf der Erde üblichen Stahlwandprofile aufgestellt, in der die theoretische Lebenserwartung in einer Tabelle zusammengestellt ist; wie zu erwarten, zeigt sich für die schweren Profile eine wesentlich günstigere Situation, woran man bei einer Planung wohl nicht vorübergehen kann.

3.2.1 Verschiedene Profile für Spundwände und Pfähle aus Stahl

Die Hersteller von Spundbohlen und Pfählen sind seit jeher auch Förderer der wissenschaftlichen Behandlung gewesen und haben durch Unterstützung von Instituten und eigene Versuche die statischen und praktischen Probleme geklärt. Jedes Hüttenwerk gibt die seit langem beliebten Handbücher heraus, in denen für die Entwurfsarbeit, die statische Berechnung und die Ausführung alles gesagt ist, was man braucht. Da auch jedes Tabellenwerk und fast jedes technische Kalendarium die Spundwandtabellen abdruckt, ist eine Wiederholung hier unterlassen zugunsten weniger bekannter Dinge.

Die Handbücher, die an Kunden und ernsthafte Interessenten kostenlos abgegeben werden, sind folgende:

Larssen, Handbuch, und in gedrängter Fassung
Larssen, Stahlwände und Pfähle. Entwurfsgrundlagen.
    Herausgeber: Dortmund-Hörder Hüttenunion.
Die Stahlspundwand ,,Hoesch".
    Herausgeber: Westfalenhütte AG, Dortmund.

---

[1] P. LEIMDÖRFER: The useful life of steel shet piling. XVIII⁰ Congrès international de navigation. Rome 1953, Section II — C.1.

Stahlspundwände und Stahlrammpfähle, Bauart Krupp.
Herausgeber: Hüttenwerke Rheinhausen AG.
Peiner Kastenspundwand, Handbuch, und gekürzt
Peiner Kastenspundwände, Peiner Stahlpfähle.
Herausgeber: Hüttenwerk Ilsede-Peine AG.

Ein ausgezeichnetes Handbuch ist das französisch abgefaßte, über 300 Seiten enthaltende Buch

Palplanches metalliques Rombas, 3. Aufl., herausgegeben 1958 von der „Sidelor" (Union Sidérurgique Lorraine) in Metz, deren Verkaufsbüro für Spundwände in Paris sitzt.

In diesem Werk werden die von Sidelor gewalzten Profile LARSSEN, ROMBAS und LACKAWANNA gebracht und besonders klar die statischen Verhältnisse abgehandelt.

Weiter sind erwähnenswert die Prospektmappe

Stahlspundwand Arbed-Belval, Ausgabe 1956 (75 Seiten).
Herausgeber: Aciéries Réunies de Burbach-Eich-Dudelange, S. A. Luxemburg

sowie für Arbeiten mit amerikanischen Profilen (Auslandsbauten)

Steel Shet Piling (Profiltabellen ohne Statik).
Herausgeber: United States Steel, Pittsburgh.

Außer diesen Titeln gibt es zahlreiche kleine Gelegenheitshefte, Broschüren, Prospekte usw., die die Lieferanten zur Verfügung stellen.

In den vorstehenden Handbüchern sind die Erfahrungen von Generationen niedergelegt, so daß man nichts hinzuzufügen hat.

3.2.2 Monotubepfähle

Ein amerikanischer Stahlpfahl, der bisher kein Gegenstück in Deutschland hat. Er besteht aus einem konischen Fußstück, in das hinein ein gerades Aufsatzstück gesetzt und verschweißt wird. Die Verlängerung durch weitere Aufsatzstücke ist leicht möglich. Die Serien der handelsüblichen Pfähle entstehen nach einem einfachen Prinzip:

Spitze: Alle Pfähle haben die gleiche geschmiedete oder Gußstahlspitze (Kegelstumpf) von 20 cm Durchmesser.
Fußstück: Bei den 3 Verjüngungsgraden von 1:84 bzw. 1:48 bzw. 1:30 ergeben sich bei vier verschiedenen Pfahlschaftdurchmessern $3 \times 4 = 12$ verschiedene Längen des Fußstückes.
Aufsatzstücke: Sie beginnen da, wo die Fußstücke die Durchmesser der Aufsatzstücke als Innendurchmesser erreichen. Eingrifflänge 0,30 m. Lieferbare Durchmesser 30, 35, 40 und 45 cm.

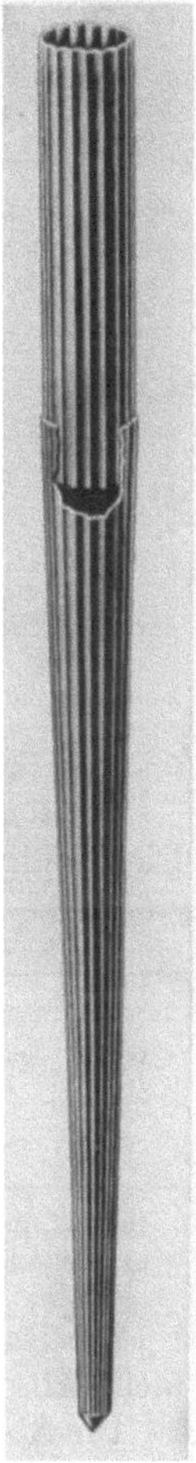

Als Wanddicken der kannelierten Rohrwandung sind die Abmessungen 3,2 — 3,8 — 4,55 mm normal und 5,3 und 6,07 mm als schwere Profile zu bekommen. Es läßt sich denken, welche fast übertriebene theoretische Anpassung an die Bodenkennwerte herbeigeführt werden kann. Abb. 158 zeigt Pfahl und Pfahlstoß.

Die Fußstücke variieren in der Länge von 3 bis 23 m und werden oft allein als Pfahl ausreichen. Die konische Form gibt die Pfahllast vorteilhaft durch Druck und Reibung ab. Die Aufsatzstücke werden 30 cm länger geliefert als die Verlängerung beträgt und mit mindestens 15 cm Überdeckung in das Fußstück hineingestoßen, sie werden normalerweise in 12 m Normallänge geliefert und sind leicht

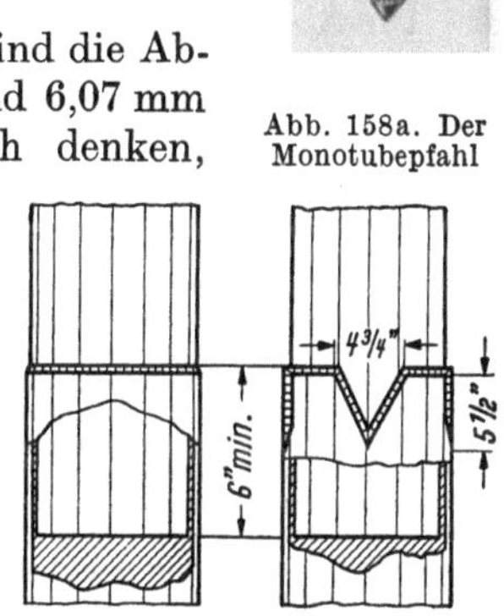

Abb. 158a. Der
Monotubepfahl

Abb. 158b
Pfahlstoß, links für leichte, rechts
für schwere Bodenverhältnisse

Abb. 159. Monotubepfahl als Pfeiler unter einer Stahlbrücke

konisch, so daß weitere Schüsse ineinander gesteckt werden können. Die Verschweißung der Schüsse wird im Normalfall mit einer Rundnaht, bei schwerer Rammung mit einer durch 4 V-förmige Einschnitte verlängerte Naht ausgeführt. Die kaltgewalzten Stähle haben 3520 kg/cm² Festigkeit. Die Pfähle werden üblicherweise mit Beton verfüllt, und bei ihnen kann z. B. bei Verwendung als Pfeiler und Stütze über Gelände der Pfahlmantel als Bewehrung mitgerechnet werden. Außerdem ist die Profilierung möglicherweise in ihrer architektonischen Wirkung einzusetzen. Nach dem Rammen ist der Pfahl innen trocken und es kann seine lotrechte Stellung kontrolliert werden.

Die Rammung auf den profilsteifen Pfahl erfolgt direkt, ohne Rammdorn. Die Stahlpfähle sind leicht, 1 lfm des vollen Pfahlquerschnittes wiegt in kg/m:

Durchmesser in cm		30	35	40	45	
Wandstärke in mm	3,2	23,8	28,3	31,2	35,7	Gewicht in kg/m ohne Betonfüllung
	3,8	29,75	34,2	38,7	44,7	
	4,55	35,7	41,7	47,6	53,5	
	5,3	41,7	49,2	55,0	62,5	
	6,07	47,6	55,0	62,5	71,5	
Betonfüllung ($g = 2{,}4$ t/m³)	in l	65	85	113	145	
	kg/m	156	204	270	384	

Die Rammarbeit ist einfach. Kürzen und Verlängern durch Schweißung einfach, Abschnitte werden wieder verwendet.

Die Abb. 159 zeigt eine Brückengründung, bei der die aufgehenden Monotubepfähle direkt als Pfeiler dienen. Hierbei ist die leichte Anschlußmöglichkeit an andere Konstruktionsteile weitgehend ausgenutzt.

3.2.3 Kopfausbildung von Stahlpfählen

Man hat keine Schwierigkeit, auf die Stahlpfähle eine lastübertragende Konstruktion zu bringen, da man mit Schweißung arbeiten kann. Aber auch für die Verbindung von Pfählen mit Ortbeton ist konstruktiv eine wesentliche Vereinfachung eingetreten, nachdem festgestellt wurde, daß die Übertragungsfläche des Stahlquerschnittes innerhalb des Betons mit der 6fachen Würfeldruckfestigkeit beansprucht werden kann.[1]

---

[1] Pohle: Lastübertragung auf Stahlpfähle. Bauingenieur (1951) S. 257 und (1952) S. 374.

Durch Laborversuche im kleinen Maßstab mit einem Rohr von etwas über 8 cm Durchmesser und kleinen Würfeln von 30 × 30 cm Fläche und 20 cm Höhe ergaben sich bei dem Versuch, ein loses aufgesetztes Rohr durch den Würfel hindurchzudrücken, 11,7fache Druckfestigkeiten, beim aufgesetzten Doppel-I-Träger der 7,5fache Wert. Wenn die Versuchsstützen schon 6 cm in den Beton eingelassen waren, stiegen die Werte auf das 14fache bzw. das 11,7fache. Voraussetzung war natürlich, daß die Würfel durch eine eingelegte Wendelbewehrung gegen Querdehnung gesichert waren. Bei einer Wiederholung des Versuches im natürlichen Maßstab mit einem LARSSEN-Stahlpfahl LP 3 mit Fe = 158 cm² wurde der 6fache Wert der Betonfestigkeit nachgewiesen.

Fußausbildung bei Stahlpfählen

Ähnlich wie in Holland eine Fußverbreiterung bei den Stahlbetonpfählen ausgeführt wird, hat man auch schon für engstehende Stahlpfähle eine Fußausbildung aus 15 mm dicken Stahlplatten hergestellt. Die Abb. 160 zeigt Einzelheiten dieser bei LARSSEN P 2 ausgeführten Fußverdickung. Um einer Schwächung

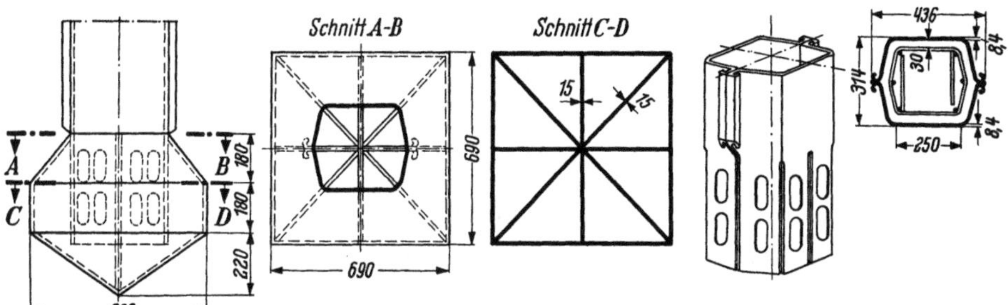

Abb. 160. Beispiel eines geschweißten Fußes bei Stahlpfählen

der Pfähle durch Korrosion entgegenzuwirken, sind sie mit einer Längsbewehrung versehen und nachträglich mit Beton verfüllt. Um eine satte Ausfüllung des Fußes mit Beton zu sichern, sind die Wände des LARSSEN-Pfahles mit großen Öffnungen versehen. Trotzdem ist ein gewisses Bedenken, ob diese Füllung besonders bei langen Pfählen, gelingt, nicht zu unterdrücken. Es wäre wohl zweckmäßig, diesen Fuß schon vor dem Rammen zu betonieren, zumal durch die enge Kammerung eine Gefahr für den Beton (Losrütteln usw.) nicht besteht. Bei Anwendung eines Abbindeverzögerers könnte die Betonfüllung auch unmittelbar vor dem Rammen beigegeben werden.

3.2.4 Schienenpfähle

Ein praktisches Beispiel, wie sich der Unternehmer gelegentlich helfen kann, um eine Materialklemme zu überwinden, zeigt die Herstellung von verhältnismäßig schweren Stahlpfählen aus gebrauchten Eisenbahnschienen.

Wie Abb. 161 zeigt, sind 3 Schienen mit ihren Fußteilen zu einem gleichseitigen Dreieck zusammengeschweißt. Es ist hierbei jede Schweißnaht am Kopf und Fuß 30 cm lang und dann mit jeweils 10 cm Kurzschweißungen mit 30 cm Zwischenraum ausgeführt. Die Spitze und der Kopf der Pfähle sind durch Anwärmen mit Autogenfackeln und Abschreckung vergütet, so daß die Pfähle eine erhebliche Festigkeit an den höher beanspruchten Stellen aufweisen. In dem vorliegenden Beispiel sind 24 m lange Schienen bis zum Festwerden im Pfahluntergrund mit einem einfach wirkenden Dampfhammer, der mit jedem Schlag 4150 kgm ausübte,

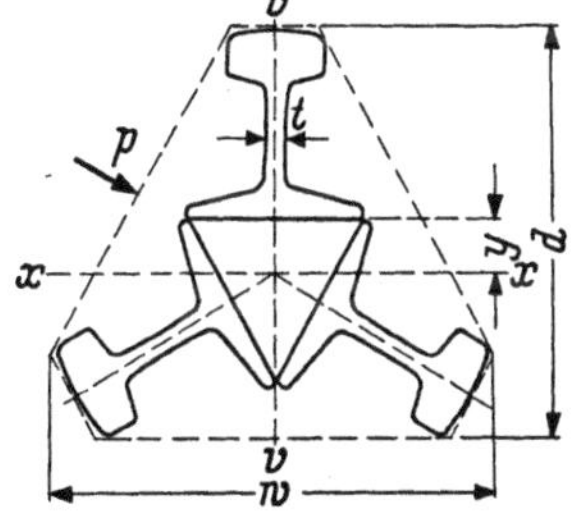

Abb. 161a. Aus 2 Schienen geschweißter Rammpfahl

gerammt. Beim Festwerden sind sie mit 24 Schlägen auf 1 cm, d.h. also mit 4,1 mm Eindringung je Hitze von 10 Schlag, beansprucht.

Abb. 161b. Gerammter Schienenpfahl

Weder am Kopf noch an der Spitze zeigten sich nach dem Ziehen eines der 3 Probepfähle irgendwelche Schäden. Dabei stammte das Schienenmaterial vom Jahre 1882. Die Schienen waren $27\,^1/_2$ kg je Meter schwer.

Einen weiteren Versuch führte die ausführende Firma durch, indem sie die Pfähle auf eine Amboßplatte stellte und sie mit 200 Schlägen mit einem Hammer, der 2450 kgm je Schlag leistete, beaufschlagte. Auch in diesem Falle hat sich keine Beschädigung der Schweißung gezeigt. Schon 1939 ist eine derartige Pfahlkonstruktion verwendet worden. Man hatte damals aber einige Schwierigkeiten mit der Schweißung und ließ den Gedanken um so leichter wieder fallen, als billige Stahlpfähle am Markt erschienen. Zur Zeit hat die ausführende Firma mehrere Herstellungsplätze eingerichtet und liefert solche Pfähle aus Schienenmaterial in Längen von 9 bis 12 m und Tragfähigkeiten von 34 bis über 100 t vom Lager.[1]

3.2.5 Rohrpfähle mit Stahlbetonfuß

An Stelle von 27 m langen Pfählen, die die Flußsohle bis zum Fels durchfahren würden, hat man im Charles-River in Cambridge Mass. eine schwebende Stahl-Pfahlgründung für eine 600 m lange Brückenstraße über Wasser ausgeführt.

Die Pfähle hierfür sind Stahlrohre von 27 cm Innendurchmesser, unter die eine Fußplatte von 25 mm Dicke und 38 cm Durchmesser geschweißt ist. Auf dieser Platte steht ein 2,10 m langer konischer Stahlbetonmantel, der sich von 38 auf 56 cm Durchmesser verstärkt (Abb. 162a).

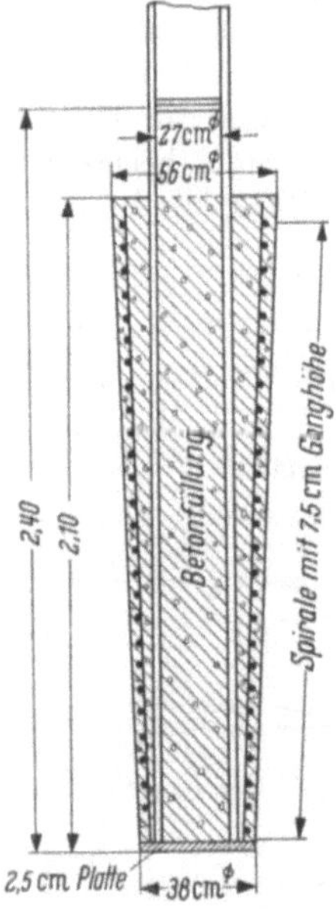

Abb. 162a. Rohrpfahl mit Platte und konischem Stahlbetonfuß

Das Flußbett besteht aus 3 m harter Kiessohle über 21 bis 24 m Ton, dem wieder eine Schicht harter Kies und dann Fels folgt. Die Pfähle wurden mit 20 bis 25 Rammschlägen nur etwa 1,80 m in die obere Kiesschicht eingetrieben. Abb. 162b zeigt die Anordnung in den Brückenstegen. Da die Pfähle nicht bis zum Festwerden eingerammt wurden, sind die Rohre mit Kennzeichen für die richtige Tiefenlage versehen. Nach dem Rammen sind die Rohre mit Beton B 200 verfüllt, bevor die Brückenholme in Ortbeton hergestellt wurden.

Die Anfertigung von rund 800 Pfahlfüßen ist immer eine Fabrikation, die stark rationalisiert werden kann. Zunächst wurden die Rohre auf die Fußplatten geschweißt, darauf 8 ⌀ 18 mm als Längsbewehrung um das Rohr gestellt und mit der Grundplatte verschweißt. Dann wurde eine konisch gewickelte räumliche Spirale aus 8 mm Draht aufgebracht. Die Formen für das Betonieren der Pfahlfüße waren stationär, und zwar standen acht zweiteilige Formen miteinander verbolzt nebeneinander. Die vordere Hälfte war abnehmbar, um Höhentransporte zu sparen. Die Pfahlfüße, Beton B 250, wurden über Nacht unter einer Plane dampfgehärtet.

---

[1] Prospekt mit Maßtabelle und statischen Werten der Foster International Corp., 11 Park Place, New York, N. Y.

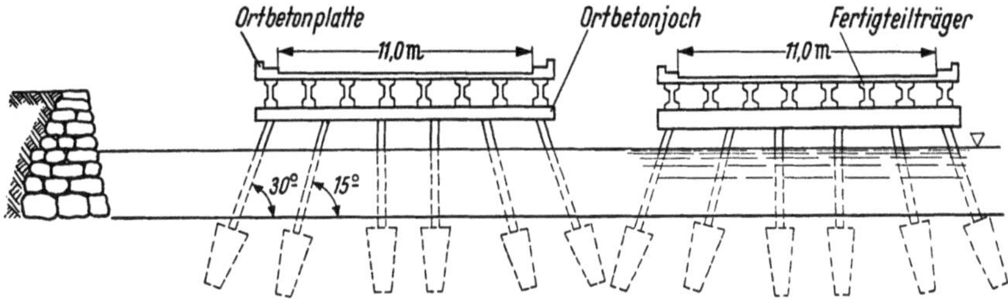

Abb. 162b. Stegbrücke mit Rohr-Fußpfählen

Die Ausführung zeigt einen Weg, wie man einen Pfahl herstellen kann, der als Spitzen- und Reibungspfahl gleichzeitig wirkt. Es ist natürlich notwendig, die Tragfähigkeit solcher Neukonstruktionen durch eine Serie von Probebelastungen zu bestimmen.

3.3 Stahlbetonpfähle und Spundbohlen

3.3.1 Der übliche Handelspfahl

Stahlbetonpfähle sind heute zu einem Handelsartikel geworden und werden, in normalen Längen, auf Lager gehalten, so daß man kaum Beschaffungsschwierigkeiten haben wird. Modern eingerichtete Fabrikationsplätze können meist eine Dampfhärtung vornehmen, so daß eine Anfertigung auf Bestellung keine wesentlichen Zeitverluste bringt. Eine Beschreibung der Herstellung im einzelnen ist daher entbehrlich.

Als Beispiel zeigt Abb. 163 den normalen Hamburger Rammpfahl der Wayss & Freytag K. G., der in den Querschnitten 30/30, 34/34, 34/38 und 40/40 hergestellt wird. Die Längsbewehrung aus je 4 $\varnothing$ 14 bis 4 $\varnothing$ 32 wird von einer Wendelbewehrung[1] umschnürt, die aus $\varnothing$ 5 oder $\varnothing$ 5,5 mm besteht. Mit einer Wickelvorrichtung werden die Wendeln zunächst eng aneinander liegend hergestellt, auf die Längsbewehrung gestreift, auseinandergezogen und dann im gewünschten Abstand gebunden. Es gibt auch Spezialklemmen, die mit doppelt wirkenden Zangen ein sicheres Anheften in kürzester Zeit erlauben. Um einen einwandfreien Gangabstand zu halten, genügt es, einen Stab mit kleinen Wellen im geforderten Gangabstand anzulegen, wie Abb. 164 zeigt und danach entweder die Bindung an die Längseisen vorzunehmen oder durch geringes Zusammendrücken der Wellen die Wendel festzulegen, die dann nur noch durch wenige Bindungen an den Hauptlängsstäben zu sichern ist. Der als Lehre dienende Hilfsstab ist im ersten Falle wieder verfügbar. Diese Methode ist genauer und einfacher als die sonst gebräuchliche Markierung mit Kreidestrichen. Die notwendige Vergrößerung des Durchmessers der Wendel bzw. der Maße des Rechteckgebindes ist bei der Vorfertigung zu beachten. Die Ganghöhe der Wendel ist beim Wayss & Freytag-Pfahl auf 6 cm absolut begrenzt, außerdem ist sie um so geringer je länger der Pfahl ist. Zusätzlich enthält der Kopf eine 1 m lange Innenwendel mit der gleichen Ganghöhe der Außenwendel, womit der Pfahl für den Rammschlag hinreichend bewehrt ist. Die Pfahlspitze ist durch feste Umschnürung oder durch Zusammenschweißen der Längsbewehrung gesichert. Der in vielen Büchern noch vermerkte Dorn zwischen den zusammengeführten Längsstäben ist unschön, man tut besser, alle 4 Längsstäbe in eine geschweißte Spitze zusammenzufügen. Dazu muß man eine gute Verbügelung der Spitzenbewehrung anordnen, die abwechselnd aus Viereckbügeln und Diagonalen besteht und ein Ausschwingen der Bewehrung durch eine gewisse Spannung, die schon im Bewehrungskorb herrscht, verhindert.

---

[1] Fälschlich Spiralbewehrung genannt.

Besonders der Spitzenansatz bedarf einer sehr guten Verbügelung. Abb. 165 zeigt eine ältere sehr bewährte Anordnung, die in Cuxhaven für Pfähle bis 22 m

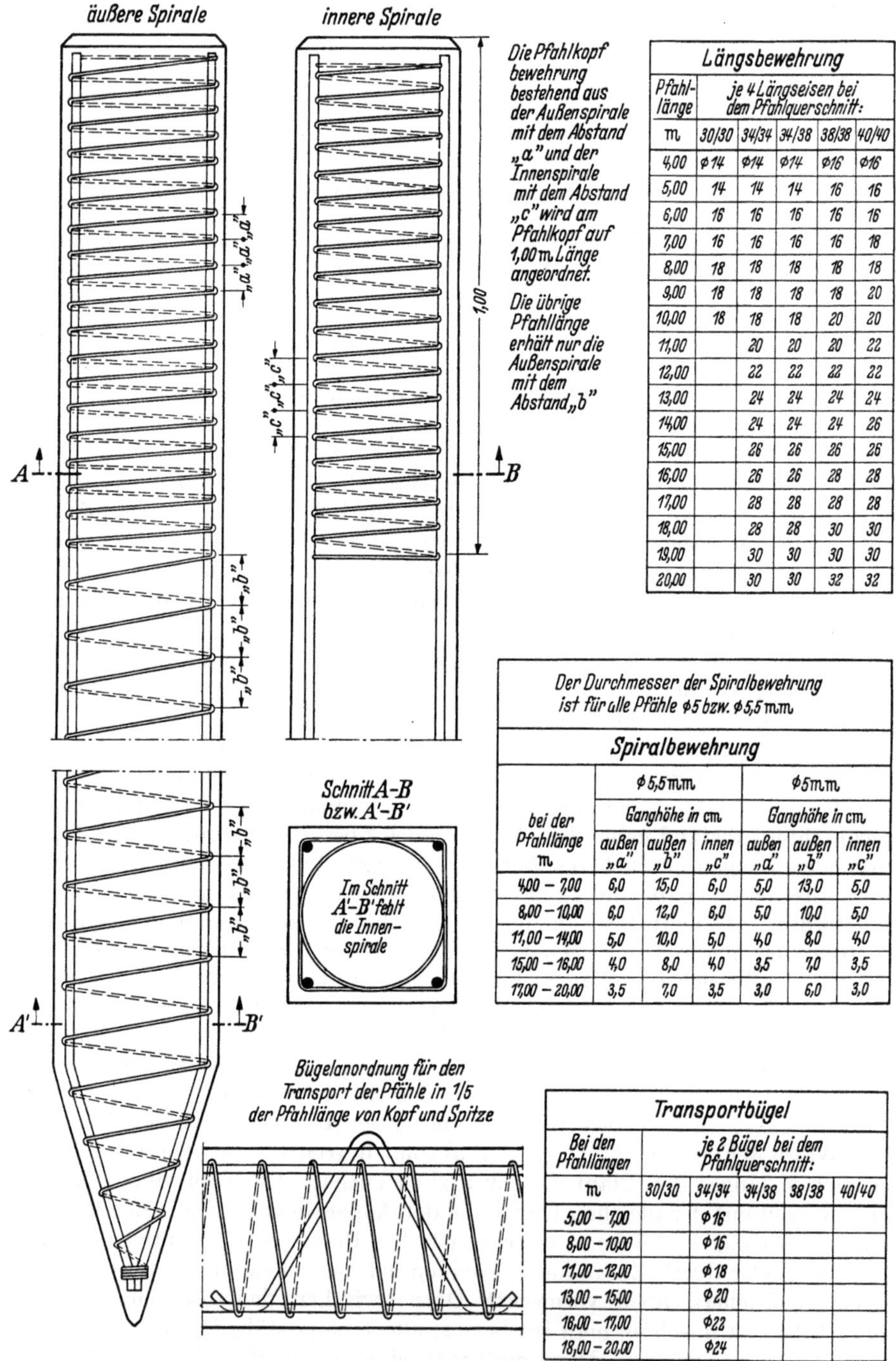

Längsbewehrung					
Pfahl-länge	je 4 Längseisen bei dem Pfahlquerschnitt:				
m	30/30	34/34	34/38	38/38	40/40
4,00	ϕ14	ϕ14	ϕ14	ϕ16	ϕ16
5,00	14	14	14	16	16
6,00	16	16	16	16	16
7,00	16	16	16	16	18
8,00	18	18	18	18	18
9,00	18	18	18	18	20
10,00	18	18	18	20	20
11,00		20	20	20	22
12,00		22	22	22	22
13,00		24	24	24	24
14,00		24	24	24	26
15,00		26	26	26	26
16,00		26	26	28	28
17,00		28	28	28	28
18,00		28	28	30	30
19,00		30	30	30	30
20,00		30	30	32	32

Der Durchmesser der Spiralbewehrung ist für alle Pfähle ϕ5 bzw. ϕ5,5 mm

Spiralbewehrung						
	ϕ5,5 mm			ϕ5 mm		
bei der Pfahllänge m	Ganghöhe in cm			Ganghöhe in cm		
	außen „a"	außen „b"	innen „c"	außen „a"	außen „b"	innen „c"
4,00 − 7,00	6,0	15,0	6,0	5,0	13,0	5,0
8,00 − 10,00	6,0	12,0	6,0	5,0	10,0	5,0
11,00 − 14,00	5,0	10,0	5,0	4,0	8,0	4,0
15,00 − 16,00	4,0	8,0	4,0	3,5	7,0	3,5
17,00 − 20,00	3,5	7,0	3,5	3,0	6,0	3,0

Transportbügel					
Bei den Pfahllängen	je 2 Bügel bei dem Pfahlquerschnitt:				
m	30/30	34/34	34/38	38/38	40/40
5,00 − 7,00		ϕ16			
8,00 − 10,00		ϕ16			
11,00 − 12,00		ϕ18			
13,00 − 15,00		ϕ20			
16,00 − 17,00		ϕ22			
18,00 − 20,00		ϕ24			

Abb. 163. Der normale Hamburger Stahlbetonpfahl der Wayss & Freytag K. G.

Länge gewählt wurde, da Hindernisse im Grunde zu erwarten waren. Die Herstellung dieser Verbügelung ist schwierig. Die früher oft empfohlenen Stahlgußspitzen sind teuer und auch entbehrlich. Wenn man die Spitze noch besser als durch guten Beton B 300 und höhere Betongüten sichern will, so kann das einwandfrei mit einem ganzen Schuh geschehen, der aus 2 bis 4 mm Blech in der Pyramiden-form der Betonspitze ohne irgend-welche inneren Anker zusammen-geschweißt wird und der schon beim Betonieren des Pfahles mitgefüllt wird. Zweckmäßig läßt man in der Spitze ein Entlüftungsloch, damit die Spitze satt ausgefüllt wird. Meist wird aber ein solcher Spitzenschuh nicht nötig sein. Bekannt ist eine Ausführung, bei der ein im Beton mit Steinankern festgelegter Schuh aus 4 Winkeleisen, die zu einer ge-meinsamen Spitze ausgeschmiedet sind, in die 4 Kanten der Form gelegt wird. Für steinigen Unter-grund ist diese Ausführung fraglos gut (Abb. 166). Für das Hochnehmen der Pfähle ist es üblich, in den Fünftel-

Abb. 164. Auslegen der Wendelbewehrung

punkten Transportbügel anzuordnen, in denen die Lasthaken angreifen können. Es ist üblich, diese Bügel nicht über die Pfahlfläche vortreten zu lassen, einmal damit der Pfahl gekan-tet werden kann, dann aber auch, damit beim lagenweisen Herstellen übereinander eine ebene Fläche bleibt. Man füllt hierzu die in den frischen Beton eingedrückten Dellen um die Bügelöse mit Sand aus.

Betongüte, Zement-wahl sowie Stahlsorte passen sich den Ge-gebenheiten des Unter-grundes, des Grund-wassers und den Forde-rungen des Bauwerkes, dem die Pfähle dienen sollen, weitgehend an. Für die Anwendung der Pfähle gilt DIN 1054, für die Herstellung sinn-gemäß DIN 1045, 4225, 4227, 4030 usw.

Heute werden alle Pfähle liegend herge-stellt und, soweit dies auf der Baustelle ge-

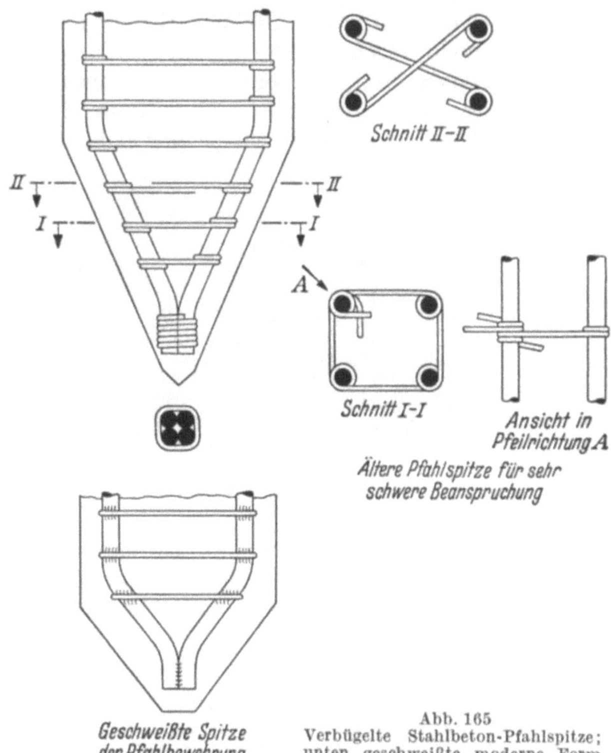

Abb. 165
Verbügelte Stahlbeton-Pfahlspitze; unten geschweißte moderne Form

schieht, wo eine Dampfhärtung nicht immer erfolgt, pflegt man sie lagenweise übereinander zu betonieren. Auf der gegen Absacken sorgfältig herzustellenden Pritsche aus Holzbohlen auf Lagerhölzern oder auf einer Betonfläche wird zweckmäßig auf Papierunterlage eine ungerade Anzahl von Pfählen im lichten

Abstand der Pfahldicke zwischen Seitenschalung hergestellt, nach deren Abbinden die Zwischenräume für die nächste Serie ohne Schalarbeit bereitstehen. Die Wandungen werden dabei durch Papier oder Folien abgeschirmt.

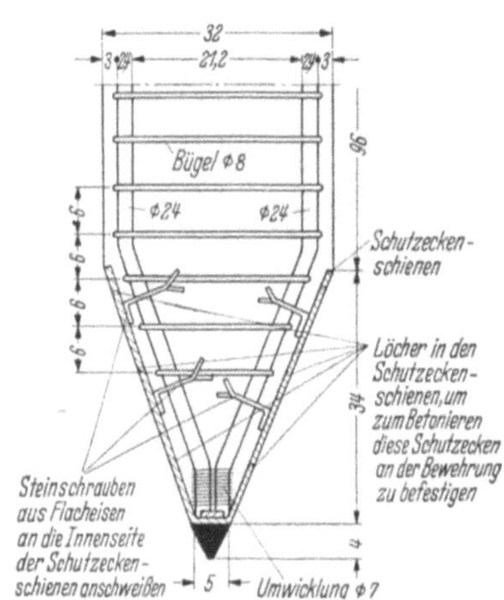

Abb. 166. Pfahlschuh aus Kantenschutzwinkeln

In der gleichen Weise werden weitere Lagen der Pfähle übereinander betoniert, wobei je nach der Beschaffenheit des Untergrundes 4 bis 5 Lagen möglich sind.

Die Kunst dieser Art der Pfahlherstellung liegt darin, die Reihenfolge und die Anordnung vorher so zu bestimmen, daß ein allgemeines Umstapeln zum Rammen nicht nötig wird, mit anderen Worten: Es muß die voraussichtliche Länge der Pfähle aus dem Bodenprofil nach einem sorgfältig durchdachten Rammplan festgelegt werden, es muß das meist vorgeschriebene Streichen der Pfähle zeitlich einbezogen werden und es muß das Verkanten hierzu in jeder Lage möglich sein. Vorteilhaft ist eine Längsanordnung der Stapel hintereinander und ein fahrbarer Portalkran, der neben dem Stapel noch ein Transportgleis einbezieht.

Lassen sich nicht mehrere Pritschen anordnen, so ist eine Zwischenlagerung nötig, bei der mit den jungen Pfählen sehr vorsichtig zu verfahren ist. Wenn das Aufnehmen nicht durch ein Abziehen in der Längsrichtung ersetzt werden kann, muß es mit einer Traverse vorgenommen werden und beim Absetzen ist auf gleichmäßiges ebenes Niederlegen zu achten. Wenn die Pfähle nicht quadratischen, sondern rechteckigen Querschnitt haben, ist die Vorderseite besonders

Abb. 167. Rollflansch zum Drehen von Pfählen

zu kennzeichnen, etwa durch Farbtupfen, damit die Rammannschaft den Pfahl nicht falsch anschlägt. Wenn Aufhängeösen angeordnet sind, kann eine solche Verwechslung kaum eintreten. Zum Hochnehmen durch die Ramme wird der Pfahl meist nur mit einer Kette oder mit einem Seilstropp im Drittelpunkt gefaßt; auch hierfür ist eine Kenntlichmachung zweckmäßig.

Für die schonende Behandlung junger Betonpfähle kennt man in Amerika die Anwendung von Rollflanschen, die als Manschetten den Pfahl fest umschließen. Zum Drehen der Pfähle für das Anstreichen, zum Vorspannen eines aus mehreren Schüssen bestehenden Pfahles und schließlich für den Quertransport vom Stapel auf die Transportbahn kann man dieses einfache Hilfsmittel gut gebrauchen. Zum Abtransport muß man [-Eisen als Laufschienen unterlegen. Abb. 167 zeigt eine Anordnung, bei der die Drehvorrichtung auf festen Laufrollen ruht und zunächst ein Drehen an Ort ermöglicht.

Für den Längstransport macht man seit jeher Gebrauch von Plattformwagen, die mit dem Pfahl zur Ramme rollen und bis zum Hochnehmen eine Zerrung in der Längsrichtung des Pfahles ausschließen.

Bei den heute handelsüblichen Pfählen sind die früher für notwendig gehaltenen gebrochenen Kanten nicht mehr üblich und auch nicht mehr nötig. Wenn die Pfähle sichtbar bleiben oder als Pfeiler und Stützen hochliegender Jochbalken und Decken dienen, empfiehlt es sich, die Kanten zu brechen. Hierfür werden in den USA verzinkte Dreikantschienen aus Stahlblech angeboten, wie sie Abb. 168 zeigt. Neben der exakten Kante, die sich damit ergibt, wird gegenüber der üblichen hölzernen Dreikantleiste, die nur geringe Lebensdauer besitzt, viel Nagelarbeit und der Kantenverschleiß der Schalbretter durch das Vernageln erspart. Die Drei

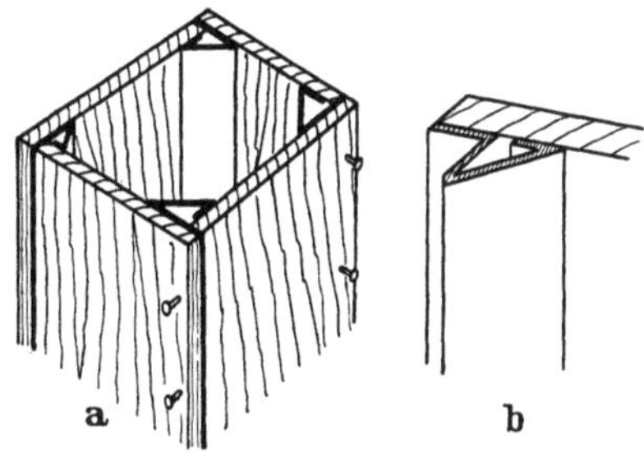

Abb. 168. Abfasen der Kanten

kantschienen ergeben gleichzeitig einen guten Anschlag für das Zusammensetzen der Form. Als Lieferanten wird man bei uns alle Blechemballagefabriken bereit finden.

3.3.2 Sonderformen der Stahlbetonpfähle, Hohlpfähle, Fußpfähle

Die früher entwickelten Pfähle mit dreieckigem oder fünfeckigem Querschnitt sind kaum noch anzutreffen. Bei sehr langen Pfählen macht man in Amerika achteckige Pfähle, um an Gewicht zu sparen. Eine in Deutschland noch zu erwartende Entwicklung sind die Stahlbetonpfähle mit innerem Hohlraum, deren Herstellung bisher wohl wegen der Schwierigkeit der Schalung dieser Hohlräume unterblieb.

Hierfür wäre eine Spreizform aus elastischen Blechrohren mit einer oder zwei Längsnähten als Kernform zu beschaffen, die, mit einer billigen Folie belegt, niemals am Pfahlbeton haftet. Man kann ohne weiteres den statisch wenig wirksamen Kernbeton aussparen und den Vorteil der großen äußeren Manteloberfläche beibehalten. Bei der Be

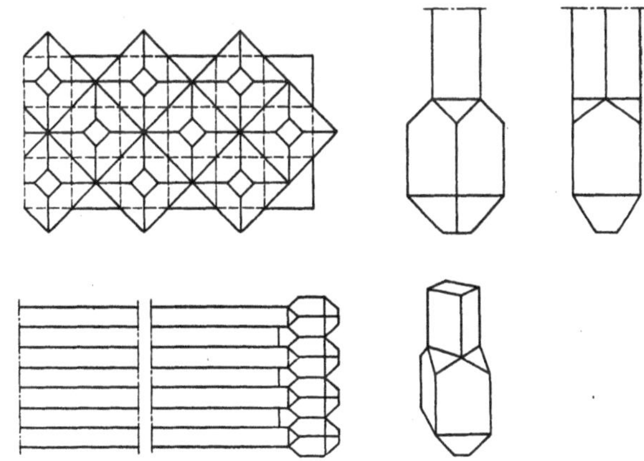

Abb. 169. Holländische Stahlbetonpfähle mit verdicktem Fuß, sog. Rotterdam-Pfähle, auf Fertigungs-Stapel

sprechung der Spannbetonpfähle werden wir sehen, daß die Entwicklung dieses höchstwertigen Pfahles im Ausland längst diesen Weg gegangen ist.

Eine hervorragende Stellung auf dem Gebiet der Pfahlgründung nehmen die Holländer ein, die infolge der Beschaffenheit ihres Untergrundes zwangsläufig auf eine lange Rammtradition hinweisen können. Da das Grundwasser meist sehr hoch steht, ist die Mantelreibung nicht sehr zuverlässig wirksam, und man trachtet nach Erhöhung des Spitzenwiderstandes durch Fußpfähle. Im holländischen Patent 79042 ist ein Pfahl mit nach 4 Seiten verbreitertem Fuß dargestellt. Einfacher ist der sog. „Rotterdam-Pfahl" herzustellen, holländisches

Patent 61870 der Gemeinde Rotterdam. Es ist dies ein Stahlbetonpfahl mit Fuß, dessen Kennzeichen es ist, daß die Fußverdickung im Querschnitt dem Quadrat über der Diagonale des Pfahlschaftes entspricht. Jede Kante des Pfahlschaftes läuft auf einer der Diagonalen des Schaftquerschnittes parallelen Fläche aus. Der Vorteil liegt darin, daß diese Pfähle gegenüber anderen Fußpfählen in der gleichen Weise raumsparend aufeinander liegend betoniert werden können

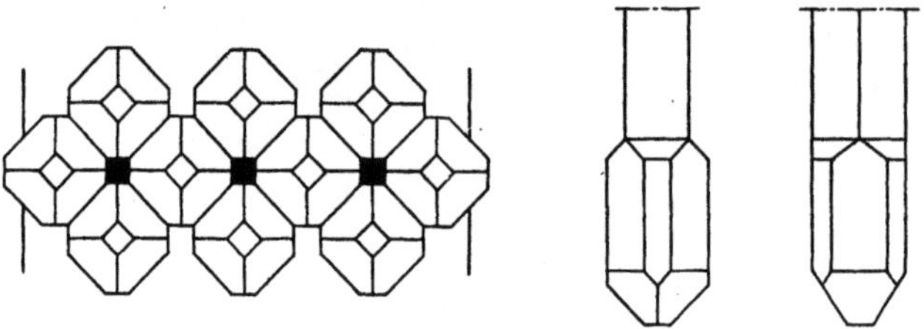

Abb. 170. Rotterdam-Pfähle mit 8eckiger Fußverdickung auf Fertigungsstapel

wie normale Pfähle ohne Fuß, wodurch bekanntlich erheblich an Schalung gespart wird. Die Abb. 169 zeigt besser als eine Beschreibung, wie dies erreicht wird.

Auch bei gebrochenen Kanten der Pfahlfüße, also achteckigem Fußquerschnitt, ist die Herstellung unschwer in gleicher Anordnung zu machen (Abb. 170).

Werden größere Pfahlfüße als sie dieser Stapelung eigentümlich sind verlangt, so läßt sich mit entsprechendem Zwischenraum zwischen den Pfahlschäften

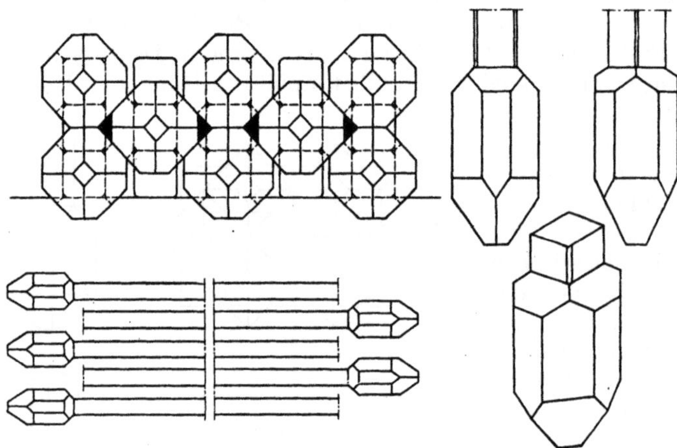

Abb. 171. Rotterdam-Pfähle mit extra-dickem 8eckigen Fuß, mit Pfahlabstand auf Fertigungsstapel

trotzdem die Herstellung übereinander durchführen, ohne wesentliche Erschwerung der Schalungsarbeiten (Abb. 171)..Hierbei ergibt sich ein Fußquerschnitt von mehr als der doppelten Fläche des Pfahlschaftquerschnittes.

Der Einbau der Pfähle geschieht mit Spülhilfe. Die Spüllanzen werden jeweils an einer Pfahlecke niedergebracht und kommen auf diese Weise stets an einer Fläche des Pfahlfußes an. In den Jahren 1947/48 sind rund 4000 dieser Pfähle gebraucht.

Im Hinblick auf die Vorteile der I-Profile sind auch in Beton solche Stegquerschnitte ausgeführt, die durch ein besonders interessantes Beispiel vertreten sein mögen.

Für die 27 t schweren und bis 30 m langen I-Pfähle, welche die Holländer für die Brücke bei Schellingwoude benötigten (1956) hat man nur 2 Stahlformen benutzt und täglich 2 Pfähle hergestellt. Die Pfähle haben einen Vollquerschnitt der Spitze von 1,4 m². Durch eine Dampfhärtung, die mittags nach dem Betonieren angesetzt wurde, waren die Formen am anderen Morgen wieder verfügbar. Für Portland-Zement betrug die Betonfestigkeit der Würfel 20 × 20 cm am folgenden Morgen 250 bis 270 kg/cm².

3.3.3 Kombinierte Pfähle, Verlängerung, Aufstockung

Mit der Länge der Pfähle wachsen deren transportbedingten Querschnittsabmessungen und ihre Handhabung wird schwieriger, alle Transportmittel sind auf den schwersten Pfahl einzurichten und die Rammen werden immer höher und schwerer. Es besteht mithin ein Interesse, Pfähle unter der Ramme zu verlängern. Eine Verlängerung durch Aufbetonieren am Ort ist stets unwirtschaftlich. Wenn man sich durch Rammen eines Zusatzpfahles sofort aus der Verlegenheit ziehen kann, wird man wohl immer damit besser fahren.

Bei sehr tiefem Rammgrund kann man geteilte Pfähle verwenden, die von vornherein mit eingezogenem Querschnitt an der Stoßstelle ausgeführt sind. So hat man in Amerika eckige Pfähle mit runden Ansetzenden versehen und die Stoßstelle durch 2 bis 3 m lange Blechhülsen gedeckt. Diese Methode ist möglich, wenn eine leichte Rammung vorliegt und der Pfahlkopf völlig intakt ist. Durch Einschaltung einer Hartbleiplatte kann der volle Querschnitt aufeinanderwirken. Die Hülse darf nicht zu schwer sein und muß stramm sitzen, sie wird zweckmäßig innen mit Mörtel gestrichen, damit sie nicht als loser Teil unter dem Rammschlag wirkt. Bei weichem Untergrund sind auf diese Weise einwandfreie Tiefgründungen ausgeführt, da erwiesen ist, daß die Knickgefahr selbst im Schlick praktisch Null ist.

Bei schwerer Rammung wird man nach anderen Möglichkeiten greifen, die für Hohlpfähle z. B. darin liegt, daß man die Aufsatzstücke mit einem zapfenartigen massiven Ende versieht und sie in den schon gerammten Pfahl einsetzt. Hierbei empfiehlt sich eine äußere Deckung der Fuge durch eine kurze Muffe, um das Eindringen von Boden zu verhindern, das beim Vorauseilen des unteren Teiles möglich ist. Zu einer extremen Lösung dieser Art steigert sich eine englische Anregung, die im DRP 608276 von 1933 festgehalten ist. Hier wird nicht weniger vorgeschlagen als eine Auflösung des Pfahles in Teilstücke, die fast nur noch aus Zapfen und Zapfenlöchern bestehen (Abb. 172). Die Zapfen sind etwas kürzer als die Zapfenlöcher, so daß die Rammschläge auf den bewehrten Mantelquerschnitt fallen. Die dazu vorgeschlagene Bewehrung ist allerdings unmöglich, da der nicht einmal mit einem Bügel gehaltene Beton der Schulterstücke ohne jeden Zweifel abplatzen muß, selbst wenn man eine Ausgleichsplatte einschiebt.

Immerhin kann diese Ausführung dazu anregen, den Oberteil von Pfählen mit einem solchen Zapfenloch zu versehen, wenn bei einem einigermaßen regelmäßigen Untergrund damit zu rechnen ist, daß man im Bedarfsfalle mit einer einzigen Aufstockung auskommt. Gleicherweise könnte ein solches Zapfenloch mit rauher Wandung dazu dienen, eine Anschlußbewehrung in den Pfahl zu versenken, ohne daß man die Pfahlbewehrung freizulegen hat. In Vereinfachung des Gedankens kommt man schließlich dazu, in den Kopf der Pfähle, die aus dem Spannbeton bekannten Wellrohre einzubauen, in welche dann die

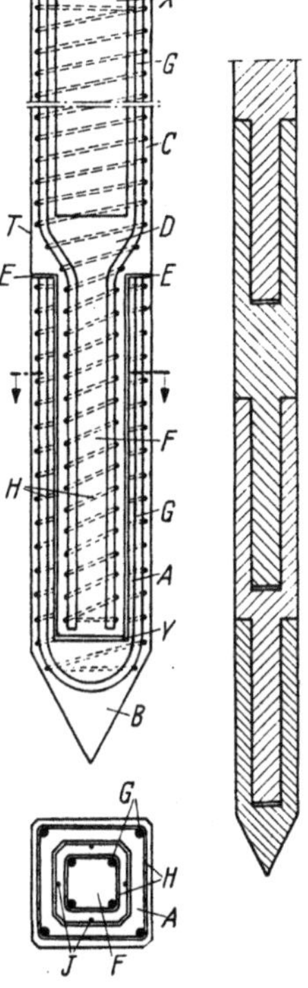

Abb. 172. In Teilstücke aufgelöster Pfahl für beschränkte Rammhöhe

Verlängerung der Bewehrung in sachgemäßer Weise — gegebenenfalls unter Vorspannung — eingebaut werden kann. Es wird dadurch an Pfahllänge gespart, die Handhabung unter der Ramme vereinfacht und das teure Abschälen der Bewehrung im Pfahlkopf vermieden. Für Zugpfähle sind natürlich derartige Aufstockungen nicht zu gebrauchen. Eine interessante Konstruktion enthält die Pat.-Anm. 84 c 2 Z 1744 v. 26. 2. 1951.

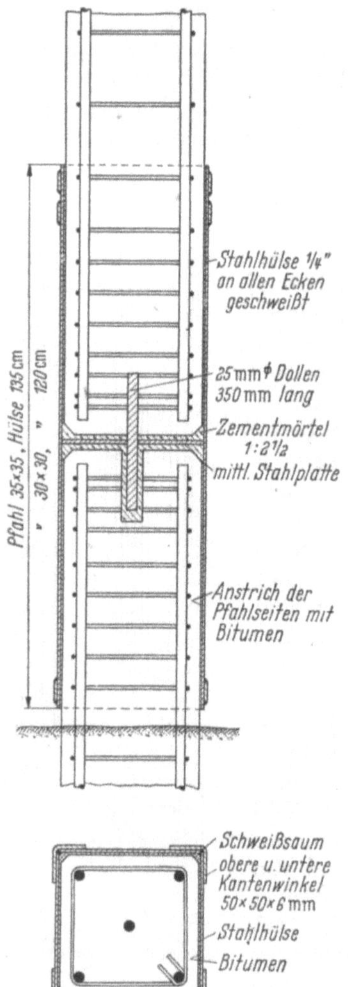

Abb. 173. Schwedische Stahlhülsenverbindung zur Verlängerung (Stoß) von Stahlbetonfertigpfählen

Eine Kombination von Holz- mit Betonpfählen ist schon lange bekannt[1] und noch nicht veraltet. Sie ist technisch dort zweckmäßig, wo an sich Holzpfähle ausreichen, aber der Überbau aus Beton besteht. So hat man noch 1958 im Zuge der Erneuerung der Brooklyn-Piers für den Pier 2 die über 20 m langen Holzpfähle 2,8 m über NW abgeschnitten und durch Betonrohre von 60 cm Durchmesser verlängert. Die Rohre reichen etwa von der NW-Linie bis zur Unterkante der Pierplatte, 3,60 m über NW. Sie wurden mit einem unteren Asbestzementring gegen den Pfahl abgedichtet und voll ausbetoniert. Bewehrungsstäbe sichern den Verband mit der 32 cm dicken Stahlbetonpierplatte. Wenngleich in diesem Falle die Verlängerung nur gering ist und nicht zum Rammen der Holzpfähle diente, sondern als Aufstockung und in erster Linie dazu, das Holz der gefährlichen Kenterzone zu entziehen und eine gute Verbindung des Überbaues mit den Pfählen zu erzielen, so zeigt sich doch hier der praktische Weg, ein z. B. quadratisches Hülsenende an einen vollen Stahlbetonpfahl anzubetonieren und diese Hülse auf den im Kopfteil auf die Hülsenlänge passend, also auch quadratisch abgearbeiteten Holzpfahl zu setzen und ihn so weit tiefer zu rammen, daß er im Untergrund verschwindet, womit er auch dem Angriff von Holzschädlingen des Meeres entzogen wäre. Jede derartige Hülsenausführung muß natürlich mit seitlichen Löchern versehen sein, damit sich keine Luft- oder Wasserpolster bilden können.

Einen ähnlichen Weg ging man auch mit Stahlpfählen bei einem Brückenbau über eine Bucht des Mississippi bei St. Louis. Hier wurden bis 57 m lange Pfähle erforderlich, für welche man schwere I-Stahlprofile an Stelle der bei den übrigen Brückenpfeilern verwendeten kürzeren Stahlbetonpfähle wählte. Alle diese Stahlpfähle wurden am Kopf auf 10 m Länge in Beton gebettet, um in der gefährdeten Zone rostgeschützt zu sein. Gewisse Bedenken empfindet man, wenn man sich den Rammvorgang vorstellt und die enormen Beanspruchungen, denen der Haftverbund zwischen Beton und Stahlpfahl dabei ausgesetzt ist. Eine solche Rammung ist wohl nur zu verantworten, wenn weicher Boden vorliegt und die Rammung mit wenigen leichten Schlägen vor sich geht. Die eigentliche Gefahr beginnt allerdings erst, wenn die Pfähle fest werden und harte Schläge

---

[1] Franzius: Der Grundbau. Berlin: Springer 1927.

notwendig sind. Über diese Situation ist leider nicht berichtet. Es ist auch nicht gesagt, warum man den Betonschutz nicht nachträglich durch ein über den Pfahl geschobenes und ausbetoniertes Rohr hergestellt hat, womit fraglos der gleiche Effekt zu erreichen war.

Über eine Reihe interessanter Pfahlverlängerungen mit Stahlbeton auf Stahlbeton liegt ein neuerer Bericht vor.[1] Die Pfähle gleicher Konstruktion werden durch einen 35 cm langen Stahldorn aus 25 mm Durchmesser zentriert und innerhalb einer 6 mm dicken Hülse, die bei Pfählen 30×30 eine Länge von 1,20 m besitzt bzw. bei Pfählen 35×35 1,35 m lang ist, mit einer doppelten Mörtelschicht und einer zwischengelegten Stahlplatte aufeinandergesetzt, und zwar in der Reihenfolge:

1. erster Pfahl weggerammt bis zur Verlängerungstiefe,

2. die Hülse wird auf den auf den Seiten mit Bitumen gestrichenen Pfahl gezogen,

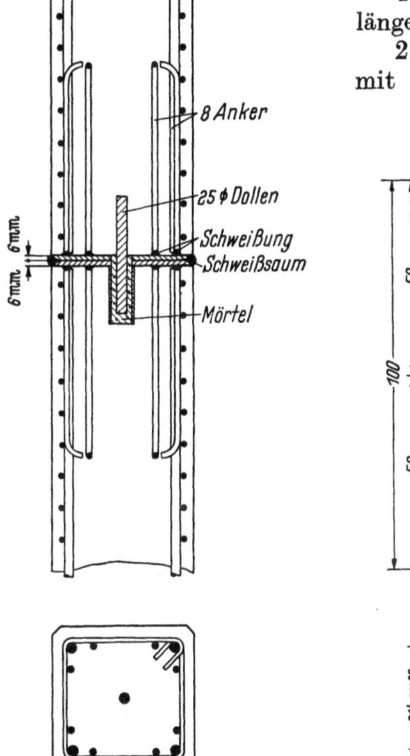

Abb. 174. Schwedischer Vorschlag der Pfahl-
verbindung durch Endplatten

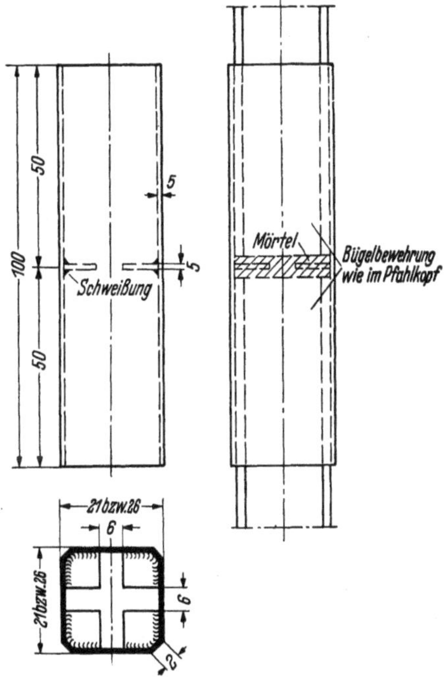

Abb. 175
Schwedischer einfacher Stahlhülsenstoß

3. Vermörtelung des Pfahlkopfes, Einlegen der Stahlplatte, Vermörtelung der Stahlplatte von oben,

4. Einsetzen des auf den Seiten mit Bitumen gestrichenen oberen Pfahles.

Nach diesem Vorgang wird sofort weitergerammt. Der Mörtel verteilt sich durch das Loch in der mittleren Platte unter den Rammschlägen. Abb. 173 zeigt diese als schwedische Stahlhülsenverbindung bezeichnete Ausführung.

Eine einfachere Ausführung ist die Stahlplattenverbindung, bei der eine äußere Hülse fehlt, das zentrische Loch für den Dorn durch ein Rohrstück gebildet wird (Vermeidung einer Sprengwirkung) und die Bewehrung des Pfahles nebst einer Reihe schwächerer Zusatzeisen auf die den Pfahlquerschnitt abschließende Platte geschweißt sind. Diese Platten werden dann aufeinander-

[1] K. G. SEHESTED, Singapore: Stødning i rammende paele ved myere arbejder i Malaya go Borneo. Ingeniøren (15. August 1958) Nr. 16.

gesetzt und ringsum zusammengeschweißt. Da normalerweise nur zentrische Kräfte vorkommen, genügt bei nicht zu schwerer Rammung diese Verbindung, welche Abb. 174 verdeutlicht.

Eine Verstärkung beider Verbindungen kann durch Kantenwinkel, die mit Flacheisenbändern zu einem prismatischen Fachwerk verbunden sind, durchgeführt werden.

Interessant ist eine Hülse für den in Schweden gebräuchlichen stumpfen Stoß von Stahlbetonpfählen, die an Einfachheit nichts zu wünschen übrigläßt. Die Hülse wird wegen der in den Ecken eingeschweißten Lappen zweckmäßig in zwei Längshälften ausgeführt, da eine Schweißung in dem engen Schaft wohl kaum sauber auszuführen ist. Abb. 175 zeigt diese Hülse, die jeden Pfahlteil nur auf knapp 50 cm Länge umfaßt.

Zusammengesetzte Pfähle: Holz/Spannbeton

Um das Holz gegen den Bohrwurm zu schützen, wurde der zu überbauende Teil einer Quaianlage bei San Francisco bis 1,80 m unter Wasseroberfläche mit Schlick aufgefüllt, so daß noch eine Schwimmramme fahren konnte. Es wurden

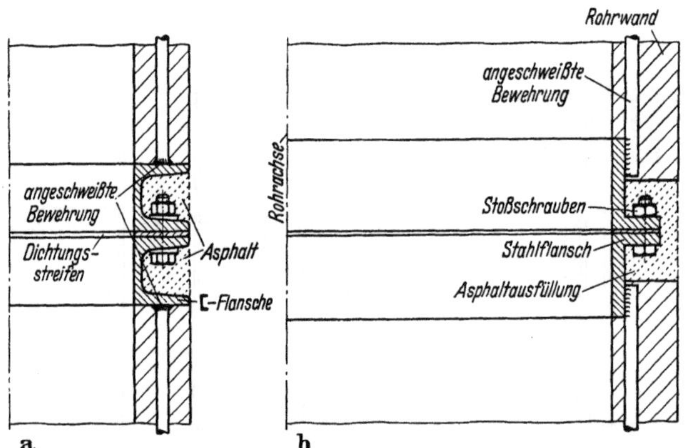

Abb. 176. Rohrpfahlverbindung für Pfähle von 400 und 550 mm äußerem Durchmesser

Holzpfähle (bis 31 m Länge!) gerammt, auf welche Spannbetonpfahlabschnitte von 7 bis 10 m Länge aufgesetzt wurden. Die Verbindung zwischen dem achteckigen vollen Betonquerschnitt (mit 35 cm eingeschriebenem Kreis) und dem Holz ist durch Stahlrohrabschnitte von 1,20 m Länge gebildet mit 33 cm innerem Durchmesser und 6 mm Wandstärke, in welche der Betonpfahl 60 cm tief einbindet. Durch einige Bohrungen ist dafür gesorgt, daß beim Auftreiben des Betonabschnittes auf den noch vor dem Mäkler stehenden Holzpfahl kein Luftpolster entsteht. Die Betonteile reichen bis 3 m in den Schlick, in dem die Bohrwürmer nicht leben können. Um den Bestand der Schlickschicht zu sichern, wurde seeseitig ein 10 m mächtiger Kiesdamm unter Wasser geschüttet.

Rohrpfähle aus Stahlbeton. Ins Extreme gesteigerte Hohlräume führen zu Rohrpfählen aus Stahlbeton, die ohne Spitze verarbeitet werden und allenfalls eine Ringschneide besitzen. Man kann sie schon als kleine Brunnen betrachten, da sie vielfach durch Ausbohren oder Ausgreifen niedergebracht werden. Eine der ersten Anwendungen ist die bekannte Gründung der Lidingoebrücke, bei der die Rohrpfähle 93 cm äußeren Durchmesser bei nur 8,5 cm Wandstärke und bis zu 56 m Länge hatten.[1]

---

[1] Bautechn. (1924) S. 407, 479, 503, 660 und (1925) S. 59, 226, 250.

Die Pfähle waren mit Endverschlüssen, die nach dem Aufrichten entfernt wurden, schwimmfähig. Nach dem Rammen wurde der Schlick und Sand mittels Luftstrahlpumpe herausgeholt und der Pfahl mit Beton verfüllt. Diese Ausführung bleibt fraglos eine Pioniertat für hohe Pfahlroste und überlange Pfähle. Heute scheut man sich im Ausland nicht mehr, Pfahlkonstruktionen zu wählen, die erst unter der Ramme verlängert werden. In China sind Rohrpfähle als Rammpfähle aus genormten Schüssen von 3 bis 15 m Einzellänge, 40 und 55 cm äußerem Durchmesser und 8 cm Wandstärke aus Schleuderbeton in den Betongüten B 200 bis B 300 hergestellt, die in Längen von 26 m unter die Ramme gebracht und nach Bedarf bis zu 60 m verlängert werden. Nach einem Bericht aus Peking[1] sind bisher rund 200 000 lfm solcher Pfähle eingebaut. Die Ver-

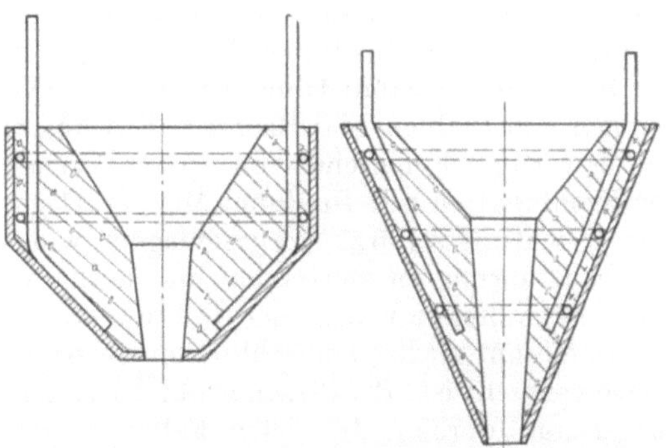

Abb. 177. Pfahlspitzen zu den Pfählen der Abb. 176

bindung der Einzelrohre ist durch Stahlflanschringe aus ⊏-Profilen ermöglicht, die miteinander verschraubt und verschweißt werden. Abb. 176 zeigt 2 Möglichkeiten der Ausführung. Die ⊏-Ringe werden von außen mit Asphaltmörtel gegen Korrosion geschützt, der zwischen den Flanschen und Verschraubungen guten Halt findet. Eine kräftige geschweißte Pfahlspitze aus Flußstahl mit Rippen ermöglicht das Eindringen auch in festere Bodenschichten. Durch Spülöffnungen in diesem Pfahlfuß kann mit Druckwasser nachgeholfen werden, ohne daß Spüllanzen erforderlich sind. Die Rohrpfähle werden auch als Brückenpfeiler über Gelände hochgeführt. Abb. 177 zeigt Formen eines einfacheren Pfahlschuhes. Übrigens hat man derartige Rohrschüsse statt mit Pfahlspitze auch mit Knotenpunktanschlüssen versehen und sie als Druckstäbe in Brückenpfeilern eingebaut, die als Fachwerke ausgebildet waren. Es steht kaum etwas im Wege, sie auch in Tragwerken zu verwenden. Pfähle dieser Art wurden auch als *Rohrsäulen* ohne Spitze abgesenkt. Sie haben 1,55 m äußeren Durchmesser, 10 cm Wandstärke

Abb. 178. Rüttelaggregat für Rohrpfähle von 1,55 m äußerem Durchmesser

und der unterste Schuß erhält eine Stahlringschneide, wie sie bei Brunnen üblich ist. Das Absenken geschieht bei geeignetem Untergrund durch Spülung und

---

[1] WANG TSCHÜH-TIAN: Rohrpfähle. Bericht vom II. Internationalen Kongreß für Montagebau mit Stahlbetonfertigteilen, 1957, Dresden. Bauplanung u. Bautechn. 11 (1957) H. 11, S. 473.

Vibration mit Großrüttlern, die zwei synchronisierte Rüttelaggregate enthalten und eine Schwingungskraft von 320 t entwickeln (Abb. 178). Eine solche Hohlsäule, die auf Kalkstein abgesenkt war, trug beim Belastungsversuch 4500 t und zeigte eine Einsenkung von 41 mm, davon bleibend nur 8 mm. Die zulässige Last beträgt 630 t, die Sicherheit ist also sehr groß. Die guten Erfahrungen ermutigten zu Rohrsäulen von 3,60 m Durchmesser, die man schon als Brunnen ansprechen muß; ob hierbei das Absenken noch durch Rüttler allein möglich ist, bleibt abzuwarten. Ohne Zweifel hat aber das Rütteln auch für das Einbringen von Pfählen und Brunnen Eingang in die Grundbautechnik gefunden, und es wird noch manches von diesem Verfahren zu erwarten sein, besonders in der Kombination mit Spülung. Mit derartigen Rohren ist auch die Ausbildung einer Dichtungsschürze vorgeschlagen, wie sie Abb. 179 zeigt. Die wohl als Probeausführung zu wertenden und deshalb nur einseitig mit spundwandähnlichen Schloßteilen versehenen Rohre scheinen eine neue Lösung der Absperrung von tiefen unterirdischen Schluchten zu bringen, die bisher schon in mancherlei Weise versucht ist. Bei diesen großformatigen Rohren können Hindernisse u. U. ausgeräumt werden. In vielen Fällen dürfte es sogar möglich sein, dafür die Sohle durch Tauchpumpen so weit trockenzuhalten, daß Spreng- und Bohrarbeiten vorgenommen werden können, oder durch eine eingesetzte Scheibe mit dichtendem Anschluß eine Druckluftarbeitskammer jederzeit leicht geschaffen werden kann.

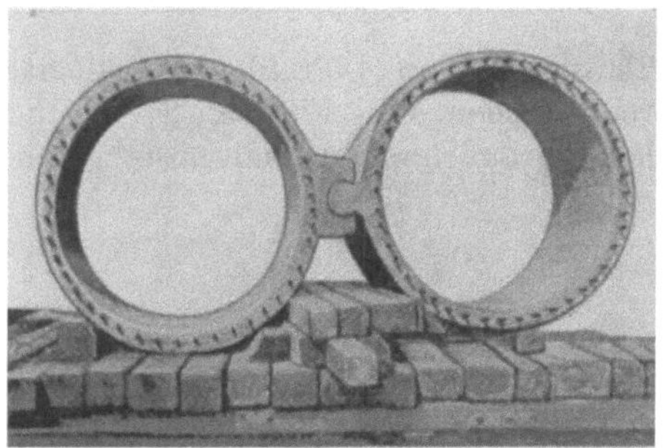

Abb. 179. Rohrpfähle für eine Dichtungswand

Die 1955 mit Hilfe russischer Ingenieure begonnene 1670 m lange Wu-Han-Jangtse-Brücke, eines der Hauptwerke eines ersten Fünfjahrplans in China, ist eine zweistöckige Eisenbahn- und Straßenbrücke in Stahlfachwerk. Große Wassertiefe (bis 35 m), starke Schwankungen (bis 15 m) des Wasserstandes, starke Strömung und unstabile Sande des Flußbettes führten zu einer Rohrpfahlgründung, bei welcher für jeden Pfeiler 6 Stahlbetonrohre von 155 cm äußerem Durchmesser nebeneinander durch die Flußgeschiebe bis auf das Sedimentgestein abgesenkt wurden. Im Innern der Rohre wurde dann eine Großlochbohrung mit einem Durchmesser von 130 cm und 2 bis 7 m Tiefe heruntergebracht und der vorgefertigte Bewehrungskorb des Pfahles bis zur Sohle dieses Bohrloches heruntergesetzt. Dadurch ist der Pfahl einwandfrei im Fels verankert. Je nach den örtlichen Verhältnissen wurden die Pfähle durch eine Schicht Unterwasser-Contractor-Beton zusammengefaßt, und zwar bei 3 Pfeilern durch einen solchen Betonring innerhalb der Sandschicht und bei 4 Pfeilern durch einen Betonkörper unmittelbar auf der Felsschicht. Ein Pfeiler wurde wegen unzuverlässiger Bodenschichten vollkommen auf Schleuderbetonhohlpfähle gestellt, die tief in den Fels hineinragen. Die Pfeiler sind unterschiedlich hoch, wobei der eigentliche und auch sichtbare Pfeilerschaft mit 33 m Höhe für alle Pfeiler gleich ausgeführt wurde. Die Pfeiler sind mit einer Ausnahme bei Pfeiler 1, wo eine rechteckige Basis zweckmäßig war, kreisrund gehalten, was im Hinblick auf Lastverteilung und Konstruktion beachtliche Vorzüge bietet.[1] Bei dieser Ausführung (für die allerdings noch viele Detailfragen offenbleiben), ist jegliche menschliche Unterwasserarbeit vermieden und die Ausführung war bei allen Wasserständen ganzjährig durchführbar.

---

[1] Mitteilungen IVBH, Nr. 16 vom 31. 8. 1957.

Rettung einer Pfahlgründung

Eine schwebende Pfahlgründung in Ton kann bei gewissen Tonen nach CASAGRANDE[1] zu unaufhaltsamen Setzungen führen, die nach 20 Jahren die Setzungen einer Flachfundierung um 100 bis 600% übersteigen. Ein solcher Fall drohte, als über den Pontian in Johore, Malaya, eine Stahlbetonpfahlgründung in weichem Boden auch nach Verlängerung auf 24 m noch nicht fest wurde. Hier hat man zu einer Lösung gegriffen, die wohl einmalig ist, aber als Notlösung etwas für sich hat. Wie Abb. 180 zeigt, wurden die Pfähle, nachdem sie zum größten Teil eingerammt waren, mit einer Kragenplatte von 1,50 × 1,50 m versehen, die mit hochwertigem Zement in den auf eine gewisse Einbindelänge unterbrochenen Pfahl eingeschaltet wurde. Nach 10 Tagen wurden die Pfähle bis zur vorgesehenen Rammfestigkeit weitergerammt, was erneut Eindringungstiefen zwischen 0,6 bis 2,4 m erbrachte. Die Platte ist 20 cm dick und mit oberen Verstärkungsrippen von Pfahlbreite (0,30 m) und einer statischen Höhe von 0,45 m ausgeführt. Leider war über die Bewährung der Ausführung von 1928 keine Angabe zu erhalten.

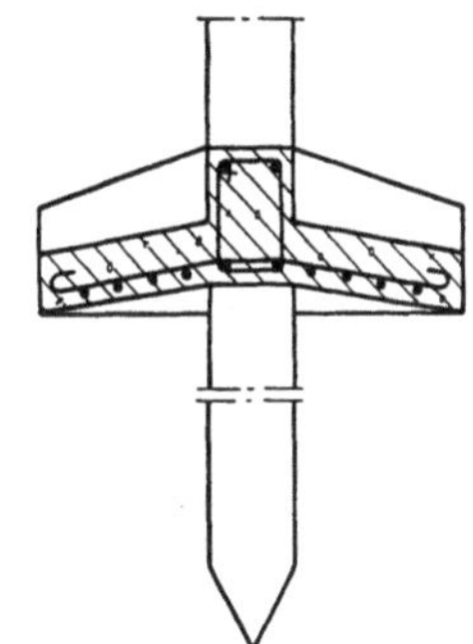

Schutz des Betons. Der beste Schutz der Pfähle ist fraglos ein guter und dichter Beton, der durch richtige Wahl des Zementes und Zusatz eines Porenbildners zu erreichen ist. Der Anstrich mit Bitumen ist gut, wenn er zweimal durchgeführt wurde und gut eingetrocknet ist. Für besonders hohe Aggressivität im Boden oder im Wasser hat CASAGRANDE im DBP 837224 vom 18. 1. 1950 — das inzwischen frei geworden ist — vorgeschlagen, gefährdete Betonflächen durch Ummantelung mit einer dünnen Aluminiumschicht aus $1/_{10}$ mm-Blech oder durch einen Anstrich mit Alupaste oder durch Zerstäubung von Aluminium vor Angriffen zu schützen.

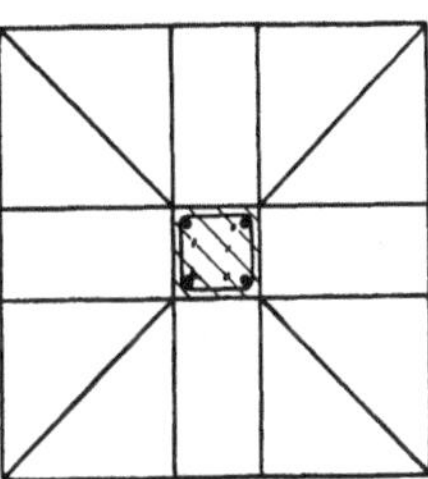

Abb. 180. Stahlbetonpfahl mit Kragenplatte

Besonders wirksam wird dieser Schutz, wenn man lehmigen Untergrund hat oder zusätzlich eine Lehmschicht von 1 cm gegen die Aluschicht bringen kann, was bei Fundamenten leicht möglich ist. Es bildet sich eine völlig dichte, sehr fest haftende wasserabweisende Schicht, deren Entstehung durch Einwirkung eines Gleichstromes — mit einem Pol an der Aluschicht, dem anderen im Erdreich — beschleunigt werden kann.

Kleinversuche, über welche in der Patentbeschreibung berichtet wird, haben über die Zeitdauer von 1 $1/_2$ und 2 Jahren hinweg, durch Vergleich mit unbehandelten Proben die Wirksamkeit dieser Maßnahmen erwiesen.

Die Anwendung bei Pfählen ist kaum schwieriger als die des bisher üblichen Heißbitumenanstriches.

3.3.4 Stahlbetonspundbohlen

Durch die vortrefflichen Stahlspundbohlen aller Systeme sind Ausführungen mit Stahlbetonspundbohlen recht selten geworden. Darum wäre auch ein Eingehen auf die bekannten Formen nur eine Wiederholung dessen, was sich in allen Lehrbüchern findet. Es möge genügen, auf die „Empfehlung 21" des „Arbeitsausschusses Ufereinfassungen" hinzuweisen, in der alles für Herstellung und Rammen der Stahlbetonspundbohlen in prägnanter Form gesagt ist.

Es ist bekannt, daß Spundwände dieser Art leicht Undichtigkeiten aufweisen, was nicht weiter verwunderlich ist, da die Dichtung entweder durch die breiten

---

[1] A. CASAGRANDE: The structure of clay. Boston Soc. Civ. Engng. vom 13. 1. 1932.

beim Rammen als Führung mitwirkenden Schulterflächen neben den Nuten erzielt werden soll oder durch eine nachträgliche Dichtung der Nuten.

Beide Dichtungsarten müssen unvollkommen sein; eine Flächendichtung ist

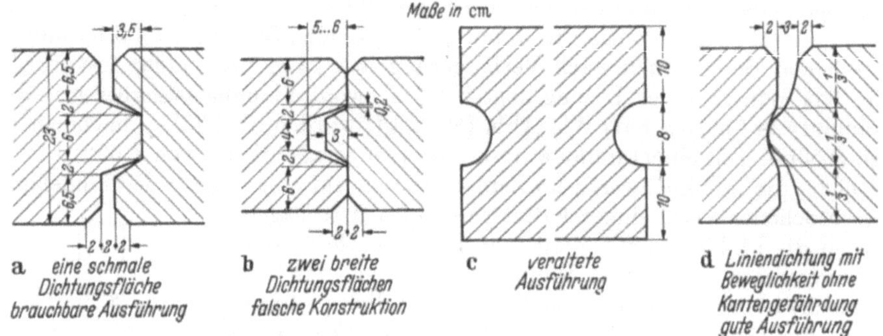

Abb. 181. Verschiedene Fugenausbildung bei Stahlbetonspundwänden

unwahrscheinlich, da diese eine absolute Innehaltung der Rammflucht voraussetzt. Jede geringste Verdrehung der Bohle aber, die bei keiner Führungsmöglichkeit unter den Rammschlägen vermeidbar ist, bringt Kantenpressungen zustande, die als Liniendichtung leider an der falschen Stelle liegen und zu Abplatzungen

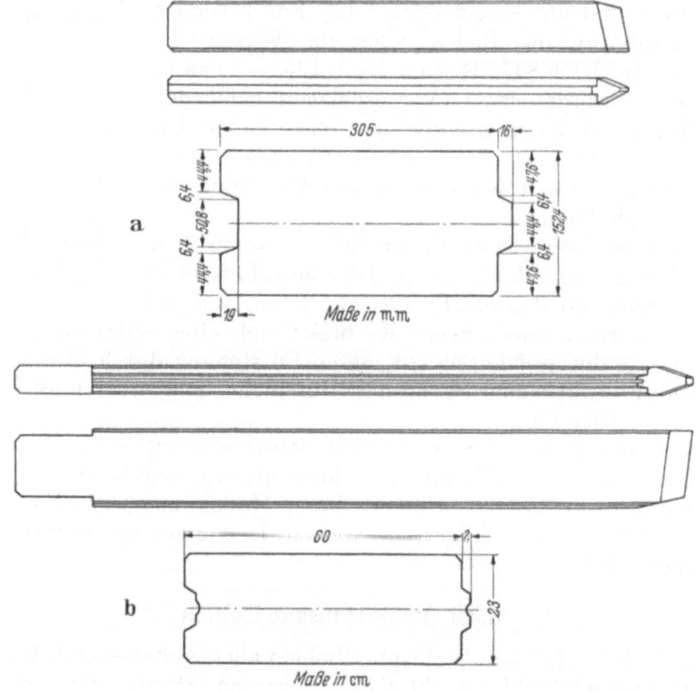

Abb. 182a u. b. Stahlbetonspundbohlen der Dow Mac Ltd., Tallington, England

und Undichtigkeiten führen, besonders wenn die Kanten nicht abgefast sind. (Diese Kantenbrechung fehlt leider auch in den Skizzen der Empfehlung 21.) Die Dichtung der Nuten ist eine sehr heikle Sache; als Unterwassermörtel ist die Menge zu gering, um nicht ausgewaschen zu werden, und der unmögliche, aber dennoch in Büchern unsterbliche „Jutesack" dürfte kaum noch Anerkennung finden, allenfalls käme ein mit Preßmörtel von unten her aufzuweitender Gummischlauch in Frage, der aber recht teuer ist.

Die früher sehr erfolgreiche und auch heute noch beste Ausführung nach Abb. 181 d ist anscheinend verlassen, weil die Möglichkeit besteht, daß sich in die von unten her offene Fuge Steine einklemmen, welche die Bohle von der vorhergehenden Bohle abtreiben, was neben der dann auf große Länge eintretenden Undichtigkeit auch zu Querrissen in der Bohle führen kann. Es sei aber nicht vergessen, daß jahrzehntelang derartige Wände mit bestem Erfolg überall da ausgeführt sind, wo ein gleichmäßiger Boden vorlag und gespült wurde. Die 1927 ausgeführte Ufermauer am Alten Hafen in Cuxhaven besitzt eine solche Wand. Es ist schade, daß die Stahlbetonspundbohle so wenig interessiert betrachtet wird und nicht in Richtung auf eine Liniendichtung weiterentwickelt wurde.

Des allgemeinen Interesses wegen und um die in England üblichen Maßtoleranzen zu zeigen, sind in Abb. 182 eine Normalbohle und eine 60 cm breite Bohle der Firma Dow Mac Ltd., Tallington, dargestellt, welch letztere eine kombinierte Führung und Dichtung aufweist. Bei beiden Bohlen ist die Nut tiefer als die Feder hoch ist, es ist also auch hier eine Führung an den Schulterflächen in Anspruch genommen wie bei uns, was der Verfasser für eine Fehlkonstruktion hält.

3.4 Spannbetonpfähle und Bohlen
3.4.1 Grundsätzliches

Der Sinn einer Vorspannung ist es, einen Betonquerschnitt künstlich so hoch auf Druck zu beanspruchen, daß die später bei der Nutzung des Baugliedes auftretenden Zugspannungen, z. B. aus einer Momentenbeanspruchung, voll überdrückt sind, d. h. daß der Beton rissefrei bleibt. Dabei wird bei symmetrischer Vorspannung auf der Druckseite die Druckspannung aus der Vorspannkraft noch erhöht, während auf der Zugseite die Druckspannung aus der Vorspannung zunächst auf Null abgebaut werden müßte, bevor die Zugfestigkeit des Betons beansprucht wird. Zumeist läßt man die Zugfestigkeit des Betons als Reserve und rechnet mit sog. „voller Vorspannung", bei der im Gegensatz zur „beschränkten Vorspannung" im Beton unter der Nutzlast rechnerisch niemals Zugspannungen auftreten. Nun kann ein konstruktives Element, wie etwa ein Dachbinder oder ein Brückenträger, infolge seiner Form leicht für seine endgültige Beanspruchung exzentrisch vorgespannt und in dieser Stellung transportiert werden; bei einem Pfahl, der meist einen allseits symmetrischen Querschnitt hat, ist nur eine zentrische Vorspannung sinnvoll, weil einmal bei dem unvermeidbaren Verkanten des Pfahles beim Transport eine exzentrische Spannbewehrung zum Bruch führen müßte, zum anderen, weil beim senkrecht stehenden Pfahl der im Bauwerk sowieso nur zentrisch belastet wird, eine einseitige Vorspannung keinen Sinn hat. Die zentrische Vorspannung verbraucht damit einen Teil der Betondruckfestigkeit. Demnach scheint eine Vorspannung für Pfähle keinen Vorteil zu bedeuten, und diese Überlegung hat die Einführung des Spannbetonpfahles in Deutschland verzögert.

Da nun aber die Tragfähigkeit eines Stahlbetonpfahles in erster Linie von seinem Festwerden im Untergrund abhängt, ferner von der Dauerstandhaftigkeit im Boden (Kiesboden, Tonschichten) und diese Werte weit unter der Betonfestigkeit liegen, wird der Betonquerschnitt des zumeist mit B 300 und höherer Güte ausgeführten Spannbetonpfahles im Einbauzustand niemals aus der Nutzlast mit $\sigma_b = {}^1/_3\,\sigma_{\text{Bruch}}$ voll ausgenutzt. Der Querschnitt und die Bewehrung werden vielmehr nur nach den Beanspruchungen beim Transport und Rammen bemessen und die Bewehrung ist für den Gebrauchszustand beim Spannbetonpfahl ebenso wie beim Stahlbetonpfahl praktisch stets überdimensioniert, aber bei ersterem mit wesentlich geringerem Stahlgewicht (bis 70% Ersparnis sind bekannt). Amerikanische Erfahrungen mit sehr schlanken Pfählen in weichem Schlick und in Klei haben gezeigt, daß die Knickgefahr selbst bei Pfählen von 80 m Länge gleich Null ist, d. h. aber, wenn der Pfahl erst einmal eingerammt ist, könnte die Bewehrung meist entfernt werden. Auch das scheint nicht für die Notwendigkeit einer Qualitätserhöhung der Rammpfähle zu sprechen. Wenn man nun z. B. einen der ersten schwedischen Probepfähle in Spannbeton statisch nachprüft, so findet man, daß der Pfahl 25×25 cm infolge der zentrischen Vorspannung mit $4 \times 20 \oslash 2$ mm (System HOYER) in den Ecken und einer Vorspannkraft von 14 150 kg/cm² eine Druckvorspannung im Beton von 56 kg/cm² besaß, wodurch ein freies Kragende beim Hochnehmen von rund 4,50 m Länge möglich wurde, das entspricht aber einem Pfahl von 13,50 m beim Hochnehmen im Drittelspunkt oder gar von 22,50 m beim Anschlagen in den Fünftelspunkten, ohne daß Risse auftreten konnten, da die volle Betonzugfestigkeit als Reserve für dynamische Beanspruchung noch verfügbar blieb. Die Rissefreiheit beim Transport ist aber seit jeher angestrebt und verlangt, aber mit dem Stahlbetonpfahl nicht zu gewährleisten. Die künstlich erzeugte hohe Elastizität des Spannpfahles ergibt damit die erste statische Rechtfertigung für den Spannbetonpfahl. Zahlreiche Ausführungen und Patentvorschläge, die den Ersatz der Normalbewehrung durch Spannbewehrung oder eine zeitweise zusätzliche Vorspannung betreffen, sind schon zu verzeichnen, aber dennoch ist mit dieser einfachen Substitution der neuen Bewehrung noch keine volle Ausnutzung der Vorspannidee erreicht.

Mit einer neuartigen Bauweise entstehen zwangsläufig neue Bauformen und diese sind für den Spannbetonpfahl in dem Hohlpfahl zu finden, insbesondere in dem großformatigen Rohrpfahl, wie die neueren Beispiele aus aller Welt zeigen. Der Spannbeton bringt bekanntlich viele Eigenschaften der Stahlbauteile mit sich, und so ist es nicht verwunderlich, daß der Spannbetonrohrpfahl viele Vorzüge des Stahlhohlpfahles, des Rohres, aufweist und diesen in manchen Punkten auch übertrifft. Die hohen Widerstandsmomente der Kreisringfläche bei verhältnismäßig geringem Metergewicht, die hohe Mantelreibung, die Möglichkeit, kurze transportgünstige Einzelteile durch die Vorspannung am Bau zu riesigen Pfählen einwandfrei zu verbinden, zeigen die Richtung an, in der diese Entwicklung gehen muß. Die noch zu beobachtenden Hemmungen bezüglich der erhöhten Rostanfälligkeit hochwertiger Spannstähle sind inzwischen konstruktiv und von der materialtechnischen Seite her überwunden worden, da ja auch bei vorgespannten Pfählen die Bewehrung für die Beanspruchung im Einbauzustand vielfach überdimensioniert bleibt, überdies bei mit Beton verfüllten Hohlpfählen kaum noch eine Rolle spielt.

Die Tatsache, daß der schon erwähnte 25×25 cm-HOYER-Pfahl, der am Anfang der Entwicklung stand, 70% des Stahlgewichtes eines gleichwertigen Stahlbetonpfahles ersparen ließ und — da er an Stelle eines Pfahles von 30×30 cm Querschnitt verwendet wurde — auch nur 70% des früheren Betongewichtes erforderte (625 cm² gegen 900 cm²), zeigt den doppelten Vorteil des Spannbetonpfahles in wirtschaftlicher Hinsicht so eindeutig, daß eine Umstellung auch in Deutschland nur noch eine Frage der Zeit ist.

Daß der Beton des Spannbetonpfahles an sich hochwertiger ist als der des klassischen Stahlbetonpfahles und daß er rissefrei bleibt, sind unbestreitbare wesentliche Vorzüge.

Hinzu kommt noch, daß der leichtere Spannbetonpfahl ein besseres Verhältnis von Bärgewicht zu Pfahlgewicht ergibt, was die Rammung erleichtert oder evtl. ein leichteres Rammgerät ermöglicht.

Die besonders von der älteren Ingenieurgeneration gegen Betonfertigteile gehegten Vorurteile sind durch zahlreiche wohlgelungene Ausführungen entkräftet und der Spannbeton hat sich hier als wirksames Agens gezeigt. Es sei daher hier auf eine grundsätzliche Erkenntnis verwiesen, welche Prof. R. v. Halasz auf dem II. Internationalen Kongreß der Betonsteinindustrie 1957 in Wiesbaden so formulierte:

„Fertigteile aus Beton höchster Güte sind wirtschaftlicher als solche aus Beton geringerer Güte, wenn Konstruktion und Bemessung von vornherein auf die höhere Güte abgestimmt sind.‟

Was für die Betonfertigteile im allgemeinen gilt, trifft auch für die Betonpfähle zu und die konstruktive Gestaltung des Hohlpfahles ist der Weg hierzu, den die Praxis inzwischen beschritten hat.

3.4.2 Ausführungen

Die ersten Anwendungen der Vorspannung auf Pfähle und Spundbohlen waren Spannbett-Ausführungen. Nachweislich hat die schwedische Firma „Aktiebolaget Strängbetong‟ in Stockholm schon 1939 begonnen, auf der Grundlage des Hoyerschen Stahlsaitenbetons Spannbetonpfähle im Spannbett herzustellen und zu erproben und liefert seit Herbst 1942 in größerem Ausmaß vom Fabriklager Pfähle von 20×20 cm und 25×25 cm, die an Stelle von normalen Stahlbetonpfählen mit den Abmessungen 25×25 cm bzw. 30×30 cm verwendet werden.[1]

Auch Pfähle mit kreuzförmigem Querschnitt sind in der Broschüre von 1944 schon enthalten; die Längen der am Lager gehaltenen handelsüblichen Pfähle sind um 0,5 m gestaffelt.

In England hat die Concrete Development Co. Ltd. diese Fabrikation von der schwedischen Firma übernommen. Pfähle dieses Systems hatten 1950 an Stelle der bis dahin üblichen starken Bewehrungseisen 4 Gruppen von je 20 Drähten, Durchmesser 2 mm, die mit 14150 kg/cm² vorgespannt wurden. Der Pfahlbeton erhielt dadurch 56 kg/cm² Vorspannung bei einer Festigkeit von 386 kg/cm² zum Zeitpunkt der Vorspannung und einem W_{B28} von 530 kg/cm². Abb. 183 zeigt einen Pfahl der ersten Serie, die in England gerammt wurde.[2]

Probepfähle dieser Art, die nicht zum endgültigen Pfahlrost gehörten, konnten bis zur Zerstörung getestet werden, so daß schon lange ein Zeugnis der Rammbarkeit für Spannbetonpfähle vorliegt, das aber in Deutschland anscheinend überhaupt nicht beachtet wurde. Diese Probepfähle waren 25×25 cm im Querschnitt und 11 m lang, sie wurden unter sehr schweren Rammbedingungen mit einem 2760 kg-Bär erst bei Fallhöhen von 1,2 bis 1,8 m (bei konstanter Eindringung um 9 mm auf 10 Schlag) am Kopf zerstört, nachdem schon bei 5,10 m Tiefe unter Gelände das ausreichende Maß des „Festwerdens‟ erreicht war. Auf Grund dieser guten Ergebnisse an Pfählen, die im Alter von 7 Tagen bis zum Alter von 2 Monaten in dieser Weise geprüft wurden, sind im Gaswerksgelände, wo man auf 7,5 m Tiefe chemisch hochaggressiven Boden zu durchrammen hatte (Rückstände chemischer Produkte und säurehaltiger Boden), Spannbetonpfähle ihrer Rissefreiheit wegen bevorzugt. Probebelastungen zeigten

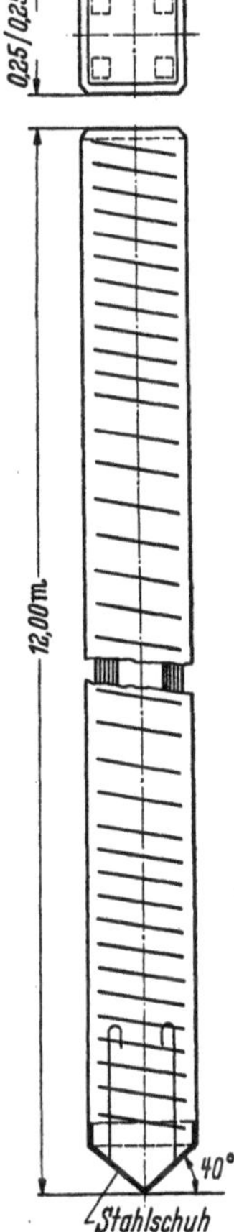

Abb. 183
Spannbetonpfahl mit Hoyer-Stahlsaiten-bewehrung in den Ecken je 20 ∅ 2 mm)

---

[1] Broschüren der Fa. A. B. Strängbetong von 1944. Eigenverlag 1944 und 1946. Byggnadsindustrin. 1945 Nr. 18. Aufsatz: Ulf Bjuggren, Strängbetongens Anwandning vid Husbyggnader.

[2] Concrete Piles at Beckton Gas Works. Notiz in Concr. constr. Engng. XLV, Nr. 5 (Mai 1950) S. 169/170.

erwartungsgemäß in statischer Hinsicht die gleichen Tragfähigkeiten wie andere Stahlbetonpfähle.

In Holland hat die NV Betondak in Arkel im Herbst 1948 für die Gründung von Kaimauern im Hafen von Rotterdam Probepfähle im Spannbett hergestellt und gerammt und damit auch für Holland das Vorurteil, daß die Rammung auf die Kopffläche, in der die Spanndrähte abgeschnitten sind, für den Verbund schädlich sei, beseitigt.

In Frankreich sind 1949 von der Fa. Campenon-Bernard in großem Umfange Spannbetonpfähle mit je 4 Bündeln 8 $\varnothing$ 5 mm verwendet, die in der Spitze zu Schlaufen gebogen und im Kopfstück mit vertieft angeordneten Ankerkörpern nach FREYSSINET festgelegt waren.[1]

3.4.3 Rammfähigkeit der Spannbetonpfähle

Es bestanden zunächst wohl überall Bedenken, ob ein vorgespannter Pfahl rammfähig sein würde. Gegenüber solchen auch heute noch bestehenden Bedenken sei ein Rammversuch mitgeteilt, der mit Spannbetonpfählen der Ben C. Gerwick Inc. in Long Beach/Kalifornien unter behördlicher Kontrolle ausgeführt wurde, um zu prüfen, ob bei ungünstigen Rammbedingungen Stahlbetonpfähle oder Spannbetonpfähle vorzuziehen wären.[2]

Es wurden drei normale Stahlbetonpfähle mit 45×45 cm Querschnitt mit zwei normalen im Spannbett hergestellten Achteckpfählen mit 35 cm (einbeschriebenem) Durchmesser, bewehrt mit 11 $\varnothing$ 9,6 mm Spannstahl, verglichen. Alle Pfähle waren 24 m lang und wurden durch 7 m tiefes Wasser und eine 9 m-Kiesschüttung (max. Korngröße 7,5 mm) in Sand gerammt. Als Bär war ein Schnellschlaghammer mit 2500 kgm Schlagintensität und 100 Schlag/Min. eingesetzt. Vier von den 5 Pfählen wurden zunächst bis zum Widerstand von 10, 12 und 20 Schlag je Zoll geschlagen und von diesem Zeitpunkt an nur mit Unterbrechungen weitergerammt, damit sie vom Taucher kontrolliert werden konnten. Der fünfte Pfahl, ein Spannbetonpfahl, wurde zügig in 14 Min. heruntergebracht und erhielt insgesamt 1313 Schlag. Er wurde mit 2,5 mm auf 10 Schlag sehr fest. Der zweite Spannbetonpfahl wurde bis zum Widerstand von 398 Schlag auf 1 Zoll Eindringung weitergerammt, d. h. 0,63 mm auf 10 Schlag.

Der größte Widerstand, bis zu dem die drei normalen Stahlbetonpfähle gerammt waren, lag zwischen 102 und 140 Schlag je Zoll, d. h. 2,5 bzw. 1,8 mm auf 10 Schlag. Die Untersuchung ergab folgendes aufschlußreiche Bild: Die 3 Normalpfähle wiesen gegen Ende des Versuches grobe Risse und Abplatzungen unter der Wasserlinie auf, während die Spannbetonpfähle keinerlei Schaden zeigten. Es ist dabei allerdings festgestellt, daß die Stahlbetonpfähle auch unter den schweren Rammbedingungen zu dem Zeitpunkt, zu dem die Tragfähigkeit erreicht war und die Rammung normalerweise hätte gestoppt werden können, noch intakt waren.

Es ist damit erwiesen, daß die Rammfähigkeit von Spannbetonpfählen durch die Vorspannung nicht beeinträchtigt, sondern wesentlich verbessert wird. Neuere Erfahrungen auch in Deutschland haben diese Feststellung bestätigt.

Auf einen weiteren Vergleich aus dem Jahre 1956 sei nur kurz hingewiesen, er betrifft massive Achteckpfähle in einer Pier in Long Beach.[3]

Für eine Pieranlage in der San Francisco-Bucht sind Spannbetonpfähle verwendet worden, nachdem eine Ausschreibung ihre wirtschaftliche Überlegenheit gegenüber Stahlbetonpfählen erwiesen[4] hatte. Von 2000 waren 139 Pfähle 40 m

---

[1] Travaux (Januar/Februar 1949).   [2] Engng. News Rec. vom 9. 8. 1956, S. 33/34.
[3] Pretensioned Piles for Navy Pier. Civ. Engng. (August 1957) S. 53.
[4] ENR 157 (1956) Nr. 3, S. 33 und Bauingenieur 32 (1957) H. 3, S. 96.

lang. Die Pfähle haben einen achteckigen Querschnitt von 50 cm einbeschriebenem Durchmesser und einen inneren Hohlraum von 27,5 cm Durchmesser. Der Kopf ist auf 1,35 m und die Spitze auf 1,20 m voll ausbetoniert. Als Spannglieder sind 18 Litzen von je 9,6 mm Durchmesser verwendet. Jede Litze soll eine Spannkraft von 5100 kg übertragen und wurde daher in Rücksicht auf Kriechen und Schwinden mit 6350 kg (11 800 kg/cm²) vorgespannt. Die mit $W_{B\,28} = 350$ kg/cm vorgeschriebene Betongüte wurde mit 410 bis 480 kg/cm² überschritten, nachdem durch Dampfhärtung die für das Entspannen im Spannbett geforderte Festigkeit von 275 kg/cm² schon nach 24 Std. erreicht war. Schon 3 bis 4 Tage nach der Herstellung waren die Pfähle rammfähig.

Das Anheben der langen Pfähle, die 16,5 t wogen, konnte bei weitgehendem Momentenausgleich durch eine 4-Punkt-Lagerung, ohne Mißerfolg, vorgenommen werden. Die Angriffspunkte der Hebevorrichtung lagen bei 2,85 m und 13,65 m jeweils von den Enden gemessen, also in 7,1% und 34,2% der ganzen Länge. Eine Vergleichsrechnung hatte ergeben, daß nicht vorgespannte Pfähle dieser Länge an 6 Punkten hätten angeschlossen werden müssen, ohne daß die Rißgefahr damit ausgeschlossen gewesen wäre.

Die Dampfhärtung ist für Spannbetonpfähle eine wirtschaftliche Notwendigkeit, um das Spannbett für die Pfähle nach 48 Std. neu belegen zu können. Sie soll jedoch frühestens 3 Std. nach dem Abbindebeginn einsetzen, den ganzen Pfahl gleichmäßig erfassen und allmählich bis zur Temperatur von 65 °C gesteigert werden. Auch höhere Temperaturen sind schon angewandt worden, doch dürfte bei 80 °C die Grenze liegen. Wenn ein σ_b von 250 kg/cm² erreicht ist, kann die Vorspannung durch Entspannung der Spannhäupter eingeleitet werden. Ein $W_{B\,28}$ von 350 kg/cm² war im vorliegenden Fall vorgeschrieben. Man hat mit einem Spannungsabfall von 20% für das Kriechen des Betons und der Spanndrähte (die bei einer Bruchlast von 17 500 kg/cm² nur mit 9100 kg/cm² vorgespannt waren) gerechnet. Da jeder Zusatz von Kalzium-Chlorid die Korrosion begünstigt, war jegliches Betonzusatzmittel verboten und nur Luftporenbildner zugelassen.

3.4.4 Entwicklung

Während die ersten Spannbetonpfähle den Normalpfahl insofern nachbildeten, als daß sie unter Beibehaltung eines vollen Querschnittes lediglich die 4 Bewehrungsstäbe durch eine Vorspannbewehrung ersetzten und den Betonquerschnitt verringerten, kam die englische Firma Stent Precast Concrete Ltd. zur Entwicklung vorgespannter Hohlpfähle, bei denen der Einwand, daß der verringerte Querschnitt eines Spannbetonpfahles gegenüber dem bisherigen Stahlbetonpfahl auch einen kleineren Widerstand im Boden findet, von vornherein entfällt.

Als Prinzipskizze zeigt Abb. 184 einen Stent-Pfahl 40 × 40 cm mit einem Hohlraum von 30 cm Durchmesser, einer Spannbewehrung mit 4 Bündeln 6 ⌀ 5 mm St 100/110, einer Wendel aus ⌀ 6 mm mit 22,5 cm Steigung und zusätzlicher Bügelbewehrung aus ⌀ 6 mm mit 5 cm Abstand im Kopf- und Fußstück.

Der Pfahl besteht aus Einzelteilen, nämlich

1. dem 0,75 m langen und 280 kg schweren Kopfstück, in dem die Verankerung der Spannbündel 7,5 cm unter der Oberfläche endet, wo die Einzeldrähte in einer Flußstahlplatte verkeilt sind,

2. dem Anfangsstück von 1,5 m Länge und 358 kg Gewicht, das äußerlich dem Zwischenstück gleicht, in welchem jedoch der Hohlkern zu einer Spitze ausgezogen ist, um den Rammschlag allmählich auf die Wandung zu übertragen,

3. den 1,50 m langen und je 325 kg schweren Zwischenstücken, die zunächst nur die Wendelbewehrung und die mit 38 mm Mindestüberdeckung angeordneten

Bündelkanäle enthalten. Die Zwischenstücke greifen mit einem nur 1,5 cm tiefen Versatz übereinander, der durch eine aussteifende Querscheibe gebildet wird,

4. dem Fußstück, das 0,75 m lang ist und ohne Stahlschuh 163 kg wiegt. In diesem vollen Stück werden die Spanndrähte als Schlaufe um Rundstahlanker herumgelegt, während die Spitze durch Bügel mit den Ankerkörpern in Verbindung steht. Eventuell kann ein Stahlschuh mit den Bügeln verschweißt werden.

Der Zusammenbau der Einzelteile kann in der Fabrik oder besser am Bau erfolgen. Da kein Teil mehr als $^1/_3$ t wiegt, sind weder große Fabrikräume noch

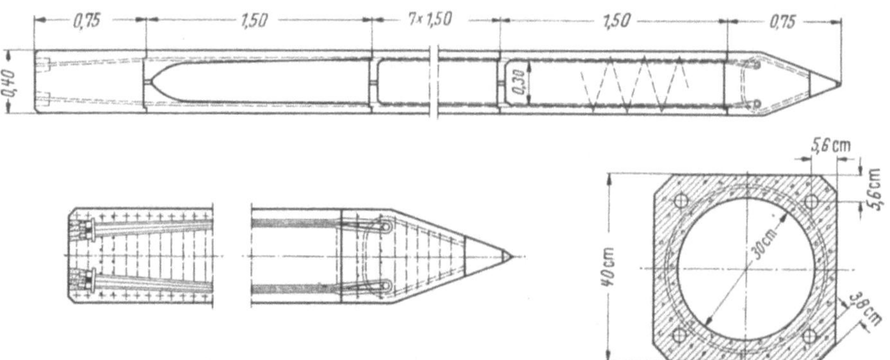

Abb. 184. Spannbeton Hohlpfahl der engl. Fa. Stent

schwere Kräne nötig, auch sind keine langen, transportgefährdeten Pfähle zu verladen. Die Hersteller haben einen sehr instruktiven Vergleich eines 15 m langen Hohlpfahles 40 × 40 cm mit einem 15 m langen Vollpfahl 35 × 35 cm durchgeführt, aus dem die Überlegenheit des Hohlpfahles sehr deutlich hervorgeht.

Der 40er-Hohlpfahl hat zunächst einmal nur das Gewicht eines 30 × 30 cm-Vollpfahles. Der Vollpfahl 35 × 35 cm ist für 55 t Nutzlast zugelassen, der 40 × 40 cm-Hohlpfahl trägt 75 t.

Der Hohlpfahl ist ab Werk 14% billiger als der 35er-Vollpfahl. Nach einem Transportweg von Dagenham nach Southampton (etwa 85 km) war der Hohlpfahl schon 30% billiger. (Natürlich wird man einen vollen Pfahl kaum so weit versenden, andererseits kann man bei größerem Bedarf eine Fertigteilfabrik im Rahmen einer Großbaustelle schnell verlagern.)

Der Hohlpfahl ermöglichte eine Reduktion der Pfahlzahl und bessere Ausnutzung der Rammenergie. Als wesentlicher grundsätzlicher Vorteil des Hohlpfahles ist festzuhalten, daß das Widerstandsmoment des Querschnittes etwa doppelt so groß ist, wie das eines vollen Stahlbetonpfahles vom gleichen Gewicht, und demzufolge neben einer weit geringeren Stahlmenge auch nur eine beträchtlich reduzierte Vorspannung erforderlich ist, die eine erhebliche Vergrößerung der Tragkraft bzw. der Ausnutzung der Betondruckfestigkeit mit sich bringt.

Konstruktiv und wirtschaftlich ist es vorteilhaft, die Länge der Pfähle nach dem unmittelbaren Bedarf zusammenzusetzen und damit eine Unkosten und Verluste durch Restbestände bringende Lagerhaltung zu erübrigen.

Aus dem Prospekt der Firma Stent dürften folgende Angaben Interesse beanspruchen:

Tragfähigkeit. Auf der Grundlage eines B 422 und Sicherheitsfaktors 3 für Nutzlast und Vorspannung ergibt sich für die Tragfähigkeit der Pfähle bei Spannstahl St 100—110 und ⌀ 5 mm

bei 16 Drähten	94 t		*Gewicht der Pfähle*	
bei 20 Drähten	86 t		12 m lang	2,7 t
bei 24 Drähten	79 t		15 m lang	3,4 t
bei 28 Drähten	71 t		18 m lang	4,0 t
bei 32 Drähten	64 t		21 m lang	4,6 t

Zulässige Längen

Anzahl der ø 5 St. 100 bis 110	W tm	End- vorspannung kg/cm²	Kraglänge m	Pfahllänge in m bei Anhebeart		
				↑	↑ ↑	↑ — ↑
16	2,92	33,4	4,55	15,20	21,30	9,15
20	3,64	42,5	5,18	16,85	24,30	10,60
24	4,39	51,0	5,80	18,25	25,80	12,20
28	5,10	58,8	6,25	19,80	29,00	13,70
32	5,83	68,0	6,70	21,30	30,50	13,70

Es zeigt sich bei der letzten Tabelle eine interessante Überlegung bezüglich des Hochnehmens der Spannbetonpfähle. Das bisher meist geübte Hochnehmen im sog. Drittelspunkt (genauer 0,307 L) erfordert gegenüber dem Anschlagen in den Fünftelspunkten einen erhöhten Stahlbedarf und verringert die verbleibende Tragfähigkeit. Bei vorgespannten Pfählen muß eine Erhöhung des Widerstandsmomentes durch eine Verringerung der Nutzlast erkauft werden, die nicht unbeträchtlich ist und z. B. bei einem 21 m langen Pfahl auch eine Erhöhung des Spannstahles erfordert. Es ergibt sich aus dem Studium der Tabellen eine Verdoppelung des Stahlbedarfes und ein Mehrbedarf an Pfählen von fast 50%, wenn man das Hochnehmen der Pfähle nicht auf das Anschlagen in 2 Punkten umstellt.

Aus der Herstellung mögen noch folgende Einzelheiten erwähnt werden:

Die Einzelteile werden auf rollenden Untersätzen voreinandergefahren. In

	Art des Aufnehmens	Anzahl der erforderlichen Vorspanndrähte	Verbleibende Nutzlast
Fall 1	↑ ↑ 1/5 Pkt.	16	94 t
Fall 2	↑ 1/3 Pkt.	32	64 t

jedem Stoß werden um die Bündelkanäle wasserfeste Pappmanschetten gelegt und zwischen Kopfstück und Anfangsstück ein Abstandhalter für die Drähte eingefügt, der ihren Abstand untereinander auf der geraden Strecke des Schaftes sichert, da die Bündel im Kopfstück etwas gespreizt werden und leicht nach innen abgewinkelt sind. Dadurch wird gewährleistet, daß eine satte Umhüllung der Einzeldrähte mit Verpreßmörtel erreicht wird. Die Stoßfugen werden vermörtelt, wobei die Pappmanschetten die Bündelkanäle vor dem Eindringen des Mörtels sichern. Im Fußstück werden die Rundstahlankerkörper seitlich eingeführt. Um mit Sicherheit die zueinander gehörigen Schlaufenden zum Spannen zu fassen, sind diese Enden ungleich lang, der Überstand wird nach dem Spannen abgeschnitten. Zunächst werden die Spannbündel auf 4 t Spannung gebracht, um einen guten Kontakt zu bekommen. Am nächsten Tag wird dann die volle Vorspannung aufgebracht. Für die Verlängerung des Spannbetonpfahles bzw. seiner Bewehrung ist die Möglichkeit gegeben, Verlängerungsstäbe mit Gewinde in die Ankerkörper einzuschrauben.

Auch in USA sind vorgespannte Stahlbetonpfähle schon zum gängigen Handelsartikel geworden. Die Ben C. Gerwick Inc. in San Franzisko liefert massive und hohle im Spannbett hergestellte Pfähle nach der aus einem Prospekt übernommenen, etwas gekürzten und auf das metrische System umgerechnete Tabelle. Daneben sind auch elliptische Rohrpfähle lieferbar, die besondere Vorteile als Schrägpfähle und für solche Fundamente bieten, bei denen mit einseitigen Horizontalkomponenten zu rechnen ist. Auch für Pfahlwände und bei beweglichem Untergrund (Geschiebe-Sandschliff) kann diese Form wohl zweckmäßig sein. Als neuartig empfinden wir die Ankündigung, daß auch Pfähle aus Leichtbeton geliefert werden. Die gleiche Firma liefert auch 21 m lange Pfähle in halben Längen von je 10,5 m, bei denen der achteckige Querschnitt in ein 1,20 m langes kreisrundes Stahlrohr mit einem entsprechenden Ansatzende von 0,6 m Länge hineinreicht, so daß das Ansetzen eines neuen Abschnittes möglich ist.

Lieferprogramm der auf Lager gehaltenen Spannbetonpfähle der Fa. Ben C. Gerwick Inc.
San Francisko

	D cm	d cm	Anzahl der Spanndrähte 9,5 mm ∅	F cm²	g kg/m	max. Länge m	Tragfähigkeit[1] in 1000 kg	zul. Moment mkg	zul. freie Länge m
	25,4	—	6	535	128	23	33,6	1510	10,65
	35,6	—	10	1050	252	39,7	65,4	4500	14,95
	40,6	—	13	1362	327	42,6	86	6700	17,00
	45,7	—	16	1710	410	45,7	109	9550	19,50
	50,8	28	16	1530	367	48,8	97	12000	24,40
	50,8	30,5	18	1840	440	48,8	116	18450	27,40
	61	38,1	17	1770	425	48,8	113	17000	25,20
	91,5	66	32	3140	755	61,0	204	50000	47,00

[1] Die Tragfähigkeit ist als Erfahrungswert angegeben für durchschnittliche
Bodenverhältnisse; maßgebend ist immer der Bodenbefund.

Um die Pfähle im Spannbett in bestimmter Länge herzustellen, kann man
sich mit Vorteil geschlitzter Schottbleche bedienen, die besonders bei symmetrischer Bewehrung einfach anzuwenden sind. Abb. 185 zeigt eine Ausführung
für einen achteckigen Pfahl aus 3 oder 4 Blechen, die zusammengeschraubt den
Querschnitt abdecken. Bei voller Symmetrie der Bewehrung sind die Bleche
gleich. Die zusammengeschraubten Bleche sichern eindeutig die Spanndrähte in
ihrer Lage. Bei kleinen vollen Pfahlquerschnitten ist mit 2 Blechen auszukommen, die von der Seite und von oben über die gespannte Bewehrung geschoben werden. Es ist unter Umständen zweckmäßig, mit derartigen Schott-
blechen die Bewehrung an beliebigen Stellen des Pfahles so lange zu halten,
bis der Beton beiderseits der Bleche eingebracht und die Bewehrung nicht mehr
von der Verarbeitung des Betons beansprucht wird.

Solche praktischen Hilfsmittel können bei dem Massenartikel der Pfahlfabrikation zur Wirtschaftlichkeit erheblich beitragen.

Die amerikanischen Berichte zeugen von einer beachtlichen Aktivität, die
hier wenigstens angemerkt sein soll, wenn auch bei uns die Bedürfnisse eine
solche Großzügigkeit in der Entwicklung kaum begünstigen und der Spannbetonpfahl bisher noch immer eine Sonderstellung einnimmt.

Im allgemeinen wird bei Hohlpfählen die praktische Ausführung der Hohlräume als schwierig angesehen. Es trifft zu, daß diese Manipulation heikel ist,

da von der genau zentrischen Lage des Hohlraumes die symmetrische Querschnittsgestaltung und damit die zentrische Rammbarkeit, die Betonüberdeckung der Längsbewehrung und die einwandfreie Transportfähigkeit abhängen. Bei kurzen Pfahlabschnitten für das nachträgliche Zusammenbauen der Pfähle, wie sie z. B. die Firma Stent ohne Spannbett herstellt, ist die Anwendung entsprechender Blechzylinder mit innerer Aussteifung kein Problem.

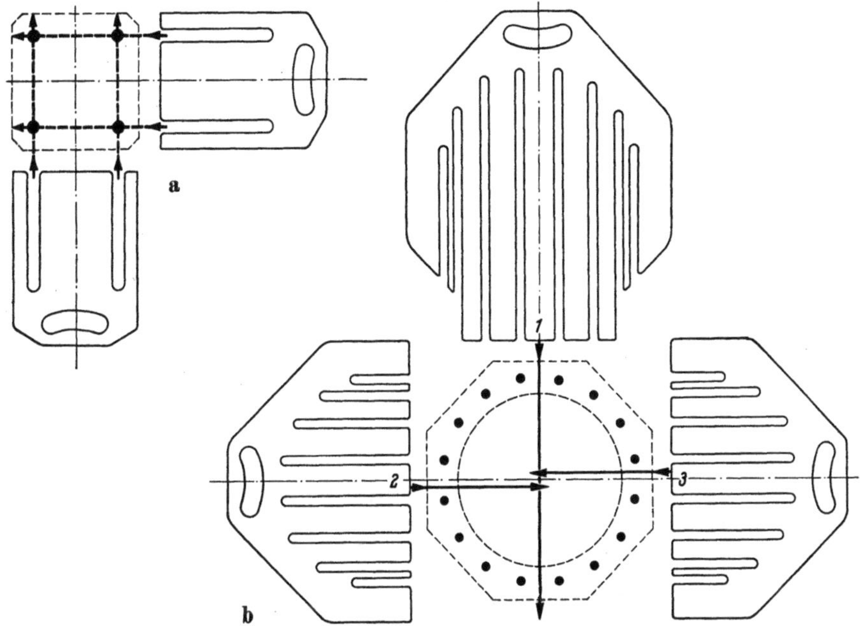

Abb. 185. Schottbleche für die Sicherung der Lage der Spanndrähte im Spannbett
a für 4 Drähte; b für 16 Drähte

Sie werden beiderseits der Pfahlabschnitte fest gelagert und einige Stunden nach der Betonierung herausgezogen. Sie können auch in einer Mantellinie aufgeschnitten sein und durch Zusammendrehen ohne Gleiten von Beton gelöst werden. Die Querscheibe an jedem Pfahlabschnitt stört dabei nicht, da die Auflagerung einer Mittelachse für die Zentrierung genügt. Es bedeutet auch keine Schwierigkeit, eine Anlage zur Herstellung solcher 1,50 m hohen Teilstücke in stehenden Formen zu bauen, da es sich um Serienfabrikation handelt. Bei der Herstellung der Hohlpfähle in ganzer Länge im Spannbett, wie sie z. B. die Firma Ben C. Gerwick betreibt und wo die Länge der Spannbetten 100 bis 120 m beträgt, entsteht die eigentliche Schwierigkeit. Pfahlkopf und Spitze sind massiv, die Schalung ist also verloren und verteuert den Pfahl. Sie muß aber so stabil sein, daß sie dem Druck des Frischbetons widersteht, der mit Schwertrüttlern durchgearbeitet wird. Außerdem muß

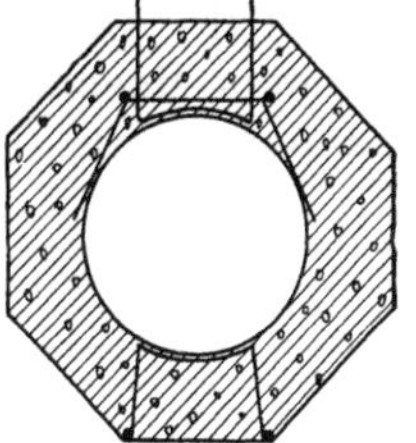

Abb. 186. Hohlraumschalung aus Pappe (Rohr) und Stützbügel aus Rundstahl

sie gegen Auftrieb gesichert sein. Als einfachste Lösung hat man zu Fiberpappe gefunden, die hinreichend stabil, wasserabweisend und wirtschaftlich tragbar ist. Mit Bügeln, die etwa alle 50 cm angeordnet sind, muß das Papprohr gegen Aufschwimmen gesichert werden (Abb. 186). Die Übergänge zu den vollen Querschnitten am Kopf und Fuß sind schlank ausgerundet, um dem Kraftfluß seinen Weg vorzuzeichnen. Scharfe Absätze sind ohnehin beim Rammen unerwünscht und gefährdet.

Bei durchgehenden Öffnungen lohnt sich eine Hohlraumlehre aus mit Gummi belegten Blechrohren mit Spreizkernen als Dauereinrichtung.

Man kann aber auch noch einfacher zu diesen Hohlräumen kommen. Auf dem 3. Internationalen Spannbeton-Kongreß in Berlin 1958 wurde berichtet, daß man in England im Spannbett zunächst Drähte spannt, die den Hohlraum in den Mantellinien umgrenzen. Dann wird, wie Abb. 187 zeigt, eine Papierbahn schraubenförmig um diese Drähte gewickelt und der Hohlraum ist fertig eingeschalt. Zwei Arbeiter wickeln in $^1/_2$ Std. eine Spannbahnlänge von 135 m. Die Drähte können an den Stellen, wo sie etwa durch volle Querschnitte der Pfähle hindurchmüssen, einzeln bewickelt werden, damit sie im Beton nicht haften. Das Ausschalen ist nichts anderes, als das Herausziehen der Drähte. Dieses Verfahren ist zunächst nicht für Pfähle entwickelt, sondern für Fertigteil-Spannbetonbalken (Kastenquerschnitte) an Stelle der bisher zur Gewichtsersparnis oft mit seitlichen Einschnürungen (Stegen) versehenen I-Profile.

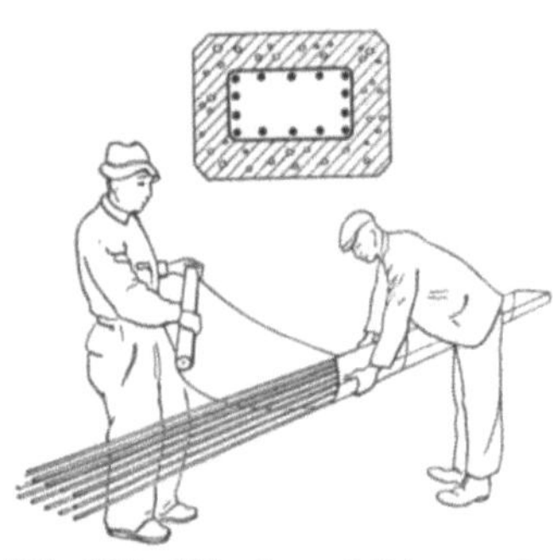

Abb. 187. Mit Spanndrähten und Sisalkraftpapier hergestellte Hohlraumschalung (3. Internat. Spannbeton-Kongreß Berlin 1958, Session III, Bericht Nr. 2)

Über die Höhe der Vorspannung bei Pfählen hat die Ben C. Gerwick Inc. Untersuchungen durchgeführt und folgende Erkenntnis gewonnen:

Eine Vorspannung von 50 bis 56 kg/cm² des Betonquerschnittes widersteht auch der schwersten Rammbeanspruchung. In Alaska wurden bei kaltem Wetter und schwerem Boden ausnahmsweise 63 kg/cm² als nötig erkannt. Ein Wert von 28 kg/cm² erwies sich als unzureichend. Man hat daraufhin als untere Grenze 50 kg/cm² und als obere 84 kg/cm² festgelegt.

Abb. 188. Roebling-Litzen-Seile für Spannbeton in USA

Auf eine absolut senkrecht zur Pfahlachse abgeglichene Kopffläche ist besonders zu achten, was ja auch bei normalen Stahlbetonpfählen eine Voraussetzung für eine einwandfreie Schlagübertragung ist.

In USA werden als Bewehrung meist 7 drähtige Litzenseile nach Abb. 188 (Lieferant Roebling) verwendet, die schon nach 60 cm Einbindelänge ihre volle Spannung durch Haftverbund abgeben.

Roebling-Spannlitzen (nach Abb. 188) für vorgespannte Bauteile

Nenndurchmesser		Gewicht	Querschnitt	Belastung in kg für		
Zoll	mm	kg je m	cm²	Spannen	Entwurf	Grenzlast
3/16	4,75	0,109	0,138	1740	1400	2500
1/4	6,35	0,182	0,230	2850	2300	4060
5/16	7,95	0,295	0,373	4600	3700	6600
3/8	9,60	0,406	0,565	6380	5100	9000
7/16	11,10	0,554	0,703	8500	6900	12200
1/2	12,70	0,735	0,927	11500	9150	16400

$$E = 1\,900\,000 \text{ kg/cm}^2$$

Diese Spannglieder werden für die Spannbettvorspannung benutzt (Prestressing, prentensioned design)

Für nachträgliche Vorspannung mittels Spanngliedkanäle dienen die mit Endverankerung gelieferten größeren Seile der folgenden Tabelle

Roebling-Spannlitzen für nachträglich gespannte Bauteile

Durchmesser		Gewicht	Querschnitt	Belastung in kg für	
Zoll	mm	kg je m	cm²	Entwurf	Mindestgrenzlast
0,6	15,5	1,10	1,39	11800	21000
0,835	21,2	2,10	2,64	22200	39000
1,0	25,4	2,98	3,72	31500	55500
$1\,^1/_8$	28,575	3,89	4,85	41000	71000
$1\,^1/_4$	21,75	4,78	6,00	51000	87000
$1\,^3/_8$	34,925	5,78	7,24	61000	105000
$1\,^1/_2$	38,10	7,0	8,80	74000	126000
$1\,^9/_{16}$	39,688	7,6	9,55	80500	136000
$1\,^5/_8$	41,275	8,2	10,3	87100	147500
$1\,^{11}/_{16}$	42,863	8,9	11,15	95000	160000

$E = 1690000 \text{ kg/cm}^2$ garantiert (meist 1760000 kg/cm^2 vorhanden)

Man vermeidet zweckmäßig ein Kappen der Pfähle, indem man für Anschluß-eisen Ankerlöcher im Pfahlquerschnitt vorsieht, was für Druckpfähle ausreicht. Auch der Hohlkern kann durch Einsetzen einer verlorenen Schalung im Kopfteil ausbetoniert und für Anschlußeisen ausgenutzt werden.

Das Kappen von Spannbetonpfählen ist infolge der hohen Betongüte ungleich schwerer als bei einem Stahlbetonpfahl B 300, und der Anfangsschnitt wird zweckmäßig mit einer Diamant- oder Karborundumsäge begonnen. Der Rest kann dann ohne Schalenbildung wie üblich abgestemmt werden.

Die Herstellung größerer Querschnitte im Schleuderbetonverfahren ist verschiedentlich schon erprobt, wie z. B. ein Bericht aus Amerika[1] zeigt.

Im Golf von Mexiko sind Plattformen in 3 m tiefem Wasser gegründet, welche nur auf je vier derartigen Spannbetonpfählen stehen. Sie tragen eine vorgefertigte Betonplatte, auf der Öltanks für die schnelle Beladung der Sammeltanker bereitstehen. Die Hohlpfähle dürften eine der ersten Anwendung dieser Art sein. Sie bestehen aus Schleuderbetonrohren von 4,80 m Länge, in welchen durch Gummischläuche 8 Bündelkanäle ausgespart sind. Der äußere Durchmesser der Rohre ist 90 cm, der innere Durchmesser 70 cm, die Wandstärke also 10 cm. Jeder Abschnitt ist mit schlaffer Längsbewehrung und mit einer Rundstahlwendel bewehrt, so daß die einzelnen Stücke für sich transportiert werden können. Nach dem Zusammenbau werden Spannbündel eingezogen; Anzahl der Drähte je nach Bedarf. Die Vorspannung wird auf 10,5 t pro cm² gebracht und dann die Drähte vorläufig mit Keilen außerhalb des Rohres festgelegt. Die Bündelkanäle werden mit hochwertigem Mörtel ausgepreßt und nach dessen Erhärtung die Keilverankerung der Bündel entfernt, so daß lediglich der Haftverbund die Vorspannung der Pfähle bewirkt. Die bei dem Beispiel verwandten Pfähle sind 24 m lang und wiegen 600 kg pro lfm. Sie wurden mit einem einfach wirkenden Dampfhammer mit einem Fallgewicht von 4,2 t gerammt.

Die Vorteile dieser Hohlpfähle sind auch ohne Betonfüllung beträchtlich, da sie eine große Widerstandsfläche und eine große Oberfläche, bezogen auf das Einheitsgewicht, haben. Ein Versuchspfahl von 26 m Länge an Land gerammt trug 252 t, bei einer bleibenden Setzung von 2,16 cm. Ein gleicher Pfahl vor der Küste ergab unter 190 t Last eine bleibende Setzung von 0,13 cm. Pfähle dieser Art können bis 60 m hergestellt, gehandhabt und gerammt werden. Sie sind sehr widerstandsfähig gegen horizontale Kräfte aus Wind-, Erdbeben- und Schiffsstöße.

Hohlpfähle haben außerdem eine hohe Unempfindlichkeit gegen Kriechen. Sie können demgemäß große senkrechte Höhen ohne Aussteifung besitzen.

---

[1] ENR vom 5. 7. 1951, S. 39.

Die Vorspannung ist im Laufe dieser Anwendung an einem 29 m langen Pfahl nach 1 $^{1}/_{2}$ Jahren geprüft worden. Es ergab sich, daß Schwinden und Kriechen bei einer Gesamtreduktion der ursprünglichen Vorspannung von etwas über 10% zur Ruhe gekommen waren.

Infolge der hochwertigen Betongüte und Vorspannung, welche Zugspannung und damit Rißbildung ausschließen, sind derartige Pfähle für Salzwasser und aggressive Böden sehr geeignet.

Die hohe Feuerfestigkeit der Betonkonstruktion macht Pfähle dieser Art besonders für Ölgebiete vorteilhaft.

Die Rammung ist unter Zwischenschaltung einer glockenförmigen Rammhaube ohne Führungsgerüst vorgenommen, wobei die Pfähle lediglich durch die Reibung im Grund geführt waren. Es war dabei allerdings günstig,daß der Untergrund verhältnismäßig feinkörnig und weich war.

Bekannt sind die Spannbetonpfähle der 38 km langen Brücke über den Pont Chartrain-See. Der Beton für diese Pfähle ist in der Betongüte B 350 hergestellt. Die Pfähle sind in Abschnitten von 4,85 m Länge als Schleuderbetonrohre mit Normalstahl-Wendelbewehrung gefertigt und haben

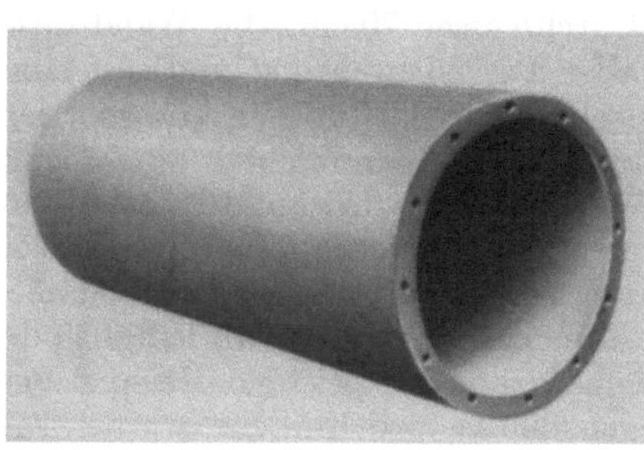

Abb. 189. Schleuderbetonrohr in Arbeit
(La Technique des Travaux 1957, H. 5—6)

auf den Umfang verteilt 12 mit Schläuchen hergestellte Längshohlräume für die Vorspannung mit FREISSYNET-Bündeln 12 $\varnothing$ 5 mm. Die Schleuderform bestand aus einem einteiligen Blechzylinder mit Längsnaht. Bei langsamer Drehung wurde der steife Beton mit einer längsfahrenden Rinne eingebracht und durch eine kräftige Innenwalze gleichmäßig um die Wendelbewehrung gepreßt. Dann wurde die Walze entfernt und geschleudert. Nach dem Schleudern wurde die Form in einen Feuchtraum gebracht und dampfgehärtet. Das Ausschalen ging durch Öffnen der Längsnaht infolge der natürlichen Elastizität des Zylindermantels ohne Schwierigkeit vor sich. Gabelstapler übernahmen den Transport zum Lager. Abb. 189 zeigt die einfache Schleuderanlage und Abb. 190 eines dieser Rohrstücke. Die Pfähle sind auf einer Montagebank in Längen

Abb. 190
Schleuderbetonrohr, wie es bei der Brücke über den Pont Chartrain-See für Rohrpfähle verwendet wurde
(Prospekt der United States Robber)

von 24 bis 32,4 m zusammengebaut und der Spannstahl mit 10 000 kg/cm² vorgespannt. Die Rohrabschnitte wurden beim Zusammenbauen mit einer Spezialharzmasse gegeneinander gestoßen. Durch die Vorspannung entstand dann der absolut dichte Abschluß. Der Preßmörtel wurde mit 5,5 bis 7 atü eingepreßt. Nach der Erhärtung des Preßmörtels sind die außen aufgesetzten Ankerkörper entfernt. Die Vorspannkraft wird also allein durch die Haftung der Spanndrähte übertragen. Ein 32 m-Pfahl wog 33 t. Das Niederbringen der Pfähle ist mit Spülhilfe vorgenommen, nur im letzten Teil trat die Rammung in Aktion. Hieraus und aus der bekannten Sorgfalt der amerikanischen Vorplanung erklärt sich die kurze Bauzeit vom 23. 5. 1955 bis 22. 6. 1956. Die Pfähle wurden in einer dichten Sandkleischicht von guter Tragfähigkeit in etwa 21 m Tiefe unter dem Seespiegel fest. Darauf wurde dann die 20 t schwere Jochkonstruktion versetzt und mit den Pfählen durch Ortbeton verbunden, wobei eine verlorene Schalung in die Pfähle eingehängt wurde. Abb. 191a zeigt das Schema der Verbindung zwischen Pfahlkopf und Jochbalken, wobei bemerkenswert ist, daß die Jochbalken verkehrt herum betoniert wurden, damit der Bewehrungskorb für das Einsetzen in die Rohrpfähle gleich in den Jochbalken einbetoniert werden konnte. Der Beton im Pfahlkopf ist der einzige Ortbeton, der nach der Montage der Fertigteile auszuführen war.

60 m lange Spannbetonpfähle sind in Honolulu aus 3 Schüssen von in einem Spannbett hergestellten Pfählen zusammengebaut.[1] Jeder Pfahl bekam 25000 Schläge zu je 4,5 tm. Die Pfähle waren achteckig und mit 24 Durchmesser 9,6 mm vorgespannt. Betongüte B 600.

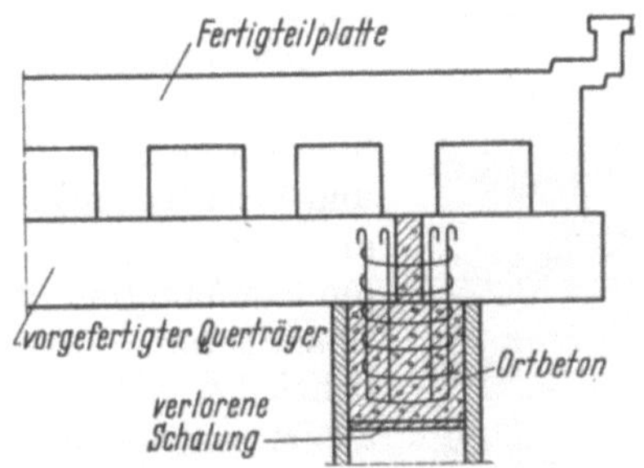

Abb. 191a. Detail der Verbindung des Joches mit den Rohrpfählen (Quelle wie Abb. 189)

Abb. 191b. Montage der Joche für die Pont Chartrain-Brücke (Quelle wie Abb. 189)

Das Aufstocken der Pfähle geschah durch Manschetten aus 6,3 mm dickem Stahlblech, die 1,8 m lang waren. Als Zwischenstück diente eine 12 mm dicke Bleiplatte, die Zentrierung besorgte ein Dübel, der in je 90 cm langen Dübellöchern von 5 cm Durchmesser eingelassen war. Die Probebelastung mit 500 t ergab eine Setzung von 3,8 cm, von denen sich 3,2 cm als elastische Formänderung des Pfahles erwiesen.

3.4.5 Verlängerung von Spannbetonpfählen

Über eine Pfahlverlängerung, bei der ein Kunstharzmörtel mit dem Handelsnamen „Artrite 13—10" aus Polyesterharz und einem nicht näher bezeichneten Pulver als Klebemittel verwendet wurde, liegen englische Berichte vor.[2]

Spannbetonpfähle von 7,60 m Länge und 40 × 40 cm Querschnitt wurden unter der Ramme durch Aufsetzen von zunächst teilvorgespannten fertigen Schüssen von 7,60 m aufgestockt. Die wieder entspannte Spannbewehrung von 4 ⌀ 22 mm wurde dann durch Schraubmuffenanschlüsse mit der des stehenden Unterstückes verbunden und die Aufsatzfläche mit dem Kunstharz-Mörtel belegt, der als feinpulveriger Kitt aus einem Füllstoff und dem syrup-

---

[1] Contractors Engineers, Sept. 1960.
[2] Betonbau des Auslandes, DBV, Nr. 65 und Extendings precast prestressed piles, Concr. Constr. Engng. 6 (1958) und A new technique for driving long precast concrete piles, Dock Harb. Author. (September 1958) S. 143/44, 5 Abb.

ähnlichen Harz geschildert wird. Nach einer Abbindefrist von 15 Min., während welcher die Vorspannung vorbereitet wurde, konnte die Vorspannung mit 80 t aufgebracht und nach insgesamt $^1/_2$ Std. Unterbrechung weitergerammt werden. Ein letzter Schuß von 1,5 m wurde in gleicher Weise aufgesetzt, um die Fuge beim Rammen beobachten zu können. Beim Rammen mit einem 4 t-Bär und einer Spezialhaube mit Aussparungen für die Spannbewehrung ist aus keiner Fuge Mörtel ausgetreten.

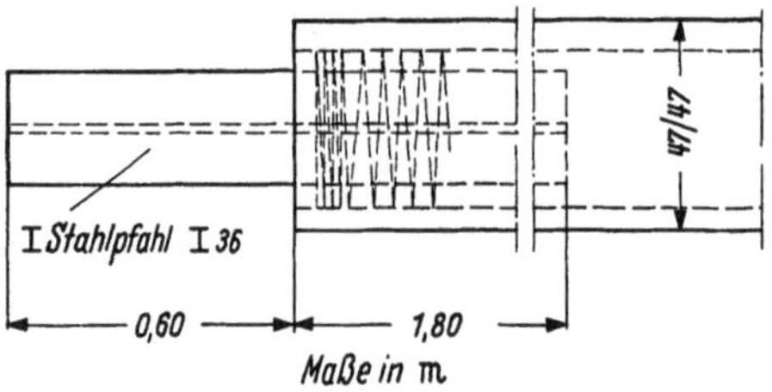

Abb. 192. Verlängerung eines Stahlpfahles durch einen Spannbeton-Aufsetzpfahl

Besonders aufschlußreich sind Versuche verlaufen, mit diesem Harz verkittete Betonsteine zu zerbrechen. Die Haftung war so gut, daß die neuen Brüche stets außerhalb der Kittfuge auftraten.

Der Fugenmörtel hat eine Druckfestigkeit bis 800 kg/cm² und eine Zugfestigkeit bis 106 kg/cm² gezeigt, er soll unter geringer Einbuße seiner Eigenschaften auch unter Wasser verwendbar sein. Auch Hohlpfähle von 45 cm Durchmesser und 10 cm Wandstärke sind in 4,5 m langen Enden auf diese Weise zusammengebaut und haben eine harte Rammung ohne Beeinträchtigung ausgehalten.

Neben solchen Kombinationen Holz/Beton und Stahl/Beton haben die Amerikaner auch die Kombination Stahl/ Spannbeton verwirklicht[1], bei welcher man aus einem Spannbetonpfahl einen dem schon gerammten Stahlpfahl entsprechenden Profilstummel etwa 60 cm herausragenließ; im Spannbetonpfahl ist er etwa 1,50 bis 1,80 m eingebettet (Abb. 192). Der Stummel wird mit dem Stahlpfahl verschweißt und der so zusammengesetzte Pfahl weiter gerammt (Abb. 193).

Abb. 193. Aufsetzen des Spannbetonpfahles auf den schon gerammten Stahlpfahl

Auf diese Weise sind Tiefen von 63 m erreicht, wobei auf den Stahlpfahl 42 m, auf den Spannbetonpfahl 21 m entfallen. Damit ist gleichzeitig auch das Problem der Verbindung des Pfahles mit dem Fundamentbeton in materialgerechter Weise gelöst.

3.4.6 Spannbetonpfähle in Europa

Der genaue Stand der Spannbetonpfähle in Europa und insbesondere in Deutschland ist infolge spärlicher Berichterstattung schwer zu übersehen.

In *Holland* befassen sich 3 Firmen mit der Herstellung von Spannbeton-Pfählen, die sich aber verhältnismäßig langsam einführen lassen. Gelegentlich

---

[1] De Ingenieur Nr. 11 vom 14. 3. 1958, S. Bt 34.

werden in den Ausschreibungen schon Spannbetonpfähle gefordert, wegen der größeren Rißsicherheit. Die N. V. Nederlandse Spanbeton Maatschappij in Alphen an den Rijn stellt glatte und spitzenverstärkte Spannbetonpfähle nach der hier gekürzten Tabelle (Abb. 194) her, die mit kaltgezogenem und warm nachbehandeltem Spannstahl St 120/160 ⌀ 5 mm im Spannbett vorgespannt

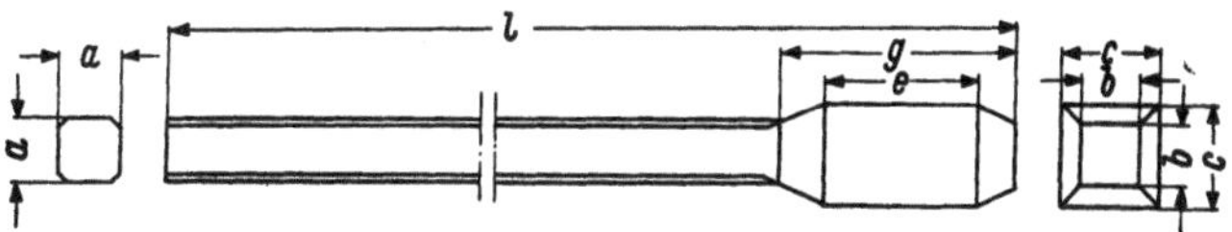

Abb. 194. Spannbetonpfahl mit Fußverdickung

werden. Dieser Spannstahl hat eine leichte Oberflächen-Profilierung in Gestalt kleiner Eintiefungen. Bei dem Pfahl mit 33 × 33 cm Schaftquerschnitt werden bis 17 m Länge 32 ⌀ 5 verwendet, bei Längen über 17 m 36 ⌀ 5. Der Pfahl 38 × 38 cm enthält bis 17 m Länge 44 ⌀ 5 bzw. über 17 m Länge 52 ⌀ 5 mm. Analog diesen Bewehrungsverhältnissen werden die anderen Pfahlquerschnitte bewehrt.

Dieses Lieferwerk bezeichnet auf ihren Pfählen, wie in Holland üblich, die Stellen für die Unterstützung beim Transport durch schwarze und für das Hochnehmen mit roten Farbringen.

N. V. Nederlandse Spanbeton Maatschappij
Spannbetonpfähle der NSM (gekürzt)

a	l_{max}	P_{max}	g/m		verstärkte Spitze					
				Typ	b	c	e	g	Gewichts-zuschlag in
cm	m	t	kg		cm	cm	cm	cm	kg
23	14	32	132	I	17	23	—	—	—
				II	20	30	50	74	60
				IV	23	40	50	87	175
28	17	47	196	I	22	28	—	—	—
				II	25	35	70	94	85
				IV	28	45	70	107	265
33	20	67	272	I	27	33	—	—	—
				II	30	40	85	109	120
				V	33	55	85	129	500
38	23	87	362	I	32	38	—	—	—
				II	35	45	100	124	160
				VI	38	65	100	154	870
43	26	111	462	I	37	43	—	—	—
				II	40	50	115	139	200
				VI	43	70	115	169	1050

Bem.: Die Größen der Spitzen sind nicht für alle Pfahlgrößen angegeben. Die Pfahllast gilt nur theoretisch für die max. Länge bei Knickgefahr.

In Norwegen stellt die A/S Betonmast Spannbetonpfähle von 20/20 cm und 25/25 cm Querschnitt her, die für 50 und 75 t Last zugelassen sind. Da man in Norwegen meist bald auf Felsen stößt, erhalten die Pfähle in diesen Fällen eine Fußverstärkung durch eine kräftige Stahlspitze von 10 cm Durchmesser, die auf eine 4 cm dicke Platte aus St 37 geschweißt wird. Diese Platte ist mit 80 cm langen, eingebohrten und verschweißten Anschlußeisen ⌀ 19 mm im Pfahl verankert. Bei Pfählen, die im Erdreich fest werden, begnügt man sich mit einer stumpfen Betonspitze. Die Pfähle werden im Spannbett hergestellt und sind im wesentlichen durch die dadurch mögliche rationelle Herstellung und den geringen Stahlbedarf den normalen Stahlbetonpfählen wirtschaftlich

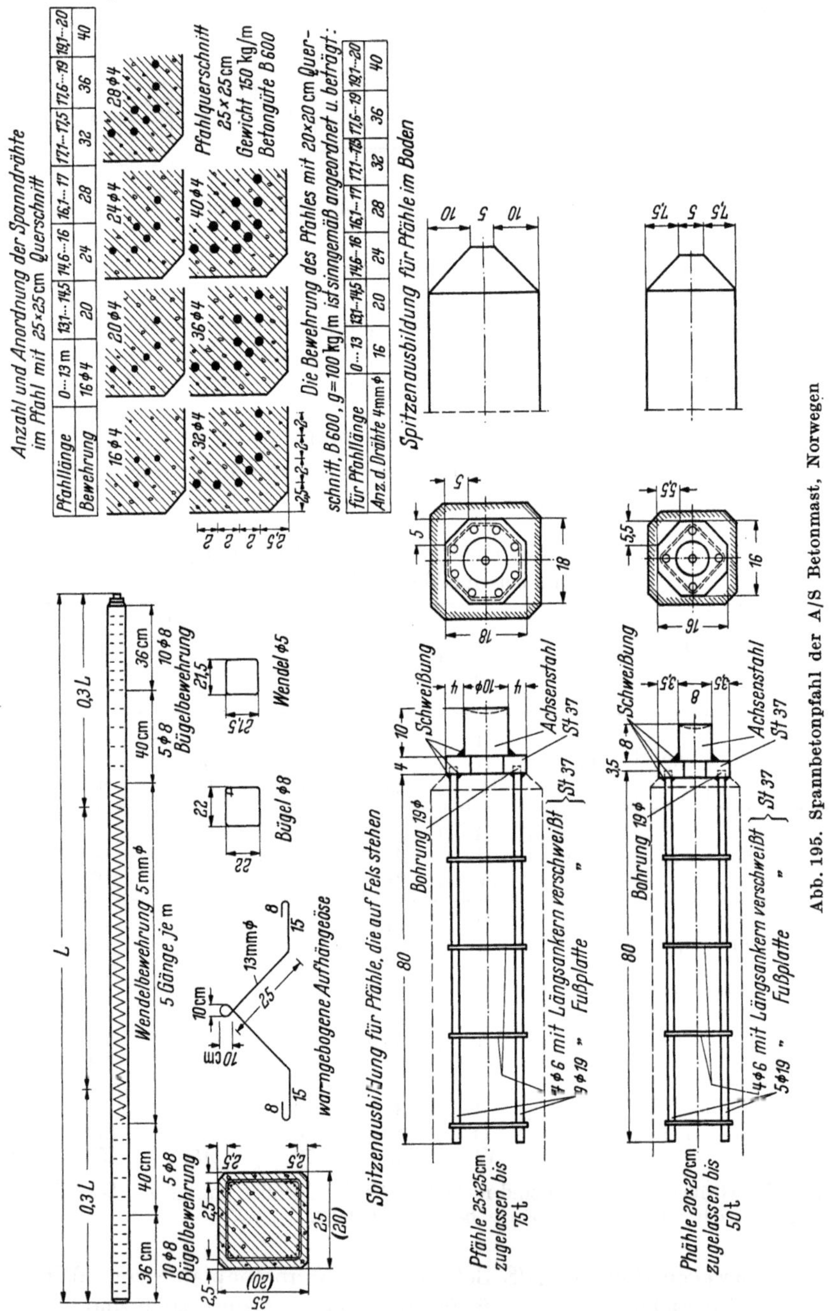

Abb. 195. Spannbetonpfahl der A/S Betonmast, Norwegen.

überlegen. Die Hersteller berichten über eine steigende Tendenz der Anwendung; im Jahren 1957 lieferten sie rund 10000 m derartiger Pfähle.

Die Abb. 195 zeigt den norwegischen Pfahl und einige Einzelheiten, insbesondere die Anzahl und Anordnung der aus Spannstahl St 170 bestehenden

Drähte, die mit 90 kg/mm² beansprucht werden. Am Kopf und Fuß sind die Pfähle jeweils auf 0,3 l mit Einzelbügeln ⌀ 8 mm bewehrt im mittleren Teil mit einer Wendel ⌀ 5 mm mit 6 Gängen auf 1 m Pfahllänge. Der Beton hat die hohe Festigkeit von 600 kg/cm² nach 28 Tagen.

In *Schweden* werden seit 1942 von der Aktiebolaget Strängbetong, Stockholm, Spannbetonpfähle im Spannbett nach dem System HOYER mit 2 mm dicken Drähten, deren Bruchfestigkeit mindestens 220 kg/mm² beträgt, in den Abmessungen von 20 × 20; 20 × 25; 25 × 25 und 30 × 30 cm hergestellt. Gegenüber den schlaff bewehrten Pfählen mit der Betongüte B 400 wird der Spannbetonpfahl mit B 550 bis B 600 hergestellt. Da die höhere Betongüte angesichts der vom Boden abhängigen Tragfähigkeit des Pfahles kaum eine Rolle spielt, ist die Entwicklung nur zögernd erfolgt. Man bevorzugt sie dort, wo man durch

Abb. 196. Spannbetonpfahl-Herstellung in Rouen
(Spannverfahren FREYSSINET, Ausf. Campenon Bernard, Foo M. Baranger)

sie höhere Lasten zulassen kann, wo lange Pfähle transportsicher sein müssen und wo kurze Lieferzeiten ausschlaggebend sind. Von dieser Firma hat die englische Concrete Development Co. Ltd. in Jver die Pfahlfabrikation etwa um 1950 übernommen.

In *Dänemark* stellt die AS Skandinavisk Spaendbeton in Kopenhagen Spannbetonpfähle her, die aber wegen der im allgemeinen in Normallängen benötigten Pfähle ihre Überlegenheit gegenüber den bisher üblichen Pfählen nicht recht zur Geltung bringen können. Hohlformen sind für die Spannbetonpfähle aber in den nordischen Ländern, wie in Deutschland, noch nicht zur Anwendung gekommen.

Aus Rußland wird über Spannbeton-Spundbohlen berichtet, die im nächsten Abschnitt (S. 209) gezeigt werden.

In *Frankreich* war eine der frühesten Anwendungen von Spannbetonpfählen die Gründung der 1948/49 ausgeführten Galerie in Rouen, welche auf 1,8 km die Uferstraße über der Bahnstrecke trägt und als Fertigteilbauwerk mit Vorspannung sehr bekannt geworden ist.[1]

Die benötigten 3000 Pfähle sind auf einer langgestreckten Pritsche, die 7 Längsstapel erlaubt, in 4 und 5 Lagen übereinander hergestellt. Abb. 196 zeigt

---

[1] STUP-Broschure „Rouen—Le Havre".

diese besonders als Baustelleneinrichtung vorbildliche Anlage. Die Pfähle enthalten 4 FREYSSINET-Spannbündel mit je 12 $\varnothing$ 5 mm, die schon 4 Tage nach der Betonierung mit Endverankerungen unter Spannung gesetzt und sofort mit holloidalem Mörtel verpreßt wurden. Im Bauwerk hat man die Pfähle unbedenklich gekappt, da damals schon festgestellt wurde, daß die Spannkraft in den Drähten allein durch den Injektionsmörtel auf den umgebenden Beton durch Haftung übertragen wird. Seit dieser Zeit sind die Spannbetonpfähle in Frankreich weiterentwickelt und sind in Form der Hohl- und Rohrpfähle, System Benoto-Boussiron, wohl zu der bisher zweckmäßigsten Form gekommen (vgl. S. 251).

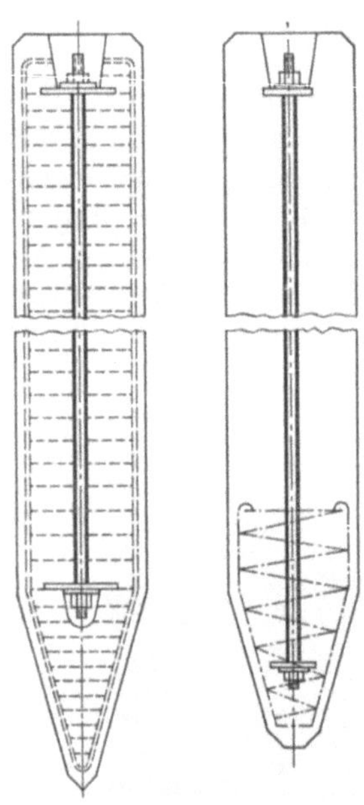

Abb. 197. Spannbetonpfahl für Buhnen pp. der Dyckerhoff & Widmann KG (nach Patentschrift)

Nach dem Patent 842180 der Bundesrepublik Deutschland vom 16. 4. 1949 sind der Dyckerhoff & Widmann KG Ramm- bzw. Buhnenpfähle geschützt, bei denen die bekannte D & W-Vorspannbewehrung mit starken Rundstählen und Schraubenverankerung zentrisch im Pfahl entweder zusätzlich zur schlaffen Bewehrung oder auch als einzige durchgehende Längsbewehrung angeordnet ist und entweder im Pfahl verbleibt, oder nach dem Einrammen aus der unteren Mutter wieder herausgeschraubt werden kann. Bei den im fertigen Buhnenbauwerk statisch kaum beanspruchten Pfählen kann hier die Normalbewehrung verringert werden, weil die Vorspannung für die Transportbeanspruchung zur Verfügung steht. Die Abb. 197 zeigt die Vorschläge aus der Patentschrift.

Wie sehr die Erfindungen „in der Luft" liegen, zeigte sich 4 Monate später in Frankreich.

Unter der Nummer 996802 wurde Herrn LOUIS-PIERRE BRICE ein vom 22. 8. 1949 an laufendes dem deutschen Patent 842180 gleichartiges französisches Patent erteilt, nach welchem Pfähle, Maste und ähnliche Teile aus Beton eine Vorspannung erhalten, welche nur für die Zeit wirksam sein soll, in welcher diese Bauelemente einer Biegebeanspruchung unterworfen sind, damit später, wenn nur noch zentrische Kräfte auf die Bauelemente wirken, durch die Vorspannung kein Anteil der zulässigen Beanspruchung vorweggenommen ist. Dieses Ziel wird dadurch erreicht, daß die Spannbewehrung ohne Verbund im Beton liegt und die Verankerung lösbar bleibt, indem z. B. das Pfahlende mit der Spannverankerung gekappt wird oder die Verankerung selbst gelöst werden kann. Durch nachträgliche Injektion kann dann die Spannbewehrung in eine normale Bewehrung umgewandelt werden. Andererseits kann man eine starke Spannstabbewehrung auch aus den im Beton festgelegten unteren Schrauben herausdrehen, um sie zurückzugewinnen. Die Abb. 198 zeigt die

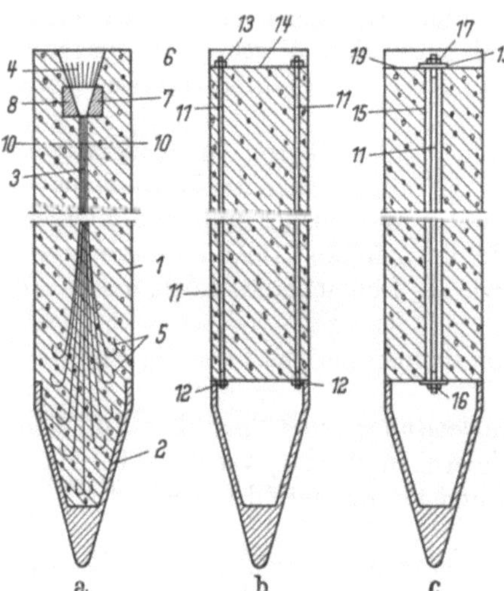

Abb. 198. Spannbetonpfahl nach L. P. Brice (nach franz. Patentschrift)

Skizzen der Patentschrift. Man sieht, daß die Wirkung der Vorspannung auf den Massiv-Pfahl erschöpfend erkannt ist, aber nicht ausgenutzt wurde, da mit der Fortnahme der Vorspannung der Pfahl qualitativ absinkt.

Der Vollständigkeit wegen sei erwähnt, daß in den USA ein entsprechendes Patent unter der Nr. 2645090 vom 6. 2. 1951 besteht, bei dem vorgesehen ist, daß der hochwertige Spannstahlstab nach dem Rammen des Pfahles durch einen Normalstahlstab ersetzt werden soll, der als schlaffe Bewehrung ausreicht.

In Deutschland werden seit einigen Jahren Spannbetonrammpfähle neben den seit Jahrzehnten bewährten handelsüblichen Stahlbetonpfählen hergestellt.

Ohne auf Vollständigkeit Anspruch erheben zu können, folgen hier einige Angaben deutscher Hersteller, die von den Firmen M. Giese, Kiel, und P. Thiele, Hamburg, bereitwillig zur Verfügung gestellt wurden. In Kiel werden seit 1951 Spannbetonpfähle mit den Querschnitten 34×34 cm bis 40×40 cm hergestellt, wobei statt der letzteren gerne die Querschnittsabmessungen 38×42 cm gewählt werden, wenn es konstruktiv möglich ist, um für den Transport ein höheres Widerstandsmoment ausnützen zu können. Eine gewisse Sorgfalt im Umgang mit Pfählen wird damit von der Baustelle gefordert.

Auch Spundbohlen von 12×40 cm bis 35×50 cm sind mit Vorspannung geliefert worden, und es scheint, als ob sich zuerst im Kieler Gebiet die Erkenntnis der qualitativen Überlegenheit der Spannbetonpfähle und Spundbohlen auch bei den Auftraggebern durchgesetzt hat.

Die Wirtschaftlichkeit ist für ein eingerichtetes Spannbetonwerk gegenüber nicht vorgespannten Pfählen vorhanden, da der Preisunterschied nur gering ist und bei längeren Pfählen verschwindet; unter Umständen können diese sogar etwas billiger sein. Man sollte bei der Beurteilung der Preise berücksichtigen, daß die Vorspannung die Pfähle in der Handhabung wesentlich unempfindlicher werden läßt und die beim Aufnehmen und Rammen oft schwer vermeidbaren Risse des Stadiums II fortfallen.

Die Pfähle werden mit ovalgeripptem Spannstahl 2,8/8 mm und 4,2/9 mm Sigmastahl St 145/165 so weit vorgespannt, daß bei normalem Anheben des Pfahles keine Biegezugspannungen auftreten, d. h. also, daß die Biegezugfestigkeit des Betons von etwa 50 kg/cm² die Reserve für etwaige zusätzliche dynamische Beanspruchungen bildet. Neben der Vorspannbewehrung liegen auf 1 m Länge im Kopf und in der Spitze schlaffe Stahleinlagen $\varnothing$ 10 oder 12 und über die ganze Länge die übliche Wendelbewehrung, die am Kopf und Fuß mit der kleinen Ganghöhe von 5 cm gleichzeitig die notwendige Zusatzbewehrung für die Einleitung der Vorspannkraft ergibt.

In Hamburg werden Spannbetonpfähle auf Bestellung auch von mehreren anderen Firmen hergestellt und man hat festgestellt, daß sie ab 16 m Länge konkurrenzfähig sind. Hier ist für die Vorspannung Queristahl gewählt und das Spannverfahren LEONHARDT-BAUR zur Anwendung gekommen. Auch hier bestätigen sich die qualitativen Vorteile des Spannbetons.

Zur Anwendung kamen Spannbetonpfähle u. a. bei der Ausführung der Ufermauer am O'Swaldkai und als Gründungselement beim Zollamt Veddel. Die Bauleitungen berichten über das gute Verhalten bei der Rammung, bei der sich nur wenig oder gar keine Risse beim Hochnehmen zeigten, die sich im übrigen nach dem Wegfall der Biegespannungen, d. h., wenn der Pfahl vor der Ramme stand, wieder schlossen. Es zeigte sich auch, daß wesentlich weniger Spannbetonpfähle als schlaff bewehrte Pfähle beim Rammen beschädigt oder zerstört wurden. Da diese Tatsache die Auftraggeber nicht sehr berührt, da sie für beschädigte oder zerstörte Pfähle kostenlos Ersatz im Rahmen des Unternehmerrisikos bekommen, liegt die Nutzanwendung aus dieser Beobachtung allein beim Unternehmer. Die überlegene Qualität der Spannbetonpfähle drückt sich in dem von der Behörde festgestellten Urteil der Bauleiter aus, daß sie Spannbetonpfähle lieber auf der Baustelle haben als schlaff bewehrte Pfähle.

In Cuxhaven hat die Fa. Ph. Holzmann AG schon 1955/56 für den Niedersachsenkai eine Strecke von 202 m mit Spannbetondruckpfählen von I-förmigem Querschnitt 30 × 43 cm, 17 m Länge, Abstand 1,325 m, Neigung 4 : 1, ausgerüstet, Pfahllast 79 t. Bei der Probebelastung ergab eine Last von 180 t nur 6 mm Einsenkung, die bei Entlastung auf 0,5 mm zurückging.[1]

Diese Überlegenheit wird der bei uns noch zu erwartende Spannbetonpfahl in noch höherem Umfang beweisen.

3.4.7 Spannbeton-Spundbohlen

Auch für Bohlen gilt der Zwang, daß sie zunächst symmetrisch vorgespannt werden müssen. Im Bauwerk selbst sollen sie ein Biegemoment aufnehmen, d.h., sie dürfen nur so hoch vorgespannt werden, daß noch eine hinreichende Momentenfähigkeit verfügbar bleibt, wobei — da keine Risse auftreten sollen — die Druckvorspannung auf der Zugseite nur bis höchstens Null abgebaut werden darf. Da nun zumeist die Biegemomente wechseln (Einspannung im Kopf und Boden), kann die Vorspannung nur höchstens bis zur halben zulässigen Druckspannung getrieben werden.

Spannbeton-Spundbohlen mit einer zulässigen Druckspannung von 150 kg/cm² können mithin nur bis 75 kg/cm² vorgespannt und auch nur ebenso hoch im Bauwerk belastet werden. Sie sind gegenüber Holz, das mit 100 kg/cm² bewertet werden kann, also im Nachteil. Aber es gilt auch hier, daß mit dem neuen Baustoff auch an neue Bauformen gedacht werden muß. Eine dementsprechende Überlegung findet sich schon in der Literatur.[2] Wie beim Pfahl ist auch bei der Bohle die einfache Auswechslung der normalen Bewehrung gegen eine Spannbewehrung nicht der richtige Weg. Und so kommen KIEHNE-BONATZ ganz zwangsläufig über die Profilverzerrung in Richtung auf Kreuzquerschnitte, I-Profile und Spundwandwellenform zu den Hohlprofilen, die sie allerdings nicht weiterverfolgen, weil sie annehmen, daß die Hohlprofile beim Rammen durch die Pfropfenbildung auseinandergetrieben werden. Das ist aber vermeidbar, denn nichts hindert uns, den Bohlen eine volle Schneide zu geben und einen Anlauf von der Spitze an, wo sie kaum ein Moment aufzunehmen haben. Darüber hinaus ist der unten offene Hohlquerschnitt mit nach innen konisch aufgeweiteter Form denkbar, bei dem sich ein Stauchdruck aus dem Rammpfropfen infolge der Erweiterung des Querschnittes nicht schädlich auswirken kann.

Es ist grundsätzlich der Kastenquerschnitt als der vorteilhafte Querschnitt auch für die vorgespannte Spundbohle anzusehen, und wenn nicht die nur lose Verbindung der Betonbohlen untereinander den auf Zug ausgezeichnet wirksamen Stahlschlössern so hoffnungslos unterlegen wäre, müßte die Spannbeton-Spundbohle in der angedeuteten Richtung weiterzuentwickeln sein. Sofern es sich nur um eine Fuge mit Nut- und Federgleitung handelt — wie

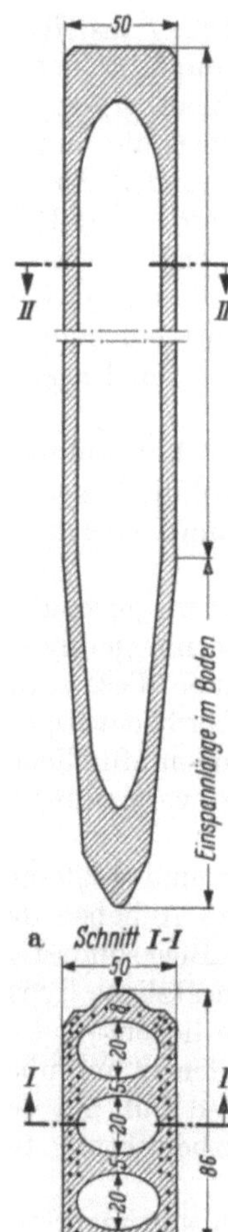

Abb. 199. Spannbeton-spundbohle mit Hohlräumen

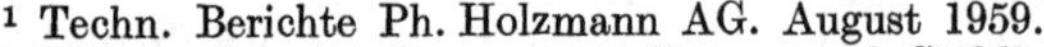

---

[1] Techn. Berichte Ph. Holzmann AG. August 1959.

[2] KIEHNE-BONATZ: Bauten aus Beton- und Stahlbeton-Fertigteilen. S. 101 ff. Berlin/Göttingen/Heidelberg: Springer 1951.

sie beim Holz jahrhundertelang genügte — ist die Ausführung nach Abb. 199 vorteilhaft, die massenmäßig einer Bohle von 28 cm entspricht und dieser statisch dreifach überlegen ist. Leider aber sind die Ansprüche an eine Spundwand durch die Gewöhnung an die Stahlspundbohlen stillschweigend gewachsen und schwer zurückzuschrauben.

Es sei dazu darauf hingewiesen, daß die Ben C. Gerwick Inc. schon vorgespannte Spundbohlen mit Sparräumen auf Lager hält (vgl. S. 208).

Die anscheinend erste Anwendung der Betonvorspannung für Spundbohlen wurde schon 1941 von der Wayss & Freytag AG versuchsweise für eine kurze Wandstrecke im Hafen von Dünkirchen vorgesehen.

Diese Bohlen, deren Querschnitt die Abb. 200 zeigt, waren mit 40 Stäben ⌀ 8 mm bewehrt, die zusammen 130 t Vorspannkraft ausübten. Bei einem Moment von 6 mt und einer Auflast von 100 t ergaben sich bei einem Abzug

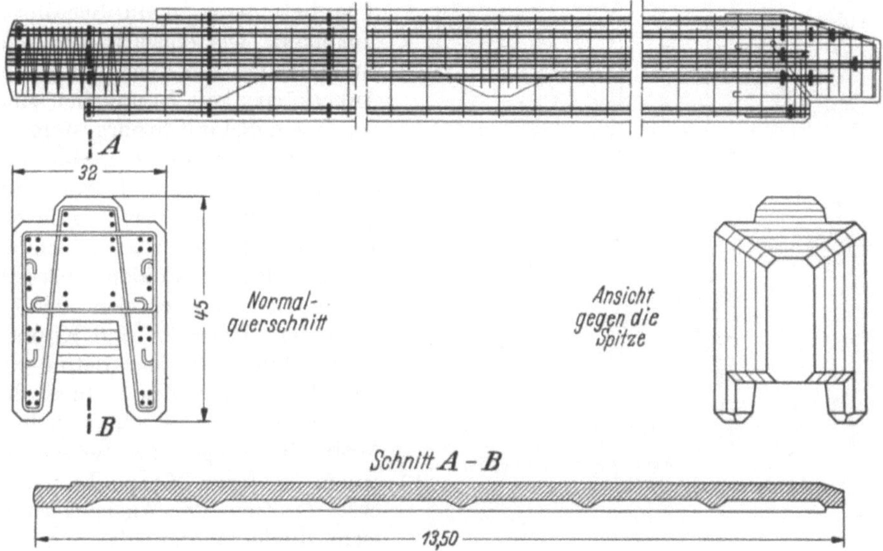

Abb. 200. Spannbetonspundbohle für große Beanspruchungen (Wayss) Freytag AG 1941)

von der Vorspannung in Höhe von 1500 kg/cm² für Schwinden und Kriechen die Randspannungen mit 161,5 bzw. 3,5 kg/cm² Druck. Die Spannbetonbohlen erhielten zur Gewichtsersparnis eine mittlere Aussparung etwa auf die halbe Bohlenbreite, wodurch sich ein U-förmiger Querschnitt ergibt, der durch fünf nockenartige Vorsprünge ausgesteift ist. Mit den freien Schenkeln dieses Profils gleitet die Bohle beim Rammen an der Führungsleiste der schon stehenden Bohle entlang. Die Rammung hatte keine Schwierigkeiten gemacht.

Infolge der Zeitereignisse konnte die mit diesen Spundbohlen hergestellte Wand nicht weiter beobachtet werden, und auch die Weiterentwicklung wurde unterbrochen.

Während die schon erwähnten Spundbohlen für Buhnen nur für den Transport bewehrt werden mußten und die Vorspannung allein die Rissefreiheit gewährleisten sollte, sind in einem späteren Fall auch Spundbohlen für eine Momentenbeanspruchung im Einbauzustand ausgeführt. Da die Beanspruchung der Bohle im Bauwerk eine ganz andere ist als beim Transport, wurde die Vorspannung erst nach dem Rammen vorgenommen und der Verbund durch Injektion der Bündelkanäle nachträglich hergestellt, wie es heute bei Tragwerken meistens geschieht.

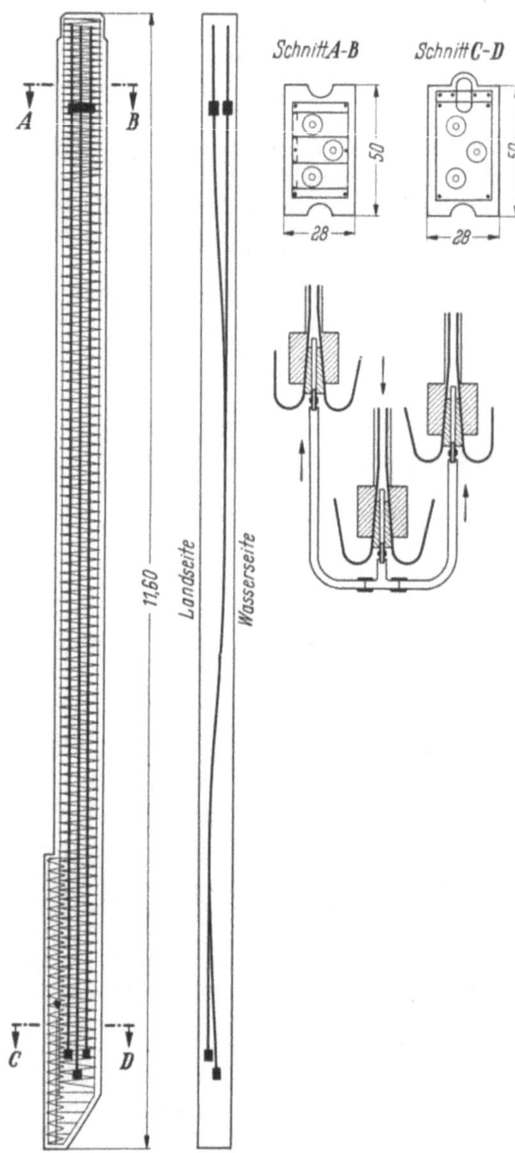

Abb. 201. Spundbohle für nachträgliche Vorspannung
(Wyss & Freytag KG)

Die Abb. 201 zeigt die konstruktiven Verhältnisse einer solchen der Wayss & Freytag KG geschützten Spannbohle mit nachträglichem Verbund. Die im Schnitt nicht eingezeichnete schlaffe Bewehrung ist für den Transport bemessen; die Spannbewehrung besteht aus 3 Bündeln mit je 12 $\varnothing$ 5 St 160, die in flacher Krümmung und Gegenkrümmung dem späteren Momentenverlauf entsprechend eingelegt ist. Die Spannglieder werden in Wellrohren vor dem Betonieren in die Schalform eingebaut. Die einseitig auf den Bündelenden blockierten unteren Ankerkörper mit Rundkeilen sind durch ein Schlauchrohrsystem so miteinander verbunden, daß der durch das mittlere Bündel zugeführte Verpreßmörtel durch ein $\bot$-Stück nach den beiden benachbarten Bündelkanälen verteilt wird. Das Vorspannen erfolgt nach dem Rammen und Kappen unmittelbar vor dem Betonieren der Platte bzw. des Holmes der Ufereinfassung, es steht jedoch nichts im Wege, die Bohlen zu einem späteren Zeitpunkt, etwa erst im Zuge der Ausbaggerung, wenn die Momentenbelastung eintritt, vorzuspannen. Es bedarf dann lediglich eines entsprechend längeren Kappendes, damit die Spannglieder weit genug herausstehen. Es ist damit gleichzeitig die Spundwand mit der oberen Platte oder dem Holm verbunden.

Um nach dem Kappen in der Vorderseite der Bohlen eine glatte obere Kante zu behalten, wurde vor dem Betonieren ein 3 cm breiter Pappstreifen eingelegt.

Die schon bei den Spannbetonpfählen erwähnte amerikanische Firma Ben C. Gerwick Ltd. hat auch Spannbetonbohlen in ihre Fabrikation aufgenommen, die in 2 Typen mit Drahtseilvorspannung geliefert werden. Die nachfolgende Tabelle (Abb. 202) enthält die wichtigsten Angaben und mag als Anregung ausreichend sein.

Die Bohlenbreite von 91,5 cm (3 ft) scheint uns

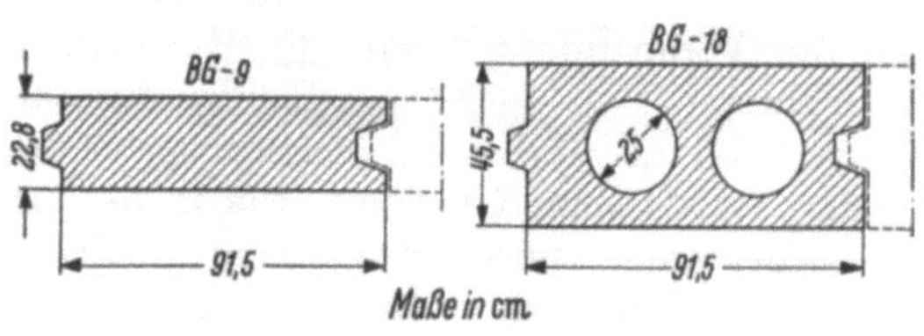

Abb. 202. Ben C. Gerwick-Spannbetonspundbohlen

Tabelle der Ben C. Gerwick-Spannbeton-Spundbohlen

Bezeich-nung	Form	Ab-messungen cm	F cm²	Gewicht je m² Wand kg	W in cm³ je Bohle	W in cm³ je lfm Wand	I_{min} cm⁴	M_{zul} je Bohle kgm	Anzahl der 7drahtigen Litze ⌀ 9,5 mm
BG 9	Rechteck	22,8 × 91,5	2100	547	7950	8700	91000	7420	20
BG 18	Rechteck mit Hohl-räumen	45,5 × 91,5	3160	830	30189	33200	690000	28000	30

zunächst reichlich zu sein, es gibt aber sogar derartige massive Bohlen, die mit 50 Litzenseilen (7 Drähte ⌀ 3,2 mm, Litzen ⌀ 9,6 mm) vorgespannt sind.

Von den spärlichen Berichten über europäische Spannbetonspundbohlen sei eine Ausführung in England erwähnt.[1]

Für den Erzkai am Tyne-Hafen sind 12 m lange Bohlen mit 22,5 × 59,5 cm Querschnitt mit Nut und Feder verwendet, die mit je 84 ⌀ 5 mm-Spannstahl vorgespannt waren. Eine zusätzliche schlaffe Bewehrung am Kopf und Fuß war für die örtliche Beanspruchung beim Rammen eingelegt. Jede Bohle wog 4 t, die Anfaßpunkte waren auf den Bohlen markiert. Sie wurden mit einem 3 t-Dampfhammer mit 1,20 m Hub gerammt und hielten sich gut, obwohl bis 500 Schlag für 1 m Eindringung nötig wurden. Probebohlen wurden einer Biegebeanspruchung innerhalb der rechnerischen Grenzen unterworfen und zeigten keine Rißbildung.

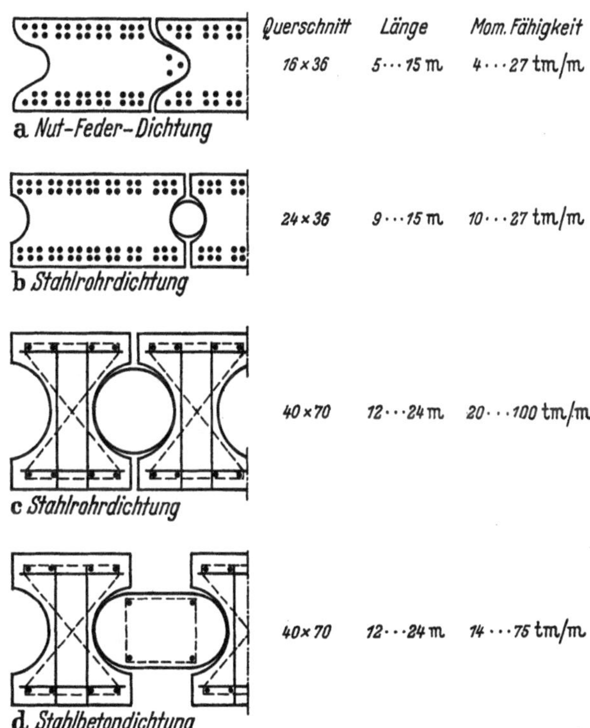

Abb. 203. 4 Typen russischer Spannbeton-Spundbohlen bzw. Wände

Im März 1960 berichtete die russische Zeitschrift Montazhnyie Rabtoy über 4 Typen von Spannbetonbohlen, die sich nach 4 jähriger Arbeit herausgeschält haben.[2] Die Abb. 203 zeigt unter a) die für Bauten an Flüssen für alle Böden außer wassergesättigten Böden bestimmten Profile, unter b) die für wassergesättigte Böden entworfenen Querschnitte. Für Seebauten wählt man das Profil c) bei normalen Böden und d) für schwer rammbare Böden wie Ton und Kies. Bemerkenswert scheint mir, daß sich in allen Fällen die Liniendichtung durchgesetzt hat.

Zusammenfassend kann aus den vorliegenden Berichten beim heutigen Stand der Vorspanntechnik über die Eigenschaften und die Bewährung von Spannbetonpfählen und Bohlen gegenüber Stahlbetonausführungen etwa folgendes abgeleitet werden:

---

[1] Civ. Engng. (Mai 1952) S. 403.   [2] Nach Civ. Eng. & PWR 55, Nr. 649, August 1960.

1. Materialeigenschaften. Spannbetonpfähle sind aus hochwertigstem Beton, sie sind dicht, die Wasseraufnahme liegt bei 50 % der Absorption der klassischen Stahlbetonpfähle, einwandfreier Schutz der Bewehrung bei 5 cm Überdeckung, dauerhaft in aggressiven Böden. Sie sind rißfrei, sehr widerstandsfähig gegen Sandschliff, völlig immun gegen Bohrmuscheln, die geringwertigen Beton angreifen können.

2. Konstruktive Vorzüge. Spannbetonpfähle sind gegenüber gleichwertigen Stahlbetonpfählen leichter im Gewicht, daher ist auch ihre Handhabung leichter, das Verhältnis Bärgewicht : Pfahlgewicht ist günstiger, ihre Biegefähigkeit ist infolge ihrer Elastizität besser, ihre Bewehrung gibt ihnen Zugpfahlcharakter, was bei allen Wasserbauten ein großer Vorteil ist. Sie können demzufolge gefahrlos über weite Strecken geschleift werden. Sie sind schwerster Rammung gewachsen, sie besitzen gute Durchschlagseigenschaften.

Die Fortpflanzung des Rammschlages überlagert einen vorhandenen Spannungszustand und ein Rückprall, der die Querrisse im Stahlbetonpfahl erzeugt, spielt sich innerhalb eines Spannungsbereiches ab, kann also nicht zu Querrissen führen. Ausführlichere Angaben finden sich im Abschnitt „Rammen“.

Bei Überbeanspruchung entstehende Risse schließen sich wieder, solange keine totale Zerstörung eingetreten ist. Die Anschlußmöglichkeit mit zusätzlichen Verankerungen ist günstig, Pfähle mit Längshohlräumen besonders vorteilhaft.

3.5 Rammgeräte und Rammung

Obwohl es ein reizvolles Kapitel der Technikgeschichte ist, die Entwicklung der Rammgeräte von der Pfahlbauzeit bis heute zu verfolgen, kann aus Platzmangel hierüber nicht berichtet werden. Auch eine Besprechung der heute verfügbaren, zahlreichen Fabrikate von Rammgeräten muß aus dem gleichen Grunde unterbleiben. Es wird daher nur eine Aufzählung der wichtigsten Typen gegeben. Für ernsthafte Interessenten stehen die Unterlagen der Herstellerfirmen zur Verfügung, von denen die wichtigsten genannt werden.

Rammgeräte

Typen der Rammbären

Freifallbär: Fallgewicht 50 bis 2000 kg, beliebige Fallhöhe, langsame Schlagfolge, etwa 5/Min.

Der halbautomatische Zylinderbär: Dampf- und Preßluftantrieb, konstantes Fallgewicht, 900 bis 10 000 kg und mehr, begrenzte Fallhöhe (1,25 m) auch halbe Fallhöhe. Mittlere Schlagfolge 35 bis 60/Min.

Der vollautomatische einfach wirkende Schnellschlaghammer: Dampf- oder Preßluftantrieb, konstantes Schlaggewicht, konstanter Hub. Mittlere Schlagfolge 65/Min.

Der vollautomatisch doppeltwirkende Schnellschlaghammer: Dampf- oder Preßluftantrieb, konstantes Schlaggewicht, konstanter Hub. Schnelle Schlagfolge 100 bis 500/Min.

Dieselhämmer und Dieselbären (springende Kolben bzw. geteilter Zylinder) konstantes Schlaggewicht, begrenzte Sprunghöhe (etwa 1,50 bis 2,00 m), mittlere Schlagzahl 40 bis 60/Min.

Pfahlzieher sind nach oben wirkende unter Dauerzug gebrachte Hämmer mit entsprechender Zugvorrichtung. Konstantes Schlaggewicht, geringe konstante Schlaghöhe (7 bis 25 cm bei verschiedenen Fabrikaten), schnelle Schlagfolge 160 bis 500/Min.

Typen der Gerüste

Reihenramme ohne und mit Rollen. Rammstube mit Rammgerüst fest verbunden, geringe gerade Neigung des Gerüstes.

Universalramme. Unterteilt mit schwenkbaren Rädern, aufgesetzter drehbarer Oberwagen mit verschieblichem, in weitem Umfang zu neigendem Gerüst.

Unterwagen vervollständigt jede Ramme bzgl. Beweglichkeit, besonders bei langgestreckten Baugruben (Ufermauern) üblich.

Holländer Ramme, gekennzeichnet durch Doppelmäkler aus Rohren, zwischen denen Pfahl und Bär gut geführt werden können.

Dreigurtramme, gekennzeichnet durch dreiseitiges Gerüst, meist gute Beweglichkeit.

Kranramme, freistehender vom Kranausleger gehaltener Mäkler, auch mit unterem Vorschubgestänge, geeignet für Schnellschlaghämmer und bei Wasserbauten.

Lieferfirmen

Menck & Hambrock GmbH, Hamburg-Altona 1 (Postfach),
Leo Gottwald, Werk Düsseldorf, Düsseldorf Postfach 9542,
Delmag Maschinenfabrik Reinhold Dornfeld, Eßlingen/Neckar,
Demag AG, Duisburg.

Das Rammen

3.5.1 Das Hochnehmen und Stellen der Pfähle

Das Hochnehmen bietet bei Holzpfählen und Stahlpfählen bzw. -rohren im allgemeinen keine Schwierigkeiten, nur bei besonders langen Pfählen und bei Stahlspundbohlen muß man sich Rechenschaft geben, wie lang die Kragenden sein dürfen, um Brüche und bleibende Deformationen zu vermeiden.

Bei Stahlbetonpfählen ist das Hochnehmen und Stellen der Pfähle die heikelste Arbeit des Rammens, weil die unelastischen, schweren Pfähle leicht Risse bekommen, wenn sie Stöße durch Seilschlupf oder hastiges Anheben erhal-

Abb. 204. Hochnehmen der Pfähle mit Rollenführung des Windenseiles

ten. Es ist daher beim Anschlagen, wenn es nicht durch Kranhaken und Schäkel geschieht, die in einbetonierte Ösen gehakt werden, auf eine enge Schlinge der Ketten oder Drahtseilstropps zu achten, die auf alle Fälle zunächst einmal straff angezogen und mit Brechstangen zum engsten Sitz zurechtgeschlagen werden müssen, bevor der Pfahl erstmalig angehoben wird. Die Frage, ob man besser mit

14*

Ketten arbeitet oder mit Seilstropps, scheint gegendweise verschieden beantwortet zu werden. Drahtseile sind nach den Erfahrungen des Verfassers vorzuziehen, aber sie müssen weich genug sein, um sich anschmiegen zu können, ohne daß Drahtbrüche eintreten. Die Anfaßpunkte werden vielfach noch Drittels- und Viertelspunkte genannt, beide Bezeichnungen sind falsch. Beim Hochnehmen an einem Angriffspunkt — was zum Stellen vor der Ramme oft erst möglich ist, wenn der Pfahl schon schräg liegt — besteht hinreichend genau Momentenausgleich, wenn das Kragende 0,31 beträgt. Beim Hochnehmen an 2 Punkten müssen die Kragenden 0,207 l lang sein, genau genug also in den Fünftelspunkten gefaßt werden.

Wenn an 3 Punkten angefaßt wird, so sind die Kragenden 0,14 l lang zu wählen, der dritte Anfaßpunkt liegt dann in der Mitte. Diese momentenausgleichende Anschlagsart kommt aber selten vor, sie ist auch nur mit lastausgleichender Seilführung zu empfehlen. 40 m lange und 16,5 t schwere Spannbetonpfähle hat man in 4 Punkten angeschlagen, nämlich in 0,07 l und 0,34 l, jeweils von den beiden Enden her gemessen, wobei natürlich über Rollen ein selbsttätiges Einstellen der Seillängen erforder-

Abb. 205. Das Aufrichten der Pfähle über Rollen-Blöcke mit einem Seil (nach PERELES, Buenos Aires)

lich ist. In besonderen Fällen, z. B. bei Hohlpfählen mit vollem Kopf und Fußende, wird man eine genaue Nachrechnung durchführen müssen, was aber keine Schwierigkeiten macht.

Eine interessante und elegante Art lange Pfähle zu stellen, gab G. PERELES, Buenos Aires, an. Die Pfähle werden an 2 Punkten mit Ketten angeschlagen, an denen mehrscheibige Blöcke befestigt sind. Die Drahtseile laufen über feste Rollen, die oben am Rammgerüst angebracht sind, und jedes Seilende wird von einer Winde in der Rammstube gezogen. Die Anschlagpunkte sind so gewählt, daß der Schwerpunkt des Pfahles nahe der unteren Rolle liegt. Die Ramme nimmt die Pfähle vom Lager verhältnismäßig weich auf und zieht sie selbst mit Windenmanövern in die nahezu senkrechte Stellung, wonach das letzte Ausrichten von Hand leicht zu erreichen ist. Es leuchtet ein, daß bei geschickter Windenbedienung der Pfahl geschmeidiger zu bewegen ist als beim Hochnehmen mittels Traverse oder durch ein Hilfsseil, das den Pfahl erst nach dem Aufrichten im Drittelspunkt faßt und ihn vor den Mäkler hängt. Auch wird eine Zwischenlagerung nach dem Heranholen des Pfahles vermieden. Natürlich müssen die Ketten so fest um den Pfahl sitzen, daß sie nicht rutschen, deshalb

sind am unteren Angriffspunkt auch 2 Wicklungen vorgesehen. Abb. 204 zeigt
das Hochnehmen vom Lager, Abb. 205 zeigt die Seilführung vor der Ramme
etwas deutlicher.

Die Wahl der Anschlagsart ist bestimmend für die Bemessung der Bewehrung, wie aus den Ausführungen, S. 193, hervorgeht.

3.5.2 Schlaghauben

Die Rammung bedeutet für jeden Rammteil eine enorme Beanspruchung,
die um so größer wird, je härter der Untergrund wird bzw. je fester der Pfahl
wird. Ein Druckpfahl muß aber fest werden, bei Zugpfählen ist nicht das Festwerden, sondern die Reibungslänge maßgebend, so daß diese oft noch länger als
Druckpfähle hart geschlagen werden müssen.

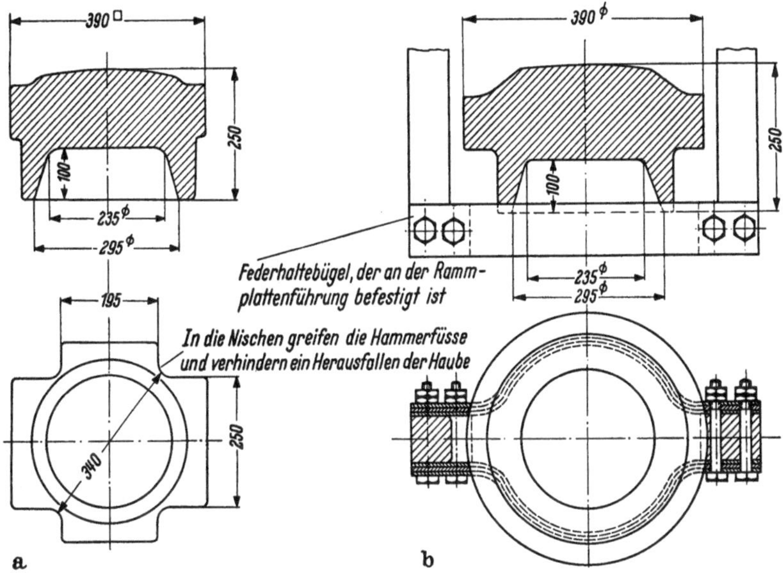

Abb. 206 a u. b. Rammhauben der Demag für Holzpfähle

Holzpfähle und Holzspundwände ohne Rammschutz bilden sofort Perücken
oder splittern auf. Sie werden daher am Kopf etwas abgearbeitet, mit Ring
versehen und erhalten notfalls eine Schlagplatte. Diese Schlagplatte ist 20 bis
30 mm stark und mindestens 2 cm kleiner als der innere Ringdurchmesser. Es
ist darauf zu achten, daß dieser Spielraum erhalten bleibt, damit die durch den
Rammschlag immer eintretende Querdehnung der Platte den Ring nicht zum
Platzen bringt. Vgl. auch unter „Holzpfähle", S. 154.

Zum Schutz von Holzpfählen beim Rammen mit ihrem Rammhammer VR 15
hat die Demag Rammhauben entwickelt, die Abb. 206 zeigt. Für Hämmer mit
großer Schlagplatte wird ein Herausfallen der Haube durch einen Federhaltebügel verhindert, der an den Rammplattenführungen befestigt ist. Bei kleinen
Rammplatten hat die Rammhaube 4 Eckaussparungen, in denen die Hammerfüße geführt werden. Der VR 15 kann aber auch direkt auf die übliche Schlagplatte zwischen dem Ring arbeiten.

Die Holzpfahl-Rammhauben sind besonders bei großer Pfahlzahl zweckmäßig, da sie die teure Handhabung mit dem Rammring ersparen.

Rammelemente aus Stahl und Stahlbeton sind mit Freifall- und Dampfbären
ohne Rammhauben nicht zu rammen, obwohl diese einen Teil der Schlagenergie

aufzehren. Sie gewährleisten aber eine gleichmäßige Verteilung des Rammschlages auf den Querschnitt und damit die Erhaltung des Kopfes.

Für Stahlprofile — Spundbohlen, Kastenpfähle usw. — liefern die Werke
die passenden Schlaghauben im Leihverkehr mit. Bei Verwendung von Rammhäm-
mern sind Schlaghauben nicht nötig, weil deren Rammplatte groß genug ist, um
z. B. eine Doppelbohle zu überdecken. Die Abb. 207a—p zeigen einige der
gebräuchlichen Hauben. Abb. 208 zeigt Stahlgußplatten und Hauben für Stahlrohre.

Für Betonpfähle sind die Rammhauben in langen Jahrzehnten zu reifen
Konstruktionen entwickelt (Abb. 212). Sie bestehen aus einem unter dem Bär
im Mäkler gleitenden Stahlgußkörper, der einen oberen Kastenraum für die den
Rammschlag direkt aufnehmende Schlagklötze enthält und mit einem unteren
längeren Mantel den Pfahlkopf möglichst eng umgibt. In den unteren Hohlraum
wird ein Futter aus Weichholz oder dgl. eingelegt, das den Pfahlkopf vor direkter
Berührung mit dem Stahl schützt.

Das Material der Schlagklötze ist tropisches Hartholz, am besten Bongossi;
die Ausfütterung der Schlaghaube ist eine mindestens

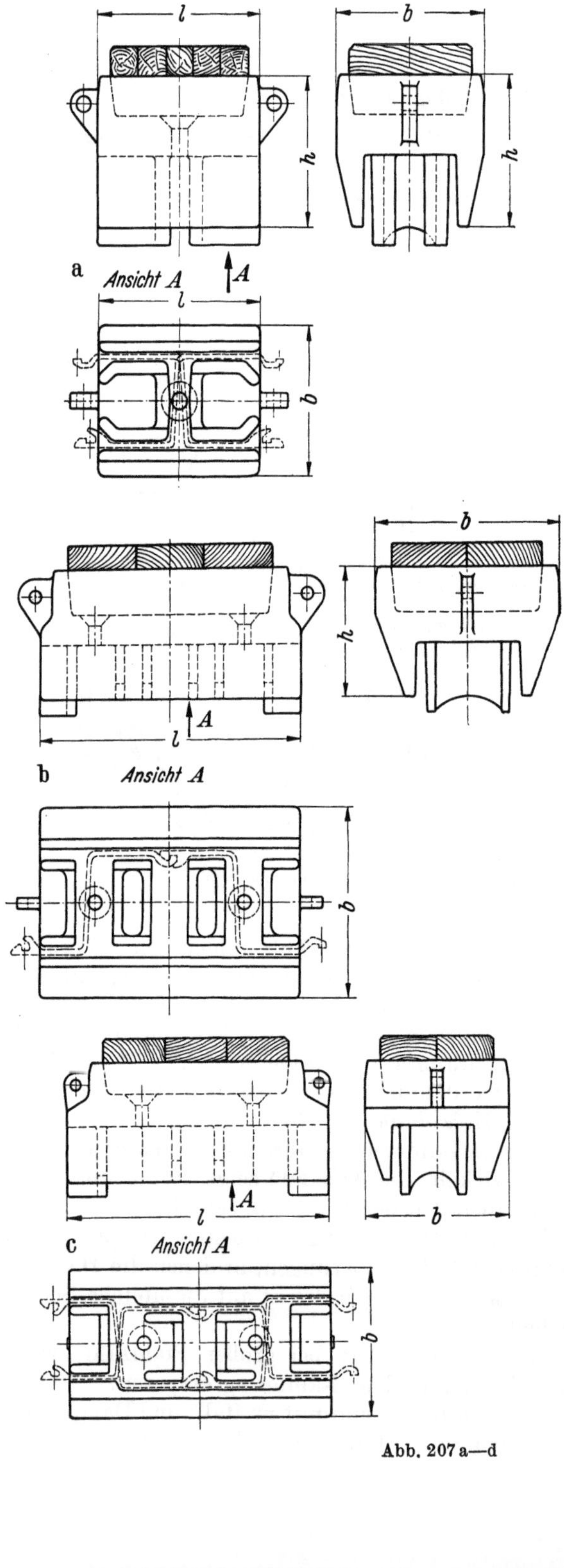

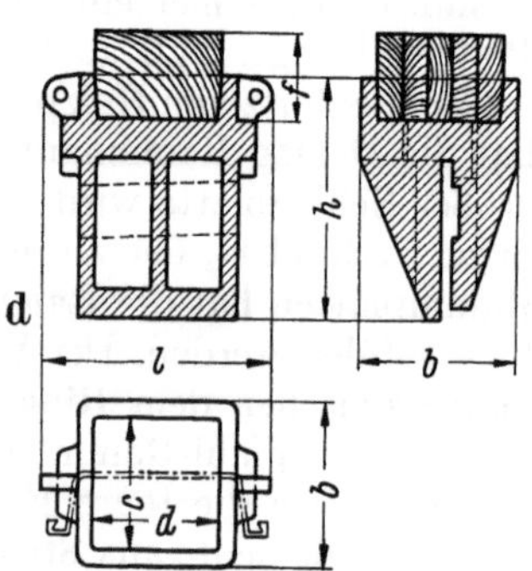

Abb. 207 a—d

4stündige Arbeit, weil es hierbei auf sauberste Arbeit ankommt. Die aus quadratischen Klötzen bestehenden Holzteile müssen fugenlos aneinanderpassen und den Raum der Schlaghaube stramm ausfüllen, was besonders bei runden Schlagköpfen eine sehr zeitraubende Arbeit ist. Es muß durch die völlige Ausfüllung des Schlaghaubensitzes vermieden werden, daß die in der Stirnholzfläche beanspruchten Schlagklötze in sich aufsplittern und sich quer dehnen, wodurch

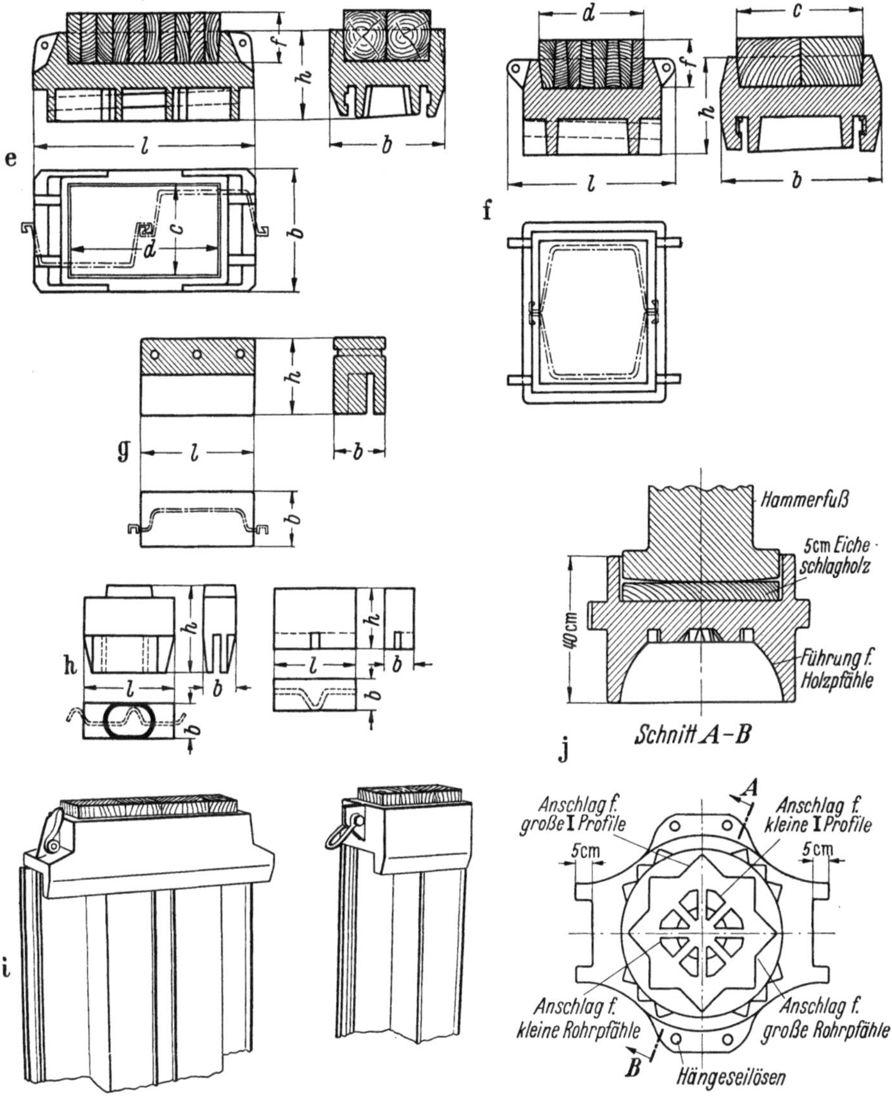

Abb. 207 e—j

schon manche Schlaghaube geplatzt ist. Bei schwerer Rammung schützt man auch die Hartholzklötze durch aufgelegte 20 bis 30 mm starke Stahlplatten oder durch Ringe.

Es empfiehlt sich, stets einen Satz Hartholzklötze im Vorrat zu halten (und laufend zu erneuern!), damit nicht die Rammung Unterbrechungen erleiden muß.

Die früher übliche Selbstanfertigung von Rammhauben kann heute nur als Notbehelf gelten, trotzdem für leichte Rammungen mit den aus Flußstahl geschweißten Ausführungen eine Weile auszukommen ist.

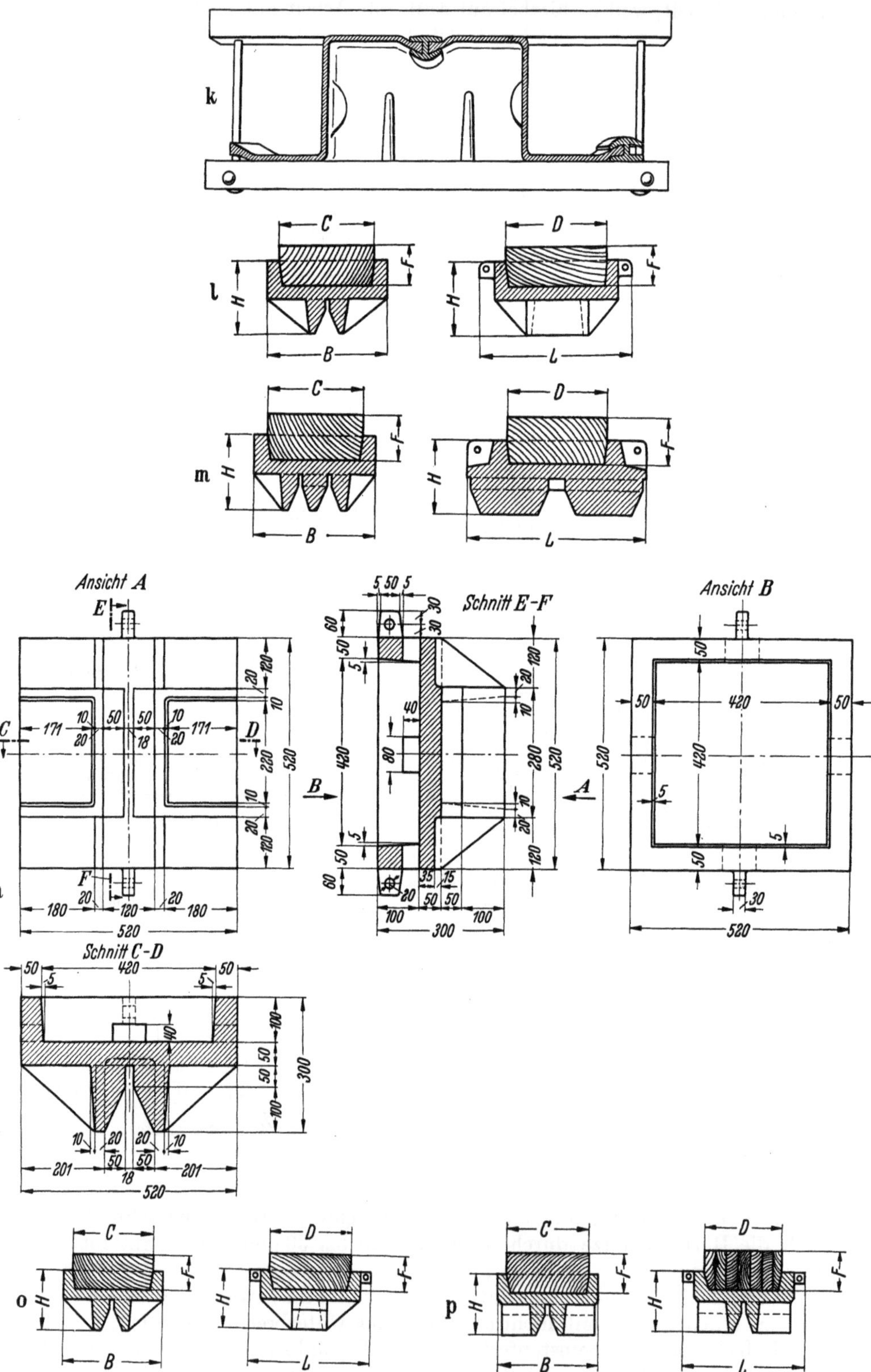

Abb. 207a—p. Schlaghauben für Stahlspundwände (nach amerikanischen und anderen Prospekten)

Die Abb. 213 zeigt eine russische Schlaghaube, die aus Flußstahlblechen zusammengeschweißt ist.

Eine interessante Studie bieten amerikanische Schlaghauben, die z. B. für Pfähle mit herausstehenden Anschlußeisen Hauben mit entsprechenden Hohl-

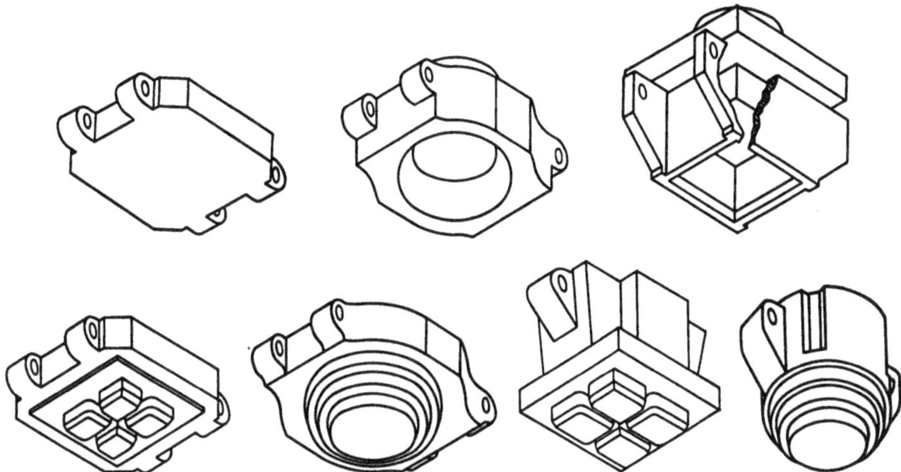

Abb. 208. Stahlgußplatten als Schlaghauben für Schnellschlaghämmer. Formen für Stahlspundbohlen, Stahlprofilpfähle und Rohre (aus amerikanischen Prospekten verschiedener Firmen)

kanälen entwickelten. Wichtig ist bei Hauben ebenso wie bei Rammbären, daß lose oder durch Schrauben zusammengehaltene Teile gefährdet sind. Über kurz oder lang fallen sie ab, ebenso wie der beste Keil, den man für die Bärführung früher benutzte, wie unter einem Schmiedehammer abgearbeitet wird. Schlaghauben kann man auch nicht mehr reparieren, daher ist es wichtig, darauf zu achten, daß das Material der Schlagklötze nicht unbemerkt so weit zusammengeschlagen ist, daß der Bär auf den Haubenrand schlägt, was nach wenigen Schlägen zum Platzen des oberen Kastenrandes führt. Die Schlaghauben wiegen 100 bis 1100 kg; das Gewicht ist im Hinblick auf die Rammwirkung nicht zu unterschätzen.

Die McKiernan Terry Corporation hat zu ihren Dieselhämmern DE-20 und DE-30 eine Standard-Universal-Schlaghaube in 2 Größen herausgebracht, d. h. die gleiche Haube paßt sowohl zu beiden Hammergrößen wie auch durch

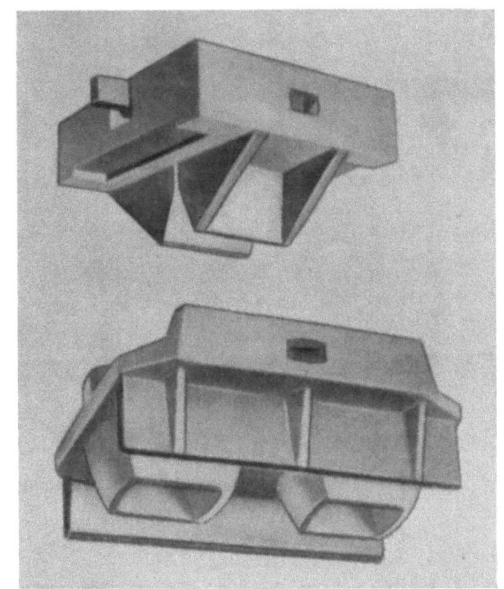

Abb. 209. Einfache Stahlguß-Schlaghaube für Stahl-Spundwandprofile

Aussparungen und Vorsprünge innerhalb des Kappenraumes zu einer Anzahl von Rammelementen verschiedener Art.

In Deutschland ist eine solche Haube bisher anscheinend nicht zur Verfügung, es mag daher die Abb. 207j am Platze sein. Der Querschnitt zeigt den leicht balligen Amboß des Hammers auf dem Futterholz von 5 cm Stärke und den

Abb. 210. Tellerschlaghaube für Rohrpfähle

Abb. 211. Deutsche Schlaghaube für Rohrpfähle

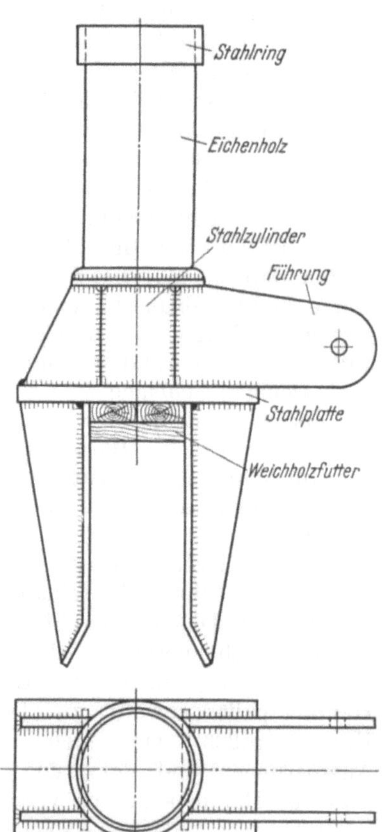

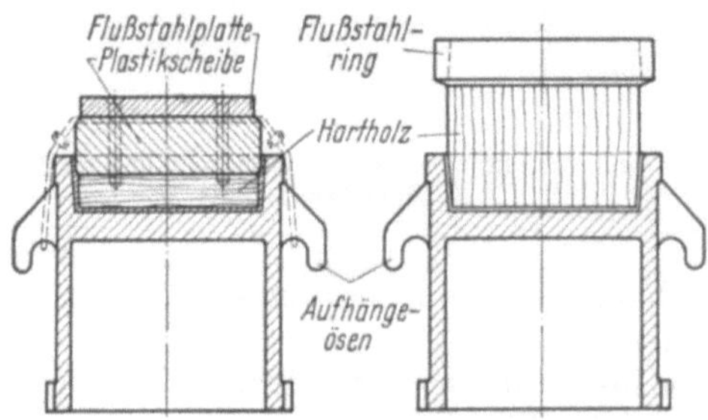

Abb. 212. Normale Schlaghaube für Stahlbetonpfähle   Abb. 213. Geschweißte russische Schlaghaube

für Holzpfähle ausgerundeten Kappenraum, dessen Decke, von unten gesehen, die Nocken und Führungsflächen für Rohrpfähle und Profilträger zeigt. Es sind kombiniert:

Rohre	20 und 25 cm	25 und 30 cm Durchmesser
I-Profile	20 und 25 cm Höhe	25, 30 und 35 cm Höhe
Holzpfähle	35 und 45 cm Durchmesser	35 und 45 cm Durchmesser

Durch Einlage einer Füllplatte, die extra geliefert wird, können mit beiden Schlaghaubentypen auch quadratische Stahlbetonpfähle von 40 und 45 cm Seitenlänge gerammt werden.

3.5.3 Tragfähigkeit der Pfähle

Die rechnerische Ermittlung der Tragfähigkeit der Pfähle hat zahlreiche Voraussetzungen und ebensoviele Unsicherheitsfaktoren, angefangen bei der Annahme der mittleren Bodenwerte, der Reibungsgröße: Boden gegen Mantelfläche, der mehr oder weniger konstanten Grundwasserverhältnisse, bis hin zu der Bewertung der Veränderungen, welche die Rammung und die enge oder weite Stellung der Pfähle im Untergrund mit sich bringen und den Anteilen, welche man der Pfahlspitze bzw. der Mantelreibung zuweisen soll, nicht zu vergessen die Einflüsse der verschiedenen Schlaghauben und des Schlaghaubenfutters.

Von G. G. MEYERHOF ist untersucht worden[1], wie sich bei der Ramm-Verdichtung von Sandböden der Reibungswinkel vergrößert und die Pfahltragfähigkeit erhöht. Es ist eine Methode zur Setzungsschätzung und Tragfähigkeitsbestimmung entwickelt, die durch Beobachtungen erhärtet wurde.

Alle diese Untersuchungen theoretischer Natur werden praktisch durch das Festwerden der Pfähle bestätigt oder widerlegt. Bei größeren Rammungen auf Gelände, für das keine langjährigen Erfahrungen vorliegen, ist daher das Mittel der Probebelastung der sicherste Weg, der zwar Zeit und Geld kostet, aber besonders notwendig ist, wenn es sich um sog. schwebende Gründungen handelt, bei denen praktisch die Belastungsfläche in die tiefliegende Ebene der Pfahlspitzen verlegt wird.

Auf Grund einer Probebelastung wird man immer zu einer zutreffenden Beurteilung der zumutbaren Pfahlbelastung kommen, die im Einvernehmen mit der zuständigen Bauaufsichtsbehörde festzusetzen ist. Der Weg zu einer praktischen Auswertung einer Probebelastung liegt in der damit vorzunehmenden Eichung einer Rammformel, die trotz der hitzigen Polemik um Wert und Unwert der Formeln, die alle nur Näherungen darstellen, durchaus nicht ausgeschaltet, sondern nur in der Anwendung auf anwendbare Fälle beschränkt ist. Sie kann benutzt werden, wenn der Pfahlfuß hinreichend in nichtbindigen Boden eingedrungen ist, wenn eine richtig aufgebaute Rammformel benutzt wird, und wenn sie an Hand von bekannten oder für den vorliegenden Fall durchgeführten Probebelastungen geeicht ist. Näheres ist der Literatur[2] zu entnehmen.

Faustregeln. Die Engländer haben dank ihrem Maßsystem eine recht einfache Faustformel für die Tragfähigkeit der Pfähle in dem Ausdruck

$$P_{(t)} = 1/3\, F_{(\text{in})}.$$

---

[1] G. G. MEYERHOF: Compaction of Sands and Bearing Capacity of Piles. J. Soil Mech. and Found. Div. Proc. Amer. Soc. Civ. Engng. 85 (December 1959) Nr. SM 6, Part 1, S. 1—29.

[2] Grundbau-Taschenbuch. Berlin: Ernst & Sohn 1955. Abschn. 2.05: Pfahlgründungen, S. 463; auch: SCHENCK: Proberammungen und Probebelastungen von Pfählen im Kieler Hafen. Bautechn. 25 (1948) H. 6 und RAUSCH: Zur Frage der Tragfähigkeit von Rammpfählen. Bauingenieur 11 (1930) S. 514.

Daraus ergibt sich folgende Tabelle:

		10×10	12×12	14×14	16×16	18×18
Zollsystem	Pfahlquerschnitt (in) ...	10×10	12×12	14×14	16×16	18×18
	Pfahlfläche F (in²)	100	144	196	256	325
	$F/3 = P$ ($t = 1016$ kg)..	35	48	66	85	105
Metrisch	Pfahlquerschnitt (cm) ..	25×25	30×30	35×35	40×40	45×45
	$F = $ cm²	625	900	1225	1600	2025
	σ_b (kg/cm²)...........	57	54,2	55	54,1	53

Die Werte für σ_b mit ~ 55 kg/cm² liegen höher als die bei uns in DIN 1054 für normale Verhältnisse angesetzten Durchschnittswerte, die, entsprechend angeordnet, folgendes Bild zeigen:

	Holz			Beton		
Pfahl/Durchmesser	30	35	40	30/30	35/35	40/40
$P_{(t)}$	33	38	45	40	48	55
F (cm²)	705	960	1255	900	1225	1600
(kg/cm²)	47	39,6	36	44,5	39,4	34,4

Es zeigt sich, daß wir den Betonpfahl nicht höher belasten als den Holzpfahl woraus sich der wirtschaftliche Vorteil der Holzpfähle eindeutig ergibt.

Tragfähigkeit von Rammpfählen in Fein- und Mehlsanden. Es ist jedem Praktiker bekannt, daß Pfähle nach einer Rammpause „festgewachsen" sind, d. h., daß sie weit weniger unter einem Rammschlag ziehen als vor der Pause. Die Erschütterung beim Rammschlag vermindert die innere Reibung des Bodens, die erst in einer vom Korndurchmesser und der Durchlässigkeit des Bodens abhängigen Frist wiederhergestellt wird.

Versuche[1] ergaben, daß diese Frist bei Grobsand und Kies mit einer Durchlässigkeit von 10^{-2} m/s nur 2 Sek. beträgt, bei Fein- und Mehlsand mit einer Durchlässigkeit von 10^{-6} m/s aber schon 5 Std.

Darum wird jede Rammkolonne vermeiden, einen Pfahl abends halbgerammt stehenzulassen, da die ersten Schläge am Morgen sehr fest auf den Pfahl gehen. Bei Holzpfählen gibt man in solchen Fällen Fallhöhen von 4 bis 6 m, um sie wieder in Gang zu bekommen.

Bei Feinsanden ist aber noch etwas anderes zu beachten. Infolge der langen Regenerationsspanne des Bodens kommt es bei wassergesättigtem Boden oft dazu, daß die Pfähle über die ganze Rammtiefe ganz gleichmäßig und leicht eindringen. Das hieraus zu gewinnende Bild einer etwa nicht erreichten Tragfähigkeit ist aber völlig schief. Nach den Bestimmungen der DIN 1045, Ziffer 5342 darf die Eindringung bei der Schlagarbeit von 2 tm nur 3 mm ergeben und man könnte auf den Gedanken kommen, eine Pfahlgründung an dieser Stelle ganz zu verwerfen.

Tatsächlich ergibt aber bei solchen Verhältnissen eine Rammpause von 12 Std. den kleinen Wert von 3 bis 4 mm Eindringung pro Rammschlag und eine Probebelastung nimmt einen völlig befriedigenden Verlauf. Umgekehrt folgt aus dieser Beobachtung die Lehre, daß die Rammbarkeit eines trockenen Feinsandes dadurch erhöht werden kann, daß er mit Wasser gesättigt wird, was durch Versickerungsbrunnen im Pfahlbereich geschehen kann (Sandpfähle) oder in günstigen Fällen dadurch, daß man eine Grundwasserabsenkung erst nach dem Rammen vornimmt. Auch Spülung ist möglich, es wird dabei viel Material nach oben herausgespült, was meist aber nichts schadet.

Tragfähigkeit in Tonböden. Ebenso wie beim Feinsand die Tragfähigkeit nicht sofort ihren Höchstwert erreicht, so ist das auch bei Tonböden nicht der Fall.

[1] Dr.-Ing. H. Breth: Über die Tragfähigkeit von Rammpfählen. Bautechn. (1947) H. 2, S. 34.

Es wird über sehr eindrucksvolle Versuche berichtet[1], die im weichen Ton vorgenommen wurden und folgende Ergebnisse zeigtigten:

1. Die Tragfähigkeit wuchs nach jedem Belastungsversuch, zwischen denen Pausen eingelegt waren, nach der Staffel:

	Stunden		Tage nach Rammung			
Pause...........	5	21	3	7	14	23	33
Grenzlast........	1	2,56	3,74	4,9	5,22	5,45	5,50

2. Die Mantelreibung, gemessen bei allen Laststufen des letzten Versuches nach 33 Tagen, nahm stets 90% der Belastung auf, und zwar in einer nach der

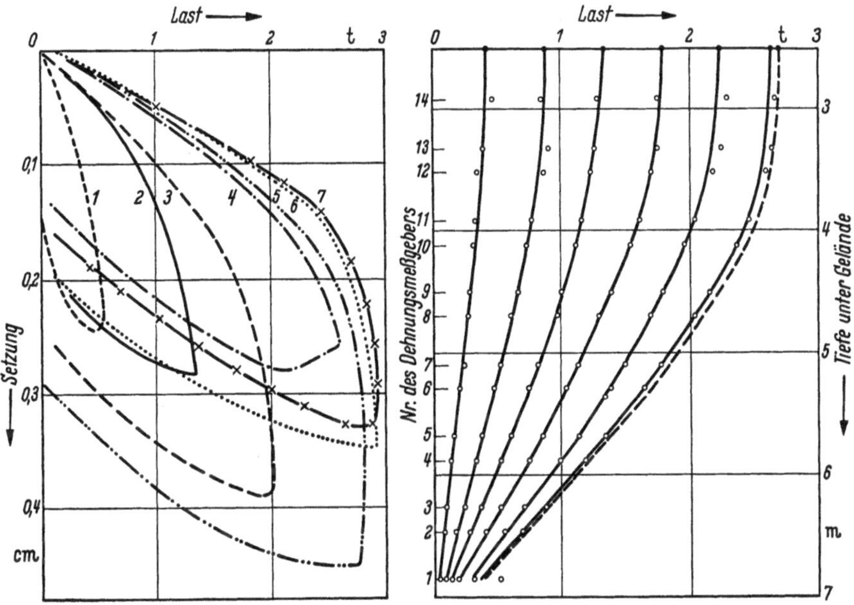

Abb. 214a. Lastsetzungskurven in Tonböden. Versuch *1* 3 Std. nach der Rammung; *2* 1 Tag nach der Rammung; *3* 3 Tage nach der Rammung; *4* 7 Tage nach der Rammung; *5* 14 Tage nach der Rammung; *6* 23 Tage nach der Rammung; *7* 33 Tage nach der Rammung

Abb. 214b. Lastverteilungskurven für den Versuch *7* (33 Tage nach der Rammung) Aufgebrachte Last = Beginn der Kurven in Geländehöhen 0; Last im Pfahlquerschnitt nach Dehnungsmeßgeber = 0

Spitze zunehmenden Progression. Die Abb. 214a u. b beleuchten diese Ergebnisse aufs deutlichste.

Das bedeutet für die praktische Anwendung: der frisch gerammte Pfahl hat durch die Bodenverdrängung einen hohen Porenwasserdruck erzeugt, in dem auch der Pfahl schwimmt. Eine sofortige Belastung des Pfahles findet wenig Reibungswiderstand. Der Spitzenwiderstand in weichem Ton ist ohnehin gering. Nach geraumer Zeit — je nach Bodenart — ist der Porenwasser-Überdruck abgewandert, d. h. das Wasser verdrängt, der Ton wird dabei so trocken, wie es dem erhöhten Druck entspricht, nämlich trockener und fester als vor der Rammung und klebt so zähe am Pfahl oder an der Spundbohle, daß man z. B. beim Ziehen von Stahlspundbohlen in den Wellen meist dicke Tonbrocken mit der Bohle herausreißen muß. Diese Tatsache ist jedem Rammer vertraut, der nur ungern Rammteile aus Tonboden zieht, weil sie alle, gleich aus welchem

---

[1] KTB Bauingenieur 32 (1957) H. 5, S. 182.

Material und von welcher Form, sich festsaugen, was übrigens in jedem Boden mehr oder weniger deutlich der Fall ist. Das gibt aber auch für die Bewertung bzw. Ausführung von Probebelastungen einen gewissen Hinweis, derart, daß man entweder vor der Belastung eine Konsolidierung des Grundes abwartet oder evtl. durch mehrmalige Belastung eine Kurve der Tragfähigkeitszunahme mit der Zeit bestimmt. Man darf die Tragfähigkeit keinesfalls von einer einzigen kurz nach der Rammung durchgeführten Probebelastung abhängig machen, wenn man wirklich wirtschaftlich arbeiten will. In der Praxis wird die Pfahlbelastung auch nur selten kurz nach der Rammung in voller Höhe aufgebracht, meist wächst sie monatelang mit dem Bauwerk und der Pfahl hat Zeit, mit dem Boden zu „verwachsen". Bei der Probebelastung wird meist die elastische Pfahlverkürzung, die sich zusammen mit der elastischen Atmung des Bodens in einer Gesamthebung nach Entlastung bemerkbar macht, nicht weiter beachtet. EBERT hat darauf hingewiesen[1], daß die Berücksichtigung dieser Werte ein Kriterium für die richtige Wahl der Pfahllänge ergibt.

Trägt man nämlich im Diagramm der Pfahlsetzung die elastische Pfahlverkürzung als Gerade ein, so ist aus dem Vergleich der Neigung dieser Linie mit der Neigung der Entlastungskurven ersichtlich, ob evtl. die Pfahllänge zu groß gewählt wurde. Das ist immer dann der Fall, wenn die Gerade der elastischen Pfahlverkürzung eine steilere Neigung hat als die Entlastungskurve selbst, d. h., wenn der Pfahl sich nicht um das Maß seiner eigenen elastischen Verkürzung wieder ausdehnt, denn das ist praktisch kaum möglich. In diesem Fall ist vielmehr anzunehmen, daß der Pfahl nur durch Mantelreibung in seinem oberen Teil trägt, daß also der Pfahl zu lang ist und demgemäß die Last in der Spitze gar nicht ankommt. Es ist daher auch die elastische Verkürzung nicht für die ganze Länge eingetreten. Eine Parallele zur Entlastungslinie würde die elastische Verkürzung der mitwirkenden Pfahllänge ergeben, woraus sich diese selbst leicht ermitteln läßt. (Es ist nicht angebracht, etwa die Abnahme der Pfahlkräfte durch Reibung zu verfolgen und die daraus folgende Verminderung der elastischen Verformung zu berücksichtigen, da der Boden solcher Feinheit der Rechnung nicht entspräche.)

Es ist damit auch erwiesen, daß es keinen Zweck hat, mit Pfählen in die eben genannten Fein- oder Mehlsandschichten mehr als 2 bis 3 m hineinzugehen, wobei es überhaupt mit Recht üblich ist, bei solchen Schichten Ramme und Pfahl zu schonen und den Pfahl bis auf die letzten 3 Hitzen einzuspülen. Ein Nachrammen nach dem Spülen um Meterlängen ist bei diesen Bodenverhältnissen völlig wirkungslos.

Die Rammung in trockenem Feinsand, das sei nochmals wiederholt, ist ohne Spülung ein technischer und wirtschaftlicher Nonsens, der Gerät und Rammteil ruiniert.

Tragfähigkeitsverteilung auf Spitze und Mantelreibung. Die Kenntnis der Anteile des Spitzenwiderstandes und der Mantelreibung ist von besonderer Bedeutung für alle Häfen, bei denen der Boden noch setzungswillig ist oder die Bauten auf Spülgelände aufgeführt werden, das noch Sackungen erwarten läßt. Hier kann nur der Spitzenwiderstand eingesetzt werden, und die Sackung zwingt, sicherheitshalber zusätzlich einen negativen Reibungswiderstand zu berücksichtigen, der den Pfahl mit hinunterziehen könnte. Mit der Kenntnis dieser Anteile ist das Ergebnis von Sondierungen, bei denen in kleinem Maßstab diese beiden Werte für sich gemessen werden können, wesentlich sicherer auszuwerten. Bekannt ist die f-Methode von SCHENK[2], die aber nur für Stahl-

---

[1] Zuschrift zum Aufsatz BRETH: Über die Tragfähigkeit von Rammpfählen. Bautechn. 25 (1948) H. 11, S. 264.

[2] W. SCHENK: Zur Frage der Tragfähigkeit von Rammpfählen. Berlin: Ernst & Sohn 1939 — Bautechn. 16 (1938) H. 53/54 — Der Rammpfahl. Berlin: Ernst & Sohn 1951.

pfähle gilt. Sie ergibt auf Grund exakter Messungen genauen Aufschluß über die Anteile von Spitze und Mantel an der Tragfähigkeit. In Amsterdam ist eine entsprechende Methode zur Bestimmung dieser Anteile bei Stahlbetonpfählen erarbeitet[1], die gleichzeitig mit einer Probebelastung des betreffenden Pfahles durchführbar ist. Es mag genügen, auf diesen Bericht hinzuweisen.

Knicksicherheit bei langen Pfählen in weichem Boden

Die zunächst nur beobachtete hohe Knicksicherheit von Pfählen in weichen Böden, die als Spitzenpfähle tragen, hat auch ihre theoretische Rechtfertigung gefunden.[2]

In dieser unter tiefgründiger Heranziehung vorhergehender Teilforschungen durchgeführten Untersuchung ist eine elastische Querstützung längs der ganzen Stabachse des beiderseits gelenkig gelagerten Druckstabes untersucht und der Einfluß einer Anfangsexzentrizität[3] auf die Knicksicherheit; ferner wird eine rechnerische Ermittlung der Knicklast bei teilweise elastisch gestützten Druckstäben (nach ENGESSER-VIANELLO) für den speziellen Fall des Pfahles vorgetragen und über Versuche berichtet, die die Rechnung bestätigen. In weiteren Abschnitten wird über Versuche der Grün & Bilfinger AG an Pfeilermodellen der Lidingöbrücke gekürzt berichtet[4], und es werden Beispiele behandelt, bei denen für 3 Pfahltypen (Stahlrohrpfahl $\varnothing$ 41,8 cm, Stahlbetonpfahl 30/30 und 40/40) die Mindestknicklast bei Steifezahlen von 0,5 bis 2000 kg/cm^2 und die dazu gehörigen Pfahllängen in Tabellenform angegeben sind. Die Traglast des Pfahles ist natürlich nicht gleich der theoretischen Knicklast, die vielmehr zur Feststellung des Sicherheitsfaktors dient. Der Sicherheitsgrad ist

$$n = \frac{\text{theoretische Knicklast}}{\text{Traglast (aus Bauwerk)}} \, .$$

Das Ergebnis der Untersuchung ist: schon ein ganz geringfügiger seitlicher Erdwiderstand erhöht die Knicksicherheit so wesentlich, daß nur bei außergewöhnlich krummen Pfählen (Ausweichen der Spitze durch Hindernis) Bedenken bestehen können und eine rechnerische Nachprüfung angezeigt erscheint. Bei gerader Achse des Pfahles ist stets nicht die Knicklast, sondern die Standsicherheit der Pfahlspitze maßgebend. Die Knicklast ist weitgehend von der frei über dem Boden stehenden Pfahllänge abhängig.

Es ist gut, von dieser Abhandlung zu wissen, um unter Hinweis auf diese theoretisch wie praktisch einleuchtende Klarstellung allen Bedenken auch bei sehr weichen Böden begegnen zu können.

3.5.4 Der Rammvorgang

Solange der Pfahl gut zieht, wird er wenig beansprucht, der Dampfbär setzt sich mit Wucht auf den Pfahl und bringt ihn in Bewegung, die so lange andauert, bis die Wucht aufgezehrt ist, was anfangs oft ein Eindringen um dm, später beim Festwerden nur noch um mm mit sich bringt.

Der Schnellschlagbär (mit über 60 Schlägen je Minute) läßt den Pfahl anfangs überhaupt nicht zum Stehen kommen und trommelt ihn, bis er später in

---

[1] A. F. VAN WEELE: Een methode om het evenwichtsdraagvermogen van een proefpaal te splitsen in gesommeerde wrijving en punt belasting. Ingenieur 69 (1957) Nr. 14, 5. 4. 1957.

[2] Dr.-Ing. H. WALTER: Das Knickproblem bei Spitzenpfählen, deren Schaft ganz oder teilweise in nachgiebigem Boden steht. Bautechn.-Arch. (1951) H. 6, S. 40—66.

[3] Unter „Anfangsexzentrizität" ist die unbeabsichtigte Anfangsausbiegung aus etwa nicht zentrischer Lastaufbringung sowie die innere Ungleichmäßigkeit der Elastizität des Pfahles selbst zu verstehen.

[4] Ausführliches findet sich in der Habilitationsschrift von Prof. Dr. BERRER: Belastungsversuche an Modellen der Pfeiler für die Lidingöbrücke.

kleinsten Rucken tiefergehend fest wird. Der Pfahl bekommt also einen Stoß, der sich durch Schlagklötze, Haube und Futter auf den Pfahlkopf überträgt und im Pfahl als Stoßwelle durchläuft bis zur Spitze. Es sind daher alle Rammformeln, die nicht die Fortpflanzung der Energie auf Grund der „Stoßwellengleichung" berücksichtigen, unvollkommen und gelten nicht gleichberechtigt und gleichzeitig auch für alle Pfahltypen (Holz, Stahl, Beton), alle Pfahllängen, alle Rammgeräte (Fallbär, Dampfbär, Schnellschlaghammer) und die Vielzahl der Schlaghauben und Schlagplatten, deren Anwendung meist notwendig ist. Wenn aber in die Stoßwellenformel, welche TIMOSHENKO 1934 angegeben hat,

$$\frac{\delta^2 u}{\delta t^2} = C^2 \frac{\delta^2 u}{\varrho\, x^2}$$

alle die notwendigen Variablen eingeführt werden, die aus der vorstehenden Aufzählung erkennbar werden, dann wird die Auflösung der Gleichung praktisch unmöglich, so daß auch bisher niemand mit einer Lösung hervorgetreten zu sein scheint.

Die bekannte amerikanische Spezialfirma für Rammungen, die Raymond Concrete Pile Company, hat nun über einen Weg berichtet[1], wie sie mit Hilfe eines Elektronenrechners die Gleichung wenigstens so weit durchrechnete, daß für bestimmte Gruppen von Aufgaben exakte Lösungen vorliegen.

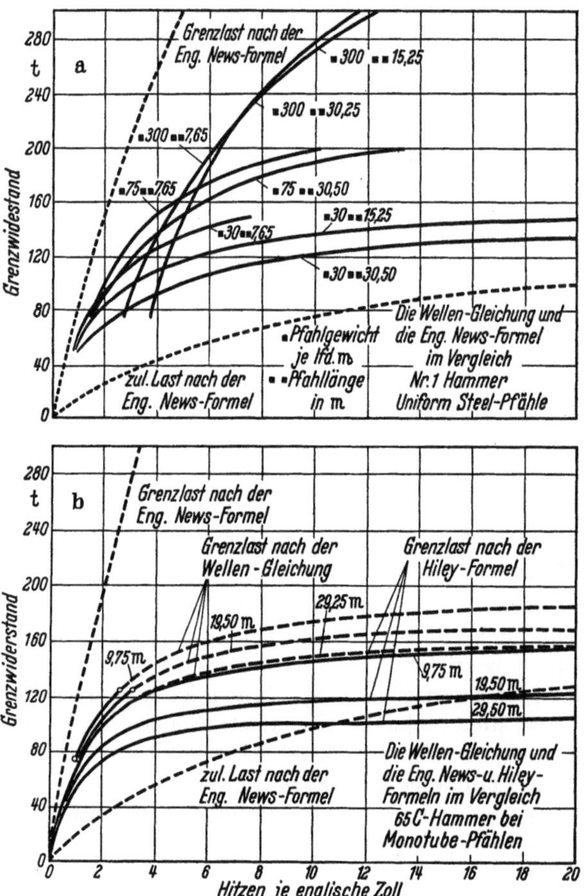

Abb. 215 a u. b. Ergebnis elektronisch berechneter Grenztragfähigkeit von Pfählen nach der Stoß-Wellengleichung
a für Uniform Steel Pfähle; b für Monotube-Pfähle

. Die Rechnung ist — wenn die Aufgabe einmal maulfertig gestellt ist — gerätemäßig in Sekundenschnelle durchzuführen und so hat man für die eingeschränkte Aufgabe:

1. für einen bestimmten Pfahltyp (Stoff und Form),
2. mit einem bestimmten Hammer,
3. auf stets gleiche Weise (Schlaghaube, Schlagplatte) und
4. bei einer bestimmten Schlagzahl für
5. eine bestimmte Eindringtiefe

die erreichte Grenztragfähigkeit in t exakt ermitteln können. Das Ergebnis sind Kurven, die in Tafeln aufgetragen sind, die, wie Abb. 215a zeigt, z.B. für Uniform Steel Piles mit bestimmter Länge und bestimmtem Gewicht gelten, wenn für

---

[1] Engng. News Rec. vom 5. 9. 1957, S. 46ff.

die Rammung der gleiche Hammer Nr. 1 Vulcan benutzt wird. Zur Kontrolle hat man die Grenzlast und die mit dem Sicherheitsfaktor 6 zulässige Tragfähigkeit nach der Engng. News-Formel in allgemeiner Form ausrechnen lassen. Aus diesen Grenzen wird erkennbar, daß die Sicherheit der Ergebnisse nach der Wellenformel etwa zwischen 1,35 und 4,0 liegt.

In Abb. 215b ist das Ergebnis für Monotube-Pfähle, die mit einem 65 C-Hammer geschlagen sind, außerdem in Vergleich gesetzt mit dem Ergebnis der in Amerika viel benutzten HILEY-Formel. Eine gute Übereinstimmung bei diesen leichten Pfählen ist festzustellen, während bei langen, schweren Pfählen erhebliche Unterschiede gegenüber der HILEY-Rammformel herauskommen. Die

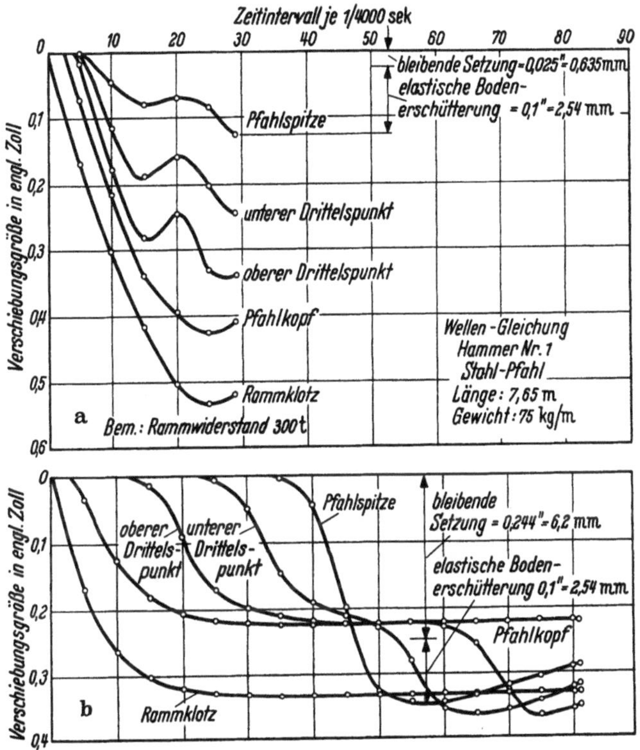

Abb. 216. a Wirkung des Rammschlages in verschiedenen Querschnitten eines kurzen Pfahles zur gleichen Zeit. b Dasselbe bei einem 45 m langen Stahlpfahl, Hammer Nr. 1, Gewicht des Pfahles 300 kg/m, Rammwiderstand 75 t

Durchrechnung erstreckte sich auch auf die Spannungsverhältnisse bestimmter Stellen des Pfahles im Zeitpunkt des Eindringungsmaximums und ergab die interessante Tatsache, daß ein kurzer Pfahl in diesem Augenblick überall unter Druckspannung steht, ein langer Pfahl dagegen nur zu einem Teil unter Druckspannung zum anderen Teil unter Zugspannungen stehen kann.

Aus dieser elektronen-rechnerischen Durchleuchtung des Rammvorganges erklärt man die Unstimmigkeit der Ergebnisse bei langen Pfählen zwischen Rammformel und Stoßwellenformel. Abb. 216a zeigt die Eindringungsverhältnisse für einen kurzen, Abb. 216b für einen langen Pfahl. Es kann damit als geklärt gelten, daß die bekannten Voraussetzungen für die Rammformeln, nämlich

1. daß der Rammschlag gleichzeitig auf Schlaghaube, Pfahl und Boden wirkt,

2. daß die übertragene Rammenergie abhängig ist vom Verhältnis Bärgewicht zu Pfahlgewicht

nur für leichte (1) bzw. kurze (2) Pfähle zutreffen, jedoch bei schweren bzw. langen Pfählen nicht mehr hinreichend exakt den tatsächlichen Vorgängen entsprechen.

Es ist beabsichtigt, mit Hilfe der elektronischen Rechengeräte (computer) die gebräuchlichen Kombinationen Pfahl/Hammer durchzurechnen und die Ergebnisse in Tabellenform herauszugeben.

Selbstverständlich gelten diese Ermittlungen nicht für bindige Böden, also solche, die quellen oder nachgeben, sondern nur für wirklich rammbare Böden.

Während sich bei einem kurzen Pfahl der Wellenstoß gleichsinnig fortpflanzt und die Welle damit stets im Druckbereich schwingt, überschneiden sich in langen Pfählen die Kurven der elastischen Verschiebungen, d. h., es entstehen zwischen benachbarten Querschnitten kurzfristig Zugspannungen. Das ist der gefürchtete Prellschlag. Bei Stahlbetonpfählen entstehen hierbei die Querrisse, die man besonders bei schwerem Bär und großer Fallhöhe oft an mehreren Stellen gleichzeitig auftreten sieht.

Amerikanische Feststellungen besagen, daß gegen diese Querrisse Vorspannungen von 28 kg/cm² auf dem Betonquerschnitt nicht ausreichend waren, während Spannungen von 50 bis 56 kg/cm² einen guten Schutz bieten, bei kurzen Pfählen sind Spannungen über 60 kg/cm² nötig und als sichere obere Grenze gelten 84 kg/cm². Diese wenigen bis jetzt vorliegenden Daten sagen noch nicht genug, um irgendwelche Regeln aufzustellen, da die durch Rückprall erzeugten Querrisse von allzuviel Faktoren abhängen, die man noch ebensowenig exakt erfassen kann, wie etwa die Konstanten für eine Rammformel.

Die Verfolgung der Stoßwellen — einmal richtig erfühlt — zeigt auch, wie wichtig eine gute Umschnürung der Pfahlquerschnitte nicht nur am Kopf- und Fußende der Pfähle ist, sondern auch im Pfahlschaft, und läßt erkennen, welchen Vorteil die durch die Längsvorspannung bewirkte sekundäre Vorspannung dieser Umschnürungswendel infolge der Querdehnung mit sich bringt.

3.5.5 Rammung und Bodenverdichtung

Wenn es sich um tiefliegende feste Schichten handelt, in denen die Pfähle durch Spitzenwiderstand fest werden, dann ist die Qualität der oberen Schichten nur im Hinblick auf die Rammfähigkeit interessant und man kann mit Spülung die Rammung weitgehend erleichtern.

Muß man aber mit einer schwebenden Gründung rechnen, bei der durch Pfähle ein tragfähiger Bodenklotz geschaffen wird, dann ist die Spülung meist nicht am Platze und die Pfahlzahl kann unter Berücksichtigung der gesteigerten Tragfähigkeit des verdichteten Bodens ermittelt werden.

Es ist einleuchtend, daß in erster Annäherung der Boden im Maße der gerammten Pfahlvolumina zusammengepreßt verdichtet wird. Bei wassergesättigtem Boden ist solche Verdichtung weitgehend möglich, bei dichtgelagerten Böden kommt man bald auf Grenzen, die u. U. Gefahren in sich tragen. Es ist daher Aufgabe der Planung, durch Feststellung der Lagerungsdichte und der praktisch möglichen Verdichtbarkeit die Zweckmäßigkeit einer Pfahlgründung vorweg zu prüfen.

Man muß sich dabei darüber klar sein, daß durch das Rammen Seitenkräfte auf die schon gerammten Pfähle ausgeübt werden, was bei einem gleichmäßigen Vortreiben der Rammung über den Grundriß kaum bedenklich ist, aber dann böse Folgen haben kann, wenn Pfähle nachträglich zwischen eine Gruppe gesetzt werden sollen. Die Gefahr, daß in besonders ungünstigen dichten Schichten — und meist wird es sich bei den Zusatzpfählen um solche Stellen handeln, wo Pfähle nach anfänglichem Festwerden wieder erneut stark „zogen" — ein Zusatzpfahl seine Nachbarn knickt, ist groß. Wenn ein Zusatzpfahl nicht vermeidbar ist, sollte man in solchen Fällen einen Bohrpfahl wählen (der, wenn auch für die volle Last bemessen, den vollen Lastwert nie bekommt), wodurch auch der meist teuere Rammrücktransport vermieden und der weitere Rammfortschritt nicht aufgehalten wird. Das einfachste Mittel zur Vermeidung solcher stets ärgerlicher Zwischenfälle ist aber folgendes:

An einer geeichten Rammkurve wird noch vom Rammführer für jeden Pfahl die erreichte Tragfähigkeit abgelesen und mit dem im Rammplan eingetragenen Sollwert verglichen. Ist die Toleranzgrenze — die man mit der Aufsichtsstelle festlegen kann — überschritten, kann sofort entschieden werden, ob die fehlende Tragkraft durch Pfahlverlängerung, engere Stellung des nächsten Pfahles, Wahl eines längeren Pfahles für den nächsten Pfahl oder durch einen sofort zu rammenden Zusatzpfahl nachgeholt werden muß. Dabei sollte man nicht allzukleinlich sein, da z. B. bei Unterrammung großer Gebäudekomplexe eine gleichmäßige Setzung des Fundamentrostes durch Ausbildung einiger besser tragender Knotenpunkte — besser tragend, weil durch Zusatzpfähle wohl immer ein Vielfaches des fehlenden Tragvermögens beigebracht wird — beeinträchtigt wird, was unerwünscht ist. Bei Ufermauern, Kranbahnen und Einzelfundamenten sind natürlich die Gegebenheiten etwas anders.

Trotz aller Erkenntnisse der theoretischen Unzulänglichkeit der Rammformeln geben fast alle Firmen für Rammgeräte irgendwelche Grundlagen für die Tragfähigkeitsbeurteilung an, die auf Rammformeln basieren und auf den Baustellengebrauch zugeschnitten sind. Als Beispiel besonders einfacher Handhabung — abgesehen vom Maßstab — sind in Abb. 216c[1] die Kurven gezeigt, welche die McKiernan Terry Corp. für ihre Diesel-Pfahlhämmer DE 20 und DE 30 auf der Grundlage der

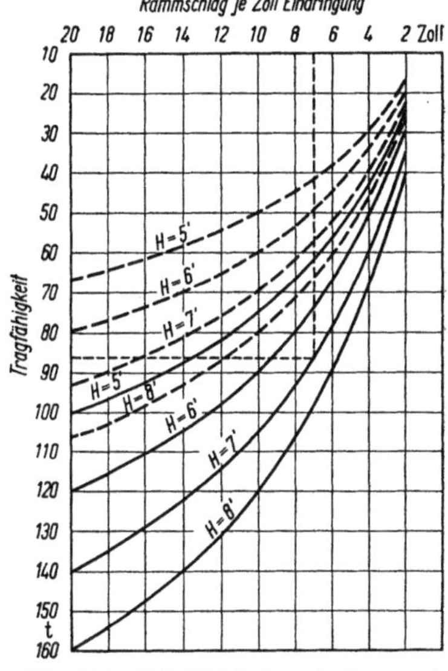

Abb. 216c. Trägfähigkeit nach der amerikanischen „Engineering News Formula" bei McKiernan-Terry DE-20 (— — —) und DE-30 (—) Diesel-Hämmern in Abhängigkeit von der Fallhöhe H (in ft) des Kolbens (Beispiel: 7 Schlag pro Zoll bei 7 ft Kolbenhub ergibt 86 t Tragfähigkeit

„Engineering News"-Formel herausgegeben hat. Auf eine Umrechnung kann verzichtet werden, da das Graphikon nur als Beispiel gelten soll, wie man jede Rammformel in ein leicht ablesbares Schema bringen kann.

Besonders gefährlich ist das Zwischenrammen von Pfählen innerhalb von Bohrpfahlgründungen mit Wulstbildung, weil diese infolge ihrer hohen Mantelreibung u. U. hochgetrieben werden können und abreißen, wie dies vor Jahren bei einem Silobau festgestellt wurde.

Bei Zusatzpfählen wird vielfach der Pfahlabstand zu gering gehalten. Die Rammfähigkeit des Bodens in der Schicht, in welcher der Pfahl fest wird, ist maßgebend, und man tut gut, auch bei sog. lotrechten Pfählen, die zu mehreren zusammenstehen, stets die äußeren Pfähle nach außen etwas zu neigen; das hat gleichzeitig den Vorteil, daß die Fundamente klein gehalten werden können und eine breitere Basis in der Ebene der Pfahlspitzen vorhanden ist (Prinzip der Bündeldalben). Die Rammung wird man natürlich in solchen Fällen von innen nach außen vornehmen.

Als Norm kann gelten:
Pfahlabstand im Lichten mindestens 1 m, Rammtiefe für Kies und Sandboden 3 m, bei schwerer Rammung auch weniger, wenn Grundbruchgefahr nicht besteht, sonst Rammung mit Spülhilfe.

---

[1] Aus McKiernan Terry Bulletin 67.

3.5.6 Rammung von Spundwänden

Die Anwendung von hölzernen Spundwänden ist selten geworden, nachdem Stahlspundbohlen von kleinsten bis größten Dimensionen verfügbar sind. Der Rammvorgang ist aber dem Wesen nach der gleiche geblieben. Die Spundwand bedarf einer guten Führung sowohl im lotrechten Sinne wie auch in der Längsrichtung der Wand. Bei der Rammung auf dem Land ist diese Forderung durch eine feststehende Ramme und eine auf dem Boden liegende oder in ihn eingelassene Gurtung aus je zwei][- oder I-Profilen erfüllt. Bei langen Bohlen ist eine Zwischenführung auf halber Höhe zweckmäßig, die aus einem Würgeknoten am Mäkler besteht, durch den die Bohle am Ausschwingen über die Breitseite gehindert wird. Da die Bohle hier durchrutschen muß, ist auf Gleitfähigkeit zu achten.

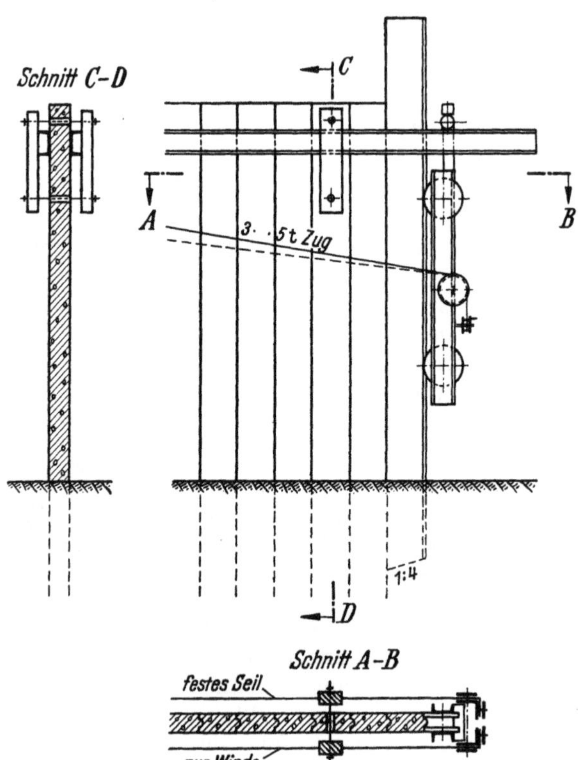

Abb. 217. Führung beim Rammen einer Spundwand

Die Ausrichtung vor der Ramme parallel zum Mäkler muß stets besonders sorgfältig erfolgen, damit exzentrische Schläge vermieden werden, die nicht nur an Wirkung einbüßen, sondern für Ramme und Rüstung schädlich sind und keine saubere Spundwandflucht ergeben.

Um lange Spundwände einwandfrei herunterzubringen, ist das fachweise Rammen zweckmäßig. Es wird z. B. jede 12. Bohle als Richtbohle zuerst teilgerammt, dazwischen werden abwechselnd zwei lange und zwei kurze Bohlen absatzweise heruntergerammt. Wichtig ist, daß die Richtbohle stets mit 1,50 m Vorsprung vor den Fachbohlen hinuntergebracht wird.

Eine interessante und zweckmäßige Führung für Spannbetonspundbohlen hat man in Rußland entwickelt, bei der an der vordersten Bohle ein Radsatz unter einem Seilzug von 3—5 t die Bohle gegen das Fach preßt. Die Abb. 217 läßt erkennen, daß der Radsatz auf der Gurtung verfahren wird. Die Gurtung wird durch Laschen festgehalten, die durch Rohrstutzen gegeneinander verbolzt sind.

So zweckmäßig das felderweise Stellen und Rammen von Spundwänden meistens auch ist, so gibt es doch Fälle, in denen dieses Verfahren nicht angebracht ist, wenn nämlich Hindernisse oder große Steine im Untergrund vorhanden sind. Man tut dann gut, Einzelbohlen zu rammen, mit denen ein Umgehen der Hindernisse leichter möglich ist. Natürlich kommt bei solchen Strecken dann das Voreilen der Bohlen vor, aber bei der heutigen Vervollkommnung der Baustelleneinrichtungen ist eine Paßbohle leichter herzustellen als ein oder mehrere gestellte Fächer mit ihren Führungen wieder abzubauen.

Bei der Rammung über Wasser ist bei uns bisher noch die Rammung vom Gerüst aus üblich, in Amerika hat sich jedoch mit den Schnellschlaghämmern weitgehend schon das völlig freie Rammen eingebürgert, und es ist nur eine Frage der Zeit, daß es auch in Europa für die in Frage kommenden Fälle allgemein üblich wird. Hierbei wird ein Führungsgerüst entweder auf die Sohle des Gewässers abgesenkt und dort mit einigen Einzelpfählen festgenagelt, oder ein solches Gerüst wird an wenigen Leitpfählen in der Wasserlinie aufgehängt. Die Stahlspundbohlen werden vom Schwimmkran eingefädelt und mit einem Schnellschlaghammer gerammt, der in einem Führungsrahmen auf der Bohle selbst reitet. Die MENCK-Schnellschlaghämmer sind für solches Aufsetzen auf die Bohlen schon eingerichtet. Je nach Möglichkeit wird fachweise, staffelweise oder einzeln gerammt. Auch bei langen Einzelpfählen kann auf diese Weise gerammt werden, wenn nur das Stellen der Pfähle möglich ist: Bei schweren Spannbetonrohren von 50 m Länge hat man den Rohrpfahl in die richtige Richtung gehängt und ihn senkrecht abgelassen. Nachdem er unter seinem Eigengewicht 6 m tief in den Boden eingedrungen war, hatte er eine hinreichende Führung und konnte mit einem sehr schweren aufgesetzten Dampfhammer bei 52 m freier Länge gerammt werden.

Bei kleinen Rammelementen ist diese Rammtechnik auch bei uns schon eingeführt. Die Abb. 218 zeigt die am Bär-

Abb. 218. Aufsatzmakler für Delmag-Bär

zylinder anzuschraubenden Führungen, die den Bär in der Verlängerung der Pfahl- oder Spundbohlenachse halten. Die Abb. 219 zeigt einen Aufsteckmäkler für Spundwandprofile, der greiferartig auf der Bohle reitet und vom Kran versetzt wird. Die Führung des Rammhammers ist exzentrisch zur Bohle an dem Greiferreiter mit einer leichten Gitterkonstruktion gesichert. Dort, wo eine Schwimmramme noch nicht hinreicht und eine Landramme nicht mehr fahren kann, hat man schon früher mit Vorbaugerüsten gerammt, bei denen der Mäkler an einem weit vorkragenden Gerüst sitzt und die Rammwinde und der Kessel als Gegengewicht dienen. Diese grundsätzliche Anordnung kennzeichnete auch die ersten Schwimmrammen. Inzwischen ist dieses Prinzip in den Kranrammen wesentlich vervollkommnet. Hierbei hängt ein Mäkler — je nach Größe aus einfachen Läuferruten oder stabilen Gitterträgern bestehend — am Kranausleger und kann nicht nur weit vorgekragt werden, sondern auch an Engstellen herangebracht werden, wo eine Ramme mit Gerüstturm nicht angesetzt werden kann.

Man unterscheidet:

1. *Schwingführungen*, die frei im Seil hängen und nur für untergeordnete Rammungen verwendbar, sind (Abb. 220a),

2. *vertikale Hängeführungen*, die oben am Kranausleger eingehängt werden und durch eine feste Strebe am unteren Ende gehalten sind (Abb. 220b),

3. *schräge Hängeführungen*, die am Kranausleger oben gelenkig gelagert sind und deren untere Strebe teleskopartig die Schrägstellung zusätzlich zur Neigung des Auslegers herbeiführt. Hierbei werden 2 Typen ausgeführt für die Neigung vorwärts und rückwärts 6 : 1 bzw. 3 : 1 (Abb. 220c),

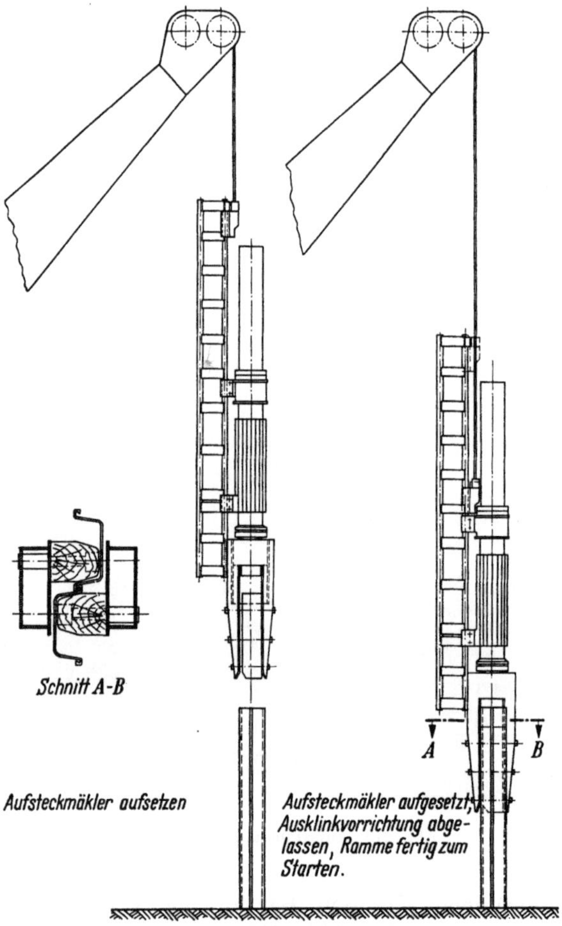

4. *verlängerte 4 Wege-Schrägführung*, bei welcher eine sehr lange Gitterführung aus einzelnen je 1,50 m langen Schüssen zusammengesetzt ist, die durch eine Gelenkverbindung mit dem Auslegerkopf beliebig vor- und rückwärts und gleichzeitig seitwärts geschwenkt werden kann und innerhalb dieser Grenzen wirklich jede beliebige Lage des Pfahles erreichen kann (Abb. 220d).

Durch Teleskopeinsätze kann die Führung auch unter Wasser verlängert werden. Da der Rammkran auf breiten Raupen fährt, kann er auf weichem Untergrund und auch auf Gerüsten verwendet werden.[1]

Auch in Deutschland wird schon seit mehr als 25 Jahren eine derartige Rammeinrichtung für Universalbagger von der Menck & Hambrock GmbH., Hamburg-Altona gebaut. Die Vorteile sind besonders für kleine Rammarbeiten recht erheblich: nicht schienengebunden, selbstfahrend (sogar unter Brücken mit umgelegtem Mäkler), keine Montage und Demontage. Bei dieser Einrichtung kann sowohl der Schnellschlagbär wie auch der halbautomatische Bär verwendet werden, die beide sowohl mit Dampf wie mit Preßluft arbeiten können.

Aus zahlreichen Berichten aus Amerika und England[2] geht ein weiterer Vorteil dieser Methode hervor. Bei schwerer Rammung in Tonboden verwendet man vorteilhaft mehrere Hammertypen nacheinander, deren Auswechslung bei normalen Rammen meist unerfreulichen Zeitverlust bedeutet. Bei Kranrammen ist die Auswechslung sehr einfach, man berichtet:

Abb. 219. Aufsetzen eines Aufsteckmäklers

---

[1] Nach Pile Hammer Leads Bulletin 66 R der McKiernan Terry Corp., Dover, New Jersey, USA.

[2] Proceedings (Februar 1958) S. 136.

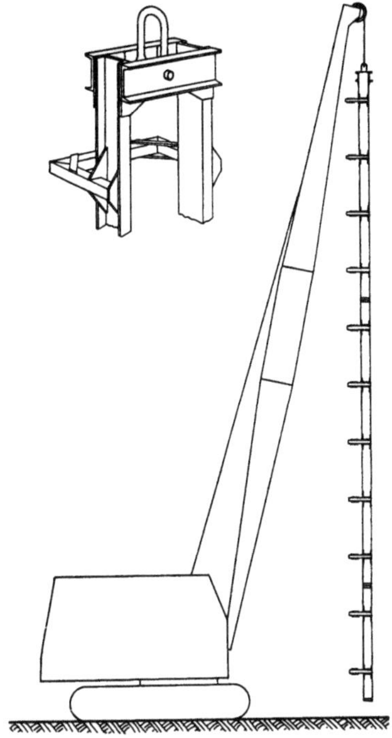

Abb. 220 a. Schwingführung für freie Rammung

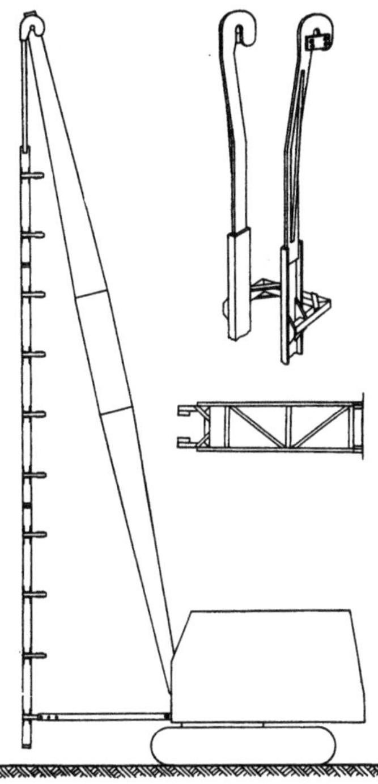

Abb. 220 b. Vertikale Hängeführung

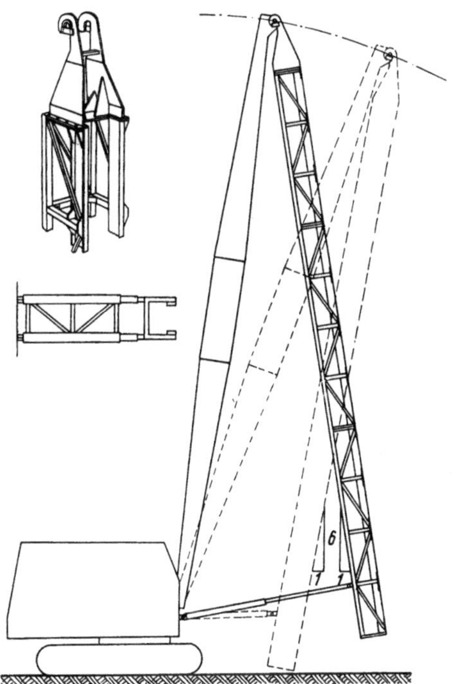

Abb. 220 c. Schräge Hängeführung mit Teleskopstrebe

Für 10,5 m lange Pfähle nahm man für die ersten 4,5 m Eindringung zunächst
einen McKiernan-Hammer Nr. 6, darauf einen gleichen Typ Nr. 7 und nach 7,5 m

Eindringung einen McKiernan-9 B-3 Hammer. Der schwere Typ erzielte die max. Eindringung bei gedrosselter Dampfzuführung, die nur 100 Schlag/Min. erlaubte.

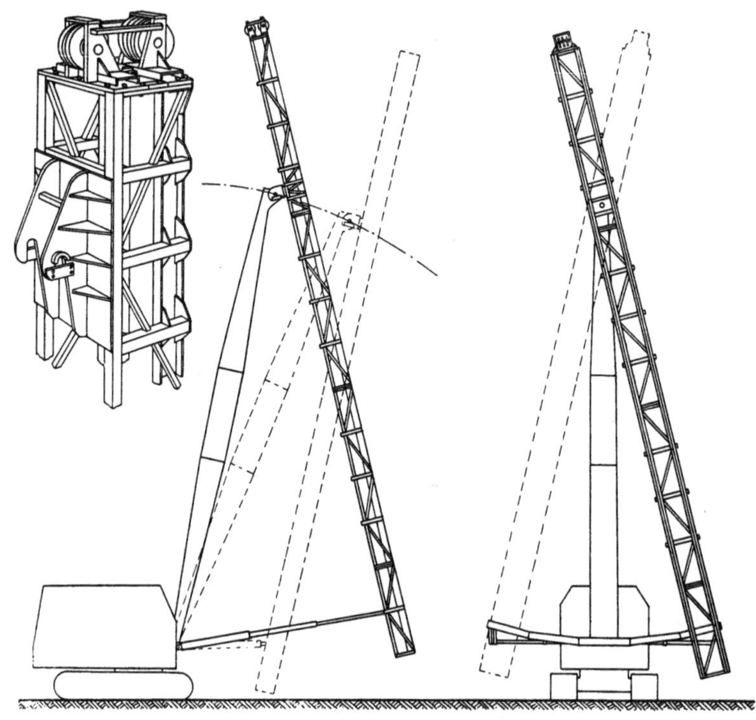

Abb. 220d. Verlängerte 4-Wege Schrägführung

3.5.7 Rammen bei beschränkter Höhe

Oft ergibt sich die Notwendigkeit, unter Brücken zu rammen oder bei Bauwerken, wo eine Ramme nicht aufzustellen ist. Für die Stellung der Spundwände kann man sich damit helfen, daß man die Bohlen in einen Sohlschlitz stellt, indem man sie dicht unter der Brückentafel in Zangen aufhängt. Das Einfädeln geschieht dann außerhalb des Hindernisbereiches und die Spundwandtafel wird mit Winden in die richtige Stellung gezogen.[1]

Die für das Aufsetzen eines Hammers erforderliche Höhe wird dann durch eine Hilfskonstruktion herbeigeführt, die aus einem angehängten Amboß besteht, wie ihn z. B. Abb. 221 zeigt.

Als Beispiel für eine derartige Rammung sei die Verstärkung der Pfeiler der Norderelbbrücke 1956/57 erwähnt. Unter der Brücke reichte die Lichthöhe von 12,00 m zwischen Unterkante, Überbaukonstruktion und einplanierter Flußsohle zum Rammen der 14,50 m langen Seitenbohlen nicht aus. Die Bohlen wurden deshalb aufgeteilt. 12,00 m-Stücke wurden unter Verwendung geteilter Schlösser mit Schnellschlaghammer entsprechend Abb. 222 bis auf Oberkante $\pm$0,00 NN vorweggerammt, anschlie-

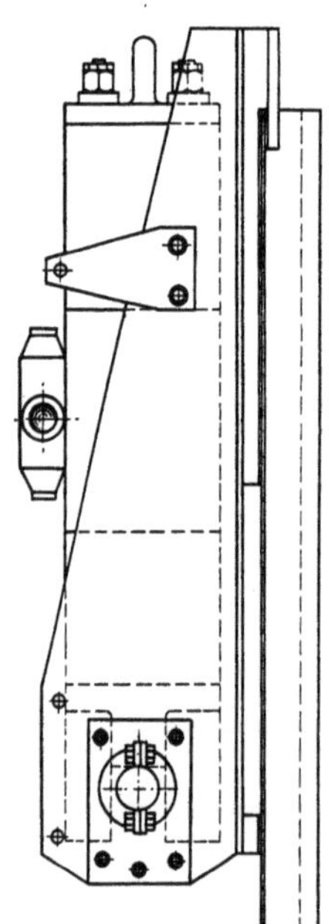

Abb. 221. Einhänge-Ambos für Schnellschlaghämmer

---

[1] Larssen: Rammen und Ziehen. S. 49. 1952.

ßend 2,50 m hohe Kopfenden aufgeschweißt. Der Stoß lag so, daß die Stumpfschweißung ohne Überlaschung den Wasserdruck noch aufnehmen konnte.

In Abb. 223 ist der Rammvorgang unter der Brücke skizziert. Hinter Eckbohle A kam eine 12,00 m lange Doppelbohle mit ungeteiltem Schloß. In diese wurde eine 12,00 m lange Bohle eingesetzt, deren unteres Schloßteil oben durch Heftschweißung befestigt war. Dadurch konnte Bohle an Bohle gesetzt und bei nur 50 cm Luft für das Hebegerät eingefädelt werden. Die Heftschweißung wurde nach Ansetzen der Bohle gelöst und das Schloß heruntergeschlagen und wiederum festgeschweißt. Alsdann erfolgte die Rammung auf Solltiefe, so daß die obere Schloßlänge eingezogen und heruntergeschlagen werden konnte.

Abb. 222. Schnellschlaghammer unter der Norderelbbrücke, Hamburg. (Ausf. Wayss & Freytag KG)

Zwei Rammgeräte kamen zum Einsatz. Ein kleiner Schnellschlaghammer, der in das Wellental der Bohlen eingehängt wurde, arbeitete beim Durchfahren

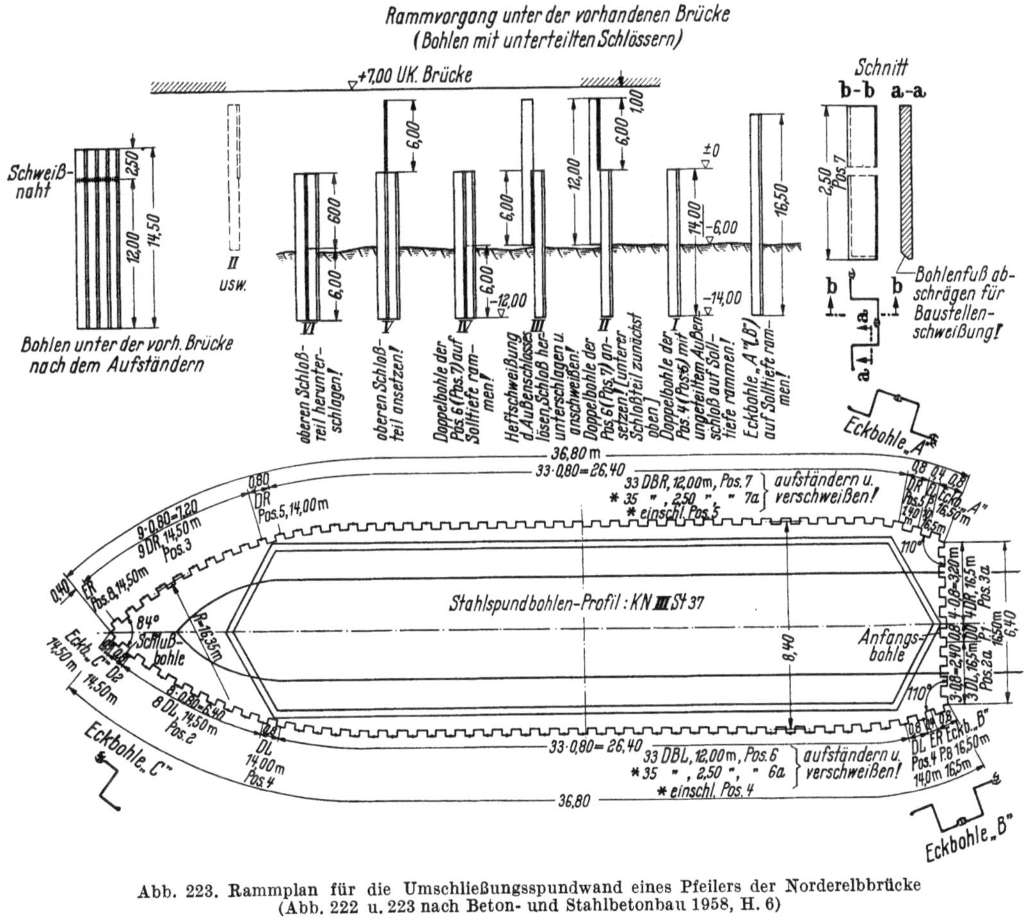

Abb. 223. Rammplan für die Umschließungsspundwand eines Pfeilers der Norderelbbrücke
(Abb. 222 u. 223 nach Beton- und Stahlbetonbau 1958, H. 6)

der weichen, oberen Bodenschichten so lange, bis das größere Gerät aufgesetzt werden konnte. Tagesleistung war zunächst 1 Doppelbohle, später 2 Doppelbohlen. Die Rammung verlief einwandfrei.

Rammen von langen Stahlrohrpfählen. Das Rammen langer Rohrpfähle mit Spitze birgt die Gefahr des Beulens und Knickens der Wandung unter dem Rammschlag in sich. Um dieser Gefahr zu entgehen bzw. sie zu vermindern, kann man entweder diese Pfähle mit einem massiven Kern rammen, der wiedergewonnen wird, und der in verschiedenen Formen bekannt ist, oder man kann einfacher, wenn auch vielleicht weniger sicher, den Pfahl, wenn er unter der Ramme steht, mit Wasser füllen.

Beim Bau der Liljeholmsbrücke in Stockholm sind Rohrpfähle bis 50 m Länge, die aus einzelnen Schüssen zusammengeschweißt wurden, auf diese Weise einwandfrei niedergebracht.[1]

Vor dem Ausbetonieren wurden sie mit gekuppelten FLYGTS-Pumpen B 80 L und B 8 M freigepumpt. Die Pfähle hatten eine geschlossene Spitze und im unteren Teil eine eingeschweißte Kreuzversteifung. Sie sind nach der Entleerung nochmals gründlich mit Druckwasser ausgespült und dann im Kontraktorverfahren mit Beton verfüllt.

Bei der Herstellung von Sandpfählen für vertikale Dränagen kann man den Filtersand in die vor der Ramme stehenden, mit verlorener Spitze versehener Rohre füllen und erhält damit gut rammfähige Rohre und eine dichte Lagerung des Filtersandes.

3.5.8 Hülsenpfähle mit Rammdorn

Die Rammung eines Hülsenpfahles mit Hilfe eines Spreizdorns ist eine bei uns noch wenig bekannte Technik, sie dürfte auch noch selten ausgeführt sein. BRENNECKE beschreibt sie allerdings schon in seinem Grundbau 1905, S. 257/8, als häufige amerikanische Anwendung. Sie ist auch heute noch nicht uninteressant, und es soll daher ein neueres Beispiel nach einem amerikanischen Bericht[2] kurz beschrieben werden.

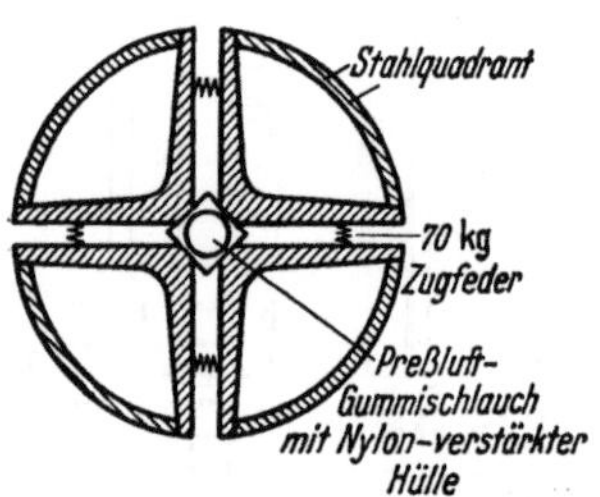

Abb. 224. Spreizdorn (sog. Mandril) für Hülsenpfähle

Die 30 m langen Pfahlmäntel bestehen aus zusammengeschweißten schraubenförmig gewellten, nur 1,3 mm starken Blechrohren von 30 cm innerem Durchmesser. Für die Rammung wurden sie versteift durch einen vierteiligen, 8 t schweren Dorn, dessen Quadranten aus Winkelstahl bestanden, zwischen deren Schenkel starke Rohrmantelausschnitte geschweißt waren (Abb. 224). Auf diese waren in 40 cm Abstand halbrunde Profileisen gewindeartig aufgeschweißt, deren Gänge der Wellung des Pfahlmantels entsprachen. Ein zentraler Gummischlauch in einem Nylonmantel, der formveränderlich, aber nicht dehnbar war, preßte unter 8,8 atü die Quadranten auseinander und fest gegen den Pfahlmantel. Damit war ein rammfähiger Pfahl geschaffen. Um den Erddruck der tieferen Schichten zu überwinden und ein etwaiges Zerknittern der Pfahlmäntel zu verhindern, war der untere Teil der Pfähle bis max. 9 m (je nach Bodenschicht) aus 6 mm starkem Blech hergestellt. Die Pfahlspitze bestand aus 18 mm starkem Blech. Eine Übergangsmuffe verband den unteren Pfahlteil mit dem Pfahlmantel und ergab durch einen Wulst ein unteres Auflager für den Dorn. Zunächst wurde der stärkere untere Pfahlteil angesetzt und 3 bis 6 m weggerammt. Dann wurde der Dorn mit dem Pfahlmantel aufgesetzt und letzterer mit dem unteren stärkeren Mantel verschweißt. Nach der endgültigen Rammung, die je Pfahl

---

[1] Baumarkt vom 16. 2. 1957, Nr. 7, S. 206.
[2] Compressed Air Magazine 57 (1952) S. 221.

etwa eine Stunde in Anspruch nahm, wurde durch Ablassen der Preßluft der Dorn zum Schrumpfen gebracht, was durch Schraubenfedern zwischen den Quadranten automatisch erfolgte. Der nun 20 mm kleinere Dorn konnte mühelos gezogen werden, worauf der Pfahl ausbetoniert wurde. Um das Einfädeln des schweren Dornes in die Pfahlmäntel leicht bewerkstelligen zu können, war vorweg zentral im Baugelände ein Bohrrohr von 40 cm Durchmesser hinuntergebracht, in welches das Mantelrohr gehängt wurde, worauf der ungespreizte Dorn leicht eingeführt werden konnte. Abb. 225 zeigt das Herausholen des Pfahles aus dem Montageloch. Nach der Spreizung brachte die auf Raupen fahrende Ramme den rammfertigen Pfahl zu dem schon vorgerammten Unterteil. Insgesamt wurden auf diese Weise 155 Pfähle in kurzer Frist gerammt.

Abb. 225. Ausfahren des Dornes mit Hülse (im Teil über dem Montageloch zu erkennen) aus einem 40 cm Bohr-Rohrpfahl

3.5.9 Stahlrohrpfähle

Über die Anwendung und Bewährung von Stahlrohrpfählen in tropischen Gewässern sind einige ältere Angaben für evtl. Auslandstätigkeit von Interesse.[1]

Um im Seewasser einen guten Schutz gegen Sandschliff und Rostgefahr zu schaffen, hat die MAN bei der Landungsbrücke in Lome schon um 1900 einen Mantelrohrpfahl ausgeführt, der aus einem 6 mm starkwandigen Rohr mit 475 mm Durchmesser mit eingenietetem Rammschuh bestand, in welches ein Kernrohr eingesetzt wurde, sobald das Mantelrohr etwa 2 m in den Untergrund eingedrungen war. Dieses Kernrohr von nur 250 mm Durchmesser hatte 12 mm Wandstärke und nahm beim Weiterrammen die auf Zug nur schwach angeschlossene Rammspitze aus dem Rammschuh mit (Abb. 226a u. b).

Später wurde der Ringraum zwischen dem Mantelrohr und dem Kernrohr, der nicht abzudichten war, zunächst mit einem Unterwasserbetonpfropfen abgeschlossen, dann leergepumpt und mit Beton verfüllt. Mantelrohr und Beton sollten nur den Kernpfahl schützen, eine dort sehr berechtigte Vorsorge, denn nach 2 Jahren waren teilweise schon 3 mm des Hüllrohres vergangen. Eine nach 7 Jahren ausgeführte Verlängerung der Brücke nach dem gleichen System wurde mit Kernrohren von 400 mm Durchmesser und Mantelrohren von 630 mm Durchmesser ausgeführt, wobei Wandstärken von 15 mm gewählt wurden. Der Tragfähigkeitsermittlung waren je nach Tiefe mit 25 bis 32 kg/cm² Grundfläche und 1500 kg/m² Mantelreibung bewußt niedrige Werte zugrunde gelegt. Auch die Beanspruchung der Stahlteile hielt man damals mit 700 bis 750 kg/cm² gering, um gegen die Einflüsse von Wellenschlag, Meerwasser und Tropenklima eine Reserve zu haben. Die Kleineisenteile, wie Schellen, Ankerstangen und Spannschlösser wurden grundsätzlich verzinkt, vielfach auch die Träger der Brückenfahrbahnen. Dieser Übung verdanken manche der leichten Schraubpfahlpiers und Landebrücken ihre lange Lebensdauer. Aus dem Hafen von Lagos wird berichtet, daß eine 1907 erbaute Uferpierstrecke in Stahlkonstruktion, die auf Schraubpfählen steht, 1960 erneuert werden soll. Wie Verfasser aus Lagos direkt hörte, ist diese Erneuerung nicht auf eine Baufälligkeit der Gründung zurückzuführen.

---

[1] Jahrbuch der HTG (1938) S. 209ff.

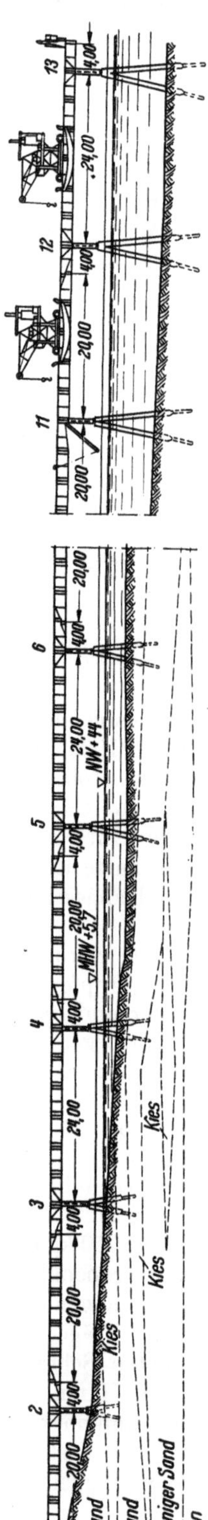

Abb. 226a. Landungsbrücke in Lome auf Stahlrohrpfählen

Schrägpfähle aus I-Stahlprofilen in Rohrmänteln in Fels hat man in Swakopmund 1908 dadurch ermöglicht, daß man die Pfähle dicht über dem Felsgrund mit einem Gelenk versah, so daß im vorgebohrten Felsloch der untere Teil des einbetonierten Pfahles senkrecht stand.

Bei dieser Gelegenheit wurde übrigens das Betonierverfahren, das heute als Prepakt-Verfahren bekannt ist, schon angewendet. Für das Einsetzen der Fertigpfähle (I-Profile in Rohre von 50 cm Durchmesser) waren 2,50 m tiefe Löcher von 70 cm Durchmesser in den Granit gebohrt. Der Zwischenraum zwischen Rohrmantel und Fels wurde mit „Lochputzen" (ausgestanzten Nietloch-Blechstücken) ausgefüllt und diese Füllung durch vorher

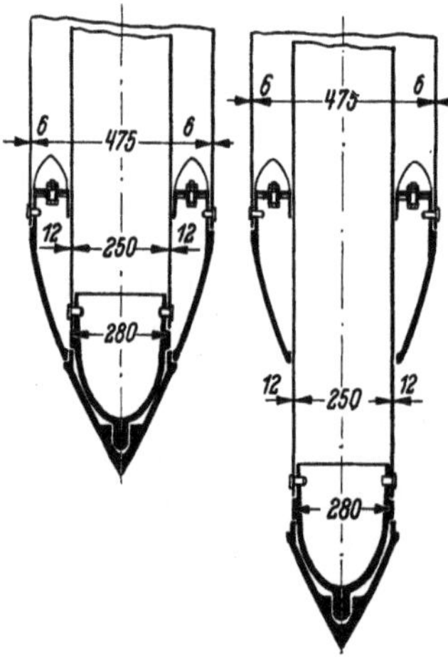

Abb. 226b. Spitze des Stahlrohrpfahles in Lome

eingesetzte Rohre von unten her mit Zementmörtel verpreßt, der im Bohrloch hochsteigend alle Hohlräume erfüllte.

Noch heute verwendet man I-Profile als Kern und schützt sie durch Rohrpfahlummantelung in den gefährdeten Zonen. Ein englischer Bericht zeigt eine solche Ausführung im Orient.[1]

Bei der Hindiya-Brücke, über den Euphrat, etwa 100 km südlich von Bagdad, wurden bis 24 m lange I-Stahlträger, 30 × 30 cm, 123 kg/m verwendet, die durch weiche bis feste Tone bis in den etwa 15 m unter der Flußsohle vorhandenen festen Sand gerammt wurden. Im Bereich der weicheren Schichten sind sie von mittragenden Stahlrohren von 56,5 cm innerem Durchmesser und 19 mm Wandstärke umgeben. Sie sind bemessen für die Brückeneigenlast von 55 bis 65 t und nehmen zusätzlich bis 30 t Nutzlast auf.

Der Entwurf der Baustellendurchführung basierte auf der Anwendung von DERRIK-Kränen von 10 t Tragkraft und deswegen sind die Rohre und die I-Pfähle jeweils in

---

[1] JOHN FRANCIS CAUSTON, Swansbourne: The design and construction of the Hindiya bridge. Proc. 8 (September 1957) Paper Nr. 6223.

mehreren Stücken angeliefert und am Bau zusammengeschweißt. Die Schweißnähte der Träger liegen stets im Schutz der Mantelrohre.

Zum Rammen hatte man für schwere Rammung einen 4 t-Dampfhammer vorgesehen, der aber infolge zu harter Rammung bald ausfiel. Mit einem McKiernan-Terry-Hammer Nr. 9 B 3 ließen sich die Profile leichter niederbringen als mit dem schweren Hammer. Wo dieser mit 20 schweren Schlägen nur 2,5 cm erreichte, brachte der vollautomatische Hammer trotz des leichteren Schlages die Pfähle mit 30 Schlägen für 2,5 cm schneller herunter. (Es liegen übrigens von anderen Plätzen Berichte vor, welche die genau gegensätzliche Erfahrung enthalten. Man tut also gut, beide Rammittel bereitzustellen.)

An die I-Profile waren Führungsbügel angeschweißt, die im Rohr als Abstandhalter dienten. Während man anfangs die Pfähle in langen Stücken einführte, zog man im Laufe der Arbeit das Anschweißen kürzerer Stücke vor, weil es die Handhabung vereinfachte, und weil sich beim Rammen sehr unterschiedliche Pfahllängen ergaben. Durch 8 Probebelastungen wurde eine Tragfähigkeit von 100 t nachgewiesen, wobei festgestellt wurde, daß schon mit 20 t Mehrlast eine Grenztragfähigkeit erreicht war.

Kalkulations- und arbeitsmäßig sind für den Unternehmer die folgenden Angaben von Interesse.

Vor dem Betonieren der Rohrlängen mußte der Rohrschuß bis auf 1 m über dem Rohrfuß völlig von Sand und Ton befreit sein. Man hatte dem Unternehmer überlassen, ob er dies mit einem festen den Boden verdrängenden Rammschuh oder durch Ausräumung nach dem Rammen erreichen wollte. Er zog die Ausräumung vor und, obwohl er verschiedentlich die Rohre vor dem Einsetzen der I-Profile säuberte, mußte er die Prozedur nach der Pfahlrammung noch einmal wiederholen, was bei den

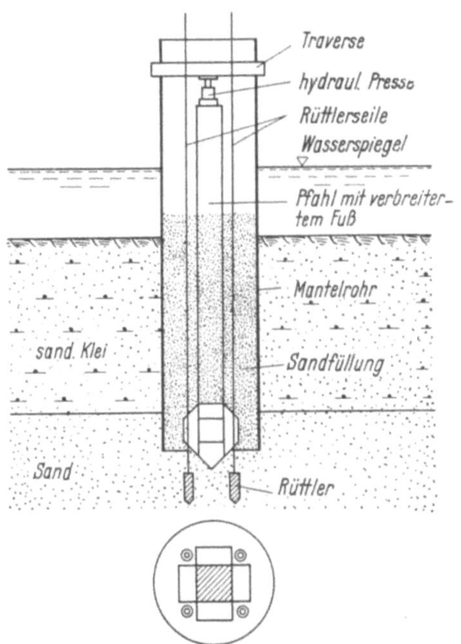

Abb. 227. Einsetzen von Stahlbeton-Fußpfählen mit Verdichtung der Sandfüllung (Holländ. Patent)

engen Räumen auf allen 4 Seiten der Pfähle und bei dem teils festen Ton eine langwierige Arbeit schien. Der praktische Weg war der, zunächst vor dem Einsetzen der I-Profile ein Kernloch von 15 bis 20 cm Durchmesser mit Wasserspülung auszubohren. Der verbleibende Tonkreisring wurde dann bei der Pfahlrammung durch die wie Messer wirkenden Flanschen zerbrochen und das Tonmaterial ließ sich später durch einen scharfen Spülstrahl herausholen. Die sandigen Bestandteile ließen sich nach dem Prinzip der Mammutpumpe mit Druckluft herausholen. Dann wurde mit einem langen Kasten von nur 15 cm Durchmesser mit Bodenklappe ein feinkörniger fetter Beton als unterer Pfropfen eingebracht, dessen Oberfläche schon einen Tag später mit dem Wasserstrahl gesäubert wurde, worauf das Wasser abgepumpt und der restliche Beton im Trockenen mit der Schaufel eingebracht wurde.

Der Aufbau der Pfeiler mit vorgefertigten Pfeilermänteln ist im Abschnitt „Pfeiler" besprochen.

Eine neuartige Methode der Räumung gerammter Stahlrohre hat die Western Foundation Corp. in Boston angewendet. Constr. Meth. & Equipm. May 1960,

S. 92ff. Sie hat in Rohre von 75 cm Durchmesser, die durch weiche Tonschichten gerammt wurden, ein 15 cm-Durchmesser-Rohr eingetrieben, das in ein 38 mm-Durchmesserdüsenrohr auslief. Abschnittsweise wurden Pfropfen von 7—9 m Höhe durch Wasserdruck nach oben herausgedrückt, wozu nur geringe Mengen Wasser bei einem Druck von 28 kg/cm² benötigt wurden.

Für das Einbringen der schon besprochenen Stahlbeton-Fertigpfähle mit Fußverbreitung, die besonders für die Bodenverhältnisse im holländischen Küstengebiet entwickelt sind, ist unter dem holländischen Patent 79042 ein Verfahren geschützt, bei welchem zunächst ein Rohr durch Rammung und Ausräumung niedergebracht wird, in welches dann der Pfahl abgesenkt wird. Wenn er dann aufsitzt, füllt man ihn mit Sand ein, der durch vier unter Rohren hängende Rüttler verdichtet wird. Darauf wird, wie Abb. 227 schematisch zeigt, eine Presse auf den Pfahl gesetzt, die nach oben gegen eine Traverse im Rohr drückt, wodurch das Rohr nun um ein gewisses Maß über den Pfahlfuß angehoben wird. Man kann auf diese Weise den Pfahl probebelasten und hat hierfür den Zugwiderstand des Rohres zur Verfügung, das man nur zusätzlich zu belasten braucht. Beim weiteren Ziehen des Rohres arbeiten die Rüttler an der Verdichtung des einzubringenden Füllgutes, womit verhindert wird, daß etwa unter der Pfahlbelastung Boden nach oben verdrängt werden kann.

3.5.10 Schräg- und Horizontalrammung

Bei den älteren Rammgeräten waren jahrzehntelang Schrägstellungen nur sprunghaft zwischen 6 : 1 und 3 : 1 möglich; mit der Einführung der Universal-

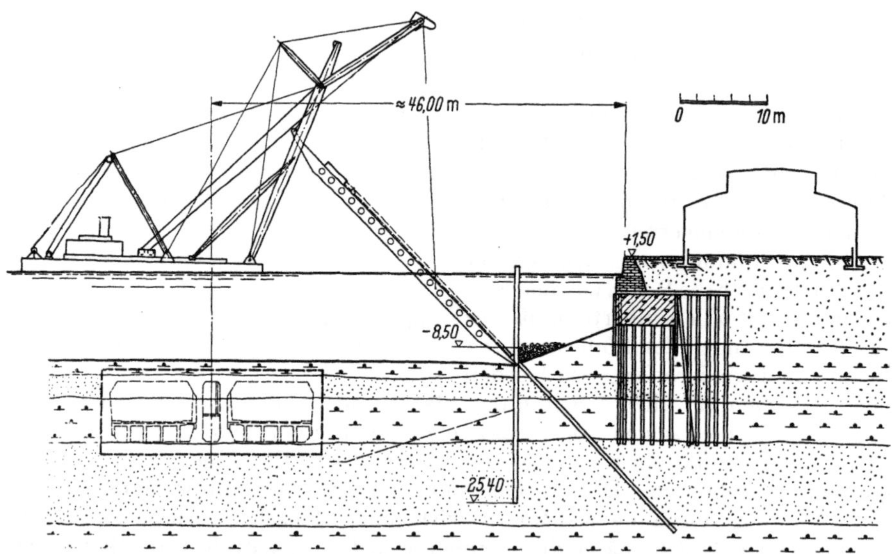

Abb. 228. Spundwand mit Schrägpfahlrammung zur Sicherung der Tunnelbaugrube und der Ufermauer beim Ij-Tunnel in Amsterdam

rammen waren auch alle Zwischenstellungen erreichbar. Die Neigungsmechanismen wurden weiterhin so vervollkommnet, daß Neigungen bis 1 : 1 erreicht werden.

Bei Reihenrammung kann man leicht ein festes, fahrbares Gerüst auf der Baustelle herstellen, das einen Mäkler oder eine Leitschwelle in der gewünschten Neigung trägt, auf denen Pfahl und Bär gleiten. Dabei läßt die Wirkung des Schlages mit dem cos des Neigungswinkels gegen die Horizontale nach. Für den universelleren Gebrauch dienen die verstellbaren Rammgerüste der Lieferfirmen. Eine besonders einfache Ausführung hat sich die B. Fischer KG, Duisburg, unter Nr. 1752792 in die GM-Rolle eintragen lassen (Inhaber jetzt die Fa. Leo Gottwald, Düsseldorf), die darin besteht, daß ein besonderer beweglicher Mäkler in den Mäkler jeder beliebigen Ramme eingehängt wird, und zwar gegebenenfalls in einem höhenverschieblichen Schlitten. Selbstverständlich bedeutet ein solcher Zusatzmäkler eine Verringerung der Nutzlast des Rammgerätes. Man wird daher eine leichte Ausführung des Zusatzmäklers anstreben müssen.

Sehr instruktiv ist das Beispiel einer schrägen Unterwasserrammung, die 1957 in Holland für Verbreiterungsarbeiten für den Ij-Tunnel ausgeführt wurde. Die Abb. 228 zeigt den Querschnitt mit der Schrägrammung und die Anordnung der Unterwasserwand mit der in jeder zweiten Welle angesetzten Schrägpfahlverankerung. Die Wand besteht aus Hoesch-Bohlen III, die zu ungewöhnlichen Pfählen von 400 × 460 mm Querschnitt zusammengesetzt sind. Zunächst werden die 16,9 m langen Pfähle mit den dünnen Verbindungsstegen bis in die Wasserlinie gerammt, dann mittels aufgeständerter Verlängerungen bis zur Solltiefe gebracht. Der Schrägpfahl ist ein 27,90 m langer Pfahl PSp 30, der beiderseits am Kopf eine Verbreiterung durch angesetzte schräggeschnittene Trägerabschnitte aufweist und mit diesem Hammerkopf durch Schrägrammung auf einer schweren Leitschwelle durch Öffnungen zwischen 2 Kastenpfählen bis zum Anschlag gegen die mit

Abb. 229. Rammarbeit mit Leitschwelle

Abb. 230a. Verankerung der Schrägpfähle mit Hammerkopf
(nach Unterlagen der Bauverwaltung Amsterdam)

Eichenholzfenderung versehenen Pfähle der Kastenwand gerammt wird, womit jeder einzelne Pfahl der Wand verankert ist. Die geschweißte Leitschwelle mit dem Ankerpfahl während der Rammung zeigt Abb. 229 und Abb. 230 a u. b den Hammerkopf des zur Rammung fertigen Zugpfahles.

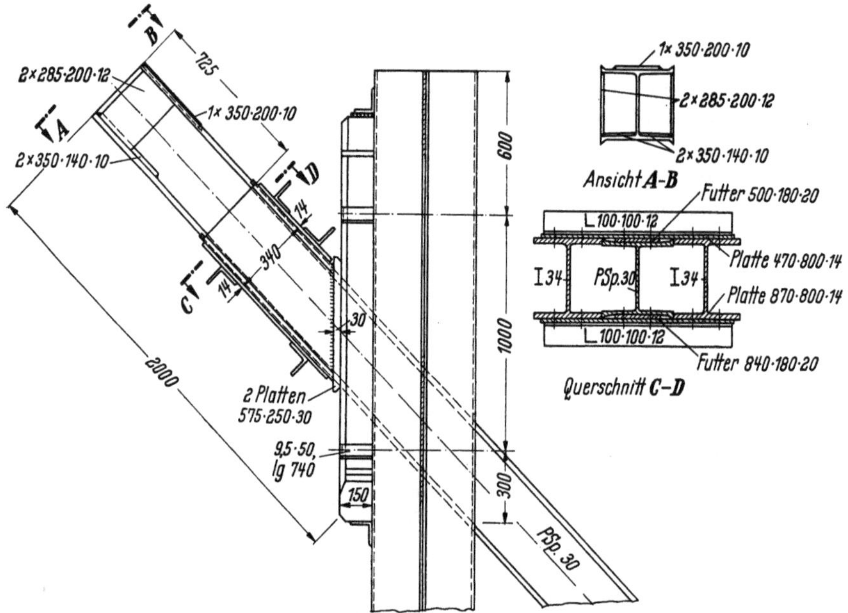

Abb. 230 b. Detail des Schräganschlusses

Außer einigem Aufenthalt in den ersten Tagen wegen eines Verformens der Pfahlköpfe unter dem Rammschlag, das aber nach Verstärkung durch Flachstahl behoben war, ist das Rammen der Schrägpfähle mit einer Durchschnittsleistung von 1,68 Pfählen/Tag ohne Störungen verlaufen.

Der Schrägpfahl nimmt nur einen gewissen Teil einer horizontalen Kraft auf; man strebte daher schon lange danach, einen Zugpfahl auch optimal, also horizontal, anordnen zu können. Mit Horizontalankern und Bohrpfählen ist dieses Ziel erreicht. Es ist aber auch mit Horizontalrammung zu machen dank der beim vorigen Beispiel beschriebenen Leitschwellen. Dafür liegt ein amerikanischer Bericht der Bauunternehmung Harry O. Wyse, Lexington, Kentucky, vor, der außerdem eine interessante und schwierige Baugrube behandelt (vgl. den Abschnitt „Baugruben").

3.5.11 Spülen

Das Spülen kommt in Frage, wenn die Rammung zu schwer wird, der Pfahl oder die Spundwand aber tiefergebracht werden muß.

Die Wirkung liegt sowohl in der Auflockerung des Grundes unter der Rammspitze als auch in der Reibungsminderung durch aufsteigendes Wasser (das manchmal auch einen anderen Weg findet). Voraussetzung für eine wirksame Spülung ist ein spülfähiger Untergrund. Tonboden läßt sich nur spülen, wenn er sehr mager ist. Oft kommt es auch auf die Geschicklichkeit und das Fühlvermögen der Lanzenführer an. Am besten ist wassergesättigter oder unter Wasser liegender reiner Sand zu spülen, der sich nach der Aufwirbelung wieder genau so dicht setzt wie vorher. Es ist üblich, die letzten Dezimeter allein durch Rammung zu überwinden, womit das Festwerden der Pfähle kontrolliert wird.

Beim Spülen zeigt das Rammelement die Neigung, nach der Seite der Spülung abzudrängen, worin bei gleichzeitigem Rammen eine Gefahr für die Pfähle liegt.

Es ist daher vorzuziehen, und die Rammgeräte und Pumpen sind darauf eingerichtet, jeweils mit 2 Lanzen zu spülen, die stets auf gleicher Tiefe und mit gleicher Intensität arbeiten müssen, damit der Pfahl nicht einseitig wandert. Bei Stahlbetonspundwänden kann man durch Spülen auf diese Weise auf einen dichten Anschluß hinarbeiten. Bei Stahlspundbohlen, die ohnehin einen geringen Spitzenwiderstand finden, ist Spülung selten nötig und auch nicht sehr wirksam. Meist sollen hierbei auch nur die Schloßführungen freigespült werden, um ein Ausspringen der Bohlen zu verhindern.

Ein besonderes Gebiet für die Spülhilfe eröffnet sich beim Ziehen von Rammelementen, durch Beseitigung der Reibung infolge des Festwachsens im Untergrund. Auch ist es in besonders günstigen Fällen möglich, Hindernisse im Boden dadurch zu beseitigen, daß man sie mit mehreren Lanzen tieferspült. Die seitliche Verschiebung eines Hindernisses ist dagegen auch mit Spülung nicht zu gewährleisten. Das Gm 1766098 vom 2. 11. 1957 schlägt vor, nach vollendeter Rammung mit Spülhilfe durch die in dem Beton angeordneten Spülleitungen zuletzt eine Injektion des Untergrundes vorzunehmen, womit jeder schädliche Einfluß der Spülung wieder aufgehoben werden würde.

Die üblichen Spüllanzen haben 25, 38 und 50 mm Durchmesser und sind unten auf $^1/_4$ ihres Querschnittes verengt, damit der Wasserstrahl unter hoher Geschwindigkeit (20 bis 30 m/Sek.) austritt und kräftig wühlt. Von den früheren Ausführungen eines Spülkopfes mit mehreren Austrittsöffnungen, die teilweise auch nach den Seiten und nach oben gerichtet waren, ist man heute abgekommen. Die erforderliche Wassermenge hängt von so viel Faktoren ab, daß eine Vorberechnung nur als Anhalt dienen kann. Es genügt, von der Wassergeschwindigkeit auszugehen, womit sich für die genannten Lanzendurchmesser die Wassermengen in Liter/Minute nach der Tabelle ergeben.

Lanze	25	38	50	mm Durchmesser
$v = 20$ m	150	325	600	⎱ Liter/Min.
$v = 30$ m	225	500	900	⎰ je Lanze

Der Druck, der nötig ist, diese Menge aus der Lanzendüse herauszutreiben hängt ab von dem Druck, den die Lanzenspitze im Boden vorfindet und den Reibungsverlusten im Rohr und den Zuleitungen. Benutzt werden kann jede Pumpe, die diese Leistung mit der notwendigen Härte hält. Der Spüldruck an der Düse liegt zwischen 2 und 5 atü, der Pumpendruck muß das Doppelte aufweisen, also 4 bis 10 atü, die Maschinenleistung für die Pumpen wird zweckmäßig mit einer Reserve von 100% beigestellt.

Das Spülen aus einer Wasserleitung, die unter 3 atü steht, reicht nur für kleine Lanzen von 25 mm Durchmesser und sollte nur dann in Aussicht genommen werden, wenn es sich um gelegentliche Nachhilfe handelt, da bei der starken Entnahme Druckschwankungen meist unvermeidlich sind. Selbständigkeit und Unabhängigkeit von fremden Leitungen ist immer vorzuziehen, da bei Ausfall des Wasserdruckes die Lanzen genau so fest sitzen wie ein Rammelement. Wenn von vornherein feststeht, daß gespült werden muß, kann man die Spülrohre durch Kanäle in den massiven Pfahlquerschnitten ersetzen, die aus Rohren, Schläuchen (Plastik) oder Blechhülsen gebildet, oder durch aufweitbare Schläuche, die wieder gezogen werden, hergestellt sind.

Am besten arbeiten doppeltwirkende Kolbenpumpen, die in der Rammstube oder doch dicht daneben aufgestellt werden; es ist lediglich an Land etwas schwierig, ihnen stets einen genügenden Wasservorrat beizugeben. Antrieb der Kolbenpumpen vom Dampfkessel, der während des Spülens für das Rammen vermindert beansprucht wird.

Zur Ergänzung der Betrachtungen zur Spülung mag noch ein russisches Beispiel[1] angeführt werden, bei dem man zusätzlich mit Preßluft arbeitete. Die Rammung ging durch sandigen Ton und festgelagerten Kiessand, die Pfähle mit 35/35 und 40/40 cm Querschnitt waren 15 m lang. Nach der Rammung der ersten beiden Reihen der Schrägpfähle war der Boden so verfestigt, daß man Spülhilfe in Anspruch nahm.

Die erste Düse, die man wählte, zeigt Abb. 231a. Sie schnürt den Rohrquerschnitt von 60 mm Durchmesser (= 28,4 cm²) auf nur 6 mm Durchmesser Spitzenöffnung ein und hat weitere acht seitliche Öffnungen von je 8 mm Durchmesser, insgesamt also nur 4,3 cm² Austrittsöffnung, das ist eine Verengung auf weniger als ¹/₆ des ankommenden Wasserquerschnittes. Die Düse versagte. Die zweite (Abb. 231b) besitzt eine Spitzenöffnung von 18 mm Durchmesser und ebenfalls acht seitliche Öffnungen (8 mm Durchmesser) also insgesamt etwa 6,5 cm² Austrittsquerschnitt, d. i. ¹/₄ des Rohrquerschnittes. Diese Düse wirkte besser, aber versagte auch bei 8 m Tiefe trotz eines Wasserdruckes von 8,4 atü. Anstatt auf dem Wege einer höheren Wasserzufuhr weiterzugehen, hat man zusätzlich zu den beiden Spüllanzen noch 2 Preßluftrohre (Durchmesser 25 mm) neben die Lanzen gelegt und alle 4 Rohrleitungen am Pfahl mit Schellen befestigt (Abb. 231c). Die Druckluftrohre hatten in Höhe des Spülkopfes 6 Öffnungen (Durchmesser 8 mm) und brachten zu dem Druckwasser noch je Minute 6 m³ Luft unter 4 bis 5 atü in den Boden, wodurch der Pfahl ohne Rammung bis zu 11 m Tiefe einsank. Die letzten 4 m wurden mit Rammschlägen überwunden, weil die Spülrohre zu kurz waren. Als Leistungsbericht wird gesagt: Niederbringen der Pfähle mit Wasserspülung und Druckluft in 30 Min., Rammung der restlichen 4 m in 1 Std., Nebenarbeiten 2 bis 2¹/₂ Std. Es ist wohl kein Zweifel, daß bei hinreichend langen Rohren und besser proportionierten Düsen die Pfähle bis auf die letzten 30 cm in weniger als 30 Min. niedergebracht wären. Immerhin ist der Beweis erbracht, daß bei unzureichenden Wassermengen oder Pumpen ein Teil des Spülwassers durch Druckluft ersetzt werden kann.

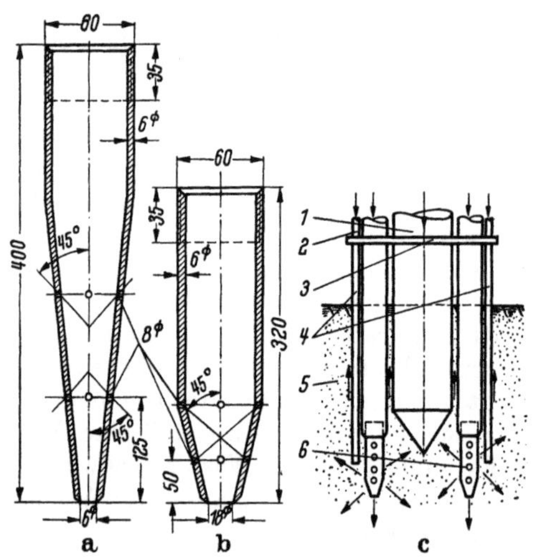

Abb. 231 a—c. Spüllanzenspitzen und Spülen mit zusätzlicher Druckluft (nach russ. Bericht)

3.5.12 Einrütteln von Pfählen und Bohlen

Etwa um die gleiche Zeit als SERGE STEUERMANN in Rußland das Rütteldruckverfahren zur Bodenverdichtung entwickelte, berichtete Prof. D. D. BARKAN über erfolgreiche Versuche für das Einrütteln von fertigen Pfählen[2]. Dieses Verfahren hat eine vielversprechende praktische Entwicklung genommen.

Schon im Jahre 1949 sind beim Zellenfangedamm für das Wasserkraftwerk Gorky 3700 Spundbohle eingerüttelt und 1955 mit Rüttlern wieder gezogen.

Die Rüttler sind nach dem gleichen Prinzip gebaut wie die Schwingungsverdichter für die Bodenverfestigung, d. h., es kreisen Unwuchten, deren Wirkungen

---

[1] Hydrotechnische Zeitschrift „Gidroteknicheskoye Stroitelstvo" (1956) Nr. 7.
[2] Literaturverzeichnis am Schluß des Kapitels.

sich in der Vertikalen addieren, in der Horizontalen gegeneinander aufheben. Mit wachsenden Rüttelgewichten wurden jedoch die aufwärts gerichteten Kräfte gefährlich, da sie hohe dynamische Zug-beanspruchungen in die Verbindungen zwischen Pfahl und Rüttler einleiteten. Dadurch, daß man die Hälfte der Ex-zenterwellen, von denen heute bis zu acht in einem Gerät arbeiten, mit der doppel-ten Geschwindigkeit rotieren läßt, wird die Aufwärtskraft erniedrigt und nur der gemeinsame Abwärtsschlag ergibt die volle Wirkung, wie an dem Diagramm Abb. 232 leicht abzulesen ist.

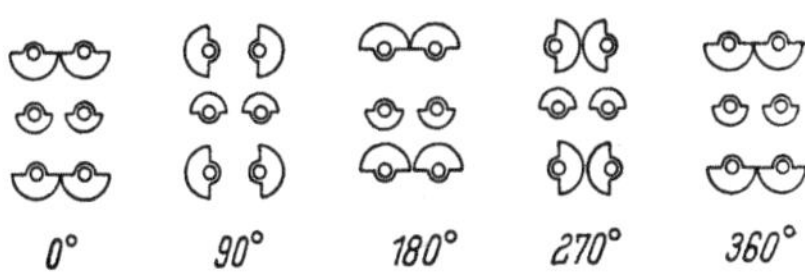

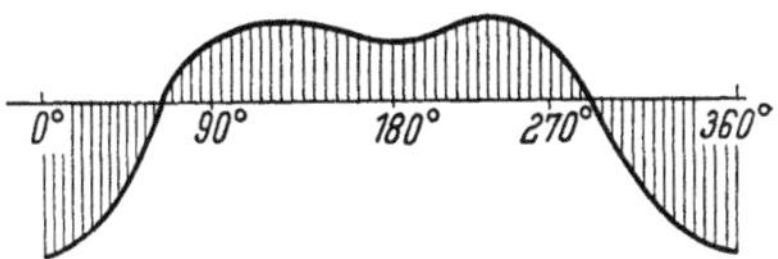

Abb. 232. Diagramm der Rüttlerwirkung (nach ENR 16. 7. 1959)

Eine tabellarische Zusammenstellung russischer Rüttler aus der Zeitschrift Baumaschine und Technik, [2], welche aus anderen Quellen und durch Leistungsangaben ergänzt ist, mag diese interessanten Geräte beleuchten.

Tabelle 1. *Leistungen der russischen Rüttelgeräte*

Lfd. Nr.	Typ	n U/min.	Exzentr. Moment kgcm	Flieh-kraft t	Vibrator-gewicht t	Motor-leistung kW	Amplitude mm	Beschleunigung $(n \cdot g)$ n
1	BT 5	2500	350	21,8	1,3	28	1 bis 2	6 bis 12
2	VPP 2	1500	1 000	22,5	2,2	40	4 bis 6	9 bis 14
3	100	800	3 000	20,0	1,8	28	8 bis 10	6 bis 10
4	VP	400	10 000	16	5	60	10 bis 20	3,2 bis 6
5		735		90	11,75	155		
6		900/450		320	2 × 10,4			

Tabelle 2. *Daten der russischen Rüttelgeräte*

Lfd. Nr.	Vibra-tor Nr.	Rammelement	Rammtiefe m	Rammzeit in Minuten	Leistung
1	1	Stahlspundbohlen	8 bis 10	2 bis 3	bis 31 Bohlen in 8 Stunden
2	2	Stahlspundbohlen	12 bis 14	2 bis 3	ohne Spülung
3	3	Stahlspundbohlen			
4	4	Stahlbetonpfahl	10	2 bis 3	
5	5	Stahlbetonrohrpfähle Durchmesser 155 $d = 10$ cm	bis 40 m		2 bis 6 Pfähle bis 25 m Tiefe in 24 Stunden mit Spülhilfe

Bekannt ist, daß die 224 Rohrpfähle für die Gründung der Yangtse-Brücke mit Spülhilfe eingerüttelt und nach dem Entleeren (durch Ausgreifen) voll-betoniert wurden [3]. Vgl. Leistungstabelle Zeile 5. Die Spülung war erst ab 10 m Eindringungstiefe erforderlich; es wurde dann mit 5 Spüllanzen (4 außen, 1 innen) von 7,5 cm Durchmesser und je 100 m³ Wasserverbrauch pro Stunde bei 12 atü Spüldruck gearbeitet.

Aus England sind Versuche mit Modellpfählen bekannt geworden, welche die gute Eignung der Rüttler bestätigen.

In USA hat die Raymond International Inc. Versuche mit kleineren Rüttlern und wesentlich höheren Frequenzen, als die Russen sie benutzen, gemacht. Das

Ergebnis ist die Erkenntnis[1], daß größere Rüttler mit niedriger Frequenz wirksamer sind, als hochtourige Geräte, eine Entwicklung, die übrigens auch aus der Tabelle 1 abzulesen ist. Außerdem erscheint es als gesichert, daß durch das Rütteln in erster Linie die Reibung überwunden wird, weniger jedoch eine Bodenverdrängung erzwungen wird.

Damit steht auch die Beobachtung im Einklang, daß ein Spitzenhindernis durch Rütteln kaum beseitigt werden kann, und daß dann, wenn das Rammelement nicht zieht, die Wirkung umschlägt in eine Bodenverdichtung, womit u. U. Setzungen verbunden sind. Es dürfte also ratsam sein, neben dem Rüttelgerät stets eine einsatzbereite Spülvorrichtung zur Hand zu haben, um derartigen Unterbrechungen begegnen zu können.

In Frankreich tragen die Rüttler der Firma Procédés Techniques de Construction, Paris, den prägnanten Namen „Vibrofonceur". Dieses Gerät ist so schmal gehalten, daß es mit einer Bohle innerhalb einer bestehenden Wand hinuntergehen kann.

Die sämtlichen Rüttler eignen sich auch zum Ziehen von Bohlen und Pfählen, wie zahlreiche Anwendungen zeigen. Die Zugkräfte betragen etwa nur 10% der für statisches Ziehen erforderlichen Kräfte, vielfach noch weniger.

Die russischen Rüttler arbeiten mit 50 bis 70 Hz. Man stellte fest, daß die Sinkgeschwindigkeit der Bohlen mit der Amplitude linear ansteigt. Amplituden von 4 bis 10 mm sind günstig, größere Amplituden sind schwierig zu beherrschen. Das Eindringen der Rammelemente in den Boden geht sehr schonend vor sich, weder Kopf noch Spitze werden beschädigt. Selbstverständlich sind Hohlpfähle (Stahl oder Stahlbeton) leichter zu versenken als Massivpfähle. Außer bei wassererfüllten Sand- und Kiesböden ist auch bei leicht bindigen Böden das Einrütteln erfolgreich. Auch für Bohrlöcher haben sich Vibrationsbären von 100 bis 120 kg Gewicht mit nur 1,2 bis 2 kW Leistung bis 30 m Tiefe gut bewährt.

In Deutschland hat die Menck & Hambrock GmbH., Hamburg, 2 Typen entwickelt, die ihre Bewährung in zahlreichen Einsätzen erwiesen haben. Abb. 233a zeigt den Typ MVB 6,5/30, der ein Einmotoren-Pendelschwinger mit freiem Spiel in der Horizontalen ist und nur die Vertikalkomponente auf das Rammgut überträgt; 233b zeigt den MVB 22/30 mit zwei gegenläufig arbeitenden Motoren mit Unwuchten.

Die Eigenschaften seien kurz aufgezählt:

Praktisch ruhige Arbeit, der Bär brummt. Wartung beschränkt sich auf Schmierung nach je 70 Betriebsstunden. Energiebedarf infolge der kurzen Arbeitszeit gering: für 30 gerammte oder gezogene Bohlen wurden 5,— bis 8,— DM bei 0,10 DM/kWh ermittelt, bei dem kleinen Gerät wurde für 40 versenkte Kanaldielen der Betrag von 50 Pfennigen festgestellt. Die Eindringgeschwindigkeit geht bis 10 m/min und bei feuchtem Boden auch darüber hinaus. Die Frequenz der Geräte liegt stets beträchtlich über den Eigenschwingungszahlen von Gebäuden, Decken und Wänden, so daß Resonanzerscheinungen nicht zu befürchten sind. Die im Betrieb auftretenden Beschleunigungen liegen zwischen 8 und 10 g. Durch Windenzug in Rammrichtung wird die Leistung noch erhöht. Bei 3000 U/min sind die Schwingungen kaum bemerkbar. Die elektrischen Rüttler können nicht einfrieren und kennen auch keine Startschwierigkeiten.

Die Berichte über die Leistungen sind verblüffend, besonders dann, wenn eine alte Ziehmethode versagte. In Zürich wurden 12 m lange Larssen-Bohlen III mit 6fach eingeschorenem Block und abgestütztem Baggerausleger mit 4 bis 5 Bohlen pro Tag gezogen. Ziehgerät war ein umgedrehter Schnellschlaghammer, für den 12 m³ Preßluft erforderlich waren. Zweimal war die Installation durch Über-

---

[1] Briefliche Mitteilung an den Verf.

lastung schon zusammengebrochen. Als ein MVB 22/30 eingesetzt werden konnte, wurden bis 33 Bohlen in 7 Std. gezogen bei einer reinen Ziehzeit von 40 Sek. bei 8 bis 10 t Zugkraft. 12 m lange Doppelbohlen konnten mit 8 t Zugkraft in rd. 3 Min. gezogen werden.

Gerammt wurden in Zürich mit dem gleichen Bär 9,5 m lange Einzelbohlen auf 8,5 m Tiefe in 30 Sek. in Kiesboden und Seekreideschichten. Anschließend gerammte Doppelbohlen benötigten 2,5 bis 3,5 Min. für die gleiche Tiefe.

Offenbar ist durch dieses neue Verfahren manche Ausweitung der Arbeit für den Rammpark gegeben. Man zog z. B. 18 m lange Filterrohre von 635 mm

Abb. 233a. Vibrationsbär MVB 65/30 der Menck & Hambrock GmbH.

Abb. 233b. MVB 22/30 der Menck & Hambrock GmbH.

Durchmesser und nur 4 mm Wandstärke, die ein Jahr im Boden gesessen hatten, mit einer Zugkraft von nur 5 t in 30 bis 40 Sek. heraus, ohne daß für die Rohre eine Randverstärkung nötig geworden wäre.

Auch für die Rammung in Neigung bis hin zur Waagerechten und damit auch zum Durchdrücken von Rohren, Stollen, Vortriebsschilden usw. ergeben sich durch die Verwirklichung des Rüttelprinzips auf dem Gebiet der Rammung interessante Ausblicke.

Literaturangaben

[1] Barkan, D. D.: Über die Anwendung gerichteter Schwingungen beim Pfahlrammen (russisch). Stroitelnaya Promyshtennost 1935, Nr. 8.
[2] Dipl.-Ing. Cuhar. Ephremides: Die Anwendung der Vibration beim Rammen und Tiefbohren (Bericht nach Lit. Angaben 5). Bau-Maschine und -Technik 1958, Heft 6.
[3] Yi Sheng T. E. Mao: Die Yangtse-Brücke in Hankan. Civ. Eng. (New York) 1958, Dez. p. 54—57.
[4] Yi Sheng T. E. Mao: Building the Yangtse River Bridge. Civ. Eng. u. PWR 1958 April p. 441.
[5] Barkan, D. D.: Grundbauten und Bohren mit der Rüttelmethode. Proc. of the 4. Intern. Conf. Soil Mech & Found. Eng. Vol. II p. 3—7, London 1957.
[6] Driving Piles by Vibration. Civ. Eng. & PWR 1955, S. 285 u. 443.
[7] Kurzbericht über russische Rüttler (mit Masch.-Zeichnungen). Civ. Eng. & PWR 1959 Okt., S. 1139.
[8] Erfahrungen mit dem Vibrationsbär. Der Bau und die Bauindustrie 1960. Heft 8, S. 266.

[9] Erfahrungen mit einem Vibrationsgerät zum Ziehen von Spundbohlen. Bau-Maschine und -Technik 1960, Heft 2, S. 45.

[10] SCHÜSSLER, W.: Rammen und Ziehen von Pfählen und Spundbohlen. Der Tiefbau 1960, Heft 4, S. 184.

[11] SCHÜSSLER, W.: Rammen und Ziehen — schnell und geräuscharm, VDI-Nachrichten 12. 3. 1960, N.: 6, S. 4.

[12] EASTWOOD, W.: Model investigations concerned with driving pilse by Vibration. Civ. Eng. & PWR 1955 Febr.

3.5.13 Lärmbekämpfung beim Schnellschlagbär

Beim Rammen innerhalb von Ortschaften entsteht besonders bei Stahlpfählen und Bohlen ein fast unerträglicher Lärm, der noch durch Echowirkung verstärkt wird. Die Firma John Mowlem & Co. Ltd. hat in London Untersuchungen angestellt, um Maßnahmen für die Lärmbekämpfung zu finden. Ihr sind die folgenden Mitteilungen zu verdanken.

Abb. 234. Die Umhüllung des Rammhammers war wenig wirksam, der Auspuffstutzen wirkte dagegen gut. (John Mowlem & Co. Ltd. London)

Die Hauptwellen entstehen bei dem Schlag von Stahl/Stahl, eine Sekundärquelle ist die gesamte Oberfläche des stählernen Rammelementes. Man brachte deshalb 5 cm-Strohmatten beiderseits von Stahlbohlen an und hüllte den Schnellschlaghammer in einen mit Glaswolle gefüllten Segeltuchmantel ein (Abb. 234). In 12 m Abstand in Höhe des Hammers war der Lärm indessen von 100 Decibel nur auf 97 zurückgegangen; in 60 m Entfernung war keine Verminderung mehr feststellbar, der Lärm blieb bei 80 db. Eine zusätzliche Umschließung des Hammers mit einem Holzkasten, um die noch austretenden Schallwellen zurückzuwerfen, ergab eine geringe Abminderung um etwa 4 bis 5 db, was nicht als ermutigend anzusehen ist. Am wirksamsten erwies sich eine Schalldämmung nahe beim Hörer. Ein Fensterglas von 1,5 mm Stärke reduziert hier eine Schallwelle von 90 db auf 70 db. Geschlossene Doppelfenster und Geduld bleiben also der wirksamste Schutz. Es scheint nicht möglich zu sein, eine wirtschaftlich tragbare Ummantelung, die ja auch nach oben abschließen müßte, für die meist langen Rammelemente nach diesem System zu schaffen. Eine sicherlich fühlbare Lärmminderung würde sich nach Meinung des Verfassers jedoch ergeben, wenn man die Schlagenergie mehr in Rammfortschritt umsetzt, z. B. durch Spülung. Allerdings ist das Spülen nicht überall möglich und verteuert die Rammung trotz besserer Rammleistung durch den Betrieb des Spülgerätes, die Druckwasserbeschaffung und mindestens zusätzliche 2 Mann, die nur beim reinen Spülen ausgenutz sind.

Der englischen Firma ist aber auf einfache Weise wenigstens eine weitgehende Unterdrückung des scharfen Auspuffgeräusches gelungen, das die Abluft bzw. der Abdampf bewirkt.

Man brachte einen Expansionskonus mit 20° Anlauf von 7,5 auf 15 cm Durchmesser an, wie Abb. 234 zeigt, und der Auspuff ergab nur noch ein harmloses Zischen. Schon hiermit ist mit geringem Aufwand viel gewonnen.

Durch die Entwicklung der Vibrationsrammung wird vermutlich die Lärmbekämpfung einen entscheidenden Fortschritt machen, zumal das Rütteln durch Spülen bei schweren Sand- und Feinsandböden sicher wirksam unterstützt werden kann.

3.5.14 Erschütterung durch Rammen

Die Erschütterung durch Rammung ist oft Gegenstand von Besorgnissen und Prozessen wegen der allein oder im Gefolge von Setzungen bei Nachbarhäusern auftretenden Risse. Es empfiehlt sich daher, vor jeder Rammung zunächst das Gelände darauf hin zu prüfen, ob und wie eine Erschütterungswelle abstrahlen und in der Nachbarschaft Schaden verursachen oder vorhandene Schäden vergrößern kann. Diese Prüfung kann an Hand eines anständig gezeichneten Bodenprofils unschwer erfolgen. Besteht irgendeine Gefahr, so ist eine protokollarische Inaugenscheinnahme der Nachbargebäude dringend erforderlich. Vorhandene Risse sind stets verdächtig, und es empfiehlt sich Rücksprache mit der Baupolizei, um Zeugen zu haben, Versicherungsabschluß, Sicherung des Befundes durch Fotos bzw. Aufmessung, Anlegen von Gipsbändern usw. Keinesfalls lohnt es sich, den Kopf in den Sand zu stecken und etwa über derartige Dinge hinwegzugehen, weil heute jeder Hausbesitzerverein die Möglichkeiten der Rißbildung durch Rammerschütterungen kennt und die oft weitausgelegten Rechte seiner Mitglieder zu wahren weiß. Spätere Auseinandersetzungen, ohne die Möglichkeit auf exakten Unterlagen fußen zu können, sind nicht nur unerfreulich, sondern u. U. teurer als ehrliche Feststellungen, besonders wenn erst einmal übersteigerte Forderungen erhoben worden sind.

Für eine exakte Messung stehen heute elektrodynamische Erschütterungsaufnehmer zur Verfügung, die über ein Amplitudeneichgerät eine sichere Ermittlung der Schwingungsgröße, die subjektiv überhaupt nicht zu beurteilen ist, erlauben, indem sie die ausgelösten Vibrationen auf dem Bildschirm eines Oszillographen zeigen. Es ist vorzuziehen, diese Vibration infolge der Rammung photographisch zu fixieren, da sie unregelmäßig erfolgen.

Gleichzeitig sind zweckmäßigerweise auch andere Erschütterungen in gleicher Weise im Photodiagramm zu registrieren, z. B. das Vorbeifahren schwerer Lastwagen, Straßenbahnverkehr, Einfluß von Pumpen im Keller usw., damit man nicht nur die Rammwirkung vor sich hat, sondern zum Vergleich bzw. zur Entlastung auch die Wirkung anderer Erschütterungseinflüsse vorweisen kann, die als Dauereinflüsse u. U. noch anders zu bewerten sind als die einmaligen Rammarbeiten. Wenn die Erschütterungen das Maß des Erträglichen überschreiten, sind Sicherungsmaßnahmen erforderlich. Hierher gehört in erster Linie die Spülung mit Druckwasser und das Einziehen bzw. Drücken von Pfählen und Bohlen mit Unterstützung durch Spülung sowie das Einrütteln. In besonders schwierigen Fällen kann man auch zunächst ein Stahlrohr im Bohrverfahren niederbringen und nach dem Ziehen des Rohres den Pfahl mit leichter Rammung einsetzen. Dabei kann das Rohr größer oder kleiner sein als der Pfahl, und je nach Standfestigkeit des Bodens wird man das Loch offen lassen können (bei bindigem Boden) oder es mit Schwer-Trübe füllen, um Einbrüche des nichtbindigen Bodens zu verhindern. In solchen Fällen muß man natürlich auf die Mitwirkung der Mantelreibung bei der Tragfähigkeit verzichten. In Holland setzt man Pfähle mit verdicktem Fuß in Rohre und zieht erst dann die Rohre unter gleichzeitiger Einfüllung von Sand, der mit Rüttlern zur dichtesten Lagerung gebracht wird. Dieses Verfahren wird besonders dort angewandt, wo das Gelände zu weich ist, um schwere Rammgeräte zu tragen und erst der tiefere Untergrund feste Sandschichten enthält, auf denen die Pfahlfüße — die 1 m² Grundfläche und mehr besitzen — eine hinreichende Tragfähigkeit vorfinden (vgl. S. 177).

Man kann natürlich auch die Objekte, die erschütterungsempfindlich sind, schützen, etwa alte Fachwerkgebäude, deren Verband bedroht ist, indem man sie mit Bandagen aus Spannankern versieht, die geschoßweise angeordnet werden und alle 4 Hausecken unter Druck setzen. Gegen Setzungen kann man aus wirtschaftlichen Gründen wohl nur selten Vorbeugungsmaßnahmen ergreifen. Hier kommen dann die Hilfsmittel der Bodenverfestigung durch Injektion oder die vorherige Unterfangung in Betracht. Beides ist teuer und zeitraubend und man wird zu prüfen haben, ob für geringere Kosten eine erschütterungsfreie Gründung durchführbar ist.

3.5.15 Einbringen von Pfählen durch Ziehen und Drücken

Um die mit dem Rammen unvermeidbar verbundenen Erschütterungen auszumerzen, kann man Pfähle mit geringer Bodenverdrängung, also Stahlrohre, Stahlkastenpfähle, Stahlspundbohlen und, vielleicht bei günstigen Bodenverhältnissen, auch noch Stahlbetonrohre mit Windwerken in den Boden hineinziehen. Es gelang der Raymond Concrete Pile Co. auf diese Weise, bis auf 30 cm neben einer schon vielfach gerissenen Mauer 8 m lange Rohrpfähle von 272 mm Durchmesser und 6,3 mm Wandstärke, die mit einer Schneide versehen wurden, niederzubringen.[1] Dabei wurde mit einem Spülrohr innerhalb der Rohre der Boden herausgefördert, wobei sorgfältig darauf geachtet wurde, daß die Spülung nicht unter der Pfahlschneide wirksam wurde.

Das Einziehen der Pfähle in den Boden erforderte eine 130 t-Gegenlast, die auf einer auf einem Unterwagen verfahrbaren Kranbühne aufgebracht wurde, damit möglichst viele Pfähle von einer Stellung aus einzubringen waren. Die Einpreßkraft übte eine hydraulische 150 t-Presse auf den Pfahlkopf aus, die sich gegen eine Traverse stützte, von der beiderseits schwere Gliederketten mit 60 cm langen Gliedern zu den Gegengewichtsverankerungen führten. Die Presse drückte den Pfahl in 2 bis 3 Min. um einen Hub von 60 cm (ganzer Hub der Presse 75 cm), worauf ein Kettengliedpaar ausgebaut wurde und die Presse in etwa 1 Min. wieder in die Ausgangsstellung zurückgebracht wurde. Wenn der Pfahl die Solltiefe erreicht hatte, wurde ein Druck von 80 t auf den Pfahl auf die Dauer von 5 bis 10 Min. ausgeübt; wenn sich keine Setzung zeigte, wurde mit einem Kasten mit Bodenklappe ein Betonpfropfen von 30 cm Dicke unter Wasser eingebracht. Am nächsten Tage wurde der Pfahl leergepumpt und betoniert. Auf diese geräuschlose Weise konnten in der 8 Std.-Schicht bis 5 Pfähle, bei einem Durchschnitt zwischen 2 und 3 Pfählen, mit einer Belegschaft von 1 Vorarbeiter und 3 Rammern in den Grund gebracht werden.

Das Prinzip dieses einfachen Verfahrens, das nichts anderes ist, als eine Kette von Probebelastungen über das Maß der Tragfähigkeit hinaus, findet sich wieder in der Deutschen Patentanmeldung 84 c 2 C 2854 vom 28. 4. 1944 der Firma Frankignoul S. A. Lüttich.

3.6 Ortbetonpfähle

3.6.1 Allgemeines

Hierunter versteht man Betonpfähle, die an Ort und Stelle hergestellt werden, wobei der Hohlraum im Boden mit verlorenen oder wiedergewonnenen Formen geschaffen (Rammen, Ziehen, Bohren, Rütteln, Stanzen) und auf mannigfache Weisen der Beton verarbeitet wird (Schütten, Pressen mit Luft oder Wasser, Stampfen, Rammen, Rütteln oder im Colcret-Verfahren und auch im Prepakt-Verfahren). Alle heute angewendeten Systeme, die teilweise nur geringe Unterschiede aufweisen, haben ihre Vorteile und können auf praktische Erfolge verweisen. Es ist daher keine Rangordnung möglich und die Besprechung einiger bekannter Typen wird daher in alphabetischer Reihenfolge vorgenommen. —

---

[1] Jacking piles eliminates shock. Constr. Meth. and Equipm. (Januar 1958) S. 73—76.

BRENNECKE schildert die erste Bohrpfahlherstellung an Ort als eine Holz-
oder Stahlpfahlrammung mit nachfolgendem Ziehen des Pfahles und Verfüllen
des stehengebliebenen Loches mit Beton. Bei tonigem, lehmigem und moorigem
Boden anwendbar, war es natürlich stets unsicher, ob wirklich ein durchgehender
fester Pfahl geschaffen wurde. Dann aber beschreibt BRENNECKE[1] schon den
Vorgang der auch heute noch gebräuchlichen Bohrpfahlherstellung mit folgenden
Worten:

„Eine wesentliche Verbesserung besteht darin, daß man einen hohlen eisernen
Pfahl, der unten offen ist, eintreibt, den Boden mit Hilfe von Druckwasser aus
demselben entfernt und ihn dann in folgender Weise mit Beton anfüllt: Man
schüttet so viel Beton in den Pfahl hinein, daß derselbe unten auf 0,8 bis 1,0 m
seiner Höhe gefüllt ist, und während man den Beton mit Hilfe eines eisernen
Stampfers mit langem Stiele festschlägt, zieht man gleichzeitig die Pfahlhülle
bis nahe an die Oberkante des eingeschütteten Betons in die Höhe. So fährt man
mit der Ausfüllung des hohlen Pfahles Schicht um
Schicht bis obenhin fort."

Zusätzlich hierzu bringt BRENNECKE die Fußverbreiterung mit dem Gelenkviereck nach Abb. 235;
er beschreibt eine verlorene Pfahlspitze unter dem
Rohr, das damit zum bodenverdichtenden Rammpfahl
wird und gibt auch an, wie über dieser Spitze zusätzlich eine Pfahlverdickung geschaffen werden kann.

Ebenfalls waren vor 1900 die Hülsenrohrpfähle
mit Rammdorn (damals „Modellpfahl" genannt)
schon bekannt, die als stark verjüngte Pfähle eine
gute Tragfähigkeit hatten.

Der Simplexpfahl war ebenfalls schon um 1900
gebräuchlich geworden und auch das Hilfsmittel eines
zusätzlichen äußeren Mantelrohres, im Bereich
schlechter Bodenschichten wird von BRENNECKE
schon erwähnt.

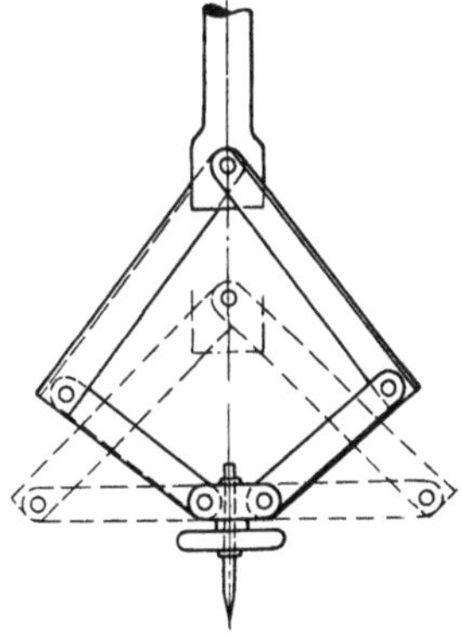

Abb. 235. Gelenkviereck zur Verbreiterung des Pfahlflusses unterhalb des Bohrrohres

Dagegen steht um diese Zeit die Bewehrung von Ortbetonpfählen noch in den
Anfängen. Man versuchte sie durch einen zylindrischen Streckmantel herzustellen, was aber nicht empfehlenswert sein konnte.

Als 20 Jahre später FRANZIUS eine Übersicht über die verfügbaren Ortpfähle
gab[2], fand er als spezielle Ausführungen folgende erwähnenswert:

Raymondpfähle (Hülsenrohrpfahl mit Rammdorn), System Mast (Hülsenrohr mit innerer Rammung auf Holzkern in der Pfahlspitze), System Stern
(Hülsenrohr mit ganzem Holz-Rammdorn), System Jansen (Hülsenrohr mit
Betonspitze), Bauart Simplex (Rohrpfahl mit innerer Herausstampfung des
Betons, Alligatorspitze oder verlorene Spitze), Bauart Frankignoul (Teleskop-
rohre mit Rammbär unten in der Pfahlspitze wirkend), Bauart Zimmermann
(dreiteilige Pfahlspitze, Füllrohr + Mantelrohr), Bauart Wilhelmi (auch Explosiv-
pfahl genannt, Fußverbreiterung durch Sprengung nach Betonfüllung), Bauart
Strauß (Bohrloch, Betonstampfung), Bauart Wolfsholz (Bohrrohrverschluß und
Druckluftpressung des Betons und Ziehen des Rohres unter Druckluftwirkung),
Bauart Mast-Michaelis (Bohrrohrverschluß, Druckwasserpressung des Betons),
Bauweise der Erdlochpfähle nach Dulac (Herstellung der Löcher durch Fall-
bären).

Wenn man die heutige Reihe der Ortbetonpfähle übersieht, so sind überall
Verbesserungen zu verzeichnen, soweit die Systeme noch bestehen, und nur
wenige Systeme und Verfahren sind als grundsätzlich neu zu bezeichnen, wie

---

[1] L. BRENNECKE: Der Grundbau. 1906. S. 256ff.
[2] O. FRANZIUS: Der Grundbau 1926. Handbibliothek für Bauingenieure. Berlin: Springer.

z. B. das „mixed in place"-Verfahren, der SBV-Pfahl, das Einrütteln und der Colcret-Pfahl.

Grundsätzlich Neues läßt sich über Vor- bzw. Nachteile der Ortbetonpfähle kaum hinzufügen, so daß eine kurze Registrierung ausreicht.

Vorteile:

a) Der Pfahl wird nicht beansprucht durch Transport und Rammschlag.

b) Die Herstellung kann weitgehend erschütterungsfrei vorgenommen werden.

c) Die Mantelreibung kann mit Sicherheit verbessert werden, wenn die Rohre gezogen werden.

d) Der Pfahl kann bei geringer Arbeitshöhe ausgeführt werden.

e) Bodenverdichtung kann durch Rammspitze oder Einrammen oder Pressen des Betons erzielt werden.

f) Einwandfreier Aufschluß über durchfahrene Bodenschichten, sofern nicht Hülse oder Rohr mit Spitze gerammt wird.

g) Die Länge des Pfahles ist einwandfrei richtig zu bemessen.

h) Innenrammung wirksamer und schonender für Rohr als Kopframmung.

i) Isolieranstrich auf der Innenseite bleibender Hülsen einwandfrei möglich.

Den Vorteilen stehen andererseits im Hinblick auf die Fertigteil-Rammpfähle auch

Nachteile gegenüber:

a) Die Herstellung ist Vertrauenssache, da der Pfahl nicht besichtigt werden kann.

b) Der Arbeitsfortschritt ist geringer, er kann terminlich nur teilweise durch Geräteeinsatz ausgeglichen werden oder durch verbesserte Bohrverfahren.

c) Vor Belastung ist Erhärtung des Betons mit 21 Tagen abzuwarten. Setzung bei Belastung höher als bei Rammpfählen.

d) Bei betonschädlichem Grundwasser ist Vorsicht geboten. Ummantelung wichtig.

e) Engstehende Pfähle können sich nacheinander zerdrücken, wenn Boden nachgiebig, mindestens wird der Abbindevorgang durch Stampfen und Rütteln gestört. Überspringen bei Herstellung bedingt Wartezeit.

f) Beim Ziehen der Rohre kann die frische Betonsäule abreißen oder durch Erddruck eingeschnürt werden. Bei Preßluft besteht Gefahr, daß poröser Beton entsteht.

g) Auflockerung des Bodens unter Rohr bei rolligem Gebirge ist bedenklich. Grundbruchgefahr bei Schlammboden.

h) Auftrieb geschlossener Rohre in wasserreichen lockeren Böden.

i) Bei Wasser im Pfahl besondere Schwierigkeit bei Unterwasserbeton und Bewehrung.

j) Die Bohrrohre dürfen nicht mit Spülhilfe in den Boden gebracht werden; Hindernisse müssen ohne Bodenauflockerung beseitigt werden.

Vorschriften. Die DIN 4014, Bohrpfähle, Herstellung und zulässige Belastung, liegt in einem Entwurf vom Juli 1957 vor, die endgültige Fassung ist abzuwarten. In diesen Richtlinien werden einfach geschüttete Bohrpfähle und Preßbeton-Bohrpfähle bis höchstens 50 cm Durchmesser ohne und mit Fußverbreiterung, bei denen die Bohrrohre wiedergewonnen werden, behandelt. Im übrigen gelten die Stahlbeton-Normen 1045, 1047, 1048, 4030 und die Baugrundnormen 1054, 4020 bis 4023, sowie für geschweißte Rohre usw. die Schweißnorm 4100 auch für Bohrpfähle.

Es ist dringend anzuraten, daß außer den ausführenden Bohrmeistern und Bauführern auch die aufsichtsführende Stelle diese Normen ständig zur Kontrolle des Arbeitsvorganges zur Hand hat, da sich sehr viel praktische Erfahrung in ihnen niedergeschlagen hat und gerade bei unverrohrten Pfählen die Güte des Pfahles wesentlich von der Gewissenhaftigkeit der Herstellung abhängt.

3.6.2 Bekannte Pfahlsysteme und Herstellungsverfahren

(alphabetisch nach Firmen geordnet)

Atlas-Pfähle. Unter dieser Markenbezeichnung stellt die holländische Firma De Wit Ortbetonpfähle her. Näheres siehe unter Wit.

Benoto. Die bekannte französische Firma Société Française de Construction de Bennes Automatiques Benoto, 55—57 Av. Kléber, Paris XVIe, hat neben mehr als 20jähriger Erfahrung im Bau von Greifern aller Art (der größte Greifer wiegt 28 t und hebt Blöcke bis 70 t Gewicht) eine weltweite Erfahrung auch in deren Anwendung.

Das Prinzip des Benoto-Bohrverfahrens beruht neben der Freifall-Hammerwirkung auf der Hin- und Herbewegung des Mantelrohres aus Stahl. Abb. 236 zeigt einen Greifer, der eine Stahlbeton-Rollbahn von 25 cm Dicke in 18 Min. durchmeißelt. Die Schaufeln (Abb. 237) aus Chrom-Nickel-Stahl übertragen den Schlag direkt auf den schweren Hammerkörper, ohne die Gelenkachsen zu beanspruchen. Man kann also mit diesen „Hammergrabs" aus dem Rohr heraus noch Bohrungen in den Fels fortsetzen. Als Greifer arbeitet der Hammergrab nach dem Einseilprinzip. Im Rohr wird er durch einen Führungskorb am oberen Teil vor einem schrägen Fall bewahrt. Das Entleeren des Greifers in einen Schütttrichter am Gerüst geschieht durch Verschwenken der stets auf dem Bohrrohr aufsitzenden Leitwanne, in welche der Greifer einfährt.

Abb. 236. Der Benoto-Hammergrab meißelt mit festgeklinkten Schaufeln auch Betondecken durch

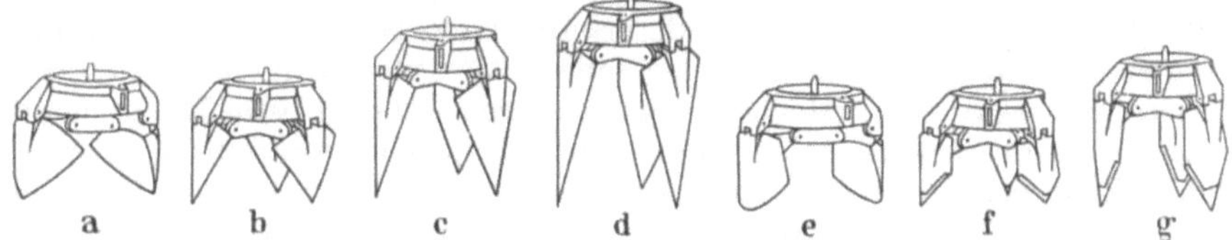

Abb. 237 a—g. Einige Schaufelformen zum Ausheben von Rohrpfählen

Auf das Bohrrohr wird durch Öldruckpressen beim Bohren ein starker Druck, beim Ziehen ein starker Zug ausgeübt, während gleichzeitig durch ein Gestänge, das auf eine hydraulisch angepreßte Rohrschelle arbeitet, eine hin- und hergehende Drehbewegung erzwungen wird, die das Rohr je nach Bodenart bis zu 2 m der Arbeitsstelle des Greifers vorausgehen läßt, womit Grundbrüche weitgehend abgesichert sind (Abb. 238).

Die Reibung in beiden Richtungen hebt sich gegenseitig auf, man kann sagen, das Rohr poliert sich das Bohrloch aus. Ein mit Beton gefülltes Rohr, das hin- und hergedreht wird, nimmt den Beton mit geringer Verzögerung mit, wenn das Rohr aber gleichzeitig gezogen wird, so steht der Beton im Rohr sofort still.

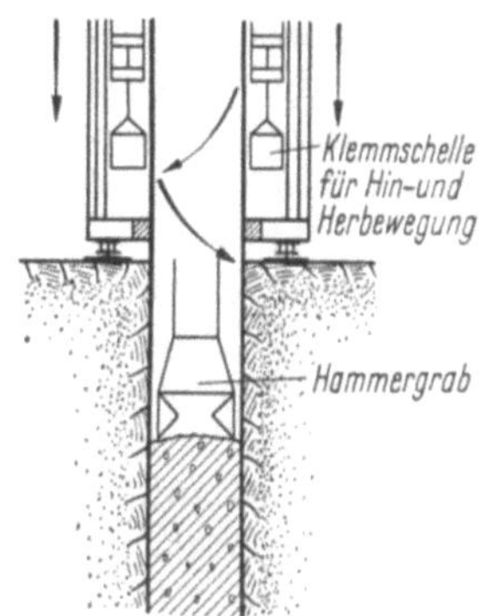

Abb. 238. Prinzip der Drehbewegung bei Benotopfählen

Der Beton sinkt beim Ziehen, ohne an der Wandung zu kleben. Das Betonierverfahren ist an sich gleichgültig. Benoto hat aber spezielle Betonkübel entwickelt, die Kegelstumpfform haben und oben und unten verschlossen sind. Wenn der Kübel unten aufstößt, werden die Klappen oben und unten entriegelt, und der Beton tritt beim Anheben unten aus, während von oben Wasser nachdringen kann. Der Beton ist beim Absenken der Kübel allseitig dicht umschlossen; die Kübel können daher mit hoher Geschwindigkeit durch das Wasser im Rohr gehen. Der unten breitere Kübel läßt den Beton leicht austreten. Der außen wie innen völlig glatte Kübel kann sich auch nicht an der Bewehrung festhaken.

Eine große Anzahl von Geräten — bei kleinen Geräten getrennte Bohr- und Drehgeräte, bei größeren Typen kombinierte schwere Bohr- und Drehgeräte — steht für Bohrpfähle von 60 bis 150 cm Durchmesser zur Verfügung. Die Bohrungen können bis zu 15° (1 : 4) schräg ausgeführt werden.

Die Rohre werden in Schüssen zusammengesetzt und mit Spreizkegelbolzen von außen verriegelt, was nur wenige Minuten in Anspruch nimmt. Bohrtiefen bis 100 m sind mit den Geräten zu erreichen. Die Belastungsfähigkeit ist hoch. Benoto-Pfähle kommen bewehrt und unbewehrt für Lasten bis 800 t pro Pfahl und darüber in Frage.

Der Arbeitsbereich umfaßt Brunnenbohrungen aller Art, Pfahlherstellung und Dichtungsschürzen aus sich überschneidenden oder berührenden Einzelpfählen. Die Herstellung ist bei weichem, grabfähigem Grund völlig erschütterungsfrei. Die Bohrgeschwindigkeit erreicht bei günstigem Boden 6 m/Std.

Auf der Baustelle können die Maschinen durch ein sinnreiches Schreitsystem den Stellungswechsel selbst vornehmen; der Transport von Ort zu Ort geschieht durch Sattelschlepper oder Lastwagen mit 30 bis 40 km/Std. je nach Straße.

Ausführungen. Wertvolle Erfahrungen sind in Le Havre gewonnen.[1]

Hier ist vor allem ein Versuch von besonderem Interesse, den man mit Stahlbetonrohren an Stelle der Stahlrohre machte. Auch diese konnten nur in Schüssen hergestellt werden, deren Verbindung in befriedigender Weise mit 10 mm starken Stahlrohrstutzen erprobt wurde, die einerseits an die Bewehrung der Rohre geschweißt waren und andererseits 20 cm aus dem Betonmantel hervorragten und stumpf gegeneinander geschweißt wurden. Eine nicht zu lösende Schwierigkeit ergab sich jedoch in dem schweren Gelände beim Eindrehen der Betonrohre, weil es nicht gelang, die Schelle in solch einwandfreien Kontakt mit dem Rohr zu bringen, daß ein normales gleitfreies Bewegen der Betonrohre möglich war. Selbst Bremsbackenbelag reichte nicht aus. Bei den rauhen Rohren konzentrierte sich die Kraft auf wenige Punkte des Mantels, die Rohre verformten sich und zersprangen bei einem Drehmoment von 50 tm, während die Verrohrmaschine bei Stahlrohren bis 100 tm Drehmoment ausübte. Zu berücksichtigen ist, daß es sich um schweren Untergrund mit Trümmern, Holz und Hafenrelikten handelte, der auch allen anderen Arbeiten große Schwierigkeiten machte. Auf einer Nachbarbaustelle wurden dagegen Stahlbetonrohre 1 m Durchmesser bestehend aus 5 m-Schüssen bis zu 15 m Tiefe mit Benoto-Geräten abgesenkt, wobei infolge des leichten Bodens teilweise sogar auf das Drehen verzichtet werden konnte.

Es ist fraglos möglich, die bei Stahlbetonrohren höhere Reibung im Boden durch Herstellung einer glatten Wandung (Stahlschalung) oder gar durch einen thixotropen Mantel zu vermindern bzw. auszuschalten ebenso wie die Griffigkeit der Schelle durch eine Verbesserung des Belages (Kunststoff, Gummi) erhöht werden kann.

Versuche dieser Art und Fortschritte mit Stahlbetonrohren sind bei den zahlreichen Besitzern von Benoto-Geräten in aller Welt mit Sicherheit zu erwarten.

---

[1] Pierre D. Cot: Wiederaufbau der Bellot- und Eure-Kais in Le Havre. Travaux (Januar 1953).

Benoto-Pfähle können auch als Zugpfähle ausgebildet werden. Hierfür kommt dann eine in den Rohrmänteln angeordnete schußweise verlängerbare Spannbewehrung in Frage.

Der normale Bohrpfahl. Eine Ausführung, die man schlicht als Bohrpfahl bezeichnet, ist das Einbringen von Rohren im normalen Bohrverfahren, das Einsetzen eines Bewehrungskorbes und das Betonieren mit Schüttrohren im Kontraktorverfahren, wobei die Rohre wieder gezogen werden. Durch Klopfen am Rohr und Rütteln an der Bewehrung sucht man eine Verdichtung des Betons zu erzielen, jedoch ist das Ergebnis nicht befriedigend. Es wird ein Weichbeton verarbeitet, der sich zwar gut verteilt, dessen Qualität aber meist nicht sehr hoch ist. Derartige Pfähle zeigen hohe Anfangssetzung und werden daher nur mit geringer Tragfähigkeit zugelassen. Im Hamburg gibt die baubehördliche Zulassung folgende Werte:

24 cm Durchmesser	Länge bis 8 m	zulässige Last 14 t
28 cm Durchmesser	Länge bis 10 m	zulässige Last 18 t
32 cm Durchmesser	Länge bis 12 m	zulässige Last 22 t
37 cm Durchmesser	Länge bis 14 m	zulässige Last 27 t

Verbesserungen bei der Herstellung dieses Pfahlprinzips ergaben zahlreiche, meist zunächst durch Patent geschützten Systeme, die in dieser Übersicht teilweise aufgeführt sind.

Es setzt sich immer mehr die Erkenntnis durch, daß die primitiv hergestellten Bohrpfähle im ganzen unzureichend sind und voller Risiko stecken, so daß man ihre Tragfähigkeit nur gering ansetzen kann. Es ist zu empfehlen, zu dem Kapitel „Bohrpfahl" die Ausführungen eines anerkannten Altmeisters der Pfahlgründung zu beherzigen.[1]

„Man kann zur Beurteilung des primitiven Bohrpfahles wohl so sagen: Der Bohrpfahl, wie er von vielen Bohrmeistern hergestellt wird, berechtigt zu jedem Zweifel. Ein Rohr, das bis zum tragfähigen Grund ausgeräumt ist, erhält einen Bewehrungskorb und dann eimerweise den Beton eingefüllt, der des Grundwassers wegen recht breiig angemacht ist. Bestenfalls wird mit einer Rundeisenstange etwas darin herumgestochert und dann das Rohr gezogen. Eine solche Herstellungsweise ist dem Verfasser wiederholt begegnet. Solange geringe Lasten auftreten, braucht ein Schaden nicht einzutreten, wenn aber ein solcher Pfahl — wie es oft vorkommt — als Zusatzpfahl zu einem Rammpfahl, der nicht fest genug geworden ist, gesetzt wird, weil die schwere Ramme im Akkord längst weitergesetzt wurde, dann ist das geradesogut, als wenn nichts geschehen wäre. Also Vorsicht mit Bohrpfählen ohne System."

Colcret-Pfahlherstellung. Seit einigen Jahren wird die Herstellung von Colcret-Beton auch für Pfahlgründungen propagiert. Beim Colcret-Beton wird den zuvor oder gleichzeitig eingebrachten Zuschlagstoffen ein kolloidaler Mörtel beigegeben. Während normaler Beton etwa 0,8 m³ Grobzuschläge enthält, enthält Colcret-Beton 1 m³ Zuschläge und nur die Hohlräume füllt der sehr flüssige kolloidale Mörtel aus. Durch geeignete Kornzusammensetzung kann der Hohlraumgehalt auf ein Minimum gebracht werden, wodurch erhebliche Zementeinsparungen ermöglicht werden. Außerdem geht nur die Mörtelmenge durch den Spezialmischer. Da der Mörtel sich nicht mit stehendem oder langsam fließendem Wasser mischt (bis zu Geschwindigkeiten von 1,2 bis 1,5 m/Sek. wurden keine Entmischungen beobachtet), ist die Anwendung auch unter Wasser möglich. Die bemerkenswerte Eigenschaft des kolloidalen Mörtels ist eine wesentlich höhere Haftfestigkeit, als sie normaler Mörtel besitzt. Auf dieser Grundlage wird eine Pfahlherstellung nach dem Schema der Abb. 239 möglich.

---

[1] ADOLF MAST: 50 Jahre Umgang mit Pfahlgründungen. Wiesbaden: Bauverlag.

Wenn bei der Herstellung, insbesondere beim Ziehen der Mantelrohre, sachgemäß vorgegangen wird (Rütteln), so dürfte ein hervorragend dichter Beton entstehen bei einem Minimum an Zementverbrauch. Pfähle dieser Art scheinen in der Entwicklung zu stehen. Genauere Angaben können daher noch nicht gemacht werden.

Drilled-in Caissons. Rammbohrpfahl der Drilled-in Caisson Corporation, New York, einer Tochtergesellschaft der Firmen Spencer, White & Prentis Inc. und der Western Foundation Co., die beide als Großbauunternehmen über die USA und Kanada verteilte Niederlassungen betreiben.

Der Pfahl besteht aus einem Stahlrohr von 60 bis 75 cm Durchmesser, 8 bis 12 mm dick, mit Betonfüllung, bei dem für schwere Lasten noch ein tragendes I-Stahlprofil, max. bis etwa 60 cm Diagonallänge, eingeführt werden kann. Das Rohr erhält eine ringförmige Stahlschneide von 45 cm Höhe, die einzelnen Schüsse werden durch eine 30 cm lange und 9 mm dicke Hülse muffenartig verschweißt, wobei die Rohrquerschnitte plan aufeinanderstehen. Der Beton ist B 280. Das Niederbringen geschieht durch Rammung. Das Wesen dieser Pfähle ist ihre Einbindung in die tragende Schicht, meist Fels oder sehr harte, nicht mehr rammbare Schicht, die durch Bohrung aus dem Rohr

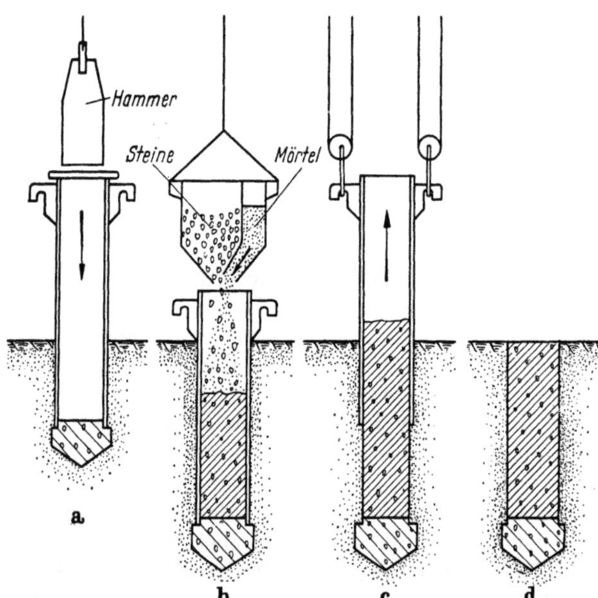

Abb. 239. Herstellungsschema der Colerete-Pfähle. a Rammung des Mantelrohres mit verlorener Spitze; b Betonierung; c Ziehen des Rohres; d fertiger Pfahl

heraus in bestimmter Länge mit dem Innendurchmesser der Rohre fortgesetzt wird. Die Abweichung der Pfähle aus dem Lot soll weder am Fuß noch auf der Strecke zwischen Kopf und Fuß mehr als $1\frac{1}{2}\%$ der Länge betragen. Sobald die Schneide den festen Fels erreicht hat, wird durch Ausräumung, Bohren und erneute Rammung zunächst ein festes Einbinden der Schneide erreicht. Dann wird mit Bohrgerät die Verlängerung in den Fels niedergebracht. In manchen Fällen wird bei trockenem Schacht ein Kontrolleur zur persönlichen Inaugenscheinnahme im Rohr hinuntergelassen. Wenn der Wasserandrang aus dem Fels stark ist, wird ein Wasserüberdruck im Rohr gehalten, um den Unterwasserbeton der Einbindelänge in ruhigem Wasser absetzen zu können.

Schrägpfähle bis 1 : 6 sind schon mit Erfolg gebohrt, wo dies der Boden nicht zuläßt (weiche Schichten), greift man zu anderen Pfahlprofilen, meist I-Stahlpfählen.

Zur Lastübertragung wird nur die Einbindelänge im Fels herangezogen, und zwar nicht nur die Aufstandsfläche, sondern auch die Umfangsfläche, für welche Haftspannungen je nach Felsart gelten. In New York ist z. B. für den Manhattan-Schiefer eine Haftspannung von 28 kg/cm² auf Zug versuchsweise angesetzt, ohne daß die Grenze der Haftung erreicht war. Man hat daraufhin auf Druck eine Mantelreibung von 14 kg/cm² bei gesundem festem Fels zugelassen, bei mittlerem

Gestein 10 kg/cm². Man geht bei diesen Zahlen von der Annahme aus, daß sich im Fels eine kegelförmige Druckverteilung unter 45° einstellt.

Die Abb. 240 a u. b zeigen Pfähle unter Stahl bzw. Stahlbetonkonstruktionen. Aus einer Referenzliste geht hervor, daß Pfähle dieser Art bis zur Belastung von 1800 t, Tiefen bis zum Fels von 57 m mit Einbindungen bis 3,3 m Bohrtiefe ausgeführt sind.

Der Franki-Pfahl. Der *normale Franki-Pfahl* ist ein Ortbetonpfahl, bei dem ein Stahlrohr mittels eines etwa 1 m hohen Betonpfropfens, der nach einigen Stampfschlägen das Rohr unten wasserdicht verschließt und ihm als Pfahlspitze dient,

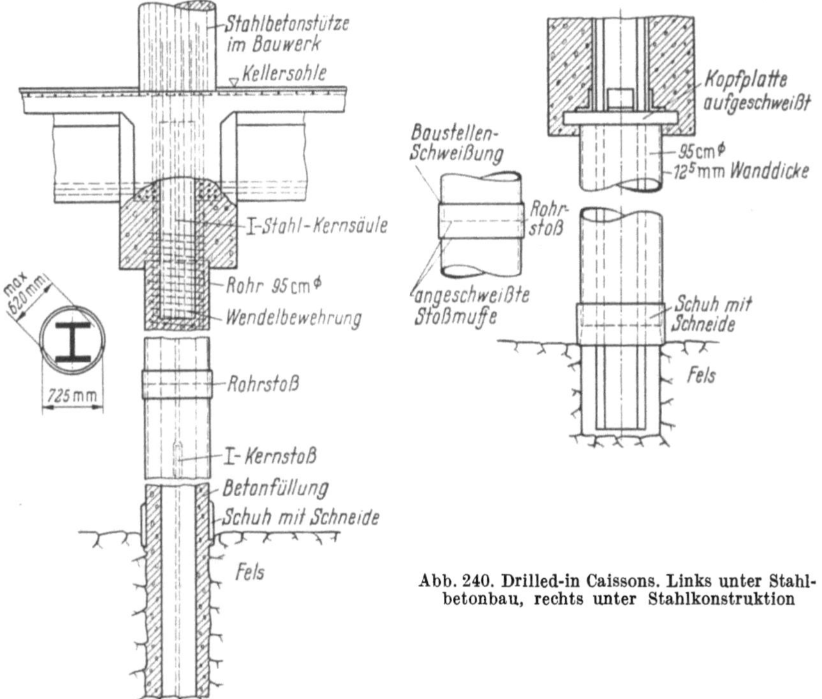

Abb. 240. Drilled-in Caissons. Links unter Stahlbetonbau, rechts unter Stahlkonstruktion

durch Innenrammung mit Fallhöhen eines Bären von 6 bis 7 m in den Boden gezogen wird. Zunächst ist der Pfahl beim Einbringen ein Verdrängungspfahl. Dann wird unter schrittweiser Füllung und Rammstampfung des Betons das Rohr gezogen, wobei die intensive Stampfarbeit des Bären bei 3 bis 4 m Fallhöhe den Beton aus dem Rohr treibt, einen Pfahlfuß bildet und den Schaftbeton zum festen Anliegen an den schon durch die echte Pfahlrammung verdichteten Boden bringt (Wulstbildung), der hierbei weiter verdichtet wird. Die Abb. 241 zeigt die Herstellung in den verschiedenen Phasen. Der Pfahl kann als Gradpfahl und als schräger Pfahl (bis 4 : 1 ausgeführt) mit Rohren von 30 bis 50 cm Durchmesser und darüber hergestellt werden. Die Bärgewichte betragen 1,2 bis 3,0 t, der Durchmesser des Pfahles wird bei bindigen Böden nur wenig größer als der Rohrdurchmesser ausgeführt, da bei diesen Schichten die Mantelreibung selten eine Rolle spielt. In rolligen Böden wird dagegen möglichst stark ausgestampft, d. h., die Anpassung an die Bodenart ist im Hinblick auf die zusammengesetzte Tragfähigkeit außerordentlich gut.

Die nach statischen Erfordernissen gewählte, bei großen Längen evtl. geschweißte Bewehrung aus Längsstäben und Wendelumschnürung beeinträchtigt die Arbeit des Bären in keiner Weise. Sie ist so bemessen, daß die Stäbe nicht unter der Querbewegung des Betons ausbiegen können.

Für die Herstellung der Pfähle sind eine Reihe von Spezialrammen entwickelt, die auch die bis 130 t gehenden Zugkräfte für das Ziehen der Rohre

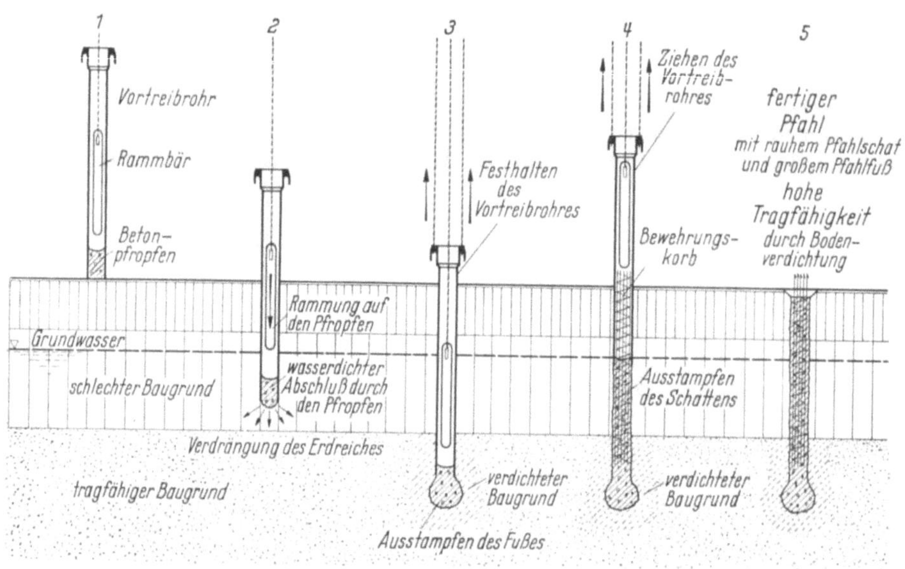

Abb. 241. Die Herstellung des Franki-Pfahles

leisten (Abb. 242). Da die Rohre fast beliebig verlängert werden können, ist die Nutzhöhe der Rammen auf 10 bis 14 m begrenzt, es sind jedoch Franki-Pfähle

Abb. 242. Franki-Pfahl-Ramme

bis 30 m, durch Aufsatzrohre, hergestellt. Leichte Rammen mit Elektro- und Dieselantrieb werden unzerlegt befördert, schwere Geräte mit Dampfantrieb

(Kohle oder Ölfeuerung) können am Verwendungsort in wenigen Stunden montiert werden. Der kleine Transport auf der Baustelle kann auf Schienen, wie bei anderen Rammen, oder durch hydraulisch angetriebene Schreitwerke erfolgen.

Die Betongüte an untersuchten Pfählen ergab beispielsweise folgende Werte:

$\gamma = 2{,}45$ t/m³ Wasseraufnahme 0,73 %, Prüfung auf Wasserdurchlässigkeit eines Würfels 20 × 20 cm, bei 50 atü ergab völlige Dichtigkeit. Die Druckfestigkeit war im Mittel 544 kg/cm².

Die Tragfähigkeit ist hoch. Die bleibenden Setzungen bewegen sich in Millimetergrenzen. Zugelassen sind ohne Probebelastung für den 40 cm-∅-Pfahl 100 t, für den 50 cm-∅-Pfahl 160 t.

Der Franki-Hülsenpfahl. Bei weichen oberen Bodenschichten würde der Beton in den Boden getrieben, ohne einen festen Pfahl zu ergeben. Für solche Fälle wird mit der Bewehrung ein auf die Länge dieser Schichten bemessenes dünneres Hülsenrohr eingesetzt, das mit der Bewehrung fest verbunden ist. Die Hülse läßt eine Stampfung mit dem Innenbär nicht mehr zu, daher wird, wenn der untere Teil des Pfahles in der üblichen Weise hergestellt ist, der Pfahl in der Hülse wie ein Bohrpfahl ausbetoniert und das Vortreibrohr gezogen. Durch den unteren echten Franki-Pfahlteil ist jedoch gewährleistet, daß der Beton der Hülsenstrecke im Trockenen hergestellt wird. Tragfähigkeit, Pfahlfuß und Bewehrung haben die gleichen Werte wie beim Normalpfahl. Abb. 243 zeigt das System. Abb. 244 zeigt den

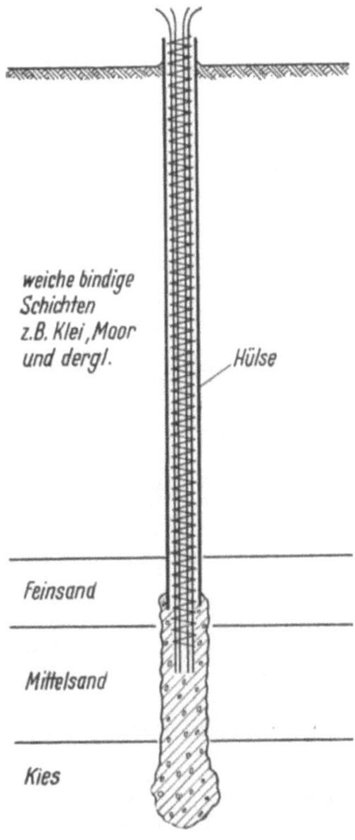

Abb. 243
System des Franki-Hülsenpfahles

Hülsenrohransatz, der, um Einrisse zu vermeiden, auf ein kurzes Ende mehrfach eingeschlitzt ist.

Der Franki-Verbundpfahl. Für Aufstandspfähle auf Fels und sehr harte Bodenschichten wird mit dem Vortreibrohr ein Pfahlfuß hergestellt, der eine satte Verbindung mit dem Untergrund ergibt. Dann wird ein vieleckiger — meist achteckiger — Fertigbetonpfahl mit einem mittleren kräftigen Rundstahldorn, der 15 bis 20 cm aus dem Pfahl heraussteht, eingesetzt und mit wenigen Rammschlägen in den Beton des Pfahlfußes eingetrieben. Nach dem vorsichtigen Ziehen des Vortreibrohres rutscht der Boden nach und umschließt den Fertigpfahl, der nunmehr als Aufstandspfahl zu bewerten ist und dessen Spitze keinesfalls, wie es bei zu stark gerammten Betonpfählen möglich ist, beschädigt sein kann. Abb. 245 zeigt das Schema der Fertigpfähle mit Fuß.

Der Franki-Rohrpfahl. Bei Gründungen im freien Wasser und hochliegender, unterstützter Konstruktion wird dieser Sonder-

Abb. 244. Freigegrabener Franki-Hülsenpfahl

pfahl aus Rohren oder auch Kastenpfählen bekannter Profile zunächst mit einem dünnen Blech am unteren Ende verschlossen und mit dem bekannten Betonpfropfen durch Innenrammung niedergebracht. Die Rohre bzw. Kastenpfähle verbleiben im Boden und werden in üblicher Weise — bewehrt bzw. unbewehrt — ausbetoniert. Der Vorteil der Innenrammung gestattet bei Rohren nur das untere rammbeanspruchte Ende von 3 m Länge mit der Wanddicke von 12 bis 15 mm auszustatten, darüber ein Rohr mit 5 bis 6 mm Wanddicke anzuwenden. Auch bei diesem Pfahltyp kann eine Fußausbildung ausgeführt werden. Die Tragfähigkeit ist mit 80 bis 120 t auszunützen. Abb. 246 zeigt einen solchen Pfahl mit vorbildlicher Fußausbildung.

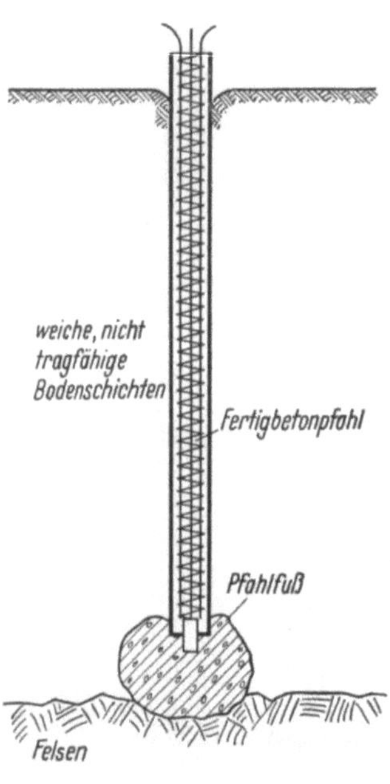

Abb. 245. Der Franki-Verbundpfahl

Der Franki-Zugpfahl. Obwohl alle Franki-Pfähle als Zugpfähle ausgebildet werden können, ist eine spezielle Zugpfahlausbildung manchmal von Interesse. Der Pfahl wird mit dem Vortreibrohr in bekannter Weise in der benötigten Länge eingebracht und der Pfahlfuß besonders groß ausgebildet. Für einen mittig anzubringenden Ankerstab oder ein Ankerseil wird ein mittig gelochter Bär verwendet, der zunächst eine Ankerplatte aus Stahl oder Fertigbeton in den Pfahlfuß einstampft. Der von dem Ankerkörper ausgehende Zuganker ist von einer Blechhülse umgeben, um die herum der Bär nun den Schaftbeton in bekannter Weise unter Ziehen des Vortreibrohres stampft. Der Anker wirkt in seiner Hülse als sog. weicher Anker (vgl. „Felsanker", S. 291) und kann nach dem Anspannen mit Mörtel oder Bitumen verpreßt werden. Der Schaftbeton wird auf diese Weise zum Spannbeton und damit von späteren Zugspannungen frei gehalten. — Der Anschluß des Pfahlschaftes an das Fundament wird entweder direkt vorgenommen (Abb. 247a), oder es bleibt ein Zwischenraum, der mit einem elastischen Zwischenmittel, wie Sand, Ton, Asphalt oder dgl., ausgefüllt wird (Abb. 247b).

Franki-Kiespfahl. Die Nützlichkeit des Franki-Pfahlgerätes mag noch durch den Hinweis auf den Verdichtungspfahl ergänzt werden, der schon 1935 von der Franki-Pfahlgesellschaft vorgeschlagen wurde. Die Herstellung ist die gleiche wie beim normalen Franki-Pfahl, jedoch werden nur die Zuschlagstoffe — in diesem Falle meist Kiessand gemischter Körnung, sofern nicht der zu verdichtende Boden eine bestimmte Kornzusammensetzung erfordert — in den Boden gestampft.

Die Verdichtung ist sehr wirksam; bei einem Großversuch konnten in ein Bodenvolumen von 420 m³ noch 340 m³ lose Masse eingestampft werden. Die Kiespfähle wiesen ein Porenvolumen von nur 17% auf. Die Erhöhung der zulässigen Tragfähigkeit wuchs von 2 kg/cm² auf über 4,5 kg/cm².

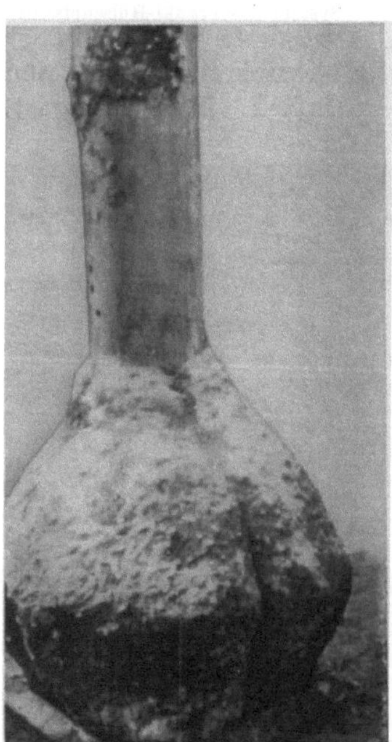

Abb. 246. Ausgegrabener Franki-Rohrpfahl mit Fuß

Der Vorgang der Verdichtung geht zweckmäßig in 2 Arbeitsgängen vor sich, indem zunächst ein weiträumiges Pfahlsystem und im zweiten Arbeitsgang ein zweites System dazwischen angesetzt wird. Da es sich um ein rein mechanisches Verdichtungsverfahren handelt, ist, wie beim Rütteldruckverfahren, die Anwesenheit von aggressivem Grundwasser völlig unbedenklich, und bei jedem verdichtungswilligen Boden kann eine beträchtliche Verringerung des Porenvolumens erzielt werden. Durch diese Möglichkeit wird eine Ausnutzung des Franki-Pfahlgerätes in Stilliegezeiten ermöglicht.

Franki-Preßrohrpfahl. Für die Unterfangung bei beschränkter Bauhöhe hat die Franki-Pfahlgesellschaft Preßrohrpfähle von 25 bis 35 cm Durchmesser mit 4 bis 6 mm dicker Wandung vorgesehen, deren unterster Schuß eine je nach Bodenart angeschärfte Spitze besitzt. Die Rohrenden werden durch eine hydraulische Presse in den Boden gedrückt, schußweise durch Schweißung verlängert und so fort, bis die tragfähige Schicht erreicht ist oder der Pressendruck eine ausreichende Tragfähigkeit beweist.

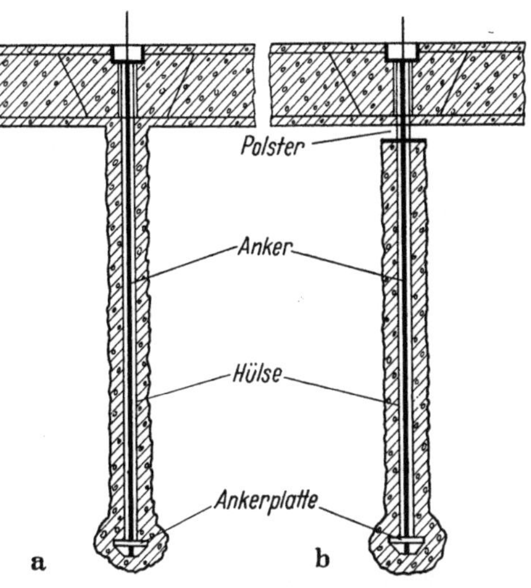

Abb. 247. a u. b. Der Franki-Zugpfahl
a und b: Siehe Text S. 258

Die Pfähle sind nur senkrecht auszuführen, erfordern eine entsprechende Gegenlast — evtl. durch tiefe Erdanker künstlich zu schaffen — und sind daher nur für Sicherungsmaßnahmen und Wiederherstellungsarbeiten wirtschaftlich vertretbar.

Spezialverfahren der Wulstbildung. Es dürfte interessieren, daß schon 1931 in dem DRP 599 931 eine Variante des Franki-Verfahrens vorgeschlagen wurde, nach welcher die Wülste schon beim Heruntertreiben der Rohre durch zeitweiliges Anhalten der Rohre und Herausrammen des Betons in bekannten, dafür geeigneten Schichten hergestellt werden, solange noch keine Bewehrung im Rohr steht. Nach Herstellung eines Wulstes wird das Rohr dann wieder losgelassen und durch den Frischbeton weitergetrieben. Beim Hochziehen des Rohres — wenn die Bewehrung eingesetzt ist — ist dann nur noch der tatsächliche Raum des Rohres auszufüllen. Die der Patentschrift entnommene Skizze (Abb. 248) zeigt, was dem Anmelder vorschwebte.

Grün & Bilfinger-Pfähle. 1. Grün & Bilfinger-Bohrpfahl. Nach dem Abbohren des Rohres in bekannter Weise wird zunächst etwaiges Wasser im Rohr durch Druckluft verdrängt und Druckluftbeton durch eine kleine Luftschleuse als Pfahlfüllung eingebracht. Nach Wegnahme der Luftschleuse wird ein Stahldeckel auf das Rohr gesetzt und der Beton mit Preßwasser unter 30 bis 60 atü zusammengedrückt, das Rohr dadurch angehoben und dabei gleichzeitig der von dem Rohr freigegebene Beton kräftig in das seitliche Erdreich gepreßt. Der fertige Pfahl weist ein dichtes Gefüge und eine wulstig rauhe Oberfläche auf. Bei weichen Bodenschichten, betonschädlichem Grundwasser und im Wasser selbst läßt man das Rohr stehen, soweit es als Schutzmantel

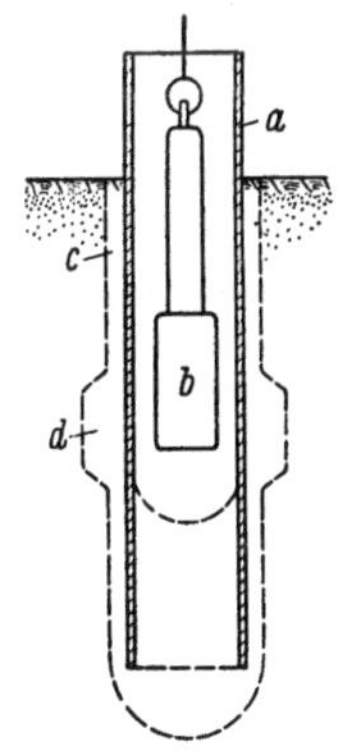

Abb. 248. Wulstbildung vor dem Einsetzen der Bewehrung
a Rohr; b Stampfer; c vorweg herausgestampft; d Wulst

bzw. als Stützpfahl zu dienen hat. Zahlreiche Ausführungen dieser Art beweisen die Brauchbarkeit der Pfähle [1].

2. Grün & Bilfinger-Rüttelbeton-Bohrpfahl. Bei diesem Verfahren wird zunächst Bohrrohr und Beton unter Druckluft eingebracht wie bei dem gewöhnlichen Bohrpfahl. Beim Ziehen wird jedoch nicht mehr mit Preßwasser gedrückt, sondern eine tiefgreifende Verdichtung wird durch eine Rüttelflasche erzielt, die am Rohr befestigt ist und wenig (etwa 30 cm) unterhalb der Rohrunterkante mit dem Rohr hochgezogen wird. Der mit Intervallen betriebene Rüttler bringt sowohl den Beton unterhalb des Rohres wie auch die Rohrmündung und damit die Betonsäule im Rohr in Schwingung. Mit Sicherheit werden Gewölbebildungen und Gefügelockerungen im Beton vermieden und der allseitig satte Anschluß an den Untergrund erreicht. Das Rütteln ermöglicht eine hohe Betongüte. Rohrdurchmesser von 32 cm bis 100 cm werden mit und ohne Bewehrung hergestellt, Neigungen bis 4 : 1 sind möglich; auch als Zugpfahl kommt die Ausführung in Frage. Zur Frage der Tragfähigkeit von Bohrpfählen dieses Systems sei auf den Aufsatz SIEMONSEN: ,,Noch einmal eine Probebelastung von Pfählen'', Beton und Stahlbetonbau 1956, Heft 2, verwiesen.

Das Verfahren ist durch eine Reihe von Anmeldungen und Patenten auf Einzelheiten der Druckluftschleuse geschützt.

Eine Variante ist das durch Patent DRP 594038 veröffentlichte Verfahren, bei dem das Rütteln ersetzt ist durch kurze harte Schläge gegen das Bohrrohr, wodurch es in Schwingungen versetzt wird, die den Beton verdichten.

System ,,Hochstrasser-Weise''. Bei diesem Ortbetonpfahl-Verfahren [2] wird ein stählernes Bohrrohr von 40 bis 150 cm $\varnothing$ in ganzer Länge zusammengeschweißt und in ein Führungsrohr eingesetzt. Ein Bohrgreifer mit erheblichem Gewicht (bei 90 cm $\varnothing$ etwa 2,5 t) arbeitet als Freifall-Einseilgreifer. Das Eintreiben der Rohre geschieht durch eine preßluftgetriebene Bohrschwinge, die oben am Rohr befestigt ist. Sie schwingt mit Schwinggewichten von 2,2 bis 3,9 t auf Kugellagern jeweils 45° und stößt dann auf einen Sperranschlag, wodurch Umsteuerung bewirkt wird und die Schwinge nach der anderen Seite den gleichen Impuls auf das Rohr überträgt. Nach der Betoneinfüllung wird das Rohr abgedeckt und mittels Preßluft und Schwingenrüttlung das Rohr gezogen, wobei der Beton gut verdichtet unten ausgepreßt wird. Die gute Betonqualität gestattet nach DIN 4014 eine um 25 bis 50% erhöhte Pfahlbelastung wie bei Preßbetonpfählen. Bei Ausführungen in der Schweiz wurden zugelassen: für $\varnothing$ 52 bis 110 t, $\varnothing$ 75 bis 260 t, $\varnothing$ 90 bis 400 t/Pfahl. Angesichts der allgemeinen Tendenz zu großformatigen Bohrpfählen dürfte der auch schon schräg ausgeführte HW-Pfahl einen bemerkenswerten Entwicklungsschritt bedeuten.

Icos-Veder-Pfähle. Diese noch zumeist im Ausland angewendete Methode ist speziell für die Herstellung von Dichtungswänden aus Beton von CH. VEDER, Mailand-Salzburg, entwickelt und hat sich in vielen Anwendungen bewährt. Darunter befindet sich auch eine Ausführung in Deutschland, die im Anschluß an eine durch Druckluft-Senkkästen gebildete unterirdische Dichtungswand zum Schutz der Ortschaft Obernzell gegen den durch das Donau-Kraftwerk Jochenstein gespannten Stauwasserspiegel der Donau die in das höhere Gelände einbindenden Landanschlüsse bildet (vgl. den Abschnitt ,,Druckluft-Senkkästen'', S. 411).

Die Herstellung der Pfähle veranschaulicht Abb. 249a bis d. Die Bohrlöcher werden durch einen Freifallmeißel, der an einem Dreibein hängt, in Lockergestein

---

[1] Es sei verwiesen auf: Die Umbauten der Jannowitzbrücke in Berlin. Bautechn. (1931) S. 255ff.; KILIAN: Die Tiefgründung der Rathausstraßen-Unterführung in Flensburg. Ebenda (1936) S. 213; Die Erneuerung der Ufermauer am Lustgarten in Berlin. Ebenda (1938) S. 361.

[2] LEDERGERBER, R.: Preßbeton-Bohrpfähle System ,,Hochstrasser-Weise''. Schweiz. Bauztg. 79 (1961), Heft 7 vom 16. Februar 1961.

und Fels geschlagen. Meißel und Bohrgestänge sind hohl und enthalten ein Rohr, durch das ständig eine flüssige Bentonitsuspension (vgl. hierzu den Abschnitt „Thixotropie", S. 436) in die Sohle des Bohrloches unter 7 bis 8 atü gepreßt wird. Das Bohrgut wird vom Flüssigkeitsstrom mit hochgerissen und auf ein Rüttelsieb geleitet, wo das grobe Gut abgefangen und die Schwer-Trübe wieder in den Bentonitbehälter zurückfließt, in dem natürlich alle verbrauchten Bentonitmengen ständig ersetzt werden. Der Bentonitschlamm dringt unter Druck in

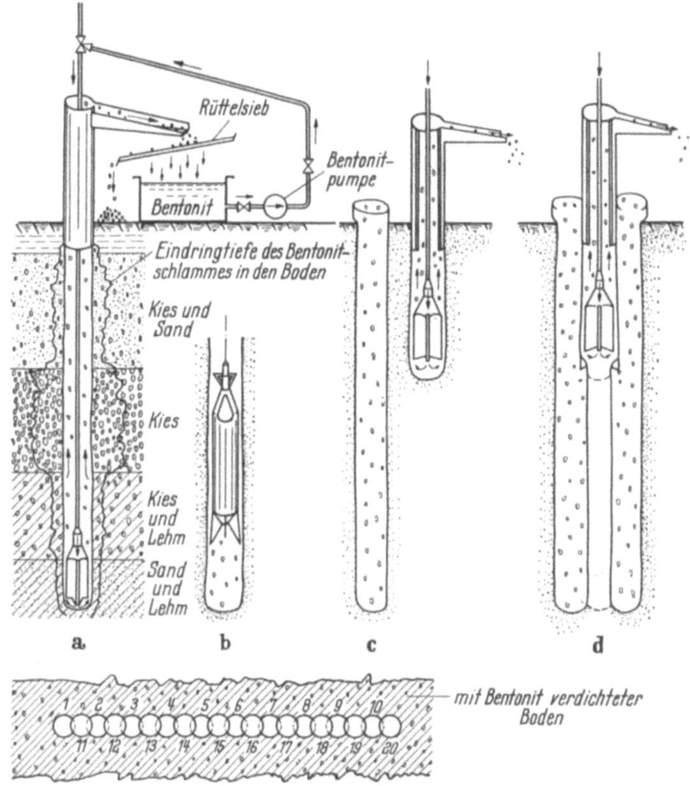

Abb. 249 a—d. Herstellung einer Wand aus Jcos-Veder-Pfählen
a Bohren; b Betonieren; c Pfahl 1 fertig, Pfahl 3 in Arbeit; d Einschalten von Pfahl 2

die Bohrlochwandung ein und füllt alle Poren aus, so daß das Bohrloch völlig standfest wird. In grobem Kies wurden Eindringungstiefen der Suspension bis 1,50 m gemessen! Wenn die gewünschte Tiefe erreicht ist, wird das Bohrloch mit Wasser gespült, bis aller loser Bentonitschlamm heraus ist, und das Spülwasser oben klar austritt. Dann wird die Bewehrung eingebracht und der Beton mit langen Rohren mit unterer Klappe als Unterwasserbeton eingebracht. Für Dichtungswände werden die Pfähle 1, 3, 5, 7 ... zuerst ausgeführt und danach die Pfähle 2, 4, 6 ... dazwischengesetzt, womit eine Wand Pfahl an Pfahl entsteht.

An anderer Stelle wurden jeweils 1 m dicke Einzelpfähle von 23 m Länge an Stelle einer Gruppe üblicher Rammpfähle ausgeführt und mit 400 t belastet. Dichtungswände erheblichen Ausmaßes sind inzwischen hergestellt, z. B. eine solche beim Wasserkraftwerk „Rocca d'Evandro" in Süditalien, wo eine 1600 m lange Wand mit 30000 m² Wandfläche für das Ausgleichsbecken entstand.

Am Sylvenstein wurde eine 94,3 m tiefe Sondierbohrung nach diesem Verfahren hergestellt, bei welcher Abweichungen der Bohrung vom Lot von nur 6 bis 7 cm gemessen wurden.

Das Verfahren wurde inzwischen so vervollkommnet, daß heute Wandstücke bis 6 m Länge in einem Zuge betoniert werden können. Es werden zunächst Pfahlbohrungen im Abstand von 1 m niedergebracht und das Material der Zwischenräume mit Spezialgerät entfernt unter sofortiger Verfüllung mit Bentonitschlamm. Der am Ende vorhandene 6 m breite Schlitz in Pfahldicke und bis 20 m Tiefe wird nun durch Verdrängung des Bentonitschlammes von unten her vollbetoniert. Eine Bewehrung ist möglich.

Eine ganze Reihe wohlgelungener Pfahlwände aus Bohrpfählen dicht an dicht wurden von der französischen Bauunternehmung „Sondages, Etanchements, Consolidations, Procédés Rodio" ausgeführt. Die Fa. wird heute von der Firma „Entreprise de Fondations et Travaux hydrauliques" fortgeführt.[1]

Keller-Rüttelfußpfahl. Die Firma Keller GmbH., Frankfurt a. M., hat ihr Rütteldruckverfahren (vgl. S. 31 im Abschnitt „Bodenverdichtung") aus-

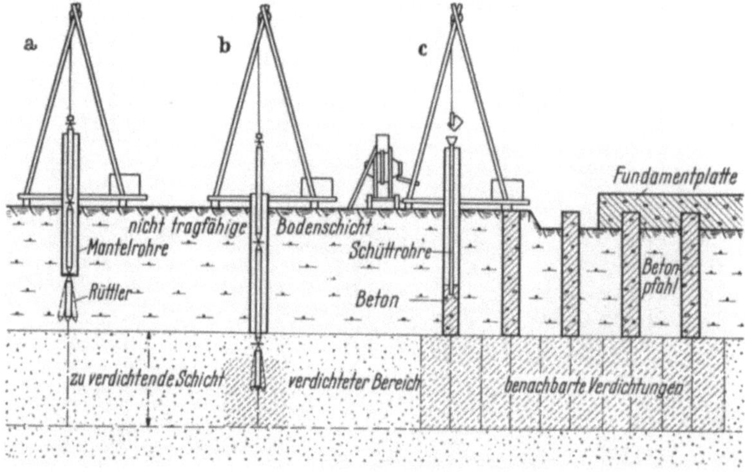

Abb. 250. Der Keller-Rüttelfußpfahl. a Rohrabsenken; b Untergrundverdichtung; c Kontraktorbeton

geweitet auf die Herstellung von Ortbetonpfählen. Hierbei wird ein Bohrrohr mit dem Rüttler nach Patent 1 012 264 u. a. in den Untergrund versenkt, wobei das Bohrgut durch den Spülstrom teilweise gefördert, teilweise aber durch Verdichtung verdrängt wird. Wenn die Gründungstiefe erreicht ist, wird der Rüttler in den an sich tragfähigen Grund noch etwa 5 m weiter versenkt und verdichtet selbst noch gewachsene Böden in größeren Tiefen. Der Zugabesand wird während dieser Arbeitsperiode durch das Bohrrohr nachgefüllt. Nach hinreichender Verdichtung wird der Rüttler ausgefahren und der Pfahl im Schutz des unteren Endes des dabei langsam gezogenen Mantelrohres nach Bedarf mit oder ohne Bewehrung im Kontraktorverfahren ausbetoniert. Abb. 250 zeigt den Vorgang in schematischer Darstellung.

Der wesentliche Vorteil des Verfahrens liegt in der gleichmäßig verdichteten Schicht unter den Pfahlfüßen, wodurch Setzungsunterschiede so gut wie ausgeschlossen werden. Die Tragfähigkeit der Pfähle ist gesteigert und damit die Mindestpfahlzahl erreichbar. Ein Belastungsversuch ergab für einen Pfahl von 62 cm Durchmesser bei einer bleibenden Einsenkung von nur 10 mm eine Tragfähigkeit von 190 t. Durch Erhöhung der Dichtigkeit des Bodens um den Pfahl

<hr>

[1] Anonym: Les parois de pieux forés jointifs et quelques-unes de leurs applications. Sci. et Ind., Edition Travaux (Décembre 1941).

herum konnte die Tragfähigkeit noch um weitere 10% gesteigert werden. Da nur rollige Böden verdichtungswillig sind, ist das Verfahren auf solche Schichten in der Gründungstiefe beschränkt. Eine Verkürzung der Pfähle bei reinen Sandschichten ist aber sehr gut möglich.

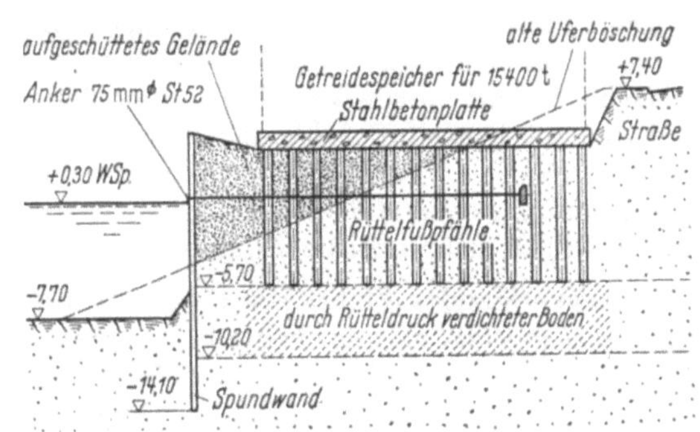

Abb. 251. Beispiel einer Rüttelfußpfahlgründung hinter hoher Uferwand

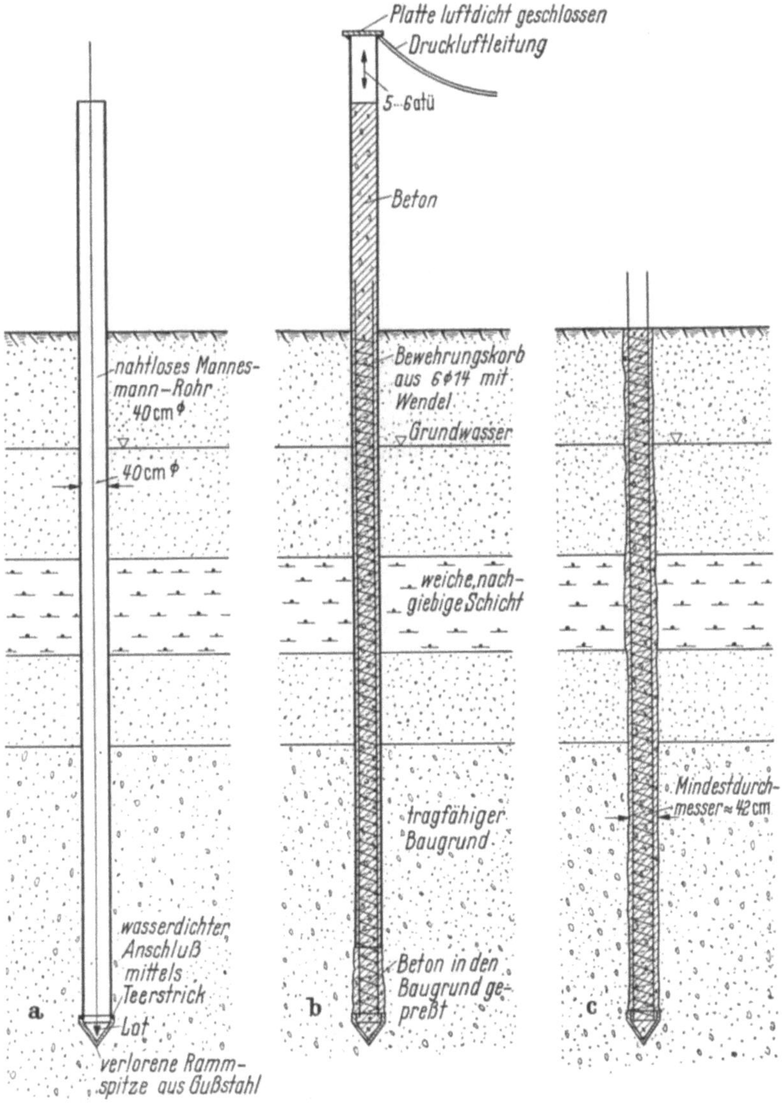

Abb. 252. Köhncke-Simplex-Pfahl. a Rammung des Rohres mit verlorener Spitze; b bewehrt und mit Beton gefülltes Mantelrohr unter Druckluft ziehen; c fertiger Preßpfahl

Die erste Ausführung dieser Pfahlart beim Erweiterungsbau der Rolands-
mühle in Bremen ergab schon einen überzeugenden Eindruck des technischen
Fortschrittes mit diesem Verfahren. Statt 950 Bohrpfähle normaler Ausführung
genügten 400 Rüttelfußpfähle $\varnothing$ 62 mit je 100 t Traglast auf Grund von Probebelastungen. Die Pfahllänge von 9 m war durch die Verhältnisse der Hafen-
spundwand gegeben, die verdichtete Zone unter den Pfählen konnte überdies
keinen Druck mehr auf die Spundwand ausüben (Abb. 251).

Köhncke-Simplex-Pfahl. Die Firma *Köhncke & Co.*, Bremen, stellt seit 1905
den *Simplex-Pfahl* her, der heute in folgender mehrfach verbesserter Form ausgeführt wird.

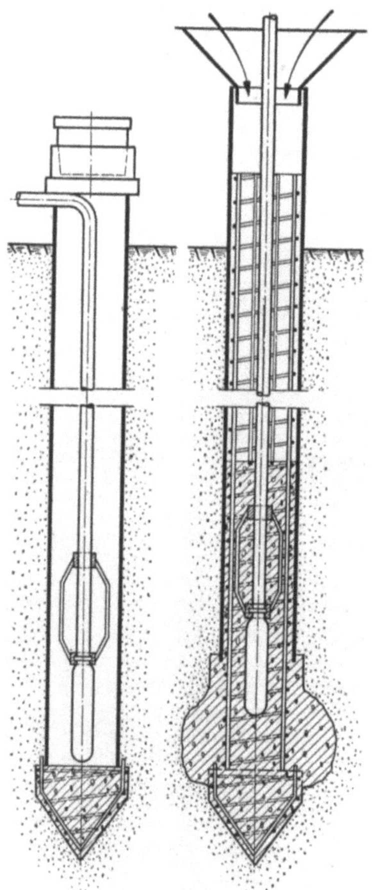

Abb. 253. Krötz-Rüttelpfahl

Es wird ein Mannesmann-Rohr von 40 cm
Durchmesser, 18 mm Wandstärke, mit ab-
lösbarer Gußstahlspitze, die durch eine Teer-
taueinlage wasserdicht an das Rammrohr
angeschlossen ist, gerammt. Dadurch wird
der Boden der Umgebung verdichtet. In das
absolut trockene Rohr wird die Bewehrung
(meist 6 $\varnothing$ 14 Thorstahl) mit Wendelumschnürung von 5 oder 6 mm Durchmesser
und einer oberen Ganghöhe von 10 cm,
einer unteren von 15 cm, eingestellt und
Beton B 300 mit Schüttrohr eingebracht.
Dann wird der Beton im Schutz eines
Verschlußdeckels mit Preßluft von 6 atü
Anfangsdruck abgedrückt und das Rohr
unter Verlust der Rammspitze gezogen.[1]

Der Schaftdurchmesser in nichtbindigen
Böden beträgt etwa 42 cm, in weichen
Schichten mehr. Die Pfahlspitze hat wegen
der Lösbarkeit einen gewissen Überstand
über das Rohr (45,5 cm Durchmesser), so
daß ein größerer Pfahllochdurchmesser stets
vorhanden sein muß. Trotzdem ist erfahrungsgemäß für das Ziehen des Rammrohres
der innere Luftdruck nicht ausreichend, der
bei 4 bis 5 bis 6 atü entsprechend 5,05
bis 6,3 bis 7,55 t Zug nach oben bewirkt, es
muß vielmehr noch durch Hebezug mechanisch nachgeholfen werden. Ein überschnelles
Ziehen der Pfähle wird natürlich sorgsam vermieden. Abb. 252 zeigt die Herstellungsfolge.

Im Jahre 1953 durchgeführte Probebelastungen bei Pfählen, deren Ziehen in
den letzten Hitzen noch 7 cm betrug (Schlagarbeit 2 tm), die aber aus anderen
Gründen nicht tiefer gerammt werden durften, ergaben Grenzbelastungen
zwischen 160 und 190 t und zeigen einen hohen Wert der Mantelreibung. 1956
konnten solche Ergebnisse bei Pfählen bestätigt werden, die unter gleichen
Voraussetzungen noch 3,5 und 4 cm Ziehen aufwiesen und Grenzlasten von
über 200 t trugen.

---

[1] Bis 1948 wurde der Simplex-Pfahl ohne Verwendung von Preßluft hergestellt. Die
Firma Köhncke teilte mit, daß die noch öfter erwähnte Alligatorspitze von ihr nie angewandt worden ist; dagegen kann die Wayss & Freytag KG auf zahlreiche frühere Ausführungen hinweisen.

Bohrpfähle der Bauunternehmung Dipl.-Ing. Hans Krötz, München. a) Rüttelpfahl. Diese Unternehmung verwendet den Rüttelpfahl, System Zeissl-Krötz, den Abb. 253 darstellt.

Es ist dies ein Ortbetonpfahl ohne bleibende Verrohrung. Er wird durch Rammung des Rohres mit einer verlorenen Stahlbetonspitze, bei schwerem Baugrund (Hindernisse) auch mit Stahlspitze, hergestellt. Der Beton wird mit Aufsatztrichter in der trockenen Qualität eines Rüttelbetons eingefüllt und durch eine Rüttelflasche, die zur Hälfte im Rohr, zur Hälfte unter dem Rohr hängt, verdichtet. Dadurch wird erreicht, daß der durch Rütteln erzielte Verflüssigungsgrad schon im Rohr ansetzt und ein Abreißen der durch einen

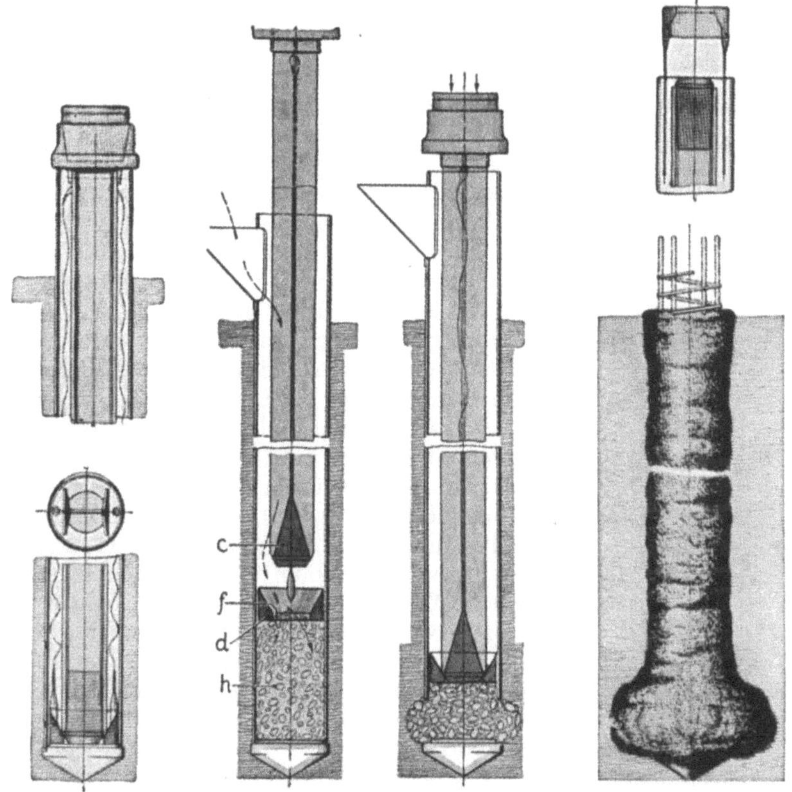

Abb. 254. Der Expreßpfahl „System Stern". Herstellung siehe Text
c Scheibenkolben; *f* Füllöffnung; *d* Ringkolben; *h* Betonfüllung vor erster Stampfung

Schwimmer kontrollierten Betonsäule beim Ziehen des Rohres nicht eintritt. Gleichzeitig wird die Rüttelwirkung auf die Bodenwandung übertragen und die bestmögliche Haftung und Wulstbildung erzielt. Bei bewehrten Pfählen arbeitet die Flasche innerhalb des Bewehrungskorbes und wird durch Führungsbügel vor der direkten Berührung mit der Bewehrung geschützt. Auch Schrägpfähle bis 1 : 5 werden mit Bewehrung hergestellt. Die Tragfähigkeit bei gutem Boden kann je nach Durchmesser bis auf 150 t gebracht werden.

b) Der Expreßpfahl, „System Stern" (wie ihn auch die Mast AG und Mast-GmbH verwenden), ist ebenfalls ein Ortbetonpfahl ohne bleibende Verrohrung. Das Rohr von normal 47 cm Durchmesser wird mit verlorener Spitze eingerammt und dann ein erster Teil Beton eingefüllt (Abb. 254). Im Rohr befindet sich ein Gestänge aus einem Breitflanschträger, das mit einem Scheibenkolben auf einem Ringkolben aufsitzt. Beim Hochziehen des Trägers folgt der

Ringkolben durch Drahtseilanschluß dem Gestänge mit rund 40 cm Abstand, wodurch die Öffnung im Ringkolben frei wird. Der schneidenartig an der inneren Rohrwandung anliegende Ringkolben streift den Beton ab, der nun in den unteren Raum gleitet. Damit ist die Gefahr einer unterschiedlichen Betonsteife ausgeräumt. Das Gestänge wird nun wieder abgesenkt und verschließt den Ringkolben. Es ruht nun das Gewicht des Gestänges, des Schlagkopfes und des Bären mit zusammen etwa 6 t auf dem Frischbeton, und durch Rammschläge kann die Verdichtung und das Ausstampfen des Betons aus dem Rohr zur Fuß- und Wulstbildung in kontrollierbarem Maße vorgenommen werden. Es sind Schafterweiterungen bis 1,50 m Durchmesser möglich und bei entsprechendem Boden noch größere Abmessungen zu erzielen. Durch besondere Vorrichtungen (patentiert) kann das Rammrohr beim Ziehen am unteren Ende gefaßt werden, wodurch das Rammgerüst im Oberteil entlastet wird.

Der Pfahl kann in der Neigung bis 1 : 5 hergestellt werden. Eine Kopfbewehrung wird zum Anschluß an das Bauwerk mittels eines besonderen Führungskorbes eingebracht.

Auch bei diesem Pfahl sind hohe Traglasten von 80 bis 100 t mit Sicherheit aufzunehmen.

Der konische Hülsenpfahl, DRP der Fa. Krötz, München, ist ein Ortbetonpfahl, bei welchem mittels eines festen konischen Kernes aus Stahlrohr die aus einzelnen Schüssen bestehende teleskopartig ausgebildeten konischen Hülsen in den Boden gerammt werden. Lüftungsschlitze zwischen Kern und Hülse ermöglichen ein leichtes Ausheben des Rammdornes, wonach die im Boden verbleibende Hülse in üblicher Weise ausbetoniert wird. Eine Stahlbewehrung kann vorher eingesetzt werden. Die Hülsen bieten einen guten Schutz gegen aggressive Grundwässer und können vor dem Rammen außen und innen, nach dem Rammen auch innen noch mit einem Isolieranstrich versehen werden. Abb. 255 zeigt schematisch dieses Pfahlsystem.[1]

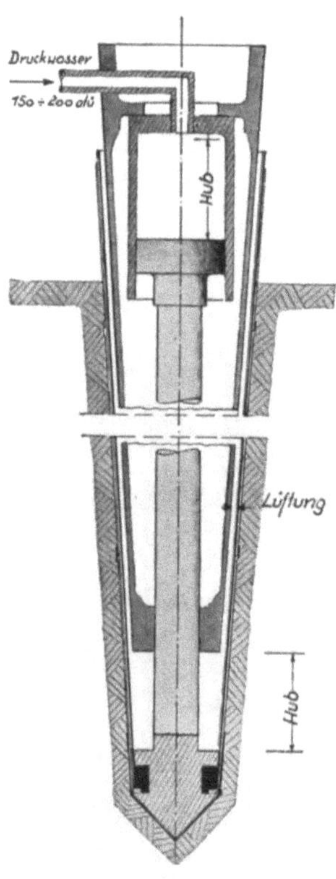

Abb. 255. Krötz-konischer Hülsenpfahl

Lidberg-Pfahlgründung. Dieser schwedische Ortbetonpfahl mit 50 cm Durchmesser besteht aus einem 3 mm Pfahlschuh, in dem ein mehrteiliger 700 kg schwerer Rammfuß steht. Ein Schlagpfahl aus 8 mm Blech und 4 m langen Schüssen wird auf den Rammfuß aufgesetzt und um dieses Rammelement herum schußweise ein dreiteiliger Pfahlmantel mit 50 cm Innendurchmesser montiert, dessen Längsnähte durch äußere Schloßschienen verriegelt sind. Nach dem Rammen wird der Schlagpfahl, der bei langen Pfählen gegen die äußere Form abgestützt wird, gezogen, und mit ihm geht zunächst das Kernstück des Rammfußes hoch, dem dann die 6 Außenteile des Rammfußes nach innen zusammenklappend folgen. Dadurch ist der Rammfuß, obwohl er 60 cm Durchmesser hat, durch den Schaft von 50 cm wieder hochzuholen. Das nun leere Rohr wird, sofern nicht vorher geschehen, innen eingeölt, mit Bewehrung besetzt und vollbetoniert. Nach dem Erhärten des Betons wird der Pfahlmantel entfernt, indem zunächst die Schloß-

---

[1] Es sei an dieser Stelle auf einen amerikanischen konischen Hülsenpfahl mit spreizbarem Rammdorn hingewiesen, der schon im Abschnitt „Rammen" — S. 234 — behandelt ist, bei dem es sich um einen echten Ortbetonpfahl handelt.

schienen gezogen werden und dann die 120° Segmente. Die Abb. 256 a bis c zeigt
den Pfahlschuh, den Rammfuß und das Hochnehmen des Rammfußes. Der Pfahl

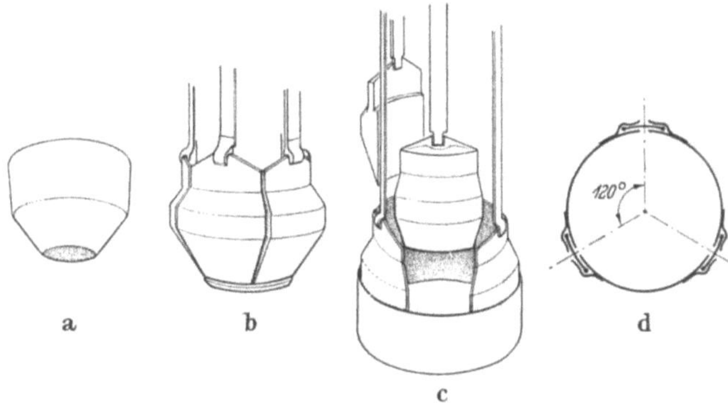

Abb. 256 a—d. Einzelheiten zum Lidberg-Ortbetonpfahl
a Pfahlschuh; b Rammfuß-Segmente; c Hochnehmen des Rammfußes; d Pfahlmantel-Querschnitt

ist ein Spitzenpfahl, da zwischen Pfahl und Gebirge keine Reibung anzusetzen ist.
Die Belastung wird mit 130 t angegeben (vgl. DAS 1 104 444).

Lorenz-Betonbohrpfahl. Hierbei handelt es sich um einen in Deutschland
sehr bekannten Mantelpfahl mit Fußverbreiterung (Abb. 257). Die Rohrschüsse werden durch Schweißung verbunden. Abb. 258 zeigt ein dem Firmen-
prospekt entnommenes
Protokoll einer Boden-
druckprüfung im Rohr
für verschiedene Tiefen.
Solange die Bohrungen
die gleichen Schichten
erkennen lassen, ist
man mit diesen Trag-
fähigkeitsannahmen
auf der sicheren Seite.
Wenn die Tiefe der
Pfahlgründung fest-
liegt, so bohrt man die
unteren 1,20 m ohne das
Mantelrohr weiter und
schneidet den Hohlraum
für den Fuß mit dem
patentierten „Lorenz-
Bohrer“, einem Stahl-
blattschneidegerät ähn-
lich dem der Abb. 235,
in der verlangten Größe
aus. Wenn die Pfähle
auf felsigem Unter-
grund aufsitzen, kann
der etwa vorhandene
Faulfels durch ent-
sprechendes Bohrgerät
durchörtert werden. Ist

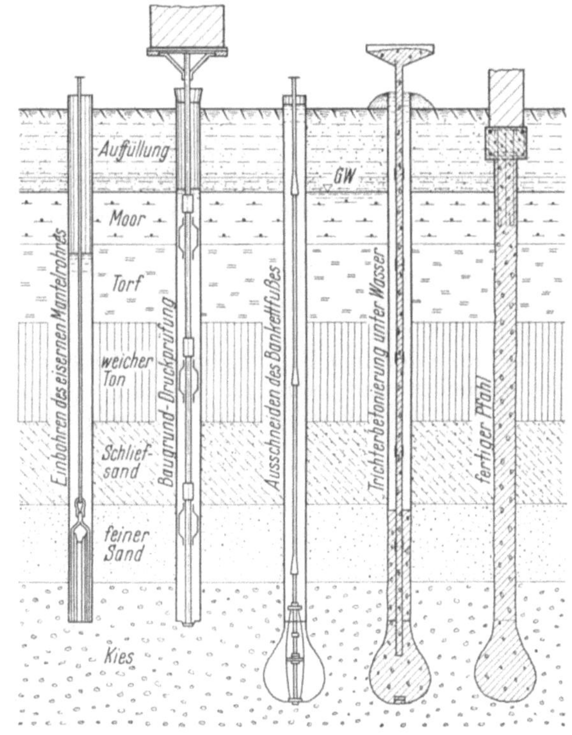

Abb. 257. Herstellung des Lorenz-Betonbohrpfahles

der Fels von Anfang an hart, kann die Oberfläche saubergespült werden und
der eingebrachte Beton liegt satt auf, ein Vorteil gegenüber Rammpfählen,
deren Spitze auf Fels leicht beschädigt werden kann.

Auch bei Sand- und Kiesschichten ist die Unterschneidung durch Aufrechterhaltung eines Wasserüberdruckes im Rohr gegenüber dem Grundwasserstand möglich; der Überdruck kann und muß gegebenenfalls durch Strömungsdruck noch verstärkt werden.

Wohl selten ist ein Ausbetonieren der Pfähle im Trockenen möglich oder nötig, zumal der Beton durch das Mantelrohr von dem umgebenden Boden getrennt bleibt. Bindemittel und Zuschlagstoffe paßt man den chemischen Verhältnissen des Untergrundes entsprechend den Vorschriften der DIN 4030 an. Im übrigen gilt für die Bemessung des Schaftquerschnittes die DIN 1045 (Stahlbeton-Bestimmungen). Das Einbringen des Betons geschieht im Kontraktorverfahren. Dadurch kommt nur der zuerst eingebrachte Beton mit dem Grundwasser — das nach oben verdrängt wird — in Berührung. Etwaige Verunreinigungen werden mit der oberen Frischbetonschicht nach

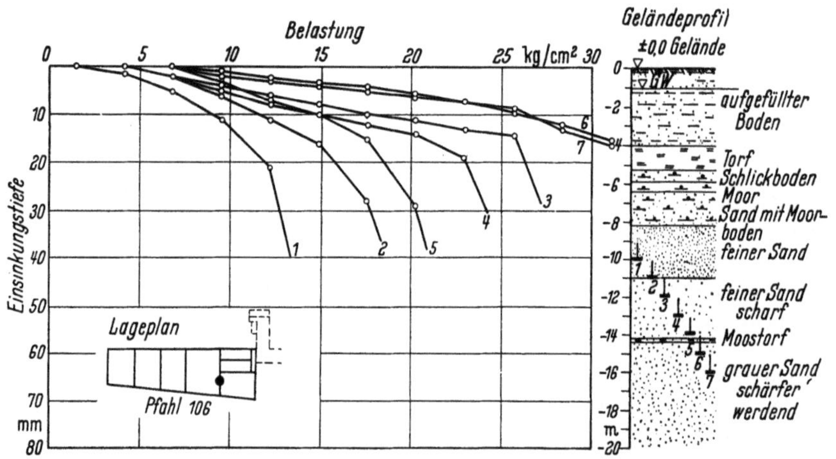

Abb. 258. Protokoll einer Bodendruckprüfung in verschiedenen Tiefen, ausgeführt in Lorentz-Bohrpfählen

oben herausgedrückt, und das Betonieren ist erst dann abgeschlossen, wenn einwandfreier Beton erscheint. Der fertige Pfahl ist damit ein homogener Betonkörper.

Der birnenförmige Fuß ergibt eine Aufstandsfläche, deren Durchmesser je nach Bodenart und zulässiger Pressung gewählt werden kann. Als Bodenpressung können vor einer Probebelastung angenommen werden

für Mergel, harten Ton u. ä. Schichten:　　　　7 bis 10 kg/cm²
für Sand- und Kiesschichten je nach Wassergehalt:　　bis 12 kg/cm²

Die Mantelreibung bleibt im allgemeinen außer Betracht, sie ist eine zusätzliche Sicherheit.

Wenn es sich um reine Druckpfähle handelt, ist gegebenenfalls eine durchgehende Bewehrung entbehrlich, wenn das Mantelrohr im Boden verbleibt, und es genügen Anschlußeisen zur Verbindung des Pfahles mit dem Fundament; andererseits kann natürlich eine durchgehende innere Bewehrung eingebracht werden. Bei Zugpfählen mit Verankerung im Pfahlfuß ist das immer der Fall, da der verdickte Pfahlfuß keine Verbindung auf Zug mit dem Mantelrohr besitzt. Bei eingespannten, einer Biegung unterworfenen Pfählen, kann eine teilweise Bewehrung zweckmäßig sein.

Das Arbeitsgebiet umfaßt alle Pfahlverwendungsmöglichkeiten für Gründungen, Unterfangungen und besonders schräge und waagerechte Spundwandverankerungen.

Die Aufstandspfähle werden in den Normalausführungen etwa nach folgender Tabelle zu bewerten sein:

Schaftdurchmesser	cm	32	40	48	und mehr	
Fußdurchmesser	cm	80	90	100	110	120
Tragfähigkeit	t	40/50	50/60	60/70	70/85	90/100

Mast-Pfähle. a) Rammpfahl, System Mast. Der unter der Bezeichnung „Rammpfahl, System Mast" bekannte Pfahl ist ein Ortbetonpfahl mit Hülsenrohr von 1,5 bis 3,5 mm Wandstärke, das dadurch in den Boden gerammt wird, daß die Pfahlspitze mit einem Betonklotz ausgefüllt und von innen mittels Rammjungfer beaufschlagt wird. Die Hülse verbleibt im Boden, sie kann nach dem Rammen mit einem inneren Bitumanstrich als Schutz versehen werden. Bei aggressivem Grundwasser oder Boden sind auch äußere Anstriche ausgeführt. Eine wirksamere Schutzzone dürfte durch Wahl einer Aluminiumblech-Hülse zu erreichen sein, wie dies dem freigegebenen Patent von CASAGRANDE entspricht (vgl. S. 185). Die glatte Außenhülse macht ihn da vorteilhaft, wo weiche Schichten zu durchfahren sind und bei Setzungen des Bodens die sog. negative Mantelreibung befürchtet wird. Üblich sind Pfähle mit 32 und 40 cm Durchmesser, zulässige Belastungen von 40 und 60 t und Längen von 15 bzw. 25 m, bei Spezialausführung auch bis 40 m.

b) Der für höhere Lasten bestimmte *„Schwerlastpfahl, System Stern–Mast"* ist der Expreßpfahl, System Stern, wie er — infolge der alphabetischen Reihenfolge der Pfahlberichte — schon unter dem Namen Krötz des näheren beschrieben ist. In seinem lesenswerten Bericht „50 Jahre Umgang mit Pfahlgründungen" schildert A. MAST, wie er diesen Pfahltyp des Wiener Baurates O. STERN in seiner Entwicklung von 1930 an beobachtete und ihn 1938 übernahm.

Für aggressive Böden ist bei diesem Pfahl kein äußerer Schutz möglich, es muß daher durch die Zuschlagstoffe und die Wahl des Zementes die Materialbeständigkeit gesichert werden. Sulfat-Hüttenzement hat sich für stark angreifende Grundwässer ausgezeichnet bewährt. Es bedarf aber in solchen Fällen der Zusammenarbeit der chemischen Laboratorien, der Zementindustrie und der Betoninstitute, um jeweils das Richtige zu finden.

Üblicherweise wird der Pfahl mit einem Rohr von 47 cm Innendurchmesser hergestellt und — wenn der Untergrund es gestattet — mit Fußverbreiterung versehen. Die zulässige Belastung mit 80 bis 120 t je nach Boden und Gründungstiefe sichert dem Pfahl eine Anwendung bei schwersten Bauwerken, Schrägausführung 5 : 1 und die Möglichkeit einer Bewehrung ergänzen den Wert des auf Spitzendruck und Mantelreibung zu beanspruchenden Pfahles.

c) System Michaelis-Mast. Nachdem ein Bohrrohr bis zur erforderlichen Tiefe eingebracht ist, wird die in einen Betonfuß vom Durchmesser des Rohrinnern endende Bewehrung eingesetzt und unter laufender Nachfüllung plastischen Betons abgesenkt. Sofern Grundwasser vorhanden ist, kann dieses durch ein im Mantelrohr aufgehendes dünnes Leitungsrohr aufsteigen. Die Füllung des Pfahles wird unter einer Abschlußhaube unter Luftdruck gesetzt und unter Drehung des Pfahlmantels in den Boden gedrückt, während das Rohr gleichzeitig herausgedrückt und gezogen wird. Durch Kontrolle des Betonverbrauches kann eine durchschnittliche Wulstbildung erkannt werden. Auch als Hülsenpfahl kann das Rohr im Boden verbleiben und als Bewehrung dienen. Entsprechend dem plastischen Beton, der Druckluftbehandlung und der nicht so sicheren Verdichtung wie beim Stampfen eines erdfeuchten Betons ist die zulässige Belastung geringer anzusetzen, aber mit 35 bis 45 t für den Pfahl 30 cm Durchmesser und mit 50 bis 60 t für den Pfahl 40 cm Durchmesser wird dieser einfache Pfahl seine Wirtschaftlichkeit stets behalten. ADOLF MAST legt in seiner erwähnten Broschüre Wert auf die Feststellung, daß derartige Pfähle nur als Vertrauenssache in Auftrag gegeben werden können, und Versager bei unsachgemäßer Handhabung bei solchen und ähnlichen Verfahren durchaus vorkommen können, und gibt wertvolle Anregungen für die sorgfältige Ausführung durch uneigennützige Mitteilung einer internen Dienstanweisung. Er schließt die Betrachtung ab mit den folgenden Ausführungen, denen jeder einen Gedanken widmen sollte, der einen Bohrpfahlauftrag (und überhaupt Bauaufträge) vergibt:

„Jedenfalls ist der sauber und einwandfrei hergestellte Preßbetonpfahl ein durchaus brauchbares Bauelement, welches aus der Gründungstechnik nicht mehr wegzudenken ist, solange der Auftraggeber die richtige Auswahl der Unternehmerfirma trifft. Läßt er sich bei dieser Auswahl durch billigste Angebote unseriöser Firmen täuschen, so ist ihm nicht zu helfen. Der gute Ruf eines einwandfrei hergestellten Bohrpfahles braucht aber unter solchen Fehlgriffen nicht zu leiden."

Mixed-in-place-Pfähle. Im Februar 1954 legte die Instrusion Prepakt Inc. Cleveland, Ohio, einer Tagung der Abt. für Bodenmechanik und Grundbau der ASCE in Atlanta einen Aufsatz vor, der über eine neue Pfahlart berichtete, die „Mixed-in-Place-Pfähle", die damals gerade auf ein Jahrzehnt der Entwicklung zurückblicken konnten.

Die Erfindung ging von dem Gedanken aus[1], daß man bei Sandboden einen unwirtschaftlichen Aufwand treibt, wenn man den Sand zunächst herausbohrt, um ihn später mit Mörtel vermischt wieder einzubauen. Nach der Erfindung brachte man nunmehr den Mörtel in den Boden. Der hierbei verwendete

Abb. 259. Gerät zur Herstellung der Mixed-in-place-Pfähle

kolloidale Intrusion Prepakt-Mörtel hat eine größere Injektionsfähigkeit und Mischbarkeit mit Boden als normaler Zementmörtel. Er enthält „Alfesil", ein sehr fein vermahlenes Quarzmehl, das mit dem beim Erhärten des Portlandzementes frei werdenden Kalk zu einer unlöslichen, feste Bestandteile bildenden Verbindung reagiert. Ferner wird ein „Intrusion-Aid" (ein Betonverflüssiger = Netzmittel) zugesetzt, das dem Gemenge die Eigenschaften einer kolloidalen Suspension verleiht, den Wasserbedarf herabsetzt, das Abbinden verzögert und das Schrumpfmaß vermindert.

Das Gerät für die Herstellung dieser Ortpfähle ist ein Turmgerüst, das auf einer Fahrzeugplattform montiert ist, die neben dem Bohrgerät alle Geräte für das Mischen und Pumpen der Mörtelsuspension trägt. Die heute in USA verfügbaren Geräte können in einem Arbeitsgang bis 9 m tiefe Pfähle herstellen, für größere Pfahllängen muß das Bohrgestänge verlängert werden. Der Rühr-

---

[1] Berichtet nach Prepakt-Reporter (März/April 1954).

und Mischkopf hat 30 bis 60 cm Durchmesser. Abb. 259 zeigt eine Maschine bei der Arbeit. Die Mörtelmasse wird den Schaufeln des Bohrkopfes durch das Drehbohrgestänge zugeführt und mit dem Boden innig vermischt. Sowohl beim Abwärtsgang wie beim Hochkommen des Rührwerkes wird Mörtel unter ständigem Rühren zugesetzt. Die Abbindeverzögerung ist so bemessen, daß auch noch Bewehrungsstäbe in die Ortbetonpfähle eingesetzt werden können, nachdem das Rührwerk gezogen ist. Hierbei kann es sich nur um kurze dicke Anschlußeisen handeln. Der Mörtelbedarf hängt vom Porenvolumen des Bodens ab und variiert von 30% bei feinem Sand und festem Ton bis etwa auf 60% bei losem Kiessand und weichem Ton. Weiche Zonen im Boden ergeben häufig seitliche Pfahlverdickungen und damit erhöhten Mörtelverbrauch, wodurch aber erhöhte Mantelreibung und Stabilität gewonnen wird.

Das Mischungsverhältnis: Zement/Quarzmehl/Wasser ist üblicherweise 100/50/75 kg bzw. l und bei dichtem Untergrund 150/50/90—100. Der Betonverflüssiger wird mit 1% der zementbildenden Masse (Zement + Alfesil) zu-

Tabelle

Ort	Bodenverhältnisse	Festigkeit nach 28 Tagen kg/cm²	Mörtelbedarf in %	Zement in kg	Quarzmehl in kg	Wasser in l
Chicago, Illinois	Füllboden mit Asche, Zunder, Holz, Tonknollen usw.	39	32 bis 40	100	50	75
Atlanta, Georgia	glimmerhaltiger, schlammiger Ton	61	30	100	50	75
Stockton, Kalifornien	Ziegeltrümmer	100	38 bis 40	100	50	88
Los Angeles, Kalifornien	aufgespülter Sand	110	34 bis 36	100	50	88
Miami, Florida	Spülsand, darunter Schlick	176	30	150	50	92
San Franzisko Kalifornien	weich, grauer, schlammiger Ton	72	36	150	50	92
Anniston, Alabama	fest, brauner Ton	75	51	150	50	92
Denver, Kolorado	sandiger Kies mit Korngröße bis 38 mm Durchmesser	328	38	150	50	100

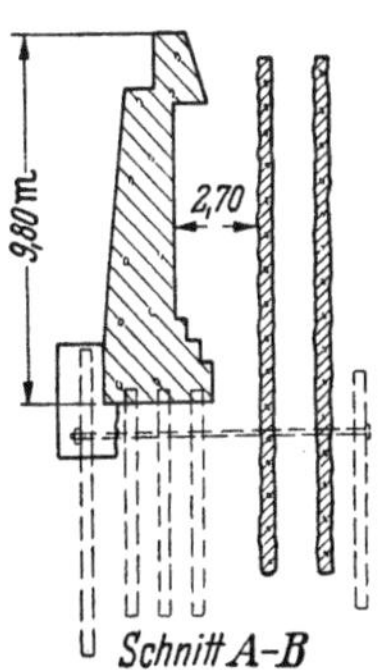

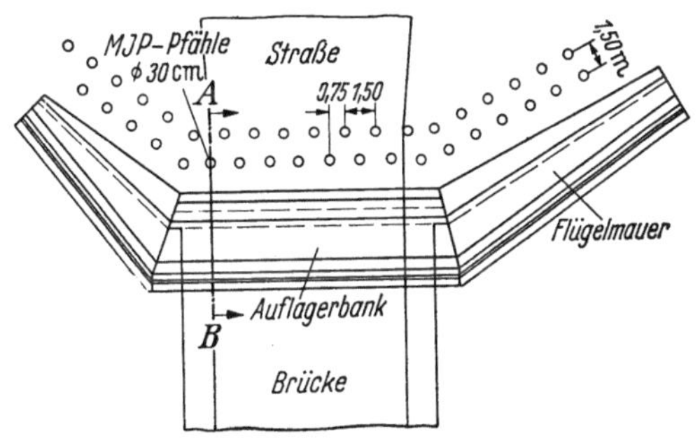

Abb. 260. Stabilisierung eines Widerlagers durch MIP-Pfähle

gesetzt. Die magere Mischung eignet sich für sandige Böden, während die fettere Mischung für weiche Ton- und Kleiböden gelten kann. Die erreichten Festigkeiten des Pfahlbetons zeigt die Tabelle (S. 271) für eine Reihe von bekannt gewordenen Ausführungen an.

Die erreichbare Länge der Pfähle hängt vom Pfahldurchmesser und dem Boden ab, der dem Drehmoment seinen Widerstand entgegensetzt. Man erreichte Tiefen

bei 30 cm Durchmesser bis 17,75 m
bei 45 cm Durchmesser bis 15,25 m
bei 60 cm Durchmesser bis 9,15 m

Anwendungen. Diese Ortbetonpfähle haben Verwendung gefunden für die Bodenstabilisierung hinter Brückenwiderlagern und Stützmauern sowie für Flugplatzpisten und Fahrbahntafeln. Abb. 260 zeigt, wie hinter einem vorgehenden Widerlager durch Anordnung von Pfählen in 2 Reihen der Bodenschub abgefangen werden sollte. Der Querschnitt läßt erkennen, daß der Widerlagermauer jeder Zugpfahl fehlt. Die Verankerung des Fußpunktes kann diesen zwar festhalten, aber das Kippen des Kopfes nicht verhindern.

An einer anderen Stelle hat man statt einer Spundwand, die wegen der Bodenerschütterung nicht gerammt werden durfte, eine kleine Baugrube von 3,70 × 2,45 m Grundfläche mit 54 Pfählen von 30 cm Durchmesser und 3,0 m Tiefe umgeben und im Schutze dieser Betonwand den Aushub und die Ausführung des Fundamentes vorgenommen, wie Abb. 261 zeigt.

Ein weiteres Feld bietet der Fließsand, in dem Rammung und Injektion oft problematisch sind, aber die bohrende Vermörtelung erschütterungsfrei durchzuführen ist (Abb. 262).

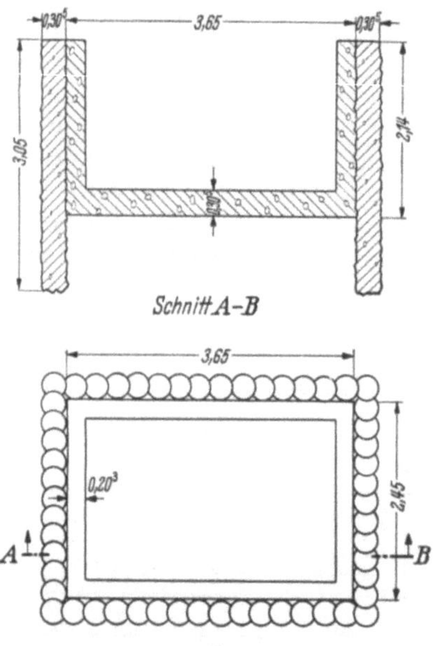

Abb. 261 a u. b. MIP-Pfahlwand anstelle einer Spundwand

Eine interessante Bewährungsprobe bestanden diese Pfähle, als man sie zur Herstellung einer 30 m langen Buhne einsetzte. Zunächst schüttete man mit

Abb. 262 a u. b. Ein besonderer Vorteil der MIP-Pfähle ist es, daß sie unmittelbar vor einer zu unterfangenden Wand angesetzt werden können, wie hier bei einem sich setzenden Bau in Omaha/Nebraska. Die 60 cm-Durchmesser-Bohrung greift mit 27 cm unter das Fundament

Greifern 2 Dämme aus tonigem Material parallel zueinander und füllte den Zwischenraum mit Sand. In diesem Sand wurde dann eine Ortbetonpfahlwand aus 60 cm-$\varnothing$-Pfählen von 2,5 bis 3,0 m Tiefe hergestellt. Die Pfähle sind mit nur 0,50 m Mittenabstand angesetzt, sie überdecken sich also erheblich. Die Pfähle des Buhnenkopfes sind durch Bewehrung verstärkt. Die Buhne wurde einschließlich der Tonfüllung in nur 16 Arbeitsstunden hergestellt. Abb. 263a zeigt den Querschnitt der Buhne, während Abb. 263b die Buhne zeigt, nachdem das Wasser die provisorische Auffüllung nach 2 Monaten wieder in die Entnahmestellen zurückgeschwemmt hatte. Die völlig dichte Pfahlreihe dürfte eine der billigsten Ausführungsformen für im Untergrund verankerte Buhnen sein.

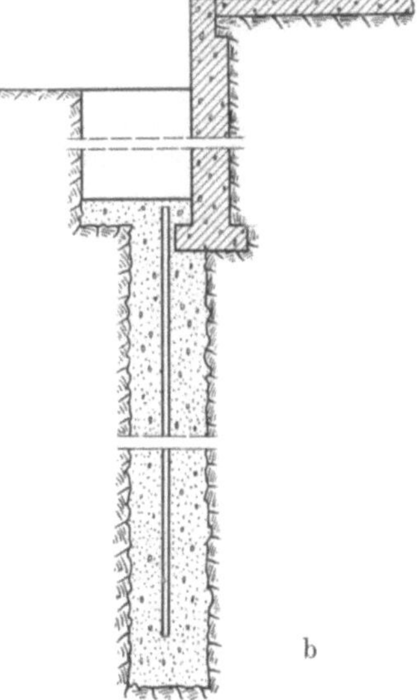

Die Tragfähigkeit solcher „Mixed-in-place-Pfähle" wurde in Philadelphia an 3 Pfählen von 17,70 m Länge und 30 cm Durchmesser in weichem Boden geprüft. Bei der Herstellung dieser Pfähle war in 14 m Tiefe eine Lage fester Steine bis 10 cm Größe ohne ernsthafte Schwierigkeiten durchfahren worden. Zwei Monate nach der Herstellung wurden die Pfähle mit 31, 32 und 55 t belastet, zusammen also mit 118 t. Nach 4 Tagen war eine Setzung von rund 3 mm zu messen.

Die etwas rohe mit einigen Unsicherheiten behaftete Herstellung wird durch die Vorteile dieser Pfähle, an deren Spitze schnelle und billige Herstellung stehen, aufgewogen.

Historisches zu den Mixed-in-place-Pfählen. Ein Vorläufer zu den vorbeschriebenen Pfählen ist das Grundbaurohr von H. FLIEDNER, das LÜCKEMANN beschreibt.[1] Abb. 264 zeigt die Bohrspitze mit Stacheln und den Löchern zum Austritt des Mörtels.

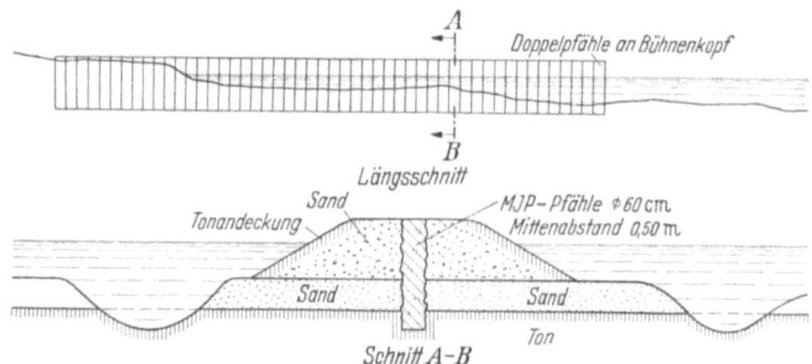

Abb. 263 a. Schnellbauweise einer leichten Buhne

Abb. 263 b. Die MIP-Pfähle bilden eine Wand, die bei schneller Versandung des Ufers wohl ausreichen kann

Dieses Rohr hatte 10 cm Durchmesser, 10 mm Wanddicke, eine schraubenförmige Bohrspitze und oberhalb dieser 2 Seitenstacheln, 20 cm lang, an der Wurzel 8 bis 10 cm breit, an der Spitze noch 5 cm. Unter den Stacheln liegen Öffnungen im Rohr, durch welche ein von oben in das Rohr gepreßter Zementbrei austritt. Beim Eindrehen in den Boden wird damit die durchfahrene Bodensäule mit Zementbrei vermischt und es entsteht der gleiche Mixed-in-place-Pfahl, den die amerikanische Maschine — heute sehr viel sicherer als mit dem damaligen Rohr — herstellt.

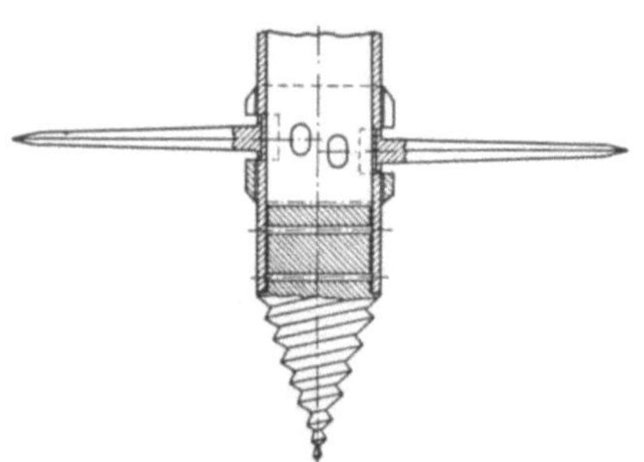

Abb. 264. Bohrspitze und Mischstachel des historischen „Grundbaurohres" von FLIEDNER

Monotube-Pfähle. Dieser recht interessante Stahlpfahl ist kein Ortbetonpfahl im eigentlichen Sinne, wenn er auch wohl zumeist mit Beton verfüllt wird. Er wird als echter Rammpfahl in den Boden getrieben und ist daher im Abschnitt „Stahlpfähle", S. 169, behandelt.

Paproth-Pfähle. a) Bohrpfähle. Die als Sonderunternehmen für schwierige Gründungen bestens bekannten Firmen Dr. Ing. Paproth & Co. in Berlin-Steglitz, Krefeld und deren Unternehmung in Winsen (Luhe) stellen Bohrpfähle

---

[1] H. LÜCKEMANN: Der Grundbau, 2. Aufl., S. 13. Berlin: Ernst & Sohn 1913.

mit 32, 40, 48, 63 und 95 cm Durchmesser her, die kegelförmige Fußverbreiterungen mit ebener Unterfläche bis zu dem $2\,^1/_2$fachen des Schaftdurchmessers erhalten vgl. Abb. 265.

Die Mantelrohre werden je nach den örtlichen Verhältnissen gezogen oder verbleiben im Boden. Das Einbringen des Betons erfolgt im Kontraktorverfahren. Die Fußverbreiterungen werden bei Sand- und Kiesboden durch Vermischung des ausgeschnittenen Materials mit Zementmörtel erzeugt, wobei über Tage die tatsächlich erreichte Spreizung des Schneid- und Mischgerätes und damit die Aufstandsfläche gemessen werden kann. Im bindigen Boden wird der ausgeschnittene Hohlraum geräumt und mit Beton verfüllt. Für Druckpfähle wird nur die Grundfläche angerechnet, auf

Abb. 265. Ausgegrabene Fußausbildung des Paproth-Bohrpfahles

Mantelreibung wird bewußt im Interesse einer statischen Klarheit verzichtet.

Als Schrägpfähle mit Neigungen bis 45° sind sie ausführbar und besonders vorteilhaft in Bock-Konstruktionen zu verwenden. Eine entsprechende Bewehrung macht sie aufnahmefähig für Biegungsmomente.

Nach den Angaben des Prospektes ist die Tragfähigkeit der Pfähle in t für Entwurfsarbeiten nach der folgenden Tabelle anzunehmen, wobei ohne Bewehrung und ohne Knickgefahr gerechnet wurde.

Pfahldurchmesser in cm			32	40	48	63	95
B 120	$\sigma = 30$	kg/cm²	24	35	54	93	210
B 160	$\sigma = 40$	kg/cm²	32	48	72,5	125	280
B 225	$\sigma = 55$	kg/cm²	44	66	100	172	385
B 300	$\sigma = 70$	kg/cm²	56	84	126	·218	490

Die rechnerischen Setzungen für Einzelpfähle bei einer Steifeziffer von $E = 1000$ kg/cm² (fest gelagerter Sand) bleiben durchweg unter 1 cm. Bei Pfahlgruppen kommt die Setzung des Gesamtfundamentes hinzu.

b) Ortbetonrammpfähle. Seit einiger Zeit werden auch Ortbetonrammpfähle 32 und 40 cm Durchmesser hergestellt, bei denen eine dünne Blechhülse, die mit einer verlorenen Spitze versehen ist, durch Innenrammung in den Boden getrieben wird. Die beliebig zu verlängernde Blechhülse wird wie üblich mit Beton gefüllt und kann wieder gezogen werden oder im Boden verbleiben. Nach einem ähnlichen Prinzip werden auch Ankerpfähle mit spezieller Zugbewehrung unter Verpressung während des Ziehens der Rohre hergestellt. Neigung der Zugpfähle bis 1 : 1. Ausführungen für die Verankerung einer Ufermauer in Krefeld und als Widerlager für Probebelastungen liegen vor.

Der SBV-Pfahl. Dieser *Stahl-Beton-Verbund*-Pfahl ist ein speziell als Verankerungsglied entwickelter Sonderpfahl, bei dem die Stahlkonstruktion (Schuh, Spundbohlenschaft, Schaftoberteil, Verankerungsanschluß) so weit überwiegt, daß er zu den Stahlpfählen zu rechnen ist. Als reiner Zugpfahl ist er im Abschnitt 3.8.1, Erdanker, behandelt (s. S. 290).

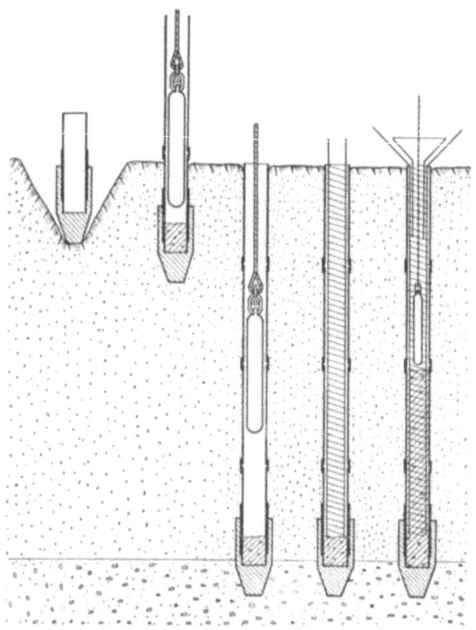

Abb. 266. Wit-Betonpfahl, Schema der Herstellung

Der Simplex-Pfahl wird von der Firma Köhncke, Bremen, hergestellt und ist demgemäß unter „K" besprochen.

Wit-Betonpfähle. In Holland dürfte die Heimat der Pfahlgründung zu suchen sein, da unsere Nachbarn an der See und im Rheindelta wohl seit jeher das intensivste Bedürfnis nach Tiefgründungen gehabt haben. Es mögen daher hier wenigstens einige Pfähle für die große Zahl anderer dort bekannter Typen vertreten sein. Die Firma Handelmij J. De Wit & Zn. N. V. in Rotterdam ist seit mehr als 30 Jahren ein Spezialunternehmen für Pfahlgründungen und stellt die folgenden 3 Pfahlarten her:

a) Der *Wit-Betonpfahl* (Niederl. Patent 32910) (Abb. 266). Ein vorgefertigter Stahlbetonpfahlfuß, in dem ein 2 m langes Stahlrohr verankert ist, wird mit einem zylindrischen Stahlrammklotz innen beaufschlagt und eingerammt. Durch elektrisches Aufschweißen weiterer 2 m-Schüsse des Rohres wird die Endstellung erreicht, dann der zusammengeschweißte Bewehrungskorb eingesetzt und der Pfahl mit Beton ausgestampft. Abb. 267a zeigt das einfache Gerät für die Pfahlherstellung. Es geht aus dieser Darstellung hervor, daß diese Pfähle für geringe Raumhöhe besonders geeignet sind; so wurden z. B. Unterfangungen im Keller des Luxor-Theaters in Rotterdam gemacht, ohne daß der Betrieb gestört wurde. Bei besonders geringen Höhen ist oft das Eingraben des ersten Pfahlschusses ein wirksames Mittel, den Pfahl anzusetzen. Die kurzen Pfahlschüsse erfordern nur leichtes Gerät, so daß solche Pfähle auch auf sehr weichem Untergrund im Frage kommen, wo schweres Rammgerät nicht angesetzt werden kann und Transporte von schweren Fertigpfählen schwierig sind.

b) Der *Wit-Bohrpfahl* (Niederl. Patent 42556) (Abb. 268). Ein dünnwandiges Stahlrohr — gegebenenfalls auch in Schüssen von 2 m Länge mit gelaschter elektrischer Verschweißung — wird als Bohrrohr niedergebracht unter möglichster Schonung der Rohrumgebung. Bei einem gewissen Wasserüberdruck im Rohr

Abb. 267. Wit-Betonpfähle im Luxor-Theater, Rotterdam. Auch während der Vorstellungen wurde weitergearbeitet

(Nachfüllen) wird mit einem Kasten ein bestimmtes Quantum Beton nach unten gebracht und mit einem schweren Stampfer zu einem Klumpfuß aus dem Rohr hinausgestampft. Dann wird ein kurzer mit Beton gefüllter Stahlzylinder mit einer Schlagplatte eingesetzt und mit dem Stampfer in den Klumpfuß getrieben, wodurch dieser und der Untergrund eine erhebliche Verdichtung erfahren. Nach einigen Tagen ist der Betonfuß erhärtet und das Wasser wird aus dem Pfahlschaft entfernt, der dann bewehrt und ausbetoniert wird wie der Wit-Betonpfahl.

c) *Atlaspfähle* (Niederl. Patent 43 893) (Abb. 269). Ein Betonfuß mit aufgesetztem Stahlrohr und einer Betonfüllung wie beim Franki-Pfahl wird durch Innenrammung auf die tragfähige Schicht gerammt und dann das Stahlrohr etwas angehoben und der verdickte Fuß ausgerammt. Danach wird die Bewehrung eingesetzt und der Pfahl unter stetigem Hochziehen des Mantelrohres ausgestampft.

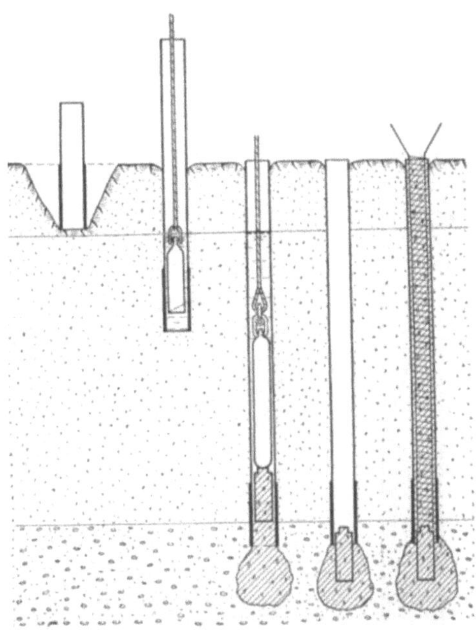

Abb. 268. Wit-Bohrpfahl. Schema der Herstellung

Allgemeine Bemerkungen zu den Wit-Pfählen. In Holland kommen selten Pfahllängen bis 30 m vor, die überwiegende Pfahllänge für Hochbauten liegt im Bereich bis 20 m. Für diese Längen sind Tragfähigkeiten von 30 bis 100 t ohne wesentliche Setzungen (im Range bis 3 mm) mit diesen Pfählen gewährleistet.

Da der Grundwasserstand fast immer sehr hoch ist, werden Bohrpfähle in Holland oft schon vor dem Aushub der Baugrube vom Gelände aus niedergebracht, aber nur bis zur späteren Fundamentunterkante betoniert. Hierdurch spart man erheblich an Wasserhaltungskosten, da beim Ausschachten der schon tragfähige Pfahl zum Vorschein kommt.

In der Patentschrift zu c) ist eine Bewehrungsmöglichkeit für den Pfahlfuß aufgezeigt, die in Abb. 270 wiedergegeben ist. Das Fußstück enthält eine Art Schirmbewehrung, die beim Ausstampfen des Klumpfußes durch kegelförmige Ausbildung des Oberteiles des Fertigteilfußes zum Spreizen gebracht wird; in gleicher Weise wird das untere Ende des Bewehrungskorbes gespreizt und damit der Klumpfuß bewehrt.

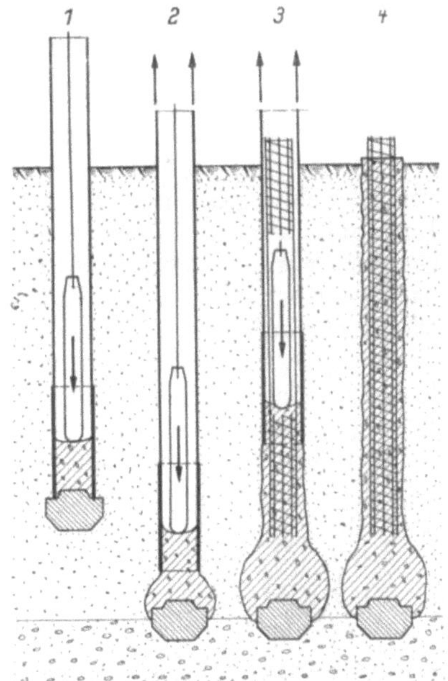

Abb. 269. Atlaspfahl der de Wit & Zn. Rotterdam, Schema der Herstellung

Wolfsholz-Pfähle. Die *August Wolfsholz KG* stellt Preßbetonpfähle her, indem zunächst ein Bohrrohr niedergebracht wird, in welches der Bewehrungskorb eingesetzt wird. Alsdann wird das Grundwasser mittels Preßluft unter einem Verschlußdeckel nach unten weggepreßt und der Beton im Trockenen eingebracht. Zur Herstellung eines Pfahlfußes wird bei geeignetem Boden durch eine Preßleitung mit einer besonderen Auswurfsvorrichtung unter hohem Druck und großer Geschwindigkeit der Preßmörtel direkt auf die Erdwandungen aufgeschleudert, wodurch eine entsprechend starke Fußverdickung und eine feste Verwachsung des Pfahlbetons mit dem umgebenden Boden eintritt. Im Zuge des Hochziehens des Rohres wird die Füllung stoßweise unter Druckluft gesetzt, besonders in den Zonen zwischen festeren und weicheren Bodenschichten, wodurch Wülste und Wandrauhigkeit erzwungen werden, die zur Erhöhung der Tragfähigkeit wesentlich beitragen und den Pfahl auch befähigen, Zugkräfte zu übernehmen.

Es werden Pfähle von 30 bis 90 cm Durchmesser und mehr mit Tragfähigkeiten von 40 bis 250 t hergestellt. Auch geneigte Pfähle sind möglich.

Zeissl-Pfähle. Dieser Pfahltyp ist unter der Bezeichnung „Krötz-Zeissl" abgehandelt (siehe S. 265).

3.6.3 Verschiedenes

Einige Anregungen zur praktischen Ausführung, die nicht an bestimmte Pfahlsysteme gebunden sind, mögen das Kapitel „Ortbetonpfähle" beschließen.

a) Schutzhülsen für Bohrpfähle. Wir sahen, daß gegen den gewöhnlichen Bohrpfahl ernste Bedenken bestehen wegen der Brückenbildung im Beton beim Ziehen des Rohres, wegen des Abreißens der Frischbetonsäule, wenn das Rohr sich nur ruckartig aus dem Boden löst und wegen der möglichen Einschnürung, wenn nämlich evtl. stark treibende Schichten den Frischbeton zusammenpressen oder ihn sogar im Rohr hochtreiben, wenn er zu plastisch ist. Gegen diese Gefahr kann man die Vortreibrohre im Boden belassen, was teuer ist, man kann aber auch vor dem Betonieren ein zusätzliches Rohr aus Isolierpappe oder dünnem Blech — zum chemischen Schutz des Betons vorzugsweise Aluminiumblech (vgl. S. 185) — einlegen, wodurch der Beton im Rohr gleichzeitig

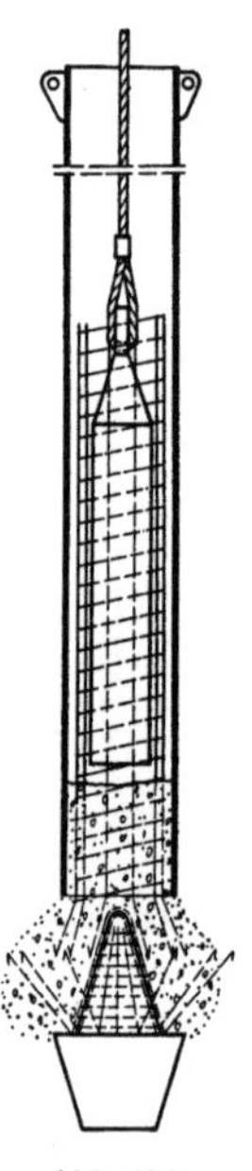
Abb. 270
Vorschlag
de Wit zur Bewehrung der
Fußverdikkung

vor jeder Bewegung geschützt ist. Je nach Bodenverhältnissen kann eine solche Innenhülse aus Blech unter 1 mm Dicke auf die ganze oder auf Teillängen angeordnet werden. Besonders im oberen Teil, wo die Gefahr besteht, daß mit nachlassender Haftung im Erdreich das Mantelrohr beim raschen Ziehen den Pfahlbeton auflockert, ist eine solche Maßnahme angebracht. Will man das Blech für dauernd wirksam erhalten, so empfiehlt es sich, das Hülsenrohr außen mit einem Kunststoffüberzug zu versehen, der chemisch stabil ist, während das Hülsenrohr innen mit dem Beton eine ausreichend korrosionsfeste Verbindung eingeht.

b) Kontrolle der Wulstbildung. Im allgemeinen wird nur die Menge des verbrauchten Betons mit dem Volumen des Pfahlzylinders verglichen, woraus sich die Wulstmenge, nicht aber deren Verteilung über die Pfahllänge ergibt.

Schon 1912 hat die Concrete Piling Ltd. aus London in Deutschland unter der Nr. DRP 155806 ein Gerät patentiert bekommen, das den Querschnitt eines mit Vortreibrohr hergestellten Bohrpfahles in jeder Höhe mechanisch zu bestimmen gestattet. Die Grundidee ist folgende: Wenn der mit Beton gefüllte Rohrschaft gezogen wird, muß der Betonspiegel auf der annähernd gleichen Höhe bleiben, wenn der Betonschaft keinen größeren Querschnitt einnimmt, als ihn das Rohr hatte; er wird sinken, wenn der umgebende Boden unter dem Betondruck seitlich nachgibt bzw. steigen, wenn seitliche Einschnürungen aus übergroßer Bodenpressung eintreten. Die Querschnittsfläche des fertigen Pfahles verhält sich also zur Querschnittsfläche des Rohrinnern wie das Sinken des Betons und das Ansteigen des Rohres zusammengenommen sich zum Ansteigen des Rohres allein verhält.

Auf dieser Zwangsläufigkeit beruht die selbstschreibende Apparatur, bei der die Bewegung der Betonoberfläche mittels Schwimmer und die Bewegung des Rohres über gekuppelte Trommeln mit starker Untersetzung zu einer Resultierenden verarbeitet werden. Die Neigung dieser Resultierenden gegen die Lotrechte zeigt in jedem Augenblick das Verhältnis des lichten Rohrquerschnittes zum Pfahlquerschnitt, der errechnet werden kann, da der Rohrquerschnitt ja bekannt ist. Gegenüber der summarischen nachträglichen Kontrolle zeigt ein solches Gerät laufend das Profil des Pfahles über seine Länge mit relativer Sicherheit an. Das Gerät kann nach den Angaben der abgelaufenen Patentschrift vom Mechaniker leicht nachgebaut werden.

Fortschritte der Bohrtechnik

Wenngleich das Bohren der Pfähle für Pfahlgründungen z. Z. bei uns noch überwiegend mit den historischen Bohrgeräten — Schlammbüchse, Schappe, Zange und vielen handwerklichen Hilfsmitteln, die bewußt in diesem Buch nicht wiederholt gezeigt werden — geschieht, so wird doch allmählich der Rotary-Erdbohrer, wie er in Amerika schon für kleine und große Abmessungen üblich ist, die Herstellung der Pfahllöcher auch bei uns übernehmen.

Des allgemeinen Interesses wegen sei hier auch auf einen weiteren Fortschritt der Tiefbohrtechnik hingewiesen.

In Abkehr von dem bisher üblichen Rotary-Bohrprinzip haben russische Ingenieure eine *Bohrturbine* entwickelt, die im Herbst 1956 einer westdeutschen Arbeitsgemeinschaft in Lizenz überlassen

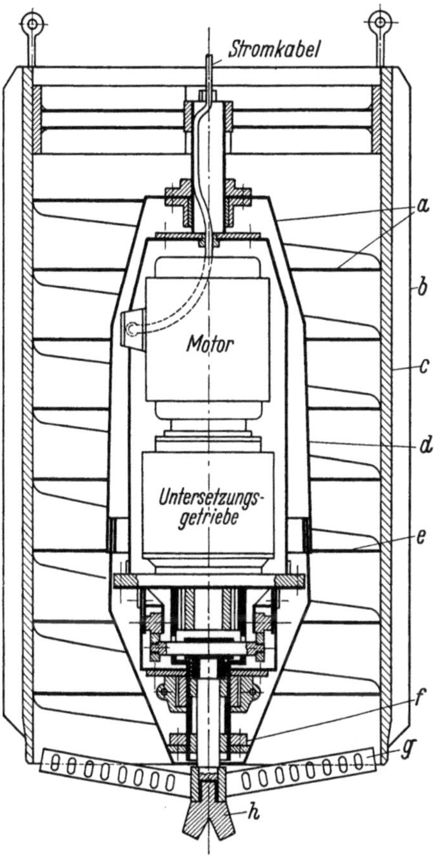

Abb. 271. Gestängefreie Bohrmaschine
a Rotierender Teil; b Torsions-Sicherung; c Außenmantel; d Motor- und Getriebe-Gehäuse; e Schneckenblatt; f Schlag-Mechanik; g Schneide; h Zentriersporn

wurde und im russischen Original auf der Hannover-Messe 1957 gezeigt wurde. Wie der Name sagt, handelt es sich um eine Turbine, die unmittelbar über dem Meißel im Bohrloch arbeitet und das Drehgestänge des Rotary-Verfahrens unnötig macht. In dem Gestänge wird das Druckwasser hinuntergedrückt, das die Turbine je nach eingestelltem Wasserdruck zu 600 bis 1000 U/Min. bringt, gegenüber 60 bis 300 U/Min. beim Drehgestänge. Dadurch, daß sich die Drehenergie unmittelbar am Verbrauchsort entwickelt, ist der Bohrturm frei von diesen Erschütterungen, der Energieverlust durch das schwere und sich schnell abnutzende Gestänge fällt fort und die Leistung ist um das 4- bis 10fache höher als beim Rotary-Bohren. In Hannover wurden Leistungen von 17 m/Std. gezeigt. Die Salzgitter-Maschinen-AG hat wesentlichen Anteil an der Übernahme dieses technischen Meisterwerkes. Wieweit die Methode für das Niederbringen von Bohrungen im Grundbau in Frage kommt, bleibt abzuwarten; immerhin

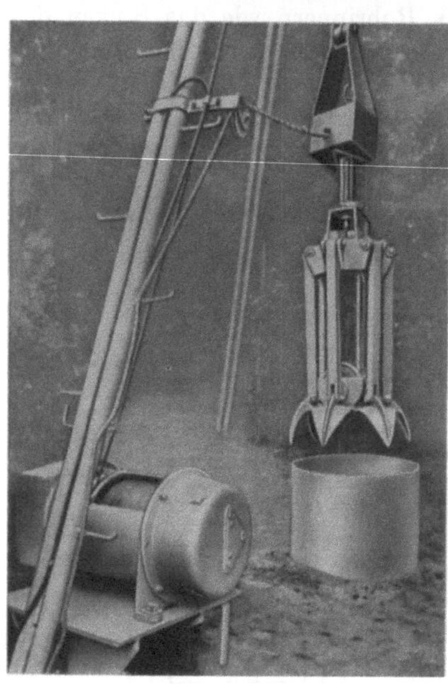

Abb. 272. Demag-Polyp-Greifer

ist das Prinzip und die Verwirklichung beachtenswert.

Als neustes Bohrverfahren wird in den USA ein französischer Bohrer erprobt, der ohne Bohrgestänge arbeitet, die Crapez Electric Boring Machine[1] (Abb. 271). Bohrlochdurchmesser 50 und 100 cm; arbeitet in allen Gesteinen (von Sand bis Kalksteinhärte) mit schlagendem und drehendem Bohren. Antrieb 25 PS-Elektromotor, 1400 U/Min., 380 V, 50 Hz; Untersetzung 1:40.

Schneidmesser macht 272 bzw. beim zweiten Typ 544 Stöße/Min. Der Zentriersporn bohrt ein Führungsloch vor, Material wird durch das Schneidmesser in eine Schnecke befördert, die im Rohrmantel um das für Wasserdruck bis 20 m dichte Motorgehäuse herum gelagert ist und mit 34 U/Min. rotiert. Nach Füllung wird der Bohrer herausgehoben und entleert. Torsionsbleche sichern den Bohrer vor dem Mitdrehen. Leistung bei 100 cm Durch-

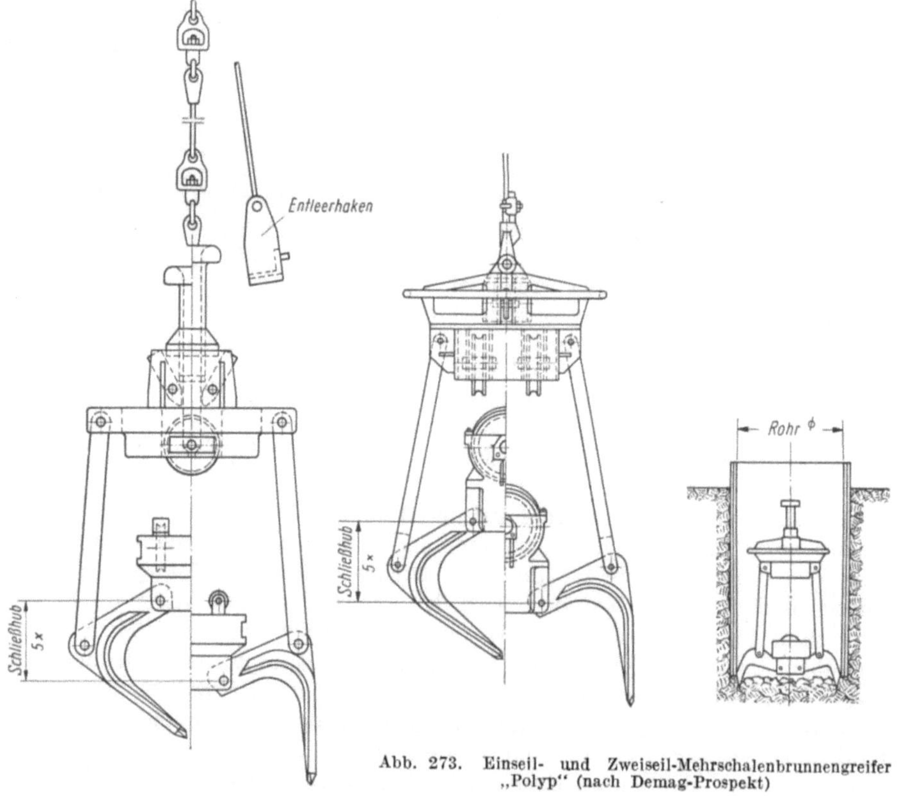

Abb. 273.   Einseil- und Zweiseil-Mehrschalenbrunnengreifer „Polyp" (nach Demag-Prospekt)

[1] Nach Engng. News Rec. 21.1.1960, S. 55 und Baumaschine und -Technik 7 (1960) H. 6, S. 258.

messer im Sand bis 8,5 m/Std., die auch bei leichtem Kalkstein erreicht werden
soll. Füllzeit mit 0,5 m³ Sand in etwa 3 Min.

Polygreifer. Das heute häufigste Gerät, Bohrrohre niederzubringen, ist der
Greifer, als dessen Typ der Demag-Mehrschalen-Brunnengreifer „Polyp" aufgeführt sei.[1] Für Bohrrohre arbeitet er auch als „Hammer-Grab", wie eine
bestimmte Konstruktion im englischen Sprachgebiet genannt wird, d. h., er fällt
mit offenen verriegelten Schalen auf den Untergrund und zerschlägt ihn (vgl.
S. 251). Die Abb. 272 zeigt den Einseilgreifer im Bild, während die Abb. 273
die einzelnen Phasen darstellt. Greifer für 0,60 bis 2,50 m Durchmesser stehen
zur Verfügung.

3.7 Schraubenpfähle

3.7.1 Allgemeines

Die Schraubenpfähle standen um die Jahrhundertwende so hoch im An-
sehen, daß BRENNECKE den Abschnitt „Eiserne Pfähle" mit ihnen beginnt und
einleitend sagt: „Sie bilden in ihren verschiedenen Formen diejenige Art
(sc. eiserner Pfähle), welche am meisten zur Anwendung empfohlen werden
kann."
In Deutschland sind heute die Schraubenpfähle in Vergessenheit geraten.
Tatsache ist aber, daß deutsche Firmen in den Kolonien s. Z. viele Gründungen
mit Schraubenpfählen mit bestem Erfolg ausgeführt haben. Die Haltbarkeit
der nicht gerade von den größten Schiffen beanspruchten Anlagen beweist ein
Bericht[2] aus Lagos, Nigeria, wo die Customs Wharf, eine große Uferanlage
(überbaute Böschung) von 1908 erst im Jahre 1960 ersetzt wurde, nicht weil die
Pfähle unbrauchbar geworden sind, sondern weil sie einer größeren Anlage weichen
mußte. Allerdings handelt es sich hierbei um gußeiserne Schraubenpfähle.
Was ihre Anwendung besonders interessant macht, ist das geringe Gewicht
des einfachen Arbeitsgerätes, das auch bei sehr weichem Boden und auf leichtem
Gerüst eingesetzt werden kann, wo schweres Rammgerät nicht mehr getragen
wird. Ferner ist der geringe Raumbedarf und das geringe Gewicht der Pfähle
selbst für den Transport über See und Land günstig, ihre Unempfindlichkeit
beim Transport und Hochnehmen und vor allem die sofortige Einsatzbereitschaft
bei der Ankunft, die sogar die des Holzpfahles übertrifft, der am Bau zunächst
mit Spitze und Kopfring versehen werden muß. Besonders vorteilhaft ist die
Art der Einbringung, die geräuschlos und geschmeidig, ohne Erschütterung des
Bodens, des Pfahles, des Gerätes und Gerüstes vor sich geht. Es bedarf keiner
großen Energieerzeugung, da durch entsprechende Übersetzung des Drehmomentes kleine Maschinen ausreichen, oder auch primitive Seilzüge oder
hydraulische Pressen. Schließlich ist die Verlängerung der Pfähle durch Aufsatzstücke bei richtiger Konstruktion ebenso leicht möglich wie eine Verkürzung,
und der Anschluß der meist stählernen Überbauten ist konstruktiv kein Problem.
Die fertige Brücke ist schließlich ein homogenes Bauwerk von außergewöhnlich
hoher Elastizität und bietet den natürlichen Angriffen aus Wind und Wellen
relativ wenig Angriffsfläche. Mit Sandschliff ist bei dem weichen Untergrund
ohnehin meist nicht zu rechnen. Die konstruktiven Möglichkeiten sind mit
Schraube, Schaft und Verstrebung nicht erschöpft. BRENNECKE hat schon vorgeschlagen, zur Stabilisierung tief eingeschraubter Pfähle weiter oben ein zweites
großes Gewinde anzubringen von etwa einem geschlossenen Umgang, der nur
1,0 bis 1,5 m tief eingedreht wird und die Tragfähigkeit vergrößert und seitliches

---

[1] Es ist interessant, daß bei dem Polyp-Greifer eine biotechnische Konstruktion vorliegt: das Gebiß des Seeigels ist ein 5-Schalen-Greifer, der im geschlossenen Zustand zu
einer scharfen Spitze ausläuft.
[2] D. C. COODE: Design and Construction of the Apapa Wharf Extension, Lagos. Proceedings, London 7 (July 1957) S. 499.

Ausbiegen verhindert. Voraussetzung hierfür ist aber, daß die Pfahllänge vorher festliegt.

Es mag sein, daß den Schraubenpfählen in Deutschland keine Wiederkehr beschieden ist, obwohl sie für die Seezeichenverankerung von Interesse sein müßten; dennoch sollte man sie nicht vergessen. Das Ausland ist ohnehin inzwischen viel weiter gegangen, wie schon angedeutet ist.

3.7.2 Formen der Schrauben

Die Form hängt weitgehend vom Untergrund ab. Bei weichem Boden sind große Gewindedurchmesser nötig und zweckmäßig, bei festerem Grund, ins-

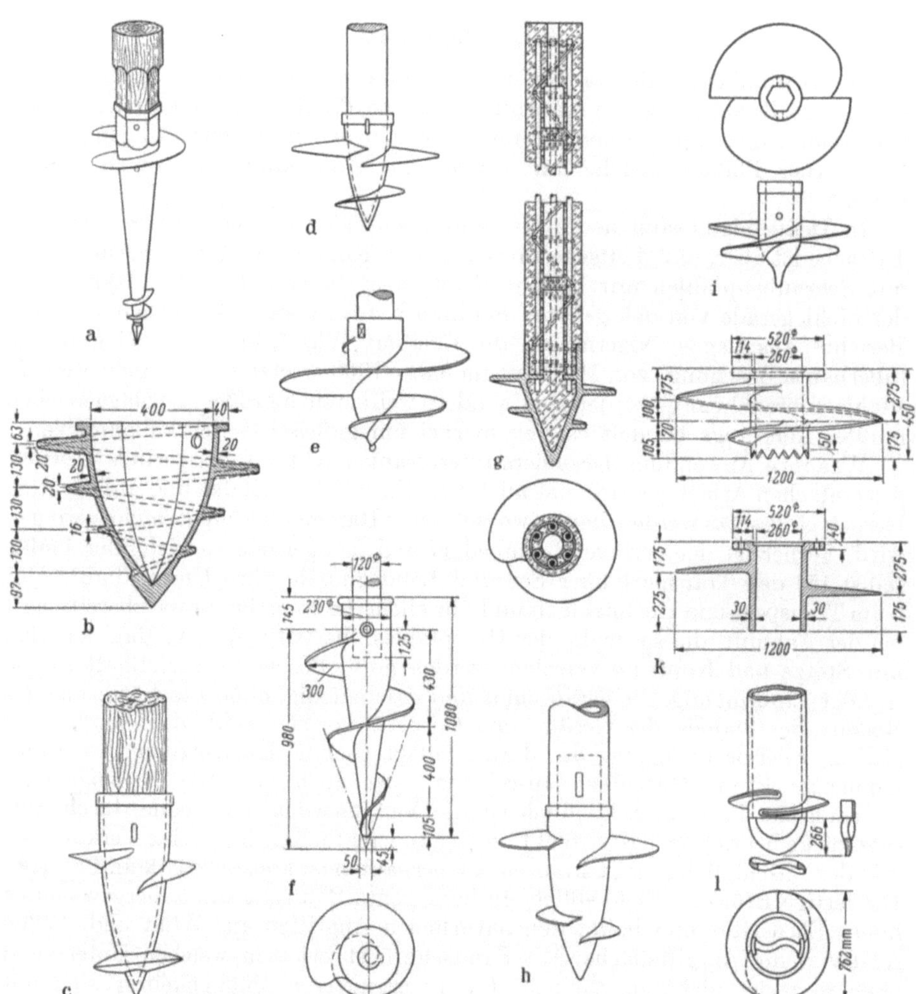

Abb. 274. Ältere Formen von Schrauben für Schraubenpfähle

besondere bei Sand und Kies, wählt man kleine und mehrere Umgänge. Die Abb. 274 zeigt eine Reihe solcher älteren Formen. Da größere Steine im Untergrund ebenso wie die Verdichtung des Bodens zwischen den Schraubenflächen Hindernisse darstellen, ist die Ausbildung ganzer Umgänge bald als falsch erkannt und verlassen und es sind meist nur halbe Schraubenflächen ausgeführt, die sich wenig oder gar nicht überdecken, sondern, wie bei Schiffsschrauben, gegenüberstehen. Der zusammengepreßte Boden und etwa vorhandene Steine können dann in den Zwischenräumen durch die Schraubenfläche nach oben dringen und die Gefahr des Abbrechens der Schraubenflächen durch die lotrechte Belastung aus Pressung ist vermindert. Es werden auch selten mehr als 1,5 Windungen ausgeführt. Während die Schäfte der ersten Schraubenpfähle massive schmiedeeiserne Stäbe waren, hat man bald die Vorteile des torsionssteiferen großen Rohres nutzbar gemacht und dabei ergab sich der Vorteil, einen Teil des durchfahrenen Bodens in dem Rohr hochzunehmen. Abb. 274l zeigt eine aus 10 Versuchen als beste Form ausgewählte Ausführung, die für Tonböden entworfen ist und neben einem kleinen Gewindedurchmesser einen Vorschneider aufweist, der den Boden vor dem Eindringen auflockert.

Die Schraube nach Abb. 274i ist für eine Landungsbrücke bei Lewes in Nordamerika benutzt, der massive Pfahlschaft hatte bei 16,5 m Länge 21 cm Durchmesser, die Schraube maß 0,76 m bei zwei halben Umgängen. Die Schraube nach Abb. 274d hat sich um 1900 in Bremen bei Bauten der Lagerhausgesellschaft als günstigste Form bewährt.

Bei Rohrschäften — die auch vielfach mit geschlossener Spitze ausgeführt sind — ist früher die Verbindung der Rohrschüsse durch innere Flanschen mit Schrauben hergestellt. Wenn sie offen bleiben und der Boden aus ihnen gefördert werden soll, kann der Flansch auch außen liegen, er wird aber dann auf eine Mindestbreite beschränkt. Heute könnte man z. B. aus den mit Gewinde verlängerbaren Mannesmann-Rohren ideale Schraubpfahlschäfte herstellen. Bei englischen Ausführungen sind schon vor 1900 Rohre von 1,22 m Durchmesser benutzt, mit Tragschrauben von 1,83 m Durchmesser.

3.7.3 Einbringen der Pfähle

Das Eindrehen wird durch Spülen sehr erleichtert, bei einer Ausführung in Amerika verminderte sich der Haspelzug von 682 kg auf 81 kg, als man die Schraubenoberfläche spülte.

Um die Torsionskräfte bei großen Rohren zu übertragen, ist die Flanschverschraubung nicht ausreichend, man kann sich durch Verzahnung oder Verdübelung des Rohrflansches und des Rohrmantels aber leicht helfen. Daß die Idee des Einschraubens auch heute noch aktuell ist, beweist die DAS 1026697 vom 17. 3. 1954, ausgelegt am 20. 3. 1958, deren Prinzip die Abb. 275 darstellt. Um von der Drehbewegung um 360° freizukommen, ist hier der Bohrkopf — der ein echter Schraubenpfahlfuß ist — in einer Hülse geführt, und wird von Sperrklinken in nur einer Drehrichtung bewegt, während der Pfahl nur hin- und hergehende Drehbewegungen ausführt. Wenn man sich der Beobachtung bei Benoto-Pfählen erinnert, bei denen diese Wechselbewegung die Reibung am Pfahlmantel aufhebt, so kann man sich unschwer vorstellen, daß man mit einem Gerät nach dem Prinzip des Benoto-Gerätes derartige Schraubenpfähle auch unter schweren Bedingungen gut und schnell hinunterbringen kann. Da die Schraube später Bestandteil des Pfahlfußes wird, ist ein schlanker Pfahlschaft möglich, der die Kosten der verlorenen Schraube teilweise oder ganz ausgleicht.

Während die bisher beschriebenen älteren Ausführungen eine Schaftkonstruktion aufwiesen, die in direkter Verbindung mit der Schraube (durch Splint-

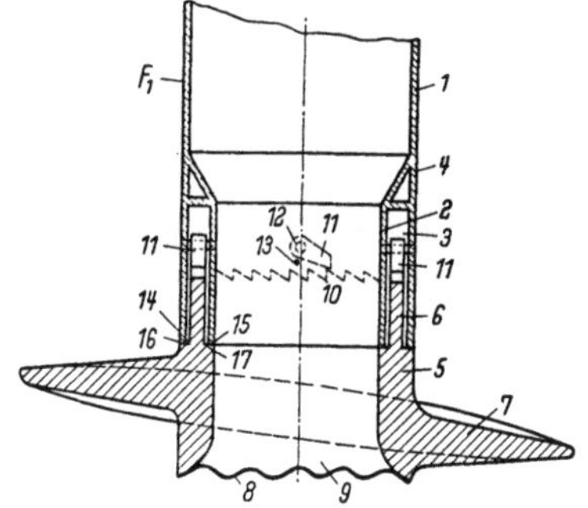

Abb. 275. Neuerer Vorschlag für eine Ratschenschraube

$F_1 = 1$ = Rohrpfahl; 2 Führungshülse; 5 Schraubenkopf; 7 Schraube; 8 Verzahnung der Schneide; 11 4 Sperrklinken auf den Umfang

bolzen, Vierkantkonus oder Schraubenbolzen) auf diese die Torsionskräfte übertrugen und später Tragelement wurden, ist die neueste Entwicklung andere Wege gegangen.

Die englische Firma Braithwaite & Co. hat unter der Bezeichnung „Screwcrete" und „Screwcrete Cylindres" zahlreiche Schraubenpfahlgründungen in aller Welt durchgeführt. Mit „Screwcrete" werden Pfähle mit Schaftdurchmessern bis 1,0 m bezeichnet, alle Größen darüber sind die „Screwcrete Cylindres"

Bei dieser modernen Ausführung wird eine Schraube aus Gußstahl, Flußstahlblech oder auch Stahlbeton mit geschlossener Spitze mit einem Flußstahlrohr oder einem Stahlbetonrohr vereinigt. Das Eindrehen der Schraube erfolgt mit einem „Mandril" genannten Kernpfahl oder Dorn, der mit der Schraube kupplungsartig und leicht lösbar verbunden ist, den Mantelpfahl in gewissen Abständen abstützt und nach dem Eindrehen aus dem mit der Schraube wasserdicht verbundenen Mantelrohr zur Weiterverwendung wieder gezogen wird. Der Rohrpfahl wird dann ausbetoniert bzw., wenn es sich um einen dünnen Stahlmantel handelt, zunächst eine Bewehrung eingesetzt und dann mit Schüttrohren vollbetoniert. Die Bohrspitze ist meist dicht geschlossen, sie kann aber auch an beliebigen Stellen mit Düsenöffnungen versehen sein, durch die mit Hilfe eines kräftigen Wasserspühlstrahles das Eindrehen bis kurz vor Erreichen der gewollten Tiefe erleichtert wird. Solche Schraubenpfähle sind mit Tragfähigkeiten bis 400 t zur Ausführung gekommen. In Rangoon steht seit 1938 ein Schuppen auf 150 Pfählen von 1,07 m Schaftdurchmesser mit Schrauben von 2,44 m Durchmesser, die 12 bis 14 m tief in das Flußbett eingeschraubt sind. Die Versuchslast wurde auf 230 t gebracht.

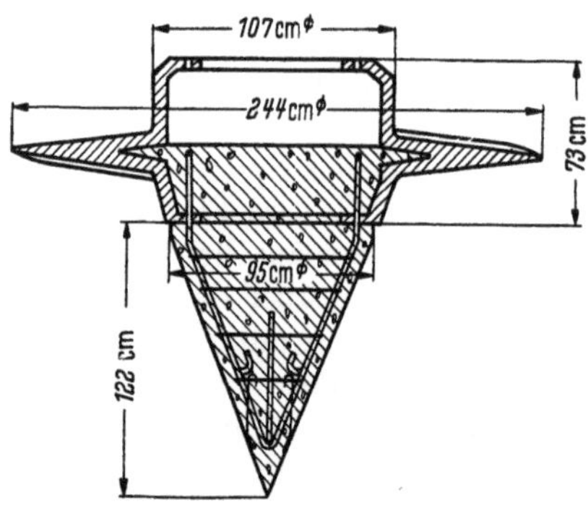
Abb. 276. Stahlschraube mit Stahlbetonspitze

In der Türkei ist bei Iskenderun die Brücke für eine Pieranlage auf 320 Schraubenpfählen von 48 cm Rohrdurchmesser mit Schrauben von 1,05 m Durchmesser ausgeführt, während der Anlegekopf auf 420 Schraubenpfählen von 1,07 m Durchmesser mit Schrauben von 2,44 m steht.

Abb. 276 zeigt die Abmessungen einer solchen Stahlschraube und die Stahlbeton-Spitzenbewehrung. Der Boden der tragfähigen Schicht, die zwischen 6,0 und 19,50 m unter Wasserspiegel lag, war fester Sand, in den die Pfähle durchschnittlich 4,50 m hineingedreht wurden, was jeweils nur 1 Std. in Anspruch nahm. Jeder Pfahl ist mit 250 t Last beansprucht. In diesem Falle war für die Wahl dieser Pfähle ausschlaggebend, daß der Bau einer bis ins tiefe Wasser reichenden Pier aus militärischen Gründen in erster Linie schnell durchgeführt werden mußte. Deshalb wurden schon Stahlbetonfertigteile für das Deck der Pier hergestellt, als die Pfähle noch per Schiff unterwegs waren. Die ganze Länge der Pier ist 520 m, davon 100 m Damm, 210 m Brücke mit 12 m Breite und 210 m Pieranleger von 48 m Breite. Der Blechmantel der Schäfte ist nur 3 mm dick, als Drehkern ist ein Rohr mit 25 mm dicker Wandung eingesetzt, das nach Erreichen der Tiefe wieder herausgeschraubt wurde. Schaftmantel und Bohrspitze sind miteinander verschweißt.

Auch in England sind derartige stabile Anlagen in vielen Häfen ausgeführt, ein Zeichen, daß nach einer modernen Durchentwicklung heute nicht nur eine koloniale Bauweise vorliegt.

Abb. 277 zeigt versandfertige aus Flußstahlblechen zusammengeschweißte Stahlschrauben. Abb. 278a und b zeigt 2 Herstellungsphasen einer Stahlbetonschraube, deren Schraubenbewehrung aus Stahl geschweißt und dann mit Beton umhüllt ist. Die eigentliche Spitze besteht aus bewehrtem Beton.

Für das *Eindrehen der Schraubenpfähle* liegt keine theoretische Ermittlung des Kraftbedarfes vor, so daß man auf die Erfahrungswerte angewiesen ist, die

Abb. 277. Versandfertige Stahlschrauben

sich mangels technischer Berichte nur aus den bisher benutzten Drehvorrichtungen ergeben.

Für die anfangs gebrauchten Holzpfähle war die Grenze durch die Torsionsfestigkeit der Pfähle selbst gegeben. Üblich waren Sprossenräder, an denen Seilzüge angriffen. Die Übertragung des Drehmomentes auf den Pfahl erfolgte durch ge-

Abb. 278 a. Geschweißtes Stahlgerippe einer Stahlbetonschraube

Abb. 278b. Die fertige Stahlbetonschraube mit
Mantelrohr

zahnte Klemmbacken, die durch die hebelartig gelagerten Speichen des Sprossenrades um so fester angepreßt wurden, je schwerer die Pfähle sich drehen ließen.

Die Einzelheiten sind heute kaum noch interessant, es ist jedoch bemerkenswert, daß schon sehr früh maschinelle Vorrichtungen zu Hilfe genommen wurden. Durch Schneckenantrieb wurden die Kräfte erheblich untersetzt und konnten dann durch Verankerung der Gerüste aufgenommen werden.

Die erwähnte Pieranlage bei Iskenderun wurde mit einem Bohrgerüst eingebracht, das etwa 30 m breit war und aus einer verankerten Stellung heraus

7 Pfähle eindrehen konnte. Die Abb. 279 zeigt eine schwimmende Eindrehvorrichtung, wie sie die Firma Braithwaite benutzt. Ein Schwimmgefäß läßt sich in Ankern gut festlegen, so daß das Gegendrehmoment leicht aufzunehmen ist.

Abb. 279. Schwimmende Eindrehvorrichtung. Vor Beginn der Dreharbeit, die Schraube taucht gerade in das Wasser ein

Die Arbeit mit diesen großen Schraubenpfählen ist das Ergebnis einer langen Periode von Entwicklung und Erfahrung, die in Deutschland leider fehlt.

In Deutschland ist zu einer *Theorie der Schraubenpfähle* bezüglich ihrer Tragfähigkeit verständlicherweise noch keine Stellung genommen. Auch im Ausland sind erst Ansätze hierzu zu verzeichnen. Wer sich näher mit dem Problem befassen will, wird von einer Veröffentlichung von WILSON ausgehen müssen, welche LOOS im Bauingenieur 1951, Heft 9, S. 273, besprochen hat.[1]

3.8 Erd- und Felsanker
3.8.1 Erdanker

Der einfachste Erdanker ist der vom Zeltbau her bekannte „Häring", der senkrecht oder spitzwinklig zur Zugrichtung geneigt in den Beton getrieben wird und bei einigermaßen festem Boden und hinreichender Tiefe eine hohe Zugkraft aushält. Es ist aber nötig, daß man diese Verankerung laufend beobachtet und besonders nach Regenfällen kontrolliert.

Eine technisch zweckmäßige Ausführung hat sich die Fluorex GmbH in Boppard/Rhein unter dem GM 1 755 578 am 7. 11. 57 eintragen lassen (Abb. 280 a). Dieser Anker ist aus einem gleichschenkligen Winkelprofil mit schlanker Spitze hergestellt. Im oberen Teil ist durch Zusammendrücken der Schenkelenden und Einschweißen eines Blechstückes ein widerstandsfähiger Kopf gebildet, in dem ein großer Ring eingelassen ist, der zum schnellen Befestigen des Zugseiles und späteren Herausziehen des Pflockes dient.

Eine kräftigere Verankerung erzielt man mit dem sog. „Toten Mann", einer gesunden starken Holzschwelle (oder einem Stahlbetonholm, etwa einem Kappende), die für sich allein quer zur Zugrichtung in den Boden eingegraben wird und mittig mit mehreren Windungen des Zugseiles umwickelt wird. Das freie Ende des Seiles muß immer neben dem gespannten Zugseil aus dem Boden herausragen und mit diesem durch eine Seilklemme oder mit mehreren Windungen Bindedraht verbunden sein, damit man stets sieht, daß die Zugseilbindung in Ordnung ist. Bei weniger gutem Boden ist es zweckmäßig, noch zwei weitere Schwellen senkrecht zur Spannrichtung oder besser noch etwas mehr als 90° gegen diese Richtung geneigt symmetrisch zum Zugseil vor der Schwelle ein-

---

[1] G. WILSON: The Bearing Capacity of Screw Piles and Screwcrete Cylinders. J. Instn. civ. Engrs. 34 (1949/50) March 1950, S. 4—93.

zusetzen. Dabei ist wichtig, daß der Boden vor diesen Schwellen ungestört geblieben ist, damit sich die Stützschwellen unter der meist doch etwas dynamischen Beanspruchung des elastischen Seiles nicht aufrichten und der „Tote Mann" etwa an ihnen aufwärts gleitet.

Diese zum Festlegen von Winden, Masten und leichten Gerüsten geeigneten Verankerungen reichen nur für eine Schrägverspannung aus, nicht aber, wenn man senkrechte Zugkräfte braucht, etwa um einen Bohrpfahl zu belasten, damit er beim Hin- und Herdrehen hinuntersinkt, oder einen Schraubenpfahl unter Druck eindrehen muß und dabei auf Ballast nicht zurückgreifen kann. Auch bei weichen Schichten sind solche oberflächlichen Verankerungen nicht ausreichend. Die Widerstandsfähigkeit der Ankerpfähle und Häringe fällt nach einer ersten Überlastung natürlich rapide ab und aus diesem Grunde trachtet man nach einer Verankerung, die sich im Boden festklammert. Das tun die sog. Erdanker, die in tiefere Bodenschichten hinabreichen. Hierfür gibt es zahlreiche Vorschläge, die besonders für das Festlegen von Flugzeugen und Gerüsten, die im Freien gegen Sturm gesichert werden sollen, entwickelt sind.

Die nächstliegende Ausführung wäre ein Schraubanker, bei dem eine Tellerschraube hinreichend tief eingedreht wird.[1] In Sandboden ist ein Einspülen von Tellerschrauben möglich

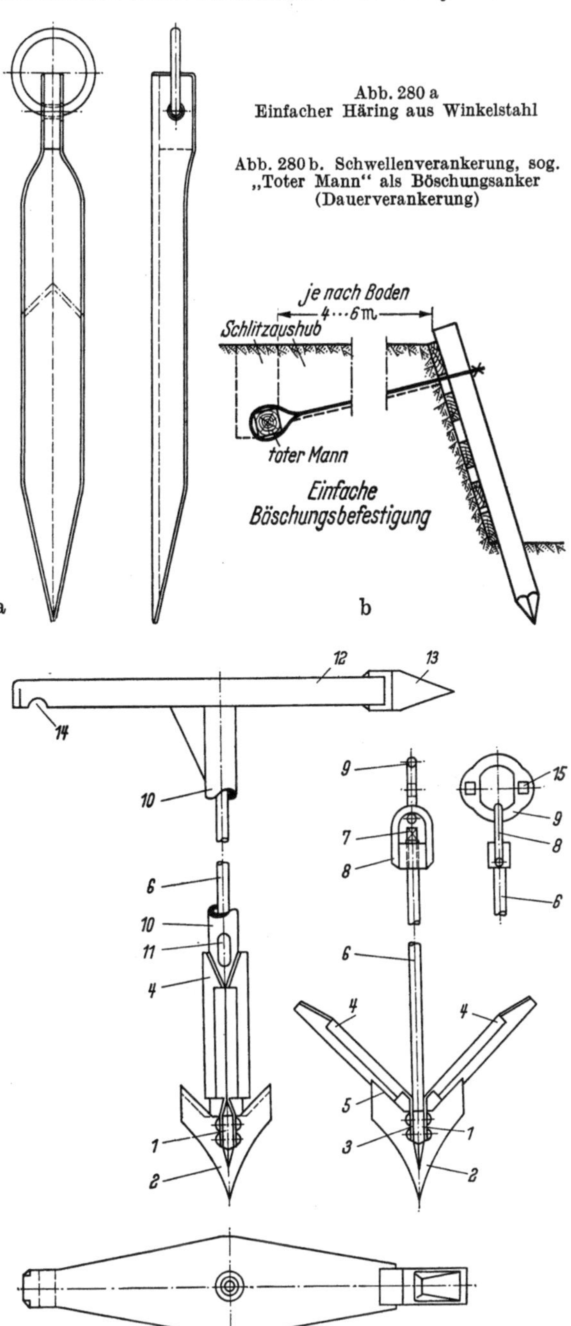

Abb. 281. Spreizanker für erdverankerte Zugseile
1, 2 Schneiden; *3* Verlängerungslappen; *4* Spreizbleche; *5* Auflagerflächen; *6* Zugstange; *7* Vierkant; *8* Seilöse; *9* Seilring; *10* Treibrohr; *11* Knaggen; *12* Traverse; *13* Meißelschneide; *14* Ausnehmung zur Bodenbearbeitung

---

[1] Einen Erdanker aus einem Zugseil, das an einer mit Steckschlüssel eingedrehten Tellerschraube angreift, bringt die während der Drucklegung erschienene Patentanmeldung DAS 1095498.

und vorteilhaft, weil dadurch gleichzeitig ein Einschlämmen der Bohrstrecke erfolgt. Ein solcher Schraubanker könnte vollkommen wiedergewonnen werden.

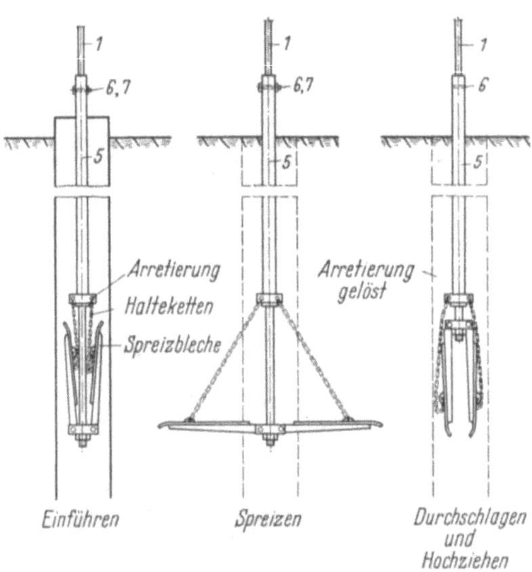

Abb. 282. Schirmanker für zeitweilige Zugverankerung

Auch ist eine Injektion des Sandbodens durch das zum Einschrauben notwendige Rohr u. U. praktisch, wodurch über dem Schraubteller eine erheblich größere Widerstandsfläche hergestellt werden kann. In diesem Falle muß allerdings der Schraubanker im Boden verbleiben, was aber bei einer Benutzung an Stelle eines Zugpfahles ohnehin beabsichtigt ist.

Von den vielen Vorschlägen für Erdanker mag als Beispiel der durch GM 1755994 vom 14. 11. 1957 geschützte Spreizanker gezeigt werden, dem zahlreiche in- und ausländische Beispiele gleichwertig an die Seite zu stellen sind (Abb. 281). Der Erdanker besteht aus der Spitze mit Kreuzschneiden und Spreizblechen, die zunächst senkrecht stehen. In die Spitze eingeschraubt ist die mittige Zugstange, über welche zum Eintreiben des Ankers ein Rohr gesteckt wird, das länger ist als die mit oberem Gewinde versehene Zugstange. Nach dem Einschlagen wird zunächst das Treibrohr um 90° gedreht, wobei die Spreizbleche vom Treibrohr durch zahnartige Knaggen weggedrückt und schräg gestellt werden. Nun kann das Treibrohr gezogen und der Boden zweckmäßig etwas gestampft werden. Durch axialen Zug an der Zugstange werden darauf die Spreizbleche vollends in ihre Endstellung gebracht, wobei sie sich gegen die verdickten Rückenflächen der Kreuzschneiden legen. Dem Erdanker steht nun eine stattliche Verklammerung im Boden zur Verfügung. Durch Ausbildung eines Vierkantkopfes auf der Zugstange kann diese später wiedergewonnen werden, während die Spitze im Boden verbleibt.

Ein zweites Beispiel soll für die Gruppe der „Schirmanker" stehen, die nicht mehr als primitiv bezeichnet werden können.

Abb. 283. Ankerkörper für die Decksohle in Emden

Nach dem gleichen Prinzip, wie bei den Spreizankern in dem Mastschen Ortbetonpfahl, hat Bohlmann eine solche Verankerung unter dem Deutschen Patent 836092 (Laufzeit ab 21. 4. 1950, Abb. 282) vorgeschlagen. Der Anker besteht aus einem schirmähnlichen Gestänge, das geschlossen in einem Bohrrohr hinuntergelassen wird und nach Ziehen des Rohres durch einen nach oben gerichteten Zug an dem Schirmstock zum Aufspreizen gebracht wird, wobei eine Arretierung durch Ketten vorgesehen ist. Dadurch, daß evtl. der Fixpunkt der

Arretierung gelöst werden kann, kann der Schirm bei erneutem Zug am Schirmstock übergeklappt werden, und die ganze Vorrichtung durch den lockeren Kanal des entfernten Vortreibrohres oder auch durch das nur teilweise hochgezogene Rohr zur erneuten Verwendung wiedergewonnen werden. Auch der Ersatz der Zugstange durch Drahtseile ist denkbar. Dieser Gedanke führt zu dem von GRÜN und BILFINGER als Ersatz für Zugpfähle vorgeschlagenen Erdanker des DRP 692917 vom 3. 3. 1957. Er entsteht dadurch, daß ein Rohr in den Boden gerammt oder gespült wird, dessen lose Spitze als sog. verlorene Pfahlspitze den eigentlichen Ankerkörper darstellt, in welchem das Zugorgan, beispielsweise ein Rundstahl oder Drahtseil, verankert ist. Der Zugstab wird auf seiner ganzen Länge mit Rostschutz versehen und durch Juteumwicklung und gegebenenfalls mehrfachen Asphaltmantel mit einer Dauerisolierung versehen. Das Rohr erhält nach Erreichen der richtigen Tiefe im unteren Teil eine Betonfüllung, die beim Ziehen des Rohres von oben her durch Stampframmen über den Rohrquerschnitt hinaus zu einem Klumpfuß verformt wird, dessen unteren Teil die „Ankerkörper-Pfahlspitze" bildet. Auf diese Weise wird eine sichere Übertragung der Zugkraft auf den Boden gewährleistet. Oberhalb des Klumpfußes genügt eine Verfüllung des Bohrloches mit Kiessand oder Boden, der fest eingestampft wird, wobei darauf zu achten ist, daß die Isolierung des Zugstabes nicht beschädigt wird. Diese Ausführung kann bis zu solchen Abmessungen hergestellt werden, daß sie einen echten Zugpfahl darstellt.

Vorgespannte Zuganker mit Stahlbetonankerkörper der Johann Keller GmbH. bilden die Verankerung einer Trockendocksohle in Emden, nach Broschüre der Fa. Keller „Das Rütteldruckverfahren", wodurch an Stelle einer 6 m dicken Sohle nur eine 2 m dicke Grundplatte nötig wurde. Die Verringerung der Gründungstiefe brachte erhebliche Ersparnisse. Einen der 496 eingebauten Ankerkörper zeigt Abb. 283, vor Beginn des Absenkens, das mit Hilfe von 2 Rüttelflaschen erfolgte. Nach der Einsenkung wurde der Boden oberhalb der 11 bis 14 m tief liegenden Ankerkörper im Aufwärtsgang der Rüttelflaschen verdichtet. Die 46 mm Durchmesser Stahlkabel aus 84 Einzeldrähten aus St 140, die siebenfach korrosionsgeschützt sind, wurden mit 105 t vorgespannt, wobei ein Abheben der Sohle vom Untergrund ausgeschlossen ist. Abb. 284 zeigt Dock-Baugrube und die Installation der Gerüstbrücken, von denen aus die Anker im Mittel in je 18 Min. versenkt wurden. In gleicher Weise ist auch das Trockendock in Karrachi ver ankert.

Abb. 284
Dockbaugrube Versenkarbeit mit Rüttelflanken

Neben diesen Zugankern gibt es spezielle *Zugpfähle*, von denen aus Platzmangel nur zwei besprochen werden können. Der schon auf S. 275 erwähnte „*SBV-Pfahl*"[1] ist ein Bruder des neuerdings sehr bekannt gewordenen „*MV-Pfahles*"[2] von Dr. Ing. MÜLLER, Marburg.

Beide sind Verankerungspfähle, die aus einem Schaft (Spundbohle oder Rohr) bestehen und einen hohlen Pfahlschuh aus Stahlblech als Rammspitze besitzen. Im Pfahlschuh endet ein 3″-Durchmesser-Rohr, durch das im Zuge der Rammung Zementleim (2 Tl. Z : 1 Tl. Wasser) eingepreßt wird, der wie eine Schwertrübe den vom Pfahlschuh geschaffenen Hohlraum ausfüllt. Von oben wird Kies eingefüllt, der im Zuge der Rammerschütterungen gut verdichtet wird. Beim SBV-Pfahl besteht der obere Teil aus einem Hohlkasten, in den später die Ankerstiele der Maste einbetoniert werden, beim MV-Pfahl ist ein derartiger Abschluß nicht nötig, da er vorwiegend als Schräganker verwendet wird. Wenn die Endstellung erreicht ist, wird der Einpreßdruck von 2 atü auf 15 bis 30 atü je nach Bodenart gesteigert und dadurch eine Wulstbildung bzw. rauhe Verzahnung des Betonschaftes mit dem Boden erreicht.

3.8.2 Felsanker

Nach dem gleichen Prinzip sind mannigfaltige Varianten denkbar, welche direkt zu den modernen vorgespannten Felsankern führen, für welche das Patent Coyne als Prinzip besprochen werden soll.

Das deutsche Patent von ANDRÉ COYNE (Paris) trägt die Nummer 618328 und datiert vom 25. 4. 1930, d. h., es ist inzwischen abgelaufen. COYNE stellte die Überlegung an, daß eine Verankerung im Untergrund und deren kräftige Verspannung gegen den Baukörper eine zusätzliche Vertikalkomponente bildet, welche an die Stelle eines sonst notwendigen Eigengewichtes treten und die Resultierende in eine günstigere Lage und Richtung zwingen kann. Dadurch kann nicht nur der Baukörper kleiner gehalten werden, sondern auch die Gründungstiefe so weit beschränkt werden, wie es allein für die Druckübertragung notwendig ist.

Für die Verankerung der Zugglieder, die wie beim Spannbeton aus Einzelstäben oder Drahtbündeln bestehen können, sind Aufspreizungen oder Endkörper oder mit Mörtel verfüllte Ankerpfropfen vorgesehen. Es bedarf kaum einer besonderen erfinderischen Begabung, um weitere derartige Vorschläge zu machen. Wesentlich ist, daß die Spannanker, welche die Übertragung sehr hoher Kräfte dauernd zu gewährleisten haben, einwandfrei vor Korrosion geschützt werden, d. h., daß die Kanäle in denen sie liegen, mit Isoliermitteln verpreßt werden müssen. Auch ein einwandfreier Verguß mit elastischem Material ist wohl am Platze. Immer aber ist dafür zu sorgen, daß der Verguß von unten her hochquillt, d. h. durch ein Rohr bis unten hingeführt und in einem Zuge eingepreßt wird, damit er mit Sicherheit alle Luft oder alles Wasser im Ankerloch verdrängt.

Über die Wirksamkeit einer solchen Verankerung macht man sich leicht falsche Vorstellungen. Ankerkräfte, welche wirklich wesentliche Ersparnisse an Massenbeton oder an Fundamentbreite bringen könnten, gehen weit über die üblichen Spannbündelkräfte, wie sie im Spannbeton z. Z. bei etwa 100 t liegen, hinaus.

Auch für Fundamentkörper an Hängen ist eine Felsankerung eine willkommene Sicherung, wobei als zusätzliche Maßnahmen eine wirksame Dränage anzulegen ist.

---

[1] SBV-Stahlbetonverbundpfahl als Gründungspfahl für Hochspannungs-Freileitungsmaste. Lizenzträger ist die Rheinelektra Starkstromanlagen GmbH Mannheim. Die Angaben sind deren Prospekt entnommen.

[2] Dr.-Ing. G. FINKE, Duisburg. Zugversuche und Erfahrungen mit Verankerungspfählen für Uferwände Bau-Maschine und -Technik 1956 Heft 3.

Die erste Ausführung einer tiefen Felsverankerung machten die Franzosen 1934 beim Cheurfas-Damm in Algerien mit vollem Erfolg. Danach finden sich Anwendungen in aller Welt.

Eine Felsverankerung nach dem Prinzip COYNE für wirklich hohe Ankerkräfte setzt einen gesunden Fels voraus, der durch Probebohrungen evtl. unter Zuhilfenahme von Injektionen zur Beurteilung der Klüftigkeit des Gebirges zu erkunden ist. Ein Felsanker kann (im Rahmen seiner eigenen Bruchfestigkeit) nur so viel max. Zugkraft haben, wie das Gewicht des Felskonoids beträgt, den er evtl. herausheben kann. Dabei darf aus Sicherheitsgründen der Scheitel dieses Konoids erst am oberen Ende der Einbindestrecke angesetzt werden. Die Länge der Einbindestrecke hängt von der verlangten Ankerkraft und der Art des Gebirges ab. Als Beispiel: 40 t-Bündel (60 t Bruchlast) wurden in dickbankigem Kalk mit 2,50 m Einbindelänge ausgeführt.

Man unterscheidet „weiche" und „steife" Anker. Bei ersteren wird zwischen der Einbindung im Fels und der oberen Spannverankerung der natürlich immer notwendige Verguß mit einem weichen Material, z. B. Bitumen, als Korrosionsschutz vorgenommen. Die Wirksamkeit der Anker entspricht der Funktion des Gebirges als Gegengewicht gegen Umsturzmomente des verankerten Körpers; da sie praktisch auf der ganzen Länge frei sind — sie sind ja beiderseits nur endverankert — erhöhen sich im Gebrauchsfalle die Spannungen nur in geringem Maße. Diese Anker sind gegen Setzungen des Gebirges unter dem Bauwerk nicht sehr empfindlich, andererseits können sie wegen der großen Dehnfähigkeit niemals bis zum Bruch belastet werden.

Bei den „steifen" Ankern wird der ganze Teil zwischen Einbindestrecke in der Bohrung und dem oberen Ankerkörper im Bauwerk durch Zementmörtelinjektion fest mit der Wandung des Kanals bzw. der Bohrung vereinigt. Solange keine höheren Kräfte als die Bündelspannkraft auftreten, wirken diese Anker genau wie die „weichen" Anker; wenn aber diese Kraft überschritten wird, wirkt Bauwerk und Felsgrund monolithisch, d. h., bei der geringsten Öffnung einer Fuge, z. B. der Bodenfuge, wächst in diesem Querschnitt die Bündelspannung sehr schnell an, weil die Gesamtdehnung sich auf diesen Querschnitt konzentriert. Man hat also hier entsprechend auch die gesamte Bündelkraft konzentriert, womit ein Abheben des verankerten Bauwerkes in den kleinsten Grenzen gehalten wird. Natürlich sind diese steifen Anker gegen Setzungen sehr empfindlich, da sie im Setzungsbereich spannungslos werden können, wobei eine Ablösung des Bauwerkes entsprechend der Setzung hervorgerufen wird.

Jede der beiden Ankerarten hat ihre Berechtigung: wenn Setzungen zu befürchten sind, wird man hochgespannte „weiche" Anker vorziehen. Wenn jegliche Sohlfugenbildung vermieden werden soll und keine Setzungen zu erwarten sind, wird der „steife" Anker gewählt. Unter Umständen kann eine Kombination beider Ankerarten am Platze sein.

Nach dem Spannsystem FREYSSINET hergestellte Felsanker sind wahrscheinlich die ersten derartigen Ausführungen gewesen, weshalb deren Herstellung und Handhabung etwas näher beschrieben werden mag.

Das Bündel besteht normalerweise aus sechs haarnadelförmig zusammengelegten Drähten, die um eine Lehre herumgebogen werden, deren Durchmesser durch Versuch bestimmt ist. Wenn der Platz nicht vorhanden ist, daß man mit den Ankerlängen herumschwenken kann, kann man mittels einer losen Rolle und einer Winde die Haarnadeln auch von den in Rollen angelieferten Spanndrähten ausziehen. Die Haarnadeln müssen jedoch so geradlinig wie möglich und untereinander völlig gleichmäßig sein. Dann werden sie nach Abb. 285 angeordnet und mehrfach abgebunden, wobei im Bereich der Einbindelänge kurze Rohrabschnitte als Abstandhalter eingeschaltet werden.

Die Bohrungen für Bündel 12 ⌀ 5 sollen 7 cm Durchmesser haben, die der Bündel mit 12 ⌀ 7 benötigen 10 cm Durchmesser. Als Verpreßmörtel empfiehlt sich etwa ein Mischungsverhältnis von 2 Teilen Portland-Zement zu 3 Teilen Sand (0 bis 5 mm) zu 1,5 Teilen Wasser. Natürlich ist dies keine verbindliche Angabe, da die Natur des Gebirges eine wesentliche Rolle bei der Wahl des Mörtels und insbesondere des Zementes spielt.

Die Vermörtelung und Besetzung des Bohrloches macht unterschiedliche Mühe, je nachdem, ob das Bohrloch wassergefüllt ist oder trocken. Bei wassergefülltem Bohrloch wird zuerst der Mörtel für die Einbindelänge eingebracht, indem man ein zusammengeschraubtes, unten mit einem Holzpfropfen verschlossenes Rohr von 40 mm innerem Durchmesser mit so viel Mörtel füllt, wie für die Einbindelänge benötigt wird, dieses Rohr bis zum Aufsitzen herunterläßt und etwa 50 cm wieder anhebt. Dann wird der Holzpfropfen mit einem steifen Rundeisen von oben herausgestoßen und das Rohr sehr langsam gezogen, wobei das untere Ende stets im aufsteigenden Mörtel bleiben muß, der nun das Wasser verdrängt. Wenn auf diese Weise die ganze Mörtelfüllung eingebracht ist, überzeugt man sich von der geglückten Füllung durch einen Schwimmer, der im Wasser untergeht, aber auf dem Frischmörtel schwimmt, d. h., der eine Dichte von etwa 1,5 hat. Erst dann wird das Spanndrahtbündel in die Bohrung eingeführt und sehr langsam abgelassen, besonders dann, wenn es in den Frischmörtel eintaucht, damit die erneute Bewegung kein Auswaschen des Zementes hervorruft. Wenn das Bündel unten aufstößt, wird es wieder 3 cm hochgezogen und nun festgesetzt. Einige Stunden später ist mit einer Sondierstange zu prüfen, ob der Mörtel die richtige Höhe erreichte, oder ob Verluste eingetreten sind, die eine Nachfüllung notwendig machen. Diese kann in gleicher Weise eingebracht werden, jedoch ist hierfür dann nur ein wesentlich schwächeres Rohr zu benutzen.

Wenn das Bohrloch trocken ist, kann man den Holzpfropfen und den Mörtel mit Preßluft hinausdrücken, und der ganze Füllvorgang sowie das Einsetzen der Bündel erfordert nicht die aufwendige Sorgfalt wie im ersten Fall.

Nach 7 Tagen ist jedes Kabel mit einer Spannkraft von 13 t/cm² zu prüfen. Hierzu bereitet man zweckmäßig einen Betonklotz vor, der einen Ankerkörper enthält und durch hinreichende Wendelbewehrung den von der Spannpresse ausgeübten Druck aufnehmen kann. Es kann vorkommen, daß der Anker zunächst einige cm hochkommt, worüber man sich jedoch nicht aufregen soll, da nur die Endfestigkeit maßgebend ist. Sollte doch einmal ein völliger Versager dabei sein, ist das Bündel zu ziehen, das Loch erneut auszubohren und der ganze Vorgang zu wiederholen.

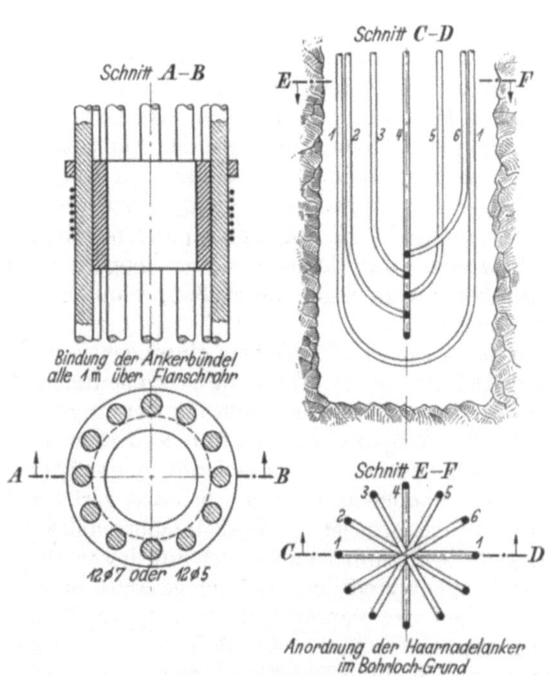

Abb. 285. Felsanker nach FREYSSINET

Die endgültige Vorspannung wird meist erst viel später, wenn das Bauwerk fertiggestellt ist, in der vom Spannbeton her bekannten Weise vorgenommen.

Das Injizieren der freien Strecke, gleichgültig mit welchem Material, wird mit einem Rohr oder einem an einem Rundstahlstab angebundenen Schlauch vorgenommen, der zunächst bis zur Vermörtelung der Einbindestrecke hinuntergebracht wird. Dann wird durch dieses Rohr mittels Injektionspumpe der Mörtel bzw. das Bitumen eingepreßt. Das Vorspannen kann nach dem Verfüllen mit Bitumen erfolgen; wenn man vermörtelt, wird man dies in der Regel erst nach dem Anspannen tun und muß dann ein seitliches Loch lassen, um den Schlauch hinunterzubringen, da der Ankerkeil keine hinreichend große Öffnung besitzt. Es ist auch möglich, das Anspannen bei frischem Zementmörtel (natürlich nur der Strecke oberhalb der Endverankerung) vorzunehmen, man muß nur sicher sein, daß man es vor dessen Abbinden durchführen kann (Reservepresse!).

Einige Hinweise auf Ausführungen mögen zeigen, daß in dieser Tiefenverankerung ein Hilfsmittel für Gründungen gegeben ist, das nicht nur als Reparaturmaßnahme zweckvoll ist, sondern durchaus zur Planung gehört.[1]

Schon 1944 sind Bodenanker für die ober- und unterstromseitigen Böschungsmauern eines Wehres zwischen Elbeuf und Andelys ausgeführt, wobei je 3 Bündel durch Verteilungsträger zu 60 t-Ankern zusammengefaßt sind. Hierbei hat man, um jederzeit die Ankerkraft kontrollieren und aufrechterhalten zu können, unter den Trägern einen Raum für Kapselpressen angeordnet. Eine Nachspannung ist auf diese einfache Weise 1956 mit Erfolg vorgenommen.

1946 bis 1950 wurden die Strebepfeiler und die Sohlschwelle eines Wehres in der Tarn auf 200 m Länge verankert. Die Pfeiler werden mit je 540 t Zugspannung im Boden festgehalten.

Abb. 286. Wehrkörper im Ernestina-Damm. Profil wesentlich durch Vorspannung in sich und Verankerung im Fels bestimmt

In Brasilien ist der 400 m lange Wehrkörper „Ernestina" im Rio Grande do Sul in den Jahren 1950 bis 1953 in Spannbeton ausgeführt und mit Ankerbündeln im Fels verankert. Der Stau beträgt 14 m, die 8 Wehröffnungen haben je 15 m Breite. Die Abb. 286 zeigt einen Querschnitt dieser interessanten Sperrmauer und Abb. 287 die Lage der Vorspannbewehrung und Verankerung. Für die Verankerung des Schleusenvorbodens für das Schwimmtor sind 96 Spannbündel mit je 12 $\varnothing$ 5 mm verwendet worden.

Ein weiteres Anwendungsbeispiel aus dem Industriebau stellt die 1956 und 1957 ausgeführte Verankerung zweier Schornsteinfundamente für das Dampfkraftwerk von Yainville in Frankreich dar, wofür je 32 Bündel mit je 12 $\varnothing$ 7 mm benötigt wurden. Angesichts dieser bei Großbauten von erheblicher Bedeutung

---

[1] Die hier genannten Beispiele stellte freundlicherweise die STUP, Paris, brieflich zur Verfügung, der an dieser Stelle für viele derartige Hilfen besonders gedankt sei.

vorliegenden europäischen Ausführungen darf man wohl von einer ausreichenden Bewährung der Bodenverankerung mit Spannbündeln sprechen.

Über eine Reparaturausführung in Indien liegt ein Bericht vor[1], dem die folgende nachträgliche Felsverankerung nach System COYNE entnommen ist.

Die Stadt Bombay wird mit Wasser aus dem Tansa-See versorgt, der etwa 116 km oberhalb der Stadt liegt. Die Vergrößerung des Wasserwerkes erforderte 1952 eine Verstärkung des Tansa-Dammes, der das Stauwasser des Sees mit einer Höhe von etwa 40 m hält. Dieser Damm wurde 1892 aus Basalt und Kalksteinen und gebrannten Ziegeln mit zuerst etwa 35 m Höhe errichtet und 1925 auf 39 m erhöht; 1946 wurden Schütztafeln für eine weitere Stauerhöhung aufgesetzt. 1932/33 wurde erstmals bemerkt, daß der Damm einer Auftriebskraft ausgesetzt war, die aus einer schweren Leckstelle durch das Fundament und den Dammkörper herrührte. Daraufhin wurde 1938 der Damm erstmalig vermörtelt, und die wasserseitige Böschung 1942 und 1945 erneut mit Spritzmörtel belegt. Gleichzeitig mit der Vermörtelung wurde aber durch Bohrungen festgestellt, daß überall Auftriebskräfte wirksam waren, so daß mehr als nur eine äußere Vermörtelung notwendig wurde. Von den gegebenen Möglichkeiten zur Rettung des Schwergewichtsdammes, nämlich der Ausführung einer

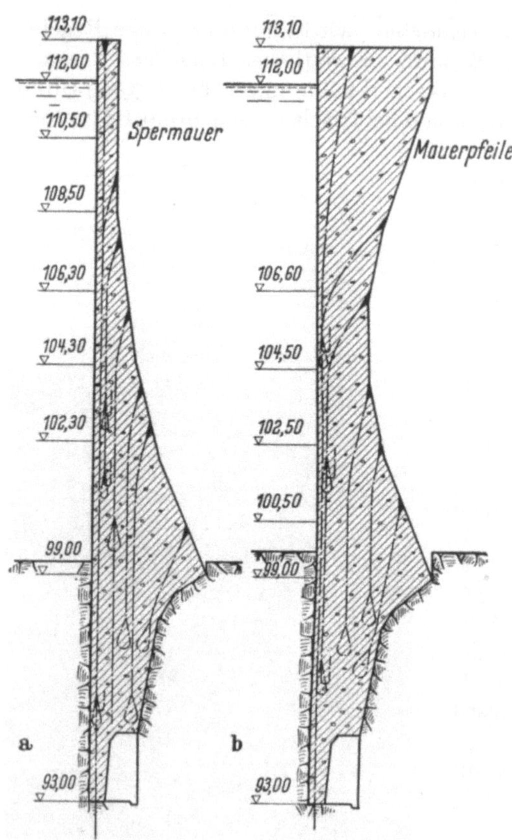

Abb. 287 a u. b. Spannbewehrung und Felsverankerung zu Abb. 286

1. Erd- oder Steindammschüttung vor der Luftseite auf die ganze Länge,
2. Mauerwerksverstärkung auf der Luftseite oder einzelne Stützpfeiler,
3. neue Betonmauer auf der Wasserseite zur Verstärkung,
4. Belastung der Krone durch zusätzliches Mauerwerk oder Beton,
5. Verstärkung des Dammes durch Vorspannverankerung

wurde die letztere gewählt. Im Dezember 1952 begann man mit dem Bohren von insgesamt 2399 Löchern in Abständen von 0,45 bis 3,00 m und 16,50 bis 55,50 m Tiefe, je nach Höhe des Dammes.

Wo der Damm am höchsten war, wurden die Spannanker in 2 Reihen hintereinander angesetzt. Eine schwierige Arbeit war das Bohren der senkrechten Ankerlöcher durch das fugenreiche Mauerwerk.

Man kontrollierte deren Richtung durch Hinablassen von Taschenlampen, um zu wissen, ob die hier später verwendeten Seile beim Anspannen zusätzliche Reibungskräfte zu überwinden hätten.

---

[1] The Cementation Company Ltd., Firmenschrift „Anchor Stressing".

Da der Damm durchfeuchtet war, hielt man eine Abdichtung der Spannkanäle für erwünscht. Nachdem ein Loch gebohrt war, wurde es unter Druck mit Mörtel verpreßt und damit seine Umgebung injiziert. Darauf wurde das Loch schleunigst wieder ausgebohrt bzw. der frische Verpreßmörtel, soweit er im Loch verblieben war, wieder ausgespült und das Druckwasser ausgeblasen. Die Seile wurden 21 Tage nach dem Vermörteln mit 80 t vorgespannt. Sie bestanden jeweils aus 37 Drähten St 105 von je 5 mm Durchmesser. Jedes Seil preßte den Damm mit einem Druck von 105 t auf die Felssohle. In der Abb. 288 ist das Detail der oberen Seilenden zu sehen, die besenartig gespreizt, wie die Kabel einer Hängebrücke in

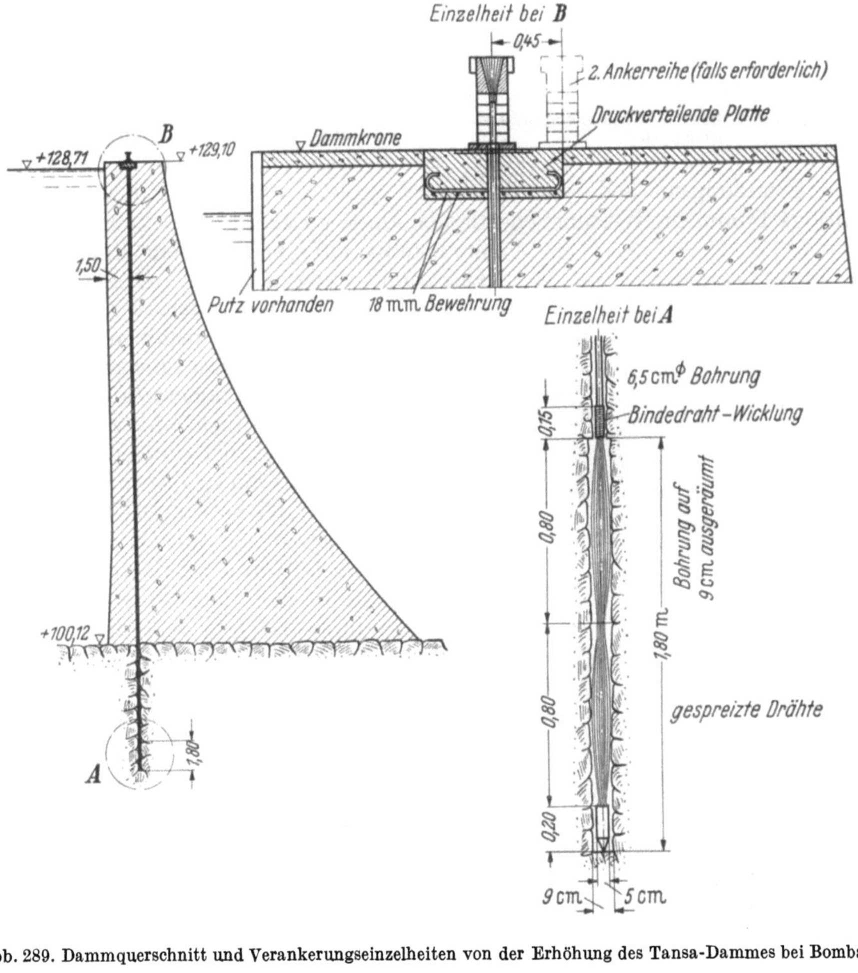

Abb. 288. Verankerung der Felsanker des Tansa-Dammes in Seiltöpfen

Abb. 289. Dammquerschnitt und Verankerungseinzelheiten von der Erhöhung des Tansa-Dammes bei Bombay

konischen Ankertöpfen mit Henkeln vergossen sind und mittels einer Spann-
traverse und zwei hydraulischen Pressen zu je 120 t Hubkraft auf die festgelegte
Spannkraft von 80 t gebracht wurden. Abb. 289 zeigt die konstruktiven Verhältnisse dieser Arbeit und die im Veranke-
rungsbereich gespreizten Drähte.

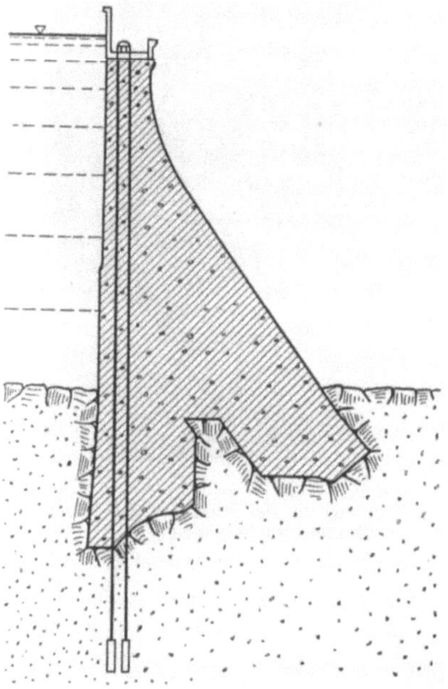

Der Wasserstand im See wurde während der Dauer der Verankerungsarbeit
auf dem höchsten Stand gehalten, damit
niemals eine Überbeanspruchung der
Seile zu einem späteren Zeitpunkt eintreten kann.

Die gleiche Firma berichtet über eine
Erhöhung der Schwergewichtsmauer des
Steenbras-Dammes bei Kapstadt in Südafrika um rund 2 m, ebenfalls vom Jahre
1952. Hier hat man das Anspannen der
Seile vereinfacht und verbessert, indem
man die Seile in Schlaufenform verlegte
(Abb. 290) und sie mit halbkreisförmigen
Spannböcken unter Spannung setzte
(Abb. 291). Verwendet sind wieder Seile
mit 37 ⌀ 5 mm, die aber nur mit 70 t
je Bündel (also 140 t je Spannbock) ausgenutzt sind.

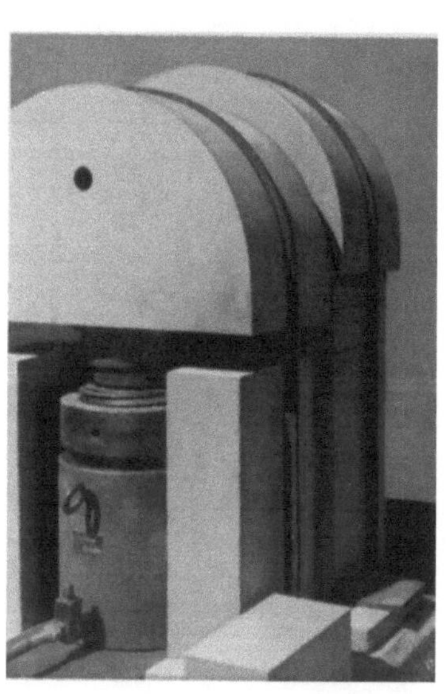

Abb. 290. Erhöhung der Steenbras-Staumauer
bei Kapstadt

Die erste englische Ausführung einer
felsverankerten Staumauer, bei welcher
diese Gründungsmethode von Anfang an geplant wurde, betrifft den Allt-na-
Lairidge-Damm im Westen Schottlands. Diese an sich kleine Staumauer steht
unmittelbar auf sehr gesundem Granitfels. Den
Querschnitt zeigt Abb. 292. Gegenüber einer
klassischen Schwergewichtsmauer konnte eine
gleich teure Spannbetonausführung einen um
rund 10% höheren Stau übernehmen. Be-
dingung war, daß bei keiner Stauhöhe in der
wasserseitigen Grundfuge eine Zugspannung
auftreten sollte und bei entleertem Becken
luftseitig höchstens 3,6 kg Zug je cm² eintritt.
Die Mauer ist in Blöcke von je 12,80 m Länge
eingeteilt, jeder Block enthält 2 Vorspann-
schächte von 1,20 m Durchmesser, die sich
noch 8,25 m in den Fels hinein fortsetzen.
Die Herstellung erfolgte im Fels in Stufen
von 45 cm Tiefe, die ringsum abgebohrt und
mit ganz leichten Sprengschüssen ohne Schwierigkeit herausgeholt wurden.

Für die Spannglieder hat man sich nach
sorgfältigen Voruntersuchungen zu den starken Stäben des Lee-McCall-System entschlos-
sen (das vollkommen dem Dyckerhoff & Wid-
mann-System entspricht und in England fast
gleichzeitig mit diesem entstand). Die bis zum

Abb. 291. Spannbock zu Abb. 290

Betonieren sorgfältig gegen Korrosion durch eine Resin-Lanolin-Mischung geschützten Stäbe aus St 110, $E = 1\,820\,000$ sind in drei durch Schraubmuffen

verbundenen Längen nacheinander eingebaut. Der unterste Schuß ist der kürzeste und steht in dem erweiterten Schacht. Die Anordnung der Ankerstangen ließ einen inneren Hohlraum von 30 × 30 cm offen für eine sorgfältige Einbetonierung unter Rüttlung des Betons. Während dieser Arbeit wurden die 22 bis 28 Spannstangen (je nach Höhe des Dammes) von je 28 mm Durchmesser durch provisorische leichte Anspannung gestreckt gehalten. Alle Stäbe sind oberhalb des untersten Schusses mit Petroleum-Fettpaste geschmiert und mit Bitumenstreifen umwickelt, womit gleichzeitig Rostschutz und Beweglichkeit gegenüber dem Beton gegeben war. Jeder Spannstab ist im Endzustand mit 37 t vorgespannt, das sind 1036 t je Verankerung oder 162 t je lfm der Mauer. Die Pressung unter den Verankerungsplatten ist mit 182 kg/cm² recht hoch.

Die Abb. 293 zeigt die Einzelheiten dieser Vorspannverankerung und Abb. 294 ein Bild dieses außerordentlich eleganten Mauerquerschnittes.

Nicht nur Fels ist geeignet, Vorspannanker aufzunehmen, sondern fast jeder Boden kann herangezogen werden, gleichgültig, ob der Verankerungspunkt über oder unter Wasser liegt. Es ist nur erforderlich, durch eine verrohrte Bohrung einen Anker so weit niederzubringen, daß die erforderliche Zugkraft vom Gewicht des über dem Verankerungspunkt liegenden Materials mit hinreichender Sicherheit

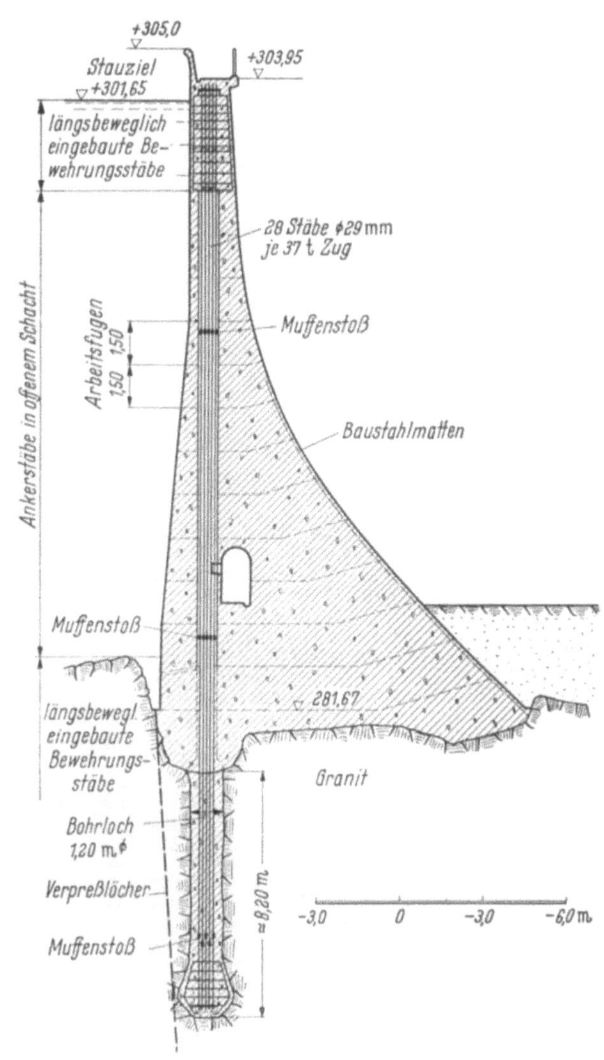

Abb. 292. Felsverankerte Staumauer „Allt-na-Lairidge" Schottland

aufgenommen werden kann. Nach dieser Methode sind unter Wasser geschüttete Betonsohlen in umspundeten Baugruben, bei denen Sohlenaufbrüche beim Leerpumpen drohten, vor dem Abpumpen nach unten verankert, und auch Unterbauten für Leuchtfeuer an der Küste ohne großen Aufwand in tiefer liegenden Felsschichten festgehalten.

Eine weitere Anwendung finden die Felsanker bei der Verankerung der schweren Kabel von Hängebrücken. Bei der größten Hängebrücke des kontinentalen Europas, der Brücke über die Seinemündung bei Tancarville ist für das rechte Seineufer eine derartige Verankerung vorgesehen, die Abb. 295 zeigt.

Zwei schwere Widerlagermauern nehmen den Versteifungsträger mit der Fahrbahn und die lotrechten Lasten der Umlenkung der Hängekabel auf. Die Sohlenpressung bleibt hier unter 8 kg/cm².

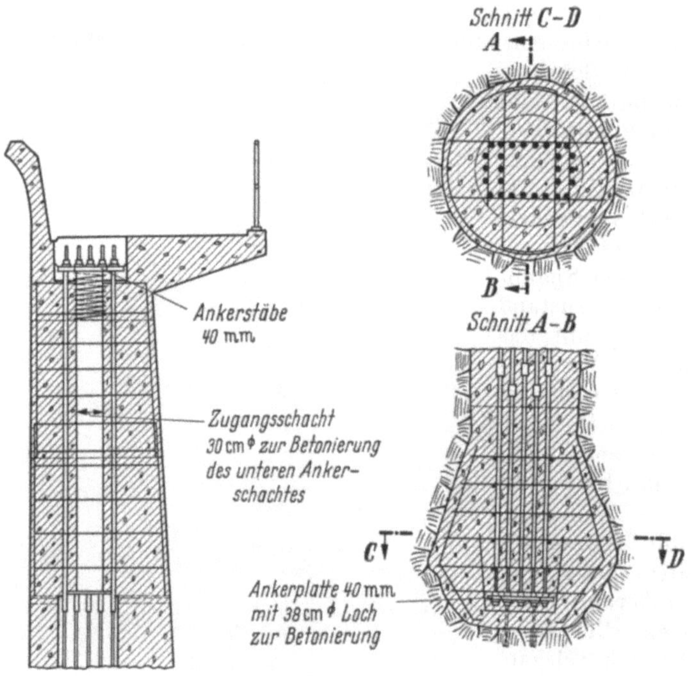

Abb. 293. Einzelheiten zu Abb. 292

Abb. 294. Allt-na-Lairidge-Damm im Bau

Das Hängekabel spreizt sich in einer Kabelkammer in seine 60 Einzelkabel auseinander, die in Ankertöpfen enden. Jeder dieser Töpfe wird durch 3 Ankerstangen von 68 mm Durchmesser und 6 m Länge rückwärts in einem massiven Betonklotz festgelegt, der seinerseits wieder durch 120 Spannbündel mit je 24 hochfesten Drähten von 7 mm Durchmesser schräg abwärts bis zur Tiefe von 34 m in dem Gebirge in einer Betontraverse von 32 m Länge und 9,50 m Breite verankert ist. Die Pressung gegen den Kreidefels beträgt im Maximum nur 6 kg/cm². Die 120 Spannkabel — System BBR-Boussiron — liegen in einem Spannbetonzugglied von $3,70 \times 4,63$ m Querschnitt, das einen Besichtigungsgang von $1,50 \times 2,33$ m enthält. Der Betonquerschnitt je Zugglied beträgt

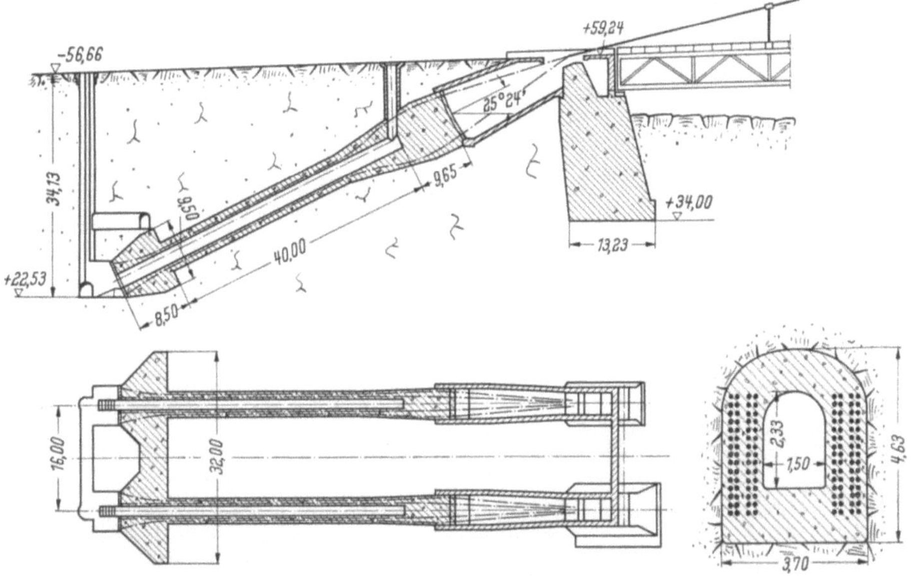

Abb. 295. Spannbetonverankerung im Fels für die Kabel der Hängebrücke bei Tancarville, untere Seine

12,70 m², die Vorspannkraft beläuft sich je Zugglied auf 9600 t. Es dürfte dies mit insgesamt etwa 75 m schräger Länge vom Umlenkpunkt aus der größte bisher ausgeführte Felsanker sein.

Zur Verankerung für die Rückhalteseile beim Freivorbau einer Brücke wurde eine interessante und billige Felsverankerung in Ghana (Goldküste) angewendet.[1] Die Bogenbrücke hat einen in Dreieckfachwerke gegliederten Sichelträger, der im Freivorbau nach Abb. 296 vorgestreckt wurde. Hinter dem Auflager des Bogens wurden in 36 m Abstand nur 6,5 m lange Anker aus je 6 Stahllamellen 38/300 mm mit oberen Augen und Fußankern aus Profilen von 1,20 m Länge in den Quarzitfels eingesetzt, von denen Drahtseile über einen Betonsattel, der mit 5 cm Holz als Gleitschutz aufgefüttert war, direkt bzw. über Hilfsböcke an Knotenpunkte des Bogenträgers führten. Die zunächst notwendigen zwei unteren Spannseile wurden mit weiteren 3 Seilen im Zuge der Montage an einen oberen Knoten verlegt. Im dritten Stadium wurden die Rückhalteseile gegen die Seile der obersten Lage ausgewechselt, die aus 6 Seilen besteht und über einen Hilfsbock am sechsten Obergurtknoten angreift. Mit Winden unter den Lagern auf den Hilfsböcken konnten für den Zusammenschluß am Scheitel die notwendigen Bewegungen in der Größenordnung von 45 cm herbeigeführt werden.

─────────

[1] Proceedings 9 (April 1958) S. 395ff.

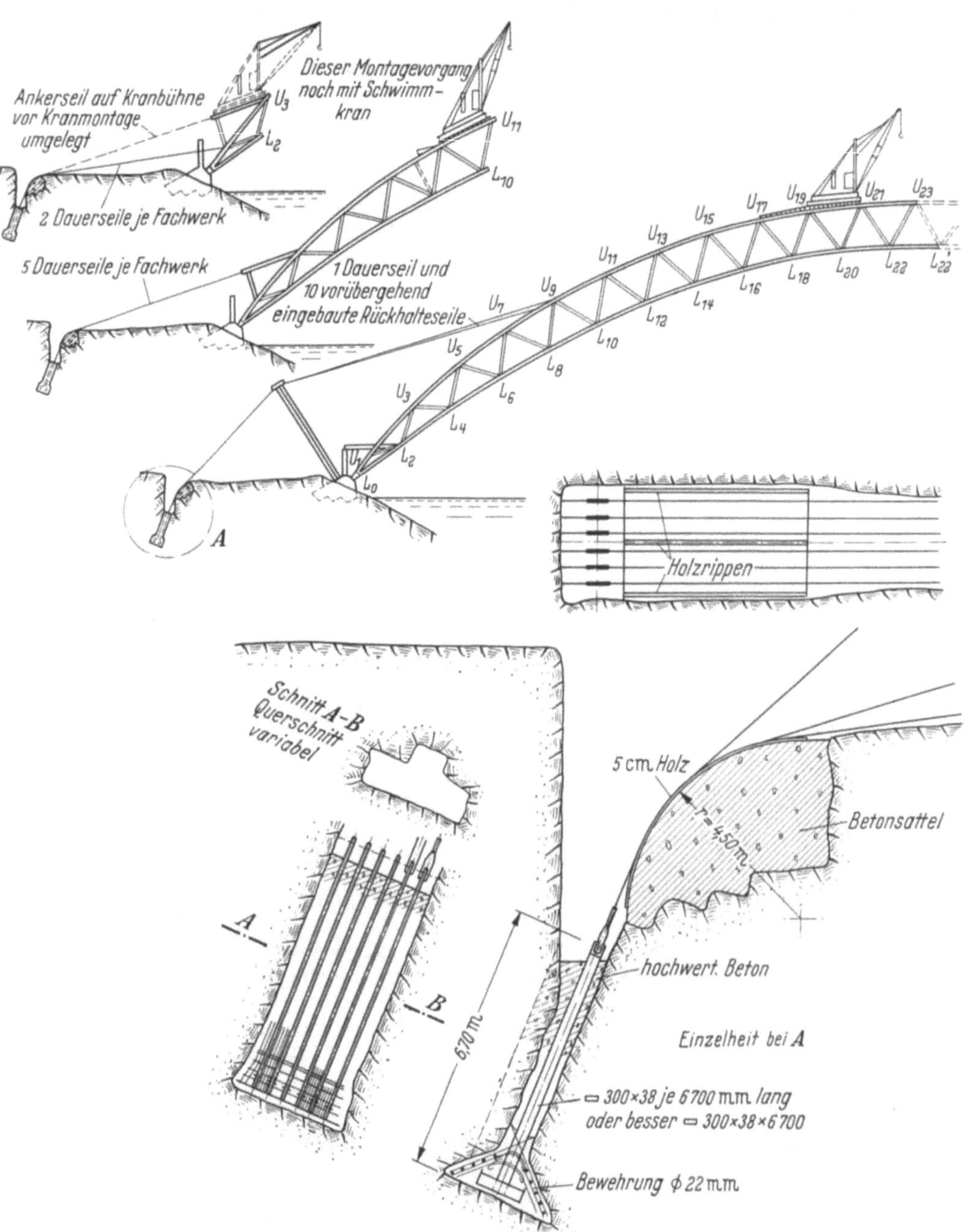

Abb. 296. Felsanker für die Rückhalteseile einer Freivorbaumontage bei einer Bogenbrücke

3.8.3 Gebirgsanker

Wenngleich der Stollenbau nicht Gegenstand dieses Buches ist, so ist doch ein Blick auf die Gebirgsankerung im Stollenbau nützlich, da dieses Verfahren durchaus für ähnliche Arbeiten im Grundbau anwendbar ist. Anscheinend im Kohlenbergbau des Ruhrgebietes als Sicherungsmaßnahmen entstanden, wurde der Gedanke inzwischen in anderen Ländern aufgegriffen und überall auf Grund der guten Ergebnisse beibehalten und weiterentwickelt.

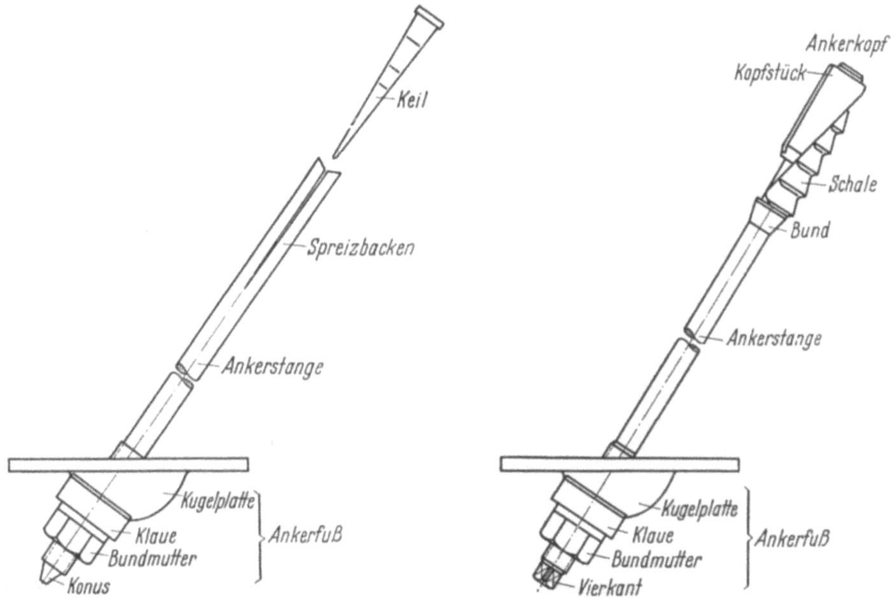

Abb. 297a. Schlitzkeilanker der GHH Sterkrade mit Kugelplatte für schrägen Ansatz

Abb. 297b. Raubkeilanker der GHH Sterkrade

Der Gebirgsanker ist ein kurzer Stahlanker von 1,25 bis 4,00 m Länge, der in Bohrlöcher eingeführt und im Bohrlochgrund festgesetzt wird, und der am freien Ende durch Verschraubung und Unterlagsplatten gegen das Gebirge einen Ankerdruck ausübt. Lieferanten sind u. a. die GHH Sterkrade und die „Bergbaufortschritt G.m.b.H." Blankenstein (Ruhr).

Abb. 297a zeigt einen *Schlitzkeilanker* aus St 50.11, mit 22 bis 25 mm Durchmesser, und 14 cm langem, schlankem Keil, der gegen den Bohrloch-

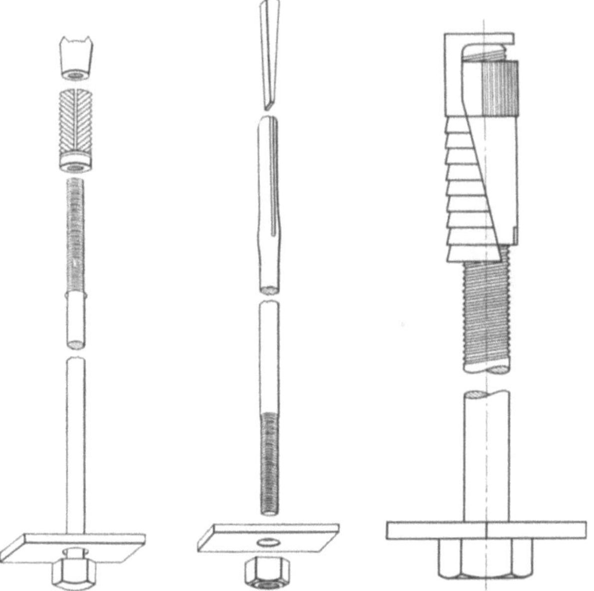

Abb. 297c. Gebirgsanker der Bergbaufortschritt G.m.b.H Blankenstein (Ruhr). Von links: Spreizhülsen-, Schlitz- und Doppelkeilanker

grund gestemmt wird und den Schlitz um 18 mm aufweitet. Schlitzkeilanker eignen sich für sandiges und festes Gestein, gegen welches sich die Spreizbacken hinreichend stark pressen können. Sie können nicht zurückgewonnen werden. Da die Bohrlöcher nur wenig größer sind als der Anker, wird ein Festsitzen erreicht. Die

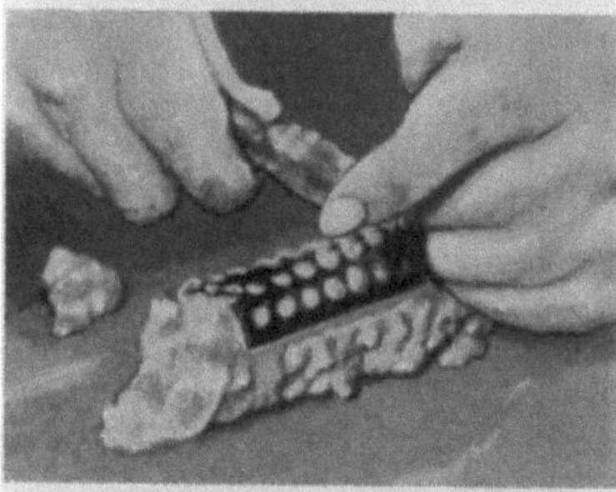

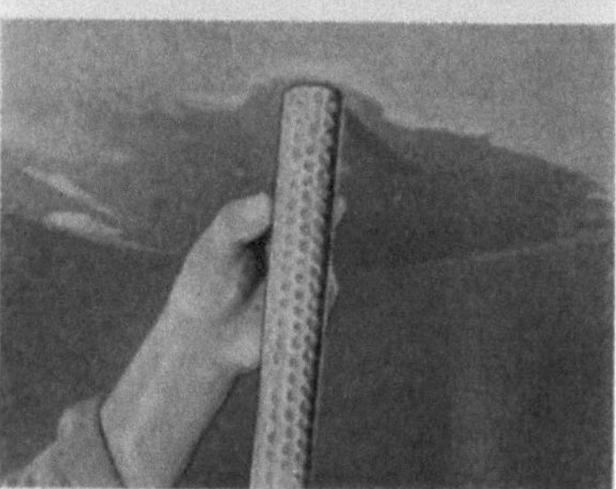

Abb. 298. „Perfo“ Stahlbetonanker, schwed.
Herkunft (von oben nach unten). Füllen der
perforierten Halbrohre, Zusammenbinden
zweier Halbrohre, Einführen in das Bohrloch,
Einschlagen des profilierten Ankerstabes

Verschraubung stützt sich für vorübergehende Ankerung auf eine einfache Unterlagsplatte, $\geqq 200 \times 200$ mm, für Dauerausführung auf Kugelplatten mit Langlochbohrung, die jeden Anstellwinkel ermöglicht. Bei diesen Ankern muß jedes Loch nachgemessen und evtl. durch Stopfen verkürzt werden, damit beim Eintreiben der Anker mit dem Bohrhammer das Gewinde zugänglich bleibt. Verspannen nur mit Drehbohrhammer unter Druck.

Eine zweite Gattung sind die *Raubkeilanker*, die wieder zurückgewonnen werden können (rauben = ausbauen). Abb. 297b zeigt solche Doppelkeilanker der GHH aus St 50,11 $\varnothing$ 20 mm mit Rollgewinde an beiden Enden, dem am äußeren Ende ein Vierkant für das Spreizdrehen vorgesetzt ist. Am Ankerende ist ein spreizbares Keilpaar mit gegenläufigem Winkel aufgesetzt, am freien Ende ist die Verschraubung für Kugelplatte oder Unterlagsscheibe aufzusetzen. Die 40 mm $\varnothing$-Bohrlöcher brauchen keine genaue Tiefe einzuhalten. Da sich das Keilpaar im gespreizten Zustand gegen ein Bund am Ankerstab stützt, kann es sich nach dem Spreizen nicht von selbst lockern; der Keil bleibt auch bei Gleitung gleich stark und zieht sich gegebenenfalls beim Anspannen fest. Die Raubanker sind auch noch bei sandarmen, weniger festen Gesteinen am Platze. Die Vorspannung beträgt je Anker 4 bis 6 t.

Eine dritte Art sind die Spreizhülsen[1], die mit einem Setzrohr in das Bohrloch gebracht werden und beim Anziehen des Ankers mittels einer konischen Mutter die geschlitzte Hülse zum Spreizen bringen. Auch dieser Anker kann wieder geraubt werden. Abb. 297c links zeigt einen solchen Anker.

Eine Weiterentwicklung ist der Stahlbetonanker, von dem der „Perfo“-Anker in Abb. 298 gezeigt wird. Die Stahlbetonanker sollen nach amerikanischen Berichten nur 60% der Stahlbogeneinrüstung kosten, wobei der Vorteil der Profilfreiheit für den weiteren Betrieb noch gar nicht gewertet ist.

Alle Ankerungen können durch Anordnung von Seilen, Drahtnetzen, Bandstahl-

---

[1] Vgl. „Glückauf Betriebsbücher“ Essen, Streckenausbau in Stahl. 1955.

und [-Profilen zu einer Flächensicherung erweitert werden, die gegen herab-
fallendes Gestein schützt.

Im Stollenbau hat die Ankerung schon vielfach den herkömmlichen Stütz-
ausbau abgelöst. Im Steinbruch und bei Felseinschnitten werden oft die oberflächlichen Schichten gegen Abrutschen mit Felsankern in tieferen Schichten
verankert. Auch Netzarmierungen für Tunnelwandungen werden vorteilhaft
mit Felsankern befestigt.

Die Grenzen der Anwendung liegen bei festem Gebirge im Gestein höchster
Festigkeit, bei dem die Bohrlochwandungen so glatt sind, daß kein Einpressen
der Ankerung möglich ist (reiner Quarzit). Nach der Seite der weichen Gesteine
ist dem notwendigen Anpressen und Einpressen der Keilbacken schon im gebrächen Fels eine Grenze gesetzt.

Auch im kohäsionslosen Boden sind ähnliche Verankerungen möglich, die
aber zunächst im Versuchsstadium stecken. Als Ankerkörper sind druckver-
teilende Körper (Pyramidenstümpfe, [-Eisen) benutzt, die ein Gewölbe im
Lockergebirge ausbildeten. Es mag genügen, auf den Bericht über diese Versuche
hinzuweisen.[1]

Literatur

Miners carve chamber in the Sierra Nevada. Engng. News Rec. vom 19. 9. 1957.
Anwendungen im Rahmen des Snowy Mountains-Projektes mit spannungsoptischer
Untersuchung der Gewölbebildung bringt Civ. Engng. (USA) 99 (Februar 1958) S. 40—42.
L. v. RABCEWICZ: Die Ankerung im Tunnelbau ersetzt bisher gebräuchliche Einbau-
methoden. Schweiz. Bauztg. 75 (1957) H. 9, S. 123 mit zahlreichen Literaturhinweisen.
Spritzbeton im Straßenbau. Perfo-Methode für Felsverankerungen. Straße und Ver-
kehr 42 (1956) Nr. 10.
Prospekte der GHH Sterkrade und der Bergbaufortschritt GmbH., Blankenstein/Ruhr.
P. VOLUMARD u. A. BASTIDE: Ancrage du tuit en galerie avant abattages. Travaux
(Oktober 1957) S. 520.

3.9 Gerüste, Pfahlböcke

3.9.1 Allgemeines

Der Pfahl ist stets Bestandteil eines Bauwerkes, wobei ich auch die Gerüste
zu den Bauwerken rechne. Die Wahl der Pfahlart nach Material (Holz, Stahl,
Beton oder kombinierte Ausführung) und Einbauart (Rammen, Bohren,
Schrauben, Spülen) sowie des Systems (Vollpfahl, Hohlpfahl, Ortbeton usw.)
hängt von so viel Faktoren ab (Bauwerk, Untergrund, Wirtschaftlichkeit, örtliche Erfahrungen und Gewohnheit, um nur einige zu nennen), die sich gegenseitig überschneiden, daß diese komplexe Aufgabe zugleich den Reiz der Planung
wie auch ihre Schwierigkeiten beleuchtet. Hier kann die Statik allein keine
dominante Stellung in Anspruch nehmen, sie bleibt deutlich die Dienerin des
Entwurfes. Zu einer Entwurfsbearbeitung gehört neben einer Reifezeit, die
viel zu gering geachtet wird, eine breite Kenntnis der Möglichkeiten, die am
besten durch ein reges Studium der in der Literatur festgehaltenen Ausführungen
gefördert wird. Es ist besonders im Grundbau zu beobachten, daß die Lehr-
bücher, soweit sie die praktische Ausführung der Grundbautechnik behandeln,
nur sehr wenig veralten. Es muß daher darauf verwiesen werden, daß Verfasser seine Aufgabe nicht in einer Wiederholung der üblichen Ausführungen
erblickt, sondern in der Sammlung neuerer Ausführungsformen, welche die
Freiheit des Konstrukteurs zeigen und anregen, solche Freiheit zu nutzen,
bekannte Ausführungen kritisch zu betrachten und ihre Schwächen bei erneuten
Ausführungen zu verbessern. Dabei kann nur mit Nachdruck darauf hingewiesen

---

[1] L. v. RABCEWICZ: Modellversuche mit Ankerung in kohäsionslosem Material. Bautechn.
34 (1957) H. 5, S. 171. Hierzu ist wichtig die Zuschrift von Dr.- Ing. H. BERGER in Baut.
H. 8 (1957) S. 323.

werden, daß die ältere Literatur auch heute noch eine überraschende Fundgrube an konstruktiven Vorschlägen und Erfahrung darstellt, an die man selten ohne Vorteil anknüpfen wird.

Es werden also bekannte Dinge nur kurz behandelt und einige wichtig erscheinende Punkte nachstehend als Ergänzungen festgehalten werden, wobei der Eindruck einer Unvollständigkeit in Kauf genommen wird.

3.9.2 Pfahlgerüste

Pfahlgerüste sind meist aus Holz. Sie können selten nur nach den reinen Lasten bemessen werden, die man ihnen zumuten muß, sondern ihr Entwurf richtet sich nach dem Platzbedarf, den die Gerüstbühne haben muß. Als Rammgerüst muß sie die Ramme nicht nur beim Fahren sicher tragen, sondern auch beim Drehen; beim Richtungswechsel muß Platz für das Umsetzen vorhanden sein, beim Rammen in Neigung verlagern sich die Lasten erheblich und schließlich muß die Versorgung mit Pfählen und Betriebsmitteln auf der Gerüstbühne möglich sein, was beispielsweise bei der Zwischenlagerung von schweren Stahlbetonpfählen zu Erweiterungen zwingt.

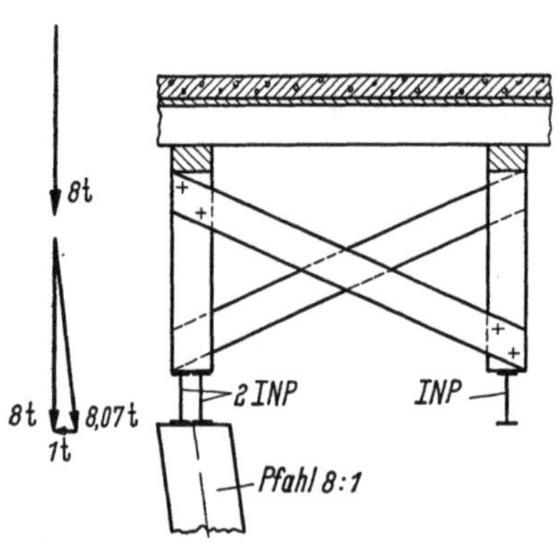

Abb. 299. Gefährdetes Gerüst

Diese und andere Forderungen zwingen zu einer soliden Verstrebung der Gerüste, die um so schwieriger ist, je weniger die Pfähle über Wasser stehen. In solchen Fällen sind Schrägpfähle im und am Gerüst unterzubringen, deren Anordnung und Stellung von der Möglichkeit des späteren Ziehens und von der Beeinträchtigung der Schiffahrt und derartigen Rücksichten anhängt. Wenn das Gerüst gleichzeitig Schalungsgerüst ist, müssen die Pfähle besonders gut untereinander mit Zangen und Verschwertungen verbunden sein, damit das Gerüst nicht unter der Strömung vibriert und den Abbindeprozeß des Betons stört.

Wie gefährlich z. B. ein nachlässig gerammter Pfahl auch in einem Gerüst sein kann, zeigt die folgende, der Praxis entnommene Beobachtung. In einem Untergerüst war ein einzelner Pfahl beim Rammen bis auf 8 : 1 schräg gelaufen Zufällig war dieser Pfahl nicht an eine Zangenverbindung angeschlossen. (Solche Zufälle sind häufiger als man denkt!) Das darauf befindliche Obergerüst ruhte auf einem Trägerpaar, das nur mit Schienennägeln auf dem Pfahlkopf befestigt war. Der Pfahl hatte nur eine zusätzliche Last von 8 t Frischbeton aufzunehmen. Bei einer Schrägstellung des Pfahles von 8 : 1 hätte sich also eine nach auswärts gerichtete H-Kraft von mindestens 1000 kg eingestellt, die fraglos den Pfahl noch weiter ausgebogen und wahrscheinlich die Träger gekantet und die Schalung zum Einsacken gebracht hätte, wenn nicht gar ein Einsturz die Folge gewesen wäre. Glücklicherweise bemerkte man den Gefahrenpunkt noch rechtzeitig (Abb. 299). Darum muß es eine besondere Sorge des Aufsichtsführenden sein, auch die Stellung der Gerüstpfähle so sorgfältig zu kontrollieren, wie das für endgültige Tragpfähle selbstverständlich ist. Schon der Rammeister sollte darüber sofort berichten bzw. eine Eintragung im Rammplan machen. Eine Sicherungsmaßnahme ist immer durchführbar und stets billiger als eine Schadensbeseitigung.

Gerammte Gerüste sind meist Untergerüste oder Arbeitsgerüste — die auf ihnen stehenden Obergerüste gehören nur bedingt in den Rahmen des Grundbaues. Oft braucht man das Untergerüst nicht als Arbeitsplattform, sondern benötigt nur gewisse Punkte, auf denen das Obergerüst ruht, wie z. B. bei Brückeneinrüstungen. Dann kommt man mit einer Anzahl von Pfahlböcken oder Pfahlrosten aus, die für sich allein standfest sind.

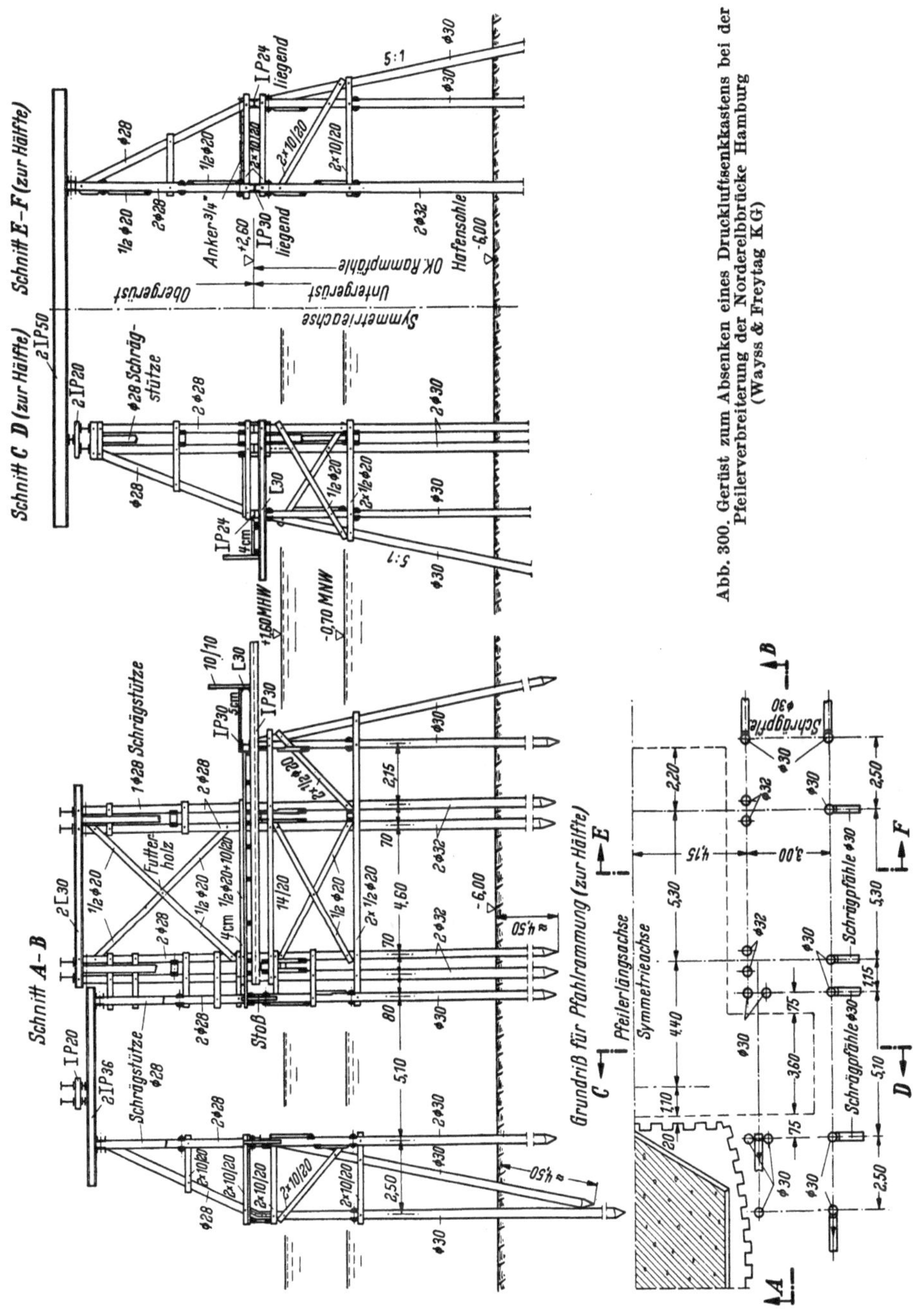

Abb. 300. Gerüst zum Absenken eines Druckluftsenkkastens bei der Pfeilerverbreiterung der Norderelbbrücke Hamburg (Wayss & Freytag KG)

Oft handelt es sich um Absenkgerüste, zwischen denen ein Fundamentkörper, z. B. ein Senkkasten oder ein Schwimmkasten, hergestellt werden muß. Abb. 300 zeigt eine solche Anordnung für die Senkkästen der Norderelbbrücke in Hamburg. Das Untergerüst ist hier so hoch gelegt, daß die Arbeitskammerrüstung bei NW im zusammengebauten Zustand auf eine Schute abgesetzt werden und zur

Wiederverwendung zum nächsten Pfeiler gebracht werden konnte. Der Holzpfahlrost aus Pfählen 30 und 32 cm Durchmesser war mit Kantholzholmen und Halbholzdiagonalen versteift. Die größte Pfahllast unter den Spindelträgern betrug 33 t und erforderte bei 2facher Sicherheit eine Rammtiefe von rechnerisch 4,5 m. Als Aussteifung waren in Richtung der Spindelträger einfache Pfahlböcke gerammt, die Festpunkte der Konstruktion darstellen.

Das Obergerüst übertrug die durch 2 I 55 verteilten Spindellasten durch Lot- und Schrägstützen auf das Untergerüst, wobei keinerlei Biegemomente in den Gerüsten entstanden.

Ein anregender Vorschlag für die Unterwasserverzimmerung einfacher Konstruktion sei an dieser Stelle festgehalten, den die Linde-Griffith Constr. Co. in Newark bei der Herstellung eines Pfahlbockrostes für eine tiefliegende Gasrohrleitung verwirklichte.[1]

Dieser Pfahlbock besteht alle 6 m aus einem Joch auf 2 Pfählen, die bis zur Sohle eines ausgebaggerten Grabens weggerammt wurden. Auf dem Jochbalken liegt dann verkeilt das Rohr, das auf diese Weise vom Untergrund unabhängig ist. Um eine Verzimmerung mit Taucherarbeit unter Wasser weitgehend zu vermeiden, hat der Unternehmer die Pfähle, sobald sie nur noch etwas aus dem Wasser herausragten, durch ein Stahlrohr als Aufsatz-Pfahl verlängert. Das mit einer Maßeinteilung versehene Aufsatzrohr ließ genau erkennen, wie tief jeweils der Kopf des Holzpfahles stand. Gleichzeitig konnte durch die Stellung der Stahlrohrverlängerer auch festgestellt werden, wie die Holzpfahlköpfe nach dem Rammen in der Tiefe zueinander standen, so daß die Querholme aus nicht schwimmfähigem Hartholz 30 × 30 cm fertig vorgebohrt versenkt werden konnten. Die Vernagelung dieser Holme mit den Pfählen durch Spitzbolzen von 19 mm Durchmesser erfolgte von oben durch eine 9 m lange und 38 mm dicke Rundstahlstange, die oben in einen Preßlufthammer eingesteckt wurde und gegen Ausknicken und zur Nagelführung in einem Rohr von 50 mm gleiten konnte. Damit war die Unterwasserarbeit praktisch auf das Auflegen der Holme und die Rohrführung bei der Vernagelung beschränkt. Interessehalber sei noch mitgeteilt, daß man der Rohrleitung geteilte Muffen aus Beton umlegte, um den Auftrieb auszugleichen. Jede Muffe wog rund 500 kg, die Hälften wurden mit Bolzen zusammengeschraubt, die Bolzenlöcher mit Kohlenteer verfüllt.

3.9.3 Pfahlböcke

Das Wesen eines Pfahlbockes ist seine Aufnahmefähigkeit einer horizontalen Kraft und Zerlegung in eine Druck- und eine Zugkomponente.

Die einfachste Form des Bockes aus einem lotrechten und einem schrägen Pfahl ergibt sehr bald hohe Pfahlkräfte, abhängig von der Neigung des Schrägpfahles. Ob man den lotrechten Pfahl oder den Schrägpfahl zum Zugpfahl macht, hängt von der Wirksamkeit als Zugpfahl ab, die wiederum vom Untergrund und der Rammtiefe bestimmt wird. Auf felsigem Grund wird man einen Pfahlbock mit allseitig schräg nach außen gerichteten Pfählen als reinen Druckbock ausbilden. Bei tiefgründigem Boden kann unter Umstanden der Zugpfahl mit Vorteil durch einen Zuganker ersetzt werden.

Im einfachsten Fall kommt bei Holz, Beton und Stahlpfählen der einfache Bock in Frage. Die Verbindung des Kopfes geschieht bei Holz am besten durch einen Bolzen mit einem als Dübel wirkenden Kantholz und stellt eine mit Sorgfalt auszuführende Zimmermannsarbeit dar, da nur bei gutem Anpassen der beiden Flächen (Ausschälung des Druckpfahles, Ausschneiden der Dübelnuten) eine feste Verbindung erreicht wird. Normalerweise wird der Bolzen mit großen

---

[1] CRANES: Winch Lower Pipeline Throug Falsework. Constr. Meth. and Equipm. (May 1958) S. 114ff.

Unterlagsplatten mitten durch die Verbindungsstelle gezogen und ein Ring oberhalb der Verbindungsstelle aufgetrieben, der mit Spitzbolzen befestigt wird (Abb. 301). Diese Verbindung kehrt in mannigfacher Abwandlung bei allen Pfahlverbindungen wieder und ein 16pfähliger Dalben ist ein Meisterstück der im Zeitalter der Stahlbeton- und Stahlpfähle immer mehr aussterbenden Zimmermannskunst.

Von den Holzkonstruktionen kam man für endgültige Bauten schon in den Jahren nach dem 1. Weltkrieg mehr und mehr ab, einmal weil die Holzwirtschaft infolge des Raubbaues in der Kriegszeit in Deutschland keine starken und langen Pfähle mehr auf den Markt brachte, zum anderen weil die Einfuhr solcher Pfähle aus verschiedenen Gründen schwieriger wurde. Wesentlich trugen aber die Fortschritte des Stahlbetonpfahles und später auch des Stahlpfahles dazu bei, den Holzpfahl nicht wieder aufzugreifen.

Die Pfahlbockkonstruktion bei Betonpfählen ist einfach. Die in ihrer endgültigen Position gerammten Pfähle werden im Kopfteil abgeschält, und zwar auch die Druckpfähle, deren Bewehrung allerdings nur kurz in den Beton des abgestützten Baukörpers hineinragt, 10 bis 20 cm, während die Bewehrungsstäbe der Zugpfähle zu einem Kopfgeflecht vereinigt bzw. die Enden der Bewehrung aus den Zugpfählen verlängert und gegebenenfalls die Bewehrung des Fundamentklotzes oder der zu unterstützenden Platte mit ihnen vereinigt werden. Die Schalung wird an die Pfähle geklemmt, wodurch bei Wasserarbeit evtl. aus Strömung herrührende Vibrationen unterdrückt werden — falls erforderlich, ist hierfür eine Abstützung in einer dritten Richtung nötig, um den Abbindeprozeß in Ruhe vor sich gehen zu lassen —, und mit dem Betonieren ist der Pfahlbock fertig. Ein Mangel gegenüber dem hölzernen Pfahlbock ist die geringe Elastizität der Verbindung. Es ist daher selten, daß wertvolle Stahlbetonpfähle zu Gerüstzwecken verwendet werden, z. B. da, wo ein solches Gerüst über mehrere Jahre in Bohrwurmgebieten stehen muß und evtl. später in einen endgültigen Bau einbezogen werden kann. (Beim Bau hoher Autobahnbrücken sind neuerdings Stahlbetonpfeiler als Hilfspfeiler an Stelle hoher Gerüste gebaut und später wieder entfernt.)

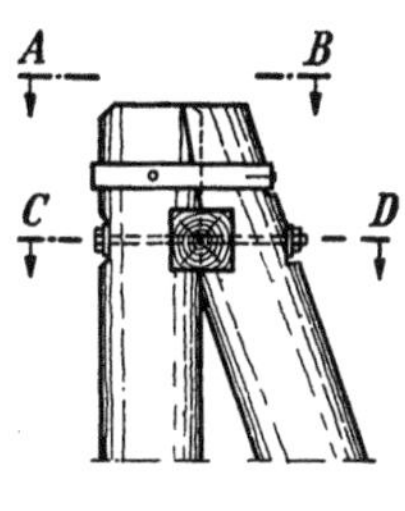

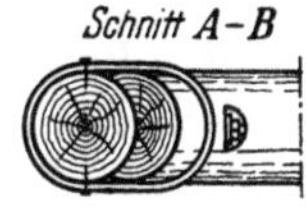

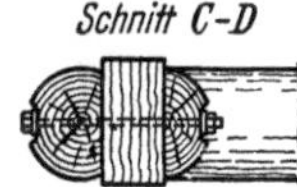

Abb. 301. Normaler Pfahlbock

Über die Pfahlbockkonstruktion bei Stahlpfählen ist kaum etwas zu sagen, da dieses Material dank der Schneid- und Schweißtechnik zu einem fast beliebig bildsamen Baustoff geworden ist. Als Gerüstmaterial wird es allerdings nur in Sonderfällen herangezogen.

Ein schönes Beispiel einer sehr klaren Lastübertragung auf eine Bockkonstruktion zeigt das Obergerüst der Nahebrücke bei Bingen.

Man vermeidet bei Balkenbrücken gerne weitgespannte Gerüstkonstruktionen, weil diese weich werden und die Kompensierung der mit der Stützweite wachsenden Durchbiegungen einen großen Aufwand erfordert, denn die Unterstützung der Schalung erfordert eine enge Stellung der Steifhölzer. Um diese enge Einteilung nicht durch das ganze Gerüst fortsetzen zu müssen, werden die Streben fächerförmig zu einzelnen Punkten des Untergerüstes zusammengeführt, in denen die Absenkvorrichtungen (Keile, Sandtöpfe, Schrauben, Pressen) angeordnet sind (Abb. 302, Gerüstbild). Für diese Lastpunkte wurde ein Pfahlbock von 2 bis 4 Pfählen nötig, der bei rammbarem Untergrund nach Art der Dalben verzimmert wurde. Im Flußbett der Nahe befindet sich felsiger Untergrund, und hier wurden die Pfahlböcke auf folgende Weise errichtet: Zunächst wurde der Untergrund sauber gemacht, teilweise durch Meißelarbeit begradigt, sodann eine aus wenigen Stücken bestehende Stahlschalung

abgesenkt, in welcher der fertig abgebundene und versteifte hölzerne Pfahlbock
steht. Mit Unterwasserbeton wurde der Fundamentklotz betoniert, in dem die

Abb. 302. Gerüst der Brücke über die Nahe bei Bingen

Pfähle nun festen Halt hatten. Die Stahlschalung konnte unter Wasser leicht
gelöst werden und stand sehr bald wieder zur Verfügung.

Abb. 303. Untergerüst für das Lehrgerüst der Brücke über die Nahe bei Bingen

Um auch die oberen Punkte der Pfahlböcke zu einem wirklichen Festpunkt
zu machen und gleichzeitig für das Aufsetzen von Hub- und Senkvorrichtungen
eine Fläche zu schaffen, empfahl sich die Anwendung von Kopfblöcken aus

Beton mit schwacher Bewehrung. Die Anbringung der Schalung hierfür bot bei den Holzpfählen keine Schwierigkeit. Abb. 303 zeigt die Böcke des Untergerüstes bei NW und Abb. 304 die Verzimmerung der Böcke, die gleichzeitig im Hintergrund die Herstellung der Kopfblöcke erkennen läßt. Die Schiefe der Verzangung ist bedingt durch die Flußrichtung. Die Entfernung solcher Pfahlböcke ist weniger schwierig als das Ausziehen gerammter Pfähle; die Oberteile werden nach dem Absägen der Pfähle über dem unteren Fundament an Land gezogen und die Pfähle, soweit sie nicht schon beim Umstürzen frei wurden, dann leicht herausgestemmt, da sie nur 10 bis 15 cm tief im Block steckten. Die Fundamentsockel können entweder im Flußbett bleiben oder durch einige Sprengschüsse zerkleinert werden. Da man vorher weiß, was mit ihnen geschehen muß, kann man entsprechende Aussparungen für Sprengpatronen vorsehen. Bei der vorgenannten Brücke über die Nahe hat man die Böcke von Land aus mittels 7,5 t-Handwinde umgerissen, wobei bemerkenswerterweise teilweise eine obere Felsschale am Betonklotz haftenblieb, obwohl die Betonsockel nur etwa B 160 enthielten. Die an Land gezogenen Böcke wurden durch aufgelegte Ladung gesprengt und die Betontrümmer als Uferschutz eingebaut.

Abb. 304. Verzimmerung der Untergerüstböcke und ein Pfeilergerüst der Brücke über die Nahe bei Bingen (Wayss & Freytag KG)

Die Herstellung solcher Aufstandssockel im Wasser ist verhältnismäßig einfach, wenn nur geringe Strömung herrscht, wird aber sofort schwierig, wenn das Wasser unruhig ist. Ein Beispiel von der felsigen brasilianischen Meeresküste soll zeigen, wie man trotzdem eine sichere Gründung ausführen kann.

Vor einer Landzunge war eine 50 m in das Meer vorspringende und 54 m breite Stahlbetonplattform auf Stahlbetonstützen zu gründen (Abb. 305). Der felsige Untergrund war durch die Brandung stark klüftig, die Strömung durch die ständig auflaufenden Wellen und den ewig pendelnden Wasserstand beträchtlich. Zunächst wurden die Aufstandsflächen durch Sprengung einigermaßen begradigt und dann konische Stahlformen mittels Gabeln aus Schienen vorgestreckt und durch Drahtseile in ihrer Lage gesichert. Das Einbringen von Beton scheiterte an dem durch den schnell wechselnden Wasserstand erzeugten

Sog, der den Zement unter dem Schalungsrand über der rauhen Felsfläche aus-
wusch. Man fand die Lösung in Doppelschalungen nach Abb. 306. Der äußere
Konusmantel bildete einen Ringraum, der durch eine kreisringartig geschnittene
Leinwand nach unten abgeschlossen wurde. An der Innenschalung war diese
durch ein ringsumlaufendes Rundeisen festgelegt, der äußere Rand war dagegen
an zahlreichen von oben herabgeführten Seilen lose gehalten. Beim Füllen des

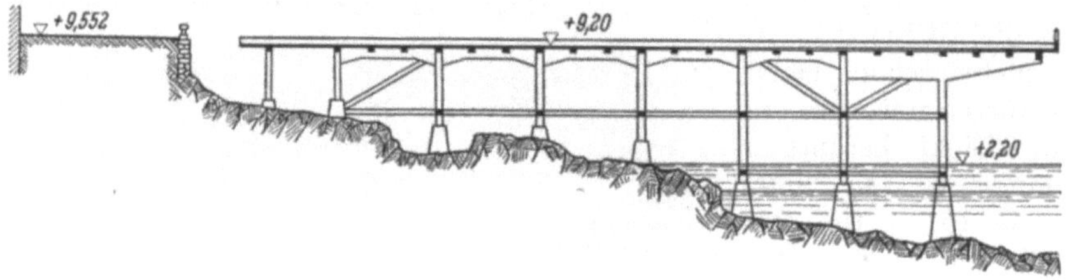

Abb. 305. Plattformgründung auf felsigem Untergrund

Ringraumes mit Unterwasserbeton wurden die Seile nachgelassen, so daß sich
der Weichbeton ohne die Gefahr des Auswaschens den Unebenheiten des Bodens
wulstartig anpassen konnte. Es genügte, die äußere Ringfüllung nur etwa 0,5 m
hoch zu machen. Nach dem Erhärten war der innere Kegel strömungsfrei und

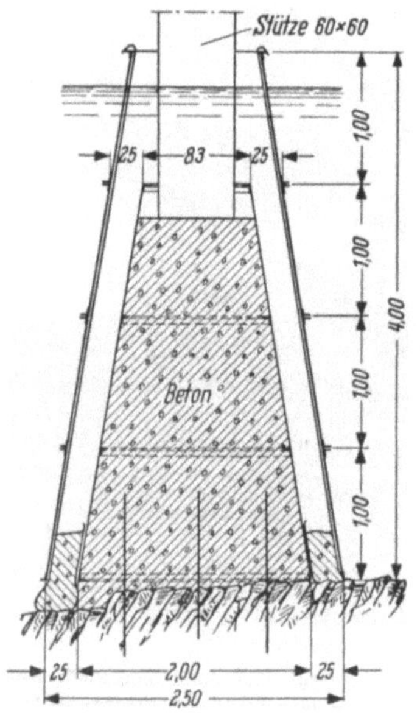

Abb. 306. Detail zu Abb. 305
(Wayss & Freytag KG)

es konnte ein einwandfreier Unterwasserbeton
ausgeführt werden. Die äußere Schalung war
durch eine Keilvorrichtung lösbar und wurde
wiedergewonnen, der innere Kegelstumpfmantel
verblieb im Fundament. Die weitere Arbeit —
die nicht eigentlich eine Pfahlbock-, sondern
eine Stahlbetonrahmenkonstruktion darstellt —
ist eine normale Bauaufgabe.

Auch außerhalb der Gerüstkonstruktion und
isoliert vom abzufangenden Bauwerk können
Pfähle sinnvoll zu Bockkonstruktionen zusammengefaßt werden, um horizontale Kräfte
aufzunehmen. Bekannt sind die Spundwände
und Ufermauern, die an Pfahlböcken verankert
sind, die teilweise die Spundwand zwischen sich
gefaßt haben und unmittelbar dahinterstehen
bzw. weit landeinwärts an Stelle von Anker-
platten stehen. Abb. 307a—e zeigt eine Reihe
ausgeführter Konstruktionen in verschiedenen
Materialien. Aus Darstellung d) kann man sich
unschwer die Ufermauer auf hochliegendem
Pfahlrost entstanden denken, die in vielfältiger
Abwandlung rund um den Erdball anzutreffen
ist. Während aber bei den in das Bauwerk ein-
bezogenen Pfahlböcken stets eine gewisse senkrechte Auflast dem Zugpfahl auch
einen gewissen Anteil an Druckkraft zuweist, ergibt sich bei den isoliert stehenden Pfahlböcken ein reiner Zugpfahl und seine Haftung im Untergrund erfordert
meist eine größere Länge, als sie der Druckpfahl besitzt.

Die Zerlegung der angreifenden Kraft in die Achsrichtungen der Bockpfähle
ergibt die Maximalwerte von Druck und Zug. Eine seitliche Verschiebung des
Pfahlbockkopfes, die den Bodenwiderstand erst hervorruft, erhöht die Axial-
kräfte im Pfahl recht bedeutend, so daß der obere Pfahlschaft — bei Stahlbetonpfählen — meist eine zusätzliche Bewehrung erhalten muß, um dem

Einspannmoment widerstehen zu können. Bei Böcken unter Platten und Fundamenten ist die Einspannung leicht zu gewährleisten, bei völlig frei stehenden Böcken empfiehlt sich eine Überprüfung der Deformationen aus Axialkräften, um über die zusätzlichen Beanspruchungen der Kopfeinspannung und die Größe der Verschiebung einen Eindruck zu bekommen. In praxi wird man stets den Pfahlbock durch aktive Vorspannung im Sinne der späteren Beanspruchung aus dem Bereich der ersten größeren Deformationen und Verschiebungen herausnehmen.

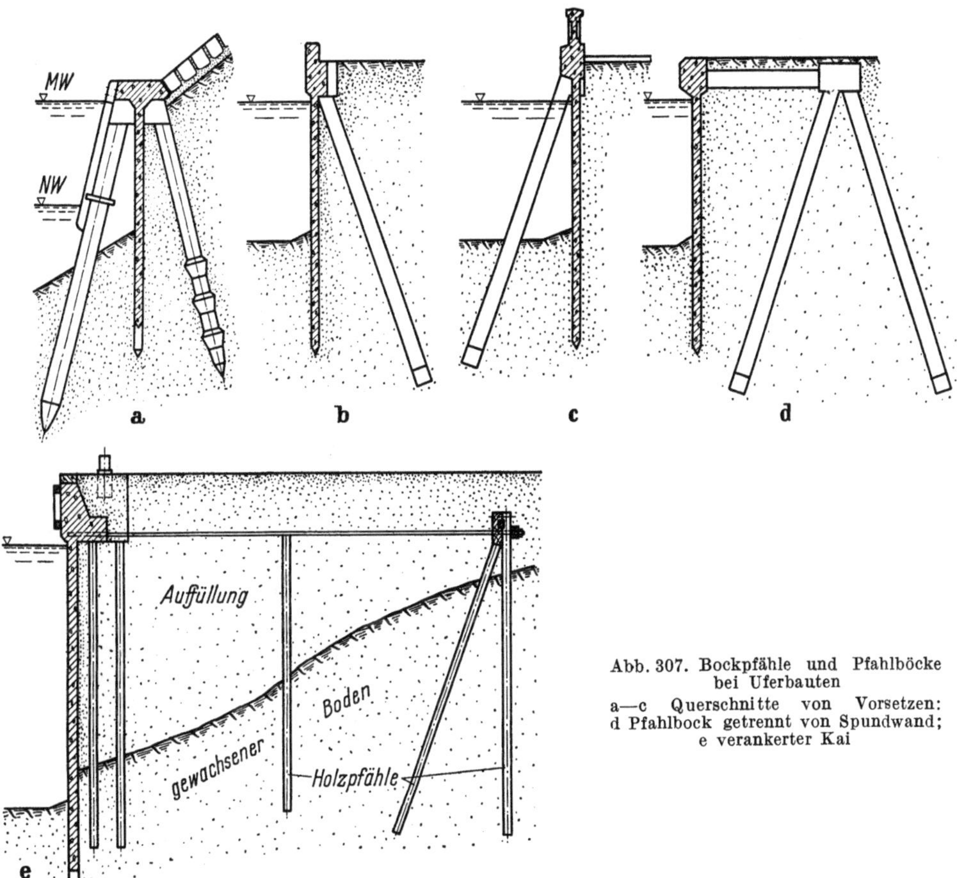

Abb. 307. Bockpfähle und Pfahlböcke bei Uferbauten

a—c Querschnitte von Vorsetzen: d Pfahlbock getrennt von Spundwand; e verankerter Kai

Pfahlbock auf Zug.[1] Ein erstes Beispiel zeigt Abb. 308. Hier fehlte infolge der Vertiefung der Hafensohle der Erdwiderstand. Die Mauer war infolgedessen ungleichmäßig vorgegangen. Es gelang nach Fertigstellung der dicht hinter der Mauer angeordneten Pfahlböcke nach Ausschachtung hinter der Mauer und Anpassen der Anker, die Mauer wieder zu begradigen. Die konstruktiven Einzelheiten sind aus der Zeichnung abzulesen. Der Pfahlbock wirkt mit 50 t Druck und 40 t Zug in den Pfählen. Es wurden Lorenz-Pfähle gewählt, deren Fußverbreiterung nur geringe Bewegungen bei Belastung ergibt. Es ist bei dieser Anordnung nicht erforderlich, daß die Pfähle sich jeweils paarweise gegenüberstehen. Wenn z. B. durch Platzbeschränkung die Pfahlneigungen nicht symmetrisch gleich sein können, werden bei gleicher Tragfähigkeit auf Druck und Zug mehr Pfähle der steileren Neigung benötigt. Es ist dann ohne Schwierigkeit eine

---

[1] Dr.-Ing. E. Titze: Anwendung von Pfahlböcken zur Abstutzung bestehender Bauwerke. Die Bautechnik 1936, H. 46.

freie Verteilung in jeder Pfahlreihe möglich, die Ausbildung des die Pfahlköpfe verbindenden Bankettes ist dann kräftiger, und die Bewehrung muß auch die auftretende Torsion berücksichtigen.

Pfahlbock auf Druck[1]. Eine Pfahlbockkonstruktion gegen Druck zeigt Abb. 309. Das fast 20 m hohe und etwa 40 m breite Widerlager in aufgelöster Stahlbetonkonstruktion ist im Laufe einiger Jahre um 26 cm waagerecht vorgewandert, wahrscheinlich auf der weichen Schicht, denn statisch liegt die Resultierende nahe dem Mittelpunkt der Sohlfläche; die Planung einer aufgelösten erddruckmindernden Bauweise läßt erkennen, daß man sich über die ungünstigen Verhältnisse des Untergrundes klar war. Die wohl als zusätzliche Sicherheit gedachten Schrägpfähle der äußeren Reihen reichten aber nicht aus, den offenbar infolge Gewölbebildung hinter den Pfeilern und Querträgern des Widerlagers aufgetretenen Erddruck und dessen durch dynamische Beanspruchung immer wieder angeregte H-Kraft abzufangen. Die Allgemeine Baugesellschaft Lorenz & Co., Berlin-Wilmersdorf, machte den dargestellten Sondervorschlag, der dem Bauwerk die fehlende Pfahlbockwirkung nachträglich hinzufügt und führte ihn auch in interessanter Weise aus. Die Anwendung von Rammpfählen schied von vornherein wegen der Empfindlichkeit des Bauwerkes gegen Erschütterung aus. Die Bohrpfahlböcke sind gruppenweise vor die aufgehenden Tragrippen des Widerlagers gesetzt, und zwar abwechselnd je eine Reihe Druck- und Zugpfähle in Richtung parallel zur Dammachse. Eine gemein-

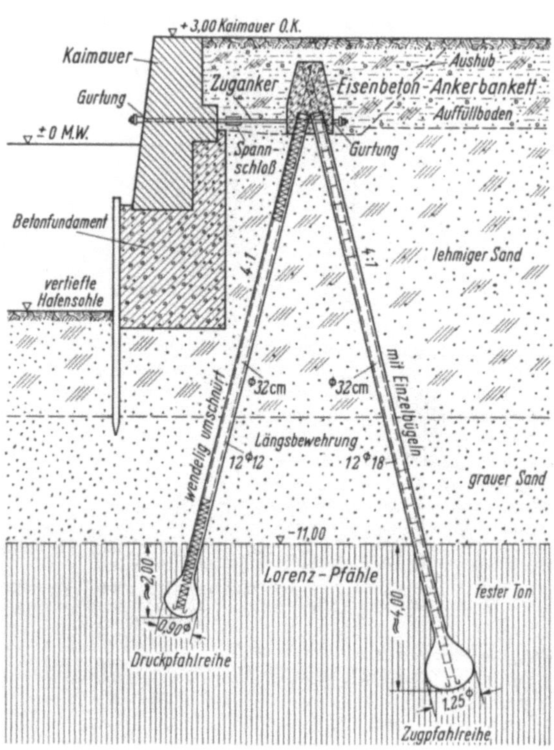

Abb. 308. Pfahlbock auf Zug (Allg. Bauges. Lorenz & Co.)

same Kopfplatte deckt diesen Pfahlrost. Die Schnittpunkte der Schrägpfahlachsen liegen in Plattenmitte. Die Übertragung der vom Pfahlbockrost aufzunehmenden H-Kraft geschieht durch Druckriegel, die mit Verzahnung gegen die aufgehenden Tragrippen gestemmt sind. Nach der Pfahlbockplatte hin sind die oben dachförmig profilierten Druckriegel gabelförmig geteilt, damit eine Vorspannung durch eine hydraulische Presse zentrisch eingeleitet werden konnte. Man ermittelte den Erddruck auf eine geschlossen gedachte Rückenfläche des Widerlagers zu rund 4000 t und teilte der Pfahlbockkonstruktion 50% dieser Schubkraft zu, d. h., jede der 4 Pfahlbockgruppen mußte 500 t H-Kraft aufnehmen. Um Verwindungen im Widerlager auszuschließen, wurden die Vorspannkräfte vor allen 8 Widerlagerpfeilermauern gleichzeitig in Laststufen von je 50 t im Laufe eines Tages aufgebracht. Die Bewegungen aller Bauteile, auch

---

[1] Siehe Fußnote 1, S. 311

der wasserseitigen durch den Aushub entlasteten Spundwand, wurden sorgfältig registriert. Im Mittel haben sich die Pfahlkopfplatten nur 4 bis 5 mm verschoben. Die Pfähle haben im Mittel 36 t Druck bzw. Zug aufzunehmen.

Um die horizontale Entlastung des Widerlagermassivs durch den Aushub für das Sicherungsbauwerk und damit die Gefahr einer verstärkten Vorwärtsbewegung auf ein Minimum zu beschränken, wurden die äußeren Druckriegel in Schlitzen und die inneren im Stollenvortrieb hergestellt. Diese Ausführungen, die gelegentlich in das Grundwasser kamen und durch Wasserhaltung frei

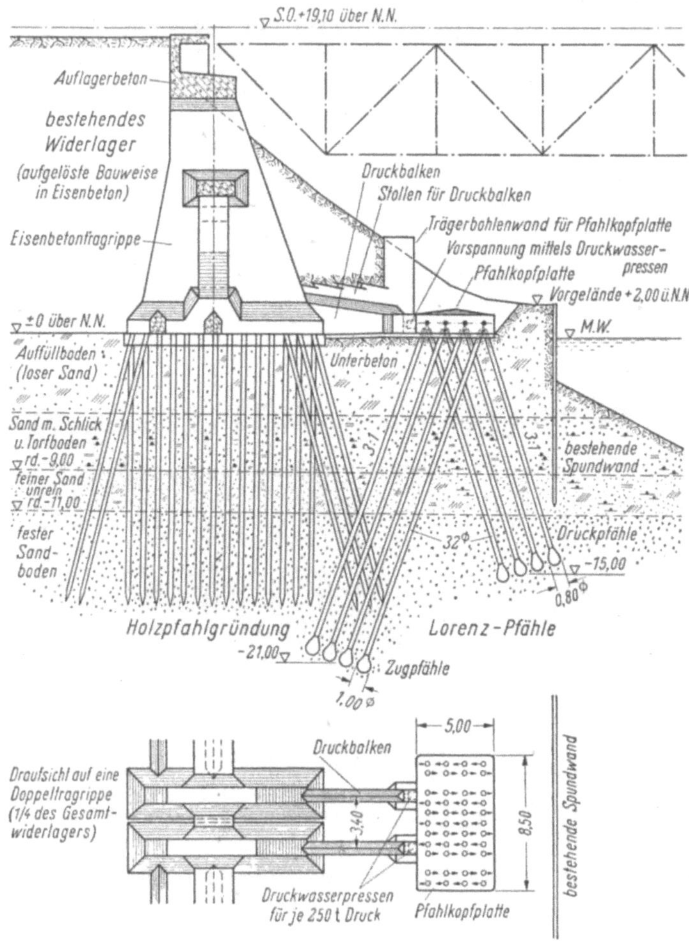

Abb. 309. Pfahlbockplatte auf Druck (Allg. Bauges. Lorenz & Co.)

gehalten werden mußten, waren recht kompliziert. Um in der losen Auffüllung Setzungen der Stollen zu verhindern, wurden z. B. die Ständer der Stollenrahmen auf kurzen Pfählen im Boden unterhalb des abgesenkten Grundwassers gegründet.

Pfahlbock gegen Kippen. Ein Beispiel einer Schrägabstützung durch eine Pfahlbockkonstruktion zeigt Abb. 310. Ein zwischen 2 Brückenwiderlagern befindlicher Flußarm war zugeschüttet worden und dadurch mit der Setzung des Flußbettuntergrundes eine Kipptendenz in Erscheinung getreten, die bei der ausgesprochen primitiven Widerlagerkonstruktion gefährlich werden konnte.

Zur Sicherung des Bauwerkes ist eine Pfahlbockgruppe mit einer Stahlbetonplatte ausgeführt, die sowohl eine schräge Stahlbetonrahmenkonstruktion

gegen Kippen wie eine horizontale Versteifung gegen das Fundament aufnimmt.
Das Sicherungsbauwerk ist in beiden Richtungen durch hydraulische Pressen
unter Spannung gesetzt, wobei die Laststufen sorgfältig aufeinander abgestimmt
wurden. Um die schräge Abstützung nicht unmittelbar unter der Auflagerbank
angreifen zu lassen, ist die obere Fuge offengelassen und durch elastische Einlagen ausgefüllt, während die Verzahnung durch eine Zugschürze bewirkt wird,
die in dem Fundamentklotz durch Verankerung zum satten Anliegen gebracht
ist. Durch diesen Kunstgriff ist die Neigung der Stützkraft wesentlich steiler
gehalten als durch einen etwa tieferen Angriffspunkt. Statisch wirkt sich das
in einem Überwiegen der lotrechten Komponente aus, erkennbar an der größeren
Zahl der Druckpfähle (5 Reihen) gegenüber den Zugpfählen (2 Reihen). Die Vorspannung wurde erst nach Verfüllung der Baugrube vorgenommen, um alle

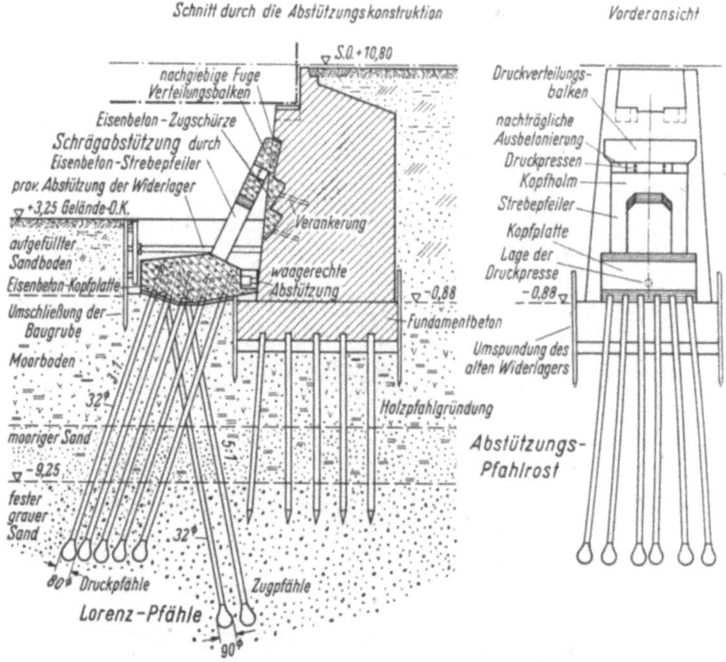

Abb. 310. Abstützungs-Pfahlrost (Allg. Bauges. Lorenz & Co.)

lotrechten Kräfte zur Entlastung der Zugpfähle wirksam werden zu lassen. Die
Pfähle erhalten 30 t Druck bzw. 20 t Zug, und ihre Bewehrung bilden 12 $\varnothing$ 12 mm
bzw. 12 $\varnothing$ 16 mm St. I.

Die Druckpressenanordnung ist aus der Abb. 310 ersichtlich. Die Preßfugen
sind nachträglich vollbetoniert.

Pfahlbock für zeitweiligen Gebrauch. Die Herstellung eines festen Punktes,
über einer Wasserfläche ist gelegentlich nur für den einmaligen Gebrauch nötig,
so z. B. wenn es sich um die Hebung einer schweren Last oder die Sicherung
eines durchhängenden Seiles oder das Absetzen eines Ankerkörpers an einer
Führung handelt. Dann ist die Rammung eines mehrpfähligen Bockes und seine
Verzimmerung oft eine starke wirtschaftliche Belastung. Im Bestreben, hier
eine Verbilligung bei höchster Tragkraft zu erreichen, entstand der Vorschlag
nach dem Deutschen Patent 943 593, dessen Prinzip die Abb. 311 zeigt.

Es wird mit einer Schwimmramme ein Pfahl in den Grund gerammt und
dieser Pfahl durch eine mehrpfählige Strebenpyramide standfest gemacht. Die
Streben stützen sich auf der Gewässersohle gegen Sohlplatten und am Kopf in

eine gemeinsame Konstruktion, die mit dem Pfahl fest verbunden wird. Durch kardanartige Gelenkverbindungen an beiden Enden der Streben werden Nebenspannungen weitgehend ausgeschaltet. Die Größe der Sohlplatten gewährleistet hohe Belastbarkeit und geringe Setzung, der Mittelpfahl sichert die Stellung.

Aus einer Anzahl dieser Böcke wird neben dem zu hebenden Objekt (Wrack, Brückentrümmer) bzw. neben dem abzusenkenden Baukörper (Senkkasten, Druckluftkaisson) ein Gerüst gebildet, das die Huborgane bzw. die Senkbühne trägt. Auch als temporäres Montagegerüst läßt sich diese Anordnung ausgestalten, z.B. beim Vorbau von Brücken. Der Vorteil liegt in der auf ein Minimum eingeschränkten Rammarbeit, was z. B. bei gedichteten Kanalsohlen oder, wenn sehr lange Pfähle benötigt würden, von Wert ist. Die einmal beschaffte Einrichtung kann wiederholt gebraucht werden, sie ist verhältnismäßig schnell auf- und abzubauen und kann für hohe Lasten ausgebildet werden.

Eine Vervollkommnung des Bockes ist erreicht durch Keilführungen der Streben sowie durch Einschaltung hydraulischer Pressen zwischen Streben und in der Höhe versetzbare Konsolen am mittleren Pfahl, wodurch eine weitgehende Anpassung an

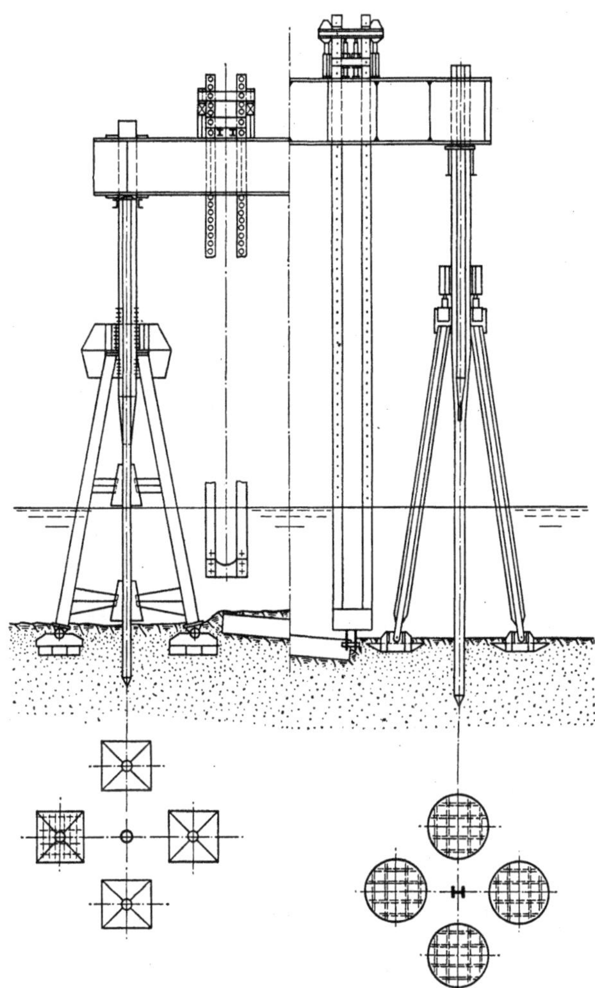

Abb. 311. Pfahlbockgerüst zum Heben schwerer Lasten

den Untergrund erzielt wird. Bei beengten Platzverhältnissen, bei denen ein Schwimmkran nicht einzusetzen ist oder bei Arbeitsvorgängen, die sich über längere Zeit erstrecken, wird diese Gerüstausführung, deren Erstbeschaffung nicht billig ist, am Platze sein.

3.9.4 Pfahlroste

Der Pfahlbock besteht aus zwei oder mehr Pfählen, die mehr oder weniger deutlich in einem Punkt oder einer kleinen Fläche zu einer punktförmigen Unterstützung zusammenlaufen.

Der Pfahlrost dagegen ist das konstruktive Tragwerk, das die Köpfe zahlreicher über eine Fläche verteilter Einzelpfähle und Pfahlböcke miteinander kraftschlüssig verbindet und die Belastung auf alle Pfähle, die es erfaßt, verteilt.

Der hölzerne Pfahlrost ist bei älteren Ufermauern mit Holzpfählen eine Zimmermannskonstruktion, die einen erheblichen Arbeitsaufwand erfordert. Bei tiefliegendem Rost kommt meist eine Wasserhaltung dazu, die entweder im Schutz eines Fangedammes oder innerhalb einer vorher geschlagenen Spundwand angesetzt wird. Konstruktive Einzelheiten geben die älteren Lehr- und Handbücher. Hochliegende Pfahlroste in Holz gibt es kaum noch für Dauerbauten. Auch die tiefliegenden Roste über Holzpfählen werden kaum noch ausgeführt, da es nicht nur genügt, sondern erheblich besser ist, wenn die Pfahlköpfe in die Ortbetonplatte bzw. das Massiv des aufgehenden Baukörpers eingebunden

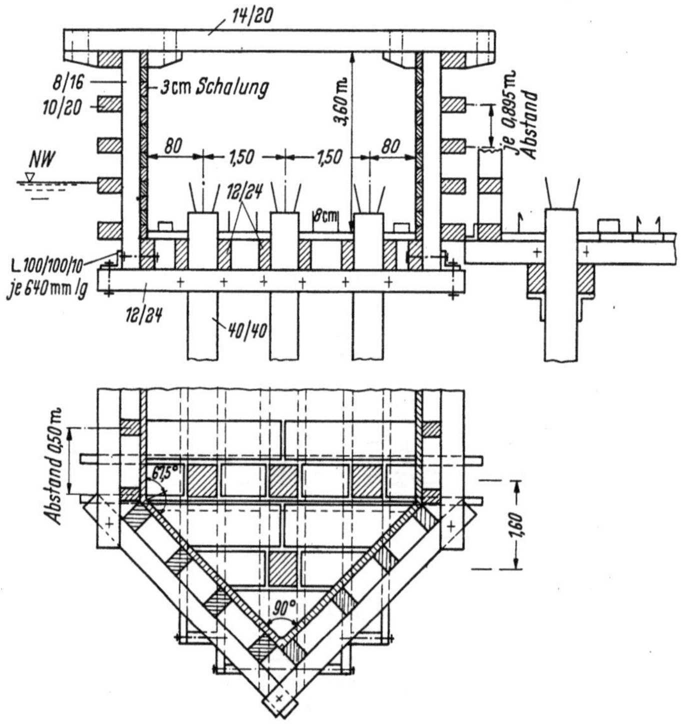

Abb. 312. Angeklemmter Schalungskasten zur Betonierung eines Pfeilerkopfes
(Oben rechts: Ansicht gegen den Kasten; wurde zu eng an den Querschnitt gezeichnet)

werden. Der Zimmermanns-Pfahlrost stammt noch aus der Zeit, in der die Bauwerke aus Ziegelmauerwerk errichtet wurden.

Die Herstellung der Betonaufbauten erfordert üblicherweise entweder eine Schalung, die an die Pfähle mit Knaggen und Zangen angeklemmt wird, oder bei Herstellung in einer Baugrube eine Kiessandbettung, auf der die Unterbetonschicht aufgebracht wird. Die Pfahlköpfe werden dann mit Bewehrungswendeln oder Raumgitterbewehrung umgeben und bei Zugpfählen eine entsprechende Zugeinbindung hergestellt.

Stahl- und Betonpfahlgründungen werden heute wohl immer mit dem sog. hochliegenden Rost ausgeführt, wobei man ebenfalls auf einen eigentlichen Rost weitgehend verzichtet und das Bauwerk selbst die Rostplatte darstellt. Hier kann es vorkommen, daß man den Schalungskasten unter Wasser anbringen muß, z. B. bei Brückenpfeilern, für welche ein Gerüst nicht möglich ist. Man kann dann auf mehrere Arten zurechtkommen. Das Anklemmen der Zangen für die untere Schalung an die Pfähle, die von einer Schwimmramme geschlagen sind, wird mit Taucherhilfe vorgenommen. Als nicht aufschwimmende Schalung verwendet man bewehrte bis 8 cm dicke Betonplatten, die nach dem

Grundriß angefertigt werden und deren Anschluß an den Ortbeton mit Steck-
bügeln gesichert wird. Die Schalungstafeln für die Seitenwände werden nach
dem Schema der Abb. 312 (in welchem die Schrägpfähle der Einfachheit wegen
fortgelassen sind) fertig zusammengebaut und hinter Anschlagwinkel der unteren
Zangen gesetzt und durch innere Spreizen gegen diese gekeilt. Wenn die Gefahr
des Aufschwimmens gegeben ist, können zusätzlich Bügelverankerungen unter
die Zangen gehakt werden, die von oben stramm gesetzt werden. Eine solche
Schalung ist recht kompliziert und erfordert eine genaue Durcharbeitung. Die
Wasserarbeit macht sie teuer, zumal ihre Entfernung wiederum Taucherarbeit
unter dem Pfeiler erfordert. Man hat daher nach anderen Möglichkeiten gesucht,
welche von oben her das Aufsetzen von Schalungskästen ermöglicht. In einfachster Weise ist dies dadurch möglich, daß der ganze Pfeiler von einem Gerüst

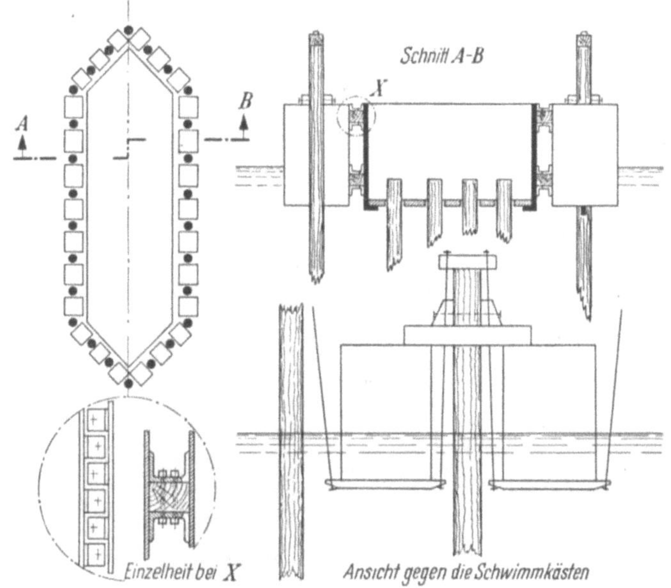

Abb. 313. An Schwimmkästen befestigter Schalungskasten eines Pfeilerkopfes

umgeben ist, von dem aus dann auch die Rammung der Pfähle für den Pfeiler
erfolgt. In diesem Falle kann der Schalungskasten fertig zusammengebaut abgelassen werden. Es sind dann lediglich die Platten für den unteren Abschluß
in Taucherarbeit aufzulegen. Die Querträger sind dann zweckmäßig [-Profile
die später an einer Seite gelöst werden und mit dem geöffneten Schalungskasten
wieder gezogen werden.

Eine andere recht praktische Lösung zeigt Abb. 313. Hier ist der Pfeiler mit
nur einer Reihe von Gerüstpfählen umgeben. Zwischen die Gerüstpfähle werden
Schwimmkästen eingeschwommen, die nach der Pfeilerseite durch Gurthölzer
zusammengefaßt werden. Diese Kästen werden durch Fluten auf die gewünschte
Tiefe gebracht und in dieser Tiefe durch obere Knaggen festgelegt, gegen welche
sie durch Traversen und Seilverspannung von unten her gepreßt werden, sobald der Schalungskasten des Pfeilers mit Hilfe von Schwimmkörpern eingeschwommen ist, der sich seinerseits mit Anschlußwinkeln auf die gleichen
Gurthölzer abstützt, welche die Schwimmkästen zusammenhalten. Die Schwimmkästen lassen sich so weit auseinanderspreizen, daß die Anschlußwinkel an den
Gurthölzern vorbeikommen. Für die Verriegelung genügen einfache Vorstecker.
Wenn alles zusammengekoppelt ist, kann die richtige Höhenlage endgültig

einjustiert werden und nach dem Festlegen der Schwimmgefäße werden diese
dann ganz oder teilweise gelenzt und ihr variabler Auftrieb steht dann für die
über die Schwimmgefäße zu legende Rammbühne und die Rammgeräte zusätzlich zur Tragkraft der Pfähle zur Verfügung. Im Boden des Schalungskastens
befinden sich die Öffnungen für die Pfähle, die als willkommene Führungen
dienen. Diese hier nur schematisch angegebene Ausführungsweise ist in Amerika
entwickelt und erprobt. Je nach örtlichen Verhältnissen wird man die Gerüstpfähle auch als Pfahlböcke ausbilden.

Die Ausnützung eines Baukörpers als Pfahlführung ist in neuerer Zeit des
öfteren zu beobachten, wie z. B. eine Gründung für ein Seezeichen im 10 m
tiefen und mit 6 km/Std. strömenden Wasser zeigt.[1]

Bei Seezeichen kommt es nur auf das eigentliche Sichtzeichen und seinen
Bestand in Wellenschlag und Treibeis an. Man hat daher den aus dem Wasser
ragenden Teil klein gehalten und den Fundierungskörper auf die Gewässersohle

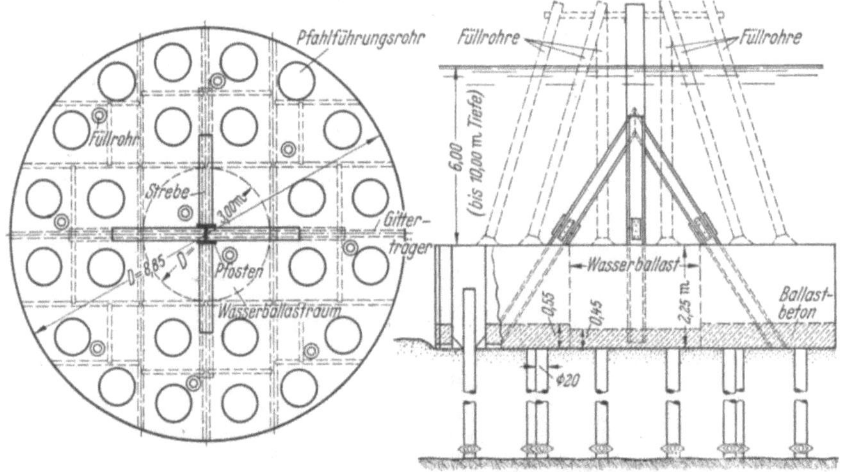

Abb. 314. Herstellung einer Pfahlrostplatte unter Wasser

gelegt, wie Abb. 314 zeigt. Er besteht aus einem kreisrunden Ponton von 8,85 m
Durchmesser und 2,25 m Höhe, der für eine Pfahlgründung mit 24 Öffnungen
versehen ist, die als Schächte mit 75 cm Durchmesser auf einem inneren und
einem äußeren Kreis angeordnet sind. Der Ponton besitzt als Aufbau die Haupt-
stütze (I P 36), die mit vier I P 30 schräg abgestrebt ist. Nur die Mittelstütze
ragt aus dem Wasser. Durch Schraubstöße in allen Gerüststreben und der
Hauptstütze dicht über Deck ist eine Auswechslung nach Havarie möglich.
Alle sonstigen Verbindungen sind geschweißt. Der Schwimmkörper ist durch
Betonballast schwimmstabil gemacht und durch Wasserballast in dem mittleren
Raum auf den Meeresgrund abgesetzt.

Jetzt erfolgt das Verankern der Konstruktion durch Spezialpfähle. In bekannter Tiefe steht fester Fels an, darüber liegt Sand. Die Pfähle mußten also
gegen Zug im Sand Widerstand finden. Man wählte eine Sonderausführung,
die aus Rohren mit 20 cm Durchmesser gefertigt wurde, welche 15 cm über dem
auf den Fels treffenden Ende 12 Längsschlitze, 1,2 × 42 cm, aufwiesen. Die
zwischen den auf dem Umfang gleichmäßig verteilten Schlitzen stehengebliebenen
Stege wurden beim Aufstauchen des Rohrpfahles auf dem festen Fels durch die
Rammschläge nach außen ausgebeult. Eine innere Manschette, die mit dem

---

[1] Engng. News Rec. 147 (1951) Nr. 9 vom 30. 8. 1951, S. 41, und KTB Bauingenieur
(1952) H. 3.

unteren Rohrende verschweißt war, hinderte die Stege, etwa nach innen auszuweichen.

Gleichzeitig ist durch einen eingeschweißten Anschlag die Stauchlänge auf 12,5 cm begrenzt, womit ein Dehnungsbruch der ausgebeulten Stege verhindert und die Pfahllast ohne Beanspruchung der Stege auf den Pfahlfuß übertragen wird. Die als Druck- und Zugpfähle gleich wirksamen Pfähle nageln den Fundamentkörper fest und lassen Schrägpfähle entbehrlich erscheinen.

Nach der Rammung wird der Fundamentkörper durch die in der Abb. 314 angedeuteten Füllrohre vollbetoniert, ebenso die Pfahlführungsrohre, die einen unteren Blechtrichter als Abschluß besitzen. In diesen Pfahlschächten wird der

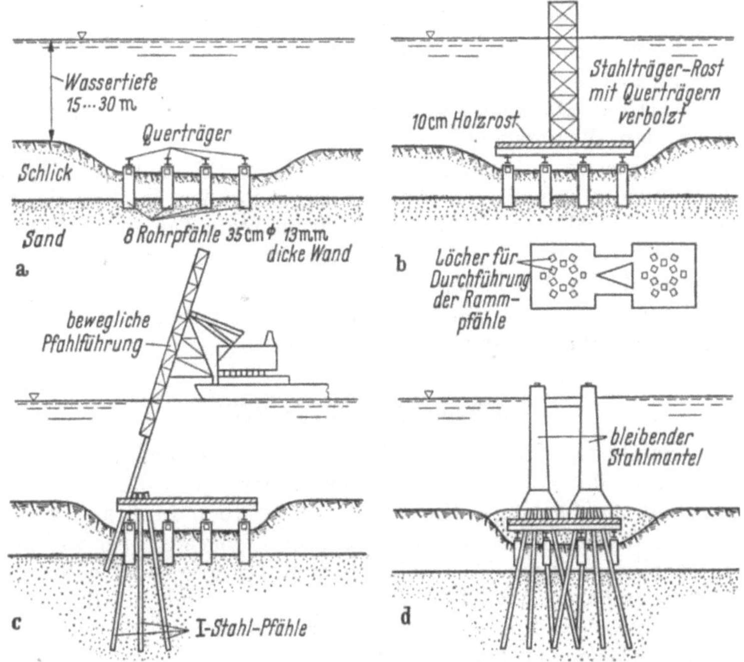

Abb. 315 a—d. Verfahren der Pfahlrostplatten-Herstellung bei der Chesapeake-Bay-Brücke

Beton unter Wasser durch Rütteln verdichtet. Es wird auch noch von einer Rundstahlbewehrung der Betonfüllung berichtet, die offenbar bei einem Vergang der Außenhaut wirksam werden soll.

Der Gründungskörper wiegt vollbetoniert etwa 355 t; nach Abzug des Auftriebes lastet er mit knapp 4 t/m² (0,4 kg/cm²) auf der Sohle. Die Verankerung ist also durchaus eine Notwendigkeit. Besonders vorteilhaft erwies sich diese Gründungskonstruktion wegen der sehr kurzen Arbeitszeit an Ort. Absetzen und Einrammen sowie das Betonieren sind innerhalb von 2 Tagen ausgeführt. Diese Verlagerung der Arbeit in die Werkstatt und in die Vorbereitung lassen das Verfahren bedeutsam erscheinen.

Eine weit schwierigere Pfahlgründung nach der gleichen Methode ist bei der rund 7 km langen Chesapeake-Bay-Brücke für zahlreiche Pfeiler in Wassertiefe von 10 bis 30 m ausgeführt. Es mag genügen, hier das Schema zu bringen, das dem Praktiker genug sagt. Zunächst wurde eine Grube gebaggert, in der 8 Rohrpfähle von 35 cm Durchmesser und 12 mm Wandstärke bis in den tragfähigen Sand gerammt wurden. Mit Taucherhilfe wurden Querträger auf diese Pfähle gelegt (Abb. 315, Schema a) und ein Führungsrost mit einem Rohrturmgerüst auf diese Träger gesetzt. Mit Hilfe des über die Wasserlinie ragenden Turmes war eine genaue Justierung des stählernen Führungsrostes möglich, der für die endgültigen stählernen I-Pfähle in einem 10 cm dicken Holzbelag Aussparungen besaß, die eine untere Führung der Pfähle darstellten (Abb. 315b).

Die Rammung ist mit einer Schwimmramme vorgenommen, die mit einem versenkbaren Mäkler ausgerüstet war. Auf diese Weise war es möglich, die Pfähle in der vorgesehenen Stellung exakt hinunterzubringen. Die genaue Positionierung der verankerten Schwimmramme war nur durch die Benutzung eines schweren Kreiselkompasses möglich, alle anderen Einweisungsmethoden waren unsicher und wurden aufgegeben. Nachdem der Pfahlrost auf diese Weise fertiggestellt war, wurde die im Bau verbleibende Pfeilerschalung als Doppel-Konus-Stahlmantel abgesenkt und auf dem Holzbelag der Unterwasserplattform befestigt. Die mit einer unteren glockenförmigen Erweiterung ausgerüsteten kreisrunden Schäfte sind durch eine Zwischenwand aus Stahlkonstruktion miteinander verbunden. Die tieferen Pfeiler bestehen aus 4 Schäften, die weniger tiefen aus 2 Schäften. Die Querwände setzen 3 m über der Sohle an und reichen bis 3 m unter den Wasserspiegel.

Eine erste Unterwasser-Trichterschüttung bewirkte nach ihrer Erhärtung, daß die Last auf die endgültigen Pfähle übergeleitet wurde. Erst dann wurde der Pfeiler im Kontraktorverfahren (= Füllrohr stets 1 m unter Frischbetonoberfläche) vollbetoniert bis auf 2,5 m unter den oberen Rand. Die restliche Betonmenge wurde im Trockenen eingebracht.

Die Ausführung zeigt, wie ein Pfahlrost auch im tiefen Wasser zeichnungsgemäß ausgeführt werden kann.

3.9.5 Bemerkungen zur Statik

Für die Ausführung der Gerüste gilt die Gerüstordnung DIN 4420 und in Verbindung damit die DIN 1074 (Holzbrücken) und DIN 1052 (Holzbauwerke, Berechnung und Ausführung). Die für den Grundbau in Frage kommenden Gerüste fallen zunächst unter den Begriff „Fördergerüste", für welche außerhalb der tatsächlichen Gewichte bzw. Radlasten, für welche sie gebaut werden, für die direkt belastbaren Teile 300 kg/m² anzunehmen sind. Bei diesen Ansätzen sind die vollen zulässigen Spannungen des Holzes berechtigt und Stoßzuschläge für die Flächenbelastungen nicht mehr gefordert.

Wenn die Knicklänge $> 40\,d$ wird (d als mittlerer Durchmesser), ist die Knicksicherheit stets nachzuweisen. Eine Festigkeitsberechnung ist nach DIN 4420 Ziffer 27,12 aufzustellen und nach Ziffer 27,2 müssen Zeichnungen vorgelegt werden.

Eine konstruktive Durcharbeitung der Gerüste ist ohnehin unerläßlich, weil man nur an Hand einer nicht zu kleinen Zeichnung den Holz- und Kleineisenbedarf für das Gerüst richtig ermitteln kann.

R. ALBRECHT, München, hat zu der Festlegung der Knicklängen des Einzelpfahles in mehrreihigen Pfahljochen einen Beitrag zur Diskussion gestellt[1], der günstigere Annahmen als gerechtfertigt nachweist, als sie die Rechnung nach EULER bzw. die üblichen Faustregeln voraussetzen. Unterschieden werden die Fälle der Abb. 316:

1. Unterlänge = Oberlänge ohne bzw. mit Sicherungsstreben.
2. Unterlänge > Oberlänge ohne bzw. mit Sicherungsstreben.

Sicherungsstreben sind die zusätzlich seitlich zur Ebene des Joches angesetzten Schrägstreben, die den Rost zwischen Unterlänge und Oberlänge senkrecht zur Jochebene festsetzen. In Berücksichtigung der Einspannung der Pfähle im

---

[1] R. ALBRECHT: Beitrag zur Festlegung der Knicklänge des Einzelpfahles mehrreihiger Pfahljoche. Bautechn. 24 (1947) H. 3, S. 49.

Boden und im Gerüst ist die Knicklänge mit der Knotenpunkts-Systemlänge wahrscheinlich zu gering angesetzt und der durch eine Interpolationsformel abgeleitete Vorschlag von ALBRECHT, unter Bewertung des Einspannungsgrades

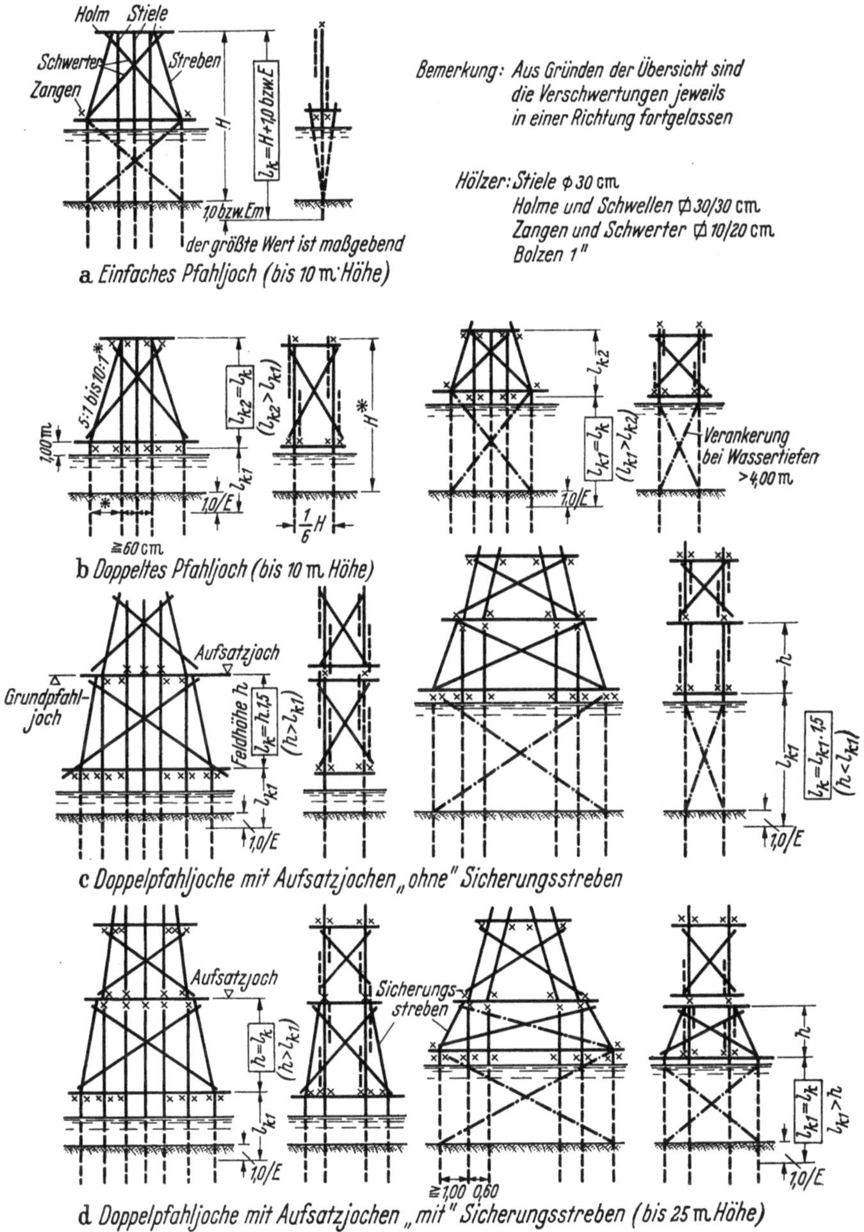

Abb. 316. Verschiedene Systeme der Pfahljoche (nach ALBRECHT)

durch die Zangen mit einem Faktor < 1 die Knicklänge nach dem in der nachstehenden Tabelle gegebenen wahrscheinlichen Wert anzunehmen, hat durchaus seine Berechtigung. Angesichts der Unsicherheiten der Berechnungsannahmen — abhängig von der Art der Bearbeitung und der Güte bzw. den verborgenen Fehlern des Holzes, sowie von der Art des Bodens und der Beanspruchung des Gerüstes — sind ohnehin alle verfeinerten Berechnungsmethoden nur ein Augentrost, aber keine Wirklichkeit. Die folgende Tabelle zeigt die verschiedenen Möglichkeiten und den Vorschlag für die anzunehmende Knicklänge. Man verständige sich über die vorauszusetzenden Annahmen zweckmäßig vor der Bearbeitung mit dem Prüfingenieur.

Fall I „ohne" Sicherungsstreben		
Faustformeln nach Abb. 1b und 1c*	übliche Rechnungsweise nach „Euler"	vorgeschlagene Rechnungsweise $l_k = 2a - b$
$a = b$	4. Fall	
$l_k = 1{,}5 \cdot 4{,}0 = 6{,}0\,\text{m}$	$l_k = 2{,}0 \cdot 4{,}0 = 8{,}0\,\text{m}$	$l_k = 2{,}0 \cdot 4{,}0 - 3{,}0 = 5{,}0\,\text{m}$
Pfahlbelastung: 24,1 t, Pfahldurchmesser: 30 cm $F = 707\,\text{cm}^2$ und $i = \frac{30}{4} = 7{,}5\,\text{cm}$		
$\lambda = \frac{600}{7{,}5} = 80$ $\omega = 2{,}14$ $\sigma_{vorh.} = \frac{24{,}1 \cdot 2{,}14}{707} =$ $0{,}073\,\text{t/cm}^2 < 0{,}08\,\text{t/cm}^2$	$\lambda = \frac{800}{7{,}5} = 106$ $\omega = 3{,}43$ $\sigma_{vorh.} = \frac{24{,}1 \cdot 3{,}43}{707} =$ $0{,}117\,\text{t/cm}^2 > 0{,}08\,\text{t/cm}^2$	$\lambda = \frac{500}{7{,}5} = 67$ $\omega = 1{,}81$ $\sigma_{vorh.} = \frac{24{,}1 \cdot 1{,}81}{707} =$ $0{,}062\,\text{t/cm}^2 < 0{,}08\,\text{t/cm}^2$
$a > b$	3. Fall	
$l_k = 1{,}5 \cdot 5{,}2 = 7{,}80\,\text{m}$	$l_k = \sqrt{2} \cdot 5{,}20 = 7{,}36\,\text{m}$	$l_k = 2 \cdot 5{,}2 - 1{,}5 = 8{,}9\,\text{m}$
Pfahlbelastung: 24,1 t, Pfahldurchmesser: 30 cm $F = 707\,\text{cm}^2$ und $i = 7{,}5\,\text{cm}$		
$\lambda = \frac{780}{7{,}5} = 104$ $\omega = 3{,}28$ $\sigma_{vorh.} = \frac{24{,}1 \cdot 3{,}28}{707} =$ $0{,}112\,\text{t/cm}^2 > 0{,}08\,\text{t/cm}^2$	$\lambda = \frac{736}{7{,}5} = 98$ $\omega = 2{,}88$ $\sigma_{vorh.} = \frac{24{,}1 \cdot 2{,}88}{707} =$ $0{,}098\,\text{t/cm}^2 > 0{,}08\,\text{t/cm}^2$	$\lambda = \frac{890}{7{,}5} = 119$ $\omega = 4{,}46$ $\sigma_{vorh.} = \frac{24{,}1 \cdot 4{,}46}{707} =$ $0{,}152\,\text{t/cm}^2 > 0{,}08\,\text{t/cm}^2$

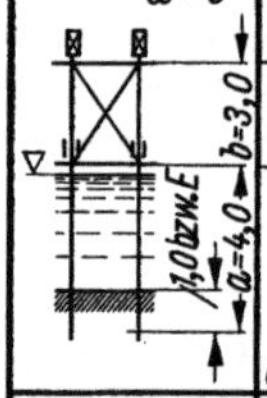

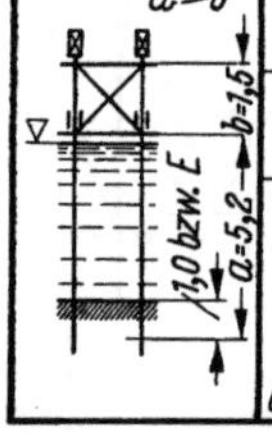

Fall II „mit" Sicherungsstreben		
Faustformeln nach Abb. 1d*	übliche Rechnungsweise nach „Euler"	vorgeschlagene Rechnungsweise $l_k = 1{,}36a - 0{,}81b$
$a = b$	4. Fall	
$l_k = 4{,}0\,\text{m}$	$l_k = 8{,}0\,\text{m}$	$l_k = 1{,}36 \cdot 4 - 0{,}61 \cdot 3 = 3{,}61\,\text{m}$
	wie Fall I	
$\lambda = \frac{400}{7{,}5} = 53$ $\omega = 1{,}55$ $\sigma = \frac{24{,}1 \cdot 1{,}55}{707} =$ $0{,}053\,\text{t/cm}^2 < 0{,}08\,\text{t/cm}^2$	$\lambda = \frac{800}{7{,}5} = 106$ $\omega = 3{,}43$ $\sigma = \frac{24{,}1 \cdot 3{,}43}{707} =$ $0{,}117\,\text{t/cm}^2 > 0{,}08\,\text{t/cm}^2$	$\lambda = \frac{361}{7{,}5} = 48$ $\omega = 1{,}47$ $\sigma = \frac{24{,}1 \cdot 1{,}47}{707} =$ $0{,}05\,\text{t/cm}^2 < 0{,}08\,\text{t/cm}^2$
$a > b$	3. Fall	
$l_k = 5{,}2\,\text{m}$	$l_k = 7{,}36\,\text{m}$	$l_k = 1{,}36 \cdot 5{,}2 - 0{,}61 \cdot 1{,}5 = 6{,}16\,\text{m}$
	wie Fall I	
$\lambda = \frac{520}{7{,}5} = 69$ $\omega = 1{,}85$ $\sigma_{vorh.} = \frac{24{,}1 \cdot 1{,}85}{707} =$ $0{,}063\,\text{t/cm}^2 < 0{,}08\,\text{t/cm}^2$	$\lambda = \frac{736}{7{,}5} = 98$ $\omega = 2{,}88$ $\sigma_{vorh.} = \frac{24{,}1 \cdot 2{,}88}{707} =$ $0{,}098\,\text{t/cm}^2 > 0{,}08\,\text{t/cm}^2$	$\lambda = \frac{616}{7{,}5} = 82$ $\omega = 2{,}21$ $\sigma_{vorh.} = \frac{24{,}1 \cdot 2{,}21}{707} =$ $0{,}075\,\text{t/cm}^2 < 0{,}08\,\text{t/cm}^2$

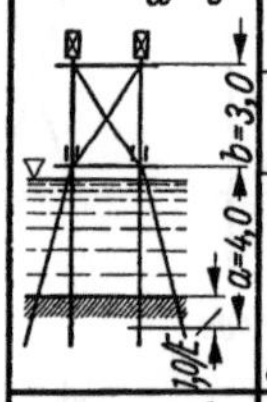

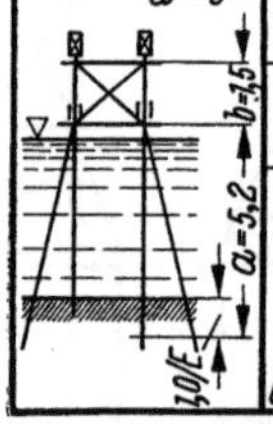

3.10 Unterfangung mit Pfählen

3.10.1 Allgemeines und typische Beispiele

Die Gründe für eine Unterfangung sind:

1. Unzureichende Gründung beim Neubau (fehlende Bodenerkundung).
2. Nicht mehr tragbare Setzungen.
3. Tiefer Aushub in unmittelbarer Nähe.
4. Aufstockung bestehender Gebäude.
5. Erschütterungen durch Verkehrswege (Straße, Eisenbahn) oder Industrie (Maschinensäle).

Die Unterfangung gehört zu den verantwortlichsten Arbeiten, die man nur erfahrenen Ingenieur-Unternehmern anvertrauen sollte. Keinesfalls kann man hier mit den heutigen Resten handwerklicher Fähigkeiten auskommen, da das Gefühl für die Gefahren einer Bloßlegung von Fundamenten den Facharbeitern, Polieren, vielen Bauführern und Technikern unseres maschinentechnisch forcierten Zeitalters in geradezu erschreckendem Umfange fehlt. Das kann man mit vielen Unfallberichten der Bauberufsgenossenschaft leicht belegen. Fast täglich ist z. B. bei Ladenumbauten, wenn das ganze Erdgeschoß herausgebrochen wird, das Fehlen jeglicher Schrägstrebe festzustellen, auch wenn diese bitter nötig sind. Daß glücklicherweise die meisten dieser Unterlassungen nicht zu Katastrophen führen, ist wirklich nicht das Verdienst der Bauaufsicht und rechtfertigt keinesfalls die Unterlassung.

Aus der als Anzeichen von Bewegungen eingetretenen Rißbildung sind die setzungsgefährdeten Bauteile meist schon zu erkennen. Abb. 317a—c zeigt typische Beispiele des schrägen Verlaufes der Setzungsrisse.[1] Bei völlig wildem Verlauf der Risse, besonders in den höheren Geschossen, liegt der Verdacht auf Erschütterungsrisse vor, und es muß dann festgestellt werden, welche Bodenschicht die Erschütterungen fortpflanzt, was bekanntlich in Wellen geschieht.

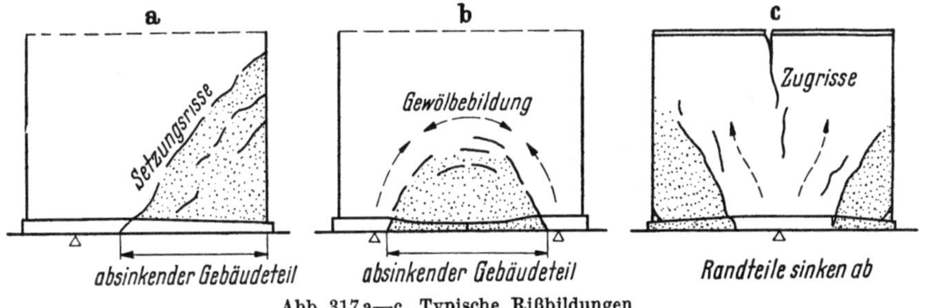

Abb. 317a—c. Typische Rißbildungen

Es kann dabei vorkommen, daß bestimmte Stellen in Wellenbergen (Interferenzen) mehr leiden als benachbarte Flächen. Dann hilft nur eine tiefe Unterfangung bis unter die Schicht, welche die Erschütterungen leitet.

Bei der Unterfangung dürfen die Bauwerke selbst nicht erschüttert werden. Rammarbeiten sind daher meist auszuschalten. Allenfalls können sie mit vorsichtiger Spülhilfe ausgeführt werden, wenn sie nicht unmittelbar am oder im Bauwerk liegen. Das bezieht sich z. B. auf die Umschließung mit Spundwänden, die wegen der geringen Bodenverdrängung mehr Lärm als Erschütterung verursacht. Unmittelbar neben den abzufangenden Bauteilen sind Bohrpfähle mit Mantelrohren die sicherste Lösung. Die Rohre können in kurzen Schüssen zusammengeschraubt und so auch aus niedrigen Kellern heraus bis zu großen Tiefen erschütterungsfrei hinuntergebracht und wieder gezogen werden. Bei bleibender Verrohrung auch geschweißte Stöße anwendbar.

Üblich ist die Anordnung der Pfähle beiderseits der Mauern und Abfangung mit Traversen. Als Traversen Breitflanschträger, die leicht hochzukeilen sind. Vorbelastung mit hydraulischen Pressen erzwingt Setzung der Bohrpfähle vor endgültigem Anschluß an Bauwerk. Abb. 318a—c zeigt einfache Ausbildung bei Einzelpfählen und Pfahlgruppen, Abb. 318c die Abfangung einer schwer belasteten Wand durch Traversen und Abb. 318d durch Traversen und Längsbalken. Wenn es der Zustand des Bauwerkes und der Untergrund erlauben, kann man Bohrpfähle auch direkt unter die Wände setzen, indem man entsprechende Schlitze von etwa Geschoßhöhe in die Wände stemmt. Ob man eine vorhandene Fundamentplatte durch die Pfähle mit unterfangen muß, oder ob·

---

[1] Vgl. Dr.-Ing. E. Titze: Unterfangung bestehender Bauwerke mittels Bohrpfählen Beton u. Eisen (1938) H. 22.

man die Pfahldurchführungen mit Fuge ausbildet, kann nur im Einzelfall entschieden werden, da hier die Bodenverhältnisse, Setzungsursache, Grundwasserstand, Art der Kellernutzung usw. eine Rolle spielen. Eine abgedichtete Wanne im Grundwasser wird man z.B. keinesfalls durchschlagen, solange die Dichtung noch intakt ist. Hier wird man zu anderen Maßnahmen greifen, wie Umschließung mit Spundwänden, Bodenverfestigung, äußeren Absteifungen usw.

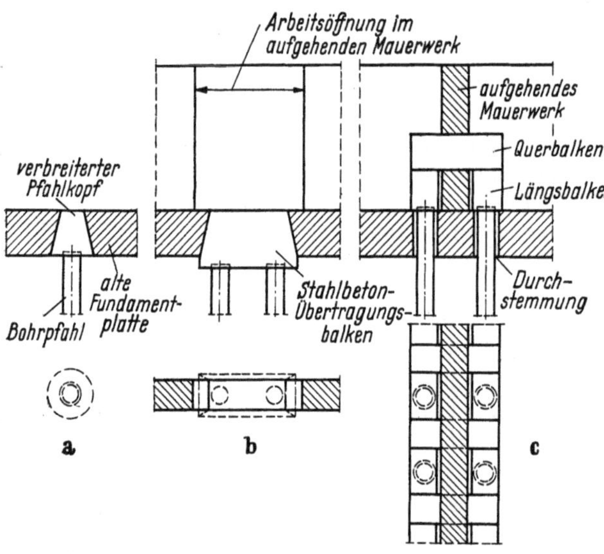

Abb. 318a—c. Abfangen von Mauern durch Bohrpfähle

Wenn es sich um Wände handelt, an die nur von einer Seite heranzukommen ist, wie bei Umfassungsmauern, kann die Abfangung durch Kragbalken vorgenommen werden, die rückwärts in der Abfangkonstruktion der Zwischenwände verankert werden, wie Abb. 318d erkennen läßt.

Eine besonders interessante Unterfangung einer Wand, an die nur von einer Seite heranzukommen ist, ermöglicht die Verwendung von „Intrusion Grout Mixed-in-place"-Pfählen. Die Pfähle selbst sind im Abschnitt „Ortbetonpfähle", S.270, beschrieben. Man kann sie fast zur Hälfte unter die zu unterfangenden Fundamente bringen, da die Pfähle keine Verrohrung benötigen und die gewindeartigen Bohrblätter unter dem freigelegten Fundament bis dicht an das Drehgestänge von der Seite her eingeführt werden können. Bei einem amerikanischen Beispiel[1] sind Ortpfähle der größten Abmessung, $d = 60$ cm Durchmesser, mit 26 cm, also fast zur Hälfte, unter ein absinkendes Mauerfundament gesetzt. Um die Exzentrizität auszugleichen, wurde jeder Pfahl mit $2 \varnothing 18$ mm von 4,50 m Länge bewehrt. Die Pfähle stehen im Abstand von 2,10 m und sind selbst nur 6,00 m lang. Durch Vermörtelung eines Bodenstreifens vor dem alten Fundamentfuß ist eine zusätzliche Sicherheit gegen Ausweichen des

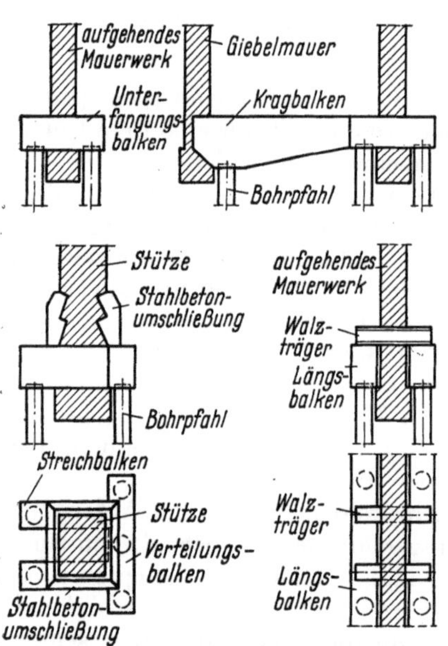

Abb. 318d. Verschiedene Möglichkeiten der Abfangung von Mauern und Pfeilern

Fundamentes bzw. des Pfahlkopfes geschaffen (Abb. 262). Eine solche einfache Ausführung kann zweckvoll sein, wenn im Innern des Gebäudes der Betrieb nicht gestört werden darf, zumal sie schnell durchgeführt werden kann.

---

[1] The Prepakt-Reporter (März/April 1954) S. 9, Abb. 17.

Die Abfangung eines einzelnen schweren Stützenfundamentes über tiefem
Grund ist eine besonders heikle Aufgabe, bei der eine Vorspannung der Abfangkonstruktion zur Ausschaltung der Setzungen meist zweckmäßig ist. Das Prinzip
der Abfangung durch Bohrpfähle, die möglichst dicht am Pfeilerfundament
hinuntergebracht werden, zeigt Abb. 318d. Die Pfahlköpfe werden mit Streichbalken verbunden, die im einfachsten Falle selbst in das Fundament eingreifen
oder bei Pfeilern eine allseitig in den Pfeiler eingreifende Manschette tragen. Für
diesen Arbeitsvorgang ist oft eine vorherige Entlastung des Pfeilers durch eine
höher gelegene Abfangung nötig, damit während der vorübergehenden Schwächung des Pfeilers keine Gefahr entsteht.[1]

In der Praxis sieht eine Ausführung, bei der eine höher gelegene Zwischen-
abfangung durch den gewählten Arbeitsgang entbehrlich war, etwa so aus, wie

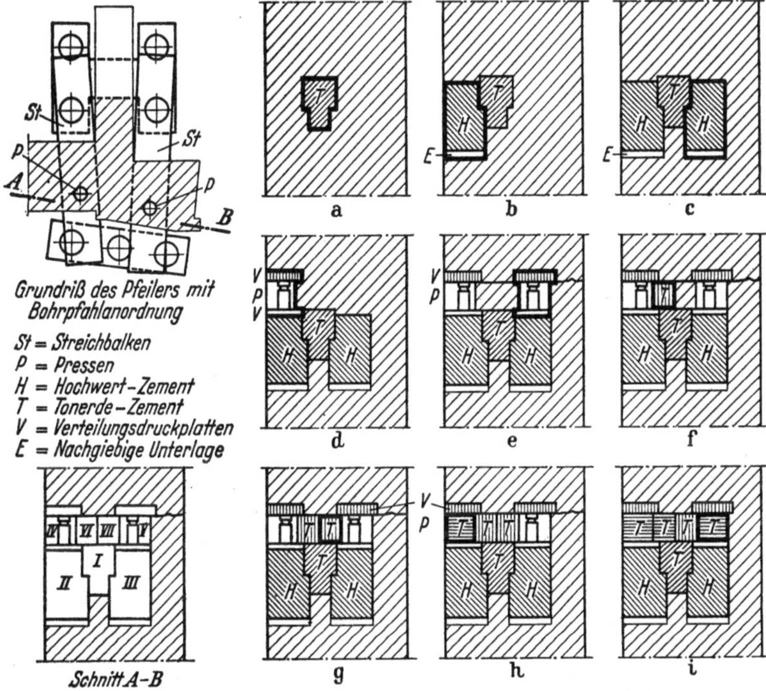

Abb. 319. Arbeitsfolge bei der Abfangung eines schweren Pfeilers

Abb. 319 zeigt. Hier handelt es sich um einen Mauerpfeiler, der mit 24 m langen
LORENZ-Pfählen abgefangen werden mußte. Um die unvermeidbare Setzung
dieser langen Pfähle, die sich aus echter Setzung des Pfahlfußes und elastischer
Verkürzung des Pfahles zusammensetzt, vorwegzunehmen, wurde die Unter-
fangungskonstruktion mit hydraulischen Pressen vorgespannt. Für die Streichbalken II und III wurde hochwertiger schnellerhärtender Zement, für die
Druckverteilungsplatten und die Pfeilerkernräume I, VI, IV, V, VII Ton-
erdeschmelzzement verwendet. Der aufgehende Pfeiler ruht nach der Abfangung
nur noch auf den Streichbalken, deren Bewehrung in der Zeichnung nicht
angegeben ist.

Abfangung eines Bogenwiderlagers. Die Bohrpfähle können auch in unwahr-
scheinlichen Fällen zur Rettung eines Ingenieurbauwerkes dienen, wofür die
Abb. 320 ein spannendes Beispiel zeigt. Eine sehr sorglos zwischen Spundwänden gegründete Bogenbrücke war ernstlich gefährdet (Risse, Setzungen).

---

[1] Siehe Fußnote 1 auf S. 323.

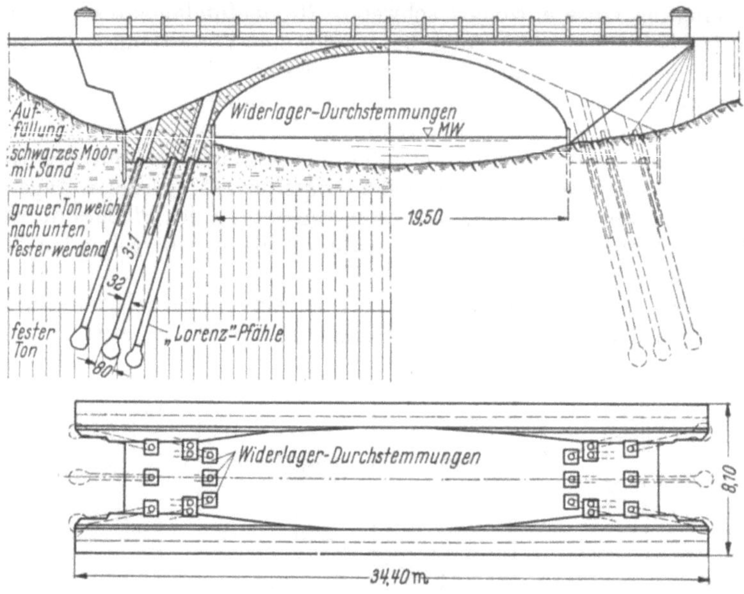

Abb. 320. Abfangung eines Bogenwiderlagers

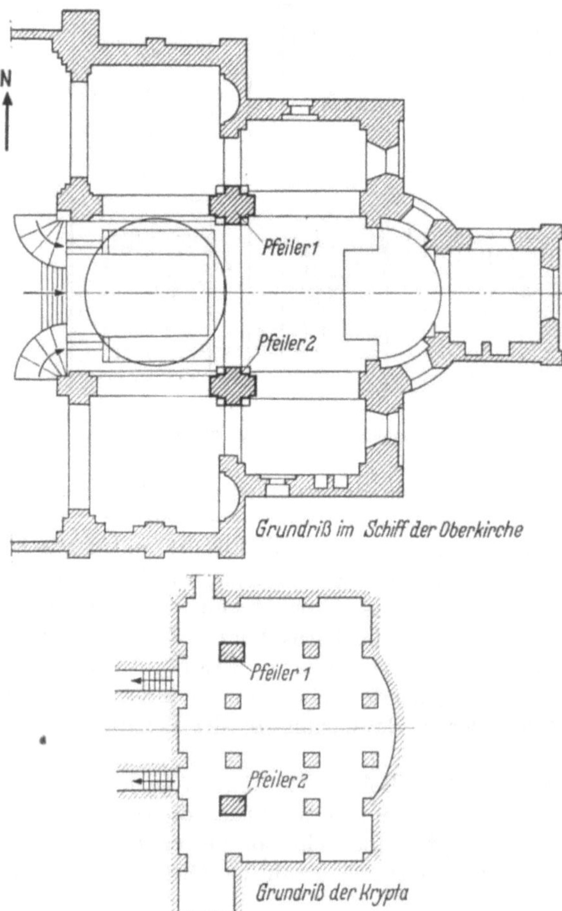

Mit Schlagbohrmaschinen konnte wegen des rissigen Zustandes der Brücke nicht mehr gearbeitet werden, man mußte nach Freilegung des Bogenrückens die etwa 80×80 cm großen Durchbrüche vorsichtig mit Preßlufthämmern stückweise ausführen, eine bei den großen Längen schwierige, langwierige und kaum vorher zu kalkulierende Arbeit. Ein Ausbohren mit Preßluftbohrern führte nicht zum Ziele, weil der Bohrstaub des von unten her durchfeuchteten Betons sich verkittete und nicht herausgeblasen werden konnte. Die in die Neigung der Resultierenden gestellten Pfähle sind im oberen Teil mit einer zusätzlichen Rundstahlbewehrung versehen, um restliche H-Kräfte aufnehmen zu können. Nach Fertigstellung

Abb. 321a. Lage der gefährdeten Pfeiler der Abtei in Brauweiler bei Köln (August Wolfsholz G.m.b.H.)

der Unterfangung mußte die Fahrbahn regelrecht vernäht und verstärkt und
die Abdichtung sowie deren Betonschutzschicht erneuert werden. Ohne die
Pfahlunterfangung hätte nur ein Neubau die Brücke ersetzen können.

3.10.2 Abfangung eines Kirchenpfeilers

Der Firma August Wolfsholz GmbH, Stammhaus Frankfurt/Main, ist das
folgende Beispiel einer Pfeilerabfangung zu verdanken, die von ihr 1954 für die
ehemalige Benediktinerabtei Brau-
weiler bei Köln entworfen und durchgeführt wurde. Hier waren 2 Pfeiler
in der Krypta (unter dem ersten
östlichen Pfeilerpaar im Schiff der
Oberkirche), die ohnehin statisch

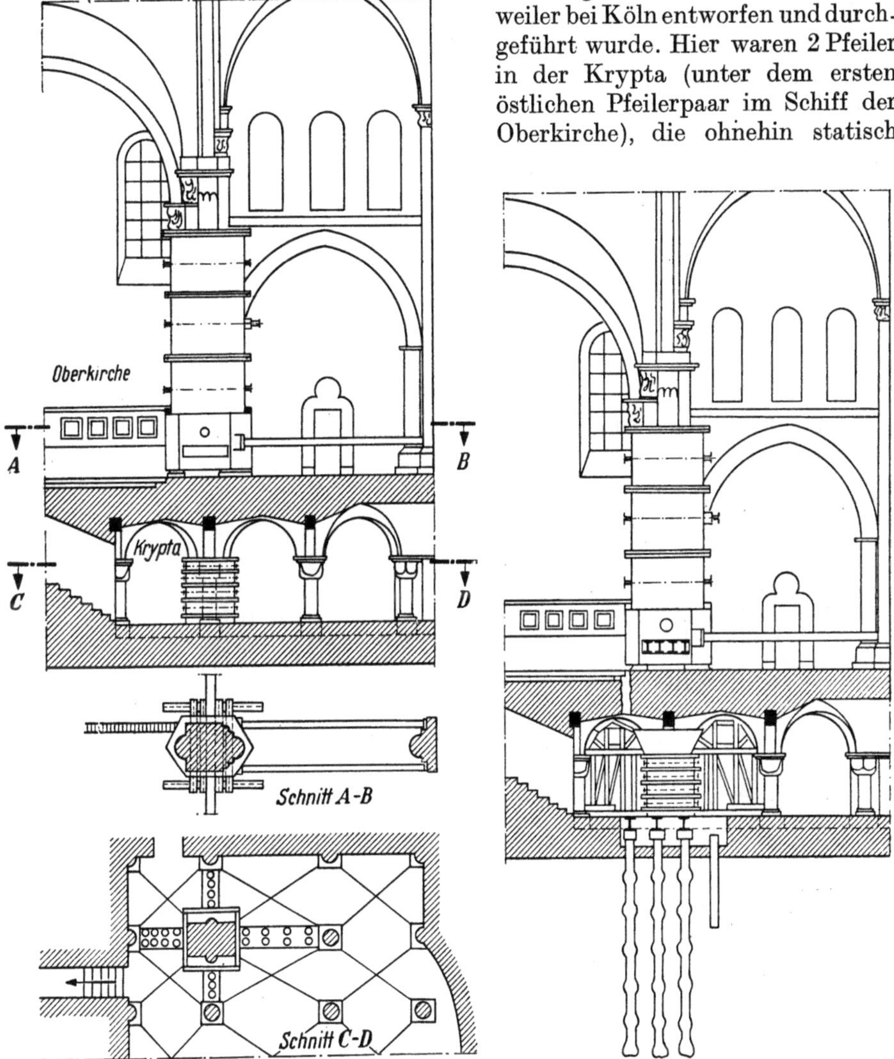

Abb. 321 b. Sicherung des bestehenden Zustandes

Abb. 321 c. Abfangrost des Pfeilerfußes in der
Oberkirche und des Fundamentes in der Krypta

überlastet waren, durch Kriegsschäden einsturzgefährdet (Abb. 321 a). Setzungen,
Risse und Abplatzungen kündigten einen Gefahrenzustand hohen Grades an. Der
Pfeiler konnte im Bereich der Krypta nicht mehr repariert werden, für ihn kam
nur eine völlige Erneuerung in Frage. Diese war aber nur durchführbar nach
Abfangung des Pfeilers in der Oberkirche, der hierfür aber zunächst wieder in
einwandfrei tragfähigen Zustand gesetzt werden mußte. Als erste Maßnahme
wurden die Pfeiler in der Oberkirche sowie in der Krypta durch Manschetten

vor weiteren Querdehnungen geschützt, und zwar wurde der untere Teil des
Pfeilers im Schiff mit einem Stahlbetonmantel umgeben, der obere Teil, wie auch
der Kryptapfeiler, mit Holzmanschetten eingeschnürt, die mit Profilträgern und
Stahlankern kräftig gegeneinander verspannt waren. Damit war die akute Gefahr

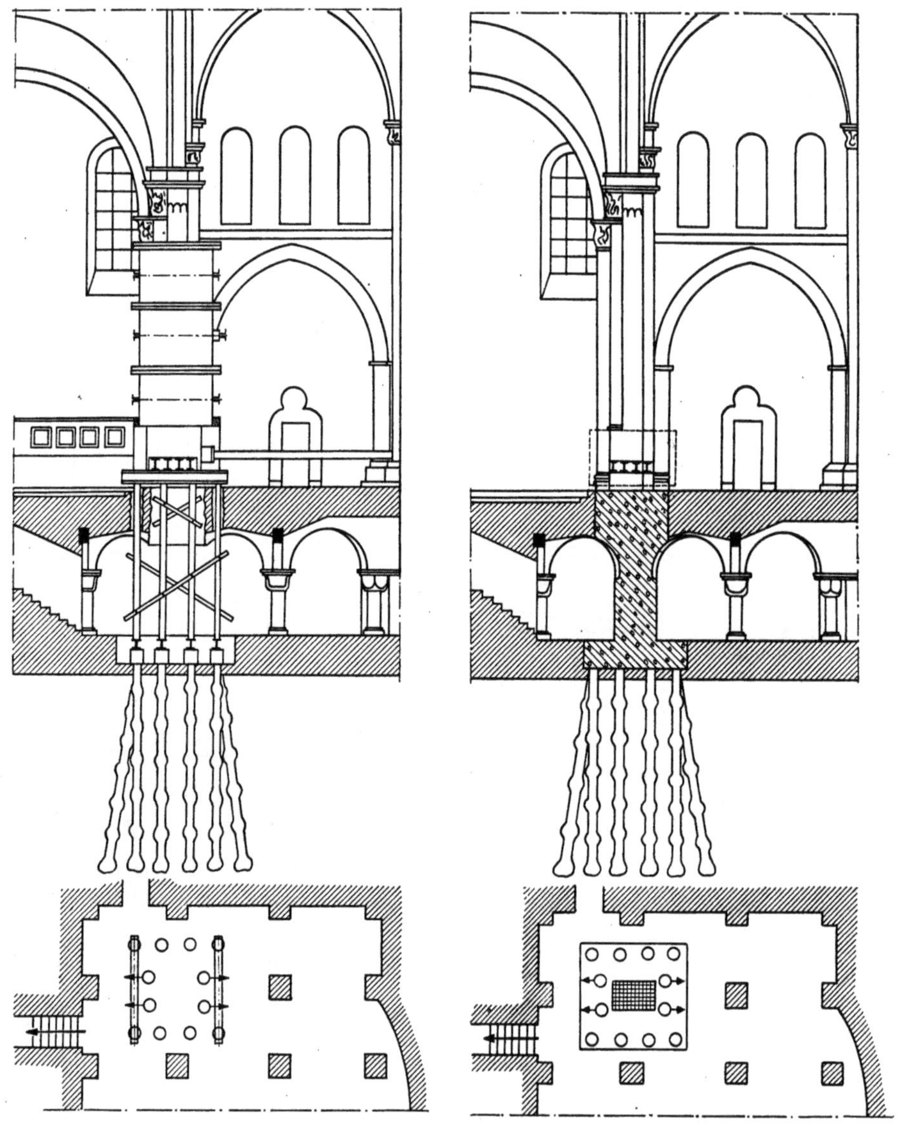

Abb. 321d. Der obere Pfeiler ist abgestützt, der
Pfeiler in der Krypta abgebrochen

Abb. 321e. Der Kryptapfeiler ist erneuert

zunächst beseitigt. Der Pfeiler wurde im Kirchenschiff dann mehrfach angebohrt
und mit Zementmilchmörtel verpreßt. Zusätzlich wurde der Pfeilerfuß über der
Kryptadecke durch den Einbau einer liegenden Holzabsteifung gegen seitliches
Ausweichen gesichert und in der Krypta die an das Kapitell anschließenden
Gewölbegurtungen kräftig abgesteift (Abb. 321b).

Die zweite Phase bestand in der Herstellung eines Abfangrostes im Pfeilerfuß, indem der Pfeiler durch horizontale Schlitze im Stahlbetonmantel alter-
nierend für die Abfangträger (1, 3, 2, 4) durchgestemmt, die Träger eingezogen

und auf Spannung verkeilt wurden. Gleichzeitig wurde die Fundamentplatte in der Krypta teilweise ausgestemmt und beiderseits der Pfeilerlangseiten je vier lotrechte und vor den schmalen Seiten je zwei schräge Preßbetonbohrpfähle hinuntergebracht und über den Pfeilerköpfen ein Rost von Verbindungsträgern eingebaut (Abb. 321c).

In der dritten Phase wurde das nun sehr stark unterstützte Gewölbe der Krypta durchbrochen, der Abfangrost im Pfeilersockel durch schwere Querträger abgefangen und diese durch Stahlstützen direkt durch die Kryptadecke auf die Preßbetonbohrpfähle bzw. deren Trägerlage abgesetzt.

Die Last des Hauptpfeilers wird nun über die durch Verschwertung verstärkte provisorische Abfangung hinweg schon auf den endgültigen Pfahlrost übertragen und der Kryptapfeiler konnte vom Fundament her bis unter den Rost abgebrochen werden (Abb. 321d).

Die Schlußphase umfaßt die Herstellung des Fundamentes und des Kryptapfeilers in Stahlbeton mit dem Anschluß der Kryptagewölbe und der Aufnahme des satt verstopften oberen Abfangrostes. Nach der Erhärtung des Betons konnte die provisorische Abfangung entfernt und die Manschette um den Pfeiler abgebaut bzw. abgestemmt werden. Die herausstehenden Trägerenden des Rostes wurden abgebrannt und die Ansichtsflächen des Pfeilers nachgearbeitet. Der neue Stahlbetonpfeiler in der Krypta ist mit einer aus dem Material des alten Pfeilers gewonnenen Mauerschale verkleidet, so daß die Harmonie des Raumes nicht beeinträchtigt ist (Abb. 321e).

Diese Ausführung ist deshalb bemerkenswert, weil es durch die ingeniöse Planung möglich war, eine sehr kostspielige Totalaussteifung des Kirchenraumes zu vermeiden. Möglich war die Unterfangung mit Pfählen nur, weil die Herstellung der Preßbeton-Bohrpfähle erschütterungsfrei vor sich geht und weil durch die provisorische Abfangung der vollen Last die Setzungsvorgänge im wesentlichen vorweg erzwungen werden konnten. Durch Wahl eines schwindarmen Betons für den Kryptapfeiler ist dessen Verformung aus Schwinden und Kriechen, soweit möglich, reduziert.

3.10.3 Abfangung eines Kirchturmes

Ein weiteres Beispiel einer schwierigen Unterfangung ist die Nachgründung der Türme des Domes zu Lübeck, von der die August Wolfsholz GmbH den im folgenden auszugsweise wiedergegebenen Bericht freundlicherweise zur Verfügung stellte.

Beide Türme, sowohl der Nord- als auch der Südturm, zeigten bereits beim Bau des Turmmauerwerkes einseitige Setzungen nach Westen, und man versuchte schon damals, die mangelhafte Gründung und die Schrägstellung durch Gegenmauern in die jeweilige Lotrechte auszugleichen. Im Lauf der Jahrhunderte gingen diese Setzungen weiter und die Türme begannen sogar, auch in Nord-Süd-Richtung auseinanderzustreben.

Frühere Sicherungsmaßnahmen hatten nur den Erfolg, die Nord-Süd-Bewegung einzudämmen. Die Neigung der Türme nach Westen ging, insbesondere nach dem Brand in den letzten Kriegsjahren, weiter und erreichte beim Südturm kurz vor Beginn der Bauarbeiten eine Abweichung von der Lotrechten um 1,49 m. Sie hatte seit 1945 pro Jahr um 6 mm, vorwiegend in westlicher Richtung, zugenommen.

Da eine Bewegung in dieser Größenordnung in absehbarer Zeit zur Baufälligkeit führen mußte, wurde die Nachgründung und eine gegenseitige Verankerung beider Türme beschlossen.

Die Verankerung der Türme gegeneinander ist mit Spannankern, die in Stahlbetondecken angreifen und den freien Raum zwischen den Türmen korrosionsgeschützt in Stahlbetonbalken überbrücken, vorgenommen. Die Anker sind vom Nordturm aus nachspannbar und sind zunächst nur mit 50% ihrer Belastung vorgespannt, um bei weiteren Bewegungen noch Reserven aufzuweisen.

Der Baugrund wurde durch 4 Bohrungen aufgeschlossen, aus denen ungestörte Bodenproben entnommen und untersucht wurden. Nach Auffassung der Sachverständigen sind die Setzungen auf die Tonschicht zurückzuführen, welche direkt unter den Fundamenten liegt.

Die alten Turmfundamente bestehen aus Findlingsmauerwerk, welches durch Zersetzung des Mörtels heute fast ohne jede Bindung in den obersten Schichten des Baugrundes, und zwar unmittelbar über der Tonschicht, liegt. Eine Verbreiterung der Fundamente schied wegen der Unmöglichkeit, an einem solchen Fundament noch Stemmarbeiten auszuführen, von vornherein aus, ebenso eine direkte Unterfahrung.

Ebenfalls mußte der Gedanke, das Turmmauerwerk über eine Kragkonstruktion, also gewissermaßen unter Umgehung des Findlingsfundamentes, auf eine Zone des evtl. durch Einpressungen von Zementmilch oder Chemikalien verbesserten Baugrundes abzusetzen, ausscheiden, weil für eine Vergütung des Fließsandes im erforderlichen Umfang keine Gewähr übernommen werden konnte.

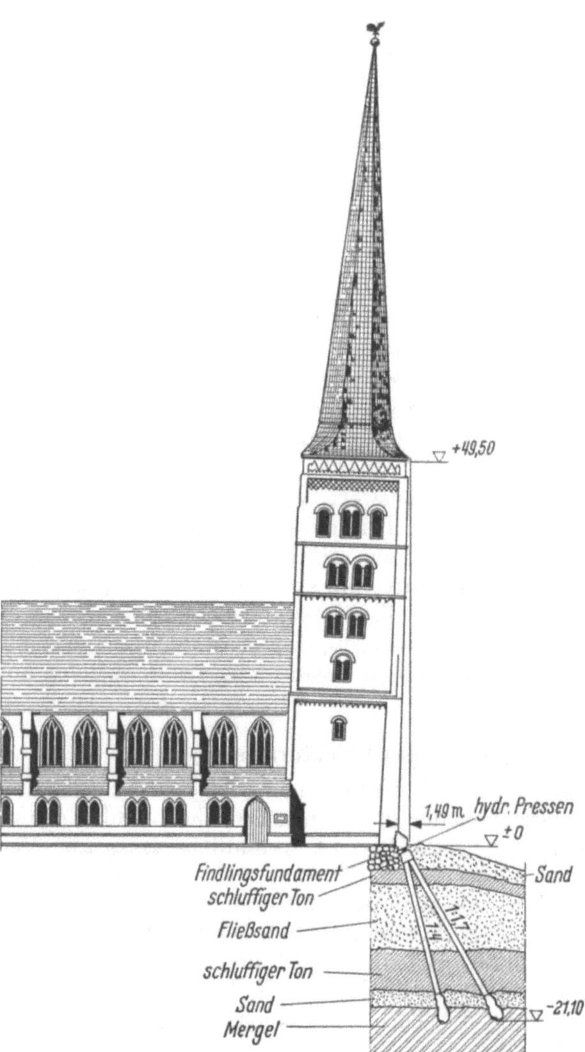

Abb. 322a. Abfangung der Türme des Domes in Lübeck
(August Wolfsholz G.m.b.H)

Man entschied sich deshalb dafür, die Unterstützung des Turmes durch die Ton- und Fließsandschichten hindurch nach Abb. 322a auf den in etwa 20 m Tiefe anstehenden Mergel hinabzuführen, sie als Pfahlrost aus Preßbetonbohrpfählen, System August Wolfsholz DP, auszubilden, und sie durch einen schweren Stahlbetonbalken an eine aus dem vollen Turmmauerwerk auskragende und mit dem Mauerwerk verzahnte und verankerte Stahlbetonkonsole nach Abb. 322b anzuschließen. Der sofortige Kraftschluß zwischen den beiden Teilen der Stahlbetonkonstruktion wurde durch Einbau von zehn hydraulischen Pressen je Turm erreicht, die mit je 90 t Pressendruck in der letzten Preßstufe eine Stützkraft von 900 t in einer aus statischen Überlegungen gewählten Neigung von 1 : 2,5 gegen die Vertikale in das Mauerwerk jedes der beiden Türme eintrugen. Die horizontale Komponente dieser Stützkraft bewirkte, daß die um die vertikale Komponente verminderten Turmkräfte wieder in der Turmachse angreifen und die exzentrischen Belastungen auf die Turmgründung vermindert werden.

Die um 1 : 2,5 geneigte Stützkraft wird nach Abb. 322b von 2 Pfahlreihen aufgenommen, die in Neigungen von 1 : 4 bzw. 1 : 1,7 angeordnet sind. Die Stützkraft greift somit in der Winkelhalbierenden zwischen beiden Pfahlrichtungen an und belastet beide Pfahlreihen gleichmäßig.

Die Pfahlherstellung bot wegen der relativ großen Abweichung von der Lotrechten und in Anbetracht der anstehenden Bodenschichten einige Schwierigkeiten. Die Pfähle wurden, um die Fließsandschicht nicht zu beunruhigen bzw. einen Bodeneinbruch in der Fließsandschicht auf alle Fälle auszuschließen, mit einem teilweise im Boden verbleibenden Mantelrohr versehen; dieses Rohr reicht bis zur

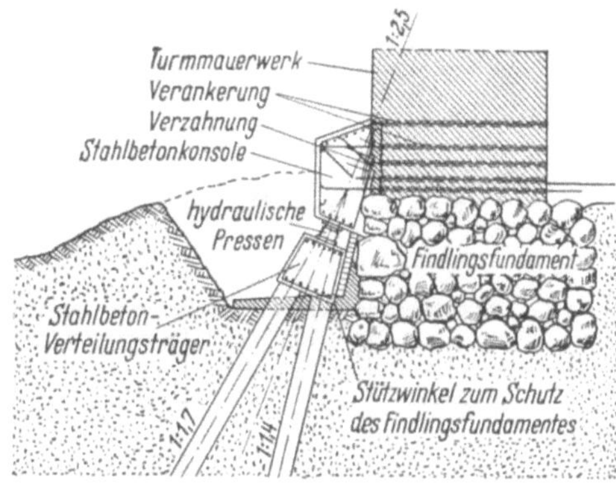

Abb. 322b. Detail zu Abb. 322a

Unterkante der unteren Tonschicht herab. Sodann mußte das Einschneiden des Mantelrohres in den Boden wegen der erheblichen Pfahllänge und der Mächtigkeit der zu durchfahrenden Schichten mit großer Mantelreibung (zwei Ton- und eine Fließsandschicht von zusammen

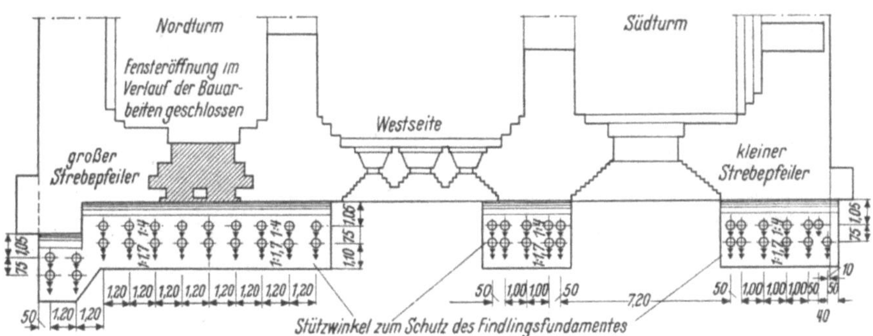

Abb. 322c. Anordnung der Pfähle und Konsolen im Grundriß

etwa 14,50 m Mächtigkeit) bei dem gewählten Schaftdurchmesser von $d_{\min} = 42$ cm maschinell mit Druckluft vorgenommen werden. Schließlich erschwerte die insbesondere bei den 1 : 1,7 geneigten Pfählen geringe zur Verfügung stehende Einbaulänge der aufzusetzenden Schüsse des Mantelrohres die Pfahlherstellung nicht unbeträchtlich. Trotzdem konnte die Herstellung des Pfahlrostes, nicht zuletzt dank dem Einsatz von speziell für diese Ausführung durchkonstruierten neuen Arbeitsgeräten, programmäßig durchgeführt werden.

Die Richtigkeit des Konstruktionsgedankens und das Gelingen der Ausführung beweist augenfällig die Tatsache, daß schon nach Einleitung des halben vorgesehenen Pressendrucks die Bewegung beider Türme zum Stillstand gekommen ist.

3.10.4 Hebung eines Bahnsteighallendaches

Als Beispiel der Beseitigung einer übermäßigen Fundamentsetzung bei einem hochwertigen Ingenieurbauwerk möge der folgende Bericht dienen.

Bei einer der modernen Bahnsteighallen in Schalenkonstruktion auf dem Bahnhof Köln-Deutz, Gemeinschaftsarbeit der Dyckerhoff & Widmann KG und der Wayss & Freytag KG, besteht der Untergrund der Bahnanlage aus

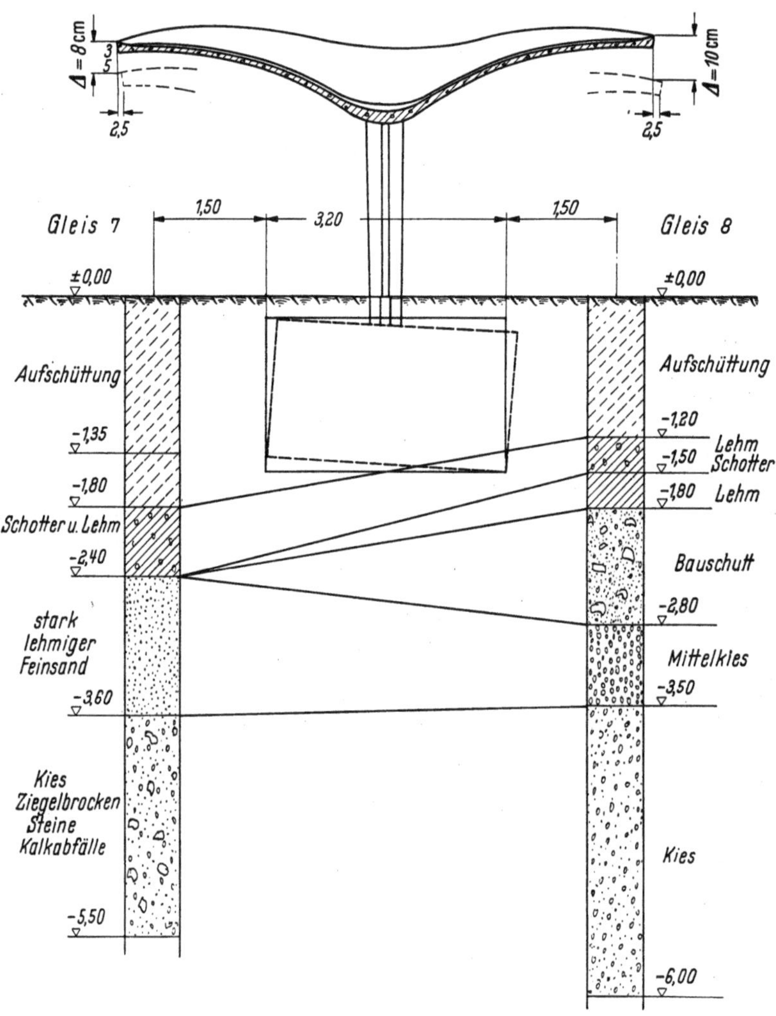

Abb. 323a. Setzung eines Pfeilers unter Schalendach

einem vor etwa 50 Jahren aufgeschütteten, inhomogenen Material. Da jahrzehntelang der Bahnbetrieb darübergegangen war, bestand kein Anlaß, an der Tragfähigkeit des abgelagerten Bodens zu zweifeln. Bei insgesamt 14 Bauabschnitten mit je 2 Stützen ergab sich aber doch bei einer der bis zu 60 t belasteten Stützen nach dem Ausrüsten eine Setzung in der Größenordnung von 3 cm in Kombination mit einer leichten Kippung aus der Achse, die sich nach 12 Tagen so weit vergrößert hatte, daß die Setzung an einer Längskante des Daches 8 cm, an der anderen 10 cm betrug, während die seitliche Verschiebung das Maß von 2,5 cm nach der tiefer gegangenen Seite hin erreicht hatte (Abb. 323a). Bei allen anderen Stützen waren die Setzungen unbedeutend.

Eine sofort in je 1,50 m Abstand von der Fundamentaußenkante vorgenommene Probebohrung zur Feststellung der Ursachen der starken Setzung ergab in den nur 6,20 m auseinanderliegenden Bohrlöchern völlig verschiedene Verhältnisse: Offenbar hatte sich bei der Aufschüttung eine einseitig geneigte schwachlehmige Schicht gebildet, in welcher Setzungen möglich waren, wobei an der tiefer liegenden Seite der lehmige Schotter und stark tonige Feinsand zwar auch nachgegeben, aber bald ein Stützgerüst ausgebildet hatte. Der Auftraggeber ordnete nun eine Hebung und anschließende Abfangung des Fundamentes durch 4 Bohrpfähle an.

Zunächst wurden verrohrte Bohrpfähle System Wolfsholz mit 30 cm Durchmesser und mit Fußverstärkung in bekannter Weise niedergebracht, die 5,0 m unter Fundamentunterkante in gewachsenem Kies stehen. Danach wurden in der Längsrichtung des

Abb. 323b. Ansicht der Abfangskonstruktion beim Anheben

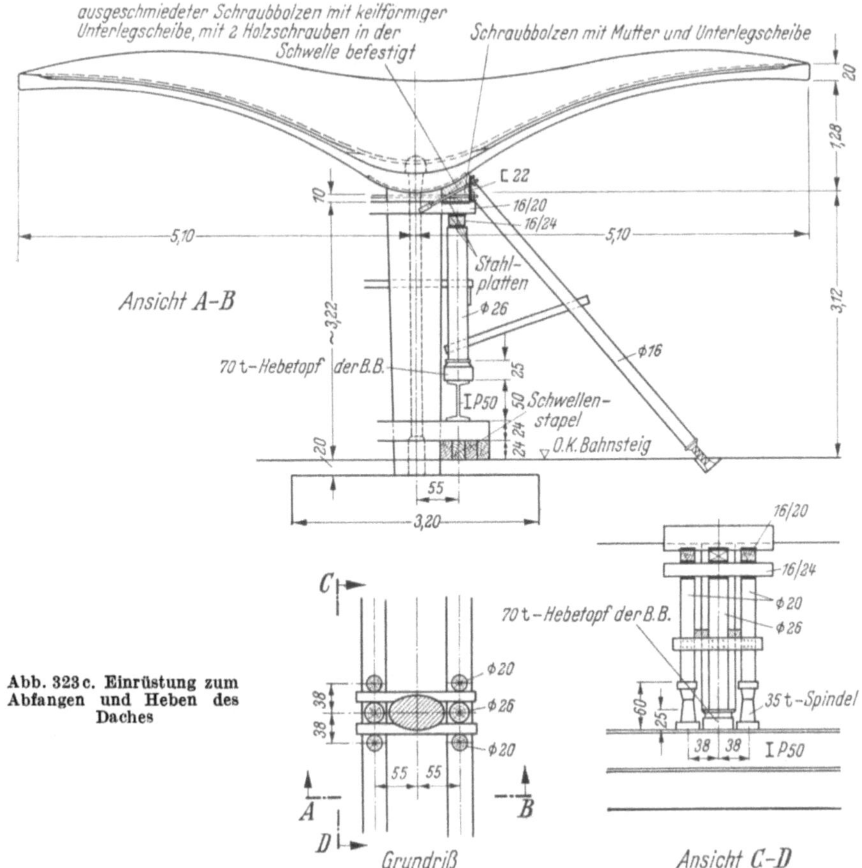

Abb. 323c. Einrüstung zum Abfangen und Heben des Daches

Bahnsteiges zwei Schwellenstapel außerhalb des Fundamentbereiches verlegt
und das Dach auf jeder Seite durch drei kräftige Holzstempel auf I P 50, die
das Fundament für die Hebung hinreichend hoch überspannten, abgefangen
(Abb. 323b), wobei jeweils der mittlere Stempel mit einer hydraulischen
70 t-Presse ausgerüstet war, die das eigentliche Heben besorgte, während die
beiden seitlichen Stempel mit Spindeln von je 35 t Tragkraft untersetzt waren,
die beim Hubvorgang laufend scharf nachgespannt wurden. Gegen seitliches
Kippen war das Dach während des Schwebezustandes durch geneigte Streben

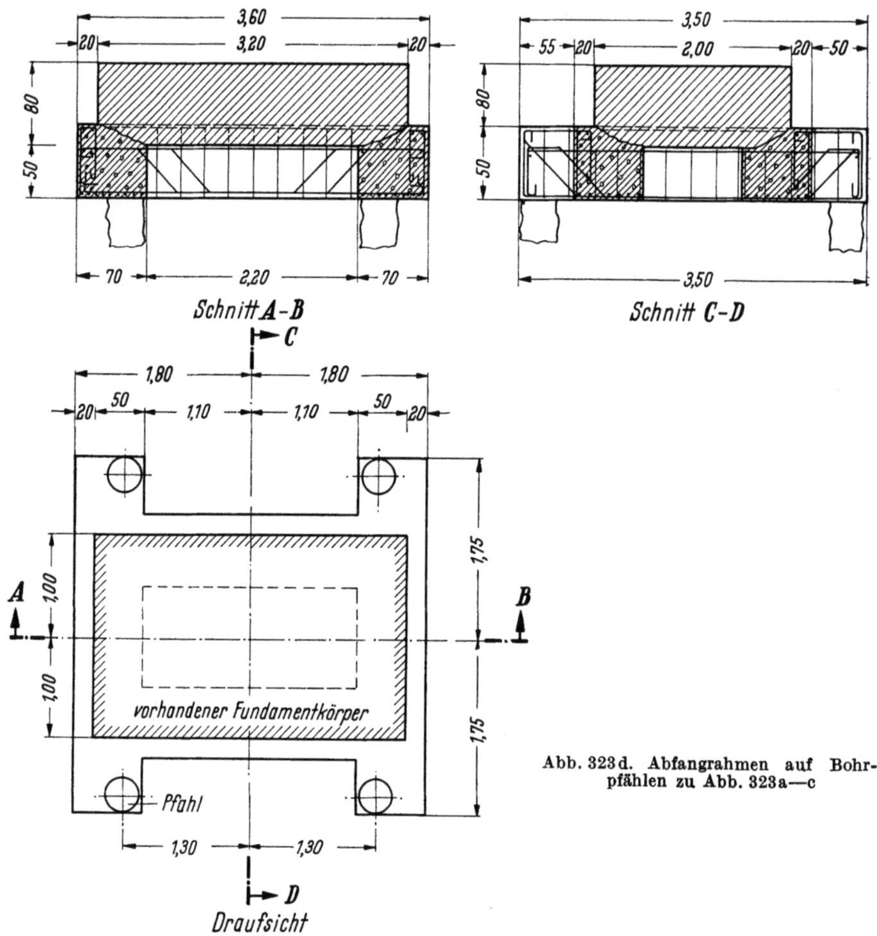

Abb. 323d. Abfangrahmen auf Bohrpfählen zu Abb. 323a—c

gesichert, die im Zuge des Hebens durch Keile entsprechend nachgetrieben
wurden. Abb. 323c zeigt etwas vereinfacht das Prinzip der Rüstung. Bei der
geneigten Fläche des Unterfangungspunktes mußte besonders auf eine gute
Verspannung der Lagerhölzer am Stützenkopf geachtet werden. Um einen un-
zulässig hohen und vor allem ungleichmäßigen Druck aus den Stempeln (Stirn-
holz) auf die Längsfaser der Riegelhölzer zu vermeiden, wurden Stahlplatten
eingeschaltet. Nachdem diese Anordnung installiert war, konnte das Fundament
allseitig freigelegt und mit der Hebung und dem Geraderichten begonnen werden,
was etwa nur 3,5 Std. in Anspruch nahm. Im Hinblick auf weitere mögliche
Setzungen wurde um ein Toleranzmaß von 15 mm über das Sollmaß angehoben,
und in dieser Stellung die Hubgeräte festgesetzt. Dach, Stütze und Fundamentklotz sind dabei als monolithisches Gebilde bewegt; irgendwelche Schäden sind
an dem Schalendach nicht eingetreten.

Dann wurde mit größtmöglicher Beschleunigung der Aushub bewerkstelligt
und der Unterbeton unter dem Fundamentklotz so weit entfernt, wie dies für
die Anordnung eines liegenden Abfangrahmens unter dem Fundament und über
den Pfahlköpfen nötig war. Der Beton dieses Abfangrahmens wurde als steifer
Rüttelbeton mit hochwertigem Zement hergestellt und sorgfältig und satt an-
liegend (entlüftete Unterflächen!) in die entsprechend bewehrten Abfangebalken
eingebracht (Abb. 323d).

Nach dem Erhärten der neuen Konstruktion — nach 4 Tagen — wurde
die Abstützung vorsichtig entlastet
und damit die Stützkraft von rund 60 t
auf die Pfähle übergeleitet. Der innerhalb der Abfangebalken unter dem
ursprünglichen Fundamentklotz entstandene Hohlraum wurde mit Preßmörtel verfüllt.

Das neue Fundament hat sich dann
im Laufe der Zeit einschließlich der
Pfähle um etwa 6 mm mehr gesetzt,
als vorher an Toleranz zugegeben war.

3.10.5 Unterfangen von Hochbauten

Eine besonders verblüffende Ausführung zeigt das folgende Beispiel.

Die Herstellung einer 18,5 m tiefen
Baugrube unmittelbar neben einem
bestehenden Hochbau in Los Angeles
zwang zu einer tiefen Unterfangung
des Hochbaues mit Reibungspfählen.
Wie Abb. 324 zeigt, wurden zunächst
Schrägbohrungen von 60 cm Durchmesser in einer schrägen Länge von
25 m unter das abzufangende Fundament gebracht und auf eine untere
Länge von 12 m ausbetoniert.

Von dieser Stelle an erhielt der
Pfahl einen Knick, indem er als Pfahl
von 90 cm Durchmesser senkrecht nach
oben geführt wurde. Dieser senkrechte
Ast trifft auf das abzufangende Funda-

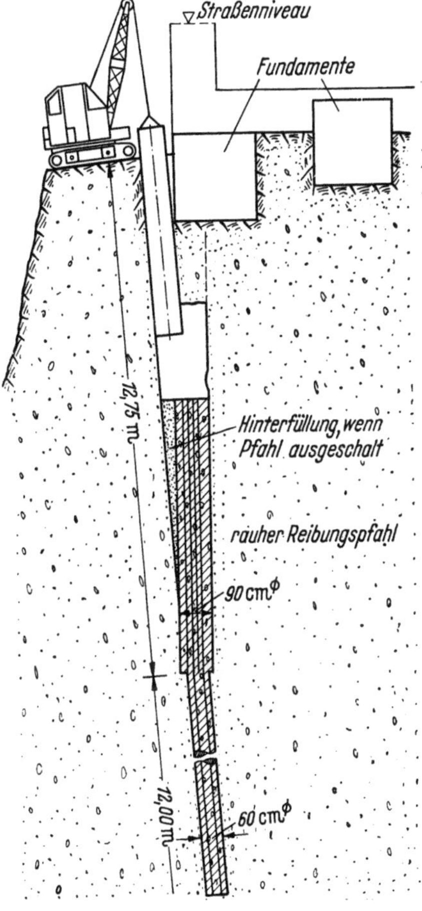

Abb. 324. Unterfangung mit Schrägbohrung
(ENR vom 21. 8. 1958, S. 38)

ment. Die Herstellung geschah, indem ein Mann in dem Rohr hinunterging,
das etwa 1,80 m hochgezogen war. Diesen Raum erweiterte der Mann von Hand
in Richtung auf den senkrechten Pfahlast, wobei ihm der Fluchtweg durch das
Bohrrohr stets offenstand. Dieser erweiterte Arbeitsraum ist dann in entsprechenden Abschnitten bewehrt und betoniert; der schräge Bohrraumzwickel ist
mit Abraum fest verfüllt. Als die Unterkante des Fundamentes bis auf 30 cm
erreicht war, wurde ein kurzer Stahlsäulenabschnitt eingeschaltet, mit welchem
die Bauwerkslast mit Pressen auf den Pfahl geleitet wurde. Bisher hat sich
nur eine vernachlässigbar kleine Setzung gezeigt, nachdem die Lastübernahme
durch die Pfähle erfolgt war. Die endgültige Einbetonierung der Stahlab-
schnitte ist für alle 23 Pfähle, welche die Nachbarfassade unterstützen, gleichzeitig vorgenommen, nachdem alle Pfähle belastet waren und gleichwertige
Setzungen erfahren hatten.

Die Schrägbohrung ist im Zweischichtenbetrieb in $2\,^1/_2$ Tagen/Pfahl niedergebracht, der lotrechte Pfahllast erforderte dagegen im Zweischichtenbetrieb $1\,^1/_2$ Wochen Arbeitszeit. Der Boden ist fest gelagerter, stark bindiger Kiessand mit Steinen bis 30 m Durchmesser.

3.10.6 Unterfangung und Hebung eines Brückenpfeilers

Nicht nur bei Bauten im Trokkenen sind Unterfangungen mit Bohrpfählen möglich, sondern auch im Wasser, wie das folgende Beispiel zeigt.

In vielen Flüssen liegen noch heute Brückentrümmer, die durch die Strömung tief in den Untergrund eingewühlt sind und nur mit hohen Kosten entfernt werden könnten. Man hat oft nur die aus dem Flußbett herausragenden Teile entfernt und die versunkenen Teile als unschädlich im Geschiebe belassen. Daß solche Trümmer nicht ungefährlich sind, zeigte sich 1954, als in Grenoble bei einem außergewöhnlichen Hochwasser des Drac ein Strompfeiler in der Längsrichtung gegen den Strom kippte und um 1,63 m wegsackte[1], wobei die unterstromseitige Kante praktisch die Drehachse darstellte (Abb. 325). Die im Modellversuch bestätigte Ursache waren die Trümmer einer Fahrbahntafel der 1944 zerstörten Hängebrücke, die völlig im Sand eingebettet, normalerweise weder die Schiffahrt noch den Durchfluß behinderten, dann aber bei einem abnormalen HW, wie in der Nacht vom 9./10. Dezember 1954, ein Barriere für das in stärkstem Maße in Bewegung kommende Flußbettgeschiebe bildeten. Es entstand eine Wirbelströmung nach Abb. 326, die den oberstromseitigen Pfeilervorkopf einschloß. Nach dem Modellversuch ist anzunehmen, daß unter Wirkung dieser Strömung bei hinreichender Dauer eine Eintiefung um etwa 10 m hätte erreicht werden können. Beim fallenden Wasser ist dieser Kolk wieder zugeschwemmt, so daß er später nicht mehr festgestellt werden konnte.

Abb. 325. Abgesackter Strompfeiler der Straßenbrücke über den Drac in Grenoble

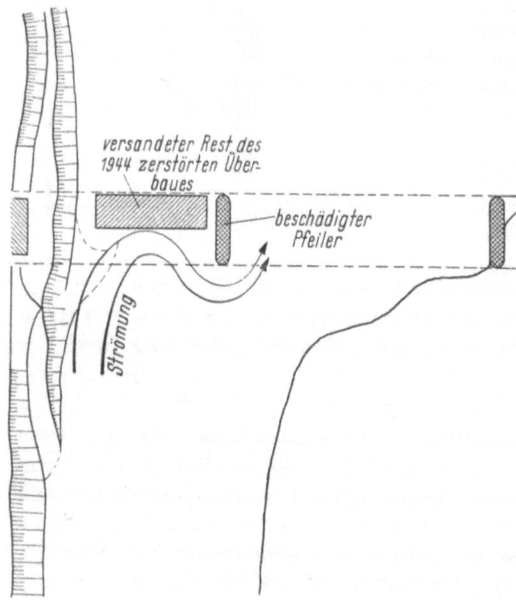

Abb. 326
Kolkerzeugender Geschiebestrom in der Sohle des Flußes

---

[1] Nach Travaux (November 1957).

Dieses Beispiel sollte Anlaß geben, alle noch bekannten Trümmerstellen auf ähnliche Konsequenzen zu überprüfen.

Da bei dem Überbau eine statisch bestimmte Auflagerung vorlag, und die Einfelder-Bogenbrücken mit Ausnahme einiger Risse intakt geblieben waren entschloß man sich zu einer Reparatur des Pfeilers und einer Hebung der Brücke

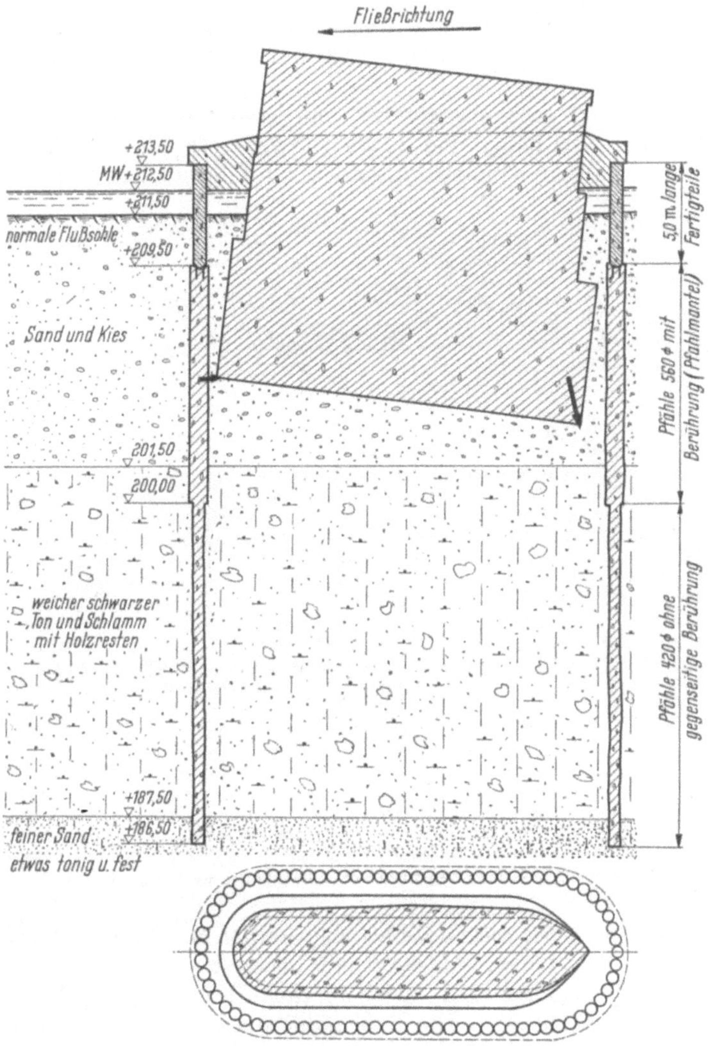

Abb. 327a. Abfangung des Brückenpfeilers durch umschließende Pfahlwände

Zunächst wurde die Brücke mit zwei hydraulischen Pressen von je 200 t im Handbetrieb um 20 cm mehr als die alte Höhenlage betrug, gehoben und mit Stahlbetonplatten von 20 cm Stärke mit Bleizwischenlagen zur besseren Druckverteilung unterbaut. Der Pfeiler selbst erwies sich als in der neuen Lage stabil, aber die Trümmer waren noch immer zu fürchten, auch nachdem man sie, soweit möglich, ausräumte.

Man prüfte die Möglichkeit, den Pfeiler zu einem Bestandteil eines stählernen Ringsenkkastens zu machen und ihn abzusenken. Diese Ausführung war zwar technisch einwandfrei, aber teuer und wegen der dafür nötigen provisorischen

Abfangung der Brücken langwierig. Deshalb akzeptierte man eine zweite Lösung, die eine Umschließung des ganzen Pfeilers mit einer Pfahlwand vorsah, die mit Steinpackung zu umgeben war. Obwohl zunächst nicht an eine mittragende Funktion der Pfähle gedacht war, entschloß man sich angesichts einer in 11 m Tiefe erbohrten 12 m dicken weichen Tonschicht, die Pfähle bis in die feste darunterliegende Schicht hinunterzubringen, d. h., die Pfähle wurden 27 m lang. Abb. 327 a u. b zeigt diese Lösung.

Von einem Arbeitsgerüst aus wurden die Pfähle eingebracht, unter der Fahrbahn benutzte man ein Hängegerüst und teilweise durchbohrte man auch die Fahrbahntafel.

Die Pfähle sind zusammengesetzt, und zwar besteht der obere Teil aus Fertigteilen von 4 m Länge und 56 cm Durchmesser mit seitlichen Führungen für das Einsetzen von Winkeleisenprofilen zur Fugendichtung. Diese Oberteile

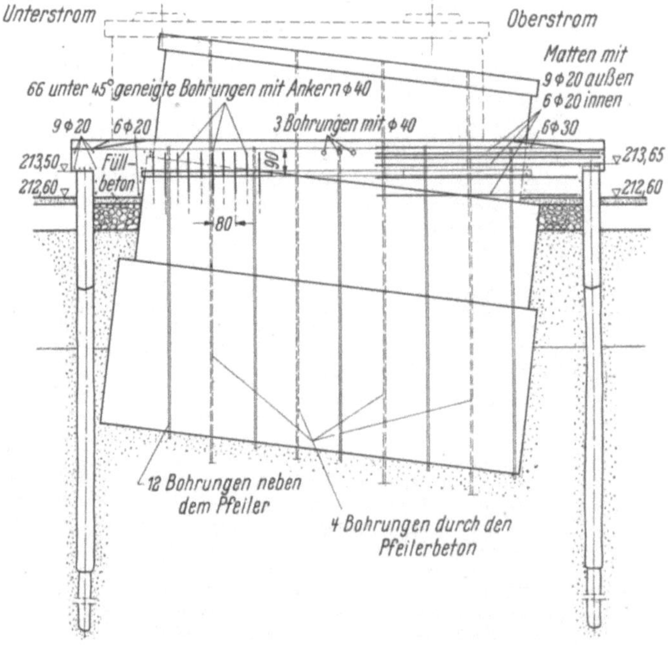

Abb. 327b. Konstr. Angaben zur Abfangplatte über den Pfählen

reichen 2 bis 3 m unter die Flußsohle und werden in gleich starke Bohrpfahlabschnitte von 9 m Länge eingesetzt, die etwa bis 1,5 m in die Tonschicht reichen. Diese Bohrpfähle sind dicht an dicht hinuntergebracht und bilden eine geschlossene Pfahlwand. Die Bohrpfähle unter dieser Tiefe sind nur noch 42 cm stark und reichen mit 13,5 m Länge etwa 1 m in den unterlagernden festen, grauen, leicht tonigen Sand.

Die Ausführung geschah auf 5 m Tiefe mit Verrohrung darunter ohne Mantel mittels Schlagbohren, einem Verfahren, das gegenüber dem üblichen Förderbohren den Vorteil der Verfestigung des benachbarten Bodens besitzt. Nach Einbau der Bewehrungskörbe wurde der Beton im Kontraktorverfahren bis auf 2 m unter Flußsohle herauf eingebracht. Darauf wurden die Fertigteile mit heraustehenden Verbindungseisen und angeschärfter Spitze in den frischen Bohrpfahlbeton eingesetzt. Nachdem dann die provisorische Verrohrung gezogen war, wurden die Winkeleisen der Fugendichtung eingetrieben. Trotz der Arbeit in 3 Schichten benötigte man volle 6 Monate Arbeitszeit für diese Umschließung. Den durch diese Pfahlwand abgeriegelten Fundamentbereich hat man zusätzlich mit Mörtelinjektionen verfestigt und mit einer Stahlbetonplatte abgedeckt, die durch Querbewehrung mit dem Pfeilerschaft so innig verbunden ist, daß sie die Pfeilerlasten auf die Pfahlwand übertragen kann. Die Pfahlreihen unter der Brücke wurden während der Wiederherstellung der Pfeilerschäfte als Auflager für die vorläufige Abfangung der Brücken benützt.

Die Verlagerung der Brückentafeln infolge der Schiefstellung betrug 1,45 m nach Oberstrom. Um diese rückgängig zu machen, wurden unter jedem der

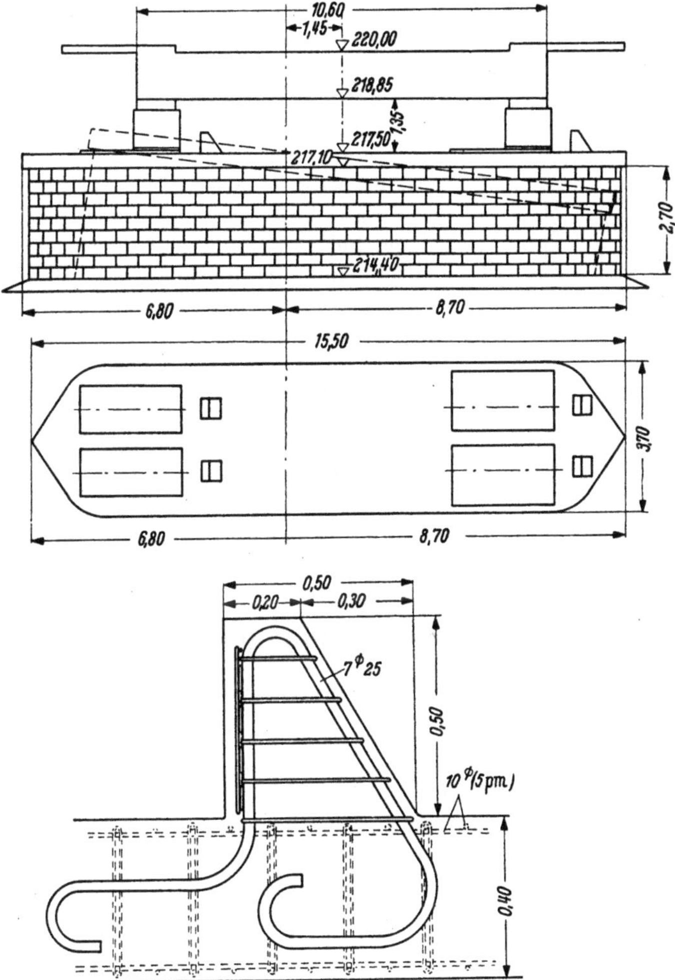

Abb. 327c. Neuer Pfeilerkopf und Montageanschlag für Verschiebung der Brückenüberbauten

4 Auflagerpunkte auf dem neuen Pfeilerkopf 3 cm dicke Stahlplatten von 2,75 m Länge und 1,50 m Breite aufgemörtelt, eine zweite ebenso dicke Platte von $1,20 \times 1,00$ m mit Schmiermittel-Zwischenstrich darauf gelegt, auf welche als Auflager ein bewehrter Betonwürfel von 95 cm Höhe betoniert wurde, der die Lagerteile trug und der endgültigen Höhenlage der Brücken entsprach. Nach dem Absetzen der um 20 cm überhöht angehobenen Brücken auf dieses endgültige Lager wurden 30 t-Pressen zwischen vorgesehene Konsolwiderlager in der Pfeilerabdeckung und diese Auflagerwürfel gesetzt und mit leichter Mühe auf dem unteren gut geschmierten Blech die Brücken zurechtgerückt. Zum Schluß

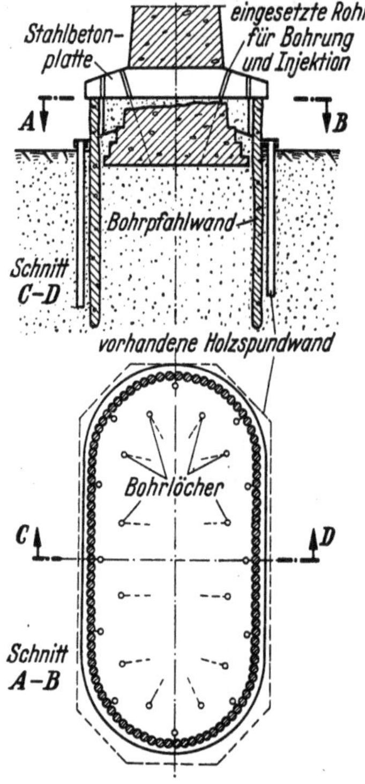

Abb. 328. Schema der Nachgründung
eines Brückenpfeilers

wurden die oberen Platten mit den unteren Auflagerblechen durch Randschweißung ringsum verbunden. Abb. 327c zeigt diese einfache Anordnung im Detail.

Angesichts der teils unbeabsichtigten, teils erzwungenen Vertiefungen der Flüsse und Häfen ist die Frage einer Nachgründung wahrscheinlich auch in Zukunft noch oft von Bedeutung. Es soll daher in Abb. 328 die Normalausführung einer solchen Arbeit gezeigt werden. Die bisherige Gründung des Pfeilers ist hierbei allerdings recht günstig für eine Unterfangung, da die neue Bohrpfahlwand innerhalb der alten Umschließung liegt. Es ändert aber nichts an der Wirksamkeit, wenn sie außerhalb der bisherigen Holzspundwand läge. Selbst eine sukzessive Durchbohrung des alten Fundamentes ist für eine Bohrpfahlunterfangung meist eine tragbare Ausführungsform. Das Durchbringen der Schlitze durch die alten Pfeiler kann am schnellsten und völlig erschütterungslos durch das sog. Flammstrahlbohren geschehen, bei dem man nur mit Stunden zu rechnen hat, statt mit Tagen. Die Anordnungen von Bohrkanälen für Injektionen des Untergrundes sollten bei derartigen Arbeiten immer vorgesehen werden.

4 Tiefgründungen

4.1 Pfeiler für Brücken

Der Entwurf für Pfeiler unter Brücken ist eine komplexe Aufgabe des Grundbaues, bei der nicht allein der angestrebte Endzustand, sondern weitgehend auch die Ausführungsweise die Gestaltung beeinflussen. Die Art der Pfeilerbelastung wird vom Brückensystem bestimmt. Die Belastung ist entweder nur lotrecht gerichtet oder es sind lotrechte und waagerechte Kräfte gleichzeitig zu berücksichtigen. Hinzukommen Belastungen des Pfeilers aus Strömung, Wellen, Eis, Schiffsstoß und anderen Ursachen.

Auf diese statischen Belange soll hier nicht eingegangen werden, vielmehr an einigen Beispielen die praktische Anwendung der verschiedenen Bauverfahren gezeigt werden als Anregung für Entwurf und Ausführung.

Eine durch das offene Wasser reichende Pfeilergründung kann auf mancherlei Weise ausgeführt werden, von denen die wichtigsten etwa folgende sind:

1. Rammung hoher und tiefer Pfahlroste mit aufgesetzten Pfeilerkörpern.

2. Schwimmend herangebrachte Senkkästen und Fertigteile, die auf vorbereiteten Grund (Felsplanum, Schüttung, vorbereitete Betonsohle) abgesetzt werden.

3. Arbeit mit Taucherglocke bzw. mit Druckluftsenkkasten, wobei man an die max. Tiefe von etwa 30 m gebunden ist.

4. Absenkung von Stahl- oder Stahlbetonmänteln als Brunnen und deren Verfüllung mit Unterwasserbeton.

5. Versenkung von Betonblöcken als Grundmassiv.

6. Umspundung mit Spundwänden und Einbringen einer dichten Sohle als Unterwasserbeton, Leerpumpen und Aufbau des Pfeilers im Trockenen (künstliche Baugrube).

7. Umschließung mit einem Ringdeich und Wasserhaltung in der dadurch geschaffenen Baugrube. (Das hervorragendste Beispiel bieten die im Zuge des Deltaplanes in Holland z. Z. im Bau befindlichen Sperrbauten.)

8. Schaffung einer künstlichen Insel, auf welcher die Arbeiten wie auf dem festen Lande vorgenommen werden können.

Für unterrammte Pfeiler finden sich Beispiele im Abschnitt „Pfähle" und ebenso solche für Schwimmkästen und Druckluftgründungen in den betreffenden Abschnitten, so daß hier die Beschränkung auf einige der übrigen mehr als Sonderfälle zu betrachtenden Ausführungen geboten ist.

4.1.1 Pfeilermäntel aus einem Stück

Es soll zunächst gezeigt werden, wie man vorgehen kann, um einen Pfeilerkopf mit Hilfe eines Fertigteilkastens unter Wasser auf einen Rost von Pfählen zu setzen. Die Holländer haben hierfür ein Verfahren bei der Brücke über den Ij bei Schellingwoude angewandt, das eine volle Beherrschung des Vorganges verbürgt. Die sechs kleinen Senkkästen hatten die Abmessungen H · B · L = 2,15 × 4,50 × 20,00 m, die großen 3,30 × 9,20 × 16,80 m bzw. 3,30 × 12,40 × 16,80 m bzw. 3,30 × 10,40 × 17,35 m und wurden auf einem in den Fluß gerammten Holzpier von 25 × 45 m Fläche, wo sie durch Schwimmkräne erreicht werden konnten, hergestellt. Beton: 375 kg Zement, 630 kg Sand, 1283 kg Kies, 100 cm³ Porenbildner (Darex), WZ = 0,42. Decken und Wände jedes Kastens wurden ohne Unterbrechung in einem Tage betoniert und mit Nadelrüttlern und Außenrüttlern verdichtet. Die Innenschalung stand auf Abstandhaltern aus Beton und auf Fundamenten in den Aussparungen, die für die Durchführung der Pfähle im Kastenboden mit allseitig 25 cm Spielraum für die Stahlbetonpfähle mit I Querschnitt gelassen waren.

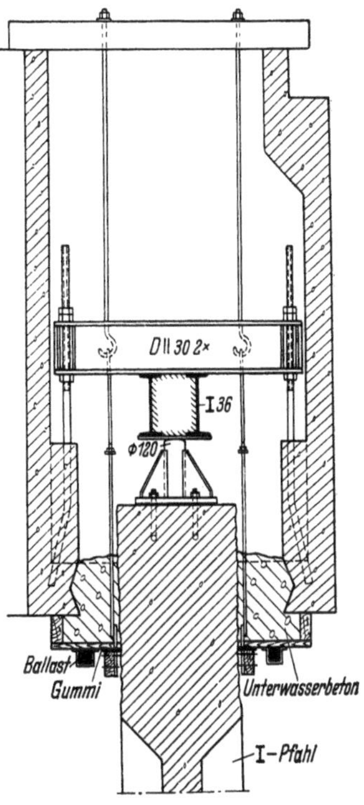

Abb. 329
Ansetzen des Pfeilermantels an die Pfähle und Abdichtung der Unterschalung

Zum Versetzen der Senkkästen wurden auf je 4 Pfählen im Pfahlrost stählerne Auflager nach der schematischen Abb. 329 aufgesetzt und innerhalb der Senkkästen eine nachstellbare Aufhängevorrichtung eingebaut, mit der ein genaues Ausrichten mit Meßdraht und Theodolit möglich war. (Die später kontrollierten Abweichungen von der Sollage blieben in den Grenzen von 10 mm.) Außerdem wurden vor dem Aufsetzen der Kästen um die Pfahlköpfe herum waagerechte Schaltafeln mit untergehängtem Ballast abgehängt. Nach dem Einmessen und Festlegen des Pfeilerkastens wurden diese gegen die Unterkante der Senkkästen hochgezogen, wodurch eine abgeschlossene Sohlschalung für die Bodenplatte hergestellt war.

Die Aussparungen in der Sohlplatte für die Pfähle wurden mit Unterwasserbeton verfüllt, der mit einem Schüttrohr mit Bodenklappe eingebracht wurde. Nach Erhärtung dieses Füllbetons übertrug dieser die Last des Pfeilerkastens auf die Pfähle durch Verzahnung der Kastenwand sowie Riffelung der Pfahlkopfwandung und die Stahlauflager auf den 4 Pfählen konnten entfernt werden.

Darauf wurden die Pfähle vollends einbetoniert. Die Wirksamkeit dieser Verbindung war vorher durch Versuch überprüft worden. Nach dem Verfüllen der aufgesetzten Kästen kamen die Flächen der Pfahlköpfe zum Tragen. Der Vorteil der Fertigteilkästen liegt in der Überlegenheit der Fertigteile gegenüber dem Ortbeton im Wasser und dem Fortfall der schwierigen Ausführung einer Schalung in und über Wasser.

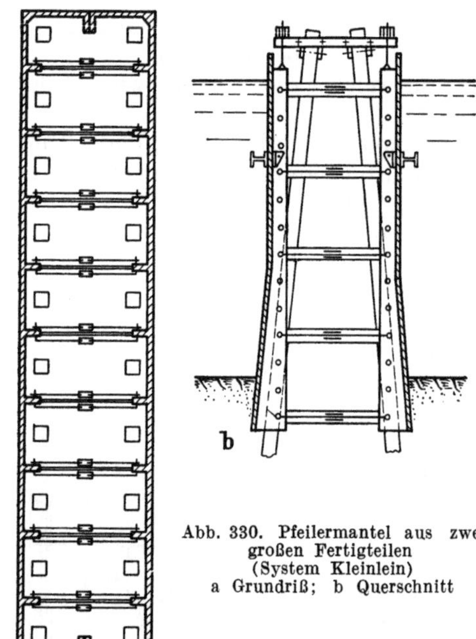

Abb. 330. Pfeilermantel aus zwei großen Fertigteilen (System Kleinlein) a Grundriß; b Querschnitt

4.1.2 Pfeilermäntel aus mehreren großen Teilen

Eine holländische Erfindung [1] vereinfacht die Herstellung der Pfeilermäntel dadurch, daß sie in flachen wandartigen Teilstücken liegend hergestellt werden und nach der Innenseite Rippen aufweisen, welche sie für den Transport und den Zusammenbau aussteifen. Die Abb. 330 zeigt das Prinzip. Die in ganzer Höhe ausgelegte Längsseite des Pfeilermantels hat flach-U-förmige Gestalt. Die Naht liegt in der Mitte der Schmalseite. Das Hochnehmen geschieht mit Hilfe temporärer Trägeraussteifungen und Traversen. Dann werden die Wände an Land gegeneinandergestellt und durch Druckstreben und Zuganker miteinander verbunden, wobei in die Fugen Dichtungen eingelegt werden, die einen dichten

Abb. 331. Versetzen eines leichten Pfeilermantels mit einem selbstgebauten Schwimmgerüst

Fugenschluß gewährleisten. Die so hergestellten Kästen sind ohne Boden und ohne Decke mit nur geringem Schalungsaufwand gefertigt und wesentlich einfacher herzustellen als stehende Kästen, da ein Schalungsgerüst völlig erspart

---

[1] Holländisches Patent 69135 vom 27. 2. 1948, deutsches Bundespatent 867828 vom 5. 5. 1951.

wird. Der Einbau wird mittels Schwimmkran vorgenommen, wobei der verhältnismäßig leichte Mantel entweder von äußeren Gerüstpfählen getragen wird, oder auf einige Pfähle des vorbereiteten Pfahlrostes abgesetzt und auf diesen ausgerichtet wird. Der Zusammenbau erfordert nur wenige Tage und das Absetzen, das Abb. 331 für einen kleineren Mantel mit Hilfe eines Bockgerüstes über 2 Schuten zeigt, ist ebenfalls eine Arbeit von kurzer Dauer. Gerade diese kurze Arbeitszeit über Wasser ist ein erstrebenswertes Ziel, das durch diese Methode in erfreulichem Maße erreicht ist. Die Bewährungsprobe bestand das von dem holländischen Ing. KLEINLEIN entwickelte Verfahren bei 4 Brücken in Holland, von deren Ausführung die Abb. 331 stammt.[1] Der Füllbeton des Pfeilers hüllt die Verstrebung auf Zug und Druck völlig ein und findet eine gute Verzahnung in den Rippen der Wandtafeln.

4.1.3 Pfeiler aus mehreren Teilstücken

Ein zweites Beispiel bieten die Pfeiler der Hindiya-Brücke über den Euphrat.[2] Die Hauptpfeiler sind nach dem ersten Eindruck aus zuviel Einzelteilen zusammengebaut. Die Rechtfertigung liegt aber darin, daß die Baustelle von vornherein bewußt nur auf die Bewältigung von Einzellasten bis max. 10 t eingerichtet wurde. Demgemäß waren schon die Pfähle als I-Profile in Rohren aus entsprechend kurzen Schüssen im Zuge des Niederbringens zusammengeschweißt.

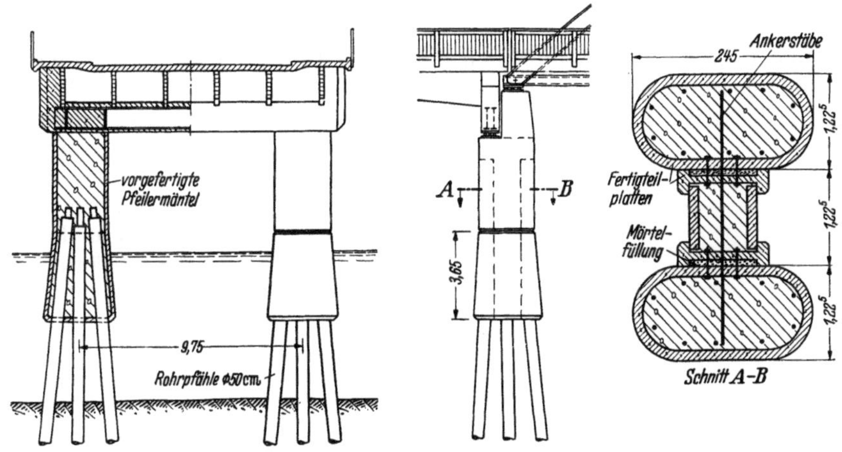

Abb. 332. Pfeiler aus mehreren Teilstücken für die Euphrat-Brücke bei Hindiya

Abb. 332 zeigt einen Hauptpfeiler (neben der Hauptöffnung) in den Hauptabmessungen. Abb. 333 zeigt einen Blick auf die über je 3 Pfähle gestülpten unteren konischen Mantelteile.

Die vorgefertigten Stücke der Pfeilermäntel wogen max. 8 t und wurden auf Schiffsgefäßen hergestellt. Die leicht konischen Unterteile wurden auf einen provisorischen Boden, der mit Taucherhilfe zunächst unter Wasser an die Rohrpfähle angedichtet war, abgesetzt. Die Kästen hingen dann an Querträgern, die über den Pfählen lagen und wurden zunächst mit einer 60 cm starken Unterwasserbetonschicht abgedichtet. 12 Std. später pumpte man das Wasser aus, säuberte die Oberfläche des Unterbetons und brachte den eigentlichen Pfeilerbeton bis fast an den Rand des Pfeilerunterstückes. Nach weiteren 24 Std. wurde die provisorische Verankerung entfernt und der obere Pfeilerschaft aufgesetzt

---

[1] NANNINGA: Een nieuwe bouwwijze voor brugpijlers. De Ingenieur (1957) Nr. 24.
[2] JOHN FRANCIS CAUSTON SWANSBOURNE: The design and construction of the Hindiya bridge. Proceedings 8 (September 1957) Paper Nr. 6223.

und für die Brückenauflagerung fertiggestellt. Auf Abb. 333 sieht man die
3 Pfähle der zweiten Gruppe mit der Traverse zum Betonieren. Im Hintergrund
stehen Oberteile der Pfeilermäntel zum Aufsetzen bereit. Im Vordergrund sind
die Verbindungsstäbe zwischen den beiden Pfeilerteilen zu sehen. Links im
Hintergrund das zweite Paar der Dreier-Pfahlgruppen des nächsten Pfeilers.

Abb. 333. Pfeiler mit eingesetzten Unterstücken der Fertigteilmäntel

Die Fuge zwischen den Mantelteilen liegt etwa 1 m unter den Pfahlköpfen, so
daß die Fuge selbst außer durch lotrechte Bewehrung auch noch durch die Stahlpfähle gedeckt ist. Für das Aufsetzen des oberen geraden Schaftes mußte man
eine Niedrigwasserperi-
ode abwarten. Für das
sichere Einbringen des
Füllbetons in die unte-
ren Pfeilermäntel waren
leichte Trichterwände
entworfen, die an die
Pfeilermäntel wasser-
dicht angeklemmt wur-
den und den Freibord,
der manchmal nur
wenige cm betrug, er-
heblich vergrößerten
(Abb. 334). Die Strö-
mung ging zeitweise
mit 1,20 m/s. Die oberen
Pfeilermäntel waren auf
die exakte Länge her-
gestellt und paßten —

Abb. 334. Einfülltrichter für die unteren Pfeilerteile

eine Folge der Zweiteilung des Pfeilers in senkrechter Richtung — korrekt und
maßgerecht für das Aufbringen der weiteren Fertigteile des Überbaues. Die
Konstruktion der fast völlig aus Fertigteilen hergestellten Brücke bietet zwar
viel Interessantes, gehört aber nicht mehr hierher.

4.1.4 Kombination verschiedener Bauweisen

Eine Kombination von Schwimmkästen und Druckluftsenkkästen zeigt
Abb. 335 bei einem Pfeiler der Eisenbahnbrücke in Hodsund in Dänemark. Der
Kasten ist auf einer Helling auf einer Breitseite liegend hergestellt und nach dem

Stapellauf durch teilweise Füllung der unteren zunächst mit einem dichten Boden versehenen Kammer in die Senkrechte gekippt. In diesem Zustand wurde der anfangs 7 m hohe Kasten zwischen einem hölzernen Arbeitsgerüst schwimmend über seinem Einbauort aufgestockt, bis 13,30 m Sollhöhe erreicht war. Damit saß der Kasten auf Grund und die Schneiden drangen in den Boden ein. Die

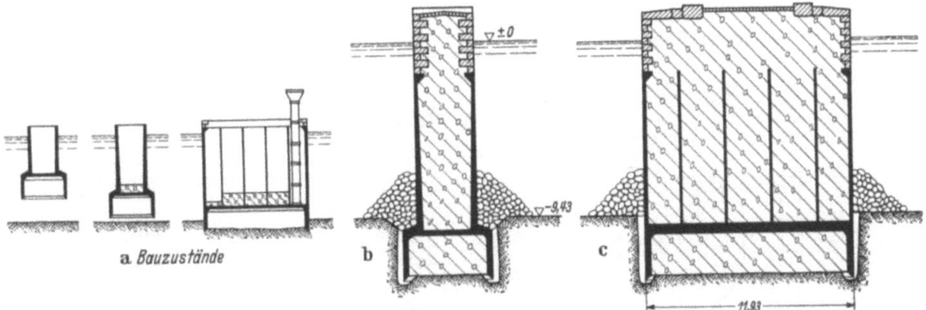

Abb. 335a—c. Kombinierte Schwimmkasten- und Druckluftgründung

weitere Absenkung erfolgte im Zuge des Aufbaues als Druckluftsenkkasten. Die Kombination hat den Vorteil, daß die Endlage durch die Absenkung dirigiert und die Sohle kontrolliert werden kann.

Eine ähnliche Kombination ist bei einer Brücke in Sönderborg angewandt. Hier war der Grund nach beiden Richtungen geneigt und nicht ausreichend trag-

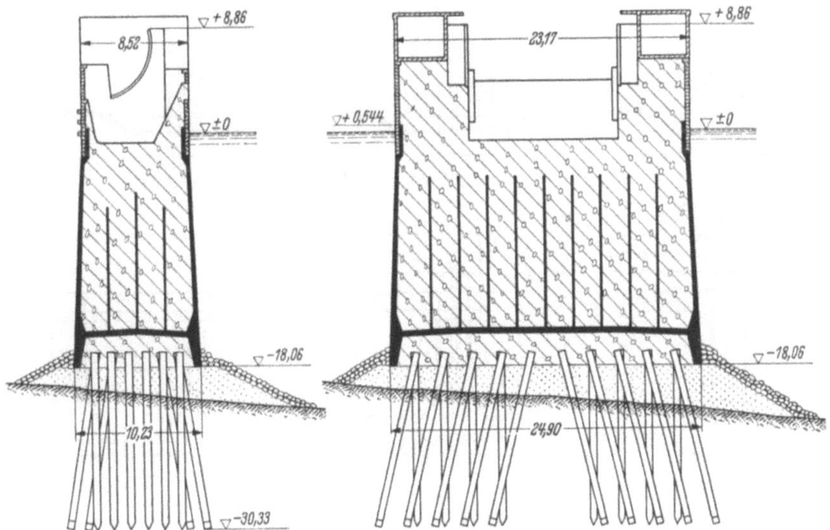

Abb. 336. Brückenpfeilergründung in Sönderborg/Dänemark oberhalb der natürlichen Sohle

fähig, so daß zunächst durch ein Schotterbett mit waagerechter Oberfläche, umgeben von einer Packlageschüttung, ein Stahlbetonpfahlrost mit den Pfahlköpfen 16,25 m unter Wasser durch Unterwasserrammung mit Schnellschlaghammer hergestellt werden mußte. Um Zeit zu sparen, hat man die Pfähle vor dem Absetzen des Kastens unter Wasser durch herumgelegte Dynamitschnüre auf gleicher Höhe abgesprengt, um das Abstemmen in der Arbeitskammer unter Druckluft zu vermeiden (Abb. 336). Nachdem die Pfeilerkästen herangeschwom-

men und abgesetzt waren, wurden die Kammer mit Druckluft beschickt, der
Kasten ausgerichtet und die Pfähle im Kammerbeton einbetoniert. Durch den
Kammerbeton sind die angeschlagenen Pfahlköpfe satt umhüllt, so daß die
Pfahlbewehrung wieder Vollschutz erhalten hat.

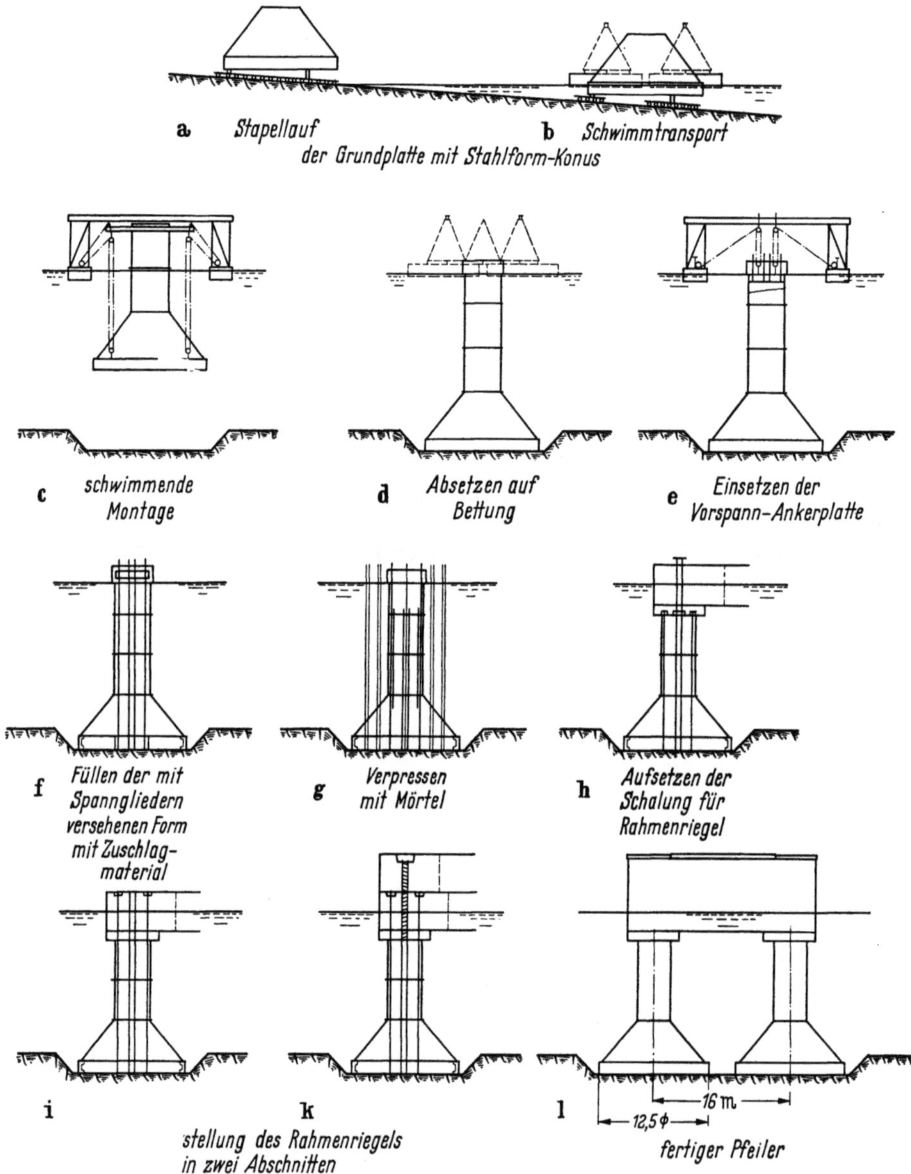

Abb. 337. Die einzelnen Phasen beim Bau der Pfeiler der Strömsund-Brücke Prepaktverfahren und Vorspannung der Pfeiler

Bei der Strömsund-Brücke in Schweden wurden die Pfeiler als Rahmen mit
runden Stielen von der schwedischen Firma AB Skabsja Cementgjuteriet im
Prepaktverfahren ausgeführt. (Nach Prepakt Reporter Oct.-Nov.-Dec. 1959.)
Grundplatten und Stiele sind nach dem System Dyckerhoff & Widmann vor-
gespannt. Den Arbeitsvorgang verdeutlichen die Phasen der Abbildung 337.
Die Zuschläge haben Korngrößen von 20 bis 150 mm. Der Verpreßmörtel

bestand zu gleichen Teilen aus Zement und Feinsand unter 2 mm Korn.
Wasser-Zement-Faktor 0,5. Intrusion Aid 0,67 bis 1,0% des Zementgewichtes.
Steiggeschwindigkeit des Mörtels etwa 10 cm/Std. Da es sich um eine Winter-
arbeit handelte, wurde das Wasser für den Mörtel auf 40°C gebracht. Das
Meereswasser im Sund hatte nur +2 °C. Der Beton hatte trotzdem nach
12 Stunden noch eine Temperatur von 10,5 bis 12,5 °C.

4.1.5 Große, besonders tiefe Pfeiler

Außergewöhnlich tiefe Pfeilergründungen sind in USA bei den großen
Brücken zu verzeichnen, von denen auf 2 Ausführungen nur hingewiesen sein

mag, welche besonders
große Fertigteile zeigen.
Bei San Raffael in Kali-
fornien ist eine Brücke mit
2 Fahrbahnen übereinander
ausgeführt, deren Pfeiler
aus Zylindern und Kegel-
stümpfen im Montagebau
ausgeführt sind.[1]

Bemerkt sei, daß diese
Lösung um rund 6,5%
billiger war als das nächste
Angebot.

Die guten Erfahrungen
mit dieser Methode ver-
anlaßten eine zweite ähn-
liche Ausführung beim
Bau der Brücke zwischen
Washington und Oregon
über den Columbia-Fluß.[2]
Hier stand die Normalaus-
führung mit Fangedämmen
mit der Fertigteilkonstruk-
tion im Wettbewerb, die
mit rund 1,5% Vorsprung
zum Zuge kam.

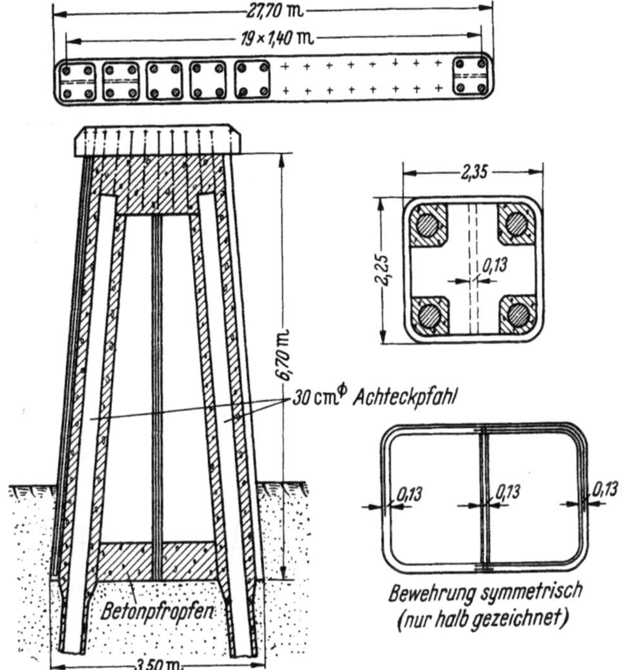

Abb. 338. Gründung der Pfeiler der Merdeka-Brücke in Singapur

Bei diesen Beispielen hat man zunächst die Pfähle gerammt und dann die
Pfeiler auf diesen Pfahlrosten aufgebaut. Es kann aber auch der umgekehrte
Weg zweckmäßig sein, wie das folgende Beispiel zeigt.

Bei der Merdeka-Brücke in Singapur[3] war eine bis 30 m dicke Schicht weicher
Tone zu durchrammen, bevor die tragfähigen Schichten erreicht wurden, in
denen die Spitzen der achteckigen Stahlbetonpfähle mit 43 cm Nenndurchmesser fest wurden. Hier hat man zunächst die Pfeilermäntel als Fertigteile
hergestellt und diese mit Hilfe von Holzpfahlführungen in eine Kiesbettauf-
füllung abgesenkt. Dann erhielten die dicht an dicht stehenden Brunnen zur
Sicherung der Standfestigkeit zunächst eine Betonsohle von 60 cm Stärke, mit
Ausnahme der 4 Ecken, wo nur eine 7,5 cm dicke Betonsohle angeordnet wurde.
Durch diese schwachen Stellen wurden die Pfähle (aus Schüssen von normal

---

[1] Originalberichte: ENR 152 (1954) Nr. 9; Civ. Engng. 24 (1954) Nr. 4 und Constr.
Meth. an Equipm. 36 (1954) Nr. 4; KTB im Bauingenieur (1955) H. 3.
[2] Building River Piers on Land. Constr. Meth. and Equipm. (Oktober 1957) S. 102ff.
[3] R. J. HOLLIS-BEE: Merdeka-Bridge, Singapur ... Proc. Inst. Civ. Engng. (Oktober
1958) S. 135ff.

18 m Länge und für längere Pfähle aus 24 m langen Abschnitten gestoßen) hindurchgerammt und später in den Ecken einbetoniert, wie Abb. 338 zeigt. In die obere Füllung und in die Pfeilerplatte, die alle Brunnen eines Pfeilers miteinander verbindet, wurden die freigelegten Bewehrungsstäbe der Pfähle eingebunden. Das Pfeilerfundament hatte in dieser oberen Platte die Abmessungen von 2,70 m Breite und 29,10 m Länge. In die Platte wurden quer zur Längsrichtung des Pfeilers A-Böcke als Fertigteilkonstruktionen eingesetzt, welche die eigentliche Jochkonstruktion unter jedem Brückenlängsträger bilden. Die Pfeilermäntel sind weitgehend Hohlkästen geblieben. In diesem Falle dienten sie gleichzeitig als Führung für die Pfähle, man war also von vornherein sicher, daß größere Abweichungen während der Rammung nicht zu erwarten waren. Bei den kleinen Abmessungen wäre auch wenig Ausgleichsmöglichkeit gewesen.

4.1.6 Kombinierter Brunnen- und Druckluftpfeiler

Eine interessante Druckluftgründung mag die Beispiele für Pfeilerausführungen beschließen und unterstreichen, daß man manchmal gut daran tut, sich nicht auf eine einzige Bauweise festzulegen, sondern wenigstens das Übergehen auf andere Verfahren offenzulassen oder sich diese Möglichkeit nicht zu verbauen.

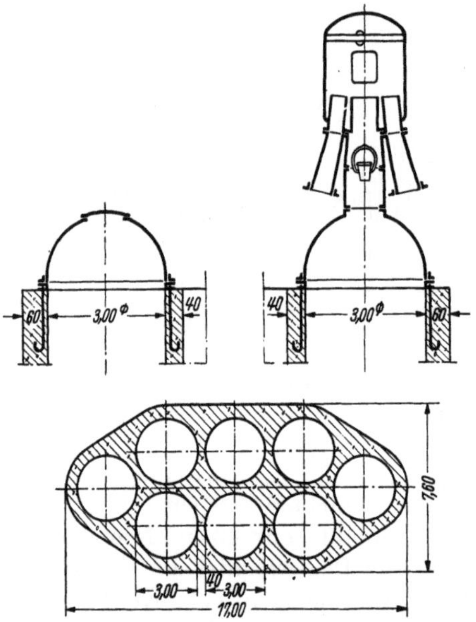

Abb. 339 a. Querschnitt und Zellenabschlüsse für die Pfeiler der Rianila-Brücke

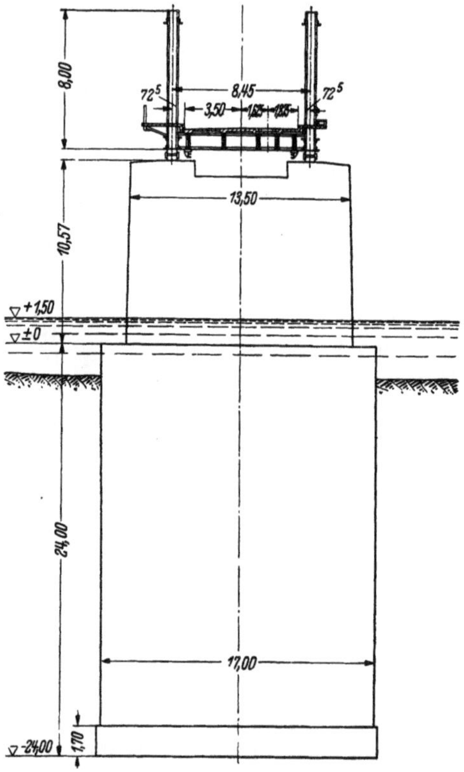

Abb. 339 b. Darstellung der Pfeiler mit Aufbauten der Rianila-Brücke in Madagaskar

Im Rianila-Fluß (Madagaskar) waren 2 Widerlager und 2 Pfeiler für eine Eisenbahnbrücke 24 m tief zu gründen (Abb. 339b). Für die kolonialen Verhältnisse brauchte man eine möglichst sichere Ausführungsweise und wählte eine kombinierte Brunnen-Druckluft-Ausführung. Die vier gleichen Senkkästen von 24 m Höhe hatten die Querschnittsabmessungen der Abb. 339a und enthielten jeweils acht durchgehende Schächte von 3 m Durchmesser. Schwächste Wanddicke 0,60 m. Die so entstandene Zellengruppe wurde gegen inneren Luftdruck bewehrt. Das Absenken geschah auf einer künstlichen Insel im Spundwandschutz mit Greifern (Abb. 339c). Durch entsprechendes Wechseln der Aushubarbeit in den Zellen konnte, wie allgemein üblich, das Geradeherunterbringen dirigiert werden. Bei der großen Höhe der Brunnen wollte man aber weitere Möglichkeiten der Beeinflussung schaffen und sah einen Abschluß der Zellen durch halbkugelige Blechkuppeln vor, die durch Verschraubung dicht auf im Mantelbeton verankerte Paßringe gepreßt werden konnten. Da vier solcher Abschlüsse vorhanden waren, konnten gleichzeitig 4 Zellen unter Druckluft gesetzt und damit eine nach oben gerichtete Kraft für das Ausrichten des Senkkastens gewonnen werden. Die evtl. einseitige Auftriebskraft betrug gegen Ende der Ausführung bei einer Wassersäule von 20 m Höhe max. etwa 568 t. Damit war ein sehr wesentlicher Beitrag zum Geraderichten des Pfeilers gegeben.

Im übrigen waren in den Wandungen noch Rohrleitungen mit nach außen und oben gerichteten Düsen angeordnet, die eine Spülung an den Außenflächen erlaubten und das Absenken erleichterten. Schließlich war noch die letzte Mög-

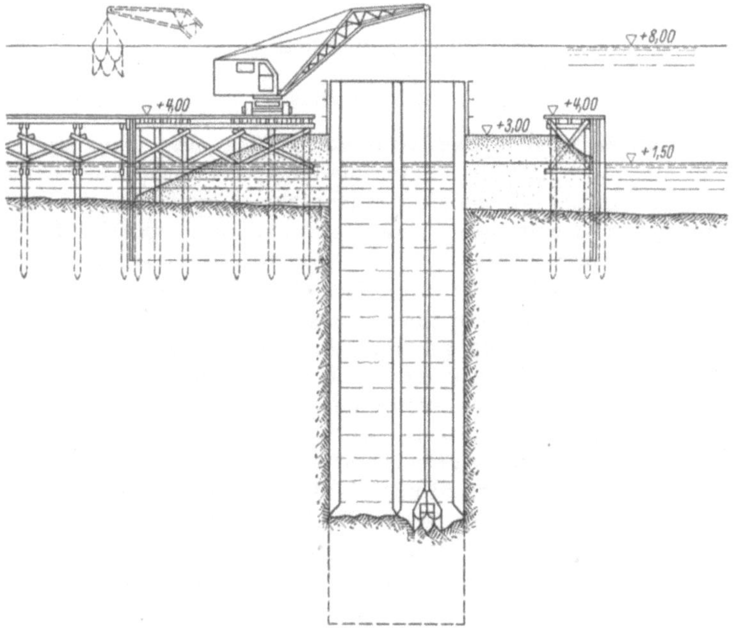

Abb. 339c. Absenken der Pfeiler als Brunnen von einer künstlichen Insel aus

lichkeit gegeben, bei etwa im Untergrund angetroffenen Hindernissen im Scheitel der Kuppeln Druckluftschleusen aufzusetzen und die Zellen als Arbeitskammern zu benutzen.

Nach dem Absenken der Pfeiler wurden die Zellen durch einen 5 m hohen Unterwasserbetonpfropfen verschlossen, der restliche Hohlraum mit Sand gefüllt und mit einer 1 m starken Betonplatte abgedeckt. Diese Senkkästen bilden den Unterbau für die eigentlichen 10,57 m hohen Pfeiler und Widerlager des stählernen Überbaues, wie dies Abb. 339b zeigt.

Die sinngemäß gleiche Anordnung ist übrigens schon 1936 in Amerika beim Bau der San Franzisko Bay-Brücke für das Herunterbringen der vielzelligen Riesensenkkästen von 28 × 59 m Grundfläche durch dicke Schlammschichten angewendet worden.

4.1.7 Hubinseln

Aus den als Texas-Türmen bekannt gewordenen künstlichen Arbeitsinseln auf hohen nach der Wassertiefe verstellbaren Stahlrohrstützen[1] entwickelten sich die als Hubinseln bezeichneten Arbeitsgeräte, von denen auch in Deutschland eine Herstellung als Erdölbohrinsel zu verzeichnen ist.[2] Zwei weitere Ausführungen sind speziell für Zwecke des Grundbaus von der Stahlbauabteilung der Kieler Howaldwerke gebaut und bei der Brücke über den Fehmarnsund eingesetzt. Sie sind im Besitz der Hubinsel GmbH (Arbeitsgemeinschaft der Firmen Ph. Holzmann AG, Strabag AG und Delont, New York, als Patentinhaberin). Eine dieser Inseln hat U-förmigen Grundriß von 22×16 m. Sie wird für die 49×30 m großen Gründungskörper und die Betonierung der Pfeilerschäfte bis 2 m über NN benutzt. Die zweite Hubinsel mit den Abmessungen 30×21 m stellt die 16×3 m im Querschnitt messenden Pfeilerschäfte bis zur endgültigen Höhe her. Mit der Fertigstellung der Fehmarnsund-Brücke ist im Frühjahr 1963 zu rechnen. Eine genauere Darstellung der Hubinsel ist an dieser Stelle entbehrlich, weil es sich um ein Spezialgerät handelt, das aus den Gegebenheiten des Bedarfs in Deutschland nur beschränkt einsatzfähig ist.

4.2 Brunnen

4.2.1 Einleitung

Unter Brunnen versteht man Grundkörper, die oben und unten offen sind und durch Ausgraben im Innern unter ihrem eigenen Gewicht in den Untergrund eindringen. Die in der Geschichte der Menschheit ersten Brunnen dienten der Erschließung des Grundwassers oder der Sammlung von Oberflächenwasser. Es sind bemerkenswerte Ausführungen schon vor 4000 Jahren aus Ägypten bekannt[3], denen zu entnehmen ist, daß diese Bauweise damals schon in gewissem Sinne ausgereift war. Man fand einen Brunnen, bei dem zunächst eine Art Vorschacht in Mauerwerk gebaut war. Im Schutze dieses Ringmantels ist dann ein aus einem einzigen Felsblock gearbeiteter Schneidenteil unter ständigem Aufmauern etwa 7 m tief auf den anstehenden festen Kalkfels abgesenkt, in den noch bis 20 m Tiefe Schächte getrieben wurden.

Von besonderer technischer Genialität zeugt der in der Bergfestung Orvieto, Italien, 1527 bis 1540 erbaute 61 m tiefe Brunnen im Tuff von 13,40 m Durchmesser, dessen unterster in die wasserführende Talsohle unter dem Bergklotz eingreifende innere Schacht als Brunnen abgesenkt wurde. Der damit gewonnene Wasserbehälter ist durch zwei übereinanderliegende Wendeltreppen zugänglich, was hier den Sinn hatte, daß die das Wasser tragenden Esel sich nie begegnen sollten. Das Ausbauen des Schachtes im stehenden Tuffgestein und der Aufbau der doppelten Schachtmauern mit Gewölben über den Treppen und Fenstern zum offenen Schacht hin bleibt eine bemerkenswerte Ingenieurleistung, die hinter keiner damaligen architektonischen Leistung zurücksteht.

Da Brunnen bis in größte Tiefen (bis 200 m sind erreicht) niedergebracht werden können, dienen sie auch dem Bergbau als wirtschaftliches Bauverfahren. Die hier interessierende Anwendung als Gründungselement beschränkt die Betrachtung zunächst auf die Ausführung als Tiefgründung. Die Brunnengründung ist anderen künstlichen Tiefgründungen vielfach nicht nur technisch, sondern

---

[1] Vgl. Radarplattformen vor der USA-Küste. KTB im Bauingenieur 32 (1957), H. 5, S. 177.

[2] Die erste in Europa hergestellte Erdölbohrinsel. Acier-Stahl-Steel No. 10 (1957), S. 444.

[3] E. RINGWALD: Brunnenabsenkung mittels Caissons im alten Ägypten. KTB im Bauingenieur (1934) H. 9/10, S. 95.

im allgemeinen auch wirtschaftlich überlegen und daher stets ernsthafter Prüfung
wert. Die Brunnen werden als offene Bauwerke mit beliebigem Grundriß meist
als Zylinder oder Rechteckskästen, bei größeren Ausführungen auch mit inneren
aussteifenden Kammerwänden, deren Schneiden höher stehen als die der
äußeren Wände, über Gelände auf Hilfsfundamenten ausgeführt. Die Abmessungen scheinen keine Grenzen zu kennen: von einfachen Brunnenringen von
1 m Durchmesser bis zu riesigen Kästen und als Brunnen ausgebildeten Kellergeschossen von 50 m Seitenlängen liegen erfolgreiche Ausführungen vor. Je nach
Brunnengröße und Bodenverhältnissen ist die Schneide des Senkschuhes oder
des Schneidenteiles scharf oder stumpf in Beton oder Stahl auszubilden und je
nach der Tiefe, die erreicht werden soll, wird man die Wanddicke und damit
das Gewicht des Brunnens bemessen.

4.2.2 Statik

Die statische Behandlung des Erddruckes und der Wandreibungen kann
sich meist auf eine Kontrolle der vorhandenen Verhältnisse beschränken, wenn
man den Entwurf nach den Gesichtspunkten einer Wandflächenreibung von
mindestens 3 t/m² (auf die Berührungsfläche gerechnet) und den Bedürfnissen der
konstruktiven Gestaltung aufgestellt hatte. Es ist bisher noch üblich, mit den
Erddruckformeln von KREY, die sich auch bei FRANZIUS in den abgekürzten
Tabellen finden, für die Belastung auf die Brunnenwände zu rechnen. Das
scheint auch völlig ausreichend, da die durch andere Faktoren bedingten Wanddicken ohnehin plump und schwer ausfallen und mit leichter Bewehrung schon
sehr widerstandsfähig werden. LORENZ gibt eine Berechnung auf Grund einer
Ermittlung des räumlichen Erddruckes an[1], weist aber gleichzeitig auf die
Problematik des Verhaltens des Bodens im Ringraum zwischen dem von der
Schneide ausgestanzten Profil und der durch Schneidenschräge und Absatz
zurückgesetzten Brunnenwand hin. Die hier tatsächlich auftretenden Um-
lagerungen können nur durch Grenzannahmen und Schätzungen berücksichtigt
werden, gegenüber denen die Rechnungsfeinheiten verblassen. Anders ist es mit
den statischen Verhältnissen bei Brunnen im freien Wasser, bei denen Auftrieb,
Aufhängung und verschiedene Absenkstadien eine genaue Verfolgung der
statischen Verhältnisse ermöglichen. Aber da es sich bei diesen Aufgaben um
grundbautechnisch verhältnismäßig einfache Begriffe, wie Belastungshöhe, Auftrieb, Schwimmlage, Metazentrum, Schwerpunktslage usw., handelt, sind sie mit
elementaren Rechnungsgängen zu beherrschen. Zu komplizierteren Berechnungen
führt dann die Bemessung der Senkkastenwände, Schneiden und Decken, bei
denen die räumlichen Systeme, hohen Wände und Rahmen, sowie Trägerroste
und dazu die Vielzahl der Belastungsfälle dem Statiker ein weites Feld eröffnen.
Da aber die primären Forderungen der Absenkfähigkeit, der Bodendruckverteilung und der konstruktiven Notwendigkeiten schon eine untere Grenze der
Dimensionierung angeben, reduziert sich auch hier die Arbeit des Statikers meist
auf eine Bewehrung in gegebene Querschnitte bzw. Korrekturen an den Abmessungen.

4.2.3 Konstruktive Gesichtspunkte

Die Kreisform ist die günstigste Brunnenform, weil hier die kleinste Wandfläche (Reibung) der größten Grundfläche (Druckfläche) zugeordnet ist. Auch
ist die Herstellung mit einem Satz Kletterschalung verhältnismäßig einfach, und
die statischen Verhältnisse sind klar zu übersehen. Die Brunnenwandung erfährt
nur Druckkräfte, ein gelegentliches Schiefstellen ist wegen der vollkommenen

---

[1] Grundbau-Taschenbuch, S. 570.

Symmetrie unbedenklich und am einfachsten zu korrigieren, und das unvermeidliche Schlingern und Drehen um die Brunnenachse beim Absenken hat nur gelegentlich Bedeutung, wenn irgendwelche Anschlüsse aus dem Brunnenraum maßgerecht vorgetrieben werden müssen, wie dies z. B. in Frage kommt, wenn ein längerer Tunnel von mehreren Örtern her aufgefahren werden soll, die als Brunnenschächte abgesenkt werden. Schließlich ist die Kreisform der Sohlplatte gegen die Ringschneiden-Schrägfläche besonders zweckmäßig. Diese Gesichtspunkte lassen es angebracht erscheinen, im Einzelfall zu prüfen, ob nicht an Stelle eines großen rechteckigen Kastens mehrere runde Brunnen besser und wirtschaftlicher sind. Überdies sind Hilfsmaßnahmen für ein erleichtertes Absenken bei runden Brunnen einfacher und wahrscheinlich infolge der Symmetrie wirksamer als bei rechteckigen Brunnen.

Das Schiefstellen der Brunnen während der Absenkung ist häufig zu beobachten. Man kann dem entgegenwirken, und jede Firma hat dabei eigene Methoden, die aus der Erfahrung früherer Ausführungen, beobachteter Mängel und deren Beseitigung erwachsen sind und dadurch die Firma für derartige Aufgaben qualifizieren. Es mag genügen hier anzudeuten, daß neben dem einseitigen Abgraben der zurückbleibenden Seite auch die vorübergehende Anordnung von Stützungen unter der voreilenden Seite zweckmäßig ist. Es ist natürlich das Bestreben, den Absenkvorgang so zu gestalten, daß nicht mehr Boden ausgehoben wird, als dem theoretisch auszustanzenden Bodenkörper entspricht. Das ist nur bei einem Absenkvorgang der Fall, der gleichmäßig vor sich geht, wobei die Schneide den Boden in das Brunneninnere drückt, ohne mit der scharfen Kante jemals freizuliegen. Das kommt jedoch nur in lockerem Gebirge oder wassergesättigtem, weichem Boden vor. In trockenem Boden oder bei bindigen Böden wird man die Schneide oft unterfahren müssen, besonders wenn die Absenktiefe größer wird. Wenn dann der Brunnen sich setzt, so fällt er mit ziemlicher Gewalt — weil die gleitende Reibung nur einen Bruchteil der zum Beginn des Absenkvorganges überwundenen ruhenden Reibung (des Klebens) ausmacht. Darunter kann die Schneide leiden, besonders wenn Hindernisse, wie Findlinge, Schiffstrümmer oder Felsgrate, angetroffen werden. Es sind dadurch der scharfen Schneidenausbildung Grenzen gesetzt. Da auch für den Senkbrunnen selbst große Fallhöhen nicht vorteilhaft sind, schlägt die Patentanmeldung W 21430 V/84c vor, die Schneide selbständig zu machen und sie nach Art eines Schildvortriebes mit in Nischen untergebrachten Pressen vorweggehen zu lassen und den durch bekannte Hilfsmittel reibungsarm gemachten Brunnenschaft durch Umschalten der Pressen (auslaufenlassen) nachzuholen. Das würde die Vorteile haben, daß bei Absenkungen im trockenen Gebirge ein Schieflaufen der Schneide im Schneidenteil ausgeglichen werden kann, ohne daß der Schaft wesentlich klemmt, ferner, daß die Schneide schon wieder einen festen Halt im Boden hat, wenn der Schaft nachsackt und schließlich, daß durch eine Zwischenlage aus Holz, Tauwerk, Sand oder dgl. der Stoß so elastisch abgefangen wird, daß weder die Schneide noch der Schaft einer Gefahr ausgesetzt werden. Die Anlage wird erst in Betrieb genommen, wenn eine hinreichende Tiefe erreicht ist, um für den Vortriebsdruck eine entsprechende Gegenlast im Brunnen und seiner Wandreibung verfügbar zu haben. Bis dahin bilden Schneide und Brunnen im Schutz des Mantelschildes eine Absenkeinheit. Es ist anzunehmen, daß die verhältnismäßig unkomplizierte und billige Ausführung auch für die Arbeit unter Wasser ausgebildet werden kann. Natürlich ist die ständige Beobachtung und Registrierung des Absenkvorganges durch Lotung notwendig, um alle ungewollten Bewegungen auf ein Kleinstmaß zu beschränken. Zweckmäßig wird man die Schneide nicht vom Gelände aus, sondern von einer Baugrubensohle aus absenken, um die grundwasserfreie Zone mit ihren hohen Reibungswerten zu vermeiden.

Auch quadratische und rechteckige Brunnen sind mit bestem Erfolg abgesenkt, wie z. B. eine Sperrschleuse, die in der Nähe von Amsterdam im westlichen Deich des Merwede-Kanals erbaut wurde. Während man bei einer früheren Ausführung den Gründungskörper als Brunnen absenkte und auf den zur Ruhe gekommenen Fundamentklotz das eigentliche Bauwerk setzte, hat man hier für Holland erstmalig das ganze Bauwerk als Brunnen ausgeführt. Hierbei kam es sehr auf eine genaue Endstellung an, da die Führungspfosten der Hubtore mit dem Grundkörper absackten. Obwohl dieser im weichen Grund, der eine Rammung von Führungspfählen nicht zuließ, zunächst recht schief gelaufen war, stand er am Ende der Absenkung in der richtigen Höhe vollkommen horizontal. Nach Einbringen einer Unterwassersohlplatte wurde der Brunnenraum mit Kiessand verfüllt und darauf eine Decke als Schleusenboden eingezogen. Während der Absenkung und der Zeit des inneren Ausbaues waren die Durchlaßöffnungen mit hölzernen Schottwänden dichtgesetzt. Zum Anschluß an die Dammflügelwände sind lotrecht in die Seitenwände halbe Spundbohlen eingesetzt, deren herausstehende Schlösser einen dichten Anschluß schafften, eine bekannte Methode, die bei Fugenausbildungen und Anschlüssen meist erfolgreich ist. Die Brunnengründung ergab eine einwandfreie Sperrschürze gegen Unterläufigkeit, gegen welche bei einer Pfahlfundierung besondere Maßnahmen notwendig geworden wären. Die scharfe Schneidkante (Abb. 340c) gehört zu diesem Bauwerk. Für die Schneidenausbildung von Senkbrunnen gibt es viele Beispiele, von denen auf Abb. 340 eine Auswahl gegeben wird. Die gleichen Ausführungsformen gelten sinngemäß auch für Druckluftsenkkästen.

Wenn ein Brunnen erst einige Meter in den Grund gesackt ist, ist seine Neigung zum Schiefstellen wesentlich geringer, sie ist aber noch vorhanden und wirkt sich in erhöhter Wandreibung und bei großen Tiefen auch im Hängenbleiben aus. Um in solchen Fällen einen Brunnen wieder in Bewegung zu bringen, kann er belastet werden, was bei kleineren Brunnen, z. B. durch den Beginn der Arbeiten an den Aufbauten, geschehen kann. Bei größeren Brunnen ist dieses Verfahren zu teuer. Man kann bei trockenen Brunnen durch Erschütterungssprengung auf der Sohle die Reibungskräfte schockartig überwinden, wenn die Brunnenröhre an sich stabil ist. Es ist dabei nicht so, daß der Brunnen stets schlagartig nach einer Sprengung absackt, manchmal tritt die Bewegung erst einige Minuten später ein. Es ist zweckmäßig, hierbei die Unterfahrung der Schneide stets so gleichmäßig tief zu halten, daß auch bei plötzlichem Durchsacken kein einseitiges stopartiges Aufsitzen eintritt. Besonders sind größere Steinbrocken unerfreulich, da auf diesen die Wucht des sinkenden Brunnens leicht zu Zerstörungen der Schneide führt.

Ein einfaches Mittel, um einen Brunnen wieder flottzubekommen, ist die äußere Schmierung durch Spüllanzen mit Druckwasser. Da man beim Durchfahren des Untergrundes die Bodenverhältnisse kennenlernt, weiß man meist, welche Zone ein Hängenbleiben verursacht und kann durch gleichzeitiges Spülen an mehreren Stellen nachhelfen. Bei größeren oder tieferen Brunnen empfiehlt sich der Einbau von Spüldüsen in der Wandung und in der Schneide, mit denen im Bedarfsfalle der ganze Brunnenumfang aus der Reibung herausgenommen werden kann. Die Spüldüsen *müssen* steil nach oben gerichtet sein, die Spülwirkung einer nach unten gerichteten Düse ist gering, weil der Spülstrahl vor sich eine Kesselwirkung erzeugt und seine Fließrichtung umkehren muß. Außerdem fällt beim Nachsacken der Brunnen mit solcher Wucht in den Untergrund, daß Verstopfungen der Düsen unvermeidlich sind, die, wenn sie auch nur vorübergehend auftreten, doch zu Wasserschlägen in den Leitungen und Zuleitungen führen. Der nach oben gerichtete Düsenstrahl wird sich dagegen mit voller Energie zwischen Mantel und Erdreich schieben und eine Schmierschicht erzeugen, ohne allzuviel Erdreich der Umgebung aufzulockern. Die

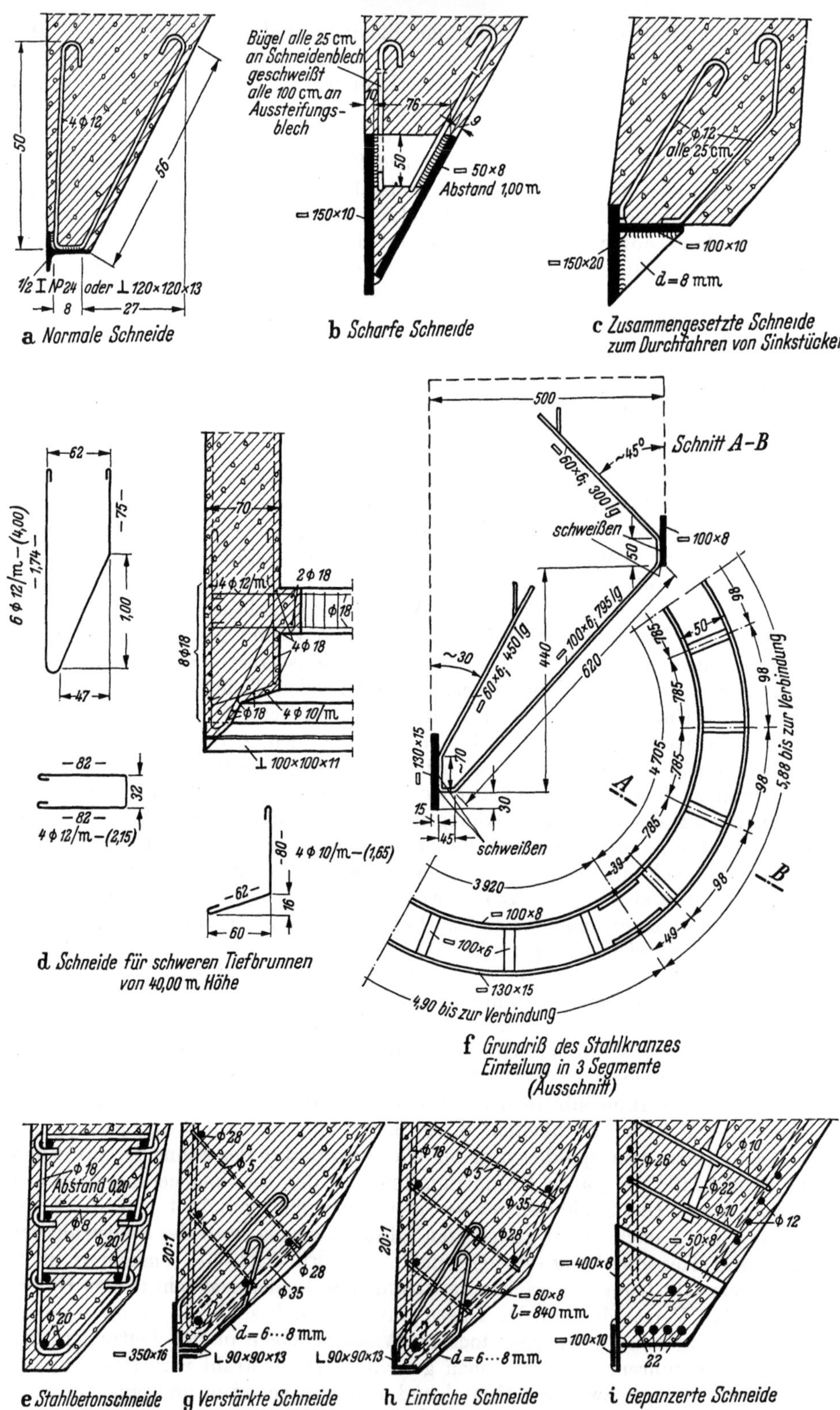

Abb. 340 a—i. Verschiedene Schneidenausbildungen von praktischen Ausführungen

Abb. 341 zeigt die Anordnung von Düsen in den Zellenwänden der 27zelligen Brunnen mit 20 × 53 m Grundfläche, wie sie für die Delaware-Brücke bei Philadelphia ausgeführt sind.[1]

4.2.4 Abteufen von Schächten

Wenn kein Spülwasser zur Verfügung steht, so kann die Absenkung auch mit Druckluft erzielt werden, besonders im Grundwasser. Aus Japan wird berichtet, daß Brunnen mit Druckluft auf 200 m Tiefe gebracht worden sind. Dieser Bericht[2] zeigt, daß es sich um sog. Vorschächte handelt, aus denen heraus dann die Schächte in der üblichen Schachtbauweise in größere Tiefen fortgesetzt wurden. Zunächst wurde ein Führungsbrunnen auf 10 bis 25 m Tiefe niedergebracht, der eine Wanddicke von etwa 40 cm aufweist. In diesem Mantelbrunnen wird dann der Brunnen des Vorschachtes geführt, der in seiner Mantelfläche in 2,75 bis 3,85 m Abstand, ringförmig angeordnet, zahlreiche „Lufttaschen" aufweist, d. s. Unterschneidungen von 1,50 m Höhe und einer unteren Einkerbtiefe von etwa 6 bis 7 cm, die sich auf rund 1,25 m Länge des Schachtumfanges erstreckt. Jeder „Lufttaschenring" wird durch eine ringförmig eingelegte Rohrleitung bedient, die durch lotrecht im Mantelbeton eingebettete Druckluftleitungen abschnittsweise an Luftkessel über Tag angeschlossen sind (Abb. 342). Die aus einer nur 1 × 5 mm großen Öffnung in der Ringleitung in die Taschen strömende Druckluft verhindert zunächst ein Festsetzen des Gebirges an diesen Taschenflächen und vermindert, sich an der Mantelfläche hochpressend, die Mantelreibung, die durch einen im Durchmesser gegenüber dem Schachtmantel etwas vergrößerten Senkschuh ohnehin schon abgemindert ist. Die aufsteigende Luft gelangt in den Führungsmantel, der den Brunnen allseitig mit etwa 2,40 m Spielraum umgibt. Hier kann also die Wirksamkeit der Druckluftspülung beobachtet werden.

Auf diese Weise wurden bald nach dem 2. Weltkrieg 4 Schächte niedergebracht, mit Absenktiefen von 85, 102, 132 und 200 m. Die Abb. 343 zeigt den 85 m tiefen Shinkai-Schacht mit seinen Abmessungen; der 102 m tiefe Mikawa-

---

[1] KTB: Senkkastengründung mittels künstlicher Insel. Bauingenieur (1956) H. 4, S. 150.

[2] Ein neues Senkschachtverfahren für größere Teufen. Von Prof. Dr. Dr.-Ing. CARL-HELLMUT FRITSCHE, Aachen, Dr.-Ing. GORO OMORI, Tokyo, und Dr.-Ing. GÜNTER FETTWEIS, Essen. Glückauf 90 (1954) H. 12.

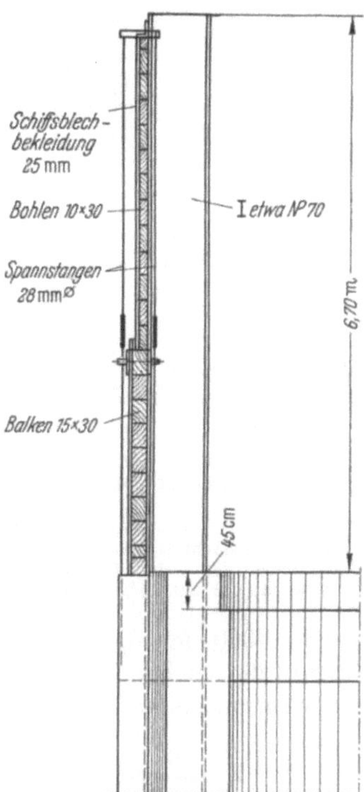

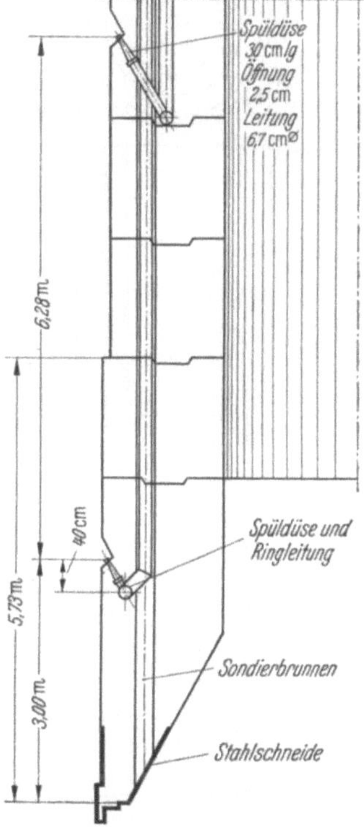

Abb. 341. Querschnitt durch eine Brunnenwand mit Spülkanal und Düsen. Beachtlich ist auch die hohe wasserdichte Aufsatzwand die zusammengespannt ist

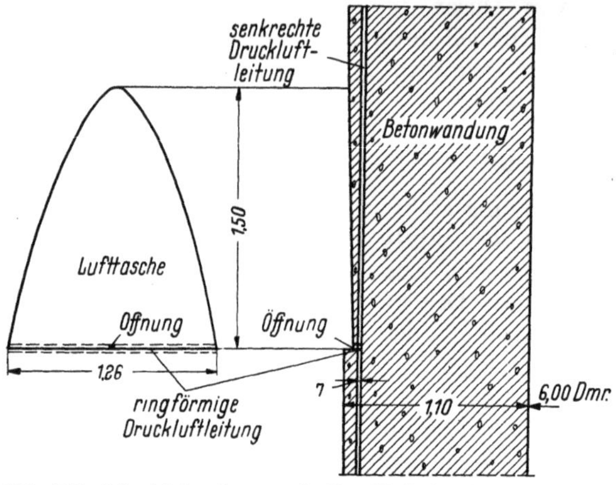

Abb. 342. Schachtabsenkung mit Druckluft in Japan; große Lufttaschen der ersten Ausführung, später genügten ähnliche Taschen mit nur 15 % Volumen der großen Ausführungen

Schacht hat 7,00 m inneren Durchmesser, 1,30 m Wanddicke und sein Führungsschacht ist 12,30 m tief, hat 12,80 m inneren Durchmesser und 65 cm Wandstärke. Nach diesen Angaben wiegen die Schächte mindestens 5000 t bzw. 7300 t. Die unteren 7,50 m der Brunnen sind durch schwere innere und äußere Blechmäntel verstärkt, offenbar, um beim ruckweisen Fallen nicht zu stauchen. Die späteren Ausführungen haben wesentlich kleinere Lufttaschen von nur etwa 650 cm³ Inhalt

gegen 4000 cm³ des ersten Schachtes; der Brunnen des Mikawa-Schachtes hatte 1266 solcher Lufttaschen in 37 Ringen. Später hat man die Lufttaschenringe im untersten blechverstärkten Teil konzentriert; von 52 Ringen des Hatsushima-Schachtes liegen zehn allein in diesem Bereich.

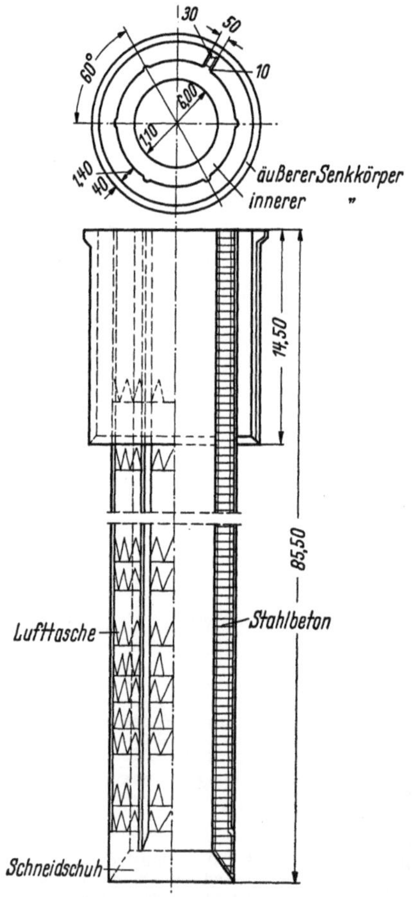

Abb. 343. Vorschacht des Shinkai-Schachtes in Japan, mit zahlreichen Lufttaschen

Die Luftleitungen im Betonmantel sind billige Zelluloidrohre von 25 mm Durchmesser. Die Einrichtungen für dieses Verfahren sind einfach. Die Kompressorenstation bestand z. B. beim Shinkai-Schacht aus einem 6 ata-Kompressor mit 150 PS und einem 25 ata-Kompressor mit 60 PS Antrieb. Vier Luftkessel von je 5,3 m³ und ein Kessel von 8,7 m³ Inhalt ergänzten die Anlage. Beim Mikawa-Schacht waren es ein 7 ata-Kompressor mit 60 PS, ein 7 ata-Kompressor mit 100 PS und ein Kompressor für 25 ata und 100 PS Antrieb, wozu noch 4 Luftkessel von 4,9 m³ und einer von 8,7 m³ kam. Die Anschlußleitungen waren durchweg Gummischlauchleitungen. Die beste Wirkung ergab ein Anfangsluftdruck in den Kesseln, der das 2,5fache des zugehörigen größten hydrostatischen Druckes betrug. Das Abteufen übernahmen zwei 30 PS-Greifbagger, während mehrere Pumpen mit Leistungen bis zu 70 PS die Wasser zu Sumpf hielten. Die Leistungen betrugen bis zu 15 m/Monat.

An wertvollen Beobachtungen wird mitgeteilt, daß bei einem Gewicht >3 t je m² Reibungsfläche der Brunnen auch ohne Druckluft absank, unter diesem Wert nur schwer. Das Ausblasen der Druckluft muß stets von oben her beginnen, damit die Luft nach oben abstreicht. Beim Beginn

von unten her besteht die Gefahr, daß die Luft unter der Schneide in den
Brunnen einbricht und durch mitgerissenes Gebirge ein Schiefgehen des Brunnens herbeiführt. Besondere Vorsicht ist wegen des Ausweichens bei porösem
Gebirge geboten. Bevor ein solcher Brunnengigant festes Gebirge erreicht, füllt
man die unteren Meter mit Sand, damit der Senkkörper nicht so hart aufstößt.

Wenn ein Brunnen im Trockenen hinuntergebracht werden muß, kann eine
Wasserspülung unzweckmäßig sein, und auch gegen die Druckluft könnte man
Bedenken haben. In solchem Falle ist die Anwendung eines *thixotropen Mantels*
zweckmäßig. Thixotrope Flüssigkeit ist aus dem Bergbau bekannt, wo sie als
Schwertrübe beim Tiefbohren benützt wird und das oft spezifisch leichtere
Bohrgut im Spülstrom nach oben fördert. Über die Anwendung im Grundbau
siehe den Abschnitt „Thixotrope Flüssigkeit", S. 436.

Bei geringen Abmessungen, wie sie für Fundierungen in Frage kommen, hat
man in England schon 1843 eiserne Rohre dadurch gesenkt, daß man sie, wenn
sie ein gewisses Maß in den Boden eingedrungen oder eingetrieben waren, oben
verschloß und sie mit einer Vakuumpumpe unter Unterdruck setzte; der atmosphärische Außendruck trieb sie dann unter Auflockerung des Untergrundes
tiefer in den Boden. Im Wechsel von Aushub und Evakuierung hat man mehrere
Male derartige Brunnen im grundwasserfreien Boden abgesenkt, und, nebenbei
bemerkt, weil dies bei wasserhaltigen Böden nicht ging, durch Einbringen von
Druckluft den Arbeitsraum wasserfrei gemacht und damit die Druckluftarbeit
eingeführt, die auf eine Erfindung des französischen Ingenieurs TRIGER vom
Jahre 1840 zurückgeht.

Bei größeren Brunnen kann man durch oberen Abschluß mit einer dichten
Decke, die man entsprechend dimensioniert oder belastet, den ganzen Brunnenraum zu einer Druckluftkammer machen bzw. bei tiefen Brunnen eine Zwischendecke einziehen, weil eine unnötige Größe des Druckluftraumes ihre Mängel hat.
Dies ist auch ein Mittel, um hängengebliebene Brunnen von innen zu unterfahren.

4.2.5 Beispiel

Als Beispiel einer normalen Ausführung zeigt die Abb. 344 einen ausgelegten
Brunnenkranz, der aus einem halbierten I 30 besteht und mit angeschweißten
Rundstahlankern für die Schneide versehen ist. Die Hilfsfundamente für die
31 cm dicke Wandung des Brunnens von 5,60 m Höhe und einem äußeren

Abb. 344. Ein ausgelegter Brunnenkranz

Durchmesser von 10,40 m sind aus Magerbeton hergestellt und sollen bis zur hinreichenden Erhärtung des Brunnenbetons ein vorzeitiges oder ungleichmäßiges Absinken verhindern. Sie sind demgemäß auf die Tragfähigkeit der Oberfläche der Baugrube bzw. des Geländes bemessen, wobei man bis dicht über den Grundwasserspiegel aushebt, um an Senkarbeit zu sparen.

Einen Brunnen von geringer Höhe wird man stets vor dem Beginn des Absenkens fertigstellen, tiefere Brunnen muß man im Zuge des Absenkens aufstocken, wobei man durch genaue Arbeitseinteilung möglichst längere Pausen der Absenkarbeit vermeiden soll, damit der Brunnen nicht „festwächst". Der Absenkvorgang wird durch das symmetrische Abbrechen der Hilfsfundamente eingeleitet. Es ergibt sich dann der Zeitpunkt, in dem der Brunnen die letzten Fundamentreste in den Boden drückt. Die Hilfsfundamente sind zuerst von außen abzubrechen und die Brocken unbedingt zu entfernen, damit die Fundamentreste von der Schneide nach innen weggedrückt und ausgehoben werden können. Nicht entfernte Brocken in dem umgebenden Boden klemmen gegen die Außenfläche.

Abb. 345 zeigt den Brunnen beim Absenken, wobei die Entnahme durch einen Greifer in symmetrischer Folge vorgenommen wurde. Geringe Schiefstellungen beim Niedergehen kommen immer

Abb. 345. Brunnen bei der Absenkung

vor und sind meist leicht auszugleichen. Wenn man die Schiefstellung von vornherein durch eine obere Führung einschränken will, kann man dies über Gelände nach älteren Vorschlägen einfach machen, indem man über Kreuz 4 Treibladen ansetzt, wie dies Abb. 346 für einen viereckigen Brunnen zeigt, der dann in Führungsschienen gleitet, die jeweils an der Seite angetrieben werden, zu welcher der Brunnen sich neigt. Die entgegengesetzte Seite wird gleichzeitig durch Lockerung der in der Treiblade eingesetzten mehrfachen Keile gelöst. Eine solche Maßnahme erst zur Behebung einer schon eingetretenen Neigung anzuordnen, ist bedenklich. Das Schieflaufen entspricht einer unteren Einspannung und verursacht ein sattes Anliegen der Brunnenwand auf der sich neigenden Seite. Die zu einer Aufrichtung erforderliche hohe Gegenkraft ruft Momente im Brunnenschaft hervor, denen ein oben noch frischer Beton nicht gewachsen ist. Es kann diese Maßnahme also nur bei fertigen, widerstandsfähigen Brunnenkörpern angewendet werden (etwa solchen, die aus Fertigteilen zusammengebaut und durch Vorspannung zusammengepreßt sind), aber auch hier kann es sich kaum um ein aktives Wiederaufrichten, sondern nur um die Schaffung eines Festpunktes handeln, der ein weiteres Neigen in der begonnenen Richtung erschwert.

Der Brunnen des Beispieles war mit
einer allseitigen Verjüngung von etwa
2,5 cm auf 1 stgdm ausgeführt, was, wenn
irgend möglich, stets gemacht werden
sollte. Ist dies wegen der großen Höhe
des Brunnens nicht möglich, ist je nach
Bodenart ein Absatz von 5 bis 10 cm über
dem Schneidenteil anzuordnen, um eine
Zwängung des Mantels zu vermeiden.
Wahrscheinlich ist der Absatz grundsätzlich besser als der Anlauf, weil nachstür-
zender Boden nicht in einen Keilschlitz
hineingezogen wird. Der leichte Brunnen
blieb etwa 1 m über der Solltiefe hängen,
vermutlich infolge hoher Reibungskräfte
im trockenen Lehm. Die Absenkung war
aus gewissen Gründen unter Wasserhaltung verlangt. Da eine Spülung des Mantels ebenfalls nicht in Frage kam, wurde
eine Bühne über dem Brunnen angeordnet
und es mußten 80 t Ballast aufgebracht
werden, bevor die Solltiefe erreicht war
(Abb. 347). Bei kleinen Ausführungen ist
eine große maschinelle Installation, wie
sie eine Wasserspülung erfordert, nicht
gerechtfertigt, aber man sollte doch die
Anordnung einer Ringleitung für Preßluft etwa 1 m oberhalb der Schneide mit
kleinen Öffnungen von 5 mm² (1 × 5 mm)
im Abstand von 1 m nicht scheuen, da
das Aufbringen von Ballast eine meist

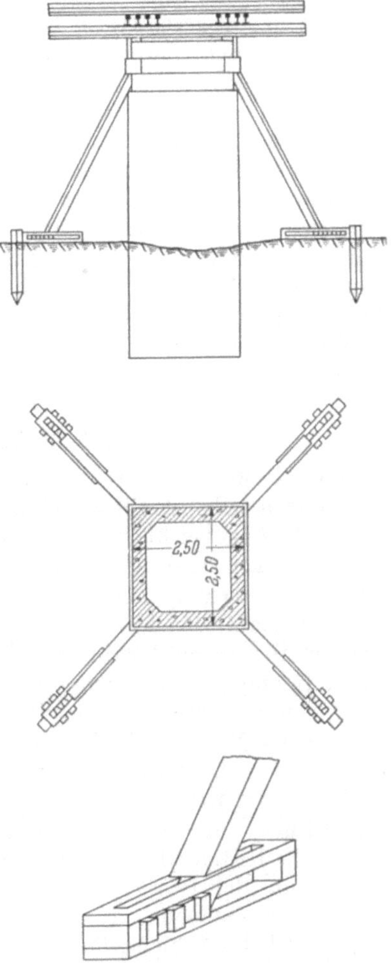

Abb. 346. Treibladenführung für Brunnen, mit Vorsicht
anzuwenden

Abb. 347. Belastung des Brunnens mit 80 t Boden

zeitraubende und nicht billige Arbeit bedeutet. Ein Kompressor ist leicht beigestellt und eine geschlossene Ringrohrleitung, die einen Anschluß vom Brunneninnern ermöglicht, kann gleichzeitig als Ringarmierung des Schneidenteils gewertet werden.

Auch bei der Absenkung eines Brunnens durch grundwassererfüllte Schichten und im Meeresgrund kann durch Luftzufuhr das Absenken gefördert werden, da durch sie die Mantelzone durchgewirbelt wird. Bei der Sydney-Brücke über den Hawkesburry-Fluß waren die Pfeiler durch eine längere Unterbrechung im Ton festgewachsen und konnten durch Wasserstrahlspülung nicht wieder in Gang gebracht werden. Erst als man Druckluft einblies, setzte die Absenkung wieder ein. Dies wiederholte sich später nochmals. Die Druckluft scheint also ein recht geeignetes Mittel, das man näher studieren sollte. Die Anwendung von Preßluft verbietet sich natürlich bei Absenkungen mit thixotropem Mantel, da dieser unter allen Umständen in zusammenhängender Fläche erhalten bleiben muß.

4.2.6 Die Förderung aus Brunnen

Normalerweise soll der Aushub immer aus der Mitte genommen werden und der Brunnen selbst das Material unter der Schneide nach innen drücken (Grundbruch). Das ist bei kleinen Brunnen möglich, bei größeren geht man mit dem Greifer (langer Ausleger erwünscht) immer parallel zu den Wänden in 75 cm Abstand herum und nimmt geringe Pendelbewegungen des Brunnens beim Absinken in Kauf. Bei kleinen Zellen ist der Brunnengreifer zweckmäßig, der als Einseilgreifer geliefert wird, aber besser gleich mit Zusatzeinrichtung für Zweiseilbetätigung beschafft wird, weil er dann auf bessere Leistung kommt.

In einigen Fällen ist die Förderung mit der Panzersandpumpe möglich, sofern genug Wasser zuläuft, um keinen Sohlenaufbruch befürchten zu müssen. Um diesen nicht heraufzubeschwören, muß bei Arbeit im Grundwasser stets das Wasser im Brunnen beträchtlich höher stehen — möglichst 0,5, mindestens aber 0,1 m — als im Boden, d. h. also, es muß laufend zugepumpt werden, andernfalls besteht die Gefahr, daß von außen Boden nachdrängt, was zu Einbrüchen um den Brunnen herum führt. Dadurch wird den Arbeitsgeräten der feste Boden entzogen, in schweren Fällen Nachbarbauten (Fundamente) betroffen und die Schiefstellung des Brunnens begünstigt.

Das Nachfüllen kann bei Pumpenförderung durch einen Kreislauf des Wassers bewirkt werden, indem aus dem Pumpenstrahl über ein Schrägsieb das Bodenmaterial abgefangen wird und das Wasser direkt wieder in den Brunnen zurückfließt. Man braucht dann nur den Wasserverlust in diesem Kreislauf zu ersetzen.

Bei Hindernissen im Boden ist die Unterwasserarbeit gegenüber dem Trockenaushub durchaus im Nachteil. Man wird daher stets in solchen Fällen einen Tauchereinsatz vorbereitet halten sowie Steinzangen für das Beseitigen von Hindernissen.

Wenn es tragbar ist — und das ist es bei bekannt hindernisreichem Boden wohl immer — sollte man eine Wasserhaltung durchführen, wobei die Erleichterung der Absenkung durch seitliches Spülen durchaus nicht ausgeschlossen ist.

Das Lösen von Boden im Brunnen von Hand ist nicht zu empfehlen, weil der Brunnen zu lange steht und sich festsetzt, bevor er wieder zum Absinken kommt.

4.2.7 Brunnenabspindelung

Eine sehr schöne Pieranlage vor der Strandlinie für die staatliche Petroleum-Raffinerie in San Lorenzo, Provinz Santa Fé, am Parana-Fluß in Argentinien gibt ein Beispiel für eine abgespindelte Brunnengründung. Der Pierentwurf zeigt den üblichen Hakengrundriß mit einseitig liegender Zugangsbrücke. Die Pierplatte ruht auf einer doppelten Brunnenreihe, der beiderseits als Dalben dienende einzeln stehende Brunnen in der Fluchtlinie zugeordnet sind. Die Zugangsbrücke ist normal unterrammt. Vor der Pier ist ein Tiefgang von 8 m vorhanden, der Fluß kann aber um 6 m steigen. Die Brunnen sind 26,8 m hohe Stahlbetonzylinder mit leicht glockenförmigem Fuß, von denen Abb. 348 die technischen Daten zeigt. Sie stehen etwa 7 m im Grund. Schiffsstöße und Seilzug werden durch die Einspannung in dem nur leicht schlammigen Sand aufgenommen. Der Abstand der Brunnenachsen ist etwa 7 m in Querrichtung und 9 m in der Front. Die Dalben haben 28,8 m ganze Höhe und sind auf 7 m mit Beton darüber mit Sand gefüllt. Die an sich leichten Brunnen wurden an Ort und Stelle auf einem gerammten Gerüst hergestellt und abgespindelt. Das Gerüst hat als Diagonalverstrebung nur Kabel mit Spannschlössern, sog. Strebenkabel, womit an Zimmermannsarbeit gespart und das Holz der Vertikalen und Horizontalen erheblich geschont wird. Abb. 349 zeigt den stählernen Brunnenkranz, der in 12 Spindeln hing. Beim Eintauchen in das strömende Wasser wurde der Brunnen horizontal gegen das Gerüst gestützt und geführt, bis er im Grund hinreichend fest saß. Auf dem mit Hilfe eines Gerüstes auf seine volle Höhe gebrachten Brunnen wurde ein Fördergerüst montiert, an welchem ein Greifer den Aushub bewerkstelligte. Die Winde des Greifers stand auf der Arbeitsbühne und das Fördergerüst ging mit dem Brunnen hinunter und wurde dann in Deckshöhe abmontiert und beim nächsten Brunnen eingebaut. Das geförderte Material wurde über eine in das Fördergerüst einschwenkbare Rutsche unmittelbar in den Fluß gestürzt, wo es von der Strömung mitgenommen wurde. Abb. 350 zeigt einen Bauzustand, der diese Arbeitsweise

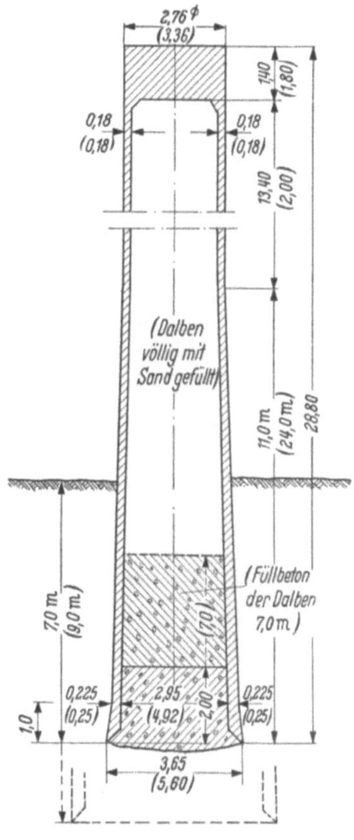

Abb. 348. Brunnen einer Pieranlage in Argentinien

verdeutlicht. Ein Brunnen wird mit Hilfe eines Betoniergerüstes (rechts) betoniert, während der wasserseitig vor diesem Brunnen stehende fertige Brunnen schon mit dem Fördergerüst versehen ist und die nach links zeigende Schüttrinne erkennen läßt. Ganz links die weitausladende Freivorbauramme beim Gerüstbau.

Die Ausführung hatte die argentinische Niederlassung der Wayss & Freytag AG übernommen. Abb. 351 zeigt die fertige Pieranlage von der Landseite.

Abb. 349. Brunnenkranz zu Abb. 348. Die Spannseile sind Gerüstverstrebungen

Abb. 350. Pierbaustelle, vgl. Text

Abb. 351. Die fertige Pieranlage. Rechts und links Dalbenbrunnen

4.2.8 Fertigteilbrunnen mit Vorspannung

Eine interessante Anlegebrücke aus vorgespannten Fertigteilen ist in Morondava/Madagaskar ausgeführt. Der 7,70 m breite Steg ist 420 m lang. Der zum Steg abgewinkelte Anleger — 70 m lang und 22,5 m breit — ist ganz gleichartig ausgeführt. Abb. 352 zeigt Lageplan, Stegquerschnitt und Einzelheit des Brunnenpfeilers. Die bis 14 m hohen Pfeiler sind aus 2 m hohen Rohrschüssen mit 1,40 m äußerem und 1,12 m innerem Durchmesser zu Brunnen zusammengesetzt. Der untere Schuß erhielt eine innere mehrfache Ringverzahnung für die Verankerung des späteren Betonpfropfens und des Betonteiles, in welchem die lotrechten Spannkabel verankert sind. Der Pfeilerkopf wird aus einem 1 m

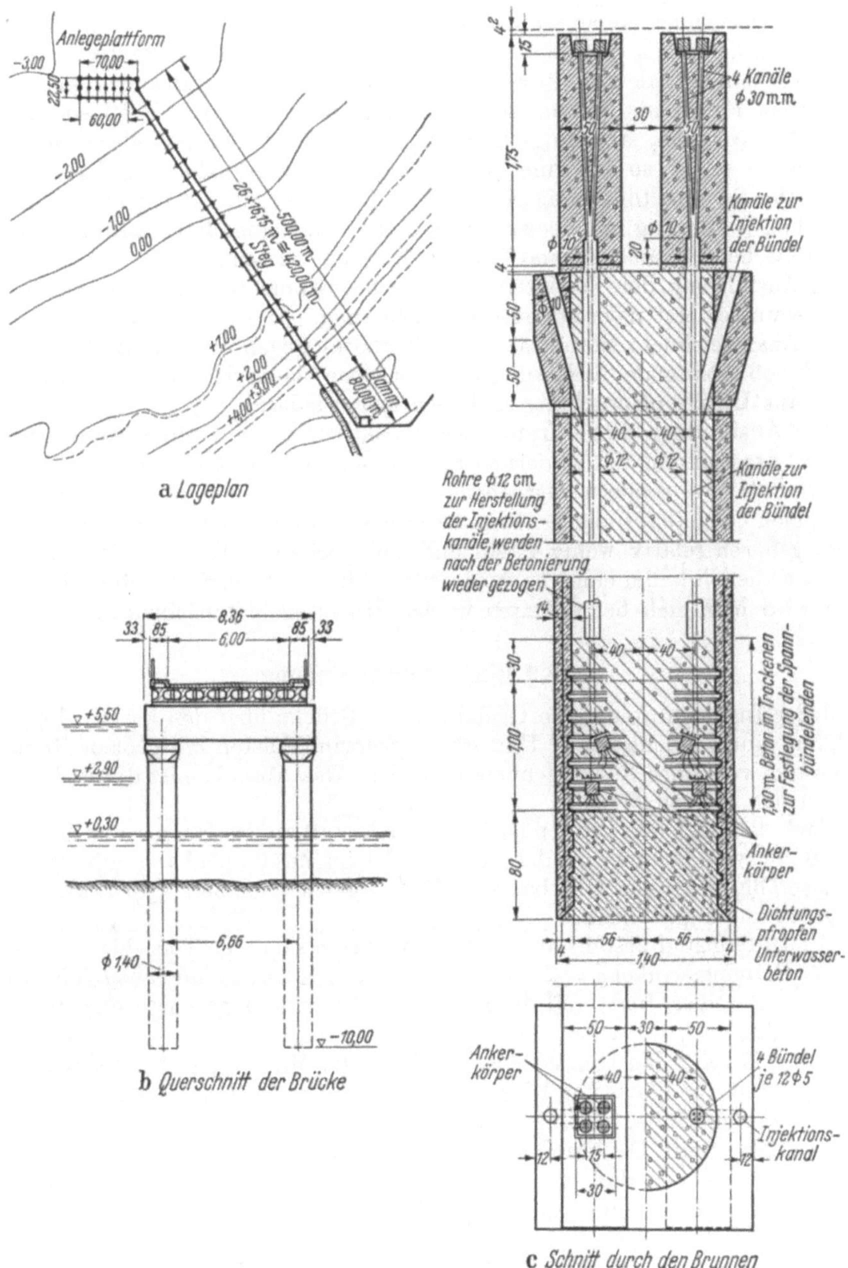

Abb. 352 a—c. Pieranlage in Madagaskar (nach TRAVAUX 1953, H. 2, Febr.)

hohen Fertigteil in Form eines Kapitells gebildet, das eine Auflagerfläche von 1,65 × 1,65 m besitzt. Die Jochbalken sind Spannbetonträger von 1,75 × 0,50 × 8,36 m, bewehrt mit 16 Bündeln von je 12 ∅ 5 mm; sie sind mit je 4 Spann- bündeln nach unten mit den Pfeilern verspannt. Die 16 m langen Längsträger haben I-förmigen Querschnitt und sind mit je 4 Ansätzen für Querträger ausgeführt. Ihre Spannbewehrung von 10 Bündeln à 12 $\varnothing$ 5 mm ist nicht in Hüllrohren verlegt, sondern in Bitumen getaucht und mit Papier umwickelt. Die Auflager auf den Jochbalken sind durch 2 Gummiplatten von 5 mm Stärke gebildet, zwischen denen ein 2 mm-Blech liegt. Die Elastizität dieser Auflagerung hält alle schädlichen Seitenkräfte aus der Fahrbahn von den Pfeilern fern. Die wesentlichen Gründe für diese auf der Grenze zwischen Brunnen und Pfahl stehenden Pfeiler als Spannbeton-Fertigteil-Ausführung waren folgende:

1. Die wenigen, strömungstechnisch günstigen Pfeiler behindern die Sandwanderung wenig, so daß eine Versandung der Küste nicht zu befürchten ist.

2. Die Spannbeton-Fertigteile sind an Land bei guter Kontrollmöglichkeit und ohne Berührung mit Seewasser in dichter, fabrikmäßiger Güte hergestellt, die Risse beim Transport und bei der Montage ausschließt.

3. Ausführung der Fertigteile ohne Schlechtwetterrisiko. Erste Berührung mit Seewasser erst nach endgültiger Erhärtung.

4. Ausgezeichnete Stabilität und Elastizität gegen Wellen, Brandung und Schiffsstoß. Normale Belastungsfälle ergeben keinerlei Zugbeanspruchung. Risse aus Überbeanspruchung schließen sich wieder.

Die Ausführung dieses französischen Entwurfes zeigt ferner deutlich, daß mit der Entwicklung der modernen Bauweisen, die nicht mehr lohnintensiv oder materialintensiv, sondern weitgehend geräteintensiv sind, auch die Bauten in kolonialen Gebieten in die Tendenz der eleganten Lösungen einbezogen werden. Dazu gehören relativ wenig Fach- und Vorarbeiter, sondern moderne Geräte, die zu bedienen kaum einer Facharbeiterausbildung bedarf. Auf diese Entwicklung wird man sich bei Arbeiten in den Überseegebieten einzustellen haben.

4.2.9 Ringbrunnengründung

Jeder Ingenieur kennt die Gründung der Brücke über den kleinen Belt, die in kaum einem Buche fehlt.[1] Hier ist ein Schwimmkasten mit großem, innerem Hohlraum von einer Röhrenschürze umgeben. Das Absenken ist durch das Ausgreifen der Röhren bewirkt.

Nach dem gleichen Prinzip ist beim Wiederaufbau des Hafens von Le Havre eine Reihe von Brunnen niedergebracht, die im Zusammenhang mit dem verhältnismäßig niedrigen Überbau eine Schwergewichtsmauer, Typ Levaux, von rund 300 m Länge bilden.[2]

Der Untergrund besteht aus vielfach gestörten sandigen Tonschichten, deren innerer Reibungswinkel $\varrho = 20°$ ist, und im tieferen Untergrund aus Kimmeridge Ton (mittl. weißer Jura) und darunter eine als Gründungszone geeignete Feinsandschicht.

Abb. 353 zeigt den konstruktiven Aufbau des Mauerquerschnittes. Auf dem Brunnen ruht eine Platte von 15 m Breite, welche eine vordere massive Brüstungsmauer von 2 m Höhe trägt, die 0,30 m vorspringend den Brunnenmantel etwa 1,5 m tief übergreift. Der hintere Plattenüberstand trägt so weit zur Stabilisierung des Unterbaues bei, daß eine rückwärtige Verankerung unnötig wurde. Die Brunnenwandung ist 0,82 m dick und enthält 36 Schächte von je 0,60 m Durchmesser, die unten glockig erweitert sind. Mit kleinen Hammergrabs von 0,5 m Durchmesser und 500 kg Gewicht, die zunächst als Einseilgreifer arbeiteten, wurde die Absenkung vorgenommen. Der Arbeitsvorgang mit Einseilgreifern erwies sich als recht langsam; man ersetzte sie daher bald durch Zweiseilgreifer, die merklich flotter arbeiteten.

---

[1] Bautechn. (1931) S. 72 u. 683. SCHAPER (Ausführlicher Bericht).

[2] PIERRE DE COT: La réconstruction des quais sud du Bassin Bellot et du Bassin de l'Eure du port du Havre. TRAVAUX (Januar 1953) Nr. 219, S. 1 ff.

Durch das sukzessive Ausgreifen eines Ringschlitzes wurde der Brunnen durch sein eigenes Gewicht abgesenkt. Ungleichmäßigkeiten waren unvermeidlich, sie konnten aber stets durch verstärktes Ausgreifen an der zurückbleibenden Seite ausgeglichen werden. Die Fußstücke der Brunnen wurden im Hinblick auf vorhandene 200 t tragende Schwimmkräne als 6,85 m hohe Schüsse längs einer Ufermauer hergestellt. Die Schneiden sind mit verlorener Blechschalung bewehrt, der aufgehende Brunnenmantel wurde mit stählerner Gleitschalung hergestellt. Nachdem die über Wasser 200 t wiegenden Unterstücke in flaches Wasser abgesetzt waren, wurden sie um so viel erhöht, daß sie nun unter Wasser befördert 200 t wogen, d. h. um etwa 3 m, und sie wurden nun mit dem Schwimmkran im eingetauchten Zustand in einen gebaggerten Graben zunächst so tief gesetzt, daß sie mit Hilfe des Auf-

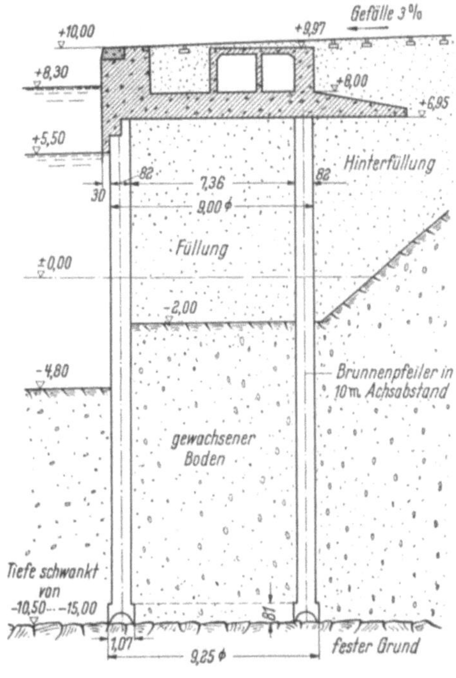

Abb. 353. Ringbrunnen als Ufermauer

triebes einer in ihrem Innern eingebauten stählernen Taucherglocke nochmals um 3 m erhöht werden konnten, ohne die Hubkraft des verfügbaren Schwimm-kranes zu überschreiten. Die Brunnen wurden durch diese Kunstgriffe schließlich mit einer Gesamthöhe von rund 12 m zum Einbauort gebracht (Abb. 354). So war damit nicht nur Zeit gewonnen, sondern auch ein beträchtlicher Teil, nämlich 35 % der Absenkarbeit, vermieden, und die weitere Erhöhung der Brunnen konnte tidefrei durchgeführt werden. Da der 80 cm hohe Schneidenteil allseitig um 12,5 cm vorspringt, mußte beim Absenken der Boden jeweils nachrutschen, wodurch die Mantelreibung erheblich vermindert wurde.

Es gelang, die ganze Reihe so auszurichten, daß die Sollinie mit ± 5 cm Genauigkeit innegehalten wurde. Es wird besonders betont, daß die Führung des Brunnens an dem innen stehenbleibenden Kern vom Beginn des Absinkens an

Abb. 354. Der in Stahl-Gleitschalung aufgebaute Brunnen
fast fertig

einen wesentlichen Anteil an dieser erfreulichen Genauigkeit hat. Das Absenken wurde vom 7. Pfeiler an durch eine im Brunneninnern angesetzte Zusatzlast von 300 t Eisenbahnschienen gefördert.

Die Ausbetonierung der zylindrischen Hohlräume sollte ausschreibungsgemäß nach Herstellung eines Unterwasserpfropfens im Trockenen mit B 250 geschehen. Trotz aller Mühen ist es in keinem Falle gelungen, eine solche Dichtigkeit des Pfropfens an den glatten Wandungen zu erzielen, daß der Schacht völlig entleert werden konnte. Man stellte sich daher sehr bald auf eine Füllung mit Colcrete-Beton um. Der Zuschlag enthielt Korn bis 120 mm $\varnothing$. Ein Injektionsrohr von 60 mm $\varnothing$ wurde in der Mitte eingesetzt, von dem aus das Mörtelmaterial eingepumpt wurde.

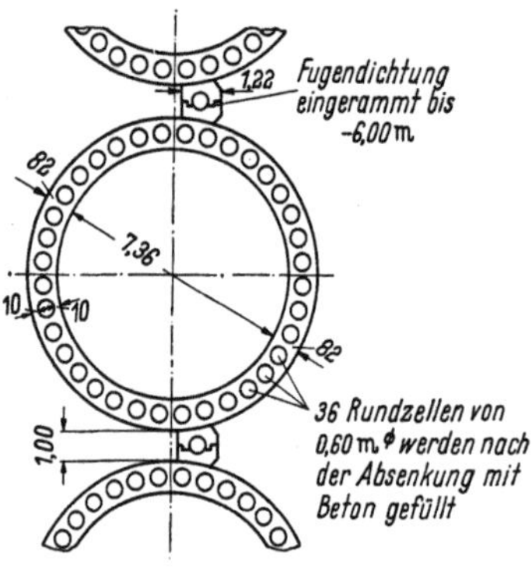

Abb. 355. Fugenpfahl für Brunnenwand

Für die Schließung der Fuge zwischen 2 Pfeilern war ein Pfahl vorgesehen aus zwei fast symmetrischen rinnenartigen Hälften, die gegeneinandergestellt einen Pfahl mit zylindrischem Hohlkern bildeten (Abb. 355, Grundriß). Die Außenseiten waren nach der Rundung des Pfeilers konkav ausgerundet, die Spitzen hatten Schrägflächen, die beim Absenken den Pfahl gegen die Pfeiler trieben. Die Fugenpfähle reichen nur etwa 1,70 m unter Hafensohle, sie sind also etwa 13,45 m lang. Durch die dabei verbleibenden Fugen soll sich der Wasserdruck hinter der Brunnenreihe gegebenenfalls schnell ausgleichen können.

Der Kai Type Levaux wiegt 175 t/m Mauer und entspricht einer massiven Mauer von 2,3 m Dicke.

4.2.10 Schwimmend aufgestockter Senkkasten ohne Gerüst

Die beiden im Grundriß 16 × 31,20 m großen als Brunnen abgesenkten Unterbauten für die Mittelpfeiler der Carquinez Strait-Bridge, rund 50 km von San Franzisko entfernt, zeigen einige neuartige Konstruktionsideen und sind einer kurzen Betrachtung wert.[1]

Jeder Kasten ist in 3 × 6 = 18 quadratische Zellen von etwa 4,20 m lichte Weite eingeteilt und etwa 41 m hoch. Die Schneiden der Außenwände (nur diese sind heruntergeführt, die Zwischenwände enden über einer Arbeitskammerdecke) wurden 4 m hoch mit Stahlblechen verkleidet, die bis 18 mm dick sind und je Kasten etwa 180 t wiegen. Die Kästen sind im Schwimmdock bis 9,50 m Höhe zusammengebaut worden, wobei die Wände, wie Abb. 356 zeigt, zunächst durch Stahlbetonfertigteilplatten von 10 cm Dicke, 3,05 m Höhe und 4,85 m Länge gebildet sind, die gegen 62 cm hohe Stahlfachwerkträger abgestützt wurden. Diese Platten sind kreuzweise bewehrt, ihre Außenfläche glatt, die Innenseite bewußt rauh gehalten, da die Platten Bestandteile der 91,5 cm dicken Außenwände wurden. In den lotrechten Fugen wurden die Bewehrungsstäbe zusammengeschweißt, in den waagerechten Fugen ist eine Glasfiberschicht eingelegt worden.

Der Vorteil der zunächst leichten Wand, die in 6 m Schüssen erhöht wurde, liegt in dem geringen Gewicht, das die Schwimmstabilität nicht beeinträchtigt, ferner im Fortfall der späteren äußeren Schalarbeit. Eine weitere Neuartigkeit liegt für die amerikanische Praxis im Absenkvorgang, der durch automatische Spülung und Abpumpen im Raum unter der provisorischen Arbeitskammer-

---

[1] L. C. Hollister: Bridge features deep bottom caisson. Civ. Engng. (Februar 1957) S. 52.

decke vor sich ging. Dieses Verfahren ist bei uns für Druckluftsenkkästen schon oft ausgeführt, so daß auf diesen Abschnitt verwiesen werden kann.

Bemerkenswert ist die Art, wie der Senkkasten beim Absenken ohne Gerüst nur zwischen Ankern geführt wurde. Es ist ein Mangel der Seilverankerung, daß sie ungünstig liegt, wenn sie wie beim Schiff am Kopf eines Schwimmgefäßes angreift, das nur wenig aus dem Wasser ragt und der Strömung ausgesetzt ist. Jeder Zug am Seil gegen die Stromrichtung bringt die Gefahr des Kenterns mit sich. In einfachster Weise ist das Problem durch die Methode der Abb. 356 gelöst, die schon öfter angewendet, aber nicht allgemein bekannt zu sein scheint (vgl. Bautechnik 1954, Heft 5, S. 167). Das ausgelegte Ankerseil ist mit einem

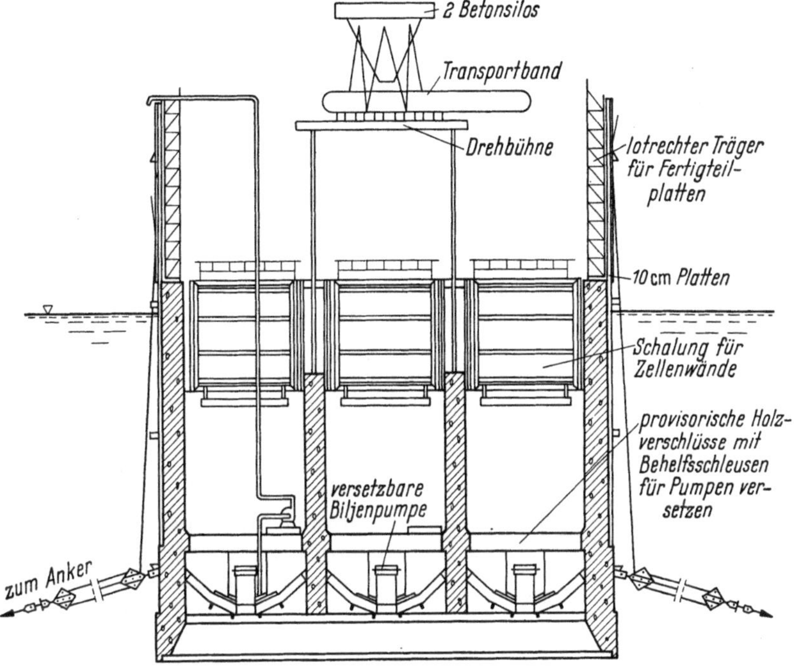

Abb. 356. Schwimmender Senkkasten eines Brückenpfeilers

Mehrfachflaschenzug gefaßt, dessen loses Seilende dicht am Senkkasten hochgeführt wird und an Deck zu einer Spillwinde führt, während der feste Block in zweckmäßiger Höhe über der Schneide am Kasten befestigt ist. Damit wird der Trossenzug unten am Kasten wirksam und das Anspannen der Anker geht durch die Übersetzung infolge des Mehrfachflaschenzuges leicht und geschmeidig vor sich, was ein sicheres Manövrieren mit dem Kasten gewährleistet. Man kann diese Anordnung durchaus mit einer unteren Führung durch Leitwerke vergleichen und sich leicht vorstellen, daß derart verankerte Kästen „fein reguliert" werden können. Durch Umsetzen der Flaschenzüge im Zuge des Absinkens bzw. Neuansetzen je eines überzähligen Ankers an zwei gegenüberliegenden Seiten für das Auswechseln von je 2 Eckensicherungen kann der Senkkasten bis zum endgültigen Sitz gesichert werden.

4.2.11 Zuwasserbringen von Brunnen

Das Zuwasserbringen von Senkkästen, Brunnen und Druckluftkästen kann auf verschiedene Weise geschehen und es wird stets von den örtlichen Verhältnissen abhängen, welches Verfahren wirtschaftlich ist. Bei *Senkkästen mit Boden*

— also den für das Schwimmen geeigneten Gefäßen — kommt in erster Linie die Herstellung auf einer Helling und ein Stapellauf in Frage, wenn nicht ein Dock zur Verfügung steht oder durch Ausnutzung einer Bucht, die durch einen provisorischen Damm abgeschlossen wird, eine Dockmöglichkeit geschaffen werden kann. Auch das Herstellen auf einer Böschung oder einer künstlichen Insel ist bekannt, wobei der Stapellauf durch Abbaggern des Bodens eingeleitet wird.

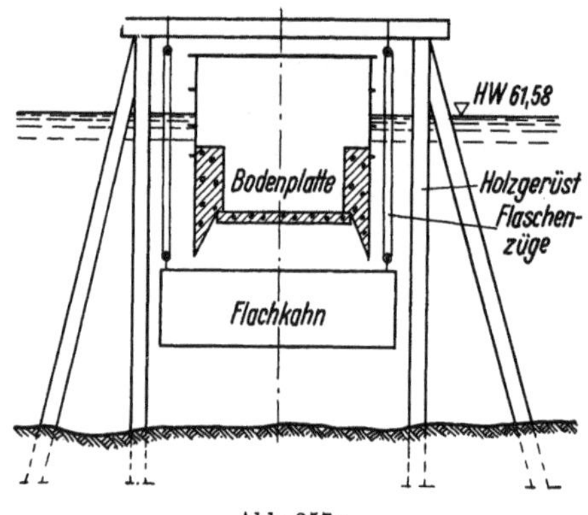

Abb. 357a
Herstellungsbeginn eines hohen Brunnens

Bei *Brunnen* kommt wohl in erster Linie die Herstellung in einem Spindelgerüst in Frage, wenn die Abmessungen nicht zu groß sind; dann das Einschwimmen mit Schwimmkran oder zwischen 2 Schwimmgefäßen und schließlich das Schließen der Brunnenräume durch eine obere Decke und das Einschwimmen auf dem Luftpolster.

Eine allgemeine Beschreibung dieser Verfahren erübrigt sich, weil die örtlichen Gegebenheiten starke Variationen erfordern und weil in den Beispielen jeweils solche Verfahren enthalten sind.

Ein Brunnen[1], 6,9 m breit, 15,3 m lang, der zu der bemerkenswerten Tiefe von 51 m unter NW auf Fels niedergebracht werden mußte, wurde, wie Abb. 357a

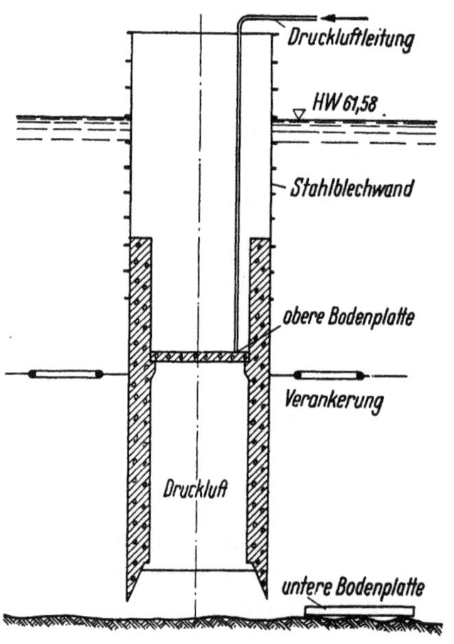

Abb. 357b. Der Brunnen vor Anker, kurz vor
Bodenberührung

u. b zeigt, auf einem Schwimmponton begonnen und durch Stahlmantelschalung mit dem nötigen Freibord versehen, um schwimmend aufgestockt werden zu können. Dabei wurde der Kasten durch Unterwasseranker trotz der Wassergeschwindigkeiten von 1,30 bis 1,75 m/Sek. in seiner Lage gehalten. Dieser Brunnen sackte beim Aufstocken in den weichen Tonschichten auf 16 m durch und verschwand unter der Wasserfläche. Da dieser Vorgang fraglos ein Unikum ist, wird auf die zitierte Literatur und die Originalquelle[2] verwiesen.

Die Abb. 357b zeigt den auf einem Luftpolster schwimmenden Brunnen kurz vor dem Aufsitzen auf dem Grunde.

Bemerkenswert bleibt, daß ein Pfeiler von diesen geringen Querschnittsabmessungen 86 m hochgeführt werden konnte und das Auflager für 2 Brückenöffnungen von je 132 m bilden kann. Es beweist sich auch hier die hervorragend wirksame Einspannung im weichen Boden, die schon bei den tiefen Pfahlgründungen nachgewiesen war.

[1] v. ROTHE: Bemerkenswerte Pfeilertiefgründung. Bautechn. (1954) H. 5, S. 166.
[2] A. R. SHEPLEY: The Hawkesbury River Highway Bridge, NSW. Dock Harb. Author. 34 (1954) H. 399 u. 400.

4.2.12 Großräumige Brunnengründung im Hochbau

In Japan ist es üblich geworden, größere Gebäude nur noch in Stahlbeton auszuführen, um Erdbebensicherheit zu erreichen. Mit dieser Bauweise macht

man zusätzlich Gebrauch von einer Brunnenabsenkung auch bei Hochbauten.[1]

Das neue Nikkatsu-Gebäude in Tokio ist ein 9 Stockwerk hohes Gebäude, bei welchem zunächst 4 Geschosse der Unterkonstruktion zu ebener Erde ausgeführt wurden, mit einer unteren Arbeitskammer und einer Schneidenausbildung der Wände. (Dieser Bauklotz von 18 m Höhe wiegt 25 000 t. Abb. 358). Es arbeiteten 300 Arbeiter innerhalb des Kellers mit Schaufel und Hacke und Loren und brachten das Gebäude pro Tag 7 ¹/₂ cm tiefer. Während des Absinkens wurde an den oberen Geschossen weitergebaut. Die Innehaltung der waagerechten Lage wurde durch eine automatische elektrische Kontrollanlage, die von jedem Stützenpunkt des Grundrisses ausgehend

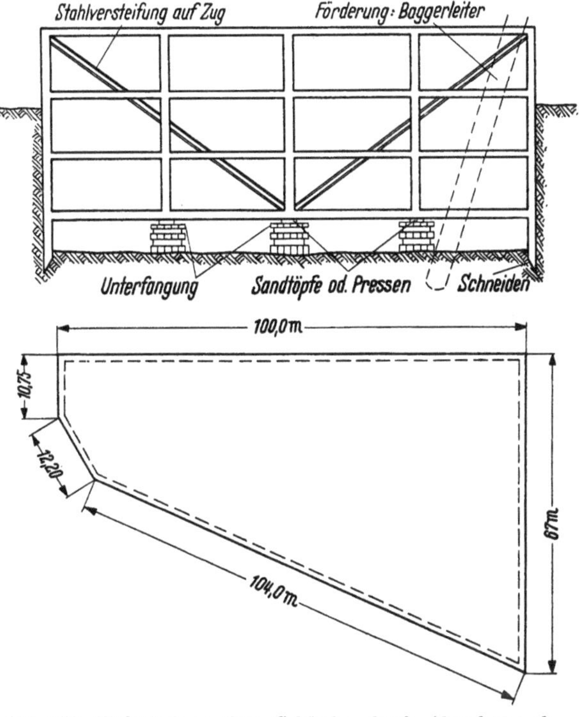

Abb. 358. Tiefgründung eines Gebäudes durch Absenkung als Kellerbrunnen

Lichtsignale gibt, beobachtet. Wenn der Senkkasten in seiner endgültigen Lage ist, wird der ganze Arbeitsraum als Fundamentplatte ausbetoniert. Die Vorteile dieser Methode sind:

1. Ersparung einer Pfahlgründung,
2. Beschleunigung der Ausführung.

Die Methode ist der Firma Takenaka Kommoten patentiert und seit 1938 verschiedene Male angewandt.

Eine andere, bis jetzt wohl einmalige Anwendung ist 1949 in Grangemouth/Schottland vorgekommen.[2] Hier sind unten und oben offene Zellenkästen aus Fertigteilwänden auf Bodenplatten errichtet, die Bewehrung in den Ecken verschweißt und diese betoniert. Dann wurden die Bodenplatten zerschlagen und der Zellenkasten als Brunnen abgesenkt. Beim Erreichen der für die schwimmende Gründung vorgesehenen Tiefe wurden die Kästen durch Einziehen von Sohlplatten abgefangen und diese wasserdicht an die Wände angeschlossen. Die sämtlichen Gebäude einer Ölraffinerie-Erweiterung ruhen auf 19 solcher Zellenblöcke, die praktisch dicht und echte Schwimmgründungen sind.

4.2.13 Kleinbrunnen

Im allgemeinen werden Brunnen mit Greifern ausgehoben. Bei kleinen Ausführungen, bei denen man einen Grenzfall zu den Bohrpfählen hin vor sich hat,

---

[1] Engng. News Rec. vom 20. 9. 1951, S. 40.
[2] Proc. Inst. Civ. Eng. I (1952) Nr. 3, S. 301, und KTB Bauing. (1953) H. 8, S. 286.

kommt aber auch eine Ausschachtung von Hand in Frage, insbesondere wenn nur wenige Brunnen nötig sind. Diese handwerkliche Methode soll in einem wichtigen Beispiel gezeigt werden.

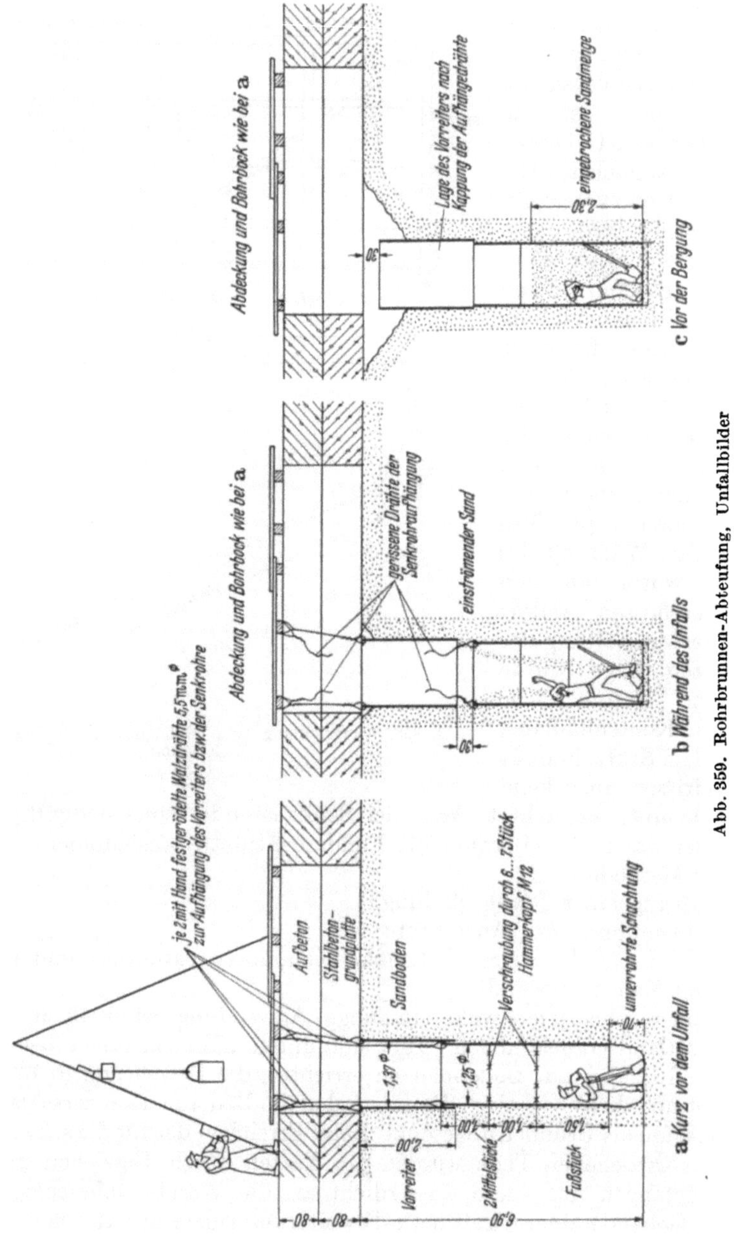

Abb. 359. Rohrbrunnen-Abteufung, Unfallbilder

Es waren Stützenfundamente für einen schweren Kesselunterbau von 1,25 m Durchmesser etwa 6 m tief zu gründen. Grundwasser fehlte. Der Boden war leichter Sand. Hierbei wird zunächst etwa 1 m tief ausgeschachtet und ein Stahlmantelrohr von 2 m Höhe und einem größeren Durchmesser als der endgültige Schacht ihn besitzt, ein sog. Vorreiter, eingesetzt. Dieses Rohr geht nun mit der Ausschachtung um 1 m mit herunter und wird dann nach oben an der Arbeitsbühne aufgehängt. Dann wird ein zweites Stahlmantelrohr mit dem endgültigen Stützendurchmesser in Schüssen von 1,50 m eingesetzt, im Maße der Ausschachtung verlängert und mit heruntergenommen. Die Ausschachtung geschieht von Hand mit Eimerförderung. Der auf der Schachtsohle arbeitende Mann steht im Schutze der Rohre sicher, solange der Vorreiter fest hängt. Wenn die erforderliche Tiefe erreicht ist, wird nach Bedarf die Sohle durch Fußverbreiterung vergrößert, wobei der innere Rohrmantel ebenfalls aufgehängt wird, damit er nicht weiter mit heruntergeht. In diesem Zeitpunkt beginnt die Arbeit gefährlich zu werden.[1]

Man hatte bei 5,20 m Tiefe das innere Mantelrohr mit vier verrödelten Walzdrähten von 5,5 mm Durchmesser festgesetzt und 70 cm tiefer ausgeschachtet, um die Fußverbreiterung auszuheben. Das innere Rohr reichte nur noch 30 cm in den Vorreiter hinein. Plötzlich rissen die Drähte, und das innere Rohr rutschte bis auf die Sohle der Ausschachtung durch, und es enstand ein unverrohrter Ringschlitz von 30 cm Höhe zwischen Vorreiter und innerem Rohr, durch welchen sofort Sand einrieselte, der in wenigen Minuten den Arbeiter auf der Sohle verschüttete. Die Abb. 359 zeigt mit erschreckender Deutlichkeit den tragischen Vorgang; sie zeigt aber auch die Gefahrenpunkte, die man bei der so einwandfrei scheinenden Methode zu beachten hat.

Dieser Fall sollte Anlaß sein, alle derartigen „einfachen" Verfahren auf die möglichen Gefahrenpunkte hin zu studieren, die oft der Urteilsfähigkeit des damit befaßten Führungspersonals entgehen.

4.3 Schwimmkästen und Senkkästen

4.3.1 Einleitung, Zuwasserbringen von Kästen

Der Schwimmkasten ist der spätere Bestandteil eines Bauwerkes, meist das Gründungselement, und aus dieser Funktion bestimmt sich zunächst seine äußere Form. Da Schwimmkästen im Gegensatz zu Senkkästen nicht in den Boden eindringen, sondern nur auf tragfähigem Grund abgesetzt werden, haben sie meist eine breite Grundfläche und sind daher zum Schwimmen gut geeignet. Ihr Hauptvorteil jedoch ist die schnelle Einbaumöglichkeit und der meist mit geringem Aufwand durchführbare Antransport. Als Fertigteile genießen sie den unzweifelhaften Vorteil einer qualifizierten Herstellung.

Sie finden Verwendung bei Pieranlagen und Molen, Leuchttürmen, Ufermauern, Brückenpfeilern, als Unterbauten für schwere Hellinganlagen bei tiefliegenden festen Schichten und bei Deichbauten. Besonders bei letzteren sind sie vortrefflich geeignet als Abschlußkästen, die in einer Stillwasserperiode abgesenkt werden können, wofür die holländischen Arbeiten im Deltagebiet nach der großen Sturmflut vom 1. 2. 1953 ein bewundernswertes Beispiel abgeben.

Das Zuwasserbringen von Schwimmkästen hängt weitgehend von der Herstellungsmöglichkeit ab, wie wiederum die Wasserverhältnisse auf die Herstellung einwirken.

Grundsätzlich sind 2 Wege möglich, entweder kommt das Wasser zu dem im Trockenen hergestellten Kasten und bringt ihn zum Aufschwimmen (I. Trockendock, Schwimmdock), oder der Schwimmkasten wird zu Wasser gebracht (II. Stapellauf, Spindelgerüst, Kran, Abbaggerung des Herstellungsgeländes).

I. Weg. Wenn ein Dock oder eine Schleusenkammer zur Verfügung stehen, ist dies bei einzelnen Kästen der meist wirtschaftlichere Weg, sofern die Gebühren nicht gar zu hoch sind. Zur Zeitersparnis kann hierbei mit Fertigteilen und Spannbeton gearbeitet werden. Vor allem entfällt der Zeitaufwand für die

---

[1] Die Schilderung ist der Zeitschrift Tiefbau der TBG (1957) H. 21, S. 186, entnommen.

Schaffung einer besonderen Anlage. Auch die Anlage eines Dockes, z. B. in Gestalt einer temporären Baugrube neben einem Gewässer, kann ein Ausweg sein, jedoch wirtschaftlich wohl nur dann, wenn es sich um einen einmaligen Vorgang handelt, da im anderen Falle eine teuere Toranlage oder wiederholte Schließung des Abschlußdammes vorzusehen ist und das Abpumpen meist großer Wassermengen Zeit und Energie kostet. Bei Arbeiten im Tidegebiet bietet der wechselnde Wasserstand oft Vorteile, die technische Erleichterungen bringen. So ist hier das *Absetzdock* entstanden, das ist ein Ponton, der bei Ebbe mit Wasserballast unter das auf einem Pfahlrost hergestellte Bauwerk geschwommen wird, mit dem steigenden Wasser gelenzt wird, den Kasten vom Pfahlrost abhebt und mit ihm ausschwimmt.

Die Herstellung im Dock oder in einer Schleuse mit einem festliegenden max. Wasserstand legt dem Schwimmkasten gewisse Beschränkungen durch die Schwimmlage auf, da hohe Kästen dann nur teilweise im Dock hergestellt werden können und nach dem Ausschwimmen an einem Liegeplatz schwimmend aufgestockt werden müssen. Dem kann man dadurch entgegenwirken, daß man die Kästen liegend herstellt und sie mit Kran oder Ballastgabe im Wasser dreht, wenn sie schwimmen (Abb. 360), oder daß man sie in Grenzfällen mit zusätzlichen Schwimmkörpern versieht.

Alle Verfahren des I. Weges haben den Vorteil eines stoßfreien Zuwasserbringens, was sich in der Zulassung hoher Spannungen wirtschaftlich auswirkt.

Die hohe Betongüte unserer Zeit (mit B 300 bis B 600) gestattet es, unbedenklich die Schwimmkästen mit sehr geringen Wandstärken von 15 bis 20 cm auszuführen, wozu der Schiffbau in Stahlbeton bereits vor Jahrzehnten den Weg gewiesen hat. Besonders wenn sie später mit Beton verfüllt werden, kann man mit leichten Kästen evtl. unter Vorspannung eine Benutzung von Docks auch in Grenzfällen ermöglichen, womit man Zeit und Kosten spart.

II. Weg. Besonders wenn es sich um mehrere oder gar zahlreiche Schwimmkästen handelt, ist der Stapellauf üblich, für den eine Helling gebaut oder gemietet werden muß.

Hierbei wird entweder der Schwimmkasten wie ein Schiff auf der schrägen Helling aufgelegt und ausgeführt und gleitet auch ebenso ins Wasser, oder er wird auf einer zunächst waagerecht über der Helling auf Spindeln, Pressen, Sandtöpfen oder Keilen ruhenden Arbeitsbühne hergestellt und nach der Fertigstellung auf schräg liegende Gleitfugen abgesetzt, auf denen er ins Wasser gleitet, oder man baut eine keilige Arbeitsbühne, ein Fahrgestell auf Radsätzen, die mit dem Kasten zu Wasser geht und nach dem Abschwimmen des Kastens wieder aufgenommen wird. Besonders wenn zahlreiche Kästen anzufertigen sind, wird ein solcher Rollschlitten praktisch. Die Helgen liegen dann meist in der Mitte des Herstellplatzes, und die fertigen Schwimmkästen werden im Längstransport über den Querschlitten gebracht und abgesetzt. So läßt sich ein Herstellplatz wie eine Fabrik einrichten und ein regelrechter Arbeitsrhythmus innehalten. Während man bei den Unterwagen nur von einem „Zuwasserbringen" sprechen kann, wobei der Kasten kaum zusätzlichen dynamischen Beanspruchungen ausgesetzt ist, handelt es sich bei dem gleitenden Zuwasserlassen um einen echten Stapellauf mit allen seinen zusätzlichen Beanspruchungen.

Bei Schwimmkästen aus Stahlbeton und meist auch bei denen aus Stahl wird ein Querstapellauf richtig sein, weil dabei der Kasten die geringere Beanspruchung erfährt und schließlich die Auslaufstrecke kürzer ist. Wenn irgend möglich, wird man die Helling so weit ins Wasser führen, daß der Kasten frei aufschwimmen kann und nicht ins tiefere Wasser abkippen muß, weil er hierbei neben starken Beanspruchungen auch erhöhte Kräfte auf die Hellingkante ausübt. Ein Vorteil der Hellinge ist die kaum beschränkte Herstellhöhe der Schwimmkästen, da man hier die Wassertiefe vor den Helgen voll ausnutzen kann.

4.3.2 Stapellauf von Schwimmkästen

Bei einer Mole im Hafen von Fiume (1932/33) sind 26 Senkkästen mit verbreitertem Fuß über einer schrägen Ablaufhelling zunächst auf Schlittenkufen und Sandtöpfen hergestellt; erst kurz vor dem Absenken wurde die Laufbahn mit Talg und Seife eingeschmiert.

Beim Ablassen kam dann der Kasten, der bei 22 normalen Kästen je 213,5 t wog, in die für den Ablauf richtige Schräge und lief mit einer Lastkomponente längs der Bahn von 43,5 t mit einer Einheitspressung von 2,65 kg/cm² auf den Kufen ab. Die Phasen der Schwimmfähigkeit und den zur Verminderung der Tauchtiefe beim Ablaufen angesetzten Schwimmer an dem schwereren Sohlenende zeigen die Abb. 360 a–d.[1] Abb. 360 e zeigt als Erinnerungsstütze die Verhältnisse beim Kentern bei einfacher Ermittlung des Metazentrums.

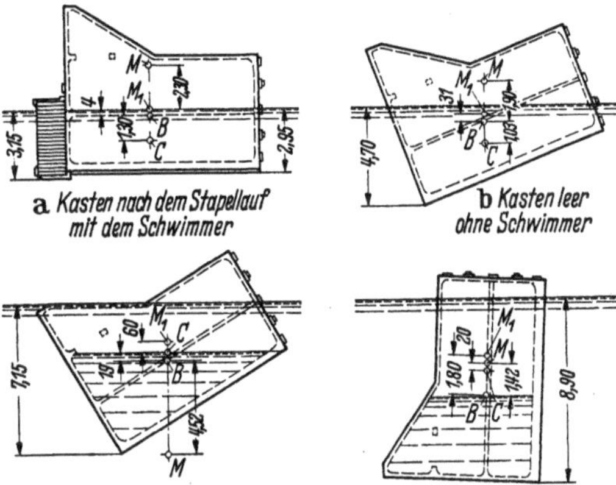

Abb. 360 a—d. Drehen von Schwimmkästen einer Mole nach dem Stapellauf

In ähnlicher Weise sind in Montevideo auf einer nur 36,5 m langen Helling Rohrkörper von 28 m Länge und 4,20 × 3,50 m Querschnitt für einen Kühlwassereinlauftunnel in Querrichtung zu Wasser gelassen. Abb. 361 zeigt diese Anordnung, bei der ein Schlitten mit schrägen Kufen und waagerechter Arbeitssohle die auf einer Seite liegenden Rohrschüssen zu Wasser gleiten ließ, die sich erst im Wasser in die Versenklage drehten.[2]

Gegenüber dem Längsstapellauf, der im Schiffbau klassisch ist und dessen Mechanik theoretisch längst klargestellt ist, ist der Querstapellauf für Schwimmkästen des Grundbaues fast immer die Regel. Normalerweise

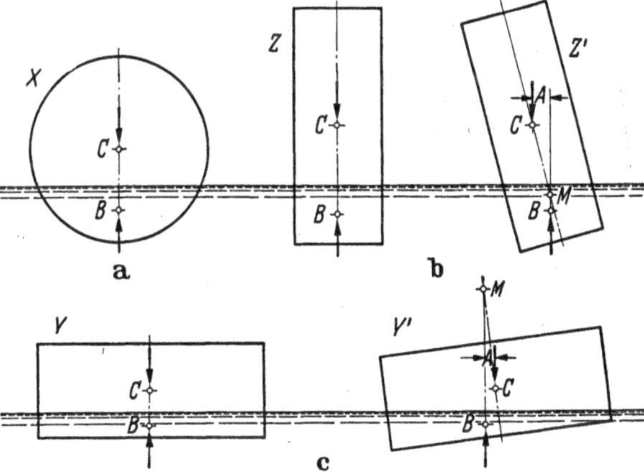

Abb. 360 e. Stabilität und Metazentrum

treten keine kritischen Situationen auf. Wenn allerdings ein Abspringen des Kastens von der unteren Hellingkante eintritt, so interessiert eine rechnerische Verfolgung des Vorganges besonders dann, wenn vorspringende Teile am Kasten angebaut sind, die evtl. beim Kippen und Zurückkippen auf die Helgenenden schlagen könnten.

Eine instruktive Darstellung des Vorganges beim „Springen" mit anschließendem „Dumpen" zeigt Abb. 362, welche einen rechnerisch ermittelten Vorgang darstellt, der durch kinematographische Kontrolle bestätigt wurde.

---

[1] Entnommen KTB, Bauingenieur (1934) H. 25/26, S. 268.

[2] W. KOSSMANN: Die hydraulischen Bauwerke des staatlichen Elektrizitätswerkes in Montevideo und anderer Großkraftwerke in Argentinien. Bauingenieur (1932) H. 39/40, S. 489. (Ein in vieler Hinsicht beachtenswerter Aufsatz.)

Erstaunlich ist die überaus kurze Bremsstrecke und die schnelle Beruhigung der Bugwelle, die in keiner Weise zum Aufschaukeln des Dumpens führt.

Eine Berechnung des Querstapellaufes von Schiffen, welche sich für Schwimmkästen ebenso einfach durchführen läßt, findet sich in der Literatur.[1]

Man hat es in der Hand, die Schwimmkästen durch Formgebung oder Ballast, der innen durch Sand oder Wasser oder durch Beton (Sohlenverdickung,

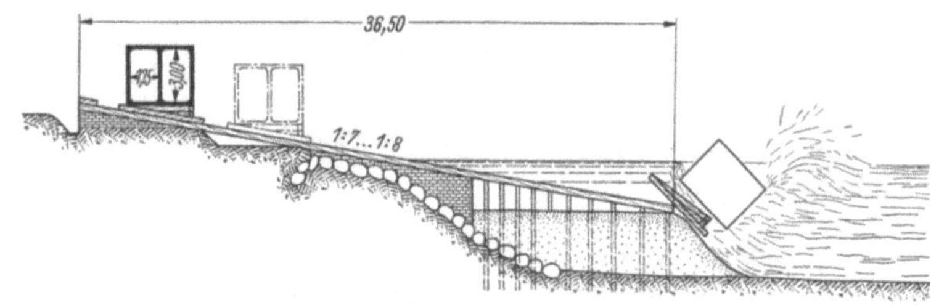

Abb. 361. Stapellauf mit Schlitten

Füllbeton) und außen evtl. durch angebaute Holzkästen, Schwimmgefäße oder Spundwandbauten mit entsprechenden Füllungen gegeben werden kann, in jeder gewünschten Lage schwimmstabil zu halten. Wenn Schwimmkästen für Ufer-

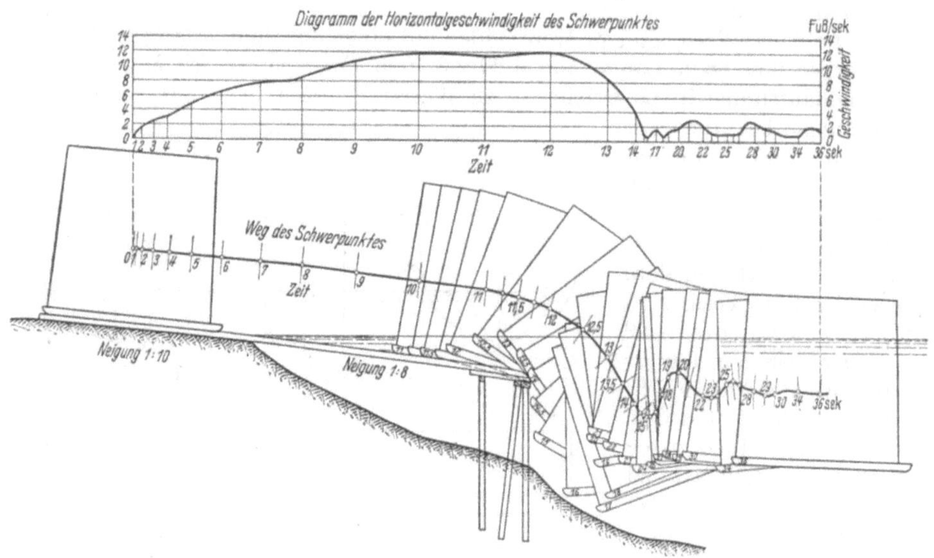

Abb. 362. Eintauchphasen und Ablaufgeschwindigkeit

mauern angeführt werden, bei denen nur eine Längswand als Außenseite dient, so kann zur Ersparnis von Beton die landseitige Längswand wesentlich schwächer gehalten werden, wodurch eine Schräglage beim Schwimmen auftritt, die aber ausgeglichen werden kann. Beim Neubau des Hafens Gdingen wurden etwa 8 km Ufermauer nach Abb. 363a hergestellt. Die Kästen waren 6,00 m breit und 10,10 m hoch bei Längen von 18,25 bis 30,50 m. Die Schmalseiten waren mit einer Art Nut-Feder-Führung gegeneinander gesichert. Die Innenmauer war beträchtlich dünner als die Außenwand.

---

[1] VÖLTER: Die Berechnung des Querstapellaufs. Hansa (1949) Schiffbau, Hafenbau S. 1045—46 u. 1101—04.

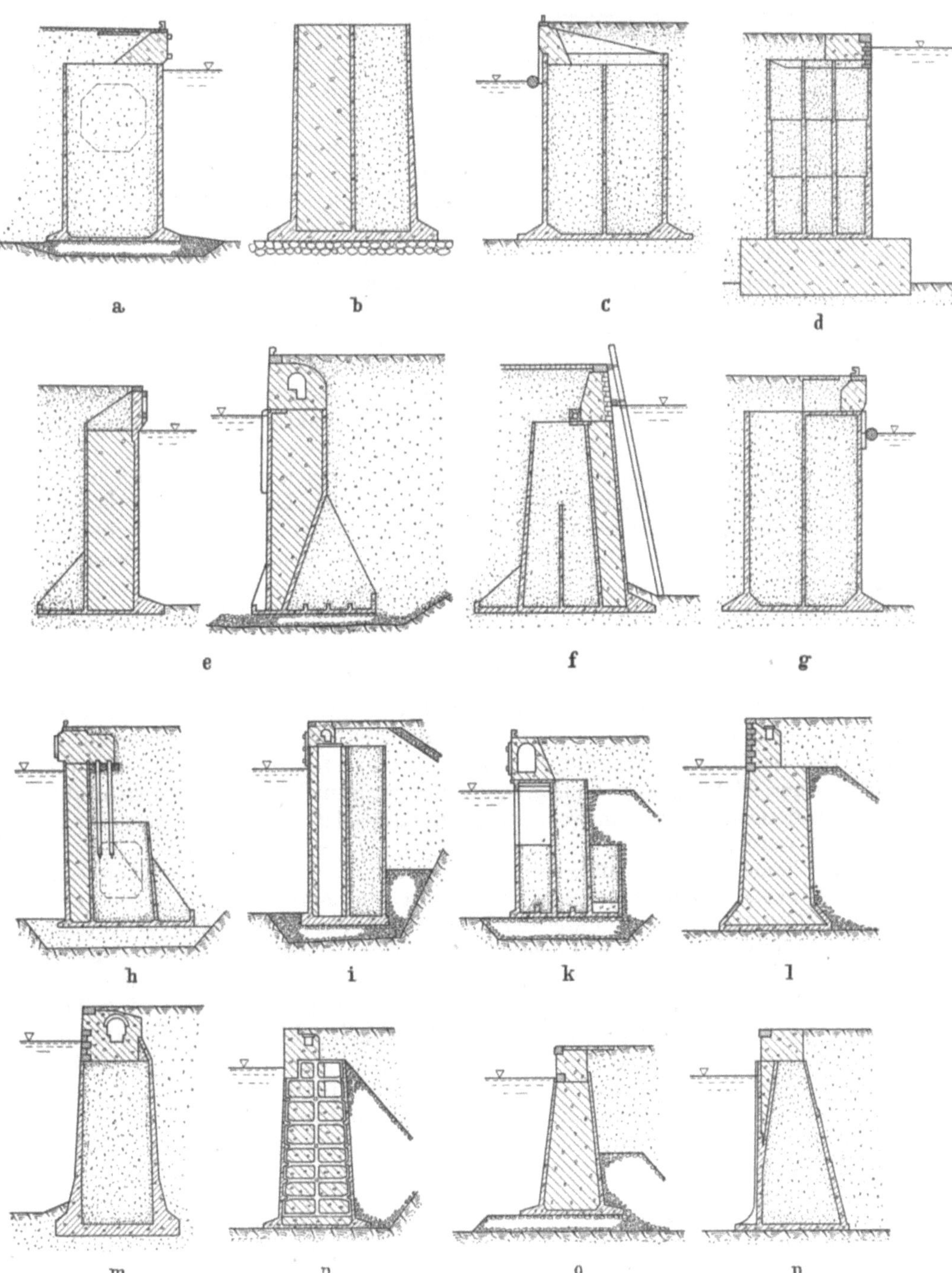

Abb. 363. Schwimmkästen von ausgeführten Ufermauern

Ein besonders interessantes Verfahren beim Hellingablauf ist das Kippverfahren[1], entstanden aus dem Gedanken, eine waagerechte Herstellung ohne

[1] M. Arens: Das Kippverfahren zum Einleiten des Stapellaufs von Eisenbetonschwimmkästen. Jb. HTG. 14 (1934/35) S. 97—122.

Keilschlitten zu ermöglichen und dennoch den Ablauf auf schrägen Ablaufkufen vorzunehmen. Hierbei wird der Kasten zur guten Hälfte auf einer Plattform oberhalb der Helling, zur knappen Hälfte auf einem festen Keilgerüst über der Helling hergestellt. Nach der Erhärtung des Betons wird das Keilgerüst, das weniger als ein Viertel eines Keilschlittens oder des Keilgerüstes für die ganze Breite des Kastens kostet, entfernt und der Kasten durch rückwärtiges Anheben über die Hellingskante auf Kufen gekippt, auf denen er dann sofort abläuft. Der Kippvorgang erlaubt eine stärkere Neigung, als jede andere Helling sie bisher aufgewiesen hat; diese Helling kann also kürzer sein und erhält beim Ablauf geringere Beanspruchungen als eine flach geneigte Helling.

Schließlich kann man an Helgenlänge sparen, wenn man die ablaufenden Kästen mit zusätzlichen Schwimmkörpern versieht, die zunächst ihren Tiefgang mindern. In besonderen Fällen kann auch die Herstellung auf dem Gelände erfolgen, das zum Stapellauf abgebaggert wird. Diese Lösung wird aber eine Ausnahme bleiben, denn sie ist an die Herstellung der Aushubarbeiten für andere Zwecke gebunden, um wirtschaftlich zu sein, d. h. praktisch an die Neuanlage von Häfen, wie das bei Gdingen der Fall war.

Die nachfolgenden Einzelheiten und Beispiele können keinen Anspruch auf Vollständigkeit aller Möglichkeiten der konstruktiven Durchbildung erheben, sie geben aber einen Eindruck der hierbei auftretenden vielfältigen Probleme, die zu den reizvollsten Aufgaben des Grundbaues gehören. Um die Freiheit des Konstrukteurs zu zeigen, ist eine Tafel mit Beispielen von Schwimmkästen beigegeben, die ohne nähere Erläuterung verständlich sein dürfte (Abb. 363).

4.3.3 Die Gründungssohle

Die Vorbereitung der Sohle, auf welcher die Schwimmkästen abgesetzt werden sollen, besteht in der Entfernung der oberen Schlammschicht, was durch Spülung, Saugbagger oder Greifer und Eimerbagger je nach Konsistenz des Bodens und Tiefenlage geschehen kann. Bei felsigem Untergrund müssen alle hervortretenden Kanten entweder weggesprengt oder hinreichend hoch überschüttet werden.

Das Planum für das Aufsetzen der Kästen muß sorgfältig abgeglichen sein und soll nur aus Steinen gleicher Größe bestehen, damit sie sich infolge eines großen Hohlraumvolumens unter der Last des Gründungskörpers in den Untergrund eindrücken können. Wenngleich hierdurch die Auflagerfläche gleichmäßig wird, so ist doch der Reibungswiderstand gegen seitliche Verschiebung des Kastens auf dem groben Material ein Minimum. Aus diesem Grunde muß über der gröberen Packlage noch eine Feinschicht aufgebracht werden, die nicht in die Hohlräume der Packlage eindringt, sondern als Feinplanum erhalten bleibt.

Durch Anordnung kurzer, schneidenähnlicher Rippen kann ein Eindringen des Fundamentkörpers mit einer guten Verzahnung in die obere Bettung erreicht werden. Wenn die kammerähnlichen Unterflächen dann später noch durch Feinbeton oder Mörtel verpreßt werden, ist ein satter Anschluß der Grundfläche an die Bettung erreicht.

Ein Beispiel hierfür bietet die Tanker-Löschanlage der unterirdischen Kraftzentrale Portzic bei Brest, für welche aus anderen Bauteilen frei gewordene Schwimmkästen benutzt wurden.[1]

Diese Anlage besitzt daher einen etwas ungewöhnlichen Querschnitt (Abb. 364). Sie ist dem westlichen Teil des Wellenbrechers vorgelagert, mit dem sie durch eine 40 m lange Stahlbrücke verbunden ist und gewährleistet auch bei niedrigstem Wasserstand eine Wassertiefe von 11,50 m. Es sind 2 Anlegepfeiler mit je zwei übereinandergesetzten Schwimmkästen von 24,00 × 10,60 m Grundfläche

---

[1] Travaux (Dezember 1953) S. 548.

mit 22,50 m Zwischenraum abgesetzt und untereinander durch eine Stahlbrücke verbunden. Die unteren Kästen sind 14,0 m hoch und haben 0,30 m Wanddicke. Die oberen mit dem gleichen Grundriß haben eine vordere Wandhöhe von 6,80 m. Die Gründungssohle besteht aus einer mit Klappschuten eingebrachten Grobsteinschüttung, die unter dem Senkkasten vorne 3,0 m, hinten 2,0 m dick ist. Die eigentliche Aufstandsfläche war mit Grobkies verfüllt und vom Taucher abgeglichen. Im Hinblick auf die schräge Lage des Untergrundes hatte man Befürchtungen, daß die Kästen im Laufe einer Setzung nach vorne kippen

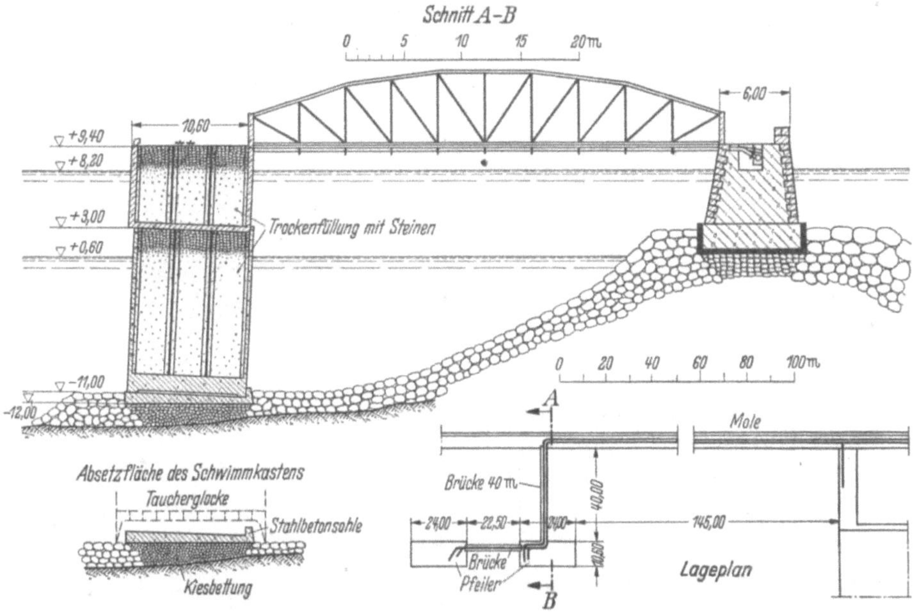

Abb. 364. Löschpier der Tankeranlegestelle in Brest

könnten. Man beschloß, sie vorsorglich nach rückwärts zu neigen und führte dafür eine 1:20 geneigte Stahlbetonsohle, vorne 1,0 m, hinten 0,75 m dick, mit Rundstahl $\varnothing$ 12 bewehrt, mit einer hinteren Anschlagsmauer im Schutze einer Taucherglocke aus. Um ferner die Möglichkeit einer späteren Verlegung der Anlage zu behalten, wurden die Kästen nicht mit Beton, sondern nur mit Kies- und Steinmaterial gefüllt, das man — wenn auch unter hohen Kosten — wieder herausnehmen kann. Die oberen Kästen sind bei günstiger Tide eingeschwommen und gegen einen hinteren Anschlag des unteren Kastens gesetzt. Sie stehen dadurch vorne etwas über den unteren Kasten vor, was mit Rücksicht auf die schwächere Wanddicke des unteren Kastens (0,30 m) erwünscht ist. Die vordere Wand der oberen Kästen ist 0,50 m dick und gegen Schiffsstoß bewehrt. Jeder Pfeiler besitzt einen 30 t-Poller und eine Steigeleiter.

4.3.4 Transport von eckigen Schwimmkästen

Meist wird der Transportweg nicht allzulang sein und es bedarf keiner besonderen Überlegung oder Ausrüstung hierfür. Wenn eine scharfe Gegenströmung auf längere Strecken zu überwinden ist, wird man evtl. einen Kiel vorbauen, bei kurzen Strecken kann man die Strömung durch Vorausanker und Winden an Deck überwinden, wobei man bei hohen Kästen das Seil tief angreifen läßt, wie dies Abb. 356, S. 367, zeigt.

Oft sind die Kästen in beiden Richtungen recht breit und bieten erheblichen Schwimmwiderstand. Deshalb hat man unlängst in Frankreich das Abschleppen von Plattformen für Ufermauern, die Schwimmkörper von 25,30 × 33,55 × 5,25 m darstellten und 1300 t wogen, durch Modell im Versuchsbecken studiert und hierbei festgestellt, daß es zweckmäßig ist, sie parallel zu einer ihrer Seiten, also breitseitig zu schleppen und nicht diagonal, wie man eigentlich meinen könnte, weil beim diagonalen Zug der Kurs nicht mit hinreichender Genauigkeit zu halten ist. Die Abschleppgeschwindigkeit betrug 800 m pro Stunde.

Zum Studium der Einschwimmmöglichkeiten sei hier auf die Arbeiten beim An-Ort-Bringen der Druckluftsenkkästen für die Donau-Brücke in Linz verwiesen, die 3,5 km gegen den Strom geschleppt werden mußten.[1]

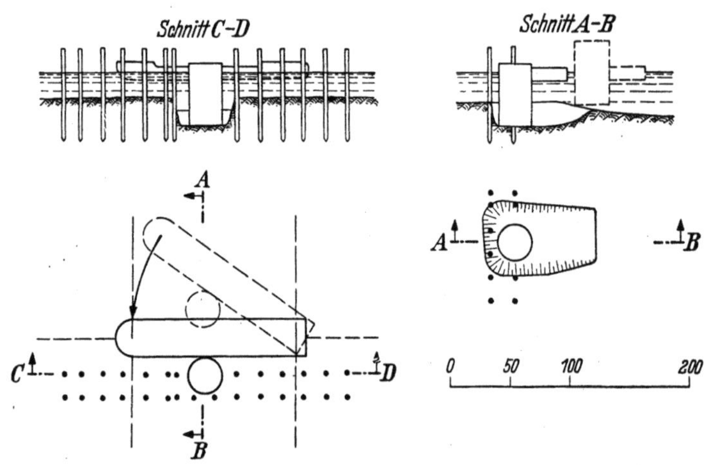

Abb. 365. Einfahren und Absenken eines runden Senkkastens mit Hilfe eines Schiffsgefäßes

Runde Kästen. Für das Einfahren und Absetzen eines runden Schwimmkastens kann man sich des Verfahrens bedienen, das in Abb. 365 angedeutet ist.[2]

Mehrere Brunnen von etwa 10 m Durchmesser waren als Anlegepfeiler für einen Esso-Ölpier anzusetzen. Man brachte sie einzeln längsseitig eines 52 m langen Schiffes und setzte sie hier mit 2 Drahtseilen in 4 Winden fest. Der Schiffskörper war mit dieser Last leicht zu verfahren und konnte an Ort mit 6 Ankern wesentlich leichter positioniert und gehalten werden als etwa der runde kleinere Senkkasten beim Absenkvorgang für sich allein. An Führungshölzern gleitend und von Drahtseilen gehalten, brachte man ihn durch Öffnen zweier Ventile von 25 cm Durchmesser zum Absinken auf die vorher von Tauchern eingeebnete und mit Kies einnivellierte Grundfläche. Der Schwimmkasten wurde dann selbst mit Kiessand verfüllt und auch die Baggergrube wieder zugeschüttet, um den früheren Meeresgrund wiederherzustellen und den Schwimmkasten im Boden zu verspannen.

4.3.5 Kombination: Schwimmkasten-Pfahlgründung

Der Schwimmkasten eignet sich ähnlich wie der Keller bei Hochhäusern als schwimmende Gründung, wenn er stets über den Auftrieb hinaus belastet bleibt. Solche Verhältnisse sind nicht einmal selten, und diese Kombination empfiehlt sich, wenn der Untergrund sehr tief liegt. Die Kombination mit einer Pfahlgründung bietet sich dann leicht an, wobei naturgemäß Stahlpfähle bevorzugt werden, sofern nicht ein vorhandener Pfahlrost benutzt werden kann. Als Beispiele hierfür zwei neuere Ausführungen.

---

[1] DBV-Vorträge 1949, S. 265 ff.   [2] Civ. Engng. & Publ. Works (Februar 1953).

Die Hauptpfeiler der Tappan Zee-Brücke über den Hudson sind auf Stahlbetonhohlkästen von $30 \times 27 \times 12$ m gegründet, die beiden Seitenpfeiler auf ähnlichen Kästen mit $23,5 \times 38$ m Grundfläche und vier weitere Pfeiler erhielten solche von 13×33 m Fläche.

Die Abmessungen der völlig eingetauchten Kästen unter den Hauptpfeilern ergeben nach Abzug ihres Eigengewichtes einen verfügbaren Auftrieb in der Größenordnung von 3000 t und entlasten damit die Pfahlgründung, die auf den bis 80 t tiefliegenden Felsgrund reichen muß. Es sind hier durch die Kombination zweier Gründungsmethoden erhebliche Rammkosten erspart, denn die Senkkästen nehmen 80%, die Pfähle nur noch 20% des Eigengewichtes der Konstruktion auf (Abb. 366).

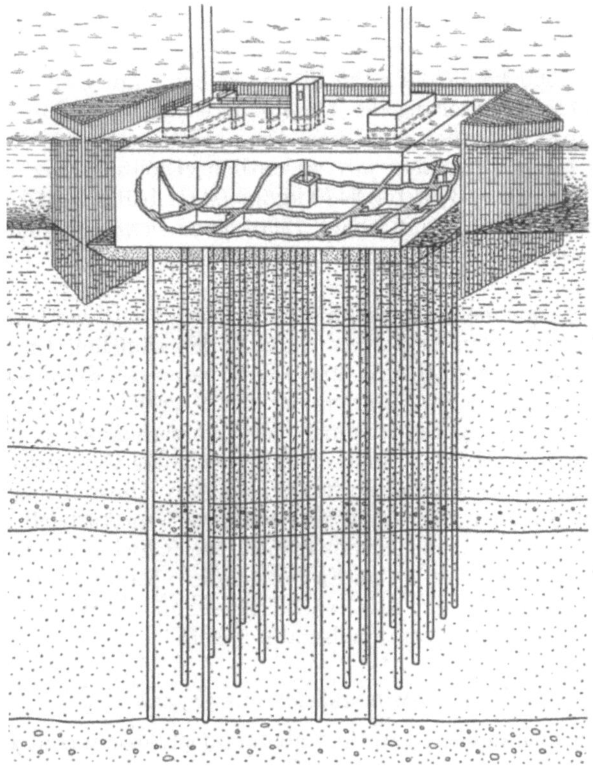

Abb. 366. Schematische Darstellung der Pfeilergründung der Tappan-Zee-Brücke

Hergestellt wurden diese Kästen in 16 km Enfernung vom Brückenbauplatz in einer Senke neben dem Fluß, die man zum Trockendock machte. Die Grundplatte und die Decke der Senkkästen haben eine Dicke von 0,765 m, die Wände 0,825 m bzw. Verstärkungen auf 1,13 m dort, wo die Pfähle in sie einbinden. Die beiden größten Kästen sind in je 24 Räume eingeteilt, die mittleren in 12, die kleinen in 8 Räume. Lüftungskanäle und Wasserlöcher verbinden alle Räume miteinander.

In den Wandverdickungen waren für die Pfähle durchgehende Schächte gelassen, deren Wandungen mit gewelltem, verzinktem Blech versehen waren. Durch diese Öffnungen wurden Stahlrohrpfähle von 75 cm Durchmesser bis auf den Felsuntergrund hinuntergebracht, wozu teilweise Längen bis 80 m erforderlich waren. Dann wurden die Rohre entleert, ausbetoniert und durch Verfüllung der Schächte in den Mauern zum tragenden Bestandteil der Gründung gemacht. Sowohl während der Ausführung wie auch für die Dauer wurde und wird die Schwimmfähigkeit der Kästen auf dem erforderlichen Wert gehalten, indem man das Wasser aus den einzelnen Räumen nach Bedarf herauspumpt. Hierfür enthält jeder Kasten 2 Pumpen in einem Pumpensumpf, in dem alles Kondens- und Drängwasser zusammenläuft. Für den ,,Kleinbedarf'' hat man eine Pumpe mit 2250 l/Min., als Reserve für Notfälle eine solche von 10 000 l/Min. Für alle Kästen werden die Pumpen von einem Zentralraum aus gesteuert. Über Falltüren und Leitern sind die mit festen Lichtanlagen versehenen Räume der Kästen dauernd zugänglich.

Die Pieranlage 57 in New York gibt das zweite Beispiel.

Im Jahre 1947 war die Pier 57 abgebrannt. Das überwiegend hölzerne Bauwerk stand auf Holzpfählen, die sämtlich bis auf die Wasserlinie zerstört wurden. Die Pfähle waren unter Wasser noch einwandfrei in Ordnung. Das Herausziehen eines Pfahlrestes dauerte mit schwerstem Hebezeug 12 Std., so daß man darauf verzichtete, die 3000 Pfähle der alten Pier zu ziehen. Man vermied dadurch auch eine sehr weitgehende Störung des Untergrundes. Man mußte nun die Pfähle in das neue Bauwerk mit hereinnehmen. Die neue Pier ist, wie die Vorgängerin, zweigeschossig ausgeführt, aber mit wesentlich erhöhten Tragfähigkeiten ausgestattet. Das Erdgeschoß ist für 3470 kg/m² (statt früher 2400) und das Obergeschoß mit 1900 kg/m² (statt früher 1200) bemessen. Um eine bessere Verkehrsmöglichkeit zu schaffen, ist auch das Obergeschoß für LKW befahrbar gemacht.

Bei dieser erheblichen Lastzunahme war natürlich mit den Holzpfählen nicht mehr auszukommen. Man hat daher diese Pfähle sämtlich 1 m unter der zukünftigen Sohle abgeschnitten und einen Unterbau aus 3 Stahlbetonkästen, von denen zwei je 27 000 t schwer waren, der dritte 25 000 t wog, aufgesetzt. Das Absetzen geschah durch Einbringung von Wasserballast in die vollständig geschlossenen Kästen. Mit der Zunahme des Gewichtes beim Aufbau wurden die Betonkästen entleert, so daß sie Auftrieb erhielten. Obwohl das jetzt dreifach höhere Gewicht auf den Kästen lastet, ist durch den Auftrieb die alte Pfahlgründung nicht höher beansprucht als früher. Die Schwimmkästen stehen unter einem max. Wasserdruck von 1 atü. Es gelang, diese Räume vollkommen trocken zu bekommen. Damit ist ein ideales Kellergeschoß von 9000 m² Grundfläche gewonnen, das sich als Lagerraum bezahlt macht.

4.3.6 Schwimmkästen aus Spannbeton

Die ersten Schwimmkästen in Spannbetonkonstruktion sind auf Grund von Entwürfen Freyssinets für den Kai Laninon und den Damm für die Helling 10 im Hafen Brest ausgeführt.[1] Damals war die Bündelverankerung von Freyssinet noch nicht endgültig entwickelt und man hatte noch schwerfällige Spannköpfe mit Kapselpressen verwenden müssen. Das war teuer und technisch schwierig, aber derartige Aufträge sind für jede neue Bauweise als Entwicklungsstufe wünschenswert und nötig.

Die erste Ausführung von Schwimmkästen mit Spannbündeln ist in den Jahren 1946/47 zu verzeichnen; sie ist ausführlich in der Literatur beschrieben.[2]

Es handelt sich um drei gleiche Kästen mit der Grundfläche 9,20 × 17,90 m bei 14 m Höhe und einem Gewicht von 1300 t, bestimmt zum zeitweiligen Verschluß der großen Durchfahrt im Zellendamm, die für Wiederherstellungsarbeiten an den Hellingen 8 und 9 im Hafen von Brest durch Ein- und Ausschwimmen dieser Schwimmcaissons benutzbar gehalten werden mußte. Die Caissons unterlagen daher wechselnden Beanspruchungen: wenn sie schwammen dem äußeren Wasserdruck bei etwa 9,0 m Tauchtiefe, wenn sie als Dammver-

---

[1] Travaux (November 1941).   [2] Travaux (Januar 1949).

schluß wirkten dem Druck, der mit dem äußeren Wasserstand durch Schütztafeln in den Wänden ausgespiegelten Wasserfüllung. Außerdem besaßen sie eine untere Arbeitskammer, damit die Sohle der Durchfahrt gelegentlich kontrolliert werden konnte bzw. dem dichten Anschluß an die Sohle nachzuhelfen war und die Kästen später einmal irgendwo endgültig als Druckluftsenkkästen eingebaut werden konnten.

Bei dieser vielseitigen und wechselnden Beanspruchung als Fahrzeug und Bauwerksteil — zusätzlich eingeschränkt durch die Begrenzung der Eintauchtiefe auf 9 m — war die Ausführung als Spannbetonkonstruktion eine ausgezeichnete Lösung. Die Wände und die Arbeitskammerdecke sind mit zentrisch liegenden Bündeln von je 12 $\varnothing$ 5 mm bewehrt. Jeder Senkkasten enthält nur 18 t Spannstahl und 2,2 t Normalstahl.

Da die Herstellung in einem alten U-Boot-Dock vor sich ging, das allseitig geschlossen war, konnte man die mit Bitumenpapier umwickelten Spannbündel alle aufhängen. Die Spannbündel besaßen zwar keine Hüllrohre — weil man sie sparen konnte — jedoch die übliche innere Stahldrahtwendel, so daß die Bündel nach dem Spannen von innen her mit Mörtel injiziert werden konnten.

4.3.7 Schwimmkästen für den Deichbau, Dock- und Molenbau

Die schnelle Versetzmöglichkeit macht den Schwimmkasten auch für den Deichbau reizvoll, und es fehlt nicht an Vorschlägen für deren zweckmäßige Ausgestaltung. Wegen der großen Deichlängen, um die es sich aber meist handelt, ist die Kostenfrage wohl das Haupthindernis einer praktischen Entwicklung dieses Gedankens. Bei Katastropheneinsätzen ist der Schwimmkasten aber unentbehrlich, nur wenn der Einbau mit Schwimmkränen möglich ist, sind brunnenartige Deichkörper besser, weil sie sofort im Boden festen Fuß fassen.

Berühmt geworden sind die Phoenix-Schwimmkästen, die bei der Landung 1944 von England über den Kanal geschleppt wurden. Sie waren 62 m lang, 18,9 m breit und ebenso hoch. Später sind sie, soweit möglich, repariert — ein Sturm hatte sie kurze Zeit nach der Landung erheblich auseinandergerückt und teilweise waren sie auch durch Bomben und Artillerietreffer beschädigt — und weiter verwendet, z. B. bei der Schließung der Hauptbruchstellen der Deiche im holländischen Deltagebiet[1] und bei Arbeiten im Hafen von Stockholm.[2]

Als die Holländer vor die Notwendigkeit gestellt waren, die Sturmflutschäden vom 1. 2. 1953 kurzfristig zu beseitigen, haben sie etwa 500 Schwimmkästen nach Abb. 367 als Universalfertigteile für viele Deichlücken hergestellt. Die Aufsatzkästen ermöglichten eine gute Anpassung an die jeweiligen örtlichen Bedürfnisse; sie bildeten den späteren Kern der Deiche und gaben ihm eine hervorragende Festigkeit.

Eine Sonderform der Kästen für den Deichbau bilden die Durchlaßschwimmkästen, die für die endgültige Schließung der großen Deltamündungen vorgesehen sind. Sie sind aus ihrer Funktion heraus verständlich, die kurz geschildert werden soll.

Die Abschließung eines Deltaarmes ist nicht wie die der Zuidersee nur gegen ein- und ausflutende Gezeitenströmungen zu bewältigen, da ständig große zusätzliche Wassermegen und u. U. auch Treibeis vom Binnenland andrängen. Deshalb kann eine Schließung der Öffnung nicht allmählich erfolgen, indem ein Damm durch die Mündung von beiden Ufern her vorgetrieben wird. Der Abschluß muß vielmehr eine dem ständigen Abfluß bei Stillwasser entsprechende

---

[1] Dr.-Ing. E. Bachus: Der Deltaplan, eine Aufgabe der heutigen Generation. Bauingenieur 32 (1957) H. 3, S. 78.

[2] P. Leimdörffer: War harbor caissons towed to Stockholm for a pier. Sonderdruck ENR.

Öffnung während der Bauzeit besitzen. Hierfür werden als erster Bauabschnitt
große Strecken eines Wehres gebaut, das erst dann endgültig geschlossen wird,
wenn die Anschlußdämme an dieses Wehr fertig sind. Abb. 368a zeigt die Konstruktion eines solchen festen Wehres aus Schwimmkästen. Im Endeffekt sind
auch diese Kästen feste Bestandteile des Abschlußdammes, wie Abb. 368b zeigt.
Dort, wo ein Auslaß für die Flußmündungen bleiben muß, sind feste Dämme

Abb. 367. Schwimmkästen und Aufsetzkästen als Deichbaumaterial

nicht möglich, hier werden dann Schleusen angewendet. Ausführliche Angaben
in der Literatur. [1]

    Eine interessante Ausführung von Senkkästen ist beim Bau des Trockendocks im Nordhafen von Kopenhagen gewählt, dessen Seitenwände aus 35 Senkkästen von 17 m Höhe, 6,5 m unterer Breite und 14,6 m Länge gebildet sind. [2]
Der Hinweis möge genügen.

---

[1] Siehe Fußn. 1, S. 381.
[2] Ingeniøren vom 24. 11. 1956, S. 931—944.

Zu den wenigen Ausführungen, welche im deutschen Küstengebiet in den letzten Jahrzehnten vorkamen, gehört die 270 m lange Neue Westmole auf Helgoland.[1] Die Schwimmkästen wurden in einer Kammer der Schleuse in Holtenau hergestellt, dort aufgeschwommen, durch den Kanal und über See geschleppt und auf eine vorbereitete Gründungssohle abgesetzt. Jeder Kasten war 30 m lang. 8 m breit und etwa 11 m hoch. Den Normalquerschnitt zeigt Abb. 369, den 7 Kästen aufwiesen. Die beiden anderen Kästen hatten an der Sohle an Stelle der Schneidenhöhe von 0,70 m eine regelrechte Arbeitskammer von 2 m Höhe, die mit 2 Schächten und Druckluftschleusen zugänglich war.

Diese Kammern hatten bei ebenfalls 30 m Länge eine vergrößerte Breite von 10 m. Sie wurden zunächst auf den unvorbereiteten Meeresgrund abgesenkt, und dann in ihnen unter Druckluft das Fundament für die spätere Gründung vorbereitet und die winkelförmigen Aufsatzrahmen für die Molenkörper betoniert. Auf diese Flächen wurden dann die nachfolgenden Normalkästen abgesetzt, und deren Unterfläche mit Kontraktorbeton verfüllt, während die sog. Arbeitskästen auf ihrer letzten Station

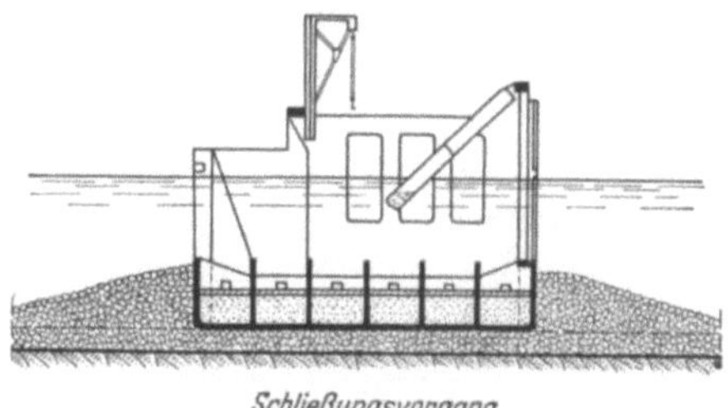

Abb. 368a
Durchlaßschwimmkasten mit Wehrverschluß

verblieben, nachdem der 2 m hohe Arbeitsraum ebenfalls mit Kontraktorbeton gefüllt worden war.

Die Baukosten der Mole betrugen rund 24 200 DM/lfm.

Diese Ausführung entspricht im Prinzip dem Verfahren, das schon vor 1930 bei der Gründung der beiden Strompfeiler für die Brücke bei Plougastel

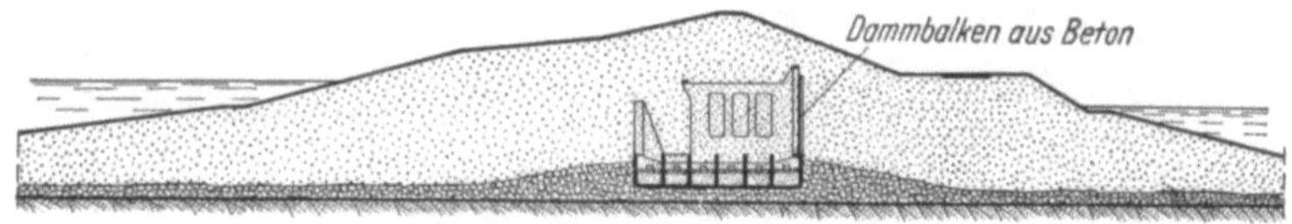

Abb. 368b. Abschlußdämme der holländischen Deltaplanung

angewendet wurde.[2] Hier wurde der eine Pfeilerkasten zunächst als Taucherglocke zur Vorbereitung der Bettung des anderen Pfeilers abgesetzt und stellte das Planum und Sackbetonauflager für die richtige Lage des zweiten Pfeilerkastens her, bevor er an seinen endgültigen Platz gebracht wurde.

Zum Abschluß dieses Abschnittes soll in Abb. 370 eine kurze Darstellung in Bildern von einer um 1933 in Montevideo ausgeführten Ufermauer berichten. Die Stützkörper sind 8 eckige Schwimmkästen, die paarweise eine gemeinsame Seite haben. Durch die Stellung abwechselnd längs und quer zur Fluchtlinie entsteht eine ausgezeichnete Querstabilität der Anlegestelle. Die Schwimmkästen sind am Strande hergestellt, auf Bohlwegen zur Helling transportiert, halbfertig zu Wasser gelassen und mit Kranhilfe unter leichtem Anheben auf eine vorbereitete Steinschüttung gesetzt, dann zunächst mit Wasserballast standfest gemacht, hochbetoniert und schließlich mit Sand verfüllt und mit einem Deck aus Stahlbetonfertigteilen versehen. Das Hafengelände hinter der Mauer ist anschließend im Spülverfahren aufgehöht.

---

[1] Ob.-Reg.-Baurat BECKER, Ob.-Reg.-Baurat BREITSCHWERT u. Reg.-Baudirektor JENSEN: Die Hafenbauarbeiten der Wasser- und Schiffahrtsverwaltung des Bundes auf Helgoland. Bautechn. 36 (1959) H. 10 u. 12.
[2] Vgl. Genie Civil vom 4. 10. 1930.

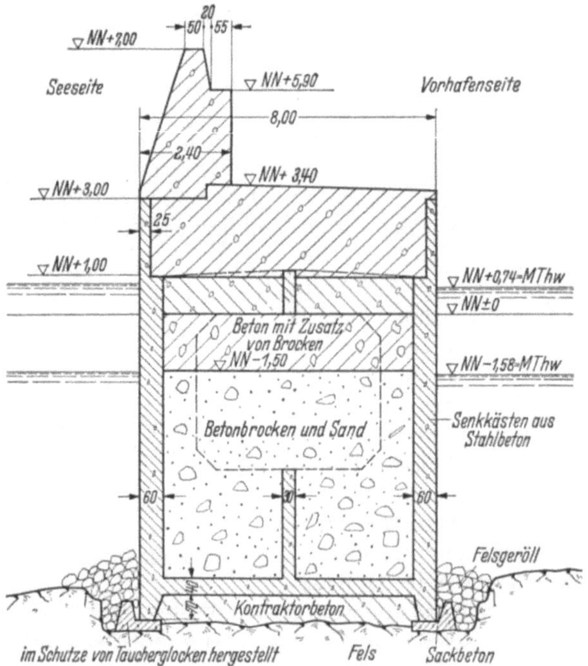

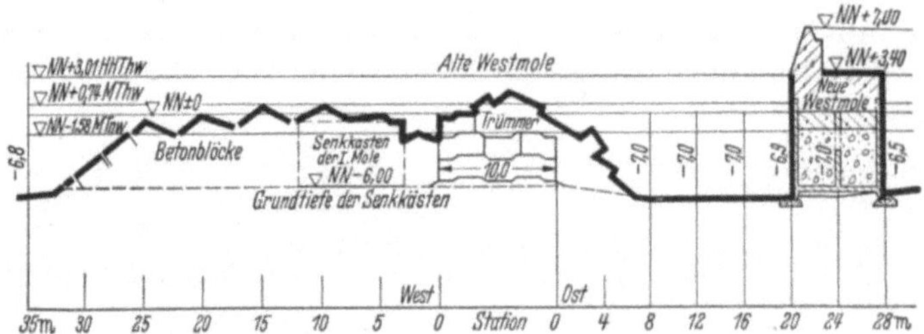

Abb. 369. Querschnitt der Mole Helgoland (1955/56)

Abb. 370a

Abb. 370 a—c. Ufermauer in Montevideo mit 8 eckigen Zwillings-Schwimmkästen
a Hellinganlage; b Versenken; c fertige Ufermauer vor dem Hinterspülen

4.4 Druckluftgründungen

4.4.1 Allgemeines. Taucherglocke, Druckluftsenkkasten und ortsfeste Kästen

Das Prinzip der Bauweise beruht auf der physikalischen Tatsache, daß man aus einem eingetauchten, unten offenen Gefäß mit dichten Wänden und Deckenabschluß in jeder beliebigen Tiefe das Wasser durch Druckluft fernhalten kann. Der Luftdruck entspricht dem Wasserdruck in Schneidenhöhe und beträgt je 10 m Wassersäule 1 kg/cm².

Für Gründungsarbeiten in offenem Wasser bzw. unterhalb eines Grundwasserspiegels kommen 2 Methoden in Frage: Die Taucherglocke und der Druckluftsenkkasten, für den sich lange Zeit die Bezeichnung „Caisson" gehalten hat.

Die *Taucherglocke* ist ein nicht verlorener Senkkasten und ermöglicht den Aufbau des Bauwerkes von unten her. Sie wird von Gerüsten oder Schiffsgefäßen aus abgesenkt und entweder gezogen oder von unten her durch Spindeln gehoben, mit denen sie sich auf den Grund und im Zuge des Aufbaues dann auf das Bauwerk abstützt. Erstmalig wurde (nach BRENNECKE) mit einer Taucherglocke die Brücke über den Knippelbroo in Kopenhagen 1868 gegründet.

Abgesehen von wenigen Sonderfällen ist die Glanzzeit der Taucherglocke seit Anfang unsres Jahrhunderts vorüber, es sei aber nicht vergessen, daß mit den Taucherglocken zahlreiche Bauwerke erfolgreich ausgeführt wurden. Die großen Trockendocks von Kiel und Wilhelmshaven wurden mit einer Glocke von 42×14 m Grundfläche und 5 m Höhe ausgeführt, die zwischen 2 Schiffsgefäßen geführt war. Bedeutende Taucherglocken waren auch frei schwimmend ausgeführt. Im allgemeinen sind sie für geringe Tiefen verwendet. Sie konnten sich so lange behaupten, wie sich durch ihre Anwendung der teure verlorene Druckluftsenkkasten ersparen ließ. Der Nachteil ist, daß bei ihnen die gesamte Baustoffmenge des Bauwerkes durch die Schleusen eingebracht werden muß, was lohnmäßig und zeitlich hohe Anforderungen stellt.

Während früher das Hauptarbeitsgebiet der Glocken die Herstellung großflächiger Fundamente (Hellinge, Docks, Schleusen) war, werden diese Bauwerke heute durchweg in einzelne *Druckluftsenkkästen* aufgeteilt und neben- und nacheinander abgesenkt, wobei man den Vorteil eines über Wasser hergestellten Betons genießt, der erst nach hinreichender Erhärtung mit dem Wasser in Berührung kommt.

Die früher für die Druckluftsenkkästen oft hinderliche Tatsache, daß die wertvolle Arbeitskammer in Stahlkonstruktion verloren war, fällt bei Stahlbetonkästen weg, da diese Bauweise billiger ist und mit dem Bauwerk leicht zu einem Monolith vereinigt wird.

Es ist also gerechtfertigt, die Taucherglocke heute nur noch als Gerät für Sonderfälle zu betrachten und bezüglich der Einzelheiten der historischen Glocken auf die ältere Literatur zu verweisen.[1]

4.4.2 Reparaturarbeit mit Taucherglocke

Taucherglocken werden heute noch verwendet, wenn eine Unterwasserarbeit nicht mehr in Einzeltaucherarbeit ausgeführt werden kann, d. h. wenn mehrere Leute und Gerätschaften und Kraftaufwand nötig sind. In Kiel-Holtenau, ebenso in Brunsbüttelkoog, waren 1958 die 14 m unter Wasser liegenden Schienen der Schleusentore nach 40 Betriebsjahren durch Sandschliff so weit abgearbeitet, daß Ersatz nötig war (Abb. 371). In den Torkammern ist die Auswechslung der Schienen mittels Abschottung der Kammer durch einen Hilfsponton von 10 m Breite und 17 m Höhe und Leerpumpen vorgenommen. Der Fuß des Pontons paßt sich dem Fahrbahnquerschnitt an der Sohle genau an. Der äußere Wasserdruck preßt den Verschlußponton fest an. Fender bewahren ihn vor Schiffsstößen. Für Notfälle sind Taue an den Wänden gespannt und ein Floß auf der Sohle der Tornische bereitgestellt. Für die Schienenerneuerung im Bereich der Durchfahrt ist eine Taucherglocke gebaut, die eine Kammer von 12 m Länge, 8 m Breite und 2 m Höhe aufweist. An Ballastraum sind 9 Zellen über dieser Kammer vorhanden. Wenn die mittlere Zelle gefüllt wird, sinkt die stabil schwimmende Glocke mit einem Übergewicht von 6 t ab. Wenn die Arbeitskammer mit Druckluft gefüllt wird, werden auch die symmetrisch angeordneten 8 Seitenballasträume geflutet und die Glocke hat dann ein Übergewicht von 20 t, mit dem sich die mit Gummidichtungen versehenen Schneiden auf die Sohle pressen. Das Gerät wird zwischen Schiffsgefäßen an Windenseilen gefiert bzw. aufgeholt. Weitere Dichtungsmöglichkeiten nach Betreten der Kammer sind durch Bohlen und Persenninge gegeben. Über der Arbeitskammer

---

[1] Eine fast unerschöpfliche, anregende Fundgrube vielfach auch heute noch wertvoller praktischer Erfahrungen und Maßnahmen, insbesondere bei der Beurteilung neuer Vorschläge, ist BRENNECKE: Der Grundbau, 3. Aufl. 1906, in welcher die 1. u. 2. Aufl. zusammengefaßt und erweitert ist. Die Druckluftgründung nimmt hier 166 Seiten ein und ist reich an konstruktiven Detailangaben. Leider ist das Werk nur noch durch Zufall zu beschaffen.

und den Ballasträumen steht lediglich der Einsteigschacht mit der dicht über Wasser liegenden Einstiegschleuse, um der Strömung keine großen

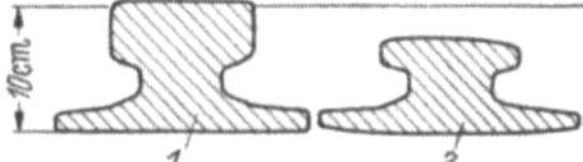

Abb. 371a. Neue und abgefahrene Schienenprofile

Angriffsflächen mehr zu geben. Abb. 372 zeigt' die schwimmende Anlage vor der Ufermauer. Wenn mit der Glocke an der Fahrbahn des seeseitigen Tores gearbeitet wird, stellt man das ausgebaute Tor noch quer in das Außenhaupt, um die Standfestigkeit der

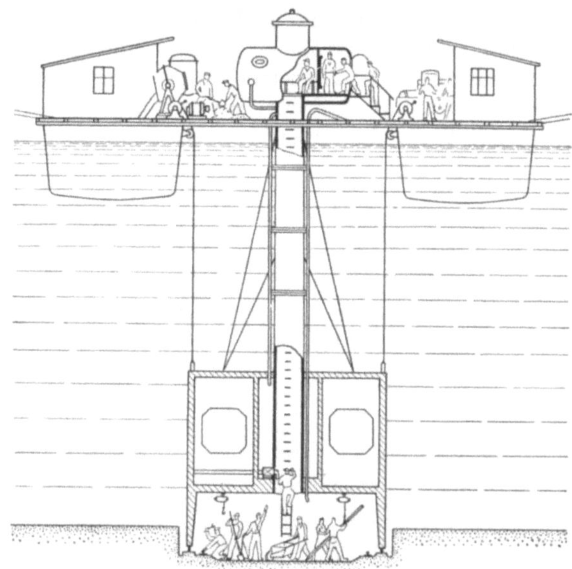

Abb. 371. Ersatz der Laufschienen bei Schleusentoren mit Taucherglockenarbeit

Taucherglocke nicht direkt durch Wasserstand und Wellengang zu beeinträchtigen. Diese Arbeiten mußten des ruhigeren Verkehres wegen in Holtenau im Winter vorgenommen werden.

Neben diesen Grundformen der Taucherglocke und des Druckluftsenkkastens kennt man noch die ortsfesten Kästen mit Druckluftarbeitsraum, d. h. Gelegenheitskonstruktionen, bei denen ein ortfester Schacht, Brunnen, Spundwandkasten oder beliebiger Raum durch Einziehen einer festen Decke nach oben abgeschlossen und unter Druckluft zu einem Arbeitsraum gemacht wird, in welchem durch Abgraben und Unterfangen die Wandung tiefer geführt oder der Aushub ermöglicht wird. Ein Beispiel hierfür gibt der Vorschacht Ickern. Ein Vorschacht ist ein Teil eines Schachtes, der durch die Zonen der oberen gestörten Schichten nicht im endgültigen bergmännischen Abteufverfahren niedergebracht werden kann, weil hier Wasserandrang oder Grundbruchgefahr es nicht erlauben, die Bergwässer durch Pumpen

Abb. 372. Taucherglocke der Verwaltung des Kiel-Kanals

zu Sumpf zu halten und nach über Tage zu fördern. Wenn die mächtigeren
Schichten der tieferen Zonen erreicht sind, muß der Vorschacht die obere Zone
völlig fest und dicht absperren. Solche Vorschächte können sehr tief gehen. Aus
Japan ist bekannt, daß dort Brunnentiefen bis 200 m durch Lößschichten hindurch mit Vorschächten erreicht wurden (vgl. S. 355).

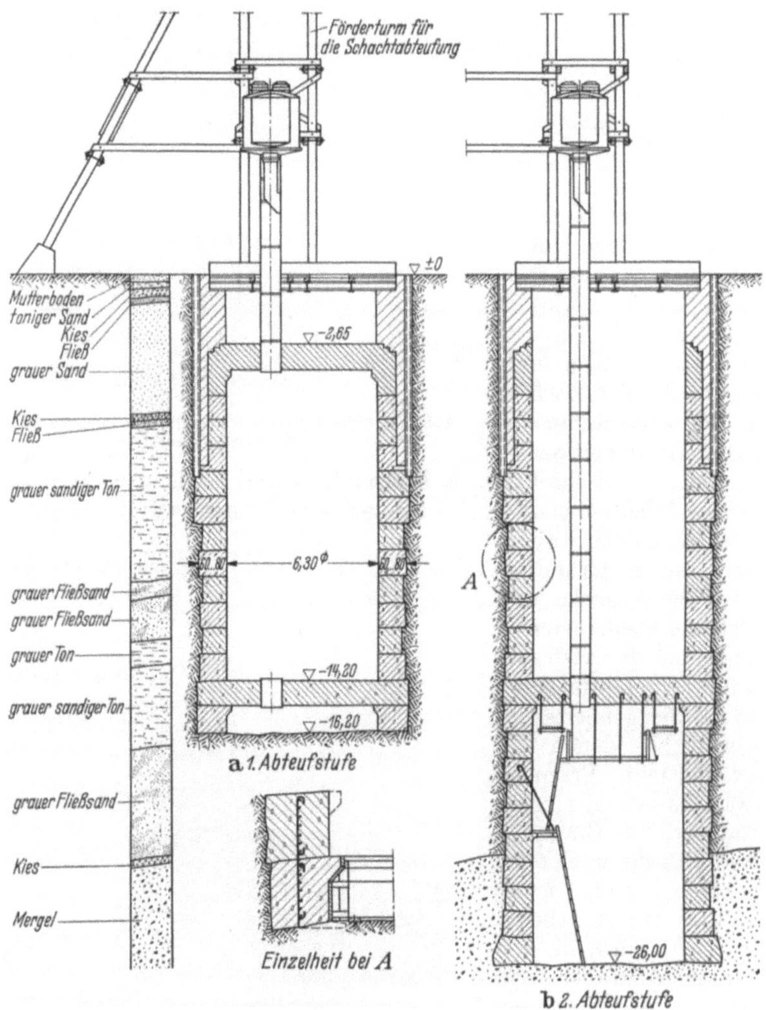

Abb. 373a. Abteufen des Vorschachtes Ickern (Wayss & Freytag KG)

Beim Vorschacht Ickern war vorgesehen[1], die obere Zone im Schutz einer
8 m tiefen Spundwand bis in den tonigen Sand abzuteufen. Aber schon auf
6 m Tiefe trat ein Wasser- und Fließsandaufbruch ein, der ein weiteres Abteufen
in dieser Form unmöglich machte. Es wurde daher die weitere Abteufarbeit bis
zur Erreichung des festen Mergels unter Drucklufthaltung ausgeführt. Zu diesem
Zweck wurde nach Abb. 373a auf Höhe — 2,65 eine 1,00 m dicke Stahlbeton-
decke eingezogen, in welche die notwendigen Rohrstutzen für die Schleuse und
die Luftzuführung eingebaut waren. Unter dem Schutze der Drucklufthaltung
konnte nunmehr die weitere Abteufung vorgenommen werden (Abb. 373b).

---

[1] Techn. Blätter der Wayss & Freytag AG (1950) S. 24.

Zum Einbau der 1,00 m hohen Stahlbetonringe von 6,00 m lichtem Durchmesser wurden jeweils die Stöße freigelegt, eine leichte Bewehrung eingebracht und daraufhin die aus einzelnen Segmenten gebildete Schalung aufgestellt. Das Einbringen des Betons erfolgte mit Hilfe einer Betonpumpe. Hierzu waren am oberen Rand der Ringe Konsolen vorgesehen, die nach dem Ausschalen abgestemmt und verputzt wurden.

Zunächst bestand der Untergrund aus tonigem Sand, der bei dem durch den Luftdruck bewirkten Wasserentzug standfest wurde. Infolgedessen konnte der Aushub ohne Schwierigkeit auf die Tiefe von 1,00 m ausgeführt werden, ohne daß größere Luftverluste entstanden. Auf Höhe — 11,50 trat jedoch eine Schicht

gröberen Sandes auf, durch den die Druckluft sehr rasch entwich. Man mußte daher in diesem Bereich dazu übergehen, die Ringhöhe so weit zu vermindern, daß die verfügbare Druckluftmenge noch ausreichte, um die Sohle trocken zu halten. Trotz des in der Arbeitskammer vorhandenen Überdruckes strömte jedoch das Wasser unmittelbar über der Sohle an einzelnen Stellen herein und es blieb nichts anderes übrig, als diese wenigen Stellen zu

Abb. 373b. Unterfahren der Schachtwandung

drainieren und daraufhin den Ringbeton so rasch wie möglich einzubringen. Nach etwa 1,50 m Absenktiefe ging diese Sandschicht wieder in eine dichtere Zone über und der Luftverlust wurde dementsprechend rasch geringer, so daß keine weitere Gefahr vorhanden war.

Man wußte, daß auf Höhe — 22,00 fester Mergel zu erwarten war. Mit Rücksicht auf die Betonzugspannungen in den oberen Ringen durfte im ersten Abteufabschnitt nur ein max. Druck von 1,5 atü zugelassen werden. Zur sicheren Abdichtung sollte jedoch der feste Mergel mindestens 3,00 bis 4,00 m durchfahren werden, so daß eine Abteufung auf — 26,00 notwendig war. Um diese durchführen zu können, wurde auf — 14,20 eine zweite Decke, ähnlich der oberen eingebaut, unter deren Schutz die Arbeiten wie zuvor weitergehen konnten, ohne daß noch besondere Schwierigkeiten auftraten. Um die zweite Decke nicht übermäßig bewehren zu müssen, wurde der darüberliegende Schachtabschnitt entsprechend dem wachsenden inneren Luftdruck mit Wasser gefüllt. Nach Beendigung der Arbeiten wurden beide Decken entfernt und die weitere Abteufung nach dem üblichen bergmännischen Verfahren fortgesetzt.

Bei dem Verfahren der eben beschriebenen Art ist kein Absinken der Arbeitskammer zu verzeichnen. Es ist hierbei jedoch zu beachten, daß frisch unter Druckluft aufgeführtes Mauerwerk und Betonverkleidung porös wird, weil die Druckluft durch den Mörtel bzw. Frischbeton durchdrückt, wenn sie hinter dem Frischbeton entweichen kann. Dabei ist es offenbar so, daß durch den Luftdruck das tragende Korngerüst kaum gestört wird, sondern nur die Poren zu durchgehenden Schläuchen verbunden werden. Zur Vermeidung von Luftverlust kann man entweder gegen eine Rückendichtung betonieren, die den Luftdurchtritt hindert, oder nach dem Abbinden einen steifen Putzmörtelanstrich auftragen, der von der Luft mit großer Energie in die Poren eingepreßt wird und diese verstopft. Bei der Verwendung von Fertigteilen als Verkleidung treten diese Verluste nur durch die Fugen ein, die darauf durch Verzahnung und Dichtungsmittel von vornherein eingerichtet werden können.

4.4.3 Druckluftanlagen im Winter[1]

Kompressoren sind in der Anlage auf Temperatur bis $-10°$ abgestellt. Bei tieferen Temperaturen und scharfen Winden muß besondere Vorsorge getroffen werden, daß sie nicht Schaden erleiden. Sicherste Maßnahme: Aufstellen in gedeckten und geheizten Räumen. Ein Antrieb durch Elektromotoren ist absolut winterfest, jedoch ist dabei auf geeignetes Schaltöl zu achten. Eine Kupplung zwischen Motor und Maschine erleichtert das Anlassen ganz bedeutend. Dieselkraftstoff wird ab $-15\ °C$ zähflüssig und geliert bei tieferen Temperaturen. Es wird eine Mischung von Petroleum oder Tankstellenbenzin empfohlen, und zwar in folgendem Verhältnis:

Außentemperatur	-8	-14	-20	-30	°C
Dieselkraftstoff	80 bis 90	70	50	30	%
Petroleum	20 bis 10	30	50	70	%

Schmieröl mit hoher Viskosität läßt bei Kälte die Reibungswiderstände stark ansteigen, so daß der Anlasser u. U. nicht mehr durchzieht. Empfohlen werden bei Temperaturen unter $+10°$ Winteröle, die für verschiedene Froststufen im Handel erhältlich sind und noch Arbeiten unter $-20°$ gestatten.

Auch die Batterie bedarf erhöhter Aufmerksamkeit, da die Kapazität einer Startbatterie von der Temperatur abhängig ist; eine nur noch mäßig geladene Batterie kann sogar einfrieren. Der winterfeste Schwungkraftanlasser (von Rob. Bosch GmbH) ist eine mechanische Anlasserhilfe, bei der eine Schwungmasse von Hand in sehr schnelle Drehung versetzt wird (Übersetzung 1 : 500), die mit einer Untersetzung (5,2 : 1) über eine Lamellenkupplung ihre gespeicherte Schwungenergie auf ein einrückbares Ritzel überträgt, das also in zeitweisem Eingriff mit dem Schwungradzahnkranz steht. Bei Frost empfiehlt es sich, auch diesen von Hand bedienten Anlasser durch Vorwärmung leicht gängig zu machen. Für Ableitung des sich überall bildenden Kondensates sorgen die Hersteller weitgehend, es ist aber unerläßlich, daß die Maschinenwartung die hierfür gegebenen Anweisungen beachtet. Das bezieht sich vor allem auf den Einbau von Wasserabscheidern und Entölertöpfen in den Leitungen. Es empfiehlt sich, auch die Druckluftrohrleitungen frostsicher zu verlegen, was aber meist nur bei größeren Anlagen über längere Zeiträume oder bei stationären Anlagen geschieht. Wo solcher Aufwand nicht tragbar ist, muß berücksichtigt werden, daß Druckluft die Rohre erwärmt und Frost die Leitungen verkürzt; es sind also Ausgleichsstücke in ausgedehnten Rohrnetzen vorzunehmen.

4.4.4 Menschen unter Druckluft

Für Arbeiten in Räumen unter Druckluft, bei denen der innere Druck den äußeren Luftdruck um mindestens 0,1 kg/cm² übersteigt, gilt die „Verordnung für Arbeiten in Druckluft vom 29. 5. 1935". Sie besteht aus den Abschnitten: Allgemeine Bestimmungen, Betriebseinrichtungen, Betriebsvorschriften, Schlußbestimmungen (Aushang, Ausnahmen usw.) sowie den Anhängen A. Dienstanweisung für den Überwachungsarzt, B. Dienstanweisung für den Schleusenwärter und C. Merkblatt für Druckluftarbeiter. Wenn diese Verordnung gewissenhaft beachtet wird, wenn insbesondere die Arbeiter selbst ihr Merkblatt

---

[1] Vgl. Baumarkt 56 (1957) Nr. 42, S. 1441.

beherzigen, ist die von verschiedenen Seiten überbetonte Gefahr der Caissonkrankheit nicht gegeben. Die Tiefbau-Berufs-Genossenschaft äußerte sich zu der Frage wörtlich wie folgt:

„Bei Arbeiten in Druckluft ist zwar zwischen Drucklufterkrankungen und Unfällen unter Druckluft zu unterscheiden, doch findet in unserer Unfallstatistik keine Trennung dieser beiden Gruppen statt, weil von der geringen Zahl der uns jährlich gemeldeten Drucklufterkrankungen nur selten ein Fall entschädigungspflichtig wird. Gemeldet wurden uns z. B. an Drucklufterkrankungen *und* Unfällen unter Druckluft

a) im Jahre 1955 insgesamt 15 Fälle, von denen nur zwei entschädigungspflichtig wurden,

b) im Jahre 1956 insgesamt 33 Fälle, von denen nur fünf entschädigungspflichtig wurden. (Dies waren Unfälle, keine Drucklufterkrankungen. Der Verf.)

Zum Vergleich geben wir Ihnen die gleichen Zahlen für die Sprengunfälle an, von denen uns gemeldet wurden

a) im Jahre 1955 insgesamt 13 Unfälle, von denen sechs entschädigungspflichtig wurden,

b) im Jahre 1956 insgesamt 20 Unfälle, von denen acht entschädigungspflichtig wurden."

Aus der Mitteilung ergibt sich, daß 1955/56 bei Druckluftarbeiten Unfälle *und* Erkrankungen nur bei 13,5 bzw. 15% zu wirklichen Schäden führten, während dies bei Sprengarbeiten 46 bzw. 40% waren.

Es ist klar, daß die mit Druckluftarbeiten befaßten Firmen schon aus Gründen der Auftragseinwerbung jede Möglichkeit eines Unfalles oder einer echten Drucklufterkrankung auszuschalten bestrebt sind, wozu auch gehört, daß ein fester Stamm an Führungspersonal und erfahrener Stammarbeiterschaft gehalten werden kann, zwischen denen eine besondere Kameradschaft besteht, wie etwa bei einer kleinen Schiffsbesatzung. Daß bei sachgemäßer Ausführung mit ordentlichem Gerät und erfahrenen Leuten die Druckluftarbeit hinsichtlich der Gefährlichkeit nicht aus der Reihe anderer Bauarbeiten heraustritt, beweist die gewiß als Maßstab anzuerkennende Klassifizierung des Gefahrentarifs:

Brückengewölbe, Tiefbau allgemein	Klasse 19
Druckluftgründungen	Klasse 23
Steinbrucharbeiten	Klasse 34
Abbrucharbeiten bei Hochbauten	Klasse 50

Druckluftarbeiten sind also auf Grund statistischer Erfahrung sogar weniger gefährlich als andere Arbeiten, an deren Risiko man sich wahrscheinlich nur mehr gewöhnt hat.

Die Druckluftkrankheit entsteht volkstümlich ausgedrückt dadurch, daß beim zu schnellen „Aussteigen" aus der Druckluft der unter Druck von Blut und Körperflüssigkeit aufgenommene Luftstickstoff infolge Zeitmangels nicht wieder vollkommen ausgeschieden wird, sondern sich in Bläschen plötzlich absetzt und zu Krankheitserscheinungen, wie Gliederschmerzen, Lähmungen und Erstickungsanfällen führen kann. Durch die „Schleusungszeiten" in der Verordnung ist normalerweise diesen Gefahren hinreichend vorgebeugt. Oft aber lassen sich Leute in körperlich untauglichem Zustand einschleusen (Erkältung Alkoholgenuß, Ohrenleiden, Magen-Darm-Erkrankungen), um keine Schicht zu versäumen. Diese als Opfer der Druckluft anzusehen, ist abwegig, da jeder Druckluftarbeiter das Merkblatt bei der Einstellung ausgehändigt bekommt und verpflichtet ist, es zu lesen und zu beherzigen.

Die Gasblasen verschwinden in leichten und normalen Fällen von selbst wieder, was durch Schwitzen und Wärmezufuhr gefördert werden kann. Bei Drücken bis 1,3 kg/cm² kommen selten Beschwerden vor, bei solchen über

1,3 kg/cm² muß ein Arzt stets erreichbar sein, bei Drücken über 2,5 kg/cm²
kann seine dauernde Anwesenheit auf der Baustelle gefordert werden. Auf jeder
Baustelle muß ein Mann zur ersten Hilfe verfügbar sein, der eine einschlägige
Ausbildung erhalten hat.

Ist so seitens der Aufsichtsbehörden und der Unternehmerschaft das Mögliche getan, so hat neuerdings auch die medizinische Forschung einen positiven
Beitrag zur Entwicklung der Druckluftarbeit geleistet, indem die Verhältnisse,
die zur Caissonkrankheit führen, des näheren erforscht wurden und Möglichkeiten zur Ausschaltung der Gefahren aufgezeigt wurden.[1]

Dr. BOHNENKAMP stellte fest, daß ein Druck von 5 atü ohne schädliche
Folgen vertragen wird, wenn eine Kunstluft in den Arbeitsraum gepreßt wird,
bei der ein Sauerstoffpartialdruck von etwa 200 mm herrscht und der Stickstoffpartialdruck nicht über 1200 mm liegt. Diese Kunstluft entsteht durch
Ersatz eines entsprechenden Teiles der Normalluft, und damit insbesondere
des mit 80% in der Luft enthaltenen für den Organismus mehr oder weniger
entbehrlichen Stickstoffs durch ein inertes Gas, wie Helium, Argon, Krypton
oder Wasserstoff. Wenn der Stickstoffpartialdruck auf max. 1200 mm beschränkt
bleibt, kann die Ausschleusungszeit wesentlich verkürzt werden, was wünschenswert ist. Bei Wasserstoff könnte man Explosionsgefahr befürchten, sie ist aber
bei dem geringen Sauerstoffpartialdruck besonders in größeren Tiefen nicht
mehr vorhanden. Außerdem kann man sie beseitigen durch Vermeidung un-
geschützter Metallteile, durch einen Kunststoffüberzug oder durch Verkleidung
der Wände mit einer Haut aus Kupfer-Beryllium-Legierung. Auch Werkzeuge
aus Cu-Be-Legierungen sind nötig. Funkenbildung durch Stein gegen Stein sind
bei der ständig feuchten Wandung ausgeschlossen. Dr. BOHNENKAMP ist der
Ansicht, daß bei einem solchen unschädlich atembaren Gasgemisch (Kunstluft)
von 80% Wasserstoff, 4% Sauerstoff und 16% Stickstoff eine Explosion durch
Cu-Be-Legierungen vermieden werden kann. Natürlich muß der Sauerstoff-
bedarf der Belegschaft ständig zugeführt und zweckmäßigerweise die von den
Arbeitern abgegebenen Mengen an Kohlensäure und Wasserdampf kontinuierlich
entfernt werden. Die laufende Kontrolle der Luftzusammensetzung wird außerdem durch Gase, die dem Erdboden und dem Grundwasser entstammen, erschwert. Bei Arbeiten in stark industriell verseuchtem Grundwasser macht
ohnehin dieses Problem zu schaffen. Stellenweise kommt schon ein lästiger
Phenolgehalt vor, der die Schleimhäute und Augen reizt. Auch derartige Möglichkeiten müssen rechtzeitig überprüft werden. Bei den Edelgasen Argon,
Krypton und Helium ist die Entzündungsmöglichkeit nicht gegeben. Da aber
die Edelgase in der Natur sehr selten sind, sind sie auch fabrikatorisch sehr
teuer und daran scheiterte bisher ihre Anwendung, da neben den großen unter
Druckluft befindlichen Räumen, wie Kammer, Schacht und Schleusen, auch
die Verluste durch die Wände und unter der Schneide hinweg sowie der Verbrauch durch die Schleusungsvorgänge für die Männer und Materialien (Förderung und Einbau) in Rechnung gestellt werden müssen.

Es ist voraussichtlich noch ein weiter Weg der Forschung und des Versuches
zurückzulegen, bevor die Möglichkeiten der Kunstluft praxisreif gestaltet sein
werden, und die bisher zulässige Grenze von 3,5 atü Luftdruck heraufgesetzt
werden kann.

Die nicht ungewöhnlichen Beeinträchtigungen der unter Druckluft arbeiten-
den Menschen sind Kälte, Wärme und aus dem Boden austretende Gase. Unter
Druckluft werden alle Gerüche doppelt unangenehm empfunden und es ist eine
Notwendigkeit — auf die auch in den Merkblättern für Druckluftarbeiter hin-

---

[1] Dr. med. H. BOHNENKAMP: Die Überwindung der Gefahren bei Tiefgründungen in
der Caisson-Krankheit nach neuen Gesichtspunkten. Hefte für Unfallheilkunde (1954)
H. 47, S. 193—196.

gewiesen ist — die menschlichen Ausscheidungen in der Arbeitskammer weitgehend einzuschränken. Leute mit chronischen Darmstörungen sind ungeeignet für Druckluftarbeiten.

Es ist bekannt, daß in Gegenden mit lebhaftem Grundwasserstrom die Arbeitskammern merklich kühler sind als in solchen mit stagnierendem Grundwasser. Das ist bei der Bekleidung zu berücksichtigen. Auch die Nebelbildung bei Druckschwankungen sucht man durch bestmögliche Gleichmäßigkeit der Luftzufuhr zu beschränken. Manche Bodenschichten geben Gase ab, besonders im Industriegebiet, wo oft große Flächen zur Versickerung der Brauchwässer genutzt werden. Auch Torfschichten zwingen zu Vorsichtsmaßnahmen. Beim Absenken der tiefgehenden Abfangpfeiler der Hembrug über den „Nordzeekanal" bei Amsterdam wurden in den in 16 m Tiefe liegenden Torfschichten Sumpfgase frei, die zum Gebrauch von Gasmasken zwangen.

Diese wenigen Beispiele zeigen, mit welcher Sorgfalt die Vorplanung bei Druckluftabsenkungen durchgeführt werden muß.

4.4.5 Wert der Druckluftgründung

Die Vorteile der Druckluftgründung sind etwa folgende:

1. Das im Druckluftverfahren abzusenkende Bauwerk wird in freier Luft hergestellt.

2. Die Absenkung stanzt sozusagen nur den durch das Bauwerk beanspruchten Raum aus dem Boden, ohne die weitere Umgebung zu beeinträchtigen. Erschütterungen werden vermieden.

3. Der Grundwasserspiegel bleibt erhalten; die Stärke des Wasserandranges ist gleichgültig. Es wird keine Grundwasserströmung hervorgehoben, die u. U. zu schädlichen Setzungen des Geländes (bzw. unter benachbarten Bauwerken) führen könnte.

4. Hindernisse im Boden können sachgemäß beseitigt werden; der Boden liegt zur Besichtigung in jeder Tiefe frei.

5. Die Druckluftgründung ist oft die ultima ratio für die Durchführung einer Tiefgründung.

6. Die Baustelle braucht wenig Stahl gegenüber einer Spundwandbaugrube und wenig Gerät gegenüber einer Brunnenabsenkung (Kräne, Greifer usw.).

Nachteilig sind lediglich die hohen Kosten, die für Löhne unter Druckluft entstehen.[1] Wenn aber andere Verfahren problematisch erscheinen, so ist oft die Wirtschaftlichkeit allein schon durch die Vermeidung des Risikos einer nachträglichen Umstellung auf die Druckluftgründung gegeben. Insbesondere in Gegenden, wo man den Baugrund nicht aus Erfahrung kennt, gewinnt die Druckluftgründung durch ihre Sicherheit an Interesse.

4.4.6 Geschichtliche Entwicklung

Heute sind die Entwicklungsstufen des 1841 von dem Franzosen TRIGER erstmalig angegebenen und durchgeführten Druckluftgründungsverfahrens überholt durch die Stahlbetonsenkkästen, deren erste Anwendungen in Rumänien, Österreich, Sibirien, Frankreich und Amerika zu verzeichnen sind, bevor erstmalig 1911 für die Greifenhagener und Mescheriner Brücke über die Ost- und Westoder solche Kästen in Deutschland verwendet wurden.[2]

Bemerkenswert wegen ihrer wirtschaftlichen Ausführung sind Druckluftsenkkästen neuerer Zeit aus Rußland. Zur Ersparnis von Betonstahl hat man in der Sowjetunion bis 1935 etwa 200 Druckluftsenkkästen aus Beton mit Brettern

---

[1] In USA sind daher Druckluftarbeiten selten geworden, was der Entwicklung anderer Verfahren zugute kommt.

[2] Bautechn. (1925) H. 50, S. 699.

aus Kiefern- und Tannenholz an Stelle von Rundstahl bewehrt, wobei die Entwurfsgrundsätze die gleichen wie beim Stahlbeton waren, jedoch Elastizitätsmodul und zulässige Spannungen entsprechend geändert wurden.[1] Die Dnepr-Brücke bei Mogilow wurde 1929 so ausgeführt; 9 Pfeiler der Wolga-Brücke bei Saratow stehen auf Holzbetonsenkkästen von $7,5 \times 9,5$ m Grundfläche. Um 1935 war man grundsätzlich auf diese Bauweise übergegangen, sofern es sich nicht um sehr große Kästen handelte. Immerhin sind sogar die Pfeiler einer Eisenbahnbrücke über den Oka-Fluß auf der Strecke Moskau–Donlaus auf 12,50 m breiten derartigen Kästen bis 25 m tief abgesenkt. Man kann die Zweckmäßigkeit der Holzbewehrung gerade für Senkkästen nicht leugnen, da die Bewehrung nach Erreichen der Gründungstiefe infolge der totalen Verfüllung der Senkkästen ohnehin entbehrlich wird. Er ist fraglos von Interesse, auch Stahlbewehrung wieder zu gewinnen, was bei Verwendung einer Vorspannung ohne Verbund unschwer zu erreichen ist.

4.4.7 Herstellung von Stahlbetonsenkkästen

Die Aufgabe ist verhältnismäßig klar. Es ist ein Bauwerk zu schaffen, das mit seinen schneidenförmigen Seitenwänden zunächst auf Hilfsfundamenten steht und statisch gesehen je nach der äußeren Form einen zweistieligen Rahmen oder bei kreisförmigem Grundriß einen Zylinder mit Zwischendecke darstellt. Die Berechnungsverfahren sind bekannt, lediglich der Ansatz der Kräfte und die verschiedenen zu untersuchenden Bauzustände sowie Sonderfälle der Belastung erfordern Entscheidungen, bei denen die Erfahrung und die Übersicht eine maßgebliche Rolle spielen. Hierfür sei auf die Literatur verwiesen.

Bei der Herstellung wird man möglichst bis dicht über das Grundwasser ausschachten, um an Aushub in der Arbeitskammer zu sparen, wenngleich dieser bis zum Wasserspiegel ohne Druckluft und Schleusen erfolgen kann. Bei passenden Gelegenheiten wird man auf eine Innenschalung verzichten und das Modell der Kammer im Gelände profilieren, wie man dies für einen Kuppelbau kennt, bei dem ein Erdhügel zusammengeschoben wurde, der als Schalung diente.[2]

Bei diesem Arbeitsgang wird ein Unterbeton mit rauher Oberfläche über den Erdhügel, der die Form bildet, gezogen, der an der Arbeitskammerdecke gut haftet und nicht durch späteres Abfallen zu Unfällen führt; im Schneidenbereich empfiehlt sich die Abdeckung mit einer Kunststoffolie, damit die Schneidenwand vom Unterbeton wieder befreit werden kann und zum besseren Eindringen möglichst glatt bleibt.

Wie bei Brunnen erhält die Arbeitskammer auch einen äußeren Anlauf, um wenig Reibung zu bekommen. Die Grenzneigung ist mit $20:1$ anzunehmen. Die innere Neigung der Schneide ist am besten nach vorliegenden Ausführungen zu bestimmen, da sie wohl immer durch Schichten wechselnder Festigkeiten hindurch muß. Außerdem unterscheidet man Tragschneiden von Begrenzungsschneiden, worauf später zurückzukommen ist.

Die Höhe der Arbeitskammer ist normalerweise 2,20 m. Wenn an der Decke noch Arbeitsvorrichtungen, wie Laufkatzen, Umlenkrollen, Rohrleitungen oder dgl. anzubringen sind, wird man auch höher gehen, ebenso wenn man sehr weiche Schichten zu erwarten hat, in denen eine tiefere Eindringung auftreten kann.

Einerseits strebt man an, den Senkkasten so leicht wie möglich zu machen, was durch aufgelöste Decken (Trägerrost oberhalb der Decke) und dünne Wände bei hoher Betongüte erreicht wird, andererseits muß man den Kasten schwer genug halten, um ihn gegen die äußere Reibung absenken zu können. Hierbei ist die Belastung ein wertvolles Mittel, die im einfachsten Fall durch Wasserfüllung

---

[1] ENR vom 21. 3. 1935, S. 418.   [2] Bauingenieur (1957) H. 4, S. 151.

der Räume oberhalb der Arbeitskammerdecke aufgebracht wird. Auch die Fortnahme des Luftdruckes oder seine Verminderung läßt eine Gewichtszunahme erzwingen. Hierbei verläßt die Belegschaft natürlich die Kammer.

Die Formen der Senkkästen werden dem endgültigen Bauwerk angepaßt. In der Größe sind sie fast unbeschränkt. LENK berichtete auf der Tagung des Deutschen Betonvereins 1949[1] über eine Reihe der bis damals von der Wayss & Freytag AG niedergebrachten rund 140 Senkkästen — inzwischen hat sich die Zahl auf >300 erhöht (1959) —, unter denen sich solche von 12,5 m² bis zu dem wahrscheinlich in Europa bisher größten durch den Boden abgesenkten Kasten von 2250 m² befanden. Der absolut größte Druckluftsenkkasten ist 1925 in Le Havre für ein Trockendock mit 66 m Breite und 345 m Länge erbaut. Er wurde aber nicht durch den Boden abgesenkt, sondern nur durch das Wasser auf eine vorbereitete und in der Druckluftkammer weiter hergerichtete Sohle abgesetzt.

Die Betongüte für Kammerwände und Decken richtet sich nach den Beanspruchungen, die Wanddicke ist abhängig von dem erwünschten bzw. erforderlichen Gewicht des Senkkastens. Erstrebt wird für die Kammer ein möglichst dichter Beton, damit Luftverluste gering gehalten werden. Hierzu gibt eine Arbeit von WALZ[2] Anregungen, die ,,cum grano salis" zu nutzen sind.

Die darin gemachten Feststellungen über die Luftdurchlässigkeit von Beton unter Drücken zwischen 0,05 und 5 kg/cm² erstrecken sich auf Mischungen, die für bewehrte *dünnwandige* Bauteile in Frage kommen.

Voraussetzung für die Undurchlässigkeit ist ein nicht entmischender, zuverlässig verdichtbarer Beton; weiter muß der Beton schon durch seinen Aufbau eine größtmögliche Dichte gewährleisten. Dementsprechend war es möglich, bereits mit einem Zementgehalt von 300 kg/m², Beton herzustellen, der in 12 cm Dicke gegen einen Luftdruck von 5 kg/cm² undurchlässig war, sofern Kiessand nach Sieblinie E verwendet wurde. Wesentlich gröber gekörnte Gemische sind nicht immer hinreichend gut verarbeitbar, sandreichere liefern unter sonst gleichen Umständen Beton mit feinporigem Gefüge. Für die Praxis wird empfohlen, den Zementgehalt mindestens zu 350 kg/m³ zu wählen. In gut zugänglichen Schalungen, oder wenn Rüttler wirkungsvoll eingesetzt werden können, soll dabei ein Ausbreitmaß von etwa 35 cm nicht überschritten werden.

Arbeitsfugen sind weitgehend zu vermeiden, Lockerstellen durch Schrumpfen des frischen Betons, also Hohlräume unter den Stahleinlagen und Schrumpfrisse durch Behinderung des Zusammensackens des Betons beim Erstarren, sind durch geeignete Maßnahmen auszuschalten (z. B. durch wiederholtes Beklopfen einige Stunden nach dem Füllen der Schalung oder durch Nachrütteln mit Außenrüttlern). Zur Vermeidung von Schwindrissen sind die Bauteile möglichst dauernd feucht zu halten.

Im lufttrockenen Zustand schwach durchlässiger, feinporiger Beton wird bei Durchfeuchtung auch gegen hohe Drücke weitgehend undurchlässig, umgekehrt steigt die Durchlässigkeit bei starkem Austrocknen rasch an. Die dauernde Durchfeuchtung des Betons, wie sie bei Druckluftsenkkästen eigentlich immer vorliegt, stellt daher bei feinporigem Beton ein wirksames Hilfsmittel zur Erlangung luftundurchlässiger Bauteile dar.

Ein bituminöser Schutzanstrich auf Lösungsmittelbasis (1 Grund- und 2 Deckanstriche) hat sich nicht immer als ausreichend dicht erwiesen. Voraussetzung ist neben einem an sich dichten Film eine möglichst porenfreie Oberflächenschicht des Betons als Anstrichgrund, damit ein Durchbrechen gegebenenfalls überstrichener oder an der Oberfläche liegender Poren nicht eintritt.

---

[1] Jb. DBV (1949).
[2] WALZ: Die Durchlässigkeit des Betons gegen Druckluft. Fortschritte und Forschungen im Bauwesen, Reihe A, H. 9.

Diese Feststellungen treffen für die Senkkästen nur bedingt die tatsächlichen Verhältnisse. Zumeist sind die Bauteile massiger als dünnwandige Bauteile, zum anderen sind sie ohnehin dauernd feucht, und schließlich ist ein absolut luftdichter Beton in der Decke der Arbeitskammer gar nicht so erwünscht oder notwendig, wie dies aus theoretischen Gründen oft verlangt wird, da ein dauernder nicht übersetzter Luftverlust gleichzeitig für die Arbeitskammer eine allgemeine Lufterneuerung bedeutet. Eine Dichtung ist außerdem von innen jederzeit leicht durchführbar oder spätestens, wenn zum Ende der Absenkung absolute Dichtigkeit erzielt werden soll, da eine Zementschlempe oder ein feiner Zementmörtel sofort mit großer Vehemenz in alle Undichtigkeiten eingepreßt wird und diese meist sehr schnell verstopft.

4.4.8 Die Absenkung

Die eigentliche Absenkung beginnt mit dem Aufsetzen der Druckluftschleuse — auf deren Beschreibung hier verzichtet wird, da sie ohnehin fertig gekauft wird — und dem Abbruch der Hilfsfundamente. Wenn man Pallhölzer untergelegt hatte, kann deren Entfernung recht mühevoll sein. Man kennt Fälle, bei denen — wie übrigens auch bei offenen Brunnen — ein Anheben des Baukörpers

Abb. 374. Spülen in der Arbeitskammer (Wayss & Freytag KG)

notwendig wurde. Hat man Betonhilfsfundamente, so sind diese von außen her abzustemmen und die außen anfallenden Reste tunlichst sofort zu entfernen, damit sie nicht klemmen. Die inneren Reste fallen dann mit dem Aushub an.

Der Aushub erfolgt normalerweise wie bei Brunnen von der Mitte her, wobei man je nach Boden auf 75 bis 50 cm an die Schneide herangeht; die Schneide verursacht dann kleine Grundbrüche und treibt den Boden in die Arbeitskammer. Die Ausschachttiefe richtet sich nach der Bodenart und ist bei bindigem Boden tiefer als bei Kies und Sandboden, in dem das Wasser selten tiefer als zur Schneidenunterkante weggedrückt wird. Es ist anzustreben, den Kasten in kleinen Stufen gleichmäßig zum Absinken zu bringen, wobei die geringsten Luftdruckschwankungen eintreten. Plötzliches Fallen des Kastens ist ebenso unangenehm wie das unvorhergesehene Abblasen der Druckluft unter der Schneide, wobei sich durch die Entspannung sofort dichter Nebel bildet, der nicht nur Unruhe hervorruft, sondern auch Arbeitsaufenthalt mit sich bringt.

Der Boden wird vielfach von Hand zum Förderkübel getrimmt, bei größeren Senkkästen durch Kübel an Laufkatzen unter der Decke befördert oder auch durch Schrapper bewegt. Gleisförderung ist selten, weil das Gerät wieder durch die Schleuse heraus muß. Bekannt und vorteilhaft in der Anwendung ist das Spülverfahren, das von mehreren Firmen ausgeführt wird. Hierbei wird die körperliche Beanspruchung der Arbeiter auf ein kleinstes Maß beschränkt und die Materialförderung geht ohne Schleuse kontinuierlich vor sich. Es ist dies kein neues Verfahren, da es schon BRENNECKE 1905, S. 63 ff. bei der Behandlung der Sandkreiselpumpen für das Absenken von Brunnen empfiehlt. Abb. 374 zeigt, wie heutzutage mit kräftigen Spülstrahlen der Boden zum Pumpensumpf hingespült wird; das Pumpenrohr bleibt stets unterhalb der Kammerschneide, damit Ausbläser vermieden werden. In Abb. 375 ist das Prinzip des Abpumpens dargestellt, bei dem die Pumpe stets die gleiche Saughöhe behält. In zahlreichen Patenten sind

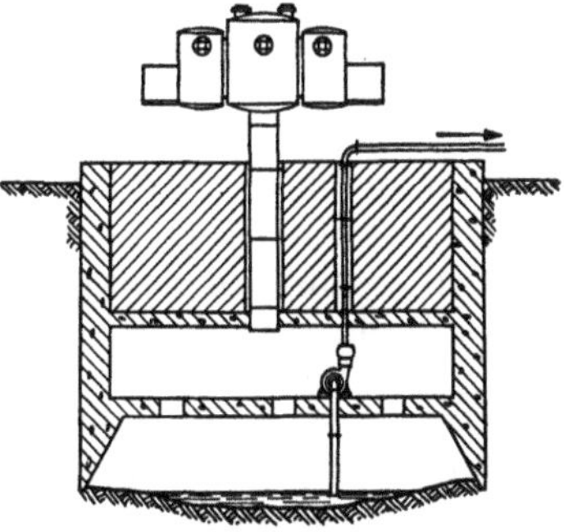

Abb. 375. Pumpen mit konstanter Saughöhe

Vorschläge vorgelegt, bei denen die Spülpumpenförderung mechanisiert ist.

Alle solche Vorschläge sollen dazu dienen, die nicht ideale Eimerförderung des Aushubs in kleinsten Mengen entbehrlich zu machen. Jede Schleusung bringt Druckluftschwankungen mit sich. Der Aufbau von Schleusen ist eine Montageleistung, bei mehrfacher Verlängerung der Einstiegschächte und dem Umsetzen der Schleusen entstehen Zeitverluste. Das Tempo der Arbeit in der Kammer wird von der Geschwindigkeit des Eimertransportes, seiner Schleusung, der Entleerung und der Wiedereinschleusung bestimmt.

Man hat daher noch andere Möglichkeiten gesucht, den Aushub wie über Tage zu einer mechanischen Massenarbeit zu machen. Ein Weg hierzu ist die Anordnung von großräumigen Kammern im Senkkasten über der Arbeitskammer, in welche das Aushubmaterial zur Zwischenlagerung gefördert wird, evtl. sogar mit Transportband. Aus

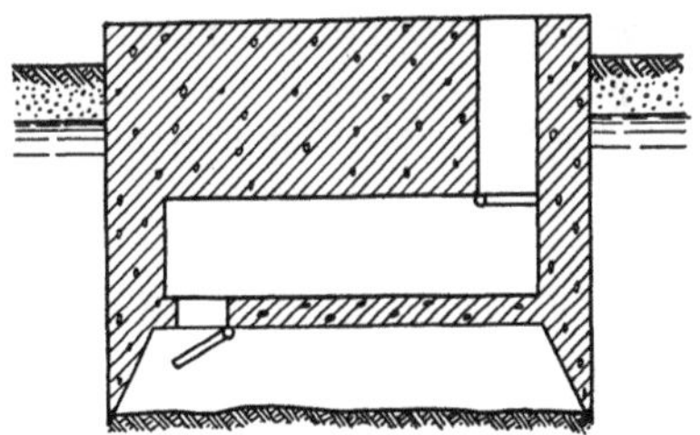

Abb. 376. Zwischenkammern in Druckluftsenkkästen

diesen Kammern kann das Material dann in größeren Massen gefördert werden, wenn die Verbindung zur Arbeitskammer luftdicht verschlossen wird. Das Prinzip zeigt Abb. 376. Durch die Anordnung von mindestens zwei derartigen Kammern kann ein laufender Förderbetrieb ermöglicht werden, ohne daß drucklufttechnische Manipulationen, Unterbrechungen, Schwankungen usw. auftreten bzw. nötig werden. Es ist eine Kostenfrage, ob die Zwischenlagerung und das erneute Aufnehmen des Materials durch die kontinuierliche Förderung aus der Arbeitskammer gerechtfertigt wird.

Bei weichen Bodenschichten, wie Schlick, Fließsand, rolligem, wassergesättigtem Kies, Sand und dgl., kann es vorkommen, daß diese Schichten unter dem Luftdruck im Kasten nicht stabil werden bzw. daß sie den Senkkasten durch Widerstandskräfte gegen die Schneide nicht hinreichend abfangen, so daß sich die Arbeitskammer mit weichem Boden füllt und nicht mehr betretbar ist. Die Arbeitskammer muß dann vom Schachtrohr aus mühsam geräumt werden, was nicht gefahrlos und sehr unwirtschaftlich ist. Auch in solchem Falle empfiehlt sich die Anordnung eines zweiten Raumes oberhalb der Arbeitskammer mit Verbindungsöffnungen nach unten, durch welche man auch bei einer Füllung der Kammer mit aufquellendem Material weiterarbeiten kann. Diese Öffnungen können je nach Tragfähigkeit des Bodens mehr oder weniger zugesetzt werden, um den Senkkasten abzufangen bzw. zu halten. Für die spätere Füllung ist der obere Raum von Vorteil, weil sich von oben ein Frischbeton stets leichter verdichten läßt als von der Seite.

Von dieser Form ist Gebrauch gemacht für die Dichtungsschürze Obernzell (siehe S. 411), die in Verbindung mit dem Donaukraftwerk Jochenstein erforderlich wurde.

Ein solcher Raum ist auch schon bei der Philadelphia-Camden-Brücke um 1925 ausgeführt, wo er als Fluchtweg gedacht war und als Schleuse benutzt werden konnte.[1]

Der Aushub im Senkkasten muß sehr systematisch betrieben werden. Ein wildes Freigraben der Schneide ist unsachgemäß, weil dabei die Kontrolle verlorengeht. Der Kasten wird durch tägliche Messungen in seinem Weg beobachtet und in der feinfühligen Hand eines erfahrenen Senkkastenmeisters geht er mit erstaunlicher Präzision hinunter. Schiefstellungen treten natürlich ein, und er wird dann durch vorsichtiges einseitiges Abgraben wieder ausgerichtet.

Hindernisse im Arbeitsraum sind nicht immer leicht zu bewältigen. Findlinge werden oft mit hinuntergenommen und später einbetoniert. Unter der Schneide sind sie weit unangenehmer, da sie zu Punktauflagerungen der Schneide und damit zu Grenzfällen der Belastung führen. Hier ist das rechtzeitige Erkennen wichtig. Wenn ein Glücksfall vorliegt, läßt sich das Hindernis in die Arbeitskammer hereinholen. In schwierigen Fällen muß es zerkleinert oder abgestemmt werden. Auch Sprengungen sind möglich, für die nur elektrische Zündung von außen her in Frage kommt, da die Belegschaft natürlich ausschleusen muß. Wenn der Kasten auf ein Hindernis stößt, kommt er leicht stärker aus dem Lot. Man kann dann durch Festsetzen der tieferen Seite durch Pallhölzer den Kasten wieder zurückdrehen lassen. Solche Hilfshölzer sind schon vorher in die Arbeitskammer zu schaffen und gehen mit dem Kasten hinunter. Später werden sie evtl. zersägt und ausgeschleust.

4.4.9 Konstruktive Mittel der Senkkastenführung

Schon in der Bauart der Kästen kann man für den richtigen Arbeitsablauf bzw. die Beeinflussung des Kräftespieles im Kasten Vorsorge treffen. Die sichere Führung der Kästen wird bei weichem Boden oder bei großen Kästen mit Vorteil durch sog. Doppelschneiden erreicht[2], die in verschiedenen Varianten auch heute noch von der Wayss & Freytag KG angewendet werden. Hierbei handelt es sich um zusätzliche im Kasteninnern angebrachte Schneiden mit breiter Aufstandsfläche und flachen Wandneigungen, die den Kasten tragen und äußere Schneiden, welche dem Umfang des Kastens entsprechen und sehr schlank gehalten sind und nur als Begrenzungsschneiden dienen. Wesentliche Bodenreaktionen kommen also in die äußeren Schneiden nicht herein, und diese Erfindung von Lenk ergibt besonders bei langen Kästen eine willkommene Reduktion der Auflagerweite und günstige Spannungsverhältnisse in der Konstruktion. Abb. 377a u. b zeigen das Prinzip in verschiedener Form. Bei einer Ausführung nach a) sind die äußeren Wände von Spundwänden gebildet, und im unteren Teil stehen diese als Schirmwände mehr oder weniger frei. Etwa

---

[1] ENR vom 4. 6. 1925.
[2] Vgl. K. Lenk: Der Doppel-Schneiden-Senkkasten und seine Anwendung beim Bau der Neuen Seeschleuse in Ostende. Bauingenieur 20 (1939) H. 3/4, S. 29—32.

auf halber Höhe beginnt die Betonschneide mit einer breiten Aufstandsfläche, die beim Durchrutschen des Kastens ihn mit großer Wahrscheinlichkeit auffängt. Bei b) sind die Schneiden der ersten praktischen Ausführung gezeigt, der Seeschleuse Ostende von 1935/38, bei welcher nur mit einer Druckluftgründung zum Ziel zu kommen war. Die Kästen sind in der Grundfläche 825 bis 1077 m² groß und haben Längen von 33,5 bis 36,5 m.

Abb. 377c zeigt eine Tragschneide im Querschnitt mit der Grundschwelle, auf der der Kasten bis zum Beginn der Absenkung stand. Der Senkkasten ist ein Stahlgerippekasten, der vollbetoniert wurde.[1]

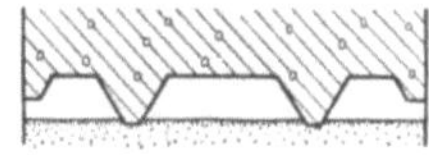

Abb. 377a. Tragschneiden und Schirmwände

Die zwischen Begrenzungsschneiden und Stützschneiden umlaufende Galerie war mit 4 bis 7 m Mittenabstand vom Kastenrand angelegt und durch Durchgänge in den Tragschneiden vom Innenraum zugänglich.

Die Möglichkeit, die Tragschneiden von beiden Seiten her abzugraben, war für die gleichmäßige Absenkung und die Genauigkeit der Führung besonders vorteilhaft. Die größte Verschiebung belief sich auf 1,8 % der Senkkastenlänge, die durch die ungleiche Struktur des Bodens nach der Seeseite hin erklärbar ist.

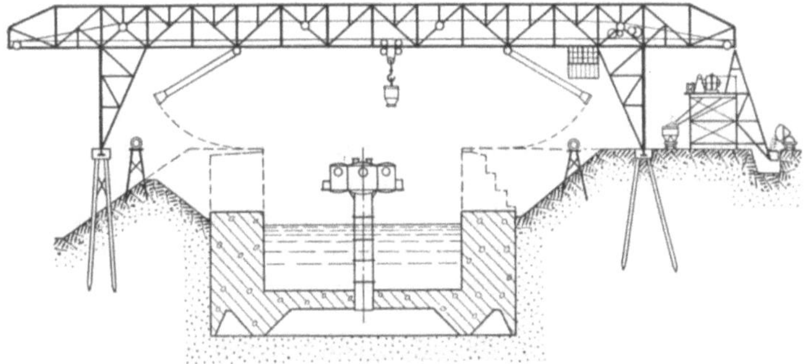

Abb. 377b. Querschnitt durch Tragschneidensenkkasten Ostende

Schräge Arbeitskammern. Es kann die Aufgabe vorkommen, das mit Druckluft abzusenkende Bauwerk in seiner Endlage geneigt zu stellen (Abb. 378a). Dann ist die Wirkung der Druckluft durch die Lage der höchsten Schneide begrenzt; von hier stellt sich der Grundwasserspiegel waagerecht ein. Will man in dieser Schräglage tiefer gehen, so wird man am einfachsten von vornherein den Senkkasten schräg bauen. Abb. 378b zeigt einen solchen Kasten, dessen Schneiden stets in Waage liegen. Hat man diese Möglichkeit nicht, so sind die Sohle und die Fugen der Schneide zu dichten, sofern nicht die Dichte der Bodenschicht ohne weitere Maßnahme ein Tiefergehen der Ausschachtung erlaubt. Ein altbewährtes Mittel bei Sand und Kies ist das Aufbringen einer Schicht aus Ton, fettem Boden oder das

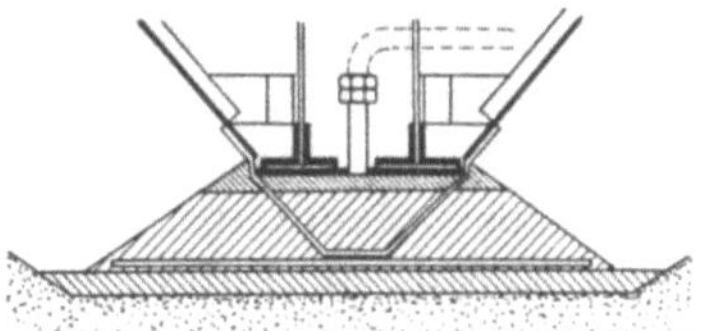

Abb. 377c
Detail einer Tragschneide von 377b

Abdecken mit einem luftdichten Stoff, etwa einer Kunststoffolie. Wird diese Abdichtung vom höchsten Punkt ausgehend vorgetrieben, so sinkt der Wasserspiegel entsprechend dem Erfolg der Dichtungsarbeit ab. Auf diese Weise kann übrigens auch eine Taucherglocke unter Wasser auf einer schrägen Ebene fahren (Abb. 378c). Ist ein Senkkasten schräg gelaufen und sitzt fest, so hat man

---

[1] KTB: Schleusenbauten am Fischereihafen Ostende. [Nach Techn. des Travaux 13 (1937) S. 39ff.]. Bauingenieur 18 (1937) H. 17/18, S. 226—228.

zur Erreichung der Gründungssohle im Innern der Arbeitskammer die Möglichkeit, eine Hilfsspundwand zu schlagen, mit welcher der Raum nach unten erweitert wird unter entsprechender Erhöhung des Luftdruckes. Es ist jedoch eine gute Dichtung der Fuge zwischen dieser Spundwand und der Schneide mit Ton, Lehm oder Beton nötig, die laufend überwacht und nachgebessert werden muß (Abb. 378d). Wenn die Trockenlegung der Sohle nicht eine zwingende Notwendigkeit ist, kann man von einem in der Arbeitskammer gestellten provisorischen Gerüst auch einen Unterwasserbeton einbringen. Diese schrägen Arbeitskammern haben nichts zu tun mit der später zu besprechenden Schrägabsenkung.

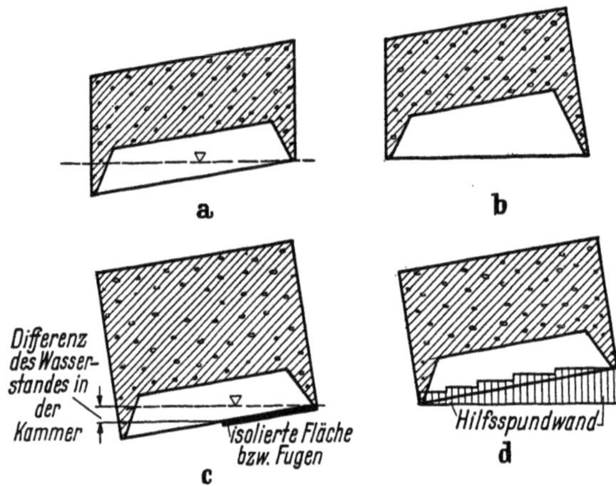

Abb. 378a—d. Schräge Arbeitskammern bei Druckluftsenkkästen

4.4.10 Ausbetonieren der Arbeitskammer

Wenn die Gründungssohle erreicht ist, gestattet der trocken liegende Boden eine Beurteilung der Tragfähigkeit. Unter dem Druck der Preßluft ist keine höhere Bodenbelastung, als sie der Grundwassersäule entspricht, vorhanden. Man hat zur Verbesserung der Tragfähigkeit mehrere Wege beschritten bzw. vorgeschlagen. So z. B. die Verfestigung durch chemische Mittel, wodurch die Gründungssohle praktisch in größere Tiefen verlegt wird. Das ist natürlich nur bei durchlässigem Kies und Sand sinnvoll.

Es ist auch vorgeschlagen, den Baugrund durch eine Vorbelastung mit Druckplatten und hydraulische Pressen abschnittsweise zu belasten. Hierfür steht dann das Gewicht des Kastens zur Verfügung. Eine solche Vorbelastung ist insbesondere entlang der Schneidenränder zweckmäßig, an denen die entweichende Druckluft den Boden aufgelockert hat.

Dieser Vorschlag ist auch bei anderen Anwendungsfällen, besonders bei Pfeilerverbreiterungen und Unterfangungen, des öfteren durchgeführt, um das Zusammenwirken neuer und alter Gründungsteile sicherzustellen (vgl. das Patent 645287).[1]

In die zum Betonieren freigegebene Arbeitskammer muß nun der Beton eingebracht werden. Er soll die Kammer satt ausfüllen, damit die Lastverteilung gleichmäßig über die Grundfläche erfolgt, und er muß auch dicht an die Decke anschließen, damit die Anfangssetzung des Kastens nicht ungebührlich vergrößert wird. Zu Anfang der Senkkastentechnik hat man Quadersteine und Ziegel eingeschleust und regelrecht vermauert; um die Jahrhundertwende ist dann Beton eingebracht und oft mit großen Anstrengungen in die Zwickel verstopft. Während man zunächst den Beton kübelweise durch die Personenschleuse einbrachte und im Schachtrohr hinunterließ, kam man bald dazu, für die Materialförderung in beiden Richtungen eine zweite Schleuse aufzusetzen. Die Anordnung von doppelten Schachtrohren mit innerem Materialschacht und Wendeltreppenumgang in einem darumgelegten weiteren Schachtrohr hat sich nicht eingebürgert, weil viel zu schwerfällig, platzraubend, und weil die Zusammenlegung von Personal- und Materialzugang nur bei kleinen Kästen möglich,

---

[1] LEISSLER, K., u. W. KEIL: Umbau der Straßenbrücke über den Rhein bei Mainz. Bautechn. (1933) H. 19, S. 249.

bei größeren aber betriebshinderlich ist. Man setzt also, wenn irgend möglich, eine zweite Schleuse für Materialtransport auf. Die Materialhose wird auch zum Einschleusen des Betons benutzt. Den inneren Deckel bedient nur der unter Druckluft arbeitende Windenfahrer, während der äußere Deckel von dem außen stehenden „Hosenmann" betätigt wird. Das Luftventil wird über einen Hebel abwechselnd von dem einen oder anderen Mann bedient, womit sich gleichzeitig anzeigt, welcher Arbeitsgang gerade ansteht.

Beim Einbau des Betons werden die Arbeitsbedingungen durch die Gas- und Wärmeentwicklung des Frischbetons erschwert, außerdem wird der freie Raum laufend verengt und die Lufterneuerung wird schwieriger bzw. subtiler in der Regelung.

Die Kammerdecke wird normalerweise mit einer leichten Neigung zum Schacht hin angelegt, damit keine Luftpolster verbleiben, und der Füllbeton wird von den Ecken her als Stampfbeton eingebracht und satt verstopft (Abbildung 379a). Die Ver-

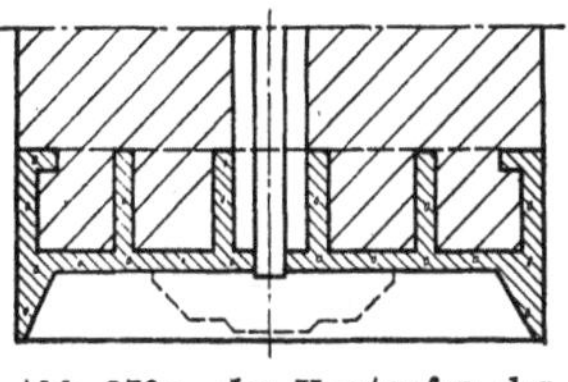

Abb. 379 a, das Verstopfen der Arbeitskammer von Hand

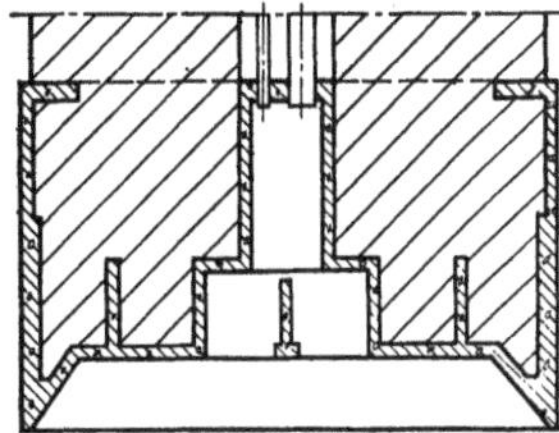

Abb. 379 b, das Aufsetzen eines Domes erleichtert den Einbau des Betons erheblich

engung des Arbeitsraumes ist durch die Anlage eines Domes auf der Arbeitskammer in gewissem Umfang auszugleichen, oberhalb dessen das Schachtrohr erst ansetzt. Beim Bau einer Mole mit zahlreichen Druckluftsenkkästen wurde diese Idee von der Wayss & Freytag AG bei Senkkästen nach Abb. 379b erstmalig vorgeschlagen und ausgeführt, wobei es möglich war, ein Drittel der

Kammer mit Stampfbeton auszufüllen und für den Rest plastischen Beton zu verwenden, was Arbeitserleichterung und Lohnersparnisse brachte. 1934 hatte LOHMEYER die Vermutung ausgesprochen, daß die Betonpumpe für die Druckluftkammer zweckmäßig sein könnte, aber erst im Jahre 1938 wurde bei der Tagung der HTG von LENK erstmalig mitgeteilt, daß zum Einbringen des Betons die kontinuierliche Förderung erprobt wurde.[1]

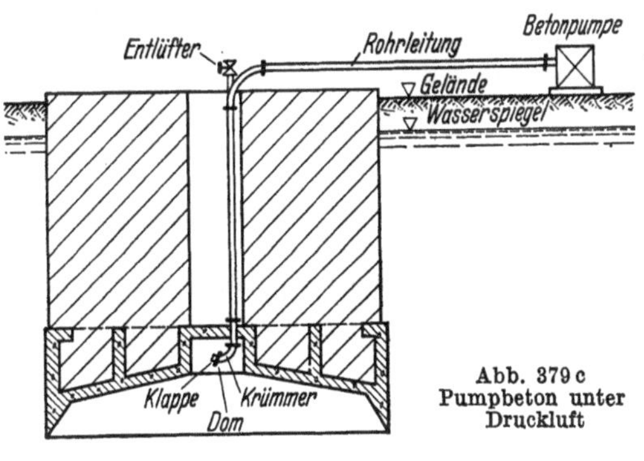

Abb. 379 c
Pumpbeton unter Druckluft

In einer späteren Veröffentlichung[2] wurde die Abb. 379c gezeigt und einiges über die Bewährung der Betonpumpe seit der ersten Anwendung im Jahre 1937 berichtet. Die Installation ist einfach: Die Rohrleitung endet in einem Krümmer im Dom bzw. der Arbeitskammer. Eine Klappe verschließt den Krümmer unter der Wirkung des Kammerdruckes, bis der Betondruck auf die Klappe überwiegt. Dann ist aber das Füllrohr schon so hoch mit Beton gefüllt, daß ein Ausbläser nicht mehr eintreten kann, vielmehr tritt der Beton so stetig aus, wie in freier Luft. Eine Entlüftung im Knie zur waagerechten Leitung ist notwendig. Bei einer Verfüllung der Arbeitskammer mit Pumpbeton ist der Deckenanlauf

---

[1] K. LENK: Verschiedene Formen von Druckluftgründungskörpern. Jb. HTG 17 (1938) S. 112ff.

[2] H. JÖRGER: Ausbetonieren von Druckluftarbeitskammern nach dem Verfahren Wayss & Freytag AG. Bautechn. 22 (1944) H. 1/4.

etwas stärker zu wählen als bei Stampfbeton, damit der aufquellende Beton alle Luft zum Dom hintreibt. Wenn der Betonspiegel den Dom erreicht hat, ist die Betonierung beendet. Bei großen oder auch schmalen Kästen wird zweckmäßig von mehreren Stellen aus Beton eingebracht; auch empfiehlt sich die Anlage von Arbeitsräumen oberhalb der Arbeitskammer mit mehreren Deckendurchbrüchen zur besseren Verteilung und Verarbeitung des Betons (vgl. Abb. 375 u. 376). Schließlich erleichtert der Dom das nach dem Erhärten des Füllbetons oft zweckmäßige Verpressen der Füllung der Arbeitskammer mit Feinmörtel oder Zementschlempe. Die Belegschaft kann bei der Betonierung mit der Betonpumpe reduziert werden, und die anstrengendste Arbeit des Verstopfens von Stampfbeton unter schweren Arbeitsbedingungen fällt ganz fort.

Der Kammerbeton steht unter dem hohen Druck der größten Absenktiefe, und beim Füllen der Kammer wird die Luft nun zwangsläufig auf den Raum entlang der Kammerdecke und Wände gedrängt; gerade da möchte man aber einen satten Anschluß erreichen. Dieses Problem war bei der Ausmauerung der Arbeitskammern mit Mauerwerk schon ebenso aktuell, weil hier nur der frische Fugenmörtel für die Druckluft angreifbar war. Damals empfahl BRENNECKE[1] zur Herstellung einer wasserdichten Betonsohle in der Arbeits-

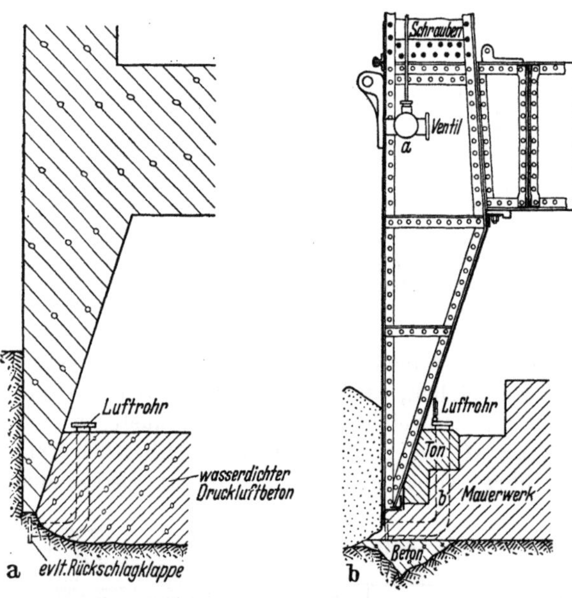

Abb. 380 a u. b. Ableitung von Druckluft durch die Sohle, a bei Beton, b bei Mauerwerk

kammer hart an der Schneide ein gekrümmtes Rohr einzubauen, dessen obere Öffnung wasserdicht abgeschlossen werden kann und dessen unteres Ende die Luft unter der Schneide hindurchführt (Abb. 380). Dieser Verschluß bleibt zunächst geöffnet, und man beginnt nun, die Sohle einzubetonieren. Während dieser Arbeit kann ein evtl. auftretender Überdruck schadlos durch das eingebaute Rohr entweichen.

An der Unterseite des Rohres kann evtl. eine einfache Rückschlagklappe oder ein Rückschlagventil eingebaut werden, um bei zu geringem Luftdruck ein Einströmen von Wasser zu vermeiden.

Wenn die Betonsohle fest genug ist, daß entweder ohne Druckluft weitergearbeitet werden kann, oder daß sie die Druckluftschwankungen aufnehmen kann, wird das Rohr luftdicht verschlossen und einbetoniert. Wenn dem Überdruck ein leichter Weg geboten wird, verbleibt auch die Durchwirbelung des Bodens entlang der ganzen Schneide, und die Eindringung erfolgt gleichmäßiger. Andererseits fehlt u. U. der reibungsvermindernde Einfluß der an der Kastenwand aufsteigenden Luft. Dieser ist jedoch auf diese Weise nicht einzukalkulieren, da er niemals gleichmäßig wirkt. Will man von einer solchen Wirkung Gebrauch machen, so sind besondere Installationen von Rohren und Schlitzen in der Wandung zweckmäßig. Es sei in dieser

---

[1] BRENNECKE: Der Grundbau. S. 545.

Hinsicht auf die bei Brunnenabsenkungen gemachten vorzüglichen Erfahrungen verwiesen (S. 355).

Auch mit Hilfe eines thixotropen Gleitmantels ist die Reibung zu vermindern und auszuschalten, wozu zahlreiche Patente von LORENZ die Anleitung geben. Es sei bezüglich dieser — teilweise reichlich optimistischen[1] — Vorschläge auf das Kapitel „Thixotropie" verwiesen.

4.4.11 Senkkastenformen

Wie für Brunnen, so hat sich auch für Senkkästen eine gewisse zweckmäßige Einheitlichkeit der Form herausgebildet. Die Elemente eines Druckluftsenkkastens — Schneide, Arbeitskammer, Schacht und Schleuse — finden sich bei allen Formen wieder. Jedoch spielen noch andere Faktoren bei der Gestaltung hinein, deren wichtigster die Zweckbestimmung des zu gründenden Bauwerkes ist. Das führt zu einer ersten möglichen Einteilung der Caissons nach den Bauwerken: Schächte, Pfeiler, Widerlager, Tunnelröhren, Dichtungsschürzen, Hellinganlagen, Schleusen, Docks, Grundkörper für Hochbauten usw. Eine andere ebenfalls formbildende Rücksicht erfordert die mögliche bzw. zweckmäßige Art der Herstellung, wofür eine Reihe von üblichen Verfahren genannt seien.

1. *Herstellung am Ort*
a) auf festem Gelände,
b) auf einer künstlichen Inselschüttung,
c) auf einem Gerüst (Abspindelung),
d) zwischen Schwimmgefäßen hängend.

2. *Herstellung an anderer Stelle*
a) in Schleusen- oder fester Dockkammer oder Grube,
b) auf Helling,
c) auf Schwimmdock oder Ponton,
d) auf Pfahlrost,
e) auf abzubaggerndem Gelände.

Es ist müßig, hier einer Systematik nachzuspüren. Erfreulicherweise ist jede Aufgabe wieder etwas anders und jede Ausführung trägt mehr oder weniger zum Fortschritt bei, wenn ihr Gelingen oder Mißlingen in dem Erfahrungsschatz der ausführenden Firma verarbeitet wird.

Normale Senkkästen. Der normale Senkkasten besteht aus einer Kammer mit rechteckigem, quadratischem, kreisrundem oder langrundem Querschnitt, der auf den Umfangsschneiden steht und einen meist mittig angeordneten Schacht besitzt. Die Abb. 381 zeigt als Beispiel einen normalen Senkkasten für das rechte Brückenwiderlager der Herdbrücke in Ulm.[2] Dieser Kasten wurde nötig, weil der tiefliegende Felsgrund durch ein anderes Absenkverfahren nicht erschütterungsfrei oder gefahrlos erreicht werden konnte, was im Hinblick auf ein nur 2,70 m vom Fundament entfernt stehendes Haus notwendig war. Zunächst wurde dieses Haus durch eine Zementinjektion des sandigen Untergrundes gesichert (vgl. Abb. 25) und dann ein Senkkasten ausgeführt, bei welchem interessant ist, daß für die erste Stufe der Absenkung die vordere Längswandschneide vor dem alten Widerlager lag. Zunächst mußte der Senkkasten also in der Vorderwand in den Fünftelspunkten durch je zwei hydraulische Pressen auf Schwellenstapeln unterstützt und im Zuge des Aushubes und des Abbruches durch

---

[1] Im Patent 954588 wird z. B. erwogen, die Absenkung eines Druckluftsenkkastens auf einer gekrümmten Bahn zu bewerkstelligen, wobei der Kasten sich um 90° und mehr dreht und horizontal und sogar wieder aufsteigend auf dem thixotropen Mantel schwimmend weitergeht. Eine derartige Absenkung kann nur im grundwasserfreien Boden möglich sein und ist dann ein Schildvortrieb aber keine Druckluftabsenkung, die immer nur bis zur höchsten Schneidenkante wirkt und den Sinn hat, einen Wasserspiegel senkrecht nach unten wegzudrücken.

[2] Techn. Blätter der Wayss & Freytag AG (1951) S. 1 und Bauingenieur (1950) S. 153ff. u. 379ff.

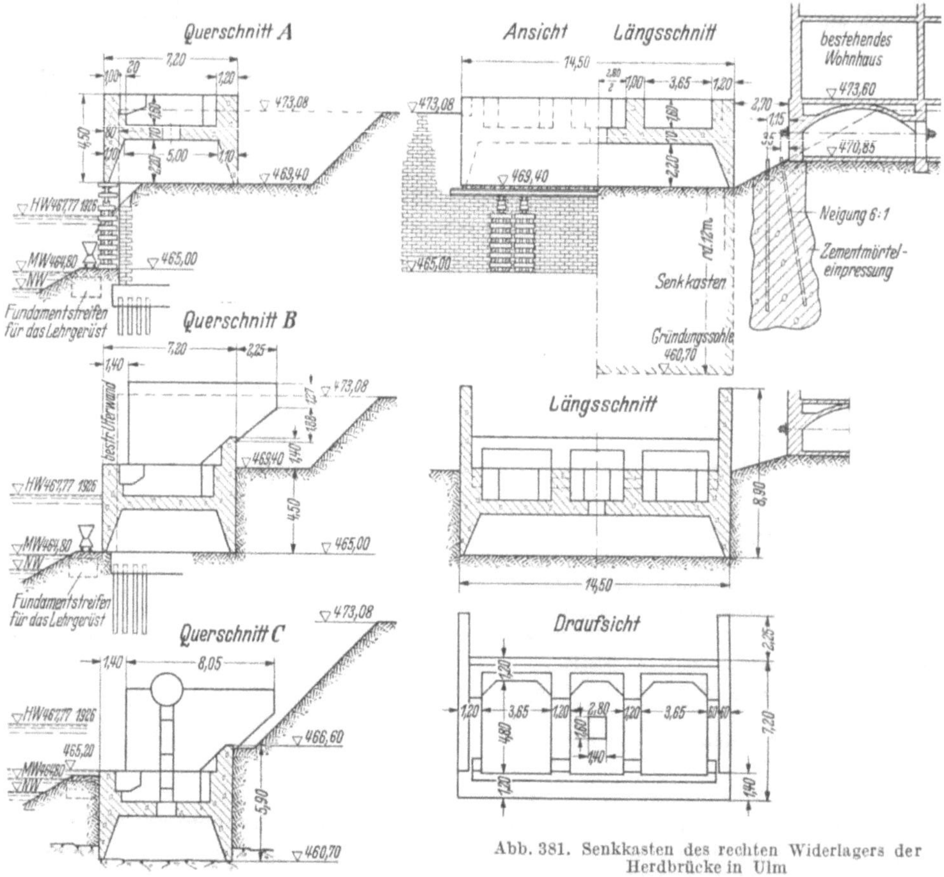

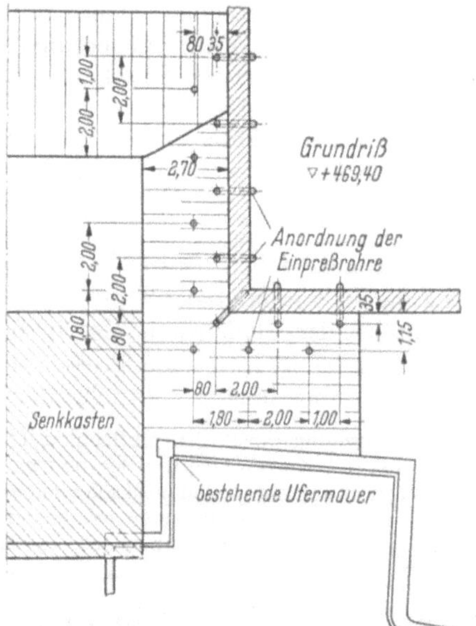

Abb. 381. Senkkasten des rechten Widerlagers der
Herdbrücke in Ulm
Querschnitt *A—C*: Absenkstufen; unten: Zement-
injektion unter Hausecke

abwechselndes Auswechseln der Pressen abgelassen werden. Die Abb. 381 zeigt die Arbeitsweise. Erst nachdem die alte Gründung erreicht war — und soviel wie möglich von diesen Resten in großen Stücken abgebrochen und gefördert war —, wurde die Arbeitskammerdecke geschlossen und im Zuge der Absenkung 100 Pfähle und eine Holzspundwand in der Arbeitskammer in Stücke geschnitten, die durch die Schleuse gefördert werden konnten.

Als Beispiel eines normalen Senkkastens in kreisrunder Ausführung mag die Pumpstation für die Kläranlage am Köhlbranddeich in Hamburg-Neuhof dienen (Abb. 382).[1]

---

[1] Techn. Blätter der Wayss & Freytag AG (1950) S. 55.

Hier ist mit stark aggressivem Grundwasser zu rechnen. Der Schutz ist in einer 8 cm dicken Spundbohlenverkleidung der Außenfläche und der inneren Schrägflächen der Arbeitskammer (Schneidenwand) gefunden, die

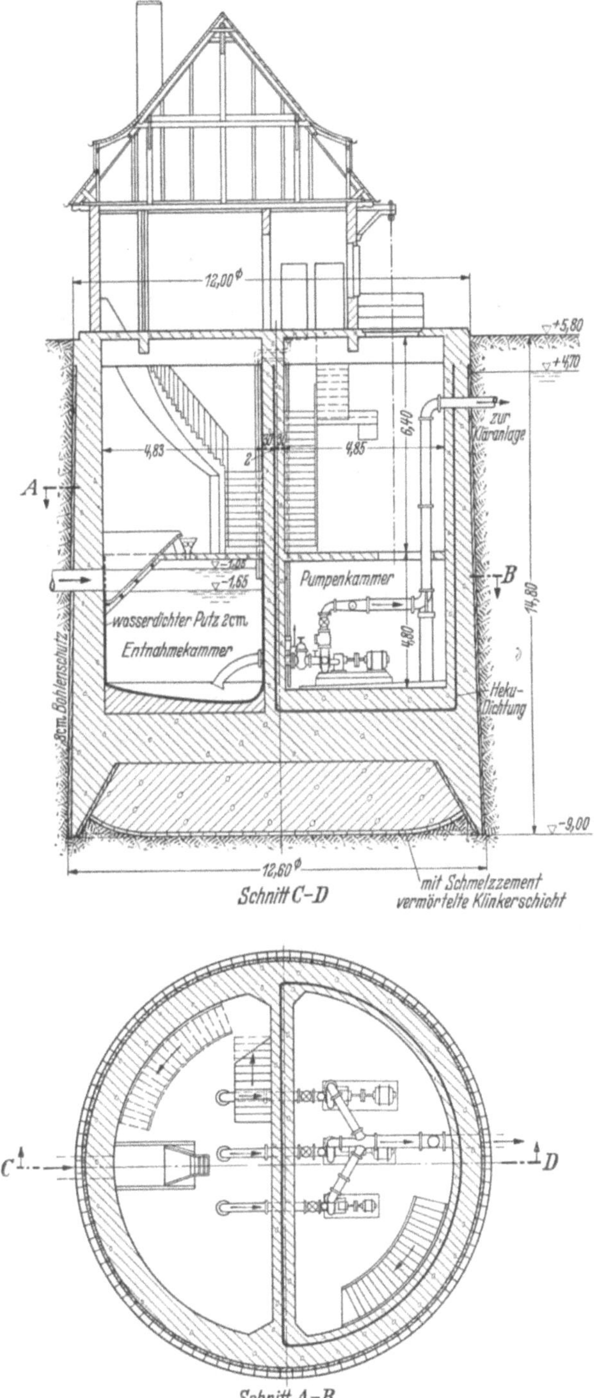

Abb. 382. Runder Senkkasten der Pumpstation am Köhlbranddeich in Hamburg-Neuhof

als Schalung dienten. Ein zwischen ihr und dem Beton verlangter Isolieranstrich wurde nach dem Stellen der Bohlen aufgebracht und mit Sand 0
bis 3 eingestreut. Auf die so rauh gemachten Flächen konnte dann ein
Mörtelspritzwurf aufgebracht werden, der die Isolierung
während der Betonierung schützte. Abb. 383 zeigt die
Sonderausführung der Schneide, die völlig von der dichten
Holzschalung eingefaßt ist.

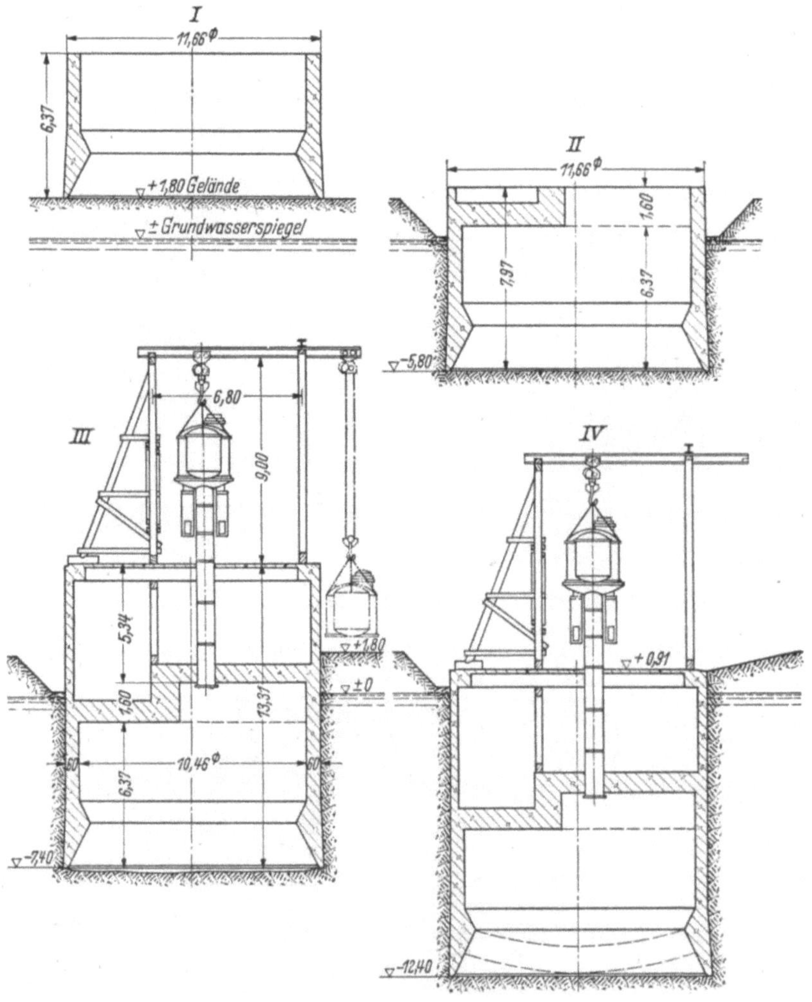

Abb. 383. Mit Holz
isolierte Schneide
zu Abb. 282

Eine Kombination von Grundwasserabsenkung und
Druckluftgründung ist bei dem Kanalpumpwerk Kämpe
bei Danzig gewählt.[1]

Die Abb. 384 zeigt die Absenkfolge. In Phase *I—II* wurde
der untere Teil als offener Brunnen 7,6 m tief abgesenkt,
wobei ein zentral angelegter Filterbrunnen der Wasserhaltung diente. Die Pumpe stand auf einer Wandkonsole
und wurde mit dem Brunnen abgesenkt. Erst als auf diese
Weise das Wasser nicht mehr zu halten war, wurde in

Abb. 384. Kanalpumpwerk Kämpe bei Danzig

---

[1] Techn. Blätter der Wayss & Freytag AG (1950) S. 39.

weiteren Phasen der Absenkung die Zwischendecke eingebaut und im Druck-
luftbetrieb weiter abgesenkt.

Bei ungewöhnlich hohen Arbeitskammern, die sich aus der Konstruktion des
Bauwerkes ergeben, ist manchmal die Anordnung von Behelfszwischendecken
ratsam, die durch Belastung oder Absteifung gegen eine obere Decke aufbruch-
sicher gemacht werden können. Hohe Kammern bringen den Nachteil eines
großen Luftraumes mit erschwerter Lufterneuerung und einen unnötig hoch
liegenden Massenschwerpunkt des Senkkastens mit sich.

Übt der Boden eine nennenswerte Reibung auf die Wandflächen aus, muß
der aufgehende Teil gegen Abreißen beim Hängenbleiben gesichert sein und
dementsprechend bewehrt werden. Bei schlank zulaufenden oder mit Absätzen
versehenen Baukörpern, z. B. Pfeilern, ist vielfach das Nachsinken von Boden

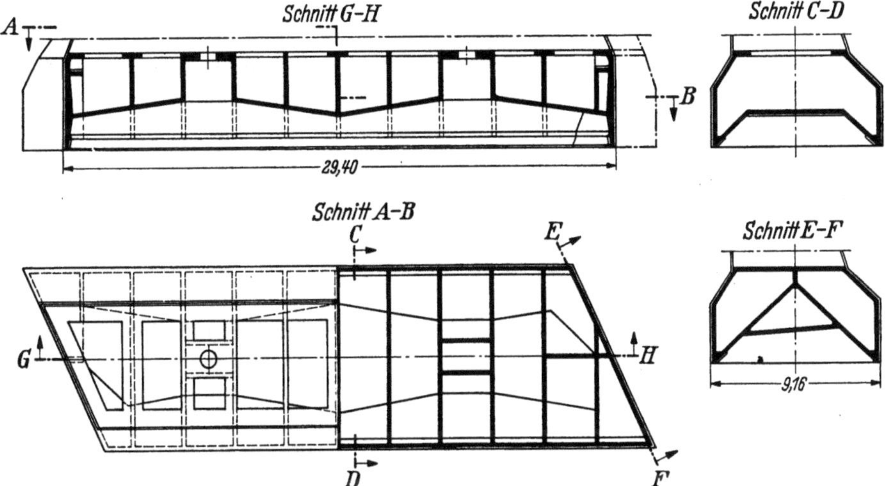

Abb. 385. Senkkasten für Brückenpfeiler als Beispiel einer Hohlschneidenkonstruktion

nicht nur gleichgültig, sondern erwünscht, wenn es gleichmäßig erfolgt und
nicht einseitig drückt. Bei sehr weichen Böden, in denen die Reibung keine Rolle
spielt, ist die einfache gerade Form die übliche Ausführung.

Senkkästen mit aufgesetzten Wänden. Besonders bei größeren Kästen, die
eingeschwommen oder vom Gerüst abgesenkt werden, strebt man nach zunächst
geringen Gewichten und hierbei ist der Stahlbeton mit dünnen Aussteifungs-
wänden mit Vorteil anzuwenden. Selbst die Schneiden sind bei solchen Kästen
vielfach als Hohlformen ausgeführt, wofür Abb. 385, Senkkasten für die Gründung einer Brücke über den Zollhafen in Hamburg, ein interessantes Beispiel
zeigt. Die für das Absenken erforderlichen Gewichte werden unschwer durch
die Betonfüllung erreicht. Besondere Sorgfalt erfordert aber die Gewährleistung
der Schwimmstabilität, wenn es sich um schmale Kästen handelt. Oft muß man
dann zu sehr leichten Aufbauten greifen, um den Schwerpunkt möglichst tief
zu halten. Solche Aufbauten können aus ausgesteiften gespundeten Bohlen-
oder Stahlspundwänden bestehen. Abb. 386a zeigt eine Ausführung, die aus
einer doppelten Bohlenlage mit kalfaterten Fugen besteht. In ähnlicher Weise
kann eine Wand aus hölzernen Spundbohlen befestigt werden. Gegen Auftrieb
und Abreißen ist eine Verankerung nach unten noch zusätzlich nötig, wenn
diese Aufsatzwand mit unter die Erdoberfläche gezogen wird und Seiten-
reibung erhält. Wenn die Aufhöhung des Kastens mit Spundwänden aus Stahlprofilen vorgenommen wird, so werden diese entweder fest angeschlossen, um
in der endgültigen Konstruktion zu verbleiben, oder lösbar befestigt und nach
der Absenkung wieder gezogen.

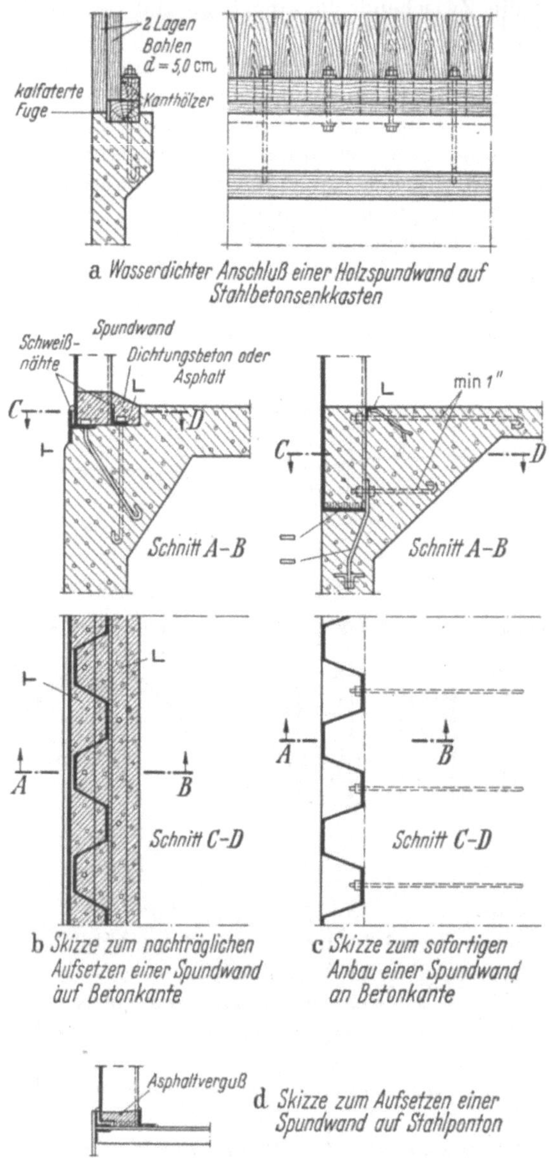

Abb. 386 a—d. Einzelheiten für das Aufsetzen von Wänden auf Schwimmgefäße

Die endgültige Befestigung kann durch Einbetonieren und Verankern mit angeschweißten Zugankern erfolgen. Sie bietet keine Schwierigkeit, insbesondere dann nicht, wenn nur Zug- und keine Biegemomente (Einspannung) aufzunehmen sind. Abb. 386 b—d zeigt einfache Möglichkeiten der festen Verbindung durch nachträglichen Anbau an einbetonierte T-und ⊼-Profile und bei direkter Betonierung gegen die schon in die Schalung zu stellenden Spundbohlen. Bei Stahlkästen ist die Verbindung mittels Saumwinkel und Schweißung besonders einfach, bei Holz ist zwar die Einspannung zwischen Zangen möglich, aber die Anschlüsse auf Zug sind schwierig, aber wiederum der Verguß mit Sandasphalt für die Dichtung am einfachsten; das Einpassen von Holz in die Spundwandprofile und das Kalfatern der Fugen ist unwirtschaftlich. Bei allen Spundwandaufsätzen, besonders aber bei den bleibenden, ist durch Aussteifung dafür zu sorgen, daß keine oder nur minimale Biegemomente auf die untere Einspannung kommen. Meistens wird der Fall der wiederzugewinnenden Aufsatzspundwand vorliegen, wofür LENK 2 Beispiele zeigt[1], auf die aus Platzmangel nur hingewiesen werden kann.

4.4.12 Schrägabsenkung

Schon im Sommer 1924 wurde in USA für die Camden-Bridge in Philadelphia eine Schrägabsenkung empfohlen, aber mangels Vorbild und wegen großer Tiefe nicht ausgeführt.[2]

Zur gleichen Zeit und unabhängig von diesen Überlegungen hatte Obering. HANSEN der Beuchelt & Co. in Deutschland diesen Gedanken studiert und am

---

[1] K. LENK: Verschiedene Formen von Druckluftgründungskörpern. Jb. HTG. 17 (1938).

[2] Sinking Pneumatic and open caisson foundations for Philadelphia Camden-Brigde. Engng. News Rec. vom 4. 6. 1925.

8. 1. 1925 das bekannte Beuchelt-Patent DRP 433408 mit dem Titel „Schräge Druckluftabsenkung von Widerlagern und Ufermauern ins Grundwasser" beantragt.

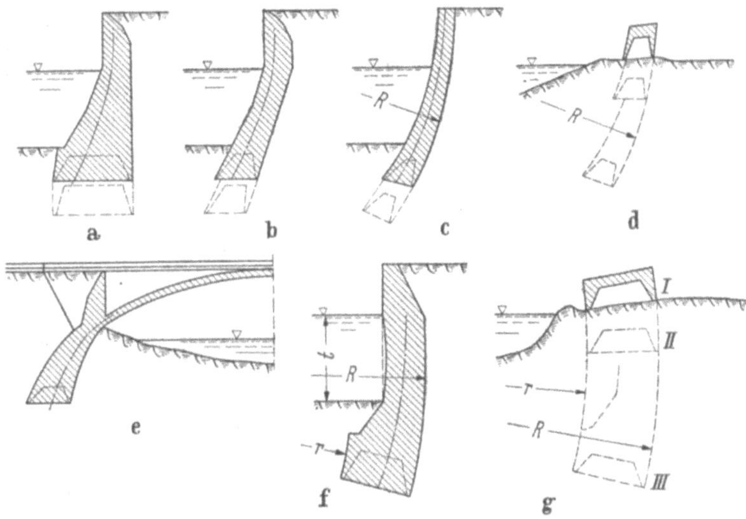

Abb. 387a—g. Verschiedene Arten der Schrägabsenkung nach PAPROTH

Von der Firma Beuchelt & Co. sind dann eine große Zahl von Druckluftsenkkästen mit gutem Erfolg schräg abgesenkt. Hierbei gleitet der Senkkasten mit seinen schrägen Wänden in das vom waagerechten Schneidenkranz ausgestanzte Bodenprofil hinein. Die Absenkung unterscheidet sich sonst in nichts von der lotrechten Absenkung. Die bisher bekannten Ausführungen besitzen Schrägwände bis zu einer Neigung von max. 3 : 1, womit auch etwa die Grenze der Schräglage gegeben ist.

In Erweiterung der Schrägabsenkung hat PAPROTH vorgeschlagen, die Senkkästen mit einer nach einem Kreisbogen gebildeten Rückwand auf der durchfahrenden Schicht absinken zu lassen. Dadurch ist eine noch bessere Anpassung der Bauwerksform an den Zweck ermöglicht, wie die Beispiele von PAPROTH (Abb. 387) zeigen.[1] Da die Stützlinie immer eine Kurve ist, ist die auf einer Kreislinie abgesenkte Stützwand eine ideale Anpassung an den Kraftverlauf, und durch sie wird neben dem kleinstmöglichen Mauerquerschnitt auch das Minimum an Bodenförderung unter Druckluft erreicht. Die Absenkung folgt der Schrägen mit guter Anschmiegung; selbst bei sehr weichem Boden ist die Beanspruchung so gering, daß Verquetschungen kaum vorkommen. Je nach dem Boden wird man die Schneidenwände von vornherein so gestalten, daß sie am Schluß der Absenkung so stehen, wie es notwendig ist. Dabei ist zu bedenken, daß bei

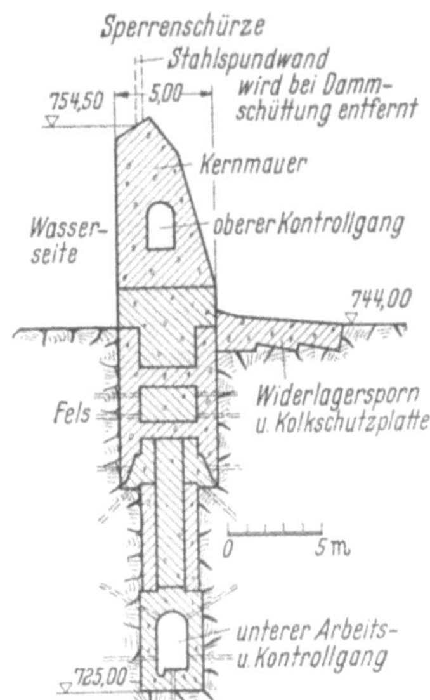

Abb. 388. Querschnitt der im Damm eingebauten Dichtungswand

---

[1] Entnommen E. PAPROTH: Neues von der Druckluftgründung. Bautechn. (1933) H. 51 und neuere direkte Mitteilungen.

410 | **4 Tiefgründungen**

anderen als grobkörnigen oder feinkörnigen Böden die Druckluft noch ein ganz Teil unter der Schneide wirkt, so daß Schrägstellungen bis 1 m, ja bei tonigem Boden bis 1,50 m möglich sind. So können also Teile einer Zylinderwand hergestellt werden, was für Schleusen- und Dock-wände interessant sein kann, wenn diese in Pfeiler und Schirmwand aufgelöst werden.

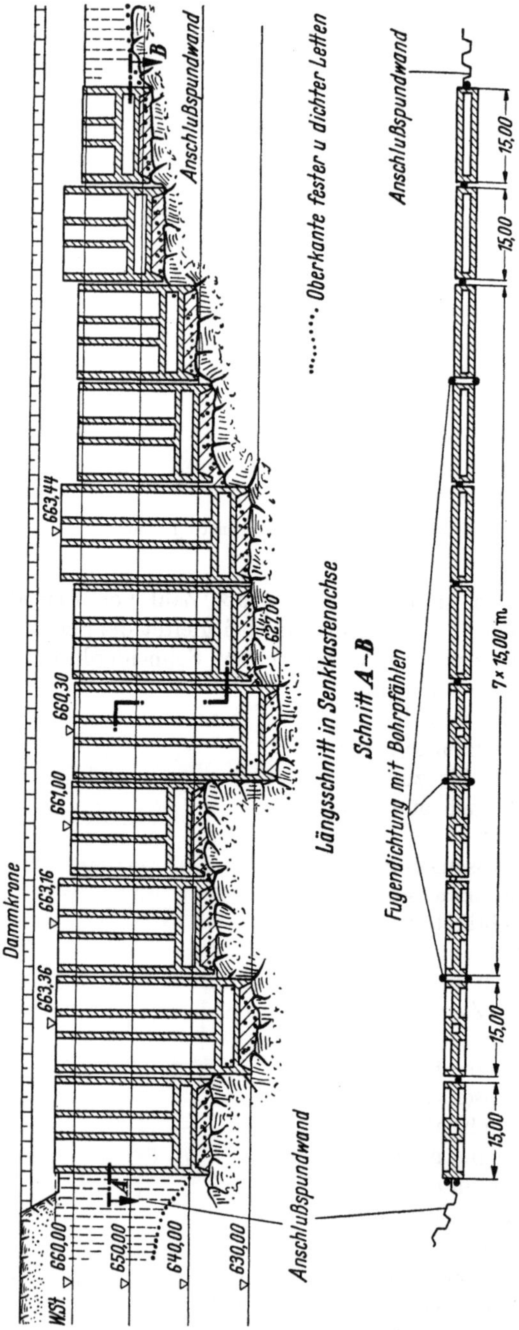

4.4.13 Schmale Wände

Bei schmalen Kästen tritt die Schwierigkeit auf, daß sie gegenüber der hohen Wandreibung ein geringes Eigengewicht haben. Trotzdem sind schmale Wände als Dichtungsschürzen im Untergrund von Talsperren, insbesondere Dämmen, in den letzten Jahrzehnten wiederholt im Druckluftverfahren mit Erfolg ausgeführt. Die nachstehenden 3 Beispiele sind Planungen der Wayss & Freytag AG[1], die dann in Gemeinschaftsarbeit verwirklicht wurden.

Der Lechstaudamm Roßhaupten kreuzt im Tal die senkrecht stehenden Mergel- und Sandsteinschichten der oligozänen Molasse nahezu rechtwinklig. Die Schichten streichen also parallel zum Flußlauf. Die Sicherung gegen Unterläufigkeit bei 41 m Stauhöhe über dem Gelände war mithin besonders wichtig. Als Dichtungswand wurde eine Betonmauer gewählt, die über 10 m in den Damm eingreift und fast 20 m in die Talsohle hinabreicht. Abb. 388 zeigt den Querschnitt, der im mittleren Teil aus einem Druckluftsenkkasten besteht, der nach Erreichen der Gründungstiefe noch um 11 m unterfahren wurde und dem man den oberen Dichtungskern aufsetzte. Auf diese Weise sind 5 Kästen von

Abb. 389. Dichtungsschürze der Lechstaustufe VII in Schongau

---

[1] Techn. Blätter der Wayss & Freytag AG (1955) S. 69ff.

15 bis 31 m Länge zu einer Dichtungswand von 130 m Länge zusammengefügt
bei einer gleichmäßigen Kastenbreite von 5,0 m. Die Unterfahrung in dem
klüftigen Gebirge war nur durch erhöhten Luftverbrauch möglich. Sobald die
Unterfahrung ausgemauert war, wurde durch die Wände hindurch eine Verpressung des Gebirges mit 20 m weit reichenden Bohrungen vorgenommen.
Dieser Entwurf der Dichtungsschürze stützte sich auf Erfahrungen, welche in
früheren Jahren bei der Dichtungswand der Lechstufe VII in Schongau gesammelt waren. Wegen der in der Talsohle des Lech tief anstehenden festen und
dichte Letten überdeckende groben Kiese mit eingelagerten Mergelbänken
und Findlingen konnte bei dem Schongauer Staudamm eine Spundwand nicht
verantwortet werden, außerdem sollte eine mindestens 3,00 m tiefe Eindringung
der Schneiden in die Lettenschicht ermöglicht werden. Die 165 m lange Dichtungswand (Abb. 389) besteht aus 11 Senkkästen je 15,00 m lang und nur 3 m
breit. Der eigentliche Senkkasten ist 6 m hoch und enthält über der Arbeitskammer einen zweiten Raum, von dem aus die Ausfüllung der Arbeitskammer

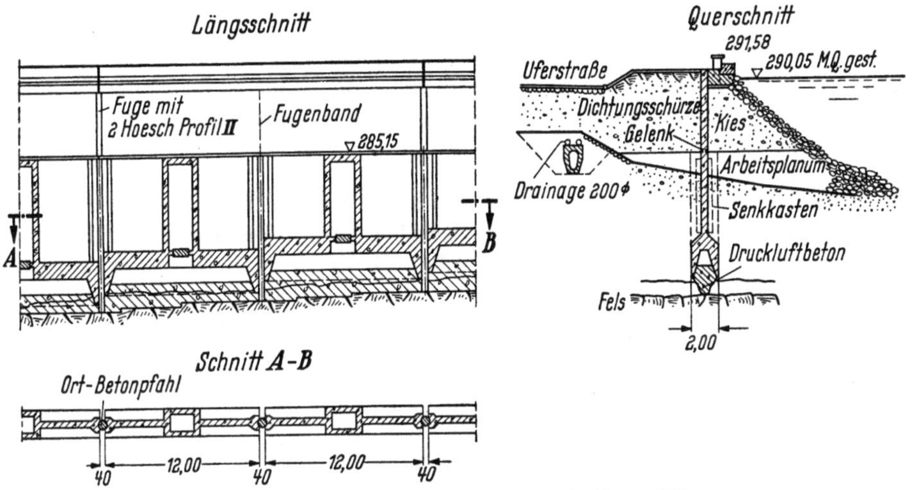

Abb. 390. Dichtungswand für die Ortschaft Obernzell/Donau

vorgenommen werden konnte. Darüber steht der zentrale Einstiegschacht von
1,40 × 2,30 m lichter Weite für die Schachtrohre und sonstigen Leitungen und
eine 50 cm dicke Dichtungswand, die in Stirnwände von 80 cm Dicke ausläuft.
Die mit 40 cm Abstand stumpf voreinander stoßenden Wandabschnitte sind
zum Schluß durch beiderseits eingesetzte Preßbetonpfähle völlig dicht geschlossen.

Die geringste Breite und wohl die untere Grenze für die Breite von Einzel-
kästen weisen die Senkkästen der Dichtungswand entlang der Donau bei Obernzell auf, die erforderlich wurde, um die Ortschaft aus dem Staubereich des
Laufkraftwerkes Jochenstein auszudeichen. Der Boden war grober Kies mit
Felstrümmern, dann Faulfels mit nicht genau bekannter Mächtigkeit über
gesundem Fels.

Abb. 390 zeigt die konstruktiven Verhältnisse dieser Wand. Das Prinzip
der Wand von Schongau wurde mit 2 m breiten und 12 m langen Kästen wiederholt. Insgesamt sind 64 solcher Senkkästen abgesenkt worden, mit einer mittleren Absenktiefe von 14,14 m, die noch um rund 1,25 m im Faulfels unterfahren wurde, womit eine Wand von 800 m Länge (einschließlich der durch
Ortbetonpfähle geschlossenen Fugen) geschaffen war, welche die Ortschaft
gegen die Donau abschließt und beiderseits noch durch eine Pfahlwand aus
Icos-Veder-Pfählen in die Talhänge hinein verlängert wurde.

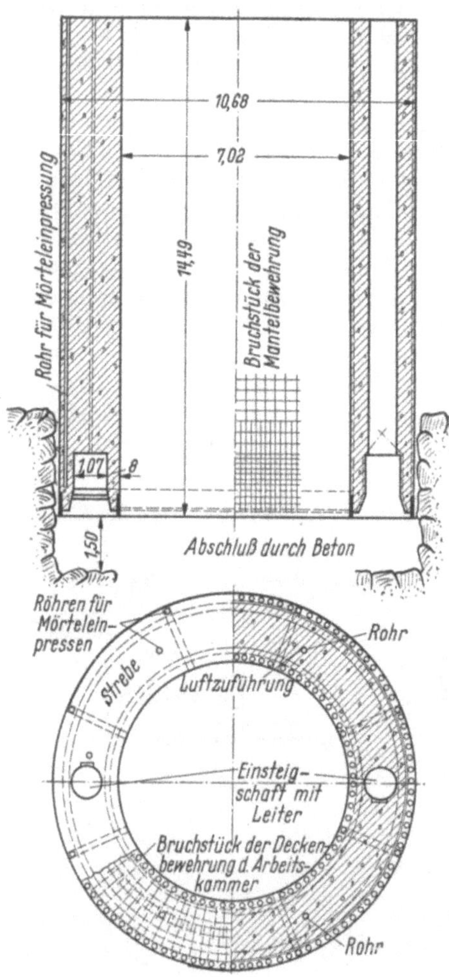

Abb. 391. Ringsenkkasten in New York aus den Jahren 1915/16

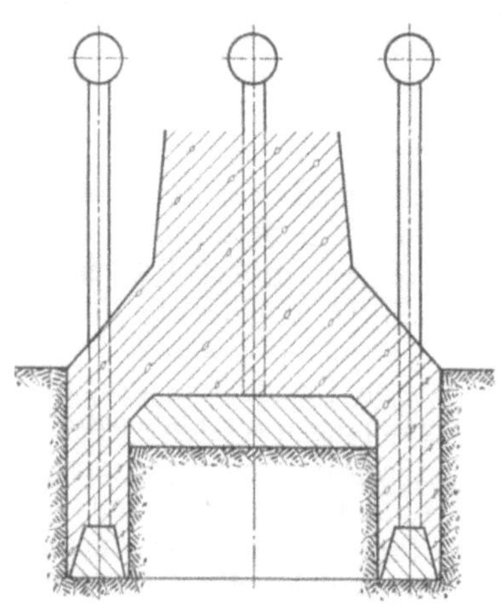

Abb. 392. Der Ringsenkkasten nach BEUCHELT

4.4.14 Ringsenkkästen

Mit dieser Bezeichnung werden seit jeher solche Kästen bezeichnet, die einen ringförmigen Schlitz auszuheben gestatten, gleichgültig, ob dieser „Ring" rund oder quadratisch ist. Im Handbuch der Ing.-Wissenschaften I. Tl. 3. Bd.[1] wird von einem solchen Kasten aus dem Jahre 1853 berichtet, der nach dem Absenken unter Druckluft einen dichten Anschluß an die Felssohle erhielt und dann als Baugruben-Fangedamm das Auspumpen des inneren Raumes erlaubte. BRENNECKE beschreibt die Sicherung eines kreisrunden Pfeilers von 9 m Durchmesser auf einem quadratischen Fundament von 9,75 m Seitenlänge durch einen quadratischen Ringsenkkasten von 3,66 m Wanddicke, der allseitig 2,10 m Abstand vom zu sichernden Fundament hatte.[2] Ebenso führt BRENNECKE ein Beispiel an für Ringsenkkästen aus Stahlkonstruktion, welche die Pfeiler der Cornwallbrücke verstärkten. Die äußeren Wände des Ringsenkkastens wurden über Wasser verlängert und so bildete diese Ausführung einen geschlossenen Kasten, nachdem die ringförmige Arbeitskammer vollbetoniert war. Der Zwischenraum zwischen Wand und altem Pfeiler wurde unten mit Unterwasserbeton und darüber nach Leerpumpen mit Stampfbeton verfüllt.

Bekannt ist auch die 1915/16 erfolgte Anwendung eines Ringsenkkastens als Schachtbauverfahren beim Bau der Schnellbahntunnel unter dem East River in New York. Der in Abb. 391 gezeigte Senkkasten fällt durch die im Lichten nur 1,07 m breite kreisringförmige Arbeitskammer auf, wohl die schmalste Kammer, die je hergestellt wurde. Der Ringkörper von 10,70 m äußerem und 7,00 m innerem Durchmesser ist zwischen Blechmänteln betoniert, die eine geringe Mantelreibung ergeben. Der innere Boden ist erst ausgehoben, nachdem der Mantel in den festen Fels einband. Aus dem Schacht heraus wurden

---

[1] Tafel VIII, Abb. 3. u. 4, zeigen einen stählernen Senkbrunnen von 10,67 äußerem Durchmesser mit ringförmiger Arbeitskammer von 1 m Breite für den Mittelpfeiler der Saltash Brücke über den Tamarfluß/Engl., Cornwall

[2] BRENNECKE: Der Grundbau, 3. Aufl., S. 591 Abb. 1077/78.

die U-Bahn-Tunnelstrecken im Schildvortrieb vorgetrieben, wobei der ganze Innenraum durch eingezogene Decken zu einer Druckluftarbeitskammer ausgebaut wurde.

Auf diesen Ausführungen fußend entstand das DRP 520 789, mit dem der Ringsenkkasten der Firma Beuchelt in die moderne Technik der Druckluftgründung einging. Das Kennzeichen dieses unter Preßluft auszuhebenden Kastens ist, daß der Boden in zwei getrennten, einander umschließenden Arbeitsräumen einer Senkvorrichtung in der Weise verschieden tief ausgeschachtet wird, daß er in dem äußeren ringförmigen Arbeitsraum bis zu der geforderten tiefsten Gründungstiefe und in dem inneren Arbeitsraum nur bis zu der Oberfläche des tragfähigen Grundes ausgehoben wird. Abb. 392 zeigt die Patentzeichnung und zeigt, daß die innere Kammer für sich durch eine Schleuse zugänglich sein muß. Der Ringsenkkasten, bei dem der innere Erdklotz in freier Luft im Schutze des Ringmauerwerkes gefördert wurde, ist mithin nicht unter das genannte Patent gefallen.

4.4.15 Fundamentverbreiterung

Wenn hinreichende Klarheit über die Bodenverhältnisse vorliegt, kann man gelegentlich

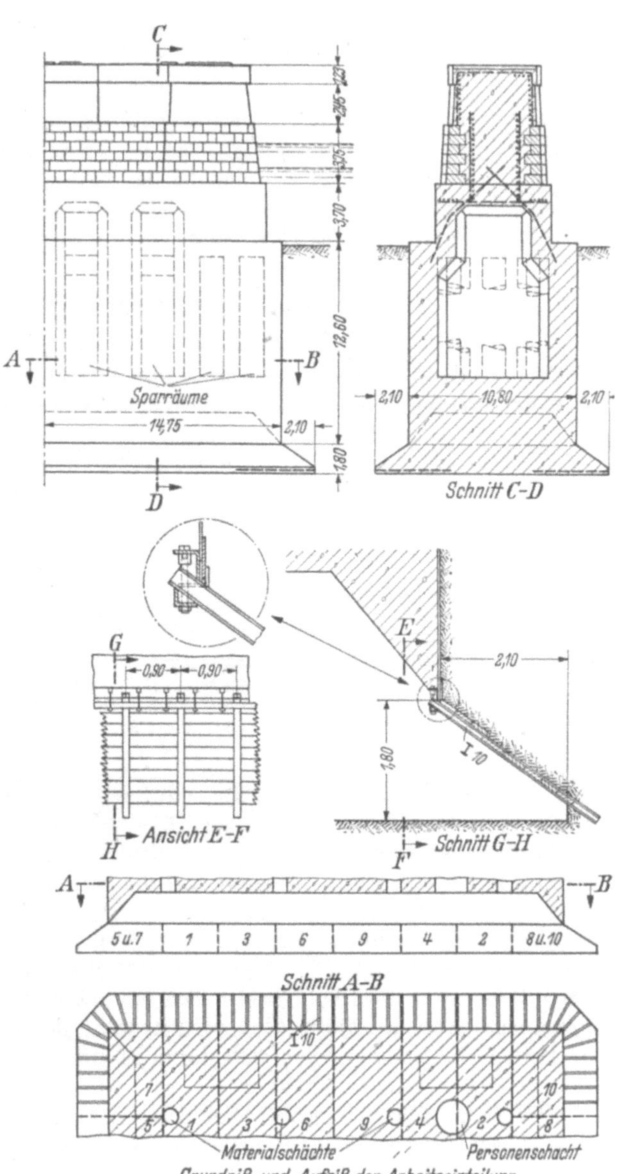

Abb. 393. Verbreiterung der Fundamentsohle eines Druckluftsenkkastens

die Größe der Senkkästen wesentlich einschränken, indem man von vornherein eine nachträgliche Sohlenverbreiterung vorsieht. Ebenso wie man Pfählen eine Fußverbreitung gibt, ist das auch für die nur lotrecht belasteten Pfeiler einer Brücke möglich, die sehr schlank gehalten werden können, aber wegen der hohen Belastung eine große Fundamentfläche erhalten müssen. In ähnlicher Weise sind schon um 1900 die Grundpfeiler des Stadttheaters in Bern von $2,20 \times 2,70$ m Querschnitt auf $3,62 \times 4,03$ m Sohlfläche, also auf das $2^1/_2$fache, verbreitert.

Eine sachgemäße Art der Ausführung zeigt die Abb. 393.[1]

Unter der Schneide hindurch werden I-Profile in etwa 0,90 m Abstand schräg in den Untergrund getrieben und — wie beim Berliner Verbau der Baugrubenumschließung (vgl. S. 431) — im Zuge der Schlitzvertiefung der Arbeitskammer ausgebohlt. Die Unterfahrung wird abschnittsweise ausgeführt und betoniert, bis der ganze Kasten unter entsprechender Vertiefung eine verbreiterte Gründungssohle erhalten hat. Im gezeigten Beispiel wurde die Pfeilerfläche um rund 55% vergrößert. Es ist keine Schwierigkeit vorhanden, die Verbreiterung durch eine Bewehrung der Konsolen zu sichern, es muß nur die entsprechende Bewehrung von vornherein in die Arbeitskammer eingebracht werden, sofern sie nicht kurz genug ist, um eingeschleust zu werden.

4.4.16 Spezielle Absenkmöglichkeiten

Neben dem normalen Absenken gerader und schräger Senkkästen, dem Schrägabsenken und dem Ringsenkkasten liegen eine Reihe Absenkverfahren vor, die teils ausgeführt, teils als Patentvorschläge bekannt geworden sind und

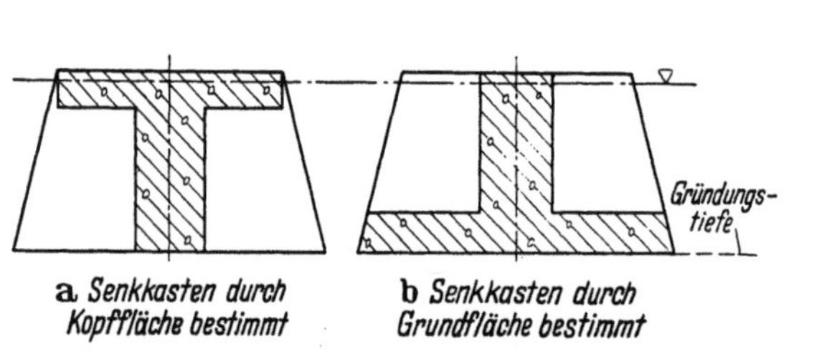

Abb. 394a u. b. Abgestufte Senkkastenformen

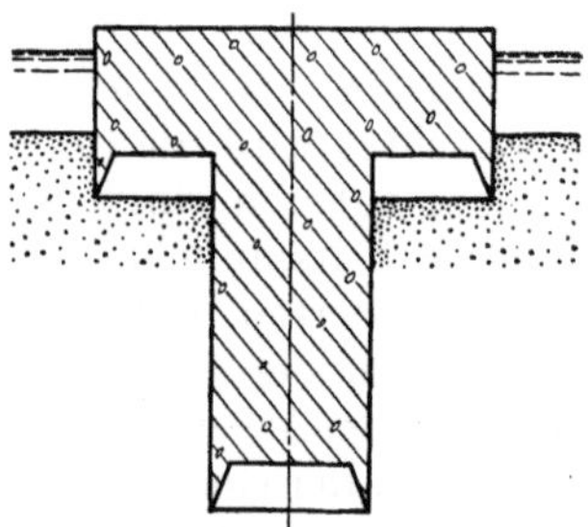

Abb. 395. Stufensenkkasten

die vielseitige Anwendung der Druckluftgründung kennzeichnen. Es haben sich einige Begriffe gebildet, die besprochen werden sollen.

Stufensenkkasten. Gründungsverhältnisse, bei denen ein kleiner Kastenquerschnitt für die Druckübertragung auf die tragfähige Sohle ausreicht, aber eine große Kopffläche für das aufzunehmende Bauwerk nötig ist, führen zu Formen, welche im Querschnitt einem T entsprechen, sofern die Seitenstabilität gewahrt ist (Abb. 394a). Die umgekehrten Verhältnisse, die häufiger sind, kehren auch dieses Bild um (Abb. 394b). Ein Stufensenkkasten kann u. U. erst in der Form nach Abb. 395 ausgeführt werden, wenn der untere Teil hinreichend stabil im Boden steht. Es ergeben sich dann die umgekehrten Verhältnisse wie beim Beucheltschen Ringsenkkasten.

Der wahrscheinlich größte Senkkasten, der bis jetzt in Europa eingebaut wurde, war ein solcher Stufensenkkasten für die Hellinganlage der Deutschen Werke in Kiel.[2] In der genannten Quelle sind Einzelheiten der Konstruktion gezeigt. Wenn die Kästen eingeschwommen werden, ergibt sich der

Aufsatzsenkkasten, der sehr oft mit gutem Erfolg verwendet wurde. Die Hellinganlage in Kiel[3] ist auch hierfür ein schönes Beispiel. In der genannten Literaturquelle sind die konstruktiven Verhältnisse verdeutlicht, auf die hier nicht näher eingegangen wird, weil es sich um seltene und außergewöhnliche Konstruktionen handelt.

---

[1] Bauingenieur (1936) KTB, S. 429.
[2] K. LENK: Druckluftgründungen. Vortrag auf der Jahrestagung des Deutschen Betonvereins 1949 (Jb. BDV 1949).
[3] H. JÖRGER u. TH. RIEDISSER: Druckluftgründungen in großen Wassertiefen. Bautechn. 26 (1949) H. 4, S. 115ff.

Überwindung der Mantelreibung

Das Bestreben, den Boden neben den Senkkästen möglichst wenig zu stören, führt zu lotrechten oder sehr schwach geneigten Wänden (bis 50:1). Damit erhöht sich die Reibung naturgemäß. Die Mittel zur Reibungsverminderung sind in einfachster Weise glatte Wände aus Blech ohne vorspringende Teile oder ein glatter Putz bzw. die Verwendung von Blechschalung für Außenflächen. Weitere Verbesserungen sind konstruktiver Art: man hat vorgeschlagen, den Außenmantel mit Spundwänden zu bekleiden, die nach Erreichen einer gewissen Absenktiefe vom Mantel gelöst und im Boden durch Konsolen an der Oberfläche festgehalten werden. Dann bewegt sich der Senkkasten an diesen glatten Wänden — evtl. unterstützt durch Schienen, Rollen oder Schmierung — unter wesentlich geringerer Reibung vorbei. Das nahezu volle Gewicht

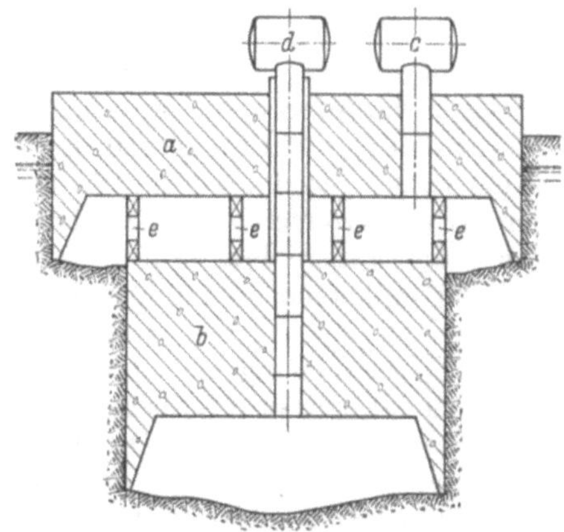

Abb. 396. Sogenannter Wurmsenkkasten
a Oberer Kasten; *b* Unterer Kasten; *c, d* Schleusen; *e* Zug- und Druckverbindungen

wirkt dann beim weiteren Absinken nur auf den unteren Teil der Wandung.

PAPROTH hat vorgeschlagen, im kritischen Stadium den Senkkasten unter Druck gegen solche Mantelteile oder Erdwiderlager hinunterzudrücken. LENK konstruierte zum gleichen Zweck den

Wurmsenkkasten, der aus 2 Senkkästen besteht, die wie beim Aufsatzkasten übereinanderstehen (Abb. 396). Durch zug- und druckfeste Verbindungen helfen sich die Kästen gegenseitig, indem der untere Kasten beim Absenken von oben her unter Benutzung des Gewichtes des Aufsatzkastens gedrückt und der obere von dem schon tieferen Kasten her beim Absenken gezogen wird.

Die heute wohl einfachste und vollkommenste Unterdrückung der seitlichen Reibung kann bei geeigneten Bodenverhältnissen durch Einbringen einer

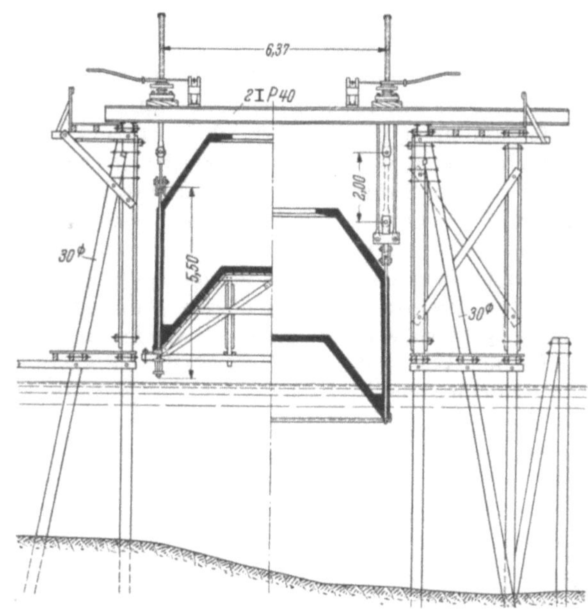

Abb. 397. Absenken eines leichten Senkkastens vom Gerüst

thixotropen Gleitschicht erreicht werden, wie sie für Brunnenabsenkungen von LORENZ entwickelt wurde (vgl. Abschnitt 5,2 „Thixotropie").

Absenken vom Gerüst. Leichte Kästen. Oft kommt das Einschwimmen nicht in Frage, sei es, daß der Senkkasten nicht schwimmfähig ist, oder die Örtlichkeit, starker Schiffsverkehr bzw. die Strömung das Manövrieren nicht zulassen.

Dann bleibt als Möglichkeit der Aufbau des Senkkastens im Hängegerüst. Abb. 397 zeigt eine solche Einrichtung für den Senkkasten eines Brückenpfeilers der Autobahnbrücke über den Main bei Frankfurt/M.-Griesheim. Während bei den an Ort hergestellten Senkkästen das Gewicht keine wesentliche Rolle spielt, kommt es bei den auf Gerüst hergestellten Kästen auf möglichste Gewichtsverminderung an. Man nutzt also bei diesen Kästen alle Möglichkeiten einer hochgezüchteten Stahlbetontechnik (hochwertiger Beton, hohe Stahlqualitäten) aus, um an Gewicht zu sparen. Bei einzuschwimmenden Kästen hat man sogar schon vorgeschlagen, die aufgehenden geschlossenen Teile der Kästen oberhalb der Arbeitskammer beim Eintauchen unter inneren Überdruck zu setzen, damit der äußere Wasserdruck kompensiert wird und die Wände ohne Aussteifung entsprechend dünner gehalten werden können. Man wird auf diese Möglichkeit im Notfalle zurückkommen können, sie erfordert aber eine so exakte Überwachung und teure Installation, daß sie sich kaum einbürgern kann, zumal eine provisorische Aussteifung mit Holz die gleichen Dienste tut. Gegen das Einblasen von Druckluft in die Arbeitskammer für den Schwimmtransport ist dagegen nichts einzuwenden, da die Kammer für diese Beanspruchung konstruiert ist und keine zusätzlichen Installationen dafür nötig sind. Es ist lediglich die durch das untere Luftpolster verschlechterte Schwimmstabilität zu berücksichtigen.

Absenken vor Anker. Die Absenkung in stark strömenden Gewässern bietet besondere Schwierigkeiten, wenn es sich dabei zusätzlich um einen beweglichen Untergrund handelt. Ein solcher Fall lag bei der Gründung für die Strompfeiler der Donaubrücke in Linz vor.[1]

Die Senkkästen waren 37,6 m lang, 9 m breit und 4,9 m hoch; ihr Gewicht betrug 600 t. Für das Einschwimmen mußte ein Schlepp von 3,5 km Länge bei einer max. Tauchtiefe von 2,15 m durchgeführt werden. Man mußte die Arbeitskammer mit Druckluft füllen und das Luftkissen durch einen Holzboden stabilisieren, außerdem durch einen an Deck mitgeführten Kompressor ständig Luft zupumpen und noch durch Überdruckventile dafür sorgen, daß kein für den Holzboden verderblicher Überdruck entstand.

Die starke Strömung an der Einbaustelle machte schwere Gerüste unmöglich, so daß die Senkkästen nur durch leichte seitliche Gerüste geführt werden konnten, gegen die Strömung aber durch Vorausanker gehalten werden mußten.

Beim Absinken war eine erhebliche Kolkbildung unter dem Senkkasten zu erwarten, die durch Versuche im Flußbaulabor Karlsruhe größenordnungsmäßig geklärt wurden. Ebenda wurde auch der Ankertrossenzug bei verschiedenen Wasserständen festgestellt und als günstigste Form des Senkkastens ein Schwimmbug in Dreiecksform festgestellt. Es wurde für die Verankerung ein Rechenanker von 2,6 t und 2 Schiffsanker von je 560 kg mit schweren Ketten verbunden und im Abstand von 50 und 70 m hintereinander verlegt, an welche sich eine 170 m lange Ankertrosse von 25 mm Durchmesser anschloß.

Zum Einschwimmen benötigte man 2 Motorschiffe längsseitig und einen Raddampfer im Vorspann mit zusammen 2400 PS Maschinenleistung. Das Einfahrmanöver erforderte das zwischenzeitliche Festmachen über 5 t-Winden an den Pfeilern der alten Brücke. Der Raddampfer legte dann ab, umfuhr das Gerüst und nahm die durchgereichte Trosse wieder auf. Er legte sich dann vor Anker und verholte mit seinem Spill den Senkkasten an seinen Platz, worauf die Trosse am Ankergeschirr befestigt wurde.

Das Absenken wurde durch einen Pfahlrost erschwert, der bei der Kolkbildung im Augenblick der Annäherung des Kastens an die Flußsohle freigespült wurde. Die Abb. 398 zeigt diese aufregenden Phasen des Absetzens, die nur

---

[1] K. Lenk: Druckluftgründungen. Jb. DBV 1949.

durch starke Belastung der hinteren Zellen und Kolkbekämpfung durch Stein-schüttungen überwunden werden konnten. Die Holzpfähle mußten beim Ab-senken scheibenweise abgeschnitten werden. Erst nach 3 m Eindringungstiefe konnte eine reguläre Absenkung einsetzen, die durch zahlreiche Findlinge im Boden erschwert wurde. Der Fall einer solchen Absenkung ist selten, aber recht lehrreich und daher sei für das nähere Studium auf die Quelle hingewiesen.

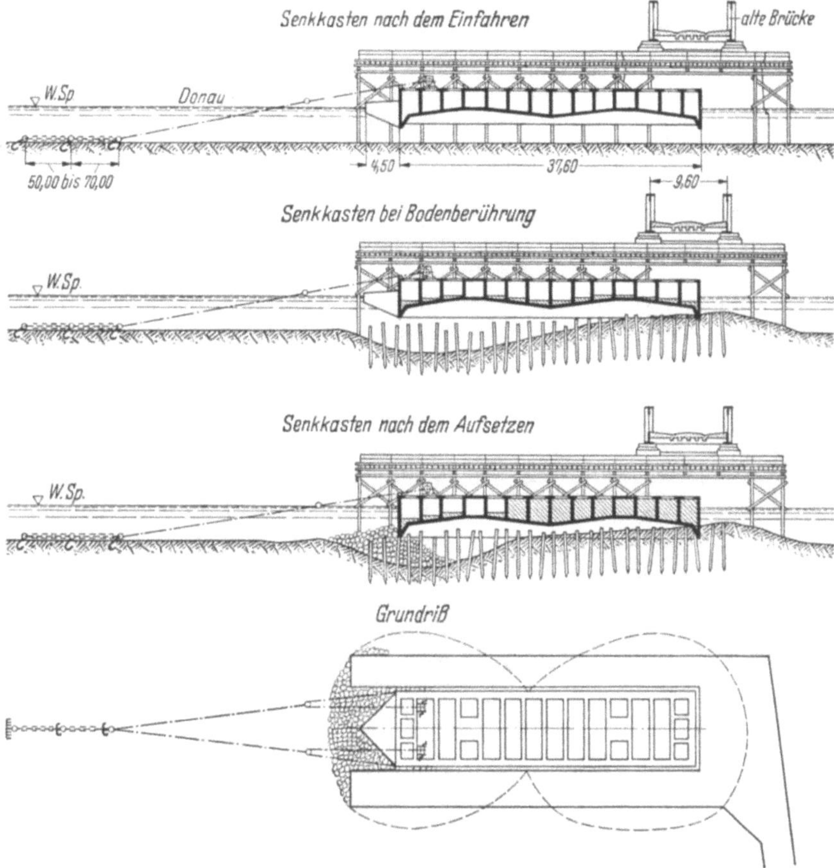

Abb. 398. Absenken der Senkkästen für die Pfeiler der Donaubrücke in Linz

5 Verschiedene Bauhilfsmittel

5.1 Baugruben

5.1.1 Allgemeines

Bei einer offenen Gründung muß die Gründungssohle freigelegt werden, d. h., es ist eine Baugrube anzulegen. Bei geringer Tiefe und ausreichendem Platz genügt eine Böschung unter dem natürlichen Gefälle. Bei Tiefen von 1,25 m an muß man einer möglichen Rutschung Beachtung schenken, die durch Betreten der Kanten, Austrocknung, Regen und Erschütterungen plötzlich ausgelöst werden kann.

Bindiger Boden steht zunächst fast senkrecht, rutscht aber meist in großen Schollen ab und ist dann sehr gefährlich. Die Böschung ist mit mindestens 1:0,6 anzulegen und zu beobachten. Erdfeuchter Sand steht mit 1:0,5, erdfeuchter Feinsand 1:1 (letzterer rieselt flacher beim Austrocknen, daher unten Abstand des Böschungsfußes von Betonkante anlegen). Böschungen nicht betreten. Abb. 399 zeigt Empfehlungen der Tiefbau-Berufsgenossenschaft.

Es ist eine Frage der tragbaren Kosten und der Zeit des Offenstehens der Baugrube, ob man eine steile Böschung sichern oder sie ausreichend flach anlegen soll. Die Böschungssicherungen wurden schon früher behandelt, so daß hier eine Aufzählung der Möglichkeiten genügen mag:

1. Abdeckung mit Papier, Planen, Kunststoffolien, Drahtgeflecht
2. Andecken mit Grassoden
3. Einpudern mit Zement und Verreiben mit oberer Schicht
4. Übersprühen mit Bitumen (zweimaliger Durchgang)
5. Besamen mit Gras, Bepflanzen mit Weidenstecklingen
6. Sicherung des Böschungsfußes mit verschiedenen Mitteln
7. Annageln der Oberschicht mit Rundholzknüppeln
8. Entwässerung hinter oberer Böschungskante und des Böschungsfußes
9. Sickerkanäle in Böschungsschräge
10. Anlage von Bermen in langen Böschungen.

Besonders die zähen Kunststoffolien sind für die Zeit zwischen Profilierung und Abdeckung zweckmäßig, wenn man sie nach Art der Fensterrollos auf Stangen wickelt und sie von oben auf der Böschung abrollen läßt.

Abb. 399. Empfehlungen der Tiefbau-Berufsgenossenschaft

Zur Pflege der Böschung gehört die Anlage von Treppen, die auf Pfosten frei über der Böschung zu halten sind (billigste Ausführung) oder regelrecht in die Böschung mit 2 Pfählen je Stufe eingeschlagen und mit Trittstufe *und Setzstufe* auszurüsten sind. (Nur scheinbar billig, auf steiler Böschung nicht haltbar.) In den meisten Fällen des Industriebaues und in Städten wird sich eine Baugrube nicht mit einer ausreichenden Böschung entwickeln lassen.

Die Sicherung von Baugruben ist ein Teil der Bauleistung und steht an Bedeutung auf der gleichen Stufe wie der Gerüstbau. Nachlässiger Verbau der Wände und Böschungen, fehlerhafte Aussteifungen, falsches Verhalten gegenüber dem meist hinderlichen Verbau sind gefährlich, da Unfälle, neben dem menschlichen Leid, Zeitverlust, Haftungen, Zusatzkosten u. U. wesentliche Umdispositionen bedeuten, die sich gerade zu Anfang eines Baues besonders ungünstig auswirken.

Man darf auch eine Baugrube nicht unbegrenzt offenstehen lassen, weil sowohl eine Austrocknung als auch eine Durchfeuchtung das physikalische Verhalten des Bodens beeinflussen. So wird z. B. eine in bindigem Boden aufgerissene Baugrube in der Sohle auch dann mit der Zeit weicher, wenn alles äußere Wasser ferngehalten wird, weil die Unterschiede in der Kapillarspannung zu einem Ausgleich drängen und mit dem Zuströmen von Porenwasser die Sohle aufschwillt.[1]

5.1.2 Grabenverbau

Gräben und schmale Baugruben über 1,25 m Tiefe sind nach den Bestimmungen der Unfall-Berufsgenossenschaft abzuböschen oder mit Bohlen von mindestens 5 cm Dicke zu verbauen, wobei ein waagerechter Verbau im Zuge der Vertiefung der Sohle jeweils um eine Bohlenbreite zu erfolgen hat. Dabei ist mit jeder

---

[1] J. OHDE: Vorbelastung und Vorspannung des Baugrundes und ihr Einfluß auf Setzung, Festigkeit und Gleitwiderstand. Bautechn. 26 (1949) H. 5, S. 129ff.

neuen Bohle auch ein neues Brustholz einzubauen und das vorhergehende aus-
zubauen. Je nach Bodenverhältnissen sind bei Tiefen bis max. 1,75 m die Wände
mit Abständen (jedoch nicht über Bohlenbreite) oder dicht an dicht zu verbohlen. Am oberen Rand sind Saumbohlen einzuziehen, die um 5 cm über
Gelände herausstehen, damit der Aushub nicht zurückfällt und leichter aufgenommen werden kann. Hier muß auch beiderseits ein lastfreier Streifen von
mindestens begehbarer Schaufelbreite ständig frei gelassen werden. Die Brusthölzer — meist 8×16 cm und 1 m Länge — werden durch Spreizen, 10 bis
20 cm Durchmesser je nach Breite des Grabens, die an beiden Enden leicht
konisch angeschärft sein sollen, gegeneinander versteift, indem sie mit flachen
Keilen unter Spannung gesetzt werden. Durch Nagelung, Klammern oder
untergesetzte Knaggen sind sie gegen das Brustholz vor dem Abrutschen zu
sichern, damit sie auch bei Lockerwerden nicht herausfallen. Der stramme
Sitz ist laufend zu kontrollieren und nachzukeilen. Jede Bohle ist an beiden
Enden und in der Mitte durch Brusthölzer auszusteifen. An jeder Fuge zwischen

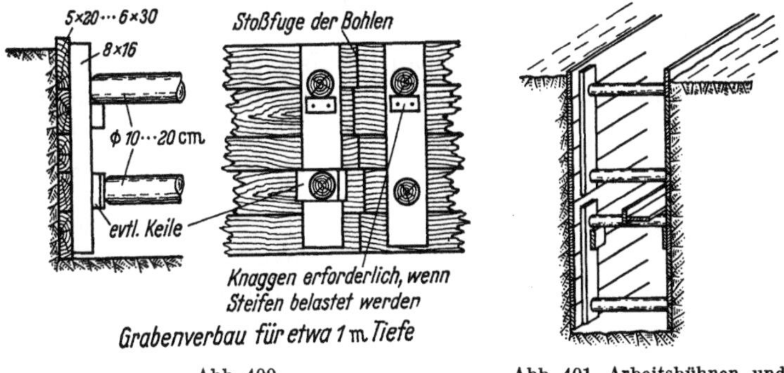

Abb. 400   Abb. 401. Arbeitsbühnen und
                                           Saumbohlen

den waagerechten Bohlen sitzen also 2 Brusthölzer und Spreizen dicht nebeneinander (vgl. Abb. 400). Die Stirnflächen der Gräben sind entweder durch
lotrechte Bohlen zu sichern oder innerhalb der Verbohlung zu böschen, am
besten mit Absätzen. Es gibt eine große Zahl von Spreizen mit Spindeln oder
Teleskoprohren, die sich in die Brusthölzer mit Krallen eindrücken; auch diese
sind gegen Herausfallen zu unterstützen, besonders aber dann, wenn sie durch
Bohlenauflage zu Trägern einer Arbeitsbühne (Pritsche) werden.

In standfestem Boden sind senkrechte unverbaute Wände bis 1,75 m möglich,
es muß jedoch eine versteifte Saumbohle eingezogen sein und der lastfreie
Streifen beiderseits 0,5 m breit sein. Bei Tiefen über 1,75 m ist fugendichter
Verbau unerläßlich und der Verbau mit Sparlücken grundsätzlich unstatthaft.
Bei leichtem und rieselndem oder fließendem Boden ist mit gespundeten Bohlen
zu arbeiten.

Arbeitsbühnen müssen, um vernünftig arbeiten zu können, 40 cm Mindestbreite haben. Sie müssen eine Saumleiste aufweisen, damit das Material nicht
beim erneuten Aufnehmen dem unten arbeitenden Manne auf den Kopf fällt
(Abb. 401). Bei schmalen Gräben muß in der Längsrichtung hinausgepritscht
werden.

Gräben über 1,50 m Tiefe sind mit Leitern, deren Sprossen eingesetzt sind
(nur genagelte Sprossen sind verboten und führen in jedem Schadensfall zu
Haftungen!), zu versehen, und zwar in langen Gräben so viel Leitern, wie Arbeiter
unten beschäftigt sind. Das Beklettern der Spreizen ist verboten.

Überwege über Gräben müssen mit seitlichen Bordbrettern und Geländern
versehen sein und dürfen nicht auf der Ausbohlung aufgelagert sein, sondern
hinreichend weit dahinter auf Schwellhölzern (Abb. 402).

Bei breiteren Baugruben sind Eckversteifungen, bei mehr quadratischen auch sprengwerkartige Konstruktionen angebracht, die durchaus zu ingenieurmäßigen Konstruktionen führen.

Bei sehr rolligem und rutschgefährlichem Boden kann man nicht mit waagerechten Bohlen arbeiten, sondern geht zu senkrechtem Verbau über, der entweder nach dem Ausschachten erneut nachgerammt wird oder nach dem Prinzip der Stülpschalung in neuen kurzen Schüssen angesetzt wird.

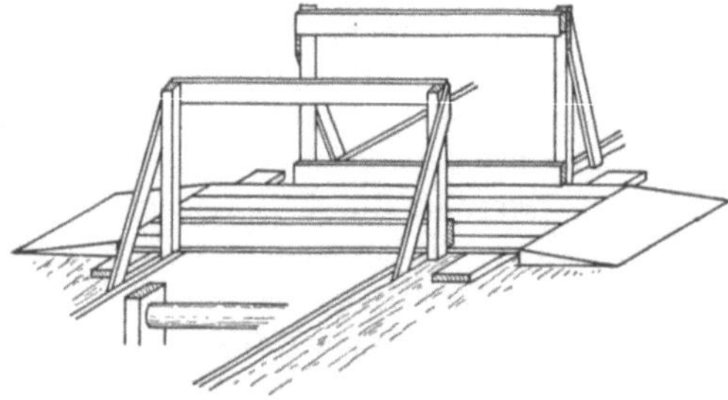
Abb. 402. Ordnungsgemäß angelegter Überweg

Die Abb. 403 dürfte zur Erläuterung genügen. Hierbei ist jedes neue Gefach abzusteifen, was bei Schächten durch Rahmen, bei Gräben durch Spreizen und bei schweren Ausführungen in großen Baugruben durch Schrägstreben geschieht.

In den Unfallberichten der Tiefbau-Berufsgenossenschaft liest man immer wieder von Unfällen in Kanalgräben, die aus einem fehlenden Saumbohlenverbau herrühren, den viele Schachtmeister und Unternehmer für unnötig halten, wenn der sonstige Boden keinen Verbau benötigt. Darüber gehen die Ansichten der Beteiligten vor und nach dem Unfall stets weit auseinander. Da es sich bei diesen Arbeiten um eine Schachtmeisterarbeit handelt, überläßt man diesem meist die Beurteilung des Umfanges der Ausbaumaßnahmen; es sollten sich jedoch auch die Aufsichtsführenden nicht scheuen, dem „Praktiker“ die Innehaltung der Vorschriften abzuzwingen.[1]

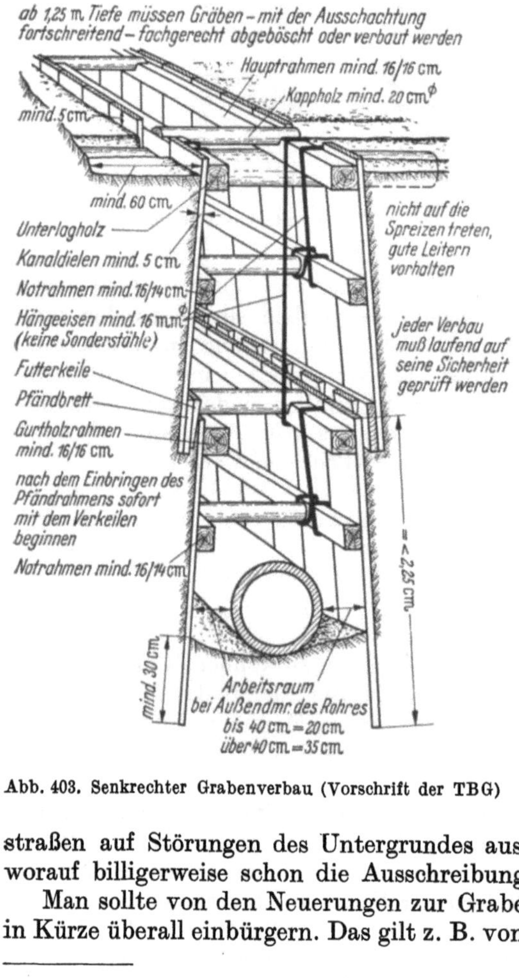

Selbst bei geringen Tiefen von 1,20 bis 1,40 m sind schon tödliche Unfälle vorgekommen, der Grabenverbau kann mithin auch bei kleinen Gräben notwendig werden, worüber vielfach erst beim Aufbruch der Gräben die Schichtung, etwaige Schmierschichten im Boden, die Wasserableitung am Ort und andere Dinge Aufschluß geben. Besondere Aufmerksamkeit ist in Orts-

Abb. 403. Senkrechter Grabenverbau (Vorschrift der TBG)

straßen auf Störungen des Untergrundes aus früheren Aufbrüchen zu richten, worauf billigerweise schon die Ausschreibungsunterlagen hinweisen sollten.

Man sollte von den Neuerungen zur Grabensicherung erwarten, daß sie sich in Kürze überall einbürgern. Das gilt z. B. von den Hängelaschen der bekannten

[1] Aus dem Unfallgeschehen. Die Tiefbauberufsgenossenschaft vom 5. 9. 1957, H. 17.

Firma Heilwagen & Co., Kassel 1, Herkulesstr. 41, bei denen ein oberes Abdeck-
brett für die Grabenkante notwendig wird, wodurch eine vorzügliche Sicherung
gegeben ist. Bei Anwendung dieser
Hängelaschen braucht kein Mann in den
Graben, bevor nicht der Saum versteift
ist. Die Abb. 404 zeigt den Beginn der
Arbeit und das System des den Graben
wenig beengenden Verbaues.

Die Sicherung von Grabenböschungen
bei weichem Untergrund wird oft mit
gerammten Kanaldielen oder Leicht-
spundwänden durchgeführt. Eine einfache und gute Hilfe hierfür ist ein ver-
setzbares hölzernes Führungsgerüst[1], das
aus kräftigen untereinander diagonal versteiften Querrahmen von 1,80 m Höhe
besteht, die in etwa 1,0 m Abstand stehen,
und mit Bohlenbelag abgedeckt sind
(Abb. 405). Die Breite der Rahmen richtet
sich nach dem lichten Abstand der Kanal-
wände, deren Einzelbohlen gegen dieses
in Abschnitten von etwa 3 m Länge hergestellte Gerüst eingefädelt und gestellt
werden. Da die Bohlen zunächst durch
Schrägstreben gestützt, einseitig schon

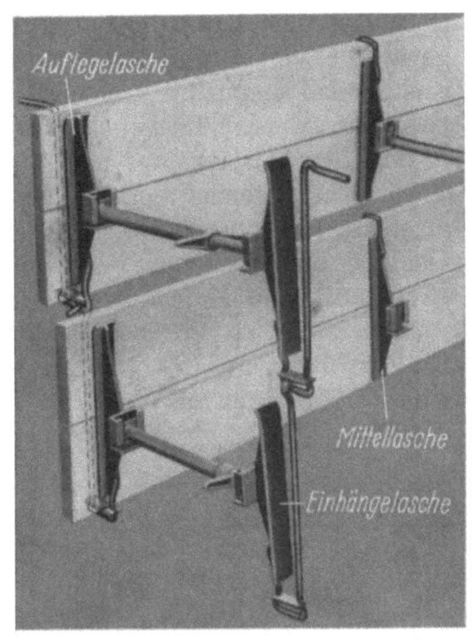

Abb. 404
Auflege- u. Hängelaschen erleichtern die Arbeit
und machen sie sicherer. System Heilwagen

auf große Länge stets in der Führung der vorhergehenden Bohle gehalten sind,
ist ein Versenken der Pfosten des Führungsgerüstes in den Boden nicht erforderlich. Daher kann es
von Hand leicht im Zuge
des Arbeitsfortschrittes
mitgenommen werden. Ein
besonderer Vorteil dieser
Ausführung ist die An-
wendbarkeit auch für
Kurven. In diesem Falle
können Lehren mit dem
vorgeschriebenen Radius
geschnitten werden, die
auf die Plattform genagelt
und auch unter dem Gerüst
angebracht werden. Wenn
längere Kanaldielen zu
rammen sind, kann das
Gerüst leicht zweiteilig gemacht werden. Mit einem
leichten Hammertyp wer-
den die Bohlen, die vom
Raupenkran gesetzt wer-
den, so weit eingerammt,
daß sie allein stehen. Eine
Vorauskolonne stellt auf
diese Weise alle Bohlen

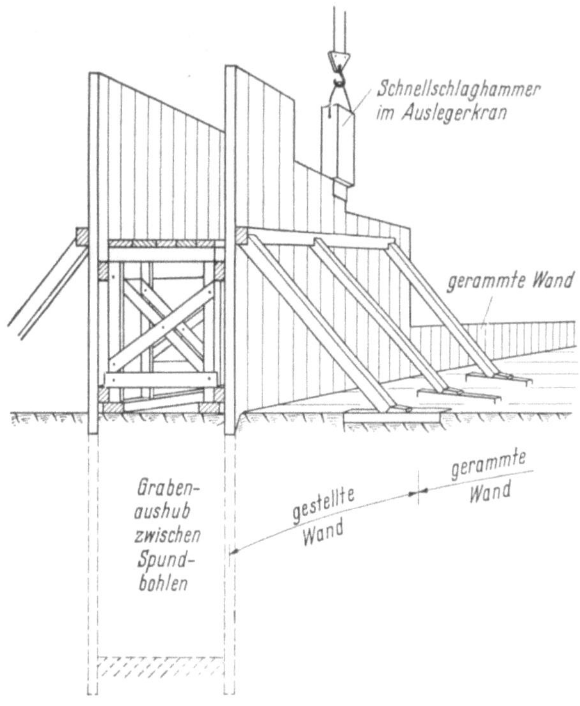

Abb. 405. Führungsgerüst für Kanaldielenrammung. Versteifung
wird beim Aushub einfach eingehängt

[1] Constr. Meth. and Equipm.
(Juni 1957 S. 168.)

und nimmt das Gerüst mit. Das endgültige Einrammen auf die gewünschte Tiefe kann von einer zweiten Kolonne durchgeführt werden. Bei Verwendung von Kanaldielen muß darauf geachtet werden, daß die breiten Rückenseiten der flachen Wellen gegen die Baugrube gerichtet sind, damit eine volle Auflagerung gegen die Versteifung erzielt wird. Die Bohlen selbst werden dadurch geschont und die Auflagepunkte nicht überlastet. Um die Spreizen an den glatten Bohlen zu halten, werden sie zweckmäßig von oben eingehängt.

Mit der Leistung des maschinellen Grabenaushubs hält der handwerkliche Verbau nicht mehr Schritt. Es entwickelten sich daher gerätemäßige bzw. maschinelle Verbauverfahren, die im Maße des Aushubs den Verbau einrichten. Das war besonders deswegen nötig, weil ein Grabenbagger oder Tieflöffel das Profil auf volle Tiefe aufreißt, in die man nicht gefahrlos einsteigen kann.

Das einfachste Gerät ist wohl das Heidbreder-Grabenverbaugerät nach dem DBP 957739 vom 7. 2. 1957, das auch Vorbild für eine Reihe anderer Geräte wurde. Es besteht aus einem allseitig versteiften Stahlrohrgerüst, gegen welches

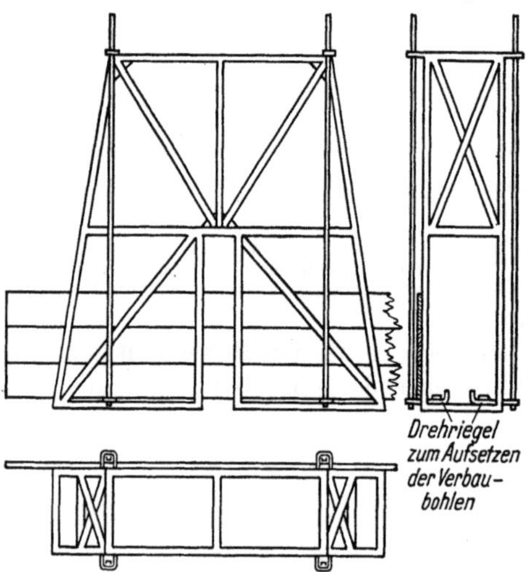

Abb. 406. Grabenverbaukorb System Heidbreder

außerhalb des Grabens die waagerechten Bohlen gelegt werden, die durch herausziehbare Nadeln gehalten werden. Der mit Bohlen besetzte „Einbaukorb" wird als Ganzes vom Kran in den Graben gesetzt, die Nadeln gezogen, die Bohlen versteift und das leere Gerät gezogen. Der Pfiff liegt darin, daß die Bohlen an den Enden auf die ganze Höhe in der Mitte durch einen Schlitz im Gerät bis zur halben Höhe versteift werden können, ohne daß das Gerät blockiert wird. Abb. 406 zeigt das Prinzip. Selbst bei einem Böschungsrutsch ist für die innerhalb des Gerätes Beschäftigten keine Gefahr gegeben, sie können sogar weiterarbeiten und den Graben retten.

Ein verbessertes Gerät ist das Heisy-Einbaugerät, das nach dem gleichen Prinzip arbeitet, aber in der Breite von 0,80 bis 1,60 m verstellbar ist und damit auch für tiefliegende Streifenfundamentarbeiten interessant ist. Außerdem ist dies Gerät so gebaut, daß außer den Bohlen auch die endgültigen Brusthölzer nebst den Spindeln zur Verspreizung eingebaut werden können. Letztere haben eine Seiltrommel, wodurch das Spindelspreizen von oben mittels Seilzug bewirkt wird, so daß kein Mann in den unverbauten Graben einzusteigen braucht. Erst wenn ein sattes Anliegen erzielt ist, kann nachgespreizt werden. Mit diesem Gerät ist der Arbeitsrhythmus zwischen Aushub und Steifung synchronisiert. In Lehmboden benötigt ein mittlerer Bagger für einen 3,5 m tiefen, 4,5 m langen Grabenabschnitt die gleiche Zeit, wie 3 Mann zur Vorbereitung des Vorbaukorbes mit Versteifung. Das Einsetzen und Festzurren der Spindeln dauert nur 8 Min.

Andere Sicherungsmaßnahmen, die als Anregung dienen können, sind viereckige, einseitig offene Schutzkäfige und Körbe, innerhalb derer der Mann nach 3 Seiten geschützt steht. Hierher gehören das Reubersche Gerät und der Sicherheitskorb LAMERS.

Das Herausnehmen und Wiederablassen der Hilfsgeräte ist nicht nur eine Unterbrechung der Baggerarbeit, sondern auch eine heikle Angelegenheit, wenn die Wandungen empfindlich sind. Daher hat NOLL eine Verbaulehre entwickelt, die der Bagger auf der Grabensohle nachzieht und die von oben her mit Bohlen beschickt wird.

Für empfindlichere Böden ist das Reinhardt-Verbaugerät, GM 1 754 876, geeignet, da es die sofortige Aussteifung einzelner senkrecht in den Graben gestellter Bohlen (senkrechten Verbau) bewirkt. Es ist am besten hinter Grabenbaggern und Bodenfräsen einzusetzen und kann seitlichen Schleppblechen an

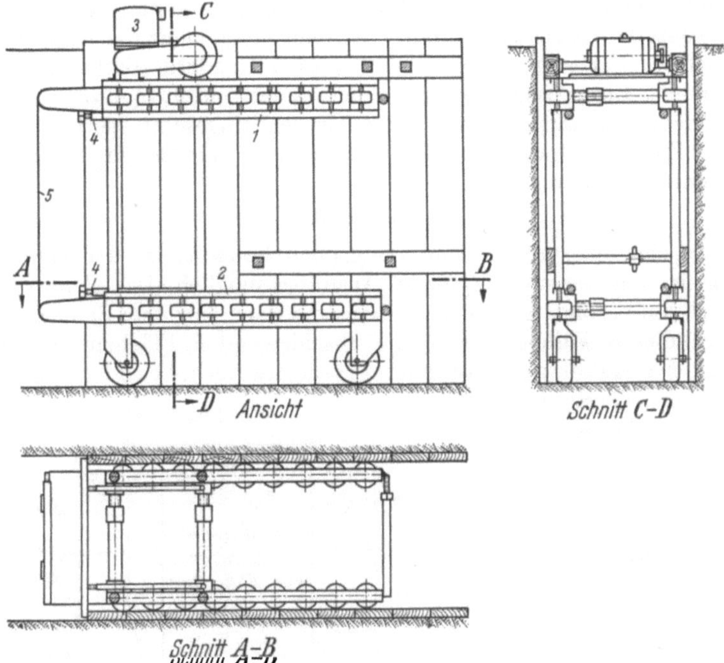

Abb. 407. Verbaugerät System Reinhardt
1 und *2* Rollenführung; *3* Vorschubmaschine; *4* Haken für Vorschub; *5* Brustverbau

der Baggerleiter so dicht folgen, daß praktisch die Wandung nie unverbaut steht. Die Abb. 407 zeigt ein zweistufiges Verbaugerät, das bis 3,0 m tiefe Gräben in Baggergeschwindigkeit sichert. Die sich mit Federdruck gegen die Bohlen pressenden Rollen liegen so dicht nebeneinander, daß jede Bohle stets gefaßt ist. Der Vorschub erfolgt ölhydraulisch, indem sich das Gerät hinter der vordersten Bohle festhakt und sich — die Bohle gegen die vorhergehenden pressend — um eine Bohlenbreite auf Rollen oder auf Kufen gleitend vorwärtszieht. Es gibt auch ein dreistufiges Gerät für Gräben bis 5,0 m Tiefe.

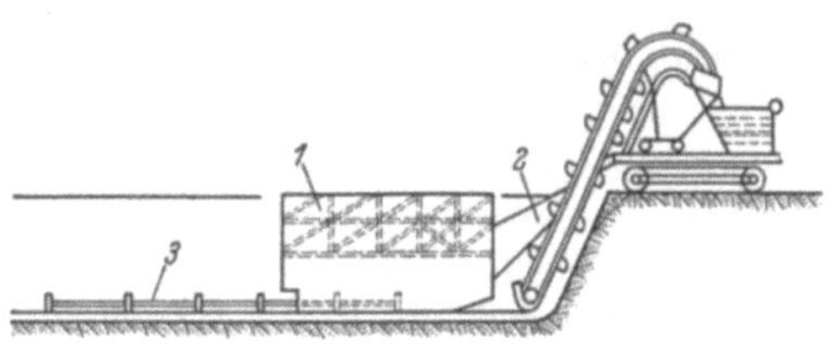

Abb. 408. Russisches Schleppgerät hinter Bagger
1 Schleppschild; *2* Baggerleiter; *3* Rohrleitung

Mit den großen Aufgaben kommen natürlich auch die großzügigen Maschinen. Aus Rußland wird von einem Grabenbagger berichtet[1], der hinter sich im Anschluß an die Eimerleiter eine grabenbreite Verbauschalung als Schleppblech zieht, deren Aussteifung nur im oberen Teil liegt, während der untere Teil entsprechend stärker dimensioniert den eigentlichen Arbeitsraum freigibt. Die Rohrverlegung geschieht voll im Schutz dieser Schildstrecke, und unmittelbar hinter dem Schild ist die Verfüllung des Grabens mit dem vorn gewonnenen Aushub

---

[1] Civ. Engng. Publ. Works Rev. (Januar 1958) S. 47.

möglich. Die Rohrschüsse sind mit 4 m angegeben. Demgemäß ist anzunehmen, daß die Schildstrecke etwa 8 m Arbeitsraum gewährleistet. EinVergleich ergab, daß im üblichen Betrieb 40 m Rohrleitung in einem Monat gelegt werden konnten, während mit diesem Gerät 200 m in 10 Tagen geleistet wurden. Die kleine Skizze (Abb. 408) zeigt das Prinzip der nur für lange Leitungen wirtschaftlichen Installation.

Neu und einfach ist das von der Bauunternehmung Johann Bodenstein entwickelte Pronto-Grabenbauverfahren[1], bei dem nicht mehr die Einzelbohlen in ein eingesetztes Verbaugerät eingebaut werden, sondern direkt Bohlenwandkästen aus mit [-Eisen beschlagenen Bohlenwänden und mit [-Füßen versehenen Spezialspindeln (BP angemeldet) in den Graben eingesetzt werden, die durch Zerlegen im Zuge der Grabenverfüllung oder je nach dem Boden auch als Ganzes wiedergewonnen werden.

5.1.3 Baugruben

Wenn es sich um großflächige Baugruben handelt, ist der Einbau eines Wandverbaus nicht mehr im Zuge des Aushubes möglich. Das gleiche trifft zu, wenn es sich um besonders tiefe oder unsymmetrisch belastete Baugrubenwände handelt. In diesen Fällen müssen die abschirmenden Flächen in Form von Spundwänden zuerst eingebracht und im Maße des Aushubes oder in besonderen Arbeitsgängen versteift werden, ähnlich wie dies bei Kanaldielen im

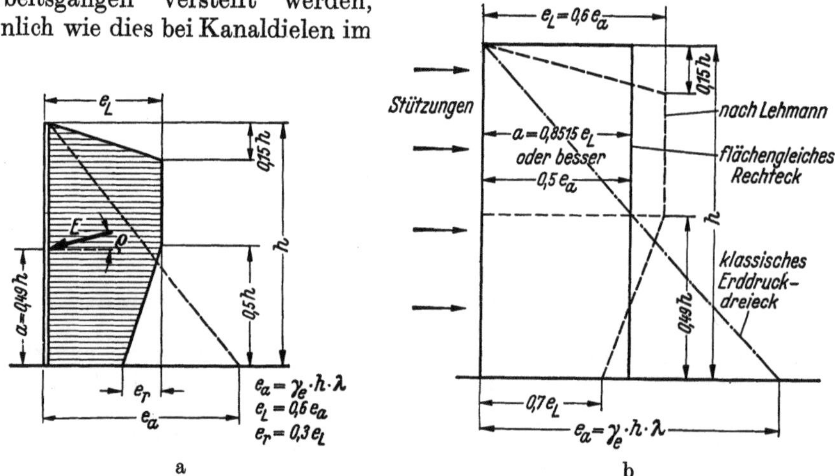

a   b

Abb. 409a u. b. Erddruck auf Baugrubenwände. a Ansatz der Erddruckkräfte; b Vergleich verschiedener Erddruckansätze

kleinen geschieht. Bei großen und tiefen Baugruben liegen besonders reizvolle Aufgaben vor, die eine statische Berechnung erfordern. Die Studien und Messungen bei Modellen und Großausführungen haben in vielen Dingen Klarheit gebracht, so vor allem durch die Erkenntnis, daß eine Erddruckverteilung nach dem klassischen Erddruckdreieck infolge Erddruckumlagerung aus Wanddurchbiegung und Nachgiebigkeit des unteren Wandteiles nicht richtig ist. Man kam zu vereinfachenden Annahmen, mit denen man aber stets auf der unbedingt sicheren Seite bleibt. Der Gang der Beobachtungen und Überlegungen war kurz gefaßt etwa der folgende:

Bei Baugruben, die allmählich durch Aushub zwischen Wänden (gleich welcher Art) tiefer geführt werden, werden die oberen Absteifungen eingebracht, bevor der endgültige Erddruck auf der Wand lastet. Daher werden diese besonders gut eingekeilt; im weiteren Verlauf des Aushubes bildet diese Steifenlage für die Wand einen Festpunkt, um den sich die Seitenwände drehen, mindestens bis

---

[1] Baumarkt 60 (1961) H. 5, S. 165.

eine nächste Steifenlage eingebaut ist. Da die oberste Steifenlage die am geringsten beanspruchte ist und meist auch endgültig eingebaut bleibt, während tiefere Lagen gelegentlich umgesteift werden müssen, ist auch ihre elastische Deformation kleiner als die der unteren Lagen (zumal man sie nicht nach diesem Gesichtspunkt dimensioniert) und sie wird dieser Drehpunkt zumeist bleiben. PRESS[1] hat daher zu Recht den Vorschlag von LEHMANN[2], eine vereinfachte Erddruckverteilung unter Beibehaltung der Erddruckgrößen nach COULOMB anzunehmen, sozusagen durch die Aufnahme im Grundbautaschenbuch sanktioniert. Man wird mit dieser Berechnungsweise auch niemals fehlgehen. Abb. 409 a genügt für die Bestimmung des Kräfteansatzes. Eine noch weitergehende Vereinfachung, der man wohl zustimmen kann, hat BRISKE[3] auf Grund von eingehenden Studien und Untersuchungen (belegt durch zahlreiche Quellenangaben) in einer Rechteckverteilung als Erddruckfigur vorgeschlagen. Man sollte diese vereinfachte Berechnung überall anerkennen und auf weitere rechnerische Feinheiten verzichten. Abb. 409 b zeigt, daß es sich um die Annahme eines der Belastungsfigur nach LEHMANN flächengleichen Rechteckes handelt, wobei als Ausgangsfigur ebenfalls das klassische Erddruckdreieck benutzt wird. Da die Figur der Druckverteilung nach LEHMANN dem Erddruckdreieck nach COULOMB flächengleich sein soll, und wiederum das Rechteck von BRISKE der LEHMANNschen Druckfigur flächengleich sein soll, so folgt als einfacher Schluß, daß die Breite des Druckrechteckes gleich der halben Breite der Basis des COULOMBschen Dreieckes sein muß. Die Darstellung der für den Ansatz der Kräfte gültigen Figur ist also in jedem Falle einfach und mit den bisher bekannten Erddrucktafeln durchführbar.

Zur Berücksichtigung der Auflast soll man bei Schätzungen nicht weniger als $p = 1000 \text{ kg/m}^2$ ansetzen, der durch eine stellvertretende Schicht von der Höhe $h_1 = p/\gamma_e$ auszudrücken ist und damit leicht in die Rechnung eingeht.

5.1.4 Beispiele

Aussteifung. Bei kleineren Baugruben ist die Versteifung oft störend. Hier ist es möglich, durch Wahl eines entsprechend schweren Spundbohlenprofils mit einer Steifenlage auszukommen, wie das Beispiel der Abb. 410, Spundwandkammer eines Brückenpfeilers im Neckar bei Heidelberg, zeigt. Der Spundwandkasten steht im Wasser und die untere Aussteifung konnte durch eine Unterwasserbetonsohle ersetzt werden. Die vorher eingebrachten Bohrpfähle sind schon betoniert und das Pfeilerfundament soll im freien Raum des Kastens in Schalung hochgeführt werden. In der Ebene der oberen Druckaussteifung mit schweren Hölzern ist der Spundwandkasten an beiden Enden durch [-Profile zusätzlich auch diagonal auf Zug ausgesteift. Die Gurtungen aus liegenden [- oder I-Profilen werden entweder auf eingeschweißte Konsolen gelegt, es genügt aber auch, sie von oben her als fertige ausgesteifte Rahmengesperre einzuhängen, nur muß dann jede Spundbohle zusätzlich gegen die Aussteifung verkeilt werden, sofern eine Zugverbindung durch angeschweißte Laschen nicht ohnehin erforderlich ist.

Baugrube in einer Böschung.[4] Es ist verhältnismäßig einfach, die Kräfte zu beherrschen, die einen symmetrischen Spundwandkasten im Wasser und im Boden beanspruchen, zumal sie sich gegenseitig aufheben; schwieriger ist es,

---

[1] H. PRESS: Baugrubenherstellung. Grundbau-Taschenbuch Berlin: Ernst & Sohn 1955.

[2] H. LEHMANN: Die Verteilung des Erdangriffs an einer oben drehbar gelagerten Wand. Bautechn. 20 (1942) S. 273.

[3] R. BRISKE: Anwendung von Druckumlagerungen bei Baugrubenumschließungen. Bautechn. 35 (1958) H. 6, S. 242. derselbe: Anwendung von Erddruckumlagerungen bei Spundwandbauwerken. Bautechn. 34 (1957) H. 7 u. 10.

[4] Constr. Meth. & Equipm. 1957. Dezember.

eine Baugrube in einer Böschung anzulegen, vgl. Abb. 411 u. 412. Die Baugrube hat die Grundabmessungen von 12,50 × 15,85 m und liegt in einer Böschung 1 : 1 am Ohio-Fluß. Unmittelbar oberhalb der Baugrube liegt eine schwer befahrene Betonstraße mit einer Straßenbahn. Die Baugrube mußte bis 6 m unter den Flußwasserstand in Triebsand abgeteuft werden und in dieser Sohle waren 55 Pfähle für das Pumpengebäude noch 9 m tief bis zur Tragfähigkeit von je 50 t zu rammen. Wie die Aufgabe gelöst wurde, geht aus der Querschnittszeichnung deutlich hervor. Zunächst wurde die schwere Spundwand entlang der Böschungskrone gerammt und die wasserseitige Wand vom Schwimmgefäß aus. Die seitlichen Wände erreichte man teils von Land, teils vom Wasser her. Dann wurden in 2 Reihen wendelig geschweißte Rohrpfähle 32,5 cm Durchmesser von 24,5 und 26,2 m Länge unter 45° durch die untere Spundwand bis zur Tragfähigkeit von je 50 t in die

Abb. 410. Baugrubenaussteifung bei schweren Spundbohlen (W & F K G)

Flußsohle gerammt und mit der Spundwand verschweißt. Diese Schrägpfähle stützen 3 Steifenlagen, die sich gegen die obere Spundwand spreizen. Da die rechnerische Belastung der freistehenden oberen Wand damit noch nicht aufgenommen war, wurden noch fünf waagerechte Ankerpfähle aus Breitflanschträgern I 25 × 25 cm durch die obere Spundwand unter der Straße hindurch gerammt und 30 m hinter der Spundwand mit senkrecht eingebauten 30er Breitflanschträgern von 3,60 m Höhe als Ankerkörper verschweißt. Die langen Ankerpfähle sind mit einem McKiernan Terry-Hammer 9-B-3 auf einem Schlitten als Führung eingetrieben Der Schwimmkran hielt diesen Schlitten an der Wasserseite, und ein Kran an Land übte mit seinem Seil über eine Umlenkrolle einen konstanten Druck in der Achsrichtung des Pfahles auf den Hammer aus. Die Pfähle sind auf 15 cm genau an der gewünschten Stelle angekommen, ohne die geringsten Schäden an einem unter der Straße liegenden Kanalrohr, der Wasserleitung und sonstigen Anlagen zu verursachen. Die Verankerung an der oberen Spundwand geschah zwischen zwei als Gurtung dienenden I-Profilen 30 cm, nachdem mit zwei hydraulischen Pressen jeder Ankerpfahl auf 60 t Spannung gebracht war. Durch Anschweißen von [-Profilen an Pfahl und Gurtung wurde die Verbindung gesichert.

Obgleich man wegen der beim Rammen der Grundpfähle unvermeidlichen Erschütterungen einige Besorgnisse hatte, ist laut brieflicher Mitteilung die Baugrube völlig intakt geblieben, woran sicherlich der waagerechte Anker den

Hauptanteil hat, da bei dem wasserseitigen Knotenpunkt der Absteifung eine
gefährliche aufwärts gerichtete Komponente nicht vermeidbar war. Es wäre

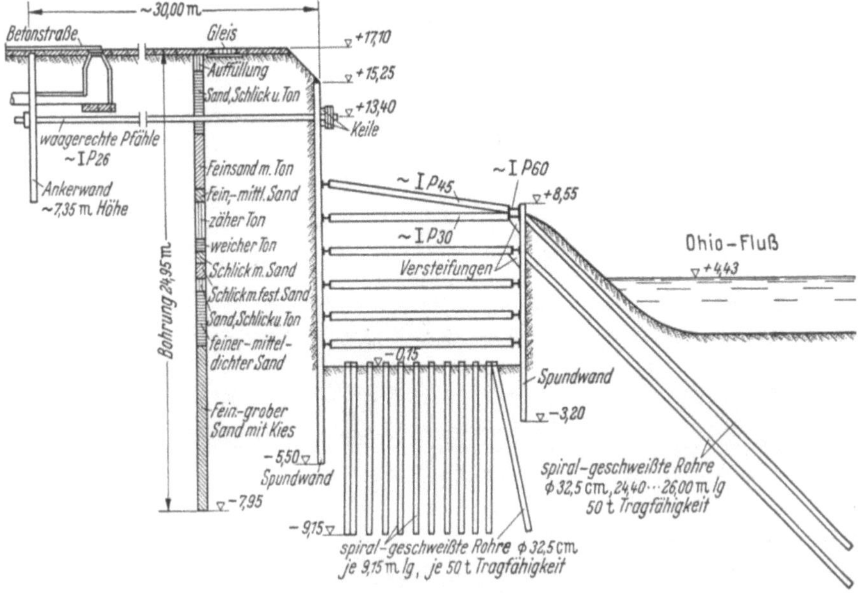

Abb. 411. Baugrube in einer Böschung

sicherlich eine zusätzliche Sicherung gewesen, wenn man einige Bohlen der
unteren Wand als Ankerpfähle noch einige Meter tiefer gerammt hätte.

Abb. 412. Beginn der Schrägrammung. Rechts unten die untere Spundwand in der Böschung

Beachtlich ist die Klarheit und Sorgfalt der Konstruktion auf Abb. 413.
Abb. 414 zeigt ein Konstruktionsdetail der Schrägpfahlverbindung.

Aussteifungsfreie Baugrube. Einen selten möglichen Vergleich für die Aussteifung tiefer Baugruben, zugleich einen Beitrag für eine neuartige Methode

Abb. 413. Blick von der Wasserseite her. Oben der Doppelholm für die waagerechten I-Anker.
Unten: vgl. Detail Abb. 414

einer von Steifen fast freien Baugrube, liefert ein amerikanischer Bericht.[1]
Es waren zwei 18 m tiefe, rechteckige Fundierungen mit 29×64 m Grund-

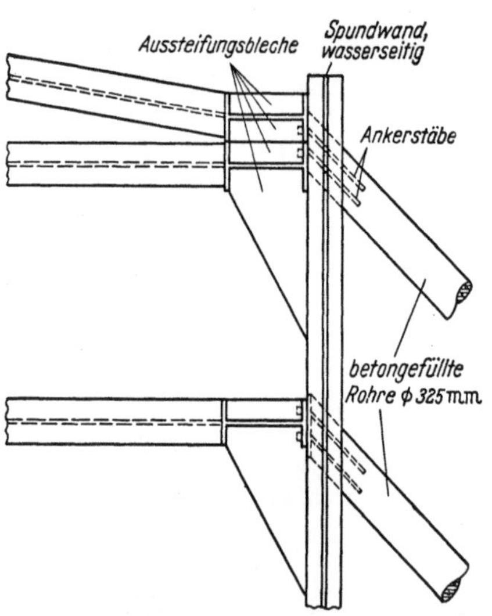

Abb. 414. Anschluß der schrägen Rohrpfähle
an Spundwand und Aussteifung

fläche auszuführen, die zu einem Drittel der Höhe im Grundwasser lagen. Eine der beiden Baugruben wurde in üblicher Weise mit geraden Spundwänden und vielen und schweren Querträgern ausgesteift. Die zweite Baugrube wurde in 3 Spundwandzellen von etwa 30 m Durchmesser eingeschlossen und nur die Schnittkanten der Kreiswände durch Quersteifen aus I-Profilen gegeneinander versteift. Abbildung 415 zeigt die Anordnung der Spundwandbaugrube. Natürlich war die gewölbte Baugrubenwand teurer als die gerade Umschließung, aber der Zeitgewinn beim Aushub von rund 28000 m³ Boden und die Arbeitserleichterung beim Betonieren brachten mehr als die zusätzlichen Kosten wieder ein.

Der Boden war für die Rammung der ganzen Bohlenlänge zu schwer, so daß man eine erste Staffel mit 13,5 m langen Bohlen zunächst mit einem McKiernan Terry-Hammer Nr. 7 mit Hilfe von Druckluft auf 6 m Tiefe schlug, um sie dann mit einem 9-B-3-Hammer mit

---

[1] Curved wall cofferdam makes excavation simple. Constr. Meth. and Equipm. (Januar 1958) S. 56 ff.

Dampfantrieb gänzlich hinunterzuschlagen. Die zweite Staffel wurde innerhalb der ersten gerammt, als der Aushub auf 12 m Tiefe angekommen war. Man hatte also eine Überschneidung von 1,50 m zur Verfügung und setzte die innere Wand 60 cm vor die obere Staffel.

Die Aussteifungsbögen aus Breitflanschträgern liegen im Abstand von 75 cm, sie sind nach einem patentierten Verfahren in kurzen Stücken gebogen, ohne daß der Steg ausbeulte. An die Enden schweißte man 16 mm starke Laschenbleche mit Bolzenlöchern an, so daß am Bau die Stöße nur verbolzt werden mußten, um eine kräftige Versteifungsrippe zu bekommen.

Die Quersteifen liegen mit den Stegen waagerecht, um das höhere Widerstandsmoment ausnutzen zu können. Da sie sich über die y-Achse nicht selbst frei tragen können, ist über die Baugrube ein 1,50 m hoher geschweißter Gitterträger aus I-Profilen verlegt, an welchem die Quersteifen hängen.

Abb. 415. Baugrube aus drei großen Rundzellen

Aussteifungsbögen und Quersteifen liegen jeweils in gleicher Höhe und sind durch angeschweißte Endbleche mit Bolzenlöchern in einfachster Form zu einem Rahmenwerk zusammengebolzt.

Da alle Profilträger und Spundwände wiedergewonnen sind, konnten sie im Mietvertrag beschafft, werden womit die Kosten erheblich unter denen einer Neubeschaffung blieben.

Es ist anzunehmen, daß man auch das Rundwalzen der Wandversteifung hätte ersparen können, wenn man — vielleicht ein Profil schwerere — gerade Träger polygonal eingebaut und die Rundung der Wand durch Auffütterung der einzelnen Bohlen ausgeglichen hätte. Die Wiederverwendung gerader Träger ist jedenfalls sicherer als die einmal gebogener.

Wo die Grenze der Anwendung dieses ansprechenden Verfahrens liegt, muß im Einzelfall die Kalkulation entscheiden. Für kleine Baugruben kann es auch bei Holzausbau sicher noch wirtschaftlich sein, wenn die Einbauten in der Grube durch eine unbehinderte Arbeitsweise gefördert und verbessert werden.

Die Abb. 416 zeigt einige Systeme von Baugrubenaussteifungen.

Spundwandkasten im offenen Strom. Es ist immer schwierig, eine Baugrube im offenen Strom zu beginnen. Wenn erst ein Arbeitsgerüst vorhanden ist, bleibt der Rest eine normale Rammarbeit. In Atlantic Beach hat man eine Seite der Spundwandumschließung in Stromrichtung von einer Schwimmramme

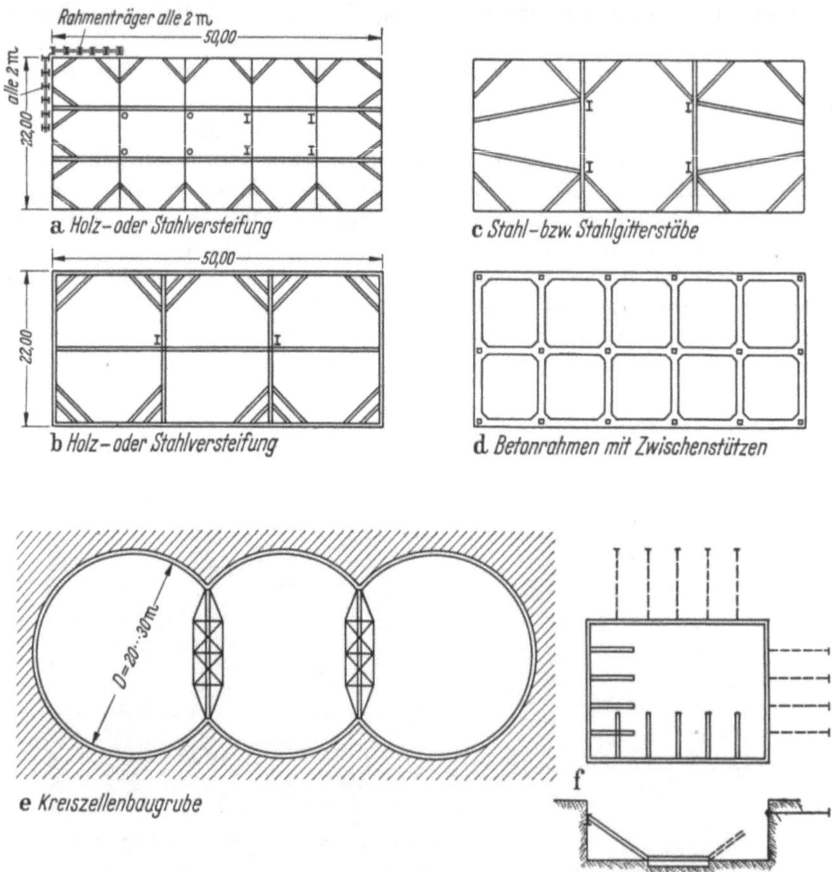

Abb. 416a. Einige Systeme von Baugrubenaussteifungen

Abb. 416b. Eine vorbildlich abgesteifte Baugrube. (Aufführung beim Kraftwerk Wedel, Unterelbe)

schlagen lassen. Dann wurden einige Führungspfähle parallel dazu im richtigen
Abstand gerammt und ein von Land fertig zusammengebautes Führungsgerüst
von 70 t Gewicht eingeschwommen und zwischen Spundwand und Führungspfählen aufgehängt. Mit dieser festen Führung war es nicht schwer, die Spundwand ringsum zu stellen und niederzubringen. Nach Einbau einer 4,5 m dicken
Betonsohle im Trichterverfahren konnte die normal ausgesteifte Baugrube
leergepumpt und der Pfeiler in üblicher Weise aufgeführt werden.

Kreisförmige Baugrube im Tidegebiet. Eine sehr praktische Ausführung,
die als Anregung nicht verlorengehen sollte, ist 1930 in Plougastel für die
Schaffung einer Baugrube ohne jede innere Aussteifung verwirklicht worden.
Hier hat man eine Ringmauer von 28 m Durchmesser und 30 cm Wanddicke
in Tidearbeit auf dem etwa in MW liegenden Fels hergestellt, diesen Behälter
bei NW leerlaufen lassen und dann in dieser künstlichen Baugrube den erforderlichen Aushub vorgenommen.[1]

5.1.5 U-Bahn Baugruben

Eine besondere Stellung in der Entwicklung der Baugrubenwände nehmen
die U-Bahn-Tunnel ein. Es haben sich einige Bauweisen durchgesetzt, die eine
kurze Betrachtung erfordern.

I. Die Berliner Bauweise.
Hierbei werden I-Träger mit den
Stegen senkrecht zur Tunnelachse in die Flucht der Baugrubenwand gerammt und im
Zuge des Aushubes Bohlen von
5 bis 10 cm Dicke hinter die
Flanschen geschoben und stramm
gegen das Erdreich verkeilt und
die Keile vernagelt. Die Bohlen
sind etwas kürzer als der lichte
Abstand der Stege. Das Einsetzen
muß mit aller Vorsicht geschehen,
damit keine vermeidbaren Hohlräume hinter der Wand entstehen,
die zu plötzlichen Sackungen
führen können. Wenn Hohlräume
entstehen, sind sie schnellstens
mit Holzwolle auszustopfen, und
zwar von unten nach oben. Will
man Sackungen solcher verfüllter
Hohlräume verhindern, so empfiehlt es sich, diese Stellen durch
die Bohlwand hindurch mit
Zementmörtel zu verpressen, was
in München mit gutem Erfolg
durchgeführt wurde. Ebenso

Abb. 417. Anwendung des Berliner Verbaus beim Kölner
Randkanal

sorgsam sind auch die Bohlen durch Unterkeilen dicht an die darüberliegenden
Bohlen anzupressen und erst dann hinter den Trägerflanschen festzusetzen. Ein
vorzügliches Beispiel zeigt Abb. 417 von einer Strecke des Kölner Randkanals.

In der Längsrichtung sind je nach Bodenart die stirnseitigen Böschungen
der Gruben mehr oder weniger flach abzuböschen und abgestuft zu verbohlen,

---

[1] Genie Civil vom 4. 10. 1930.

weil bei zu starker Böschung ein plötzlicher Regen oder Wasserandrang zu
Rutschungen führen kann.

Neben der Verbohlung hinter den Flanschen kann man die Bohlen auch vor
die Träger hängen, wozu Hakenschrauben von hinten durchgesteckt und von
vorn angezogen werden können. Das Anbringen einer über 2 Felder durchlaufenden Bohle erfordert 8 Schrauben und ist teurer als das Einbauen hinter
den Flanschen, aber die Wiedergewinnung der Bohlen ist verhältnismäßig einfach und erschütterungsfrei möglich und das Ziehen der dann freistehenden
Träger leicht. Abb. 418 zeigt diese in München erprobte und als gut befundene
Befestigung. In Berlin sind für vorgehängte Bohlen sog. Schibli-Klammern be-

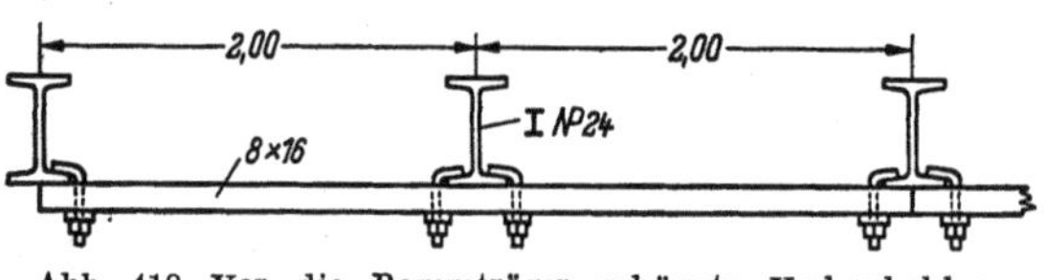

Abb. 418. Vor die Rammträger gehängte Verbaubohlen
(München)

kannt, die in den Fugen zwischen
2 Bohlen liegen und in [-Profilen
mit Eisenkeilen festgelegt werden (Abb. 419). Die notwendige
Absteifung geschieht durch
waagerechte Rundholzsteifen-
lagen zwischen gegenüberliegenden I-Profilen, an denen zweck-
mäßig [-Profile als Längsverband angebracht werden. Bei sehr breiten Baugruben
werden mittlere Reihen von I-Profilen in 2- und 3fachem Abstand der Wand-
profile gerammt, an denen die Steifen ebenfalls in längslaufenden [-Profilen N 30
gestoßen werden, und die gleichzeitig eine etwa erforderliche Abdeckung der Baugrube tragen. Wichtig ist, daß auch die nichttragenden Rammträgerprofile der

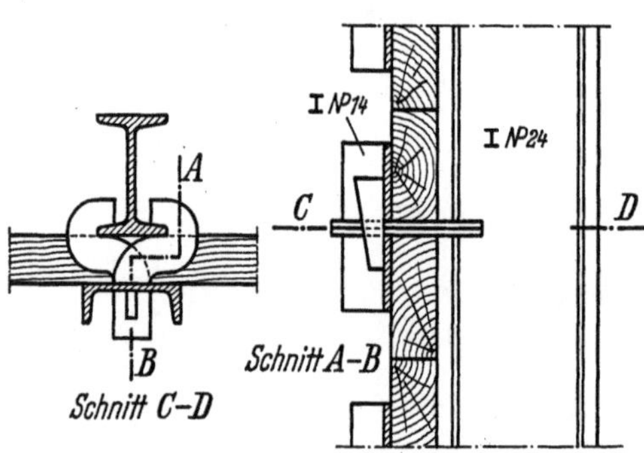

Abb. 419. Sog. Schibliklammern für das Vorhängen
der Verbaubohlen (Berlin)

Wände mindestens 1,50 m unter die
Baugrubensohle reichen, tragende
Mittelträger müssen zwischen der
ersten und zweiten Steifenlage durch
[-Profil kreuzweise versteift werden
(Andreaskreuze) und in jedem vier-
ten Feld müssen diese Diagonalver-
steifungen bis zur Baugrubensohle
eingebaut werden. Diese Maßnahme
ist überaus wichtig, weil die unvermeidlichen Ungenauigkeiten bei
der Rammung eine unregelmäßige
Schräglage der Steifen (in der Ebene
der Versteifungen gesehen) mit sich
bringen, die in ungünstigen Fällen

sich summierende Längskräfte im Gefolge haben, die zu gefährlichen Verschiebungen der Mittelgesperre führen können. Besonders bei Kurven des Tunnels
oder nicht parallelen Baugrubenwänden, bei denen ohnehin Schrägstreben in der
Ebene der Steifenlagen vorkommen, ist diese Anordnung zwingend notwendig.
Bei dem bekannten Einsturzunglück von 1935 in Berlin waren solche Längskräfte eine der Ursachen für die Auslösung des Unfalles. Zweckmäßig werden
in größeren Abständen (30 bis 40 m) über der späteren Tunneldecke noch waagerecht liegende Verstrebungen (doppelte Sprengwerke oder Kreuzsteifen) aus
kräftigen Stahlprofilen eingebaut. Wenn Grundwasser vorhanden ist, wird bei
dieser Bauweise die Grundwasserabsenkung außerhalb der Wände eingebaut,
so daß diese keinen Wasserdruck aufzunehmen haben und das Einfließen von
Boden durch die Fugen zwischen den Bohlen nicht zu befürchten ist.

Voraussetzung für das Gelingen der Berliner Bauweise ist, daß der Boden
jeweils auf die Höhe des für das Einziehen der Bohlen notwendigen Maßes aus-
gestochen werden kann und freisteht. Gewöhnlich werden die Bohlen wiedergewonnen, wenn die Tunnelröhre nicht direkt gegen die Versteifungswand gebaut

werden mußte. In diesem Falle kann man die Bohlen als Träger der Schutzschicht für die Isolierung benutzen. Zum Ziehen der Träger bedarf es dann neben anderen Maßnahmen besonderer Abdeckbleche gegen den Beton der Schutzschicht, die gegen die Bohlen genagelt werden. Das Ziehen der Träger ist unbedenklich, wenn der Raum zwischen Tunnelwand und Baugrubenwand unter Wiedergewinnung der Bohlen verfüllt wurde. Hierfür ist aber ein 80 cm breiter Schlitz nötig, der die Baugrube verteuert. Wenn die Schutzschicht der Isolierung gegen die Bohlwand gebracht ist, ist das Ziehen der Rammträger für die Isolierung und für die Dränageschicht gefährlich und besser zu unterlassen. Nach dem Prinzip dieser Bauweise sind natürlich auch andere als Tunnelbaugruben auszusteifen. Die Bauweise setzt eine sorgfältige Überprüfung aller denkbaren Einflüsse und die Berechnung aller Einzelheiten voraus und bedingt neben einer einwandfreien handwerklichen Ausführung eine verantwortungsbewußte Aufsicht und ständige Kontrolle aller Keile, Steifenanschlüsse und Verbände. Besonders ist das Maß der im Gefolge der Grundwasserabsenkung unvermeidlichen Setzung des benachbarten Erdreiches zu kontrollieren, wie überhaupt die Möglichkeit von Beeinträchtigungen benachbarter Pflasterungen, Gebäude und Versorgungsleitungen vorher erkundet und gegebenenfalls Sicherungsmaßnahmen vor Baubeginn durchzuführen sind. Als solche kommen Verfestigungen des Bodens mit Injektionen und Unterfangungen gefährdeter Fundierungen in Frage.

II. Berliner Bauweise. Dort, wo die Voraussetzungen für die vorgenannten Rammträgerbohlwände nicht gegeben sind, also wo rolliger und fließender Boden ansteht, der ein Unterhöhlen für das Einsetzen der Bohlen nicht zuläßt, wird eine Spundwand am Platze sein, die allerdings bei Tunnelbauten, die abzudichten sind, nicht im Boden verbleiben darf, da sie die für den Bestand der Dichtungen erforderlichen Einspanndrücke abschirmen würde. Es ist also hierbei ein Abstand der Wände von 1 m vom Tunnel erforderlich. Da die Spundwände große Steifigkeit und Dichte besitzen, sind die Aussteifungen weniger häufig notwendig. Im übrigen gelten sinngemäß alle Regeln der Spundwandberechnung und Absteifung auch für diesen Fall, wobei die Längssteifigkeit der Wände und ihre Einspannung im Boden besonders vorteilhaft sind.

Bei nicht sehr tiefen Baugruben — etwa 4 m — kann man mit Vorteil den lotrechten Verbau auch mit Kanaldielen durchführen, muß dann allerdings den Nachteil der bei jedem Ansatz einer neuen Dielenlänge erforderlichen Steifenlage in Kauf nehmen. Dieser Umstand weist den Kanaldielen in erster Linie den Grabenbau zu.

III. Zonenbauweise. Bei der Planung der Probestrecke der Münchener U-Bahn ist eine für den heterogenen Untergrund dieses Gebietes (Kies über festem Flinzmergel) mögliche Ausführung überprüft, die für die rolligen Schichten Rammträgerbohlwände vorsah, deren Träger nur bis etwa 1,50 m in den schwer rammbaren Flinz niedergebracht werden sollten. Nach dem Aushub der Kiesschicht sollte dann im Flinz in wenig versteifter oder offener Baugrube weitergearbeitet werden. Das Für und Wider dieser Bauweise schildert REICHARDT[1] in einer beachtenswerten Veröffentlichung, auf die hier nur hingewiesen sei. Ebenda finden sich Ausführungen über die

Schlitzbauweise, bei der die Tunnelwände samt Abdichtung und Schutzbeton im voraus in 3 m breiten Schlitzen unter offener Wasserhaltung hergestellt werden sollten. Wegen der längeren Bauzeit und erhöhter Kosten sowie einer Reihe anderer dort genannter Mängel wurde diese Bauweise verworfen.

Druckluftverfahren. Der Vollständigkeit wegen sei erwähnt, daß in München auch das Absenken von ganzen Tunnelabschnitten in 40 m Länge und das Ab-

---

[1] K. J. REICHARDT: Erfahrungen im Untergrundbahnbau. Bautechn. 33 (1956) H. 3, 6, 9 u. 11.

senken von schmalen Kästen von 2,50 m Breite und 10 m Länge für die Tunnelwandungen überprüft ist, aber wegen der um 70 bis 40% höheren Kosten und wegen der erforderlichen totalen Straßensperrungen nicht ernsthaft weiterverfolgt wurde.

IV. Münchener Bauweise. Die 1938 zur Ausführung gekommene Bauweise ist im Grunde eine Bestätigung der technischen und wirtschaftlichen Vorzüge der Berliner Bauweise. In Anpassung an die Bodenverhältnisse sind folgende Abwandlungen nötig gewesen:

1. Die Rammprofile sind in Bohrlöcher eingesetzt, die bis zur Unterkante Tunnelsohle vorgebohrt wurden, nur die zur Einspannung notwendige Länge von 2 bis 3 m wurde gerammt.

2. Das Grundwasser wurde in offener Wasserhaltung durch Längsgräben auf der jeweiligen Aushubsohle gesammelt und aus Sümpfen in die Kanalisation gepumpt.

Diese Variante war allen anderen überprüften Möglichkeiten überlegen. Der zitierte Bericht von REICHARDT gibt eine erfreulich eingehende Beschreibung der Berechnungen und der Bauausführung.

V. Neue Hamburger Bauweise. Eine in Hamburg gewählte Bauweise vereint die Vorzüge der Berliner Bauweise mit denen der Spundwandbauweise. Zunächst wurde das Gerippe der Berliner Bauweise aus PSp 50 S eingebaut, an das die Aussteifung angeschlossen werden kann und das die Berliner Bauweise auf alle Fälle ermöglicht. Da man mit der Baugrube gefährlich dicht an den Petri-Kirchturm herankam (im Minimum 6,20 m) und die Baugrubensohle rund 12 m tiefer lag, überdies ein oberes Grundwasserstockwerk abgeschlossen werden mußte, damit jeder Bodenentzug unter dem Turmfundament mit Sicherheit ausgeschlossen ist, wurde eine durchgehende Wand aus Larssen-Profil II hinter den Trägern (von der Baugrube her gesehen) angeordnet, die in einer den oberen Grundwasserstock tragenden Mergelschicht enden. Im unteren Teil der Baugrubenwand wurde eine zweite durchgehende Spundwand — Larssen II — unmittelbar vor die Rammträger gesetzt, die mit ihren Schlössern hinter die Trägerflanschen greift. Diese Wand wurde im Zuge der Ausschachtung heruntergebracht.

VI. Schildvortrieb für Hamburger U-Bahn. Zur Abrundung sei hier festgehalten, daß beim Los XII der Hamburger U-Bahn-Strecke beim Hauptbahnhof 1958/59 ein Schildvortrieb durchgeführt wurde. Da es sich hierbei um ein Spezialgebiet handelt, muß auf eine genaue Beschreibung verzichtet werden. Es sei aber vermerkt, daß bei dieser Arbeit alte Reste der Fundierung der Wallanlagen zu durchfahren waren, und daß die Linienführung eine große Kurve verlangt. Diese Arbeit dürfte manche interessante Erfahrung für die nicht alltägliche Arbeit vermitteln.[1]

5.1.6 Baugrube mit vorgespannten Wänden

Zwischen Paddington und Whitechapel in London ist ein rund 10 km langer Bahntunnel 21 m unter Straßenniveau für die Post ausgeführt, dessen Kernpunkt ein Stationsgebäude ist, das 6 Geschosse über Straßenflur und 2 Kellergeschosse (Garage und Maschinenkeller) sowie eine Bahnstation mit den Tunnelausfahrten im 3. Kellergeschoß aufweist.

Die für dieses Gebäude notwendige Baugrube, eine der tiefsten überhaupt, ist 60 m lang, 29 m breit und 21,40 m tief. Der Aushub umfaßt 37,800 m³ und besteht überwiegend aus dem schweren Londonton.

Wie der Längsschnitt (Abb. 420) zeigt, war auf benachbarte Häuser Rücksicht zu nehmen, die keinerlei Setzung erleiden dürfen. Außerdem sind die

---

[1] Techn. Blätter der Wayss & Freytag KG (1960) H. 1.

Schichten über dem Ton wasserführend. Zunächst wurde in einem schmalen Grabenschlitz entlang den Bauwerksseiten eine schwach nach außen geneigte Kastenspundwand eingerammt, von der jeweils in etwa 1,50 m Abstand einzelne

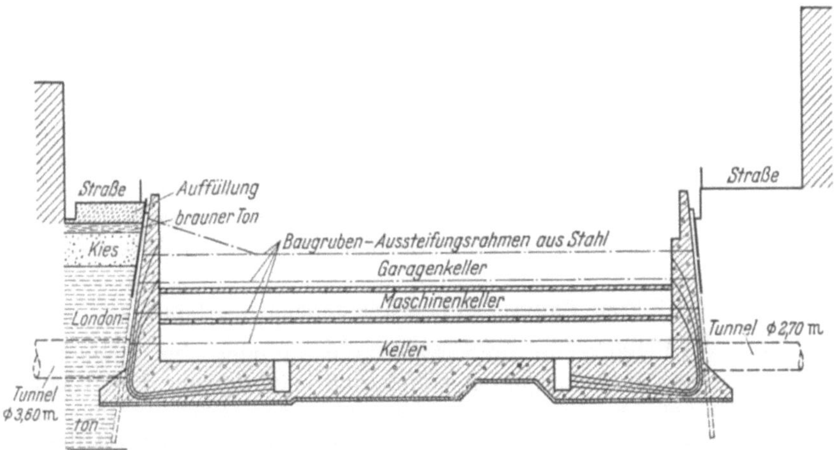

Abb. 420. Keller eines Stationsgebäudes der Bahn Paddington-Whitechapel mit Wänden aus Spannbeton

Pfähle 24,40 m lang waren, während die dazwischenliegenden Kastenpfähle nur so weit in den Ton reichten, daß eine dichte Wand entstand.

Die Versteifung der Kastenspundwand gegeneinander ist mit 4 Aussteifungsriegeln und entsprechenden Steifenlagen in 4 Ebenen aus schwerer Stahl-

Abb. 421. Aussteifung der Baugrube zu Abb. 420. Es sind erst die zwei oberen Steifenlagen eingebaut

konstruktion vorgenommen, wie Abb. 421 für die beiden oberen Lagen zeigt. Um diese Steifenlagen unter Spannung zu setzen, sind zwischen Riegel und Kastenwand zahlreiche Freyssinet-Druckdosen angesetzt, neben denen durch Federdruck sich im Maße der Fugenvergrößerung automatisch nachspannende Stahlkeilpaare angeordnet waren. Zu jeder Druckdose gehörten 2 Keilpaare.

Durch eine Ringdruckleitung waren alle Druckdosen gleichzeitig unter dem gleichen Druck und damit eine gute Lastverteilung gewährleistet. Die Druckdosen waren für den Baugrubenumfang nur einfach vorhanden und wurden für die nächste Aussteifung jeweils ausgebaut und mitgenommen. Insgesamt sind für die Aussteifung einschließlich Wand 1250 t Stahl eingebaut. Bei den Ecken hat man auf eine Spundwandschloßausführung verzichtet und den Kies hinter der Wand durch Injektion chemisch verfestigt.

Der Keller, der dann im Schutze dieser Baugrube in Stahlbeton — teilweise unter Vorspannung — ausgeführt wurde, ist aus dem Schnitt (Abb. 420) zu erkennen. Die Sohle ist teilweise 4,10 m dick. Die Vorspannung der Wände soll gewährleisten, daß die Wandungen stets unter Druck nach außen gehalten werden und auch nachträglich keine Geländesackungen zu erwarten sind.

5.1.7 Tiefe Baugruben neben bestehenden Gebäuden

Wenn die Örtlichkeit eine Spundwandrammung oder eine Trägerrammung nicht zuläßt, kann man sich damit helfen, daß man die neue Kellermauer mit Hilfe eines Grabens im Schlitzverfahren herstellt. Abb. 422 zeigt einen solchen Bauvorgang aus Dänemark. Während der Graben und die Kellermauer mit Isolierung ausgeführt werden, ist der in der abgeböschten Baugrube hergestellte Keller bis an den Böschungsfuß vorgetrieben. Zunächst wird nun die Kellerdecke (oder einzelne Deckenträger) als obere Absteifung gegen die äußere Mauer gelegt und dann im Schlitzbau die unteren Versteifungsholme oder auch vorläufige Steifen eingebaut. Danach bietet die Ausschachtung des Böschungsmaterials kein Risiko mehr.

Die konstruktive Ausgestaltung erfordert eine aufmerksam durchzuführende Zeitstudie, um durch Wartezeiten nicht etwa den Gesamtbauvorgang zu verzögern.

Die äußere Grabenaussteifung wird man verloren geben müssen und daher hier ein Material wählen, das keine Hohlräume entstehen läßt, wie etwa faulendes

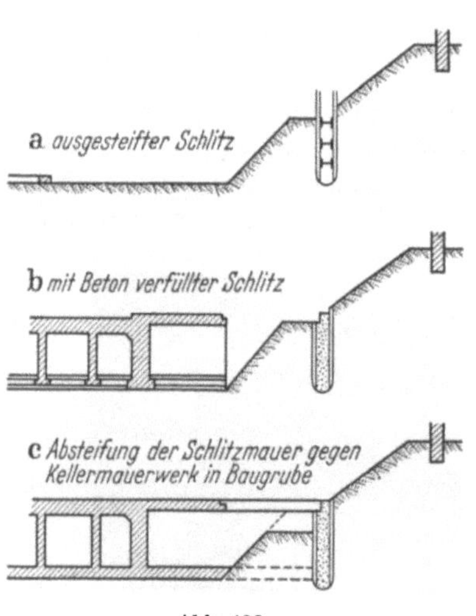

Abb. 422
Wandherstellung im Schlitzverfahren

Holz. Geeignet sind Kanaldielen, Flachspundbohlen, Trägerwellblech und Spannbetonbohlen, wie sie im Bergbau als Verzugsbohlen bekannt sind.

5.2 Thixotropie im Grundbau

5.2.1 Allgemeines

Unter Thixotropie versteht man die Eigenschaft gewisser Stoffe, durch Erschütterungen mechanischer Art (Rühren) sehr schnell von einem gallertartigen, labil-festen Zustand in einen flüssigen Zustand überzugehen und in Ruhe nach kurzer Zeit wieder zu erstarren (Aufrühren von Pelikanol). Unter den Tonen ist besonders der Bentonit hierfür bekannt geworden, ein Montmorillonit (wasserhaltiges Aluminiumsilikat), der eine enorme Quellfähigkeit besitzt. In der Tiefbohrtechnik findet Bentonit Verwendung für die sog. Schwertrüben, die nur 6 bis 8% Bentonit enthalten und ein spezifisches Gewicht von 1,05 aufweisen. Diese Suspension setzt sich auch nach langem Stehen nicht ab und ist in der Lage, den Nachfall aus der Bohrwand weitgehend herabzusetzen. Die

Wasserabgabe aus der Suspension ist sehr gering und eine störende Aufweichung des Bodens tritt nicht ein. Poren im Untergrund werden zugesetzt, verkleistert, so daß Bentonitsuspensionen zu Dichtungen geeignet sind. Will man eine schwerere Trübe[1] verwenden, so kann ein Zusatz von fein gemahlenem Schwerspat (Baryt) genommen werden, den die Bentonitkristalle (Blättchenstruktur) weitgehend in der Schwebe halten.

Für den Grundbau kommt eine thixotrope Flüssigkeit in erster Linie für die Reibungsverminderung beim Niederbringen von Brunnen und Senkkästen in Frage, dann aber auch die Beigabe von wenigen Prozenten Bentonit zum Zement, um einen Beton ohne erhöhten Wasserzusatz plastischer zu machen und um ihn in Berührung mit dem Grundwasser vor einer Wasseraufnahme zu bewahren. Eine Übersicht über Kennzeichnung, Eigenschaften, Anwendung und Wirkung von Bentonit findet sich in der neueren Literatur an verschiedenen Stellen.[2]

Es ist das Verdienst von Prof. Dr. Ing. H. LORENZ, Berlin, die thixotrope Flüssigkeit in die Grundbautechnik eingeführt zu haben und in zahlreichen Patenten Anwendungsmöglichkeiten angegeben zu haben, die einer Reihe von Firmen des Tiefbaues zur Verfügung stehen.

5.2.2 Anwendung bei Brunnen und Senkkästen und Pfählen

Dem Niederbringen derartiger Baukörper steht bekanntlich die Mantelreibung entgegen, die vorher nicht exakt bestimmbar ist und Verklemmungen, Verdrehung, Schiefstellung, Hängenbleiben der Kästen sowie Nachstürzen von Boden usw. verursacht, was nicht nur oft zu großen Schwierigkeiten führt, sondern durch die notwendige Berücksichtigung der ungünstigsten Fälle schon von vornherein zu einer übermäßigen Dimensionierung zwingt. Wird nun, wie in Abb. 423 gezeigt, im Schutze eines Ringmantels eine thixotrope Gleitschicht um den Baukörper herumgelegt, so ist theoretisch und praktisch die Reibung ausgeschaltet. Der abzusenkende Baukörper erhält im Schneidenteil einen äußeren Absatz, der beim Absinken einen Spalt hinterläßt, der mit Suspension gefüllt wird. Diese verhindert ein Nachstürzen der Baugrubenwandung und wirkt gegen das Bauwerk nur hydrostatisch, d. h. allseitig reibungsfrei mit rein waagerechtem Druck. Die Berechnungsgrundlage wird damit einwandfrei, und es leuchtet ein, daß kreisrunde Senkkörper die vorteilhaftesten Formen für derartig abzusenkende Gebilde sind. Das Gewicht des Brunnens hat praktisch nur die Mantelreibung im unteren Führungsteil zu überwinden. Nach diesem Prinzip hat die Franki-Pfahl-Gesellschaft auch das Hinunterbringen von Pfählen im Versuch durchgeführt, womit in solchen Fällen, wo ohnehin auf die Mantelreibung verzichtet werden kann (Spitzenpfahl), ein Pfahl auf die schonendste Weise einzubauen ist. Da die thixotrope Suspension auch nach sehr langer Zeit wieder aufgerührt werden kann, ist es auch möglich, sie durch eine Zement-

---

[1] Schwertrüben zum Trennen fester Stoffe aus feinkörnig gebrochenen Gemengen (z. B. Erz aus taubem Gestein) sind Suspensionen, die durch Beschwerstoffe in kolloidaler oder semikolloidaler Größe in ihrer Dichte und Viskosität so exakt eingestellt werden können, daß es möglich ist, Stoffe mit Gewichtsdifferenzen von 1 bis 5% voneinander zu trennen.

[2] Es seien hier nur die wichtigsten genannt: H. LORENZ: Über die Verwendung thixotroper Flüssigkeiten im Grundbau. Bautechn. (1950) S. 313. — E. MÜLLER: Bau eines Schachtbrunnens mit Horizontalbohrungen für das Grundwasserwerk Süderelbmarsch. Bautechn. (1953) S. 37. — J. ENDELL: Bentonit im Baugewerbe. Bautechn. (1935) S. 71. — H. LORENZ: Erfahrungen mit thixotropen Flüssigkeiten im Grundbau. Bautechn. (1953) S. 232. — H. JÖRGER: Abteufen eines Schachtbrunnens mit thixotropem Mantel beim Bau des Ville-Stollens bei Köln. Techn. Blätter der Wayss & Freytag AG (1956) S. 27 und Vorträge der Baugrundtagung 1956 in Köln. Deutsche Gesellschaft für Erd- und Grundbau e. V. — H. LORENZ: Senkkastengründung mit Reibungsverminderung durch thixotrope Flüssigkeiten. Bautechn. (1957) S. 250.

oder Mörtelverpressung wieder zu beseitigen und einem auf diese Weise abgeteuften Pfahl, Schacht, Brunnen oder Senkkasten noch nachträglich eine sehr wirksame Mantelreibung zu verschaffen, besonders wenn die Wandung vorher noch aufgerauht oder profiliert wird, was bei der Absenkung im Schutze einer thixotropen Flüssigkeit durchaus nicht stört. Das Aufbereiten der verhältnismäßig geringen Mengen thixotroper Flüssigkeit erfordert keine umfangreiche Geräteinstallation. Es ist darauf zu achten, daß die gesamte Flüssigkeitsmenge im Behälter ist, bevor der in Säcken zu 50 kg angelieferte Bentonit langsam unter gutem Rühren zugesetzt wird. Zum Rühren bewähren sich die auch für Verpreßmörtel benützten Anklemmschnellrührer mit kleinem Propeller und hoher Umdrehungszahl. Die Abb. 424 zeigt einen Blick in einen Rührbottich mit 3 Rührern. Verwendet werden Konzentrationen von 65 bis 130 g Bentonit je Liter Anmachwasser; bei anderen als den bisher bekannten Qualitäten ist durch einfache Teste die Mindestkonzentration festzustellen. Wärme erhöht die Quellfähigkeit erheblich, nach Angaben der Literatur (Fußnote, S. 437, 4. Quellenangabe) braucht man bei 40 grädigem Anmachwasser 125 g Bentonit, dagegen bei 5 grädigem 210 g Bentonit, um nach einer Stunde Quellzeit zu der gleichen Konsistenz der Suspension zu kommen. Auch die Durchlaufzeit verringert sich bei höherer Temperatur.

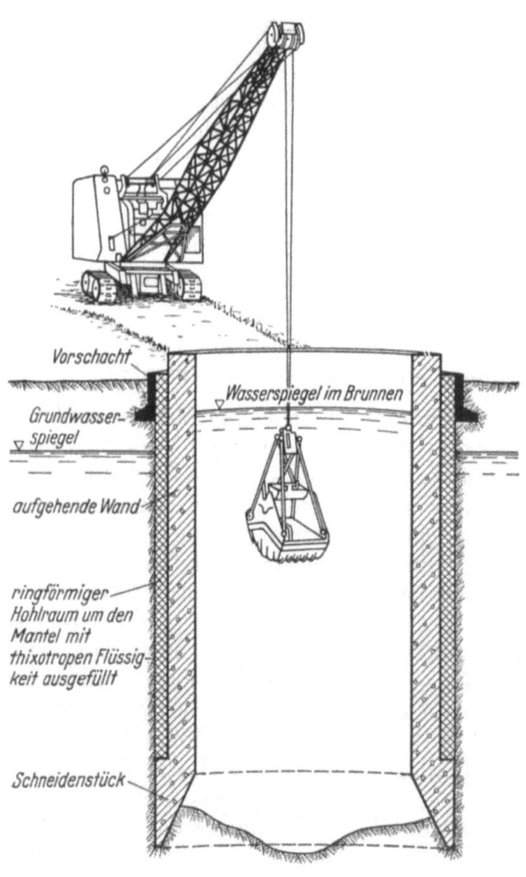

Abb. 423
Brunnenabsenkung mit Hilfe eines thixotropen Gleitmantels

Die Zugabe des Tonmehles muß sehr langsam geschehen, z. B. bei 80 kg/m³ braucht man $^1/_2$ Std. für das Beigeben und $1^1/_2$ Std. für das Fertigrühren. Aus diesen Angaben und dem Bedarf ergibt sich die Anzahl und Größe der Rührgefäße.

Das Abzapfen ist mit einfachen, mindestens 3zölligen Kranen, zu bewerkstelligen. Fließleitungen müssen mindestens 30° Neigung aufweisen. Wenn sich Suspension festgesetzt hat, genügt meist Klopfen und Stochern.

Die Abb. 425 zeigt die Anordnung für das einfache Nachfüllen der thixotropen Flüssigkeit von oben beim Absenken des Schachtes 2 für den Stollen des Kölner Randkanals. Zunächst wurde von den Behältern die Suspension mit flachen Muldenkippern abgefahren und in den Ringschlitz geschüttet. Nachdem eine gewisse Tiefe erreicht war, wurden drei hydraulische Handpreßpumpen eingeschaltet, von denen je drei der auf dem Brunnenumfang verteilten 9 Rohre mittels $1^1/_2''$-Schläuchen bedient wurden. Jede Zuflußleitung war für sich durch Ventil verschließbar und enthielt einen Anschlußstutzen für Preßluft, um den

Schlauch zum Arbeitsende ausblasen zu können. Die saubere Einfüllung in den Mantelschlitz und die gute Kontrolle des Standes der Suspension wird durch einen oberen 1 m hohen Blechzylinder gewährleistet, der mit hinreichendem Ab-

stand das Bauwerk umgeben soll und so hoch über das Erdreich heraussteht, daß kein Boden eindringen kann. Dieser Blechmantel ist zweckmäßig oben und unten mit Randwinkeln zu verstärken und sollte mindestens 4 mm dick sein.

Die *Spaltbreite* bedarf besonderer Überlegungen. Je nach der Standfestigkeit des Bodens, der Körnung und der Brunnenform sind Schichtdicken des thixotropen Mantels von 2 bis 12 cm ausgeführt. Wegen der besseren Vermeidung von Bewegungen sind die Spalten möglichst schmal zu halten. Die in der Schweiz abgesenkten Brunnen bestätigen die Richtigkeit dieser Annahme. Von 36 bekannten Brunnen sind 31 mit 2 cm Spaltbreite, 2 mit 5 cm und 3 mit 10 cm ausgeführt. Im Boden darf gar nicht erst eine größere Bewegung ausgelöst werden. Beim Absenken in größere Tiefen ist sowieso nicht ohne weiteres mit einem absolut senkrechten Niedergehen zu rechnen, und erfahrungsgemäß führt ein Brunnen leichte Pendelbewegungen und Drehungen aus. Auch ist u. U. mit einem seitlichen Gebirgsdruck zu rechnen, wie er bei schräger Schichtung oder einseitiger Belastung des Geländes eintreten kann. JÖRGER berichtete auf der Grundbautagung 1956 über eine solche durch Gebirgsdruck erfolgte Abweichung eines 40 m tiefen Schachtes um 65 cm neben einer Haldenaufschüttung (s. Fußnote S. 437, 5. Quellenangabe). Fraglos begünstigt ein reibungsloses Niedergehen

Abb. 424
Rührbottich für größere Mengen thixotroper Suspension

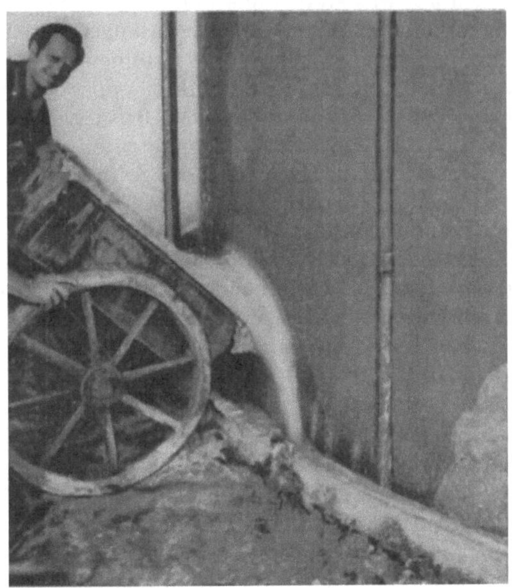

Abb. 425. Einfüllen thixotroper Suspension in den Ringschlitz
eines Brunnens

auch die lotrechte Absenkung, es kommt aber auch sehr viel darauf an, daß die Absenkung zügig erfolgt, was wiederum von dem Boden, seiner Lösbarkeit und dem Fördergerät abhängt. Es dürfte zur Verbesserung der Führung auch zweckmäßig sein, unterhalb der Einfüllzone in die Gleitmantelschicht

nachträglich Führungsplatten einzuhängen, die ein Schiefstellen verhindern;
da sie immer gegen den Mantel geschmiert sind, bringen sie keine allzu hohen
Reibungen mit sich. Für eine sichere Aufhängung nach oben ist dabei zu
sorgen. In besonderen Fällen mag auch die Anordnung von rollenden Füh-
rungen (Kugellager wie bei horizontalen Brückenverschiebungen, Rollen,
Walzen, LKW-Räder) gerechtfertigt sein. LORENZ-Patentanmeldung L 1393
V/84 c vom 11. 3. 1950. Im allgemeinen ist aber gerade im Tiefbau die primitivste
Maßnahme auch die wirksamste, und die Führung eines so schweren und hohen
Zylinders erfordert bei den großen Kräften im Berge eine entsprechend auf-
wendige Bewehrung.

Über die Höhe des Schneidenteiles bis zum Absatz für den Gleitmantel
kann eine absolut gültige Regel nicht gegeben werden. Für eine kurze Schneide
spricht, daß ein kleines Verhältnis Schneidenhöhe : Gleitmantelhöhe das Brunnen-
gewicht auf die geringste Reibungsfläche konzentriert und ein schnelles Absenken erwarten läßt. Dagegen wird eingewandt, daß damit die Führungs-
fläche des Brunnens zu gering wird und Schrägstellungen leichter eintreten
können, die neben den erschwerten Räumarbeiten im Brunnen zum Geraderichten auch die Gefahr eines Durchbruches der Suspension durch die beim
Schrägstellen keilig klaffende Mantelfuge in den Brunnenraum drohen lassen.

Für eine kurze Schneide spricht wiederum die Tatsache, daß bei der dadurch
gewährleisteten vollen Wirkung des Brunnengewichtes die zweckmäßig lange,
kräftige Stahlschneide stets im Eingriff mit dem Boden bleiben wird, so daß
Unterfahrungen mit dem Greifer beim Aushub unterhalb der Schneide und
plötzliches tiefes Absacken, das zu Schäden an der Schneide führt, nicht in
dem Maße zu erwarten sind, wie bei nur zögernd sackenden Brunnen. Der in
der Tabelle als Nr. 1 angeführte Brunnen sackte in kleinen Stufen von 3 bis
10 cm ab, was stets wünschenswert ist, während ohne Thixotropie große Sackmaße von Dezimeter- und Meterlänge nicht ungewöhnlich sind. In der Schweiz
sind von den 36 bekannten Brunnen 21 mit einem verdickten Schneidenteil
von nur 0,5 m Höhe ausgeführt, weitere 5 nur mit 0,3 m Schneidenteil, 3 mit
1 m, 5 mit 1,5 m und je 1 mit 0,7 bzw. 2,0 m Höhe. Diese Tatsache spricht
deutlich für den kurzen Schneidenteil.

Die Höhe der verstärkten Schneidenlänge hängt auch von der Zweckbestimmung der Brunnen ab, bei Brunnen zur Grundwassergewinnung müssen
die Wandungen den Druck der Vortriebspressen aufnehmen und die manchmal
zahlreichen Durchbrüche kompensiert werden, die oft in 2 Stockwerken angesetzt werden. Bei Schächten zum Auffahren von Stollenstrecken sind hohe
Profildurchbrüche anzuordnen und bei Einbauten tiefliegender Pumpen sind
Nischen und Auflagerungen zu berücksichtigen. Man sollte aber zur besseren
Ausnutzung des Gleitmantelverfahrens versuchen, alle Wandverstärkungen
nach innen zu verlegen und den äußeren Absatz nicht höher als 3 m über der
Schneide anzuordnen, auch bei sehr hohen Brunnen.

Als notwendig erweist sich für das Einbringen der Suspension mittels Rohren
von unten her die Anordnung eines gegen den Brunnen abgesteiften unteren
Blechmantels, der den Ringraum im unteren Teil auf 0,5 bis 1 m Höhe umgibt
und am Schneidenabsatz verankert ist. In diesem Ringraum enden dann die
Rohre, die bei Tiefen über 10 m unerläßlich sind. Die Rohre für das Einbringen
der Suspension in den unteren Ringraum sollen mindestens 1 $\frac{1}{2}$'' Durchmesser
haben. Die Befestigungen dieser Rohre am Brunnen unterhalb der obersten
Schelle sind so auszubilden, daß die Rohre gezogen werden können. Die Rohre
können ganz vermieden und damit der thixotrope Mantel dünner gehalten
werden, wenn man die Zuleitung in den Brunnenmantel verlegt. Hier können
Kunststoffschläuche oder Kanäle aus den beim Spannbeton gebräuchlichen
Hüllrohren oder auch nur Hohlkanäle angeordnet werden, wobei allerdings

Voraussetzung ist, daß einwandfreie Suspensionen verwendet werden, die keine Klumpen enthalten, die zu Verstopfungen führen können. Die Austrittsöffnungen liegen dann im Schutz des unteren Blechmantelringes. In der Schweiz hat die Aktiengesellschaft für Grundwasserabsenkungen elastische Membranen als unteren Abschluß der Gleitschicht eingeführt, wodurch eine Selbstdichtung gegen das Erdreich nach Art einer Manschette durch das hydrostatische Gewicht der Suspension gegeben ist (patentiert).

Zur besseren Führung bei kurzen Schneidenteilen und um ein Auslaufen der gesamten Gleitschicht zu verhindern, falls irgendwo ein Durchbruch erfolgen sollte, hat die Siemens Bauunion bei Senkkästen der U-Bahn in Stockholm lotrechte Betonrippen in 10 bis 12 m Abstand hochgeführt, die den Gleitmantel unterbrechen. Die Gleitschicht hat hier die besondere Aufgabe, die Schutzschicht der Oppanoldichtung gegen Abscheren zu sichern. Bei diesem Bauwerk wurde statt Bentonit örtlich vorhandener Ton aufbereitet, der durch Zusatz von 1% Natriumpyrophosphat ohne weitere Wasserbeigabe zu einer vorzüglichen thixotropen Flüssigkeit mit dem Raumgewicht 1,65 t/m³ wurde. Es ist zu erwarten, daß auch andere Tone derart aufbereitet werden können, wie dahingehende Untersuchungen andeuten.

Eine verbilligte Tonaufschwemmung mit thixotropen Eigenschaften wäre auch deswegen zu begrüßen, weil z.B. bei Druckluftsenkkästen über der Arbeitskammer oft größere Absätze durch das Zurücksetzen von Pfeilerschäften oder eine nach oben verjüngte Form entstehen, wofür große Mengen Schwertrübe benötigt werden. Da diese Schwertrübe zu Raumgewichten bis 1,65 gesteigert werden kann, bedarf es nur geringer zusätzlicher Lasten, um im Extremfalle eine Druckluftarbeitskammer allein

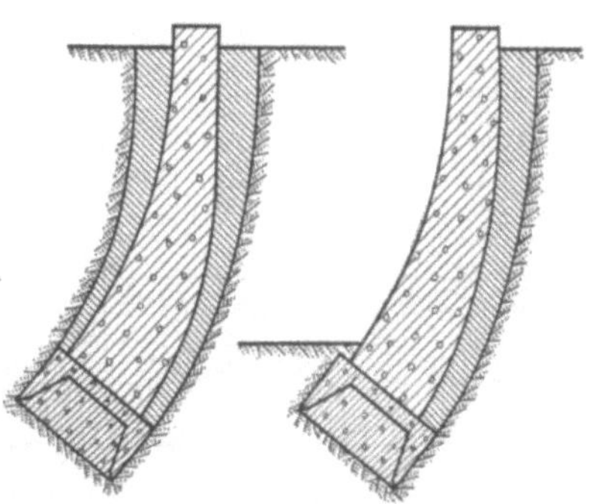

Abb. 426. Schrägabsenkung auf einer Kreislinie mit Hilfe thixotroper Suspensionen (nach Lorenz)

abzusenken, was sinnvoll sein kann, wenn es sich z.B. um tiefliegende Ankerklötze handelt. In der Patentanmeldung L 8090 V/84 c ist eine Schrägabsenkung vorgeschlagen, die es gestattet, eine Stützmauer im Boden herzustellen, bevor der Geländesprung durch Abbaggern entsteht, ein Fall, der bei Tagebaubetrieben zum Schutz von Straßen und Gebäuden durchaus möglich ist. Abb. 426 zeigt die Skizze der Patentschrift, bei deren Verwirklichung der Wasserandrang durch eine Wasserhaltung abzufangen wäre.

Von einigen der bisher ausgeführten Brunnen sind die hier technisch interessierenden Angaben in der nachfolgenden Tabelle in zeitlicher Folge zusammengestellt. Der ersten Ausführung 1952 in der Schweiz folgten weitere auch in Deutschland, und die Erfahrungen aus anfänglichen Störungen bei der Verwirklichung des theoretisch so einfachen Verfahrens haben die Bauweise heute so weit reifen lassen, daß man sich an die größten Aufgaben wagen kann. Welche Beherrschung des Absenkvorganges erreicht ist, zeigt der Brunnen Nr. 13 der Tabelle mit 37,5 m Länge, 4 m äußerem Durchmesser und 50 cm Wanddicke, der mit einer Höhe des Schneidenteiles von nur 2 m und einer Gleitschichtdicke von nur 2 cm niedergebracht wurde. Er besaß auf 20 m Höhe eine zusätzliche Reihe von Austrittsöffnungen für die thixotrope Suspension.

Auf eine großartige Anwendung bei einem runden Gründungskörper von 57 m Durchmesser und im Endstadium 24,5 m Höhe für eine unterirdische Großgarage in Genf, über die während der Drucklegung berichtet wurde[1], sei noch hingewiesen.

---

[1] Lorenz H., Berlin: Bau und Absenkung einer unterirdischen Großgarage in Genf. Der Bauingenieur 36 (1961) Heft 1, S. 4—7.

Nr.	Brunnen Unternehmer, Baujahr	Absenk- tiefe m	Innen- durch- messer m	Führungsteil		Schaft- wanddicke m	Dicke des thixotropen Gleit- mantels. cm	Boden- schichten	Grundwas- serstand in m unter Terrain	Bemerkung
				Höhe bis Absatz m	Wanddicke m					
1	Papierfabrik Perlen AG für Grundwasserbauten, Bern 1952	12,2	3,0	0,5	0,32	0,3	2	Grober Kies mit Blöcken	1,1	
2	Karton- u. Papierfabrik Deisswil AG, AG für Grundwasserbauten, Bern 1952	11,03	3,0	0,5	0,32	0,3	2	Moräne, Kies, Sand	5	Abdichtungs- membrane
3	Süderelbmarsch bei Hamburg Siemens-Bauunion 1952	22	4,0	4,70	0,50	0,40	10	Sand	0,50	Erste Absenkung in der Bundesrepublik
4	Beck & Co., Bremen Wayss & Freytag 1953/54	19,20	2,50	3,20	0,40	0,30	10	Kies, Sand Steine	etwa 8,00	—
5	Haake-Beck-Brauerei, Bremen Wayss & Freytag 1953/54	18,45	2,50	3,20	0,43	0,33	10	Kies, Sand Findlinge	etwa 8,0	Taucherhilfe
6	Riemeisterfenn, Berlin Wayss & Freytag 1954	29,15	4,0	6,0	0,50	0,40	10	Ton mit Steinen +20 cm	2,70	Taucherhilfe beim Aufbrechen von Tonschichten
7	Insel Scharfenberg, Berlin Wayss & Freytag 1954	17	4,0	1,50	0,60	0,50	10	Sand	etwa 2,50	Unterer Blechmantel oberhalb Schneidenteil
8	Wasserwerk Münchenbuchsee AG für Grundwasserbauten, Bern 1954	18,4	3,0	0,5	0,32	0,3	2	Schotter Kies und Blöcke		Abdichtungs- membrane
9	Brückenpfeiler Au Lustenau AG für Grundwasserbauten, Bern 1955	7	10 × 20	1,5	0,5	0,4	10	Grober Kies mit Sand	1,0	Abdichtungs- membrane
10	Brückenpfeiler Au Lustenau AG für Grundwasserbauten, Bern 1955	14	10 × 20	1,5	0,5	0,4	10	Grober Kies mit Sand	1,5	Abdichtungs- membrane
11	Wasserversorgung Allschwil-Basel AG für Grundwasserbauten, Bern 1955/6	28,6	3,0	1,5	0,32	0,3	2	festgelagerter Kies	22,0	Abdichtungs- membrane mit Sprenghilfe
12	Schacht 2 beim Kölner Randkanal Wayss & Freytag 1956	40	4,50	7,00 (wegen Stollen-mündung)	0,72	0,60	12	Kies, ton. Braunkohle, Ton Feinsand	Grundwasser fehlt	Sprenghilfe bis 40 m Unterfahrung um 3,30 m
13	Wasserversorgung der Stadt Lenzburg AG für Grundwasserbauten, Bern 1958	37,5	3,0	2	0,52	0,5	2	Kies mit Nagelfluh	23,4	Abdichtungs- membrane
14	Wasserversorgung der Stadt Baden AG für Grundwasserbauten, Bern 1958	25	3,0	0,5	0,52	0,3	22	Kies und Sand	12,0	Abdichtungs- membrane

Die thixotrope Flüssigkeit hat eine so erhebliche Oberflächenspannung, daß sie weder in fein- noch in grobkörnige Böden eindringt, selbst wenn sie unter Druck steht. Diese Eigenschaft ermöglicht es, auf Böden Drücke auszuüben, die denen einer hydraulischen Presse entsprechen. Damit eröffnet sich ein neues Anwendungsgebiet: die Zusammenpressung eines Bodens zur Vorwegnahme der zur Inanspruchnahme des Erdwiderstandes nötigen Verschiebung, die seitliche Verschiebung eines Baukörpers, das Heben von Bauwerken (das schon mit einem Sand-Wasser-Gemisch und mit Zementschlämme vorgeschlagen und ausgeführt ist) im Schutze einer kurzen Spundwand bzw. im Schutz vorher angeordneter Umfassungsrippen, sofern der Erdwiderstand der Umgebung nicht größer ist als der erforderliche Flächendruck, schließlich auch die Sicherstellung einer gleichmäßigen Sohldruckverteilung. Die Abb. 427 entspricht Skizzen der Patentschrift 873529 und zeigt in a) die Herstellung des Fundamentes einer Bogenbrücke, dessen späteres Ausweichen durch hydraulischen Druck aus der

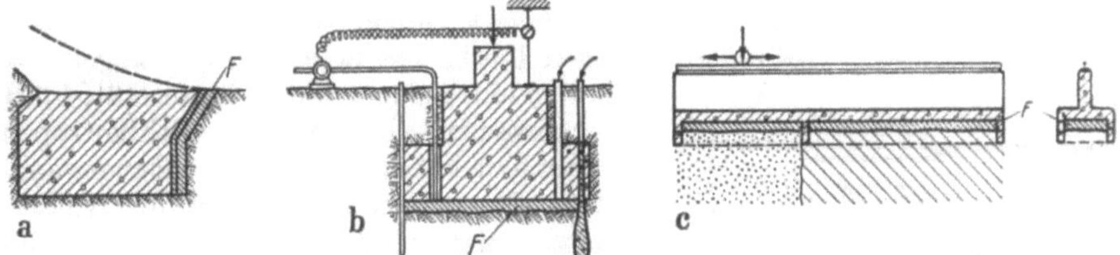

Abb. 427a—c. Fundamentverschiebung bzw. Hebung durch Einsatz hydraulisch wirksamer thixotroper Suspension

Fuge F zum größeren Teil vorweggenommen ist. In Abb. 427b wird das Schema einer Fundamenthebung im Schutze einer Spundwand oder einer seitlichen Verpreßschürze gezeigt, wobei zum Heben nur geringe Drücke über die unter dem Fundament vorhandenen Bodenpressung hinaus genügen. In Abb. 427c wird gezeigt, wie bei langgestreckten auf der ganzen Länge aufliegenden Fundamenten durch Kammerteilung eine hydraulische Auflagerung die sofortige Verteilung einer Einzellast (Raddruck) auf eine größere Strecke herbeiführt. Da die thixotrope Flüssigkeit nicht wie Wasser überall durchdringt, genügt ein Unterbeton, um die Suspension zu halten, die gelegentlich erneuert werden kann.

Die gleiche Maßnahme wie für Hebungen kann auch als Sicherheit gegen Bauschäden im Bergbausenkungsgebiet angewendet werden, wodurch die Sohlenreibung und durch Gräben, die rings um das Gebäude laufen und mit thixotroper Suspension gefüllt gehalten werden, auch die Wandreibungen bei den Zerrungen des Gebäudes zu Null gemacht werden. Hierbei ist jedoch eine gelegentliche Nachfüllung unter Preßdruck notwendig, damit die Maßnahmen allezeit wirksam sind. Normalerweise weiß man über den Eintritt der Senkungen aus dem Abbauvortrieb hinreichend Bescheid, um rechtzeitig eine Kontrolle veranlassen zu können.

5.2.3 Vortrieb von Rohren mit thixotropem Gleitmantel

Die Erfolge bei der Absenkung von Brunnen und Senkkästen unter Ausschaltung wesentlicher Reibungsflächen ließen auch nach anderen Anwendungsmöglichkeiten trachten. In Berlin wurde 1955 von der Siemens-Bauunion ein stählernes Entwässerungsrohr von 1,80 m Durchmesser unter einem Damm durchgepreßt, bei welchem die Schneide nach Abb. 428 von einem kurzen Rohrmantel umgeben war, in den die thixotrope Flüssigkeit durch sechs innenliegende Rohre eingepreßt wurde und nur nach rückwärts austreten konnte. Der Ringspalt ist nur 2,5 cm weit und ist offenbar weitgehend unter dem Druck

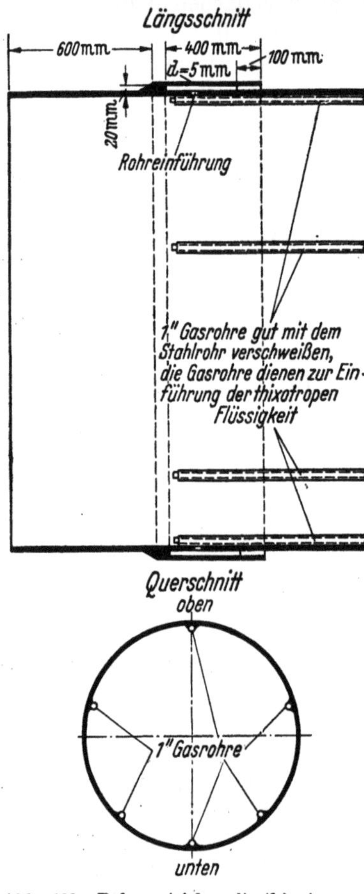

Abb. 428. Rohrvortrieb mit thixotropem
Gleitmantel

der thixotropen Flüssigkeit erhalten geblieben. LORENZ berichtet über diese Anwendung (s. Fußnote S. 437, 6. Quellenangabe) und errechnet einen Wandreibungswinkel von max. nur 4° 50'.

5.2.4 Dichtungsschürzen

LORENZ berichtet weiter über Versuche, Dichtungsschürzen auf Grund der großen Dichtungswirkung der Bentonitsuspension in schmalen Schlitzen in den Untergrund zu bringen. Hierzu ist das Seilsägeverfahren von Oberingenieur DECK ersonnen, bei welchem in unverrohrte Bohrungen ein Gestänge ähnlich einer Schrämmsäge eingeführt wird, über dessen Umlenkrollen ein endloses Knotenseil läuft, das beim Weiterbewegen des Gerätes einen Sägenschlitz hinterläßt. Füllt man diesen mit einer geeigneten thixotropen Suspension, so entsteht eine Dichtungswand, die um Baugruben herumgelegt den Wasserandrang unterbindet. Die Abb. 429a zeigt eine Darstellung der Patentschrift, aus der hervorgeht, daß auch daran gedacht ist, durch Anordnung zueinander winkliger Schlitze evtl. eine tiefliegende waagerechte Sohlendichtung zustande zu bringen. Wenn man bedenkt, daß nach Verfüllung mit Suspension die senkrechten Schlitze ohne großen Aufwand mit Asphaltbeton ausgepreßt werden könnten oder mit einer anderen auch mechanisch resistenteren Materie, wobei die Suspension verdrängt würde, dann sind wohl

noch weitere Anwendungsmöglichkeiten zu erwarten. Das Einsetzen einer Spundwand in Gelände, wo nicht gerammt werden darf, wäre mit ganz leichten, flachen

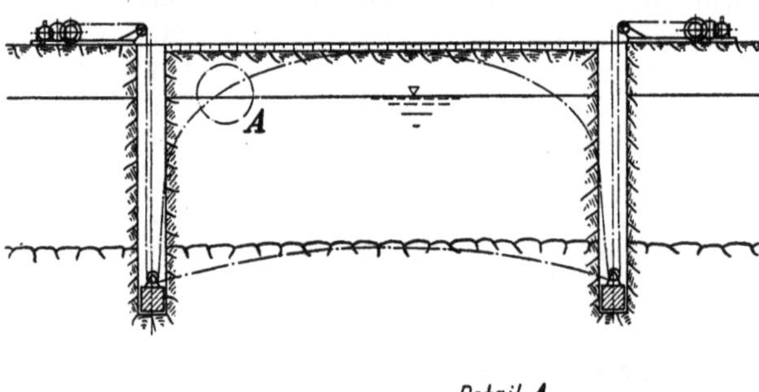

Bohlen auf diese Weise ermöglicht. Man sieht, wie ursprünglich phantastisch anmutende Vorschläge zu durchaus diskutablen Vorschlägen führen können.

5.2.5 Schwertrübe aus Aschen

Eine thixotrope Flüssigkeit aus Tonen, insbesondere Bentonit, bei denen z. B. gewisse französische Qualitäten

Detail A

Abb. 429. Seilsägeverfahren für die Herstellung schmaler Schlitze im Untergrund (nach Pat. 938119 der Bundesrep. Deutschland).

trotz des höheren Materialpreises wegen einer größeren Ergiebigkeit (Quellfähigkeit) wirtschaftlicher sind als andere Sorten — ist an sich ein teueres Material, so daß große Hohlräume die Benutzung des Verfahrens fraglich machen. Mit dem Patent 1017989 vom 17. 5. 1954 ist ein Verfahren zur Herstellung von Abdichtungsschürzen in vornehmlich schottrigen Böden vorgeschlagen, bei dem die dichtende Wand durch Schlitzbaggerung und sofortige Verfüllung mit einer Flugaschesuspension, in welche das gebaggerte Aushubmaterial wieder eingebracht wird, erzielt werden soll. Die Dichtung wird in erster Linie durch die Verstopfung der feinsten Porenräume des Bodenmaterials herbeigeführt. Eine solche Beständigkeit, wie sie eine thixotrope Flüssigkeit auf Tonbasis hat, kann man von dieser Ascheschlammwand wohl nicht erwarten, bei geeignetem Boden und einer sorgfältigen Herstellung unter ständigem, nicht zu hohem Überdruck der Schlammschicht wird sie aber schon wegen der Billigkeit eine schätzenswerte Bereicherung der Mittel im Kampf gegen Wasserandrang sein. Nach der Beschreibung der Patentschrift soll das Kiessandgemisch des Aushubes durch Rüttler innig mit der Suspension vermischt werden und die Suspension vor dieser Vermengung durch einen Preßluftschleier von unten her in Bewegung gehalten werden, um eine Sedimentation zu verhindern. Vielleicht ist durch Zusatz von Chemikalien diese Aschesuspension ähnlich zu verbessern, wie eine Zementschlämme durch Wasserglas (vgl. Patent 901271).

5.3 Preßluftschleier als Bauhilfsmittel

5.3.1 Allgemeines

Unter diesem Titel wird in den letzten Jahren mehrfach über Versuche und Anwendungen berichtet, die durchgeführt sind, um ein Phänomen zu klären, das vor rund 50 Jahren von dem Amerikaner BRASHER entdeckt und verschiedentlich erfolgreich angewendet ist, ohne daß man es lange Zeit in der Fachwelt gebührend würdigte.

Es handelt sich um die Wirkung eines Luftschleiers im Wasser, der aus einem perforierten Rohr auf dem Grund unter Druck austritt und in feinsten Luftperlen nach oben steigt. Der Erfinder hatte im Anfang unseres Jahrhunderts in Brighton, N. Y., einen Bademeisterposten inne. Sein Badestrand war von einer 120 m langen Mole gegen die Brandungswellen abgeschirmt, die bei einem Sturm diese Mole zu $^1/_3$ wegrissen. Daraufhin beobachtete der junge Bademeister die Mechanik der Brandungswellen und überlegte sich, wie man sie wohl ohne Mauer schon weit vor dem Strande zum Kentern bringen könnte. Er erkannte, daß man ihnen an der Wurzel ein Bein stellen müßte, ähnlich wie man mit geringer Energie einen Läufer zu Fall bringen kann. Daß dies mit einer Schwelle nicht ging, bewies ihm die zerschlagene Mole, also könnte es nur mit einem Graben geschehen, in den die Welle hineinstürzen würde. Einen solchen Graben müßte ein Luftschleier bilden, der eine Art Schaumwand darstellt, die die Welle — ganz gleich, wo sie ihre Wurzel hat — in sich aufnehmen könnte. Mit dieser etwas romantischen Vorstellung ging BRASHER zur Universität Princetown und fand in dem Dekan, dem er seine Idee vortrug, einen begeisterungsfähigen Mann, der mit ihm im Schwimmbad experimentierte und demonstrierte, daß es tatsächlich möglich war, künstlich erzeugte Wellen auf diese Weise erheblich zu reduzieren. Aber zu einer Formel für die Beziehungen zwischen Luftdruck : Luftmenge : Wellenhöhe : Luftblasendichte : Luftblasengröße und der Wellenreduktion kam man damals nicht und zu Großversuchen — die allein sinnvoll sein können — fehlten auch damals schon die Mittel. Aber BRASHER hatte zu seinem Beruf gefunden. Als er fertigstudiert hatte, meldete er 1907 seine Idee zum Patent an und machte immer wieder Versuche, wenn sich Gelegenheit bot, aber er fand lange kein schutzwürdiges Objekt und keinen Partner.

Da kam seine große Stunde. Der Kreuzer „Yankee" war in der Buzzardbucht auf ein Felsenriff gelaufen und eine grobe See mit 6 m hohen Wellen drohte, das Schiff zu zerschlagen. Die Kaffeefirma John Arbuckle sah es als Ehrensache an, den Kreuzer zu retten und irgend jemand erinnerte sich des

Wundermannes, der mit Preßluft Wellen brechen konnte. Der Kreuzer hatte drei intakte Kompressorstationen an Bord. BRASHER kam, die Rohre wurden ausgelegt, und die Wellen stürzten programmgemäß in sich zu harmlosen Formaten zusammen. Das nur 3,60 m aus dem Wasser ragende Schiff lag nun ruhig und konnte abgedichtet werden. BRASHER fotografierte fieberhaft, um seinen Erfolg beweisen zu können. Mit steigender Flut kam das Schiff frei, die Pumpen hielten das Wasser, der Schlepper zog an und es ging dem Hafen entgegen. Nach 10 Std. zog das Schiff mehr Wasser als die Pumpen hergeben konnten, nach weiteren 2 Std. mußte es schnellstens verlassen werden, so schnell, daß die Männer an Bord froh waren, das Leben zu retten. Der Fotoapparat ging verloren und damit der erste sichtbare Beweis, auf den BRASHER soviel Hoffnungen setzen durfte. Der unglückliche Ausgang überschattete auch sein Verfahren und es blieb weiterhin unbekannt.

Eine weitere Anwendung kam BRASHER zu spät zur Kenntnis. Eine Ölgesellschaft hatte eine Pieranlage 1230 m weit ins Meer hineingebaut, die von einem Sturm auf 630 m verkürzt worden war. Um wenigstens diesen Teil zu sichern, wurde eine Preßluftrohrleitung verlegt und jeweils bei grober See, wenn Tanker anlagen, in Betrieb gesetzt. 10 Jahre lang soll diese Anlage zur vollen Zufriedenheit gearbeitet haben. 1924 wurde BRASHER vom Premier Jan Christian Smuts nach Pretoria, Südafrika, gerufen, um hier eine Anlage für den Hafen zu projektieren, aber als er im Hafen von Kapstadt an Land ging, war Smuts von James B. Hertzog abgelöst, der von der Idee seines Vorgängers abrückte. Dann lief das Patent ab, und es sind inzwischen etwa 30 Anwendungen literaturkundig geworden.

Die Schwäche des Verfahrens ist offenbar seine Einfachheit, an der nichts zu verdienen ist. Trotzdem sollte dies Verfahren im Wasserbau jederzeit zur Verfügung stehen und deshalb glaubt der Verfasser, es hier in dieser Weise einführen zu dürfen, nachdem er schon 1937 versuchte, darauf aufmerksam zu machen.[1]

In fast allen Ländern sind hin und wieder Anwendungen zu verzeichnen und einige technische Daten sind inzwischen als Richtlinien vorhanden, die auch mangels einer abgeschlossenen theoretischen Behandlung für Anwendungsfälle durchaus ausreichen.

Zunächst aber einige Worte zur wissenschaftlichen Bemühung um eine Theorie. Eine ausgezeichnete Übersicht über den Stand dieser Forschung verdanken wir HENSEN[2], der die erreichbaren englischen und japanischen Studien mit eigenen Untersuchungen vergleichen konnte und sich der großen Mühe unterzog, die in der Literatur schwer zu findenden Berichte von praktischen Anwendungen zusammenzustellen und die technischen Einzelheiten, die nur spärlich gegeben sind, zu ordnen. Das Ergebnis der Naturversuche ist bisher mager und die Liste der Modellversuche zeigt, daß mit Modellversuchen hier kaum mehr als die Erkenntnis der Notwendigkeit von Versuchen oder besser noch Anwendungen im großen Maßstab gewonnen wird, und das kann auch gar nicht anders sein. Einige neuere englische Versuche haben die Grundidee BRASHERS verlassen und sind auf ein ganz anderes Prinzip übergegangen, indem sie statt mit Luftstrahlen mit Wasserstrahlen arbeiten und bewußt eine Gegenwalze gegen die anrollende Welle aufbauen. Das ist etwas grundsätzlich anderes, nämlich ein reines Energieproblem, und zwar ein recht unwirtschaftliches. Entstanden ist dieser Irrweg aus der Beobachtung eines Wasserwalzenpaares im Modell, das neben dem aufsteigenden Luftstrom entsteht. Diese sekundäre

---

[1] KTB in Bauingenieur (1937) H. 7/8 und in Deutsche Technik (1937) Januarheft.
[2] Modellversuche mit pneumatischen Wellenbrechern. Heft 7 der Mitteilungen des Franzius-Instituts, 1955, und Erprobung von pneumatischen Wellenbrechern im Modell und in der Natur. H. 10, 1957, der gleichen Mitteilungen.

Erscheinung ist in der Natur nicht oder nicht so klar vorhanden; der aufsteigende feinporige Luftstrom kann zwar in der Randzone zu Wirbelbildungen im kleinsten Maßstab führen, niemals aber zu nennenswerten Wasserwalzen, dafür ist er immer zu schwach, der Modellversuch führt in dieser Hinsicht zwangsläufig irre.

Die Japaner haben über Untersuchungen berichtet, bei denen die im Modell überwiegend wirksamen Walzen und dadurch erzeugten Strömungen zunächst ebenfalls überbewertet wurden. Später ergab sich zwangsläufig aus einem Großversuch 1 : 1 die Erkenntnis, daß im Naturversuch die Schaumwirkung, welche die Japaner „turbulente Viskosität" nannten, die überwiegende Wirkung bringt. Der Verfasser war durch eine Notiz in den Veröffentlichungen des zentralen Forschungsinstitutes in Leningrad 1935 Nr. 8 auf den Preßluftschleier im Wasserbau als temporären Wellenbrecher aufmerksam geworden, gerade als zufällig im Franzius-Institut Versuche mit Filterdüsen zur Rückspülung von Kiesfiltern liefen, und konnte das Verhalten von Schaum gegenüber dem von Wasser eingehend beobachten. Ein im Wasser schwimmendes Stück Holz säuft im Schaum prompt ab, Schaum besitzt weder Tragfähigkeit noch Viskosität. In eine Schaumwand muß jeder Schwimmer abstürzen wie in eine Gletscherspalte, Schaum hat auch keinen Reibungswert, dem die Anfachung einer Wasserwalze zugeschrieben werden kann, die nur bei kleinem Maßstab und unvollkommener Luftschleierausbildung und infolge der Schwallausbreitung in der Oberfläche eintreten wird. Ein Versuch, bei dem das Rohr bzw. die Rohre nicht eine anständig breite Schaumwand von der Sohle her aufbauen können, entspricht nicht dem Wesen einer Großanwendung, für welche erfolgreiche Beispiele vorliegen.

HENSEN nähert sich in seinem Bericht von 1957 dieser Ansicht und spricht auch von der überwiegenden Wirkung einer „turbulenten Viskosität", gegenüber welcher die beobachteten Walzen nur eine unterstützende Bedeutung haben und nennt diese Viskosität einen unbestimmten Begriff, worin man ihm zustimmen muß. Man kann versuchsmäßig wohl nur vom Extremfall des vollkommen mit Luftporen gesättigten Wasser ausgehend allmählich mit immer geringeren Luftporengehalten zu der erwarteten rechnerischen Erfassung der wellenschwächenden Wirkung des Preßluftschleiers kommen. Man kann sich die Wirkung der Schaumwand wohl zweckmäßig vorstellen wie die einer Schallschluckwand, in der sich die Schallwellen ohne Reflex und ohne (bisher) erkennbare Wirkung totlaufen. Daß eine einfache Theorie nicht zu erwarten ist, leuchtet schon deswegen ein, weil die Wellen selten in stehendem Wasser zu bekämpfen sind, sondern Wasserbewegungen die Wirkung einer Wand schwächen.

Verfasser ist der Meinung, daß angesichts der bisher vorliegenden Ergebnisse aus den bekannten Anwendungen der gelegentliche Einbau von derartigen Installationen für in Frage kommende Fälle in technisch ausreichender Weise geklärt, möglich und auch in jeder Hinsicht gerechtfertigt ist. Ein großes wirtschaftlich ertragreiches Arbeitsgebiet wird sich ohnehin kaum mit dem Verfahren entwickeln und es bleibt wohl auch in Zukunft der Initiative der einzelnen Hafenverwaltungen und einzelner Interessenten überlassen, so daß eine systematische Entwicklung wie bei „Bauweisen" kaum einen „Kostenträger" zur Finanzierung finden wird.

Von einigen bekannten Beispielen liegen folgende praktisch verwertbare Angaben vor. In Dover wurde der Dockhafen während einer 4 monatigen Reparaturzeit durch eine Anlage von 4 Rohren auf der 12 m tief liegenden Sohle der 24 m breiten Dockeinfahrt gegen eindringende Wellen abgeschirmt. Die Rohre waren mit 3 mm-Bohrungen in je 8,8 cm Abstand versehen. 26 mal war die Anlage in Betrieb und dämpfte Wellen von 1,50 m Höhe auf 0,38 m und solche von 1,20 m auf 0,23 m, wobei Wellenlängen von 35 und 45 m angegeben werden. Der Schwall soll eine waagerechte Oberflächenströmung von 45 cm

Dicke und 1,35 m/Sek. erzeugt haben. Der Kompressor hatte eine Leistungsfähigkeit von 120 bis 150 PS. Es wird von einem Luftverbrauch von 0,625 m³/m
Rohr für die optimale Leistung berichtet, bei einem Druck von 1,55 atü, d. h.
0,35 kg/cm² über dem hydrostatischen Druck. Es wurde leider nur 1 Rohr in
Tätigkeit gesetzt bzw. nur von dessen Wirkung berichtet; ob man sich die
Gelegenheit zum Studium der Wirkung mehrerer Rohre, also eines dickeren
Preßluftschleiers wirklich entgehen ließ, ist bisher nicht bekannt geworden.

5.3.2 Beispiele des Preßluftschleiers als Bauhilfsmittel

So wenig Entwicklungsmöglichkeit die Brechung von Wellen durch Preßluftschleier gefunden hat, so aussichtsreich ist die Anwendung von Schaumwänden
im Wasser zur Abfangung von Druckstößen, wie sie bei Unterwassersprengungen
auftreten. Dieser Wirkung hat sich die Technik mit ausgezeichnetem Erfolg
schon mehrfach bedient, und es steht zu erwarten, daß sich auf diesem Gebiet
das Dornröschenschicksal der Idee erfüllt.

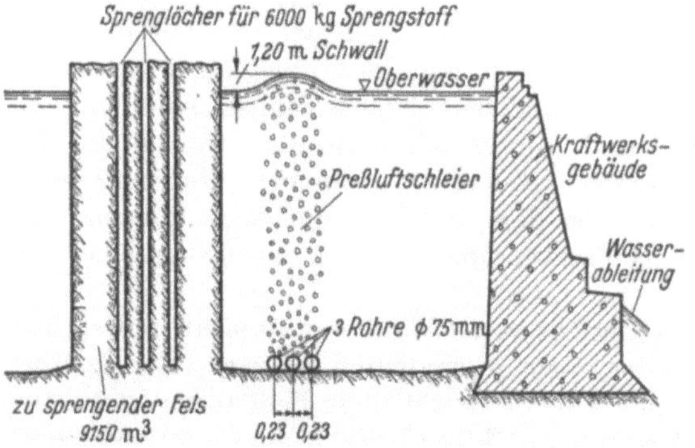

Den Anstoß hierfür gab eine Großausführung in Amerika beim Bau des Niagarakraftwerkes Adam Beck II, bei welcher die Detonationswelle der Unterwassersprengung einer Felsbarre von 9150 m³ Volumen mit 6000 kg Sprengstoff abgefangen wurde.[1] Abb. 430 zeigt die Anordnung der 3 Rohre.

Abb. 430. Preßluftschleier vor Kraftwerksgebäude, schirmt Druckstoß aus Sprengung auf ¹/₇₀ ab

Bei der Großausführung vor dem Kraftwerk Adam Beck II betrug der Abstand zwischen Felsblock und Torverschluß nur 26 m.
Die 3 Rohrleitungen von je 75 mm Durchmesser lagen in 15 m Abstand vor
dem Tor und waren an den Enden zum Anschluß an die Turbinenhauswand
unter 45° abgeknickt. Die ganze Länge betrug 100 m, jedes Rohr war mit
Löchern von 1,4 mm Durchmesser in 2 Reihen perforiert, mit je 25 mm Lochabstand. Vor der Hauptsprengung hat man mit der Anlage Kleinversuche mit
20 bis 55 kg Sprengstoff gemacht und jeweils den Druckstoß vor dem Turbineneinlauf gemessen. Ohne Preßluftschleier ergab sich bei 48 kg Sprengstoff ein
Druckstoß von 3,0 kg/cm². Mit Preßluft war kein Meßergebnis mehr zu erzielen.
Man wußte nicht, ob bei der Großsprengung der Preßluftschleier zusammengedrückt werden würde, und hat hierfür eine neue Versuchsreihe durchgeführt.
Es ergab sich, daß der Preßluftschleier in jedem Falle völlig intakt blieb.
Schließlich war maßgebend für die Menge des Sprengstoffes der Felsstoß, der
nicht aufzuhalten war, und aus ihm ergab sich, daß die Gesamtmenge von 5500 kg
in 10 Einzelmengen von je 550 kg und mit je 1/25000 Sek. Verzögerung abgetan
werden mußte. Benutzt wurde Nitrokarbonitrat, das in geschweißten Stahlkapseln eingesetzt wurde. Dieses an sich träge Material verhinderte ein vorzeitiges Losgehen der späteren Ladung. Um ein Herumfliegen von Felsbrocken
zu verhindern, wurde der Wasserspiegel 3 m höher angespannt als er sonst
steht, d. h., er befand sich dicht unterhalb des Felsplateaus. Der gemessene
Stoß bei der Hauptsprengung kam durch den Luftschleier nur mit 1 kg/cm²
am Einlaß an. Das war ¹/₇₀ des Stoßes unmittelbar vor der Felswand. Der

---

[1] KTB: Preßluftschleier als Bauhilfsmittel. Bauingenieur (1955) H. 7, S. 267.

Luftschleier wurde von einer Luftmenge von 106 m³ je Minute gebildet, die unter 6,33 atü durch ein Hauptrohr von 15 cm Durchmesser den 3 Grundrohren zugeführt wurde.

Die Schaumwand kann kaum mehr als 1,0 m Breite gehabt haben, und die austretenden Blasen sind durch den hohen Luftdruck im Wasser sehr fein verteilt worden (Düsenwirkung!). Die ihnen mitgegebene Energie wird sehr schnell gebremst und es bleibt nur die durch den Auftrieb bedingte Aufstiegsgeschwindigkeit übrig. Daß hierbei eine beachtliche Hubleistung erbracht wird, ist von der Mammutpumpe bekannt. Der Schwall hatte daher auch eine Höhe von 1,20 m, er besteht aber aus Schaum und täuscht mehr Energie vor als er enthält. Der Preßluftschleier ist nur wenige Minuten vor der Detonation erzeugt worden. Ein nennenswerter Betrag für Betriebskosten ist also nicht zu verzeichnen.

Die ganze Installation kostete rund 2000 Dollar und ersparte 1 Million Dollar, die für eine Entfernung der Felsbarriere im Trockenen notwendig geworden wären.

Eine zweite derartige Anlage ist kurz darauf in der Niagaramündung nochmals angewendet worden, wobei der Luftschleier auf eine Länge von 225 m mit gleich gutem Erfolg aufgebaut wurde.

Inzwischen ist auch in Deutschland die erste Anwendung eines Preßluftschleiers zur Abschirmung eines Sprengstoßes zu verzeichnen.[1]

Beim Bau des Donaukraftwerkes Jochenstein ergab sich die gleiche Aufgabe, wie bei dem Niagarakraftwerk, als Betonreste unter Wasser in krangerechte Stücke geschossen werden sollten. In Vorbereitung hierzu sind Versuche durchgeführt, bei denen schon ein mäßiger Preßluftschleier Reduktionen von etwa 50% erkennen ließ, während ein guter Preßluftschleier eine Reduktion auf $^1/_{10}$ bis $^1/_{12}$ des Druckes ohne Schleier ergab. Da es sich nur um eine kleine Aufgabe handelte, hat man beim Jochenstein mit Minimal-Sprengstoffmengen von 250 g gearbeitet und ist ohne Schwierigkeiten zum Erfolg gekommen. Es wäre zu wünschen, daß bei ähnlicher Gelegenheit die Möglichkeit einer Versuchsreihe im natürlichen Maßstabe besser genützt würde. Vor allem sollte man nicht mit den kleinsten Luftschleiern beginnen, sondern mit den größten, und zwar deswegen, weil es weder installationsmäßig noch betrieblich irgendwie ins Gewicht fällt, wenn man den Preßluftschleier überdimensioniert — was man im Ernstfall bestimmt auch tut — und weil es wichtiger ist, die obere Grenze der Schutzwirkung eines bestimmten sehr guten Preßluftschleiers kennenzulernen, als durch Herumtasten an der unteren Grenze das Vertrauen zu diesem einfachen Hilfsmittel auf die Probe zu stellen. Nachdem man die Möglichkeit sieht, den Druckstoß auf $^1/_{70}$, d. h. 1,5% zu reduzieren, sind Studien im Rahmen der Reduktion um 50% praktisch wertlos.

5.3.3 Weitere Anwendungsgebiete für Preßluftschleier im Wasser

Das Anwendungsgebiet liegt naturgemäß im Provisorium. Einen Wellenbrecher zum Schutz einer Reede gegen Dünung und Sturmseen kann der Preßluftschleier nicht ersetzen; jedoch scheint er ein geeignetes Mittel, um z. B. einen Senkkastentransport durch Auslegearme zu sichern, an denen die Rohrleitungen etwa in 10 m Abstand vom Kasten 6 m unter Wasser gehalten werden und gefährliche Wellenhöhen auf ungefährliche Höhen reduzieren. Ebenso könnte man den Beginn einer Gründungsarbeit an der offenen Küste, z. B. die Rammung des ersten Joches mit einer Schwimmramme, durch Abschirmung dieser Art ermöglichen bzw. erleichtern.

Bei allen Unterwassersprengungen sollte man durch Gesetz die Abschirmung der Detonationswelle durch einen Preßluftschleier zur Erhaltung des

---

[1] G. Mittelmann: Warum Messungen an Bauwerken? Bauingenieur 33 (1958) H. 5 u. 6, S. 237. — J. A. Krämer: Sprengarbeiten bei der Errichtung des Donaukraftwerkes Jochenstein. Nobel-Hefte 23 (1957) H. 4, S. 177ff., insbes. S. 194.

Fischbestandes vorschreiben und weil derartige Stöße unter Umständen labile Böschungen ins Rutschen bringen können oder labile Zustände herbeiführen, die man nicht vorher übersieht.

Daß Preßluftschleier zur Herbeiführung einer ruhigeren Zone geeignet für Rettungsarbeiten sind, zeigten die Bergungsmaßnahmen des anfangs genannten USA-Kreuzers „Yankee", und für solche Fälle scheint es zweckmäßig, Bergungsschiffe mit derartigen Installationen auszurüsten. Der US-Marine ist schon vor Jahren der Vorschlag unterbreitet worden, Flugzeugmutterschiffe mit nachzuschleppenden perforierten Rohren auszurüsten, die ein Stillwasser für das Wassern und Aufnehmen der Maschinen herstellen sollten. Die modernen Deckslandungen haben Entwicklungsarbeiten dieser Art verhindert, aber sicher steckt ein brauchbarer Kern in diesen Anregungen.

Enge und weite Hafeneinfahrten können mit solchen Anlagen Barrieren gegen zeitweise bedenklichen Welleneintritt herstellen, für Fähranlagen könnte ein ruhigeres Manövrieren erreicht werden, Baustellen mit abzuspindelnden oder abzusetzenden Schwimmkästen oder Druckluftkästen können geschützt werden, ebenso Taucherarbeitsplätze und alle Arbeiten in oder dicht über der Wasserlinie.

Auf die Reinigung der Wasseroberfläche durch fahrbare Preßluftschleier wie auf die Sperrwirkung gegen Ölausbreitung führt zwangsläufig der Schwall und prädestiniert diese Anlagen zu dringend notwendigen Reinigungs- und Sicherheitsmaßnahmen in den Häfen, worauf Verfasser schon 1937 hingewiesen hat.[1]

Schließlich könnte geprüft werden, ob nicht sogar Fischleitwände damit gelegt werden könnten, wozu man früher Fischzäune baute.

Es ist ferner praktisch erwiesen, daß mit Hilfe der Preßluftschleier eine Baustelle eisfrei gehalten werden kann. 225 km nördlich von Toronto führt die 4 spurige Ontario-Autostraße über die Vernon See-Enge bei Huntsville. Für die Rohrpfeiler wurde eine schwimmende Baustelleneinrichtung installiert. Man hat hier die Arbeitsstelle des 250 m langen Brückenzuges auf 60 m Breite mittels Preßluftschleier für Wassertransporte völlig eisfrei halten können, obwohl in der 4 Monate langen Frostperiode die Temperatur bis $-35°$ C $(-30°$ F) abfiel und der See sonst völlig eingefroren war. Man installierte einen Plastikschlauch von 38 mm Durchmesser auf der Sohle, der alle 3 m ein Loch von 1,5 bis 3 mm Durchmesser hatte. Alle 6 m wurde der Schlauch durch ein Betongewicht von 12 kg mit einer 0,3 m langen Schnur über dem Boden festgehalten. An der tiefsten Stelle lag der Schlauch 7,5 m unter Wasser. Durch den Auftrieb wird wärmeres Wasser $(+4°)$ nach oben gebracht, das in Verbindung mit dem sich ausbreitenden Schwall die Eisbildung verhindert. In diesem Falle des Dauerbetriebes, wie auch für die Zwecke der Barrieren gegen Öl auf der Oberfläche, wird natürlich ausschließlich die Schwall- und Wasserwalzenbildung wirksam.

Die ausführende Firma teilte mir mit, daß sie mit einem Rotationskompressor von 16,8 m³/Min. und 5 atü arbeitete, der ohnehin verfügbar war, daß aber eine geringere Leistung ausreichend gewesen wäre, da man mit einer schmaleren eisfreien Zone für den Baustellenbetrieb ausgekommen wäre. Bei Temperaturen bis -20 °C genügte ein intermittierender Betrieb, bei tieferen Kältegraden ließ man die Anlage 24 Std. täglich arbeiten. Die Abb. 431 zeigt die Reihe der Schwallpunkte sehr deutlich.[2]

---

[1] Vgl. KTB in Bauingenieur 28 (1937) H. 7/8, S. 92 und Dr.-Ing. STEHR: Berechnungsgrundlagen für Preßluft-Ölsperren. Mitt. Hann. Vers.-Anst. Grundbau u. Wasserbau, H. 16, S. 275.

[2] Nach dem gleichen Prinzip kann man auch mit einer Unterwasserpumpe für eine entsprechende warme Strömung sorgen. Die Flygts Pompen N. V., Rotterdam, Weena 703, hat einen Strömungsformer entwickelt, der etwa 2500 m² Fläche eisfrei halten kann. Auch für andere Strömungsaufgaben kann die nützliche, unter einem Schiff hängende oder am Boden verankerte Konstruktion eingesetzt werden.

Inzwischen ist durch weitere Versuche bei Unterwassersprengungen auch festgestellt worden, daß man mit dem gleichen Luftblasenschleier auch in waagerechter Ebene arbeiten kann. Die Unterseite der Arbeitsschiffe wurde mit einem Netz von Rohrleitungen in gewissem Abstand unter dem Boden belegt. Kurz vor der Detonation wurde die Preßluft in die Rohre geschickt

Abb. 431. Preßluft als Frostschutz für Wasserfläche

und dadurch der Druckstoß aus der Sohle auch in senkrechter Richtung gefahrlos absorbiert, so daß die Fahrzeuge zwischen Bohren und Sprengen nicht mehr verlegt werden mußten.

Zahlreiche Ausführungen des Preßluftschleiers sind inzwischen im Hafen von Halifax durchgeführt worden, so insbesondere bei der Beseitigung von Hindernissen im Untergrund, wie Wracks und Felsen, die einfach mit einer ringförmigen Rohrleitung umzogen wurden, wodurch die Sprengung selbst innerhalb von Häfen gefahrlos durchzuführen war.

5.3.4 Luftpolster im Gebirge

Nachdem der Wasserstoß auf diese Weise gebändigt war, hat die ausführende Firma versucht, das gleiche Prinzip auch im Fels anzuwenden, um den gefährlichen Felsstoß zu reduzieren und als Nebenerfolg die Wirkung der Sprengung etwas zu dirigieren. Sie kam durch die Aufgabe der Tieferlegung einer Kanalsohle zu dieser Überlegung, bei welcher die vorhandene Uferbefestigung geschont werden mußte. Die übliche Sprengmanier hätte eine Arbeit mit zahlreichen kleinen Sprengungen in einem bestimmten Mindestabstand von der Ufermauer ergeben (Abb. 432a). Um die Sprengwirkung exakter zu dirigieren, hat man in 1,20 m Abstand vor der Uferwand eine Reihe von Bohrungen von 15 cm Durchmesser bis zur Tiefe von 2,40 m niedergebracht; Abstand dieser Löcher untereinander 45 cm. In jedes Bohrloch wurden wasserdichte Kapseln von 7,5 cm Durchmesser, 90 cm Länge und 0,32 mm Wandstärke eingesetzt, die mit Spreizfedern im Unterteil versehen waren, wodurch ein Aufschwimmen dieser Luftbüchsen verhindert wurde. Diese Bohrlochreihe bildete in dem Fels eine Zone stark verringerten Widerstandes, gegen welchen die Sprengkraft aus den eigentlichen Sprenglöchern wirksam wurde, die in 1,50 m Abstand vor dieser perforierten Zone in 1,80 m Reihenabstand niedergebracht waren. (Abb. 432 b). Vorversuche ergaben, daß diese luftgefüllte Bohrlochreihe den Felsstoß gut abfing, daß hinter ihr nur noch so viel Druck gemessen wurde, wie er ohne diese Luftwand erst in $6\,^1/_2$ m Abstand auftrat. Nachdem solche Vorversuche günstig verlaufen waren, wurden derartige Sprengungen durch Wände aus Luftbüchsen von 5 cm Durchmesser und 1,50 m Länge zur Zufriedenheit durchgeführt. Man kann

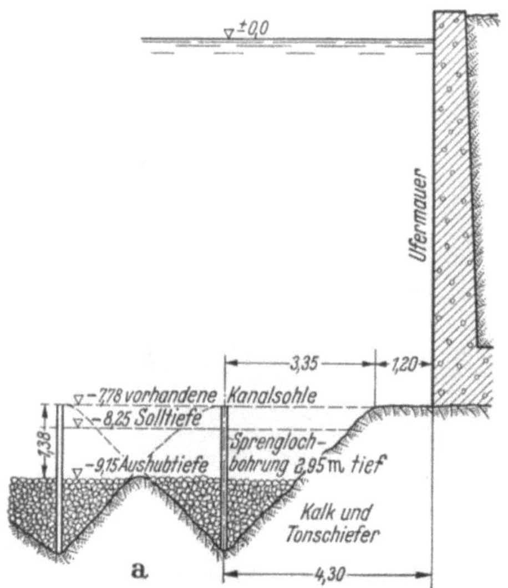

Abb. 432a. Übliche Sprengarbeit zur Vertiefung einer felsigen Hafenbohle vor einer Ufermauer

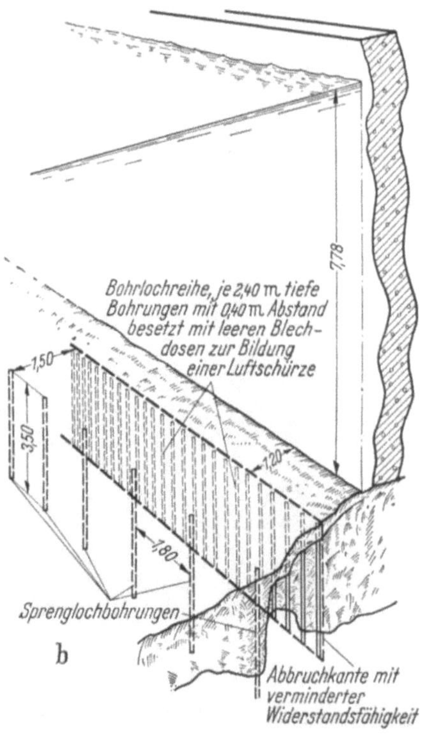

Abb. 432 b. Luftschürze im Fels zum Abfangen des Druckstoßes und Vorbildung einer Abbruchkante

also die Bohrungen für die Luftwand und die Sprenglöcher mit dem gleichen Bohrer durchführen. Die Wirkung war genau die gleiche wie bei größeren Luftbüchsen.

Bei geeignetem Untergrund — bei Fels wohl meistens einwandfrei — genügt es, die Bohrlöcher nach oben zu verschließen und sie kurz vor der Sprengung durch Preßluft wasserfrei zu machen. Man spart dadurch die teuren Blechbüchsen, die verlorengehen. Auch die Einlage billiger, dünnwandiger, aufblasbarer Gummi- oder Kunststoffschläuche ist möglich. (DBP 1087061.)

Die Möglichkeit der Begrenzung der Zone des max. Druckstoßes beim Sprengen im Fels dürfte auch in Schächten, die durch wassergefüllten Fels niederzubringen sind, zweckmäßig sein. Es ist sogar der Vorschlag diskutiert worden, in Erdbebengebieten besonders wichtige Bauwerke gegen den Erdstoß durch einen solchen ringsum angelegten Bohrlochschleier vorsorglich zu sichern, ein Gedanke, der fraglos für hohe Gebäude, Türme und Masten als einfache Sicherungsmaßnahme etwas für sich hat.

5.4 Durchdrücken von Rohren durch Erdreich

Im Rohrleitungsbau kennt man seit Jahren das Verfahren des Durchdrückens von Rohrleitungen, um einen Grabenaushub zu vermeiden. Besonders zur Unterquerung von Straßen, Kanalisationen, Vorgärten usw. ist dieses Verfahren vorteilhaft. Die Rohre können für Leitungen aller Art unmittelbar gebraucht werden oder sie dienen mittelbar nur dazu, einen Kanal zu schaffen, um eine endgültige Leitung (Gas, Wasser, Strom) zu beherbergen. Das macht dieses Verfahren auch für den Grundbau interessant, und zwar für das Durchbringen von Ankern, z. B. unter Gleisen und Gebäuden hindurch. Auch die Entwässerung von Hängen kann mit entsprechend perforierten Lanzen vorgenommen werden, wenn es nur gelingt, die für das Ausstechen des Berges nötige Gegenkraft für die Pressen zu schaffen. Es handelt sich um das gleiche Prinzip, das beim Vortreiben von waagerechten Entwässerungsrohren aus Schachtbrunnen heraus bei der Wassergewinnung angewendet wird und in großem Maßstab als Schildvortrieb im Stollenbau bekannt ist.

Alle diese Verfahren haben viel Gemeinsames und es ist gerechtfertigt, einen kurzen Rundblick auf verschiedene Anwendungen zu werfen, die in mehr oder weniger abgewandelter Form bei gelegentlichem Bedarf verfügbar sind.

Das nächstliegende Verfahren ist das waagerechte Durchbohren, das auch tatsächlich angewendet wird, wie Abb. 433 zeigt. Ein Mantelrohr mit Schneidkopf, der sich in eine Transportschnecke fortsetzt, wird auf die ganze Länge der Bohrung angesetzt und über eine Gleislage im Zuge des Bohrfortschrittes vorgefahren. Der Festpunkt ist durch einen „Toten Mann" gebildet, an den sich die fahrbare Bohrmaschine selbst heranzieht. Das

Abb. 433. Waagerechtes Durchbohren von Dämmen

erbohrte Material fällt am Ende des Mantelrohres zwischen den Rädern des Motorwagens heraus. Das Mantelrohr wird nicht gedreht (es gibt auch solche Geräte und Verfahren), sondern nur der um 2,5 cm größere Schneidkopf und die Schnecke mit etwa 40 U/Min. Die Bohrlänge ist beliebig, eine Bohrung von 30 m ist eine Arbeit von wenigen Stunden. Der Anwendungsbereich liegt in erster Linie bei den Rohrweiten unter 1,0 m, obwohl die im Bild gezeigte Maschine schon für Rohre von 1,05 m eingesetzt wurde. Voraussetzung ist eine genügend lange freie Arbeitsbahn, die naturgemäß durch das Anstücken von Rohr und Schnecke recht unliebsame Unterbrechungen verursacht. Das Nachdrücken des Rohres geschieht hier immer in einen vorgebohrten Kanal und erfordert mäßige Kräfte, die u. U. durch Abstemmen des Bohrwagens nach rückwärts beschafft werden können. Wenn im Boden Hindernisse zu erwarten sind, steht nichts im Wege, das Horizontalbohrgerät auch mit den üblichen Fräsköpfen oder Bohrkronen zu versehen, wie sie beim Senkrechtbohren benutzt werden. Man kann dann Mauerwerk ohne weiteres damit durchstoßen, wenn man nur den notwendigen Druck ansetzen kann. Das Bohrgut kann mit einer Schwertrübe zurückgespült werden.[1]

In Rußland ist ein horizontales Bohrgerät UGB-1 entwickelt, das bei günstigen Bodenverhältnissen mit einer Maschinenleistung von 55 PS Rohre von 90 bis 100 cm Durchmesser auf eine max. Länge von 60 m mit einem Fortschritt von 4 m/Std. vorzubringen erlaubt.

---

[1] Vgl. den Bericht von Dr. KAUFMANN in Baumasch. u. Bautechn. (1958) H. 1, S. 23.

Ein echtes Durchpressen erlaubt die tragbare hydraulische Horizontal-preßanlage der Celler Maschinenfabrik Gebr. Schäfer, Celle/Hann., die Abb. 434 darstellt. Das Gerät besteht aus feststehenden Kolbenstangen, auf denen die durch eine Druckbrücke verbundenen Preßzylinder durch Umsteuerung des Drucköles vor oder zurück bewegt werden. Die Druckbrücke enthält 3 Lagerungen für den Druckkopf im Abstand eines Zylinderhubes von 374 mm. Mit 3 Hüben ist ein Gestänge von 1 m weggedrückt und das nächste Ende wird mit einer Muffenverbindung angesetzt. Das Gerät ist nur 1,40 m lang und 0,60 m breit. Die Arbeits-grube ist also nicht aufwendig, wie Abb. 435 zeigt. Der Zylinderinhalt beträgt nur 2,2 l Öl für beide Zylinder, und der Spitzendruck beträgt bei 550 atü rund 33,5 t. Die dazugehörige Pumpe benötigt 4 PS und leistet 2,25 l/Min. bei 550 atü. Der Preßvor-gang geht also recht schnell vor sich, etwa 7 Min. werden für 1 m Gestänge benötigt. Wenn das Gestänge das Ziel erreicht hat, wird die Druckspitze abgeschraubt und ein Ziehkopf an ihre Stelle gesetzt, an den die zu verlegenden Rohre geschraubt werden oder das Kabel mittels eines Kabelschuhes an einer Öse befestigt wird. Nun wird das Gestänge im Rückwärtsgang zurückgezogen und abschnittsweise abgebaut, bis das Rohr bzw. das Kabel in der Preßkammer

Abb. 434. Horizontal-Preßanlage der Celler Maschinenfabrik Gebr. Schäfer Celle/Hann.

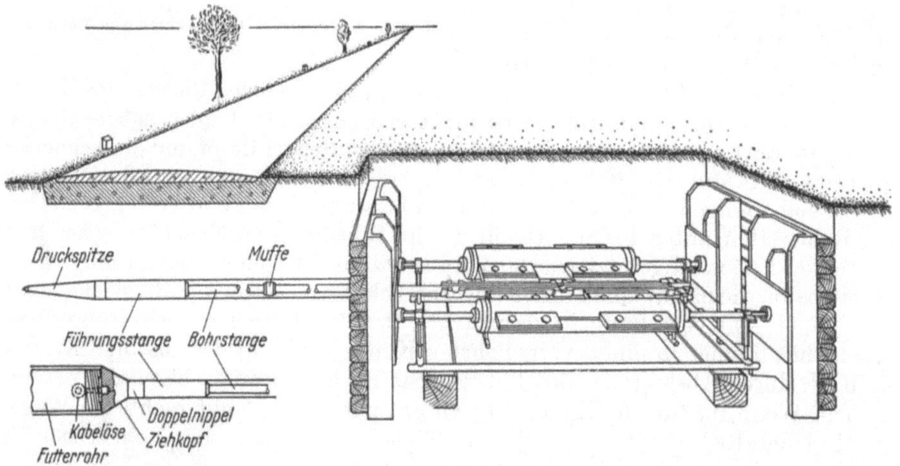

Abb. 435. Schematische Darstellung der Installierung der Preßanlage nach Abb. 434

erscheint. Es ist leicht ersichtlich, daß dieses Gerät mit Vorteil für den Einbau von Zugankern verwendet werden kann, wobei die Pressenkammer zweckmäßig hinter dem Ankerkörper angelegt wird, der dabei nicht nur eine gewisse Vor-spannung erfährt, sondern auch eine gute Führung für die Drucklanze abgibt. Diese Firma liefert auch eine Anlage mit der Kenn-Nr. 170/2 für das Durch-pressen von Rohren bis 500 mm Durchmesser mit 750 mm Hub und eine schwere Horizontalpreßanlage mit der Kenn-Nr. 170/5 für Rohre bis 2,00 m Durchmesser, mit welcher Rohrlängen bis 130 m gedrückt wurden. Die Tabelle gibt die technischen Daten dieser Anlagen an:

		170/2	170/5
Hub	mm	750	1100
Höhe der Preßzylinder[1]	mm	1160	1800
Äußerer Durchmesser der Preßzylinder.............	mm	191	368
Bohrung der Preßzylinder	mm	155	295
Kolbenstangen-Durchmesser	mm	95	185
Leistung beim Vorlauf	atü	150	400
Normaler Druck bei 2 Zylindern	kg	57 000	547 000
Leistung beim Rücklauf (atü)...................	atü	150	400
Normaler Druck bei 2 Zylindern	kg	36 000	332 000
Gewicht eines Preßzylinders[1]	kg	257	1440
Für Druckpressen bis Durchmesser	mm	500	2000

[1] Ohne Druckkopf.

Um die großen Rohre — überwiegend sind bisher Stahlrohre gepreßt — zu führen, werden zweckmäßig Leitrollen eingebaut. Die Anordnung der Preß-
zylinder und ihre Anzahl richtet sich nach dem Rohr und den Bodenverhältnissen. Stahlrohre werden meist mit einer Anpreßschelle versehen, die natürlich gleitsicher angepreßt sein muß. Bei Betonrohren wird man zweckmäßig auf das Anpressen verzichten und diese über Traversen von hinten drücken. Die Rohrschüsse kann man bei Stahl schweißen, schrauben oder mit Innen-muffen anlängen, bei Betonrohren ist die Zwischenlage eines kreisringförmigen Holz-futters von 1 cm Dicke erprobt, die eine hin-reichende Druckverteilung bewirkt und ein Abplatzen der Kanten verhindert. Das Aus-räumen des Rohres, das je nach Bodenart mit

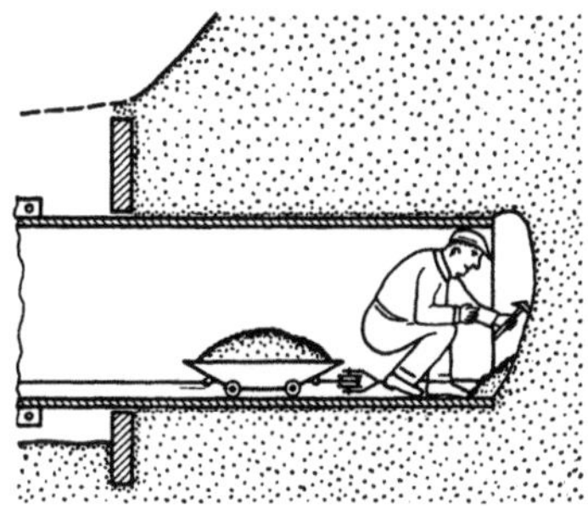

Abb. 436. Ausräumen des Rohres beim Vortrieb von Hand. Materialabfuhr durch Rollwanne am Schlaufenseil

einer Stahlschneide versehen wird, kann bei Rohren über 70 cm Durchmesser von Hand geschehen, wobei das Material mit einer Rutsch- oder Rollwanne abgefahren wird, die zweckmäßig mit einem endlosen Seil, das über eine vordere Rolle läuft, von außen her bewegt wird (Abb. 436). Bei kleineren Rohren kann die Förderung mit einem Wasserrohr mit nach rückwärts gerichtetem Spülstrahl vorgenommen werden, man muß dann aber das Rohr so ansetzen, daß es stets Gefälle nach hinten hat, da sonst die Gefahr des Versumpfens und damit eines Bodeneinbruches heraufbeschworen werden kann. Über die Leistungen sind folgende Angaben von Interesse: Bei lockerem Boden können Rohre bis 35 cm Durchmesser mit Endverschluß, der als Kegel oder Parabelspitze geformt ist, durchgedrückt werden; bei größeren Durchmessern müssen die Rohre offen-bleiben und im Zuge des Vortriebes geräumt werden.

Bei lehmigem Kies benötigt ein Rohr von 1 m Durchmesser etwa 50 t Preß-druck bei zügiger Räumung des Rohrkopfes, und die Vorschubleistung erreicht einschließlich Umsetzen der Pressen und Schellenbefestigung etwa 1 m je Stunde. Dazu muß das Ansetzen neuer Rohrschüsse gesondert berechnet werden, das je nach Länge der Baugrube verschieden ist. Der eigentliche Preßvorgang benötigt, wie bei vielen mechanischen Vorgängen, die geringste Zeitspanne, es ist daher nur durch eine solide Vorbereitung und unbehinderte Ausführung der Nebenarbeiten das praktische Gerät voll auszunützen.

Auch die Einarbeitung der Arbeitsgruppe spielt eine große Rolle. In New York sind 3 Stahlbetonrohre von 2,44 m Durchmesser auf 27 m Länge unter einem Bahndamm mit drei im Betrieb befindlichen Gleisen durch schweren gelben und blauen Ton mit zwei hydraulischen Pressen von je 200 t Druckkraft und je 1,20 m Hub durchgepreßt worden. Die Arbeitsgrube war 8,55 m tief, 6,70 m breit und 12,20 m lang. Die Rohre sind auf einer Betonsohle mit Gleitschienen geführt und auf ihrem Wege dauernd mit steifem Fett geschmiert.

Abb. 437. Vortrieb mit Handpreßpumpen und hydraul. Pressen

Abb. 438. Vortrieb eines Rohres von 1,80 m Durchmesser

Die Preßpumpe stand über Gelände und wurde von unten her über ein Schalt- und Steuerventilbrett bedient. Im Dreischichtbetrieb sind für die Rohre, die aus 11 Abschnitten von je 2,44 m Länge bestanden, 14 bzw. 11 bzw. 9 Tage aufgewendet worden, ein Beweis, welchen Einfluß die Einarbeitung auf ein neues Verfahren haben kann.

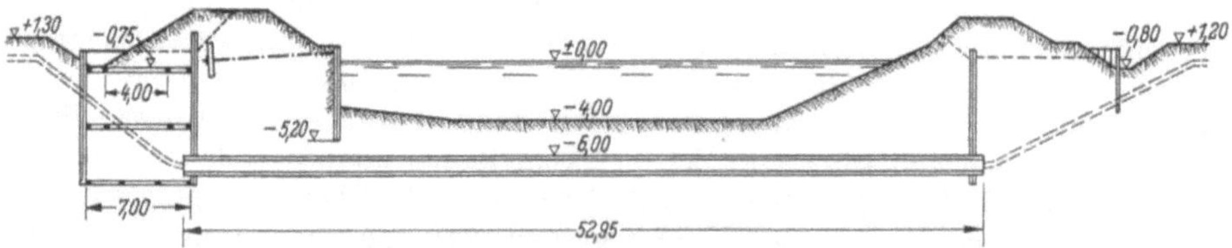

Abb. 439. Im Durchstoßverfahren unter dem Dortmund-Ems-Kanal verlegte Schleuderbeton-Rohrleitung mit 9 cm Wanddicke und 80 cm Innendurchmesser

Es bedarf im übrigen durchaus nicht einer besonderen Maschine bzw. eines Gerätes, um eine Durchstoßvorrichtung zu schaffen. Es genügen für manche Fälle, insbesondere bei improvisierten und Einzelanwendungen, große Preßzylinder, die nach den Abb. 437 und 438 mit Baustellenmitteln installiert werden.[1]

Die Abb. 437 zeigt ein Rohr von 40 cm Durchmesser mit 2 Rodgers-Zweiweg-Zylindern mit je 760 mm Hub, die mit einer Handpreßpumpe bedient werden, Abb. 438 läßt einen Blick tun in eine Preßgrube, aus der zwei 270 t-Rodgers-

---

[1] Entnommen einem Prospekt der Firma Meili & Sohn, Zürich.

Zweiweg-Zylinder mit je 1200 mm Hub ein Betonrohr von 1,80 m Durchmesser auf 48 m Länge durch einen Boden mit grobem Gestein bis zu 0,28 m³ Inhalt einwandfrei durchdrückten. In je 9 Std. wurden 2,25 m vorgetrieben, dabei das Material vor Kopf geräumt und auf Gleis zurückbefördert. Das Pressen geschah mit einer elektrisch angetriebenen $7\,^1/_2$ PS-Kolbenpumpe mit einem Druck im Pressenzylinder von 650 bis 700 atü.

Auch in Deutschland ist eine beachtliche Leistung zu verzeichnen.[1] Im Jahre 1957 wurde unter dem Dortmund-Ems-Kanal eine Rohrleitung aus Schleuderbetonrohren im Durchstoßverfahren verlegt. Wie die Abb. 439 zeigt, konnte durch dieses Verfahren das rund 53 m lange, aus 16 Schüssen von je 3,30 m zusammengesetzte Rohr mit 1 cm dicken Fugeneinlagen aus Holz gefahrlos für die Kanalsohle eingebaut werden. Besonders wenn ein Kanalbett eine Tondichtung aufweist, ist diese Methode gegenüber einer Ausschachtung zu empfehlen, die nur mit hohem Aufwand an Material, Zeit und Geld und unter erheblichem Risiko für die Dichtung möglich wäre. Das Betonrohr wurde mit einer Stahlschneide versehen, die das Profil sauber ausstanzte. Der Mergelboden erlaubte Handarbeit im Rohrkopf mit Preßluftspatenhammer, wodurch auch das Problem der Belüftung vereinfacht wurde. Trotz des großen Mantelumfanges blieb der Preßdruck für den Rohrvorschub unter 50 t. Der Wasserzufluß wurde durch geringe Neigung des Rohres nach hinten abgeführt. Im Mergelfels, der zum großen Teil zu durchfahren war, wurden in 10 Std. 3,50 m Vortriebsleistung erreicht. Der vor der Abbaufront im Gummianzug arbeitende Mann wurde alle 3 Std. abgelöst. In 24 Arbeitstagen wurde das Rohr bis zur entsprechenden Baugrube am anderen Ufer unfallfrei durchgebracht.

Zur Frage der Genauigkeit des Durchstoßens ist zu sagen, daß Abweichungen natürlich nicht vermieden werden können, wenn es sich um solche Durchmesser handelt, die rein mechanisch vorgetrieben werden. Das Maß der Abweichungen hängt weitgehend ab von dem Boden, etwaigen groben Einschlüssen, der Länge der Bohrstrecke, der Symmetrie der Spitze und von der Geschicklichkeit der Bohrkolonne beim Ansetzen der Bohrspitze. Es ist aber erstaunlich, wie gering im allgemeinen die Ablenkungen sind.

Mit wachsendem Durchmesser wächst die Achsgenauigkeit, und Rohre, welche vor Kopf geräumt werden können, kommen mit der Genauigkeit an, die man erwarten kann, da sie gesteuert werden können. Dabei ist beobachtet, daß Betonrohre infolge ihrer großen Eigensteifigkeit keine nennenswerten Richtungsänderungen oder gar Stauchungen aufweisen, wie sie bei den elastischeren und leichteren Stahlrohren gelegentlich eintreten.

Das Verfahren ist immer anwendbar, wenn der Boden die Rohrleitung ohne lastverteilende Platte oder Unterlage trägt. Bei zu lockerem Boden kann u. U. eine leichte Verfestigung durch Injektion das Verfahren ermöglichen, und damit kann es immer noch wirtschaftlicher sein, als jede andere Rohreinbaumethode.

Wenn es sich darum handelt, einen Durchlaß zur Wasserableitung anzulegen, bat man die Profilwahl zwischen dem Kreisprofil, das hydraulisch günstig ist und für den Rohrtransport sowie den Einbau die besten Voraussetzungen bietet.

Das elliptische Rohr gleicher hydraulischer Leistung ist hochgestellt um 50 % höher als das entsprechende Kreisrohr, und besonders günstig für hohe Auflasten und hat ein hohes Selbstreinigungsvermögen noch bei kleinster Wassermenge. Wenn es flachgelegt wird, hat es eine größere Durchflußleistung als das entsprechende Kreisrohr, benötigt einen geringeren Einschnitt mit höherer Überdeckung und eine höhere Bewehrung.

Wie sich die verschiedenen Rohre beim Durchpressen verhalten, ist noch nicht erwiesen. Wahrscheinlich wird man beim Kreisrohr bleiben, um den Vorteil

---

[1] Dr.-Ing. M. ARENS: Unterführung von Rohren unter Schiffahrtskanälen ohne Verkehrsbehinderung. Baumasch. u. Bautechn. 5 (1958) H. 9, S. 313.

der allseitigen Symmetrie nicht zu verlieren. Da man aber beim Ausräumen vor Kopf eine gewisse Direktive hat, sollte es nicht unmöglich sein, auch andere als Kreisprofile im Preßverfahren durchzubringen.

Einen wesentlichen Anreiz dazu gibt die Feststellung, welche beim Durchfahren von Bahndämmen im Bezirk der Bundesbahndirektion Münster anläßlich der Erneuerung von neun abgängigen Durchlässen gemacht wurde, daß nämlich das Durchstoßverfahren schon bei Überdeckungen von 3 m an wirtschaftlich ist und die Kosten gegenüber den bisherigen Bauweisen auf die Hälfte bis ein Drittel je nach örtlicher Lage gesenkt werden konnten.

Angesichts dieser Erfolge ist auch die Überlegung sinnvoll, ob man nicht die Durchlässe erst nach den abgeklungenen Setzungen hoher Dämme auf diese Weise bauen soll und die Gräben zunächst durch provisorische Bauwerke abführt, die später evtl. zugesetzt werden. Man würde damit vermeiden, daß schwere Durchlässe nötig werden, die der Setzung schadenfrei widerstehen bzw. man würde Setzungsschäden an frischen Durchlässen ausschalten.

Aus russischem Schrifttum ist eine empirische Formel bekannt geworden[1], welche in Annäherung die Bestimmung der zu erwartenden max. Druckkraft ermöglicht. In der Formel $T = Q + [2(P_1 + P_2) + W]\,\mu \cdot L$ bedeutet

$Q =$ Schneidenkraft entlang dem Umfang, um die Schneide einzudrücken (für Ton 5 bis 7 t/m, für Sand 7 bis 10 t/m),
$P_1 =$ lotrechter Erddruck auf 1 m Rohr in t,
$P_2 =$ horizontaler Erddruck auf 1 m Rohr in t,
$W =$ Rohrgewicht/m in t,
$\mu =$ Reibungsziffer Boden gegen Stahlrohr (für Ton 0,4; für Sand 0,6),
$L =$ Durchstoßlänge in m.

Wenn P_2 als Abhängige von P_1 ausgedrückt wird, wird $(P_1 + P_2)$ zu $P_1(1+a)$ wobei a für Ton $= 0,5$, für Sand $= 0,25$ ist.

Praktisch beobachtet wurde z. B. bei feucht-tonigem Boden für 92,5 cm Durchmesser und 84 m Vortrieblänge eine Vorschubkraft von 70 t, bei 1,04 m Durchmesser und sandigem Boden ebenfalls 70 t, bei 1,20 m Durchmesser und feuchtem Sand 398 t.

Die Entwicklung dieses Verfahrens ist noch nicht abgeschlossen, wenn auch die Fortschritte sich auf Einzelheiten der maschinellen oder verfahrensmäßigen Ausgestaltung beziehen.

So schlägt das deutsche Patent 945230 vom 16. 3. 1952 vor, die Pressen an einer Führung mit dem Rohr vorgehen zu lassen, wobei sie sich gegen eine Art Vorstecker abstützen, die im Hubabstand eingesetzt werden. Dadurch wird es möglich, Rohrschüsse, die ein Vielfaches der Hublänge haben, ohne Unterbrechung einzupressen, während man bei feststehenden Pressen jeweils Zwischenstücke von Hublängen einschalten und nach Erreichen einer Rohrlänge wieder ausbauen muß. Außerdem wird bei dieser Ausgestaltung der Pressendruck auf den gesamten Rohrquerschnitt (Betonrohre) durch einen Druckring verteilt. Die Abb. 440 zeigt diese Anordnung im Schaubild nach der Patentschrift.

Eine nicht geringe Schwierigkeit ist das Festklemmen einer Druckschelle an glatten Rohren. Eine einfache und sichere Vorrichtung ist im österreichischen Patent 169165 der Aktiengesellschaft für Grundwasserbauten in Bern enthalten (und wahrscheinlich auch in anderen Ländern geschützt). Das Wesentliche dieser Vorrichtung ist eine nach einem Kegelstumpfmantel geteilte Schellenkupplung, die entweder Kugeln oder elastische Keile enthält, und die beim Preßvorgang im Maße des Anwachsens des Preßdruckes konzentrische und wachsende Druckkräfte auf das Rohr ausübt. Die Abb. 441 zeigt die beiden Möglichkeiten und dürfte aus sich heraus verständlich sein.

---

[1] Nach Civ. Engng. Publ. Works Rev. (Juli/August 1959) S. 859.

Um dem wachsenden Reibungswiderstand entgegenzuarbeiten, schlägt das inzwischen gelöschte deutsche GM 1723984 vor, im Innern des vorgetriebenen Rohres ein zweites Rohr einzubauen, das durch eine Rüttelvorrichtung während des Pressens in axial gerichtete Erschütterungen versetzt wird. Es soll dadurch insbesondere bei kleineren Rohren das Vortreiben auch bei Hindernissen (Steinen) im Boden erleichtert werden, die durch die Stöße gelockert oder zerschlagen werden und in das Rohr eintreten. Darüber hinaus wird die Erschütterung sich auf den Rohrmantel auswirken und schließlich

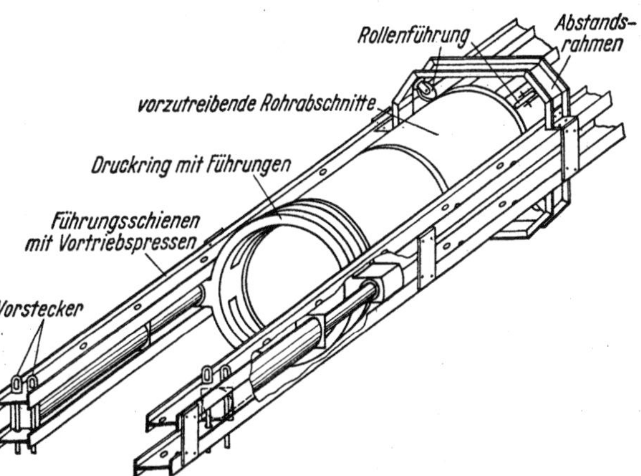

Abb. 440. Vorschieben der Rohre durch wandernde Pressen. Bei ausreichendem Platz und langen Einzelschüssen zweckmäßig

könnte man (was im GM nicht enthalten ist) das innere Rohr zu einer Schüttelrutsche ausbilden, mit welcher das Material gefördert wird.

Man kann z. B. nach dem Patent der Pat.-Anm. B 42052 V/84 c (aus dem Stollenbau) die Vorpreßlänge unterteilen und einen Satz Vorschubpressen im Schutze eines Stahlrohrmantels mit vorwandern lassen. Damit ist praktisch ein Weg gezeigt, beliebig lange Strecken auf diese Weise durchzudrücken.

Aus Rußland wird über eine verbesserte Vortriebsmöglichkeit berichtet, die an den Stollenbau anklingt.[1] Für Rohre von 70 cm Durchmesser aufwärts wird ein rotierender Messerkranz als Schneidekopf aufgesetzt, der von einem 10 KW-Motor angetrieben wird. Der ausgeschnittene Boden fällt über eine Rutsche in einen Förderkübel, der etwa 15 cm Vortriebsstrecke aufnimmt; nach 7 Spiel ist die Preßlänge der Vorschubzylinder erschöpft (1,05 m) und die Presse wird nachgesetzt. Mit 4 Mann Bedienung ist ein Rohr von 1,40 m Durchmesser auf 42 m Länge durch tonigen Boden mit einem täglichen Fortschritt von 3,00 m gepreßt worden, wobei der max. Pressendruck nur 90 t erreichte.

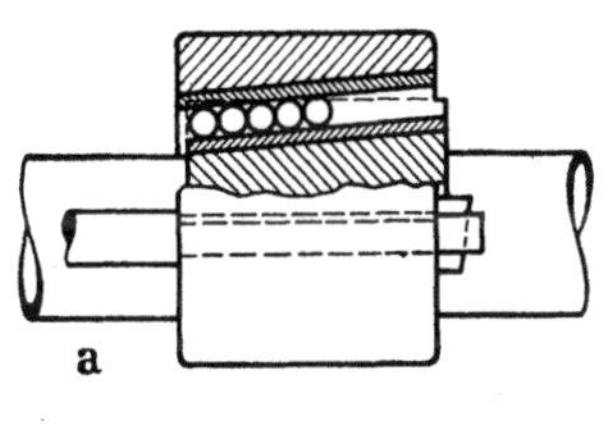

a

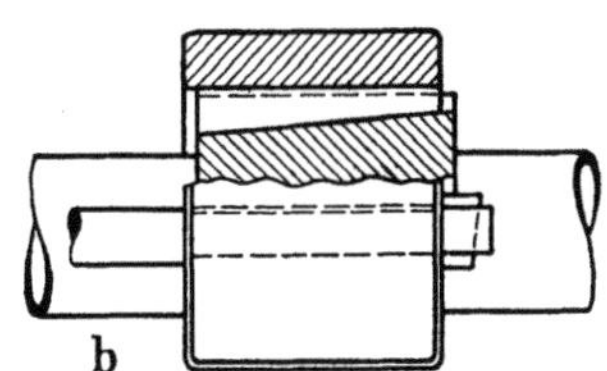

b

Abb. 441 a u. b. Klemmschellen zur sicheren Druckübertragung auf Rohrmantelflächen

Durch Anwendung von Schmiermitteln (Wasser, Luft, thixotroper Flüssigkeit usw.) können Maßnahmen aus dem Stollenbau, insbesondere dem Schildvortrieb, auf das Durchpressen von Rohren übertragen werden. Eine weitere Verfolgung würde hier aber zu weit führen.

Zum Schluß mag noch auf eine geniale Vorrichtung hingewiesen werden, mittels welcher ein Seil durch ein enges Rohr auf beliebige Länge eingezogen werden kann. Die Abb. 442 zeigt die aus Rußland kommende Konstruktion.[2]

---

[1] Novaya Tekhnika v Stroitelstve (April 1959) auszugsweise in Civ. Engng. Publ. Works Rev. (Juli/August 1959) S. 859.

[2] Energetik, Moskau (1956) Nr. 2, S. 21/22, wiedergegeben im Industriekurier vom 13. 2. 1957.

Zwei durch Federzug sich spreizende Halbschalenpaare sind hintereinander angeordnet und werden durch eine Druckfeder auf Abstand gehalten. Wenn am Seil nach links gezogen wird, verstärkt der Zug beim vorderen Schalenpaar den Spreizdruck und lockert beim hinteren Schalenpaar die Spreizwirkung

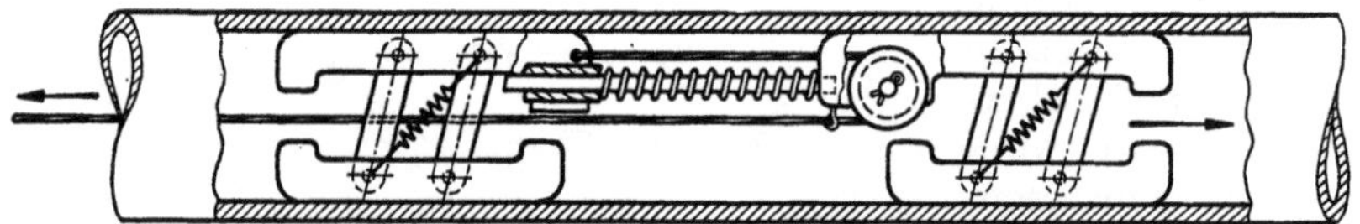

Abb. 442. Russischer Automat zum Seiltransport durch enge Rohre

und zieht dieses bis zum Anschlag heran. Wenn der Seilzug locker wird, schiebt die Druckfeder das vordere Schalenpaar nach vorn, wobei sie sich gegen das hintere Vorspreizstück abstützt. Durch fortgesetztes Ziehen und Nachlassen marschiert die Vorrichtung immer weiter in das Rohr hinein und bringt das Seil hindurch. Bei Rohren mit Ablagerungen am Boden kann die Spreizung auch durch Stelzen erfolgen, oder die Vorrichtung kann waagerecht liegend im größten Querschnitt hindurchgeschickt werden, wobei sie nach unten federnd abgestützt wird.

Nachtrag

zu 1.5.1.2 Bodenverfestigung (S. 25, Tabelle Delmag-Frosch)

Es sei berichtigend mitgeteilt, daß der Delmag-Prospekt vom Dezember 1960 die Gewichte der Delmag-Frösche mit höheren Werten angibt, und zwar:

Typ F 5 statt 500 jetzt 540 kg
Typ F 10 statt 1000 jetzt 1170 kg

Die Gewichte sind gleichzeitig die Schlaggewichte.

zu 2.6.2 Stützmauern, erddruckmindernde Formen (S. 94 Abs. 2 ff.)

Von einer neuen Form einer Stützmauer wird aus Rußland berichtet[1]. Die Abb. 443a zeigt das Prinzip. Die Wand wird von oben her in 3 Abschnitte, 0,3 H + 0,3 H + 0,4 H, eingeteilt. Der mittlere Wandteil ist eine den Erddruck abschirmende Platte, wobei die Abmessungen so gewählt werden, daß das Moment des Erddrucks auf den obersten Abschnitt gleich dem Lastmoment des Erdgewichts auf die abschirmende mittlere Platte ist. Damit entfallen auf die Unterstützung im unteren Teil 0,4 H nur lotrechte Lasten; der untere Teil kann in Pfeiler und Streben aufgelöst werden oder eine massive Schrägmauer sein, wie das Beispiel Abb. 443b für eine 9,2 m hohe Wand zeigt. Eine nach diesem Prinzip gebaute, 28 m hohe Stützmauer aus Pfeilern in 6 m Abstand und Fertigteilbalken, die zu mehreren staffelförmig nebeneinander gelegt sind, zeigt Abb. 443c.

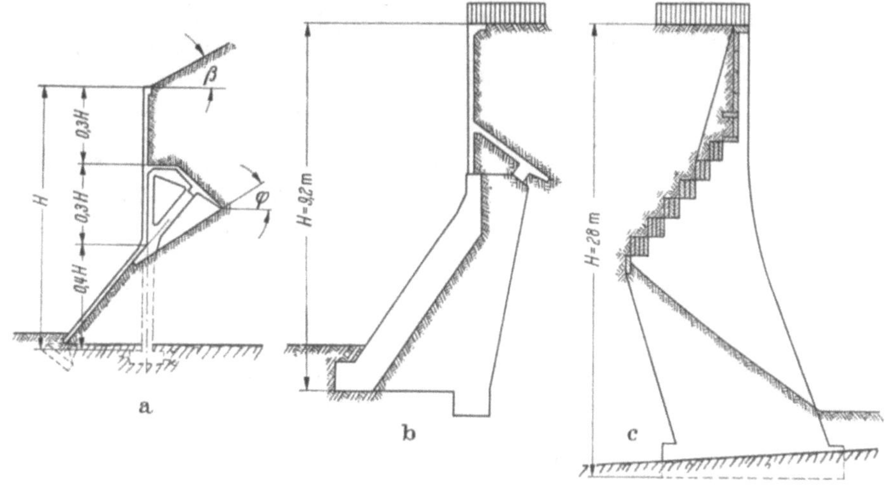

Abb. 443 a—c
Erläuterung im Text

---

[1] Beton i Zhelezobeton 1960, Sept., Kurzbericht in Civ. Eng. u. PWR. Nr. 657, April 1961, S. 461.

zu 3.6.2 Ortbetonrammpfähle (S. 275, vor dem letzten Absatz wäre einzufügen).

Der Simpolpfahl. Der Rammortpfahl der Fa. Fritz Pollems KG, Bremen/Essen/Berlin, eingeführt etwa 1955 unter dem Namen Simpol-Pfahl (so genannt als Weiterentwicklung des Simplex-Pfahles) entsteht durch Rammung eines Stahlrohres mit 320, 420 oder 520 mm ∅, mit einer vorgefertigten, wasserdicht angesetzten, verlorenen Stahlbeton- oder Stahlspitze, deren Durchmesser stets größer (bis 1,5-fach) als der Rammdurchmesser ist. Nach Bewehrung und Betonfüllung wird das Mantelrohr gezogen, in dessen unterem Ende ein Rüttler mitgeschleppt wird, der den Beton verdichtet und damit an den schon durch die Rammung des vergrößerten Fußes verdichteten Boden anpreßt. Auch Druckluftverpressung zur Fußausbildung wird angewandt. Er ist ein Schwerlastpfahl, der seine Last über die Spitze überträgt, Setzungen wie bei Spitzenpfählen im allgemeinen gering. Tragfähigkeit 50 bis 150 t, nach dem Rammergebnis zu beurteilen oder durch Probebelastung und Bodenuntersuchung festzulegen. Für Zugpfähle wird eine verbreiterte, auf Zug angeschlossene Pfahlspitze verwendet.

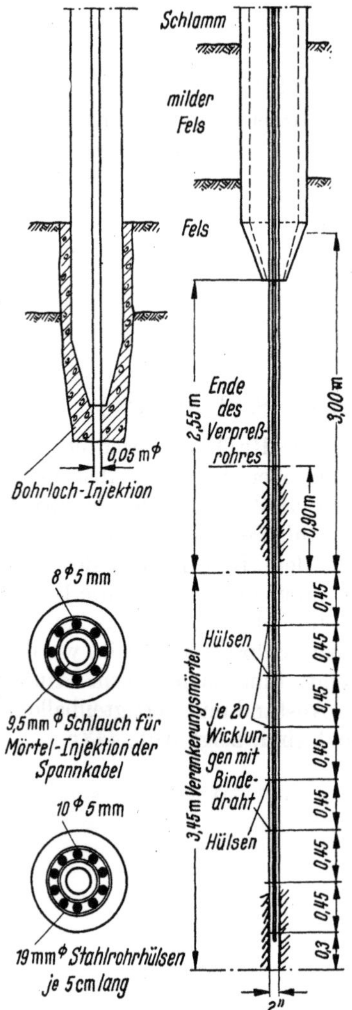

Abb. 444.
Durch Felsanker vorgespannte Stahlbetonpfähle einer Pieranlage in Indien

zu 3.8.2 Felsanker für Stahlbetonpfähle[1]

Für die Kühlwasserbeschaffung vom Meer für den Canada-India Reaktor in Indien wurde ein 360 m breiter Pier aus Stahlbeton von fast 1000 m Länge gebaut. Da es nicht möglich war, die Schrägpfähle noch vor dem mit Stürmen einhergehenden Monsun zu rammen, mußten die vertikalen Pfähle durch andere Mittel gegen Horizontalkräfte gesichert werden.

Zu diesem Zweck wurden die Pfähle mit Felsankern unter der Pfahlspitze, vgl. Abb. 444, vorgespannt. Hierdurch konnte die Dicke des Decks von 76 auf 46 cm verringert werden und die Schrägpfähle entfallen, womit auch die Rammgenauigkeit nicht übertrieben exakt zu sein brauchte. Das wiederum brachte wünschenswerten Zeitgewinn. Die Eckpfähle der künstlichen Insel am Kopf des Piers erhielten 20 t, die übrigen 16 t Vorspannkraft. Berücksichtigt wurden 10% Verlust an Vorspannkraft durch Betonkriechen, Schlupfverlust der Verankerung und Kriechen des Spanndrahtes.

Die Betonpfähle wurden in vorweg gebohrte Löcher in den Felsboden gesetzt. Die Pfähle besaßen einen zentrischen Kanal von 5 cm ∅, durch den Mörtel eingepreßt wurde, um zunächst den Raum zwischen Pfahl und Fels zu füllen und

---

[1] De Ingenieur 73 (1961) v. 24. 3. 1961 und The Indian Concrete Journal August 1960.

damit den Pfahl festzusetzen. Dann wurden die Decksbalken und das Deck betoniert, wobei die Kanäle aus den Pfählen bis Oberkante Deck durchgeführt wurden.

28 Tage nach dem Betonieren wurde durch die Kanäle eine Bohrung bis 6 m unter Pfahlspitze in den Fels niedergebracht und durch Spülung saubergemacht. Darauf sind die unteren 3,5 m mit Mörtel gefüllt, worin man die Ankerbündel (12 $\varnothing$ 5 mm) einsenkte. Nach weiteren 21 Tagen wurden die Anker vorgespannt und die Kabelkanäle unter Druck injiziert.

zu 5.1.1 Baugruben. Abdecken von Böschungen. (S. 418, Absatz 4)

Über eine solche Abdeckung mit Plastikfolie wird berichtet in Civ. Eng. u. P. W. R. Nr. 649, August 1960, S. 1036.

Hier wurde eine etwa 20 m lange Böschung im Ton, die wetterabhängige Rutschungen zeigte, mit einer 0,25 mm-Polyäthylene-Folie in Bahnen von 3 m Breite und 22,5 m Länge längs der Neigung abgedeckt. Durchsichtige Folie ergab ein Treibhausklima. Der Pflanzenwuchs durchbrach die Fugen, die auf keine Weise zufriedenstellend verschweißt oder vernäht werden konnten. Dunkle Folie war besser, sie mußte mit Holz abgedeckt werden, das durch Drahtseilverbindung festgelegt war. Die ganze Böschung war vorher mit einer sehr dünnen Feinsandschicht belegt, um ein Ankleben der Folie zu verhindern. Die Außenränder waren mit Sandsäcken belegt. An einer anderen Stelle hat man die schwarze Folie im ganzen beschafft, 12,0 $\times$ 30,0 m, und die Stöße um 0,9 m überlappt. Als Gewichte wurden Betonklötze an Baumzweigen befestigt und aufgelegt. Die Böschung ist 5 Monate während der Winterzeit standfest geblieben. Die Folie war noch in guter Verfassung. Es ist einleuchtend, daß die Fugenzahl reduziert werden, die Überlappung entsprechend der Hauptwindrichtung liegen muß, und daß die aufgelegten Hölzer pp den schlanken Wasserablauf nicht behindern dürfen. An den Rändern sollte man das Eingraben der Folie auf 15 cm vorziehen, man kann hier die doch unzureichende Belegung auf diese Art billiger und besser ersetzen.

Daß eine solche winterfeste oder gesicherte Böschung nicht begangen werden darf, versteht sich von selbst.

zu 5.3.3 Preßluftschleier (Seite 450, Absatz 3)

Um größere Luftblasen in periodischen Zeiträumen ausstoßen zu können, mit denen man eine kräftigere Turbulenz als mit den aus einem perforierten Rohr laufend abgestoßenen Luftperlen erreicht, hat die Pneumatic Breakwaters Ltd., London, einen Luftsiphon konstruiert, der unter dem DBP 1075507 geschützt ist. Diese Anlage mit Siphons im Abstand von etwa 1 m ist teuer und wohl nur als stationäre Anlage in Hafeneinfahrten zweckmäßig. Wahrscheinlich ist die Anordnung mehrerer perforierter Rohrleitungen nebeneinander, die eine breite Schaumwand aufbauen, billiger und sicherer.

zu 5.3.3 Preßluftschleier (Seite 450, Absatz 5:)

Die ausgesprochene Vermutung, daß mit Hilfe der Preßluftschleier Fischleitwände gezogen werden können, fand inzwischen eine Bestätigung[1]. Vor der Küste von Maine, dem nördlichsten Teil der atlantischen Küste der USA, hat man Versuche gemacht, wobei man von Jahr zu Jahr längere Plastikschläuche (bis 600 m Länge und $^3/_4$ bis 1'' $\varnothing$), die an Drahtseilen hingen und mit Blei-

---

[1] Alec Lewis Morgan: Air Angling; Compressed Air magazine Juni 1960.

gewichten belastet waren und Bohrungen von 0,8 bis herunter zu 0,4 mm $\varnothing$ besaßen, zwischen zwei Schiffen auslegte. Sie wurden mit Preßluft beschickt. Die ankommenden Heringszüge konnten damit in günstigen Fällen in die Stellnetze geleitet werden. Die zarten Luftschleier — man rechnet 1,4 atü zur Aufrechterhaltung des Schleiers und je 1 m Wassertiefe $+0,1$ atü — sind recht empfindlich gegen Schraubenwasser und Strömung. Anwendungen im Winter 1959/60 lassen jedoch erwarten, daß die Methode in Kürze industriereif ist, wobei man an Leitwände von 1 km Länge denkt.

zu 5.4 Durchdrücken von Rohren (S. 453, vor den letzten Absatz ist zu setzen:)

In Deutschland hat die Maschinenfabrik Andreas Stihl, Waiblingen-Neustadt/Württ., Horizontal-Erdbohrgeräte entwickelt, die kontinuierlich bohren und fördern. Es wurden Leistungen von 10 m in 35 Minuten bei 30 cm $\varnothing$ erreicht.

zu 5.4 Durchdrücken von Rohren durch Erdreich (S. 459, Absatz 2)

Die genannte Anmeldung führte nicht zum Patent, da in der dänischen Zeitschrift Ingeniøren Nr. 22 vom 30. 5. 1953, S. 440, in dem Aufsatz: C. T. Winkel „Rørgennempresning ved Østre Kraft Varmevaerk" dieses Verfahren schon in einer Anwendung beschrieben wurde.

Sachverzeichnis